AF820723

W. E. Engelmann

ZOOTIER HALTUNG

TIERE IN MENSCHLICHER OBHUT

Fische

W. E. Engelmann

ZOOTIER HALTUNG

TIERE IN MENSCHLICHER OBHUT

Fische

Verlag
Harri
Deutsch

Bibliografische Information Der Deutschen Bibliothek

Die Deutsche Bibliothek verzeichnet diese Publikation in der Deutschen Nationalbibliografie; detaillierte bibliografische Daten sind im Internet über <http://dnb.ddb.de> abrufbar.

ISBN 3-8171-1352-8

Dieses Werk ist urheberrechtlich geschützt.
Alle Rechte, auch die der Übersetzung, des Nachdrucks und der Vervielfältigung des Buches – oder von Teilen daraus – sind vorbehalten. Kein Teil des Werkes darf ohne schriftliche Genehmigung des Verlages in irgendeiner Form (Fotokopie, Mikrofilm oder ein anderes Verfahren), auch nicht für Zwecke der Unterrichtsgestaltung, reproduziert oder unter Verwendung elektronischer Systeme verarbeitet werden.
Zuwiderhandlungen unterliegen den Strafbestimmungen des Urheberrechtsgesetzes.
Der Inhalt des Werkes wurde sorgfältig erarbeitet. Dennoch übernehmen Autor und Verlag für die Richtigkeit von Angaben, Hinweisen und Ratschlägen sowie für eventuelle Druckfehler keine Haftung.

1. Auflage 2005
© Wissenschaftlicher Verlag Harri Deutsch, Frankfurt am Main, 2005
Umschlaggestaltung: Claudia Müller
Lektorat und Herstellung: Manuela Kupfer
Druck: fgb • Freiburger Graphische Betriebe <www.fgb.de>
Printed in Germany

Inhaltsverzeichnis

Zum Geleit

Die Ausbildung von Zootierpflegern und die Qualifikation des tiergärtnerischen Fachpersonals genießen seit jeher einen großen Stellenwert im Zoologischen Garten Leipzig. Bereits 1955 wurde unter dem damaligen Direktor Karl Max Schneider der Lehrberuf „Zootierpfleger" eingeführt. Damit leistete der Zoo Leipzig Pionierarbeit in Deutschland. Seitdem legten Jahr für Jahr Hunderte von Zootierpflegern aus der ehemaligen DDR und den jungen Bundesländern ihre Facharbeiterprüfung in Leipzig ab. Folgerichtig haben sich Leipziger und ehemalige Leipziger Kuratoren und Direktoren stets auch als Autoren für die Standardwerke der Zootierhaltung eingebracht. Was als eine Lehrbriefsammlung 1962 - 1968 begann, entwickelte sich zu dem mehrbändigen Lehrbuch „Wildtiere in Menschenhand", das bereits in den 80er Jahren auch in der BRD, in Österreich und in der Schweiz vertrieben wurde.

Mit der Neukonzeption des Lehrbuches zu Beginn der 90er Jahre wurde auch die Frage des bisher nie erschienenen Bandes für die Reptilien, Amphibien, Fische und Wirbellosen neu beleuchtet. Heute bin ich dankbar und es erfüllt mich mit Stolz, dass unser langjähriger Kurator und Leiter des Aquariums, Dr. Wolf-Eberhard Engelmann, die Aufgabe des Herausgebers eines bisher im deutschen Sprachraum noch nicht erschienenen Fisch-Bandes übernommen hat. Der wertvolle Tierbestand eines der großen deutschen Zoo-Aquarien und über Generationen gewachsener aquaristischer Sachverstand boten ideale Voraussetzungen dafür. Dem Herausgeber ist es zu verdanken, nicht nur die Hauptarbeit für das Werk übernommen, sondern auch die vielen Kollegen über Jahre angespornt zu haben, ihr exzellentes Fachwissen in dieser umfassenden Form zu publizieren. Mit dem nun vorliegenden Lehrbuch ist ein Standardwerk der Schauaquaristik entstanden. Es sollen sich gleichermaßen sowohl Auszubildende als auch Fachkollegen angesprochen fühlen.

Ich wünsche dem Buch eine weite Verbreitung, rege Nachfrage und schon jetzt zahlreiche Nachauflagen.

Dr. Jörg Junhold
Direktor
Zoo Leipzig

Vorwort

Als das Buchprojekt „Wildtiere in Menschenhand“ in den 60er Jahren des vergangenen Jahrhunderts von den Zoos der damaligen DDR in Zusammenarbeit mit dem VEB Deutscher Landwirtschaftsverlag Berlin konzipiert wurde, war für die Vögel, Kriechtiere, Lurche und Fische nur ein Band vorgesehen. Die Bearbeitung der niederen Wirbeltiere hatte Dr. Hans-Günter Petzold übernommen, der stellvertretende Direktor des Tierparks Berlin und Kurator dieser Tiergruppen. Sein früher Tod im Jahre 1982 verhinderte eine Fertigstellung des Manuskripts. Während die Amphibien und Reptilien dem damaligen Kenntnisstand entsprechend weitgehend vollständig vorlagen, hatte er mit den Fischen noch gar nicht begonnen. Dr. Joachim Kormann übernahm nun deren Bearbeitung und ich ergänzte die noch fehlenden Abschnitte bei den Reptilien. Zu einer Veröffentlichung des 3. Bandes zusammen mit den Vögeln ist es in der DDR jedoch nie gekommen.

In den 90er Jahren griff der Verlag Harri Deutsch, der bereits unter dem Titel „Zootierhaltung“ die ersten beiden Bände der DDR-Ausgabe in der alten Bundesrepublik als Lizenzausgabe übernommen hatte, das Projekt wieder auf und wandte sich an mich, die Petzold'sche Arbeit fortzusetzen. Dabei zeigte sich sehr bald, dass es nicht sinnvoll war, die Vögel mit den niederen Wirbeltieren in einem Band zu belassen.

In den vergangenen 25 Jahren hat die Schauaquaristik eine rasante Entwicklung erfahren. Sichtbarer Ausdruck dafür sind die zahlreichen großen Schauaquarien, die in nahezu allen Weltteilen, in der Regel unabhängig von zoologischen Gärten, als eigenständige Einrichtungen eröffnet wurden. Neue Präsentationsformen aquaristischer Themen sowie Hälterungsversuche von in ausgefallenen oder in Extrembiotopen lebenden Fischarten, erfolgreiche Vermehrungen und Erhaltungsbemühungen bei gefährdeten Arten haben zu einem unglaublichen, kaum noch überschaubaren Wissenszuwachs geführt. So machte sich dann während der Arbeiten am Manuskript, das den Umfang eines noch handlichen Buches zu sprengen drohte, eine weitere Aufteilung erforderlich. Nunmehr wird die Terraristik mit den Amphibien und Reptilien in einem gesonderten Band behandelt. Diese Trennung wird zweifellos auch den Benutzern entgegenkommen, die sich von Berufs wegen oder in der Hobbyszene ausschließlich mit Fischen bzw. Amphibien und Reptilien beschäftigen.

In dem Fische-Band wurde angestrebt, alle Familien zu erfassen, aus denen Vertreter in Aquarien gepflegt wurden oder werden. Um die Fülle dieses Stoffs in einem einigermaßen überschaubaren Zeitraum zu bewältigen, war es notwendig, die Arbeit auf viele Schultern zu verteilen. Gleichzeitig erschien der Gedanke, ein Buch zu schaffen, das von Mitarbeitern eines großen Teils der deutschsprachigen Schauaquarien gemeinsam erarbeitet wird, durchaus reizvoll. Bot dies doch die Möglichkeit, viele originäre Erfahrungen und Beobachtungen in die Haltungstexte einfließen zu lassen. Zahlreiche Leiter, Kuratoren und Tierpfleger öffentlicher Schauaquarien unterschiedlichster Größe erklärten sich als Autoren zur Mitarbeit bereit, für manche Kapitel wurden aber auch Spezialisten aus der Hobbyaquaristik und dem universitären Bereich gewonnen. Ihnen allen sei auch an dieser Stelle ganz herzlich gedankt.

Sehr zu Dank verpflichtet bin ich ferner Herrn Dipl.-Biol. Wolfgang Puschmann, Leipzig (ehemals Zoodirektor in Magdeburg), dem Autor des Säugetier-Bandes und Mitbegründer des gesamten Werkes, für sein förderndes Interesse am Fortgang der Arbeit und wertvolle Hinweise zur Didaktik.

Den im Folgenden in alphabetischer Reihenfolge genannten Personen danke ich für ergänzende und berichtigende Informationen, die in das Manuskript eingearbeitet wurden: Stéphane Auffret, Aquarium Le Croisic (Frankreich); Steven L. Bailey, New England Aquarium, Boston (USA); Dr.

Hubert Bosch, Aqua-Zoo Düsseldorf; Peter Faltermeier, Sea Star Aquarium Coburg; Hendrik Flintegaard, Nordseemuseum und -aquarium, Hirtshals (Dänemark); Javier Gonzáles Sans, Zoo-Aquarium Madrid (Spanien); Pitt Gsell, Marina di Campo, Elba (Italien); Roger Jones (vendian@btinternet.com); Michael Laterveer, Zoo Rotterdam (Niederlande); Prof. Dr. A. Müller, Universität Leipzig; Dr. A. Martinez de Murguia, Aquarium de San Sebastian (Spanien); Prof. Dr. Wilfried W. Naumann, Universität Leipzig; Evelyn Schopf, Meereszentrum Fehmarn, Burg auf Fehmarn; Paul Siesverda, Aquarium Wildlife Conservation Society, New York (USA); Mark Smith, früher Oceanário de Lisboa (Portugal), jetzt Newstead (Queensland, Australien); Juri Tiberto und Massimo Rainoni, Aquario d'Elba (Italien); Gerard Visser und Dirk Petersen, Zoo Rotterdam (Niederlande), Dr. Rüdiger Wandrey, Babyzoo Wingst (ehemals Zoodirektor in Bremerhaven); Dr. Uwe Waller, Aquarium des Instituts für Meereswissenschaften, Kiel; Rudolf Wicker, Zoo Frankfurt/M.; Dr. Ekkehard Wolff, Tierpark Wien-Schönbrunn (Österreich); Frank Velte, Oberursel; Dr. Axel Zarske, Staatl. Naturhistorische Sammlungen, Dresden; Brian Zimmerman, Zoo-Aquarium London (England).

Meinen Mitarbeitern im Aquarium des Zoo Leipzig, Frau Kerstin Werner, Herrn Lothar Dudek, Herrn Andreas Franz und Herrn Heiko Schäfer, gebührt Dank für die umsichtige tierpflegerische Betreuung des artenreichen Fischbestands im Leipziger Zoo-Aquarium. Ohne diese Möglichkeiten, über Jahre hinweg immer wieder neue und interessante Fische in Pflege nehmen zu können, wäre dieses Buch so sicherlich nicht entstanden, und manch eine Beobachtung, die hier ihren Niederschlag gefunden hat, wurde in der tierpflegerischen Alltagsarbeit gewonnen.

Für die kritische Durchsicht des Gesamtmanuskripts danke ich ferner Herrn Dr. Jürgen Lange (Direktor des Zoo-Aquariums Berlin und des Zoologischen Gartens Berlin). Bei meiner Frau Ute möchte ich mich für die Hilfe bei der Arbeit am Computer sowie für das gewissenhafte Lesen der Korrektur-Fahnen herzlich bedanken. Last but not least sei dem Verlag Harri Deutsch für die gezeigte Geduld bei der sich immer wieder verzögernden Manuskriptfertigstellung gedankt. Die Zusammenarbeit war aus meiner Sicht hervorragend, stets konstruktiv und lösungsorientiert. In diesen Dank schließe ich namentlich Frau Dipl.-Biol. Manuela Kupfer als verantwortliche Lektorin und freie Mitarbeiterin des Verlags mit ein, deren Arbeit wesentlich dazu beitrug, dass der Zusammenhang mit dem Gesamtwerk nicht verlorenging. Dank gebührt auch Herrn Bernd Müller, ebenfalls freier Verlagsmitarbeiter, der das umfangreiche Bildmaterial mit akribischer Sorgfalt bearbeitete, und Frau Claudia Müller, Frankfurt/M., die alle gewünschten graphischen Darstellungen mit Klarheit und Präzision anfertigte.

Obwohl zunächst als Lehrbuch für die Ausbildung von Zootierpflegern gedacht, soll das Buch vor allem auch ein Nachschlagewerk zur Kurz- und Erstinformation für den Fachkollegen wie für den interessierten Hobbyaquarianer sein. Keinesfalls kann jedoch eine vollständige Arten- und Gattungsauswahl bei umfangreicheren, aquaristisch bedeutenden Familien erwartet werden. Dies ist schlechterdings im Rahmen eines solchen Buches unmöglich. Es wird also nach wie vor ein Blick in die aquaristische Literatur und Fachzeitschriften erforderlich sein, um sich in Einzel- und Spezialfragen umfassender und tiefgründiger zu informieren. Sicher findet der eine oder andere auch genügend Ansatzpunkte für kritische Anmerkungen, jede konstruktive Kritik wird daher dankbar angenommen.

Leipzig, im März 2005

Wolf-Eberhard Engelmann

Einführung

Die Arbeit in einem Schauaquarium, sei es in einem zoologischen Garten oder als selbständige Einrichtung, verlangt von den Tierpflegern Spezialkenntnisse, die man sich nur bedingt in der Heimaquaristik aneignen kann. Der Band „Fische" der Reihe „Zootierhaltung" beginnt deshalb mit einem umfangreichen allgemeinen Teil, in dem theoretische Grundlagen der Schauaquaristik ebenso wie tierpflegerische Routinearbeiten bis hin zu Fang und Transport von Fischen, Fragen des Arbeitsschutzes, die Erkennung und Therapiemöglichkeiten von Krankheiten und eine umfangreiche Fütterungskunde behandelt werden.

Es liegt in der Natur der Sache, dass gerade auf dem Gebiet der Aquarientechnik, aber auch bei neuen Präsentationsformen viel experimentiert wird. Ziel solcher Bemühungen ist stets eine Optimierung der Haltungsbedingungen, sowohl in biologisch-methodischer als auch ökonomischer und pädagogischer Hinsicht. Die hier dargestellten Grundlagen können daher nur einen bewährten Zustand beschreiben, was nicht ausschließt, dass auch andere Techniken und Methoden erfolgreich sind. Generell sollte jedoch gelten, dass Neuerungen zunächst eine längere Erprobungsphase durchlaufen, während der sie ihre Vorteile bzw. Praxistauglichkeit unter Beweis stellen müssen. Nur dann können sie zu dem allgemein anerkannten aquaristischen Standard gerechnet werden.

Der spezielle Teil ist zwar grundsätzlich nach der zoologischen Systematik aufgebaut, die einzelnen Ordnungen der fischartigen Lebewesen sind aber wegen der Übersichtlichkeit als Kapitel aus dem Text herausgehoben. Es werden alle Ordnungen behandelt, die Familien umfassen, von denen Fische in Aquarien gehalten wurden oder werden. In diesem Sinne wird eine Familienvollständigkeit angestrebt, was dazu führte, dass immerhin 306 Familien vorgestellt werden. In artenreichen Familien werden Gattungen und Arten beispielhaft aufgeführt, eine Vollständigkeit kann hier nicht erwartet werden. Denn selbstverständlich kann nur ein Bruchteil der etwa 28000 bekannten Fischarten erwähnt werden. Fast alle genannten Arten spielen aquaristisch eine Rolle. Ganz vereinzelt werden auch Arten aufgeführt, wo dies nicht zutrifft; hier wird dann ausdrücklich darauf hingewiesen. Bei den Artbeschreibungen werden stets die Größe und Verbreitung angegeben, außerdem größtenteils weitere Informationen zum Lebensraum, zur Lebensweise oder zu markanten Merkmalen bzw. Färbungen und Zeichnungen.

Die Vielfalt der Lebensformen innerhalb einer Ordnung kann außerordentlich groß sein. Zum Beispiel gehören zu den Stichlingsartigen neben den normal gestalteten Stichlingen solche Extreme wie die fadendünnen Schlangennadeln, die Seepferdchen und die Fetzenfische, sowohl Süßwasserbewohner als auch Meeresfische. Selbst innerhalb von Familien kann die Mannigfaltigkeit groß sein. So sind bei den bekannten Buntbarschen aus einem barschartigen Grundtyp die blattartigen Segelflosser (Skalare), die pelagischen Kärpflings-Cichliden oder die schwimmblasenlosen Grundelbuntbarsche hervorgegangen. Die Pflegeansprüche bestimmter Fische ergeben sich daher oft weniger aus der Verwandtschaft als vielmehr aus ihrer Verbreitung, dem Lebensraum und dem Lebensformtyp (Ökotyp), dem sie angehören.

Die meisten Fisch-Familien jedoch umfassen äußerlich und ökologisch recht ähnliche Fische mit vergleichbaren Pflegeansprüchen. Deshalb sind in der Regel die Haltungsteile den Familien zugeordnet, gelegentlich aber bereits den Unterfamilien oder der gesamten Ordnung, aus praktischen Gründen z. T. jedoch auch ökologischen bzw. geographischen Gruppen.

Angaben zum Höchstalter beziehen sich nicht nur auf veröffentlichte Haltungsrekorde in Aquarien. Auch die angeführte natürliche Lebenserwartung von Fischen kann für den Aquarienpfleger von Interesse sein, weicht diese doch oftmals erheblich – in beiden Richtungen – von den Aquarienbefunden ab. Allgemein muss aber festgestellt werden, dass bei vielen Arten keine verlässlichen bzw. neueren Informationen über Haltungserfolge vorliegen.

Besonderer Wert wird auf die deutschen Namen gelegt. In einem öffentlichen Aquarium erwartet der Besucher, dass die Tiere, die er vorfindet, mit einem verständlichen, möglichst charakteristischen Trivialnamen benannt sind. Der wissenschaftliche Name ist für das breite Publikum keine Alternative. Wenn eingeführte deutsche Namen nicht bekannt sind, wurde deshalb ein Trivialname „erfunden", d.h. z.B. der wissenschaftliche Name übersetzt, ein geographischer Bezug hergestellt oder ein charakteristisches Merkmal einem deutschen Namen zugrunde gelegt.

Die angeführten Gattungs- und Artenzahlen sind in der Regel aus der fish data base im Internet entnommen, wobei oft nur eine annähernde Zahl angegeben werden kann. Zu schnell verändert sich diese durch Revisionen, Neubeschreibungen oder unterschiedliche Bewertungen durch die Systematiker. Wenn bei aktuellen Angaben das Wort „rezent" vorangestellt ist, so bedeutet dies, dass es in der Erdgeschichte früher eine viel umfangreichere Verwandtschaft des jeweiligen Taxons gegeben hatte und die heute lebenden Formen nur ein, oft endemisch verbreitetes, Überbleibsel davon darstellen.

Das Buch kann weder eine Bestimmungshilfe zur Artidentifikation von Fischen noch ein Lehrbuch der Fischsystematik und Ichthyologie sein. Wichtig ist, dass man den Namen eines möglichen Aquarienfisches findet bzw. einordnen kann. Deshalb werden gebräuchliche wissenschaftliche Namen, auch wenn sie zurzeit als Synonyme zu betrachten sind, im Allgemeinen mit genannt. Die systematische Reihenfolge – begründet auf FIEDLER (1991), NELSON (1994), PAXTON & ESCHMAYER (1999) sowie der fish data base im Internet (www.fishbase.org) – bietet lediglich eine allgemeine Orientierung, ohne strittige Fragen in der Fisch-Taxonomie beantworten zu wollen. In vielen Fällen wird jedoch auf unterschiedliche Ansichten in der Systematik hingewiesen. Generell ist es sicherlich in einem Buch, das zuallererst praxisbezogene Informationen vermitteln will, nicht angebracht, jede neue Revision als „der Weisheit letzten Schluss" zu betrachten, sondern man sollte zunächst abwarten, was sich unter den kompetenten Fachkollegen allgemein durchsetzt, bevor in der Tertiärliteratur darauf reagiert wird.

Grundlagen der Schauaquaristik

Geschichte und Entwicklung der Schauaquaristik

J. Lange

Das Aquarium hat eine weit in die Antike zurückreichende Tradition. Schon die Ägypter besaßen Gefäße zur Haltung von Nutz- und Zierfischen. Bei Ausgrabungen in Pompeji fand man Hinweise auf die Fischhaltung durch die Römer. In „Vivarien" mästeten sie Muränen als Leckerbissen für ihre Gastmahle.

Chinesen und Japaner hielten den Goldfisch nachweislich seit dem 7. Jahrhundert, anfangs in Teichen von Tempelanlagen und später in kunstvollen Tonschalen, da Glasgefäße damals noch unbekannt waren. Entsprechend dem Blick des Betrachters von oben waren die Zuchtziele auf die Beflossung und Augenstellung bzw. Augenform orientiert. Deshalb wurden Blasen- und Teleskopaugen, quer gestellte Schwanzflossen, eiförmige Körperformen, Tumorbildungen im Kopfbereich (Orandas, Löwenköpfe) und Lockenbildung der Schuppen (Perlschupper) herausgezüchtet.

Im Jahre 1872 kamen die ersten Goldfische nach Paris und 1883 nach Berlin, erregten großes Aufsehen und trugen sicherlich viel zum Siegeszug der Aquaristik bei. In Deutschland stehen dennoch nicht sie am Anfang der Aquaristik, sondern ein von Rossmässler 1856 erschienener Aufsatz „Der See im Glas".

Die einfachen technischen Mittel setzten der Aquaristik damals jedoch enge Grenzen. Noch 1897 wurde in einem Buch über die Haltung tropischer Fische zur Beckenbeheizung eine offene Flamme unter dem Aquarium empfohlen. Selbst im Katalog von Deutschlands größter Importfirma, der Berliner Firma Scholze & Pötzschke, aus dem Jahr 1924 muten die hier angebotenen Warmwasser-Aquarien noch recht abenteuerlich an.

Umso überraschender ist es, dass bei all den technischen Schwierigkeiten schon relativ früh Aquarienabteilungen oder sogar ganze Aquarienhäuser in den Zoos oder parallel zu diesen entstanden.

Abb. 1 Zoologische Station Neapel im Jahr 1873

Abb. 2 „Grottenarchitektur“ des alten Berliner Aquariums, Ende des 19. Jahrhunderts

Bereits 1853 wurde das erste Schauaquarium als „Fisch-Haus“ im Londoner Zoo eröffnet. Gestalterisch noch weit entfernt von den Schauaquarien unserer Zeit, war es eine einfache Halle, in der einige Glasbecken auf Tischen und Konsolen standen.

Ebenfalls vor über 140 Jahren entstand auch in Deutschland die erste kleine Aquarienabteilung, nämlich 1858 im Elefantenhaus des Frankfurter Zoos. In ihr waren die Aquarien treppenartig hintereinander geschaltet, wie wir es heute noch von den Stufenfiltern kennen.

Trotz ihrer Einfachheit waren diese beiden Aquarienausstellungen so erfolgreich, dass schon bald richtige Aquarienhäuser wie etwa in London (1853), Weymouth (1854), Paris (1861), Boston (1861), Hamburg (1864), Berlin (1869), Kopenhagen (1872), New York (1876), Frankfurt (1877), Amsterdam (1882), Lissabon (1898) eröffnet wurden, und selbst in Kairo (1900) und im fernen Madras (1909) entstanden Aquarien. Allein in Paris gab es Ende des 19. Jahrhunderts 3 Aquarien gleichzeitig, nämlich im Zoologischen Garten im Bois de Boulogne (1861), auf dem Monmartre (1866) und auf der Weltausstellung (1867). Das älteste heute noch in Betrieb befindliche Aquarium ist das der Zoologischen Station Neapel, das 1872 eröffnete und damals die Aquarien in Hamburg und Berlin mit Tieren belieferte.

Naturgemäß stand bei den ersten Aquarienhäusern die Lösung technischer Probleme im Vordergrund. Die Aquarien mussten wasserdicht und bruchfest verglast, die erforderlichen Wassertemperaturen gehalten, das Wasser gefiltert und die Becken entsprechend beleuchtet werden. Wegen Verglasungsproblemen waren nur bestimmte Beckengrößen möglich. Wegen fehlender Transportmöglichkeiten konnten Aquarientiere fremder Länder kaum beschafft werden, so dass man sich auf die Haltung einheimischer Arten beschränkte. Um für sie die jahreszeitlichen Temperaturschwankungen auszugleichen, wurden die Aquarienhäuser in das Erdreich eingesenkt oder wie in Frankfurt in einen künstlichen Hügel eingebettet. Das notwendige Licht fiel durch Glasdächer oder Lichtschächte in die Becken. Für Meerestiere war man auf natürliches Meerwasser angewiesen, das regelmäßig von der Küste geliefert wurde.

Aufgrund dieser Schwierigkeiten gab es in den ersten Aquarienhäusern anfangs nur wenige Tierarten der formenreichen Unterwasserfauna zu sehen. Um die Häuser für das Publikum aber dennoch attraktiv zu gestalten, wurden neben Reptilien und Säugetieren vor allem die damals beliebten Papageien ausgestellt.

Am Anfang des 20. Jahrhunderts ermöglichte der technische Fortschritt den Bau von Aquarienhäusern von bis dahin unbekannten Dimensionen. Durch den Einsatz von Stahlbeton konnten die Wassermassen, Hallendecken und Gesteinsaufbauten völlig neu überdacht und die Aquarienhäuser aus dem Boden herausgehoben und sogar mehrstöckig gebaut werden.

Abb. 3 Aquarium des Zoologischen Gartens Amsterdam aus dem Jahr 1882, um 1910

Nach der Lösung der Technik- und Transportprobleme standen vor allem Artenzahl und Formenreichtum im Vordergrund der Ausstellung. Die Aquarien waren „lebende Museen" mit ungeheuer großer Artenzahl. Noch bis nach dem 2. Weltkrieg konkurrierten Chicago und Berlin miteinander, welches Aquarium das artenreichste der Welt sei.

Die Schau-, aber auch die Hobbyaquaristik, wie wir sie heute kennen, begann zwar bereits Mitte des vorigen Jahrhunderts. Ihren bisher absoluten Höhepunkt erreichte sie jedoch erst in den letzten Jahrzehnten. Mit dem Tauch- und Ferntourismus stieg das Interesse an der Unterwasserwelt und damit die private Haltung von Fischen. Gleichzeitig verzeichnete die Zubehörindustrie riesige Fortschritte. Immer bessere Futtermittel und Salze, Pumpen und Filtersysteme, Heiz- und Kühlaggregate, Dünge- und Umkehrosmose-Anlagen wurden angeboten. Heute erleichtert das gesamte Zubehör bei sinnvollem Einsatz die Haltung selbst schwer zu pflegender Tierarten. So können die meisten Fische und selbst niedere Tiere immer häufiger auch zu Hause gehalten werden. In deutschen Wohnstuben schwimmen derzeit etwa ebenso viele Fische, wie die Bundesrepublik Einwohner zählt.

Zwischen Hobbyaquaristik und Schauaquarien besteht eine sich gegenseitig beeinflussende Parallelentwicklung, wie sie 1853 bei der Eröffnung des weltweit ersten Aquariums im Londoner Zoo wohl keiner erahnt hätte. Von den alten Aquarienhäusern sind heute nur noch wenige wie das der Zoologischen Station Neapel aus dem Jahr 1872 weitgehend unverändert erhalten. Weltweit dürfte es gegenwärtig mehrere

Abb. 4 Aquarium des Zoo Antwerpen, Saal für exotische Fische, um 1910

Abb. 5 Die Jugendstilfassade des Leipziger Zoo-Aquariums, 1910

hundert Schauaquarien geben, die meisten davon in den USA und in Japan. Von diesen zählen manche nicht nur zu den größten, sondern auch zu den besten Schauaquarien der Welt.

Nach dem 2. Weltkrieg lieferten die europäischen Schauaquarien, und insbesondere die neuen oder wieder aufgebauten Häuser im deutschsprachigen Raum, noch bis in die Mitte der 80er Jahre wichtige neue Impulse für die Schauaquaristik. Zum Ende des Jahrhunderts aber setzte in Japan und den USA ein regelrechter Boom an Aquariumsneubauten ein. Sie alle haben für europäische Verhältnisse ungeahnte Dimensionen. Hierfür nutzen sie alle technischen Möglichkeiten, die großflächige Acrylverglasungen, Acryltunnel, Kunststoffverarbeitung und Großfilteranlagen heute bieten. In den meisten Fällen steht außerdem die Ausstellung unter einem Generalthema. Dies kann sich auf einzelne Faunengebiete (Chattanooga/Tennessee Fluss, Monterey/Kalifornischer Pazifik), aber auch Themen konzentrieren wie „Die Fauna vom nördlichen Japan bis zur Antarktis“ (Nagoya), „Die Welt des Thunfischs“ (Tokio) oder „Vulkane der Meere – Entstehung unseres Kontinents“ (Osaka).

Während die Aquarienhäuser Nordamerikas und Japans fast immer unabhängige Institutionen und häufig private Firmen sind, gehören nahezu alle mitteleuropäischen Aquarien zu einem Zoo und nur wenige zu einem Museum (z.B. Düsseldorf, Salzburg, Stralsund) oder Institut (Kiel, Plymouth). Völlig selbständige oder private Schauaquarien (z.B. Sea Life Center) sind in Mitteleuropa noch die Ausnahme. Anders ist dies in Skandinavien, Frankreich, Italien und auf der Iberischen Halbinsel. Dort sind die meisten Aquarien selbständige Institutionen.

Viele der in den letzten Jahren eröffneten europäischen Aquarienhäuser stehen wie die amerikanischen Häuser unter bestimmten Themen, z.B. Genua („Von Columbus befahrene Meere und Länder“), Lissabon („Die Welt – eine Welt der Ozeane“) oder Nouméa („Korallenriffe und Lagunen Neu-Kaledoniens“). Damit sind in modernen Schauaquarien die einzelnen Becken nicht mehr mosaikartig aneinander gereiht, sondern einem Gesamtthema untergeordnet, das sich als roter Faden möglichst durch das ganze Haus zieht.

Vieles hat sich also für die Schauaquarien seit Eröffnung des ersten Aquariums in London vor über 150 Jahren bei der Tierhaltung, den Ausstellungsmethoden und der Aufgabenstellung geändert. Die Großaquarien sind heute keine „lebenden Museen“ mehr, in denen hohe Arten-

Abb. 6 Das Zoo-Aquarium Berlin, 1913

zahl oberstes Gebot ist. Im Mittelpunkt stehen vielmehr die Zucht und eine zwar künstliche, aber biologische Haltung ausgewählter Tiergruppen in einer scheinbar natürlichen Umwelt.

Die natürliche Umwelt nämlich lässt sich niemals schaffen, sondern höchstens optimal nachahmen. Hierfür werden Erkenntnisse aus Freilandbeobachtungen auf die künstlichen Verhältnisse im Aquarium übertragen und die Becken so gestaltet, dass sie den natürlichen Lebens- und Verhaltensweisen der Tiere entsprechen. Gelingt dies, steht den Tieren ein optimaler Lebensraum zur Verfügung. Aber auch für den Besucher ergibt sich dann der Eindruck, nicht nur das Tier lebe in seiner natürlichen Umwelt, sondern er selbst sei mit einbezogen in diesen Lebensraum. So wird der Besucher zum Entdecken und Beobachten – später vielleicht sogar in der Natur – angeregt und für deren Schutz motiviert. Manche Aquarienhäuser bieten darüber hinaus vom Fachpersonal geführte Exkursionen nicht nur durch das Aquarium, sondern auch zum nächstgelegenen Gewässer an. Denn vor Ort lassen sich Natur- und Umweltschutzfragen, die heute ein zentraler Arbeitsschwerpunkt der Schauaquarien sind, noch besser vermitteln als im Aquarium selbst.

Ausschlaggebend für den Erfolg eines Schauaquariums beim Publikum sind heute die Themenwahl für die einzelnen der Natur nachgestalteten und mit der für die Tierhaltung richtigen Wasser- und Lichttechnik versehenen Aquarienbecken, aber vor allem die Integration des Publikums – und damit des Publikumraums – in die Erlebniswelt. Gerade das aber bedeutet einen zusätzlichen, für die Tierhaltung überflüssigen technischen, energieträchtigen und damit teuren Aufwand, der nur den Effekt hat, eine Illusionswelt für das Publikum zu schaffen. Gute, moderne Aquarienhäuser gestalten diese Illusionswelt nicht nur optisch schön, sondern auch fachlich korrekt und ohne Einschränkungen für den Tierbereich und stellen diese Erlebniswelt unter ein Gesamtthema. Gelingt dies, dann sind hohe Besucherzahlen und Medieninteresse garantiert.

Wegen dieser Ausstellung in Erlebniswelten erfreuen sich die großen, modernen Schauaquarien steigender Beliebtheit. Hier in der Erlebniswelt Aquarium hat der von der Natur entfremdete Mensch nicht mehr das Gefühl, eine Ausstellung von Tieren zu besuchen, sondern er wähnt sich in der Natur selbst und taucht bereitwillig ab in die geheimnisvolle Unterwasserwelt.

Doch auch die in Europa meist etwas älteren und kleineren, hinsichtlich ihrer Aufgabenstellung und Tierhaltung aber durchaus nicht schlechten Aquarienhäuser können die Wünsche des Publikums erfüllen und so ihre eigene Attraktivität steigern, wenn sie in den Becken biologische Einheiten schaffen und mehrere Becken unter ein gemeinsames Thema stellen, nur noch so viele Tiere pro Becken halten, wie dies ohne Stress für die Tiere möglich ist, vor allem auf diejenigen Arten verzichten, für die die vorhandenen Becken – wenn vielleicht auch nur scheinbar – zu klein sind, bei der Tierhaltung Schwerpunkte setzen und sich auf bestimmte Tiergruppen spezialisieren, die attraktiv und biologisch interessant sind und durch genaue Beobachtung neue Erkenntnisse hinsichtlich der Biologie und Haltung der gepflegten Tiere gewinnen und umsetzen.

Da Schauaquarien in den letzten Jahren große Bedeutung für die Tourismusindustrie gewonnen haben, ist auch in der Zukunft mit dem Bau neuer Großaquarien zu rechnen. Nach wie vor sind jedoch Bau und Betrieb von Schauaquarien sehr kostenaufwendig, so dass heute von der Öffentlichen Hand kaum Investitionen für neue, moderne Aquarien zu erwarten sind. Immer häufiger werden deshalb auf das Tourismusgeschäft ausgerichtete Privatfirmen Schauaquarien bauen und diese auch betreiben. Wegen des angestrebten Gewinns müssen sie allerdings bei Bau und Betrieb auf die entstehenden Kosten achten. Diese können entweder durch Standardisierung oder durch ausgefeiltes Management gemindert werden. Doch niemals darf diese Rationalisierung auf Kosten der Tiere gehen. Die meisten zukünftigen Aquarienhäuser werden Tochterunternehmen von standardisierten Aquarienhausketten sein, bei denen ein Aquarium dem anderen gleicht, oder sie werden als qualitativ hochwertige Häuser in wichtigen Touristenzentren stehen. Immer aber werden es weltweit nur wenige Spezialfirmen sein, die Schauaquarien mit ihrer komplizierten Technik und Tierhaltung erfolgreich betreiben. Auf lange Sicht werden hinsichtlich der Ausstellung wahrscheinlich wie in Asien und den USA vor allem die gigantischen Großaquarien mit ihren Erlebniswelten Erfolg haben. In diesen Häusern geht der Besucher nicht mehr durch ein Aquarium, sondern durch eine von Menschen gestaltete Natur.

Zwar sind unsere Aquarienhäuser immer auch ein Ausdruck des jeweiligen Zeitgeschmacks, doch häufig sind die Schauaquarien in ihrer Konzeption und vor allem später bei Haltungs- und Zuchterfolgen auch von einzelnen Personen geprägt worden, die aufgrund ihrer Ideen und ihrer Kreativität neue Wege in der Ausstellungstechnik und Tierhaltung beschritten und so den Grundstock für neue Entwicklungen in der Schauaquaristik legten. Vieles heute in der Schauaquaristik Selbstverständliche geht auf Ideen und Versuche dieser Aquarienleiter und ihres Personals zurück. Anschließend sind die Biographien einiger Persönlichkeiten, die in der deutschen Schauaquaristik der Vergangenheit eine Rolle spielten, zusammengestellt.

Alfred Edmund Brehm (1829 - 1884), Gründer und Direktor des Berliner Aquariums.

Brehm, im kleinen thüringischen Ort Renthendorf geboren, wurde schon früh durch seinen Vater, einen Pfarrer und bekannten Ornithologen, beeinflusst und zur Naturwissenschaft geführt. Weltbekannt wurde Brehm durch sein „Illustrirtes Thierleben“, dessen sechsbändige Erstauflage 1864 erschien und in dem Brehms Beobachtungen und Erfahrungen während mehrerer Studienreisen in den Sudan, nach Abessinien, Lappland und Sibirien ihren Niederschlag gefunden haben. Mit seinem „Thierleben“ hat Brehm ein Standardwerk der populärwissenschaftlichen Literatur geschaffen, das bis heute seinen Platz behauptet.

Aber vor allem die Schauaquaristik ist in Deutschland eng mit dem Namen Brehms verbunden, ähnlich wie die Hobbyaquaristik mit dem Namen Rossmässler. Während dieser mit seinem Aufsatz „Der See im Glas“ den Grundstein zur Heimaquaristik legte, so ist es für die Schauaquaristik Brehm, der das Berliner Aquarium konzipierte und in den ersten 5 Jahren leitete. Dieses 1869 eröffnete Aquarium im Zentrum Berlins war nämlich das erste große Aquarienhaus im deutschsprachigen Raum und der Anfang einer deutschen Schauaquaristik.

Dennoch war es kein Aquarienhaus im strengen Sinne, sondern eher ein „Tiergarten unter Dach und Fach", wie es Brehm selbst formulierte. Vögel und Säugetiere waren die eigentlichen „Zugpferde", um das an der Unterwasserwelt selbst noch nicht so sehr interessierte Publikum in das Aquarium zu locken und erst dann, sozusagen auf einem Umweg, für die Wassertiere zu interessieren. Viele Meerestiere wurden dem Binnenländer im Berliner Aquarium erstmals lebend gezeigt, wie beispielsweise eine Seekuh oder aus dem Ei schlüpfende Katzenhaie. Die Gestaltung des Berliner Aquariums aber muss, selbst aus heutiger Sicht, als modern bezeichnet werden, denn Brehm stellte nicht einzelne Tiere aus, sondern stellte ganze Lebensräume und Lebensgemeinschaften dar. Nach dem Berliner Aquarium entstanden an weiteren Orten Aquarien und viele Ideen Brehms wurden hier übernommen oder weiterentwickelt.

Nach Streitigkeiten mit dem Aufsichtsrat schied Brehm 1874 aus dem Berliner Aquarium aus und lebte danach als freier Schriftsteller in Berlin.

Abb. 7 Alfred Edmund Brehm

Anton Dohrn (1840 - 1909), Gründungsdirektor der meeresbiologischen Station (Stazione Zoologica Anton Dohrn) und ihres Aquariums in Neapel.

Geboren in Stettin, studierte Dohrn an den Universitäten Königsberg (heute Kaliningrad), Bonn, Jena und Berlin Philosophie, Zoologie und Medizin. Als Schüler Ernst Haeckels wurde Dohrn ein Verfechter der damals neuen Evolutionstheorien von Darwin und Haeckel und blieb es bis ins hohe Alter. Während seiner Promotion (1865 in Breslau) und Habilitation (1868 in Jena) Arbeitsaufenthalte an der Küste: 1865 mit Haeckel auf Helgoland, 1867 in Hamburg, 1867 und 1868 mit David Robertson in Millport/ Schottland und im Winter 1868/69 mit Nicolai Micloucho-Maclay in Medina. Hier entwickelten sie den Plan, die Welt mit einem Netzwerk meeresbiologischer Stationen zu überziehen, in denen Wissenschaftler kurzfristig arbeiten, Experimente durchführen oder Material sammeln, bevor sie zur nächsten Station weiterfahren.

Als Standort für seine meeresbiologische Station wählte Dohrn 1870 Neapel. Der große Faunenreichtum im Golf von Neapel und die internationale Anziehungskraft der Stadt gaben den Ausschlag. Das Institut wurde mit einem Aquarium kombiniert, um durch die Aquariumseinnahmen die Personalkosten in der meeresbiologischen Station zu decken. 1872 wurde der Grundstein gelegt und im September 1873 das Gebäude fertiggestellt. Sofort begannen 10 Gastwissenschaftler aus 5 Ländern mit ihren Forschungen. An der Planung des öffentlichen Aquariums war William A. Lloyd beteiligt, den Dohrn aus Hamburg kannte und der zuvor die Aquarienhäuser in Hamburg und London gebaut hatte. Am 26. Januar 1874 wurde das Aquarium eröffnet, das bis heute unverändert steht und damit das älteste Aquarium der Welt ist. Im April 1875 schließlich fand die offizielle Eröffnung des Instituts statt. Seitdem haben bedeutende Wissenschaftler aus aller Welt, unter

Abb. 8 Anton Dohrn

ihnen viele Nobelpreisträger, permanent oder vorübergehend an der Station gearbeitet.

Dohrn sah das Institut nicht nur als Wissenschaftszentrum, sondern als wichtige Kulturinstitution Neapels, deshalb waren beim Bau der Station und besonders bei der Ausgestaltung des großen, zentralen Musik- und Leseraums seine langjährigen Freunde, der Bildhauer Adolf Hildebrand und der Maler Ernst v. Marées beteiligt, der hier seine weltberühmten Fresken schuf. Nach den Vorstellungen Dohrns ist Wissenschaft ohne Kunst nicht denkbar, und bis heute ist die Zoologische Station nicht nur ein wissenschaftliches Institut, sondern auch ein wichtiger kultureller Treffpunkt Neapels. Wissenschaft, Musik und Kunst sind hier gleichberechtigt.

Theodor Heuss, der erste deutsche Bundespräsident und Autor von Anton Dohrns Biografie, sieht in dieser Einheit von Kunst und Wissenschaft und der gemeinsamen Suche nach Form und Schönheit den bis heute noch gültigen Vorbildcharakter der Stazione Zoologica „Anton Dohrn“ Neapel, die nach wie vor ein Mekka für Meeresbiologen, aber auch für Kunsthistoriker geblieben ist.

Johannes Gebbing (1874 - 1958), Zoodirektor in Leipzig und Erbauer des alten Leipziger Zoo-Aquariums.

Gebbing, geboren in Bocholt (Westfalen), studierte in Münster, Leipzig, München, Wien und Berlin Philosophie, Mathematik, Physik, Geologie, Zoologie und Kunstgeschichte, um sich schließlich, wieder an der Leipziger Universität, mit einem hydrobiologischen Promotionsthema der Lebenswelt im Wasser zuzuwenden. Seine weitere Tätigkeit als wissenschaftliche Hilfskraft zur Bearbeitung des Meeresplanktons aus der zoologischen Ausbeute der deutschen Südpolar-Expedition unter v. Drygalski und ein Besuch des berühmten, von Anton Dohrn begründeten Aquariums der Meeresbiologischen Station von Neapel trugen wohl mit dazu bei, dass in Gebbing der Wunsch reifte, in einer deutschen Großstadt ein öffentliches Schauaquarium zu errichten.

In Leipzig erhielt Gebbing 1909 die Chance, diesen Plan auf dem Gelände des Zoos auf seine Kosten und sein Risiko zu verwirklichen. In fruchtbarer Zusammenarbeit mit dem Baurat Anton Käppler konnte zu Pfingsten 1910 ein mit Jugendstilelementen geschmücktes Haus eröffnet werden. Bereits damals waren neben einheimischen und tropischen Süßwasserfischen auch zahlreiche wirbellose Meerestiere und Fische aus der Nordsee und dem Mittelmeer zu sehen.

1913 ließ Gebbing dem Aquarium einen Terrarienbau in Form eines riesigen Gewächshauses angliedern. Die Schauvitrinen wurden von einer üppig wachsenden, tropischen Vegetation umrahmt. Auch die naturnah gestaltete Freisichtanlage für große Krokodile muss als Beispiel einer modernen, für die damalige Zeit nicht alltäglichen Gehegegestaltung genannt werden. Das geplante Insektenhaus an der dem Terrarium gegenüberliegenden Aquariumseite ist jedoch nie gebaut worden. An seiner Stelle steht übrigens

Abb. 9 Johannes Gebbing

heute ein unter Zoodirektor Siegfried Seifert 1992 fertiggestellter Aquariumneubau.

Obwohl Gebbing 1910 zum Direktor des Leipziger Zoos berufen wurde, betrieb er sein Aquarium privat weiter. Erst 1930, 4 Jahre vor der Auflösung seines Dienstverhältnisses, wurde das Haus von der Stadt käuflich erworben und vollständig in den mittlerweile städtischen Zoo eingegliedert.

Oskar Heinroth (1871 - 1945), Kustos des Aquariums im Zoo Berlin.

Heinroth, bei Mainz geboren, in Zürich, Stuttgart und Dresden aufgewachsen, pflegte schon als Schüler nicht nur Vögel, die ihn später berühmt machen sollten, sondern auch Aquarien und Terrarien. Nach dem Studium der Medizin in Kiel begann er während des anschließenden Zoologie-Studiums in Berlin als Volontärassistent im Zoo Berlin zu arbeiten. Nach einer großen Südseereise war er ab 1904 Direktorial-Assistent am Zoo Berlin.

Als der Berliner Zoo ein Aquarium bauen wollte, wurde Heinroth mit dessen Planung beauftragt. Anregungen hierfür sammelte er schon frühzeitig im alten von Brehm konzipierten Berliner Aquarium, aber besonders bei Besuchen in den damals führenden Aquarien in Amsterdam, London und Neapel. Am Ende entstand in Berlin kein normales Aquarium, sondern ein Haus, das neben Fischen auch Amphibien, Reptilien und terrestrische Wirbellose beherbergte. Diese Kombination aus Aquarium, Terrarium und Insektarium dient im mitteleuropäischen Raum noch bis heute als Vorbild für neue Häuser. Seiner Zeit weit voraus war Heinroth mit seiner revolutionären Idee, den Besucher auf einer Brücke durch die Krokodilhalle laufen zu lassen. Sie wurde das erste für Besucher begehbare Tiergehege der Welt.

In den Folgejahren leitete Heinroth mit Sorgfalt, wissenschaftlicher Akribie und Ideenreichtum das Berliner Aquarium und baute es zusammen mit seinem Oberinspektor Carl Seitz zum führenden Aquarium Europas aus.

Aber auch während dieser Tätigkeit lag sein wissenschaftliches Hauptinteresse in der Ornithologie und Verhaltensforschung. Seine zahl-

Abb. 10 Oskar Heinroth

reichen Veröffentlichungen zu diesen Themen zählen heute noch zu den Standardwerken.

Gustav Lederer (1892 - 1962), Kurator des Exotariums im Zoo Frankfurt/Main.

Nach seiner Lehre als Tierpräparator und kurzer Tätigkeit in der zoologisch-entomologischen Abteilung der Berliner Firma Böttcher übernahm Lederer Anfang 1913 die Leitung des Insektenhauses und des Aquariums im Zoologischen Garten Frankfurt/Main. Die Geschicke des Frankfurter Aquariums lagen 45 Jahre in seinen Händen, und zwar von der Gründerphase (1. Umbau 1924 - 1928) bis hin zum Wiederaufbau nach dem 2. Weltkrieg. Alle bemerkenswerten Schauanlagen im Frankfurter Exotarium gehen auf Lederers Ideen zurück. Bereits vor dem 2. Weltkrieg lebten die Krokodile hier in einer offenen Landschaftsanlage mit natürlicher Bepflanzung und tropischen Temperaturen. Beim Wiederaufbau nach dem Krieg entstanden nach Lederers Plänen zusätzlich eine tropische Flusslandschaft, eine antarktische Pinguinlandschaft und ein Gebirgsbach. Diese Landschaften dienten vielen anderen neuen Aquarienhäusern als Vorbild.

Doch nicht nur bei der Aquarien- und Terrariengestaltung beschritt Lederer neue Wege, sondern er arrangierte mit dem Zeppelin „Hindenburg" auch den ersten Lufttransport für Fische und studierte bereits in den 30er Jahren am Roten Meer die Lebensbedingungen im Riff, um Anregungen für das Aquarium mit nach Frankfurt zu nehmen. Außerdem entwickelte er ein eigenes Rezept zur Herstellung synthetischen Seewassers und veröffentlichte zahlreiche, international bekannte terraristische Artikel, insbesondere über die Fortpflanzungsbiologie von Riesenschlangen. Sein besonderes Interesse aber galt der Entomologie und hier vor allem den Schmetterlingen. Hierüber entstanden zahlreiche, von der Fachwelt hoch geachtete Publikationen, für die ihm 1953 von der Frankfurter Universität die Ehrendoktorwürde verliehen wurde.

Wilbert Neugebauer (geb. 1924), Direktor des Zoologisch-Botanischen Gartens Wilhelma, Stuttgart.

Abb. 11 Gustav Lederer

Neugebauer, in Reichenberg/Sudetenland geboren und aufgewachsen, studierte nach der Kriegsgefangenschaft in Stuttgart Biologie, Chemie und Geographie. Schon vor der Beendigung seines Studiums war er ab 1955 als wissenschaftlicher Assistent an der Wilhelma tätig. In den Jahren 1965 - 1967 leitete er den Ausbau, die Einrichtung und Inbetriebnahme des Wilhelma-Aquariums, das wegen seiner Konzeption und Haltungserfolge für alle nachfolgenden Aquarienhäuser wegweisend war und bis heute Weltruhm besitzt.

Als erstes Binnenland-Aquarium legte die Wilhelma hinsichtlich der Tierhaltung ihren Schwerpunkt auf die Pflege von Korallenfischen. Hierfür wurden neue Salze entwickelt und zum ersten Mal in der Aquaristik Baumaterialien und Beschichtungen aus Kunststoff eingesetzt. Die meisten Korallenfische, die nach Deutschland kamen, wurden hier in der Wilhelma erstmals gehalten.

Doch nicht nur für seine Haltungserfolge ist das Wilhelma-Aquarium berühmt, sondern vor allem für die Zucht von Korallenfischen. Neugebauer erkannte nämlich als Erster, dass lebendes Meeresplankton die Grundvoraussetzung für die Ernährung der winzigen Korallenfischlarven darstellt und deshalb der Aufbau einer entsprechenden Planktonkultur unerlässlich ist.

Auch bei Reptilien gelangen Neugebauer seltene Zuchterfolge, wie etwa mit der Zucht von Wasserwaranen erstmals die Zucht eines Warans überhaupt.

Als Neugebauer ab 1970 bis zu seiner Pensionierung 1989 als Direktor die Leitung der gesamten Wilhelma übernahm und in dieser Zeit deren Ausbau ebenso erfolgreich prägte, blieben im Wilhelma-Aquarium der Pioniergeist und dadurch die Haltungserfolge bei vielen, unterschiedlichen Tierarten erhalten. So waren z.B. erste Kunstaufzuchten von Königspinguinen oder die Paarung von Fetzen-Seepferdchen zu verzeichnen.

Abb. 12 Wilbert Neugebauer

Werner Schröder (1907 - 1985), Direktor des Aquariums im Zoo Berlin.

Geboren in Bochum und aufgewachsen in Berlin, studierte Schröder an der heimischen Universität Biologie und Paläontologie. Von Studienreisen nach Ägypten und Kleinasien brachte er Tiere für das Aquarium Berlin mit. So entstanden erste Kontakte zu Oskar Heinroth und dessen Ehefrau Katharina. Nach dem 2. Weltkrieg übernahm Schröder zur Unterstützung der neuen Zoodirektorin Katharina Heinroth das Amt des kaufmännischen Direktors. In dieser Position schuf er die Grundlage für das Fortbestehen des völlig zerstörten Berliner Zoos. Sein Hauptziel jedoch war der schrittweise Wiederaufbau des ebenfalls zerstörten Aquariums. 1951 wurde dieser beschlossen und Werner Schröder zum Direktor des Aquariums ernannt. Schon 1952 eröffnete er die Aquarienabteilung wieder. Seine privaten und beruflichen Verbindungen nutzte Schröder, um das Aquarium erneut mit Leben zu erfüllen. Aus aller Herren Länder wurden Tiere – häufig erstmals überhaupt – importiert und schon bald war das Aquarium in Berlin abermals das artenreichste Europas und eines der bedeutendsten der Welt. Ende 1977 ging Schröder in den verdienten Ruhestand. Während seiner über 25-jährigen Amtszeit wurden im Aquarium Berlin

Abb. 13 Werner Schröder

Abb. 14 Carl Seitz

viele seltene Tierarten erstmals gehalten und vielfach auch gezüchtet.

Carl Seitz (1880 - 1946), Oberinspektor des Aquariums im Zoo Berlin.

Seitz, dessen Vater im Zoo Frankfurt arbeitete, fand dort schon als 15-jähriger Junge Beschäftigung, zunächst als Gehilfe seines Vaters und später in leitender Stellung im dortigen Aquarium, einem der ersten Aquarien in Europa, aber einem recht kleinen Haus. Auf ausgedehnten Studienreisen durch die anderen Aquarien Deutschlands, Belgiens und Hollands sammelte Seitz viele Erfahrungen, die er beim Umbau des Frankfurter Hauses nutzte.

Als 1913 Europas größtes Aquarium, das Berliner Aquarium, kurz vor der Eröffnung stand, holte der mit dem Bau und der Leitung des Aquariums beauftragte Ornithologe und wissenschaftliche Zoo-Assistent Oskar Heinroth den Praktiker Seitz als Inspektor für sein Aquarium nach Berlin, und dieser war genau der richtige Mann dafür. Beiden zusammen gelang es, im neuen Berliner Aquarium innerhalb kürzester Zeit eine einmalig große Sammlung lebender Fische, Amphibien, Reptilien, Insekten und Spinnen aufzubauen. Schon bald war Berlin das bedeutendste Aquarium des Kontinents. Trafen in den Häfen Hamburg und Bremen neue Tiersendungen ein, war Seitz stets einer der Ersten an Bord, um die besten Stücke für Berlin zu sichern.

Unter Kollegen und Liebhabern gleichermaßen war Seitz wegen seiner Erfahrung und seines Sachverstands hoch geschätzt und wurde als erfahrener Praktiker beim Neubau vieler Aquarien zu Rate gezogen, so beispielsweise in München, Dubrovnik und Paris.

Mit der Zerstörung des Berliner Aquariums im 2. Weltkrieg zerbrach das Lebenswerk von Carl Seitz, der kurz nach Kriegsende nach langer schwerer Krankheit fernab von Berlin im oberbayrischen Miesbach starb.

Sonnfried Streicher (geb. 1929), Direktor des Meeresmuseums Stralsund.

Sonnfried Streicher, in Crimitschau geboren, studierte an der Universität Leipzig Biologie. Nach dem Studium und einer zweijähriger Tätigkeit am Naturkundemuseums Leipzig wurde er 1956 Direktor des kleinen Natur-Museums in Stralsund. Hier entwickelte Streicher eine für naturwissenschaftliche Museen völlig neue Ausstellungskonzeption. Zentrales Thema wurde das Meer. In der ersten Ausbaustufe entstand 1957 als besondere Publikumsattraktion ein in die museale Ausstellung integriertes Aquarium. Als Gebäude hierfür wurde das neben dem Museum liegende gotische Katharinenkloster genutzt, das seit der Reformation als Lagerhalle gedient hatte, dessen hohes Kirchenschiff aber erhalten geblieben war. Diese Kombination eines historischen Kirchengebäudes mit einem modernen Museum und einem Meeresaquarium wurde ein so großer Publikumserfolg, dass das Meeresmuseum und sein Aquarium in den Folgejahren weiter ausgebaut wurden.

In den 80er Jahren genossen Museum und Aquarium internationalen Ruf. Es war das einzige ausschließlich den Meerestieren gewidmete Aquarium der DDR, denn in den Ländern hinter dem Eisernen Vorhang waren Salzwasser und Meerestiere damals im Handel nur schwer zu bekommen. Streicher und Mitarbeiter unternahmen deshalb eine Fang- und Sammelexpedition ins Rote Meer. Sie schlossen Kooperationsverträge mit der DDR-Handelsflotte und rüsteten deren Schiffe mit Aquarien aus. So versorgten diese dann das Meeresmuseum Stralsund bei Leerfahrten aus dem Nordatlantik mit Salzwasser und nach Fahrten in ferne tropische Meere mit Korallenfischen.

Nach der Wiedervereinigung gelang es Streicher, das Meeresmuseum Stralsund zu einem Deutschen Meeresmuseum, also zu einem Bundesinstitut, umzuwandeln und so den weiteren Ausbau dieses im deutschsprachigen Raum einzigartigen Meeresmuseums und Meeresaquariums zu garantieren.

Für das Wohl der kostbaren Tiere vor Ort sorgte zunächst Rudolf Jonas. Ihm folgte ab 1972 Karl-Heinz Tschiesche, der bis Mitte 2003 Leiter des Meeresaquariums in Stralsund war und für alle Ausbauten im Aquarium verantwortlich zeichnete, hier aber auch über die akustische Kommunikation von Riffbarschen promovierte.

Abb. 15 Sonnfried Streicher

Manfred Zahn (geb. 1929), Direktor des Löbbecke Museums & Aquazoos.

Geboren und aufgewachsen in Berlin, studierte Zahn an der heimischen Universität Biologie und Geologie. Dort arbeitete er zunächst über den Temperatursinn von Ameisen, später über dieselbe Fragestellung bei Süßwasserfischen und ab 1960 als Biologe an der Biologischen Anstalt Helgoland bei Meeresfischen. Ab 1961 baute und leitete Zahn in Osnabrück das Naturmuseum mit einem kleinen Aquarium. 1967 wurde er Direktor des Löbbecke Museums und Aquariums in Düsseldorf.

Das Düsseldorfer Aquarium war 1948 in einem Bunker aus dem letzten Weltkrieg gegründet worden. Trotz der naturgemäß in einem solchen Gebäude schwierigen Haltungs- und Arbeitsbedingungen gelang Zahn und seinen Mitarbeitern die Zucht von Katzenhaien und Sepien über mehrere Generationen sowie später im neuen Haus in einem kleinen Planktonkreisel erstmals die Haltung von Ohrenquallen.

Abb. 16 Manfred Zahn

Arbeitsschwerpunkt und Hauptanliegen Zahns aber war es stets, dem Besucher nicht nur Tiere zu zeigen, sondern ihn in vielfältiger Art und Weise über die Tiere zu informieren und deshalb eine gute Zoopädagogik aufzubauen.

Als schließlich das Bunker-Aquarium einem Neubau Platz machen sollte, flossen in die Neubauplanungen viele museale Ideen mit ein, vor allem aber prägten Zahns zoopädagogische Aspekte das neue Ausstellungskonzept. Mit dem Aquazoo Düsseldorf entstand ein für Deutschland völlig neuer und bis heute immer noch einmaliger Typ Schauaquarium. Nicht Emotion, sondern naturwissenschaftliche Bildung einer breiten Bevölkerung steht im Vordergrund der Ausstellung. Jedes noch so attraktive Aquarium oder Terrarium und jedes hier gehaltene Tier verdeutlicht dem Besucher beispielhaft biologische Zusammenhänge.

Mit dieser bis dahin ungewohnten, zoopädagogischen Konzeption ist Zahn ein völlig anderes Aquarium und Naturkundemuseum gelungen als bisher in Deutschland üblich. Viele Architekten und Kollegen suchten deshalb hier in den Folgejahren Anregungen für ihre eigenen Planungen oder Häuser.

Tab. 1 Eröffnung von Schauaquarien im deutschsprachigen Raum und deren Außenstationen

Jahr	Ort
1858	Frankfurt (Elefantenhaus)
1864	Hamburg (Zoo)
1869	Berlin (Unter den Linden)
1870	Hannover (Egestorff-Aquarium)
1872	Neapel (als Lieferant für Berlin und Frankfurt)
1873	Wien (Prater)
1877	Frankfurt (Zoo)
1885	Wien (Adriatisches Aquarium), Münster (Privat)
1892	Helgoland
1910	Leipzig (Zoo)
1911	Wien (Schönbrunn)
1912	Dresden (Zoo)
1913	Berlin (Zoo), Büsum, Bremerhaven (Zoo)
1927	Helgoland (Biologische Station, völliger Umbau 1988), Wuppertal (Zoo)
1935	Duisburg (Zoo), Halle (Zoo)
1936	Bern
1936/37	München (Zoo)
1951	Stralsund (Meeresmuseum)
1952 - 56	Berlin (Wiederaufbau)
1957	Frankfurt (Wiedereröffnung)
1960	Hamburg (Troparium im Tierpark Hagenbeck)
1962	Karlsruhe (Vivarium im Staatlichen Museum)
1965	Wien (Haus des Meeres, erste Anfänge als Vereinsaquarium, 1979 öffentliches Aquarium)
1966	Ulm
1967	Stuttgart (Wilhelma)
1971	Köln (Zoo)
1972	Basel (Zoo), Kiel
1974	Wuppertal (Provisorium/Zoo), Münster (Zoo)
1980	Berlin (Erweiterung und Umbau)
1983	Salzburg (Haus der Natur)
1984	Hannover (Landesmuseum)
1985	Stralsund (Erweiterung)
1986	Düsseldorf (Aquazoo)
1987	Bern (Zoo)
1989	Leipzig (Rekonstruktion und Umbau)
1992	Leipzig (Neubau/Ringbecken)
1994	Straubing (Danubium im Tiergarten)
1996	Timmendorf (Sea Life Center)
1998	Leipzig (Umbau Terrarium), Burg auf Fehmarn (Meereszentrum Fehmarn)
1999-2002	Berlin (Umbau Landschaftsaquarien)
2000	Konstanz (Sea Life Center)
ab 2000	Basel (Umbau)
2001	Potsdam (Aquarium im Museum)
2002	Oldenburg (Aquarium im Naturkundlichen Museum)
2003	Berlin (Sea Life Center & Aquadome)
2004	München (Zoo-Aquarium, völliger Umbau)

Weitere bedeutende Aquarien befinden sich in

- **Europa**: Antwerpen, Amsterdam, Arnheim, Barcelona, Bergen, Boulogne-sur-Mer, Brest, Esbjerg, Genua, Grenaa, Kopenhagen, La Rochelle, Le Croisic, Lissabon, Madrid, Monaco, Neapel, Rotterdam

- **Amerika**: Baltimore, Boston, Charleston, Chattanooga, La Jolla, Long Beach, Monterey, New York, San Francisco, Vancouver
- **Afrika**: Kapstadt
- **Asien**: Enoshima, Fukushima, Kuweit, Hong Kong, Nagoya, Shanghai, Singapore, Toba, Tokio, sowie weitere rund 70 neue Aquarienhäuser, u.a. in Peking (3) und Seoul.

Das Aquarium als Lebensraum

Aquarienbau und -gestaltung

Rainer Kaiser

In zoologischen Gärten bzw. öffentlichen Aquarienhäusern werden Fische in aller Regel in wassergefüllten Behältern, den Aquarien (lat. „aqua" = Wasser) ausgestellt. Die mancherorts übliche Präsentation bestimmter Fischarten, z.B. Farbkarpfen und Goldfische, in Teichen bleibt die große Ausnahme. Je nach Größe der Aquarien, aber auch nach ihrer geplanten späteren Funktion wählt man das Material zur Herstellung der Becken.

Sehr große Aquarien, ab etwa 30 m^3, werden immer in so genanntem wasserdichtem Beton gegossen und ihre Oberfläche mit einer Laminatbeschichtung aus mehreren Lagen versehen. Die früher in Aquarien häufig benutzte Beschichtung mit lösungsmittelfreiem Zweikomponentenharz ist zumindest für die Seewasseraquaristik nicht sehr zu empfehlen, da das Epoxid im Seewasser allmählich spröde wird und bei Schlag wie Glas springt. Der Glasfalz wird vorgeprimert und beschichtet. Für die Vergla-

Abb. 17 Bau des Ringbeckens im neuen Aquarium, Zoo Leipzig, 1988. Der innere Ring ist eine Hilfskonstruktion aus Stahl zur Betonierung der unteren und oberen Anschläge für die Glasscheiben

Abb. 18 Kunststoff-Unterkonstruktion für eine Riffwand (Zoo-Aquarium Berlin)

sung kann je nach Größe der Scheiben Verbundsicherheitsglas (VSG) aus Silikatglas, das allerdings stets einen leichten Grünstich hat, oder Acrylglas genommen werden. Bei großen Fensteröffnungen können die VSG-Scheiben mit einer senkrechten oder horizontalen Silikonfuge gestoßen werden. Acrylscheiben hingegen können – allerdings sehr aufwendig – unter hohen Temperaturen und Druck vor Ort verklebt und die Klebefuge anschließend wieder poliert werden, so dass optisch riesige, ungeteilte Unterwasserfenster entstehen. Auf dieselbe Weise werden auch die durch die Aquarien verlaufenden Acryltunnel montiert, bei denen aus Kostengründen fast immer nur der obere Bogen aus Acryl, der Fußboden und die untere Hälfte der Seitenwände hingegen aus Beton sind. Eine noch größere Illusion des „Abtauchens" schaffen 360°-Tunnel bei tiefen Becken. Am Übergang zwischen Fußboden und Acrylboden bleiben allerdings viele Menschen zunächst aus Vorsicht stehen. Dadurch kann es zu einem Stopp beim Publikumsstrom und damit zum Gedränge kommen, wenn keine über Selenzellen gesteuerten Laufbänder durch den Tunnel führen.

Konstruktiv dürfen alle größeren Becken nicht mit dem Gebäude verbunden sein, damit bei Bewegungen des Gebäudes keine Risse im Becken auftreten, die zur Undichtigkeit führen.

Die entsprechenden Leitungen für den Filterzu- und -ablauf sowie die Wellenmaschinen werden schon beim Einschalen der Betonwände eingelegt und müssen relativ weit in das Becken ragen, damit sie am Ende nicht durch die Dekoration verbaut werden.

Für **mittlere Beckengrößen**, etwa 2 - 30 m^3, werden gern Laminatbecken verwendet, deren Statik eine von Laminat ummantelte Stahlarmierung garantiert. Ist die Stahlarmierung nicht auch außen und unter dem Becken lückenlos mit ummantelt, kommt es später – vor allem bei Seewasser-Becken – zur Oxidation des Stahls und damit zu hässlichen Rostspuren an den Beckenaußenwänden und auf dem Boden. Als Scheibenauflage ist entweder ein ebenfalls beschichteter V4A-Stahlwinkel oder ein entsprechendes Kunststoffprofil eingeklebt. Die Filteranschlüsse können später nach Bedarf gebohrt und erneut eingedichtet werden. Früher wurden

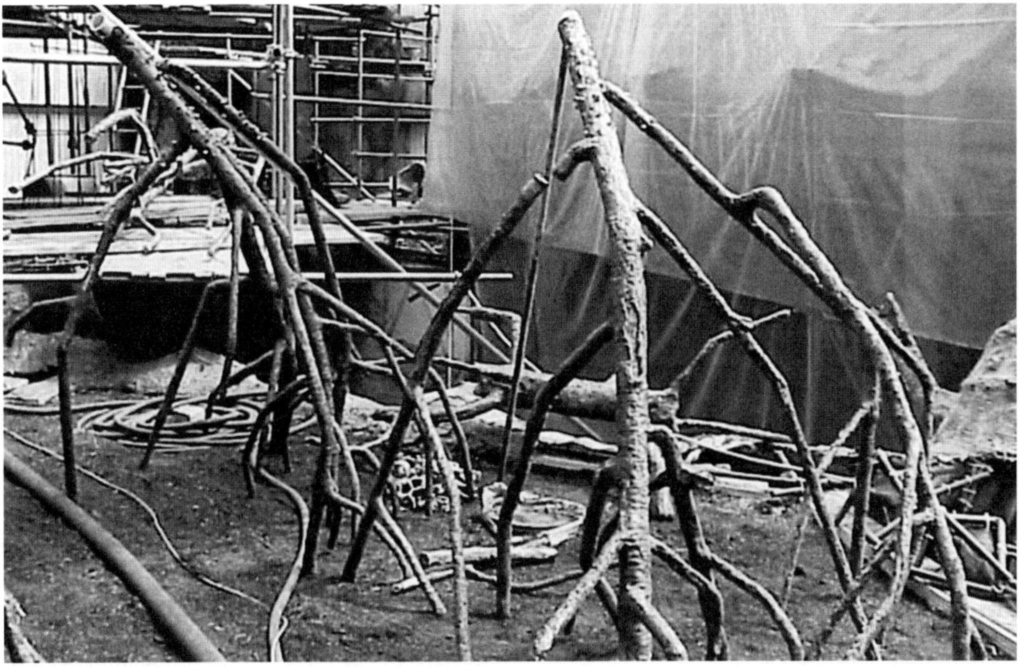

Abb. 19 Künstliche Mangrove-Wurzeln (Zoo-Aquarium Berlin)

vielfach Gestellaquarien mit Rahmen aus so genanntem nicht-rostendem Stahl (V4A) benutzt, die jedoch kaum noch hergestellt werden, da sie für Seewasser-Becken auf Dauer ungeeignet sind. Aber auch der Einsatz von Betonbecken ist in diesen Größen oft sinnvoll.

In vielen Schauaquarien stehen heute neben eckigen Becken runde Acrylzylinder, die nicht nur für optische Abwechslung sorgen, sondern auch für die Haltung von Schwarmfischen geeignet sind. Wegen der optischen Brechung darf der Zylinderradius jedoch nicht zu klein sein. Der größte bisher produzierte Zylinder ist 16 m hoch und 10 m im Durchmesser.

Kleinere Aquarien – von etwa 0,5 - 2 m^3 – sind im Allgemeinen Nurglas-Aquarien, bei denen die Glas- oder Acrylscheiben, auf Stoß oder auf Gehrung geschnitten, mit Silikonkautschukfugen zusammengehalten werden. Durch die hohe Dauerelastizität des Silikons können Spannungen im Glas weitgehend aufgefangen werden. Eingefärbte Verklebungen sind transparenten vorzuziehen, da sich Algen auf transparenten Fugen besser entwickeln und diese auf Dauer zerstören können. Die Verfugung kann zwar auf unterschiedliche Weise ausgeführt werden, sollte jedoch eine Dicke von 2 - 3 mm niemals unterschreiten. Nach Möglichkeit sollten die Seitenscheiben nicht auf die Grundplatte gestellt werden, sondern diese umrahmen. Die Stärke der Scheiben richtet sich nach der Wasserstandshöhe sowie der Länge und Breite des Beckens. Sollen Nurglas-Becken einen bestimmten Einblick gestatten, empfiehlt es sich, die anderen Seiten von außen mit farbigem oder schwarzem Silikon zu beschichten, da jede aufgetragene Farbe erfahrungsgemäß über kurz oder lang abblättert. Nurglas-Becken sind grundsätzlich hygienischer und lassen sich besser reinigen als andere Beckentypen, sie sind deshalb für Quarantäne- und Zuchtbecken besonders geeignet.

Klein- und Kleinstaquarien bis etwa 0,5 m^3 werden ebenfalls als Nurglas-Aquarien oder aus Kunststoffwänden und -böden mit vorderer Glasscheibe hergestellt. Sie werden nicht nur im

Quarantäne- und Zuchtbetrieb eingesetzt, auch für bestimmte Themen im Schaubereich (Ausstellung von Kleinstfischen, Artbecken u.a.) sind kleine Aquarien unverzichtbar.

Bei allen Aquarien, die nicht aus Beton vor Ort gegossen sind und auf einem Sockel oder Gestell stehen, ist darauf zu achten, dass der Stellplatz möglichst eben und horizontal sowie schwankungs- und erschütterungsfrei ist. Bei der Auswahl des Stellplatzes ist darauf zu achten, dass eine Tragfähigkeit bis zum 3fachen des Gesamt-Aquariumgewichts (Becken + Wasser + Dekoration) gewährleistet ist.

Quarantäne-Becken. In der Quarantänezeit kommt es darauf an, dass einerseits ausbrechende Krankheiten und Parasitenbefall schnell und problemfrei behandelt werden können, andererseits die Fische sich wohl fühlen, damit sie sich schnell auf die Aquarienhaltung und neue Futtersorten einstellen können. Die Inneneinrichtung darf deshalb nicht ästhetischen Gesichtspunkten folgen, sondern muss gegebenenfalls leicht zu entfernen sein, aber auch dem Komfortverhalten der Fische genügen. Viele Fische wünschen gerade in der Eingewöhnungszeit Deckung. Hierfür reichen häufig PVC-Rohrstücke, ein Wurzelstock oder eine abgestorbene Koralle aus. Pflanzen und lebende Steine hingegen sind bei vielen Medikamentbehandlungen dem Tod geweiht und würden dann die Wasserqualität verschlechtern. Aus denselben Gründen müssen die Filter leicht zu reinigen sein, aber vor allem sehr schnell Giftstoffe aus dem Wasser entfernen (Aktivkohle, Eiweißabschäumer). Bodengrund sollte im Quarantäne-Becken nur den am und im Boden lebenden Fischen angeboten werden. Für die Quarantäne von pelagischen Fischen haben sich relativ flache Rundbecken mit großer Oberfläche (Garten-Swimmingpool) bewährt. Damit Haie und Rochen nicht an der Wand entlang schaben und sich dabei verletzen, können senkrecht an der Wand PVC-Schläuche oder Ausströmer befestigt werden.

Zuchtbecken. Im Allgemeinen werden kleinere Aquarien für ein Zuchtpärchen oder eine Zuchtgruppe verwendet. Vielfach werden die Pärchen aber auch in Ablaichkästen in demjenigen Aquarium gehalten, in dem später die Jungfische aufwachsen sollen. Bodengrund und Dekoration der Zuchtbecken richten sich nach dem Ablaich- und Brutverhalten der Fischart. Wird keine Brutpflege betrieben, müssen Elterntiere und Eier bzw. Jungfische möglichst schnell voneinander getrennt werden, damit die Brut nicht zu einem guten Futter für die Elterntiere wird. Jungfische treiben häufig in den ersten Tagen oder Wochen planktisch im Wasser, eine Beckendekoration würde deshalb stören und sollte erst – und auch dann nur sehr sparsam – eingebracht werden, wenn Dekorationselemente für das Komfortverhalten der Fische erforderlich sind.

Schaubecken. Als Bodengrund wird im Süßwasser-Aquarium sauber gewaschener und gut durchgespülter Kies oder Steinsplitt eingebracht, dessen Körnung sich nach den Lebensansprüchen der zu haltenden Tiere und Pflanzen richtet. Die Farbe des verwendeten Materials ist mehr eine ästhetische Frage, doch fühlen sich viele Fische auf dunklerem Untergrund wohler als auf sehr hellem. Im Seewasser-Aquarium werden je nach Lebensweise und Herkunft der Tiere Kies, Muschelsplitt, Seesand, Foraminiferensand oder vom Wellengang rund geschliffener Korallensplitt als Bodengrund verwendet. Ist der verwendete Sand jedoch sehr fein, darf die Bodenschicht nur flach sein. Sonst kommt es unter Luftabschluss in den tieferen Schichten schnell zu Fäulnisprozessen und Bildung von hochgiftigem Schwefelwasserstoff.

Zur Dekoration können im Süßwasser alle Steine verwendet werden, die frei von Kalk und giftigen Schwermetallen sind, da die meisten tropischen Süßwasserfische in weichen Gewässern leben. Im Weichwasser löst sich im Laufe der Zeit Kalk aus dem Kalkgestein und härtet das Wasser entsprechend auf. Nur für die Haltung mancher Lebendgebärenden Zahnkarpfen und der in sehr hartem Wasser lebenden Buntbarsch-Arten der ostafrikanischen Grabenseen ist dies ohne Bedeutung oder sogar hilfreich.

Abb. 20 Tunnelbecken, Oceanopolis Brest, Frankreich. Eine seitliche Verspiegelung vergrößert optisch das Riesenaquarium

Müssen Steine fixiert werden, so kann dies z.B. mit Zementmörtel, Marmorkitt oder Polyurethanschaum geschehen. Dabei ist auf eine ausreichende Wässerung vor dem Einsetzen der Pflanzen und Fische, insbesondere bei der Verwendung von Zementen, zu achten. Eine andere Möglichkeit zur Fixierung der Steine ohne jegliche Verklebung bieten Kunststoffkabelbinder oder Edelstahlstifte. Auf jeden Fall muss vermieden werden, dass unzugängliche Hohlräume oder Stillwasserzonen entstehen. Deshalb werden vielfach Steindekorationen auch nur locker aufgeschichtet.

Im Seewasser hingegen sind sehr viele Salze gelöst, deshalb ist hier Kalkgestein besonders gut als Dekorationsgestein geeignet, zumal in tropischen Meeren alle Korallenriffe Kalksteinbildungen sind. Aber auch Granit, Basalt und Sandstein sind für die Dekoration von Seewasser-Aquarien geeignet. Wegen der hohen Aggressivität des Seewassers darf das Gestein jedoch keine Schwermetalle oder andere Giftstoffe enthalten. Korallen- und Lochgestein muss besonders gut vorgereinigt werden, da sich in den zahlreichen Hohlräumen des Gesteins viel abgestorbene organische Substanz abgelagert hat, die später das Aquarienwasser belastet. Die Fixierung des Dekorationsgesteins erfolgt in der gleichen Weise wie im Süßwasser.

In Süßwasser-Aquarien werden gerne Wurzeln zur reinen Schmuckdekoration, aber auch um Fischen Deckung zu bieten, eingebaut. Diese müssen gut gereinigt und lange vorher gewässert oder abgekocht werden, damit sie nicht an der Oberfläche treiben oder später Farbstoffe in das Aquarienwasser abgeben. Zur Dekoration besonders beliebt sind Moorkienwurzeln, die schwerer sind und im Wasser nicht so schnell verrotten wie normale Wurzeln. Optisch sehr schön und insbesondere für Oberflächenfische sehr vorteilhaft

Abb. 21 Blick in einen Riesentank für Thunfische, Tokyo Sea Life Park

sind die ins Wasser hängenden Wurzeln lebender Rankepflanzen (z.B. *Monstera*, *Epipremnum* etc.), denn lebende Pflanzen und hier die Vielzahl der Wasserpflanzenarten sind noch immer die beste Dekoration. Welche Dekorationselemente am Ende eingesetzt werden, ist nicht nur eine Geschmacksfrage, sondern richtet sich auch nach den zu pflegenden Fischen.

Außer Seegras, das im Aquarium nur sehr schwer zu halten ist, leben keine höheren Pflanzen im Meer. Ihren Platz nehmen die verschiedenen roten, braunen und grünen Blattalgen oder Tange ein, von denen viele, insbesondere die Braunalgen, bisher allerdings nur in natürlichem Meereswasser und bei starker Wellenbewegung wachsen. Um den Wunsch nach Großtangen im Aquarium dennoch zu befriedigen, bietet die Aquarienindustrie heute Tang aus Kunststoff an, der vor allem in Kelp-Becken sehr gut benutzt werden kann und der den erforderlichen Lebensraum für die in Kelpwäldern endemische Fischfauna schafft. Aber vor allem die natürlichen grünen Blattalgen (*Caulerpa spec.*), die zudem im Aquarium gut wachsen, sind nicht nur dekorativ, sondern bieten für viele Fische auch den geeigneten Lebensraum.

Zur Dekoration von Korallenriff-Becken werden heute noch vereinzelt Skelette von abgestorbenen Stein- und Hornkorallen verwendet. Aus Naturschutzgründen ist dies jedoch nicht mehr zu vertreten. Hier sollte man auf Korallennachbildungen zurückgreifen, die aus biegsamem Polyurethan hergestellt werden. Diese Korallen sind zudem nicht weiß wie die Korallenskelette, sondern in eine Farbe eingefärbt, die der lebender Korallen entspricht. Viel besser ist es natürlich, wenn das Riff aus lebenden Korallen aufgebaut ist. Doch dies ist nicht in allen Korallenfisch-Becken möglich.

Die Großaquarien verzichten bei der Dekoration ihrer Becken heute vielfach ganz auf natürliche Materialien und bauen die Felskulisse, aber auch Baumstämme und Wurzeln künstlich aus Spritzbeton auf. Diese Kunstdekorationen können innen hohl sein und bereiten damit statisch weniger Probleme als die schweren Naturmaterialien. Unter dem Wasserspiegel müssen dann in dem hohlen Felsen oder Baumstamm Öffnungen für die Wasserzirkulation vorgesehen werden, um im Felsinneren anaerobe „Totwasser-Zonen“ zu vermeiden. Als Armierung für den Felsaufbau verwendet man am besten PVC-

Rohre. Diese werden mit einer Kunststoffgaze überspannt, dann erst wird der Beton aufgespritzt. Um am Ende die gewünschte Felsoberflächenstruktur zu bekommen, werden zuvor an einem Naturfels gewonnene Latexformen auf den weichen Beton gepresst. Während des Aushärtens können dreidimensionale Spalten und Höhlen in den Beton modelliert werden.

Immer häufiger möchten die Schauaquarien ein Becken nicht nur für die Fische optimal gestalten, sondern auch den vor dem Becken stehenden Betrachter mit in die Unterwasserlandschaft integrieren. Deshalb setzt sich hier die Aquariumsdekoration über die Scheibe hinaus bis in den Besucherraum fort oder die Aquarien stehen als angeschnittene Gewässerbereiche inmitten einer Landschaft, durch die der Betrachter selbst wandert.

Nach wie vor gehört es zu den Hauptaufgaben des Aquarienpflegers, wie es Hans-Günther Petzold im alten Grundlagenband von „Wildtiere in Menschhand“ bereits 1971 formulierte, „eine den Ansprüchen der Tiere weitestgehend gerecht werdende Einrichtung und Pflege des Beckens so mit einer für die Besucher des Schauaquariums bestimmten ästhetischen Wirkung der Unterwasserlandschaft zu vereinigen, dass beide Teile – die vor und hinter der Glasscheibe – zufrieden sind“.

Aquarienbepflanzung

L. Dudek

Für eine naturnahe Einrichtung von Aquarien sind Wasserpflanzen ein wichtiges Dekorationsmittel. Auch für gute Wasserverhältnisse spielen sie eine nicht zu unterschätzende Rolle. Für Meerwasser-Aquarien sind Algen wichtig, während für Süßwasser-Aquarien höhere Pflanzen, also neben Moosen, Farnen und Brachsenkräutern vor allem Blütenpflanzen eine große Bedeutung haben.

Voraussetzung für einen guten Pflanzenwuchs sind die Herstellung und Einhaltung der notwendigen Bedingungen. Dies sind vor allem Wasser (Wassertemperatur, Wasserhärte bzw. Salzkonzentration), Licht (Beleuchtungsstärke und Beleuchtungsdauer), Bodengrund und die Nährstoffbereitstellung (Düngung, Kohlendioxidgaben) sowie der Wasserstand. Durch Massenvermehrung bestimmter Algen (Schmier-, Faden-, Bart- und Pinselalgen) kann es zu Beeinträchtigungen des Pflanzenwachstums kommen, wobei ein gutes Wasserpflanzenwachstum andererseits die Algen zurückdrängen kann. Die Beeinflussung dieser Wechselwirkung zugunsten der Wasserpflanzen durch gute Wachstumsbedingungen, geeignete Pflanzen und Algen fressende Tiere ist eine Voraussetzung für dekorative Aquarien.

Ein weiteres Problem können dominierende Pflanzenarten, die andere Arten zurückdrängen, sein. Dies kommt einerseits den natürlichen Verhältnissen sehr nahe, entspricht aber oft nicht unseren Ansichten über dekorative Aquarien. Die Pflege von Aquarien mit vielen verschiedenen Wasserpflanzen, die oft noch unterschiedliche Ansprüche haben, erfordert eine Menge Erfahrung vor allem hinsichtlich Pflanzenauswahl sowie häufige Pflanzenkorrekturen.

Im so genannten „Holländischen Aquarium“ wird durch unterschiedliche Wasserpflanzen hinsichtlich Größe, Struktur und Farbe ein dekorativer „Unterwassergarten“ gestaltet, wobei die Tiere oft nur eine untergeordnete Rolle spielen.

Die Bepflanzung von Aquarien, die Pflanzen fressende Fische wie Scheibensalmler, Barben, Guramis oder große Buntbarsche beherbergen, ist nicht möglich. Um dennoch eine grüne Kulisse zu haben, kann man diese Tiere in Landschaftsaquarien halten, wo Landpflanzen oberhalb des Wassers für den Besucher sichtbar wachsen. Besonders naturnah kann man Wasserpflanzen in offenen Aquarien pflegen, in denen Sumpfpflanzen, die nur zeitweise untergetaucht (submers) leben, aus dem Wasser herauswachsen können. Diese bilden dann andere Wuchsformen, so genannte emerse Formen.

Bei der Einrichtung von Aquarien mit Tieren aus gemäßigten Zonen ergeben sich im Winter beim Einsatz von Wasserpflanzen aus diesen Gebieten Probleme. Wie in der Natur gehen manche Arten im Winter ein und bilden Winterknospen, die im Frühjahr wieder austreiben, während andere im Winter ihr Wachstum spürbar verlangsamen.

Für Aquarien mit Brackwasser gibt es nur wenige Pflanzenarten, welche die höheren Salzkonzentrationen tolerieren. Auch hier ist das Grün am besten im Landschaftsaquarium außerhalb des Wassers zu pflegen. Typische Brackwassergebiete sind Mangrovenwälder. Auch im Aquarium lassen sich diese Pflanzen gut pflegen und bilden langsam (nach Jahren) die für sie so typischen Stelzwurzeln.

Im Meerwasser-Aquarium haben sich vor allem Algen als Mittel für ein naturnahes Aussehen bewährt. Sowohl die Bildung von Kalkrotalgen im Riffaquarium als auch die von Grünalgen unterschiedlicher Struktur ist meistens positiv für die Entwicklung im Meeresaquarium.

Eine große Rolle spielen so genannte Kriechsprossalgen (*Caulerpa*), die in vielen Arten zur Verfügung stehen. Die Kultivierung einiger Braun- und Rotalgenarten ist durchaus erfolgreich, hat sich aber vor allem bei größeren Arten wie Tange oder Kelp als schwierig erwiesen und ihre Beschaffung ist für Binnenland-Schauaquarien nicht leicht. Auch eine Haltung von Seegras im Meeresaquarium ist über längere Zeiträume noch nicht zufriedenstellend gelungen. Als Alternative bieten sich gut gemachte Kunstpflanzen an, die, leicht veralgt, einen natürlichen Eindruck erwecken.

In den Tabellen 2 - 12 wurden Pflanzen ausgewählt, die leicht zu kultivieren sind und, was die Süßwasserpflanzen betrifft, von Wasserpflanzengärtnereien regelmäßig angeboten werden.

Tab. 2 Europa

Art	Verwendung	Vermehrung	Bemerkungen
	Algen, Farne, Brachsenkräuter, Moose		
Algenball, Echter Seeball (*Cladophora aegarophila*)	Schwimmpflanze oder auf dem Boden liegend	Abzupfen kleiner Portionen	gegen Verschmutzung empfindlich
Gewöhliches Quellmoos (*Fontinalis antipyretica*)	Schwimmpflanze oder flutend	Abzupfen kleiner Portionen	auf Unterlagen befestigen
Brachsenkraut (*Isoetes velata*)	Solitärpflanze für die Mitte	Teilung des Rhizoms schwierig, über Sporen	da schwierige Vermehrung selten angebotene Aquarienpflanze
Vierblättriger Kleefarn (*Marsilea quadrifolia*)	Gruppenpflanze für den Vordergrund oder flutend	Abtrennen kleiner Sprossstücke	auch als Sumpfpflanze geeignet
Teichlebermoos (*Riccia fluviatilis*)	Schwimmpflanze	Abzupfen kleiner Portionen	Moospolster eignen sich als Jungfischversteck und zur Schattierung
Schwimmender Büschelfarn (*Salvinia natans*)	Schwimmpflanze	Überwinterung eingesammelter Sporenbehälter in kaltem Wasser	sterben im Winter ab
	Blütenpflanzen		
Gemeines Hornkraut (*Ceratophyllum demersum*)	Gruppenpflanze für den Hintergrund oder flutend	Teilung von Sprossen, Abtrennen von Seitentrieben	keine Wurzeln, deshalb am Boden verankern
Zierliches Hornkraut (*Ceratophyllum submersum*)	Gruppenpflanze für den Hintergrund oder flutend	Teilung von Sprossen, Abtrennen von Seitentrieben	keine Wurzeln, deshalb am Boden verankern
Nadelsimse (*Eleocharis acicularis*)	Gruppenpflanze für den Vordergrund	Abtrennen von Ablegern	viel Licht
Wasserprimel (*Hottonia palustris*)	Gruppenpflanze für Vordergrund und Mitte	Stecklinge	viel Licht

Tab. 2 Europa

Art	Verwendung	Vermehrung	Bemerkungen
Grundnessel (*Hydrilla verticillata*)	Gruppenpflanze für den Hintergrund oder flutend	Teilung von Sprossen, Abtrennen von Seitentrieben	viel Licht
Gewöhnlicher Froschbiss (*Hydrocharis morsusranae*)	Schwimmpflanze	Ablegerbildung	möglichst im flachen Wasser einsetzen, Bildung von Winterknospen
Bucklige Wasserlinse (*Lemna gibba*)	Schwimmpflanze	starke vegetative Vermehrung	wird durch starke Vermehrung schnell zum Unkraut
Kleine Wasserlinse (*Lemna minor*)	Schwimmpflanze	starke vegetative Vermehrung	wird durch starke Vermehrung schnell zum Unkraut
Pfennigkraut (*Lysimachia nummularia*)	Gruppenpflanze für die Mitte	Sprosse der Landform umgewöhnen	viel Licht, auch als Sumpfpflanze geeignet
Ähriges Tausendblatt (*Myriophyllum spicatum*)	Gruppenpflanze für den Hintergrund	am besten durch Kopfstecklinge	im Winter geringeres Wachstum
Quirliges Tausendblatt (*Myriophyllum verticillatum*)	Gruppenpflanze für den Hintergrund	am besten durch Kopfstecklinge	zieht im Winter ein und bildet Winterknospen
Biegsame Nitella (*Nitella flexilis*)	flutende Büschel	Abtrennen von Seitensprossen	als Laichsubstrat verwendbar
Gelbe Teichrose (*Nuphar lutea*)	Solitärpflanze für die Mitte	Teilen von Rhizomen	viel Licht
Zwergteichrose (*Nuphar pumila*)	Solitärpflanze für die Mitte	Rhizomteilung, Aussaat	Schwimmblätter regelmäßig dezimieren
Bachbunge, Salzbunge (*Samolus valerandi*)	Solitär- oder Gruppenpflanze für Vordergrund und Mitte	Aussaat	besonders für Brackwasser geeignet
Wasseraloe, Krebsschere (*Stratiotes aloides*)	Schwimmpflanze, auch untergetaucht	Abtrennen von Ablegern	auf Unterlagen befestigen, keine Winterruhe
Übersehener Wasserschlauch (*Utricularia neglecta*)	Schwimmpflanze	Abtrennen von Seitensprossen und Sprossabschnitten	verschiedene Wuchsformen
Gewöhnliche Wasserschraube (*Valisneria spiralis var. spiralis*)	Gruppenpflanze für Hintergrund und Mitte	Abtrennen von Ablegern	durch Ausläuferbildung entstehen dichte Bestände

Tab. 3 Nordamerika

Art	Verwendung	Vermehrung	Bemerkungen
	Farne, Moose		
Gewöhnliches Quellmoos (*Fontinalis antipyretica*)	Schwimmpflanze oder flutend	Abzupfen kleiner Portionen	auf Unterlagen befestigen
Vierblättriger Kleefarn (*Marsilea quadrifolia*)	Gruppenpflanze für den Vordergrund oder flutend	Abtrennen kleiner Sprossstücke	auch als Sumpfpflanze geeignet
Teichlebermoos (*Riccia fluviatilis*)	Schwimmpflanze	Abzupfen kleiner Portionen	Moospolster als Jungfischversteck und zur Schattierung
	Blütenpflanzen		
Karolina-Fettblatt (*Bacopa caroliniana*)	Gruppenpflanze für die Mitte	Stecklinge	auch als Sumpfpflanze geeignet

Tab. 3 Nordamerika

Art	Verwendung	Vermehrung	Bemerkungen
Gemeines Hornkraut (*Ceratophyllum demersum*)	Gruppenpflanze für Vordergrund und Mitte	Teilung von Sprossen, Abtrennen von Seitentrieben	keine Wurzeln, deshalb am Boden verankern
Amerikanische Bachburgel (*Didiplis diandra*)	Gruppenpflanze für Vordergrund und Mitte	Abtrennen von Seitensprossen	sehr spröde Sprossen
Zellophanpflanze (*Echinodorus berteroi*)	Solitärpflanze für Hintergrund und Mitte	Aussaat von gut keimenden Samen	besonders für offene Aquarien durch Bildung von Luftblättern
Herzblättriger Wasserwegerich (*Echinodorus cordifolius*)	Solitärpflanze für Hintergrund und Mitte	Abtrennen von Adventivpflanzen	besonders für offene Aquarien durch Bildung von Luftblättern
Grasartige Schwerpflanze (*Echinodorus tenellus*)	Gruppenpflanze für den Vordergrund	Abtrennen von Ablegern	Ausläufer bildend, viel Licht
Nadelsimse (*Eleocharis acicularis, E. vivipara*)	Gruppenpflanze für den Vordergrund	Abtrennen von Ablegern	viel Licht
Kanadische Wasserpest (*Eleodea canadiensis*)	Gruppenpflanze für den Hintergrund	Abtrennen von Seitensprossen, Stecklinge	viel Licht
Amerikanisches Perlkraut (*Hemianthus micranthemoides*)	Gruppenpflanze für Vordergrund und Mitte	Stecklinge	viel Licht
Amerikanischer Wassernabel (*Hydrocotyle verticillata*)	Gruppenpflanze für den Vordergrund	Stecklinge	viel Licht, auch als Sumpfpflanze geeignet
Bucklige Wasserlinse (*Lemna gibba*)	Schwimmpflanze	starke vegetative Vermehrung	wird durch starke Vermehrung schnell zum Unkraut
Kleine Wasserlinse (*Lemna minor*)	Schwimmpflanze	starke vegetative Vermehrung	wird durch starke Vermehrung schnell zum Unkraut
Kardinalslobelie (*Lobelia cardinalis*)	Gruppenpflanze für Vordergrund und Mitte	Stecklinge	auch als Sumpfpflanze geeignet
Bastard Ludwigie (*Ludwigia palustris* x *repens*)	Gruppenpflanze für Hintergrund und Mitte	Stecklinge	viel Licht, dann schöne Marmorierung
Kriechende Ludwigie (*Ludwigia repens*)	Gruppenpflanze für Hintergrund und Mitte	Stecklinge	auch als Sumpfpflanze sehr gut geeignet
Flussmooskraut (*Mayaca fluviatilis*)	Gruppenpflanze für Hintergrund und Mitte	Abtrennen von Seitensprossen	als Sumpfpflanze geeignet
Gefiedertes Tausendblatt (*Myriophyllum pinnatum*)	Gruppenpflanze für den Hintergrund	Kopfstecklinge	empfindlich gegen Verschmutzung
Nixkraut (*Najas conferta*)	Gruppenpflanze für den Hintergrund und flutend	durch Verzweigung entsteht Pflanzendickicht	geringe Wasserbewegung
Biegsame Nitella (*Nitella flexilis*)	flutende Polster	Abtrennen von Seitensprossen	als Laichsubstrat verwendbar
Wassermeerrettich (*Rorippa aquatica*)	Solitärpflanze für Vordergrund und Mitte	Adventivpflanzen an schwimmenden Blättern	als Sumpfpflanze geeignet
Breitblättriges Pfeilkraut (*Sagittaria gramminea*)	Gruppenpflanze für Vordergrund und Mitte	Abtrennen von Ablegern	durch Ausläuferbildung entstehen dichte Bestände
Zwergpfeilkraut (*Sagittaria subulata*)	Gruppenpflanze für den Vordergrund	Abtrennen von Ablegern	durch Ausläuferbildung entstehen dichte Bestände
Bachbunge, Salzbunge (*Samolus valerandi*)	Solitär- oder Gruppenpflanze für Vordergrund und Mitte	Aussaat	besonders für Brackwasser geeignet

Tab. 3 Nordamerika

Art	Verwendung	Vermehrung	Bemerkungen
Eidechsenschwanz (*Saururus cernuus*)	Solitär- oder Gruppenpflanze für Vordergrund und Mitte	Abtrennen von Seitentrieben	als Sumpfpflanze geeignet
Mexikanisches Eichenblatt (*Shinnersia rivularis*)	Gruppenpflanze für den Hintergrund	Stecklinge, Abtrennen von Seitensprossen	sehr starkes Wachstum, häufiges Einkürzen notwendig
Florida-Merk (*Sium floridanum*)	Solitärpflanze für die Mitte	Abtrennen von Adventivpflanzen	wächst sehr langsam
Wasserorchidee (*Spiranthes odorata*)	Solitärpflanze für den Vordergrund	Abtrennen von Adventivpflanzen	besser geeignet als Sumpfpflanze, Kultur schwierig
Riesenvallisnerie (*Vallisneria americana var. americana*)	Gruppenpflanze für Hintergrund und Mitte	Abtrennen von Ablegern	robuste Art für große Aquarien

Abb. 22 *Bacopa amplexicaulis* (Großes Fettblatt), Atlantikseite des südlichen und mittleren Nordamerikas

Abb. 23 *Bolbitis heudelotii* (Afrikanischer Flussfarn), tropisches Afrika

Abb. 24 *Anubias barteri var. nana* (Zwergspeerblatt), tropisches Westafrika

Abb. 25 *Crinum natans* (Flutende Hakenlilie), tropisches Afrika

Tab. 4 Nordasien

Art	Verwendung	Vermehrung	Bemerkungen
		Algen, Farne, Moose	
Algenball, Echter Seeball *(Cladophora aegarophila)*	Schwimmpflanze oder auf dem Boden liegend	Abzupfen kleiner Portionen	gegen Verschmutzung empfindlich
Gewöhliches Quellmoos *(Fontinalis antipyretica)*	Schwimmpflanze oder flutend	Abzupfen kleiner Portionen	auf Unterlagen befestigen
Vierblättriger Kleefarn *(Marsilea quadrifolia)*	Gruppenpflanze für den Vordergrund oder flutend	Abtrennen kleiner Sprossstücke	auch als Sumpfpflanze geeignet
		Blütenpflanzen	
Zwerggraskalmus *(Acorus gramineus)*	Gruppenpflanze für Vordergrund und Mitte	Rhizomteilung	nicht dauerhaft untergetaucht haltbar, als Sumpfpflanze sehr gut geeignet
Japanisches Schaumkraut *(Cardamine lyrata)*	Gruppenpflanze für Vordergrund und Mitte	Stecklinge	viel Licht
Gemeines Hornkraut *(Ceratophyllum demersum)*	Gruppenpflanze für den Hintergrund oder flutend	Teilung von Sprossen, Abtrennen von Seitentrieben	keine Wurzeln, deshalb am Boden verankern
Zierliches Hornkraut *(Ceratophyllum submersum)*	Gruppenpflanze für den Hintergrund oder flutend	Teilung von Sprossen, Abtrennen von Seitentrieben	keine Wurzeln, deshalb am Boden verankern
Nadelsimse *(Eleocharis acicularis)*	Gruppenpflanze für den Vordergrund	Abtrennen von Ablegern	viel Licht

Tab. 4 Nordasien

Art	Verwendung	Vermehrung	Bemerkungen
Wasserprimel *(Hottonia palustris)*	Gruppenpflanze für Vordergrund und Mitte	Stecklinge	viel Licht
Grundnessel *(Hydrilla verticillata)*	Gruppenpflanze für den Hintergrund oder flutend	Teilung von Sprossen, Abtrennen von Seitentrieben	viel Licht
Quirliges Tausenblatt *(Myriophyllum verticillatum)*	Gruppenpflanze für den Hintergrund	am besten durch Kopfstecklinge	zieht im Winter ein und bildet Winterknospen
Biegsame Nitella *(Nitella flexilis)*	flutende Büschel	Abtrennen von Seitensprossen	als Laichsubstrat verwendbar
Japanische Teichrose *(Nuphar japonica)*	Solitärpflanze für die Mitte	Rhizomteilung oder Aussaat	es soll eine rote Varietät geben
Gelbe Teichrose *(Nuphar lutea)*	Solitärpflanze für die Mitte	Rhizomteilung oder Aussaat	viel Licht
Zwergteichrose *(Nuphar pumila)*	Solitärpflanze für die Mitte	Rhizomteilung oder Aussaat	Schwimmblätter regelmäßig dezimieren
Grünes Mooskraut *(Rotala sp. "Nanjenshan")*	Gruppenpflanze für Hintergrund und Mitte	Abtrennen von Seitentrieben	auch als Sumpfpflanze geeignet
Bachbunge, Salzbunge *(Samolus valerandi)*	Solitär- oder Gruppenpflanze für Vordergrund und Mitte	Aussaat	besonders für Brackwasser geeignet
Ostasiatischer Eidechsenschwanz *(Saurus chinensis)*	Solitärpflanze für die Mitte	Teilung von Sprossen, Abtrennen von Seitentrieben	auch als Sumpfpflanze geeignet
Riesenvallisnerie *(Vallisneria americana var. americana)*	Gruppenpflanze für Hintergrund und Mitte	Abtrennen von Ablegern	robuste Art für große Aquarien
Biwa-See-Vallisnerie *(Vallisneria americana var. biwaensis)*	Gruppenpflanze für Hintergrund und Mitte	Abtrennen von Ablegern	durch Ausläuferbildung entstehen dichte Bestände

Abb. 26 *Stratiotes aloides* (Krebsschere), Europa, Nordwestasien

Abb. 27 *Cryptocoryne pontederiifolia* (Hechtkrautblättriger Wasserkelch), Südostasien Sumatra, Nordborneo

Abb. 28 *Echinodorus amazonicus* (Amazonas-Schwertpflanze), tropisches Südamerika

Tab. 5 Afrika

Art	Verwendung	Vermehrung	Bemerkungen
		Farne, Moose	
Kongo-Wasserfarn *(Bolbitis heudelotii)*	Solitärpflanze auf Wurzeln und Steinen	Teilung längerer Sprosse	nicht einpflanzen, sondern aufbinden, Strömung ist günstig für das Wachstum
Wasserhornfarn *(Ceratopteris cornuta)*	Solitärpflanze für die Mitte, Schwimmpflanze	Adventivpflanzen	sehr wuchsfreudige Aquarienpflanze
Teichlebermoos *(Riccia fluviatilis)*	Schwimmpflanze	Abzupfen kleiner Portionen	Moospolster eignen sich als Jungfischversteck und zur Schattierung
		Blütenpflanzen	
Zierliche Kognakpflanze *(Ammannia gracilis)*	Gruppenpflanze für die Mitte	Stecklinge	viel Licht, Eisendünger
Afzelius Sperrblatt *(Anubias afzellii)*	Solitärpflanze für Mitte und Hintergrund	Abtrennen von Seitentrieben, Rhizomteilung	auf Deko-Material befestigen, auch als Sumpfpflanze geeignet
Barters Speerblatt *(Anubias barteri)*	Solitärpflanze für Mitte und Hintergrund	Abtrennen von Seitentrieben, Rhizomteilung	als Sumpfpflanze verwendbar, verschiedene Varietäten
Riesensperrblatt *(Anubias gigantea)*	Solitärpflanze für Mitte und Hintergrund	Abtrennen von Seitentrieben, Rhizomteilung	besonders gut geeignet für offene Aquarien
Kongo-Speerblatt *(Anubias hetrophylla)*	am Boden oder auf Holz, Solitärpflanze	Abtrennen von Seitentrieben, Rhizomteilung	auf Deko-Material befestigen, auch als Sumpfpflanze geeignet

Tab. 5 Afrika

Art	Verwendung	Vermehrung	Bemerkungen
Kleines Fettblatt *(Bacopa monnieri)*	Gruppenpflanze für die Mitte	Stecklinge	auch als Sumpfpflanze verwendbar
Gemeines Hornkraut *(Ceratophyllum demersum)*	Gruppenpflanze für den Hintergrund oder flutend	Teilung von Sprossen, Abtrennen von Seitentrieben	keine Wurzeln, deshalb am Boden verankern
Dauerwellen-Hakenlilie *(Crinum calamistratum)*	Solitärpflanze für die Mitte	Tochterzwiebeln	Düngung bei Bildung von Tochterzwiebeln
Flutende Hakenlilie *(Crinum natans)*	Solitärpflanze für die Mitte	Adventivpflanzen an der Zwiebelbasis	Düngung vorteilhaft
Krause Wasserpest *(Lagarosiphon major)*	Gruppenpflanze für Mitte und Hintergrund, flutend	Abtrennen von Seitentrieben	nicht zu hohe Temperaturen, viel Licht
Kleinblütiges Büchsenkraut *(Lindernia parviflora)*	Gruppenpflanze für Hintergrund und Mitte	Teilung von Sprossen	viel Licht, als Sumpfpflanze gut geeignet
Tigerlotus *(Nymphaea lotus)*	Solitärpflanze für die Mitte	Adventivpflanzen und Aussaat	grüne und rote sowie gefleckte Formen
Froschlöffelartige Ottelie *(Ottelia alismoides)*	Solitärpflanze für die Mitte	Aussaat	viel Licht, Düngung vorteilhaft
Meersalatblättrige Ottelie *(Ottelia ulvifolius)*	Solitärpflanze für die Mitte	durch Aussaat, schwierig	weiches Wasser, viel Licht
Muschelblume *(Pistia stratiotes)*	Schwimmpflanze	starke vegetative Vermehrung	wird durch starke Vermehrung schnell zum Unkraut
Bachbunge, Salzbunge *(Samolus valerandi)*	Solitär- oder Gruppenpflanze für Vordergrund und Mitte	Aussaat	besonders für Brackwasser geeignet
Zwergwasserschlauch *(Utricularia gibba)*	flutend unter der Wasseroberfläche	Abtrennen von Seitensprossen und Sprossabschnitten	bildet dichte Filze
Wasserschraube *(Valisneria spiralis var. denseserrulata)*	Gruppenpflanze für den Hintergrund	Abtrennen von Ablegern	durch Ausläuferbildung entstehen dichte Bestände

Tab. 6 Madagaskar

Art	Verwendung	Vermehrung	Bemerkungen
		Farne, Moose	
Wasserhornfarn *(Ceratopteris cornuta)*	Solitärpflanze für die Mitte, Schwimmpflanze	Adventivpflanzen	sehr wuchsfreudige Aquarienpflanze
Teichlebermoos *(Riccia fluviatilis)*	Schwimmpflanze	Abzupfen kleiner Portionen	Moospolster eignen sich als Jungfischversteck und zur Schattierung
		Blütenpflanzen	
Genoppte Wasserähre (*Aponogeton bolivinianus*)	Solitärpflanze für Mitte und Hintergrund	Abtrennen von Tochterknollen	nur für große Aquarien geeignet, nach Ruhepause treiben sie oft nicht aus
Madagassische Wasserähre (*Aponogeton longiplumulosus*)	Solitärpflanze für die Mitte	durch Aussaat, schwierig	nach Ruhepause treiben sie oft nicht aus

Tab. 6 Madagaskar

Art	Verwendung	Vermehrung	Bemerkungen
Gitterpflanze (*Aponogeton madagascariensis*)	Solitärpflanze für die Mitte	Abtrennen von Tochterknollen durch Aussaat, sehr schwierig	weiches Wasser, bei kühlerer Haltung halten sie sich länger
Salat Wasserähre (*Aponogeton ulvaceus*)	Solitärpflanze für Mitte und Hintergrund	Teilung von Knollen, Aussaat	Pflanze zieht periodisch ein und treibt oft danach wieder aus
Madagassisches Fettblatt (*Bacopa madagascariensis*)	Gruppenpflanze für die Mitte	Stecklinge	viel Licht
Glattsamiges Fadenkraut (*Blyxa auberti*)	Solitärpflanze für die Mitte	Abtrennen von Seitentrieben, Aussaat	viel Licht
Wasserhaar, Wassernadel (*Hydrotriche hottoniiflora*)	Gruppenpflanze für Mitte und Hintergrund	Stecklinge, Abtrennen von Seitensprossen	weiches Wasser, sehr brüchig, nicht geeignet für größere Fische
Madagassische Wasserpest (*Lagarosiphon madagascariensis*)	Gruppenpflanze für die Mitte	Abtrennen von Seitentrieben, Teilung von Sprossen	viel Licht, weiches Wasser
Kleinblütiges Büchsenkraut (*Lindernia parviflora*)	Gruppenpflanze für Hintergrund und Mitte	Teilung von Sprossen	viel Licht, als Sumpfpflanze gut geeignet
Dickstängelige Nesaea (*Nesaea crassicaulis*)	Gruppenpflanze für die Mitte	vegetative Vermehrung, schwierig	weiches Wasser, viel Licht
Tigerlotus (*Nymphaea lotus*)	Solitärpflanze für die Mitte	Adventivpflanzen, Aussaat	grüne und rote sowie gefleckte Formen
Meersalatblättrige Ottilie (*Ottelia ulvaefolia*)	Solitärpflanze für die Mitte	durch Aussaat, schwierig	weiches Wasser, viel Licht
Muschelblume (*Pistia stratiotes*)	Schwimmpflanze	starke vegetative Vermehrung	wird durch starke Vermehrung schnell zum Unkraut
Madagaskar-Laichkraut (*Potamogeton mascarensis*)	Gruppenpflanze für alle Bereiche	Stecklinge, Abtrennen von Seitensprossen	durch ausreichend viel Licht entstehen kompakte Pflanzenbüsche
Bachbunge, Salzbunge (*Samolus valerandi*)	Solitär- oder Gruppenpflanze	Aussaat	besonders für Brackwasser geeignet

Abb. 29 *Hydrocotyle leucocephala* (Weißköpfiger Wassernabel), tropisches Südamerika

Abb. 30 *Ceratopteris thalictroides* (Filigranfarn), weit verbreitet im tropisches Südamerika bis südlichen Nordamerika, Ost- und Südostasien, Nordaustralien, Ostafrika

Tab. 7 Südamerika

Art	Verwendung	Vermehrung	Bemerkungen
		Farne, Moose	
Schwimmender Hornfarn *(Ceratopteris pteridioides)*	Schwimmpflanze	Abtrennen von Adventivpflanzen	regelmäßig auslichten, Pflanze für frisch eingerichtete Aquarien
Filigranfarn, Sumatrafarn *(Ceratopteris thalictroides)*	Solitärpflanze für Mitte und Hintergrund	Abtrennen von Adventivpflanzen	viel Licht, Pflanze für frisch eingerichtete Aquarien
Teichlebermoos *(Riccia fluviatilis)*	Schwimmpflanze	Abzupfen kleiner Portionen	Moospolster eignen sich als Jungfischversteck und zur Schattierung
Rundblättriger Büschelfarn (*Salvinia rotundifolia*)	Schwimmpflanze	selbständige Vermehrung über Seitentriebe	regelmäßig ausdünnen
		Blütenpflanzen	
Papageienblatt *(Alternanthera reineckii)*	Gruppenpflanze für Hintergrund und Mitte	Stecklinge	verschiedene Varitäten mit unterschiedlichen Blattformen und -farben
Grüne Haarnixe *(Cabomba caroliniana)*	Gruppenpflanze für Hintergrund und Mitte	Stecklinge, Abtrennen von Seitensprossen	schöne Varietäten, u. a. „Silbergrün" mit gedrehten Spitzen
Amazonas-Schwertpflanze *(Echinodorus amazonicus)*	Solitärpflanze für die Mitte	Abtrennen von Adventivpflanzen	viel Licht und Platz
Schmalblättrige Amazonaspflanze *(Echinodorus angustifolius)*	Gruppenpflanze für den Hintergrund	Abtrennen von Ausläuferpflanzen	Ausläufer bildend
Aschersons Amazonaspflanze *(Echinodorus aschersonianus)*	Solitär- oder Gruppenpflanze für Vordergrund und Mitte	Abtrennen von Adventivpflanzen	genügsame Art
Barths Amazonaspflanze *(Echinodorus barthii)*	Solitärpflanze für die Mitte	Abtrennen von Adventivpflanzen	außergewöhnliche Blattfärbung
Bolivianische Zwergschwertpflanze *(Echinodorus bolivianus)*	Gruppenpflanze für den Vordergrund	Abtrennen von Ausläuferpflanzen	viel Licht, hoher Kohlendioxidbedarf
Horemans Schwertpflanze *(Echinodorus horemani)*	Solitärpflanze für die Mitte	Abtrennen von Adventivpflanzen	dunkelgrüne bis rote Blattfärbung
Großblättrige Schwertpflanze *(Echinodorus macrophyllus)*	Solitärpflanze für die Mitte	Abtrennen von Adventivpflanzen	besonders geeignet für offene Aquarien durch Bildung von Luftblättern
Gewelltblättrige Schwertpflanze *(Echinodorus martii)*	Solitärpflanze für Mitte und Hintergrund	Abtrennen von Adventivpflanzen	geeignet für große Aquarien
Schwarze Amazonaspflanze *(Echinodorus parviflorus)*	halbhohe Solitärpflanze für die Mitte	Abtrennen von Adventivpflanzen	Varietät „Tropica" kleiner mit rundlichen Blättern
Festblättrige Amazonaspflanze *(Echinodorus portoalegrensis)*	kleine Solitärpflanze für Vordergrund und Mitte	Rhizomteilung, Abtrennen von Seitentrieben	viel Licht, nährstoffreicher Bodengrund
Zwergamazonaspflanze *(Echinodorus quadricostatus)*	Gruppenpflanze für den Vordergrund	Abtrennen von Adventivpflanzen	durch Ausläuferbildung entstehen dichte Bestände
Schlüters Amazonaspflanze *(Echinodorus schlueteri)*	Solitärpflanze für die Mitte	Abtrennen von Adventivpflanzen	Varietät „Leopard" hat gefleckte Blätter

Tab. 7 Südamerika

Art	Verwendung	Vermehrung	Bemerkungen
Grasartige Schwertpflanze *(Echinodorus tenellus)*	Gruppenpflanze für den Vordergrund	Abtrennen von Ablegern	durch Ausläuferbildung entstehen dichte Bestände, viel Licht
Uruguay-Schwertpflanze *(Echinodorus uruguayensis)*	Solitärpflanze für die Mitte	Abtrennen von Adventivpflanzen	viele Varietäten
Argentinische Wasserpest *(Egeria densa)*	Gruppenpflanze für Hintergrund und Mitte	Stecklinge	nicht zu warm halten
Schmalblättrige Wasserpest *(Egeria najas)*	Gruppenpflanze für Hintergrund und Mitte	Stecklinge	viel Licht
Azurblaue Wasserhyazinthe *(Eichhornia azurea)*	Gruppenpflanze für den Hintergrund	Stecklinge	muss oft eingekürzt werden
Wasserhyazinthe *(Eichhornia crassiceps)*	Schwimmpflanze	Abtrennen von Ablegern	wird durch starke Vermehrung schnell zum Unkraut
Verschiedenblättrige Wasserhyazinthe *(Eichhornia diversifolia)*	Gruppenpflanze für Hintergrund und Mitte	Stecklinge	viel Licht
Falscher Wasserfreund *(Gymnocoronis spilanthoides)*	Gruppenpflanze für die Mitte	Stecklinge	als Sumpfpflanze geeignet
Seegrasblättriges Trugkölbchen *(Heteranthera zosterifolia)*	Gruppenpflanze für Hintergrund und Mitte	Stecklinge	muss oft eingekürzt werden
Brasilianischer Wassernabel *(Hydrocotyle leucocephala)*	Gruppenpflanze für den Hintergrund	Stecklinge	schnell wachsend, darum oft einkürzen, besonders für offene Aquarien geeignet
Amerikanischer Wasserfreund *(Hygrophila lacustris)*	Solitär- oder Gruppenpflanze für Hintergrund und Mitte	Stecklinge	Eisendünger ist wichtig
Brasilianische Graspflanze *(Lilaeopsis brasiliensis)*	Gruppenpflanze für den Vordergrund	Abtrennen von Ausläuferpflanzen	viel Licht
Brasilianisches Tausendblatt *(Myriophyllum aquaticum)*	Gruppenpflanze für den Hintergrund	Kopfstecklinge	muss bei Bedarf eingekürzt werden
Mato-Grosso-Tausendblatt *(Myriophyllum matogrossense)*	Gruppenpflanze für den Hintergrund	Kopfstecklinge	muss bei Bedarf eingekürzt werden
Nixkraut *(Najas conferta)*	Gruppenpflanze für den Hintergrund und flutend	durch Verzweigung entsteht Pflanzendickicht	geringe Wasserbewegung
Muschelblume *(Pistia stratiotes)*	Schwimmpflanze	starke vegetative Vermehrung	wird durch starke Vermehrung schnell zum Unkraut
Tropisches Laichkraut *(Potamogeton gayi)*	Gruppenpflanze für Hintergrund und Mitte	Stecklinge, Rhizomteilung	kann sich durch Rhizome stark vermehren, rechtzeitig entfernen
Zwergpfeilkraut *(Sagittaria subulata)*	Gruppenpflanze für den Vordergrund	Abtrennen von Ablegern	durch Ausläuferbildung entstehen dichte Bestände
Bachbunge, Salzbunge *(Samolus valerandi)*	Solitär- oder Gruppenpflanze für Vordergrund und Mitte	Aussaat	besonders für Brackwasser geeignet
Zwergwasserschlauch *(Utricularia gibba)*	flutend unter der Wasseroberfläche	Abtrennen von Seitensprossen und Sprossabschnitten	bildet dichte Filze

Abb. 31 *Myriophyllum matogrossense* (Mato-Grosso-Tausendblatt), tropisches Südamerika

Abb. 32 *Egeria densa* (Argentinische Wasserpest), subtropisches und gemäßigtes Südamerika

Tab. 8 Mittelamerika

Art	Verwendung	Vermehrung	Bemerkungen
		Farne, Moose	
Schwimmender Hornfarn *(Ceratopteris pteridioides)*	Schwimmpflanze	Abtrennen von Adventivpflanzen	regelmäßig auslichten, Pflanze für frisch eingerichtete Aquarien
Filigranfarn, Sumatrafarn *(Ceratopteris thalictroides)*	Solitärpflanze für Mitte und Hintergrund	Abtrennen von Adventivpflanzen	viel Licht, Pflanze für frisch eingerichtete Aquarien
Teichlebermoos *(Riccia fluviatilis)*	Schwimmpflanze	Abzupfen kleiner Portionen	Moospolster eignen sich als Jungfischversteck und zur Schattierung
		Blütenpflanzen	
Kleines Fettblatt *(Bacopa monnieri)*	Gruppenpflanze für die Mitte	Stecklinge	auch als Sumpfpflanze verwendbar
Grüne Haarnixe *(Cabomba caroliniana)*	Gruppenpflanze für Hintergrund und Mitte	Kopfstecklinge, Seitentriebe	schöne Varietäten, u. a. „Silbergrün" mit gedrehten Spitzen
Gemeines Hornkraut *(Ceratophyllum demersum)*	Gruppenpflanze für den Hintergrund oder flutend	Teilung von Sprossen oder Abtrennen von Seitentrieben	keine Wurzeln, deshalb am Boden verankern
Zellophanpflanze *(Echinodorus berteroi)*	Solitärpflanze für Hintergrund und Mitte	Aussaat von gut keimenden Samen	besonders geeignet für offene Aquarien durch Bildung von Luftblättern
Herzblättriger Wasserwegerich *(Echinodorus cordifolius)*	Solitärpflanze für Hintergrund und Mitte	Abtrennen von Adventivpflanzen	besonders geeignet für offene Aquarien durch Bildung von Luftblättern

Tab. 8 Mittelamerika

Art	Verwendung	Vermehrung	Bemerkungen
Zwergamazonaspflanze *(Echinodorus quadricostatus)*	Gruppenpflanze für den Vordergrund	Abtrennen von Adventivpflanzen	durch Ausläuferbildung entstehen dichte Bestände
Grasartige Schwertpflanze *(Echinodorus tenellus)*	Gruppenpflanze für den Vordergrund	Abtrennen von Ablegern	durch Ausläuferbildung entstehen dichte Bestände, viel Licht
Amerikanisches Perlkraut *(Hemianthus micranthemoides)*	Gruppenpflanze für Vordergrund und Mitte	Stecklinge	viel Licht
Brasilianischer Wassernabel *(Hydrocotyle leucocephala)*	Gruppenpflanze für den Hintergrund	Stecklinge	schnell wachsend, darum oft einkürzen, besonders für offene Aquarien geeignet
Bastard Ludwigie *(Ludwigia palustris* x *repens)*	Gruppenpflanze für Hintergrund und Mitte	Stecklinge	viel Licht, dann schöne Marmorierung
Kriechende Ludwigie *(Ludwigia repens)*	Gruppenpflanze für Hintergrund und Mitte	Stecklinge	auch als Sumpfpflanze sehr gut geeignet
Gefiedertes Tausendblatt *(Myriophyllum pinnatum)*	Gruppenpflanze für den Hintergrund	Kopfstecklinge	empfindlich gegen Verschmutzung
Nixkraut *(Najas conferta)*	Gruppenpflanze für den Hintergrund und flutend	durch Verzweigung entsteht Pflanzendickicht	geringe Wasserbewegung
Muschelblume *(Pistia stratiotes)*	Schwimmpflanze	starke vegetative Vermehrung	wird durch starke Vermehrung schnell zum Unkraut
Breitblättriges Pfeilkraut *(Sagittaria graminea)*	Gruppenpflanze für Vordergrund und Mitte	Abtrennen von Ablegern	durch Ausläuferbildung entstehen dichte Bestände
Bachbunge, Salzbunge *(Samolus valerandi)*	Solitär- oder Gruppenpflanze für Vordergrund und Mitte	Aussaat	besonders für Brackwasser geeignet
Mexikanisches Eichenblatt *(Shinnersia rivularis)*	Gruppenpflanze für den Hintergrund	Stecklinge, Abtrennen von Seitensprossen	sehr starkes Wachstum, häufiges Einkürzen notwendig
Florida-Merk *(Sium floridanum)*	Solitärpflanze für die Mitte	Abtrennen von Adventivpflanzen	wächst sehr langsam
Riesenvallinerie *(Vallisneria americana var. americana)*	Gruppenpflanze für Hintergrund und Mitte	Abtrennen von Ablegern	robuste Art für große Aquarien
Biwa-See-Vallisnerie *(Vallisneria americana var. biwaensis)*	Gruppenpflanze für Hintergrund und Mitte	Abtrennen von Ablegern	durch Ausläuferbildung entstehen dichte Bestände

Abb. 33 Pfennigalge (*Halimeda opuntia*)

Abb. 34 Traubencaulerpa (*Caulerpa racemosa*)

Tab. 9 Südostasien

Art	Verwendung	Vermehrung	Bemerkungen
		Farne, Moose	
Wasserhornfarn *(Ceratopteris cornuta)*	Solitärpflanze für die Mitte, Schwimmpflanze	Adventivpflanzen	sehr wuchsfreudige Aquarienpflanze
Filigranfarn, Sumatrafarn *(Ceratopteris thalictroides)*	Solitärpflanze für Mitte und Hintergrund	Abtrennen von Adventivpflanzen	viel Licht, Pflanze für frisch eingerichtete Aquarien
Schwarzwurzelfarn *(Microsorum pteropus)*	zum Bewuchs von Wurzeln und Steinen	Rhizomteilung, Adventivpflanzen	verschiedene Varietäten
Teichlebermoos *(Riccia fluviatilis)*	Schwimmpflanze	Abzupfen kleiner Portionen	Moospolster eignen sich als Jungfischversteck und zur Schattierung
Javamoos *(Vesicularia dubyana)*	zum Bewuchs von Wurzeln und Steinen	Abtrennen von kleinen Büscheln	auf Wurzeln und Steinen befestigen, als Laichsubstrat geeignet
		Blütenpflanzen	
Krause Wasserähre *(Aponogeton crispus)*	Solitärpflanze für Hintergrund und Mitte	Aussaat	Pflanze zieht periodisch ein und treibt oft danach wieder aus
Steifblättrige Wasserähre *(Aponogeton rigidifolius)*	Solitärpflanze für die Mitte	Verzweigung des Rhizoms	keine Ruhepause
Gewellte Wasserähre *(Aponogeton undulatus)*	Solitärpflanze für die Mitte	Adventivpflanzen	Pflanze zieht periodisch ein und treibt oft danach nicht wieder aus
Langblättrige Barclaya *(Barclaya longifolia)*	Solitärpflanze für Hintergrund und Mitte	Abtrennen von Austrieben und Tochterknollen, Aussaat	weiches Wasser
Glattsamiges Fadenkraut *(Blyxa auberti)*	Solitärpflanze für die Mitte	Abtrennen von Seitentrieben, Aussaat	viel Licht
Gemeines Hornkraut *(Ceratophyllum demersum)*	Gruppenpflanze für den Hintergrund oder flutend	Teilung von Sprossen, Abtrennen von Seitentrieben	keine Wurzeln, deshalb am Bodenverankern
Zierliches Hornkraut *(Ceratophyllum submersum)*	Gruppenpflanze für den Hintergrund oder flutend	Teilung von Sprossen, Abtrennen von Seitentrieben	keine Wurzeln, deshalb am Boden verankern
Thailand-Hakenlilie *(Crinum thaianum)*	Solitärpflanze für Hintergrund und Mitte	Tochterzwiebeln, Aussaat	Blattstreiten fluten an der Oberfläche
Härtels Wasserkelch *(Cryptocoryne affinis)*	Gruppenpflanze für Vordergrund und Mitte	Abtrennen von Ausläuferpflanzen	verschiedene Varietäten
Becketts Wasserkelch *(Cryptocoryne becketti)*	Gruppenpflanze für Vordergrund und Mitte	Abtrennen von Ausläuferpflanzen	einer der bewährtesten Wasserkelche
Gewimperter Wasserkelch *(Cryptocoryne ciliata)*	Solitär- oder Gruppenpflanze für Hintergrund und Mitte	Abtrennen von Ausläuferpflanzen	viel Licht
Herzblättriger Wasserkelch *(Cryptocoryne cordata)*	Gruppenpflanze für die Mitte	Abtrennen von Ausläuferpflanzen	verträgt keine zusätzliche Kohlendioxidgabe
Gekräuselter Wasserkelch *(Cryptocoryne crispatula)*	Gruppenpflanze für die Mitte	Abtrennen von Ausläuferpflanzen	verschiedene Varietäten
Hudoros Wasserkelch *(Cryptocoryne hudoroi)*	Solitärpflanze für die Mitte	Abtrennen von Ausläuferpflanzen	einer der schönsten Wasserkelche
Pontederiablättriger Wasserkelch *(Cryptocoryne pontederiifolia)*	Solitär- oder Gruppenpflanze für Hintergrund und Mitte	Abtrennen von Ausläuferpflanzen	auch als Sumpfpflanze verwendbar

Tab. 9 Südostasien

Art	Verwendung	Vermehrung	Bemerkungen
Spiraliger Wasserkelch (*Cryptocoryne spiralis*)	Gruppenpflanze für die Mitte	Abtrennen von Ausläuferpflanzen	verschiedene Varietäten
Gewelltblättriger Wasserkelch (*Cryptocoryne undulata*)	Gruppenpflanze für die Mitte	Abtrennen von Ausläuferpflanzen	unter starkem Licht werden Blätter tiefrot
Hammerschlag-Wasserkelch (*Cryptocoryne usteriana*)	Gruppenpflanze für den Hintergrund	Abtrennen von Ausläuferpflanzen	nur für hohe Becken geeignet
Walkers Wasserkelch (*Cryptocoryne walkeri*)	Gruppenpflanze für Vordergrund und Mitte	Abtrennen von Ausläuferpflanzen	durch Ausläuferbildung entstehen dichte Bestände
Wendts Wasserkelch (*Cryptocoryne wendtii*)	Gruppenpflanze für Vordergrund und Mitte	Abtrennen von Ausläuferpflanzen	viele Varietäten, sehr widerstandsfähig gegen die „Cryptocorynenkrankheit“
Kleiner Wasserkelch (*Cryptocoryne* x *willisi*)	Gruppenpflanze für den Vordergrund	Abtrennen von Ausläuferpflanzen	soll eine Hybride sein
Helfers Zyperngras (*Cyperus helferi*)	Solitärpflanze für die Mitte	Adventivpflanzen an den Blütenständen, Teilung des Rhizoms	besonders für das offene Aquarium geeignet
Grundnessel (*Hydrilla verticillata*)	Gruppenpflanze für den Hintergrund oder flutend	Abtrennen von Seitentrieben oder Teilung von Sprossen	viel Licht
Großer Wasserfreund (*Hygrophila corymbosa*)	Gruppen- oder Solitärpflanze für den Hintergrund	Stecklinge	auch als Sumpfpflanze verwendbar, verschiedene dekorative Varietäten
Indischer Wasserstern (*Hygrophila difformis*)	Solitär- oder Gruppenpflanze für Hintergrund und Mitte	Stecklinge, Adventivpflanzen	auch als Sumpfpflanze verwendbar, weiß-grüne Varietät
Indischer Wasserfreund (*Hygrophila polysperma*)	Gruppenpflanze für Hintergrund und Mitte	Stecklinge	bewährte Aquarienpflanze
Großblättriger Sumpffreund (*Limnophila aquatica*)	Gruppenpflanze für Hintergrund und Mitte	Abtrennen von Ausläufern oder Teilung von Sprossen	viel Licht, weiches Wasser
Verschiedenblättriger Sumpffreund (*Limnophila heterophylla*)	Gruppenpflanze für Hintergrund und Mitte	Abtrennen von Ausläufern oder Teilung von Sprossen	viel Licht
Indischer Sumpffreund (*Limnophila indica*)	Gruppenpflanze für Hintergrund und Mitte	Stecklinge	Pflanzen außerhalb des Wassers schneiden – sonst Vergiftungsgefahr
Kleinblütiges Büchsenkraut (*Lindernia parviflora*)	Gruppenpflanze für Hintergrund und Mitte	Teilung von Sprossen	viel Licht, als Sumpfpflanze gut geeignet
Blütenstielloser Sumpffreund (*Limnophila sessiliflora*)	Gruppenpflanze für Hintergrund und Mitte	Stecklinge	viel Licht
Rotes Tausendblatt (*Myriophyllum tuberculatum*)	Gruppenpflanze für die Mitte	Kopfstecklinge, Abtrennen von Seitentrieben	viel Licht
Biegsame Nitella (*Nitella flexilis*)	flutende Büschel	Abtrennen von Seitensprossen	als Laichsubstrat verwendbar
Sternwasserrose (*Nymphaea stellata*)	Solitärpflanze für die Mitte	Adventivpflanzen abtrennen	viel Licht, Schwimmblätter entfernen
Froschlöffelartige Ottelie (*Ottelia alismoides*)	Solitärpflanze für die Mitte	Aussaat	viel Licht, Düngung vorteilhaft

Tab. 9 Südostasien

Art	Verwendung	Vermehrung	Bemerkungen
Muschelblume *(Pistia stratiotes)*	Schwimmpflanze	starke vegetative Vermehrung	wird durch starke Vermehrung schnell zum Unkraut
Rotweiderich *(Rotala macrandra)*	Gruppenpflanze für die Mitte oder flutend	Abtrennen von Seitentrieben	sehr viel Licht, Eisendünger
Rundblättrige Rotula *(Rotala rotundifolia)*	Gruppenpflanze für den Hintergrund	Kopfstecklinge, Abtrennen von Seitentrieben	als Sumpfpflanze geeignet
Bachbunge, Salzbunge *(Samolus valerandi)*	Solitär- oder Gruppenpflanze für Vordergrund und Mitte	Aussaat	besonders für Brackwasser geeignet
Tropischer Wasserschlauch *(Utricularia aurea)*	flutend unter der Wasser-oberfläche	Abtrennen von Seitenspros-sen und Sprossabschnitten	bildet dichte Filze
Riesenvallisnerie *(Vallisneria americana var. americana)*	Gruppenpflanze für Hinter-grund und Mitte	Abtrennen von Ablegern	robuste Art für große Aquarien
Wasserschraube *(Valisneria spiralis var. denseserrulata)*	Gruppenpflanze für den Hintergrund	Abtrennen von Ablegern	durch Ausläuferbildung entste-hen dichte Bestände

Abb. 35 Roter Meersalat (*Gracilaria spec.*)

Abb. 36 Tangrotalge (*Halymenia spec.*)

Tab. 10 Australien, Neuguinea

Art	Verwendung	Vermehrung	Bemerkungen
		Farne, Moose	
Wasserhornfarn (*Ceratopteris cornuta*)	Solitärpflanze für die Mitte, Schwimmpflanze	Adventivpflanzen	sehr wuchsfreudige Aquarienpflanze
Filigranfarn, Sumatrafarn (*Ceratopteris thalictroides*)	Solitärpflanze für Mitte und Hintergrund	Abtrennen von Adventivpflanzen	viel Licht, Pflanze für frisch eingerichtete Aquarien
Zwergkleefarn (*Marsilea spec.*)	Gruppenpflanze für den Vordergrund	Abtrennen von Sprossstücken	auch als Sumpfpflanze verwendbar
Teichlebermoos (*Riccia fluviatilis*)	Schwimmpflanze	Abzupfen kleiner Portionen	Moospolster eignen sich als Jungfischversteck und zur Schattierung
		Blütenpflanzen	
Langblättrige Wasserähre (*Aponogeton elongatus*)	Solitärpflanze für Hintergrund und Mitte	Aussaat	Düngung vorteilhaft, Ruhephase, in der die Pflanze einzieht
Langblättrige Barclaya (*Barclaya longifolia*)	Solitärpflanze für Hintergrund und Mitte	Abtrennen von Austrieben und Tochterknollen, Aussaat	weiches Wasser
Glattsamiges Fadenkraut (*Blyxa auberti*)	Solitärpflanze für die Mitte	Abtrennen von Seitentrieben, Aussaat	viel Licht
Nadelsimse (*Eleocharis acicularis*)	Gruppenpflanze für den Vordergrund	Abtrennen von Ablegern	viel Licht
Australisches Zungenblatt (*Glossostigma elatinoides*)	Gruppenpflanze für den Vordergrund	Abtrennen von Seitensprossen	vorsichtig einpflanzen
Australischer Wassernabel (*Hydrocotyle lemnoides*)	am Boden oder als Schwimmpflanze	Selbstverzweigung	auch als Sumpfpflanze verwendbar
Weidenblättriger Wasserfreund (*Hygrophila salicifolia*)	Gruppenpflanze für den Hintergrund	Stecklinge	auch als Sumpfpflanze verwendbar
Indischer Sumpffreund (*Limnophila indica*)	Gruppenpflanze für Hintergrund und Mitte	Stecklinge	Pflanzen außerhalb des Wassers schneiden – sonst Vergiftungsgefahr
Froschlöffelartige Ottelie (*Ottelia alismoides*)	Solitärpflanze für die Mitte	Aussaat	viel Licht, Düngung vorteilhaft
Muschelblume (*Pistia stratiotes*)	Schwimmpflanze	starke vegetative Vermehrung	wird durch starke Vermehrung schnell zum Unkraut
Bachbunge, Salzbunge (*Samolus valerandi*)	Solitär- oder Gruppenpflanze für Vordergrund und Mitte	Aussaat	besonders für Brackwasser geeignet
Zwergwasserschlauch (*Utricularia gibba*)	flutend unter der Wasseroberfläche	Abtrennen von Seitensprossen und Sprossabschnitten	bildet dichte Filze
Riesenvallisnerie (*Vallisneria americana var. americana*)	Gruppenpflanze für Hintergrund und Mitte	Abtrennen von Ablegern	robuste Art für große Aquarien
Wasserschraube (*Valisneria spiralis var. denseserrulata*)	Gruppenpflanze für den Hintergrund	Abtrennen von Ablegern	durch Ausläuferbildung entstehen dichte Bestände

Tab. 11 Brackwasser

Art	Verwendung	Vermehrung	Bemerkungen
		Algen, Farne, Moose	
Mangrovenfarn (*Acrostichum aureum*)	Solitärpflanze für Hintergrund und Mitte	Vermehrung durch Sporen	in allen tropischen Gebieten beheimatet, für Sumpfkultur geeignet
Grüne Fadenalge (*Cladophora spec.*)	zum Bewuchs von Wurzeln und Steinen	bildet sich unter optimalen Bedingungen selbst	weltweit verbreitet
Zwergkleefarn (*Marsilea drummondii*)	Gruppenpflanze für den Vordergrund	Abtrennen von Sprossstücken	in Australien beheimatet, auch als Sumpfpflanze verwendbar
Schwarzwurzelfarn (*Microsorum pteropus*)	zum Bewuchs von Wurzeln und Steinen	Rhizomteilung, Adventivpflanzen	in Südostasien beheimatet, nur bedingt geeignet
Javamoos (*Vesicularia dubyana*)	zum Bewuchs von Wurzeln und Steinen	Abtrennen von kleinen Büscheln	in Südostasien beheimatet, nur bedingt geeignet
		Blütenpflanzen	
Mangrove (*Avicennia marina*)	Stelzwurzeln als lebende Dekoration unter Wasser	Stecklinge	an indopazifischen Küsten beheimatet, nur für Landschaftsaquarien geeignet
Kleines Fettblatt (*Bacopa monnieri*)	Gruppenpflanze für die Mitte	Stecklinge	in allen tropischen und subtropischen Gebieten beheimatet
Gewimperter Wasserkelch (*Cryptocoryne ciliata*)	Solitär- oder Gruppenpflanze für Hintergrund und Mitte	Abtrennen von Ausläuferpflanzen	in Südostasien beheimatet
Biegsame Nitella (*Nitella flexilis*)	flutende Büschel	Abtrennen von Seitensprossen	in Europa, Asien, Amerika beheimatet, nur bedingt geeignet
Mangrove (*Rhizophora mangle*)	Stelzwurzeln als lebende Dekoration unter Wasser	Stecklinge	an karibischen Küsten beheimatet, nur für Landschaftsaquarien geeignet
Mangrove (*Rhizophora stylosa*)	Stelzwurzeln als lebende Dekoration unter Wasser	Stecklinge	an indopazifischen Küsten beheimatet, nur für Landschaftsaquarien geeignet
Bachbunge, Salzbunge (*Samolus valerandi*)	Solitär- oder Gruppenpflanze für Vordergrund und Mitte	Aussaat	beheimatet im gemäßigten und tropischen Amerika

Tab. 12 Pflanzen im Seewasser-Becken

Art	Hälterung	Verbreitung/Besonderheiten
	Braunalgen (Phaeophyta)	
Blauschleier-Braunalge (*Dictyota bartayresii*)	nur in unbelastetem Wasser ohne Fische haltbar	tropischer Atlantik und Karibik
Gabelzunge (*Dictyota dichotoma*)	gut haltbar, kann wuchern	Mittelmeer, Atlantik, Rotes Meer und Indischer Ozean
Gezahnte Gabelalge (*Dictyota humifusca*)	gut haltbar, kann wuchern	tropische und subtropische Meere

Tab. 12 Pflanzen im Seewasser-Becken

Art	**Hälterung**	**Verbreitung/Besonderheiten**
Blasen-Seetang (*Fucus spec.*)	einige Wochen haltbar, muss regelmäßig nachgesetzt werden	kalte und gemäßigte Meere
Riesenkelp (*Macrocystis pyrifera*)	vor Ort als Dekoration nutzbar	Küste von Kalifornien bis Chile, Imitate oft besser geeignet
Krustige Blattalge (*Lobophora variegata*)	bei guten Bedingungen haltbar	Karibik
Weißvenen-Sargassum (*Sargassum hystrix*)	bei guten Bedingungen haltbar	Karibik
Gewöhnlicher Beerentang (*Sargassum vulgare*)	bei guten Bedingungen haltbar	Mittelmeer, Nordostatlantik
	Rotalgen (Rhodophyta)	
Büschel-Kalkrotalge (*Corallina officinalis*)	schadstoffarmes Wasser notwendig	tropischer Indopazifik
Rubinrotalge (*Gracilaria curtissae*)	empfindlich gegenüber Algenfressern und Caulerpa-Algen	tropische Meere, eine der schönsten Algen
Tangrotalge (*Halymenia spec. cf. floresia*)	unbelastetes Wasser mit Fischen, die diese Alge nicht schädigen	tropische Meere, sehr dekorativ
Krustige Kalkrotalge (*Hydrolithon boergesenii*)	überzieht Steine und tote Korallen	tropische Meere, Indikatoralge für gutes Wasser
Meeresflechte (*Mesophyllum lichenoides*)	unter guten Bedingungen wird die Dekoration überzogen	Mittelmeer, Nordostatlantik
	Grünalgen (Chlorophyta)	
Grüne Fadenalge (*Cladophora spec.*)	unter optimalen Bedingungen bildet sie sich selbst und kann die Dekoration überwuchern, geeignet als Nahrung für Pflanzenfresser	in allen Meeren
Büschelalge (*Bryopsis plumosa*)	unter genügend Licht gut haltbar, kann wuchern	Karibik
Drahtalge (*Chaetomorpha linum*)	anspruchslos, wird von Doktorfischen nicht gefressen	tropische Meere
Bürstenalge (*Cladophora profilera*)	anspruchslos, wird von Doktorfischen nur ungern gefressen	tropische Meere
Fingeralge (*Codium repens*)	nur in unbelastetem Wasser ohne Fische haltbar	Karibik
Kaktus-Kalkalge, Pfennigalge (*Halimeda opuntia*)	regelmäßige Kalkgaben notwendig	Indopazifik und Karibik
Fingerkalkalge (*Neomeris annulata*)	nur in unbelastetem Wasser ohne Fische haltbar	Indopazifik
Teetasse der Wassernixe (*Udotea cyathiformis*)	bei guten Bedingungen haltbar	Karibik
Grüner Meersalat (*Ulva lactula*)	unter genügend Licht gut haltbar	alle Meere
Blasenalge, Kugelalge (*Ventricaria ventricosa*)	schadstoffarmes Wasser notwendig	tropische und subtropische Meere

Tab. 12 Pflanzen im Seewasser-Becken

Art	Hälterung	Verbreitung/Besonderheiten
Kriechsprossalgen (Caulerpaceae), wichtige Arten:	sehr unterschiedliche Formen, relativ anspruchslos, einfache vegetative Vermehrung, viele Arten werden gefressen	
Caulerpa paspaloides		Karibik und Ostpazifik
Caulerpa peltata		Karibik und Japan
Caulerpa prolifera		Karibik und Mittelmeer
Caulerpa racemosa		tropische Meere
Caulerpa scalpelliformis		Indopazifik und Westafrika
Caulerpa sertularioides		Mittelmeer, Rotes Meer, Atlantik
Caulerpa taxifolia		Indischer Ozean und Westafrika
	Blütenpflanzen	
Neptungras *(Posidonia oceanica)*	vor Ort als Dekoration nutzbar	Mittelmeer, Imitate oft besser geeignet

Abb. 37 *Vallisneria gigantea* (Riesenvallisnerie), südostasiatische Inseln

Abb. 38 *Ottelia ulvifolius* (Gewelltblättrige Ottelie), tropisches Afrika

Aquarienthemen

J. Lange

Während moderne Schauaquarien heute meistens unter einem zentralen Thema stehen, wurde in den traditionellen Aquarienhäusern ursprünglich besonderer Wert auf eine hohe Artenzahl und einen großen Formenreichtum gelegt. Die einzelnen Becken aber waren schon immer bestimmten Themen zugeordnet.

Das Ziel jeder Aquarieneinrichtung – ob zu Hause oder im öffentlichen Aquarium – ist es, natürliche Ausschnitte unter Berücksichtigung ästhetischer Aspekte zu gestalten. Damit ist aber nicht ein auch noch so schönes Aquarium automatisch ein Biotopbecken, denn unter einem Biotop versteht man einen begrenzten Lebensraum mit relativ einheitlichen Lebensbedingungen und für diesen Biotop charakteristischen Tier- und Pflanzenarten. Für ein Biotopbecken ist es deshalb wichtig, das Aquarium nach geographischen Gesichtspunkten einzurichten. Aber es gibt natürlich auch andere Gesichtspunkte, um ein Becken interessant und biologisch sinnvoll zu gestalten. So gibt es auf der ganzen Welt innerhalb gleichartiger Klimazonen und Umweltbedingungen ähnliche Lebensräume. Deshalb können die Lebensansprüche der einzelnen Tier- und Pflanzenarten auch sehr ähnlich sein und sich parallel ähnliche Lebensgemeinschaften entwickelt haben. Diese parallele Anpassung verschiedener, geographisch getrennter Arten an einen ähnlichen Lebensraum kann ein interessantes Thema für 1 Aquarium oder 2 nebeneinander stehende sein. So lassen sich viele Themen finden, um die Einzelbecken unterschiedlich und für den Betrachter interessant zu dekorieren und mit Tieren zu besetzen. Im Folgenden sollen einige Beispiele genannt werden.

Themenbecken nach verschiedenen biologischen Gesichtspunkten

Vor allem in kleineren Becken können ganz bestimmte Verhaltensweisen im Mittelpunkt stehen, z. B. Symbiosen, Brutpflege, Warnung, Tarnung, Mimikry, Kommunikation, Orientierung und vieles mehr. Durch die Dekoration, aber vor allem mit technischen Hilfsmitteln und durch entsprechend gestaltete Informationstafeln am Becken kann das Interesse auf die Verhaltensweise einzelner Tierarten gelenkt werden.

Immer wieder faszinierend ist die **Symbiose** zwischen Anemonenfischen und ihrer Anemone. Im Aquarium können zu viele Anemonenfische jedoch störend auf die Anemone wirken. Deshalb werden am besten in einem Becken mehrere Anemonen, aber nur 1 Pärchen Anemonenfische gehalten, das dann immer in den Anemonen Schutz sucht und unter einer Anemone schläft. Häufig lässt sich nach einiger Zeit das interessante und an die Buntbarsche erinnernde Paarungs- und Brutverhalten ebenfalls beobachten. – Eine weitere interessante Symbiose im Korallenriff-Becken ist die Putzersymbiose zwischen dem Putzerlippfisch sowie der Putzergarnele und anderen Korallenfischen.

Gute **Tarnung** ermöglicht es den Fischen, von ihren Verfolgern nicht entdeckt zu werden oder selbst leichter Beute machen zu können. Diese Tarnung, die häufig gleichzeitig eine Täuschung ist, kann durch starke, die Körpergestalt auflösende Muster oder durch Körperanhänge geschehen, die die Fischkontur auflösen und ein Blatt oder eine Alge oder Tang vortäuschen. Beispiele exzellenter Tarnung in ganz unterschiedlichen Lebensräumen sind die Plattfische, die Seepferdchen (*Hippocampus spec.*) – und hier ganz besonders die Fetzen-Seepferdchen (*Phyllopteryx taeniolatus, Phycodurus eques*) –, der Mandarin-Leierfisch (*Synchiropus splendidus*), der Steinfisch (*Synanceja spec.*) und der im Amazonasgebiet lebende Blattfisch (*Monocirrhus polyacanthus*). Einen Stein mit Algenbewuchs perfekt nachahmend lauert der Steinfisch auf vorbeischwimmende Beute, die er mit seinem großen Maul regelrecht einsaugt. In der Beutejagd noch weiter geht der gut getarnte Anglerfisch, dessen vorderster Rückenflossenstrahl stark verlängert ist und an seiner Spitze eine an Garnelen oder Würmer erinnernde Attrappe trägt. Diese wird aktiv bewegt und lockt so den Beutefisch direkt vor das Maul. Meister der Anpassung an die Umgebung sind alle Plattfische. Sie graben sich nicht nur bis zu den Augen in den Bodengrund ein, sondern sie passen sich in Körperfarbe und -zeichnung aktiv an den Untergrund an. Nur die aus dem Sand hervorschauenden Augen, die die Umgebung beobachten, verraten den Fisch manchmal.

Selbst viele, für unsere Augen besonders bunte Fische, wie die leuchtend rot gefärbten Rotfeuerfische, Soldatenfische, Fahnenbarsche und Eberfische, sind in der Natur bestens getarnt. Schon in geringen Wassertiefen ist nämlich der Rotanteil des Lichtspektrums verschwunden. Der „leuchtend rote" Fisch wirkt jetzt dunkelviolett bis dunkelgrau und ist folglich in seiner Umgebung kaum noch zu erkennen. Die Rotfärbung von Meeresfischen ist deshalb fast immer ein Hinweis, dass die Fische in größeren Tiefen leben oder dämmerungsaktiv sind und meistens kühlere Wassertemperaturen wünschen. Durch auf Blaulicht umschaltbare Lampen oder in 2 benachbarten Becken mit normaler und blauer Beleuchtung lässt sich dieser von der Wassertiefe abhängige Tarneffekt der Rotfärbung demonstrieren.

Manchmal ahmen Fische zu ihrem eigenen Nutzen in Färbung, Form und Bewegung andere Fische so stark nach, dass sie für die andere Art gehalten werden. Solche **Mimikry** zeigt beispielsweise der Falsche Putzer (*Aspidontus taeniatus*). Er sieht nicht nur so aus, sondern schwimmt auch genauso wie der Putzerlippfisch. Jedoch putzt er seine „Kunden" nicht, sondern beißt ihnen ein Stück Haut oder Flosse heraus. – Der Mirakelbarsch (*Calloplesiops spec.*) hingegen schützt sich selbst, indem er durch die Form und Zeichnung seiner Rücken-, Schwanz- und Afterflosse den Kopf einer Muräne täuschend ähnlich nachahmt. Auch die im hinteren Teil der Rückenflosse sitzenden Augenflecken vieler Falterfische werden häufig bei Kämpfen als Ablenkung vom empfindlichen Kopf angesehen.

Auch Themenbecken über die **Orientierung** und **Kommunikation** von Fischen können interessant sein, erfordern aber häufig einen großen Aufwand an komplizierter Technik.

Abb. 39 Thema: Symbiose. Zusammenleben von Anemonenfisch (*Amphiprion ocellaris*) und Wirtsanemone (*Heteractis crispa*), Tierpark Berlin

Dass sich Fische in ihrer Umwelt nicht nur mit den Augen orientieren, beweisen die blinden Höhlenfische. Es gibt zudem viele Fische (Zitterrochen, Zitterwels, Zitteraal, Nilhechte usw.), die elektrische Organe besitzen und **Elektrizität** zur innerartlichen Verständigung, zur Orientierung, zum Beutefang und zur Verteidigung benutzen. Diese elektrischen Felder lassen sich mit Elektroden messen und über Oszillographen, Ton oder Lichtblitze auch für unsere Sinne erfassbar machen.

Nur wenige Menschen wissen, dass viele Fische – ähnlich den Singvögeln – ihr Revier durch **akustische Signale** (Töne) gegen Artgenossen abgrenzen. Besonders bekannt sind hierfür Knurrhähne, Grundeln und viele Salmler-Arten. Entsprechende Unterwassermikrofone beweisen, dass Fische durchaus nicht stumm sind, sondern sich vielmehr über unterschiedliche Gesänge verständigen. **Kommunikation** kann aber auch optisch erfolgen. So weisen Doktorfische durch die leuchtend gefärbten Hautpartien um den am Schwanzstiel sitzenden, stilettartigen Stachel jeden Angreifer darauf

Abb. 40 Thema: Fließgewässer. Ausschnitt des Rheinpanoramas, Zoo Köln, Aquarium. Durch die „Bullaugen" blickt man in getrennte, den jeweiligen Flussabschnitten zugeordnete Aquarien

hin, dass ihr Gegenüber in dem aufstellbaren Dorn eine wirksame Waffe besitzt. – Farben zur Revierabgrenzung und Verteidigung der Brut spielen beispielsweise auch bei den Buntbarschen eine wichtige Rolle. Bei den Kaiser- und Lippfischen hingegen haben die Jungfische häufig eine andere Färbung und Zeichnung als die Alttiere, so dass sie unbehelligt im Revier der Altfische heranwachsen können.

Ein Becken mit **Giftfischen** kann ebenfalls interessant sein, denn mit den Stechrochen, Hornhaien, Rotfeuerfischen, Skorpionfischen, Steinfischen, Petermännchen und vielen weiteren Arten lassen sich ganz unterschiedliche Fischarten, die in der Evolution parallel einen Giftapparat entwickelt haben, zusammen halten. Da viele von ihnen skurrile Formen und Warnfarben besitzen, ist ein solches Becken auch optisch interessant. Viele giftige Meeresfische lassen sich außerdem mit giftigen wirbellosen Tieren vergesellschaften.

Bis heute haben sich einige **stammesgeschichtlich altertümliche Fischarten** fast unverändert erhalten. Hierzu zählen Störe, Flösselhechte und -aale, Knochenhechte und der Schlammfisch, Knochenzüngler (*Arapaima*, *Osteoglossum*, *Scleropages*) und Lungenfische. Ihre von anderen Knochenfischen abweichende Flossenform, Beschuppung, Wirbelform oder Atemweise rechtfertigen Themenbecken für diese Fische. Manche dieser Arten lassen sich zusätzlich in einem Gemeinschaftsbecken unter tiergeographischen Gesichtspunkten halten.

Tiergeographische Biotopbecken

Nach tiergeographischen Gesichtspunkten lassen sich Süß- und Salzwasser-Aquarien einrichten. Unter diesem Thema stellt das Aquarium den Ausschnitt eines begrenzten Lebensraums mit den für diesen Lebensraum typischen oder endemischen Tier- und Pflanzenarten dar. Der

Abb. 41 Thema: Endemische Buntbarsch-Fauna des Malawisees. Tierpark Berlin

Charakter eines ausgewählten Biotops kann für den Betrachter zusätzlich durch entsprechende Dekoration und Lichteffekte betont werden.

Für das Vorkommen vieler Arten sind die Wassertemperatur oder -zusammensetzung die entscheidenden, das Leben begrenzenden Faktoren. Schon allein deshalb müssen Becken nach verschiedenen Klimazonen – etwa dem tropischen Riff oder den kalten und gemäßigten Meeren bzw. dem tropischen Regenwald oder den kalten Süßgewässern der Nord- und Südhalbkugel – gestaltet werden. In diesen Becken unterscheiden sich Fauna und Flora wegen ihrer unterschiedlichen Temperaturansprüche grundlegend.

Selbst bei ähnlichen Temperaturverhältnissen können sich je nach Strömungsgeschwindigkeit oder vor allem im Süßwasser wegen unterschiedlicher Wasserzusammensetzung ganz verschiedene Lebensgemeinschaften bilden. Das Wasser kann weich oder hart, sauer oder alkalisch sein, entsprechend werden sich Fauna und Flora dieser Gewässer unterscheiden. So kennen wir beispielsweise auf dem afrikanischen Kontinent das weiche Wasser vieler Urwaldflüsse, aber auch das ausgesprochen harte Wasser der Seen im ostafrikanischen Graben. Entsprechend unterschiedlich ist jeweils das Artenspektrum.

Sogar ein einziger großer Strom kann auf seinem Weg von der Quelle bis zur Mündung ganz unterschiedliche Gewässertypen und damit Lebensgemeinschaften haben, wie wir dies beispielsweise vom Amazonas mit seinen Klarwasser-, Schwarzwasser- und Weißwasserzuflüssen kennen. Aber auch unsere heimischen Flüsse verändern sich von der Quelle bis zur Mündung im Charakter. Bis zur Mündung steigt die Temperatur, der Gehalt an Nährstoffen und Mineralien nimmt zu, die Strömung und der Sauerstoffgehalt hingegen nehmen ab. Auf dem langen Weg zum Meer gibt es Strecken mit einer nur für diesen Flussbereich typischen Fischfauna. Wir unterscheiden die Forellen-Region (starke Strömung, sauerstoffreich, geringe Temperaturen, minimale Nährstoffbelastung), die Äschen-Region (nährstoffarm, kühl, bedingt mineralisiert), die Barben-Region (Strömung rasch bis mäßig, höherer Nährstoffgehalt, Temperatur im Sommer über 15 °C), die Brachsen-

Abb. 42 Thema: Amazonas-Landschaft. Tierpark und Fossilium Bochum. Blick von der Tierpflegerseite auf die Scheibe zum Besucherraum

Region (nährstoffreich, im Sommer um 20 °C, geringer Sauerstoffgehalt, geringe Strömung) und die Kaulbarsch-Flunder-Region (kurz vor der Mündung ins Meer, Strömung träge, nährstoff- und salzreich, sauerstoffarm, im Sommer über 20 °C, sandiger, schlammiger Grund). Folglich lässt sich bereits in 5 nebeneinanderstehenden Becken die jeweils typische Fischfauna eines gesamten Flusses darstellen. Wählt man für die verschiedenen Regionen zudem Becken unterschiedlicher Maße aus, nämlich flache, lang-gestreckte für die Bachregion und große, hohe für den Mündungsbereich, so lassen sich die unterschiedlichen Gewässertypen noch weiter veranschaulichen.

Riffbecken

Noch immer Höhepunkt jeder tropischen Meerwasserabteilung ist das Riffaquarium mit dem Aufbau eines „natürlichen" Riffs mit seinen vielen verschiedenen Weich-, Leder- und Steinkorallen sowie verschiedenen Korallenfischen. Die Nachbildung eines echten Korallenriffs mit unzähligen unterschiedlichen Wirbellosen und vielen, z. T. auch großen Fischen wird im Aquarium allerdings noch lange oder immer eine Illusion bleiben. Für viele Fischarten ist nämlich das Korallenriff die Nahrungsgrundlage und im Aquarium werden die wenigen Korallen nicht so schnell wieder nachwachsen, wie sie von den Fischen gefressen werden. Außerdem haben Fische einen zu hohen Stoffumsatz und verursachen damit im geschlossenen Kreislauf des Aquariums eine für niedere Tiere nicht mehr optimale Wasserqualität. Aber auch schon für ein Riffaquarium mit Korallen und geeigneten Fischen sind der Technik- und damit der Energieaufwand leider sehr hoch, denn die niederen Tiere, insbesondere Steinkorallen, wünschen eine intensive Beleuchtung und eine relativ starke Wasserbewegung. Dadurch kann das Wasser so erwärmt werden, dass selbst für das tropische Riffbecken eine Kühlung erforderlich wird. Flache Becken und eine entsprechend dem Sonnenstand gesteuerte Beleuchtung sind deshalb günstiger als sehr hohe Aquarien, die schon allein wegen der Wasserhöhe nur unter hohem Energieaufwand voll ausgeleuchtet sein können. Natürlich muss für Steinkorallen auch die Wasserqualität optimal sein, so dass bei einer Vergesellschaftung mit vielen Fischen auf eine gute Filterung und Eiweißabschäumung mit Ozon kaum verzichtet werden kann. Außerdem dürfen bei der Inneneinrichtung nur Materialien verwendet werden, die seewasserfest sind und keinerlei Schadstoffe in das Aquarienwasser abgeben.

Abb. 43 Thema: Korallenküste. Zoo-Aquarium Berlin

Erfahrungsgemäß muss ein Riffaquarium anfangs für mehrere Wochen eingefahren werden. Erst danach kann mit dem schrittweisen Einsetzen der Tiere begonnen werden. Viele Fischarten sind wegen ihrer Empfindlichkeit, wegen ih-

Abb. 44 Thema: Meeresfauna, Japanisches Meer. Tokyo Sea Life Park

res ruhigen, aber interessanten Verhaltens und wegen ihres Nutzens für die niederen Tiere für das Riffbecken geeignet. So haben sich Doktorfische (Acanthuridae), insbesondere die kleinen *Zebrasoma*-Arten, und Kaninchenfische (Siganidae) bei der Bekämpfung der bei Überdüngung auftretenden Fadenalgen bewährt. Mandarinfische (*Synchiropus spec.*) fressen die in manche Riffaquarien eingeschleppten Planarien (*Convolutriloba retrogemma*). Glasrosen lassen sich mit Pinzettfischen (*Chelmon rostratus*) oder Garnelen (*Lysmata wurdemanni*) bekämpfen. Manche Fische hingegen, z. B. der empfindliche Halfterfisch (*Zanclus cornutus*), haben, wenn überhaupt, nur in einem Riffbecken eine Überlebenschance. Für die Vergesellschaftung im Riffbecken gut geeignet sind auch Kardinalbarsche (Apogonidae), Feenbarsche (Grammidae), Rundköpfe (Plesiopidae), Fahnenbarsche (Anthiidae), Schleimfische (Blenniidae), Grundeln (Gobiidae), Schläfergrundeln (Eleotridae) und Korallenwächter (Cirrhitidae), aber auch kleinere Lippfische, viele Riffbarsch-Arten (Pomacentridae) und mancher kleine Skorpionsfisch.

Dunkelbecken für dämmerungsaktive oder in Höhlen lebende Fische

Obgleich sich beispielsweise Blinde Höhlensalmer (*Astyanax mexicanus*) in jedem Aquarium wohl fühlen und zurechtfinden, unterstreicht eine mit nur wenigen gebündelten Lichtstrahlen beleuchtete Höhlendekoration aus dunklem Gestein die spezielle anatomische Anpassung (Verlust der Augen und der Hautpigmente) dieser Fischart an ihren Lebensraum.

Werden in öffentlichen Aquarien Fische in Becken gehalten, die außerhalb der Besuchszeit hell, den Rest des Tages aber nur mit schwachem Blaulicht beleuchtet sind, so werden in der Dunkelphase dämmerungsaktive Fische ak-

Abb. 45 Thema: Indopazifisches Korallenriff. Riffbecken Tiergarten Wien-Schönbrunn

tiv sein, tagaktive Fische sich hingegen zum Schlafen geeignete Plätze gesucht haben, so dass sich das Schlafen der Fische, aber auch die Nachtfärbung mancher Arten u.Ä. beobachten lässt. Wählt man in einem Seewasser-Aquarium als Bodengrund winzige Glasperlen, können schlafende Lippfische beobachtet werden, die sich nachts im Bodengrund eingraben.

Tiefseebecken

Da eine große Zahl von in größerer Meerestiefe lebenden Tierarten nächtliche Wanderungen zur Oberfläche machen, lassen sich diese Arten auch ohne entsprechend hohem Wasserdruck im Aquarium halten. Tannenzapfenfische (*Monocentrus japonicus, Cleidopus gloriamaris*) und die Perlboote (*Nautilus spec.*) gehören beispielsweise zu solchen Tieren, aber auch die Riesenkrabben (*Macrocheira kaempferi*) und die Riesenasseln. Alle diese aus größeren Tiefen stammenden Arten müssen relativ kühl und unter Dämmerlicht gehalten werden. Am besten haben sich hier blaue Leuchtstoffröhren oder eine rote Beleuchtung bewährt, da Rot wegen der spektralen Farbverschiebung des Wassers in größerer Tiefe nicht mehr vorhanden ist und deshalb von Tiefseetieren offensichtlich kaum wahrgenommen wird.

Brandungsbecken

Tiere der Felsküsten sind einem großen Tidenhub mit langer Austrocknung und extremen Temperaturen, aber vor allem auch einer starken Brandung ausgesetzt. Sie haben deshalb kräftige

Abb. 46 Thema: Fauna von Meereshöhlen. Die Leuchtorgane von Laternenfischen (*Anomalops katoptron*) leuchten im dunklen Aquarium. Zoo-Aquarium Berlin

Haftscheiben, um nicht weggespült zu werden, oder sie schützen sich schnell in engen Felsspalten vor der Wucht der Brandung. Für die erfolgreiche Aquarienhaltung vieler aus diesem Lebensraum stammenden Arten ist deshalb nur ein Brandungsbecken geeignet, in dem die Tiere kurzfristig trocken fallen, um dann sofort wieder von der Brandung voll getroffen zu werden.

Mangrove-Becken

In der tropischen Mangrovenzone hingegen läuft der Gezeitenwechsel langsam und ruhig ab. Es herrscht aber eine hohe Luftfeuchtigkeit. Dadurch konnten sich hier viele amphibisch lebende Arten entwickeln. Am bekanntesten sind wohl die Schlammspringer (*Periophthalmus spec.*), die Winkerkrabben (*Uca spec.*) und die verschiedenen Landeinsiedler (*Coenobita spec.*), aber auch viele Schnecken und Muscheln kommen in diesem Lebensraum vor. Bei manchen Tierarten ist für ihr Wohlbefinden ein Gezeitenwechsel wünschenswert, der mit einer entsprechenden Ebbe-Flut-Einrichtung simuliert werden kann.

Brackwasser-Becken

Der Gezeitenwechsel spielt auch in den Mündungen großer Flüsse eine Rolle, denn während der Flut wird das salzige Meerwasser stromauf gedrückt und vermischt sich mit dem Süßwasser des Flusses. Dadurch wird dieser Gewässerbereich nährstoffreich und dient manchen Fischen als Kinderstube. Einige Tierarten bevorzugen diesen Lebensraum aber generell oder während eines bestimmten Alters. Hierzu zählen u.a. verschiedene Plattfisch- und Stint-Arten, die Schützenfische (*Toxotes spec.*) und Vieraugenfische (*Anableps anableps*) sowie einige Seenadeln.

Strömungsbecken

In der starken Strömung mancher Bäche müssen Fische permanent gegen die Strömung schwimmen, um nicht fortgespült zu werden. Zum besseren Schutz leben sie häufig auch im Schwarm. Dieses Schwarmverhalten und ihre Ausrichtung zur Strömung lässt sich schön in lang-gestreckten Aquarien demonstrieren, in denen von außen die Strömungsrichtung durch eine Kurbel verändert werden kann.

Landschaftsbecken

Sowohl manches Brackwasser-Aquarium, aber vor allem das Mangrove-Becken oder ein Themenbecken mit verschiedenen Oberflächenfischen lässt sich sehr gut als kleineres Aquaterrarium oder großes Landschaftsaquarium gestalten. Nicht nur der aquatische, sondern oberhalb des Wasserspiegels auch der terrestrische Lebensraum kann mit seinen typischen oder endemischen Pflanzen- und Tierarten dargestellt werden. Der Größe und Gestaltung sind hier kaum Grenzen gesetzt. – In kleineren Aquaterrarien für Oberflächenfische kann bei Schützen- und Vieraugenfischen zusätzlich die besondere Anpassung dieser Fische an die Beutejagd im Grenzbereich zwischen Luft und Wasser durch gezielte Fütterung mit Insekten veranschaulicht werden.

Pflanzenbecken

In der Süßwasseraquaristik sind die aus demselben Biotop stammenden Wasserpflanzen bei tiergeographischen Themenbecken von großer Bedeutung. Doch sind sie meistens nur biotopgerechte Dekoration, die Fische stehen im Mittelpunkt. Für den Betrachter kann es jedoch auch einmal interessant sein, zwischen allen Fischbecken ein pflanzengeographisches Becken mit endemischer Wasserpflanzenflora und nur wenigen Fischen zu finden.

Als besonders schöne Pflanzenbecken gelten immer die so genannten „Holländischen Aquarien", die jedoch nicht einem Lebensraum nachgebildet sind, sondern gärtnerisch, nach ästhetischen Gesichtspunkten, gestaltet sind und als künstliche, vom Menschen geformte Lebensräume mit domestizierten, also ebenfalls vom Menschen durch Zucht geschaffenen Fischformen belebt werden können.

Im Meer hingegen ist das Zusammenleben von Pflanze und Tier viel enger als in den Süßgewässern. In den einzelnen Florenbereichen hat sich jeweils eine unterschiedliche Fauna ausgebildet. In den Seegraswiesen, die für viele Fische wie etwa den Hering Ablaichgründe sind, finden wir neben Lippfischen vor allem Seenadeln und Seepferdchen. Allerdings ist die Kultur von Seegras (*Posidonia*, *Zostera*) bisher im Aquarium noch sehr schwierig, so dass bei der Einrichtung eines Seegrasbeckens meistens auf künstliches Seegras zurückgegriffen wird. Auch in den Kelpwäldern der kalifornischen Küste haben sich viele verschiedene Fischfamilien, oft artenreich, an das Leben auf und zwischen diesen etwa 20 m langen Braunalgen (*Macrocystis pyrifera*) angepasst. Hier sind besonders die Vertreter der Kelpfische (Clinidae) zu nennen, die es nur in den kalifornischen Kelpwäldern gibt.

Bisher ist die Kultur von Braunalgen (Phaeophyceae, ca. 1500 Arten), die im Allgemeinen in kalt-gemäßigten bis subpolaren Meeren vorkommen, nur in Aquarien mit natürlichem Seewasser und entsprechender Wasserbewegung gelungen. Einfacher ist die Kultur mancher Rotalgen (Rhodophyceae, ca. 4000 Arten) und vor allem von Grünalgen (Chlorophyceae, ca. 7000 Arten), die auch im synthetischen Meerwasser gelingt. Allein von den annähernd 60 Arten der zu den Grünalgen zählenden, im tropischen und subtropischen Meer vorkommenden Kriechsprossalgen (*Caulerpa spec.*) werden etwa 15 Arten in Aquarien kultiviert. Für viele herbivore Fische sind sie ein gutes Futter. Die ebenfalls zu den Grünalgen zählende Pfennigalge (*Halimeda spec.*) ist wegen ihrer Vorliebe für Kalkgehalt in Boden und Wasser in vielen Riffaquarien zu finden. Während alle Grünalgen viel Licht wünschen, sind Rotalgen in erster Linie Schattenalgen, die blaues Licht bevorzugen.

Da die Algen dem Wasser viele Nähr- und Schadstoffe entziehen, wird eine intensive Algenkultur häufig als zusätzlicher biologischer Filter genutzt. Damit der Algenfilter auf die Wasserqualität überhaupt einen Einfluss hat, muss er mindestens 10 - 20 % des Aquarienvolumens an Wasserinhalt bei geringer Höhe und großer Oberfläche besitzen.

Aquarientechnik

M. Sander

Zum Betrieb eines größeren Schauaquariums ist eine umfangreiche Technik für Wasserpflege, Beleuchtung, Heizung, Lüftung u.a. erforderlich. Zum Einsatz kommen vor allem Industrieanlagen der Wasseraufbereitung und Abwasserbehandlung sowie der Fischintensivzucht, die den speziellen Bedingungen dieses Einsatzbereichs angepasst werden. Aber auch aus der Hobbyaquaristik stammen Techniken, wie die Abschäumertechnik, die für Großaquarien übernommen wurden.

Wasservorbereitung

Je nach System und Empfindlichkeit der Tiere sollte man sich bereits das Einspeisewasser etwas genauer ansehen. Hierbei gelten 2 Kriterien:

- Das Wasser verfügt über Inhaltsstoffe, die in der vorliegenden Konzentration schädlich oder giftig sind.
- Das Wasser verfügt über Inhaltsstoffe, die in der vorliegenden Konzentration unschädlich sind, aber vom Wasseraufbereitungssystem des Aquariums nicht abgebaut werden. Somit akkumulieren diese Schadstoffe zu immer höheren Konzentrationen im Kreislauf, bis sie endlich kritische Werte erreichen. In diesem Falle kann es sinnvoller sein, die Einspeisung dieser Stoffe zu vermeiden, als sie später aus dem Aquarienkreislauf zu entfernen.

In der Regel ist Brunnenwasser kritischer zu betrachten als Trinkwasser. Aber auch Trinkwasser kann ohne Weiteres noch Inhaltstoffe mit sich führen, die kritisch werden können, wie Nitrat, Herbizide und Pestizide sowie Härtebildner.

Die Gesamthärte (GH) des Wassers wird von der Summe aller gelösten Erdalkali-Ionen (insbesondere sind es solche des Calciums und Magnesiums) gebildet. In Verbindung mit der Kohlensäure als Hydrogencarbonat spricht man von der Karbonathärte (auch temporäre Härte, weil sie beim Kochen ausgetrieben wird). Sind dagegen andere Säurereste wie Sulfat, Chlorid, Nitrat, Silikat und Phosphat beteiligt, handelt es sich um die Nichtkarbonathärte (auch permanente Härte, weil sie sich beim Kochen nicht verändert). In Deutschland wird die Gesamthärte folgendermaßen definiert: 1 Grad deutscher Härte (1° dH) = 10 mg Calciumoxid pro Liter (CaO/l)

Tab. 13 Klassifizierung der Wasserhärte

Gesamthärte [° dGH]	Beurteilung
0 - 4	sehr weich
4 - 8	weich
8 - 12	mittelhart
12 - 18	etwas hart
18 - 30	hart
über 30	sehr hart

Ionenaustauscher

Sie eignen sich vor allem zur Enthärtung des Wassers. Es sind mit speziellen Kunstharzen gefüllte Geräte. Die Kunstharzfüllungen sind so dotiert, dass sie die Ionen der Härtebildner aufnehmen und andere Ionen, die nichts zur Wasserhärte beitragen, freisetzen. Ionenaustauscher müssen in regelmäßigen Abständen regeneriert oder ausgetauscht werden. Die Regeneration erfolgt zumeist mit Salzlösungen, Säuren oder Laugen.

Umkehrosmose

Hier werden spezielle Membranen genutzt, durch die das Wasser mit sehr hohem Druck hindurchgefördert und dabei von Molekülen spezifischer Abmessungen befreit wird. Häufig werden Ionenaustauscher vor Umkehrosmoseanlagen geschaltet, um ein Verblocken durch Härtebildner zu vermeiden.

Umkehrosmoseanlagen erzeugen Wasser mit sehr niedrigem Leitwert von ca. 50 µS. Die meisten Salze, vor allem Nitrat, sowie auch Herbizide und Pestizide werden entfernt. Es wird daher auch als demineralisiertes Wasser bezeichnet.

Umkehrosmoseanlagen brauchen in aller Regel eine Druckerhöhungspumpe, die zumeist einen erheblichen Energiebedarf hat. Andererseits wird zur Nachspeisung nur recht wenig Wasser benötigt. Es werden immer ein Permeatstrom, also das Reinwasser, und ein Konzentratstrom, also ein Wasserstrom mit aufkonzentrierten Salzen und Schadstoffen, erzeugt. Je geringer dieser Konzentratstrom im Vergleich zum Permeatstrom ist, umso höher ist der Wirkungsgrad der Umkehrosmoseanlage. Bei größeren Umkehrosmoseanlagen ist es häufig sinnvoll, eine Enthärtungsanlage vorzuschalten, um ein Verblocken der Membranen mit Kalkbildnern zu vermeiden.

Enteisenung, Entmanganung

Wenn das Nachspeisewasser zu viel Eisen und Mangan beinhaltet, ist eine Umkehrosmoseanlage oft überfordert, da sie zu schnell zusetzt. Bei größeren Wassermengen empfiehlt sich eine Verfahrenskombination aus Ozonstufe, Sandfilter und Aktivkohlefilter. Unter Umständen kann schon eine Belüftung oder eine Feinfilterung hilfreich sein.

Salzwasseransatz

Seewasser-Aquarien im Binnenland sind in der Regel darauf angewiesen, ihr Salzwasser selbst anzusetzen. Hierfür ist im Fachhandel eine Vielzahl guter Salzmischungen verfügbar. Es empfiehlt sich, ein Becken mit fertig angesetzter Sole vorzuhalten, das aus einem Mischbecken eingespeist wird. Je nach Bedarf hat die Sole eine Salzkonzentration, die zwischen der Normalkonzentration des Meerwassers bis hin zur 3fachen Salzkonzentration liegt. Je nach Leitwert bzw. Salzgehalt im Hauptkreislauf wird dann Salzwasser aus dem Solebecken in den Hauptkreislauf nachgespeist.

Das vorgeschaltete Mischbecken dient ausschließlich zur Salzeinmischung. Dieses Becken ist zweckmäßigerweise mit einer Belüftung und/oder einer Umwälzung durch eine Wasserpumpe ausgerüstet. Die Vermischung mittels Belüftersteinen hat den Vorteil, dass das Salz von den aufsteigenden Luftblasen mitgeführt und weiträumig im Mischbehälter verteilt wird. Dadurch wird eine sehr gute Vermischung erzielt. Belüftersysteme sind außerdem unempfindlich gegenüber Verstopfungen, wie sie bei Förderpumpen durch Salzklumpen leicht möglich sind. Der Sauerstoffeintrag durch die Belüftung verhindert das Eintreten von Faulprozessen.

Salzwasser sollte nach Möglichkeit nicht direkt aus dem Mischbecken in den Hauptkreislauf eingeleitet werden. Im nachgeschalteten Solebecken findet eine „Reifung“ des frisch angesetzten Salzwassers statt, bei der insbesondere die Spurenelemente erst im Wasserkörper wirklich homogen vermischt werden. Die endgültige Reifung des Meerwassers erfolgt im Kreislauf, wenn aufgrund biologischer Prozesse Chelatkomplexe gebildet werden.

Frisch angesetztes Meerwasser sollte nicht direkt mit Ozon behandelt werden.

Brackwasser

Darunter wird ein Mischwasser zwischen Süß- und Seewasser verstanden, dessen Salzgehalt von 3 - 0,5 % schwanken kann. Man erhält es, indem Seewasser mit Leitungswasser vermischt wird, bis die gewünschte Dichte erreicht ist.

Wasseraufbereitung im Aquarienkreislauf

Vorfilter

Vorfilter sind in allen Anlagen hilfreich, bei denen mit relativ grober Verschmutzung gerechnet werden muss. Dies ist vor allem bei Aquarien mit Tieren, die z.B. mit ganzem Fisch gefüttert werden, der Fall. Hier ist damit zu rechnen, dass nicht angenommene Futterbrocken oder auch entsprechend grob strukturierter Kot anfallen.

Andere wichtige Anwendungsfälle können z.B. die Entfernung von Grobstoffen aus der Umgebung sein, wie Laub und Astwerk, oder auch Haare von Tieren und nicht zuletzt Stoffe, die von Besuchern in offene Becken geworfen worden sind, wie Eistüten, Zeitungen usw.

Vorfilter können im einfachsten Fall gitterförmige Rohrstutzen sein oder Rechen mit manueller bzw. automatischer Reinigung, genauso Vorfilter, die z.B. in Saugkörben direkt vor Pumpen angelegt sind, um dort Verstopfungen zu vermeiden. Als Vorfilter eignen sich insbesondere Sedimentationssysteme unterschiedlicher Struktur wie Sandfang, Hydrozyklon, Vortex, Lamellenseparator. Diese Baugruppen nutzen die unterschiedliche Absinkgeschwindigkeit von Feststoffen, um diese aus dem Wasserstrom abzuscheiden. Der Reinigungsgrad ist in aller Regel eher gering, allerdings eignen sich Vorfilter sehr gut, um Stoffe zu entfernen, die sonst in anderen Baugruppen zu einer Verstopfung des Systems führen würden.

Nach dem gleichen Prinzip, allerdings in entgegengesetzter Wirkungsrichtung, arbeiten Fettabscheider, die das geringe spezifische Gewicht von Fett nutzen, um dieses aufsteigen zu lassen und es dann an der Wasseroberfläche abzuscheiden.

Kleinfilter (Typ Eheim)

Verfügbare Einzelleistungen ca. 0,2 - 5 m^3/h, Durchmesser ca. 20 - 50 cm, Bauhöhen bis 1 m. Diese Kleinfilter eignen sich für unterschiedliche Filterprozesse in kleinen Aquarien bis ca. 2 m^3. Unterschiedliche Filtermaterialien wie Sand, Aktivkohle, Filterwatte, Torf oder Mineralien werden angeboten, um den Filterprozess an den jeweiligen Bedarf anzupassen. Die Reinigung erfolgt in regelmäßigen Zeitabständen durch Entleerung des Filters von Hand.

Sandfilter

Verfügbare Einzelleistungen ca. 5 - 250 m^3/h, Durchmesser bis 3 m, Bauhöhen bis 4 m. Der Sandfilter ist der klassische mechanische Filter der Wasseraufbereitung, wobei – wie der Name besagt – Filtersand als Filterelement wirkt.

Der Sandfilter besteht aus einem geschlossenen Druckbehälter. Er kann also je nach Druckfestigkeit direkt in geschlossene Druckleitungen eingebaut werden. Der Filterwiderstand ist jeweils vom Hersteller zu erfragen und liegt typischerweise bei etwa 5 mWs. Dies ist bei der Auslegung der Sandfilter zu berücksichtigen. Am Boden befinden sich so genannte Filterkerzen, die den Sand zurückhalten. Im oberen Bereich muss ein Sandfilter über einen ausreichenden Freiraum (Freibord) verfügen, um dem Sand ein geeignetes Ausdehnungsvolumen für den Rückspülvorgang bieten zu können. Da mit dem Wasser immer auch Luftblasen mitgeführt werden können, benötigt ein Sandfilter immer ein Entlüftungsventil!

Während des Filterprozesses wird partikuläre Substanz an den Sandkörnern angelagert und so aus dem Wasserstrom zurückgehalten. Die Verschmutzungsstoffe sind somit aus dem Aquarium entfernt, befinden sich aber immer noch im Wasserkreislauf! Es ist also darauf zu achten, dass der Sandfilter regelmäßig zurückgespült wird, um Faulprozesse, die Giftstoffe produzieren können, zu vermeiden. Die Rückspülung erfolgt entweder in regelmäßigen zeitlichen Abständen, z.B. zweimal pro Woche, oder in Abhängigkeit des Filterwiderstandes. Je nach Art und Bauweise des Filters sind unterschiedliche Spülprozesse zu beachten, die unter Umständen einer erheblichen Logistik bedürfen.

Rückspülung mit Rückspülarmatur: Kleinere Filteranlagen bis ca. 20 m^3/h Filterleistung sind häufig mit einer Rückspülarmatur versehen, die es durch einfache Handgriffe ermöglicht, die Rückspülung von Hand durchzuführen. Die Spülprozesse sind dann z.B. Rückspülen, Klarspülen, Einfiltern, Filtern. Bei größeren Filtern wird in der Regel zusätzlich mit Luft gespült. Der Ablauf der Rückspülung ist somit: Vorspülen mit Wasser, Spülung mit Wasser und Luft, Spülung mit Wasser, Einfiltern, Filtern. Der Rückspülprozess wird in der Regel mit pneumatisch gesteuerten Absperrklappen durchgeführt, die aus einer Schaltanlage gesteuert werden. Auch halbautomatische Steuerungen sind möglich.

Werden Sandfilter in Seewasserkreisläufen integriert, kann sich die Rückspülung nochmals aufwendiger gestalten, wenn nicht mit Prozesswasser (Seewasser), sondern mit Süßwasser zurückgespült werden soll. Es sind dann entsprechende Behälter für Rückspül-Klarwasser und Rückspül-Schmutzwasser vorzusehen. Auch sollte gegebenenfalls darauf geachtet werden, dass das im Filter befindliche Seewasser vor der Rückspülung zurückgewonnen wird.

Die Rückspülzeit ist auf den jeweiligen Prozess abzustimmen. In der Regel liegt die Rückspülzeit bei etwa 10 - 15 Minuten.

Aktivkohlefilter

Hier werden meist Filteranlagen eingesetzt, wie sie auch für Sandfilter genutzt werden. Nicht zuletzt arbeiten Aktivkohlefilter auch als mechanische Filter und müssen zurückgespült werden.

Der Einsatzzweck von Aktivkohlefiltern liegt allerdings in ihrer sehr hohen Adsorptionswirkung aufgrund der extrem hohen spezifischen Oberfläche im Aktivkohlekorn. Diese Oberfläche ist durch bestimmte Aufbereitungsverfahren in der Herstellung so strukturiert, dass sich insbesondere Schadstoffe organischer Art gut anlagern und damit aus dem Wasserkreislauf entfernen lassen. Das Gleiche gilt für oxidierende Stoffe wie Chlor und Ozon, die an Aktivkohle teilweise katalytisch umgeformt oder aber auch reaktiv abgebaut werden. Durch die Rückspülung werden Aktivkohlefilter nur an der Oberfläche des Korns gereinigt. Dies bewirkt, dass danach die noch vorhandene Adsorptionsaktivität besser zum Tragen kommt.

Ist ein Aktivkohlefilter allerdings erst einmal adsorptiv „voll gelaufen“, so kann die Adsorptionswirkung durch eine Rückspülung nicht zurückgewonnen werden. Die Aktivkohle muss dann ausgetauscht werden. Erfolgt der Austausch nicht zur rechten Zeit, kann es zu unkontrollierter Resorption kommen, d.h. es werden Schadstoffe aus der Aktivkohle wieder an das Wasser abgegeben!

Da Aktivkohle relativ teuer ist, gibt es häufig eine Tendenz, sie möglichst lange zu nutzen. Dies kann allerdings kontraproduktiv sein. Bei sehr großen Filteranlagen kann es sich eventuell rechnen, die Aktivkohle regenerieren zu lassen.

Diatomeenfilter

Dies sind Schnellfilter besonderer Prägung. Diatomeen sind Kieselalgen, die ein Gehäuse aus Kieselsäure aufbauen. Abgestorbene Kieselalgen bilden erdgeschichtlich Ablagerungen, die als Kieselgur gewonnen werden. Kieselgur bildet ein hervorragendes Filtermaterial und ist für besonders feine Filtrationsaufgaben bis zu 0,1 µm geeignet. Damit können feinste Trübstoffe aus dem Aquarium sehr schnell entfernt werden. Das Material kann nicht als Füllung in einen Filter eingefüllt werden, sondern muss an Filteroberflächen aufgeschwemmt werden!

Die Filterfeinheit bedingt, dass der Diatomeen- bzw. Kieselgurfilter sehr schnell zusetzt bzw. einen sehr hohen Filterwiderstand aufbaut. Aus diesem Grund haben sich Diatomeenfilter nicht als Standardfilter in Aquarienkreisläufen durchgesetzt. Allerdings finden sie nach wie vor Anwendung für kurzfristige Einsätze in Krisensituationen, wenn z.B. eine plötzliche Algenblüte schnell entfernt werden muss oder wenn nach einer Inbetriebnahme sehr schnell ein optisch einwandfreies Wasser erzielt werden soll.

Kartuschenfilter

Dies sind in der Regel eher kleine Filteraggregate, deren Wirkungsgrad zwischen Vorfilter und Sandfilter anzusiedeln ist. Häufig werden sie temporär eingesetzt, wenn es zu spontanen Trübungen kommt, die kurzfristig herausgefiltert werden sollen, wie etwa bei Inbetriebnahmen, Neubesatz, Neudekoration usw. Filterelemente sind zumeist Gewebestrukturen aus unterschiedlichen Kunst- oder Naturfasern, so dass in der Regel die Möglichkeit besteht, sie auszuwaschen (Wasserstrahl) oder in der Waschmaschine zu reinigen. Es ist besonders darauf zu achten, dass kein Waschmittel auf den Filterelementen verbleibt.

Rezirkulationsrate

Die meisten Süß- und Seewasser-Aquarien sind Kreislaufanlagen, in denen das Wasser aus dem Becken in die Wasseraufbereitung und wieder zurück in das Becken geleitet wird. Auch Teichanlagen werden zunehmend als Kreislaufanlagen ausgeführt.

Neben der Auslegung der Wasseraufbereitung ist die Rezirkulationsrate ein wichtiges Kriterium. Ist nämlich der Wasservolumenstrom, der durch die Anlage fließt, zu klein, kann auch eine gute Wasseraufbereitungsanlage nichts bewirken. Man bemisst die Rezirkulationsrate entweder in Prozent des Beckenvolumens pro Stunde oder in der Zeiteinheit, in der das Beckenvolumen einmal komplett umgewälzt wird. So entspricht eine Umwälzung von 50 %/h einer vollständigen Beckenumwälzung in 2 Stunden.

Je höher die Wassertemperatur und die Sonneneinstrahlung sind und je wertvoller (sensibler) der Tierbesatz ist, umso höher muss die Wasserumwälzung sein. Für die meisten Anwendungen ist eine vollständige Wasserumwälzung pro Stunde ein guter Wert. Dies kann allerdings bei großen Wassersystemen zu erheblichen Energiekosten führen. So wird man ein tropisches Seewasser-Becken mit niederen Tieren und Korallenfischen nicht unter einer Umwälzung pro Stunde auslegen, während ein kaltes Süßwasser-Aquarium mit heimischen Tieren auch mit einer Umwälzung in etwa 2 Stunden oder noch länger ausreichend bemessen sein kann. Andererseits kann ein Süßwasser-Becken, das einen hohen Nährstoffeintrag (starke Fütterung) aufweist und der direkten Sonneneinstrahlung unterliegt, ebenfalls eine hohe Wasserumwälzung benötigen.

In jedem Fall ist es wichtig, die individuelle Problematik des Beckensystems mit dem Planer genauestens zu besprechen, da eine zu geringe Umwälzung selbst eine sehr gute Filteranlage nicht zur Wirkung kommen lässt.

Energiekosten der Wasserumwälzung

Die Auslegung einer Förderpumpe erfolgt immer anhand von 2 Kriterien, und zwar dem Wasservolumenstrom (m^3/h) und der Förderhöhe (mWs oder bar). Hierzu werden von den Herstellern entsprechende Leistungsdiagramme vorgelegt, die ebenfalls den Energiebedarf angeben. So hat z. B. eine Förderpumpe für einen Wasservolumenstrom von 80 m^3/h bei einer Förderhöhe von 16 m einen Leistungsbedarf von 4,85 kW, während eine Pumpe, die die gleiche Wassermenge nur auf 2 mWs fördern muss, nur einen Leistungsbedarf von z. B. 1,5 kW. Man kann also durch eine geschickte Auslegung der Wasseraufbereitung gegebenenfalls erheblich Energiekosten einsparen, ohne deswegen Kompromisse bei der Umwälzung eingehen zu müssen.

Förderpumpen

Kolbenpumpen werden heute nur noch selten eingesetzt, z. B. als Brunnenpumpen. Sie sind immer Metallpumpen und können somit nur in Süßwasserbereichen eingesetzt werden. Zumeist eignen sich Kolbenpumpen für mittlere bis sehr hohe Drücke.

Kreiselpumpen sind sowohl als Metall- wie auch als Kunststoffkreiselpumpen lieferbar und somit prinzipiell für alle Medien verwendbar. Sie werden für Niederdruck (0 - 0,5 bar), Mitteldruck (0 - 5 bar) und Hochdruck (0 - 200 bar) eingesetzt. Hochdruckkreiselpumpen sind immer aus Metall gefertigt und verfügen über mehrere in Reihe geschaltete Förderstufen. Kunststoffkreiselpumpen werden für Druckbereiche bis etwa 2 bar hergestellt. Typische Fördermengen liegen zwischen 0,1 - 500 m^3/h.

Propellerpumpen werden für sehr große Wassermengen (z. B. 5000 - 30000 m^3/h) bei sehr geringen Förderhöhen (0,1 - 5 mWs) erstellt. Sie arbeiten sehr wirtschaftlich.

Airliftsysteme (Mammutpumpe oder Luftheber)

Sie bestehen aus senkrechten Rohrleitungen, die im Wasser eingetaucht sind. Zentral werden Ausströmer eingebracht. Durch die im Rohr aufsteigenden Luftblasen wird Wasser mit nach oben gefördert. Airliftsysteme werden für kleine wie große Wassermengen eingesetzt. Die Förderhöhen liegen nur bei wenigen Zentimetern (5 - 20 cm). Der Gesamtwirkungsgrad ist eher gering. Allerdings haben sie den Vorteil, dass sie neben der Wasserförderung dieses auch gleichzeitig belüften und Schadgase (CO_2, H_2S) ausblasen! Airliftsysteme werden häufig eingesetzt, wenn viele Kleinaquarien mit Einzelfiltern ausgerüstet werden.

Rohrleitungssysteme

Diese können aus sehr unterschiedlichen Materialien bestehen. Kupferleitungen eignen sich ausschließlich für Leitungen, die Trinkwasser führen. Aber auch hier besteht das Risiko, dass das Trinkwasser in besonders hohem Maße mit Kupfer-Ionen belastet wird. Das trifft insbesondere bei weichem Wasser zu, während bei hartem Wasser in den Rohrleitungen eine schützende Kalkschicht gebildet wird.

Grundsätzlich sind Kunststoffleitungen vorzuziehen. In Aquarienkreisläufen gibt es zu Kunststoffrohrleitungen keine Alternative. Übliche Materialien für Kunststoffrohrleitungen sind PVC oder PE. PVC-Leitungen werden verklebt, PE- Leitungen verschweißt.

Es sind verschiedene Druckstufen, in der Regel 2,5, 4, 6 und 10 bar verfügbar. Die Rohrleitungen werden mit ihren Außendurchmessern benannt. Je höher die Druckstufe, umso stärker die Wandstärke. Das bedeutet, dass bei einer höheren Druckstufe der verfügbare Innendurchmesser kleiner wird.

Typische Wassergeschwindigkeiten für die Auslegung liegen im Bereich von ca. 1 - 2 m/s. Für größere Systeme ist eine hydrodynamische Bemessung unabdingbar, um die zulässigen Druckverluste klar zu definieren.

Rohrheber

Ein Rohrheber wird eingesetzt, wenn z. B. 2 benachbarte Wasserbecken verbunden werden sollen, ohne die Wandungen zu durchbrechen. Ein Heber ist ein Rohrstück in Form eines umgekehrten U, das über den Wasserspiegel hinausragt und dessen Enden auf beiden Seiten unterhalb des Wasserspiegels liegen. Der Heber muss vollständig mit Wasser gefüllt sein. Dies geschieht, indem er beim Einsetzen gefüllt und dann mit geschlossenen Enden eingesetzt wird oder indem die Luft über einen Saugstutzen an der höchsten Stelle abgesaugt wird. Die Absaugstelle muss absolut dicht verschlossen werden! Stellen sich in den beiden Becken unterschiedliche Wasserstände ein, wird der Heber von Wasser durchströmt. Am höchsten Punkt des Hebers entsteht zwangsläufig ein Unterdruck. Dadurch kommt es sehr langsam, aber stetig zum Austritt feinster Luftblasen an der höchsten Stelle, die sich mit der Zeit ansammeln und den Wasserfaden im Heber zum Abreißen bringen. Dies kann zu gefährlichen Störungen im System führen. Deshalb sollten Heber nur kurzfristig als Notlösung und unter stetiger Überwachung eingesetzt werden!

Biofilter

Das Wort Filter assoziiert, dass Stoffe fest gehalten werden, dies ist aber beim Biofilter nicht der Fall. Ein Biofilter formt die Zusammensetzung der Stoffe um. Die Anlagerung von Stoffen im Filter muss dringend vermieden werden. In diesem Sinne sind Biofilter eher als Bio-Transformatoren anzusehen. Es werden aerobe und anaerobe Biofilter unterschieden.

Aerobe Biofilter sind auf eine hohe Sauerstoffzufuhr angewiesen. Sie dienen der Mineralisation und der Nitrifikation. Die Mineralisation ist der biologische Umbau organischer in anorganische Verbindungen. Die Nitrifikation ist der Abbau des giftigen Ammoniums über Nitrit zum ungiftigen Nitrat. Auf der Oberfläche von Füllkörpern bildet sich ein biologischer Rasen aus, in dem die Nitrifikanten siedeln. Diese sind typischerweise Bakterien der Gattungen *Nitrosomonas* und *Nitrobacter*.

Aerobe Biofilter werden als Rieselfilter oder als abgetauchte bzw. submerse Filter gebaut.

Rieselfilter bestehen aus Behältern, die mit speziellen Füllkörpern gefüllt sind, die eine gleichmäßige Verteilung des Wassers erlauben. Das Wasser wird an der Oberseite des Filters auf der Filteroberfläche verteilt und über die gesamte Filterhöhe verrieselt, hierbei werden die Füllkörper gleichmäßig und intermittierend benetzt. Rieselfilter haben in der Regel sehr hohe Standzeiten, ohne zu verschlammen, bei gleichmäßig hohem Sauerstoffgehalt. Gleichzeitig kommt es zu einem intensiven Gasaustausch.

Submerse Biofilter sind konstruktiv ähnlich aufgebaut und ebenfalls mit Füllkörpern bestückt. Im Unterschied zu Rieselfiltern sind sie jedoch vollständig mit Wasser gefüllt und das zu behandelnde Wasser strömt langsam durch die Füllkörper. Submerse Biofilter erreichen häufig eine etwas höhere Leistungsfähigkeit. Es besteht aber ein deutlich erhöhtes Risiko gegenüber Sauerstoffmangel und Verschlammung! Es ist daher anzuraten, submerse Biofilter aktiv zu belüften.

Unterschieden werden Festbettsysteme und so genannte Fluidized-bed-Systeme, in denen das Füllkörpermaterial in der Schwebe bleibt, wodurch das oben angesprocheneVerstopfungsproblem vermieden wird.

Eine besondere Bauform submerser Biofilter wird häufig als Mehrkammerfilter in Teichanlagen eingesetzt. Er kann beispielsweise mit Vorfilterkammer, Kammer für Bürstenfilter, Kammer für Filtermatten und Klarwasserkammer ausgeführt sein. Wichtig bei diesem Aufbau ist, dass die Filtermatten regelmäßig gereinigt werden. So genannte Japanmatten sollen besonders lange Standzeiten haben.

Anlaufzyklus von Biofiltern. Nach einer Betriebszeit von etwa 2 Wochen bildet sich ein biologischer Rasen, der anfänglich nur schwach, dann aber zunehmend belastet werden kann. Während des Einlaufzyklus entsteht zunächst ein Ammonium-Peak, der abgebaut wird und dadurch eine Nitritspitze erzeugt. Mit der Zeit wird auch die Nitritspitze langsam, aber zunehmend abgebaut und in Nitrat umgesetzt. In diesem Stadium ist die Startphase des Biofilters abgeschlossen und er kann zunehmend belastet werden.

Der Anlaufzyklus eines Biofilters liegt zumeist auch in der Zeit, in der das Aquarium frisch besetzt wird. Es empfiehlt sich dringend, den Besatz langsam, aber stetig zu steigern. In dieser Zeit darf aber nur sehr wenig gefüttert werden. Die Fütterung soll erst das normale Maß erreichen, wenn der Biofilter seinen Anlaufzyklus abgeschlossen hat. Hierzu sind regelmäßige Messungen der Ammonium-, Nitrit- und Nitrat-Werte sehr zu empfehlen!

Ozonanlagen sollten in der Anlaufzeit eines Biofilters ausgeschaltet sein oder auf sehr kleiner Stufe laufen.

Anaerobe Biofilter arbeiten im Gegensatz zu aeroben Biofiltern unter Sauerstoffabschluss. Es wird ein negatives Redoxpotential angestrebt. Diese Filter sind stets submers! Funktionsziel eines anaeroben Biofilters ist die biologische Reduktion von Nitrat zu Sauerstoff und Stickstoff (Denitrifikation).

Zum Betrieb eines anaeroben Biofilters muss für die Bakterien organischer Kohlenstoff verfügbar sein. In hoch belasteten Wässern (Abwasser) kann dieser häufig aus den Wasserinhaltsstoffen bezogen werden, während in Aquarienkreisläufen in aller Regel eine organische Flüssigkeit zudosiert werden muss. Dies kann z.B. Methanol, Ethanol, Essigsäure, Zuckerlösung o.Ä. sein. Die Steuerung dieser Dosierung ist zumeist schwierig.

Füllkörper müssen aus chemisch neutralen Materialien gefertigt sein. Es empfiehlt sich hier Naturgestein, Keramik, Glas oder Kunststoff.

Bei einem Vergleich verschiedener Füllkörpermaterialien ist vor allem die spezifische Oberfläche je Volumeneinheit (m^2/m^3) heranzuziehen. Es sind Füllkörper zwischen 50 und etwa 1000 m^2/m^3 verfügbar. Je höher die spezifische Dichte ist, umso höher ist die Leistungsfähigkeit des Materials, aber auch die Gefahr des Zuwachsens und des Verstopfens! In der Praxis muss man diese beiden Kriterien gegeneinander abwägen.

Im Seewasserbereich wird sehr gerne „Korallenbruch“ bzw. Korallensand eingesetzt, der in der Regel von tropischen Stränden stammt. Korallenbruch eignet sich besonders gut als Füllkörper im Seewasserbereich. Er bildet sehr schnell einen stabilen biologischen Rasen aus. Weiterhin hat er einen deutlich stabilisierenden Einfluss auf den pH-Wert. Nachteilig ist das Gewicht des Materials, so dass es aus betrieblicher Sicht insbesondere für kleinere Anlagen zu empfehlen ist.

Algenfilter sind eine besondere Art von Biofiltern. Es sind in der Regel flache Becken mit intensiver Beleuchtung, in denen gezielt Algen gezüchtet werden. Algen verwenden die Ausscheidungen bzw. Stoffwechselprodukte der Fische, die im Aquarienkreislauf zu Belastungsstoffen werden, als Nährstoffe. Hierbei entnehmen sie vor allem Nitrat, Phosphat und Kohlendioxid aus dem Kreislauf und reichern das Wasser mit Sauerstoff an. Insbesondere der Phosphataustrag ist sehr interessant, da er in der Denitrifikation nur sehr schlecht erfolgt. Algenfilter benötigen allerdings sehr große Flächen, sehr intensive Beleuchtung und müssen abgeerntet werden.

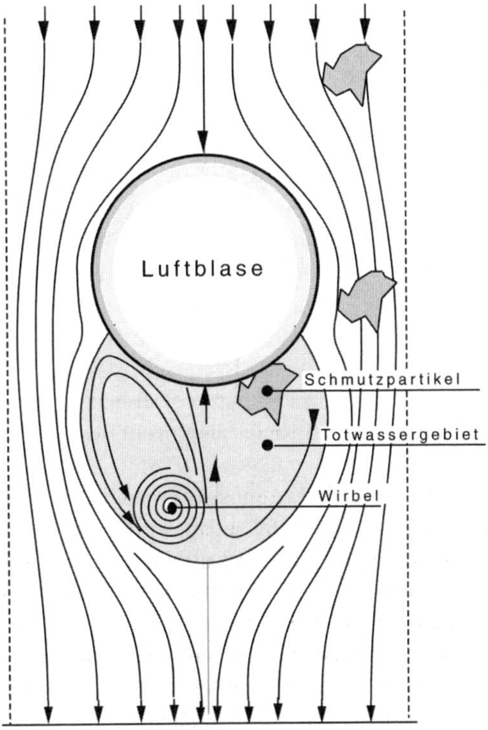

Abb. 47 Strömungsprofil um eine Luftblase

Wechselbeziehungen zwischen den unterschiedlichen Filterelementen

Bei der Kombination verschiedener Filterelemente ist stets darauf zu achten, dass die unterschiedlichen Filterelemente miteinander wechselwirken. Diese Wechselwirkung kann die Wasserqualität deutlich anheben, aber auch verschlechtern. Ein typisches Beispiel positiver Synergieeffekte ist die Kombination von Abschäumer, Ozon und aerober Biofilter. Systeme mit dieser Kombination laufen besonders stabil und mit sehr guter Wasserqualität. Ergänzungen mit UV-Wasserklärern, Sandfiltern oder anderen Filterelementen sind bei speziellen Anwendungen möglich.

Wird eine Denitrifikationsanlage hinzugeschaltet, so ist darauf zu achten, dass der Auslauf der Denitrifikation möglichst in einen Abschäumer geleitet wird, um das Wasser mit niedrigem Redoxpotential reichlich mit Sauerstoff anzureichern.

Abschäumung

Verfügbare Einzelleistungen etwa: 1 - 400 m^3/h, Durchmesser bis 2,5 m, Bauhöhen bis 6,5 m.

Der Abschäumer oder Eiweißabschäumer ist ein mechanischer Filter, der Luftblasen als Filterelement benutzt. Auf der Oberfläche der Luftblasen bilden sich elektrostatisch aktive Schichten aus. Diese bewirken, dass sich organische Verbindungen an der Blasenoberfläche anlagern. In Aquarienkreisläufen entstehen aus dem Futter und der Exkretion der Tiere zumeist recht hohe Konzentrationen an Eiweißverbindungen. Sie sind langkettige organische Moleküle, die aufgrund der Oberflächenladung der Luftblasen ein hydrophiles und ein hydrophobes Molekülende ausbilden. Mit dem hydrophilen Ende lagern sich die Eiweißverbindungen an die Luftblase an, während die hydrophoben Molekülenden in die Tiefe des Wassers weisen.

An den hydrophoben Enden erfüllen die Eiweißmoleküle eine Art Sammlerfunktion, in-

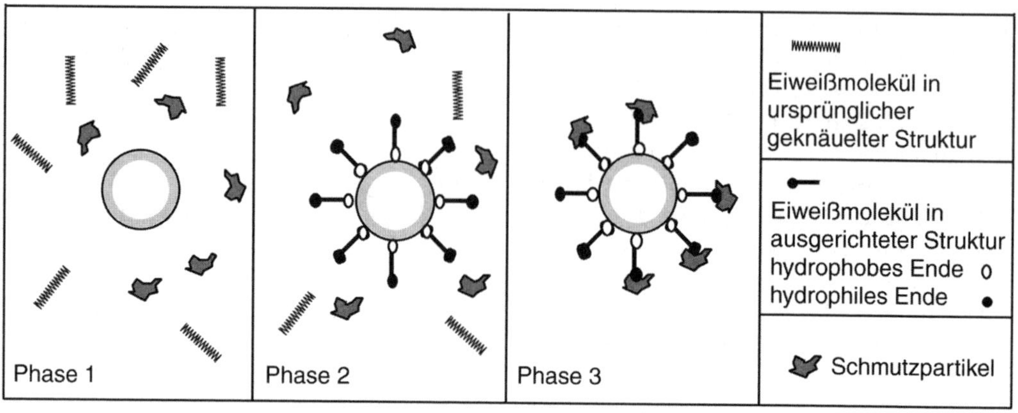

Abb. 48 Sammlerfunktion von Eiweißmolekülen

dem sie andere Belastungsstoffe, vor allem aber suspendierte Feststoffe anlagern. Es entstehen somit Konglomerate aus Luftblase, Eiweißverbindungen und Schmutzpartikeln. Diese steigen nunmehr an die Wasseroberfläche auf, wo aufgrund der Oberflächenaktivität der Eiweißverbindungen ein recht stabiler Schaum gebildet wird, der in den Schaumlamellen die Schmutzstoffe aufkonzentriert. Mit dem aufsteigenden Luftstrom wird der Schaum in das Schaumrohr transportiert, wo er weiter an Wasser verliert und damit konzentriert wird, bis schließlich das Schmutzschaumkonzentrat aus dem Schaumrohr in den Schaumtopf abgeschieden und aus dem Wasserkreislauf entfernt wird.

Der große Vorteil von Abschäumern liegt darin, dass der oben beschriebene Austrag von Schmutzstoffen aus dem Wasserkreislauf kontinuierlich erfolgt, unter gleichzeitiger Anreicherung des Wassers mit Sauerstoff. Das Wasser verlässt einen Abschäumer je nach dessen Bauart mit einer Sauerstoffkonzentration > 100 %. Die Aufkonzentration der Schmutzstoffe im Schaum im Vergleich zum Wasser liegt etwa bei dem Faktor 100. Durch automatische Regelsysteme kann der Wirkungsgrad eines Abschäumers signifikant weiter verbessert werden.

Man unterscheidet Abschäumer:

- Nach der Art des Blaseneintragssystems:
  Ausströmer (Holz, Kunststoff, Keramik)
  Injektoren (Venturiprinzip)
  Dispergatoren
- Nach der Art des Durchströmungsprinzips:
  Gegenstromabschäumer: Wasserströmung von oben nach unten im Gegenstrom zu den aufsteigenden Luftblasen
  Gleichstromabschäumer: Wasserströmung von unten nach oben im Gleichstrom mit den aufsteigenden Luftblasen
- Nach der Art des Wassers:
  Abschäumer für Seewasser
  Abschäumer für Süßwasser.

Süßwasserabschäumer sind ähnlich aufgebaut wie Seewasserabschäumer. Da im Süßwasser aber deutlich größere Luftblasen erzeugt werden (ca. 3 - 5 mm) als im Seewasser (ca. 0,5 - 1 mm), ist der Wirkungsgrad eines Abschäumers im Süßwasser geringer anzusetzen als im Seewasser. Es wird auch deutlich mehr Luft benötigt. Durch ein geeignetes Lufteintragssystem und ein adaptiertes Schaumrohr kann trotzdem eine substantielle Verbesserung der Wasserqualität erreicht werden. Der Einsatz von Ozon verbessert den Wirkungsgrad des Süßwasserabschäumers erheblich.

Ozon

Ozon ist eine besondere Form des Sauerstoffs. Es besteht aus einer losen Verbindung von 3 Sauerstoffatomen. Wenn dieses Molekül zerfällt, werden neue Reaktionspartner gesucht, es erfolgt eine spontane Oxidation. Ozon ist das

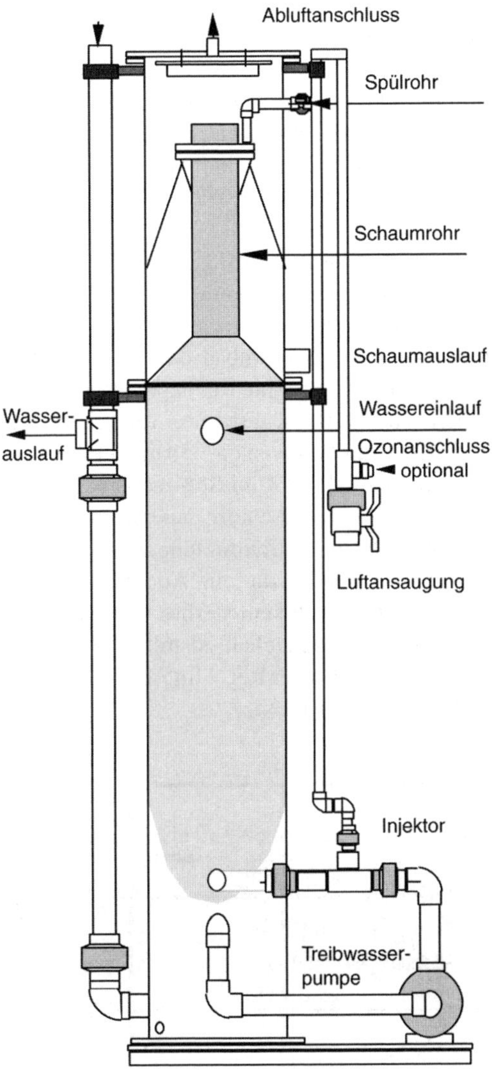

Abb. 49 Eiweißabschäumer, Modellreihe Helgoland

stärkste technisch verfügbare Oxidationsmittel. Gleichzeitig ist es das umweltfreundlichste, denn es besteht nur aus 3 Atomen Sauerstoff und trägt keine andere Chemikalie in das Aquarienwasser ein.

Die wesentlichen Effekte eines Ozoneinsatzes sind in Tabelle 14 aufgeführt. Ozon eignet sich hervorragend für den Einsatz in biologischen Systemen, gerade auch dann, wenn empfindliche Fische, niedere Tiere oder Biofilter in den Aquarien bzw. im Kreislauf sind. Hervorzuheben ist die Verbesserung des Wirkungsgrads von Abschäumern, Biofiltern und mechanischen Filtern. Befindet sich eine Denitrifikation im Kreislauf, sollte das Wasser aus der Denitrifikation zunächst unbedingt über die Ozonstufe laufen.

Ozonerzeugung

Aufgrund der Instabilität des Ozonmoleküls kann man das Gas nicht wie andere Gase auf Flaschen füllen. Ozon muss immer am Ort des Verbrauchs erzeugt werden. Dies erfolgt aus Luft oder aus Sauerstoff auf dem Weg der stillen elektrischen Entladung in Ozonerzeugern.

Ozonreaktion

Das Ozongas muss mit dem Wasser vermischt werden. Hierzu werden Injektionseinheiten benötigt, die Ozon ansaugen und ins Wasser eintragen. Nachgeschaltet wird ein Reaktionsbehälter, in dem die Vermischung, Reaktion und Entgasung erfolgt. Abschäumer in unterschiedlicher Bauweise eignen sich im Süß- wie im Seewasser auch als Ozonreaktoren. Nicht verbrauchtes Ozongas wird auf einen Restozonvernichter geleitet und zu Luftsauerstoff zurückgebildet.

Zusammenhang von Ozon und Redoxpotential

Das Redoxpotential gibt Auskunft über das Oxidations- bzw. Reduktionsverhalten von Wässern. Reduzierende Stoffe wie Eiweißverbindungen, Kot, Futter oder Blut führen sehr

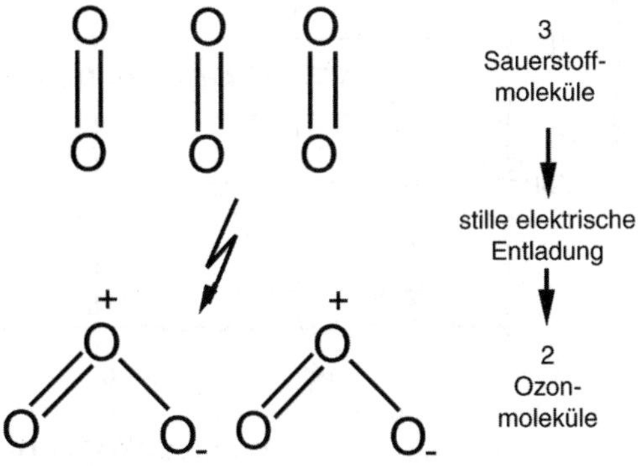

Abb. 50 Bildung von Ozon aus Sauerstoff

Tab. 14 Einsatz von Ozon in Süß- und Seewasser

Wirkung	Süßwasser	Seewasser
Entkeimung	+	+
Anhebung des Redoxpotentials	+	+
Klärung des Wassers	+	+
Unterstützung der Mineralisation	+	+
Oxidation von Ammonium	-	+
Oxidation von Nitrit	+	+
Oxidation von organischer Substanz (CSB & BSB)	+	+
Entfernung von Gelbstoffen	+	+
Unterstützung des Biofilters	+	+
Verbesserung der Filtrierbarkeit	+	+
Verbesserung der Abschäumung	+	+

schnell zu giftigen Verbindungen, beispielsweise Ammoniak und Nitrit, und neigen zur Fäulnisbildung. Sie lassen das Redoxpotential absinken. Die Wasserqualität wird schlechter.

Oxidierende Stoffe sind Sauerstoff oder – noch intensiver – Ozon. Je mehr reduzierende Stoffe im Wasser sind, umso mehr wird das Redoxpotential abfallen. Je mehr oxidierende Stoffe im Wasser sind, umso höher wird das Redoxpotential ansteigen. Mit Ozon hat man also die Möglichkeit, der negativen Wirkung reduzierender Stoffe durch eine Anhebung des Redoxpotentials entgegenzuwirken.

Redoxpotential und Entkeimung

Abb. 51 macht die Größenordnung der Ozondosierung in der Aquarientechnik deutlich. Während man im Schwimmbad oder in der Trinkwasseraufbereitung mit Redoxpotentialen zwischen 700 - 900 mV arbeitet, reicht für die Aquaristik ein Wert von ca. 350 mV im Seewasser und 300 - 450 mV im Süßwasser (abhängig vom pH-Wert) vollständig aus. Man erreicht hier bereits eine Keimtötungsrate von ca. 90 - 95 %. Dies ist für ein Aquarium ausreichend, da natürlich kein steriles Wasser entstehen soll. Der Ozongehalt ist mit ca. 0,05 mg/l sehr gering und in der Regel im Aquarium selbst nicht mehr nachweisbar.

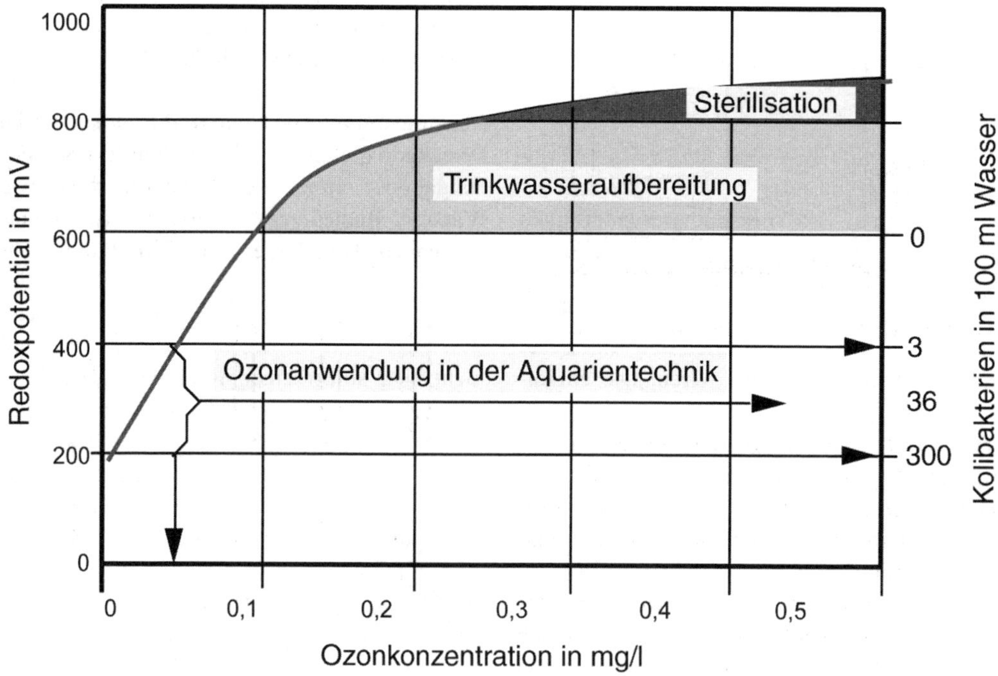

Abb. 51 Redoxpotential und Keimabbau in Abhängigkeit vom Redoxpotential

Chlor

Chlor sollte in biologischen Systemen streng gemieden werden. Es ist mit aquatischem Leben nicht kompatibel. Allenfalls können chlorhaltige Mittel für einmalige Reinigungszwecke verwandt werden, wobei auf eine intensive Nachspülung geachtet werden muss, um jegliche chlorhaltigen Reste aus dem System zu entfernen. In Anlagen mit Lungenatmern wird Chlor allerdings recht häufig eingesetzt.

Gegenüber Ozon hat Chlor eine hohe Depotwirkung. Während Ozon nach der Einmischung in das Wasser schnell abreagiert und nach relativ kurzer Zeit unter die Nachweisgrenze fällt, ist Chlor sehr stabil und gelangt somit auch in das Beckenwasser. Hier tötet es vor allem auch Krankheitserreger und Algen auf den Oberflächen, d.h. auf den Beckenwänden und unter Umständen auf der Haut der Tiere (Hautreizung). Eine Algenentfernung auf Wänden ist mit Ozon nicht möglich und in der Regel auch nicht erwünscht. Wird eine algenfreie Wand angestrebt, muss man auf Chlor zurückgreifen, insbesondere gilt dies für offene Becken mit starker Sonneneinstrahlung.

UV-Licht

UV-Licht ist eine besonders kurzwellige Strahlung, die aufgrund ihrer Wellenstruktur vor allem an langen Molekülketten Veränderungen bewirken kann. Somit sind insbesondere Eiweißmoleküle als Lebensbausteine gegenüber UV-Strahlung sehr empfindlich. Sie schädigt die Zellmembran von Bakterien und Algen und führt zu DNS-Brüchen bei Viren. Die entkeimende Wirkung von UV-Licht wird ausschließlich auf das Wasser ausgeübt, das sich gerade im Ringspalt befindet. UV-Licht übt keine aktive Wirkung auf den restlichen Wasserkreislauf aus. Krankheitserreger, die sich im Aquarium selbst befinden, werden also nicht abgetötet.

UV-Licht wird vom Wasser selbst, aber vor allem von seinen Inhaltsstoffen absorbiert. Je dicker der Spalt ist, umso mehr Wasser fließt an der Lampe vorbei, ohne wirklich noch vom UV-Licht beeinflusst zu werden. Insbesondere alle Trübstoffe, Gelbstoffe und Ablagerungen auf dem Strahler schlucken das UV-Licht. Dieses kann seine Wirkung also nur in sehr klarem Wasser voll ausüben.

Tab. 15 Gegenüberstellung der Wirkung von Ozon und UV

Wirkung	UV	Ozon
Keimtötung im Reaktionsgefäß	Ja	Ja
Keimtötung im Aquarienwasser	Nein	Ja
Abbau organischer Substanz	Nein	Ja
Abbau von Nitrit	Nein	Ja
Abbau von Ammonium/Ammoniak	Nein	Ja
Unterstützung der Filterbiologie	Nein	Ja
Abbau von speziellen Stoffen wie organischen Säuren oder organischen Peroxiden	Nur gemeinsam	

UV-Lampen haben eine begrenzte Nutzungsdauer, die bei etwa 6000 - 8000 Betriebsstunden liegt. Die UV-Aktivität lässt stetig nach. Ist die vom Hersteller angegebene aktive Betriebszeit verstrichen, müssen die Strahler ausgewechselt werden!

UV und Ozon

Beide Behandlungsmethoden wirken gänzlich anders auf das Wasser ein. Wie das letzte Feld der Tabelle 15 zeigt, gibt es ganz spezielle Verbindungen, die erst durch die gemeinsame Wirkung der Oxidation durch Ozon und darauf folgender fotochemischer Behandlung vollends abgebaut werden können.

Unter UV-Strahlung zerfällt das Ozonmolekül sehr schnell. Dabei entsteht der atomare Sauerstoff. Dieser ist nicht existenzfähig und sucht sich sofort einen Reaktionspartner, zumeist in Form organischer Substanz, die somit oxidiert wird. Setzt man also einen UV-Strahler hinter einer Ozonstufe ein, hat man eine sehr intensive Ozonreaktion. Gleichzeitig wird das Ozon durch die UV-Strahlung abgebaut.

Wasserstoffperoxid (H_2O_2)

Wasserstoffperoxid wird in aller Regel nur in Teichen eingesetzt. Die Oxidationswirkung ist deutlich geringer als die von Ozon oder Chlor. Die Dosierung ist nicht ganz unproblematisch, da H_2O_2 kein eigenes Redoxpotential ausbildet, so dass man es nicht redoxpotentialabhängig steuern kann. Es hat eine gewisse Wirkung bei der Algenbekämpfung. Die entkeimende Wirkung ist im Vergleich zu Ozon deutlich geringer. Eine Intensivierung der Wirkung kann durch gemeinsame Reaktion mit UV durch Erzeugung von Hydroxid-Radikalen erfolgen.

Temperierung

Aquarien stellen im Allgemeinen einen Ausschnitt aus einem tierspezifischen Biotop dar. Entsprechend stellen die Tiere Ansprüche an Wasserqualität und -temperatur. Dabei sind die Ansprüche an die Genauigkeit und Toleranzbreiten der Temperatur sehr unterschiedlich.

In Aquarien werden nahezu alle Temperaturzonen dieser Welt nachgebildet, von arktischen bzw. antarktischen Zonen mit Temperaturen um 0 °C bis hin zu tropischen Zonen mit Temperaturen von 25 - 28 °C. Dementsprechend sind die Systeme zur Temperierung auszulegen.

Bei der Auslegung der Temperierung muss neben der angestrebten Wassertemperatur vor allem der Wärmefluss aus bzw. in die Umgebung genau betrachtet werden. Die wichtigsten Faktoren sind:

- Aquarium
  Solltemperatur
  Maximaltemperatur
  Minimaltemperatur
- Umgebung
  Normaltemperatur
  Maximaltemperatur (im Sommer am Tag)
  Minimaltemperatur (im Winter in der Nacht)
- Energie aus Beleuchtung (kW)
- Energie aus Förderpumpen (kW)
- Baumaterialien des Aquariums (K-Wert).

Sind diese Faktoren bekannt, wird unter Berücksichtigung der beim Bau des Aquariums eingesetzten Materialien (K-Werte) eine Energiebilanz erstellt, aus der hervorgeht, wie weit das Aquarium maximal auskühlt bzw. wie weit es sich maximal erwärmt. Aus dieser Betrachtung der Wärmeflüsse ergibt sich dann die benötigte Heiz- bzw. Kühlleistung in kW.

Insgesamt zeichnet sich mit zunehmendem Technikeinsatz deutlich ab, dass Aquarien aller Art eher gekühlt als geheizt werden müssen, da die Förderpumpen wie auch die Beleuchtung erhebliche Wärmemengen in das Wasser eintragen. Dies gilt zumeist auch für tropische Becken, die häufig höhere Anforderungen an die Wasserströmung und Beleuchtung stellen, so dass diese Becken gekühlt werden müssen, obwohl ihre Solltemperatur über der Umgebungstemperatur liegt.

Heizer

Heizer unterliegen einer besonders hohen Korrosionsgefahr. Man sollte daher nur Heizstäbe aus Glas, Keramik oder Titan einsetzen. Heizstäbe entwickeln an der Oberfläche meist Temperaturen, die deutlich über der Wassertemperatur liegen und der am Heizstab haftende Wasserfilm ist sehr heiß. Dadurch hat dieser eine sehr geringe Löslichkeit für Stoffe aller Art und es erfolgen auf der Oberfläche von Heizstäben sehr häufig Ausfällungen von Wasserinhaltsstoffen, vor allem Kalk. Heizstäbe sollten daher regelmäßig gereinigt werden. Werden sie in Durchflussrohrkörpern eingesetzt, ist neben der Temperaturregelung eine Durchflusskontrolle zu empfehlen.

Kühler

Für kleinere Systeme gibt es Kompaktkühlanlagen. Diese sind Platz sparend und einfach einzusetzen. Es muss jedoch darauf geachtet werden, dass die Abwärme möglichst vom Aquarium weggeblasen wird, da sonst ein Wärmekurzschluss entsteht.

Größere Anlagen werden in der Regel als Splitanlagen ausgeführt. Hier steht im Aquarienbereich lediglich der Wärmetauscher, während der Verflüssiger, an dem die Wärme mit einem Gebläse abgegeben wird, zumeist außen aufgestellt wird. Bei sehr großen Anlagen kann es auch sinnvoll sein, die Abwärme in das Heizsystem des Gebäudes wieder einzuspeisen.

Als Wärmetauschermaterial werden Edelstahl, Kunststoff und Titan eingesetzt. Edelstahl beschränkt sich auf Süßwasser, im Seewasser müssen Kunststoff oder Titan verwendet werden.

Kondensation

Mit der Temperierung des Aquariums eng verbunden ist die Beurteilung, ob die Sichtscheibe vor Kondensation geschützt werden muss. Hier sind Acrylscheiben aufgrund ihrer höheren Isolierwirkung weniger anfällig als Glasscheiben. Wichtig ist eine Abstimmung mit der Hausklimatechnik, da die Kondenswasserbildung neben der Scheibentemperatur vor allem von der Raumfeuchtigkeit abhängt.

Lösungsansätze sind u.a.

- Absenkung der Luftfeuchtigkeit im Besucherraum
- Verwendung geheizter Glasscheiben
- Beströmen der Sichtscheiben mit trockener, warmer Luft
- Vorschalten einer 2. Scheibe, Luftspalt mit trockener Luft.

pH-Wert-Stabilisierung

In jedem Aquarium kommt es aufgrund der Stoffwechsel der Tiere sowie der Aktivität der Filterelemente zu pH-Wert-Verschiebungen. Durch die Atmung von Fischen (Einatmen von Sauerstoff, Ausatmen von Kohlendioxid) sowie durch die biologische Oxidation im Biofilter sinkt der pH-Wert, so dass häufig die Notwendigkeit besteht, diesen anzuheben. Das kann durch vorsichtige Zugabe einer schwachen Lauge erfolgen. Gut bewährt haben sich Kalkwasser oder Kalkmilch. Beides kann einfach hergestellt werden. Für Kalkmilch wird Calciumoxid (CaO) in Wasser gelöst und vermischt. Gibt man Kalkmilch vorsichtig (tropfenweise) unter gleichzeitiger Messung des pH-Werts dem Aquarienwasser zu, steigt der pH-Wert spontan an. Eine Überdosierung muss unbedingt vermieden werden. Daher während der Dosierung immer wieder Pausen einlegen und abwarten, bis es zu einer homogenen Vermischung und Verteilung durch das Aquariensystem gekommen ist. Die Dosierung von Kalkmilch bewirkt außerdem eine starke Flockungswirkung, die zur Sedimentation führen kann. Bei fetthaltigem Wasser wird das Fett gut von der Kalkflocke gebunden und die Abschäumung deutlich unterstützt. Die Kalkflocke kann aber auch zu nachhaltigen Störungen durch Kalkablagerungen in den Rohrleitungen etc. führen. Aus diesem Grund wird häufig nur das klare Kalkwasser dosiert. Dies geschieht, indem man den Kalk bereits im Mischgefäß absetzen lässt und nur den klaren Überstand dosiert.

Eine gute Möglichkeit, den pH-Wert zu stabilisieren, besteht darin, das Filtermaterial und/oder die Dekoration dem natürlichen Umfeld anzupassen, so dass durch diese Materialien eine Pufferung des pH-Werts erfolgt. Dies kann im Süßwasser z.B. eine Torfeinlage im Filter oder eine Dekoration mit Moorkienholz sein. Im Seewasser bietet sich die Dekoration mit Kalkgestein, eine Lage Kalkstein oder Korallenbruch in einer Filterkammer an, oder auch der Einsatz eines Kalkreaktors.

Kalkreaktor

Hier gibt es unterschiedliche Systeme:

- Kalksteinreaktor
  Das Wasser wird über eine Säule geleitet, die mit feinkörnigem Kalkstein (Körnung ca. 2 - 6 mm) gefüllt ist. Man geht hierbei davon aus, dass der Kalkstein durch den Säuregehalt (CO_2 -> H_2CO_3) des Wassers aufgelöst und dabei Calciumhydrogencarbonat gebildet wird.
- Kalk-Kohlensäure-Reaktor
  Der zuvor beschriebene Vorgang kann dadurch unterstützt werden, dass man in die Reaktionssäule gezielt Kohlendioxid einleitet. Hierbei wird im Reaktionsgefäß eine stark erhöhte Säurekonzentration aufgebaut, die dann zu einem deutlich stärkeren Lösungsvorgang des Kalksteins führt. Man

spricht dann vom Kalk-Kohlensäure-Reaktor. Dieser sollte zweckmäßigerweise mit einem pH-Wert-Mess- bzw. Steuergerät ausgerüstet sein, um unkontrollierte pH-Wert-Verschiebungen zu vermeiden.

Kohlensäurereaktoren

Diese Geräte dienen ausschließlich der Zugabe von Kohlendioxid, welches im Wasser in hohem Maße löslich ist ($CO_2 + H_2O => H_2CO_3$). Das dabei entstehende Hydrogencarbonat wird von allen Wasserpflanzen für ihre Assimilation benötigt, so dass Kohlensäurereaktoren vorwiegend in Pflanzenbecken Anwendung finden. Es gibt Geräte unterschiedlichster Bauart, z.B. Blasenreaktoren oder Diffusionsreaktoren. Es ist zu empfehlen, in Becken mit Kohlensäurereaktoren den pH-Wert zu messen oder, noch besser, die Reaktoren direkt über den pH-Wert zu steuern.

Das Hydrogencarbonat wird durch Belüftung sehr leicht wieder ausgetrieben. Man sollte also in Becken mit Kohlensäurereaktoren die Belüftung auf ein notwendiges Minimum reduzieren oder gegebenenfalls zeitlich staffeln. Zu berücksichtigen ist auch das Kalk-Kohlensäure-Gleichgewicht. Das Hydrogencarbonat wird vorzugsweise Kalkgestein anlösen und Calciumhydrogencarbonat $Ca(HCO_3)_2$ bilden. Durch Belüftung wird die so genannte Gleichgewichtskohlensäure ausgetrieben und Kalkstein fällt an allen Oberflächen aus. Das kann zu unangenehmen Begleiterscheinungen wie Verstopfungen führen.

Belüftung

Belüftungssysteme dienen dem aktiven Eintrag von Sauerstoff, entweder für die Aufrechterhaltung einer Sauerstoffkonzentration während des Betriebs oder als Notbelüftung. Die folgenden Systeme können unterschieden werden:

- Luftpumpen, Linearkolben, Drehschieberverdichter, Seitenkanalverdichter, Kompressoren
- Injektoren
- Sauerstoffbegasung.

Luftpumpen etc.

Hier handelt es sich um elektromotorisch betriebene Aggregate, die die Luft verdichten und über einen Schlauch bzw. eine Rohrleitung durch einen Ausströmer (Belüftungsfritte) feinblasig in das Wasser eintragen.

- Luftpumpen sind oftmals kleinere Geräte.
  Das Funktionsprinzip beruht zumeist auf einem Schwinganker, der auf eine flexible, mit Ventilen ausgerüstete Membran wirkt.
  Luftmengen typischerweise 0,01 - 1 m^3/h
  Luftdruck typischerweise 0,2 - 2 mWs (0,3 bar)
- Linearkolbenverdichter
  Ein Kolben wird in einem Zylinder direkt durch ein elektromagnetisches Feld in eine hin und her schwingende Bewegung versetzt.
  Luftmengen typischerweise 0,5 - 12 m^3/h
  Luftdruck typischerweise 0,2 - 3 mWs (0,3 bar)
- Seitenkanalverdichter
  Eine Scheibe rotiert durch einen außen liegenden ringförmigen Luftkanal und komprimiert die Luft aufgrund der Rotationsgeschwindigkeit.
  Luftmengen typischerweise 5 - 500 m^3/h
  Luftdruck typischerweise 0,5 - 5 mWs (0,5 bar)
- Drehschieberverdichter
  Ein Rotationskopf mit Kohleschiebern liegt exzentrisch in einem Statorkopf. Die Kohlescheiben passen sich dem während der Rotation verändernden Abstand zwischen Rotor und Stator an. Dadurch wird die Luft in den Zellen zwischen den Kohleschiebern verdichtet.
  Luftmengen typischerweise 5 - 50 m^3/h
  Luftdruck typischerweise 0,1 - 10 mWs (1 bar)
- Kolbenkompressoren
  Klassischer Aufbau eines Kolbenverdichters mit Ventilen für Ansaugung und Ausstoß. Kolbenkompressoren werden in ölgeschmierter und in ölfreier Ausführung geliefert.
  Luftmengen typischerweise 1 - 50 m^3/h
  Luftdruck typischerweise 20-70 mWs (2-7 bar).

Der Eintrag der Luft in das Wasser erfolgt über Ausströmer, auch Belüftungssteine oder Fritten genannt. Es handelt sich um poröse Materialien, durch die die Luft feinblasig in das Wasser eingetragen wird. Man unterscheidet folgende Ausströmer:

- Holzausströmer: feine Blasenbildung, Standzeit ca. 4 - 8 Wochen
- Sinterkeramik: je nach Ausführung sehr feine bis sehr grobe Blasenbildung. Bei feiner Blasenbildung wird in der Regel ein recht hoher Druck benötigt. Lange Standzeiten
- Kunststoff: je nach Ausführung sehr feine bis sehr grobe Blasenbildung. Bei feiner Blasenbildung wird meist ein recht hoher Druck benötigt. Lange Standzeiten.

Auf der Oberfläche der Ausströmer wird durch den Luftaustritt das Kalk-Kohlensäure-Gleichgewicht verschoben. Daher kommt es dort zu Kalkablagerungen, die die Ausströmer verstopfen. Aus diesem Grund müssen sie regelmäßig gereinigt bzw. ausgewechselt werden.

Injektoren

Injektoren arbeiten nach dem Venturiprinzip. Ein Wasserstrom wird mittels einer Pumpe (Treibwasserpumpe) durch den Injektor befördert. Dieser besteht im Wesentlichen aus einer Düse und einem Diffusor. In der Düse wird die Wassergeschwindigkeit deutlich erhöht und dadurch der Wasserdruck entsprechend so weit abgesenkt, dass der Druck in der Düse niedriger wird als der Luftdruck. Durch diesen Unterdruck kann Luft in den Wasserstrom eingesaugt werden. Im nachfolgenden Diffusor wird das Luft-Wasser-Gemisch wieder stetig an die normale Wassergeschwindigkeit herangeführt wobei das Gemisch verdichtet wird. Im Injektor kommt es zu einer sehr intensiven Vermischung von Luft und Wasser. Die Luftblasen sind in der Regel feiner als bei der Belüftung mittels Gebläsen und Ausströmern. Der Energiebedarf für den Lufteintrag liegt allerdings zumeist deutlich höher. Ein wichtiger Vorteil von Injektoren liegt darin, dass sie sehr wenig Wartung erfordern. Luftmengen typischerweise 1 - 100 m^3/h, Luftdruck typischerweise 0,1 - 40 mWs (0,01 - 4 bar).

Sauerstoffbegasung

Hierbei wird nicht mit Luft, sondern mit reinem Sauerstoff gearbeitet. Dieser kann entweder aus Flaschen oder aus Flüssigtanks bereitgestellt werden. Sauerstoff wird in Aquarien nur selten – zumeist für Transportzwecke – eingesetzt. In Aquakulturanlagen (Speisefischzucht) mit hohen Besatzdichten kann er allerdings eine wichtige Komponente sein.

Übersättigung

Bei der Belüftung mit Luft oder Sauerstoff kann man auch des Guten zu viel tun. Andauernde Sauerstoffkonzentrationen von über 105 % können bei Fischen schädlich sein. Derart hohe Konzentrationen treten auf, wenn eine starke Belüftung bei großen Wassertiefen (über ca. 3 mWs) erfolgt.

Wasserbewegung

Beckeninterne Strömung

Neben der Wasserrezirkulation für den Wasserkreislauf gibt es häufig einen Bedarf, im Wasserraum oder an der Oberfläche Wasserbewegung zu erzeugen. Dies betrifft z.B. Becken mit niederen Tieren und Korallen, für die derartige Bewegungen zum Teil lebenswichtig sind.

Für Bewegungen im Wasserraum werden die gleichen Pumpaggregate verwendet wie für die Rezirkulation. Es wird allerdings Wert darauf gelegt, dass die Strömung aus wechselnden Richtungen kommt. Dies kann dadurch erreicht werden, dass man 2 Pumpsysteme alternierend in entgegengesetzter Richtung arbeiten lässt, oder man bedient sich eines Pumpsystems und steuert die Förderrichtung durch Magnetventile um.

Wirksame Strömungen erfordern allerdings einen großen Volumenstrom. Man kann von einer Größenordnung vom 3- bis 8fachen Beckenvolumen pro Stunde ausgehen. Dies bringt erhebliche Energiekosten mit sich. Gegebenenfalls wird man also die Strömung nur in einem Teilbereich des Beckens erhöhen.

Wellenerzeugung

Hier gibt es die unterschiedlichsten Modelle.

- Pneumatiksystem
  Ein größerer Behälter wird im Aquarium unterhalb des Wasserspiegels installiert und wechselweise mit Luft bzw. Wasser gefüllt, so dass das Wasser rhythmisch entweicht bzw. einströmt.
- Paddel
  Ein größeres Stahlpaddel wird über einen hydraulischen Antrieb hin und her bewegt. Auf der Wasseroberfläche bildet sich eine entsprechend starke Wellenbewegung aus.
- Oloid
  Ein Oloid ist ein sphärischer Körper ähnlich zweier ineinander verschränkter Kugeln. Dieser Körper wird mit sehr wenig Energieaufwand auf der Wasseroberfläche gedreht. Es entstehen hierbei eine sehr gute Wellenbewegung auf der Wasseroberfläche wie auch eine gute Tiefendurchmischung.
- Propellerpumpe
  Diese ist auf große Wasserbewegung ohne Gegendruck ausgelegt. Hiermit ist sie für Umwälzungsaufgaben in großen Aquarien prädestiniert. Legt man den Wasserausstoß horizontal in den Bereich des Wasserspiegels, entsteht neben der Wasserbewegung im Wasserraum auch eine deutliche Wellenbewegung.

Beleuchtung

Im Süßwasser wie im Seewasserbereich ist Licht eine unabdingbare Energiequelle, die die Voraussetzung für den Stoffwechsel von Pflanzen und niederen Tieren darstellt. Aber auch höhere Organismen richten ihren Lebenszyklus nach der Dauer und der Intensität des Lichteinfalls aus. Neben der möglichen Ausnutzung des natürlichen Sonnenlichts durch Dachfenster ist der Einsatz verschiedener elektrischer Beleuchtungsmittel unumgänglich.

Leuchtstofflampen

Im Bereich der Leuchtstofflampen ist mit der so genannten T50-Leuchte ein wesentlicher Fortschritt erbracht worden. Die Leuchte erzielt ein sehr intensives weißes Licht. Es können Wassertiefen bis zu etwa 1,2 m mit guten Ergebnissen abgedeckt werden.

Halogen-Metalldampf-Lampen (HQI-Strahler)

Diese werden vor allem im Seewasserbereich bei niederen Tieren eingesetzt. Lieferbar sind Leistungen von 400 - 2000 W je Strahler.

Der Handel bietet auch Lampensysteme an, in denen Leuchtstofflampen und HQI-Strahler gemeinsam eingesetzt sind. Ebenso sind Lampen verfügbar, die bis zu 3 Strahler in einer Lampe haben.

Neben der Leistung der Strahler ist die Lichtfarbe zu beachten. Vorzugsweise werden bei Lampen bis 1 kW Leistung Strahler mit 10000 Kelvin eingesetzt. Aber auch Strahler mit 20000 Kelvin sind für besondere Anforderungen, insbesondere bei niederen Tieren, verfügbar. Lampen mit Einzelleistungen von 2 kW sind in der Regel nur mit 5000 Kelvin Strahlern zu bekommen.

Des Weiteren ist die Reflektoreinstellung wichtig. Für Becken mit bis etwa 2 m Tiefe sind breit strahlende Reflektoren vorzuziehen. Zwischen 2 - 6 m kommen breit/tief strahlende Reflektoren zum Einsatz, während bei größeren Wassertiefen reine Tiefstrahler angebracht sind.

Für die Anzahl und die Verteilung der Lampen gibt es keine feste Regel. Beleuchtungsdichten bis etwa 600 W/m^2 können sinnvoll sein. Bei großflächigen Becken wird man im Allgemeinen nicht das gesamte Becken gleichmäßig ausleuchten, sondern bestimmte Schwerpunkte setzen. Zu beachten sind immer die Physiologie des Aquarienbesatzes einerseits und der Lichteffekt für den Betrachter andererseits.

Bei der Bewertung der Beleuchtung muss immer auch berücksichtigt werden, dass insbesondere bei HQI-Strahlern ein erheblicher Wärmeeintrag in das Wasser erfolgt! Die Beleuchtungsleistung muss bei der Auslegung der Kühlleistung immer mit einbezogen werden.

Die Intensität des Lichteinfalls in den Wasserkörper hängt sehr von der Reinheit des Wassers ab. Speziell organische Substanz führt zur Anreicherung von Gelbstoffen im Wasser, die Licht sehr intensiv absorbieren. Hier kann neben einer gut funktionierenden Filteranlage Ozon ein Mittel der Wahl sein, um besonders organische Substanz abzubauen und das Licht in seiner vollen Bandbreite einwirken zu lassen.

Messtechnik

Wichtige Parameter, die in Aquarien regelmäßig gemessen werden sollten, sind:

- Physikalische Basismessungen für Temperatur, Wasserdurchfluss, Luftdurchfluss, Dichte
- Messungen mit kontinuierlich arbeitenden elektronischen Messgeräten für Temperatur, pH-Wert, Redoxpotential, Sauerstoff, Leitwert, Wasserdurchfluss
- Messungen auf Basis chemischer Reaktionen für Ammonium, Nitrit, Nitrat, Phosphat, Gesamthärte und Karbonathärte.

Physikalische Basismessungen

Temperaturmessung. Die Temperatur ist ein wichtiger Wert, der den Lebensraum eines Wasserlebewesens definiert. Sie wird mit klassischen Thermometern in °C-Einteilung gemessen. Zu beachten ist, dass das Thermometer an einem Ort positioniert ist, an dem ein charakteristischer Messwert für das Aquarium zu erwarten ist, also fern von Wärmequellen wie Lampen, die den Messwert punktuell verfälschen können.

Bimetallthermometer können nicht nur zur Temperaturmessung eingesetzt werden, sondern auch einen Heizer oder Kühler bei einem eingestellten Grenzwert ausschalten.

Wasserdurchfluss. Strömungsmesser bestehen aus einem konischen Rohrkörper, in dem sich ein Schwebekörper befindet. Durch die Anströmung des Schwebekörpers wird dieser so weit angehoben, dass der frei werdende Ringspalt den vorliegenden Wasservolumenstrom passieren lässt. Hierbei stellt sich ein Gleichgewicht zwischen Gewicht des Schwebekörpers (Kraftrichtung nach unten) und dem Strömungswiderstand (Kraftrichtung nach oben) ein. Somit gibt es für jeden Durchfluss eine spezifische Stellung des Schwebekörpers. Die Durchflussmenge kann an einer Skalierung abgelesen werden.

Luftdurchfluss. Die Luftdurchflussmessung funktioniert analog zur Wasserdurchflussmessung, ist jedoch auf die physikalischen Basiswerte der Luft (Viskosität und Dichte) abgestellt.

Dichte. Die Dichte von Meerwasser kann mit Aräometern bestimmt werden. Dies sind in der Regel aus Glas hergestellte Schwimmkörper, die je nach Dichte des Wassers mehr oder weniger tief eintauchen. An einer Skalierung am oberen Schaft des Araeometers kann die Dichte abgelesen werden.

Messungen mit elektronischen Messgeräten

Alle elektronischen Messgeräte bestehen aus einem Sensor, der den Messwert im Wasser erfasst, und einem Messgerät, welches das Signal des Sensors auswertet und anzeigt. Darüber hinaus bieten elektronische Messgeräte optional Möglichkeiten wie:

- Schaltkontakte, die bei Erreichen eines Grenzwerts einen Schaltvorgang auslösen
- Alarmsignale, die ein akustisches Signal auslösen oder ein elektrisches Signal an eine Schaltwarte weiterleiten
- Analogausgänge, wie 0 - 10 V oder 4 - 20 mA, die von Schaltanlagen ausgewertet werden können
- RS-232-Schnittstellen, die die Kommunikation mit Rechnern ermöglichen.

Position der Messsonde

Für alle Messgeräte ist die Position des Messfühlers ein wichtiges Kriterium. Geräte, die den typischen Messwert des Aquarienwassers ermitteln sollen, werden am besten an gut durchströmten Positionen angebracht, die erwarten lassen, dass dort ein charakteristischer Messwert erfasst werden kann, der Gültigkeit für das gesamte Aquarium hat.

Messgeräte, die eine Schaltfunktion übernehmen sollen, müssen unbedingt (in Strömungsrichtung gesehen) unmittelbar hinter dem zu schaltenden Aggregat montiert sein. Dadurch wird eine möglichst kurze Ansprechzeit gewährleistet. Die Installation eines Sensors im Aquarium würde zu einer Reaktionsverzögerung bis zu einer Stunde führen. Das ist für alle Regelvorgänge eine nicht akzeptable Zeit.

Für wichtige Messwerte kann es daher sinnvoll sein, einen Messpunkt hinter einer Dosierungsstelle vorzusehen, der z.B. über eine Redoxpotentialmessung eine Ozonanlage steuert, und einen weiteren im Aquarium selbst vorzusehen, der Informationen über den Messwertverlauf im Aquarium liefert.

Sensoren werden ferner unterschieden nach Eintauchsensoren oder Durchflusssensoren, die in speziellen Durchflussmessarmaturen installiert sind. In jedem Fall ist es wichtig, dass der Sensor gut umströmt ist. Ein nicht umströmter Sensor liefert einen Messwert, der nur aus dem Wasserfilm stammt, der der Messsonde direkt anhaftet. Dieser Messwert kann von den Messwerten im Wasserkörper deutlich abweichen! Aus diesem Grund ist es auch wichtig, dass Sensoren aller Art regelmäßig (in der Regel einmal wöchentlich) gereinigt werden.

Temperatur

Verschiedene Messverfahren sind verfügbar, in der Regel beruhen sie auf der Auswertung eines definierten Widerstands (PT 100). PT-100-Sensoren basieren auf dem Innenwiderstand von Platin. Sie sind standardisiert und dadurch im Prinzip austauschbar. Der Messwiderstand kann in unterschiedliche Materialien wie Glas, Kunststoff oder Metall eingelassen sein.

Für die Anwendung im Salzwasserbereich sollten nur Sensoren eingesetzt werden, die wasserseitig eine metallfreie Fassung haben.

Elektronische Temperaturmessgeräte zeigen die Temperatur digital an. Die Genauigkeit der Geräte sollte mit den Anforderungen des Anwendungsfalls gut abgestimmt sein. Viele elektronische Messgeräte verfügen auch über einen Schaltkontakt.

pH-Wert

Der pH-Wert (negativ reziproker Exponent der Wasserstoffionenkonzentration) beschreibt neben der Temperatur den Lebensraum am deutlichsten. Deshalb gehört die pH-Wert-Messung unabdingbar zur Grundausstattung. Die pH-Wert-Sonde kann aus Glas oder Kunststoff gefertigt sein. In jedem Fall gibt es einen Messkopf mit einem speziellen Glas, welches im Wasser langsam (nach einigen Stunden) aufquillt und dann in der Lage ist, Wasserstoff-Ionen als Ladungsträger passieren zu lassen, sowie ein poröses Diaphragma aus Keramik oder Kunststoff, durch welches Chloridionen ausdiffundieren können, wodurch dann der Stromkreis geschlossen wird. Die Wasserstoff-Ionen erzeugen in der Elektrode eine elektrische Spannung, die vom Messgerät ausgewertet und als pH-Wert angezeigt wird. Da der eigentliche Messwert eine elektrische Spannung ist, der Anzeigewert jedoch als pH-Wert ausgegeben wird, muss der Anzeigewert regelmäßig auf den Messwert neu justiert werden. Hierfür werden den Geräten Eichlösungen mit 2 verschiedenen pH-Werten beigefügt, zumeist pH 7 und pH 4. Die Elektrode wird zunächst in die pH-7-Lösung eingetaucht, dabei wird die Nullpunkteinstellung vorgenommen. Dann wird die Elektrode (nach vorheriger Wässerung) in die pH-4-Lösung getaucht und es wird die Einstellung der Steilheit durchgeführt. Dieser Eichvorgang sollte einmal pro Woche durchgeführt werden. Neben der Eichung ist die Reinigung sehr wichtig, hierbei werden Schleim und Kalkablagerungen vom Elektrodenkopf entfernt und das Diaphragma von Verunreinigungen befreit. Diaphragmen sind nur bedingt zu reinigen. Die Durchlässigkeit stagniert mit der Zeit. Aus diesem Grund sollten pH-Elektroden nach 1 - 2 Jahren gewechselt werden.

Redoxpotential

Reduktion und Oxidation sind konkurrierende chemische Prozesse, die jederzeit in jedem Aquarienwasser ablaufen. Je stärker die Reduktion dominiert, umso niedriger ist der Messwert. Je mehr die Oxidation dominiert, umso höher ist der Messwert. Reduktion ist mit Elektronenabgabe verbunden, Oxidation mit Elektronenaufnahme. Die elektrische Spannung, die bei diesen Prozessen entsteht, wird gemessen und direkt angezeigt. Es erfolgt, anders als beim pH-Wert, keine Umrechnung in einen Anzeigewert! Aus diesem Grund ist eine Eichung der Elektrode nicht unbedingt angebracht. Trotzdem werden häufig Eichlösungen mitgeliefert, die für den Aquarienbedarf wenig sinnvoll sind, da sie aufgrund der ihnen eigenen hohen Stromaustauschdichte auch schlechte Elektroden noch auf den richtigen Messwert ziehen. Es ist deshalb zu empfehlen, Redoxelektroden nicht länger als 1 bis maximal 2 Jahre einzusetzen.

Redoxelektroden haben ebenfalls ein Diaphragma. Der eigentliche Messkopf besteht aber aus einer Edelmetallelektrode (Platin oder Gold) in Stift- oder Plattenform. Wie bei der pH-Elektrode ist die Reinigung sehr wichtig. Hierbei werden Schleim und Kalkablagerungen vom Elektrodenkopf entfernt und das Diaphragma von Verunreinigungen befreit. Diaphragmen sind nur bedingt zu reinigen. Die Durchlässigkeit stagniert mit der Zeit. Auch aus diesem Grund sollten Redoxelektroden nach 1 - 2 Jahren gewechselt werden.

Sauerstoff

Die Sauerstoffmessung beruht auf der Diffusion des gelösten Sauerstoffs durch ein Diaphragma in eine definierte Messlösung. In dieser Lösung verändert der Sauerstoff eine Messspannung, die vom Messgerät ausgewertet wird. Das Gerät liefert dann eine Anzeige als Absolutwert in mg/l Sauerstoffgehalt oder einen Relativwert in % im Bezug zur Sättigungsgrenze. Die Sättigungsgrenze ist abhängig von Salzgehalt und Temperatur, so dass zumeist diese Werte dem Messgerät noch eingegeben werden. Viele Sauerstoffmessgeräte sind gleichzeitig mit einer Temperaturmessung ausgerüstet, dann kann die Eingabe der Temperatur entfallen. Da der Anzeigemesswert und der eigentlich gemessene Spannungswert in unterschiedlichen Einheiten angegeben werden, muss wie beim pH-Wert regelmäßig eine Eichung vorgenommen werden. Als Normalwert wird hierbei zumeist der Sauerstoffgehalt der Umgebungsluft genommen. Da die Membranen bei Sauerstoffelektroden besonders empfindlich sind, sollten sie regelmäßig gewechselt werden!

Leitwert

Die Leitwertmessung ist eine elektrische Basismessung, wobei der Stromfluss zwischen 2 eng benachbarten Elektrodenflächen bestimmt wird. Die Messgeräte überdecken meist nur einen eng definierten Messbereich. Manche Geräte haben einen Messbereichsumschalter, so dass unterschiedliche Messbereiche abgedeckt werden können. Für weit auseinander liegende Bereiche, z.B. Umkehrosmosewasser mit Messwerten um 10 µS, Süßwasser mit Messwerten zwischen 100 - 1000 µS und Seewasser mit Messwerten zwischen 5 - 60 mS sind in der Regel jeweils unterschiedliche Messgeräte notwendig.

Wasserdurchfluss

Neben der physikalischen Durchflussmessung, die nur eine Ablesung ermöglicht, gibt es natürlich auch eine Reihe von elektronischen Messgeräten, die mittels unterschiedlicher Messwertaufnehmer eine elektronische Auswertung, Anzeige und logische Verarbeitung ermöglichen. Einige gebräuchliche Messverfahren sind die Drehradmesszelle, die induktive Durchflussmessung, die kapazitive Durchflussmessung und die Ultraschallmessung.

Messungen auf Basis chemischer Reaktionen

Für diese Messwerte liegen zurzeit noch keine einfachen kontinuierlichen Messsysteme vor, so dass man auf Messungen angewiesen ist, die auf chemischer Basis arbeiten. Um dem Anwender aufwendige Laborarbeiten zu ersparen, gibt es eine Fülle unterschiedlicher Systeme mit unterschiedlichem Genauigkeitsgrad.

Messsticks

Messsticks sind einfache Messstreifen auf denen chemische Reagenzien aufgebracht sind.

Sie werden für einen kurzen Moment in die Wasserprobe eingetaucht und liefern nach einer kurzen Reaktionszeit eine ungefähre Größenordnung, die zwar in der Regel noch sehr ungenau bleibt, aber doch Auskunft gibt, ob eventuell kritische Bereiche überschritten wurden. Die Sticks geben also einen groben Überblick, reichen aber für einen genauen Einblick in die Wassersituation nicht aus.

Farbvergleichstest
Hierbei werden z.T. komplexe chemische Tests stark vereinfacht, so dass der Anwender eine Farbindikation zumeist in Form flüssiger Reagenzien bekommt. Diese werden mit einer vorgedruckten Farbskala verglichen und es wird eine Einstufung in die möglichen Farbkategorien vorgenommen, die den Messwerten zugeordnet sind. Man bekommt so Messwerte, die deutlich genauer sind als die vorgenannten Messstreifen und häufig für den Alltagsgebrauch ausreichen.

Photometersysteme
Hier werden Systeme mit sehr hoher Genauigkeit bei unterschiedlichem Schwierigkeitsgrad angeboten. Bei allen Systemen wird auf Basis von Reagenziensätzen eine Farbreaktion erzielt, wobei die Auswertung nicht der individuellen, oft fehlerhaften Farbzuordnung überlassen bleibt, sondern durch ein Photometer erfolgt und als Zahlenwert digital angezeigt wird. Durch den Einsatz genauer Probenahme- sowie Kalibrierverfahren kann eine sehr hohe Qualitätsstufe erreicht werden. Sowohl für Süß- als auch für Seewasser werden sehr gute Messsysteme angeboten.

Notstromaggregat

Für eine Stromausfallsituation ist zunächst abzufragen, welche Aggregate wirklich lebenswichtig für die Anlage sind. Des Weiteren ist zu prüfen, für welchen Zeitraum man mit einem Stromausfall zu rechnen hat.

Der erste Engpass bei Stromausfall ist immer die Sauerstoffversorgung! Häufig kommt man daher zu dem Ergebnis, dass es ausreichend ist, für den Zeitraum des Stromausfalls eine Notbelüftung vorzusehen. Diese versorgt entweder alle Becken oder zentral eine Belüftungsstation, die dann allerdings durch eine Kreislaufpumpe das belüftete Wasser in die Becken befördern muss.

Wichtig ist, dass das Notstromaggregat automatisch anläuft und die Notaggregate über die Schaltanlage angesteuert werden!

Allgemeine Pflege-, Zucht- und Sicherheitsmaßnahmen

L. Dudek

Reinigung und Pflege

In jedem Schauaquarium sind die Voraussetzungen hinsichtlich der zu pflegenden Tiere, des Standorts, der Größe und der Ausstattung sehr unterschiedlich. Dies bedingt ganz bestimmte, den örtlichen Gegebenheiten angepasste Arbeitsorganisationen. Hier können deshalb nur sehr allgemein gehaltene Hinweise zu den anfallenden Arbeiten in einem Schauaquarium gegeben werden.

Für einen positiven Gesamteindruck ist ein sauberer und gepflegter Ausstellungsraum Voraussetzung. Die Häufigkeit und die Intensität der Reinigungsarbeiten sind von der Besucherzahl und vom Zustand des unmittelbaren Wegenetzes abhängig. Das Aufstellen ausreichend vieler Papierkörbe, verbunden mit regelmäßigem Leeren, kann Verschmutzungen mindern. Trotzdem sind in der Regel im Besucherbereich die Fußböden täglich zu reinigen. Je nach Verschmutzung wird Grobschmutz aufgelesen, gekehrt oder eine Nassreinigung durchgeführt. Mit dem Einsatz von Nass- und Trockenstaubsaugern sowie Scheuergeräten lässt sich diese Tätigkeit rationalisieren. Zu den regelmäßig wiederkehrenden Arbeiten gehört auch das Reinigen der Aquarienscheiben von außen. Wenn vorhanden, sollte man zur Erleichterung dieser Aufgabe vollentsalztes oder kalkfreies Wasser verwenden. In größeren Abständen sind auch Türen, Fenster, Simse, Schilderkästen, Vitrinen, Lampen, Sockel, Geländer, Papierkörbe und andere Gebäudeausrüstungen zu säubern. Allgemein werden Reinigungsarbeiten entweder durch Tierpfleger, durch Aushilfsmitarbeiter oder durch Reinigungsfirmen erledigt. Um Beeinträchtigungen für die Besucher zu vermeiden, sollten sie im Besucherbereich generell vor oder nach der Öffnungszeit erfolgen.

Im rückwärtigen Bereich innerhalb oder außerhalb des Gebäudes sind ebenfalls regelmäßig Reinigungsarbeiten durchzuführen. Beispielsweise sollten sich die Futterküchen stets in einem hygienisch einwandfreien Zustand befinden, Glasdächer oder Fenster viel Licht durchlassen und technische Geräte sauber und gepflegt sein.

Zu den regelmäßigen Arbeitsaufgaben eines Tierpflegers im Aquarium gehört ein täglich durchzuführender Kontrollgang zu Arbeitsbeginn, auf dem das Verhalten und die Gesundheit der Tiere beurteilt werden. Erleichtert wird diese Tierbeobachtung durch eine erste Fütterung, eventuell mit Trockenfutter, um so auch versteckt lebende Tiere hervorzulocken. Verletzte oder kranke Tiere sind möglichst aus dem Schaubereich zu entfernen und in Aquarien in rückwärtigen Räumen zu separieren. Tote Tiere müssen schnell aus den Aquarien herausgenommen werden, um eine durch deren Zersetzung bedingte Wasserbelastung weitgehend zu vermeiden. Wenn eine pathologische Untersuchung vorgesehen ist, müssen sie generell kühl aufbewahrt werden. Auf dem Kontrollgang ist das Funktionieren der Aquarientechnik, wie Pumpen, Filter, Abschäumer, UV-Klärer, Aquarienheizer, Kühler, Ausströmer für Luft und Kohlendioxid, Beleuchtung sowie zentraler technischer Anlagen des Gebäudes zu überprüfen. Verbinden kann man diese Kontrolle mit der Erfassung der Wassertemperatur und anderer Wasserwerte.

Da Fische in einem im Vergleich zu ihrem natürlichen Vorkommen relativ geringen Wasservolumen leben und es dadurch schnell zu einer kritischen Wasserqualität durch Verunreinigungen kommen kann, ist eine turnusmäßige Überprüfung des Aquarienwassers von großer Bedeutung. Mit relativ einfachen Verfahren oder Geräten werden die Salzkonzentration mittels Dichte (Brack- und Meerwasser), die Gesamt- und Karbonathärte (Süßwasser), der Leitwert, das Redox-Potential, der pH-Wert sowie die Konzentration von Nitrat-, Nitrit-, Ammonium- oder Phosphat-Ionen ermittelt. Wichtig ist gerade in größeren Schauaquarien die Dokumentation der gemessenen Werte. Sie haben durchaus Bedeutung für die weitere Behandlung der betreffenden Aquarien. Es hat sich als günstig erwiesen, alle Werte und Pflegemaßnahmen zentral zu erfassen, vor allem dann, wenn mehrere Mitarbeiter Aquarien betreuen. In den letzten Jahren wurden in der Industrie immer perfektere Systeme zur automatischen Steuerung und Erfassung der Wasserparameter entwickelt. Durch deren, allerdings sehr kostenintensiven, Einsatz kann diese Aufgabe rationeller und qualitativ genauer erledigt werden. Um der Gefahr eines unbemerkten Ausfalls solcher Systeme zu begegnen, ist auch hier eine regelmäßige Kontrolle notwendig.

Nach Beendigung der täglichen Kontrollrunde, die einen Überblick verschafft hat, was zu tun ist, wird mit den Pflegearbeiten begonnen. Dazu gehört beispielsweise das regelmäßige Befeuchten der Landpflanzen in Landschaftsaquarien. Am besten verwendet man dafür kalkarmes oder vollentsalztes Wasser. Dies vermeidet Kalkflecke, die Blätter „glänzen". Welke Blätter werden entfernt, der Pflanzenwuchs wird korrigiert, es wird nachgepflanzt, gedüngt und, wenn nötig, werden Pflanzenschädlinge bekämpft. Hier muss allerdings der Einsatz toxischer Mittel sehr vorsichtig erfolgen.

Eine regelmäßige und häufige, dazu oft noch sehr anstrengende Tätigkeit ist das Reinigen der Aquarienscheiben von innen. Vor allem muss das Aufkommen von fest sitzenden und dann nur schwer zu entfernenden Algen vermieden werden. Je nach örtlicher Gegebenheit verwendet man Pads mit ausziehbaren Stielen, die bei Silikatglas mit Stahlwolle oder Kunstoffmatte, bei Acrylglas ausschließlich mit weicher Kunststoffmatte belegt sind. Wichtig ist, dass kein Bodengrund im Putzmittel mitgerissen wird, da sonst die Scheiben übermäßig schnell zerkratzt werden. Bei sehr harten Algen helfen Metallklingen oder angeschliffene Acrylglasstreifen. Einfacher und bequemer wird die Scheibenreinigung durch den Einsatz von Magnetreinigern, die mittlerweile von der Industrie angeboten werden. Sie müssen in ihrer Stärke der Dicke der Aquarienscheiben angepasst sein. Bei sehr starken Magnetreinigern hat es sich als günstig erwiesen, wenn der äußere Teil auf Rollen bewegt wird.

In sehr großen Aquarien, vor allem zur Beseitigung harter Belege, ist die Reinigung im Tauchgang meist unumgänglich. Wenn eine 2. Person mit einer weißen Pappe o. Ä. die schmutzigen Stellen von außen anzeigt, ist eine sehr gründliche Säuberung möglich. In verschiedenen Großaquarien werden erfolgreich ferngesteuerte oder sich selbst steuernde Reinigungsroboter zur Scheibenreinigung eingesetzt.

Zu den wichtigsten Pflegemaßnahmen gehören Teilwasserwechsel, bei denen maximal ein Drittel des Beckenwassers ausgetauscht werden sollte, um gute Lebensbedingungen herzustellen bzw. zu erhalten. Will man bei dieser Gelegenheit auch gleich noch Mulm und Algen entfernen, hat sich ein auf den Schlauch aufgestecktes Kunststoffrohr mit einer Mulmglocke bewährt. Verstopfungen lassen sich mit einem durchsichtigen „Absaugbesteck" besser beseitigen. Zum Auffüllen benutzt man, je nach Aquarium, frisches temperiertes oder kaltes Süß- oder Meerwasser. Für Fische aus so genannten „Weichwassergebieten" verwendet man anteilmäßig vollentsalztes Wasser, in einem Riffaquarium mit Korallen setzt man etwas Kalkwasser (Calciumcarbonat in vollentsalztem Wasser lösen) hinzu. Bei Meerwasser-Aquarien ist dabei eine Kontrolle der Salzkonzentration nötig. Die Menge des auszutauschenden Wassers und die Häufigkeit dieser Pflegemaßnahme ist von der Besetzung und vom Zustand des Beckens abhängig. In Süßwasser-Aquarien sollte der Teilwasserwechsel alle 2 Wochen, besser wöchentlich durchgeführt werden, in Meerwasser-Aquarien zumindest einmal im Monat. Häufigere kleine Wasserwechsel sind für die Tiere günstiger als wenige große, weil damit starke Schwankungen der Wasserwerte vermieden werden. Für Schauaquarien, die am Meer liegen, gibt es die Kosten sparende Möglichkeit, natürliches Meerwasser direkt oder über einen Tank zum Teilwasserwechsel zu nutzen. Die Becken werden dann im offenen oder halb offenen Kreislauf, meist mit zwischengeschalteten mechanischen Filtern, mit Frischwasser versorgt. Dabei kann es zum Einschleppen von Tieren und Pflanzen in die Aquarien kommen, was nicht unbedingt negativ sein muss. Erwünscht sind beispielsweise winzige Plankton-Organismen, die vielen strudelnden Aquarienbewohnern als natürliche Nahrung dienen. Andererseits sollte ein Entweichen gebietsfremder Tiere und Pflanzen sicher verhindert werden, um eine unerwünschte Faunen- und Florenverfälschung zu vermeiden.

Um die Aquarien in einem für den Besucher ansehnlichen Zustand zu halten, ist die Mulm- und Algenbeseitigung eine häufig wiederkehrende und zeitaufwendige Arbeit. Nachdem Aquarienwände, Wurzeln, Korallenskelette, Kunstkorallen und -pflanzen sowie Steine gereinigt wurden, saugt man mit einem „Absaugbesteck" die abgesetzten Verunreinigungen ab. Vor allem bei Meerwasser-Aquarien kann es aus Sparsamkeitsgründen notwendig sein, das verunreinigte Wasser aufzufangen und über Matten oder feine Netze zu reinigen und wieder zurückzuleiten.

Sowohl in mit Wasserpflanzen besetzten Süßwasser-Aquarien als auch in mit Blattalgen dekorierten Meerwasser-Becken sowie Riffaquarien sind immer wieder Korrekturen am Bewuchs nötig. Es sind welke Blätter zu entfernen, Schwimmpflanzen zu vermindern, Stängelpflanzen zu verjüngen, stark wuchernde Pflanzen und Algen einzugrenzen und, wenn nötig, neue Pflanzen einzusetzen. Im Riffbecken soll man sich stark vermehrende Blumentiere und Algen begrenzen und bekämpfen und damit Platz schaffen für neu anzusiedelnde bzw. langsam wachsende Wirbellose und Algen.

In Aquarien mit einem hohen Wasserstand sind diese Pflegearbeiten schwieriger durchzuführen. Geeignete Arbeitsmittel dafür sind Pflanzenzangen, Pinzetten, Greifer, Scheren, Stielbürsten. Eine andere Variante ist das Absenken des Wasserstands, so dass man in das Becken hineinklettern kann. Die Reinigung der Scheibe, der Wände und Beckeneinrichtung, Mulm- und Algenbeseitigung, Korrekturen an Bepflanzung und Dekoration sowie das Fangen einzelner Tiere sind so leichter möglich. Tiere, Pflanzen und Dekoration verbleiben bei dieser „kleinen Generalreinigung" (GR) im Aquarium. Aufgefüllt wird mit temperiertem Frischwasser bzw. mit aufgefangenem Originalwasser.

Bei der „großen Generalreinigung" werden die Tiere herausgefangen und in Aquarien im rückwärtigen Bereich untergebracht. Auch die herausgenommenen Wasserpflanzen sollten provisorisch eingepflanzt und Dekorationswurzeln im Wasser zwischengelagert werden. Wenn der Bodengrund viele Faulstellen aufweist, was durch eine Schwarzfärbung ersichtlich wird, ist dieser ebenfalls zu entfernen. Bei geringerer Verschmutzung wird er gut durchgewaschen. Steine und anderes Dekorationsmaterial sowie die Aquarienscheiben und -wände sind gründlich zu reinigen. Mit einem Druckspritzgerät erleichtert man diese Arbeit. Gegen hartnäckige Algenbeläge hilft ein Einreiben mit verdünnter Salzsäure (auf etwa 10 %) oder auch ein etwas längeres Austrocknen. Veralgte Pflanzen und Wurzeln lässt man am besten durch Algen fressende Tiere wie Schnecken, Welse und Lebendgebärende Zahnkarpfen reinigen. Die Bekämpfung so genannter Pinsel- oder Bartalgen ist schwierig. Hier helfen nur ein totales Abdunkeln oder eine dauernde Kohlendioxid-Düngung. Die „große GR" sollte genutzt werden, um das Beckenumfeld, vor allem über dem Aquarium, zu pflegen und zu reinigen. Lampen sind mit neuen Röhren oder Brennern zu versehen, Lampengehäuse zu reinigen, wenn nötig, sollte man den Sprungschutz säubern oder Rostschutz- und Anstricharbeiten durchführen.

Sowohl für Süßwasser- als auch für Meerwasser-Aquarien gilt, dass man sie möglichst lange in einem attraktiven Zustand erhalten sollte. Neu eingerichtete Aquarien durchlaufen dann Algenphasen, die man am besten mit Algen fressenden Tieren bekämpfen kann. Diesen Vorgang bezeichnet man mit „Einfahren". Wenn zum Beispiel die Wasserpflanzen eingewurzelt sind und die für ihr Wachstum notwendigen Stoffe dem Wasser entziehen, wirken sie als biologischer Filter. Deshalb ist es ungünstig, sie bei Reinigungsaktionen immer wieder herauszureißen. Durch Teilwasserwechsel, Mulm- und Algenbeseitigung sowie den Pflanzenbestand schonende Korrekturen an der Beckendekoration lassen sich naturnah aussehende Aquarien gestalten, in denen gute Bedingungen für die gepflegten Tiere herrschen.

In noch stärkerem Maße ist ein gutes „Einfahren" für Meerwasser-Aquarien von Bedeutung, insbesondere für Riffaquarien, in denen Weich- und Steinkorallen zusammen mit einer geringen Zahl von Meeresfischen gehalten werden. Bis ein solches Aquarium seine volle Schönheit erreicht hat, vergeht mindestens ein halbes Jahr. Geduld ist also hier besonders gefragt.

Nach der Neueinrichtung wartet man einige Tage mit dem Einsetzen der Tiere. Dies erleichtert das Anwachsen der Pflanzen. Beginnen sollte man mit Tieren, die Algen fressen, damit die Pflanzen möglichst ungehindert gedeihen können. Bei Riffaquarien beträgt der Zeitraum des Einfahrens einige Wochen oder Monate. Im Süßwasser-Aquarium kann man die schwierige Algenbekämpfung und das damit zusammenhängende angestrebte Wachstum der Wasserpflanzen mit dem Einsatz von Kohlendioxid, handelsüblichem Wasserpflanzendünger und Algenbekämpfungsmitteln unterstützen. Im Meerwasser-Riffaquarium sollten die wirbellosen Tiere mit Kalk, Strontium und anderen Spurenelementen versorgt werden, damit durch gutes Wachstum die Algen zurückgedrängt werden.

Um das Wasser in den Aquarien in einem klaren und für die Tiere akzeptablen Zustand zu halten, werden Filter eingesetzt. Zur Beseitigung von sichtbaren Verunreinigungen werden als mechanische Filtersubstrate Schwämme, Matten oder Kies verwendet. Abhängig vom

Verschmutzungsgrad sind diese wöchentlich oder zumindest alle 2 Wochen zu reinigen. Bei der Säuberung von Filtermatten und -schwämmen haben sich Waschmaschinen bewährt, wobei man ein Waschprogramm ohne Wärme und mit vielen Spülgängen auswählen sollte. Die Reinigung von Kiesschichten wird durch den Einbau von Rückspülkerzen erleichtert. Durch diese werden Wasser und Luft entgegen der normalen Fließrichtung gedrückt und der Dreck herausgespült. Solche Rückspülmöglichkeiten gibt es auch bei handelsüblichen Schwimmbadfiltern, die sich für Süßwasser-Aquarien als geeignet erwiesen haben. Dabei wird zum Rückspülen Beckenwasser verwendet, also gleichzeitig ein Teilwasserwechsel vorgenommen.

Die Umwandlung von schädlichen, aus dem Stoffwechsel der Tiere resultierenden Zerfallsprodukten in ungiftige Verbindungen wird durch nützliche Bakterien vorgenommen und als biologische Filterung bezeichnet. Dazu werden Substrate mit möglichst großer Oberfläche, wie Tuffgestein, Kies oder industriell hergestellte Produkte aus Kunststoff, Glas oder Ton, eingesetzt. Sie sollten nur in größeren Zeiträumen und bei starker Verschmutzung gesäubert werden. Die gleichzeitige Reinigung des biologischen Filterteils und eine „große GR“, also ein Trockenlegen des Aquariums, sollte, wenn möglich, vermieden werden. Sollte dies unumgänglich sein, kann man Filtersubstrat aus eingefahrenen Becken einbringen und Wasser aus diesen beim Füllen verwenden.

Zur Wasserpflege im Meerwasserbereich haben sich Eiweißabschäumer bewährt. Der meist sehr kostenintensive Wasserwechsel wird erheblich reduziert, denn die entstehenden Stoffwechselprodukte werden, bevor sie in schädliche Verbindungen zerfallen, aus dem Aquarium abgeschäumt, also entfernt. Damit die Abschäumer ihre positive Wirkung voll entfalten, ist eine regelmäßige Reinigung des Schaumrohrs und des Schaumbechers notwendig. Auch eine Komplettreinigung ist je nach Verschmutzung in größeren Abständen durchzuführen. Erleichtert werden die Reinigungsarbeiten, wenn Abschäumer Sprühsysteme und Innenrohr-Reinigungsbürsten besitzen.

Ein weiterer Faktor, der eine große Auswirkung auf das Wohlbefinden der Tiere und Pflanzen sowie auf das ansprechende Aussehen der Aquarien hat, ist die Beleuchtung. Da die Lichtleistung von Metalldampflampen als auch von Leuchstofflampen mit zunehmender Betriebsdauer sinkt, ist ein regelmäßiges Erneuern der Lampen wichtig, sie sollten nicht bis zu ihrem Totalausfall verwendet werden. Damit das Licht ungehindert austreten kann, ist eine regelmäßige Reinigung von Deck- und Lampenscheiben notwendig. Vor der Säuberung der Lampenscheiben sind die betreffenden Lampen auszuschalten und sollten sich abkühlen.

Neben Reinigungs- und Dekorationsarbeiten an den Aquarien gehört die Fütterung zu den wichtigsten Aufgaben eines Tierpflegers. Bevor das Futter jedoch verteilt wird, muss es beschafft, gezüchtet, gehältert und zubereitet werden. In vielen Schauaquarien zoologischer Gärten besteht die Möglichkeit, in zooeigenen Gewässern lebendes Teichfutter selbst zu fangen. Für am Meer liegende Einrichtungen ist auch der Fang von Schwebegarnelen (Mysis) möglich. Das Füttern von frisch gefangenem, lebendem Teichfutter oder Mysis hilft nicht nur Kosten zu sparen, sondern ist für viele Tierarten auch die beste Form der Ernährung.

Verschiedene Futtertiere lassen sich züchten. So kann man zum Beispiel aus Dauereiern Salinenkrebslarven ausbrüten, verschiedenes Planktonfutter züchten oder Wurmarten, wie Enchyträen oder Grindal vermehren. Auch der Bedarf an kleinen Futterfischen lässt sich mit einer Guppy-Zucht decken. Größere Futterfische werden von speziellen Zuchtbetrieben angeboten oder fallen beim herbstlichen Abfischen an. Diese werden in dafür bestimmten Becken gehältert und sollten dieselbe Pflege erfahren wie andere Aquarienfische.

Der größte Teil des Futters wird im gefrosteten Zustand geliefert und aufbewahrt. Hier ist besonders darauf zu achten, dass die Portionen nach ihrem Liefertermin verbraucht und nicht überlagert und durch Gefrierbrand unbrauchbar werden. Wiederholtes Auftauen ist unbedingt zu vermeiden, die Kühlgeräte sind regelmäßig zu kontrollieren, zu warten und zu reinigen. Die benötigte Frostfuttermenge wird täglich unter Beachtung einer abwechslungsreichen Auswahl aufgetaut. Danach wird das Futter durch Schneiden oder mit Zerkleinerungsgeräten „mundgerecht“ zubereitet.

Das Füttern ist aufgrund der unterschiedlichen Bedürfnisse der verschiedenen Tiere sehr vielgestaltig und erfordert eine große Portion Fingerspitzengefühl. Erschwerend kommt hinzu, dass oft vom Pflegergang aus gefüttert wird, wo die Sicht eingeschränkt ist. Wichtig ist, dass man die Tiere beim Fressen beobachtet und ein nur routinemäßiges Hineinwerfen vermeidet. Da die Schauaquarien oft Gesellschaftsbecken mit Tieren unterschiedlicher Ansprüche sind, ist es nicht immer einfach, allen das richtige Futter und die notwendige Futtermenge zukommen zu lassen. So ist es für Schwarmfische erforderlich, häufiger in kleinen Mengen zu füttern, während für Tiere, die langsam oder nur vom Boden fressen, eine größere Futtermenge notwendig ist, um auch diese ausreichend zu ernähren. Eine gezielte Fütterung kann man mit verschiedenen Geräten wie Keschern, Zangen, Pinzetten, Röhren, Pipetten oder Stielen mit einer Spitze versuchen. Oft ist viel Geduld erforderlich, um den Tieren die Scheu vor diesen Werkzeugen zu nehmen. Für Besucher ist es jedoch sehr eindrucksvoll, wenn das Futter willig abgenommen wird.

Vor allem in größeren Schauaquarien ist es unumgänglich, die vielen verschiedenen Futtergaben zusammenzufassen. Es erfordert durchaus einiges organisatorische Geschick, wenn man dabei die Tiere optimal versorgen und den Fütterungsprozess rationell durchführen will. Bewährt haben sich so genannte Futterrunden, in denen der Tierpfleger die verschiedenen Futtermittel austeilt.

Es ist anzustreben, möglichst viele Tiere zu einer feststehenden, dem Besucher bekannten Zeit zu füttern. Solche Schaufütterungen können mit Erklärungen über die Tiere und das Futter aufgewertet werden. Die so genannten kommentierten Fütterungen sind eine Möglichkeit, beim Besucher Verständnis für die Tiere, für Tier- und Umweltschutz und für die tierpflegerische Arbeit zu wecken.

Zucht und Aufzucht

In Schauaquarien werden Tiere meist nicht aus wirtschaftlichen Gründen vermehrt, sondern es stehen andere Motive, wie die Teilnahme an Artenschutzprojekten oder Forschungsarbeiten, im Vordergrund. Wichtig ist dann eine gute Vermarktung von Zuchterfolgen in den Medien oder im Schaubereich. Das Zeigen von Jungtieren und die Darstellung der Fortpflanzungsaktivitäten sind sehr interessant für die Besucher. Zuchtberichte in Aquarienzeitschriften werden von vielen Hobby-Aquarianern gelesen und sind eine gute Werbung. Aber auch das Erhalten von schwer zu beschaffenden Tierarten, die für das Ausstellungskonzept wichtig sind, sowie die Versorgung mit Tieren zu Futterzwecken sind Gründe für die Zucht. Nicht benötigte Tiere können verkauft oder getauscht werden, zum Beispiel auf Zierfischbörsen, in andere Schauaquarien oder als Gegenwert bei Tierhändlern.

In der Praxis unterscheidet man zwischen geplanten Zuchten und Zufallszuchten. Bei der geplanten Zucht sind verschiedene Vorbereitungen nötig. Je nach Tierart wird besonders nahrhaft gefüttert, werden die Geschlechter getrennt und die klimatischen Bedingungen, wie sie in der Natur hinsichtlich Wassertemperatur und Wasserhärte vor der Fortpflanzungsperiode herrschen, nachgeahmt. Danach sollten die natürlichen Verhältnisse während der Fortpflanzungsperiode simuliert und mit praktischen Züchterkniffen kombiniert werden. So werden spezielle Zuchtaquarien eingerichtet, Hilfsmittel wie Laichroste, Wurfkästen, Torfbehälter, Kunsthöhlen und Laichsubstrate (Wasserpflanzen oder künstliche Materialien) eingesetzt, Strömungen erzeugt, die Wassertemperatur eingestellt und häufig ein spezielles „Zuchtwasser“ mit bestimmter Wasserhärte und bestimmtem pH-Wert verwendet. Die Zuchttiere sollte man auslesen, d. h. es werden nur einwandfreie Tiere verwendet. Die Zeit, die die Fische im Zuchtaquarium bleiben, ist abhängig von der Dauer der Eientwicklung. Es ist ebenso möglich, den Laich vom Laichsubstrat abzulesen oder dieses komplett zu wechseln. Die Verfahrensweise ist natürlich von der Art der Fortpflanzung, der Brutpflege und der Ernährung (Laichräuber?) abhängig.

Gleiches gilt auch für Zufallszuchten, bei denen sich die Tiere ohne spezielle Vorbereitungen vermehrt haben oder Laich abgesetzt wurde. Es spricht für einen guten Aquarienpfleger, solche Fortpflanzungsaktivitäten in der täglichen Routine rechtzeitig zu bemerken. Plötzliches aggressives Verhalten, besonders große Farbigkeit und bestimmte Verhaltensweisen vor dem Ablaichen sind Hinweise dafür, dass sich Tiere fortpflanzen wollen. Je nach Art werden dann der Laich, die Jungtiere oder das Muttertier (bei Maulbrütern) in ein Aufzuchtaquarium gesetzt.

Die Beschaffung des Futters, welches die Jungfische in ihren ersten Tagen fressen, ist oft entscheidend für eine gelungene Aufzucht. Dieses Aufzuchtfutter kann man in Tümpeln und Teichen selbst fangen und bei Süßwassertieren einsetzen. Dazu braucht man Genehmigungen vom Eigentümer bzw. Nutzer des Gewässers. Wenn man den Fang durch einen Siebsatz schüttet, ist zu erkennen, ob das richtige Futter, meistens Rädertierchen und Zyklopsnauplien, vorhanden ist. Es gibt sehr räuberische Zyklops, die den Jungfischen gefährlich werden können. Diese sollten nicht verfüttert werden. Auch Hydren, die besonders im Winterhalbjahr im Futter vorhanden sein können, stellen eine Gefahr für die Fischbrut dar.

Eine zweite Möglichkeit besteht in der Zucht geeigneter Futtertiere. Sowohl bei der Aufzucht von Süßwasserfischen (Pantoffeltierchen, *Artemia*-Nauplien) als auch von Meerestieren (*Brachionus*, *Tispe*, *Artemia*-Nauplien) gibt es vielfach bewährte Futtertierzuchten. Der Aufwand an Platz, Technik, Energie und Personal ist allerdings beträchtlich.

Im Handel wird Kunstfutter sowie Frostfutter zur Aufzucht angeboten. Obwohl dieses „tote Futter“ von Jungfischen mancher Arten nicht gefressen wird, ist es oft eine gute Alternative, besonders dann, wenn es durch eine Wasserbewegung in der Schwebe gehalten wird.

Das eingesetzte Futter muss von den Jungfischen vor allem hinsichtlich seiner Größe bewältigt werden können. Für die meisten Fischarten gilt als Faustregel, dass das Futter nicht größer als das Auge des Jungfisches sein sollte. Ebenso wichtig ist eine ausreichende Versorgung mit Nährstoffen, Vitaminen und Mineralien. Am besten erreicht man dies, indem möglichst abwechslungsreich gefüttert wird. Kunstfutter, das zu groß ist, kann mit einer Mühle oder einem Mörser zerkleinert werden.

Da sich oft viele Jungtiere in einem Aquarium befinden und für das Wachstum viel Futter benötigt wird, ist auf eine gute Beckenhygiene mit regelmäßigem Teilwasserwechsel, Mulmbeseitigung und Filterreinigung zu achten. Oft ist ein Auslesen der Fische nach der Größe und deren Aufteilung in verschiedene Becken notwendig. Die Jungfische wachsen sonst nicht gleichmäßig heran und es kann zu Fischverlusten kommen. Ferner kann das gemeinsame Aufziehen von Jungfischen mehrerer Arten in einem Aquarium durch deren unterschiedliches Wachstum und Fressverhalten problematisch sein. Wegen des schnellen Wachstums der Jungtiere ist oft ein Umsetzen in größere Aquarien erforderlich.

Arbeitssicherheit

Bei der Erledigung seiner Aufgaben unterliegt der Tierpfleger in einem Schauaquarium verschiedenen Gefahren, die entweder unmittelbar vom Tier oder von der eingesetzten Technik ausgehen. Bei deren Verminderung kommt es vor allem auf das Wissen an, welches in der Praxis in den Vorschriften zur Arbeitssicherheit und durch regelmäßige Belehrungen vermittelt wird. In Deutschland geben in den Bundesländern die Unfallkassen Unfallverhütungsvorschriften heraus. Auf betrieblicher Ebene werden diese dann den örtlichen Bedingungen angepasst.

In Aquarienhäusern gehen Gefahren von Tieren meistens durch Biss oder Stich aus, zumal auch Giftapparate, die zur Verteidigung dienen, vorkommen. Giftige Waffen besitzen einige Hai- und Rochenarten, Seeratten, verschiedene Welse, Drachenköpfe, Steinfische und Petermännchen. Einige Krakenarten, Quallen, Seeigel und Blumentiere sind ebenfalls in der Lage, die Gesundheit eines Pflegers mittels Gift zu beeinträchtigen. Bei den genannten Tieren, aber auch bei anderen bissigen und stachligen Arten, ist besondere Vorsicht vor allem beim Fang geboten. Körperschutzmittel wie Handschuhe und Fanggeräte sind geeignet, Gefährdungen zu vermeiden.

Einige Fischarten besitzen eine 2., für den Tierpfleger unangenehme Verteidigungs- und Beutefangstrategie, indem sie mit elektrischen Organen teilweise beachtliche Stromstärken und -spannungen erzeugen können. Das sind u.a. Zitterrochen, Zitteraale, Elektrische Welse und Himmelsgucker. Notwendige Pflegearbeiten in mit diesen Tieren besetzten Aquarien sind z.T. schwer durchzuführen. Arbeitsgeräte, deren Stiele isolierend wirken, und Handschuhe ermöglichen ein Hantieren. Bei größeren Reinigungsarbeiten sollten solche Fische aus dem Becken entfernt werden.

Mit der Zunahme von großen Becken in Schauaquarien werden Tauchgänge zu Reinigungs- und Dekorationsarbeiten sowie für Fütterungen häufiger. Dafür dürfen nur Mitarbeiter mit einer Tauchausbildung und regelmäßigen ärztlichen Gesundheitskontrollen eingesetzt werden. Ebenso ist eine regelmäßige Wartung der Tauchgeräte notwendig. Grundsätzlich sollte immer ein zweiter Mitarbeiter beim Tauchgang anwesend sein, um notfalls Hilfe leisten zu können. In tieferen Aquarien (ab etwa 2 m Wassertiefe) sollte ein zweiter Taucher innerhalb oder außerhalb des Beckens den Taucher absichern. Auch auf gefährliche Tiere ist in diesem Zusammenhang zu achten und angemessene Abwehrgeräte sowie Körperschutzmittel sind einzusetzen. Ein Absperren der betreffenden Tiere ist natürlich der beste Schutz.

Die größten Gefährdungen in einem Schauaquarium entstehen durch die elektrischen Anlagen und Geräte, denn für den elektrischen Strom sind das stets feuchte Milieu und die Wasserkörper der Becken eine hervorragend leitende Umgebung. Neben der Einhaltung der gesetzlichen Bestimmungen bei Installation und Betrieb des Stromnetzes und der angeschlossenen Geräte durch Elektriker, darf auch der Tierpfleger nur überprüfte Geräte in Betrieb nehmen und muss deren Einsatzbestimmungen einhalten. Dies bedeutet auch, dass spritzwassergeschützte elektrische Anlagen und Geräte in Feuchtraumausführung (Schutzart IP 54) nicht durch solche minderer Schutzzahl ersetzt werden dürfen, sie vor ihrem Einsatz optisch zu prüfen sind und notwendige Reparaturen nur vom Fachmann erledigt werden. Wenn möglich, sollten vor Reinigungsarbeiten im Aquarium elektrische Geräte vom Netz getrennt werden.

Eine weitere Gefährdung stellt erfahrungsgemäß der Umgang mit Leitern und Tritten dar, da handelsübliche Produkte der aggressiven feuchten Umgebung nur bedingt standhalten. Sie müssen regelmäßig auf Stabilität überprüft werden. In den Pflegergängen ist auf Ordnung und Sauberkeit zu achten, um die Stolper- und Rutschgefahr zu mindern. Auch scharfkantige Glasscheiben und ungepolsterte, in den Wärtergang hineinragende Vorsprünge sind häufige Unfallursachen, die leicht beseitigt werden können.

Nicht ungefährlich sind der Einsatz und die Lagerung von Gasen wie Kohlendioxid, reinem Sauerstoff und Ozon. Neben einem sicheren Standort für die Gasflaschen sind regelmäßig die Verteilungsleitungen zu überprüfen. Für den Einsatz von Ozon zur Wasseraufbereitung haben die Unfallkassen Richtlinien erlassen. Warngeräte, die unzulässig hohe Konzentrationen in der Raumluft anzeigen und den Ozonerzeuger dann automatisch abschalten, bieten einen guten Schutz.

Des Weiteren können von in Aquarien eingesetzten Chemikalien und Reinigungs- bzw. Desinfektionsmitteln bei unsachgemäßer Lagerung und Gebrauch Gefährdungen ausgehen. Eine ordentliche und möglichst dauerhafte Etikettierung hilft Gefahren zu vermeiden und ist Voraussetzung für einen sachgemäßen Umgang. Der Einsatz von Handschuhen, Schutzbrillen, Masken und Schutzkleidung vermindert gesundheitliche Gefahren. Beim Verdünnen von Säuren ist darauf zu achten, dass immer die Säure ins Wasser gegeben wird, und nicht umgekehrt.

Fütterungskunde

Th. Seitz

Allgemeine Fütterungsregeln

Die Pflege von Fischen ist ein spezieller Bereich innerhalb der Zootierhaltung. Tierpfleger, die sich mit dieser Tiergruppe beschäftigen, haben es mit sehr vielen unterschiedlichen Arten zu tun. Viele davon sind spezialisiert und an bestimmte Lebensbedingungen gebunden. Neben genauen Kenntnissen über Habitatstruktur, Vergesellschaftung, Ansprüche an Wasserqualität und Temperatur ist es vor allem die artgerechte Ernährung, die eine erfolgreiche Aquarienhaltung und -vermehrung erst ermöglicht. Viele Korallenfische haben sich, bedingt durch den hohen Konkurrenzdruck im Riff, unterschiedliche Nahrungsnischen erobert. Ähnlich wie im tropischen Regenwald gibt es dort viele Arten und wenige Individuen pro Art. Revierbildende Arten sind häufig und meist bunt und plakativ gefärbt, um ihren Territorial- und Nahrungsansprüchen Ausdruck zu verleihen. Auch im Süßwasser gibt es verschiedene Ernährungstypen, für die der Aquarianer geeignetes Futter bereitstellen muss. Manchmal sind es Arten, die sich nur sehr schwer oder gar nicht an Ersatznahrung gewöhnen lassen, oft jedoch wird Ersatzfutter bereitwillig akzeptiert. Generell gilt, je niedriger der Spezialisierungsgrad, umso einfacher ist die Ernährung. Kein Fisch ist jedoch in seinen Nahrungsansprüchen genau so wie sein Artgenosse. Man lernt daher nie aus und „Probieren geht über Studieren".

Abb. 52 In Großaquarien werden einzelne Fische durch Taucher gezielt mit der Hand gefüttert (Tokyo Sea Life Park)

Entscheidend für die artgerechte Fütterung sind zum einen die richtige Futterart, -menge und -zusammensetzung, zum anderen die entsprechende Darbietung. Grundsätzlich orientiert man sich an der Art der Ernährung, d.h. ob es sich um Pflanzen-, Fleisch-, Detritus- oder Allesfresser handelt, und an der Art der Nahrungsaufnahme, d.h. ob die Tiere das Futter aktiv aufsuchen und dabei in der Konkurrenz zu Artangehörigen und artfremden Tieren bestehen (die meisten Fischarten) oder ob sie das Futter nur langsam suchen und daher den Konkurrenzkampf mit anderen Tieren nicht bestehen (z.B. Seepferdchen, Leierfische).

Wenn man über die Nahrungsgewohnheiten beispielsweise einer neu erworbenen Art noch nicht viel weiß, kann oft über die Maul- oder Schnauzenform eine erste Einschätzung getroffen werden. Ein oberständiges Maul lässt auf eine oberflächenorientierte Ernährung schließen (z.B. Anflugnahrung in Form von Insekten), ein nach unten gerichtetes, unterständiges Maul verrät eine bodenorientierte Ernährung (Aufwuchs, Bodenorganismen). Mit den lang ausgezogenen „Schnäbeln“ der Seenadelverwandten werden dagegen zielgenau Schwebegarnelen erbeutet. Natürlich gibt es alle erdenklichen Übergangsformen, bei denen eine eindeutige Zuordnung nicht möglich ist, die Maulform kann daher nur als grobe Hilfe herangezogen werden.

Auch bei der Vergesellschaftung muss der Aquarianer auf die verschiedenen Ernährungsgewohnheiten seiner Pfleglinge Rücksicht nehmen. Extreme „Schnellfresser“ sollten nicht mit konkurrenzschwachen „Langsamfressern“ vergesellschaftet werden.

Der Ernährungszustand der Fische beeinflusst maßgeblich die inner- und zwischenartliche Verträglichkeit. Hungrige sind häufig unverträglicher als gut genährte Tiere. Dieser Aspekt wird allzu oft unterschätzt. Beispielsweise werden die Fische in Riffaquarien zu knapp gefüttert, um den Nährstoffeintrag zu begrenzen, die Folge ist Stress durch vermehrte Aggression zwischen den Beckenbewohnern.

Im Gesellschaftsbecken sollten Tiere, die schnell am Futter sind, zuerst mit gröberen Futterbrocken abgelenkt werden, damit auch die etwas langsameren Beckenbewohner genügend Futter bekommen. Ein guter Pfleger beobachtet seine Tiere während der Fütterung genau und stimmt seine Fütterungstechnik auf sie ab. Häufig ist es sinnvoll, das Futter am Filtereinlauf einzugeben, damit es gleichmäßig im Becken verteilt wird. Für bodenlebende Arten (z.B. Welse, Rochen) kann das Futter mit einem PVC-Rohr vor dem Maul platziert oder mit einer großen Pipette nach unten geblasen werden. Bestimmte Arten müssen individuell vom Stock gefüttert werden (Steinfisch, Zackenbarsche, Haie). Eine gezielte Fütterung vom Stock oder mit einer Futterzange empfiehlt sich auch immer dann, wenn Vitamine, Mineralstoffe oder Medikamente über die Nahrung dosiert werden müssen.

Die Fütterungszeit ist ebenfalls von Bedeutung. 2 - 4 Fütterungen pro Tag sind in der Regel ausreichend, wobei immer zur selben Uhrzeit gefüttert werden sollte. Die Tiere gewöhnen sich an feste Zeiten und sind dann besonders lebhaft und aufmerksam. In Schauaquarien kann dies natürlich als Besucherattraktion genutzt werden. Daher liegt beispielsweise im Aquarium der Wilhelma in Stuttgart die Hauptfütterung zwischen 9.00 und 11.00 Uhr. Bestimmte Schaufütterungen können gezielt angekündigt werden (Piranhas, Haie u.a.). Jungfische müssen teilweise bis zu zehnmal täglich gefüttert werden, damit sie gleichmäßig aufwachsen. Vielen Raubfischen genügt dagegen 1 Fütterung ein- bis zweimal wöchentlich. Bei häufiger Fütterung kann man die nötigen Fütterungsintervalle mit Dosierpumpen oder Futterautomaten sicherstellen. Besser ist allerdings die eigenhändige Fütterung durch den Pfleger, denn Fingerspitzengefühl lässt sich nicht durch Automaten ersetzen. Grundsätzlich gilt, immer nur so viel füttern, wie innerhalb weniger Minuten gefressen wird.

Abb. 53 Manche Fische sollen zeitweise „im Futter stehen“, damit sie ausreichend Nahrung aufnehmen können. Hier *Aeoliscus strigatus* in einer Wolke von Artemia-Nauplien (Vivarium Zoo Basel)

Futterzusammensetzung

Das Futter setzt sich aus verschiedenen Nährstoffen zusammen. Neben Kohlenhydraten, Proteinen und Fetten bestimmt vor allem der Vitamin- und Mineralstoffgehalt die Qualität des Futters.

Kohlenhydrate. Hierzu gehören in erster Linie Zellulose, Stärke und Zuckerverbindungen. Zellulose ist zwar fast unverdaulich, jedoch als Ballaststoff unentbehrlich. Pflanzen fressende Fischarten können aus Kohlenhydraten Körperfett bilden. Raubfische können dies nicht und scheiden Kohlenhydrate weitgehend unverdaut aus. In der Teichwirtschaft verwendetes Brutfutter enthält 10 - 15 %, Mastfutter bis zu 25 % Kohlenhydrate.

Proteine. Sie sind lebenswichtige Nahrungsbestandteile, da sie u.a. am Zellaufbau und an körpereigenen Erneuerungsprozessen beteiligt sind. Sie bestehen aus 20 verschiedenen Aminosäuren, die alle nach dem gleichen Prinzip aufgebaut sind. 12 davon sind für Fische essentiell, d.h. sie müssen durch die Nahrung aufgenommen werden und können nicht durch körpereigene Prozesse aus anderen Stoffen aufgebaut werden. Eine lebenswichtige Aminosäure für Fische ist z.B. Lysin. Ein Eiweißmangel hat für alle Lebewesen schwerwiegende Folgen. Am besten geeignet für die Fütterung von Aquarientieren sind Proteine von Fischen, Schalen- oder Krustentieren. Der Eiweißgehalt im Futter von Fleischfressern sollte höher sein (> 45 %) als für Pflanzen fressende Arten (> 30 %). Jungfischfutter enthält bis zu 60 % Protein.

Fett. Der Fettgehalt bestimmt wesentlich die Qualität eines Futtermittels. Entscheidend ist der Anteil an ungesättigten Fettsäuren. Diese stammen aus Fisch, Fischleber und Pflanzenfetten und sind für die Ernährung von Aquarientieren geeignet. Ungesättigte Fettsäuren verbessern die Gesundheit der adulten Tiere, sind aber auch für die Qualität der Eier und Fischbrut verantwortlich. Auch die Färbung wird intensiviert und die Funktion der Schwimmblase verbessert. Jungfische werden deutlich vitaler und kräftiger. Nach neueren Untersuchungen sind vorwiegend Omega-3-Fettsäuren (d.h. hoch ungesättigte Fettsäuren mit 3 Mehrfachbindungen) wichtig für ein gesundes Wachstum und eine erfolgreiche Reproduktion der Tiere.

Gesättigte Fettsäuren von Säugetieren sind für Fische wenig geeignet. Generell sollte der Fettgehalt im Fischfutter eher niedrig sein. Bei Fleischfressern gelten 3 - 6 %, bei Pflanzenfressern maximal 3 % als ausreichend.

Vitamine. Grundsätzlich unterscheidet man zwischen fettlöslichen (A, D_3, E, K) und wasserlöslichen Vitaminen (B_1, B_2, B_3, B_5, B_6, B_{12}, C und Folsäure).

Vitaminmangel hat negative Auswirkungen auf Wachstum, Fruchtbarkeit, Nervensystem, Stoffwechsel und Vieles mehr (siehe Tab. 16). Die Haltbarkeit von Vitaminen ist begrenzt und der Einfluss von Hitze, Frost oder Licht kann Vitamine zerstören. Daher sollten Futtermittel nicht überlagert werden. Frostfutter sollte zusätzlich mit einem handelsüblichen Multivitaminpräparat ergänzt werden. Vitaminpräparate können direkt ins Wasser gegeben werden, da viele Aquarientiere sie direkt aus dem Wasser aufnehmen können. Sinnvoller ist es allerdings, Vitamine über das Futter zu geben, da hierbei eine geregelte Aufnahme gewährleistet ist. Wichtig ist die kontinuierliche Zugabe. Eine Überdosierung ist in jedem Fall zu vermeiden, da sonst schädliche Auswirkungen auf die Aquarienbewohner zu befürchten sind. In der Praxis hat sich gezeigt, dass viele Tiere stark vitaminisiertes Futter nicht gern fressen (Geschmack?!). Deshalb sollten eher öfter kleine Mengen an Vitaminen zugegeben werden.

Mineralstoffe. Mineralstoffe wie Magnesium, Calcium und Phosphor sind vor allem für den Knochenaufbau lebenswichtig. Die Summe aller Mineralien wird auch als Rohasche bezeichnet. Ein Mangel ist bei Fischen eher selten, da in den allgemein verwendeten Futtermitteln genügend Mineralstoffe vorhanden sind. Die Mengenelemente unter den Mineralstoffen werden von den Fischen direkt über die Haut und die Kiemen aus dem Wasser entnommen.

Spurenelemente. Aus der Aquaristik ist die Zugabe von Spurenelementen heutzutage nicht mehr wegzudenken. Steinkorallen benötigen

Tab. 16 Vitaminmangel (verändert nach Jørgensen, 1983, aus Fossa & Nielsen, 1992)

Vitamin	Futtermittel	Mangelsymptome
A_1/A_2	Algen, Fischleber, Rogen, Spinat, Plankton	Sehstörungen, Wachstumsstörungen, geringe Fruchtbarkeit, Verdauungsstörungen
D_2/D_3	Fischleber, Wasserflöhe, Algen	Knochenerweichung, mangelhafte Skelettbildung
E	Pflanzenöl, Salat, Eier, Leber	Stoffwechselstörungen, verringerte Fruchtbarkeit
K_1/K_2	Pflanzen	Blutkrankheiten, Leberschäden
$B_1/B_2/B_3$	Bierhefe, Herz, Fisch, Spinat, Leber, Ei, Erbsen	Nervenschäden, Muskelschwund, Wachstumsstörungen, Hautkrankheiten, Entzündungen, Appetitlosigkeit
Folsäure/Pantothensäure	Hefe, Leber, grüne Pflanzen	Anämie, abgestorbene Haut, abstehende Kiemen
C (Ascorbinsäure)	Spinat, Leber, grüne Erbsen	Rückgratschwäche, innere Blutungen, Blutkrankheiten
H (Biotin)	Leber, Eigelb, Hefe, Pflanzen	Krämpfe, Wachstumsstörungen

zum Skelettaufbau Eisen und Strontium. Jod ist für niedere Tiere und Fische ein wichtiges Spurenelement. Bei einem Mangel neigen Knorpelfische zur Kropfbildung. Jod kann in Tablettenform mit dem Futter oder direkt ins Aquarienwasser gegeben werden. Seitdem zum Beispiel Haien regelmäßig Kaliumjodidtabletten über die Futterfische verabreicht werden, verschwinden selbst starke Kropfbildungen. Blasentangmehl ist ebenfalls sehr jodhaltig und kann über das Futter gestreut werden. Nach regelmäßiger Zugabe eines organischen Jodkomplexpräparats in das Aquarienwasser treten z.B. beim Mirakelfisch (*Calloplesiops altivelis*) keine Schilddrüsengeschwüre mehr auf. Im Aquarienwasser ist Jod allerdings sehr instabil und muss ständig nachdosiert werden.

Sonstige Zusatzstoffe. In der professionellen Aquakultur werden dem Futter teilweise Immunostimulantien, Anti-Stress-Nährstoffe oder Pigmente zugesetzt. Bei abwechslungsreicher Fütterung und optimalen Pflegebedingungen sind solche künstlichen Beimischungen für Aquarienfische nicht notwendig. Als Therapie gegen Endoparasiten verwendet man gelegentlich medikamentiertes Trockenfutter mit gutem Erfolg.

Futtermittel

Lebendfutter gilt als das beste Futter für Aquarientiere. Im Süßwasser ist das so genannte Tümpelfutter eine wertvolle Futterquelle. Man kann sich dadurch allerdings auch Parasiten und Krankheitserreger einschleppen. Besonders gefürchtet ist die Karpfenlaus, die als Hautparasit Fische schwer schädigen kann. Auch Fischegel, Libellenlarven, Gelbrandkäferlarven oder andere räuberische Wasserinsekten können unbemerkt eingeschleppt werden und Schäden am Fischbestand verursachen. Deshalb sollte man nur Tümpelfutter aus fischfreien Gewässern verwenden oder eigene Futterzuchten anlegen. Durch die Bewegungen der Futtertiere wird der Jagdinstinkt der Aquarienbewohner aktiviert, was einer Bewegungstherapie für bequem gewordene Beckenbewohner gleichkommt.

Wasserflöhe (*Daphnia spec.*, *Bosmina spec.*), Vertreter der Blattfußkrebse (Phyllopoda), sind ein ausgezeichnetes Lebendfutter. Sie werden dem Zooplankton zugerechnet und sind häufig im Ufergürtel stehender Binnengewässer anzutreffen. In zooeigenen Gewässern können sie oft in großen Mengen mit geeigneten Keschern gefangen werden. Sie ernähren sich von Algen, Bakterien und Detritus und sind mit einer Körpergröße von 1 - 4 mm ein ideales Zierfischfutter. Die kleinen Krebschen sind zwar recht hartschalig, aber reich an wertvollen Ballaststoffen, rotem Farbstoff (Carotin) und Vitamin D. Ernährungsphysiologisch wertvoll ist auch das Phytoplankton aus ihrem Verdauungstrakt. Der Eiweißgehalt von Daphnien ist relativ niedrig. Als Alleinfutter sind Wasserflö-

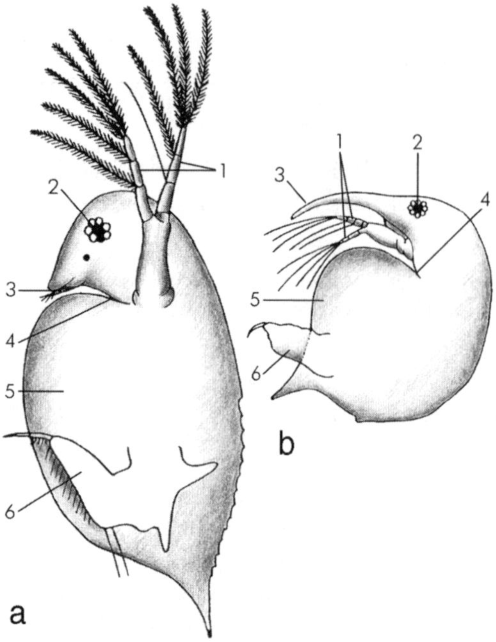

Abb. 54 Wasserflöhe (Phyllopoda). **a:** *Daphnia.* **b:** *Bosmina.* 1: 2. Antenne (Ruderorgan). 2: Komplexauge. 3: 1. Antenne. 4: Mundöffnung. 5: Schale. 6: Hinterleib mit After

he zu einseitig, da die verdauungsphysiologischen Möglichkeiten der meisten Fischarten nicht ausgeschöpft werden.

Für **Hüpferlinge** (*Cyclops spec.*, *Diaptomus spec.*), Vertreter der Ruderfußkrebse (Copepoda,) gilt im Wesentlichen dasselbe wie für Wasserflöhe. Vorsichtig muss man allerdings bei der Verfütterung an Jungfische sein. Mit ihren scharfen Mundwerkzeugen können sie die Fischbrut schädigen oder sogar töten.

Bach- oder **Schlammröhrenwürmer** ***(Tubifex),*** Vertreter der Ringelwürmer (Wenigborster, Oligochaeta), werden von vielen Aquarianern wegen ihres Gehalts an Abfallstoffen und Schwermetallen nur sehr ungern verfüttert. Dieses eiweiß- und fettreiche Futter ist nur dann zu gebrauchen, wenn es außerordentlich gut gewässert wird oder aus völlig unbelasteten Gewässern stammt. Bei sparsamer Fütterung eignet es sich durchaus für bodenlebende, carnivore Arten (z.B. Tapir- und Messerfische) oder für heranwachsende Jungfische. Der hohe Eiweiß- und Fettgehalt fördert den Laichansatz vieler Arten. Empfehlenswert ist eine Fütterung im Schwimmsieb, damit keine Würmer im Boden verschwinden und dort verwesen können (Ausnahme bei wühlenden Bodenfischen).

Enchyträen (*Enchytraeus albus*) und **Grindalwürmchen** (*Enchytraeus buchholtzi*) sind bis 30 mm bzw. bis 10 mm lange, weiße Ringelwürmer (Wenigborster, Oligochaeta) mit sehr hohem Fettgehalt. Obwohl sie sehr gern gefressen werden, sollte man dieses Futter nur sparsam verwenden, da es leicht Verdauungsstörungen

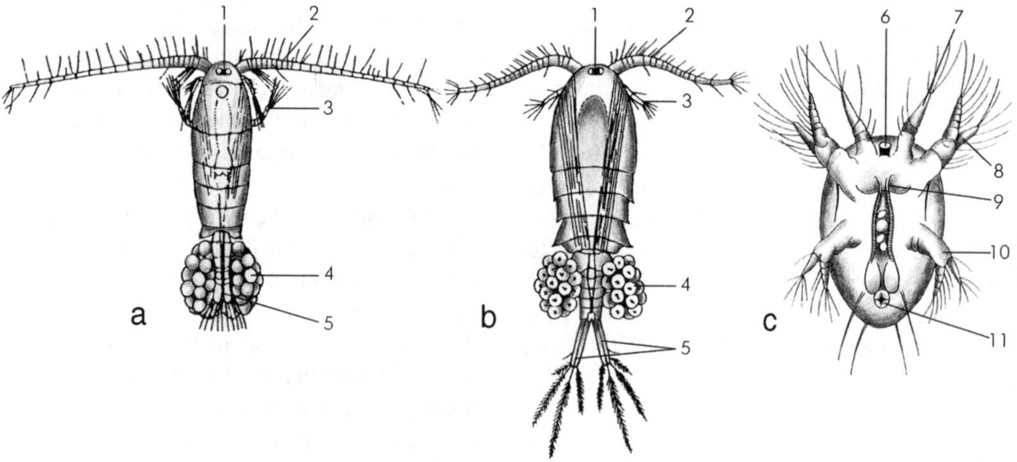

Abb. 55 Hüpferlinge (Copepoda). **a:** *Cyclops.* **b:** *Diaptomus.* **c:** Nauplius (1. Larvenstadium der Hüpferlinge u.a.). 1: unpaares Auge. 2: 2. Antenne (Ruderorgan). 3: 1. Antenne. 4: Eisäckchen. 5: Schwanzgabel (Furca). 6: Nauplius-Auge. 7: Anlage der 1. Antenne. 8: Anlage der 2. Antenne. 9: Mund und Darmanlage. 10: Anlage der Mundwerkzeuge. 11: After

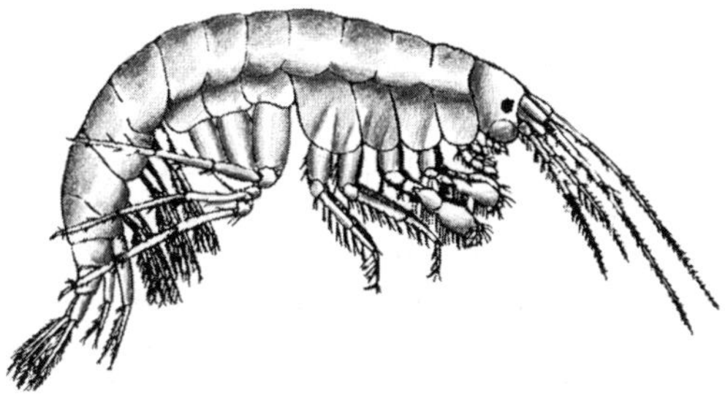

Abb. 56 Bachflohkrebs (*Gammarus*)

und Verfettung verursacht. Wie die Tubifex-Fütterung fördert auch die Enchyträen-Fütterung den Laichansatz bei Zuchttieren. Zurückhaltung ist jedoch aus den oben genannten Gründen geboten.

Essig- oder **Mikroälchen** (*Turbatrix aceti*), kleine (bis 2,5 mm) Schlauchwürmer (Nematoda), eignen sich zur Jungfischaufzucht im Süßwasser und als gelegentliches Zusatzfutter (hoher Fettgehalt). Auch bei diesem Futter können Verdauungsstörungen auftreten, wenn zu viel auf einmal gefressen wird.

Bachflohkrebse (*Gammarus spec.* und verwandte Gattungen) sind wie Daphnien reich an rotem Farbstoff und sehr ballaststoffhaltig. Sie kommen aus sauberen Gewässern und sind ein sehr gutes Futter für viele carnivore Fischarten. Der Fang ist jedoch beschwerlich und für Schauaquarien zu aufwendig. Zeitweise werden im Handel lebende *Gammarus* angeboten, auf die man bei Bedarf zurückgreifen kann.

Regenwürmer (*Lumbricus terrestris*, *Eisenia foetida* u.a.) enthalten viel gut verdauliches Eiweiß und sind als Fischfutter bestens geeignet. Der Fang ist allerdings zeitaufwendig und daher für Berufsaquarianer oft nicht realisierbar. Mittlerweile sind gezüchtete Regenwürmer im Handel erhältlich (Angelköder).

Mückenlarven gehören zu den wichtigsten Fischnährtieren im Freiland. Am weitesten verbreitet sind die **Roten Mückenlarven** (Zuckmücken der Familie Chironomidae). Diese bodenlebenden Formen werden von den meisten Fischarten gern gefressen. Noch besser sind allerdings die **Schwarzen Mückenlarven** (Stechmücken der Gattung *Culex*) und die **Weißen Mückenlarven** (Büschelmücken der Gattung *Chaoborus* = *Corethra*). Diese Arten kommen im Freiwasser bzw. an der Wasseroberfläche vor. Durch ihren hohen Nährwert steigern sie die Laichbereitschaft vieler Fische. Alle 3 Arten werden heutzutage professionell kultiviert und sind im Handel erhältlich. Manche Züchter geben allerdings Antibiotika in ihre Kulturen, so dass unerwünschte Resistenzen bei Fischbakterien auftreten können. Bei der Auswahl der Futterlieferanten sollte dies beachtet werden.

Insekten werden heutzutage in jedem Zoo gezüchtet oder können in gewerblichen Futtertierzuchten bezogen werden. Für viele auf Anflugnahrung spezialisierte Zootiere ist die Insektenfütterung unerlässlich. Bedingt durch den hohen Eiweißgehalt fördert die regelmäßige Zufütterung von Insekten den Laichansatz der

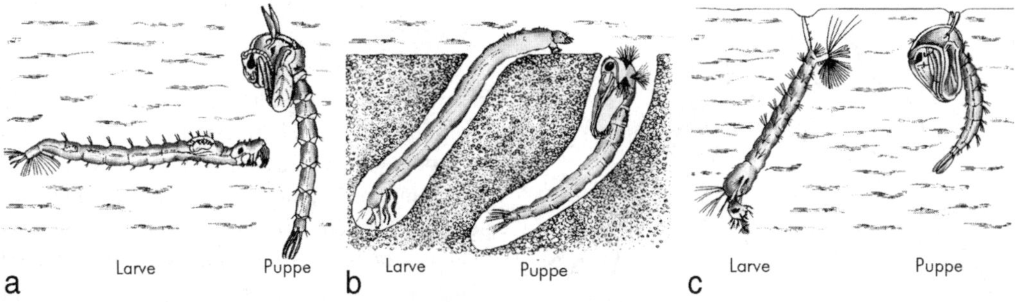

Abb. 57 Mückenlarven und -puppen. **a:** Büschelmücken (*Chaoborus*): „Weiße oder Glasmückenlarven". **b:** Zuckmücken (*Chironomus*): „Rote Mückenlarven". **c:** Stechmücken (*Culex* u.a.): „Schwarze Mückenlarven"

Zuchttiere. Je nach „Maulgröße“ werden **Ägyptische Wanderheuschrecken**, **Grillen**, **Heimchen**, **Stubenfliegen** oder **Essigfliegen** (*Drosophila*) gefüttert.

Mehlwürmer, die Larven des **Mehlkäfers** (*Tenebrio molitor*), sollten nicht verfüttert werden, da sie schwer verdaulich sind. Zudem können sie sich unter Umständen durch die Magenwand der Fische bohren.

Schwebegarnelen (*Mysis*) werden lebend in Küstennähe gefangen und können per Abonnement über den spezialisierten Handel bezogen werden. Die Gattung *Mysis* umfasst viele, auch in der Größe sehr unterschiedliche Arten. Die am meisten verwendete Art ist 0,5 - 1,5 cm lang. Die Größe variiert je nach Jahreszeit. Im Herbst und Winter bekommt man in der Regel adulte Tiere, im Frühsommer sind auch die kleineren Junggarnelen erhältlich, die sich besonders gut zur Jungfischaufzucht in der Meerwasseraquaristik eignen. Lebende Mysis sind sehr teuer und transportempfindlich. Sie werden daher nur für Spezialisten und bei der Aufzucht von Jungtieren im Seewasser verwendet. Sie sollten kühl gehältert (bei maximal 16 °C) und mit Trockenfutter gefüttert werden (Nährstoffanreicherung).

Sandgarnelen (*Crangon crangon*) und **Ostseegarnelen** (*Palaemon squilla*) können ebenfalls lebend von der Küste bezogen werden. Sie

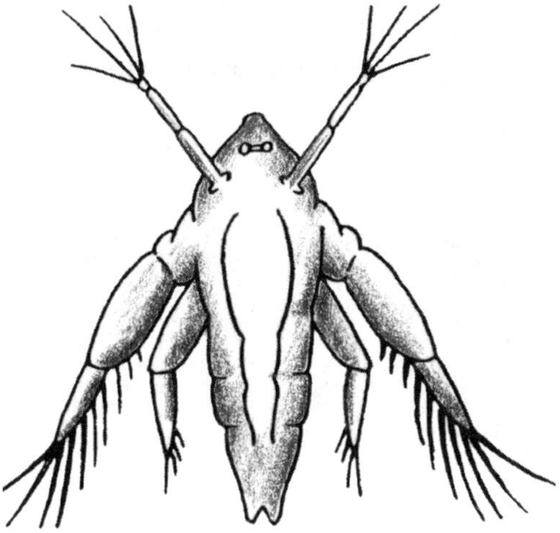

Abb. 58 *Artemia*-Nauplius

haben hervorragende Nährwerte (Tab. 17) und eignen sich sehr gut zur Fütterung von spezialisierten Bodenfischen im Meerwasser. Vor allem in der Eingewöhnungsphase können beispielsweise kleine Rochenarten, juvenile Grundhaie (*Heterodontus spec.* u. a.) oder Drachenkopfverwandte durch Lebendgarnelen zum Fressen animiert werden.

Salinenkrebschen (*Artemia spec.*) werden vor allem als frisch geschlüpfte Nauplien an Jungfische und Fischbrut im Süß- und Meerwasser verfüttert. Mit etwas Aufwand können die Salinenkrebschen bis ins Erwachsenenstadium aufgezogen werden. Man nimmt dazu einzellige Algen oder käufliche Nährlösungen, mit denen man die Nauplien bis zu einer Endgröße von 8 - 10 mm in Salzwasser aufziehen kann. In der Regel lohnt sich dieser Aufwand nur für Meeresfische, da Lebendfutter im Seewasser nur schwer zu beschaffen ist. Es gibt verschiedene *Artemia*-Arten, die je nach Herkunft und Qualität höchst unterschiedliche Schlupfraten und Energiegehalte haben. Auch die Eigrößen und Nauplienlängen variieren beträchtlich. Beispielsweise haben die erbrüteten Artemieneier aus San Francisco, USA, eine Nauplienlänge von 428 µm und 90 % der Eier sind nach 20,5 Stunden geschlüpft. Chinesische Artemien hingegen schlüpfen nach 27,2 Stunden zu 90 % und sind mit 515 µm um einiges größer als die amerikanischen Salinenkrebse. Diese herkunftsbedingten Unterschiede können bei der Nachzucht verschiedener Fischarten durchaus eine Rolle spielen.

Im Aquarium der Wilhelma Stuttgart werden die getrockneten Eier bis zum Schlupf in Plexiglaszylindern (Temperatur 25 - 30 °C, Salinität 3,5 %, pH < 8,0) stark belüftet, dann sofort verfüttert. Dazu müssen die ungenießbaren Eischalen von den Nauplien getrennt werden. Die Nauplien sinken bei abgestellter Luft nach unten, während die Eischalen nach oben treiben. Nach einigen Minuten können die Nauplien abgelassen werden, wobei man nicht zu lange warten darf, da die Tiere sonst an Sauerstoffmangel verenden. Da die Nauplien immer zum Licht schwimmen, können sie auch mit selbst gebauten oder handelsüblichen Trenngeräten, die sich

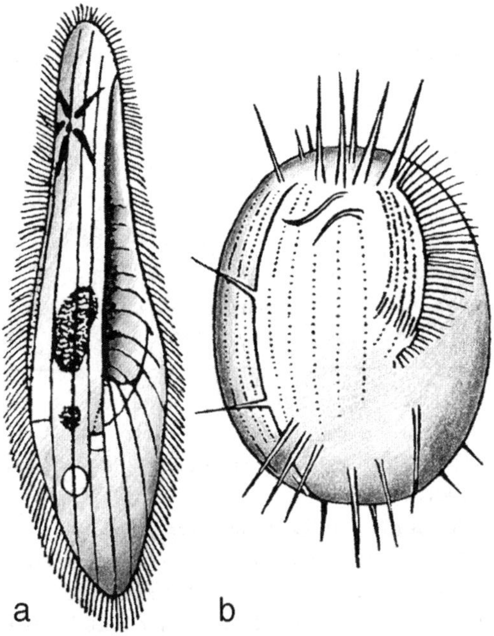

Abb. 59 Wimpertierchen, Infusorien (Ciliata). **a:** *Paramecium* (Pantoffeltierchen). **b:** *Euplotes*

diese Eigenschaft zunutze machen, separiert werden.

Lebendes Plankton wird vor allem für die Fütterung von Jungfischen und niederen Tieren benötigt. Im Süßwasser können selbst gezüchtete oder gefangene Infusorien (vor allem *Paramecium*, Rotatorien oder Bosmidien) verwendet werden, im Seewasser wird vorwiegend Phytoplankton (*Chlorella*, *Dunaniella*) und Zooplankton (*Brachionus plicatilis*) kultiviert. Als sehr gutes Jungfischfutter für Meerwasserfische haben sich Hüpferlinge (Copepoden) erwiesen, deren Zucht allerdings etwas aufwendiger ist. Am besten sind natürlich selbst gefangene Planktonmischungen, aus denen sich die Jungfische die passenden Futtertiere selbst herauspicken können.

Lebendfisch benötigt man vor allem für stark spezialisierte Raubfische in der Eingewöhnungsphase. Leicht nachzuzüchten sind viele Lebendgebärende Zahnkarpfen, allen voran der Guppy. Da Guppys auch an Brack- und Seewasser zu gewöhnen sind, eignen sie sich für die Fütterung von Meerwasserfischen.

Frostfutter. Fast alle aufgeführten Lebendfutterarten gibt es auch in gefrorenem Zustand im einschlägigen Fachhandel zu kaufen. Sandgarnelen, gekochte oder rohe Miesmuscheln, Tintenfisch und gefrorene Süß- und Seewasserfische werden ganz oder klein geschnitten verfüttert. Für Fischfresser im Süßwasser sind vor allem Weißfische gut geeignet. Rotaugen, Karauschen oder Brachsen werden oft von Angelvereinen nach Abfischaktionen günstig an-

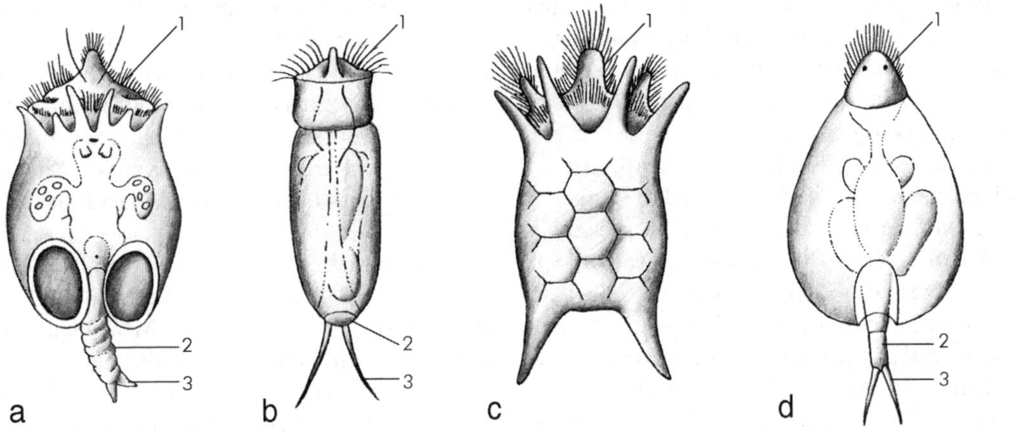

Abb. 60 Rädertierchen (Rotatoria). **a:** *Brachionus.* **b:** *Cephalodella.* **c:** *Keratella.* **d:** *Lepadella.* 1: Räderorgan. 2: Fuß. 3: Zehen

Tab. 17 Nährwerte der häufigsten Futtermittel

Futter (100 g)	Wasser [g]	Energie [kcal]	Protein [g]	Fett [g]	Kohlenhydrate [g]	Calcium [mg]	Eisen [mg]	Vitamin B [mg]*	Vitamin C [mg]
Dorsch	80	75	18	0,3		20	0,6	2,15	
Miesmuscheln	79	91	14	2,2	3,3	35	1,5	1,98	
Garnelen	74	103	23	1,2			120	3,0	1,42
Taschenkrebse	73	127	20	5,2		30	1,3	2,69	
Austern	83	66	9	1,2	4,8	80	5,8	2,36	
Blattsalat	94	21	1,3	0,2	3,6	25	0,9	0,68	15
Spinat	92	28	2,3	0,5	3,5	130	3,2	0,39	20

*Summe aus Thiamin, Riboflavin, Niacin

geboten und können frisch eingefroren werden. Wegen ihrer harten und stacheligen Rückenflossen sind Barsche weniger geeignet. Falls man auf sie zurückgreifen muss, sollten die Rückenflossen abgeschnitten werden.

Für Seewassertiere eignen sich besonders die mageren Fischarten wie Stint, Lodde oder Dorsch. Sandaale sind ein hervorragendes Futter, jedoch leider nicht immer erhältlich. Auch die etwas fetteren Fischarten wie Sardinen, Sprotten, Hering oder Makrelen können gut am Stück verfüttert werden, sie eignen sich jedoch nicht so gut zum Zerkleinern, da sie einen Fettfilm auf dem Aquarienwasser hinterlassen. Sie enthalten besonders viel der bereits erwähnten Omega-3-Fettsäuren.

Miesmuscheln in der Schale werden in der Fangsaison auf Vorrat eingefroren und dann ganzjährig an Detritus- und Polypenfresser im Seewasser verfüttert. Am besten halbiert man die Muscheln nach dem Auftauen und gibt sie dann in das Aquarium.

Auch vegetarische Kost kann portionsweise eingefroren und dann bei Bedarf aufgetaut werden. Marine Blatt- oder Kriechsprossalgen (*Ulva*, *Caulerpa*) werden im Seewasser, Spinat, Erbsen oder Kopfsalat auch im Süßwasser verwendet. Selbst die angeblich giftige *Caulerpa taxifolia* wird von vielen Meerwasserfischen gern ohne negative Auswirkungen gefressen. Als Zusatzfutter für Crustaceenfresser eignen sich Strandkrabben oder Taschenkrebse, die allerdings nicht im frisch gehäuteten Zustand gefrostet werden dürfen, da sie sonst verderben.

Frostfutter sollte immer aus frischem Ausgangsmaterial stammen und am besten schockgefrostet werden. Gutes gefrorenes Fischfutter sieht so aus, als wäre es vor einer Stunde noch lebendig gewesen! Das Futter sollte nie in heißem Wasser aufgetaut und nach dem Auftauen sofort verwendet werden. Eine längere Lagerung von aufgetautem Frostfutter ist nicht empfehlenswert, da es schnell verdirbt.

Trockenfutter ist aufgrund moderner Herstellungsverfahren heutzutage weitaus besser als sein Ruf. Auf dem Markt sind Flockenfutter, Granulate, Tabletten und Mikro- bzw. Staubfutter. Die Größe variiert zwischen 0,25 mm (Staubfutter für Fischbrut) und 10 mm (Granulat, Tabletten für Cichliden, Welse). Diese Kompaktfutter enthalten alle notwendigen Nährstoffe, Vitamine und Spurenelemente, sie sind daher durchaus als Alleinfutter geeignet. Es wird sowohl Schwimm- als auch Sinkfutter angeboten. Für Pflanzenfresser gibt es vegetarisches Trockenfutter in Tabletten- oder Flockenform.

Leider wird Trockenfutter nicht von allen Tieren gefressen, so dass auf andere Futtersorten zurückgegriffen werden muss. Manchmal gelingt es erst im Laufe der Zeit, die Aquarienfische an Kunstfutter zu gewöhnen. Viele Arten brauchen den Bewegungsreiz als Auslöser zum Fressen. Manchmal hilft es, wenn man das Futter in die Strömung gibt und dadurch die Bewegungen der Futtertiere imitiert. Andere Arten sind wiederum so gierig auf Trockenfutter, dass zu viel auf einmal aufgenommen wird und das Futter im Magen aufquillt. In solchen Fällen empfiehlt es sich, das Trockenfutter vorher einzuweichen.

Bei ausschließlicher Verwendung von Trockenfutter haben die Aquarienbewohner keine Gelegenheit mehr, lebender Nahrung nachzujagen. Allein schon deshalb sollte auf Lebendfutter nicht völlig verzichtet werden. Trockenfutter verliert im Laufe der Zeit seinen Nährwert und darf daher nur bis zum angegebenen Haltbarkeitsdatum verwendet werden.

Manche Futtermittelhersteller bieten gefriergetrocknete Futterorganismen an. Gefriergetrockneter Krill (*Euphasia pacifica*) ist sehr proteinhaltig (66,9 %), reich an hoch ungesättigten Fettsäuren (engl. highly unsaturated fatty acids, HUFA) und dem roten Pigment Astaxanthin. Gefriergetrocknete *Spirulina* (Algen) sind reich an Carotin, Vitamin B_{12} und essentiellen Fettsäuren. Auch Wasserflöhe, Bachflohkrebse, Rote Mückenlarven sind gefriergetrocknet erhältlich. Da das Futter bei der Gefriertrocknung nicht erhitzt wird, werden die wichtigen Fettsäuren und Vitamine erhalten. Je kürzer die Zeitspanne zwischen Fang und Trocknung ist, umso wertvoller ist das Endprodukt. Gefriertrockenkost ist bei richtiger Lagerung (kühl, trocken und dunkel) sehr lange haltbar. Ca. 98 % des im Ausgangsmaterial enthaltenen Wassers werden durch den Trockenprozess entfernt. Eine ausschließliche Verwendung von gefriergetrocknetem Futter ist allerdings meist zu einseitig, als Ergänzung zu den bereits genannten Futtermitteln jedoch gut geeignet.

Fleisch von Warmblütern kann auch hin und wieder verfüttert werden. Entscheidend hierbei ist, dass nur sehr mageres Fleisch verwendet wird, da die einfach gesättigten Fettsäuren dieser Tiere für Fische nur schwer verdaulich sind. Es gibt allerdings durchaus Arten, die in ihrem natürlichen Nahrungsspektrum einen gewissen Anteil an Warmblütern haben. Man denke nur an große Raubfische wie die Hechte, große Spatel- oder Rotschwanzwelse, Gabelbärte oder verschiedene Großcichliden. Solche Arten füttert man regelmäßig mit ganzen Mäusen, entfettetem Rinderherz, frischer Leber oder magerem Muskelfleisch. Besonders wertvoll ist die Ganzkörperfütterung, da durch den Haar- und Knochenanteil wichtige Mineralstoffe zugeführt werden. Gute Erfahrungen wurden bei Diskus- und anderen Buntbarschen mit der maßvollen Fütterung von zerkleinertem Rinder- und Putenherz gemacht. Viele handelsübliche Frostfuttermischungen haben einen gewissen Anteil Rinderherz.

Vegetarische Kost. Nur wenige Arten ernähren sich ausschließlich von pflanzlicher Nahrung. Viele Arten brauchen jedoch einen gewissen pflanzlichen Anteil in der Nahrung. Neben Meeresalgen können frischer Kopfsalat, Blattspinat und gelegentlich Bananen gefüttert werden. Gut geeignet sind auch Vogelmiere und Löwenzahn. Für Karpfenfische werden in der Teichwirtschaft verschiedene Getreidesorten, Hülsenfrüchte und sogar Gras verfüttert. Obst und Gemüse müssen immer gut gewaschen werden. Für manche Welsarten ist es ratsam, Blattgemüse und Salat leicht zu überbrühen, damit sie es besser aufnehmen können.

Die **Jungfischernährung** spielt bei der Aufzucht eine elementare Rolle. Nach dem Schlupf wird zunächst der Dottersack aufgezehrt. Wann die Jungfische anfangen, selbständig zu fressen, ist von Art zu Art unterschiedlich. Um ein geeignetes Futter für die Larven zu finden, müssen meist mehrere Futtersorten getestet werden. Als Anhaltspunkt für die erforderliche Futtergröße kann man oft den Augendurchmesser der Larve heranziehen. Am besten füttert man eine Mischung aus verschiedenen Fraktionen, so dass sich die Larven das geeignete Futter selbst auswählen können. Viele Jungfische brauchen den Bewegungsreiz von lebendem Futter, um zu fressen.

Es ist nicht auszuschließen, dass die Larven trotz erfolgreicher Futteraufnahme nicht wachsen und sterben. Entscheidend ist der Nährwert und die Verdaulichkeit des Futters. Artemien sollten unbedingt im 1. Larvenstadium geerntet werden. Sie verlieren bis zur ersten Häutung ca.

30 % ihres Nährwerts! Ältere Nauplien sind größer, schwerer verdaulich und schlechter sichtbar für die Fischbrut. Frisch geschlüpfte Nauplien können ohne Nährwertverlust mindestens 24 Stunden im Kühlschrank (4 - 10 °C) gelagert werden. Bewährt hat sich eine Anreicherung der Futterorganismen (Artemien, *Brachionus*) mit ungesättigten Fettsäuren. Aus der Aquakultur gibt es mittlerweile hervorragende Anreicherungsstoffe (z.B. SUPER SELCO, CULTURE SELCO, DHA SELCO), die mehrfach ungesättigte Fettsäuren und Vitamine (vor allem stabiles Vitamin C) enthalten. Diese Nahrungsaufwertung führt insbesondere bei der Aufzucht von Meeresfischen zu besseren Ergebnissen.

Selbst gezüchtete Infusorien sind für junge Süßwasserfische von Bedeutung. Auch mit aufgelöstem Eigelb (gekocht) oder Hefe wurden schon viele Jungfische erfolgreich aufgezogen. Mit Rücksicht auf die Wasserqualität darf allerdings nicht zu viel auf einmal gefüttert werden. Manche Arten lassen sich auch mit künstlichem Mikrofutter aufziehen (0,25 - 1,2 mm), das aus gereinigten Fischölen, pflanzlichen Proteinen, Vitaminen und Mineralien bestehen sollte. Ein gutes Jungfischfutter sollte lange in Schwebe bleiben (Ausnahme bei bodenlebenden Fischlarven), gut verdaulich sowie einheitlich in der Größe sein. Je besser die Verwertbarkeit des Futters ist, umso weniger wird das Wasser belastet (Nitrit z.B. ist tödlich für die Fischbrut). Trockenfutter ist für die Fischzucht eine wichtige Quelle konzentrierten Proteins, da es im Gegensatz zu Frost- oder Frischfutter kaum Wasser enthält.

Die Erfahrung und das Fingerspitzengefühl des Pflegers spielen bei der Jungfischaufzucht eine große Rolle. Es muss den ganzen Tag über gefüttert werden, so dass die Fischbrut immer im Futter „steht". Bei manchen Arten empfiehlt sich eine schwache Nachtbeleuchtung, damit rund um die Uhr Futter aufgenommen werden kann. Bei Futtermangel kann es zu Kannibalismus, Wachstumsstörungen und Deformationen kommen. Entwicklungsstörungen in der sensiblen Wachstumsphase sind nur sehr schwer wieder auszugleichen. Alle Jungfische einer Brut sollten möglichst einheitlich aufwachsen. Eine homogene Größenverteilung ist neben Körperform und Vitalität das entscheidende Qualitätsmerkmal für gleichaltrige Jungfische.

Bewährte Mischfutter-Rezepte

Mischfutter-Rezeptur aus dem Vivarium des Zoo Basel:

- 20 - 25 kg Warmblüterfleisch (mager)
- 15 kg Fisch (Felchen)
- 3 kg Spinat
- 2 kg Wasserpflanzen
- 1 - 3 kg Muschelfleisch
- 10 kg Krill
- 20 Hühnereier mit Schale
- 30 l getrocknete Garnelen (15 l = 2 kg)
- 100 g CANTHAXANTIN (Hoffmann-LaRoche)
- 10 g CAROPHYLL PINK (Hoffmann-LaRoche)
- 5 g ASTAXANTIN (Hoffmann-LaRoche)
- 50 g *Fucus* pulvis.

Zweimal durch Hackmaschine mittlere Scheibe (Lochdurchmesser 3 - 5 mm). Diese Mischung portionsweise (300 g) tiefkühlen (-20 °C), haltbar ca. 4 Monate.

Am Fütterungstag:

- 300 g dieser Mischung (= 1 Portion)
- 10 - 15 g Gelatine (in 150 ml warmem Wasser auflösen)
- 5 - 10 g Brennnesselmehl
- 100 g Weizenkleie
- 10 Tropfen PROTOVIT oder ELEVIT (Hoffmann-LaRoche).

Alles vermischen und gut durchkneten (ca. 550 g). Im Eiskasten aufbewahrt, hält sie maximal etwa 2 Tage.

Aspikfutter-Rezeptur aus dem Exotarium des Zoo Frankfurt/M.:

Grundmaterialien sind

- 20 % Fisch
- 30 % Herz
- 15 % Tintenfisch
- 10 % Leber
- 10 % Karotten, Äpfel oder ähnliches Obst
- 10 % ungeschälter Reis oder Maisgries (am besten gekocht)
- 5 % Aspik-Gelatine.

Die Anteile können variiert werden, je nachdem, ob mehr Fleisch fressende (carnivore) oder mehr Pflanzen fressende (omnivore) Tiere zu füttern sind. Es muss qualitativ hochwertige Aspik-Gelatine verwendet werden, da minderwertige Gelatine das Futter nicht richtig hart macht, so dass es im warmen Wasser zerfällt. Man rechnet 0,6 l Gelatine auf 10 l Futter. Rohe Eier können hinzugefügt werden.

Zur Vitamin- und Mineralstoffversorgung werden folgende Zusätze (bezogen auf jeweils 10 l) beigemischt:

- 2 - 3 Esslöffel des Vitamin-Mineral-Gemisches DAVINOVA (Parke-Davis)
- 8 - 10 klein gemahlene SUPRADYN-Kapseln (Vitamine, außer D)
- 15 ml Vitamin-D_3-Präparat (D-MULSIN)
- ¼ - ½ Teelöffel roter Krebsfarbstoff (CANTHAXANTHIN).

Futterzubereitung: Alle Grundmaterialien werden möglichst fein gemahlen (entweder mit einer Küchenmaschine, einer Moulinette oder einem anderen Zerkleinerer, Fleischwölfe sind oft selbst mit der feinsten Scheibe zu grob). Das Ganze wird gut durchgemischt, die rohen Eier zugefügt und auf ca. 60 °C erhitzt. Man sollte nur so viel Wasser zufügen, bis ein dünner Brei entsteht, den man jedoch rühren muss, damit er nicht anbrennt. Ist die Temperatur erreicht, wird die Aspik-Gelatine langsam untergerührt, damit sie sich richtig löst und verteilt. Danach kann man DAVINOVA und CANTHAXANTHIN zugeben und beim Abkühlen zum Schluss das SUPRADYN und D_3-Präparat. Alles muss noch einmal sehr gut gerührt werden, um die Materialien gleichmäßig zu verteilen. Dann wird die Masse in flache Schalen ausgegossen und sollte möglichst schnell erkalten. Denn je schneller das Gelatinefutter abkühlt, umso besser gerät es. Die Gefahr des Gärens besteht dann, wenn es sehr warm oder ein Gewitter im Anzug ist. Nach dem Erkalten kann das Futter portioniert und eingefroren werden und ist so in entsprechenden Portionen bei Bedarf verfügbar.

Das Frankfurter Aspikfutter wird außer für große Fische erfolgreich auch für die Ernährung von verschiedenen Wasserschildkröten eingesetzt.

Krankheiten und Quarantäne

W. Naumann

Lebensbedingungen und Krankheiten

Aquarien sind künstlich geschaffene Lebensräume für wasserbewohnende Tiere und Pflanzen. Mit technischen Hilfsmitteln können die Lebensbedingungen den natürlichen Gegebenheiten zwar angenähert werden, der Status eines künstlichen Lebensraums wird damit aber nicht grundsätzlich aufgehoben. Klassische Probleme, wie die Stabilität der Wasserqualität, die Anreicherung giftiger Stoffwechselprodukte, die Tendenz zu Sauerstoffdefiziten und eine Verarmung an Spurenelementen sind heute zufriedenstellend zu beherrschen. Im Gegensatz dazu können aber beispielsweise Faktoren, die vom natürlichen Rhythmus zwischen Tag und Nacht und von jahreszeitlichen Veränderungen abhängen, nur unvollkommen nachgeahmt werden. Hiermit verbinden sich unter Umständen aber entscheidende Lebensphasen der Fische, die mit Änderungen der Temperatur, der Wasserzusammensetzung, des Nahrungsangebots und des Lebensraums einhergehen. Nahezu unberücksichtigt müssen in der Regel auch Faktoren von Lebensgemeinschaften bleiben. Ein Aquarium gleicht damit einem Ökosystem, dessen vielschichtige und zahlreiche Verknüpfungen nur anteilig realisiert werden können. Durch ständige Pflege- und Wartungsarbeiten und durch den Einsatz einer entsprechenden Technik gelingt es jedoch, stabile Lebensbedingungen für Tiere und Pflanzen zu schaffen und zu erhalten. Die permanente Überwachung des Lebensraumes Aquarium einerseits und die Anpassungsfähigkeit von Tieren und Pflanzen andererseits bilden die Grundlage für eine erfolgreiche Hälterung und Gesunderhaltung von Lebewesen unter diesen Bedingungen.

Die Erhaltung optimaler Lebensbedingungen im Aquarium ist die wichtigste **prophylaktische Maßnahme** zur Verhinderung von Fischkrankheiten. Auf jeweils einzelne Arten abgestimmt wird das natürliche Abwehrsystem der Fische gestärkt und einer Massenvermehrung allgegenwärtiger Parasiten vorgebeugt. Ein anfänglich harmloser Parasitenbefall kann unter ungünstigen Lebensbedingungen zu einer raschen Verschlechterung des Gesundheitszustands der Fische führen und schwerwiegende Folgeerkrankungen nach sich ziehen. Zur Erhaltung optimaler Lebensbedingungen gehört nicht nur die Überwachung der Wasserqualität (Temperatur, pH-Wert, Härte, Salinität usw.), sondern auch eine abwechslungsreiche artgerechte Ernährung, Nachahmung geeigneter Lebensgemeinschaften, Gestaltung eines artgerechten Umfelds usw. Besonders problematisch sind geringe, sich langsam summierende Abweichungen vom Optimum. Solche Veränderungen, die sich aus einer allmählichen Verschlechterung der Wasserqualität, unzulänglichem Nahrungsangebot u. Ä. ergeben, werden unter Umständen erst nach Wochen oder Monaten sichtbar.

Nahrungswege werden von Parasiten häufig zur Auffindung ihrer Zwischenwirte bzw. Wirte genutzt. Um zu verhindern, dass sich Fische über die Nahrung infizieren, sollte die Herkunft des Futters bekannt und dessen Qualität gesichert sein.

Von besonderer Bedeutung ist die regelmäßige Beobachtung der Tiere auf ihre artgerechte Verhaltensweise. Abweichungen davon sind ein wichtiger und sensibler Anzeiger für eine Verschlechterung der Lebensbedingungen.

Wasser ist ein ideales Medium für die Verbreitung und Übertragung von Parasiten und Krankheitserregern bzw. deren Keimen. Im begrenzten Wasservolumen eines Aquariums erreichen diese rasch hohe Konzentrationen, da weder eine Ausdünnung stattfindet, noch ein Abtransport durch Wasserströmung. Schon nach kurzer Zeit können selbst gesunde Fische die Krankheitserreger nicht abwehren. Wird dieser Prozess erst einmal in Gang gesetzt, erkranken über kurz oder lang alle Fische eines Aquariums. Verendete und erkrankte Tiere müssen als Quelle von Krankheitserregern umgehend aus dem Aquarium entfernt werden

Quarantäne

Zu den wichtigsten Regeln für den Neuerwerb von Fischen zählen Bewertungskriterien, die Anhaltspunkte zum Gesundheitszustand der Fische geben können und die Einhaltung von Quarantänezeiten. Wenngleich latente Erkrankungen schwer zu erkennen sind, können das äußere Erscheinungsbild und die Verhaltensweise von Fischen wichtige Aufschlüsse über den Gesundheitszustand der Tiere geben. Körpergestalt und Färbung sollten entsprechend dem Alter der Tiere artgerecht sein. Haut und Augen dürfen keine Trübungen, Beläge oder Rötungen aufweisen. Insbesondere die Flossen haben einen hohen Aussagewert. Sie müssen je nach Art klar und ganzrandig sein und die Flossenbasis darf keine entzündlichen Rötungen aufweisen. Die Bauchlinie sollte gleichmäßig gerundet, keinesfalls eingefallen oder aufgetrieben sein. Fädiger oder verklebender Kot und eine entzündete Afterregion weisen auf Darmerkrankungen hin. Zur Einschätzung des arttypischen Verhaltens der Tiere sind entsprechende Artenkenntnisse erforderlich. Für Wildfänge ist es unumgänglich, dass diese eingewöhnt und fangbedingte Verletzungen ausgeheilt sind. Nahrungsverweigerer kann man oftmals schwer oder überhaupt nicht zur erneuten Futteraufnahme bewegen.

Eine Quarantäne dient in erster Linie der Aufdeckung latenter Erkrankungen bzw. der Erkennung eines Parasitenbefalls. Besondere Aufmerksamkeit erfordern unbekannte Parasiten bei importierten Wildfängen. Darüber hinaus sollte die Quarantänezeit der Eingewöhnung und Anpassung der Tiere an die spezifischen Lebensbedingungen einer Anlage dienen. Hierzu zählen die Gewöhnung an eine andersartige Ernährung sowie an veränderte Wasserqualitäten, die schrittweise Anpassung an eine abweichende Salinität und anderes. Die Quarantäne sollte wenigstens 4 Wochen betragen und ist unverzichtbar für Wildfänge und Importtiere. Quarantäne-Aquarien dürfen keine Provisorien darstellen. Eine gute technische Ausrüstung, einsehbare Versteckmöglichkeiten für die Tiere, abwechslungsreiche Fütterung und Berücksichtigung besonderer arteigener Ansprüche sind Grundvoraussetzungen. Wird ein Aquarium vollständig neu besetzt, kann unter Umständen auf eine Quarantäne verzichtet werden. Dies gilt jedoch nicht, wenn Tiere verschiedener Herkunft in einem Becken zusammengeführt werden sollen. Das Einsetzen von Fischen in bereits besetzte Becken muss mit Einfühlungsvermögen geschehen. Temperatur, pH-Wert und Osmolalität (osmotischer Druck) müssen angeglichen sein, um eine Schockreaktion bei den Tieren zu vermeiden. Die neu hinzugesetzten Tiere sind anfangs zu beobachten, wobei insbesondere das Verhältnis zu revierbildenden Tieren und konkurrierenden Rivalen zu beachten ist.

Diagnose einer Erkrankung

Um eine Erkrankung bei Fischen festzustellen, sind Grundkenntnisse des Körperbaus, der Funktion einzelner Organe und der natürlichen Verhaltensweise erforderlich. So früh wie möglich müssen Abweichungen von der Normalität festgestellt und auf ihre Ursachen hin untersucht werden. Hierzu ist u. a. eine Grundausstattung mit Präparierbesteck und mit einer guten Lupe, besser noch mit einem Mikroskop erforderlich. Es ist viel Erfahrung notwendig, um mit einiger Sicherheit ein bestimmtes Krankheitsbild sicher zu erfassen und zuzuordnen. Im Zweifelsfall sollte man einen Spezialisten zu Rate ziehen.

Abweichungen vom artspezifischen **Verhaltensmuster** sind frühe Anzeichen für eine mögliche Erkrankung. Abnormales Schwimmen, insbesondere das „Scheuern“ an Gegenständen, weist auf einen Befall mit Hautparasiten hin. Auch ein verminderter Fluchtreflex, die Absonderung aus dem Schwarm und der Rückzug in Verstecke sind typische Verhaltensweisen erkrankter Fische. Das Aussetzen der Atembewegungen oder eine erhöhte Atemfrequenz bei normalem Sauerstoffgehalt des Wassers sind sichere Anzeichen für eine Schädigung des Kiemenepithels. Nahrungsverweigerung kann die Folge verschlechterter Lebensbedingungen sein, im Zusammenhang mit veränderten Ausscheidungen ist die Ursache aber häufig eine Erkrankung des Verdauungstrakts.

Eine Veränderung des äußeren **Erscheinungsbildes**, wie beispielsweise ein Verblassen der Färbung, ein abweichendes Schuppenbild (Schuppensträube, ausgefallene Schuppen), „ausgefranste“ und unvollständige Flossen, gerötete Flossenbasis und Analregion oder ein eingefallener bzw. stark aufgetriebener Bauch sind Folgen von Erkrankungen, die aber durchaus verschiedene Ursachen haben können.

Die genannten Veränderungen können durch Beobachtung festgestellt werden. Mit etwas Geschick und einiger Übung können am lebenden Tier aber auch Untersuchung an Kiemen, Flossen und Haut vorgenommen werden. Erkrankte Fische fängt man hierzu mit einem Netz oder besser mit einer Fangglocke vorsichtig aus dem Aquarium heraus, bringt sie in ein flaches Gefäß mit Wasser und fixiert sie hier mit einem feuchten Lappen in der Seitenlage. Eine Narkotisierung mit MS 222 (Sandoz) sollte nur durch erfahrenes Personal vorgenommen werden. Eine starke mechanische Beanspruchung der Körperoberfläche muss vermieden werden. Die Tiere können auf diese Weise mit einer Lupe genauer betrachtet werden. Mit einem Spatel vorsichtig abgenommener Hautschleim wird mikroskopisch auf Hautparasiten untersucht. Durch vorsichtiges Anheben der Kiemendeckel sind die Kiemen zu beurteilen. Solche Untersuchungen sollten großen, wertvollen Fischen vorbehalten bleiben. Sie erfordern einige Erfahrung und müssen behutsam, aber zügig durchgeführt werden, da sie in jedem Fall eine Belastung für den Fisch darstellen.

In vielen Fällen ist es günstiger, aus einer Anzahl erkrankter Tiere einen Fisch mit typischen Krankheitsanzeichen auszuwählen und zur genaueren Untersuchung mit einer Überdosis von

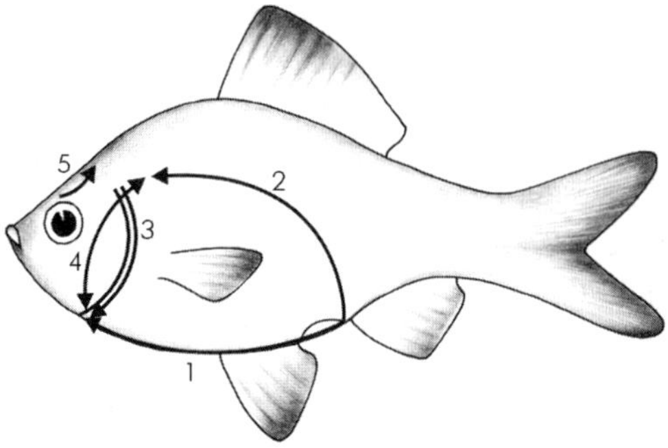

Abb. 61 Sektion eines Fisches. Zur Eröffnung der Leibeshöhle wird zuerst ein Schnitt (1) von der Afteröffnung bis zur hinteren Kiemenhöhlung geführt. Ein 2. Schnitt (2) wird an der Afteröffnung beginnend am oberen Rand der Leibeshöhle entlang geführt. Beide Schnitte werden durch einen 3. Schnitt (3) am hinteren Rand der Kiemenhöhlung vereinigt. Die Bauchhöhle kann dann durch Abtragen der umschnittenen Körperwand freigelegt werden. Zur Einsicht in die Kiemenhöhle wird der Kiemendeckel angehoben und am vorderen Rand abgeschnitten (4). Ein Flachschnitt (5) mit einer Klinge trägt die Schädeldecke ab und ermöglicht die Präparation des Gehirns

MS 222 (Sandoz) oder einem Genickschnitt schmerzlos abzutöten. Hierdurch ist eine umfassende Untersuchung, insbesondere auch der inneren Organe, möglich. Die Untersuchung sollte unmittelbar am frisch getöteten Tier erfolgen, da zahlreiche Parasiten tote Fische sehr schnell verlassen. Andererseits setzen schon nach kurzer Zeit Gewebeveränderungen ein, die eine Untersuchung erheblich erschweren oder

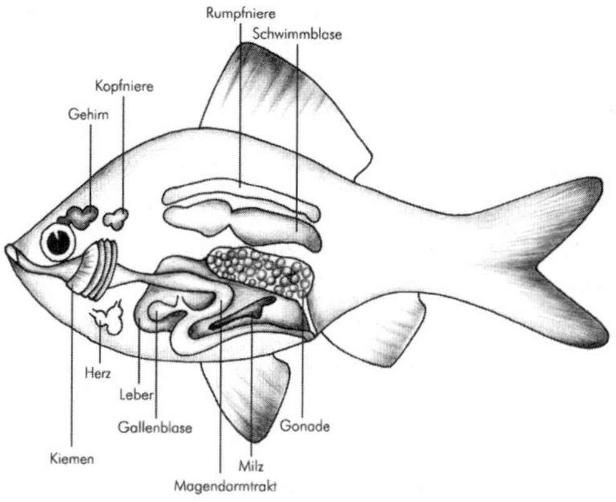

Abb. 62 Gesamtansicht der inneren Organe eines Knochenfisches

ganz unmöglich machen. Zur äußeren Kontrolle werden in einer Schale mit Wasser Haut, Flossen, Augen und Kiemen eingehend mit einer Lupe auf anhaftende Parasiten, Pilze, Bakterienbeläge, Trübungen, kleine Blutungen und andere Veränderungen überprüft. Die mikroskopische Analyse von Hautabstrichen aus verschiedenen Körperregionen gibt Aufschluss über parasitierende Mikroorganismen. Die diagnostisch wichtigen Kiemen sollten nach Abtrennung des Kiemendeckels möglichst sofort untersucht werden, da sie nach dem Tod raschen Veränderungen unterliegen. Kiemen reagieren stets sehr sensibel und sind neben der Leber ein guter Anzeiger für Gifte, pH-Wert-Veränderungen und Sauerstoffmangel. Darüber hinaus sind die Kiemen bevorzugtes Organ für zahlreiche Ektoparasiten.

Zur Untersuchung der inneren Organe muss die Leibeshöhle eröffnet werden. Hierbei verfährt man nach den Angaben der Abb. 61. Es werden insbesondere Leber, Niere, Darm und Muskulatur auf Verfärbungen, Knötchenbildungen, Schwellungen, Entzündungen bzw. abnormale Fettkonzentrationen überprüft. Zur mikroskopischen Kontrolle eignen sich Quetschpräparate von kleinen Gewebeproben. Auf diese Weise können aufwendige histologische Präparationstechniken umgangen werden und man erhält kurzfristig ein zuverlässiges Resultat.

Zur Abklärung einer Erkrankung ist deren Vorgeschichte unverzichtbar. Hierzu gehören Informationen über das Verhalten der Tiere, über Fütterung, Wasserbeschaffenheit, Temperatur, Hälterungsbedingungen, neu eingesetzte Fische, neu angeschlossene Geräte u.a. Diese Daten geben wichtige Hinweise zu den Ursachen der Erkrankung und für die Diagnose.

Obwohl die Diagnose und Behandlung von Fischkrankheiten ein Spezialgebiet ist, kann der Tierpfleger durch die Kenntnis einiger Grundzusammenhänge und durch das Erlernen einiger einfacher Beobachtungs- und Untersuchungsverfahren entscheidend zur Gesunderhaltung seiner Fische bzw. zur frühzeitigen Erkennung und Behandlung einer Erkrankung beitragen.

Sollen Fische in einem einschlägigen Laboratorium untersucht werden, ist nach Möglichkeit eine lebende Übergabe vorzusehen. Tiere, die einen Transport nicht überleben würden, müssen konserviert werden. Über bereits verendete Fische sind auch nach Konservierung nur in sehr beschränktem Umfang Aussagen möglich. Bakterien und Pilze verändern den toten Organismus schon nach kurzer Zeit so, dass die eigentliche Todesursache nicht mehr festgestellt werden kann.

Besteht ein Verdacht auf schädigende Substanzen im Wasser, sollte eine Wasserprobe in einem wasserchemischen Labor untersucht werden. Die Gefäße (Glas, Polypropylen, Polyethylen) müssen peinlichst sauber sein, sie werden mehrfach mit dem zu prüfenden Wasser ausgespült und dann randvoll befüllt und dicht verschlossen. Herkunft, Temperatur und Entnahmedatum sind zu vermerken. Angaben zu vermuteten Schadstoffen können den Aufwand der Wasseranalyse wesentlich verkürzen und sich damit auch kostengünstiger gestalten.

Krankheiten

Einzellige Parasiten

Diese sind fast ausnahmslos so genannte Schwächeparasiten, die unter schlechten Lebensbedingungen für Fische eine Basis für eine Massenvermehrung finden.

Tab. 18 Krankheitserreger und vorzugsweise betroffene Organsysteme

Erreger		**betroffene Organe**	**Vorkommen**
		Körperoberflächen	
Protisten			
Euglenozoa	*Ichthyobodo necator* (Costia)	Haut, Flossen	Süßwasser, weltweit
Dinoflagellata	*Amyloodinium ocellatum*	Haut, Flossen, Kiemen	Seewasser
	Piscinoodinium pillularis	Haut, Flossen	Süßwasser
	Piscinoodinium limneticum	Kiemen	
	Oodinoides vastator	Haut, Flossen	tropisches Süßwasser
Ciliophora	*Trichodina* (zahlreiche Arten)	Haut	Süß- und Seewasser
	Chilodonella cyprini	Haut, Kiemen	Süßwasser
	Ichthyophthirius multifilis	Haut, Flossen, Kiemen	Süßwasser
	Cryptocaryon irritans	Haut, Kiemen	Seewasser
	Brooklynella hostilis	Haut	tropisches Seewasser
	Tetrahymena (zahlreiche Arten)	Haut, Kiemen	Süßwasser
Plathelminthes			
Monogenea	*Gyrodactylus*	Haut, gelegentlich Kiemen	Süß- und Seewasser
	Dactylogyrus	Kiemen	Süß- und Seewasser
	Benedenia melleni	Haut, Kiemen	Seewasser
Digenea	Metacercarien als Larven verschiedener Trematoden	Haut, Augen	Süß- und Seewasser
Hirudinea	*Pisciola*	Haut	Süß- und Seewasser
Branchiura	*Argulus, Dolops, Chonopeltis*	Haut	Süß- und Seewasser
Copepoda	*Ergasilius*	Kiemen	Süßwasser
	Lernaea	Haut	Süß- und Seewasser

Erreger		betroffene Organe	Vorkommen
Isopoda	Asseln (verschiedene parasitische Arten)	Haut, Kiemen, Mundraum	Süß- und Seewasser
		innere Organe	
Protisten			
Diplomonadida	*Hexamita symphysodonis* (*Octomitus*)	Darm, Leber, Gallenblase	Süßwasser
	Spironucleus elegans	Blut	Süßwasser
Coccidea	*Eimeria, Goussia, Epieimeria*	Darm, Schwimmblase	Süß- und Seewasser
	Crystallospora	Leber, Niere, Gonaden	Süß- und Seewasser
Myxozoa	*Myxobolus*	Muskulatur, Niere, Gallenblase, Skelett, Nervensystem	Süßwasser
Microspora	*Pleistophora hyphessobryconis*	Muskulatur	Süßwasser
	Glugea	Muskulatur	Seewasser
Cestoda	*Caryophyllaeus*	Darm, Leibeshöhle	Süßwasser
	Diphyllobothrium	Darm, Leber, Muskulatur	Süß- und Seewasser
	Ligula intestinalis	Leibeshöhle	Süß- und Seewasser
	Schistocephalus gasterosteus	Leibeshöhle	Süß- und Seewasser
Nematoda	*Capillaria*	Darm	Süßwasser
	Camallanus (zahlreiche Arten)	Darm	Süßwasser
Acanthocephala	zahlreiche Arten	Darm	Süß- und Seewasser
		Blut	
Euglenozoa	*Trypanosoma, Trypanoplasma, Cryptobia* (mehrere Arten)		Süß- und Seewasser
Plathelminthes			
Digenea	*Sanguinicola*		Süßwasser
	Aporocotyle		Seewasser
		gesamter Organismus	
Phycomycetes	*Ichthyosporidium hoferi*	alle inneren Organe	Süß- und Seewasser
Saprolegniaceae	*Saprolegnia, Achlya*	Haut, Flossen, Mundraum, Muskulatur, bis systemisch	Süß- und Seewasser
Bacteria	zahlreiche Formen	systemische Erkrankungen und sehr spezifische Krankheitsbilder	
Viren	*Lymphocystis*	Symptome an Haut, Flossen	See-, selten Süßwasser

Euglenozoa

Ichthyobodo necator (syn. *Costia necatrix*), kleiner bohnenförmiger Hauttrüber. Die 10 - 15 µm großen Einzeller tragen 2 Geißeln. Die frei schwimmende Form hält sich in bakterienreichem Süßwasser auf (Bakterienfresser) und kann sich bei vorgeschädigten Fischen auf der Haut und den Flossen in eine festsitzende Form umwandeln. Hier kommt es rasch zu einer Massenvermehrung mit bläulich weißer Trübung der Fischhaut und später zu Folgeinfektionen mit Bakterien. Jungfische, die häufig befallen werden, gehen nach einer Infektion rasch zugrunde. Kühlere Temperaturen begünstigen diesen Para-

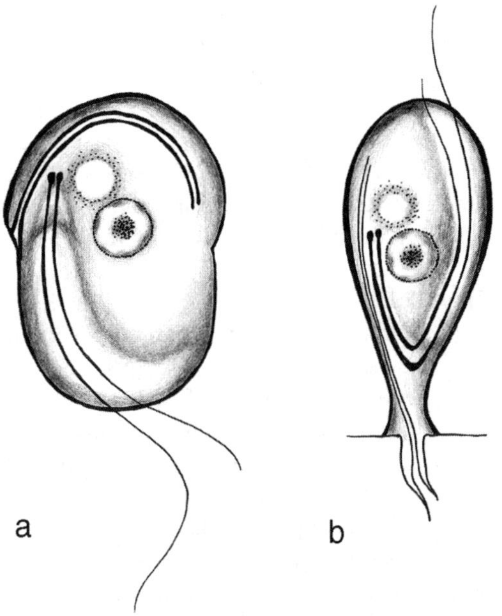

Abb. 63 *Ichthyobodo necator* (kleiner Hauttrüber), Euglenozoa. **a:** Frei schwimmende Form. **b:** In der Fischhaut verankerte, parasitische Form

siten, bei Wassertemperaturen von 30 °C stirbt er ab. Behandlung: Temperaturerhöhung, Bäder mit Methylenblau, Malachitgrün und Acridinfarbstoffen. Optimale Lebensbedingungen beugen einem Befall der Fische vor.

Trypanosoma mit mehreren Arten. Die Einzeller erreichen eine Länge von 10 - 100 µm und schwimmen mithilfe einer Geisel frei im Blut von Süßwasser- und Meeresfischen. Krankheitssymptome treten in der Regel nicht auf. Nur starker Befall führt nach Abmagerung zum Tod. Als Überträger der Parasiten gelten Blut saugende Ektoparasiten, wie Karpfenläuse, insbesondere aber Egel. Eine Behandlung für Fische ist nicht bekannt.

Dinoflagellata

Piscinoodinium pillularis (syn. *Oodinium pillularis*), Samt-, Pillularis-, Colisakrankheit. Die 20 - 150 µm großen Geißeltierchen werden von einer schützenden Zellulosehülle umgeben. Mit wurzelartigen Zellfortsätzen verankern sie sich in der Haut und im Kiemenepithel von Fischen, wo sie anfangs als kleine weiße Pünktchen am Schuppenrand sichtbar sind und später ausgedehnte gelblich weiße Beläge bilden. Nach ihrer Ausreifung lösen sie sich von ihrem Wirt ab und kapseln sich ein. In der Kapsel entstehen zahlreiche kleine Schwärmerzellen (Dinosporen), die innerhalb von 2 Tagen aktiv einen neuen Wirtsfisch aufsuchen müssen. Im Aquarium führt diese Vermehrungsform sehr rasch zu einem Massenbefall der Fische. Die Art ist ebenso wie ***Piscinoodinium limneticum*** auf das Süßwasser beschränkt. ***Oodinoides vastator*** findet sich nur bei tropischen Süßwasserfischen. Der Parasit verursacht gallertartige Beläge und Hauttrübungen. Im fortgeschrittenen Stadium löst sich die Oberhaut flächig ab. Bei dieser Art

Abb. 64 *Trypanosoma spec.*, Euglenozoa. Verschiedene Arten aus dem Blut von Süßwasserfischen

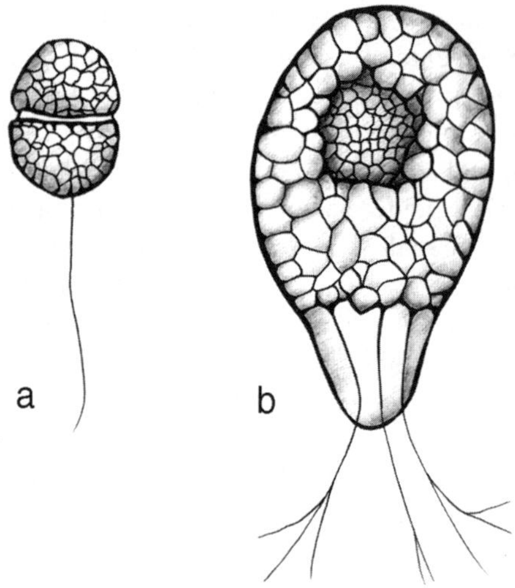

Abb. 65 *Piscinoodinium pillularis*, Dinoflagellata. **a:** Schwärmerstadium (Dinospore). **b:** Parasitäre Form auf der Fischhaut

verbleibt die Cyste auf der Fischhaut und die frei werdenden Schwärmerzellen setzen sich unmittelbar und in großer Zahl auf der Haut ihres Wirtes fest bzw. suchen aktiv andere Fische auf. Nur die Schwärmerstadien können erfolgreich bekämpft werden. Behandlung: Bäder mit Salz, Acridinfarbstoffen, Formalin und Kupfer- oder Zinksulfat mit mehrfachen Wiederholungen. Oft überleben einzelne Parasiten die Behandlung und sind dann Ausgangspunkt für erneute Massenvermehrungen.

Amyloodinium ocellatum (syn. *Oodinium ocellatum*), Korallenfisch-, Ocellatumkrankheit, Salzwasseroodinium. Die Einzeller verankern sich in der Haut und im Kiemenepithel von Meeresfischen. Zur Cystenbildung lösen sie sich von ihrem Wirt ab und bilden eine große Zahl aktiv beweglicher Schwärmerzellen (Dinosporen), die innerhalb von 30 Stunden erneut Fische befallen können. Bei starkem Kiemenbefall ersticken die betroffenen Tiere. Häufig treten sekundär Bakterieninfektionen hinzu. Behandlung: Bäder mit Kupfersulfat, Formalin, Malachitgrün oder ein Süßwasserbad.

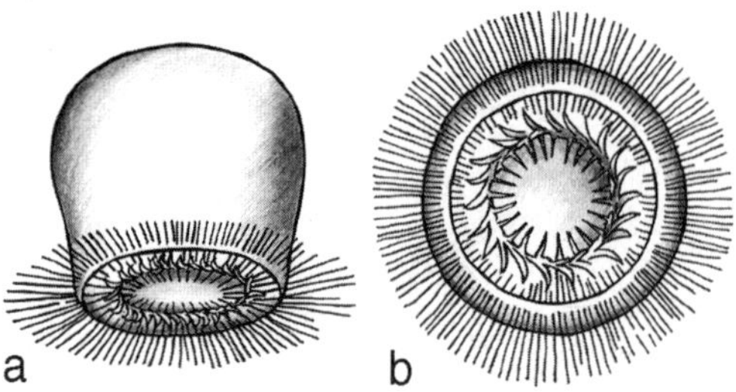

Abb. 66 *Trichodina spec.*, Ciliophora. **a:** Seitenansicht. **b:** Sicht auf den hakenbesetzten Haftring

Ciliophora

Trichodina (*Trichodinella*, *Tripartiella*, *Dipartiella*) mit zahlreichen Arten. Die glockenförmigen Zellen mit einem Durchmesser von 25 - 75 µm besitzen einen hakenbesetzten Haftring, der von einem Cilienkranz umgeben ist. Die Tiere sind frei bewegliche Bakterienfresser, die sich vorzugsweise auf vorgeschädigten Haut- und Kiemenbereichen von Fischen ansiedeln. Sie können ohne Kontakt zu Fischen längere Zeit überleben. Einzelne Parasiten sind unproblematisch. Bei einem Massenbefall (Trichodiniase) graben sich die Trichodinen in die Epithelien von Haut und Kiemen ein und erzeugen dabei deutliche Schäden. Behandlung: Bäder mit Salz, Formalin, Kaliumpermanganat, Malachitgrün, Methylenblau – in Seewasser auch mit Acridinfarbstoffen und Kupfer- bzw. Zinksulfat.

Chilodonella cyprini, herzförmiger Hauttrüber und andere Arten. Die Tiere sind 40 - 60 µm groß und nur an einer Zellseite mit Cilien besetzt. Die freie Beweglichkeit erlaubt ein aktives Aufsuchen der Wirtsfische. Als obligate Parasiten überleben die Tiere nur wenige Tage ohne einen Wirt. Auf der Haut und den Kiemen geschädigter Fische vermehren sich die Parasiten in kurzer Zeit sehr stark. Die Haut trübt sich bläulich weiß und kann sich später flächig ablösen. Der Befall der Kiemen führt zur Zerstörung des Kiemenepithels. Behandlung: Bäder mit Salz, Methylenblau, Malachitgrün oder Acridinfarbstoffen über längere Zeit. Eine Erhöhung der Wassertemperatur auf 28 - 30 °C wirkt unterstützend, da der Parasit empfindlich auf höhere Temperaturen reagiert.

Ichthyophthirius multifilis, Ichthyophthiriasis, Grießkörnchen- oder Weißpünktchenkrankheit. Der obligate Parasit dringt als allseitig mit

Cilien besetzte Schwärmerzelle zwischen Ober- und Unterhaut von Fischen ein. Hier ernährt er sich von Gewebsflüssigkeit bzw. Zelltrümmern und wächst in dieser stationären Phase temperaturabhängig bis zu einer Größe von über 1 mm heran. In diesem Stadium sind die Parasiten als weiße Pünktchen auf der gesamten Körperoberfläche des Fisches sichtbar. Sie durchbrechen schließlich dessen Oberhaut und verlassen ihren Wirt. Am Bodengrund umgeben sie sich mit einer gallertartigen Cystenhülle, innerhalb welcher eine Vielzahl kleiner Schwärmerzellen durch Zellteilung entsteht. Zum Überleben müssen diese binnen 2 - 3 Tagen einen neuen Wirt finden. Sie bohren erneut ein Gangsystem in die Fischhaut, um im stationären Stadium wieder zu ihrer endgültigen Größe heranzuwachsen. Unbehandelt fallen im Aquarium zahlreiche Fische dem massiven Angriff der 2. Schwärmergeneration zum Opfer. Behandlung: Lang dauernde Bäder mit Malachitgrün oder Acridinfarbstoffen bei gleichzeitiger Erhöhung der Wassertemperatur bekämpfen die Schwärmerstadien erfolgreich. Eine sehr schonende Methode ist das Umsetzen der Fische alle 12 Stunden in ein parasitenfreies Becken bei einer Wassertemperatur von 28 °C. Hierbei wird durch mehrfache Wiederholungen (etwa sechsmal) verhindert, dass die Fische erneut durch Schwärmerstadien infiziert werden.

Cryptocaryon irritans, Seewasser-Ichthyophthirius. Der Lebenszyklus und die Schäden an Fischen sind vergleichbar denen von *Ichthyophthirius multifilis*. Der Parasit beschränkt sich auf tropische Meeresfische und erreicht im stationären Stadium in der Haut eine Größe von 0,5 - 1 mm. Die Schwärmerstadien haben ohne Wirtsfisch eine Überlebenszeit von 1 - 2 Tagen. Behandlung: Bäder mit Acridinfarbstoffen, Methylenblau, Formalin, Süßwasserbad.

Brooklynella hostilis, Clownfisch- oder Amphiprion-Krankheit. Der Parasit befällt die Haut tropischer Meeresfische, die durch schlechte Lebensbedingungen geschwächt sind. Die rasche Vermehrung führt auf der Haut zu vermehrter Schleimabsonderung, entzündlichen Prozessen und nachfolgend zu Hautablösungen.

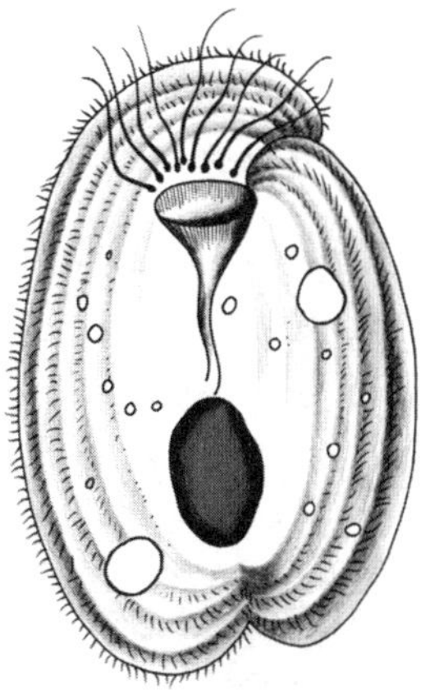

Abb. 67 *Chilodonella cyprini* (herzförmiger Hauttrüber), Ciliophora

Bei Befall der Kiemen wird die Atmung nachhaltig beeinträchtigt. Ohne Behandlung breitet sich der Parasit rasch aus und führt besonders bei Jungfischen zu erheblichen Verlusten. Behandlung: Bäder mit Acridinfarbstoffen, Malachitgrün, Formalin, Süßwasserbad.

Tetrahymena corlissi und andere Arten. Die im Wasser frei schwimmenden Einzeller können sich in vernachlässigten Aquarien stark vermehren. Auf Fischen, die geschwächt sind und Hautschäden aufweisen, siedeln sie sich massenhaft an. Unter Umwandlung in eine parasitische Form dringen sie z.T. in die Haut ein. Als

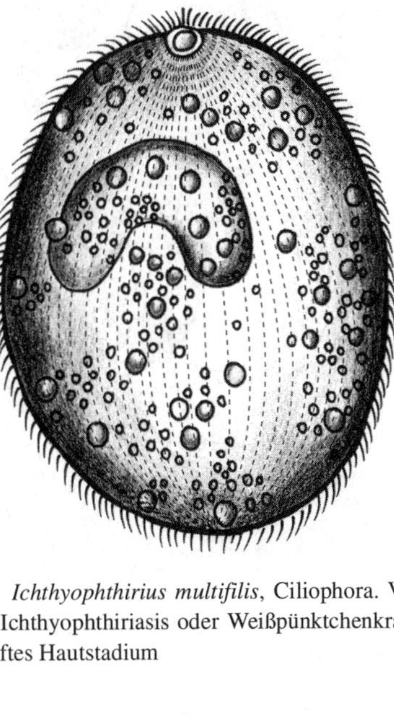

Abb. 68 *Ichthyophthirius multifilis*, Ciliophora. Verursacher der Ichthyophthiriasis oder Weißpünktchenkrankheit. Ausgereiftes Hautstadium

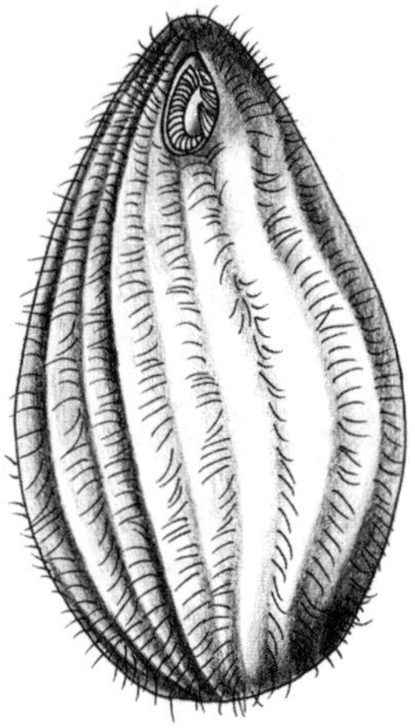

Abb. 69 *Tetrahymena spec.*, Ciliophora. Frei schwimmende Form

Folge weiten sich die Hautschäden aus und werden von entzündlichen Prozessen begleitet. Behandlung: Bäder mit Salz, Acridinfarbstoffen, Malachitgrün. Wesentlich ist die Verbesserung der Lebensbedingungen für die Fische, insbesondere aber regelmäßiger Teilwasserwechsel.

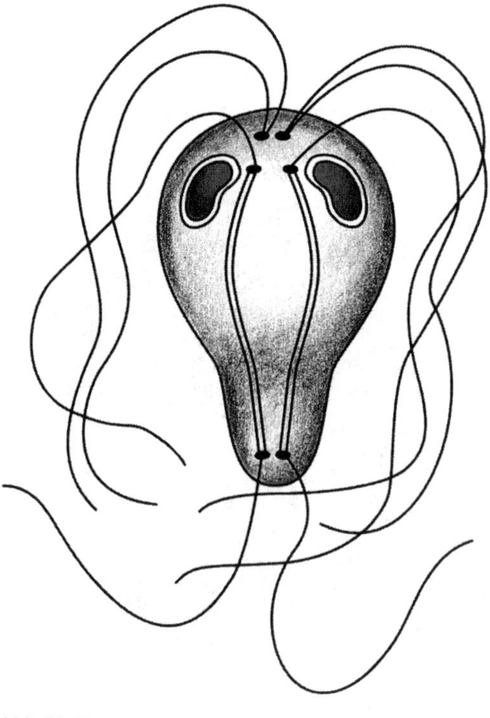

Abb. 70 *Hexamita symphysodonis*, Diplomonadida. Verursacher der „Diskuskrankheit"

Diplomonadida

Hexamita symphysodonis (syn. *Octomitus*), ***Spironucleus elegans***. Die sehr kleinen Parasiten (7 - 13 µm) leben in begrenzten Darmabschnitten, den Gallengängen der Leber und in der Gallenblase von Fischen. Die Erreger sind mikroskopisch im Kot nachweisbar. Häufig werden *Cichlasoma*, *Heterandria*, *Pterophyllum* und *Symphysodon* befallen. Reaktionen der Fische können vollständig fehlen oder insbesondere bei *Symphysodon* zu Dunkelfärbung, Apathie, Nahrungsverweigerung, weißen fädigen Ausscheidungen und Abmagerung führen. Bei einer Massenvermehrung der Parasiten wird offensichtlich die Resorption der Nährstoffe, Vitamine (Vitamin B) und Spurenelemente im Darm behindert. Als Folge kommt es zur Abmagerung und zu Mangelsymptomen in Form von lochartigen Hautdefekten (Lochkrankheit). Die in diesem Zusammenhang häufig erwähnte *Protoopalina symphysodonis* ist wahrscheinlich nur ein harmloser Kommensale des Darms. Behandlung: Bäder bzw. Futterbeimischungen mit Metronidazol. Unsachgemäße Handhabung hat zu einer verbreiteten Resistenz der Einzeller gegen Metronidazol geführt. Da die Einzeller gegenüber höheren Temperaturen empfindlich sind, ist eine Erhöhung der Wassertemperatur auf 32 °C für 3 - 4 Tage häufig erfolgreich. Parallel hierzu sind eine gute Ernährung und ergänzende Vitamingaben (Vitamin B) notwendig.

„Sporozoa"

Die nicht mehr existente Gruppe der Sporozoa enthielt einige wichtige Endoparasiten von Fischen, für welche als gemeinsames Merkmal die Ausbildung eines Sporenstadiums typisch ist. Die Gruppe ist aus systematischen Überlegungen aufgelöst worden.

Die Coccidea mit den bekannten Gattungen *Eimeria*, *Goussia* und anderen sowie die Myxozoa mit der Gattung *Myxobolus* stellen einige bedeutsame Fischparasiten, die in Darm, Leber, Niere, Gonaden, Muskulatur, Nervensystem und Skelett parasitieren. Die Erkrankungen sind im Aquarium relativ selten, können aber mit Importen eingeschleppt werden. Da sich die Fortpflanzung der Parasiten mit einem Generationswechsel verbindet, ist eine Diagnose im Anfangsstadium schwierig. Im fortgeschrittenen Stadium sind häufig weißliche Knötchen an Kiemen und inneren Organen zu finden, die eine große Zahl von Sporen enthalten. Bei einigen Arten läuft die Entwicklung ohne Wirtswechsel ab, so dass frei werdende Sporen direkt auf andere Fische übertragbar sind.

Pleistophora hyphessobryconis (syn. *Plistophora*), Neonfisch- oder Pleistophora-Krankheit. Die Erkrankung wurde erstmalig bei *Hyphessobrycon innessi* beschrieben, kommt aber auch bei Arten der Gattungen *Brachydanio*, *Barbus*, *Xiphophorus* und anderen vor. Die Sporen werden in der Muskulatur des Wirtsfisches gefunden, wo sie infektiöse Amöboidkeime bilden können. Auf diese Weise erhöht sich die Infektionsrate befallener Tiere ständig. Eine Verdriftung von Sporen aus der Muskulatur und die Ausscheidung von Sporen müssen als wahrscheinlich angesehen werden. Die größte Gefahr für eine rasche Verbreitung geht von toten Fischen aus, die eine große Zahl infektiöser Sporen aus der Muskulatur freisetzen. Fische nehmen diese oral auf und im Darm entstehen wiederum Amöboidkeime, die über den Blutweg erneut in die Muskulatur gelangen. Die Gattung *Glugea* zeigt ein vergleichbares Krankheitsbild, beschränkt sich aber auf Meeresfische. Eine Therapie ist bislang nicht möglich. Die Einhaltung von Quarantänezeiten und sofortiges Entfernen erkrankter Tiere sind die einzigen Möglichkeiten zur Eindämmung der Erkrankung.

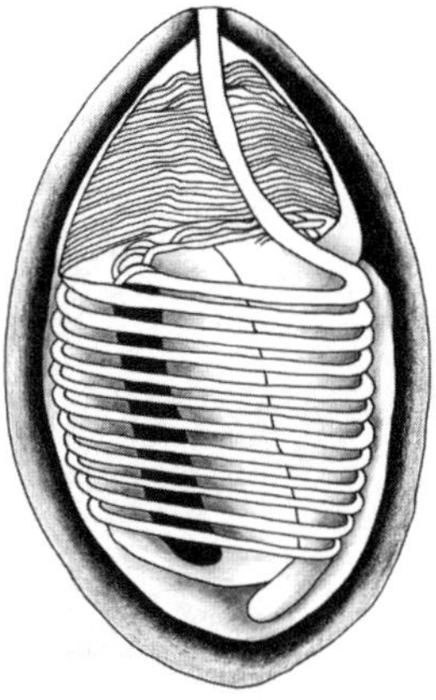

Abb. 71 Spore von *Pleistophora hyphessobryconis*, Microspora. Verursacher der Neonfischkrankheit

„Wurmartige" Parasiten

Trematoda

Die Gruppe der **Monogenea** besteht aus typischen Ektoparasiten aquatischer Wirbeltiere. Die Parasiten sind Zwitter, deren Entwicklung sich direkt, ohne Generationswechsel und in der Regel ohne Wirtswechsel, vollzieht. Die 0,4 bis etwa 2,5 mm großen Arten der Gattung *Gyrodactylus* und *Dactylogyrus* sind Haut- und Kiemenparasiten von Süßwasser- und Meeresfischen. Das Hinterende wird durch eine hakenbesetzte Haftscheibe gebildet, mit der eine Verankerung im Gewebe möglich ist.

Das Vorderende der *Dactylogyrus*-Arten ist vierzipfelig mit 4 und mehr Pigmentaugen. *Dactylogyrus*-Arten legen Eier und parasitieren an Fischkiemen. Aus den Eiern schlüpfen frei schwimmende, bewimperte Larven, die sich er-

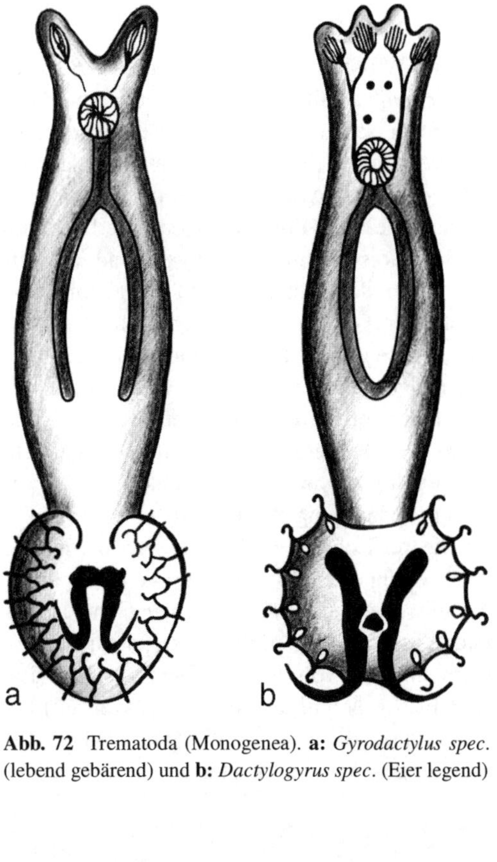

Abb. 72 Trematoda (Monogenea). **a:** *Gyrodactylus spec.* (lebend gebärend) und **b:** *Dactylogyrus spec.* (Eier legend)

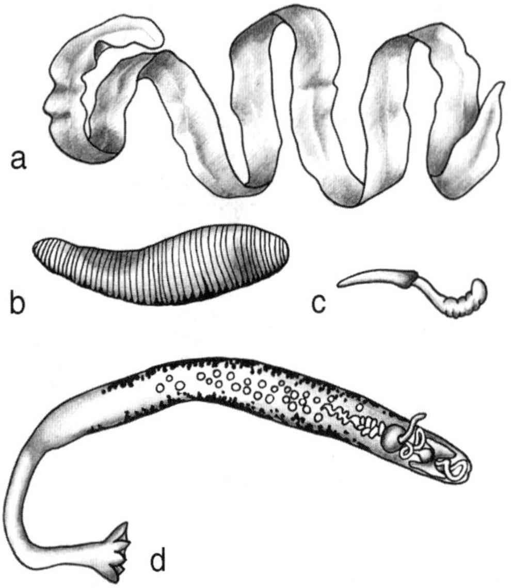

Abb. 73 Cestoda, Bandwürmer. **a:** *Ligula intestinalis* (Larve, Plerocercoid). **b:** *Schistocephalus spec.* (Larve, Plerocercoid). **c:** *Diphyllobothrium latum* (Larve, Plerocercoid). **a - c** aus der Leibeshöhle von Fischen. **d:** *Caryophyllaeus laticeps*, Nelkenwurm, adultes Tier aus dem Darm eines Fisches

neut an Wirtsfische anheften. Die Art *Benedenia melleni* parasitiert auf Haut und Kiemen von marinen Fischen. Manche Fische können eine Resistenz gegen diesen Parasiten entwickeln.

Gyrodactylus-Arten haben ein zweizipfeliges Vorderende ohne Pigmentaugen. Die bis 1 mm großen Parasiten sind lebend gebärend und heften sich auf der Haut, selten auf den Kiemen von Fischen an. Mit monogenen Trematoden befallene Fische zeigen das typische „Scheuern". Es treten Haut- und Kiemendefekte auf, die sekundär häufig von ektoparasitischen Einzellern und Bakterien überdeckt werden. Starker Kiemenbefall führt zu einer Beeinträchtigung der Atmung. Behandlung: Bäder mit Salz, Formalin, für Meeresfische ist ein Süßwasserbad effektiv.

Die Gruppe der **Digenea** umfasst Endoparasiten mit einem charakteristischen Generations- und Wirtswechsel. Adulte Tiere parasitieren in Darm und Blut von Fischen. Die Zwischenwirte sind häufig Mollusken und Kleinkrebse, über welche sich die Fische infizieren können. Erkrankungen sind im Aquarium relativ selten. Die Parasiten werden meist mit Wildfängen eingeschleppt. Eine Reproduktion ist im Aquarium in der Regel nicht möglich, da die jeweiligen Zwischenwirte fehlen. Gelegentlich wird *Sanguinicola inermis* im Blut von Cypriniden, *Transversotrema spec.* in der Unterhaut von Fischen und *Aporocotyle spec.* in Meeresfischen beobachtet. Eine geringe Zahl von Parasiten ist unproblematisch, da sich eine direkte Übertragung auf andere Fische ausschließt. Fische sind häufiger Zwischenwirte für digene Trematoden. Die frei schwimmenden Cercarien-Larven werden von infizierten Mollusken freigesetzt und bohren sich in die Fischhaut ein. Hier werden sie als Metacercarien abgekapselt und von Pigmentzellen umgeben, welche den Parasiten als dunkle Punkte in der Haut markieren. *Diplostomum spathaceum* setzt sich gezielt im Auge von Fischen fest und erzeugt den so genannten Wurmstar. Die adulten Trematoden entwickeln sich erst in Fisch fressenden Wirbeltieren. Ein geringfügiger Befall ist bestenfalls ein Schönheitsfehler. Ein starker Befall kann die Tiere schwächen. Behandlungen sind nicht bekannt.

Cestoda

Bandwürmer sind obligate Darmparasiten bei Wirbeltieren. Ihr gesamter Darmtrakt ist reduziert und die Nahrung wird durch Resorption über die Körperoberfläche aufgenommen. Das Vorderende der Parasiten weist Sauggruben, Hakenkränze u.a. Differenzierungen auf, mit deren Hilfe sie sich im Darm ihres Wirts verankern. Vielfach ist der lang-gestreckte Körper in gleichartige Segmente (Proglottiden) gegliedert, die sich bei ständiger Nachbildung schließlich am Hinterende der Tiere, mit reifen Eizellen gefüllt, ablösen und ausgeschieden werden (mikroskopischer Nachweis). Die geschlüpften Larven wandeln sich mehrfach um und gelangen unter Nutzung von Nahrungsketten über 1 bis mehrere Zwischenwirte wieder zu ihrem Endwirt. Fische können End- und Zwischenwirt sein. Der bis 3 cm lange Nelkenwurm *Caryophyllaeus laticeps* lebt als adultes Tier im Fischdarm. Die Larven werden mit infizierten *Tubifex* aufgenommen. Weitaus häufiger sind Fische Zwischenwirte für Cestoda und beherbergen dann Larvenstadien (Plerocercoide) in Leibeshöhle, Muskulatur und Leber. Häufiger werden gefunden *Ligula intestinalis*, *Diphyllobothrium latum* und Arten der Gattung *Schistocephalus*. Die Infektion erfolgt in der Regel über aufgenommene Copepoden (*Cyclops*), die als 1. Zwischenwirt fungieren. Eine Neuinfektion ist bei Aquarienfischen selten. Bei Wildfängen werden regelmäßig infizierte Fische beobachtet. Im Aquarium ist eine Übertragung auf andere Fische wegen der fehlenden Zwischenwirte nahezu ausgeschlossen. Darmparasiten führen zu fädigen Ausscheidungen, Abmagerung und Mangelsymptomen (Lochbildung in der Haut). Behandlung: Darmparasiten können mit Praziquantel bekämpft werden. Zusätzlich ist eine gute, vitaminreiche Ernährung notwendig. Parasiten außerhalb des Darms können nicht bekämpft werden.

Hirudinea (Pisciolidae)

Die Fischegel parasitieren mit einigen Arten u. a. auch an Süß- und Seewasserfischen. In Mitteleuropa ist lediglich *Pisciola geometra* heimisch. Die bis 5 cm langen Tiere sind auffällig gebändert und drehrund. Vorder- und Hinterende laufen jeweils in 1 Saugnapf aus. Der Vorderdarm endet in einem vorstülpbaren muskulösen Rüssel, mit dessen Hilfe die am Fisch angehefteten Parasiten Blut saugen. Kleine Fische können allein aufgrund des Blutverlustes sterben. Die Egel übertragen im Blut parasitierende Einzeller (*Trypanosoma*) und Bakterien. Mit Importen können auch andere Arten ins Aquarium eingeschleppt werden. Einzelparasiten sind bedeutungslos und können vom betroffenen Fisch abgelesen werden. Ein massenhaftes Auftreten kann für kleine Fische und Jungtiere lebensbedrohlich werden.

Nematoda

Parasitische Nematoden (Fadenwürmer) sind bei Fischen außerordentlich häufig anzutreffen. Fische können in nahezu allen Organen bindegewebig eingekapselte Nematodenlarven beherbergen, die bei massenhaftem Auftreten zu entzündlichen Organveränderungen führen.

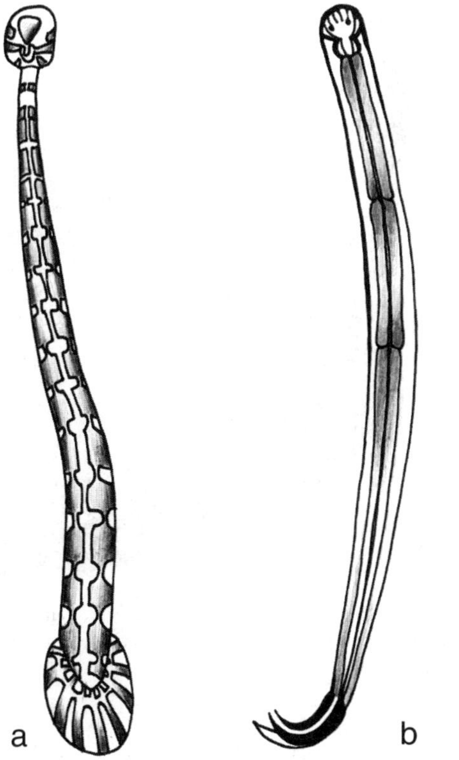

Abb. 74 **a:** *Pisciola geometra*, (Fischegel), Pisciolidae. **b:** *Camallanus spec.*, Nematoda

Die Nematoden besiedeln den Magen-Darm-Trakt ihres Endwirts. Die Vermehrung vollzieht sich über mehrere Larvenstadien und ist in der Regel mit einem Wirtswechsel verbunden, so dass im Aquarium wegen fehlender Zwischenwirte kein vollständiger Zyklus ablaufen kann. Importierte Wildfänge sind häufig mit Nematoden befallen. Betroffene Tiere magern zunehmend ab und verenden schließlich. Für die Aquaristik sind 2 Gattungen von größerer Bedeutung. Die Arten der Gattung *Capillaria* lassen sich gut an den mit 2 flachen Polkappen ausgestatteten Eiern im Kot nachweisen. Die Eier können sich nach oraler Aufnahme durch einen Fisch direkt wieder zur darmparasitischen Form entwickeln. Andere Arten benötigen für die Weiterentwicklung Kleinkrebse (Copepoda, Gammaridea) als Zwischenwirte. Unter den *Camallanus*-Arten legen die holarktischen Formen Eier, aus denen sich in Copepo-

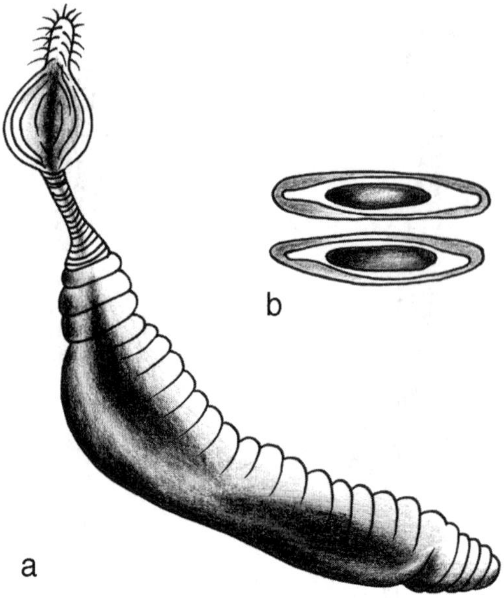

Abb. 75 *Acanthocephalus spec.* (Kratzer), Acanthocephala. **a:** Parasitische Form aus dem Fischdarm. **b:** Ausgeschiedene Eier

den, Wasserasseln (*Asellus*) und wasserbewohnenden Insektenlarven (*Agrion*) die Larven entwickeln. Erst diese können wiederum bei Fischen Infektionen hervorrufen. Aus dem ostasiatischen Raum stammende Arten, die sich ovovivipar und ohne Zwischenwirt fortpflanzen können, breiten sich allerdings zunehmend in Aquarien aus. Die im Enddarm verankerten Weibchen ragen mit ihrem Hinterende aus dem After der Fische heraus, ziehen sich aber bei Störungen vollständig zurück. Betroffene Fische magern stark ab und sind durch Bakterieninfektionen gefährdet. Behandlung: Levamisol.

Acantocephala, Kratzer

Kratzer sind obligatorische Darmparasiten, die sich mit Hilfe ihres häkchenbesetzten, rüsselartig gestalteten Vorderendes in der Darmwand von Fischen verankern. Den Parasiten selbst fehlt ein Darm und sie resorbieren Nährstoffe über die gesamte Körperoberfläche. Die getrenntgeschlechtlichen Parasiten haben gut entwickelte Gonaden. Die hartschaligen, spitz auslaufenden Eier enthalten bereits eine voll entwickelte Larve. In Kleinkrebsen entsteht daraus eine infektionsfähige 2. Larve, die nach Aufnahme in einen Fisch zum geschlechtsreifen Kratzer heranwächst. Bestimmte Fischarten können auch als so genannte Wartewirte dienen, in denen die Larve erneut eingekapselt wird. Die erwachsenen Parasiten entziehen dem Fisch Nährstoffe und erzeugen Wunden in der Darmwand. Die so geschwächten Tiere sind anfällig gegen Sekundärinfektionen, insbesondere durch Bakterien hervorgerufene. Larvengenerationen befinden sich in der Leibeshöhle der Fische, geschlechtsreife Tiere bewohnen den Darm und sind durch die Eier im Kot zu identifizieren. Kratzer werden nahezu ausschließlich bei Wildfängen beobachtet. Behandlung: Loperamid.

Crustacea

Brachiura, Karpfenläuse

Argulus foliaceus, Karpfenlaus und weitere Arten weltweit im Süß- und Meerwasser. Karpfen-

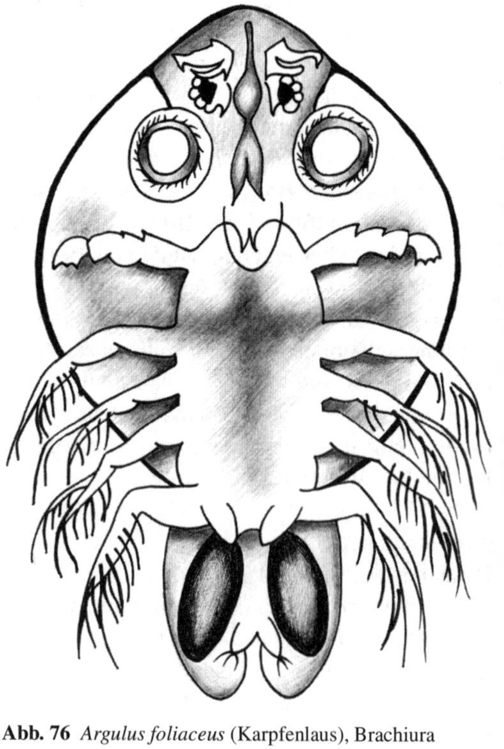

Abb. 76 *Argulus foliaceus* (Karpfenlaus), Brachiura

läuse sind stark abgeflachte, temporär ektoparasitische Krebse. Die Kopfgliedmaßen sind zu Klammerhaken, einem Stechrüssel und zu einem Paar Saugnäpfen abgewandelt. Die Parasiten stechen die Haut von Fischen an und saugen Blut und Gewebsflüssigkeit. Dabei wird gleichzeitig eine Substanz injiziert, welche die Blutgerinnung hemmt. Kleine Fische können bereits durch einen einzigen Anstich sterben, aber auch für größere Fische kann der Blutverlust erheblich sein. Die Einstichwunden sind immer potentielle Eintrittspforten für Bakterien, Pilze und verschiedene einzellige Parasiten. Auch Arten aus tropischen Gebieten breiten sich zunehmend in Aquarien aus: *Dolops* (Südamerika), *Chonopeltis* (Afrika, Südostasien) mit jeweils mehreren Arten. Die Parasiten legen Eier an Wasserpflanzen, Steinen und an der Aquarienscheibe ab, aus denen abgewandelte Nauplius-Larven oder bereits Jugendstadien schlüpfen. Behandlung: Bei geringer Parasitenzahl können die Tiere mechanisch entfernt werden. Bäder mit Salz (10 - 15g/l, 30 Minuten), Formalin. Unter Umständen müssen Aquarien desinfiziert werden, um abgelegte Eier zu vernichten.

Copepoda

Parasitische Copepoden verankern sich in der Haut oder an den Kiemen von Fischen. In der Regel sind es weibliche Tiere, die in Anpassung an ihre parasitische Lebensweise die Mundwerkzeuge zu Klammerapparaten und zur Aufnahme von Blut und Gewebsflüssigkeit umbilden. Die Entwicklung läuft in der Mehrzahl über mehrere Larvenformen, meist ohne Zwischenwirte. Von den Arten der Gattung *Ergasilius* parasitieren die Weibchen zeitlebens auf den Kiemen, wo sie das Kiemenepithel schädigen, Atemnot auslösen und die Basis für verschiedene Sekundärinfektionen bilden. Auch innerhalb der Gattung *Lernaea* leben ausschließlich die stark abgewandelten Weibchen parasitisch. Sie verankern sich mit ihrem Vorderende in Haut und Flossen. Hohe Parasitenzahlen schwächen die betroffenen Tiere erheblich und führen über Sekundärinfektionen häufig zum Tod. Ein Befall im Aquarium ist selten, unter Wildfängen finden sich aber häufiger Fische mit anhaftenden Parasiten. Behandlung: Kaliumpermanganat, Salzbäder, Formalin, Trichlorphon. Für Meeresfische ist auch ein kurzzeitiges Süßwasserbad wirksam. *Lernaea* stellt die Vermehrung bei Temperaturen unter 14 °C ein.

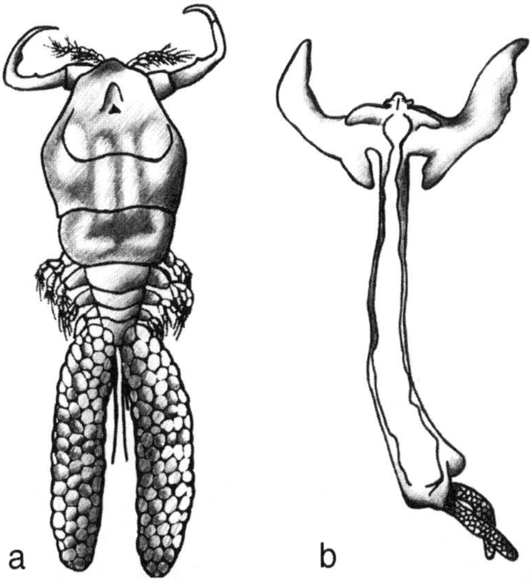

Abb. 77 Copepoda (Ruderfußkrebse). **a:** *Ergasilius spec.*, weiblicher Parasit vom Kiemenepithel eines Fisches. **b:** *Lernaea spec.*, weiblicher Parasit aus der Haut eines Fisches

Isopoda

Asseln, die sich der parasitischen Lebensweise angepasst haben, unterliegen in der Regel ei-

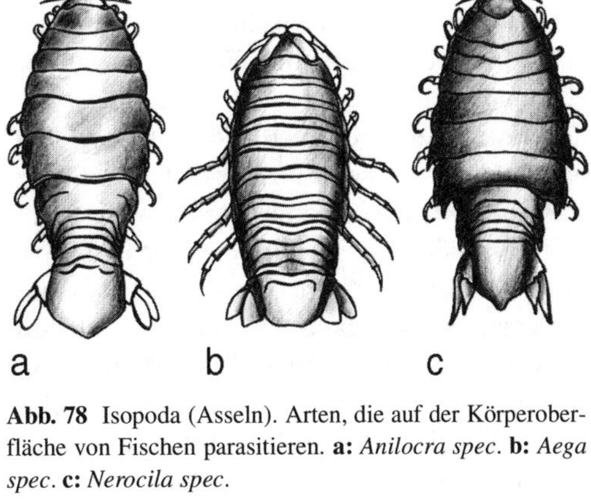

Abb. 78 Isopoda (Asseln). Arten, die auf der Körperoberfläche von Fischen parasitieren. **a:** *Anilocra spec.* **b:** *Aega spec.* **c:** *Nerocila spec.*

ner starken Abwandlung ihres Körperbaus. Vertreter der Gattungen *Aega*, *Anilocra* und *Nerocila* parasitieren mit beiden Geschlechtern temporär oder zeitlebens auch auf der Körperoberfläche und im Mundraum von Süßwasser- und Meeresfischen. Die Mundwerkzeuge sind zu Strukturen umgebildet, mit denen die Asseln Blut und Gewebeflüssigkeit saugen. Die bis zu 5 cm lange *Aega psora* saugt an verschiedenen Meeresfischen. Aufgrund der Größe der meisten parasitischen Asseln kann bereits der Befall mit einem einzelnen Parasiten für kleinere Fische tödlich sein. Auch erwachsene Fische werden stark geschwächt und magern ab. Diese Parasiten sind bei Wildfängen und Importen zu erwarten, aufgrund ihrer Größe aber leicht zu erkennen. Behandlung: Mechanische Entfernung der Parasiten, eventuell Trichlorphon.

Pilze

Phycomycetes, Algenpilze
Ichthyosporidium hoferi (*Ichthyophonus nomen illegitimum*). Die Krankheitssymptome sind dem Erscheinungsbild der Fischtuberkulose sehr ähnlich. Im Gegensatz dazu ist *Ichthyosporidium hoferi* aber eine relativ seltene Pilzerkrankung bei Aquarienfischen. Der Pilz befällt alle inneren Organe, insbesondere aber Darm, Leber und Nieren von Süßwasser- und Meeresfischen. Durch Einkapselung der Infektionsherde mit Bindegewebe entstehen weiße, nekrotische Knötchen, die im fortgeschrittenen Stadium auch äußerlich sichtbar in der Haut erscheinen. Abmagerung, Flossenzerfall und Hautdefekte können äußere Erscheinungsbilder der Erkrankung sein. Der komplizierte Entwicklungszyklus des Pilzes beinhaltet Dauerstadien, die auch außerhalb eines Wirts lange infektionsfähig bleiben. Eine Übertragung auf gesunde Fische erfolgt direkt über Darmausscheidungen, verendete Fische oder durch Aufnahme freier Dauerstadien. Behandlung: keine Behandlung möglich. Vernichtung erkrankter Fischbestände und gründliche Desinfektion von Aquarien und Gerätschaften.

Saprolegniacea
Das ist eine Gruppe von Pilzen, die auf toten bzw. geschädigten organischen Oberflächen wächst. Für Aquarienfische sind Arten der Gattungen *Saprolegnia* und *Achlya* von Bedeutung. Sie siedeln nach Vorschädigung durch Bakterien und nach Hautverletzungen auf der gesamten Körperoberfläche, im Mundraum, bevorzugt aber auf den Flossen. Auch auf der Oberfläche geschädigter oder unbefruchteter Eier wachsen diese Pilze. Sie bilden dünne weiße Fäden (Hyphen), an deren Enden infektionsfähige Sporen ins Wasser entlassen werden. Gesunde Fische werden nicht befallen. Zu kühle Hälterung begünstigt die Ausbreitung des Pilzes. Behandlung: Erhöhung der Wassertemperatur, Kaliumpermanganat, Acridinfarbstoffe, Kupfersulfat. Die Ursachen für die Primärschädigung müssen beseitigt werden.

Bakterien

Bakterienerkrankungen sind bei Fischen außerordentlich häufig und betreffen immer den gesamten Organismus. Die Symptome sind vielfach unspezifisch und eine Differentialdiagnose ist aufwendig und nur in Speziallabors durchführbar. Für eine gezielte und erfolgreiche Behandlung ist jedoch eine genaue Diagnose unerlässlich. Zahlreiche bakteriell verursachte Erkrankungen von Fischen sind bislang unzureichend charakterisiert.

Mykobakterien (*Mycobacterium*) verursachen mit mehreren Stämmen weltweit die **Fischtuberkulose** bei Süßwasser- und Meeresfischen. Obwohl die Erreger auch bei Wildfischen nachweisbar sind, erkranken in der Regel nur Aquarienfische unter ungünstigen Lebensbedingungen. Die optimale Entwicklungstemperatur für die Bakterien liegt bei etwa 25 °C. Die Erkrankung verläuft chronisch und äußere Anzeichen fehlen anfangs. Im fortgeschrittenen Stadium kommt es zu Abmagerung, Hautgeschwüren, Glotzaugen und Skelettdeformationen. Die inneren Organe sind mit grauweißen Tuberkelknötchen durchsetzt. Die Übertragung erfolgt auf direktem Wege. Behandlung: keine

Behandlung möglich. Hohe Resistenzbildung gegen verschiedene Antibiotika. Optimale Hälterungsbedingungen wirken einer Erkrankung entgegen.

Bei Kontakt mit erkrankten Fischen oder kontaminiertem Aquarienwasser können beim Menschen Erreger über kleinste Wunden in der Haut eindringen und ein so genanntes Schwimmbadgranulom hervorrufen.

Aeromonas, *Pseudomonas*, *Vibrio* mit jeweils mehreren Arten verursachen bei Süßwasser- und Meeresfischen die **Flossenfäule** und **Fleckenseuche**. Anfangs erscheinen leichte Trübungen auf den Flossen, denen später eine fortschreitende Auflösung folgt. Bei Übergriff auf die Haut entstehen großflächige Hautablösungen. Die Erkrankungen werden durch schlechte Lebensbedingungen, insbesondere durch zu kühle Wassertemperaturen, gefördert und treten häufig im Gefolge von Fischtuberkulose und Infektionen mit *Ichthyosporidium* auf. Die bei Cyprinidae verbreitete **infektiöse Bauchwassersucht** wird durch *Pseudomonas punctata* verursacht. Behandlung: Antibiotika. Verbesserung der Lebensbedingungen.

Nocardia dringt über geschädigte Hautbereiche in Fische ein und verursacht dabei ein lokales Ausbleichen der Körperfärbung. Infektionen bei *Paracheirodon innesi* führen zum lokalen Verlust des Farbbandes, was in seinem Erscheinungsbild den Folgen einer *Pleistophora*-Infektion gleicht und deshalb als **falsche Neonkrankheit** bezeichnet wird. Behandlung: Antibiotika.

Myxobakterien verursachen mit den Arten *Flexibacter columnaris* und *Flavobacterium psychrophilus* die **Columnaris-Krankheit** (Flexibacter-Erkrankung, Maulfäule, Flossenfraß). Die hochgradig fischpathogenen stäbchenförmigen Bakterien sind Eiweißfresser, die vorwiegend auf der Körperoberfläche (Kiemen, Flossen, Haut) als flaumige Belege auftreten und umfangreiche Gewebezerstörungen herbeiführen. Besonders häufig werden Poeciliidae betroffen. Erhöhte Eiweißkonzentrationen im Wasser begünstigen die Vermehrung der Myxobakterien. Behandlung: Verbesserung der Lebensbedingungen, insbesondere Verminderung der Keimzahl im Wasser, Salzbäder, Acridinfarbstoffe (Acriflavin), Antibiotika.

Viren

Viren sind nicht zellulär organisierte Lebensformen, die sich nur innerhalb von Zellen fortpflanzen können. Hierbei verursachen sie unter Umständen Erkrankungen mit spezifischen Symptomen. Viruserkrankungen von Fischen sind wenig untersucht. Das ***Lymphocystis*-Virus** löst bei zahlreichen Meeresfischen, selten bei Süßwasserfischen, ein Riesenwachstum von Bindegewebszellen der Haut aus. Äußerlich erscheinen himbeerartige Wucherungen an den betroffenen Hautstellen. Die Symptome können anfangs mit einer Sporozoeninfektion verwechselt werden. Behandlung: nicht möglich. Die Erkrankung verläuft meist gutartig und heilt nach einiger Zeit spontan ab.

Bei Cypriniden ist das **Karpfen-Herpesvirus** (*Herpesvirus cyprini*) weit verbreitet. Es führt vor allem bei Kois zu leicht erhabenen, wachsartigen Belägen auf der Haut, die aus gutartigen Epitheliomen bestehen. Die Symptome treten besonders in der kalten Jahreszeit auf und verschwinden mit steigenden Temperaturen auf über 20 °C in der Regel wieder. Eine Behandlung ist nicht möglich.

Umweltbedingte Schädigungen

Umweltfaktoren wirken im Wasser wegen des intensiven Kontakts weitaus massiver auf den gesamten Organismus ein als an der Luft. Schädigende Faktoren können bei den einzelnen Organsystemen zu durchaus unterschiedlichen Reaktionen führen. Unterschwellige Konzentrationen von Schadstoffen schwächen Fische permanent und bilden die Basis für zahlreiche erregerbedingte Erkrankungen.

„Gasblasenkrankheit“. Die Löslichkeit von Gasen im Wasser nimmt mit fallender Temperatur und steigendem Druck zu. Kommt es bei einer plötzlichen Änderung der Verhältnisse dazu, dass die Körperflüssigkeiten der Fische im Vergleich zum Umgebungswasser mit Gasen übersättigt sind, so tritt das überschüssige Gas bläschenförmig aus Blut und Gewebeflüssigkeit aus. Die Haut der Fische ist dann mit feinen Gasblasen durchsetzt, die im Kapillarbereich der Gefäße zum Verschluss (Gasembolie) mit Todesfolge führen können. Eine allmähliche Angleichung an veränderte Bedingungen verhindert solche Situationen.

Schädigungen durch abweichenden pH-Wert. Fische benötigen – wie auch andere Wassertiere – ein bestimmtes Verhältnis basisch und sauer reagierender Ionen im Wasser, dessen Maß der pH-Wert ist. Der optimale Bereich liegt für Meeresfische bei pH 8,2 - 8,4, für Süßwasserfische je nach Lebensraum in der Regel bei einem pH-Wert von 7,5 - 6,5, für einige Arten bis 5,5. Plötzlich eintretende Abweichungen vom artgebundenen Optimum führen zu akuten Schäden. Allmähliche Veränderungen schwächen die Tiere latent. Besonders ionenarmes, weiches Wasser neigt zu stärkeren pH-Wert-Abweichungen.

„Basenkrankheit". Werte oberhalb pH-Wert 8 - 9 führen bei Süßwasserfischen zu milchiger Eintrübung der gesamten Körperschleimhaut, der Kiemen und zum Zerfall der Flossenhaut. Enthält das Wasser höhere Konzentrationen von Ammoniumverbindungen, entsteht daraus mit steigendem pH-Wert zunehmend hochgiftiges Ammoniak. Eine sofortige pH-Wert-Korrektur mit einer schwachen Säure bzw. deren Salzen ist erforderlich.

„Säurekrankheit". Für Meeresfische gelten pH-Werte unter 8,0, für Süßwasserfische pH-Werte unter 5,5 als schädigend. Auf einen plötzlich abfallenden pH-Wert reagieren Fische mit ruckartigem Umherschwimmen, Springen aus dem Wasser und Körperzittern. Die Tiere verenden nach kurzer Zeit unter intensiver Ausprägung der Körperfärbung. Ein langsam absinkender pH-Wert löst intensive Schleimbildung an Haut und Kiemen, punktförmige Entzündungsherde und eine starke Aufhellung des Kiemenepithels mit zunehmender Atemnot aus. Eine sofortige Korrektur des pH-Werts mit Alkalikarbonaten ist erforderlich.

Sauerstoffmangel. Sauerstoffmangel tritt im Aquarium im Zusammenhang mit einem niedrigen Redoxpotential, hohen Wassertemperaturen, zahlenmäßig hohem Fischbesatz und fehlender Wasserumwälzung auf. Abbaufähige organische Stoffe (Futterreste, abgestorbene Pflanzenteile, Ausscheidungen von Fischen) führen unter Umständen sehr rasch zu einem starken Sauerstoffdefizit. Bei akutem Sauerstoffmangel schwimmen die Fische mit hochfrequenten Atembewegungen dicht unter der Wasseroberfläche, um direkt atmosphärische Luft aufzunehmen. Dies führt zu einer starken Belastung der Fische, sie sterben nach kurzer Zeit. Bei chronisch niedrigem Sauerstoffgehalt fehlen sichtbare Verhaltensänderungen, die Fische werden aber in ihrer Abwehrbereitschaft gegen Krankheitserreger stark eingeschränkt.

Ernährungsschäden. Ungeeignete, insbesondere ballaststoffarme und einseitige Ernährung führt zu umfangreichen Schädigungen von Darm, Leber und Nieren mit weitreichenden Auswirkungen auf den Stoffwechsel der Fische. Besonders die Vernachlässigung eines artgerechten Nahrungsangebots, das unter Umständen auch pflanzliche Nahrung beinhalten muss, führt zu dauerhaften Schäden mit Organverfettung (Leber). Als Folge fällt die Funktion der Organe teilweise oder ganz aus und endet mit dem vorzeitigen Tod der Tiere. Ein ungeeignetes Nahrungsangebot kann auch zu Verlusten der arttypischen Körperfärbung führen.

Ein ernährungsbedingter Jodmangel kann bei Fischen eine geschwulstartige Schilddrüsenwucherung zur Folge haben. Bei Haien wird dies häufiger beobachtet. Eine Zuführung von Jod in Form von wasserlöslichem Jodjodkalium reduziert die Geschwulst nach kurzer Zeit. Spricht die Behandlung nicht an, liegt vermutlich ein unheilbares Schilddrüsenkarzinom vor.

Gifte. Zu den häufigsten Gefahrstoffen zählen Metallionen wie Eisen, Mangan, Kupfer und Zink. Eisen- und Mangansalze werden im Aquarium unter Sauerstoffeinfluss rasch in unlösliche Verbindungen überführt und fallen dabei vorzugsweise auf den Fischkiemen aus.

Dies führt zur Schädigung des Kiemenepithels. Schädigend auf Kiemen wirken auch Chlor, Detergentien aus Reinigungs- und Waschmitteln. Pflanzenschutzmittel und Insektizide sind selbst in Spuren hochtoxisch für Fische. Eine heute meist unbeachtete Quelle für mögliche Giftstoffe sind ungeeignete Gerätschaften, Leitungssysteme, Schläuche, Kunststoffe, frischer Beton u. Ä., die nach kurzer Zeit zu einer erheblichen Schadstoffkonzentration im Aquarium beitragen können.

Bei mangelnder Wartung und ungeeigneter Anlagetechnik kann das System auch selbst Gifte produzieren und anreichern. Insbesondere aus dem Eiweißstoffwechsel entstehen toxische Stickstoffverbindungen, unter denen Ammoniak die größte Rolle spielt. Nur bei alkalischem pH-Wert liegt hochgiftiges Ammoniak vor, was bei neutralem bzw. sauren pH-Werten in weniger giftige Ammoniumverbindungen überführt wird.

Bei niedrigem Sauerstoffgehalt kann es zu erhöhten Nitrit-Konzentrationen kommen, die bereits bei 0,5 mg/l Wasser schädigend auf Fische wirken. Akute Vergiftungen äußern sich in verstärkter Schleimbildung der Epidermis, tiefdunkelroten Kiemen und zerstörten Flossenrändern. Unterschwellige Konzentrationen von giftigen Stickstoffverbindungen führen zu einer zunehmenden Anfälligkeit gegenüber Parasiten und bakteriellen Krankheitserregern.

Über Futtertiere können nicht nur infektionsfähige Larvengenerationen von Fischparasiten übertragen, sondern auch erhebliche Mengen akkumulierter Gifte zugeführt werden. Ist die Schädigung durch akute Gifteinwirkung nicht zu intensiv, erholen sich die Tiere in der Regel rasch. Chronische Vergiftungen, die sich durch unterschwellige Konzentrationen über längere Zeit aufbauen, hinterlassen häufig bleibende Schäden. Betroffen sind oft die Gonaden, woraus eine Dauersterilität der Fische resultiert.

Verletzungen und Regeneration

Fische besitzen im Allgemeinen ein sehr gutes Regenerationsvermögen, um äußere Verletzungen auszuheilen. Hierbei wird nicht nur die Epidermis regeneriert, sondern auch Flossen einschließlich der Flossenstrahlen. Selbst tiefer reichende Wunden werden nach kurzer Zeit vollständig geschlossen. Auch Kiemenverletzungen regenerieren, können aber anfänglich zu größeren Blutverlusten führen. Die zahlreichen Drüsenzellen der Fischhaut erzeugen einen Schleimfilm auf der gesamten Körperoberfläche, der aufgrund seiner bakterizid-fungiziden Eigenschaften einen wirksamen Schutz verleiht. Verletzungen der Epidermis und der darüber liegenden Schleimschicht bilden immer eine potentielle Eintrittspforte für Krankheitserreger. Entscheidend für eine erfolgreiche Regeneration sind optimale Lebensbedingungen, besonders aber ein keimarmes Wasser. Größere Verletzungen können zur vorbeugenden Desinfektion lokal mit einem Acridinfarbstoff behandelt werden.

Behandlungsmethoden

Vor jeder Behandlung sollte eine genaue Analyse der Erkrankung stehen (Ursachen, Diagnose, Entstehungsgeschichte). Dies ist für eine gezielte Bekämpfung von Krankheitserregern unabdingbar. Parallel zur Behandlung ist unbedingt die primäre Ursache für eine Erkrankung abzuklären und zu beseitigen. Eine erneute Erkrankung der Tiere ist sonst vorgezeichnet. Ektoparasiten lösen aufgrund der allgemeinen Schwächung der Fische häufig bakterielle Folgeerkrankungen aus, so dass eine Verkettung mehrerer Ursachen für ein Krankheitsbild verantwortlich sein kann. Bei der Suche nach geeigneten Behandlungsmethoden ist die Auffindung von sensiblen Phasen in der Entwicklung der jeweiligen Krankheitserreger bedeutsam und der Ansatz für eine gezielte Therapie.

Medikamente sind Substanzen, die Krankheitserreger in hohem Maße spezifisch schädigen sollen. Andererseits belastet jedes Medikament auch die zu behandelnden Fische. Angaben zu Dosierung und Dauer der Behandlung sollten deshalb sehr genau eingehalten werden. Unabhängig davon wird die Wirkung maßgeblich durch die Wassertemperatur, die Wasserhärte und den pH-Wert mitbestimmt. Die Verträglichkeit bestimmter Medikamente ist für einzelne Fischarten unterschiedlich und muss jeweils geprüft werden. Dauerbehandlungen mit Medikamenten und zu hohe Dosierungen führen zu schweren gesundheitlichen Schäden und sind häufig die Ursache für Sterilität. In vielen Fällen ist eine Verbesserung der Lebensbedingungen für die Fische und Maßnahmen zur Unterstützung ihres Abwehrsystems (Teilwasserwechsel, Temperaturerhöhung, Zusatz von Seesalz im Süßwasser u.a.) bereits erfolgreich.

Behandlungen mit Medikamentenbädern sollten in der Regel in separaten Behältern durchgeführt werden, da Medikamente häufig dramatische Folgen für das biologische Gleichgewicht in einem Aquarium haben. Aus gleichem Grund verbietet sich der Betrieb eines biologischen Filters während der Behandlung mit Medikamenten. Krankheitserreger, die über längere Zeit außerhalb ihres Wirts überleben können, erfordern allerdings eine gründliche Desinfektion des gesamten Aquariums.

Medikamente zur Behandlung von Fischkrankheiten werden in großer Zahl im Handel angeboten. Es sind vielfach Kombinationen verschiedener Wirkstoffe. Präparate, auf denen Angaben zur Zusammensetzung fehlen, sollten nur unter Vorbehalt eingesetzt werden.

Medikamente können Fischen durch Bäder oder Futterbeimischung zugeführt bzw. direkt appliziert werden.

Bäder

Bäder mit Medikamentenzusatz werden in separaten Behältern ohne Bodengrund, Bepflanzung etc. durchgeführt. Je nach Fischart sollten Versteckmöglichkeiten (Steine, Plastikröhren) geschaffen werden. Wasserqualität, Temperatur etc. müssen den Ansprüchen der Fische entsprechen. Eine gute Durchlüftung ist wesentlich. Es dürfen nur neu beschickte, rein mechanische Filtersysteme betrieben werden. Die Medikamente sind vor der Zugabe zum Behandlungsbecken vollständig aufzulösen. Die eingesetzten Fische müssen nach Zugabe des Medikaments beobachtet werden, um bei außergewöhnlichen Reaktionen die Behandlung abzubrechen.

Für **Kurz- und Tauchbäder** werden die zu behandelnden Fische mit einem Netz in das Bad eingehangen, um sie nach der entsprechenden Zeit sofort wieder in Normalwasser umzusetzen. Die Bäder stellen eine hohe Belastung für die Fische dar und sollten nur ausnahmsweise angewendet werden.

Dauerbäder enthalten Wirkstoffkonzentrationen, die von Fischen über längere Zeit toleriert werden. Sie haben den Vorteil, dass in der Regel auch sensible Entwicklungsstadien von Parasiten erreicht werden können. Die Wirksubstanzen müssen in bestimmten zeitlichen Abständen nachdosiert oder erneuert werden, um die notwendigen Konzentrationen über längere Zeit zu erhalten.

Futterbeimischungen haben den Vorteil, dass der Wirkstoff rasch vom Fisch resorbiert wird und eine gezielte Dosierung erfolgen kann. Zur Verabreichung können Futtertiere in konzentrierte Lösungen von Medikamenten eingesetzt und kurz vor deren Absterben an die Fische verfüttert werden. Größeren Futtertieren kann der Wirkstoff auch injiziert werden.

Lokale Behandlungen

Wunden, Geschwüre oder eine begrenzte Zahl großer Hautparasiten können am ruhiggestellten oder narkotisierten Fisch direkt behandelt werden. Die Lösungen werden mit einem Wattebausch vorsichtig auf die betroffenen Stellen der Haut aufgetragen. Sie dürfen dabei nicht auf die Augen oder unter die Kiemendeckel gelangen. Es ist zügig zu arbeiten und jede mechanische Verletzung der Hautoberfläche zu vermeiden. Die Methode eignet sich nur für größere Fische.

Injektionen von Medikamenten, Vitaminen und Wirkstoffen sind nur bei größeren Fischen möglich. Kleine Mengen werden in die dorsale Rumpfmuskulatur in Höhe der Dorsalflosse eingespritzt, größer Volumina müssen in die Leibeshöhle injiziert werden. Der Vorteil der Methode besteht in einer individuellen Dosierung und raschen Verteilung der Substanzen im

Fischkörper. Injektionen sollten nur durch geübtes Personal vorgenommen werden.

Medikamente

Antibiotika

Antibiotika sind hochwirksame, chemisch unterschiedliche Substanzen, die die Entwicklung bestimmter Mikroorganismen hemmen können. Unsachgemäße Anwendung erzeugt resistente Krankheitserreger, die nicht mehr durch die jeweiligen Medikamente bekämpft werden können. Antibiotika sollten nach Möglichkeit injiziert werden. Besondere Bedeutung kommt der Entsorgung von Bädern zu, denen Antibiotika bzw. medizinisch relevante Chemotherapeutika zugesetzt worden sind. Sie dürfen vor einer Zerstörung der Wirkstoffe keineswegs über das Abwasser entsorgt werden. Antibiotika sind nur vom Tierarzt anzuwenden.

Acridinfarbstoffe (Atebrin, Rivanol, Trypaflavin bzw. Acriflavin)

Diese sind orange-gelbe bis gelb-grüne Farbstoffe mit leichter Wasserlöslichkeit, die eine hemmende Wirkung auf die Zellteilung ausüben.

Anwendung:

- Atebrin: 1 g/100 l Wasser als Dauerbad für 6 - 12 Tage
- Rivanol: 0,2 g/80 - 100 l Wasser als Dauerbad für 6 - 12 Tage
  0,1 g/100 ml Wasser zur lokalen Behandlung von Hautwunden, Pilzbelägen etc.
- Trypaflavin: 0,5 - 1 g/100 l Wasser als Dauerbad für 6 - 12 Tage
- Nach jeweils 4 Tagen muss ein Drittel der Konzentration nachdosiert werden.

Wirksam gegen einzellige Hautparasiten, geringer wirksam gegen Bakterien und Pilze, sowie gegen Kiemen- und Haut„würmer". Wasserpflanzen werden bei längerer Anwendung geschädigt.

Flubendazol

Fludabenzol ist ist eine hochwirksame Verbindung gegen Wurmparasiten. Für die wasserunlösliche Verbindung muss Aceton als Lösungsvermittler verwendet werden.

Anwendung:

- 0,01 g Flubendazol in 5 - 10 ml Aceton lösen und zu 100 l Wasser geben. Dauerbad für 10 - 15 Tage
- Nach 5 Tagen jeweils ein Drittel der Konzentration nachdosieren. Auf exakte Dosierung ist zu achten.

Wirksam gegen Haut-, Kiemen- und „Darmwürmer", sowie deren Ei- und Larvenstadien. Wirbellose Tiere werden stark geschädigt.

Formaldehyd

Der gasförmige Formaldehyd löst sich zu 35 - 40 % in Wasser. Diese Formalin-Lösung wirkt stark desinfizierend.

Anwendung:

- Formalin (40 %ig) 20 ml zu 100 l Süßwasser geben als Kurzbad für 30 - 45 Minuten
- Formalin (40 %ig) 100 ml zu 100 l Seewasser geben als Kurzbad für 10 - 15 Minuten.

Wirksam gegen Ektoparasiten von Haut und Kiemen.

Jodjodkalium

Jod ist praktisch wasserunlöslich und wird deshalb als Lugol'sche Lösung (Jodjodkalium) angewendet:

- 10 g Kaliumjodid (KJ) werden zusammen mit 0,1 g Jod (J) in 100 ml destilliertem Wasser gelöst
- Von dieser Stammlösung werden 5 ml zu 10 l Süßwasser bzw. zu 20 l Seewasser gegeben
- Nach 10 Tagen muss jeweils ein Drittel der Stammlösung nachdosiert werden. Behandlung 3 - 4 Wochen. Es müssen separate Becken verwendet werden, Filter und UV-Bestrahlung dürfen nicht betrieben werden.

Wirksam gegen eine durch Jodmangel hervorgerufene Schilddrüsenvergrößerung.

Kaliumpermanganat ($KMnO_4$)

Kaliumpermanganat löst sich mit rotvioletter Färbung in Wasser und eignet sich aufgrund seiner stark oxidierenden Wirkung zur Bekämpfung von Ektoparasiten und zur Desinfektion.

Anwendung:

- 0,1 - 0,5 g $KMnO_4$ auf 10 l Wasser für 10 - 30 Minuten in separaten Becken
- 1 g $KMnO_4$ auf 1 l Wasser zur lokalen Behandlung von Hautwunden und Pilzbelägen
- 1 g $KMnO_4$ auf 20 l Wasser zur Entkeimung von Wasserpflanzen. 5 Minuten einlegen und anschließend sofort mit Wasser abspülen
- 3 g $KMnO_4$ auf 1 l Wasser zur Desinfektion.

Kochsalz/Seesalz

Kochsalz bzw. Seesalz regen in geringen Konzentrationen bei Süßwasserfischen den Stoffwechsel von Haut und Kiemen an und steigern damit die Abwehrbereitschaft gegen Ektoparasiten.

Anwendung:

- 10 g Natriumchlorid (NaCl) bzw. Seesalz zu 10 l Wasser, Langzeitbad für 2 - 5 Tage
- 100 - 150 g Natriumchlorid (NaCl) bzw. Seesalz auf 10 l Wasser, Kurzbad für etwa 20 Minuten
- Höhere Salzkonzentrationen schädigen Ektoparasiten osmotisch. Seesalz ist als Salzgemisch in der Regel für Fische verträglicher als reines Kochsalz.

Wirksam gegen Ektoparasiten von Haut und Kiemen und zur allgemeinen Stoffwechselsteigerung im Langzeitbad.

Kupfersulfat

Kupfersulfat ($CuSO_4$) löst sich mit blauer Färbung in Wasser. Es wirkt stark giftig, insbesondere auf wirbellose Tiere und auf grüne Pflanzen bzw. Algen. Auch einzelne Fischarten, besonders Elasmobranchii, reagieren sehr empfindlich auf Kupferionen. Die Anwendung sollte sich auf Meerwasserfische beschränken und streng nach Vorschrift in einem separaten Becken durchgeführt werden. In weichem Süßwasser und bei pH-Werten unter 7,0 wirkt Kupfer sehr giftig.

Anwendung:

- Die Dosierung erfolgt vorteilhaft über eine Stammlösung: 1 g Kupfersulfat ($CuSO_4$ x 5 H_2O) + 60 mg kristalline Zitronensäure ($C_6H_8O_7$ x H_2O) werden in 1 l Wasser vollständig gelöst
- 100 ml Stammlösung auf 1 l Wasser für Kurzbäder von 10 - 30 Minuten
- 15 ml Stammlösung auf 10 l Wasser für Langzeitbäder von 3 - 10 Tagen
- Nachdosierung mit 4 ml Stammlösung auf 10 l Wasser nach jeweils 24, 32 und 48 Stunden
- Nach etwa 2 ½ Tagen muss das Bad vollständig erneuert werden.

Wirksam gegen Ektoparasiten von Haut und Kiemen.

Levamisol

Levamisolhydrochlorid ist eine in Wasser leicht lösliche Verbindung, die gegen „Wurmparasiten“ wirksam ist.

Anwendung:

- Gegen Parasiten im Darm wird Levamisol zusammen mit dem Futter verabreicht. Die Futtertiere werden in eine Lösung von 200 - 300 mg Levamisol/1 l Wasser eingesetzt und kurz vor dem Absterben an die Fische verfüttert (4 - 5 Tage)
- Als Bad zur Bekämpfung ektoparasitischer Formen werden 250 mg Levamisol auf 10 l Wasser für 4 - 5 Tage angewendet.

Loperamid

Loperamidhydrochlorid ist eine in Wasser schwer lösliche Verbindung, die gegen „Wurmparasiten“ eingesetzt werden kann.

Anwendung:

- 100 Volumenteile Futter werden mit 1 Volumenteil Loperamid versetzt und sofort an die befallenen Fische verfüttert.

Das Medikament ist insbesondere gegen die im Darm parasitierenden Acanthocephalen wirksam.

Malachitgrün

Malachitgrün wirkt stark hemmend auf Zellteilungsaktivitäten. Beim Umgang damit ist Vorsicht geboten, da die Substanz Krebs erregend wirkt. Zur Behandlung von Fischen eignet sich lediglich das grüne Malachitgrünoxalat.

Anwendung:

- Stammlösung: 1,5 g Malachitgrünoxalat auf 1 l Wasser
- 2 ml Stammlösung auf 100 l Wasser für Langzeitbäder von 6 - 10 Tagen
- Nachdosierung in Abständen von 2, 5 und 7 Tagen mit jeweils 1 ml Stammlösung.

Wirksam gegen Haut- und Kiemenparasiten. Wasserpflanzen werden geschädigt.

Metronidazol

Metronidazol ist eine schwer wasserlösliche Verbindung, die gegen parasitische Diplomonadida in Human- und Veterinärmedizin eingesetzt wird.

Anwendung:

- 40 - 60 mg Metronidazol auf 10 l Wasser für Langzeitbäder von 6 Tagen.

Wirksam gegen *Hexamita* und *Spironucleus*. Unterdosierung und zu kurze Behandlungszeiten haben zu einer verbreiteten Resistenzbildung gegen Metronidazol geführt.

Methylenblau B

Methylenblau B ist ein leicht wasserlöslicher Farbstoff mit Hemmwirkung auf die Zellteilung.

Anwendung:

- Stammlösung: 10 g Methylenblau auf 1 l Wasser
- davon 30 ml zu 100 l Wasser geben.

Wirksam gegen Haut- und Kiemenparasiten. Schädigt Wasserpflanzen.

Praziquantel

Eine in Wasser weitgehend unlösliche Verbindung, so dass Ethanol als Lösungsvermittler verwendet werden muss.

Anwendung:

- 1 g Praziquantel in 10 ml Ethanol lösen und zu 100 l Wasser zusetzen
- Behandlung 2 - 3 Tage, nach 2 - 3 Wochen wiederholen.

Wirksam gegen „Wurmparasiten", insbesondere Cestoda.

Süßwasserbad

Meeresfische, die von Ektoparasiten befallen sind, können in einem Kurzbad mit Süßwasser behandelt werden. Die Ektoparasiten werden osmotisch so stark geschädigt, dass sie ihren Wirt verlassen bzw. absterben. Ausgenommen sind Stadien, die durch Cystenhüllen geschützt oder sehr tief in der Haut eingebettet sind. Das zum Bad verwendete Süßwasser darf kein freies Chlor enthalten, der pH-Wert muss so eingestellt werden, dass er nicht mehr als 0,5 Einheiten vom Meerwasser abweicht (Einstellung mit einer Lösung von Natriumcarbonat/Soda [$Na_2CO_3 \times 10\,H_2O$]). Die Wassertemperatur muss angeglichen werden.

Anwendung:

- Die betroffenen Fische werden 1 - 2 Minuten in Süßwasser gebadet und danach sofort wieder in Meerwasser zurückgesetzt. Die Verträglichkeit für die Fische ist in der Regel gut und häufig schonender als ein Bad mit Chemikalien
- Bei einem Zusatz von 10 % Seewasser kann das Bad auf 15 - 30 Minuten ausgedehnt werden und ist für besonders empfindliche Fische verträglicher.

Trichlorphon (Masoten)

Eine in Wasser lösliche Verbindung, die gegen „Wurmparasiten" eingesetzt werden kann.

Anwendung:

- 2 - 3 mg Trichlorphon in 10 l Wasser für 3 - 4 Tage
- Mit Trichlorphon können auch Futtertiere präpariert und sofort an erkrankte Fische verfüttert werden. Die Dosierung muss genau eingehalten werden.

Wirksam gegen ekto- und endoparasitische „Würmer", Copepoda und Isopoda.

Wärmebad

Einige Parasiten sind in ihrer Entwicklung an ein relativ schmales Temperaturoptimum angepasst. Temperaturerhöhungen, die bei guter Sauerstoffversorgung von Fischen noch toleriert werden, können die Entwicklung von Parasiten hemmen.

Anwendung:

- *Hexamita*: Temperaturen von 32 °C für 4 - 5 Tage
- *Ichthyobodo necator*: > 30 °C für 3 - 4 Tage
- *Chilodonella cyprini*: 28 - 30 °C für 4 - 5 Tage.

Zinksulfat

Zinksulfat ($ZnSO_4$ x 7 H_2O) bildet farblose Kristalle mit guter Wasserlöslichkeit. Es entfaltet eine gute Wirkung gegen Ektoparasiten von Meeresfischen und ist im Vergleich zu Kupfersulfat im Meerwasser wesentlich stabiler. Es wirkt stark giftig auf wirbellose Tiere.

Anwendung:

- Die Dosierung erfolgt mit einer Stammlösung: 4 g Zinksulfat werden in 1 l Wasser gelöst
- 10 ml dieser Stammlösung werden zu 20 - 40 l Meerwasser zugesetzt und über 3 - 10 Tage angewendet
- Nach jeweils 4 Tagen Behandlung muss das Bad komplett erneuert werden.

Narkotika

Ein einfaches und universell einsetzbares Narkotikum für Fische ist Ethyl-m-aminobenzoat (MS 222, Sandoz). Das weiße Pulver löst sich leicht in Wasser und wird von Fischen rasch über die Kiemen aufgenommen. Verschiedene Fischarten sprechen unterschiedlich auf das Narkotikum an. Die jeweils geeignete Konzentration muss für jede Art ermittelt werden. Besonders sensibel reagieren Selachier auf MS 222. Als Anhaltspunkt können Konzentrationen von 1 : 3000 - 1 : 30000 dienen. Größeren Fischen können entsprechend konzentrierte Lösungen direkt vor die Mundöffnung platziert werden, so dass der Wirkstoff mit dem Atemwasser an den Kiemen vorbeigeführt wird. Die Tiere sollten 5 - 10 Minuten zur Erreichung der Anästhesie benötigen. In höheren Verdünnungen eignet sich MS 222 als Zusatz für Fischtransporte. Neben einer Einschränkung der Motorik kommt es auch zu einer Herabsetzung des Stoffwechsels und damit des Sauerstoffbedarfs.

Als leicht wasserlösliches Narkotikum eignet sich auch Hypnodil™ (Metomidat, Jansen Pharm.). Die effektive Konzentration beträgt 5 - 7 mg/l Wasser. Vorsicht, Hypnodil™ ist giftig!

Konservierung

Für eine Kryokonservierung werden die Tiere nach dem Abtöten in einen luftdicht schließenden Plastikbeutel verpackt und sofort bei mindestens -18 °C eingefroren. Eine andere Möglichkeit ist die Konservierung mit 10%iger Formaldehydlösung (in See- bzw. Süßwasser). An konservierten Tieren lassen sich jedoch nur eingeschränkt Krankheitserreger und Todesursache nachweisen.

Sollen Tiere für eine längere Zeit und als wissenschaftliche Belegexemplare bewahrt werden, müssen sie je nach Größe über eine ausreichende Zeit in Formaldehydlösung (8 - 10 %ig) fixiert werden. Bei großen Tieren ist eine Injektion der Lösung in die Leibeshöhle erforderlich. Danach werden die Tiere über Stufen von reinem unvergällten Ethanol oder Propanol (30 % – 50 % – 70 %) entwässert und in gut schließenden Gefäßen in 80%igem Ethanol bzw. Propanol aufbewahrt.

Desinfektion

Nach dem Auftreten ansteckender Krankheiten, deren Erreger auch ohne ihren Wirt eine gewisse Zeit überleben können, müssen Aquarien und Gerätschaften mit geeigneten Methoden desinfiziert werden. Herkömmliche Desinfektionsmittel enthalten meist Detergentien und andere Substanzen, die auch in Spuren für Fische stark giftig sind, sich aber schwer aus dem Becken und von Gerätschaften entfernen lassen. Aquarien können mit gesättigter Kochsalzlösung, 5%iger Lösung von Kaliumpermanganat oder 5%igem Wasserstoffperoxid gut desinfiziert werden. Auch das Auswaschen mit 80%igem Alkohol (Optal, Ethanol) mit anschließendem

Austrocknen eignet sich gut zur Desinfektion. Sand, Steine, Hölzer und entsprechendes Aquarienzubehör können durch kochendes Wasser, Wasserdampf oder trockenes Erhitzen auf 200 - 250 °C desinfiziert werden. Gerätschaften (Netze, Schläuche usw.), die gemeinsam für mehrere Becken benutzt werden, sind bei jedem Behälterwechsel zu desinfizieren. Hierzu werden sie in eine gesättigte Kochsalzlösung oder 80%iges Ethanol eingestellt. Zur Benutzung reicht ein einfaches Ausschlagen, da Spuren der Lösungen keinerlei schädliche Wirkung im Aquarium entfalten.

Fang und Transport

L. Dudek

Fang von Fischen

Im täglichen Betrieb müssen immer wieder Fische gefangen und umgesetzt oder für einen Transport vorbereitet werden. Der Transport und die Umgewöhnung in eine neue Umgebung sollten, selbstverständlich unter Beachtung des Tierschutzes, so schonend wie möglich erfolgen.

Oft ist es schwierig, Fische aus eingerichteten Aquarien zu fangen. Dafür stehen verschiedene Fanggeräte zur Verfügung. Am häufigsten wird der Fangkescher verwendet. Er sollte möglichst viereckig und je nach Erfordernis mit einem Teleskopstiel ausgestattet sein. Die Bügelgröße und die Maschenweite müssen der Größe des zu fangenden Tieres entsprechen. Ein dunkler Netzstoff ist für die Tiere weniger sichtbar und deshalb vorzuziehen. Eine andere Möglichkeit ist der Einsatz von Fischfallen. Da deren Größe den örtlichen Verhältnissen angepasst sein muss, handelt es sich oft um Spezialanfertigungen. Fangglocken ermöglichen ein besonders schonendes Herausfangen, weil die Tiere mit Wasser umgesetzt werden. Den gleichen Effekt erreicht man, wenn durchsichtige Kunstoffbeutel, Schöpfkellen oder Gläser verwendet werden.

Die Fangmethoden richten sich nach der Tierart und dem Aquarium. Wenn möglich, sollten vor dem Fang der Wasserstand abgesenkt und Dekorationsmateralien entfernt werden. Fest eingebaute, schwer zugängliche Höhlen und Spalten können verstopft oder als Falle verwendet werden. Bei großen oder stark strukturierten Becken sind Fischfallen besonders hilfreich. Tiere mit vielen Stacheln, z.B. Welse, Skorpionsfische oder auch Seeigel, verhaken sich oft im Kescherstoff. In diesem Fall sollte man Kescher aus engmaschigem Material einsetzen. Es gibt zudem Fische, die in der Lage sind, den Netzstoff durchzubeißen, wie Piranhas oder Drückerfische. Ein mit sehr derbem und festem Stoff versehenes Netz oder Kunstoffkörbe sollten hier zum Einsatz kommen.

In neuerer Zeit werden häufiger Betäubungsmittel bei Fang, Transport und veterinärmedizinischer Behandlung, aber auch zum Abtöten von Fischen und Wirbellosen eingesetzt. Bei dieser vom Tierarzt durchzuführenden Methode wird mit Narkosemedikamenten zeitlich begrenzt das Nervenzentrum der Fische und damit die Bewegungsfreiheit und das Schmerzempfinden ausgeschaltet. Im Süßwasser ist das auch mit Gleichstrom möglich, wie es die Elekrofischerei zeigt. Diese Methode erfordert ein konsequentes Einhalten aller Sicherheitsstandards, um Gefährdungen zu vermeiden.

Nicht unerwähnt bleiben soll die Möglichkeit, Tiere mit der Hand zu fangen. Wenn sowohl Fischen als auch Wirbellosen der Fluchtraum weitgehend eingeschränkt wurde, kann man sie vorsichtig mit der Hand greifen und in das Transportgefäß umsetzten. Vor allem festsitzende Wirbellose, wie Aktinien und größere Fische, sind mit den Händen leicht aufzunehmen. Stachelige, bissige, giftige und Elektrizität abgebende Tiere kann man allerdings nicht oder nur durch Handschuhe geschützt mit der Hand fangen.

Transport von Fischen

Während des Transports unterliegen die Tiere immer einem gewissen Stress, unter anderem weil aufgrund der geringen Wassermenge der

Sauerstoffgehalt im Wasser sinkt. Die Transportdauer ist deshalb so gering wie möglich zu halten. Die zu verschickenden Tiere sollte man 2 - 3 Tage vor dem Transport nicht mehr füttern, damit sich der Darm weitgehend entleert und das wenige Wasser im Transportgefäß nicht durch eine spätere Kotabgabe unnötig belastet wird. Zu verschickende Fische müssen gesund, kräftig und gut genährt sein. Auch bei der Zahl der Tiere und eventueller Vergesellschaftungen im Transportgefäß sollte man vorsichtig sein. Eine Beschränkung ist oft besser, weil auf dem Transport gesunde Tiere durch sterbende gefährdet werden. Es gibt Arten der Weichtiere, Krebstiere und der Blumentiere, die sich wie Wasserpflanzen in einem feuchten Material besser transportieren lassen, als unter Wasser.

Das Transportgefäß füllt man mit dem Aquarienwasser des Herkunftsbeckens. Bei längeren Transporten ist darauf zu achten, dass dieses Wasser wenig belastet ist, was durch vorherige häufige und regelmäßige Teilwasserwechsel garantiert wird. Als Transportgefäße im Haus eignen sich Eimer, bei größeren Tieren Kunstofffässer und Satten. Sie sollten gut abgedeckt werden, um ein Herausspringen zu verhindern.

Für längere Transporte nimmt man bei Tieren in „normaler" handelsüblicher Größe Kunststoffbeutel bzw. -säcke, am besten aus Polyethylen mit abgerundeten Ecken. Nachdem sie zu einem Drittel mit Wasser gefüllt und die Tiere eingesetzt worden sind, wird mit reinem Sauerstoff „aufgepumpt" und mit Gummis verschlossen. Bei manchen Wirbellosen wie auch einigen Luft atmenden (z. B. Anabantidae) und schreckhaft im Beutel springenden Fischen (z. B. Atherinidae) ist reiner Sauerstoff schädlich, man verwendet deshalb Luft, die eventuell mit einer Prise Sauerstoff angereichert werden kann. Die Beutel werden meistens in Styroporbehälter gelegt, was sie gegen mechanische Beschädigungen schützt und vor allem die Wassertemperatur im Beutel stabilisiert. Bei sehr langen Transporten können gegebenenfalls Wärmflaschen oder Kühlakkus dazugelegt werden, um die Temperatur länger auf dem gewünschten Niveau zu halten. Durch den Einsatz zweier Beutel wird die Sicherheit hinsichtlich der Dichtheit erhöht. Man kann durch das Einbringen von schwarzer Folie in den Beuteln gerade bei unverträglichen Fischen ständiges Imponieren durch Sichtkontakt verhindern und so die Tiere beruhigen. Für sehr bissige oder stachelige Tiere muss man besonders stabile Beutel benutzen. Größere, stark beißende Fische (z. B. Drückerfische) sollte man in geschlitzten Plastikbehältern im Wasser des Plastikbeutels transportieren.

Tiere, die sich aufgrund ihrer Größe nicht mehr in normalen Beuteln oder Säcken transportieren lassen, können in großen Kunstoffbehältern wie Fässern oder Wannen mit Deckel versandt werden. Geeignet sind auch mit Teichfolie abgedichtete Behälter oder große, aus Folie hergestellte Beutel, die in ein Gerüst gehängt werden. Dazu sollte man eine Wasserbewegung mit Luft aus Kompressoren, die im Auto angeschlossen werden, erzeugen. Fischereibetriebe verfügen über Spezialfahrzeuge für den Fischtransport, die für große Schautiere bestens geeignet sind und ausgeliehen werden können. Zu beachten ist stets, dass die Innenseiten von Kunststoffbehältern oft ziemlich rau sind und die Tiere Hautschäden davontragen können. Dies lässt sich durch das Auslegen mit Folie verhindern.

Wie beim Fang ist auch beim Transport der Einsatz von Betäubungsmitteln zum Ruhigstellen möglich. Dadurch wird der Stoffwechsel herabgesetzt und das Wasser weniger belastet.

Besonders der Transport und die Eingewöhnung frisch gefangener Tiere aus Freigewässern sind oft sehr schwierig. Eine vorherige mehrtägige Eingewöhnung erleichtert diesen Prozess.

Bei einer Lieferung von einem Händler können Tiere ankommen, bei denen es sich um Nachzuchten oder aber um Wildfänge handelt. Häufig gibt es darüber keine näheren Informationen. Es müssen deshalb stets genügend eingefahrene Aquarien für die Quarantäne bereitgehalten werden, um die Tiere möglichst separat unterzubringen und Vergesellschaftungen zu vermeiden oder wenigstens so gering wie möglich zu halten. Damit kann man die Gefahr des Übergreifens von Krankheiten vermindern. Auch Therapiemaßnahmen für erkrankte Tiere lassen sich leichter durchführen. In der Eingewöhnungsphase ist es außerdem wichtig, dass sich die Tiere langsam an die neuen Bedingungen gewöhnen können und nicht einem zu großen Konkurrenzdruck ausgesetzt sind.

Allgemein gilt, dass neu eingetroffene Tiere möglichst langsam vom „Transportwasser" an das Aquarienwasser der Quarantäne-Becken zu gewöhnen sind. Hektik und Zeitdruck sind unangebracht und fordern nur Tierverluste. Zwar sind Nachzuchtfische aus dem Süßwasserbereich meist weniger anfällig als Wildfänge aus dem Meer. Trotzdem sollte man sich im Zweifelsfall auch bei unproblematischen Arten immer etwas mehr Zeit nehmen und nicht stur der Routine verfallen. Gut bewährt hat sich ein so genanntes „Umtropfen", bei dem über einen dünnen Schlauch, eventuell mit einer Schlauchklemme oder einem Lufthahn gedrosselt, Wasser aus dem Aquarium mit dem „Transportwasser" langsam vermischt wird.

Der niedrige pH-Wert im Transportgefäß, der durch die geringe Wassermenge und die Atmung der Tiere, bei der Sauerstoff verbraucht wird und Kohlendioxid entsteht, hervorgerufen wird, ist meistens das größte Problem beim Auspacken und Einsetzen in die Quarantäne-Becken. Vor allem bei Meerestiertransporten sollte der pH-Wert in jedem Beutel gemessen werden. Wenn Transporte erwartet werden, die sehr lange unterwegs waren, kann man schon vor deren Ankunft die pH-Werte der Quarantäne-Becken durch Zugabe von Kohlendioxid bis auf einen Wert von 6,5 senken. Dies ermöglicht ein zügiges Einsetzen der Fische. Den pH-Wert lässt man dann langsam wieder auf seinen Normalwert zwischen 8,0 und 8,4 ansteigen. Generell gewöhnen sich viele Tiere oft schneller ein, wenn leicht zu entfernende Sichtblenden o.Ä. als Versteckmöglichkeiten in die Quarantäne-Becken eingebracht werden. Damit wird – wie auch durch das Abdecken des Aquariums – die Gefahr des Herausspringens oder -kletterns vermindert, was ansonsten besonders bei einzugewöhnenden Tieren erfahrungsgemäß immer wieder zu Verlusten führt.

Systematik und Haltung

Schädellose, Rundmäuler und Fische

J. Kormann & W. E. Engelmann

Das Leben im Wasser hat bei verschiedenen Tiergruppen zu äußeren Ähnlichkeiten geführt, ohne dass sie näher miteinander verwandt sind. Erinnert sei nur an die verblüffende Übereinstimmung der Gestalt von Fischen und Walen und an solche irreführenden Benennungen wie Walfisch oder Tintenfisch. Als Fische im weitesten Sinne kann man bestenfalls alle primär im Wasser lebenden, Flossen tragenden Wirbeltiere bezeichnen, die im Erwachsenenstadium durch innere Kiemen atmen.

Im zoologischen System gehört die Fischverwandtschaft zum Stamm der Chordatiere (Rückensaitentiere, Chordata). Dieser Tierstamm, zu dem auch der Mensch gerechnet wird, umfasst mit den Säugetieren (Mammalia) und Vögeln (Aves) die meisten der traditionell in zoologischen Gärten gehaltenen Tiere. Weniger bekannt sein dürfte, dass außer diesen und den Amphibien und Reptilien noch einige weitere wasserlebende Tiergruppen zu den Chordatieren zählen. Insgesamt sind derzeit etwa 44000 Arten beschrieben (zum Vergleich umfasst der Stamm Gliedertiere mit den Insekten gegenwärtig 1,3 Millionen Arten).

Namengebende Gemeinsamkeit der Chordatiere ist ein den ganzen Körper durchziehendes Achsenskelett, die Rückensaite (Chorda dorsalis). Dieser ungegliederte, elastische Stab wird im Laufe der Entwicklung zu den Wirbeltieren teilweise oder nahezu vollständig durch die Wirbelsäule ersetzt, ist jedoch stets noch während der Embryonalentwicklung erkennbar. Über der Chorda liegt das hohle Nervensystem, das sich vom einfachen Neuralrohr zum Gehirn und zum Rückenmark der Wirbeltiere entwickelt. Der zentrale Hohlraum bleibt in Form der Hirnventrikel und des anschließenden Rückenmarkkanals erhalten.

Eine weitere wesentliche Gemeinsamkeit aller Chordatiere ist der von Kiemenspalten durchbrochene vordere Darmabschnitt, der Kiemendarm. Selbst bei Säugetieren als den stark abgeleiteten, auf dem Land lebenden Chordaten treten während der Embryonalentwicklung noch Kiemenspalten auf.

Innerhalb der Chordatiere werden 3 Unterstämme unterschieden, die allerdings von manchen Autoren auch als eigene Tierstämme betrachtet werden. Ihr Ursprung liegt zweifellos im Meer, wo auch die am einfachsten organisierten rezenten Vertreter leben.

- Manteltiere (Tunicata, Urochordata)
  Chorda lediglich im Schwanzbereich und meist nur im Larvenstadium. Filtrierer mit Kiemendarm, ansonsten recht abweichend gestaltet. Sie werden im Band Wirbellose behandelt.
- Schädellose (Acrania)
  Sie repräsentieren in nahezu idealer Weise einen Urtyp der Chordatiere, von dem sich die Wirbeltiere ohne weiteres ableiten lassen.
- Wirbeltiere (Vertebrata)
  Ersatz der Chorda durch die Wirbelsäule. Ausbildung eines Kopfes mit Schädel, Gehirn und Sinnesorganen. Übergang von der strudelnden zur räuberischen Lebensweise.

Unterstamm Schädellose (Cephalochordata, Acrania)

Die Schädellosen besitzen einerseits einige entscheidende Gemeinsamkeiten mit den Wirbeltieren wie ein zentrales Stützelement, das hier in Form der ungegliederten Rückensaite (Chorda dorsalis) den ganzen Körper durchzieht, ein darüber liegendes hohles Zentralnervensystem (Neuralrohr) und einen von Kiemenspalten durchbrochenen Vorderdarm. Zum anderen fehlen ihnen jedoch Wirbelsäule, Gehirn und Schädel, so dass man sie als Schädellose (Acrania) den Wirbeltieren gegenüberstellt. Entlang der Chorda hat sich im Verlauf der Stammesgeschichte die Wirbelsäule entwickelt.

1 Ordnung. Bisher wurden keine eindeutig zuordenbaren fossilen Vertreter gefunden.

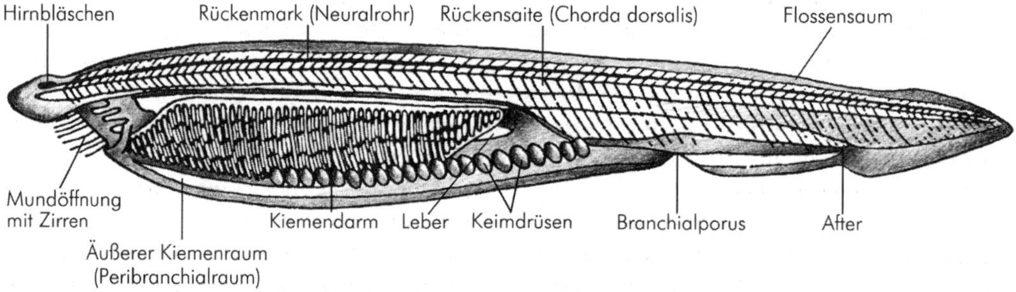

Bauplan eines Schädellosen (Branchiostoma)

1
Ordnung Lanzettfischchenartige (Amphioxiformes)

W. E. Engelmann & J. Kormann

Gestreckter, seitlich zusammengedrückter, vorn und hinten lanzettförmig zugespitzter Körper, besteht lediglich aus einer langen Rumpfregion (ohne Kopf!) und einem kurzen Schwanzabschnitt. Auf dem Rücken zieht ein feiner Flossensaum von vorn nach hinten, verbreitert sich dann zu einer kleinen lanzettförmigen Schwanzflosse und endet am Bauch etwa in der Körpermitte. Fortpflanzung getrenntgeschlechtlich mit Eiern, aus denen ein Larvenstadium schlüpft. Bei den Larven führen die Kiemenspalten unmittelbar nach außen, die Adulten bilden einen äußeren Kiemenraum (Peribranchialraum) aus, der nur mit 1 Öffnung etwa in Körpermitte seitlich nach außen mündet.

1 Familie mit 2 Gattungen, die wegen der unterschiedlichen Ausbildung der Geschlechtsorgane auch als getrennte Familien angesehen werden.

Familie Lanzettfischchen (Branchiostomatidae)

Verbreitung. In allen tropisch-subtropischen Meeren. Einige Arten dringen in gemäßigt-temperierte Meere vor, nördlich bis nach Norwegen, südlich bis nach Neuseeland.

Lebensweise. Hauptsächlich in Flachwasserbereichen auf Sandböden, ganz wenige Arten in tieferem Wasser (um 1000 m) wahrscheinlich planktisch. Die rezenten Arten sind, soweit bekannt, kleine, mit Ausnahme des Vorderendes meist im Boden steckende Meeresbewohner. Aufgeschreckt schwimmen sie schlängelnd, bei gleichzeitiger Drehung um ihre Längsachse, nur kurze Strecken, um sich sogleich wieder mit dem Hinterende voran in den Bodengrund einzubohren. Die Geschlechtsprodukte werden in den Peribranchialraum abgegeben und gelangen mit dem ausströmenden Atemwasser ins Freie.

Nahrung. Filtrierer, die Plankton und geformtes organisches Material aus dem Wasser aufnehmen. Mithilfe eines bewimperten Räderorgans ziehen sie einen Wasserstrom in den Mund, der über die Kiemenspalten und den Peribranchialraum wieder nach außen gelangt. Die Nahrungsteilchen werden von einem feinen Schleimfilter zurückgehalten, der sich über die relativ groben Kiemenspalten schiebt und mit der anhaftenden Nahrung verdaut wird.

2 Gattungen mit 30 Arten.

Gattung *Branchiostoma* = *Amphioxus* (Symmetrische Lanzettfischchen): 23 Arten. Geschlechtsorgane in 2 Reihen. Dazu **Pazifisches Lanzettfischchen** (*B. belcheri*): 7 cm, um Südjapan, Taiwan und chinesische Küste, Philippinen bis Nordaustralien, Madagaskar und Ostafrika. Wird als einzige Art in Japan und Taiwan wirtschaftlich genutzt. – **Kalifornisches Lanzettfischchen** (*B. californiense*): bis 8,3 cm, Kalifornien bis Panama. – **Karibisches Lanzettfischchen** (*B. caribaeum*): 5,5 cm, von Brasilien nach Norden bis in die Karibik. – **Florida-Lanzettfischchen** (*B. floridae*): etwa 6 cm, Golf von Mexiko. – **Europäisches Lanzettfischchen** (*B. lanceolatum*): etwa 6 cm, in den europäischen und

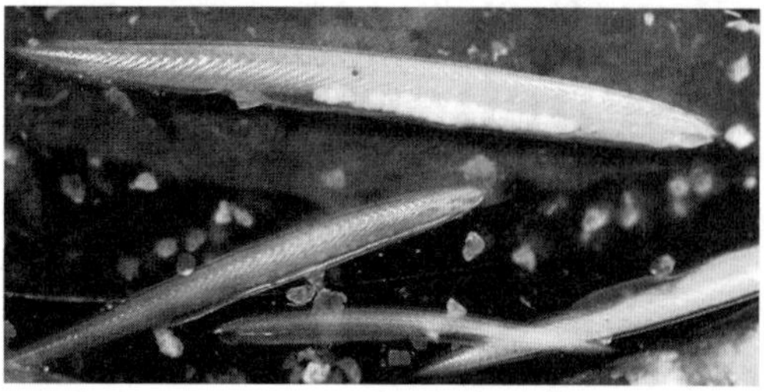

Abb. 1.1 *Branchiostoma lanceolatum* (Aquarium der Biologischen Anstalt, Helgoland)

nordafrikanischen Küstengewässern, Schwarzes Meer, auch in der Nordsee, in der Ostsee bis zur Kieler Bucht, außerdem im Indischen Ozean an den afrikanischen und indischen Küsten. Bevorzugt in Tiefen zwischen 4 und 15 m. Durchscheinender, fleischfarbener Körper.

Gattung *Epigonichthys = Asymmetron* (Asymmetrische Lanzettfischchen): 7 Arten. Geschlechtsorgane in 1 Reihe nur in der rechten Körperseite. Dazu **Hectors Lanzettfischchen** (*E. hectori*): 4 cm, in den Küstengewässern der Nordinsel und dem nördlichen Teil der Südinsel Neuseelands.

Haltung von Lanzettfischchen

Über die Haltung der meisten Lanzettfischchen-Arten ist wenig bekannt, wenngleich einige Arten für wissenschaftliche Untersuchungen in Labors gehalten werden. *Branchiostoma lanceolatum* pflegt man in kleinen, gut gekühlten (14 - 18 °C) Aquarien mit mindestens 5 cm hohem, weichem Bodengrund, die im Idealfall ständig von frischem, nahrungsreichem Meerwasser durchströmt werden. Die Tiere müssen mit feinstem Frost- oder Ersatzplankton, eventuell zerriebenem Kunstfutter, ernährt werden. Lanzettfischchen aus der Nordsee sind regelmäßig im Aquarium der Biologischen Anstalt Helgoland zu sehen.

Höchstalter. Etwa 2 Jahre im Aquarium der Biologischen Anstalt Helgoland.

Unterstamm Wirbeltiere (Vertebrata)

Innerhalb der Wirbeltiere unterscheidet man 8 rezente Klassen, von denen die in der Regel landbewohnenden Säugetiere (Mammalia), Vögel (Aves) sowie Lurche und Kriechtiere (Amphibia und Reptilia) in jeweils getrennten Bänden dieser Reihe behandelt werden. Die anderen 4 Klassen umfassen die Fische im weitesten Sinne:

- Klasse Ingerartige (Myxini)
- Klasse Neunaugenartige (Cephalaspidimorphi)
- Klasse Knorpelfische (Chondrichthyes)
- Klasse Knochenfische (Osteichthyes).

Diese Klassen bilden allerdings keine natürliche Verwandtschaftsgruppe, denn ihre stammesgeschichtliche Entwicklung verläuft seit langem getrennt. Sie weisen fundamentale Unterschiede auf. Das gilt besonders für Ingerartige und Neunaugenartige, die als Rundmäuler (Überklasse Cyclostomata) keine Kiefer besitzen, weshalb heute meist nur Knorpel- und Knochenfische als Fische (Überklasse Pisces) zusammengefasst werden.

Überklasse Rundmäuler, Kieferlose (Cyclostomata, Agnatha)

J. Kormann & W. E. Engelmann

Die Rundmäuler sind die ursprünglichsten Wirbeltiere, die mit den Schalenhäutern (Ostracodermata) ihre Blütezeit im Silur und Devon vor etwa 400 - 300 Millionen Jahren hatten. Erstmals traten sie in der Evolution aber wahrscheinlich bereits im Kambrium (vor rund 500 Millionen Jahren) auf.

Bei den Rundmäulern beginnt erst die Umbildung der ungegliederten Rückensaite (Chorda dorsalis) zur Wirbelsäule. Sie besitzen zwar einen einfachen Hirnschädel, der das Gehirn umschließt. Es fehlt ihnen jedoch der Gesichtsschädel und damit Ober- und Unterkiefer. Die ringförmige Mundöffnung lässt sich lediglich erweitern oder verengen. Daher werden sie auch als Kieferlose (Agnatha) oder Halbschädler (Hemicraniota) den übrigen Wirbeltieren (Gnathostomata, Craniota) gegenübergestellt. Die fossilen Vorfahren waren meist stark gepanzerte Süßwassertiere. Das Skelett der heute lebenden Rundmäuler ist bis auf knorpelige Reste rückgebildet. Hauptsächliches Stützelement ist noch die Chorda. Dieser legen sich jedoch bei den Neunaugen rückenseitig Paare knorpeliger Spangen an, die das Rückenmark umschließen. Als so genannte Neuralbögen dokumentieren sie in der Evolution den Beginn der Wirbelbildung.

Rezent nur 2 Klassen.

- Klasse Ingerartige (Myxini) mit der Ordnung Ingerartige (Myxiniformes)
- Klasse Neunaugenartige (Cephalaspidimorphi) mit der Ordnung Neunaugenartige (Petromyzontiformes).

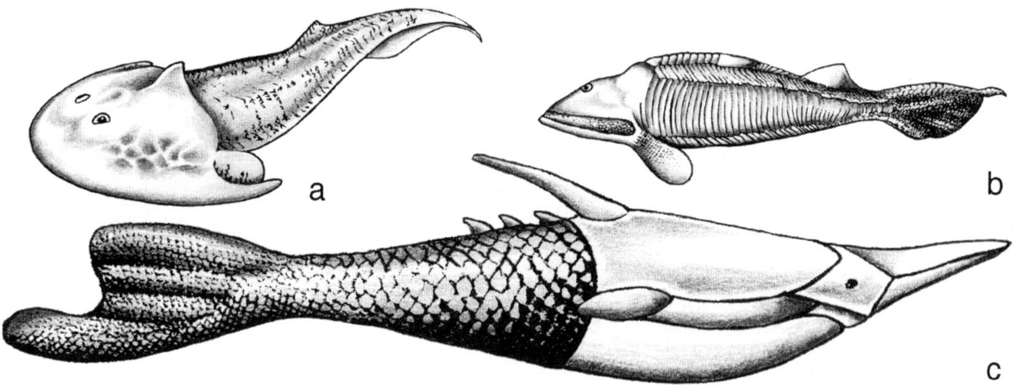

Schalenhäuter (Klasse Pteraspidomorphi, entspricht weitgehend den früheren Ostracodermata). Kieferlose Fischartige aus dem Erdaltertum (Oberes Ordovicium, Silur und Devon, vor 490 - 350 Millionen Jahren), alles Brackwasserformen. **a:** *Cephalaspis* (etwa 30 cm). **b:** *Hemicyclaspis* (etwa 30 cm). **c:** *Pteraspis* (bis 1,5 m)

2
Ordnung Ingerartige (Myxiniformes)

W. E. Engelmann & J. Kormann

Rezent nur 1 Familie.

Familie Inger, Schleimaale (Myxinidae)

Aal- oder wurmförmiger Körper, am Schwanz seitlich zusammengedrückt. Mundöffnung schlitzförmig, von kurzen Barteln umgeben. Zum Zerkleinern der Nahrung dient die mit scharfen Hornzähnen besetzte, bewegliche Zunge. Augen reduziert, Geruchssinn gut entwickelt. Nasenöffnung unpaar, durch einen Nasen-Gaumen-Gang mit der Rachenhöhle verbunden, dadurch eine Atmung auch während des Fressens möglich. Kiemenöffnungen entweder als kleine Poren getrennt oder in einem gemeinsamen Gang nach außen mündend. Größe zwischen 18 cm und 1,1 m.

Verbreitung. Auf dem Festlandsockel kühler Meere.

Lebensweise. Schlickbewohner, die am bzw. im weichen Boden leben. Sie dringen u. a. in Fischleichen ein, die sie von innen leer fressen, übrig bleibt „ein Sack voller Knochen". Ablage verhältnismäßig großer, wurstförmiger Eikapseln in Schnüren oder Netzen, kein besonderes Larvenstadium. In Bedrängnis können Inger riesige Mengen Schleim absondern, daher auch die Bezeichnung Schleimaale.

Nahrung. Aas- und Kleintierfresser.

6 Gattungen mit etwa 65 Arten.

Gattung *Myxine*: 22 Arten, jederseits nur 1 Kiemengang-Öffnung. Dazu **Atlantischer Inger** (*M. glutinosa*): bis 75 cm, nördlicher Atlantik einschließlich der Küsten Nord- und Westeuropas, in 30 - 50 m Tiefe. Färbung hell rötlich braun.

Gattung *Eptatretus*: 32 Arten, jederseits 10 - 14 porenartige Kiemenöffnungen. Dazu **Pazifischer Hexenfisch** (*E. stoutii*): bis 64 cm, Alaska bis Kalifornien, in 18 - 1 000 m Tiefe. Hell graubraun gefärbt.

Haltung von Ingern

Aquaristische Erfahrungen beruhen auf Zufallsfunden. Das Vancouver-Aquarium in Kanada erhielt 4 Pazifische Hexenfische, die ein Fischer beim Einholen seiner Grundangel in einem toten Fisch gefunden hatte. In einem gekühlten, gut gefilterten Meeresaquarium wurde beobachtet, wie die Tiere, vom Geruch eines toten Fisches angelockt, diesen binnen kurzem fanden und durch Mund- und Kiemenöffnungen in ihn eindrangen. In Vancouver wurden auch die grau-rötlichen Eikapseln ausgestellt. Inger ruhen in Seitenlage. Die empfehlenswerten Haltungstemperaturen liegen um 10 °C. Die Haltung von Ingern ist vom biologischen Standpunkt aus höchstinteressant!

3
Ordnung Neunaugenartige (Petromyzontiformes)

W. E. Engelmann & J. Kormann

Der deutsche Name „Neunaugen“ ist irreführend. Er bezieht sich auf die Summe von Nasenöffnung, Auge und 7 Kiemenöffnungen an jeder Körperseite. Gestalt aalartig, Körperende mit unpaarem, mehr oder weniger gelapptem Flossensaum. Rundes Saugmaul mit scharfen, hornigen Raspelzähnen. Weltweit verbreitet, in Süßgewässern und Schelfgebieten der subtropischen bis gemäßigten Meere.

3 Familien, davon 2 hier nicht behandelte artenarme Familien, die nur auf der Südhalbkugel (südliches Südamerika, Südaustralien, Tasmanien, Neuseeland) verbreitet sind.

Familie Neunaugen, Lampreten (Petromyzonidae)

Verbreitung. Nur auf der Nordhalbkugel. Hauptsächlich in der gemäßigten Klimazone bis in arktische Gewässer (Südgrönland, Südisland), aber auch mediterrane und subtropische Gebiete bis nach Südwestmexiko.

Lebensweise. Bewohner küstennaher Meeresgebiete, die jedoch stets zum Laichen in Süßgewässer wandern, sowie auch reine Süßwasserarten. Mit dem Saugmaul heften sich die Neunaugen an Fische an und fräsen gewissermaßen ein Loch in das Beutetier. Fortpflanzung meist im Oberlauf von Flüssen und Bächen. Nach stürmischem Ablaichen, bei dem die Männchen den Laich aus dem Körper der weiblichen Tiere mittels einer Körperschlinge regelrecht herausdrücken, sterben sie ab. Aus dem Ei entwickelt sich eine augenlose Larve (Ammocoetus, Querder), die als Filtrierer meist mehrere Jahre eingegraben im Bodengrund von Süßgewässern lebt und dann eine Metamorphose zum räuberischen Alttier durchmacht. Bei vielen Arten entfällt jedoch diese Fressphase.

Nahrung. Parasitisch von Gewebsbrei und Körperflüssigkeit von Fischen. Larven filtrieren Plankton.

10 Gattungen mit 36 Arten.

Gattung *Ichthyomyzon*: 6 Arten. Dazu **Ohio-Neunauge** (*I. bdellum*): bis 35 cm, im Ohio-Flusssystem (USA), reine Süßwasserart. Räuberische Lebensweise.

Abb. 3.1 *Lampetra planeri* (Privataquarium)

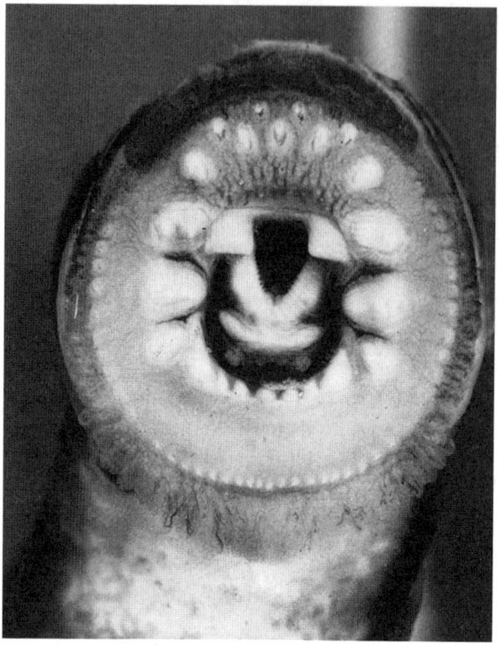

Abb. 3.2 *Lampetra fluviatilis*, Mundscheibe (Privataquarium)

Gattung *Lampetra*: 2 parasitische Wanderarten und 5 nichtparasitische Süßwasserarten in Europa, Nordasien und Nordamerika. Dazu **Europäisches Flussneunauge** (*L. fluviatilis*): bis 50 cm, Nord- und Ostsee, Britische Inseln, französische Atlantikküste, nordwestliches Mittelmeer (Südfrankreich, Norditalien). Rücken grünlich blau, Seiten gelblich weiß, Bauch silberweiß. Larven knapp 4 Jahre im Süßwasser weitgehend im Boden eingegraben. Erwachsene überfallen im Küstenbereich der europäischen Meere vor allem Finten, Heringe und Lachsfische. – **Europäisches Bachneunauge** (*L. planeri*): 15 - 20 cm, Mittel-, Nord- und Osteuropa (bis Finnland, im Süden nur im westlichen italienischen Festland). Ähnlich gefärbt. Alttiere bleiben nach der Metamorphose im Süßwasser, fressen nicht (Darm wird rückgebildet) und sterben kurz nach dem Ablaichen.

Gattung *Lethenteron*: 6 Arten. Dazu **Arktische Lamprete** (*L. japonicum*): 50 - 60 cm, subpolare Küstenmeere und Süßgewässer Europas, Asiens und Nordamerikas, südlich bis Sachalin und Japan. Hauptbeutefische sind Lachsfischartige und Heringe. Fressphase im Meer 1 - 3 Jahre. Auch reine Süßwasserformen sind bekannt. – **Po-Neunauge** (*L. zanandreai*): 20 cm, ausschließlich in Süßgewässern zwischen den italienischen Alpen und linksseitig des Po. Keine parasitische Fressphase.

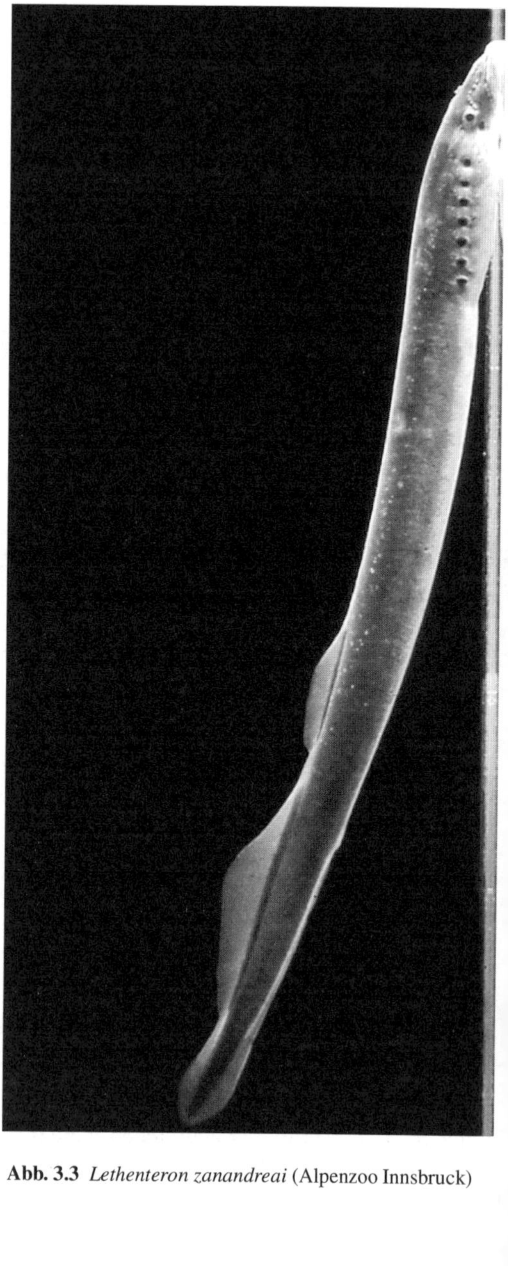

Abb. 3.3 *Lethenteron zanandreai* (Alpenzoo Innsbruck)

Gattung *Petromyzon*: 1 Art. **Meerneunauge** (*P. marinus*): bis 1,2 m (größte Art), europäischer und nordamerikanischer Atlantik, Nord- und Ostsee, westliches Mittelmeer. Körper oberseits auf silbrigem Grund schwarzbraun oder olivgrün marmoriert, Unterseite silberweiß. Frisst an Dorschen, Haien und sogar Walen. Eine ständig im Süßwasser lebende kleinere Lokalform richtet große Schäden bei der Lachsfischerei in den Großen Seen Nordamerikas an.

Haltung von Neunaugen

Erwachsene Neunaugen werden als Zufallsfunde gelegentlich in Aquarien gezeigt. Aufgrund ihres natürlichen Lebensablaufs besitzen sie meist nur noch eine kurze Lebenserwartung. Sie sind sehr sauerstoffbedürftig und wärmeempfindlich (Wassertemperaturen unter 18 °C). Mit ihrem Saugmaul sind sie gewöhnlich an der Scheibe oder Einrichtungsgegenständen angeheftet. Eingesetzte Fische verfolgen sie hartnäckig und fallen diese an. Arten ohne parasitische Fressphase erhalten kein Futter und können mit anderen Kleinfischen ähnlicher Bedürfnisse (z.B. Bachschmerlen, Groppen, Steinbeißer) vergesellschaftet werden.

Die Larven können in Aquarien mit weichem Bodengrund mehrere Jahre bis zur Metamorphose leben, sind jedoch kaum sichtbar. Ihre Fütterung erfolgt mit Staubfutter, fein zerriebenem Kunstfutter, Brennnesselmehl, Bäckerhefesuspension u. Ä. in kleinen Portionen (Filter bei Fütterung abstellen).

Höchstalter. Natürliche Lebenserwartung von *Petromyzon marinus* 9 - 11 (Larvenphase 3, Fressphase 6 - 8 Jahre), von *Lethenteron japonicum* und *Lampetra fluviatilis* etwa 7 Jahre (Larvenphase etwa 5, Fressphase 1 - 3 Jahre). Larven von *Lempetra planeria* leben zwischen 3 und 7 Jahren, adulte, nicht mehr fressende Tiere etwa 6 Monate.

Überklasse Fische (Pisces)

J. Kormann

Knochen- und Knorpelfische besitzen als wichtige vorteilhafte Neuentwicklung gegenüber den Kieferlosen einen Gesichtsschädel, also Ober- und Unterkiefer. Damit werden schnappende Mundbewegungen möglich. Sie bilden zusammen mit Lurchen, Kriechtieren, Vögeln und Säugetieren die Gruppe der Kiefertiere (Gnathostomata). Die ersten als Fossilien nachweisbaren kiefertragenden, fischartigen Wirbeltiere waren die Acanthodii und die Plattenhäuter (Placodermi) aus dem Obersilur und Perm (vor 450 - 240 Millionen Jahren). Die Acanthodii hatten bereits ein knöchernes Skelett, Schmelz-(Ganoid-)schuppen und eine ungleichmäßig zweilappige (heterozerke) Schwanzflosse. Sie starben nach etwa 150 Millionen Jahren wieder aus.

Aber zwischen Knorpel- und Knochenfischen gibt es so bedeutende Unterschiede, dass sie als 2 getrennte Wirbeltierklassen gelten müssen. Zum Beispiel besteht das Skelett der Osteichthyes aus Knochen, das der Chondrichthyes aus Knorpel. Bei Haien und Rochen als den wichtigsten Knorpelfischgruppen münden die Kiemenspalten getrennt nach außen, Knochenfische besitzen dagegen einen Kiemendeckel. Die meisten Knochenfische haben knöcherne Schuppen, die in Schuppentaschen unter der meist dünnen, verletzlichen Oberhaut liegen. Die Haut der typischen Knorpelfische ist dagegen mit Hautzähnen (Placoidschuppen) besetzt, deren Spitzen aus der Haut herausragen. Ein Hai fasst sich daher wie Sandpapier an.

Innerhalb der Knochen- und Knorpelfische haben sich im Verlauf ihrer langen Stammesgeschichte verschiedenste Formen entwickelt, z.B. der im freien Wasser jagende, stromlinienförmige Thunfisch, der klumpenförmige, mit abgewandelten Brustflossen am Boden umherkriechende Krötenfisch oder die Seepferdchen!

Äußere Ähnlichkeiten sind vielfach nur auf eine gleichartige Lebensweise zurückzuführen. So haben sich im Zusammenhang mit dem Leben auf weichem Boden mehrfach unabhängig voneinander stark abgeflachte Formen entwickelt wie die Rochen unter den Knorpelfischen oder die Seeteufel und Plattfische bei den Knochenfischen. Die Form der Hechte, so genannte Stoßräuber, die aus der Ruhe blitzschnell auf ihre Beute zustoßen, wiederholt sich z.B. verblüffend genau bei den Barrakudas, den Hechtsalmlern oder dem Hechtkärpfling, die ganz verschiedenen Ordnungen angehören und nicht näher miteinander verwandt sind. Besonders genau muss man bei den silbrigen, spindelförmigen „Normalfischen" des freien Wassers hinsehen. Sie können den unterschiedlichsten Ordnungen angehören, z.B. den Heringsartigen, Lachsartigen, Karpfenartigen, Ährenfischartigen oder Barschartigen. So finden sich unter den Fischen besonders viele Beispiele für eine parallele Entwicklung von Lebensformen unter dem Einfluss der Umwelt. Äußere Ähnlichkeit ist also durchaus nicht immer ein Hinweis auf verwandtschaftliche Nähe.

Klasse Knorpelfische (Chondrichthyes)

W. E. Engelmann, J. Kormann & J. Lange

Die bekanntesten heute lebenden Knorpelfische sind die Haie und Rochen, kaum allgemein bekannt sind dagegen die wenigen Arten der Seekatzen oder Chimären. Während die Ersteren 5 - 7 getrennt nach außen mündende Kiemenöffnungen (bei den Rochen auf der Unterseite) und meist eine typische „Sandpapierhaut" aufgrund von Hautzähnchen (Placoidschuppen) besitzen, haben Letztere eine glatte Haut und nur 1 äußere Kiemenöffnung.

Wichtigstes Knorpelfischmerkmal ist das aus Knorpel bestehende Skelett, das allerdings durch Kalkeinlagerungen verfestigt werden kann. Es besteht bei den Haien und Rochen aus einer voll entwickelten Wirbelsäule, dem Hirnschädel, sowie Ober- und Unterkiefer. Auch die Flossen besitzen knorpelige Versteifungen. Bei den Chimären sind weder Wirbelkörper noch Rippen, sondern lediglich die Wirbelbögen vorhanden. Knochengewebe findet sich in beiden Gruppen nur in den Kiefer- und Hautzähnen.

Aus einer zusätzlichen, noch embryonal angelegten Kiemenspalte entwickelte sich in der Stammesgeschichte das Spritzloch (Spiraculum), das eine Verbindung von der Mundhöhle zur Kopfseite bzw. Kopfoberseite herstellt und bei vielen Arten mit einer Hautfalte verschließbar ist. Sekundär können die Spritzlöcher aber auch wieder verloren gehen. Bei bodenlebenden Rochen stehen sie im Dienst der Atmung, indem das Atemwasser über diese, hier auf der Kopfoberseite liegenden Öffnungen zu den Kiemen geleitet wird.

Einige außergewöhnliche Sinnesleistungen zeichnen die Knorpelfische aus. Diese damit verbundenen Fähigkeiten sind möglicherweise auch eine Ursache dafür, dass schon 100 Millionen Jahre nahezu unverändert lebende Hai-Gattungen noch heute existieren, sich also erfolgreich gegenüber den moderneren Knochenfischen und Meeressäugern behaupten konnten. So ist ihr Geruchsvermögen, der chemische Fernsinn, für bestimmte Blutbestandteile äußerst empfindlich. Noch Verdünnungen von 1 : 1000000 werden geruchlich in den Nasengruben wahrgenommen. Damit ist es Haien möglich, verletzte Beutetiere aus großer Entfernung zu finden, indem sie dem Konzentrationsgefälle des Geruchsstoffs entgegenschwimmen. Äußerst empfindlich reagiert auch das innere Ohr der Haie auf niederfrequente Schallschwingungen (unter 1000 Hz). Darüber hinaus sind aber alle Knorpelfische in der Lage, schwache elektrische Felder wahrzunehmen. Sie besitzen dafür im Kopfbereich besondere Rezeptoren unter der Haut, die nach ihrem Entdecker Lorenzini'sche Ampullen genannt werden. Diese Elektrorezeptoren sind zum einen in der Lage, auf kurze Entfernung (1 - 2 m) die von anderen Tieren erzeugten schwachen bioelektrischen

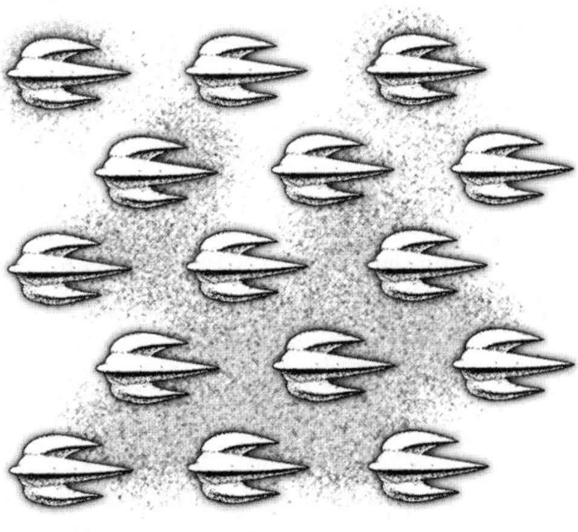

Placoidschuppen (Hautzähnchen) eines Knorpelfisches

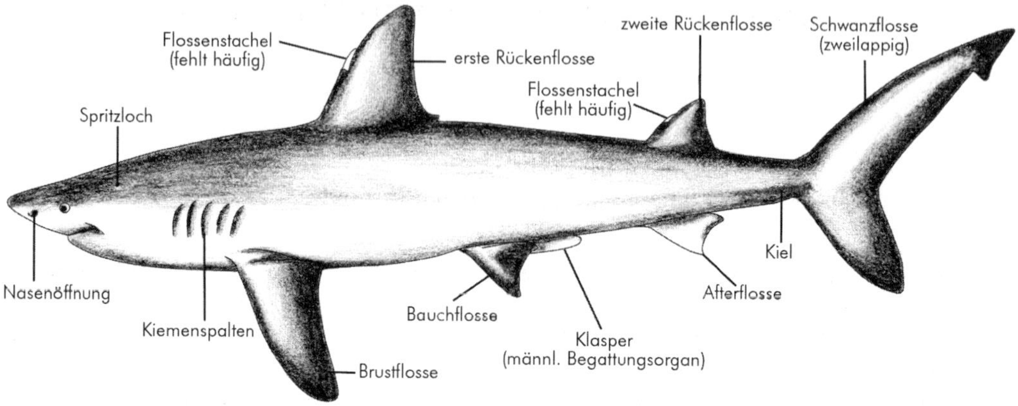

Idealisierter Knorpelfisch (Hai)

Gleichstromfelder wahrzunehmen und damit Beutetiere aufzuspüren. Zum anderen können sich die Haie und Rochen im freien Wasser an dem Magnetfeld der Erde orientieren, also zielgerichtet weite Wanderungen unternehmen.

Im Unterschied zu den Knochenfischen besitzen Knorpelfische Augenlider und eine Nickhaut. Diese sind bei einigen Gruppen sogar beweglich und können das Auge verschließen. Das so genannte Scheitel- oder Pinealauge, ein drittes Lichtsinnesorgan auf der Kopfoberseite, ist bei Haien zwar äußerlich nicht zu erkennen, trotzdem aber recht leistungsfähig im Hell-Dunkel-Unterscheiden.

Das auch bei Knochenfischen vorhandene Seitenliniensystem ist bei den Knorpelfischen unterschiedlich ausgeprägt. Es besteht aus dem Hauptkanal an den Körperseiten und verschiedenen Kopfkanälen sowie einzelnen, auf dem Körper verteilten Grubenorganen. Die Sinneszellen dieses Systems registrieren körpernahe Wasserbewegungen und aus der Ferne ankommende Druckwellen. Bei den Chimären ist die Seitenlinie noch nicht geschlossen, sondern, offenbar als ursprüngliches Merkmal, nur als Rinne ausgebildet.

Bei allen Knorpelfischen findet eine innere Befruchtung statt. Die Männchen kopulieren mittels spezialisierter Teile der Bauchflossen, den so genannten Pterygopodien, Myxopodien oder Klasper, an denen sie bereits im jugendlichen Alter leicht zu erkennen sind. Die Eier werden in hornigen Kapseln abgelegt (ovipare Arten). Viele Haie und Rochen sind aber auch eilebendgebärend (ovovivipar), wobei die Jungen bereits während des Geburtsvorgangs aus den häutigen Eihüllen schlüpfen. Bei vielen Rochen, aber auch beim Tigerhai nehmen die Embryonen noch zusätzlich zu ihrem Eidotter Nährstoffe auf, die von der Uteruswand abgesondert werden. Echt lebend gebärend (vivipar) sind z.B. die Menschen- und Hammerhaie, bei denen die Embryonen über eine Dottersackplazenta von dem mütterlichen Körper ernährt werden. Eine ungewöhnliche Form der Embryonenernährung im Mutterleib ist der intrauterine Kannibalismus, der bei den Makrelenhaiartigen zu beobachtet ist. Dabei ernähren sich die Embryonen von weiteren Eiern, die zu Tausenden von beiden Eierstöcken laufend abgegeben werden (Oophagie). Beim Sandtiger frisst darüber hinaus ein Geschwistertier alle anderen Heranwachsenden auf, so dass stets in jedem Uterusteil nur 1 Junghai übrig bleibt (Embryokannibalismus).

Da Knorpelfische keine Schwimmblase besitzen, sind sie schwerer als Wasser. Allerdings sorgt eine riesige, sehr ölhaltige Leber für eine günstigere spezifische Dichte. Trotzdem sinken sie ohne Schwimmbewegungen zu Boden. Dauerschwimmer unter ihnen müssen sich daher ständig bewegen.

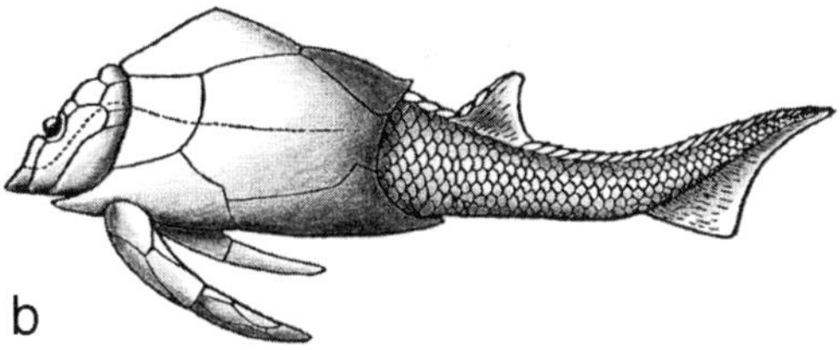

Plattenhäuter (Klasse Placodermi). Erste kiefertragende Fische aus dem Erdaltertum (Ende des Silur bis zum oberen Devon, vor 420 - 350 Millionen Jahren, Restgruppen noch bis ins frühe Karbon). **a:** *Dunkleosteus* (über 2 m, im Meerwasser), **b:** *Pterichthyodes* (etwa 15 cm, im Süßwasser)

Die heute lebenden Knorpelfische sind überwiegend Meeresbewohner, nur einige wenige Arten haben sich vollständig an das Leben im Süßwasser angepasst. Bei den im Meer lebenden Arten ist die Körperflüssigkeit gegenüber dem Meerwasser hypertonisch, weil im Körper Harnstoff – ein Stoffwechselendprodukt – zurückgehalten wird. Reine Meeresformen reagieren daher sehr empfindlich auf größere Schwankungen des Salzgehalts. Andererseits gibt es unter den Haien und Rochen auch extrem salztolerante Arten sowie reine Süßwasser-Rochen.

Haie sind meist von spindelförmiger Gestalt, mit einem spitzen Nasenfortsatz (Rostrum) und unterständigem Maul. Die Schwanzflosse besitzt einen mehr oder weniger vergrößerten oberen Lappen, in den die Wirbelsäule hineinzieht (heterozerke Flossenform). Die großen Brustflossen wirken der durch die Schwanzflossenform bedingten Abwärtsbewegung entgegen. Abweichend gestaltet sind die rochenähnlichen Engelhaie und Teppichhaie, deren Vorderkörper abgeflacht ist. Diese dorsoventrale Abplattung sowie ein Verschmelzen der Brustflossen mit der Körperscheibe zu einem Flossensaum ist die typische Rochengestalt.

Haie haben ein so genanntes Revolvergebiss aus scharfen Zähnen, hinter denen jeweils mehrere Reihen Ersatzzähne liegen, die bei Bedarf nachrücken. Im Vorderdarm befindet sich eine der Oberflächenvergrößerung dienende, besondere Struktur, die so genannte Spiralfalte.

Die ältesten Knorpelfische sind in Form von Schuppenfragmenten aus dem späten Silur (vor etwa 410 Millionen Jahren) nachweisbar. Ihre größte Entfaltung erreichten sie dann im Karbon (vor 350 - 280 Millionen Jahren). Sie entwickelten sich vielleicht aus den am Ende des Devon aussterbenden Panzerfischen (Klasse Placodermi), die allerdings im adulten Zustand ein knöchernes Skelett besaßen. Da die Knochen aber während der Individualentwicklung zunächst als Knorpel angelegt und erst später durch Knochensubstanz ersetzt werden, nimmt man an, dass die Entwicklung zu den Knorpelfischen über Jugendstadien erfolgte. Diese Möglichkeit der stammesgeschichtlichen Neubildung von Tierformen aus Jugendstadien ist im Tierreich mehrfach nachgewiesen und wird als Pädogenese bezeichnet. Es sei allerdings darauf hingewiesen, dass selbst unter den Fachleuten keine einheitliche Meinung über den Ursprung und die Verwandtschaftsbeziehungen der Knorpelfische besteht.

Die meisten Knorpelfischgruppen starben am Ende des Paläozoikums (vor etwa 245 Millionen Jahren) wieder aus. Im Jura und in der Kreide (vor 200 - 65 Millionen Jahren) entstanden dann die modernen, heute noch existierenden Gruppen. Allerdings werden vollständig erhaltene Hai- und Rochenkörper als Fossilien äußerst selten gefunden. Es sind meist nur die versteinerten, charakteristischen Haizähne, die oft in großer Anzahl in bestimmten geologischen Ablagerungen entdeckt werden. Spektakulär waren die Funde der riesigen, 18 cm langen Zähne von *Carcharodon megalodon*, der im Miozän (vor 25 - 20 Millionen Jahren) lebte. Dieser Verwandte des bekannten Weißen Haies (*Carcharodon carcharias*) erreichte nach einer neueren Rekonstruktion wahrscheinlich eine Länge von über 12 m.

Die rezenten Knorpelfische umfassen 10 - 14 Ordnungen mit etwa 960 Arten, die sich auf 2 Unterklassen verteilen:
- Plattenkiemer (Elasmobranchii)
- Seedrachen (Holocephali).

Unterklasse Plattenkiemer (Elasmobranchii)

Neben verschiedenen ausgestorbenen Ordnungen gehören hierzu alle rezenten Haie und Rochen. Ihre weitere Unterteilung in Überordnungen, Ordnungen und Unterordnungen bzw. Überfamilien, Familien und Unterfamilien wird allerdings von verschiedenen Autoren sehr unterschiedlich vorgenommen. Eine ältere, noch sehr gebräuchliche Gliederung stellt die Haie als Überordnung Selachii den Rochen als Überordnung Batoidei gegenüber. Heute wird vielfach stärker differenziert, um, ausgehend von dem fortschreitenden Wissenszuwachs, die natürlichen Verwandtschaftsbeziehungen besser darstellen zu können.

Allgemeine Hinweise zur Haltung von Haien und Rochen

Haie (Selachii)

Es können nur wenige allgemein gültige Angaben zur Haltung der in Größe und Lebensweise sehr unterschiedlichen Hai-Arten gemacht werden. Generell gilt, dass Knorpelfische auf Wasserveränderungen und schlechte Wasserqualität schnell reagieren. Der Stoffumsatz fast aller Selachier ist sehr hoch, so dass für ihre Haltung eine effiziente Filterung mit hoher Durchlaufrate Voraussetzung ist. Eiweißabschäumer sollten schon allein wegen der Sauerstoffanreicherung des Wassers eingesetzt werden.

Wegen der großen Artenvielfalt müssen bei der Haltung die unterschiedlichen Anforderungen der Haie an den Lebensraum, ihre Futteransprüche und ihre Verträglichkeit mit anderen Fischen und Wirbellosen berücksichtigt werden. Große pelagische Haie, die in der Natur keine Grenzen kennen, benötigen große Becken mit einem Volumen von über 1000 m^3 Inhalt mit großen offenen Wasserbereichen ohne Dekorationsaufbauten, damit die Tiere längere Strecken ohne Unterbrechung schwimmen können. Die früher für sie entwickelten Rundbecken sind auf Dauer nicht günstig, da die Haie meist nur in eine Richtung schwimmen und deshalb Flossen und Muskulatur nicht gleichmäßig benutzt werden.

Bei Schreck versuchen frei schwimmende Haie durch schnelle Flucht zu entkommen. Dadurch besteht in jedem Aquarium Verletzungsgefahr. Generell verletzen sich schnelle Schwimmer an den Wänden leichter als langsame. Damit sich die Haie auch nachts gut orientieren können, ist es empfehlenswert, über dem Aquarium eine Mondlichtbeleuchtung brennen zu lassen. Die Tagesbeleuchtung sollte nicht direkt auf die Scheiben und Wände des Beckens strahlen, da manche Haie durch Streulicht und Lichtreflexe in ihrem Verhalten gestört werden. Ein zusätzlicher positiver Effekt besteht im Hinauszögern des Veralgens der Scheiben. Für alle am Boden lebenden Haie, aber auch für die frei schwimmenden Hammerhaie, die vor allem im Boden nach Futter suchen, ist ein verhältnismäßig feiner Sandgrund erforderlich.

Über die Fütterung von Haien lassen sich kaum allgemein gültige Aussagen machen. Zu

Tab. 19 Nahrungsbedarf einiger Haie (Zusammenstellung nach Michael 2001

Art	Nahrungsaufnahme [% Körpergewicht/Woche]
Ammenhai (juvenil) (*Ginglymostoma cirratum*)	2,1 - 2,2
Zitronenhai (juvenil) (*Negaprion brevirostris*)	9,8 - 21,0
Zitronenhai (adult) (*Negaprion brevirostris*)	3,5
Sandtiger (juvenil und adult) (*Carcharias taurus*)	1,5 - 2,1
Braunhai (juvenil) (*Carcharhinus plumbeus*)	2,1 - 3,7
Stierhai (juvenil) (*Carcharhinus leucas*)	3,3 - 3,9

unterschiedlich ist ihre Lebensweise und damit auch ihr Stoffwechsel. Viele frei schwimmende Haie – z.B. Schwarzspitzen-Riffhaie – reagieren bei der Fütterung relativ hektisch. Deshalb muss das Futter vor allem bei Vergesellschaftung mit anderen Fischen über eine größere Fläche verteilt werden. Sonst beißen die Haie sich aus Versehen gegenseitig oder die anderen Fische. Sandtiger werden vielfach auch individuell vom Stock gefüttert. Stockfütterung ist auf jeden Fall für Wobbegongs (Orectolobus), Engelhaie (Squatina) und andere Haie, die am Boden auf vorbeischwimmende Beute lauern, erforderlich. Echte Bodenhaie mit unterständigem Maul wie die Katzenhaie suchen natürlich auf dem Untergrund nach Futter. Die Ammenhaie der Gattungen *Ginglymostoma* und *Nebrius*, die als dämmerungsaktive Tiere nachts auch viel im freien Wasser schwimmen, nehmen das Futter nicht nur am Boden, sondern vor allem im Freiwasser auf. Planktonfresser wie die Walhaie müssen wegen ihres enormen Futterbedarfs individuell gefüttert werden, indem ihnen das Futter – Garnelen und Kleinfische – mehrmals täglich direkt in das offene Maul gekippt wird. Im Allgemeinen ist aber der Nahrungsbedarf der Haie im Verhältnis zu ihrer Größe als gering einzuschätzen und deutlich niedriger als bei verschiedenen räuberisch lebenden Knochenfischen.

Haie leiden häufig unter Jodmangel und vertragen Medikamente schlechter als die meisten Knochenfische. Bei einer Medikamentendosierung ist deshalb immer besondere Vorsicht geboten. Jodmangel macht sich in der Regel durch eine Vergrößerung der Schilddrüse (Schwellung im Kehlbereich) bemerkbar. Zusatz von Lugol'scher Lösung in das Aquarienwasser ist grundsätzlich nur möglich, wenn kein Ozon bei der Filterung oder Abschäumung eingesetzt wird. Verfütterung normaler Jodtabletten zeigt wenig Wirkung. Risikolos und erfolgreich hingegen ist eine kontinuierliche Zufütterung von Algenextrakt oder Algenmehl (z.B. Laminaria digitata Algovert®).

Als frei schwimmende Haie für kleinere Aquarien (ab 100 m^3 Inhalt) kommen Schwarzspitzen-Riffhaie (*Carcharhinus melanopterus*) infrage, die als gewandte Schwimmer des Außenriffs enge Wendungen in dekorierten Aquarien machen können. Ähnliches gilt für den primär dämmerungsaktiven Weißspitzen-Riffhai (*Triaenodon obesus*). Für die Vergesellschaftung mit anderen Fischen sind aber gerade diese beiden kleineren frei schwimmenden Hai-Arten nicht besonders gut geeignet, da sie im Gegensatz zu den Großhaien wie dem Sandtiger zwischen der Dekoration jagen und die hier Schutz suchenden Fische erbeuten.

Da große Haie je nach Art auch für den Tierpfleger gefährlich sein können und vor allem alle frei schwimmenden Haie sehr hektisch auf Taucher im Aquarium reagieren, sollten Tauchgänge auf ein Minimum beschränkt werden und viele Reinigungs- und Wartungsarbeiten vom Beckenrand oder Gangrosten möglich sein. Bei den kleinen Schwarzspitzen-Riffhaien ist es besser, am Tag nach der Fütterung zu tauchen, da die Fische dann im Allgemeinen ruhiger sind. In Aquarien mit Riffhaien besteht für den Tierpfleger weniger die Gefahr, gebissen zu werden, als sich unangenehme Verletzungen durch die von Knochenzähnchen durchsetzte Haihaut zuzuziehen, wenn er von einem Schwanzschlag des Haies getroffen wird oder dieser zu dicht am Körper vorbeischwimmt.

Der Fang von kleineren Haien aus Transportgefäßen oder in Aquarien kann entweder direkt mit der Hand oder mit dem Netz geschehen. Größere Haie werden entweder mit Netzen gefangen oder sediert und dann über kurze Strecken auf Bahren transportiert. Die Sedierung kann mit den üblichen Fischbetäubungsmitteln geschehen. Bei Großhaien wird die Narkosesubstanz intramuskulär in den Rückenmuskel am Ansatz der 1. Rückenflosse injiziert.

Für längere Transporte gelten besondere Vorsichtsmaßnahmen, da die meisten Selachier sehr stressempfindlich sind. Insbesondere der pH-Wert ihres Blutes sinkt bei Hyperaktivität und Stress rapide und steigt erst 3 Stunden nach Beruhigung sehr langsam wieder an. Selbst nach 24 Stunden ist der Ausgangswert noch nicht wieder erreicht. Ein Anstieg des CO_2-Gehalts infolge des gestiegenen Stoffwechsels verursacht wahrscheinlich diese Blutansäuerung. Deshalb wird vielfach eine intravenöse Zugabe von Natriumhydrogenkarbonat während des Transports empfohlen. Vor allem bei frei schwimmenden Haien müssen während des Transports ausreichend Sauerstoff zugegeben, die für die Atmung wichtige Wasserströmung garantiert und alle Stoffwechselendprodukte aus dem Wasser entfernt werden. Eine Sedierung der Haie während des Transports unterstützt alle diese Maßnahmen.

Für größere pelagische Haie sind spezielle Behälter erforderlich, die eine weiche Fixierung des Haies durch Gummischaum und Anschlüsse für Strömungspumpen, Filter und Belüftung und gegebenenfalls einen Anschluss für eine intravenöse Tropfflasche mit Elektrolytlösung haben. Vor jedem Transport eines pelagischen Haies sollte man sich aber rechtzeitig in der Literatur oder bei den Experten über den aktuellen Kenntnisstand informieren.

Rochen (Batoidei)

Weitaus die meisten der zirka 150 verschiedenen Rochenarten sind in den Küstengewässern beheimatet und durch ihre Körperform extrem angepasste Bodenbewohner. Sie liegen viel auf dem Sand, sind in ihm eingegraben und nehmen dort auch ihre Nahrung auf.

Im Seewasseraquarium gehören Rochen gemeinhin nicht zu den leicht zu pflegenden Arten. Außerdem werden die meisten Rochenarten relativ groß und sind deshalb für kleinere Becken (unter 10 m^3) ungeeignet. Sie benötigen einen Sandboden zum Eingraben und eine möglichst große Bodenfläche. Alle frei im Becken stehenden Dekorationen stören, da die Rochen sich daran stoßen. Bei manchen frei schwimmenden Arten, die im Meer in Schwärmen leben, sind Lichtreflexe auf den Scheiben zu vermeiden, da die Rochen sonst immer hektischer werdend an den Scheiben auf- und abwärts schwimmen. Wie für frei schwimmende Haie sind auch für pelagische Rochen sehr große Wasserflächen erforderlich. Kleinere Zylinderbecken mit einem Durchmesser von etwa 5 m und mit dunklen Wänden sind zumindest vorübergehend recht gut geeignet. Im Verhältnis zu ihrer eigenen Körpergröße überdimensionale Becken benötigen Sägefische, die in engen Becken Probleme beim Wenden haben, und Geigenrochen wegen ihrer empfindlichen Kopfspitze. Mantarochen stellen als Planktonfresser nicht nur besondere Ansprüche an ihr Futter, sondern wegen ihrer eigenen Größe auch an die Größe des Beckens. In Aquarien unter 4000 m^3 Inhalt sollten Mantas nicht gehalten werden.

Rochen sind mit vielen Fischen zu vergesellschaften, nicht aber mit solchen, die vor allem an den Flossensäumen und auf den Punktzeichnungen zu zupfen versuchen, wie dies Kaiser-, Falter-, Doktor-, Lipp- und Papageifische gern tun. Ungeeignet sind auch Fische, die sich nachts im oder am Boden aufhalten und dann den dämmerungsaktiven Rochen schnell zur Beute werden. Bei Zitterrochen ist daran zu denken, dass sie durch ihre Stromstöße unter Umständen anderen im Becken lebenden Fischen gefährlich werden können. Manche Stechrochen scheinen später in das Becken eingesetzte Artgenossen nicht zu akzeptieren und verletzen sie mit ihrem Giftstachel.

Da fast alle Rochen, auch die frei schwimmenden Kuhnasen-Rochen (*Rhinoptera bonasus*) und Adlerrochen (*Aetobatus narinari*), ihr Futter am Boden oder in Bodennähe suchen, dürfen sie nur mit langsam fressenden Fischen vergesellschaftet werden, damit für sie selbst noch genügend Futter auf den Boden fällt. Anderenfalls ist bei am Boden lebenden Arten eine Fütterung vom Stock erforderlich. In Großbecken können die Rochen auch an eine Handfütterung durch den Taucher gewöhnt werden. Kuhnasen-Rochen nehmen unter Umständen das Futter sogar an der Wasseroberfläche aus der Hand des Pflegers. Vor allem in engen Becken sind Rochen oft schwer auf Ersatzfutter umzustellen und fressen dann nur Stinte oder sogar nur lebende Garnelen. Vielfach sollen auch Regenwürmer gerne gefressen werden.

Beim Transport und für die Eingewöhnung gelten bei Rochen dieselben Vorsichtsmaßnahmen wie bei Haien. Frei schwimmende Rochen benötigen auch während des Transports entsprechend viel Schwimmraum. Da außer Sägefischen die meisten Rochen nicht wie Haie auf Bahren transportiert werden können, muss bei großen Arten wegen des hohen Gewichts des Transportbehälters auch an den Transportweg (Fahrstuhl oder Laufkatze) zum Becken gedacht werden. Werden Stechrochen in Plastiktüten verschickt, muss dafür gesorgt werden, dass der Rochen die Tüte nicht durchstechen kann. Verletzungen am Stachel oder langen Schwanz sollten sofort, noch vor dem Einsetzen in das Becken, erstmals behandelt werden. Sehr schnell kann es sonst zu tödlichen Infektionen kommen. Recht gut vertragen werden Behandlungen mit Rivanol.

4
Ordnung Grauhaiartige (Hexanchiformes)

W. E. Engelmann, J. Kormann & J. Lange

Meist mittelgroß, von typischer Haigestalt, 1 Art (Kragenhai) aalartig langgestreckt. Mit 6 oder 7 Kiemenspalten (alle anderen Haiarten fast ausnahmslos 5 Kiemenspalten), nur 1 Rückenflosse. Kleine, rückgebildete Spritzlöcher.

2 Familien mit nur 5 Arten. Der bis knapp 2 m lange, schlangenähnliche Kragenhai (*Chlamydoselachus anguineus*) als einzige Art der Familie Chlamydoselachidae wurde wohl noch nicht in Aquarien gehalten.

Familie Grauhaie, Kammzähner (Hexanchidae)

Mittelgroße Haie. Zähne des Unterkiefers kammartig.

Verbreitung. In allen tropischen bis gemäßigt-temperierten Meeren.

Lebensweise. Im Freiwasser ständig schwimmend, meist in tieferen Wasserschichten (unter 100 m), am Kontinentalschelf bis in 1800 m, zeitweise auch im flachen Wasser. Ovovivipar, die Embryonen ernähren sich von ihrem Dottervorrat. Räuber und Aasfresser.

Nahrung. Verschiedenste Großfische (auch Haie, Rochen), Krebse, Tintenfische und Robben sowie Aas.

3 Gattungen mit 4 Arten.

Gattung *Heptranchias*: 1 Art. **Spitzkopf-Perlonhai** (*H. perlo*): etwa 1,4 m, in allen gemäßigt-temperierten Meeren. Grau, Bauchseite weißlich. 7 Kiemenspalten.

Gattung *Hexanchus*: 2 Arten. Dazu **Großer Grauhai** (*H. griseus*): über 4 m, alle tropischen bis warm-gemäßigten Meere, auch Mittelmeer, meist in größeren Tiefen. Hell- bis dunkelgrau, Bauchseite weißlich. 6 Kiemenspalten. 20 bis über 100 Junge.

Gattung *Notorynchus*: 1 Art. **Breitkopf-Perlonhai** (*N. cepedianus*): etwa 2,8 m, in gemäßigt-temperierten Meeren der Südhalbkugel, auf der Nordhalbkugel nur im Ost- und Westpazifik. Grau oder bräunlich gefärbt, mit zahlreichen dunklen Flecken auf Kopf, Körper und Flossen. 7 Kiemenspalten. Weibchen kommen zum Werfen der (bis 80) Jungen in flache Buchten.

Haltung von Grauhaien

Der Große Grauhai und besonders der Breitkopf-Perlonhai werden in großen amerikanischen Schauaquarien erfolgreich gehalten. Sie sind Dauerschwimmer und etwas wärmeempfindlich. Die Haltungstemperaturen liegen zwischen 10 und 20 °C. Als sehr gefräßige Raubfische können sie sogar die eigenen Artgenossen angreifen. Wegen ihres aggressiven Verhaltens ist bei Taucharbeiten entsprechende Vorsicht geboten.

Der kleiner bleibende Spitzkopf-Perlonhai ist noch temperaturempfindlicher, die Haltungstemperaturen sollten zwischen 9 und 16 °C liegen. Diese Art ist gleichfalls sehr aggressiv, auch gegenüber anderen Haien.

5
Ordnung Stachelhaiartige (Squaliformes)

W. E. Engelmann, J. Kormann & J. Lange

Vor beiden Rückenflossen fast immer je 1 Stachel, keine Afterflosse. Langer Kopffortsatz, ohne Barteln. Spritzlöcher in unterschiedlicher Größe vorhanden. Fortpflanzung ovovivipar. Viele Tiefsee-Arten wie die Leuchthaie der Gattung *Etmopterus* mit dem nur 10 - 14 cm langen *E. hillianus* (kleinster Knorpelfisch!), aber auch Riesen wie der Grönland- oder Eishai (*Somniosus microcephalus*) mit einer Länge von 6,4 m.

3 - 4 Familien mit etwa 95 Arten, von denen jedoch nur wenige bisher in Aquarien gehalten wurden. Die Familienaufteilung wird unterschiedlich gehandhabt.

Familie Schweinshaie (Oxynotidae)

Körper plump, relativ hochrückig, mit kleinem Kopf und hochragenden, je 1 Stachel tragenden Rückenflossen. Große Spritzlöcher. Haut auffallend rau. Größe zwischen 50 cm und 1,5 m.

Verbreitung. Ost- und Westatlantik, westlicher Südpazifik.

Lebensweise. Auf Sand- und Schlammböden lebende, wenig bekannte Grundhaie des tieferen Wassers (50 - 600 m).

Nahrung. Mollusken, Stachelhäuter und Krebstiere.

1 Gattung mit 5 Arten.

Gattung *Oxynotus*: Dazu **Schweinshai, Meersau** (*O. centrina*): bis 1,5 m, Ostatlantik, Mittelmeer.

Haltung von Schweinshaien

Erstmals wurde im Jahr 2002 eine männliche Meersau im Aquarium der Zoologischen Station von Neapel in einem 2,3 m^3 fassenden Becken 46 Tage gehalten. Der Fisch nahm die angebotenen Anschovis und Köderwürmer (Arenicola) nicht selbständig auf und wurde daraufhin über eine Magentube mit einer Mixtur aus Muscheln und Garnelen künstlich ernährt. Die Haltungstemperatur lag anfangs bei 15 °C, sie stieg später bis zum Tod des Tieres auf 20 °C an.

Familie Dornhaie (Squalidae)

Kleinere, zwischen 60 cm und 1,6 m lange Haie. Stets mit Giftstachel vor jeder der beiden Rückenflossen. Mit Spritzlöchern.

Verbreitung. Atlantischer, Indischer und Pazifischer Ozean.

Lebensweise. Flachwasserarten vor allem in den kälteren Meeren, in den subtropischen und tropischen Meeren dagegen Bewohner tieferer Wasserschichten. Keine reinen Dauerschwimmer, leben in den unterschiedlichsten Habitaten. Bildung von temporären, nach Geschlecht und Größe getrennten Schwärmen. Wanderungen

Abb. 5.1 *Oxynotus centrina* (Aquarium der Zoologischen Station Neapel)

von mehreren Tausend Kilometern wurden beobachtet. Ovovivipar, die Embryonen ernähren sich von ihrem Dottersack. Jungtiere zwischen 20 und 30 cm, Vermehrungsrate gering.

Nahrung. Verschiedenste Knochenfische und Wirbellose.

2 Gattungen mit 11 Arten.

Gattung *Squalus*: mindestens 9 Arten. Dazu **Hunds-** oder **Dornhai** (*S. acanthias*): bis 1,6 m, Meere der Nordhalbkugel, auf den Schlammgründen des Nordostatlantiks besonders häufig.

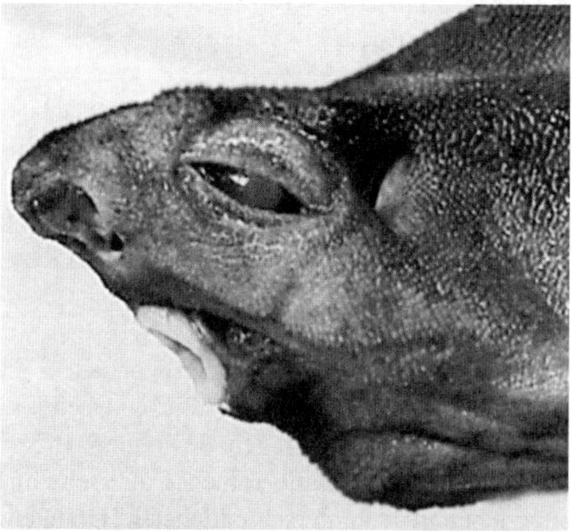

Abb. 5.2 *Oxynotus centrina*, beachte die kleine Mundöffnung (Aquarium der Zoologischen Station Neapel)

Von großer wirtschaftlicher Bedeutung sind die geräucherten Bauchlappen dieser Haie („Schillerlocken"). Auf grauer Grundfarbe unauffällig weiß gefleckt. Sehr lange Tragzeit (18 - 24 Monate), 5 - 30 Junge, 15 - 20 cm groß. – **Kurznasen-Hundshai** (*S. megalops*): 70 cm, südafrikanische Gewässer, Westpazifik von Japan bis Australien, auch in tieferem Wasser. Schwärzlich bis grau, unterseits heller.

Haltung von Dornhaien

Verschiedene Arten werden gelegentlich in großen Haiaquarien gehalten. In zu kleinen Aquarien kommt es zu Verletzungen im Kopfbereich. Dornhaie sind wärmeempfindlich (nicht über 18 °C Wassertemperatur, auf Dauer nur 15 °C). Der Hundshai wurde schon im Aquarium (z.B. im Nordsee-Museum und Aquarium von Hirtshals, Dänemark) vermehrt. Während der Fortpflanzungsaktivitäten sind die Fische sehr aggressiv. Es sollten stets mehrere Tiere beiderlei Geschlechts zusammen gehalten werden. Eine winterliche Temperaturabsenkung auf 10 - 12 °C ist für die Gonadenreifung von Bedeutung.

Dornhaie sind sehr bissig. Vorsicht ist auch vor den Giftstacheln geboten, zugefügte Verletzungen sind sehr schmerzhaft.

Höchstalter. Altersnachweise aus der Natur liegen bei 65 - 70 Jahren.

6
Ordnung Sägehaiartige (Pristiophoriformes)

W. E. Engelmann, J. Kormann & J. Lange

Rochenähnlich abgeplattet, aber seitlich am Kopf liegende 5 - 6 Kiemenöffnungen und Brustflossen nicht mit den Kopfseiten verwachsen. Keine Afterflosse. Großes, verschließbares Spritzloch. Charakteristisch ist ein langer, sägeähnlicher Kopffortsatz (Rostrum), an dessen Basis sich 1 Paar seitlich abstehende Barteln befindet. Größe zwischen 80 cm und 1,7 m.

Nur 1 Familie.

Familie Sägehaie (Pristiophoridae)

Verbreitung. Tropischer und subtropischer Indopazifik, Westatlantik, vom Flachwasser bis in größere Tiefen.

Lebensweise. Bodenfische. Für die Nahrungssuche dürfte die Säge von Bedeutung sein. Ovovivipar.

Nahrung. Kleine Fische, Krebstiere und Mollusken.

2 Gattungen mit 5 Arten.

Gattung *Pliotrema*: 1 Art. **Sechskiemen-Sägehai** (*P. warreni*): 1,3 m, Südafrika (Mosambik bis zum Kap), unter 100 m Tiefe. 6 Kiemenspalten.

Gattung *Pristiophorus*: 4 Arten. 5 Kiemenspalten. Dazu **Gewöhnlicher Sägehai** (*P. cirratus*): etwa 1,3 m, australische subtropische Gewässer. – **Karibischer Sägehai** (*P. schroederi*): 80 cm bis 1,0 m, Bahamas, Florida, auch im Flachwasser.

Haltung von Sägehaien

Obwohl alle Sägehaie mit etwa 1,0 - 1,5 m Länge relativ klein bleiben, scheint die Aquarienhaltung recht problematisch zu sein. Karibische Sägehaie blieben bei einzelnen Versuchen jeweils nur wenige Wochen am Leben, ohne Nahrung anzunehmen. Nach Faltermeier (Aquarium Coburg) sind sie jedoch bei Haltungstemperaturen zwischen 14 und 18 °C mit Tintenfisch, Muscheln und größeren Garnelen gut zu ernähren. Sie benötigen eine große Bodenfläche mit einer dicken Sandschicht und gedämpfte Beleuchtung.

Der Sechskiemen-Sägehai wurde von Faltermeier bei 11 - 15 °C (maximal 22 °C) längere Zeit gehalten und mit Muscheln und Kalmararmen, die vom Boden aufgenommen wurden, ernährt. Der Bodengrund bestand aus einer dicken Sandschicht. Das Becken war insgesamt abgedunkelt, da die Sägehaie sich als sehr lichtempfindlich erwiesen.

7
Ordnung Nagelrochenartige (Rajiformes)

W. E. Engelmann, J. Kormann & J. Lange

Dorsoventral abgeplattete Bodenfische. Nasengruben, Mund und Kiemenspalten liegen wie bei den Arten der anderen Rochenordnungen auf der zumeist ganz hellen Unterseite. Augen hervorstehend auf der Oberseite, dort auch die beiden Spritzlöcher. Durch sie tritt bei der Atmung am bzw. im Boden ruhender Rochen das Atemwasser ein. Hauptantriebsorgan bei den meisten Formen sind die großen, mit den Kopf- und Körperseiten zu einer Körperscheibe verwachsenen Brustflossen, die wellenartig auf und ab bewegt werden. Nahrung überwiegend kleinere Bodentiere, die mit plattenartigen Pflasterzähnen zerdrückt werden. Fortpflanzungsmodus meist eilebendgebärend (5 - 12 Jungtiere), einige aber auch Eier legend. Fast ausschließlich Meeresbewohner, nur selten in Brack- und Süßwasser vordringend.

8 Familien, von denen in Aquarien häufig Arten der Echten Rochen, seltener der Gitarrenfische und Geigenrochen gehalten werden.

Familie Gitarrenfische (Rhinidae)

Körper von oben gesehen breit rhombisch, mit abgerundetem Rostrum. 2 auffallende, wulstige Längsleisten mit Hautzähnen über den Augen und 1 über die Mitte des Vorderkörpers hin-

Abb. 7.1 *Rhina ancylostoma* (Ring-of-Fire-Aquarium, Osaka)

ziehend. Kräftiger Schwanz mit 2 großen Rückenflossen und einer deutlich zweilappigen Schwanzflosse. Fortbewegungsweise wie bei den Geigenrochen beschrieben.

Verbreitung. Weit verbreitet vom Roten Meer über Ostafrika, den Indomalaiischen Archipel bis Japan und Nordaustralien.

Lebensweise. Bodenorientiert, im Flachwasser bis in 20 m Tiefe, dringen auch in Flussmündungen ein und treten in Schwärmen auf. Bis 4 voll entwickelte Junge.

Nahrung. Muscheln, Krabben und Garnelen.

1 Gattung mit 1 Art.

Gattung *Rhina*: **Gitarrenfisch**, **Hairochen** (*Rh. ancylostoma*): bis 2,7 m. Erwachsene oberseits grau bis braun, Körper und Flossen mit zahlreichen verwaschenen hellen Flecken.

Familie Riesengeigenfische (Rhynchobatidae)

Über 3 m große, haiähnliche Rochen, mit spitzer, dreieckiger Körperscheibe und kräftigem Schwanz, der 2 große Rückenflossen und eine zweilappige Schwanzflosse trägt.

Verbreitung. Tropischer Indowestpazifik und Ostatlantik.

Lebensweise. Träge Bodenfische, meist auf Sandgrund. Bis zu 10 Jungtiere.

Nahrung. Krabben, Langusten, Muscheln, kleine Fische.

1 Gattung mit mindestens 4 Arten.

Gattung *Rhynchobatus*: Dazu **Riesengitarrenfisch** (*Rh. djiddensis*): 3,1 m, Rotes Meer, Indowestpazifik, dringt auch in Ästuare ein. Körper grau, einzelne weiße, scharf abgesetzte Flecken.

Haltung von Gitarrenfischen und Riesengeigenfischen

Gitarrenfische und Riesengitarrenfische werden in einigen großen Schauaquarien erfolgreich gehalten. Als Futter werden vor allem Garnelen und Krill angeboten. *Rhina ancylostoma* wurde im Aquarium bereits vermehrt.

Abb. 7.2 *Rhynchobatus djiddensis* (Oceanarium Lissabon)

Abb. 7.3 *Rhinobatos armatus* (Zoo-Aquarium Berlin)

Höchstalter. Für *Rhina ancylostoma* im Aquarium fast 7, *Rhynchobatus djiddensis* über 5 Jahre.

Familie Geigenrochen (Rhinobatidae)

Körperumriss von oben gesehen langgestreckt rhombisch, dreieckiges Rostrum. Vorderkörper rochenartig flach. Schwanz kräftig, mit 2 großen Rückenflossen und einer ungelappten Schwanzflosse.

Verbreitung. Flachwasserbereiche aller tropischen bis gemäßigt-warmen Meere, teilweise in Brackwasser und Süßwasser eindringend. 1 Art sogar mit isolierten Süßwasserpopulationen.

Lebensweise. Ruhige Bodenfische, wühlen sich gern in den Sand- und Schlickgrund ein. Beim Schwimmen schlagen die Brustflossen nach Rochenart senkrecht, während die haiartige Schwanzregion seitliche Pendelschläge ausführt. Fortpflanzung ovovivipar oder vivipar.

Nahrung. Hauptsächlich Krebstiere, Mollusken und Würmer, Bodenfische.

4 Gattungen mit etwa 40 Arten.

Gattung *Rhinobatos*: 34 Arten. Dazu **Kleiner Geigenrochen** (*Rh. annulatus*): etwa 70 cm, südostafrikanische Küstengewässer, häufig. Dunkelbraun mit schwarzbraunen Flecken oder Ringen. – **Schnabelrochen** (*Rh. armatus*): 2,1 m, tropischer Indowestpazifik, besonders häufig um Nordaustralien, dringt auch in Gezeitenmündungen ein. Manche Populationen wahrscheinlich zeitlebens im Süßwasser. Einfarbig braun bis sandfarben, im Rostrum 2 große, durchscheinende Knorpelfelder. – **Karibik-Geigenrochen** (*Rh. percellus*): 75 cm und **Westatlantischer Geigenrochen** (*Rh. lentiginosus*): 75 cm, nord- und mittelamerikanische Atlantikküste. Sandfarben mit brauner Fleckung, beide Arten sehen sich sehr ähnlich. – **Schaufelnasen-Geigenrochen** (*Rh. productus*): 1,7 m, nordamerikanische Pazifikküste. Einfarbig grünlich grau bis bräunlich grau. – **Gewöhnlicher Geigenrochen** (*Rh. rhinoba-*

Abb. 7.4 *Platyrhinoidis triseriata* (Birch Aquarium, La Jolla, Kalifornien, USA)

tos): bis 1 m, Ostatlantik (Biskaya bis Angola), Mittelmeer, meist im Sand- oder Schlickboden halb vergraben. Einfarbig graubraun.

Gattung *Trygonorrhina*: 3 Arten. Dazu **Südlicher Geigenrochen** (*T. fasciata*): 1,2 m, Meeresküste von Süd- und Westaustralien, von der Gezeitenzone bis in 50 m Tiefe. Grundfärbung graugrün bis bräunlich, mit unregelmäßigen hellen, dunkel eingefassten Streifen auf der Oberseite. Eine unbeschriebene, sich durch die Kopfzeichnung unterscheidende Art lebt in ostaustralischen Küstengewässern.

Gattung *Zapteryx*: 3 Arten. Dazu **Kurznasen-Gitarrenrochen** (*Z. brevirostris*): über 50 cm, brasilianische Küsten. – **Gebänderter Geigenrochen** (*Z. exasperata*): 90 cm, Ostatlantik (Südkalifornien bis Panama). Grauschwarz gewölkt.

Haltung von Geigenrochen

Obwohl Geigenrochen sich gern ganz oder teilweise im Bodengrund eingraben – für ihr Aquarium ist deshalb eine ausreichend starke, feine Sandschicht erforderlich –, benötigen sie doch auch viel freien Schwimmraum, der genügend Bewegungsfreiheit bietet. Die nicht sehr wendigen Fische gleiten beim Schwimmen flach über den Boden und stoßen leicht mit ihrem langen Rostrum an Steinaufbauten an, was zu Verletzungen führen kann.

Aus tropischen Gewässern stammende Arten benötigen entsprechend beheizte Becken mit Wassertemperaturen zwischen 24 und 26 °C, sonst sollen die Temperaturen 18 - 20 °C nicht übersteigen. Sie müssen gut durchströmt sein, damit die ruhenden Rochen genügend frisches Atemwasser erhalten.

Für die Eingewöhnung sind lebende Garnelen als Erstfutter hilfreich. Später werden auch gefrostete Krebstiere, Muschelfleisch und Stint genommen. Das Wachstum ist beachtlich.

Regelmäßige Nachzuchten von *Rhinobatos lentiginosus* und *Rh. productus* werden aus verschiedenen US-amerikanischen Schauaquarien gemeldet. *Trygonorrhina spec.* wurde in Australien vermehrt.

Familie Dornrückengitarrenfische (Platyrhinidae)

Abgerundete, verbreiterte Körperscheibe, im Unterschied zu den anderen Geigenrochen nach vorn nicht spitz auslaufend. Schwanzflosse ungelappt. 1 oder 3 Dornreihen auf Rücken und Schwanz.

Verbreitung. Tropisch-subtropische Meere.

Lebensweise. Vom Küstenbereich bis in größere Tiefen. Bodenorientiert und träge auf wei-

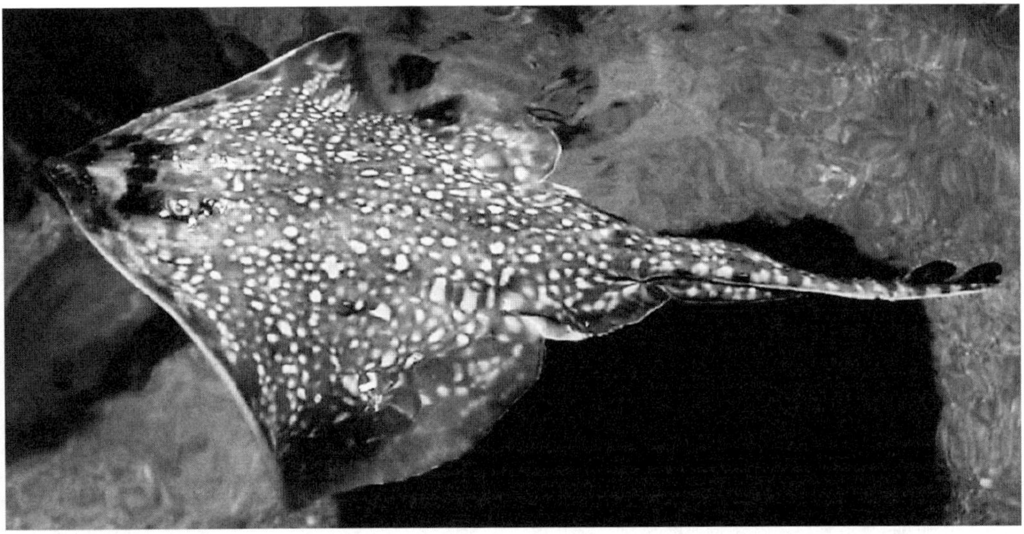

Abb. 7.5 *Raja clavata* (Aquarium des Instituts für Meereskunde, Kiel)

chem Grund. Ovovivipar, 1 Art aber möglicherweise Eier legend.

Nahrung. Am und im Boden lebende Wirbellose (Würmer, Mollusken, Krebse).

3 Gattungen mit etwa 4 Arten.

Gattung *Platyrhinoidis*: 1 Art. **Dornrückenrochen** (*P. triseriata*): 1 m, an der pazifischen Küste der USA und Nordmexikos, auf Sand- und Schlammböden. Oberseite bräunlich.

Abb. 7.6 *Raja undulata* (Sea Life Center, Scheveningen)

Haltung von Dornrückengitarrenfischen

Dornrückenrochen werden speziell in den großen Schauaquarien der Westküste der USA mit gutem Erfolg gehalten. Obwohl sie häufig am Tage im Sandboden teilweise eingegraben sind, benötigen sie doch viel freien Schwimmraum. Da die Fische etwas wärmeempfindlich sind, sollten die Wassertemperaturen nur um die 20 °C liegen. Als Futter eignen sich vor allem Krebstiere wie Garnelen und Krill, die mit dem Futterstock individuell gegeben werden können.

Tab. 7.1 Weitere in Aquarien gehaltene und z. T. auch gezüchtete Nagelrochen-Arten:

Art	Größe	Heimat
Glattrochen (*Dipturus batis*)	2,4 m lang	Nord- und Ostatlantik, Mittelmeer
Igelrochen (*Leucoraja erinacea*)	über 50 cm lang	nordamerikanische Atlantikküste
Kuckucksrochen (*Leucoraja naevus*)	70 cm lang	europäische Atlantikküste, Nordsee, Mittelmeer
Augenfleck-Rochen (*Leucoraja ocellata*)	1 m lang	westlicher Nordatlantik
Kurzschwanzrochen (*Raja brachyura*)	1,2 m lang	Nordostatlantik, westliche Nordsee, westliches Mittelmeer
Glasnasenrochen (*Raja eglenteria*)	70 cm lang	Nordwestatlantik
Kleinäugiger Rochen (*Raja microcellata*)	80 cm lang, 60 cm breit	europäische und nordafrikanische Atlantikküste
Vieraugen-Rochen (*Raja miraletus*)	50 cm lang, 35 cm breit	Mittelmeer, afrikanische Atlantikküste
Fleckenrochen (*Raja montagui*)	75 cm lang	europäische Atlantikküste, Mittelmeer
Wellenlinien-Rochen (*Raja undulata*)	bis 2 m lang	europäische, nordafrikanische Atlantikküste, Mittelmeer
Whitleys Rochen (*Raja whitleyi*)	1,5 m lang	Küstengewässer des südlichen Australiens

Familie Echte Rochen (Rajidae)

Stark abgeflachte, von oben gesehen breit-rhombische, große Körperscheibe. Große Spritzlöcher, durch die Atemwasser zu den Kiemen geleitet wird. Schlanker, peitschenförmiger Schwanz. Rückenflossen und Schwanzflosse sind sehr klein oder fehlen sogar vollständig. Körper- und Schwanzoberseite bestachelt, aber keine Giftstacheln. Im Schwanzstiel befinden sich schwache elektrische Organe. Männchen gewöhnlich deutlich kleiner als Weibchen.

Verbreitung. Fast weltweit, besonders artenreich in kühleren Meeren. Vom Flachwasser bis in die Tiefsee.

Lebensweise. Meist auf Sand-, Kies- und Schlammgründen. Eier legend. Eier in hornigen, vierzipfeligen Kapseln. Entwicklung bis zum Schlüpfen kann über 1 Jahr dauern.

Nahrung. Wirbellose Bodentiere.

14 Gattungen mit etwa 225 Arten, davon vor allem Gattungen der Nagelrochen (*Raja*, *Dipturus*, *Leucoraja* u.a.) von aquaristischer Bedeutung.

Gattung *Dipturus*: 29 Arten. Dazu **Spitzrochen** (*D. oxyrhynchus*): bis 1,5 m, Nordsee, Mittelmeer. Langes, spitzes Rostrum.

Gattung *Raja*: 32 Arten. Dazu **Gewöhnlicher Nagelrochen** (*R. clavata*): Männchen 70 cm, Weibchen 1,25 m, Ostatlantik, von Island bis Südafrika, westliche Ostsee, Nordsee, Mittelmeer, Schwarzes Meer. Einfarbig dunkel schwarzbraun, unterschiedlich hell und dunkel gefleckt. Krebs- und Fischfresser. Die 10 cm langen Eikapseln („Seemäuse") werden einzeln abgelegt. Entwicklung 4 - 5 Monate.

Haltung von Echten Rochen

Nagelrochen benötigen weichen, feinkörnigen Sandboden zum Eingraben. Das Aquarium sollte nicht zu verwinkelt sein und eine große, freie Bodenfläche haben. Bei der Fütterung kommen Nagelrochen relativ spät zum Fressen aus dem Bodengrund hervor und können wegen der Futterkonkurrenz deshalb nur schwer mit anderen Fischen vergesellschaftet werden. Allerdings sind sie relativ schnell an eine Handfütterung zu gewöhnen. Als Futter kommen Garnelen und kleine Fische in Betracht. Die Haltungstemperaturen liegen je nach Art zwischen 12 und 20 °C. Die Zucht im Aquarium ist schon häufig gelungen.

Höchstalter. *Raja clavata* in der Natur 20 Jahre.

8
Ordnung Sägerochenartige (Pristiformes)

W. E. Engelmann, J. Kormann & J. Lange

Körperform (sekundär) haiartig, Schwanz nicht deutlich vom kaum verbreiterten Körper getrennt, mit 2 großen Rückenflossen und 1 großen Schwanzflosse, Brustflossen nicht mit dem Körper zu einer Scheibe verwachsen. Langes, sägeartiges Rostrum (Unterschied zum sonst ähnlichen Sägehai: Kiemenöffnungen auf der Kopfunterseite).

Nur 1 Familie.

Familie Sägerochen (Pristidae)

Verbreitung. Alle tropischen Meere, in Brackwasser und sogar weit in Süßgewässer einwandernd.

Lebensweise. Mit der Säge werden kleinere Schwarmfische erschlagen und dann gefressen. Nach neueren Erkenntnissen ist sie aber vor allem ein Sinnesorgan zum Aufspüren von Beutetieren. Eilebendgebärend, die Jungen kommen mit (noch weicher) Säge zur Welt!

Nahrung. Fische und bodenlebende Wirbellose.

2 Gattungen mit 7 - 8 Arten.

Gattung *Anoxypristis*: 1 Art. **Spitzkopf-Sägefisch** (*A. cuspidata*): 4,7 m, Indowestpazifik, auch weit in Flüsse aufsteigend. Im Unterschied zur folgenden Gattung Schwanzflosse symmetrisch zweigelappt.

Gattung *Pristis*: 6 - 7 Arten. Dazu **Langzahn-Sägefisch** (*P. microdon*): bis 6,5 m, Mittelmeer, tropischer Ostatlantik (Afrika), Indopazifik bis Australien, in Flüsse aufsteigend (z.B. Amazonas), im Nicaraguasee lebt eine reine Süßwasserpopulation. – Nahe verwandt **Leichhardts Sägefisch** (*P. leichhardti*), ein Sägerochen aus den Süßgewässern Nordqueenslands (Australien), der nur 1,5 m Länge erreicht. Zumindest

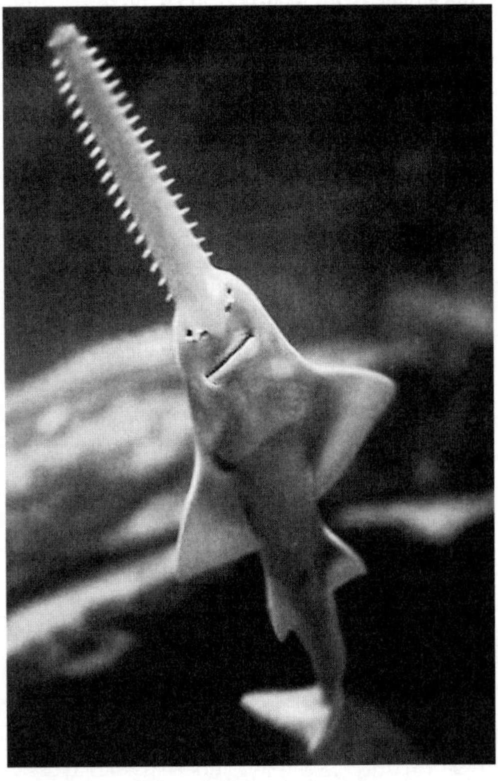

Abb. 8.1 *Pristis leichhardti* (Zoo-Aquarium Berlin)

Abb. 8.2 *Pristis pectinata* (Océanopolis, Brest)

bei ihm sitzen die Zähne der Säge in Zahnhöhlen. Die Säge selbst ist von 2 großen Längsnerven durchzogen. – **Kammsägefisch** (*P. pectinata*): 7,6 m, weltweit verbreitet in tropisch-subtropischen Meeren, dringt auch in Brack- und Süßwasserbereiche ein. – **Grüner Sägefisch** (*P. zijsron*): bis 7,3 m, Indowestpazifik, Rotes Meer, küstennah in flachen Buchten, Lagunen und Ästuaren, dringt auch in Süßgewässer ein. Dunkelgrau bis schwarzbraun.

Haltung von Sägerochen

Sägefische suchen ihre Nahrung am und im Boden. Da die Beute mit der Säge freigeschaufelt und zerschlagen wird, sollte weicher Bodengrund verwendet werden. Da Sägefische auch gern viel schwimmen und wegen ihrer Säge nicht besonders wendig sind, sollten sie nur in entsprechend großen, geräumigen Aquarien mit wenig und nicht zu eng stehender Dekoration gehalten werden. Bei einer Vergesellschaftung mit anderen Fischen ist zu bedenken, dass auch frei schwimmende Fische mit der Säge erschlagen werden. So erbeutete ein gut 1 m langer *Pristis leichhardti* einige der in demselben Becken lebenden, ca. 30 cm langen Löffelstöre (*Polyodon spathula*). *Pristis zijsron* wird in japanischen Großaquarien erfolgreich gehalten.

Die Fütterung erfolgt mit Krebsen und Sardinen, anfangs kann eine Zwangsernährung erforderlich sein. Sägerochen können bei der Fütterung auf Metallstäbe, nicht aber auf Holzstöcke dressiert werden. Vorsicht ist beim Fangen der Sägefische geboten. Schläge mit der Säge können zu schweren Verletzungen führen, aber auch die Säge selbst kann beschädigt werden.

Höchstalter. *Pristis pectinata* lebte über 8 Jahre im Aquarium.

9
Ordnung Zitterrochenartige (Torpediniformes)

W. E. Engelmann, J. Kormann & J. Lange

Dorsoventral abgeflachte Rochen. Die großen Brustflossen bilden mit dem Körper eine Scheibe. Haut nackt, mit zahlreichen Schleimdrüsen. Aus Muskeln entstandene elektrische Organe befinden sich paarweise im Bereich des Kopfes.

Verbreitung. Tropisch-subtropische Meere, vor allem im Flachwasser.

Lebensweise. Fast alle Arten sind träge Bodenfische und Lauerräuber, die sich meist im Sand oder Schlamm vollständig eingraben. Ovovivipar.

Nahrung. Vor allem Fische, aber auch Krebse, Würmer (z.T. Nahrungsspezialisten).

4 Familien, die allerdings auch z.T. nur als Unterfamilien aufgefasst werden.

Familie Zitterrochen (Torpedinidae)

Körperscheibe meist etwas breiter als lang, mit sehr kleinen Augen. Schwanz wenig vom Körper abgesetzt und relativ kurz, mit 2 gut entwickelten Rückenflossen und großer, symmetrischer Schwanzflosse, die allein zur Fortbewegung benutzt werden. Die elektrischen Organe an den Seiten der Körperscheibe erzeugen zu Abwehr und Beutefang Spannungen von 25 - 70 (maximal 200) Volt.

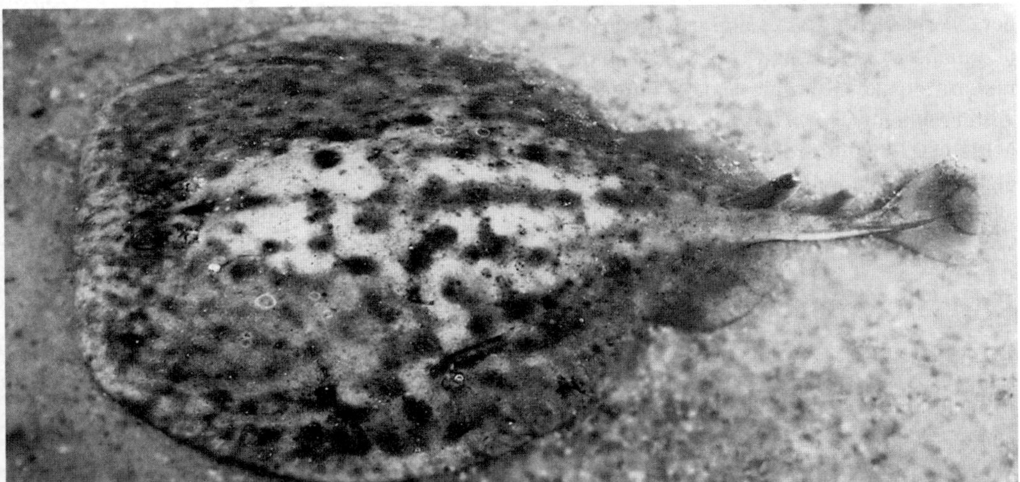

Abb. 9.1 *Torpedo marmorata* (Zoo Leipzig, Aquarium)

Abb. 9.2 *Narcine brasiliensis* (Naturaufnahme, Karibik)

1 Gattung mit mindestens 19 Arten.

Gattung *Torpedo*: Dazu **Kalifornischer Zitterrochen** (*T. californica*): 1,4 m, ostpazifische Küste, auf Sand- und Schlickböden. Einfarbig graublau. – **Marmor-Zitterrochen** (*T. marmorata*): 1 m, Ostatlantik, Mittelmeer. Oberseite dunkelbraun oder gelbbraun, mit schwarz-weißer Marmorierung. – **Leopard-Zitterrochen** (*T. panthera*): etwa 1 m, Rotes Meer, lebt in Korallenriffen auf Korallensand. – **Augenfleck-Zitterrochen** (*T. torpedo = T. ocellata*): 60 cm, Mittelmeer, östlicher Mittelatlantik. Oberseite gelb- bis rotbraun und meist 5 blaue Augenflecken, die schwarz und gelb umrandet sind.

Familie Australische Zitterrochen (Hypnidae)

Birnenförmige Körperscheibe, Schwanz rückgebildet, mit sehr kleiner Rücken- und Schwanzflosse. Augen winzig.

1 Gattung mit 1 Art.

Gattung *Hypnos*: **Birnen-Zitterrochen** (*H. monopterygium*): etwa 60 cm, um Süd- und Westaustralien, vom Flachwasser bis in größere Tiefen, auf Sand- und Schlickböden. Meist eingegraben. Dunkelbraun bis rötlich braun.

Familie Elektrische Rochen (Narcinidae)

Körperscheibe mit breitem, schaufelförmigem Rostrum. Tiefe Furchen um Mund und Lippen. Kiefer weit vorstreckbar. Meist 2 Rückenflossen. Elektrische Organe weniger wirkungsvoll als bei den Zitterrochen (nur 30 - 40 Volt).

4 Gattungen mit 21 Arten

Gattung *Diplobatis*: 4 Arten. Dazu **Bullaugen-Zitterrochen** (*D. ommata*): 25 cm, Ostpazifik (Golf von Kalifornien bis Panama).

Gattung *Narcine*: 14 Arten. Dazu **Brasilianischer Zitterrochen** (*N. brasiliensis*): bis 45 cm, Westatlantik, von Texas bis Brasilien, Karibik, in der Gezeitenzone häufig. Oberseite braun, unregelmäßig gefleckt und dunkelbraun gepunktet. Meist bis auf die Augen und Spritzlöcher völlig eingewühlt. 4 - 15 Junge pro Wurf.

Familie Schaufelzitterrochen (Narkidae)

Körperscheibe rundoval, länger als breit. Kiefer kurz, wenig vorstreckbar. 2, 1 oder ganz ohne Rückenflossen. Kurzer, starker Schwanz mit großer Schwanzflosse.

5 Gattungen mit 11 Arten. Gelangen wohl nur gelegentlich in Aquarien.

Gattung *Narke*: 3 Arten. Dazu **Japanischer Zitterrochen** (*N. japonica*): 40 cm, nördlicher Westpazifik, von Japan bis zum Südchinesischen Meer. Bräunlich, z. T. mit weißen oder schwarzen Flecken.

Haltung von Zitterrochenartigen

Zu Haltung und Pflege von Zitterrochenartigen liegen nur relativ wenig positive Erfahrungen vor.

Marmorzitterrochen und Kalifornischer Zitterrochen sind ziemlich wärmeempfindlich und sollten bei Temperaturen zwischen 16 und 20 °C gehalten werden. Arten aus tropischen Gewässern, wie der Brasilianische Zitterrochen, benötigen mit 22 - 26 °C allerdings höhere Temperaturen. Gesunde Zitterrochen, die sich wohl fühlen, sind tagsüber weitgehend im feinen Sand eingegraben, so dass oft nur die Augen zu erkennen sind. Als erste Anzeichen für eine Verschlechterung des Allgemeinbefindens kann das häufige Offenliegen bzw. Umherschwimmen am Tag gewertet werden. Die dämmerungs- und nachtaktiven Tiere müssen mit lebenden Fischen (eventuell auch lebenden Garnelen) angefüttert werden. Sie sind allerdings schwer an die Futteraufnahme im Aquarium zu gewöhnen. Nach Erfahrungen im Aquarium von Le Croisic, Frankreich, gelingt die Haltung von Marmorzitterrochen, wenn stets junge lebende Plattfische als Futter zur Verfügung stehen. Manche Arten wie *Narcine brasiliensis* und *Diplobatis ommata* sind Nahrungsspezialisten, die mit lebenden Borstenwürmern (*Nereis spec.*, *Arenicola spec.*) ernährt werden müssen.

Eine Vergesellschaftung mit anderen Fischen entsprechender Größe in ausreichend strukturierten Aquarien kann man durchaus versuchen. Speziell Bodenfische, z. B. Plattfische, können jedoch durch Stromschläge geschädigt werden.

Zitterrochen, insbesondere die stark elektrischen Arten der Familie Torpedinidae, soll man nicht an beiden Körperseiten gleichzeitig anfassen, da so die elektrischen Schläge besonders wirksam sind. Dicke Gummihandschuhe schützen vor diesen Entladungen, wenn man die Tiere doch einmal in die Hand nehmen muss, z. B. um nach einer längeren Nahrungsverweigerung eine Zwangsfütterung zu versuchen.

Die Zucht des Marmor-Zitterrochens ist vereinzelt schon gelungen (z. B. 1963 in Wien-Schönbrunn, 1967 im Aquarium von Dubrovnik, Kroatien).

Höchstalter. Haltungsdauer für den Marmor-Zitterrochen im Aquarium liegt bei fast 7 Jahren.

10
Ordnung Stechrochenartige (Myliobatiformes)

W. E. Engelmann, J. Kormann & J. Lange

Kleine bis riesige Rochen. Sehr große Brustflossen, so dass die Körperscheibe oft breiter als lang ist. Peitschenartig dünner, kurzer bis sehr langer, außerordentlich beweglicher Schwanz, der entweder flossenlos ist oder eine kleine Rückenflosse, seltener auch eine kleine Schwanzflosse trägt. Meist mit Giftstachel auf der Schwanzoberseite. Bodenbewohner oder Freiwasserrochen der tropischen bis warm-gemäßigten Meere, einige aber auch nur im Süßwasser.

8 Familien, von fast allen werden häufig oder ausnahmsweise Vertreter in Aquarien gehalten.

Familie Peitschenschwanz-Stechrochen (Dasyatidae)

Sehr langer, peitschenartiger Schwanz, deutlich von der rechteckig-rundlichen Körperscheibe abgesetzt. Trägt bei den meisten Arten 1 - 4 Giftstacheln mit Widerhaken, die zur Abwehr gezielt in den Gegner geschlagen werden, oft auch in der Wunde stecken bleiben. Stich sehr schmerzhaft, kreislaufwirksam, für Menschen in der Regel aber nicht tödlich. Ohne Rücken- und Schwanzflosse, schwimmen allein durch wellenförmige Brustflossenbewegungen.

Verbreitung. Tropische und subtropische, vereinzelt auch gemäßigt-temperierte Meere. Einige Arten dringen auch in Brackwasser und Flussmündungen vor. Ganz wenige reine Süßwasserarten in Afrika und Südasien.

Lebensweise. Meist Bodenbewohner, ruhen oft eingegraben im Sand- oder Schlammboden. Ovovivipar oder vivipar.

Nahrung. Hauptsächlich Muscheln und Krebstiere, auch Bodenfische.

9 Gattungen mit etwa 70 Arten.

Gattung *Dasyatis*: 39 Arten. Dazu **Amerikanischer Stechrochen** (*D. americana*): Körperscheibe 90 cm, Westatlantik, von New Jersey bis Südbrasilien, Karibik, im Flachwasser, auf Sandböden und in Seegraswiesen. Langer Flossensaum an der Schwanzunterseite. Oberseite einfarbig graubraun bis dunkelviolett. Nachtaktiv, 3 - 5 Junge. – **Masken-Stechrochen** (*D. kuhlii*): etwa 50 cm Scheibendurchmesser, Rotes Meer, Indowestpazifik, bis in 50 m Tiefe. Einzelgänger, bildet aber Paarungsgemeinschaften. – **Gewöhnlicher Stechrochen** (*D. pastinaca*): Körperscheibe 1,3 m, Mittelmeer, Nordsee, Ostatlantik, küstennahe Sandflächen. Oberseite dunkelgrau bis schwärzlich, Unterseite grauweiß. Weibchen bringt 4 - 6 Junge zur Welt, die im Mutterleib über uterusartige Zotten ernährt werden. – **Atlantischer Stachelrochen** (*D. sabina*): Weibchen bis 49 cm, Männchen bis 32 cm Scheibendurchmesser, US-amerikanische und mexikanische Atlantikküste, im Flachwasser, häufig in Ästuare und große Flüsse eindringend (sehr salztolerant).

Gattung *Pteroplatytrygon*: 1 Art. **Violetter Stechrochen, Pelagischer Stechrochen** (*P. violacea* = *Dasyatis violacea*): Körperscheibe 80 cm, weltweit in warm-temperierten bis tropi-

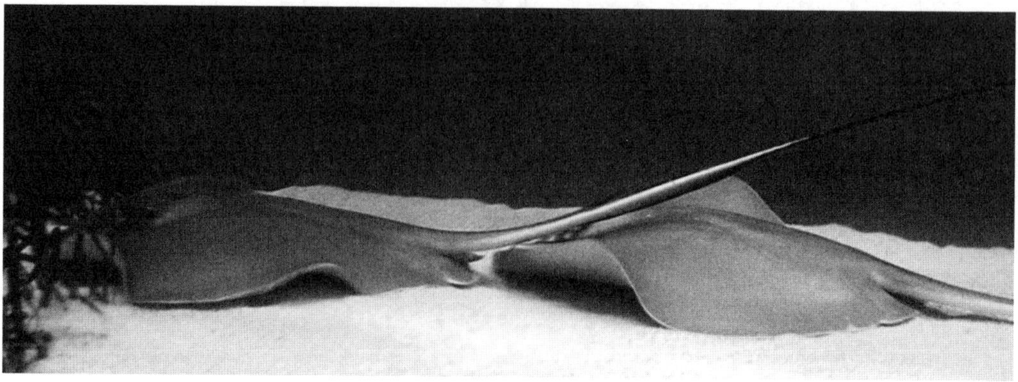

Abb. 10.1 *Dasyatis americana* (Monterey Bay Aquarium, Kalifornien, USA)

schen Meeren, Mittelmeer, weitgehend pelagisch lebend, frisst auch Medusen.

Gattung *Taeniura*: 3 Arten. Dazu **Blaupunktrochen** (*T. lymma*): 70 cm (Scheibendurchmesser 30 cm) – wesentlich höhere Größenangaben (2 m!) dürften fehlerhaft sein – Rotes Meer, tropischer Indopazifik, in Lagunen, auf Sandflächen im Korallenriff (von der Gezeitenzone bis in 20 m Tiefe). Oberseite hellgrau bis olivfarben, mit auffallenden dunkelblauen Flecken.

Haltung von Peitschenschwanz-Stechrochen

Die genannten *Dasytis*-Arten halten sich nach erfolgreicher Eingewöhnung sehr gut. Ihrer Größe entsprechend ist, insbesondere für den weitgehend pelagischen *Pteroplatytrygon violacea*, viel freier Schwimmraum wichtig sowie eine feine Sandschicht, in die sie sich teilweise einwühlen können. Sie werden leicht futter-

Abb. 10.2 *Taeniura lymma* (Naturaufnahme, Rotes Meer)

Tab. 10.1 Weitere in Aquarien gehaltene und z. T. auch gezüchtete Arten der Peitschenschwanz-Stechrochen

Art	Größe	Heimat
Schwarzschwanz-Stechrochen (*Dasyatis fluviorum*)	etwa 1,5 m lang	Nordost- und östliche Südküste Australiens, Timor-See, auch im Brackwasser
Süßwasserstechrochen (*Himantura krempfi*)	Scheibendurchmesser etwa 40 cm	Thailand (Chao Phraya), Mekong-Becken
Leoparden-Stechrochen (*Himantura uarnak*)	bis 6 m lang, Scheibe über 2 m breit	Rotes Meer, tropischer Indowestpazifik, in Korallenriffen, aber auch in Flussmündungen und in der Mangrove
Flussstechrochen (*Himantura signifer*)	Scheibendurchmesser etwa 60 cm	Malaysia, Thailand, Borneo, im Süß- und Brackwasser
Federschwanz-Stechrochen (*Pastinachus = Hypolophus sephen*)	etwa 3 m, Scheibe bis 1,8 m breit	tropischer Indopazifik, dringt auch in Brack- und Süßgewässer ein
Schwarztüpfel-Stechrochen (*Taeniura melanospila = T. meyeni*)	über 3 m lang, Scheibe bis 1,6 m breit	Rotes Meer, tropischer und subtropischer Indopazifik
Afrikanischer Dornenstechrochen* (*Urogymnus asperrimus = U. africanus*)	über 2 m lang, Scheibe 1 m breit	westafrikanische Küstengewässer, Indowestpazifik

* Ohne Giftstacheln!

zahm und nehmen aus der Hand oder vom Futterstock Fisch- und Tintenfischfleisch sowie Garnelen, kleine Futterfische und Muschelfleisch.

Die Wassertemperaturen liegen für die tropisch-subtropischen Arten bei 22 - 26 °C, *Dasytis pastinaca* sollte allerdings dauerhaft etwas kühler (16 - 22 °C) gehalten werden. *Dasyatis americana* wurde in US-amerikanischen Aquarien schon mehrfach gezüchtet.

Relativ problematisch ist die Haltung von Blaupunkt-Rochen, der sicherlich auch wegen ihrer attraktiven Färbung am häufigsten importierten Peitschenschwanz-Stechrochenart. Schon in der Eingewöhnungsphase sind die Tiere schwierig und gehen nicht immer leicht an die angebotene Ersatznahrung (Garnelen, Stinte, Muschelfleisch). Als günstig erweisen sich großflächige Becken, auch für die Quarantäne.

Blaupunkt-Rochen benötigen Haltungstemperaturen von 24 - 28 °C und ein sauberes, gut gefiltertes, wenig nitratbelastetes Wasser. Obwohl sie sich gern in feinen Korallensand eingraben, verstecken sie sich jedoch häufig auch unter hohl liegenden Steinen, Korallenblöcken oder großen Muschelschalen. Diese Verstecke suchen sie besonders dann auf, wenn sie in Gemeinschaftshaltungen von anderen Korallenfischen belästigt werden. So können manche Drückerfische das Schwanzende der Blaupunkt-Rochen abfressen und einige Schmetterlingsfische wie der Wimpelfisch picken gern an ihrer Augenoberseite. Gut eingewöhnt und futterfest sind Blaupunkt-Rochen jahrelang haltbar.

Höchstalter. Die Haltungsdauer für *Dasyatis pastinaca* liegt bei 21 Jahren.

Familie Süßwasserstechrochen (Potamotrygonidae)

Kreisrunde Körperscheibe, verhältnismäßig kurzer Schwanz mit schmalem oberem Flossensaum oder mit dünnem, langem Schwanz und ohne Flossensaum, in jedem Fall aber mit Giftstachel. Augen entweder groß und hervorstehend oder nur klein und unauffällig. Stammen von Meeresstechrochen ab (besondere physiologisch-anatomische Anpassungen, z. B. Verlust der Salzdrüsen).

Verbreitung. Ausschließlich in Süßgewässern des tropischen Südamerikas (östlich der Anden).

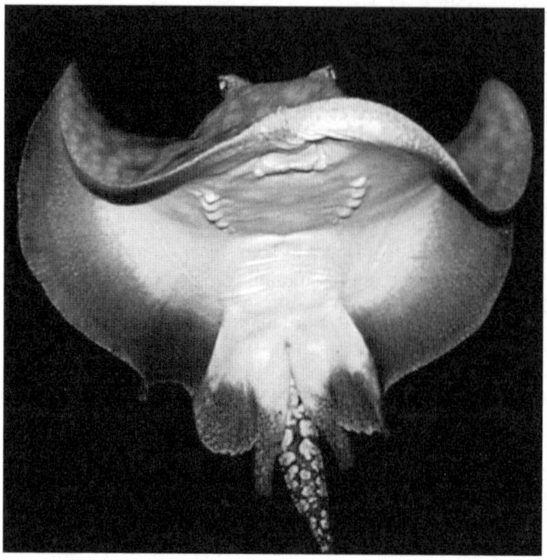

Abb. 10.3 *Potamotrygon histrix,* Männchen. Die Klasper sind von unten gut zu erkennen. (Aquazoo Düsseldorf)

Lebensweise. Vorwiegend dämmerungs- und nachtaktiv, am Tag meist im weichen Bodengrund eingegraben. Nahrungstiere werden aus dem Boden ausgeblasen. Ovovivipar.

Nahrung. Würmer, Insektenlarven, Schnecken, z.T. Fischfresser.

Gegenwärtig 3 Gattungen mit mehr als 22 Arten. Viele Arten sind in ihrer Färbung außerordentlich variabel und dementsprechend schwer zuzuordnen bzw. die Artabgrenzung ist noch unklar.

Gattung *Paratrygon*: 1 Art. **Ceja-Rochen** (*P. aiereba*): 1 m Scheibendurchmesser, weit verbreitet im tropischen Südamerika (Nordbolivien, östliches Peru, Venezuela und nördliches Brasilien). Mehrere Färbungsvarianten, Grundfarbe verschiedene Brauntöne, mehr oder weniger einfarbig, aber auch mit deutlicher dunkler Fleckung. Erkennbar an der leichten Einbuchtung des vorderen Scheibenrands. Kleinäugig; Schwanz lang und dünn, ohne Flossensaum. Lauerräuber, der Fische erbeutet.

Gattung *Plesiotrygon*: 1 Art. **Antennen-Rochen** (*P. iwamae*): über 90 cm Scheibendurchmesser, Brasilien (Rio Solimoes bei Tefé). Dunkelbraun, oberseits zahlreiche helle Kreisflecken unterschiedlicher Größe. Augen sehr klein, kaum hervorstehend. Schwanz länger als doppelter Scheibendurchmesser, kein Flossensaum.

Gattung *Potamotrygon*: mindestens 20 Arten. Dazu **Schwarzer Süßwasserstechrochen** (*P. henlei*): bis 30 cm Scheibendurchmesser, Brasilien (Bundesstaat Pará). Körperscheibe graubraun bis schwarz, mit zahlreichen gelben bis weißlichen, teils schwarz umrandeten runden Flecken. Auf der Schwanzoberseite 2 Dornenreihen vor dem Giftstachel. – **Gemeiner Süßwasserstechrochen** (*P. histrix*): etwa 50 cm Scheibendurchmesser, Brasilien, nach Süden bis zum unteren Paraná. Braune Körperscheibe, die variabel dunkel marmoriert oder genetzt ist. Schwanz mit schwärzlichen Querstreifen. – **Schwarzer Rochen** (*P. leopoldi*): etwa 45 cm Scheibendurchmesser, endemisch im Rio Xingu (Brasilien). Körperfärbung mehr oder weniger schwarz, mit weißen bis gelblichen Flecken unterschiedlicher Größe, die allerdings auch fast oder ganz fehlen können. – **Augenfleckstechrochen** (*P. motoro*): Körperdurchmesser 60 - 80 cm, tropisches Südamerika. Braun, mit gelben, schwarz umrande-

Abb. 10.4 *Potamotrygon leopoldi* (Aquarium Glaser, Rodgau)

Abb. 10.5 *Potamotrygon motoro* (Skansen-Aquarium, Stockholm)

ten, runden Augenflecken, sehr variabel. Wird am häufigsten in Aquarien gehalten und gezüchtet. – **Belem-Rochen** (*P. scobina*): etwa 30 cm Scheibendurchmesser, Brasilien (Bundesstaat Pará). Braun, mit großen hellen Flecken, auch als Augenflecken und mit unregelmäßiger dunkler Zeichnung, Jungtiere zeigen eine wabenartige Zeichnung.

Haltung von Süßwasserstechrochen

Die Haltung von gut eingewöhnten Süßwasserrochen der Gattung *Potamotrygon* ist im Allgemeinen unproblematisch. Wichtig sind Becken mit einer entsprechend großen Grundfläche, denn das Schwimmbedürfnis ist beachtlich und junge Tiere wachsen schnell. Als Bodengrund eignet sich Flusssand mit rund geschliffenen Körnern, in den sich die Rochen gern einwühlen.

Die Wassertemperaturen sollen zwischen 24 und 28 °C liegen, der pH-Wert zwischen 6,5 und 7,5 bei mittelhartem bis weichem Wasser (7 - 14° dGH). Auf eine gute, gleich bleibende Wasserqualität ist zu achten, der Nitratgehalt soll deutlich unter 100 mg/l liegen. Empfehlenswert ist es, das Wasser leicht torfig zu halten.

Süßwasserrochen fressen nur Futter, das auf dem Boden liegt oder unmittelbar über dem Boden schwebt. Sie suchen nicht im freien Wasser nach Nahrung. Geeignete Futtermittel sind lebende Tubifex und Regenwürmer, gefrostete Mückenlarven, Garnelen und Krill, kleine tote Futterfische und Fischstückchen, aber auch auf den Boden sinkende Fischpellets. Gut gefressen wird des Weiteren das Frankfurter Gelatinefutter, mit dem man insbesondere große Tiere leicht ernähren kann. Da sie relativ langsame Fresser sind, aber einen großen Nahrungsbedarf haben, sollte mindestens dreimal täglich gefüttert werden. Bei schlecht ernährten Rochen tritt der Beckengürtel vor der Schwanzbasis deutlich hervor. Dies ist auch ein wichtiges Beurteilungskriterium für den Gesundheitszustand neu zu erwerbender Tiere.

Grundsätzlich sind Süßwasserrochen sehr friedlich und zeigen untereinander kaum aggressives Verhalten. Lediglich in Verbindung mit

Paarungsaktivitäten kann es zu Bissverletzungen am Flossensaum der Weibchen durch die Männchen kommen. Auch einzelne Männchen können sich dann untereinander bedrängen. Eine Vergesellschaftung mit anderen Fischen, die gleiche Wasseransprüche stellen und nicht als Nahrungskonkurrenten auftreten oder von den Rochen als Futter betrachtet werden, ist im Allgemeinen gut möglich. Manche Fische wie Saugwelse (*Hypostomus*) oder Kopfsteher (*Anostomus*) können aber die ruhigen Süßwasserrochen durch Besaugen und Bezupfen belästigen.

Schwieriger sind die kleinäugigen Süßwasserrochen der Gattungen *Paratrygon* und *Plesiotrygon* zu pflegen. Sie stellen höhere Anforderungen an die Wasserqualität als die großäugigen *Potamotrygon*-Arten. Insbesondere müssen die Nitratwerte niedrig gehalten werden und das Wasser leicht sauer (pH 6 - 6,5) und weich (5 - 7 °dGH) sein. Die Ceja-Rochen sind außerdem Nahrungsspezialisten, die wahrscheinlich nur mit lebenden Fischen ernährt werden können.

Generell muss beim Umgang mit Süßwasserstechrochen die Verletzungsgefahr an den Stacheln der Schwanzoberseite berücksichtigt werden.

Vermehrung. Verschiedene Süßwasserrochen pflanzten sich schon im Aquarium erfolgreich fort (z.B. *Potamotrygon brachyurus*, *P. histrix*, *P. leopoldi*, *P. magdalenae*, *P. reticulatus*), aber wirklich regelmäßige Nachzuchten werden beim Pfauenaugen-Stechrochen (*P. motoro*) im Zoo Frankfurt erzielt. Dort werden die Fische mit einem speziellen Gelatinefutter, angereichert mit Vitaminen und Mineralstoffen, ernährt. Die Rochen kopulieren offenbar nur nachts, am Tag konnte nie eine Paarung beobachtet werden. Nach einer Trächtigkeit von etwa 3 Monaten erfolgt die Geburt der meist 8 - 12 Jungen wieder in der Nacht. Die Trächtigkeit des Rochenweibchens ist an beulenartigen Aufwölbungen beiderseits der Wirbelsäule erkennbar. Bereits 14 Tage vor der Geburt sind darin die Bewegungen der Embryonen zu beobachten. Die Neugeborenen werden von den Alttieren nicht beachtet. Im Alter von 3 - 4 Jahren und mit einem Scheibendurchmesser von 25 - 35 cm wird die Geschlechtsreife erreicht. Zur Unterscheidung der Individuen kann man zumindest bei dieser Art auf die Anordnung und Ausprägung der Flecken zurückgreifen, die bei jedem Tier anders sind und sich auch im Verlauf des Wachstums weder vermehren noch nennenswert verändern.

Fortpflanzungsdaten aus 6 Würfen von *P. scobina*: Trächtigkeitsdauer zwischen 99 und 121 Tagen, 1 - 4 Jungtiere pro Wurf (insgesamt 15, davon 11 Weibchen und 4 Männchen). Scheibendurchmesser bei der Geburt zwischen 7 und 8,8 cm, bei einer durchschnittlichen Größenzunahme von 1 cm pro Monat erreichte ein Tier nach knapp 2 Jahren über 25 cm Scheibendurchmesser.

Im John-Shedd-Aquarium, Chicago, gelang eine Kreuzung zwischen *P. motoro* und *P. orbignyi*.

Familie Rundstechrochen (Urolophidae)

Körperscheibe mehr oder weniger rund. Schwanz kurz, an der Basis verdickt, mit Giftstachel und deutlich abgesetzter Schwanzflosse.

Verbreitung. Im westlichen Atlantik und östlichen Indopazifik (größte Artenvielfalt um Australien).

Lebensweise. Am Boden der Schelfgebiete, von der Gezeitenzone bis in größere Tiefen. Ovovivipar.

Nahrung. Krebse und Mollusken, Würmer, kleine Fische.

2 - 4 Gattungen mit mindestens 35 Arten.

Gattung *Urobatis* (wird auch zu *Urolophus* gestellt): 6 Arten. Dazu **Kalifornischer Rundstechrochen** (*U. halleri*): 50 - 60 cm, amerikanische Pazifikküste von Kalifornien bis Peru. Schiefergrau, mit rundlichen Aufhellungen auf

Abb. 10.6 *Urobatis jamaicensis* (Zoo Basel, Vivarium)

der Oberseite. – **Jamaika-Stechrochen** (*U. jamaicensis*): 75 cm, Bahamas bis Brasilien, im Flachwasser, auf Sandboden in der Nähe von Korallenriffen. Gelblich braun, dazu zahlreiche hellere Tupfen und Flecken. 2 - 4 Junge.

Haltung von Rundstechrochen

Jamaika-Rundstechrochen sind oft schwierig einzugewöhnen, weil sie häufig durch lange Transport- und Zwischenhälterungszeiten beim Händler vorgeschädigt sind. Tiere mit stark heraustretenden Beckenknorpeln haben nur geringe Überlebenschancen. Dagegen nehmen gesunde Rochen als Ersatznahrung ohne Probleme Garnelen, Fisch- und Muschelfleisch an.

Einmal eingewöhnt ist *Urobatis jamaicensis* gut haltbar. Er benötigt eine größere Bodenfläche mit relativ feinem Sand, in den er sich mehr oder weniger tief einwühlen kann. Andererseits ruht er auch gern auf glatten Steinflächen. Die Haltungstemperaturen liegen für den Jamaika-Rundstechrochen entsprechend seines Herkunftsgebiets bei 24 - 28 °C, der Kalifornische Rundstechrochen sollte etwas kühler (bis maximal 22 °C) gehalten werden. Im Aquarium wurden beide Arten bereits erfolgreich vermehrt (z.B. *U. jamaicensis* im Vivarium des Zoo Basel).

Höchstalter. Die Lebensdauer für *Urolophus halleri* liegt in der Natur bei 8 Jahren.

Familie Schmetterlingsrochen (Gymnuridae)

Körperscheibe rhomboid und deutlich breiter als lang. Schwanz kurz und dünn, meist mit 1 - 2 Giftstacheln, aber immer ohne Schwanzflosse, auch die Rückenflossen fehlen meist.

Verbreitung. Überall in tropischen und subtropischen bis gemäßigt-warmen Meeren.

Lebensweise. Vorkommen insbesondere auf Sand- und Schlammböden, zuweilen häufig in warmen Küstengewässern. Einzeln oder in großen Gruppen, meist dicht über dem Grund schwimmend. Ovovivipar, nach Verbrauch des Dottervorrats werden die Embryonen mit einem Sekret der Uteruswand („Uterusmilch") von der Mutter ernährt. Anzahl der Jungen pro Wurf 1 - 10.

Nahrung. Krebse und Muscheln, große Schmetterlingsrochen auch Fische.

2 Gattungen mit etwa 14 Arten.

Gattung *Gymnura*: 12 Arten (alle ohne Rückenflosse). Dazu **Stachel-Schmetterlingsrochen** (*G. altavela*): bis 2 m breit, West- und Ostatlantik, Mittelmeer, auf Weichböden in 10 - 100 m Tiefe. Mit Schwanzstachel. – **Glatter Schmetterlingsrochen** (*G. micrura*): etwa 1,3 m breit, flache Küstengewässer des Nordwestatlantiks von New York bis Nordbrasilien. Kein Schwanzstachel. Dringt auch in Brackwasserbereiche vor. – **Japanischer Schmetterlingsrochen** (*G. japonica*): bis 1 m, Nordwestpazifik (um Japan und China), über Sand- und Schlammböden im Flachwasser. Hellgrau. – **Kalifornischer Schmetterlingsrochen** (*G. marmorata*): 1,5 m breit, Ostatlantik (Kalifornien bis Peru). – **Diamant-Schmetterlingsrochen** (*G. natalensis*): 2,4 m breit, Südostafrika, häufig in flachen Ufergewässern. Färbung variabel grau, dunkel marmoriert.

Haltung von Schmetterlingsrochen

In großen amerikanischen Aquarien sind verschiedentlich Versuche unternommen worden, Schmetterlingsrochen zu halten, allerdings wenig erfolgreich. Die Schwierigkeit bestand offenbar darin, dass sie eine freiwillige Futteraufnahme verweigerten. Im Aquarium von Baltimore, USA, wurden 2 Tiere zunächst über eine Schlundsonde mit einem Nahrungsbrei, dann mit Tintenfisch- und Heringsbrei sowie Multivitaminpräparaten zwangsernährt. Nach 62 bzw. 70 Tagen nahmen sie von einem Futterstock Heringe ab und später das Futter auch aus der Hand des Tauchers. *Gymnura japonica* wird in dem Riesenaquarium von Osaka, Japan, mit gutem Erfolg gehalten.

Familie Adlerrochen (Myliobatidae)

Körperscheibe breit-rhombisch, Kopf nicht mit den flügelartigen, spitzwinkligen Brustflossen verwachsen. Große Augen und große Spritzlöcher an den Kopfseiten. Schwanz lang und dünn, peitschenartig, bei den meisten Arten mit Giftstachel. 1 kleine Rückenflosse, aber keine Schwanzflosse. Maul entenschnabelartig vorstülpbar.

Verbreitung. In allen tropischen und subtropischen Meeren.

Lebensweise. Tagaktiv, sowohl am Boden als auch im freien Wasser, oft in Schwärmen. Fortpflanzung ovovivipar (2 - 6 Junge). Manche Adlerrochen können aus dem Wasser springen, im Sprung sollen auch die Jungtiere geboren werden.

Nahrung. Bodenlebende wirbellose Tiere, insbesondere Muscheln (Pflasterzahngebiss aus zu massiven Platten verschmolzenen Zahnreihen).

4 Gattungen mit etwa 26 Arten.

Gattung *Aetobatus*: 3 Arten. Dazu **Gefleckter Adlerrochen** (*Ae. narinari*): Spannweite bis 3 m, alle tropischen und subtropischen Meere. Schneller Schwimmer. Kann in großen Schwärmen auftreten, sowohl in Riffgebieten und über Seegraswiesen als auch im offenen Meer. Oberseite bräunlich bis schwärzlich mit weißlichen Tupfen, Unterseite weißgrau. Sehr langer Schwanz mit 2 - 6 Giftstacheln.

Gattung *Myliobatis*: 11 Arten. Dazu **Adlerrochen** (*M. aquila*): bis 1,8 m breit, Ostatlantik, Mittelmeer. Körper dunkelbraun bis schwärzlich. Kopf deutlich von der Körperscheibe abgesetzt. – **Fledermausrochen** (*M. californica*): 1,8 m breit, Ostpazifik (Küste der USA bis Nordmexiko).

Gattung *Pteromylaeus*: 2 Arten. Dazu **Entenschnabelrochen** (*P. bovinus*): etwa 1,75 m breit, weit verbreitet im Mittelmeer und Ostatlantik (bis Angola) und im westlichen Indischen Ozean (nördlich bis Sansibar). Oberseite grünlich braun, mit einigen helleren blaugrauen Querstreifen, z. T. in Punkte und Striche aufgelöst.

Abb. 10.7 *Aetobatus narinari* (Zoo-Aquarium Berlin)

Haltung von Adlerrochen

Adlerrochen können in sehr großen Aquarien mit viel freiem Schwimmraum und sandigem Bodengrund, in den sie sich gern nachts teilweise einwühlen, mit gutem Erfolg jahrelang gehalten werden. Mancherorts zeigt man die schwimmfreudigen, vogelähnlich durch das Wasser „fliegenden" Fische in relativ flachen, offenen Becken (Wasserstand 70 - 80 cm), jedoch mit großer Sandfläche. Sie sind dann für die Besucher nur von oben zu sehen.

Bisherige Haltungserfahrungen zeigen, dass Adlerrochen wenig empfindlich, auch gegenüber höheren Nitratwerten (200 mg/l), zu sein scheinen. Die tropischen Arten benötigen Wassertemperaturen zwischen 24 und 28 °C, aber auch die aus subtropischen Meeren stammenden *Myliobatis aquila* tolerieren ähnlich hohe Temperaturen. *Myliobatis californica* wird bei 14 - 21 °C gehalten.

Obwohl die Adlerrochen viel im freien Wasser schwimmen, so fressen sie doch ausschließlich vom Bodengrund. Sie nehmen bevorzugt Muschelfleisch, Garnelen und Krill, auch kleine Stückchen Fischfleisch und Stint. Im Unterschied zu manchen Stechrochen, die regelrecht futterzahm werden, empfiehlt es sich bei einer angestrebten individuellen Fütterung, die Nahrungsbrocken mit einem Fütterungsrohr vor dem Kopf des Rochens zu platzieren. Die Eingewöhnung von *Aetobatis narinari* gelingt mit lebenden Muscheln.

Vermehrung. Der Fledermausrochen wird in Sea World, San Diego, regelmäßig gezüchtet. Ein Männchen wird mit mehreren Weibchen zusammen gehalten. Mehrmals im Jahr werden Junge geboren, die bei der Geburt einen Scheibendurchmesser von 22 - 31 cm haben. Auch *Aetobatus narinari* vermehrte sich bereits im Aquarium.

Höchstalter. In Sea World, San Diego lebte *Myliobatis californica* über 10 Jahre.

Familie Kuhnasenrochen (Rhinopteridae)

Ähnlich den Adlerrochen, mit denen sie auch in einer Familie zusammengefasst werden. Im Unterschied zu diesen ist aber der Kopf vorn eingedrückt (zweilappig).

Verbreitung. In allen tropischen Meeren, Mittelmeer.

Lebensweise. Vom flachen Küstenwasser bis in etwa 100 m Tiefe, tagaktiv. Sehr schwimmfreudig, z.T. in großen Schulen. Ovovivipar, die Jungen werden vielfach in der Mangrove geboren.

Nahrung. Vor allem Muscheln, aber auch Schnecken und große Krebstiere.

1 Gattung mit 8 Arten.

Gattung *Rhinoptera*: Dazu **Atlantischer Kuhnasenrochen** (*Rh. bonasus*): Körperscheibe über 2 m breit, West- und Ostatlantik. Oberseite einfarbig braun, Unterseite weißlich. – **Java-Kuhnasenrochen** (*Rh. javanica*): Körperscheibe 1,5 m breit, Indowestpazifik.

Haltung von Kuhnasenrochen

Kuhnasenrochen sind in sehr großen Aquarien mit viel freiem Schwimmraum bei Wassertemperaturen zwischen 22 und 26 °C gut haltbar. Während *Rhinoptera javanica* bei diesen Temperaturen gehalten werden kann, sollten bei *Rh. bonasus* 22 °C möglichst nicht überschritten werden. Als tagaktive, sehr geschickte Schwimmer und mit ihrer geselligen Lebensweise sind sie auffällige und attraktive Aquarienbewohner. Besonders während der Eingewöhnungsquarantäne von Wildfängen ist allerdings ein Befall mit Coccidien (*Eimeria southwelli*), in der Leibeshöhle parasitierende Sporozoen, eine häufige Todesursache. Die Ernährung erfolgt hauptsächlich mit Muschelfleisch und Krebstieren. Das Futter wird vom Boden aufgenommen, wobei die beiden heruntergeklappten Mundlappen beim Fressen eine regelrechte Glocke bilden. Die Zucht von *Rhinoptera bonasus* und *Rh. javanica* ist bereits gelungen.

Abb. 10.8 *Rhinoptera bonasus* (Zoo Rotterdam, Oceanium)

Abb. 10.9 *Mobula mobular* (Oceanarium Lissabon)

Familie Teufelsrochen (Mobulidae)

Spannweite bis 7 m. Körperscheibe breiter als lang. 2 hornartige, so genannte Kopflappen als Teile der Brustflossen, die spitz dreieckig sind. Dünner, peitschenartiger Schwanz, an dessen Basis 1 kleine Rückenflosse, z.T. auch mit Giftstachel.

Verbreitung. Alle tropischen und subtropischen Meere.

Lebensweise. Im freien Wasser. Bewegung vogelflugähnlich, oft in kleinen Schwärmen. Ovovivipar, einige Arten nur 1 Junges.

Nahrung. Fressen Makroplankton (vor allem Krebse) und kleine Fische (Präbranchialanhänge und Kiemen wirken als Reuse).

2 Gattungen mit 15 Arten.

Gattung *Manta*: 3 Arten. Dazu **Mantarochen** (*M. birostris*): bis 7 m breit (größter lebender Rochen), weltweit in tropischen Meeren. Oberseite schwärzlich, Unterseite weiß. Kurzer Schwanz, kein Giftstachel.

Gattung *Mobula*: 12 Arten. Dazu **Ostatlantischer Teufelsrochen** (*M. mobular*): bis 6 m breit, Ostatlantik, Mittelmeer. Oberseite blauschwarz, grünlich oder violett schimmernd, Bauchseite weißlich. Schwanz sehr lang und mit großem Giftstachel. – Ähnlich der **Japanische Teufelsrochen** (*M. japanica*): Westpazifik (Japan, China, Hawaii-Inseln), aber deutlich kleiner.

Haltung von Teufelsrochen

Einzelne Teufelsrochen werden in manchen Superaquarien Nordamerikas, Asiens und Europas zusammen mit anderen Fischen des offenen Meeres (in Osaka z.B. mit Walhaien) erfolgreich über Jahre gepflegt. Die großen Fische sind zwar langsam und nicht sehr wendig, aber ständig in Bewegung. Sie benötigen für eine einigermaßen artgemäße Haltung einen riesigen freien Schwimmraum, der, wenn überhaupt, nur in derartigen Großaquarien (z.B. im Ozeanarium Lissabon 5000 m^3) gegeben ist. Ernährt werden sie mit Schwebegarnelen und kleinen

Fischchen, die man ihnen mindestens zweimal täglich in großen Mengen vor den Kopf in das Wasser wirft oder von einem Taucher mit einem Netz vor das Maul platziert. Sehr schnellwüchsig, in Lissabon wuchsen ein *Mobula mobular* innerhalb eines Jahres von 2,2 m Scheibendurchmesser auf 2,8 m, ein *Manta birostris* von 1,6 m auf 2,4 m.

11
Ordnung Engelhaiartige (Squatiniformes)

W. E. Engelmann, J. Kormann & J. Lange

Rochenähnlich, mit vergrößerten Brustflossen, die aber nicht mit dem Kopf verwachsen sind. Augen und die großen Spritzlöcher auf der Kopfoberseite. Kiemenöffnungen auf der Bauchseite. 2 Rückenflossen, aber keine Afterflosse. Schwanzflosse mit verlängertem unterem Lappen. Mit Nasenbarteln und vorstreckbarem, endständigem Maul.

Nur 1 Familie.

Familie Engelhaie (Squatinidae)

Verbreitung. Kalt-gemäßigte bis tropische Meere, fehlen allerdings im Indischen Ozean (außer südostafrikanische Küste) und im zentralen Pazifik.

Lebensweise. Vom Flachwasserbereich bis in größere Tiefen. Nachtaktive Bodenbewohner, die sich oft im Sand oder Schlamm eingraben. Ovovivipar (10 - 25 Junge).

Nahrung. Grundfische, Krebstiere, Mollusken.

1 Gattung mit 16 Arten.

Gattung *Squatina*: Dazu **Australischer Engelhai** (*S. australis*): 1,5 m, westaustralische Meeresküsten (südlich bis Neusüdwales). – **Kalifornischer Engelhai** (*S. californica*): 1,5 m, Ostpazifik (Alaska bis Kalifornien, Ecuador bis Chile). Grau, mit bräunlichen Flecken unterschiedlicher Größe; teils in Gruppen zusammenlebend. – **Japanischer Engelhai** (*S. japonica*): 1 m, südliche Japanische Inseln, Ostchinesisches Meer. Schwärzlich braun, unregelmäßig hell getupft. – **Meerengel**, **Engelhai** (*S. squatina*): bis 2,5 m, Ostatlantik, Nordsee, Mittelmeer. Graubraun mit dunklen Flecken.

Haltung von Engelhaien

Engelhaie werden regelmäßig in verschiedenen großen Schauaquarien gezeigt. Die Haltungserfolge sind allerdings eher bescheiden. Sie sind wärmeempfindlich (nicht über 18 °C Wassertemperatur, auf Dauer nur 15 °C). Die tagsüber auf dem Sandboden ruhenden und von einer feinen Sandschicht bedeckten Engelhaie streifen nachts jagend umher, benötigen also einen entsprechend großen Schwimmraum. Sie schnappen jedoch auch am Tag nach Beutetieren, die in die Nähe ihres Mauls gelangen. Trotzdem verweigern sie oft zunächst die selbständige Futteraufnahme. Mittels Futterstock sollte man mit Geduld versuchen, sie an Ersatznahrung (Garnelen, Tintenfisch, Fische und Fischfilet) zu gewöhnen. Einige Arten wurden im Aquarium bereits erfolgreich vermehrt.

Höchstalter. Im Aquarium lebten Engelhaie bisher selten länger als 1 Jahr. Haltungsdauer für *Squatina japonica* 14 Monate, für *S. squatina* etwa 2 Jahre.

12
Ordnung Stierkopfhaiartige (Heterodontiformes)

W. E. Engelmann, J. Kormann & J. Lange

Kleine bis mittelgroße Grundhaie mit gedrungenem Körper und großem, bulligem Kopf. Über den Augen eine kantige Aufwölbung. Kleine Spritzlöcher. 2 Rückenflossen, vor denen je 1 starker Giftstachel steht, im Unterschied zu den Stachelhaien aber mit Afterflosse. Paarige Flossen zum Abstützen und Laufen auf dem Boden. Zähne im hinteren Kiefer als vergrößerte, flache Mahlzähne ausgebildet.

Nur 1 Familie.

Familie Stierkopfhaie, Doggenhaie (Heterodontidae)

Verbreitung. Gemäßigt-warme bis tropische Meere (westlicher Indischer Ozean, westlicher und östlicher Pazifik).

Lebensweise. Vom Flachwasser bis in 250 m Tiefe. Hauptsächlich nachtaktiv. Weibchen legen Eier, deren hornige Kapseln spiralig gewun-

Abb. 12.1 *Heterodontus francisci* (Zoo-Aquarium Berlin)

Abb. 12.2 *Heterodontus francisci*, etwa 14 Tage alt (Zoo Amsterdam, Aquarium)

dene Haltebänder besitzen. Entwicklungsdauer der Embryonen 7 - 12 Monate. Geschlechtsreif erst mit etwa 10 Jahren.

Nahrung. Schnecken, Muscheln und Krebse, deren Schalen bzw. Panzer mit den hinteren Mahlzähnen zermalmt werden.

1 Gattung mit 8 Arten.

Gattung *Heterodontus*: Dazu **Kalifornischer Stierkopfhai** (*H. francisci*): etwa 1 m, ostpazifische Küstengewässer von Kalifornien bis Peru. Grau, sand- oder kupferfarben, vereinzelte dunkle Flecken, Bauchseite hell. Auch in sehr flachem Wasser. – **Kammstierkopfhai** (*H. galeatus*): 1,2 m, Küstengewässer um Ost- und Südaustralien. Bräunlich, dunkle Bänder unter den Augen, den Rückenflossen sowie auf der Schwanzflosse. – **Port-Jackson-Stierkopfhai** (*H. portusjacksoni*): bis 1,65 m, gewöhnlich kleiner, gemäßigte und subtropische Küstengewässer Australiens. Reh- bis graubraun, mit dunklen, großflächigen Bändern und Strichen auf dem Rücken und den Flanken. – **Zebra-Hornhai** (*H. zebra*): 1,2 m, von Japan über den Indomalaiischen Archipel bis Nordaustralien. Zebraähnliche kontrastreiche Querbänder. – Ähnlich, aber undeutlicher gestreift der **Japanische Stierkopfhai** (*H. japonicus*) im gleichen Verbreitungsgebiet.

Haltung von Stierkopfhaien

Die Haltung von Stierkopfhaien ist unproblematisch. Die trägen Fische ruhen meist auf dem Boden, oft zwischen Steinspalten mit seitlichem Körperkontakt. Sie sind etwas wärmeempfindlich. Die Wassertemperaturen sollten um 15 - 20 °C liegen. Der Port-Jackson-Stierkopfhai verträgt über längere Zeit auch Temperaturen bis 26 °C. Einmal eingewöhnt sind Stierkopfhaie nicht wählerisch und fressen Muschelfleisch, Garnelen und Krill, tote Futterfische und Tintenfischfleisch. Der Kammstierkopfhai wurde in Australien, der Kalifornische Stierkopfhai in den USA und im Zoo von Amsterdam bereits erfolgreich im Aquarium vermehrt.

Vorsicht ist beim Herausfangen und Hantieren im Becken angebracht, denn Verletzungen durch die Rückendornen führen zu Vergiftungen, die allerdings meist glimpflich verlaufen.

Höchstalter. *Heterodontus francisci* und *H. galeatus* 12, *H. portusjacksoni* über 14 Jahre.

13
Ordnung Ammenhaiartige (Orectolobiformes)

W. E. Engelmann, J. Kormann & J. Lange

Sehr verschiedenartige, kleine (unter 1 m) bis sehr große (über 12 m) Haie. Kurze Schnauze, Maul meist über eine auffallende Grube mit den Nasenöffnungen verbunden. Vor jeder Nasenöffnung häufig eine häutige Bartel. Spritzlöcher von sehr unterschiedlicher Größe. Die beiden Rückenflossen stets ohne Dornen. Eier legend oder eilebendgebärend.

Bewohnen die warm-gemäßigten und tropischen Meere, vom Flachwasserbereich bis in mittlere Tiefen. Einen Verbreitungsschwerpunkt bilden die australischen Gewässer und der Indische Ozean.

7 Familien mit 33 Arten. Aus 5 Familien werden häufig oder gelegentlich Vertreter in Aquarien gezeigt.

Familie Blindhaie (Brachaeluridae)

Bis etwa 1,2 m große Bodenhaie mit kleinen, auf der Kopfoberseite liegenden Augen. Die kleine Afterflosse befindet sich hinter der 2. Rückenflosse, unmittelbar vor der kleinen Schwanzflosse.

Verbreitung. In australischen Meeresgewässern.

Lebensweise. Von der Gezeitenzone bis in 150 m Tiefe. Nachtaktiv, tagsüber in Höhlen und Spalten verborgen. Ovovivipar (7 - 8 Junge). Kann bei Ebbe mehrere Stunden ohne Wasser überleben, Augen sind dann geschlossen (Namensbezug).

Nahrung. Krebstiere, Tintenfische und Seeanemonen sowie kleine Fische.

2 Gattungen mit 2 Arten.

Gattung *Brachaelurus*: **Blindhai** (*B. waddi*): 1,2 m, küstennahe Riffe vor West- und Südaustralien. Braun, mit unauffälligen, dunklen Bändern. Junge grau, schwarz gestreift.

Gattung *Heteroscyllium*: **Graublauer Blindhai** (*H. colcloughi*): 76 cm, ostaustralische Küstengebiete.

Haltung von Blindhaien

Blindhaie, insbesondere der häufige *Brachaelurus waddi*, werden mit gutem Erfolg in australischen Aquarien gehalten. Die nachtaktiven, am Tag in ihren Versteckplätzen ruhenden Tiere können leicht an Tagesfütterungen umgewöhnt werden. Sie sind nicht wählerisch und nehmen alles gängige frische und gefrostete Seefutter. Auch eine Gruppenhaltung ist möglich. Haltungstemperatur zwischen 20 und 25 °C. Erstmals wurde *B. waddi* 1996 im Aquarium des Zoos von Sydney vermehrt. 2 Junge konnten aufgezogen werden.

Familie Teppichhaie (Orectolobidae)

Mittelgroße, bunt gemusterte Grundhaie mit abgeflachtem, breitem Körper und kurzem Schwanz. Kleine Afterflosse, liegt hinter der 2. Rückenflosse. Kleine Augen und kleine Kie-

Abb. 13.1 *Orectolobus ornatus* (Zoo-Aquarium Berlin)

menöffnungen, aber große Spritzlöcher. Zahlreiche Hautfransen an der Oberlippe.

Verbreitung. Hauptverbreitungsgebiet sind die Korallenriffe um Australien und Neuguinea, 1 Art im westlichen Pazifik.

Lebensweise. Im Flachwasser, von der Gezeitenzone bis in etwa 100 m Tiefe, auf schlickigem Boden, zwischen Korallen und Steinen. Am Tag Lauerräuber, sonst dämmerungs- und nachtaktiver Jäger. Ovovivipar (20 und mehr Junge, etwa 20 - 30 cm groß).

Nahrung. Grundfische, Kraken, Langusten und Krabben.

3 Gattungen mit mindestens 6 Arten.

Gattung *Eucrosorhinus*: 1 Art. **Fransen-Teppichhai** (*Eu. dasypogon*): bis 1,2 m, Indoaustralischer Archipel. Zahlreiche bäumchenartige Hautanhänge im Kopfbereich, graubraunes Wabenmuster.

Gattung *Orectolobus*: 4 Arten. Dazu **Japanischer Wobbegong** (*O. japonicus*): 1 m, um die Japanischen Inseln, Südchinesisches Meer, Philippinen. – **Teppichhai**, **Gefleckter Wobbegong** (*O. maculatus*): maximal 3,2 m, meist nur um 2 m, Westpazifik, von Südjapan bis Australien. Braun, mit unregelmäßigen, helleren Bändern und Flecken. – **Bunter Wobbegong** (*O. ornatus*): 2,8 m, vor allem Gewässer östlich Australiens, in flachen Küstenbereichen. Braun, hell und dunkel marmoriert.

Haltung von Teppichhaien

Wobbegongs sind sehr gefräßig. Sie können nicht mit Fischen vergesellschaftet werden, die sie überwältigen können. So fraß im Zoo-Aquarium Berlin ein 60 cm langer Teppichhai eine 1 m lange Muräne von 10 cm Durchmesser! Die Tiere sind bei guter Ernährung raschwüchsig und benötigen trotz ihrer trägen Lebensweise daher verhältnismäßig große Becken.

Entsprechend ihrer tropischen Herkunft vertragen sie auch Wassertemperaturen von 26 - 28 °C. Eine Fläche feineren Sandes sollte ihnen geboten werden, damit sie sich wenigstens teilweise einwühlen können. Die Gewöhnung an das Aquarienersatzfutter ist nicht schwierig. Nach einigen Tagen nehmen sie vorgehaltene kleine, tote Futterfische, Tintenfischstückchen oder Shrimps an. Bei Vergesellschaftung mit anderen schnell fressenden Haien und Großfischen müssen die Teppichhaie im Allgemeinen gezielt mit dem Stock gefüttert werden, damit sie nicht abmagern. Meist ist allerdings eine wöchentliche Fütterung für erwachsene Tiere ausreichend. Jungtiere erhalten wesentlich häufiger, zunächst täglich, eine Futterration.

Insbesondere die *Orectolobus*-Arten können beim unvorsichtigen Hantieren in der Nähe ihres Ruheplatzes im Aquarium blitzschnell zubeißen, entsprechende Vorsicht ist geboten.

Höchstalter. Lebensdauer im Aquarium 25 Jahre.

Familie Zebrahaie (Stegostomatidae)

Extrem lange Schwanzflosse (etwa körperlang), deutliche Leisten an der hinteren Körperhälfte. Nasenlöcher mit kurzen Barteln.

Verbreitung. Weit verbreitet im Roten Meer, Indischen Ozean und Westpazifik.

Lebensweise. Im Flachwasser, von der Gezeitenzone bis in etwa 60 m Tiefe. Häufig in Korallenriffen, aber auch auf Geröll- und Sandflächen. Nachtaktiver Jäger. Eier legend, etwa 20 cm große, braune Eikapseln ohne Haftfäden.

Nahrung. Hauptsächlich Muscheln, Schnecken, aber auch Krebstiere und kleine Fische.

1 Gattung mit 1 Art.

Gattung *Stegostoma*: **Zebrahai**, **Leopardenhai** (*S. fasciatum*): bis 3,5 m, vor allem im Bereich der Korallenriffe. Färbung gelbbraun, mit zahlreichen dunkelgrauen Punkten. Jungtiere auf dunkelbraunem Grund gelbe, schwarz geränderte Querbänder.

Haltung von Zebrahaien

Regelmäßig in großen Haiaquarien. Obwohl nicht sehr bewegungsfreudig, benötigen sie doch größere freie Bodenflächen wie auch eine Beckeneinrichtung mit Unterstandsmöglichkeiten. Die Haltungstemperaturen liegen zwischen 24 und 26 °C. Gute Wasserqualität (geringer Nitratgehalt) und gedämpfte Beleuchtung sind weitere wichtige Kriterien für eine optimale Haltung der insgesamt etwas empfindlichen Art.

Abb. 13.2 *Stegostoma fasciatum* (Zoo-Aquarium Berlin)

Abb. 13.3 *Chiloscyllium punctatum* (Zoo Leipzig, Aquarium)

Vermehrung. Im Henry Doorly Zoo von Omaha, USA, gelang 1998 erstmals die Zucht. Die Elterntiere lebten seit 1996 in einem 3400 m^3 fassenden Becken. Nach Paarungen im November 1996 legte das Weibchen vom September 1998 bis Januar 1999 insgesamt 46 Eier. Aus 3 Eiern schlüpften nach einer Entwicklungsdauer von ungefähr 6 ½ Monaten im Frühjahr 1999 junge Zebrahaie. Die Inkubation erfolgte in einem abgetrennten Teil des Schaubeckens bei Wassertemperaturen zwischen 23,9 und 25 °C.

Familie Bambushaie, Lippenhaie (Hemiscylliidae)

F. Velte & W. E. Engelmann

Schlanke, langschwänzige Grundhaie mit großen Spritzlöchern. Afterflosse kielförmig gerundet, liegt unmittelbar vor dem unteren Schwanzflossenlappen. Länge kaum über 1 m.

Verbreitung. Rotes Meer, Indischer Ozean und Westpazifik (von Japan bis Australien).

Lebensweise. Träge, bodenorientierte Haie, hauptsächlich nachtaktiv in den Korallenriffen und Felsen sowie im Flachwasser auf sandigen und schlammigen Gründen. Eier legend.

Nahrung. Krebse und Kleinfische.

2 Gattungen mit 13 Arten.

Gattung *Chiloscyllium*: 8 Arten. Dazu **Grauer Bambushai** (*Ch. griseum*): 75 cm, Rotes Meer, nördlicher Indischer Ozean, Malaiischer Archipel. Graubraun, Jungfische mit 13 dunkelbraunen Sattelstreifen. – **Schlanker Bambushai** (*Ch. indicum*): 65 cm, östlicher Indischer Ozean, tropischer Westpazifik, pazifische Inseln. Bräunlich, mit dunklen Tüpfeln und Flecken. – **Weißgefleckter Bambushai** (*Ch. plagiosum*): 70 - 95 cm, Rotes Meer, Indischer Ozean, Westpazifik (Japan bis Australien). – **Braungebänderter Bambushai** (*Ch. puncta-*

Abb. 13.4 *Chiloscyllium punctatum*, etwa 14 Tage alt (Zoo Leipzig, Aquarium)

tum): bis 1,3 m, nordwestlicher Indischer Ozean, tropischer Westpazifik. Rehbraun bis rötlich braun, undeutliche, dunklere Querbinden, Jungtiere schwarz-weiß quer gebändert.

Gattung *Hemiscyllium*: 5 Arten. Dazu **Augenfleck-Bambushai** (*H. ocellatum*): etwa 1 m, Indomalaiischer Archipel, Nordaustralien, in Korallenriffen. Braun, mit dunklen Tupfen und Flecken sowie einem auffallend großen, teilweise hell umrandeten Schulterfleck, Flossenkanten weiß.

Haltung von Bambushaien

Die Haltung von Bambushaien ist relativ unproblematisch. Obwohl sie sehr viel ruhen, benötigen sie dennoch einen entsprechend großen Schwimmraum, auch um einer Verfettung entgegenzuwirken. Als Ruheplätze eignen sich Höhlen und Spalten, die gut durchströmt sind. Die Wassertemperaturen sollten dauerhaft nicht über 25 °C liegen, kurzzeitig werden aber auch höhere Temperaturen toleriert. Da Tiere schon aus Aquarien gesprungen sind, empfiehlt es sich besonders bei kleineren Becken, die Seitenscheiben mit aufgesetzten Schutzwänden zu versehen oder sie mit weichen Netzen abzudecken.

Als Futter verwendet man Krebstiere, Fisch- und Muschelfleisch. Junghaie sollten vorwiegend mit Schwebegarnelen (Mysis) gefüttert werden, um eine entsprechende Versorgung mit Calcium zu gewährleisten. Adulte Fische werden zwei- bis dreimal pro Woche gefüttert, Junghaie fünf- bis sechsmal.

Abb. 13.5 *Hemiscyllium ocellatum* (Zoo-Aquarium Berlin)

Vermehrung. Die Zucht gelingt in einigen Schauaquarien regelmäßig. Bei beiden Geschlechtern tritt die Geschlechtsreife ungefähr mit 5 Jahren ein. Die Entwicklungszeit der Embryonen in der Eikapsel beträgt beim Grauen Bambushai 70-80 Tage (bei 24 °C), beim Braungebänderten Bambushai bis 120 Tage. Als Erstfutter für frischgeschlüpfte Bambushaie eignen sich gefrostete Mysis und zerdrücktes Muschelfleisch.

Höchstalter. Bambushaie erreichten in Menschenobhut schon ein Alter von 25 Jahren.

Familie Halsbandhaie (Parascylliidae)

Kleine (unter 1 m) Grundhaie, mit lang gestrecktem Körper. Kopf verhältnismäßig klein und schmal, mit engen Nasengruben. Augen katzenähnlich. Die 1. Rückenflosse steht hinter den Bauchflossen.

Verbreitung. Westlicher Pazifik, in tropischen bis gemäßigt-temperierten Küstengewässern.

Lebensweise. Bodenorientiert, von der Gezeitenzone bis in 200 m Tiefe. Nachtaktiv, am Tag in Höhlen oder Tangwäldern verborgen. Soweit bekannt Eier legend, Eikapseln mit Spiralfäden.

Nahrung. Kleine Bodenfische, Krebstiere und andere bodenbewohnende Wirbellose.

2 Gattungen mit 6 Arten.

Gattung *Parascyllium*: 3 Arten, endemisch an süd- und westaustralischen Meeresküsten. Dazu **Rostroter Halsbandhai** (*P. ferrugineum*): 80 cm. – **Bunter Halsbandhai** (*P. variolatum*): etwa 90 cm.

Haltung von Halsbandhaien

Die beiden Halsbandhai-Arten sind in gekühlten Aquarien (Wassertemperatur zwischen 14 und 20 °C) gut haltbar. Die Einrichtung soll für die nachtaktiven Fische Versteckplätze besitzen, in denen sie sich tagsüber aufhalten können. Die Ernährung ist mit gängigem Futter unproblematisch.

Familie Ammenhaie (Ginglymostomatidae)

Plumpe Haie mit breiten Köpfen und relativ kurzen Schwänzen. Die auffallend dicht beieinander liegenden 4. und 5. Kiemenspalten befinden sich über den Brustflossen. Schnauzenfortsatz kurz und stumpf abgerundet, sehr kleine Spritzlöcher, kurze Barteln an den Nasenöffnungen.

Verbreitung. In allen tropischen und z.T. auch subtropischen Meeren.

Lebensweise. Träge Grundhaie, an Korallen- und Felsriffen ebenso wie auf Sand- und Schlammflächen, von der Gezeitenzone bis in etwa 70 m Tiefe. Vorwiegend nachtaktiv und dann viel schwimmend, gesellig. Fortpflanzung ovovivipar, die Jungen sind bei der Geburt etwa 30 cm groß.

Nahrung. Verschiedenste am Boden lebende Tiere (Fische, Krabben, Langusten, Kraken, Seegurken u.a.).

2 Gattungen mit mindestens 3 Arten.

Gattung *Ginglymostoma*: 2 Arten. **Atlantischer Ammenhai** (*G. cirratum*): bis 4,3 m, meist kleiner, tropischer Ost- und Westatlantik, auch im Ostpazifik. Einfarbig gelbgrün oder rotbraun, Junge dunkel gefleckt. 20 - 30 Junge, die bei der Geburt bis 30 cm lang sind. Gelegentlich Bissunfälle, besonders wenn provoziert („Klammerbiss"). – An den Küsten des Roten Meeres und Ostafrikas bis Mauritius lebt der sehr ähnliche, aber mit 75 cm deutlich kleiner bleibende **Kurzschwanz-Ammenhai** (*G. brevicaudatum* = *Pseudoginglymostoma brevicaudatum*).

Gattung *Nebrius*: 1 Art. **Einfarbiger Ammenhai** (*N. ferrugineus*): 3,2 m, Rotes Meer, In-

Abb. 13.6 *Ginglymostoma cirratum* (Zoo Leipzig, Aquarium)

discher Ozean, West- und Zentralpazifik. Einfarbig blassbraun.

Haltung von Ammenhaien

Der Atlantische Ammenhai zählt zu den am besten zu haltenden Hai-Arten und kann auch in kleineren Aquarien zu einer beachtlichen Größe heranwachsen. Das führt dann zu einem augenscheinlichen Missverhältnis zwischen Fisch- und Beckengröße. So weit sollte es allerdings nicht kommen, denn auch Ammenhaie benötigen sehr große Aquarien mit viel freiem Schwimmraum. In der Dämmerung und nachts ist ihr Schwimmbedürfnis beachtlich. Am Tag ruhen sie jedoch meist auf dem Sandgrund und an Versteckplätzen, die so anzulegen sind, dass sie vom Wasser gut durchströmt werden. Die Wassertemperaturen sollen zwischen 24 und 28 °C liegen. Gegenüber der Wasserqualität (Dichte und pH-Wert) sind sie recht tolerant. Eine Gruppenhaltung entspricht den natürlichen Verhältnissen bei dieser gesellig lebenden Art.

Ammenhaie lassen sich mit verschiedenstem Fisch, Krebstieren sowie Tintenfisch leicht ernähren. Aus Spalten und Löchern werden beispielsweise Krabben regelrecht herausgesaugt. Obwohl von Natur aus nachtaktive Jäger, können sie problemlos an einen Tagesfütterungsrhythmus gewöhnt werden. Als gierige Fresser neigen sie allerdings zur Verfettung, wenn zu viel und zu häufig Futter angeboten wird.

Ammenhaie sind friedfertig, können jedoch bei Beeinträchtigungen empfindlich beißen. Trotz ihrer Robustheit und Langlebigkeit sind Zuchterfolge in Aquarien bisher eher selten. Sie benötigen für das Paarungsritual sehr viel Raum, so dass ihre Vermehrung nur in sehr großen Schauaquarien gelingt. Die Geschlechtsreife sollen die Männchen erst mit 10 - 15, die Weibchen mit 15 - 20 Jahren erreichen.

Höchstalter. Haltungsdauern von 25 Jahren sind für *Ginglymostoma cirratum* bekannt.

Familie Walhaie (Rhincodontidae)

Riesige Haie, mit breitem, flachem Kopf und endständigem Maul, kleine Augen. Am Rücken auf beiden Seiten je 3 wulstige Längskiele. Große Kiemenspalten vor den Brustflossen.

Verbreitung. In allen tropischen und gemäßigt-warmen Meeren.

Lebensweise. Im freien Wasser, sowohl in der Hochsee als auch in Küstennähe. Meist Einzel-

Abb. 13.7 *Rhincodon typus* (Ring-of-Fire-Aquarium, Osaka)

gänger, aber zeitweise in größeren Gruppen von mehreren Hundert Tieren. Fortpflanzung ovovivipar (über 300 Embryonen wurden in einem 8 m großen Weibchen gefunden).

Nahrung. Filtrierer, die mit einem schwammigen, siebartigen Gewebe zwischen den Kiemenbögen Meeresplankton und kleine Fische aufnehmen.

1 Gattung mit 1 Art.

Gattung *Rhincodon*: **Walhai** (*Rh. typus*): verbürgt 13,7 m, eventuell sogar 18 - 20 m (größter lebender Fisch!). Oberseits blaugrau, mit zahlreichen weißlichen oder gelblichen Tupfen und Linien, Bauchseite weiß.

Haltung von Walhaien

Bereits seit 1980 werden in Japan Walhaie im Okinawa Expo Aquarium gehalten. Seit 1990 lebten im Ring-of-Fire-Aquarium, Osaka, 2 Walhaie in einem 5400 m^3 großen Becken, vergesellschaftet mit zahlreichen anderen Haien, Rochen und pelagischen Meeresfischen. 1996 maß das Weibchen etwa 6,5, das Männchen 4,5 m. Die Haie wurden zweimal täglich mit frisch aufgetautem Meereskrill und Tintenfischen gefüttert. Zur Fütterung kamen sie an die Oberfläche, wo ihnen mit einer Kelle das Futter (tägliche Ration etwa 13 bzw. 9 kg) in das geöffnete Maul geworfen wurde.

Auch in Taiwan lebte 1995 für einige Zeit ein junger Walhai im National Museum of Marine Biology in Kaohsiung. Grundsätzlich können diese Großhaie nur in riesigen Becken von über 5000 m^3 Inhalt gehalten werden. Außerdem sind entsprechende Transportöffnungen und Laufkatzen im Gebäude vorzusehen.

Höchstalter. Lebenserwartung in der Natur etwa 70 Jahre.

14
Ordnung Makrelenhaiartige (Lamniformes)

W. E. Engelmann, J. Kormann & J. Lange

Meist großwüchsige Arten mit tiefer, bis hinter die Augen reichender Maulspalte. Ein kleines Spritzloch ist in der Regel vorhanden. Als eine besondere Form der Ovoviviparie ernähren sich die heranwachsenden Embryonen von nachfolgenden Eiern (Oophagie).

Mit Ausnahme der arktischen und antarktischen Gewässer in allen Meeren verbreitet, im Flachwasser und in der Tiefsee, im offenen Meer und am Boden. Räuberische Ernährungsweise, aber 2 Arten, nämlich der Riesenhai (*Cetorhinus maximus*) und der Großmaulhai (*Megachasma pelagios*), filtrierende Planktonfresser. Der Riesenhai ist mit bis zu 9 m Länge und 4 t Gewicht nach dem Walhai der zweitgrößte Hai. Er filtriert bis zu 2000 m^3/h, ruht häufig an der Wasseroberfläche, wobei die Rückenflosse aus dem Wasser herausragt (deshalb im Englischen „Basking Shark"). Seine Haltung in Großaquarien war bisher nicht erfolgreich. Der bis etwa 5 m lange Großmaulhai, erst 1976 vor Hawaii entdeckt, besitzt ein riesiges Maul mit über 100 Zahnreihen. Weitere bekannte Makrelenhaiartige sind die Makos (Gattung *Isurus*) und Fuchshaie (Gattung *Alopias*) als nahezu reine Hochseefische sowie der bis über 6 m große Menschenhai oder Weiße Hai (*Carcharodon carcharias*), die selbst in amerikanischen und australischen Superaquarien bisher nur kurzzeitig gehalten werden konnten. Neuerdings (September 2004) gelang allerdings die Eingewöhnung eines jungen, etwa 1,5 m großen Weibchens von *C. carcharias* im

Abb. 14.1 *Carcharias taurus* (Kolmarden Zoo, Schweden)

Riesentank des Monterey Bay Aquariums in Kalifornien, nachdem das Tier zunächst in einer abgetrennten Meeresbucht über einen längeren Zeitraum gefüttert und räumlich eingeengt worden war. Nach 198 Tagen Aquarienhaltung wurde der Weiße Hai im März 2005 mit einer Länge von etwa 1,9 m wieder im Meer ausgesetzt.

7 Familien, die lediglich 16 Arten umfassen. In verschiedenen Großaquarien werden nur Sandtiger regelmäßig gezeigt.

Familie Sandhaie (Odontaspididae)

Typische Haigestalt, mit lang vorspringender, spitzer Schnauze. Brustflossenansatz hinter der 5. Kiemenspalte. Sehr kleine Spritzlöcher, keine Barteln. Die vorschiebbaren Kiefer sind mit auffallend großen, spitzen Zähnen besetzt.

Verbreitung. In allen gemäßigt-temperierten bis warmen Meeren.

Lebensweise. Schwimmaktive Grundhaie, die sich auch im Flachwasser aufhalten und sogar weit in Flussmündungen einwandern. Schlucken wahrscheinlich als einzige Haie Luft, um ihren Auftrieb zu verbessern. Beim Sandtiger werden außer überzähligen Eiern auch die Geschwistertiere vom ältesten Embryo gefressen (Embryokannibalismus). Aus dem rechten und linken Uterus wird nur jeweils 1 Junghai, allerdings bereits etwa 1 m groß, geboren.

Nahrung. Fische, auch kleinere Haie, und Tintenfische.

2 Gattungen mit 4 Arten.

Gattung *Carcharias* (= *Eugomphodus*): 2 Arten. Dazu **Sandtiger** (*C. taurus*): über 3 m, weit verbreitet im Ost- und Westatlantik, Roten Meer und Mittelmeer, westlichen Indischen Ozean, Westpazifik von Japan bis Australien. Mausgrau, mit vereinzelten dunkleren Flecken, Unterseite weißlich. Das Weibchen bringt nach einer Trächtigkeitsdauer von 8 - 9 Monaten 2 Junge von 95 - 120 cm Länge zur Welt. An der südafrikanischen Küste sind Angriffe auf Menschen verbürgt.

Haltung von Sandhaien

Sandtiger werden in riesigen Schauaquarien erfolgreich gehalten. Die großen Fische benötigen viel freien Schwimmraum. Sie sind meist mit ihrer bedächtigen, langsamen Schwimmweise in Bewegung, stehen aber auch mit dem Kopf voran gegen eine starke Strömung gerichtet (positive Rheotaxis). Im Meereszentrum Fehmarn beispielsweise werden die Sandtiger dreimal wöchentlich mit ganzen Dorschen, Heringen, Tintenfischen und Krabben gefüttert. Eine gezielte Fütterung vom Stock ermöglicht eine exakte Kontrolle der Nahrungsaufnahme. Als günstig hat sich eine Hälterungstemperatur von 22 - 23 °C erwiesen, um den Stoffwechsel und damit die Wasserbelastung zu minimieren. Es werden aber auch höhere Temperaturen bis etwa 26 °C gut vertragen. Gegenüber Schwarzspitzenhaien, aber auch während Taucharbeiten wurden aggressive Verhaltensweisen beobachtet. Reinigungsarbeiten im Wasser sind deshalb mit entsprechender Vorsicht auszuführen. Ansonsten verhalten sich Sandtiger gegenüber anderen Fischen friedlich und können sowohl z. B. mit Königsmakrelen als auch mit Falter- und Kaiserfischen gut vergesellschaftet werden.

Der Sandtiger hat sich im Aquarium bereits fortgepflanzt.

Höchstalter. Veröffentlichte Lebensdauer im Aquarium 9 Jahre.

15
Ordnung Grundhaiartige (Carcharhiniformes)

W. E. Engelmann, J. Kormann & J. Lange

Äußerlich wie auch in ihrer Lebensweise außerordentlich verschiedenartig. Sehr klein bis groß, träge Bodenhaie und ständig schwimmende Hochseearten. Sowohl Eier legende, als auch eilebendgebärende und echt lebend gebärende Arten. Weit unterständiges, tief gespaltenes Maul. Keine oder nur sehr kleine Spritzlöcher. Augen mit beweglichem, nickhautähnlichem Unterlid.

8 Familien, von den etwa 200 Arten gehören einige zu den am häufigsten gehaltenen Haien.

Familie Katzenhaie (Scyliorhinidae)

Kleine, nur selten über 1 m lange Grundhaie, mit schlitzförmigen, katzenartigen Augen. Kleine, mehrspitzige Zähne. 1. Rückenflosse über oder hinter den Bauchflossen. Unterlappen der Schwanzflosse klein.

Verbreitung. In allen Meeren, außer in den antarktischen Gewässern, vom Flachwasser bis in die Tiefsee (über 2000 m).

Lebensweise. Flachwasser-Arten nachtaktiv, ruhen am Tag auf dem Bodengrund liegend zwischen Steinen, Algenbeständen, in Riffhöhlungen und -überhängen. Die meisten Arten legen flache Eikapseln mit Haftfäden, einige sind aber auch ovovivipar.

Nahrung. Vor allem Krebstiere, Schnecken, Würmer und Tintenfische, aber auch kleine Fische.

15 Gattungen mit über 110 Arten.

Gattung *Cephaloscyllium* (Schwellhaie): 7 Arten, können Wasser schlucken und damit ihren Körperumfang verdoppeln. Dazu **Gefleckter Schwellhai** (*C. ventriosum*): etwa 1 m, amerikanische Pazifikküste von Kalifornien bis Chile. Braun, mit dunklen Bändern sowie weißen und schwarzen Flecken, auch auf der Bauchseite gefleckt.

Gattung *Scyliorhinus* (Katzenhaie): 15 Arten. Dazu **Kleingefleckter Katzenhai** (*S. canicula*): meist 80 cm, selten bis 1 m, europäische und nordafrikanische Atlantikküste, Nordsee, Mittelmeer. Verschiedene Brauntöne mit zahlreichen weißlichen, schwärzlichen und bräunlichen Flecken und Punkten am Körper und auf den Flossen. Bauchseite cremefarben. – **Großgefleckter Katzenhai** (*S. stellaris*): 1,7 m, europäische und nordafrikanische Atlantikküste, Mittelmeer, vom Flach- bis in tieferes Wasser. Braun, Körper und Flossen mit zahlreichen dunkelbraunen und weißlichen Flecken. – **Japanischer Katzenhai** (*S. torazame*): 50 cm, Nordwestpazifik, vom Flach- bis in tieferes Wasser. Düster gefärbt, mit dunklen Sattelbändern und einigen helleren Flecken.

Haltung von Katzenhaien

Obwohl die Katzenhaie die artenreichste Hai-Familie darstellen, werden relativ selten exotische Arten importiert und deshalb fast immer nur die einheimischen Formen gehalten. In Nordamerika sind dies die Schwellhaie (Gattung *Cephaloscyllium*) sowie der Netz-Katzen-

Abb. 15.1 *Scyliorhinus canicula* (Meeresmuseum Stralsund)

hai (*Scyliorhinus retifer*). In Japan sieht man in den Aquarien hauptsächlich den Japanischen Katzenhai und in Europa den Kleingefleckten Katzenhai sowie den Großgefleckten Katzenhai. Gelegentlich gelangen auch tropische Arten der Gattung *Atelomycterus* aus dem Indopazifik oder die Kaltwasserformen Südafrikas (Gattungen *Haploblepharus*, *Poroderma*) zu uns.

Obgleich Katzenhaie nur selten über 70 cm lang werden und tagsüber oft recht träge in Verstecken liegen, sollten diese dämmerungsaktiven Haie nur in Aquarien ab mindestens 3 m^3 Fassungsvermögen gehalten werden. Während die tropischen Arten Temperaturen von 22 - 26 °C wünschen, ist für die Haltung der südafrikanischen, nordamerikanischen und europäischen Arten ein gekühltes Aquarium mit Temperaturen von 14 - 17 °C erforderlich. Der Japanische Katzenhai benötigt sogar zumindest zeitweilig noch niedrigere Temperaturen.

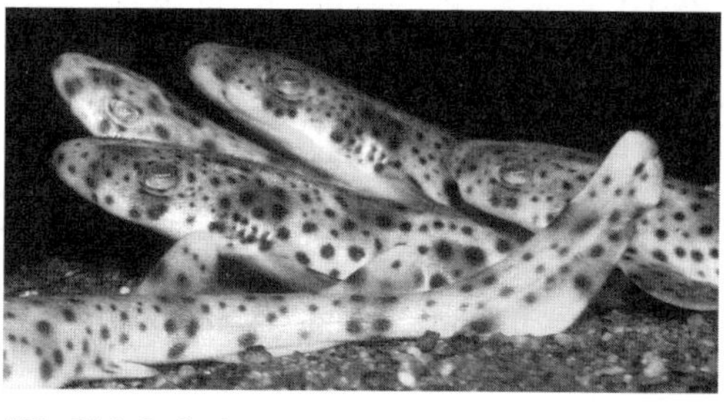

Abb. 15.2 *Scyliorhinus canicula,* Jungtiere (Aquazoo Düsseldorf)

Hinsichtlich des Futters sind Katzenhaie meist nicht besonders wählerisch und nehmen am Boden liegende Garnelen, Fische, Tintenfisch-Stückchen und Muschelfleisch. Notfalls kann in der Hand auch relativ leicht zwangsgefüttert werden. Gerade Katzenhaie neigen zu Jodmangelerkrankungen und sollten deshalb prophylaktisch Jodzugaben bekommen.

Vermehrung. Viele Katzenhaie lassen sich leicht züchten. Bei den beiden europäischen Arten findet unter 14 °C normalerweise keine Eiablage mehr statt. Die Eier sollten während der fünf- bis sechsmonatigen Embryonalentwicklung bei 16 - 18 °C gehalten werden und vom

Tab. 15.1 Weitere in Aquarien gehaltene und z.T. auch gezüchtete Katzenhai-Arten

Art	Größe	Heimat	Temperatur
Australischer Katzenhai (*Atelomycterus macleayi*)	bis 60 cm	Küstengewässer Australiens, in 0,5 - 20 m Tiefe	20 - 24 °C
Korallen-Katzenhai (*Atelomycterus marmoratus*)	bis 70 cm	Korallenriffe des Indowestpazifiks	24 - 28 °C
Zügel-Schwellhai (*Cephaloscyllium isabellum*)	etwa 100 cm	chinesische, japanische sowie neuseeländische Küstengewässer	16 - 20 °C
Gebänderter Katzenhai (*Halaelurus lineatus*)	über 50 cm	ost- und südafrikanische Küste des Indischen Ozeans	18 - 22 °C
Tiger-Katzenhai (*Halaelurus natalensis*)	bis 47 cm	ost- und südafrikanische Küste des Indischen Ozeans	18 - 22 °C
Puffotter-Schamhai (*Haploblepharus edwardsi*)	60 cm	Küstengewässer des südöstlichen Afrikas	18 - 22 °C
Brauner Schamhai (*Haploblepharus fuscus*)	über 70 cm	Küstengewässer des südöstlichen Afrikas	18 - 22 °C
Dunkler Schamhai (*Haploblepharus pictus*)	bis 56 cm	südafrikanische Küstengewässer des Indischen und Atlantischen Ozeans	18 - 22 °C
Feilenschwanz-Katzenhai (*Parmaturus xaniurus*)	etwa 50 cm	nordamerikanische Westküste	16 - 20 °C
Gestreifter Katzenhai (*Poroderma africanum*)	etwa 100 cm	südafrikanische Küsten, vom Flachwasser bis in größere Tiefen	18 - 22 °C
Leopard-Katzenhai (*Poroderma pantherinum*)	über 80 cm	südafrikanische Küstengewässer des Indischen und Atlantischen Ozeans	18 - 22 °C
Netz-Katzenhai (*Scyliorhinus retifer*)	über 40 cm	nordamerikanische Ostküste, Karibik	20 - 24 °C

Wasser umspült sein. Deshalb hängen sie am besten frei im Becken oder stehen auf einem im freien Wasser montierten Rost. Zum Anheften der Eier eignen sich in das Wasser hängende Kokosstricke, die zum Einsammeln der Eier leicht aus dem Aquarium gezogen werden können. Bleiben die Eier im Becken, werden sie über kurz oder lang von den Katzenhaien gefressen. Die Entwicklung der Embryonen ist vor allem im Gegenlicht gut zu beobachten und für das Publikum eine Attraktion. Bei Katzenhaien muss die Schale zur besseren Beobachtung nicht wie etwa bei Rochen aufgeschnitten werden. Frisch geschlüpfte Katzenhaie schwimmen anfangs regelrechte Loopings und lernen erst im Laufe der Zeit die typische Schwimmweise.

Höchstalter. In der Aquarienhaltung *Scyliorhinus canicula* 10, *S. stellaris* über 19 Jahre.

Familie Marderhaie (Triakidae)

Kleine bis mittelgroße Haie. 1. Rückenflosse liegt stets vor den Bauchflossen. Ohne Nickhaut, aber unteres Augenlid mit Längsfalte. Kleine Zähne.

Verbreitung. In allen tropischen bis gemäßigt-temperierten Meeren, vom Flachwasser bis in 2000 m Tiefe.

Lebensweise. Nomadisch und schwimmfreudig, vor allem auf Sand-, Schlamm- und Felsböden. Zur Paarungszeit meist in größeren Gruppen. Ovovivipar oder vivipar (Dottersackplazenta).

Nahrung. Krebse, Weichtiere und Fische.

Abb. 15.3 *Mustelus californicus* (Birch Aquarium, La Jolla, Kalifornien, USA)

9 Gattungen mit mindestens 38 Arten.

Gattung *Galeorhinus*: 1 Art. **Hundshai** (*G. galeus*): bis 1,75 m, meist kleiner bleibend, gemäßigt-temperierte und subtropische Teile des Nordostatlantiks, Nordsee, Mittelmeer. Im Südatlantik vor Uruguay und Argentinien sowie Südafrika, von dort aus auch im Indischen Ozean. 3 nahe verwandte, wahrscheinlich sogar identische Arten im Ostpazifik und zwischen Australien und Neuseeland. Oberseite dunkel blaugrau, Unterseite weißgrau. Kopffortsatz auffallend lang gezogen und spitz. 2. Rückenflosse deutlich kleiner als 1. Bildet Schwärme und jagt auch im Freiwasser Makrelen u.a. Ovovivipar, die 20 - 40 Jungen sind etwa 40 cm lang.

Gattung *Mustelus* (Glatthaie): 22 Arten. Dazu **Grauer Glatthai** (*M. mustelus*): bis 2 m, Ostatlantik, von den Britischen Inseln bis zum südlichen Afrika, Mittelmeer. Färbung einfarbig grau bis graubraun, unterseits heller. Sehr kleine Schuppen, Haut fasst sich daher glatt an. 2. Rückenflosse ist fast so groß wie 1. Lebend gebärend, die Embryonen werden über eine plazentaartige Bildung (Dottersackplazenta) von der Mutter ernährt. 4 - 15 Junge, die bei der Geburt etwa 35 cm lang sind. Ernährt sich hauptsächlich von Krebstieren und Weichtieren, aber auch Grundfischen (Zähne sind klein und abgerundet, so genannte Pflasterzähne).

Gattung *Triakis* (Marderhaie im engeren Sinn): 5 Arten. Dazu **Leopardenhai** (*T. semifasciata*): 1,8 m, nord- und mittelamerikanische Pazifikküste. Gelbbraun oder grau, mit schwarzen Sattel- und runden Flecken unterschiedlicher Größe. Gesellig, ovovivipar.

Abb. 15.4 *Triakis semifasciatus* (Zoo-Aquarium Berlin)

Tab. 15.2 Weitere Arten der Marderhaie, die in Aquarien gehalten und z. T. auch gezüchtet werden

Art	Größe	Heimat
Weißgefleckter Glatthai (*Mustelus asterias*)	1,2 m	europäische und nordafrikanische Atlantikküste, Mittelmeer
Kalifornischer Glatthai (*Mustelus californicus*)	1,2 m	nord- und mittelamerikanische Pazifikküste
Schwärzlicher Glatthai (*Mustelus canis*)	1,5 m	amerikanische Atlantikküste, Karibik
Brauner Glatthai (*Mustelus henlei*)	95 cm	amerikanische Pazifikküste
Sternflecken-Glatthai (*Mustelus manazo*)	1,15 m	Nordwestpazifik, Japan, Taiwan
Arabischer Glatthai (*Mustelus mosis*)	1,5 m	Indischer Ozean, Rotes Meer
Spitzzahn-Hundshai (*Triakis megalopterus*)	bis 1,75 m	südafrikanische Küsten, im Flachwasser, nicht wärmeempfindlich
Gebänderter Hundshai (*Triakis scyllium*)	1,5 m	Küsten von China, Japan, Korea bis Südsibirien

Haltung von Marderhaien

Viele Marderhaie werden mit gutem Erfolg in Aquarien gehalten. Wichtig ist trotz der relativ klein bleibenden Fische ein großer Schwimmraum. In zu kleinen Becken verletzen sie sich die Schnauzen. Obwohl sie oft lange frei umherschwimmen, liegen sie jedoch auch häufig am Boden, um zu ruhen. Als Bodengrund ist deshalb wenigstens stellenweise feiner Sand einzubringen. Die meisten Marderhaie sind wärmeempfindlich und sollten längere Zeit nicht über 20 - 22 °C gehalten werden. Sie sind leicht mit Garnelen, Muscheln, Tintenfisch und Stinten zu ernähren.

Am häufigsten wird der Leopardenhai in Aquarien gezeigt. Trotzdem ist seine Zucht immer noch ein bemerkenswertes Ereignis.

Höchstalter. Insbesondere der Leopardenhai hat sich als gut haltbar und langlebig erwiesen (über 20 Jahre).

Familie Grundhaie, Menschenhaie (Carcharhinidae)

Von typischer Haigestalt, mit langgestrecktem Kopffortsatz und tief gespaltenem Maul. Zähne sind klingenförmig und einspitzig, stehen funktionsfähig in 1 - 2 Reihen hintereinander auf jedem Kiefer. Augen rund. Nasenöffnungen ohne Verbindung zum Mund. Spritzlöcher fehlen meist. Linker Eierstock fehlt.

Verbreitung. In allen tropischen bis warm-temperierten Meeren.

Lebensweise. Sowohl im Flachwasser, in Flussmündungen aufsteigend und an Riffen als auch reine Hochseebewohner, aber keine echten Tiefseeformen. Die meisten Arten sind lebend gebärend (Dottersackplazenta), nur der gefährliche Tigerhai (*Galeocerdo cuvier*) ist ovovivipar (Embryonen nehmen aber Nährstoffe aus der Uterusflüssigkeit auf).

Nahrung. Verschiedenste Fische, auch andere Haie und Rochen, Tintenfische, z. T. auch Krebstiere.

12 Gattungen mit etwa 50 Arten. Einige werden regelmäßig als ständig schwimmende Freiwasserhaie in Großaquarien gepflegt. Hierher gehört aber ebenso der bekannte und gefürchtete Blauhai (*Prionace glauca*), ein reiner Hochseehai mit großem Aktionsradius, dessen Aquari-

Abb. 15.5 *Carcharhinus melanopterus* (Zoo-Aquarium Berlin)

enhaltung bisher nur kurzzeitig gelang und der auf Dauer wohl kaum in Aquarien artgemäß zu halten ist.

Gattung *Carcharhinus*: 30 Arten. Dazu **Schwarzspitzen-Riffhai** (*C. melanopterus*): 1,8 m, weit verbreitet in den Korallenriffen des tropischen Indischen und Pazifischen Ozeans. Ist aus dem Roten Meer über den Suezkanal auch in das östliche Mittelmeer eingedrungen. Grau, alle Flossenenden mit mehr oder weniger großer schwarzer Spitze. Tragzeit 8 - 9 Monate, nur 2 - 4 Junge pro Wurf, die bei der Geburt etwa 35 - 50 cm lang sind. Geschlechtsreife mit etwa 1 m.

Gattung *Galeocerdo*: 1 Art. **Tigerhai** (*G. cuvier*): 5,5 m, in allen tropisch-subtropischen bis gemäßigt-warmen Meeren. Graublau bis schiefergrau, variable Zeichnung aus dunklen Flecken und Bändern. Schwanzstiel seitlich gekielt, mit Spritzloch.

Gattung *Negaprion*: 2 Arten. **Atlantischer Zitronenhai** (*N. brevirostris*): 3,8 m, amerika-

Abb. 15.6 *Carcharhinus plumbeus* (Aquazoo Düsseldorf)

Abb. 15.7 *Triaenodon obesus* (Aquazoo Düsseldorf)

nische Atlantikküste (häufig in der Karibik), Vorkommen vor der westafrikanischen Atlantikküste sind unsicher. Gelbbraun, an den Seiten gelblich, Bauch weißlich bis blassgelb. Träger Grundhai. 4 - 17 Junge, die bei der Geburt zwischen 60 und 70 cm lang sind. – Im Roten Meer, Indischen und Stillen Ozean lebt der nahe verwandte, etwas kleinere **Indopazifische Zitronenhai** (*N. acutidens*).

Gattung *Rhizoprionodon* (Scharfnasenhaie): 7 Arten. Dazu **Milchhai** (*Rh. acutus*): etwa 1,7 m, Indowestpazifik, Ostatlantik, vom Flachwasser bis in tieferes Freiwasser. Oberseits grau, Bauchseite weiß. – **Atlantischer Scharfnasenhai** (*Rh. terraenovae*): 1,1 m, Karibik und anschließender Nordwestatlantik, dringt auch in Ästuare ein. Mausgrau mit weißen Flecken.

Gattung *Triaenodon*: 1 Art. **Weißspitzen-Riffhai** (*T. obesus*): 1,6, selten über 2 m, hauptsächlich in Korallenriffgebieten des Indischen und Pazifischen Ozeans, vorwiegend im Flachwasser. Körper grau, Spitze der 1. Rückenflosse und des oberen Schwanzflossenlappens weiß.

Haltung von Grundhaien

Der Schwarzspitzen-Riffhai ist der zurzeit am häufigsten in Aquarien gehaltene Freiwasserhai. Dies mag vor allem an seiner relativ geringen Größe liegen. Ferner gehört er nicht zu den echten Hochseearten, die wohl kaum in Aquarien artgemäß gehalten werden können. Er lebt vielmehr bevorzugt an den Außenriffen zum freien Wasser hin. Trotzdem ist er ein Dauerschwimmer, der praktisch nie auf dem Boden ruht. Deshalb benötigt er große Becken mit viel freiem Schwimmraum. Als gewandter Schwimmer ist er jedoch in der Lage, sehr enge Wendungen zu vollführen, z.B. um einer Riffkante auszuweichen. In der Natur leben Schwarzspitzen-Riffhaie häufig in Gruppen zusammen. Eine Einzelhaltung sollte deshalb möglichst vermieden werden, zumal die Verträglichkeit untereinander, auch gegenüber kleineren Artgenossen, recht gut ist. Die Wassertemperaturen sollen entsprechend den heimatlichen Bedingungen bei 24 - 28 °C liegen.

Schwarzspitzen-Riffhaie fressen in der Natur nicht regelmäßig. Zwischen den einzelnen Nahrungsaufnahmephasen liegen Hungerzeiten. Um diese natürlichen Verhältnisse nachzuahmen, ist eine diskontinuierliche Fütterung anzustreben, d.h. eine zwei- bis dreimalige Fütterung pro Woche. Wenn täglich gefüttert werden muss, was bei Vergesellschaftungen mit anderen Fischen notwendig sein kann, so sollte die Menge variiert werden bzw. gut angenommene

Tab. 15.3 Weitere Arten der Gattung *Carcharhinus*, die verschiedentlich in Aquarien gehalten und sogar vermehrt (*C. plumbeus*, *C. leucas*) werden

Art	Größe	Vorkommen
Grauer Riffhai (*C. amblyrhynchos*)	etwa 2 m	Westpazifik, Indischer Ozean
Schwarznasenhai (*C. acronotus*)	2 m	amerikanische Atlantikküste
Bronzehai (*C. brachyurus*)	3 m	weltweit verbreitet in warm-gemäßigten und (selten) tropischen Meeren
Galapagoshai (*C. galapagensis*)	etwa 3 m	Ostpazifik, von Mexiko bis Ecuador, Galapagos-Inseln, stellenweise auch Atlantik
Stierhai (*C. leucas*)	über 3 m	alle tropischen und subtropischen Meere, auch in Flüsse einwandernd
Kleiner Schwarzspitzenhai (*C. limbatus*)	2,25 m	alle tropischen und subtropischen Meere (außer westlicher Pazifik)
Weißspitzenhai (*C. longimanus*)	2,7 m	alle warmen Meere, dort einer der häufigsten Haie
Karibischer Riffhai (*C. perezi*)	2,5 m	Bermudas bis Venezuela, Karibik bis Südbrasilien
Braunhai (*C. plumbeus*)	etwa 2,3 m	alle tropischen und subtropischen Meere (außer amerikanische Pazifikküste), Mittelmeer
Schwanzfleckhai (*C. sorrah*)	1,6 m	Rotes Meer, tropischer Indowestpazifik, südlich bis Australien

Futtermittel mit weniger beliebten wechseln. Sehr gut gefressen werden Hering und Fischfilet sowie Tintenfisch, schlechter dagegen Muschelfleisch und Krebstiere.

Zitronenhaie gehörten zu den ersten Hai-Arten, die in amerikanischen Forschungseinrichtungen mit Erfolg gehalten wurden. Es sind keine Dauerschwimmer. Sie liegen oft stundenlang am Boden und benötigen auch zur Unterstützung ihrer Atmung gut durchströmte Aquarien. In ihrer Ernährung sind sie nicht wählerisch und gehen leicht an verschiedensten Fisch und Tintenfischfleisch. Sie können pro Woche 8 - 25 % ihres Körpergewichts als Futter aufnehmen (in engen Aquarien und unter Stress mehr als in großen ruhigen Becken!). Die Wassertemperatur soll zwischen 24 und 28 °C liegen. Zitronenhaie gelten als potentiell gefährlich. Im Aquarium ist daher bei Pflegetauchgängen besondere Vorsicht geboten.

Scharfnasenhaie der Gattung *Rhizoprionodon* werden gelegentlich in amerikanischen und asiatischen Aquarien gepflegt. Längere Haltungserfahrungen liegen allerdings noch nicht vor. Auch vom Tigerhai (*Galeocerdo cuvier*) sind mehr oder weniger erfolgreiche Hälterungsversuche bekannt.

Der Weißspitzen-Riffhai lässt sich in sehr großen Aquarien mit viel freiem Schwimmraum recht gut halten. Er ist kein reiner Dauerschwimmer, sondern ruht auch gelegentlich am Boden liegend. Entsprechend seiner Herkunft aus tropischen Korallenriffgebieten benötigt er Temperaturen zwischen 24 und 28 °C. Mit Fisch, Fischfilet und Tintenfisch lässt er sich leicht ernähren. Er vergreift sich aber auch an anderen Fischen, so dass eine Vergesellschaftung unter Umständen problematisch ist.

Vermehrung. Nachzuchten gelingen beim Schwarzspitzen-Riffhai regelmäßig in Sea World, San Diego, und im Aquarium von Hongkong.

Bei *Carcharhinus plumbeus* wurden im Zoo-Aquarium von Madrid folgende Fortpflanzungsdaten erhoben: Trächtigkeit 10 - 12 Monate (bei

Abb. 15.8 *Sphyrna lewini* (Tokyo Sea Life Park)

23 - 24 °C), 3 - 11 Junge (Länge 50 - 60 cm, Gewicht 1200 - 1400 g). Das Muttertier stellt einige Tage vor der Geburt die Nahrungsaufnahme ein. Die jungen Haie beginnen 2 Tage nach der Geburt zu fressen (Sardinen, Seehecht, Garnelen, Krill, Muschelfleisch, dazu Vitamine und Glukose). Anfangs wird pro Tag 1,5 % des Körpergewichts an Nahrung aufgenommen, nach 2 Monaten steigt die Menge auf 3,2 %.

Verschiedentlich ist in amerikanischen und asiatischen Schauaquarien die Vermehrung des Weißspitzen-Riffhaies, z.T. schon in der 2. Generation, gelungen. Die Geschlechtsreife wird mit 6 - 7 Jahren erreicht. Die Tragzeit beträgt 12 - 13 Monate, die 1 - 3 Jungen sind bei der Geburt etwa 60 cm lang und 800 g schwer.

Höchstalter. Natürliche Lebenserwartung einiger Arten (*Carcharhinus leucas*, *Negaprion brevirostris*) wahrscheinlich um 30 Jahre. *Galeocerdo cuvier* 3 Jahre, 3 Monate in Sea World of Florida, Orlando.

Familie Hammerhaie (Sphyrnidae)

Kleine und mittelgroße bis sehr große Grundhaie. Abgeflachter, stark verbreiterter Kopf, so dass die Augen weit auseinander stehen. Keine Spritzlöcher. Brustflossen groß, 1. Rückenflosse weit vor den Bauchflossen. Linker Eierstock fehlt.

Verbreitung. Alle tropischen bis gemäßigten Meere.

Lebensweise. Aktive Schwimmer in den Küstenbereichen und über den Schelfgebieten, keine reinen Hochseearten. Einige Arten bilden saisonale Schwärme und unternehmen weite Wanderungen. Lebend gebärend (mit Dottersackplazenta).

Nahrung. Fische, z.T. auch Rochen und andere Haie, Tintenfische, Krebstiere und Schnecken.
2 Gattungen mit 9 Arten.

Gattung *Eusphyrna*: 1 Art. **Flügelkopf-Hammerhai** (*Eu. blochi*): 1,8 m, Indopazifik (von Iran bis Taiwan und Nordaustralien). Extrem breiter Kopf, oft so breit wie die halbe Körperlänge.

Gattung *Sphyrna*: 8 Arten. Dazu **Wellenkopf-Hammerhai** (*S. lewini*): bis 4,3 m, weit verbreitet in allen tropischen und warm-temperierten Meeren, meist in Küstennähe. Oberseits olivbraun, Bauchseite weißlich. Nahrung pelagische Fische und Tintenfische, aber auch Krebstiere. Bis 30 Junge (45 - 50 cm lang) pro Wurf. – **Mützen-Hammerhai** (*S. tiburo*): etwa 1,5 m, tropischer Westatlantik und Ostpazifik. Mausgrau, z.T. mit wenigen kleinen dunklen Punkten, Unterseite heller. Vorderseite des Kopfes halbkreisförmig. Nahrung vorwiegend Krebse und andere Wirbellose. Weibchen wandern zum Gebären der Jungen (4 - 12, etwa 30 cm lang) in küstennahes Flachwasser und in Mangrove-Gebiete.

Haltung von Hammerhaien

Mützenhammerhaie als sich ständig bewegende Fische benötigen entsprechend große Aquarien (mindestens 30 m^3) mit viel freiem Schwimmraum. Auf Dekorationsfelsen sollte bei kleineren Becken weitgehend verzichtet werden, denn die nicht sehr wendigen Schwimmer verletzen sich durch häufiges Anstoßen leicht an den Augen und Flossen. Als positiv rheotaxische Fische schwimmen sie Strömungen entgegen und können sich dadurch z. B. an Einströmöffnungen des Filterwassers Hautabschürfungen zufügen. Hammerhaie schwimmen außerdem immer mit dem Rücken in Lichtrichtung. Deshalb müssen Streulicht und Lichtreflexe auf den Scheiben und Wänden durch Konzentration der Beleuchtung im Beckenzentrum vermieden werden.

Bei Wassertemperaturen zwischen 22 und 26 °C und guter Wasserqualität (Nitratgehalt deutlich unter 100 mg/l) ist ihre Haltung unproblematisch. Sie sind langsame Fresser, die das Futter oft erst mehrfach umkreisen, ehe sie es aufnehmen. Deshalb leiden sie leicht unter Futterkonkurrenz. In der Natur sind Mützenhammerhaie ständig auf Nahrungssuche. Sie sollten daher auch im Aquarium mindestens dreimal täglich gefüttert werden. Als Futter eignen sich besonders Krebstiere wie Krill oder Garnelen. Außerdem kann Stint, Fischfilet und Tintenfisch gereicht werden. Ihre Nahrung nehmen Hammerhaie vor allem vom Boden auf.

In amerikanischen und japanischen Superaquarien werden auch die wesentlich größeren Wellenkopf-Hammerhaie erfolgreich gehalten.

Vermehrung. Die Nachzucht des Mützenhammerhaies gelang im Aquarium des Zoos von Orlando, USA, erstmals 1982. Es wurden 25 Jungtiere geboren.

Unterklasse Seedrachen (Holocephali)

Eigenständiger Entwicklungszweig der Knorpelfische mit gravierenden anatomischen Unterschieden zu den Haien und Rochen. Dazu zählen der fest mit dem Hinterschädel verbundene Unterkiefer und, zumindest bei den rezenten Formen, das Fehlen von Wirbelkörpern, d.h. die Chorda bleibt als durchgehender Achsenstab erhalten. After und Urogenitalsystem besitzen getrennte Öffnungen (keine Kloake). Auch Magen und Rippen fehlen.

Erstes Auftreten der Seedrachenverwandtschaft bereits im Devon und Karbon (vor etwa 400 - 350 Millionen Jahren). Besonders artenreich im Karbon mit mindestens 6 Ordnungen. Rezent nur noch eine einzige Ordnung mit wenigen Arten.

16
Ordnung Seekatzen (Chimaeriformes)

W. E. Engelmann, J. Kormann & J. Lange

Monströs aussehende, großäugige Knorpelfische. Haut weich und schuppenlos, nur bei Jungtieren auf dem Rücken noch einige Placoidstacheln. Im Gegensatz zu den Haien und Rochen bedeckt ein häutiger Kiemendeckel die 4 Kiemenspalten. Spritzloch nur embryonal vorhanden. Maul unterständig, mit 3 Paar ständig nachwachsenden Zahnplatten zum Zerdrücken hartschaliger Nahrung. 2 Rückenflossen, die 1. ist umlegbar und vorn mit einem Giftstachel versehen. Männchen besitzen neben den Klaspern als Begattungsorgane oft ein so genanntes Tentaculum auf der Schnauze sowie paarige Vorderbauch-Klasper vor den Bauchflossen, die mit speziellen Hautzähnen ausgestattet sind und als Halteapparate bei der Kopulation dienen.

Verbreitung. In allen Meeren, vom Küstenbereich (selten) bis in Wassertiefen von über 3000 m.

Lebensweise. Bodenorientiert, auf Sand und Schlamm. Eier legend, die Eier sind 15 - 25 cm groß und mit einer harten, ledrigen Schale umgeben.

Nahrung. Krebse, Weichtiere, Stachelhäuter, Grundfische.

3 rezente Familien mit über 30 Arten. Nur einige der auch im Flachwasser vorkommenden Arten werden in manchen Schauaquarien gehalten. Die 6 Arten der Langnasenchimären (Familie Rhinochimaeridae) leben ausschließlich in der Tiefsee.

Familie Kurznasenchimären (Chimaeridae)

Schnauze kurz und abgerundet. Lang gezogene symmetrische Schwanzflosse und sehr lange 2. Rückenflosse.

2 Gattungen mit 23 Arten.

Gattung *Chimaera*: 6 Arten. Dazu **Seeratte, Seekatze, Spöke** (*Ch. monstrosa*): bis 1,5 m, Ostatlantik (Nordnorwegen, Azoren bis Südafrika), Mittelmeer, am Boden, gewöhnlich in 200 - 500 m Tiefe. Silbergrau, oberseits violett glänzend und dunkel marmoriert, unpaare Flossen schwarz umsäumt, kleine Afterflosse vorhanden. – **Pazifische Seeratte** (*Ch. phantasma*): 60 cm, westlicher Pazifik.

Gattung *Hydrolagus*: 17 Arten. Dazu **Gefleckte Seeratte** (*H. colliei*): bis 90 cm, nördlicher Ostpazifik, von Alaska bis Kalifornien, in 50 - 400 m Tiefe. Lebt einzeln oder in lockeren Gruppen, verträglich. Bräunlich, mit zahlreichen weißen Flecken unterschiedlicher Größe, Afterflosse fehlt. Entwicklung der Eier 9 - 12 Monate. – **Japanische Seeratte** (*H. barbouri*): 60 cm, Japanisches und Ostchinesisches Meer, in 100 - 500 m Tiefe.

Familie Pflugnasenchimären (Callorhynchidae)

Kopf mit pflugscharähnlichem Schnauzenfortsatz. 2. Rückenflosse kurz, Schwanzflosse stark asymmetrisch. Nur auf der Südhalbkugel.

Abb. 16.1 *Hydrolagus colliei* (Ring-of-Fire-Aquarium, Osaka)

1 Gattung mit mindestens 4 Arten.

Gattung *Callorhinchus*: Dazu **Elefanten-Chimäre** (*C. callorhynchus*): etwa 1 m, Südostpazifik und Südwestatlantik, in 10 - 160 m Tiefe. – **Australische Pflugnasen-Chimäre** (*C. milii*): bis 1,2 m, Meeresgebiete um Westaustralien und Neuseeland.

Haltung von Chimären

Während die Seekatze wohl nur als Zufallsfang einmal in europäische Aquarien gelangt, wird die Gefleckte Seeratte regelmäßig in US-amerikanischen Aquarien gezeigt. Als auch im Flachwasser vorkommende und gesellig lebende Art kann sie in gekühlten (Wassertemperatur 7 - 10 °C), nicht zu kleinen Becken einzeln oder in Gruppen jahrelang gehalten werden. Die Nahrungspalette umfasst Krill und Garnelen sowie Tintenfisch.

Vermehrung. Im Aquarium von Tacoma, USA, schlüpfte 1993 und 1994 je 1 Jungfisch, der aber nicht aufwuchs. In Australien gelang hingegen die Aufzucht von *Callorhinchus milii*.

Klasse Knochenfische (Osteichthyes)

W. E. Engelmann

Typisches Merkmal aller Knochenfische ist der Besitz eines knöchernen Skeletts, das allerdings bei einigen ursprünglichen Gruppen noch teilweise aus Knorpel besteht. Auch die Flossen sind durch knöcherne Gliederstrahlen gestützt. Außerdem können zwischen den einzelnen Muskelsegmenten bindegewebige Verknöcherungen, die so genannten Gräten, auftreten. Im Unterschied zu den Rippen stehen diese jedoch niemals mit der Wirbelsäule in Verbindung. Bei den meisten rezenten Knochenfischen ist die Chorda dorsalis vollständig durch knöcherne Wirbelkörper, die an beiden Seiten eingedellt sind (bikonkaver Wirbeltyp), verdrängt. Lediglich bei den Quastenflossern, Lungenfischen und Störartigen bleibt die Chorda noch weitgehend erhalten.

Die mehrschichtige Oberhaut (Epidermis) besitzt zahlreiche Schleimzellen, deren Sekret für den schlüpfrigen Fischkörper verantwortlich ist. In der darunter liegenden Lederhaut (Corium) entstehen die typischen knöchernen Fischschuppen. Diese Knochenschuppen (Elasmoidschuppen) können nach ihrer Form in Rundschuppen (Cycloidschuppen) und Kammschuppen (Ctenoidschuppen) unterteilt werden. Anhand ihrer Zuwachsringe kann man, ähnlich den Jahresringen bei Baumstämmen, das Alter eines Fisches ermitteln. Ursprüngliche Knochenfische besitzen jedoch noch Ganoid- und Cosmoidschuppen, die aus einer zahnschmelzartigen Substanz bestehen. Die Körperschuppen können allerdings teilweise oder sogar bis zu völliger Schuppenlosigkeit reduziert sein oder auch zu größeren Knochenplatten verschmelzen bzw. durch Hautverknöcherungen ersetzt werden. In ihrer Zahl und Anordnung sowie Form sind sie sehr unterschiedlich und in bestimmten Grenzen auch artspezifisch, so dass diese Merkmale eine wichtige Hilfe bei der Bestimmung von Fischen bilden.

Im Unterschied zu den Haien und Rochen werden die 4 Kiemenspalten durch einen beweglichen Kiemendeckel verdeckt, der aus mehreren Knochenplättchen besteht und nach hinten das Atemwasser ausleitet.

Der typische Knochenfisch-Körper besitzt je 1 Paar Brust- und Bauchflossen sowie die unpaaren Rücken-, After- und Schwanzflossen, die in unterschiedlicher Weise zur Fortbewegung und Stabilisierung im Wasser eingesetzt werden, aber auch Funktionen im Revier- und

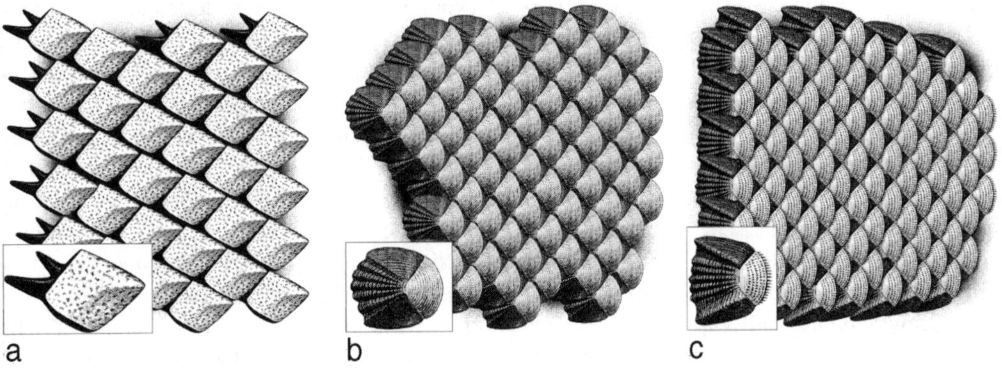

Schuppentypen von Knochenfischen. **a:** Ganoidschuppen (Schmelzschuppen), **b:** Cycloidschuppen (Rundschuppen), **c:** Ctenoidschuppen (Kammschuppen)

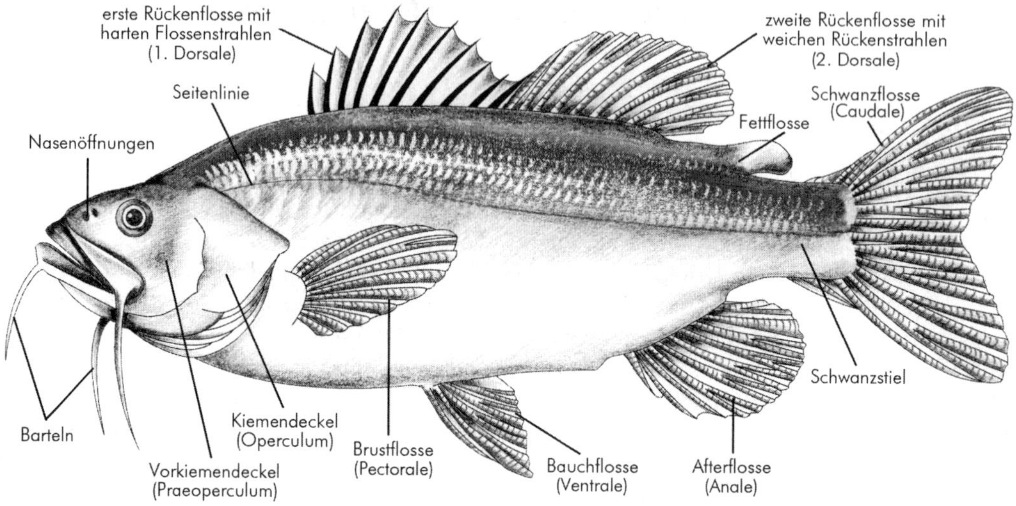

Idealisierter Knochenfisch

Fortpflanzungsverhalten (Imponieren, Balz, Begattung) übernehmen können. Die Schwanzflosse ist äußerlich symmetrisch (homozerk) gestaltet. Manche Fischgruppen haben außerdem eine zusätzliche, so genannte Fettflosse zwischen Rücken- und Schwanzflosse, die in der Regel keine Flossenstrahlen besitzt. Bei den Flossenstrahlen unterscheidet man 2 Formen. Als Hartstrahlen bezeichnet man kräftige, unverzweigte Stacheln, Weichstrahlen sind dagegen verzweigt und biegsam.

Im Gegensatz zu den Knorpelfischen haben die meisten Knochenfische eine Schwimmblase, die sich ebenso wie die Lunge der landlebenden Wirbeltiere aus einer Aussackung des Vorderdarms ableitet. Sie dient als hydrostatisches Organ, welches das spezifische Gewicht des Fischkörpers dem Auftrieb entsprechend austariert. Zusätzlich kann die Schwimmblase aber auch zur Lauterzeugung oder als Resonanzorgan für Schallwellen aus dem Wasser dienen oder für die Veratmung atmosphärischen Sauerstoffs genutzt werden (Schwimmblasenatmung). Der Verbindungsgang (Ductus pneumaticus) zwischen Schwimmblase und Darm ist bei vielen Fischen zeitlebens vorhanden (physostome Fische), bei anderen wird er später rückgebildet (physocliste Fische). Die Gasfüllung bzw. -abgabe ist dann nur über den Blutkreislauf mit einer besonderen Gasdrüse möglich.

Die Sinneswelt der Knochenfische unterscheidet sich prinzipiell nicht von der der Knorpelfische, was natürlich im Zusammenhang mit dem gemeinsamen Lebensraum Wasser zu sehen ist. So ist das phylogenetisch sehr alte Seitenliniensystem offenbar zur Wahrnehmung von Strömungen und Wellen im Wasser sehr wichtig und nahezu unverzichtbar. Es besteht im typischen Fall aus dem Seitenkanal, der vom Kiemendeckelhinterrand auf der Körpermitte entlang ziehend bis zum Schwanzflossenansatz reicht. Ergänzt wird es durch 3 Kopfkanäle.

Vom Seitenliniensystem leiten sich die Elektrorezeptoren ab, die bei vielen, auch bei nicht zur Elektrizitätserzeugung fähigen, Knochenfischen vorkommen. Damit können elektrische und Magnetfelder registriert werden. Sie sind als sehr empfindliche Ampullenorgane (dazu gehören auch die Lorenzini'schen Ampullen der Haie und Rochen) weit verbreitet. Weniger empfindlich sind die außerdem bei Nilhechten und Messerfischen beschriebenen Knollenorgane.

Die Nase als Sitz des Geruchssinns ist sehr unterschiedlich ausgebildet und dementsprechend mehr oder weniger bedeutungsvoll. Wir kennen Fische mit außergewöhnlich leistungsfähigem Riechvermögen wie die Lachse, die ihre Laichgewässer anhand des Geruchs noch nach Jahren wiedererkennen, und solche mit nur schwach entwickeltem Geruchssinn wie die Seepferdchen, die sich vor allem mit den Augen orientieren.

Auch das Hörvermögen der Knochenfische ist oft gut entwickelt, denn das innere Ohr, das die Schallwellen registriert, kann mit der Schwimmblase in Verbindung stehen, die dann als „inneres Trommelfell" wirkt. In diesem Zusammenhang ist es nicht verwunderlich, dass bei Fischen zunehmend Formen der Lauterzeugung und akustischen Informationsübermittlung beschrieben werden. So werden Geräusche auf unterschiedliche Weise mithilfe der Schwimmblase erzeugt, aber auch durch das Aneinanderreiben von Zähnen, Flossenstrahlen und Stacheln können arttypische Laute produziert werden.

Einige Besonderheiten weisen die Augen der Knochenfische im Vergleich zu den Knorpelfischen auf. Sie besitzen keine echten Lider und die Pupille ist, von wenigen Ausnahmen abgesehen, in ihrer Form nicht veränderlich. Die starre Linse wird zur Akkomodation mithilfe spezieller Augenmuskeln vor- und zurückbewegt. Im Zusammenwirken dieser Sinnesorgane und des Labyrinthorgans des Innenohrs gelingt es den Knochenfischen, sich perfekt im dreidimensionalen Raum des Wasserkörpers zu orientieren und zu bewegen.

Es gibt kaum einen Gewässertyp, in dem keine Knochenfische leben. Man findet sie in allen Meeren, in der Brandungs- und Gezeitenzone ebenso wie im offenen Ozean oder in der Tiefsee, in antarktischen Gewässern sogar bei Temperaturen von -2 °C. Auch im Süßwasser bewohnen sie kalte Bergseen wie auch heiße Wüstentümpel, stark fließende Gewässer und Stromschnellen, aber auch sumpfige Wasserlöcher und temporäre, nur wenige Wochen im Jahr Wasser führende Tümpel und Rinnsale oder unterirdische Höhlengewässer. Diesen verschiedenartigsten Lebensräumen haben sich die Knochenfische in vielfältiger Weise hinsichtlich ihrer äußeren Gestalt, durch die unterschiedlichsten Lebensweisen, aber auch mittels vieler physiologischer Besonderheiten angepasst.

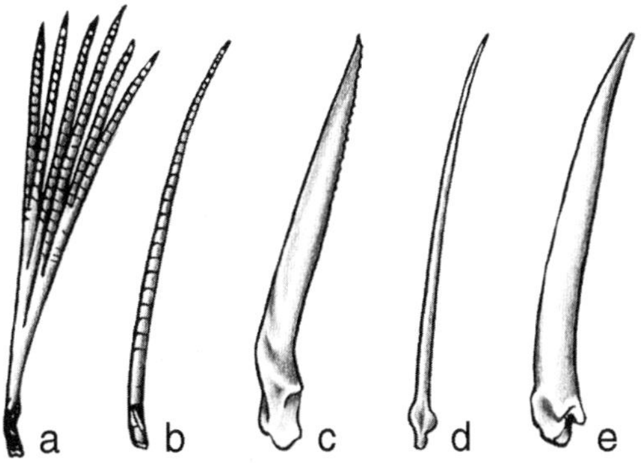

Flossenstrahltypen von Knochenfischen. **a - c:** Weichstrahlen (werden embryonal stets paarig angelegt, verwachsen später mehr oder weniger vollständig miteinander), **a:** gegliedert, geteilt, **b:** gegliedert, ungeteilt, **c:** stachelartig, **d, e:** Hartstrahlen (entstehen embryonal aus unpaaren Knochenstäben), **d:** dünn, biegsam, **e:** stachelartig

Der unterschiedliche Salzgehalt und die daraus resultierenden osmotischen Verhältnisse zwischen Süß- und Meerwasser stellen für die meisten Knochenfische einen besonders bedeutsamen Umweltfaktor dar. Schließlich wird dem Fischkörper im Meerwasser aufgrund der höheren Salzkonzentration Wasser entzogen, im Süßwasser dringt es dagegen in denselben ein. Das bedeutet, dass Meeresfische aktiv trinken und die damit aufgenommenen überschüssigen Salze dann auf verschiedenen Wegen wieder ausscheiden müssen (z. B. über Chloridzellen in Kiemenraum und -epithel). Süßwasserfische hingegen geben über ihre Nieren hauptsächlich das Zuviel an Wasser wieder ab. Trotzdem gibt es auch hier Unterschiede: Euryhaline Fische besitzen eine große osmotische Toleranz, sie können ihren inneren osmotischen Druck in gewissen Grenzen aktiv regulieren. Stenohaline Fische haben dagegen eine enge osmotische Potenz, sie können nur sehr begrenzt regulatorisch einwirken. Insbesondere die zwischen Meer- und Süßwasser wandernden Arten müssen in der Lage sein, in beiden Bereichen zurechtzukommen. Derartige Wanderungen hängen oft mit der Fortpflanzung zusammen. Manche Fische wie die Aale verbringen den größten Teil ihres Lebens bis zur Geschlechtsreife im Süßwasser und gehen zum Laichen zurück in das Meer (katadrome Wanderfische). Dagegen wandern beispielsweise Lachse aus dem Meer zur Fortpflanzung in Süßgewässer (anadrome Wanderfische).

Schnelle Schwimmer des freien Wassers besitzen meist einen spindel- oder stromlinienförmigen Körper, den man landläufig als die „typische Fischgestalt" bezeichnet. Diese kann nun vielfach abgewandelt sein, etwa schlangenartig lang (aalförmig), abgeplattet (Flunder) oder gestreckt, die unpaaren Antriebsflossen am Körperende konzentriert (hechtförmig), um nur einige der bekanntesten Fischgestalten zu charakterisieren. Andere wieder besitzen Körperanhänge, die den Fisch bis zur Unkenntlichkeit verändern, wie dies bei den Fetzenfischen der Fall ist. Ferner existieren „monströse" Tiefseefische, die an phantastische Fabelwesen erinnern.

Natürlich hat die Fischgestalt immer etwas mit der Lebensweise und dem Verhalten zu tun. Ein schneller, ausdauernder Schwimmer von stromlinienförmiger Gestalt ist im freien Wasser anzutreffen, dagegen leben plumpe oder hechtförmige Lauerräuber am Gewässerboden, zwischen Steinen oder Pflanzen. Sie warten entweder auf ein vorbeikommendes Beutetier, um es zu schnappen, oder ergreifen es mit einem blitzschnellen Vorstoß. Manche Arten – beispielsweise Heringe – leben in riesigen, dicht gedrängten Schwärmen zusammen, andere weitgehend als Einzelgänger, wie Zackenbarsche und Hechte. Auch länger dauernde Paarbindungen werden beobachtet (z.B. Anemonenfische, Kaiserfische). Es gibt zahlreiche Variationen, die die vielfältige Einpassung der verschiedenen Fischarten in die jeweilige von ihnen besetzte ökologische Nische demonstrieren.

Ebenso vielfältig sind die Fortpflanzungsstrategien der Knochenfische. Allgemein gilt die Regel, dass Arten, die große Laichmengen mit sehr kleinen Eiern produzieren, zahlreiche Fressfeinde besitzen, wohingegen solche, die nur wenige große Eier laichen und Brutpflege betreiben, einem geringeren Feinddruck ausgesetzt sind. Mit anderen Worten gesagt, wird im 1. Fall der Fortbestand der Art durch eine zahlreiche Nachkommenschaft gesichert, im 2. Fall gewährleistet die Brutpflege einen gewissen Schutz der Eier und der Jungfische. Hierzu kann auch das in verschiedenen Verwandtschaftgruppen sowohl bei Meeres- als auch bei Süßwasserfischen zu beobachtende Lebendgebären gezählt werden. Die Entwicklung der Eier erfolgt bereits im Mutterleib. Voraussetzung ist natürlich eine innere Befruchtung, die durch Kopulation des Männchens mit dem Weibchen ermöglicht wird. In der Regel sind es spezialisierte Flossen oder Flossenteile, die zu Kopulationsorganen umgebildet sind.

Bei der Mehrzahl der Knochenfische erfolgt die Befruchtung allerdings im Wasser. Dies bedingt eine gleichzeitige Reifung sowohl der Eier als auch der Samenfäden. Umweltfaktoren wie Temperaturänderungen, Regenzeiten, Mondphasen usw. können für diese notwendige Synchronisation von Bedeutung sein. Dem eigentlichen Laichakt geht vielfach eine mehr oder weniger komplizierte Balz voraus.

Die Geschlechtsprodukte werden in das freie Wasser abgegeben, auf verschiedensten Substraten, in Höhlen und sogar außerhalb des Wassers deponiert oder in das Maul genommen. Dieses „Maulbrüten" tritt in mehreren, nicht näher miteinander verwandten, Fischfamilien als eine Form der Brutpflege auf. Das Unterbringen des Laiches in Körpertaschen findet man hingegen nur bei den Seepferdchen-Verwandten.

Die meisten Knochenfische sind getrenntgeschlechtlich, wobei Männchen und Weibchen für uns äußerlich oft nur schwer oder gar nicht zu erkennen sind. Andererseits gibt es aber auch sehr gravierende Unterschiede zwischen den Geschlechtern bezüglich der Färbung, der Form und Größe oder des Verhaltens. Neben dieser Zweigeschlechtlichkeit tritt in einer Reihe von Familien Zwittrigkeit auf. Schriftbarsche beispielsweise sind gleichzeitig Männchen und Weibchen (Simultanhermaphroditen). Andere, wie einige Meerbrassen, sind zunächst Männchen (protandrische Zwitter) oder, beispielsweise einige Kiemenschlitzaale, zuerst Weibchen (protogyne Zwitter). Besonders interessant für die Aquaristik ist die verhaltensbedingte Geschlechtsumkehr, wie sie bei Lippfischen, Fahnenbarschen und Anemonenfischen beobachtet wird. Dabei wandelt sich aus einer Gruppe oder einem Paar ein Weibchen zu einem Männchen um oder auch umgekehrt, wenn das jeweils dominante Tier bzw. der Partner stirbt oder gefressen wird. Eine besondere Form der eingeschlechtlichen Vermehrung zeigen z.B. Amazonen-Kärpflinge (*Poecilia formosa*), deren Populationen ausschließlich aus Weibchen bestehen. Sie vermehren sich nicht etwa durch die vor allem bei wirbellosen Tieren weit verbreitete Jungfernzeugung (Parthenogenese), sondern kopulieren mit den Männchen verwandter Arten, ohne dass allerdings ihre Eizellen mit deren Samenfäden verschmelzen. Es kommt daher zu keiner Vereinigung des genetischen Materials, aber die Entwicklung der Eier wird dadurch angeregt (Gynogenese).

Obwohl aus der Stammesgeschichte der Knochenfische zahlreiche Fossilienfunde belegt sind, ist ihr Ursprung aus kieferlosen Fischartigen, z.B. den Schalenhäutern (Ostracodermata) des frühen Silur (vor 460 - 480 Millionen Jahren) noch im Dunkeln. Die ersten echten kiefertragenden Knochenfische, heute im Rang einer eigenen Wirbeltierklasse, waren die Acanthodii, die im Silur artenreich die Meere bewohnten, im Devon das Süßwasser eroberten und nach 150 Millionen Jahren im frühen Perm wieder ausstarben. Die Acanthodier besaßen Ganoidschuppen und eine heterozerke Schwanzflosse sowie eine Stachelreihe zwischen Brust- und Bauchflossen (daher der an sich irreführende deutsche Name „Stachelhaie"). Man sieht sie heute als Parallelentwicklung zu den Osteichthyes, beide Klassen werden auf eine gemeinsame Abstammung zurückgeführt. Damit sind die Knochenfische wenigstens 40 Millionen Jahre älter als die Knorpelfische.

„Stachelhaie" (Klasse Acanthodii). Erste echte Knochenfische (Obersilur bis Perm, vor 425 - 250 Millionen Jahren). a: *Climatius* (nur etwa 7,5 cm), b: *Parexus* (etwa 20 cm), beide im Süßwasser

Die rezenten Knochenfische werden in 3 Unterklassen mit 42 - 45 Ordnungen unterteilt, die etwa 28000 Arten umfassen. Hier werden 38 Ordnungen behandelt, in denen sich für die Aquarienhaltung relevante Arten befinden.

Unterklasse Quastenflosser (Crossopterygii)

Im Mitteldevon und Unteren Perm mit zahlreichen Arten weit verbreitete Knochenfischgruppe. Paarige Flossen gelappt, mit Stützfunktion, Rückenflosse zweigeteilt. Mit Knochenschuppen und Hautknochen. Neben der Kiemenatmung ermöglichen Lungen eine zusätzliche Luftatmung. Die nur fossil bekannte Ordnung Osteolepiformes gilt als die Stammgruppe der Landwirbeltiere, da einige Merkmale im Schädelskelett und der Bezahnung den Verhältnissen bei den ausgestorbenen, ursprünglichen Panzerlurchen ähneln. Eine weitere Ordnung, die Hohlstachlerartigen (Coelacanthiformes), hat dagegen mit der Familie Quastenflosserverwandte (Latimeriidae) bis heute in mindestens 1 Art überlebt. Man glaubte lange Zeit, die letzten Quastenflosser seien vor 50 Millionen Jahren ausgestorben. So war es eine zoologische Sensation, als 1938 ein solcher Fisch als „lebendes Fossil" in 80 m Tiefe vor Südostafrika gefangen wurde. Inzwischen hat man weitere Tiere, vor allem bei den Komoren, gefunden.

17
Ordnung Hohlstachlerartige (Coelacanthiformes)

W. E. Engelmann & J. Kormann

1 Familie.

Familie Quastenflosserverwandte (Latimeriidae)

Verbreitung. Soweit bekannt, hauptsächlich in den Gewässern der Komoren, nordwestlich von Madagaskar.

Lebensweise. Leben räuberisch in 70 - 400 m Tiefe. Eilebendgebärend, wobei eine Trächtigkeitsdauer von 1 Jahr vermutet wird. Bereits 1988 gelangen Fricke hervorragende Unterwasseraufnahmen, die erstmals Einzelheiten der Lebensweise dokumentierten.

Nahrung. Fische.

Rezent 1 Gattung mit mindestens 1 Art.

Gattung *Latimeria*: **Komoren-Quastenflosser, Gombessa** (*L. chalumnae*): bis 1,8 m. Körper bläulich bis bräunlich, mit weißen Flecken. Schuppenoberfläche mit kleinen Höckern und Leisten strukturiert. Schwanzflosse dreilappig. Lunge nicht mehr funktionsfähig und mit einem Fettkörper gefüllt.

Weit entfernt von den Komoren, bei Celebes (Indonesien), wurde 1998 ein weiterer Quastenflosser gefangen. Aufgrund einer anderen Färbung und genetischer Differenzen zu *Latimeria chalumnae* wurde er als *L. menadoensis* beschrieben.

Abb. 17.1 *Latimeria chalumnae*, Modell (Skansen-Aquarium, Stockholm, Schweden)

Haltung von Quastenflossern

Komoren-Quastenflosser wurden bisher nur kurzzeitig im Aquarium am Leben erhalten. Heute steht dieser Fisch unter dem Schutz des Washingtoner Artenschutzübereinkommens (Anhang I). Gegenwärtig arbeiten die Großaquarien von Fukushima, Kapstadt und Monterey mit der Fa. Dynasty Marine Associates, Inc. zusammen, um durch intensive Forschung und Entwicklung in absehbarer Zukunft Quastenflosser und andere Tiefseefische fangen, schonend transportieren und erfolgreich im Aquarium halten zu können. So wurden bereits spezielle Tauchausrüstungen für Tauchgänge von über 150 m Tiefe entwickelt.

Unterklasse Lungenfische (Dipnoi)

Molchartige, tropische Süßwasserfische mit paddelförmigen oder pfriemenartigen, muskulösen Brust- und Bauchflossen, die wechselseitig schreitend bewegt werden. Fische mit inneren Nasenlöchern (Choanen) und einer Lunge, die als meist paarige Aussackung ventral in den Vorderdarm mündet. Rücken- und Afterflosse bilden mit der Schwanzflosse einen zusammenhängenden Flossensaum. In vielem den Amphibien ähnlicher als den Knochenfischen, aber nicht deren direkte Vorfahren. Restgruppe uralter Fischformen (Darm mit Spiralfalte, Skelett z.T. knorpelig), die ihre Blütezeit vor 310 - 280 Millionen Jahren (Devon, Trias) hatte. Bewohner schlammiger, zeitweise sauerstoffarmer, z.T. austrocknender Gewässer. Kräftige Zahnplatten für hartschalige Nahrung. Die Lungenfische sind heute nur noch in Afrika, Südamerika und Australien verbreitet und liefern damit einen tiergeographischen Beweis für die Wegener'sche Kontinentalverschiebungstheorie bzw. deren Weiterentwicklung zur Theorie der Plattentektonik.

Rezent 2 Ordnungen.

18
Ordnung Australische Lungenfisch-artige (Ceratodontiformes)

W. E. Engelmann & J. Kormann

Großschuppig, Brust- und Bauchflossen paddelförmig, mit mittelständigem, kräftigem, beschupptem Schaft. Unpaarer Lungensack, Larven keine äußeren Kiemen.

Rezent nur 1 Familie.

Familie Australische Lungenfische (Ceratodontidae)

Verbreitung. Australien (Südostqueensland).

Lebensweise. Ruhige, nachtaktive Bodenfische großer, langsam fließender Ströme und tiefer Seen. Ihre Kiemen- und Hautatmung ist in sauerstoffreichen Gewässern für die Sauerstoffversorgung weitgehend ausreichend, Lungenatmung spielt nur eine geringe Rolle. Kein Wandern über Land und kein Eingraben im Schlamm; das eventuelle Austrocknen der Wohngewässer wird nicht überlebt. Fortpflanzung vor Beginn des australischen Sommers. Die Paare umschlingen sich beim Laichakt. Die dotterreichen Eier von 3 mm Durchmesser hängen in Klumpen von bis zu 100 Stück an Wasserpflanzen oder Baumwurzeln. Sie sind, ähnlich dem Amphibienlaich, mit einer schützenden Gallerthülle von etwa 1 cm Durchmesser umgeben. Schlupf der Jungen nach 21 - 30 Tagen. Keine Brutpflege.

Abb. 18.1 *Neoceratodus forsteri* (Zoo-Aquarium Berlin)

Abb. 18.2 *Neoceratodus forsteri*, etwa 2 Jahre alt (Zoo Leipzig, Aquarium)

Nahrung. Wirbellose (Wasserschnecken, Krebse, Würmer), langsame Fische, reißen auch Pflanzen ab.

1 Gattung mit 1 Art.

Gattung *Neoceratodus*: **Australischer Lungenfisch** (*N. forsteri*): ausnahmsweise bis 1,8 m. In stehenden und langsam fließenden Gewässern mit starkem Pflanzenwuchs. Körper graugrün bis braun, Bauchseite weißlich, orangefarben bis rötlich.

Haltung von Australischen Lungenfischen

Australische Lungenfische sind sehr langlebig und können im Aquarium über Jahrzehnte erfolgreich gepflegt werden. Da die Tiere fast omnivor sind, ist die Haltung recht unkompliziert. Sie fressen kleinere Futterfische, klein geschnittenes Rinderherz, Garnelen, Schnecken, Salat und anderes. Im Zoo Frankfurt erhalten sie hauptsächlich Gelatinefutter. Sie sind sehr ruhige Fische, die man gut mit anderen Arten, z.B. Regenbogenfischen, zusammen halten kann. Auch eine Vergesellschaftung mit Wasserschildkröten, wie im Zoo Frankfurt mit der Australischen Schlangenhalsschildkröte (*Chelodina longicollis*), ist möglich. Unproblematisch sind die Wasserwerte, die Wassertemperatur kann zwischen 22 und 26 °C liegen. Vielleicht führt eine teilweise kühlere Haltung zu einer erfolgreichen Nachzucht, die im Aquarium bisher noch nicht gelungen ist. Erschwerend kommt bei Paarzusammenstellungen hinzu, dass eine Unterscheidung der Geschlechter nach äußerlichen Merkmalen nicht möglich ist. Erst im Alter von 15 - 20 Jahren, wenn bei einer Größe von 60 - 70 cm die Geschlechtsreife eintritt, lässt sich durch eine Endoskopie das Geschlecht ermitteln. In Australien wird der Australische Lungenfisch allerdings seit einiger Zeit in Freilandteichen in größeren Stückzahlen vermehrt.

Höchstalter. In der Natur 60, eventuell bis 100 Jahre.

19 Ordnung Molchfischartige (Lepidosireniformes)

W. E. Engelmann & J. Kormann

Langgestreckter, walzenförmiger Körper, flossensaumtragendes Hinterende seitlich zusammengedrückt. Kleine Schuppen, Brust- und Bauchflossen fadenförmig. Paarige Lungensäcke. Larven mit äußeren, federförmigen Kiemen und einer am Bauch liegenden Klebdrüse zum Anheften an Wasserpflanzen. Nahrung besteht vor allem aus Wasserinsekten, Krebsen, Mollusken und Würmern sowie langsamen Kleinfischen.

2 Familien.

Familie Südamerikanische Lungenfische (Lepidosirenidae)

Aalförmig langgestreckt, mit 5 Kiemenbögen und 4 Kiemenspalten. Paarige Flossen im Vergleich zu den Afrikanischen Lungenfischen verhältnismäßig kurz.

Verbreitung. Zentrales Südamerika, insbesondere das Gran Chaco.

Lebensweise. In Sümpfen und stark verkrauteten, flachen Gewässern, die weitgehend, allerdings nie völlig austrocknen dürfen. Übersommerung in 30 - 60 cm tiefen Schlammröhren. Eiablage mit Beginn der Regenzeit in einer vom Männchen gebauten Schlammröhre, Männchen bewacht Gelege und Larven. Bei brutpflegenden Männchen bilden sich an den Bauchflossen stark durchblutete, büschelige Anhänge, die der Sauerstoffversorgung dienen. Junge mit 4 Paar federartigen, äußeren Kiemen, die im Alter von 6 - 8 Wochen verschwinden.

Nahrung. Vor allem große Wasserschnecken der Gattung *Ampullaria*, auch Krebstiere.

1 Gattung mit 1 Art.

Gattung *Lepidosiren*: **Südamerikanischer Lungenfisch**, **Molchfisch** (*L. paradoxa*): bis 1,2 m, mehr oder weniger einfarbig dunkelbraun, Jungtiere schwarzbraun mit gelblichen Sprenkeln.

Haltung von Südamerikanischen Lungenfischen

Das Aquarium für Südamerikanische Lungenfische sollte zum größeren Teil einen dichten Pflanzenwuchs und Wurzelverstecke besitzen. Die trägen Fische bewegen sich nur langsam, ruhen gern zwischen den Wasserpflanzen oder liegen oft auf deren Blättern dicht unter der Wasseroberfläche. Sie sind gegenüber anderen Fischen friedlich und können gut vergesellschaftet werden. Da sie sehr wärmebedürftig sind, sollte die Wassertemperatur zwischen 24 und 28 °C liegen. Gefüttert wird möglichst individuell zwei- bis dreimal in der Woche mit klein geschnittenem Rinderherz, Tubifex, Regenwürmern, auch toten Kleinfischen. Gern gefressen wird ebenso das Frankfurter Gelatinefutter. Über eine erfolgreiche Vermehrung im Aquarium ist bisher nichts bekannt geworden.

Höchstalter. Veröffentlichte Haltungsdauer aus dem Zoo Amsterdam 9 Jahre, 8 Monate (dies dürfte sicher kein „Rekord" sein).

Abb. 19.1 *Lepidosiren paradoxa* (Zoo Leipzig, Aquarium)

Familie Afrikanische Lungenfische (Protopteridae)

Vorderkörper rund, Hinterkörper stärker seitlich abgeflacht. Brust- und Bauchflossenfäden sehr lang. Mit 6 Kiemenbögen und 5 Kiemenspalten.

Verbreitung. Tropisches Afrika.

Lebensweise. Besonders in den Küstenbereichen tieferer Seen und langsam fließender Ströme sowie in zeitweise austrocknenden, sauerstoffarmen Gewässern. Können Trockenzeiten in einem Schleimkokon im Boden überdauern. Männchen treiben Brutpflege in einem Schlammloch.

Nahrung. Wirbellose (besonders Mollusken), Fische, Amphibien.

1 Gattung mit 4 Arten.

Gattung *Protopterus*: **Äthiopischer Lungenfisch** (*P. aethiopicus*): bis 2 m (größte Art!), Zentralafrika, vom südlichen Sudan bis zum Tanganjikasee. In Flachwasserbereichen mit starker Vegetation und schlammigem Bodengrund. Bewohnt auch nicht austrocknende Gewässer und ist dann ganzjährig aktiv. Bläulich grau mit einer kontrastreichen Marmorierung aus schwarzbraunen Flecken, die im Schwanzbereich am intensivsten ist. Ablaichen in Schlammlöchern, Gelege und Larven werden 7 - 8 Wochen lang vom Männchen betreut. – **Ostafrikanischer Lungenfisch** (*P. amphibius*): 40 cm (kleinste Art), Ostafrika. Blau- bis dunkelgrau, z. T. mit vereinzelten, kleinen, schwarzen Flecken an den Seiten, Kopfunterseite dunkel, weiß gefleckt. Die äußeren Kiemen sollen auch bei ausgewachsenen Tieren erhalten bleiben. – **Westafrikanischer Lungenfisch** (*P. annectens*): bis 1 m, Westafrika, auch im Tschadsee, in sumpfigen Uferbereichen. Graubraun bis olivfarben, mit meist wenigen, unregelmäßig verteilten, rundlichen, schwarzen Flecken. – **Kongo-Lungenfisch** (*P. dolloi*): 75 - 85 cm (schlankste Art), tropisches Westafrika (Kongo-Flusssystem und Nachbarflüsse). Dunkelbraun bis blauschwarz, mit verschwommener Fleckung. Seitenlinienorgane hell abgesetzt.

Abb. 19.2 *Protopterus aethiopicus* (Privataquarium)

Haltung von Afrikanischen Lungenfischen

Afrikanische Lungenfische sind untereinander sehr unverträglich und bissig. Sie werden deshalb am besten einzeln im Artbecken gehalten. Eine Vergesellschaftung ist auf Dauer nur mit größeren Fischen möglich, die nicht als Beute angesehen werden. Die Becken können dicht mit robusten Pflanzen besetzt sein und sollten

Abb. 19.3 *Protopterus annectens* (Aquarium Paris)

Versteckmöglichkeiten aus Wurzeln und Steinen bieten, die allerdings wegen der trägen, aber kräftigen Fische fest verkeilt werden müssen, wenn nicht jeden Tag neu dekoriert werden soll.

Als Futter kommen vor allem tote Fische, Schnecken, Regenwürmer, größere Insektenlarven, aber auch Rinderherzwürfel infrage. Einmal eingewöhnt, sind die Afrikanischen Lungenfische sehr gefräßig, anfangs schnell wachsend und langlebig. Man muss deshalb aufpassen, dass sie nicht aus ihrem Becken „herauswachsen" und ihnen geräumige Aquarien geben. Der Wasserstand ist mit etwa 30 cm Höhe ausreichend. Beim Hantieren mit den Händen im Becken ist Vorsicht geboten, denn große Afrikanische Lungenfische können empfindlich beißen. An die Wasserwerte werden keine besonderen Ansprüche gestellt, die Temperaturen sollten allerdings, entsprechend ihrer heimatlichen Verhältnisse, bei 25 - 30 °C liegen.

Gelegentlich werden Afrikanische Lungenfische in ihren Schlammkokons verschickt. Ins Wasser gelegt, verlassen die Fische innerhalb von 24 Stunden die Kokons, quellen auf und beginnen nach einigen Tagen zu fressen.

Eine Vermehrung im Aquarium ist bisher noch nicht gelungen, was möglicherweise an der vorwiegend praktizierten Einzelhaltung liegt. Gezielte Paarzusammenstellungen und Zuchtversuche wären eine interessante Aufgabe.

Höchstalter. 4 *Protopterus annectens* mindestens 23 Jahre (New York Aquarium).

Unterklasse Strahlenflosser (Actinopterygii)

Die „modernen“ Knochenfische, charakterisiert vor allem durch ihre mit strahlenförmig angeordneten Knochenstäbchen gestützten, paarigen Flossen, die meist direkt mit dem Schulter- bzw. Beckengürtel in Verbindung stehen. Nase und Mundhöhle getrennt (keine Choanen). In der Haut typische knöcherne Schuppen als Rund- (Cycloid-) oder Kamm- (Ctenoid-) Schuppen, nur einige ursprüngliche Gruppen mit Schmelz- (Ganoid-) Schuppen. Die Beschuppung kann allerdings sekundär wieder verloren gehen oder zu Knochenplatten verschmelzen.

Strahlenflosser sind seit dem mittleren Devon als Meeres- und Süßwasserbewohner nachweisbar. Heute kennt man rund 28 000 rezente Arten, die auf 37 - 42 Ordnungen verteilt werden.

20
Ordnung Störartige (Acipenseriformes)

W. E. Engelmann & J. Kormann

Altertümliche Fische der Nordhalbkugel mit deutlichem Schnauzenfortsatz (Rostrum), unterständigem Maul (hinter den Augen gelegen) und asymmetrischer (heterozerker) Schwanzflosse, in deren verlängerten oberen Lappen die nur aus Bögen bestehende Wirbelsäule hineinreicht. Chorda noch nicht durch Wirbelkörper eingeschnürt. Skelett der rezenten Arten im Wesentlichen knorpelig, Vorfahren der seit 200 Millionen Jahren nachweisbaren Störartigen jedoch noch weitgehend verknöchert.

Rezent 2 Familien.

Familie Störe (Acipenseridae)

Kleinere bis sehr große Grundfische (50 cm - 9 m). Körper schuppenlos, mit 5 Längsreihen starker Knochenplatten, 4 Barteln vor dem weit vorstülpbaren Maul. Als altertümliches Merkmal teilweise mit Spritzloch. Zum Teil von Ausrottung bedroht (Kaviar- und Fleischgewinnung, Gewässerverschmutzung, Anlegen von Staustufen). Einige Arten werden in Fischfarmen produziert, z.B. eine raschwüchsige, widerstandsfähige Kreuzung von Hausen und Sterlet, der so genannte Bester.

Verbreitung. Nur auf der nördlichen Erdhalbkugel.

Lebensweise. Am Boden lebende, tagaktive Schwimmer. Meeresbewohner, die zum Laichen in die Flüsse wandern, manche Arten bzw. Lokalformen auch zeitlebens im Süßwasser.

Nahrung. Vor allem Bodentiere (Würmer, Krebse, Insektenlarven, Mollusken), z.T. auch kleine Fische, werden eingesaugt.

4 Gattungen mit 24 Arten.

Abb. 20.1 *Acipenser ruthenus* (Alpenzoo Innsbruck)

Abb. 20.2 *Pseudoscaphirhynchus kaufmanni* (Zoo Moskau, Aquarium)

Gattung *Acipenser* (Störe im engeren Sinn): 19 Arten. Dazu **Sibirischer Stör** (*A. baeri*): 1,4 m, Nordostasien (Flusssysteme von Ob, Irtytsch, Jenissei, Lena und Kolyma), auch nicht wandernde Populationen. – **Waxdick** (*A. gueldenstaedti*): 2,3 m, Schwarzes, Asowsches, Kaspisches Meer und Zuflüsse. Wanderfisch, auch reine Süßwasserformen. – **Seestör** (*A. fulvescens*): 2,4 m, im Mittelosten Nordamerikas, einschließlich der Großen Seen. Reine Süßwasserart, die zur Fortpflanzung flussaufwärts zieht. Manche See-Populationen wandern überhaupt nicht mehr und laichen im Wohngewässer ab. – **Sterlet** (*A. ruthenus*): 80 cm, Zuflüsse von Schwarzem und Kaspischem Meer, nördlichem Eismeer (selten Ostsee), meist gänzlich im Süßwasser. – **Sternhausen** (*A. stellatus*): bis 2,2 m, Schwarzes Meer, Kaspisee, Adria (in der Ägäis wahrscheinlich ausgestorben). – **Baltischer Stör** (*A. sturio*): 3 m, Europa (fast ausgerottet), Ostküste Nordamerikas. Lang gezogene Schnauze, starker 1. Brustflossenstrahl. Wanderfisch. Legt bis zu 2,4 Millionen Eier im Süßwasser. – **Weißer Stör** (*A. transmontanus*): bis 4 m, pazifische Küste von Mexiko bis Alaska, laicht in den Flusssystemen von Sacramento, Columbia und Fraser.

Gattung *Huso* (Hausen): 2 Arten. Dazu **Beluga, Hausen** (*H. huso*): bis 9 m! Kaspisches, Asowsches, Schwarzes Meer, östliches Mittelmeer und Zuflüsse. Räuberisch, mit großem Maul (Wirbellose, Fische, Robben). Wanderfisch, bis zu 7,7 Millionen Eier.

Gattung *Pseudoscaphirhynchus* (Pseudoschaufelstöre): 3 Arten. Dazu **Amu-Darja-Pseudoschaufelstör** (*P. kaufmanni*): 50 cm, Amu-Darja. Süßwasserfisch, mit langer spatenförmiger Schnauze und fadenartig verlängertem, oberem Schwanzflossenlappen. Von Ausrottung bedroht. Versuche der Erhaltungszucht u.a. im Zoo Moskau.

Gattung *Scaphirhynchus* (Schaufelstöre): 3 Arten. Dazu **Amerikanischer Schaufelstör** (*S. platorhynchus*): bis 90 cm, Mississippi-Gebiet. Süßwasserbewohner, Laichwanderung flussaufwärts. Starker Bestandsrückgang.

Haltung von Stören

Störe werden in möglichst großen, kühlen Süß-, gegebenenfalls auch Brackwasser-Aquarien gehalten. Die Wassertemperatur soll 20 - 22 °C nicht übersteigen. Bei der Beckeneinrichtung sind scharfkantige Einrichtungsgegenstände wegen einer Verletzungsgefahr zu vermeiden, der Bodengrund soll aus weichem, zum Gründeln geeignetem Material bestehen. Die oft sehr bewegungsfreudigen Fische (Sterlet!) haben

Abb. 20.3 *Scaphirhynchus platorhynchus* (Aquarium des Zoologisch-Botanischen Gartens „Wilhelma", Stuttgart)

einen großen Nahrungsbedarf, der abwechslungsreich mit Kleinkrebsen, Regenwürmern, Schnecken, Mehlkäfer- und Wasserinsektenlarven, Fisch, Muschelfleisch und magerem Fleisch gedeckt werden kann. Dem großen Futterumsatz entsprechend ist eine leistungsfähige Filterung und Wasserumwälzung erforderlich.

Höchstalter. Wahrscheinliches Höchstalter für den Seestör über 150 Jahre. Für den Hausen werden über 100 Jahre angenommen. 6 *Acipenser ruthenus* wurden im Zoo Amsterdam 69 Jahre, 8 Monate alt.

Familie Löffelstöre (Polyodontidae)

Körper ohne Knochenplatten, nur auf der Schwanzoberseite einige Ganoidschuppen. Rostrum (etwa ein Drittel der Gesamtlänge!) flach und vorn verbreitert. Fossil seit Oberkreide.

Verbreitung. Nordamerika und Ostchina.

Lebensweise. Aktive Schwimmer im freien Wasser großer Ströme. Fortpflanzung von *Polyodon spathula* in Gruppen bei starker Strömung über Geröll und Felsen. Eier haften am Substrat. Über den seltenen Schwertstör ist wenig bekannt.

Nahrung. Kleinkrebse und Insektenlarven (*Polyodon*) bzw. kleine Fische (*Psephurus*).

Rezent 2 Gattungen mit 2 Arten.

Gattung *Polyodon*: **Nordamerikanischer Löffelstör** *(P. spathula)*: 2 m, Mississippi-Flusssystem. Weites Maul und Kiemenreusenkorb zum Planktonfang („lebendes Planktonnetz"). Gefährdet, aber erfolgreiche Artenschutzmaßnahmen und Nachzuchten in der Fischereiwirtschaft der USA.

Gattung *Psephurus*: **Schwertstör** (*P. gladius*): bis 7 m, Unterlauf des Jangtsekiang.

Haltung von Löffelstören

Löffelstöre sind Dauerschwimmer und lassen sich am besten in Rundum-Aquarien pflegen. Sie erschrecken leicht und können sich dabei am Rostrum verletzen, wo sich dann Narben und Wucherungen bilden können. Die Wasser-

Abb. 20.4 *Polyodon spathula* (Zoo-Aquarium Berlin)

temperaturen sollen 22 °C nicht überschreiten. Mindestens zweimal täglich muss mit lebenden Wasserflöhen, Zyklops oder Mückenlarven (kein Wurmfutter, Fisch oder Fleisch) gefüttert werden. Löffelstöre schwimmen mit weit geöffnetem Maul in die Futterwolken. Eine Gewöhnung an gefrostete Wasserflöhe ist möglich. Der Nahrungsbedarf ist groß, das Wachstum dementsprechend rasch.

Über die Haltung von Schwertstören in Aquarien ist bisher nichts bekannt geworden.

Vermehrung. Im Aquarium wurden Störartige noch nicht erfolgreich vermehrt. Gründe dafür liegen sicher bei den meisten Arten in dem enormen Platzbedarf, den die großen geschlechtsreifen Tiere haben, aber auch in ihrem Wanderverhalten zur Laichzeit. Für die kleiner bleibenden Sterlets, Schaufelstöre und Pseudoschaufelstöre sind gezielte Zuchtversuche im Aquarium eine reizvolle Herausforderung. Löffelstöre werden heute allerdings in Farmen (auch in Deutschland) erfolgreich aus Eiern aufgezogen.

21
Ordnung Flösselhechtartige (Polypteriformes)

W. E. Engelmann

Artenarme, recht einheitliche Gruppe von Süßwasserfischen mit 5 - 18 einzeln stehenden, fähnchenartigen Flösseln anstelle der Rückenflosse, gestielten, paddelförmigen Brustflossen und harten, eng aneinander liegenden, rhombischen Ganoidschuppen (Oberschicht besteht aus Ganoin = zahnschmelzartige Substanz). Nasenöffnungen röhrenförmig, komplizierter Bau der Nase mit stark vergrößertem Riechepithel (Orientierung vor allem nach Geruch). Skelett knöchern. Stammesgeschichtlich alte Merkmale, die sie mit den Knorpelfischen teilen, sind das Spritzloch sowie der Darm mit Spiralfalte. An die Quastenflosser als direkte Vorfahren der Landwirbeltiere erinnern andererseits die gestielten paarigen Flossen sowie eine zweilappige, auf der Bauchseite liegende Lunge. Die Kiemenatmung allein reicht nicht aus, daher müs-

Abb. 21.1 *Erpetoichthys calabaricus* (Zoo Leipzig, Aquarium)

Abb. 21.2 *Polypterus ornatipinnis* (Tierpark Berlin)

sen die Fische in Abständen an der Oberfläche Luft holen. Fossil sind Flösselhechte bereits aus der Trias (vor 200 Millionen Jahren) nachweisbar.

Rezent nur 1 Familie.

Familie Flösselhechte (Polypteridae)

Verbreitung. Tropisches Afrika, Flusssystem des Nil.

Lebensweise. Dämmerungsaktive Bodenfische des Flachwasserbereichs stehender und langsam fließender Gewässer. Sie schieben sich an ihre Beutetiere heran, die sie dann schnell schnappen. Ablaichen nach heftigem Treiben in Bodennähe, wobei das Männchen die stets deutlich größere und stärkere Afterflosse unter die Geschlechtsöffnung des Weibchens bringt. Die Jungen haben zunächst äußere Kiemen und erinnern an Molchlarven.

Nahrung. Krebse, Insektenlarven, Würmer, Fische und Amphibien.

2 Gattungen mit mindestens 15 Arten.

Gattung *Erpetoichthys*: 1 Art. **Flösselaal** (*E. calabaricus* = *Calamoichthys calabaricus*): 40 cm, tropisches Westafrika, auch im Brackwasser. Aalartig schlank, ohne Bauchflossen. Olivbraun, Unterseite gelb, Brustflossen mit großem, dunklem Fleck.

Gattung *Polypterus* (Eigentliche Flösselhechte): 14 Arten, mit Bauchflossen. Dazu **Nil-Flösselhecht** (*P. bichir*): 70 cm, Nil, Tschad. 14 - 18 Flössel, olivgrau, jung mit dunklen Streifen. – **Zaire-Flösselhecht** (*P. delhezi*): bis 35 cm, oberer und mittlerer Kongo-Fluss. 10 - 12 Flössel, gelbbraun mit 6 - 7 unregelmäßigen, schwarzen Querbinden. – **Schmuck-Flösselhecht** (*P. ornatipinnis*): bis 46 cm, oberer und mittlerer Kongo-Fluss. 10 - 11 Flössel, Körperseiten dunkel genetzt, paarige Flossen mit schwarzen Querbinden (attraktivste Flösselhecht-Art). – **Senegal-Flösselhecht** (*P. senegalus*): bis 42 cm, weit verbreitet in Zentral- und Westafrika. 8 - 9 Flössel, einfarbig bräunlich. Scheint schwimmfreudiger und tagaktiver als andere Flösselhechte zu sein.

Haltung von Flösselhechten

Die dämmerungs- und nachtaktiven Fische pflegt man in dunklen, versteckreichen Aquarien. Da sie tagsüber kaum zu sehen sind, können als Kompromiss in Schauaquarien wenig beleuchtete Becken mit einsehbaren Verstecken in Scheibennähe zur Präsentation verwendet werden. Flösselhechte sind untereinander teilweise bissig. Als Futter kommen Mückenlarven, Regenwürmer, Mehlkäferlarven, Tubifex u. Ä., eventuell Fisch, Muschelfleisch oder Säugerherzstreifen infrage. Nicht eingewöhnte Tiere fressen am Tag oft schlecht, bei Nahrungskonkurrenz ist individuell zu füttern. Auf gute Aquarienabdeckung bzw. einen sicheren Springschutz ist zu achten, da vor allem während der nächtlichen Aktivitätsphasen Ausbruchsgefahr besteht. Ansonsten sind Flösselhechte hinsichtlich des Wassers wenig anspruchsvoll und vertragen auch größere Temperaturschwankungen. Trotzdem sollte die Wassertemperatur entsprechend ihrer tropi-

Abb. 21.3 *Polypterus senegalus* (Zoo Leipzig, Aquarium)

schen Herkunft zwischen 25 und 28 °C liegen. Eine Vergesellschaftung, insbesondere des Flösselaals mit Buntbarschen und Salmlern geeigneter Größe, ist bei entsprechend eingerichteten Becken möglich.

Vermehrung. Die Zucht ist bei einigen Arten (*P. palmas, P. senegalus*) vereinzelt gelungen. Der Schmuckflösselhecht wird dagegen im Aquazoo Düsseldorf regelmäßig nachgezogen. Die Fische können das ganze Jahr über ablaichen. Zur Auslösung des Fortpflanzungsverhaltens wird die Temperatur erhöht und gleichzeitig der Leitwert abgesenkt, was die natürlichen Verhältnisse der tropischen Regenzeit nachahmt. Da die Eltern dem Laich stark nachstellen, werden Gitterroste eingebracht, durch deren Löcher die Eier auf den Boden sinken. Die Jungen schlüpfen bei 28 °C nach 4 Tagen. Sie können mit Artemia-Nauplien angefüttert werden. Wegen ihres ausgeprägten kannibalischen Verhaltens müssen sie einzeln aufgezogen werden.

Höchstalter. *Polypterus senegalus* erreichte im Aquarium ein Alter von 34 Jahren (Zoo Giza, Ägypten).

22
Ordnung Knochenhechtartige (Lepisosteiformes)

W. E. Engelmann & J. Kormann

Langgestreckter Körper, Rücken-, After- und Schwanzflosse am Körperende (hechtförmige Gestalt) und schnabelartig verlängertes, zähnestarrendes Maul („Kaimanfische"). Harter Körperpanzer aus fest gefügten Ganoidschuppen (Schmelzschuppen). Ein funktionsfähiges Hinterhauptsgelenk (einmalig bei Fischen!) erlaubt nickende Kopfbewegungen. Schwimmblase als Hilfsatemorgan. Knochenhechte sind lebende Fossilien aus dem Erdmittelalter (erste Nachweise aus der Oberen Kreide vor etwa 100 Millionen Jahren).

Rezent nur 1 Familie.

Familie Knochenhechte, Kaimanfische (Lepisosteidae)

Verbreitung. Nord- und Mittelamerika, Kuba.

Lebensweise. Stoßräuber ruhiger Gewässer. Einige Arten auch im Brackwasser. Ablage großer Mengen klebriger Eier im Frühjahr, Larven mit Stirnsaugnapf, wachsen schnell.

Nahrung. Fische, Krabben, Frösche, der Kaimanfisch frisst auch Wassergeflügel.

2 Gattungen mit 7 Arten.

Gattung *Atractosteus*: 3 Arten, mit 2 Reihen von Fangzähnen. Dazu **Kaimanfisch** (*A. spatula*): bis 3,5 m, südöstliche USA, Nordostmexiko, im Süß- und Brackwasser, gelegentlich auch im Meer. – Der ähnliche **Alligatorfisch** (*A. tristoechus*) auch auf und um Kuba.

Gattung *Lepisosteus*: 4 Arten, nur 1 Reihe von Fangzähnen. Dazu **Gefleckter Knochenhecht** (*L. oculatus*): maximal 1,1 m, Gebiet der Großen Seen und weiter südlich bis Texas. – **Langschnauzen-Knochenhecht** (*L. osseus*): bis 1,8 m, USA, weit verbreitet von den Großen Seen bis zum Rio Grande und Golf von Mexiko. Schnauze auffallend lang und schmal. – **Kurzschnauzen-Knochenhecht** (*L. platostomus*): bis 80 cm, Mississippi-Flusssystem, nördlich bis zum Michigan-See. Schnauze deutlich kür-

Abb. 22.1 *Lepisosteus oculatus* (Zoo Leipzig, Aquarium)

zer und breiter als beim Gefleckten Knochenhecht.

Haltung von Knochenhechten

Die Haltung von Knochenhechten in kühlen Aquarien (Temperaturen sollen, außer beim Kaiman- und Alligatorfisch, nicht viel über 20 °C steigen) ist unproblematisch. Zur Eingewöhnung werden zunächst lebende Fische entsprechender Größe angeboten, später auch Fischfleisch, Rinderherz und Mäuse. Aquariennachzuchten sind bisher nicht bekannt geworden.

Höchstalter. Knochenhechte können sehr alt werden und haben in Aquarien schon verschiedentlich 50 Jahre erreicht. Ein Tier lebte im Zoo Zürich sogar 71 Jahre.

23
Ordnung Schlammfischartige (Amiiformes)

W. E. Engelmann

Sehr alte Knochenfischgruppe (fossil seit dem Oberperm, vor 200 Millionen Jahren), aber mit verschiedenen Merkmalen der „modernen" Knochenfische: Knochenschuppen (Rundschuppen), Bau der Wirbelsäule, Eientwicklung, kein Spritzloch, Schwanzflosse äußerlich symmetrisch, Spiralfalte des Darms in Rückbildung. Jedoch mit z.B. altertümlicher Kopfpanzerung.

Rezent nur 1 Familie.

Familie Amerikanische Schlammfische, Kahlhechte (Amiidae)

Verbreitung. Südosten Nordamerikas.

Lebensweise. In seichten, stark verkrauteten, sumpfigen Gewässern. Schwimmblase fungiert als Lunge, so dass Schlammfische auch in extrem sauerstoffarmen Gewässern überleben können. Männchen bewacht in einem schüsselförmigen Pflanzennest bis zu 70000 Eier sowie die Jungen bis zu einer Größe von 10 cm.

Nahrung. Fische und Krebse (gefräßiger Räuber).

1 Gattung mit 1 Art.

Gattung *Amia*: **Kahlhecht**, **Amerikanischer Schlammfisch** (*A. calva*): 60 - 90 cm, Färbung bräunlich bis olivgrün, Männchen mit einem schwarzen, gelb oder orange umrandeten Fleck an der oberen Basis der Schwanzflosse. Jungfische mit kontrastreicher schwarzer und orangefarbener Streifenzeichnung auf den Flossen und am Kiemendeckel.

Abb. 23.1 *Amia calva* (Zoo-Aquarium Berlin)

Haltung von Kahlhechten

Die Pflege von Kahlhechten bereitet bei guter Fütterung (Fisch, Wirbellose, notfalls Fleisch) und Höchsttemperaturen wenig über 20 °C keine Probleme. Da die Fische, außer in der Laichzeit, Einzelgänger sind, muss man sie wegen ihrer Unverträglichkeit gegenüber Artgenossen meist einzeln halten. Auch Jungfische sind untereinander sehr aggressiv. Sie wachsen bei guter Fütterung rasch heran. Mit anderen Fischen, die wegen ihrer Größe nicht mehr als Beute betrachtet werden (z.B. Knochenhechte), ist eine Vergesellschaftung möglich.

Über eine gelungene Aquariennachzucht ist bisher nichts bekannt geworden.

Höchstalter. Natürliche Lebenserwartung soll bei etwa 12 Jahren liegen. Haltungsdauer im New York Aquarium für 3 Tiere 30 Jahre.

24
Ordnung Knochenzünglerartige (Osteoglossiformes)

W. E. Engelmann & J. Kormann

In Körpergestalt und Lebensweise sehr verschiedenartige Süßwasserfische. Bestimmte anatomische Merkmale (z. B. Bezahnung, Schuppen- und Knochenfeinstruktur, Verbindung von Schwimmblase und Labyrinth des Innenohrs) weisen auf verwandtschaftliche Beziehungen hin.

6 Familien, die sich auf 3 Verwandtschaftsgrupppen (Unterordnungen) verteilen. In älterer Literatur findet man die schwach elektrischen Fische der Familien Mormyridae und Gymnarchidae noch als eigene Ordnung (Mormyriformes) geführt. 5 Familien besitzen aquaristische Bedeutung. Insbesondere die großen Knochenzüngler sind imposante Schautiere.

Unterordnung Osteoglossoidei

2 Familien.

Familie Knochenzüngler (Osteoglossidae)

Sprunggewaltige Oberflächenfische mit großem, oberständigem Maul. Große Schuppen aus mosaikartigen Teilstücken. Einige nutzen die Schwimmblase als zusätzliches Atmungsorgan.

Verbreitung. Tropisches Südamerika, Afrika, Südasien, Australien (tiergeographischer Beweis für eine ursprüngliche Landverbindung der Kontinente).

Lebensweise. Tagaktive, ruhige, oberflächenorientierte Tiere in langsam fließenden, großen Flüssen, stark verkrauteten Seen und Altwässern. Fortpflanzung sehr unterschiedlich, bei *Arapaima* und *Heterotis* Nestbau aus Pflanzen-

Abb. 24.1 *Arapaima gigas* (Zoo-Aquarium Berlin)

Abb. 24.2 *Osteoglossum bicirrhosum* (Privataquarium)

material mit Brut- und Jungenpflege, bei *Osteoglossum* und *Scleropages* Maulbrüten.

Nahrung. Fische, Insekten, Krebstiere. *Heterotis niloticus* filtriert Plankton-Organismen.

4 Gattungen mit 7 Arten.

Gattung *Arapaima*: 1 Art. **Arapaima** (*A. gigas*): 2 - 3 m, Amazonas-Flusssystem, Guayana. Langgestreckt, walzenförmig, mit gerundetem Rücken. Geschlechtsreif mit 4 - 5 Jahren bei einer Länge von etwa 1,7 m (bei gutem Nahrungsangebot). Gelaicht wird paarweise in einer Grube, Brut und Jungfische bis zum Alter von etwa 3 Monaten werden von beiden Eltern bewacht und geführt. Wegen starker Überfischung teilweise selten.

Gattung *Heterotis*: 1 Art. **Afrikanischer Knochenzüngler** (*H. niloticus*): 90 cm, West- und Zentralafrika. Im Unterschied zu den anderen Knochenzünglern ist die Art ein Plankton- und Dedritusfresser, mit dem schneckenförmig gewundenen Suprabranchialorgan am 4. Kiemenbogen werden die Nahrungsteilchen aus dem Atemwasser herausgefiltert. Laichabgabe in ein von beiden Elternteilen aus Pflanzenmaterial gebautes Nest. Mutter bewacht Gelege und Jungfische.

Gattung *Osteoglossum*: 2 Arten. **Gabelbart, Arawana** (*O. bicirrhosum*): bis 1,2 m, Amazonas-Flusssystem, Guayana. Gabelförmiges Tastorgan an der Kinnspitze. – Ähnlich ist der **Schwarze Gabelbart** (*O. ferreirai*): 40 cm, Rio Branco (Nebenfluss des Rio Negro in Brasilien). Jungfische allerdings mit schwarzem Körperstreifen.

Gattung *Scleropages*: 3 Arten. **Malaiischer Knochenzüngler** (*S. formosus*): bis 90 cm, Thailand, Kambodscha, Malaysia, Sumatra, Borneo. 2, nur kleine, Kinnfäden. Eier 1 cm groß, werden vom Weibchen in das Maul genommen. – **Australischer Knochenzüngler** (*S. leichardti*) und **Papua-Knochenzüngler** (*S. jardini*) sind dem Malaischen Knochenzüngler sehr ähnlich.

Haltung von Knochenzünglern

Die Haltung von Knochenzünglern ist nur in Großaquarien möglich, die dann auch gut bepflanzt sein sollen. Das Herausspringen der schnell heranwachsenden Tiere ist durch Netze oder seitliche Wände zu verhindern (harte Deckel bedeuten Verletzungsgefahr). An das Wasser werden keine besonderen Ansprüche gestellt. Die Fütterung erfolgt mit Fischen entsprechender Größe, Kleinsäugern, Insekten (Wanderheuschrecken), Herz- und Fischstreifen, die zumindest der Gabelbart vom Boden aufzulesen lernt. Der Afrikanische Knochenzüngler muss mit le-

Abb. 24.3 *Scleropages formosus* (Zoo-Aquarium Berlin)

benden Wasserflöhen, Cyclops und Mückenlarven ernährt werden, die er mit weiten Schnappbewegungen des großen Mauls aufnimmt.

Vermehrung. Die Vermehrung des Gabelbarts ist vereinzelt, z.B. im Aquarium des Tierparks Bochum gelungen. Einige Tage vor der Paarung werden ein auffälliges Umeinanderschwimmen der Partner sowie schüttelnde Kopfbewegungen beobachtet. Das Ablaichen erfolgt in einer Sandmulde, beide Eltern nehmen dann die Eier in das Maul. Etwa ab dem 55. Tag verlassen die ersten, etwa 10 cm langen Jungfische kurzfristig das Maul, 10 Tage später fressen sie Daphnien und Salinenkrebschen und werden bald vom Vater verjagt.

Höchstalter. Ein Arapaima (fast 2 m lang und 55 kg schwer) erreichte im Steinhart Aquarium San Francisco ein Alter von 18 Jahren.

Familie Schmetterlingsfische (Pantodontidae)

Mund oberständig, tief gespalten. Brustflossen flügelartig vergrößert, Bauchflossen mit 4 sehr langen, freien Strahlen.

Verbreitung. Tropisches Westafrika.

Lebensweise. In stehenden, stark verkrauteten Gewässern. Oberflächenfisch, die großen Brustflossen ermöglichen bis 2 m lange Gleitflüge entlang der Wasseroberfläche. Lauert zwischen Pflanzen auf Beute. Kurz vor der Laichabgabe innere Befruchtung über eine von der Afterflosse gebildete Röhre des Männchens. Eier und Brut treiben an der Wasseroberfläche.

Nahrung. Spezialisiert auf Anflugnahrung (Insekten).

1 Gattung mit 1 Art.

Gattung *Pantodon*: **Afrikanischer Schmetterlingsfisch** (*P. buchholzi*): 10 cm. Afterflosse beim Weibchen ganzrandig, beim Männchen tief gekerbt.

Haltung von Schmetterlingsfischen

Schmetterlingsfische werden in relativ niedrigen Becken, die aber eine vergleichsweise große Oberfläche besitzen, gepflegt. Da die Fische un-

Abb. 24.4 *Pantodon buchholzi* (Zoo Leipzig, Aquarium)

tereinander recht unverträglich sind, können Schwimmpflanzen, Wasserpflanzenblätter bzw. -stängel und aus dem Wasser herausragende Wurzeln für eine Strukturierung der Wasseroberfläche sorgen. Das Aquarienwasser sollte weich bis mittelhart (10° dGH) und leicht sauer (pH 6,5) sein (vor allem für Zuchtversuche). Die Fische sind mit Temperaturen zwischen 23 - 30 °C recht wärmebedürftig. Für eine erfolgreiche Haltung und als Voraussetzung für die Zucht ist eine abwechslungsreiche Fütterung vor allem mit Insekten, auch Ameisenpuppen, wichtig (gefräßige Nahrungskonkurrenten vermeiden). Auch auf der Wasseroberfläche schwimmendes Flockenfutter wird gern genommen.

Vermehrung. Die Zucht gelingt bei 28 - 30 °C in weichem, leicht saurem Wasser. Dazu werden einzelne Paare angesetzt. Nach längerer Balz laichen die Fische über einen Zeitraum von mehreren Tagen, bei jedem einzelnen Laichvorgang werden nur 3 - 7 Eier abgeben (insgesamt 80 - 220). Die Jungen schlüpfen bei 25 °C nach 3 Tagen. Sie werden mit Nauplien, Springschwänzen, später Blattläusen und Essigfliegen angefüttert.

Höchstalter. 2 Tiere wurden im Zoo Amsterdam 6 Jahre, 9 Monate alt.

Unterordnung Notopteroidei

2 Familien.

Familie Mondfische, Zahnheringe (Hiodontidae)

Heringsähnliche Süßwasserfische. Relativ kleiner Kopf mit endständigem Maul und großen Augen. Schwanzflosse gegabelt. Körper mit perlmuttglänzenden Rundschuppen und deutlicher Seitenlinie.

Verbreitung. Endemisch im zentralen Nordamerika.

Lebensweise. Bewohnen große Flüsse und Seen. Laichzeit im Frühjahr, Eier treiben teilweise im freien Wasser (keine Brutfürsorge).

Nahrung. Wasserinsekten, kleine Fische, Frösche, Mäuse.

1 Gattung mit 2 Arten.

Gattung *Hiodon*: **Goldauge** (*H. alosoides*): bis 50 cm, Hauptverbreitung im Mackenzie- und im Mississippi-Flusssystem. – **Mondauge** (*H. tergisus*): bis 45 cm, Hauptverbreitung im Mississippi-Bassin, den Großen Seen und in Zuflüssen zur Hudson-Bay.

Haltung von Mondfischen

Mondfische sind heikle Pfleglinge, die bisher nur in wenigen nordamerikanischen Schauaquarien mit geringem Erfolg gehalten wurden.

Familie Altweltliche Messerfische (Notopteridae)

H. Lücker

Teils sehr groß werdende Süßwasserfische. Körper seitlich stark zusammengedrückt, z. T. sogar messerartig flach. Afterflosse mit Schwanzflosse zu einem Flossensaum verschmolzen, sehr lang. Eingeweidesack weit nach vorn verlagert, After liegt am Beginn der Afterflosse in Höhe der Kiemen. Rückenflosse sehr klein oder fehlend. Können mithilfe der Schwimmblase unter sauerstoffarmen Bedingungen im Wasser auch atmosphärische Luft atmen.

Verbreitung. West- und Zentralafrika sowie Süd- und Südostasien bis Sumatra.

Lebensweise. Dämmerungs- und nachtaktiv, in Flüssen und sumpfigen Gewässern. Schwimmen mittels undulierender Bewegungen des Flossensaums gleich gut und gleich schnell vorwärts wie rückwärts. Fortpflanzung mit Nestbau und Brutpflege, Einzelheiten unbekannt.

Nahrung. Räubern verschiedenste Wirbellose und kleine Fische.

4 Gattungen mit 8 Arten.

Gattung *Chitala*: 4 Arten (werden auch in die Gattung *Notopterus* gestellt). Dazu **Pfauenaugen-Messerfisch**, **Indischer Fähnchenmesserfisch** (*Ch. chitala*): bis 1 m, Thailand, Burma, Große Sundainseln. Mit großen, auffallenden Flecken an den Körperseiten, im Alter sehr hochrückig. Aggressiver Fisch, in Südostasien begehrter Speisefisch.

Gattung *Notopterus*: 1 Art. **Asiatischer Messerfisch** (*N. notopterus*): bis 60 cm, Indien bis Sumatra. Dunkelsilbern.

Gattung *Papyrocranus*: 2 Arten. Dazu **Afrikanischer Fähnchenmesserfisch** (*P. afer*): bis 60 cm, Gambia, Kongo-Bassin. Dunkelgrau, besitzt kleine, fähnchenartige Rückenflosse (trifft auch für die Arten der Gattungen *Chitala* und *Notopterus* zu), jedoch ohne Bauchflossen.

Gattung *Xenomystus*: 1 Art. **Schwarzer Messerfisch** (*X. nigri*): bis 20 cm (kleinste Art), mittlerer Nil bis Liberia. Keine Rückenflosse. Erzeugt bellende Laute durch Übergang von komprimierter Luft aus der Schwimmblase in die Speiseröhre.

Haltung von Altweltlichen Messerfischen

Messerfische werden in kleineren Becken am besten einzeln gehalten, da sie untereinander

Abb. 24.5 *Papyrocranus afer* (Zoo Leipzig, Aquarium)

Abb. 24.6 *Xenomystus nigri* (Privataquarium)

sehr aggressiv sein können. Die Becken sollten abgedunkelt sein bzw. ausreichend dunkle Ecken und Unterstände, z.B. unter großen Steinen, haben. In Großaquarien ist eine dichte Bepflanzung wünschenswert. Dann können auch mehrere Tiere gemeinsam gehalten werden. Als Bodengrund empfiehlt sich eine tiefe Sandschicht, denn die Messerfische graben sehr viel und können kleinere Aquarien in einer Nacht komplett umwühlen. Erwachsene Afrikanische und Indische Fähnchenmesserfische sind ausschließlich für Großaquarien geeignet. Entsprechend ihrer Herkunft sind alle Arten sehr wärmebedürftig (24 - 28 °C), an die Wasserbedingungen werden aber ansonsten keine besonderen Ansprüche gestellt. Zur Eingewöhnung wird möglichst mit lebendem Futter (Kleinkrebse, Insektenlarven, kleine Fische, Würmer) begonnen, am besten gegen Abend. Später werden auch Herzfleisch- und Fischstreifen angenommen.

Der Indische Fähnchenmesserfisch wurde im Aquarium des Kölner Zoos erfolgreich vermehrt.

Höchstalter. *Notopterus notopterus* wurde im Zoo Amsterdam 9 Jahre, 4 Monate alt.

Unterordnung Mormyroidei

H. Lücker

Familie Elefantenfische, Nilhechte (Mormyridae)

Absonderlich gestaltete Süßwasserfische, meist dunkelgrau bis schwarz gefärbt, manche (Elefantenrüsselfische, Tapirfische) mit deutlichen Abzeichen in Streifenform. Auffällige Kopfformen wie Kinn- oder Kopfverlängerungen, die denselben wie eine lange Pinzette erscheinen lassen, oder kurze, dicke Kinnvergrößerungen, die teils wie Barteln aussehen. Auffallend schmaler Schwanzstiel, an dem eine tief gespaltene Schwanzflosse ansitzt. Unterschiedliche Ausbildung der Rückenflossen (bis zur Hälfte der Körperlänge bei *Mormyrus* und *Brienomyrus*, kurz und steil bei *Petrocephalus* und *Pollimyrus*). Augen meist klein und wenig leistungsfähig. Körperlänge schwankt zwischen 8 cm (*Pollimyrus*) und bis zu 1,5 m (*Mormyrops*, *Campylomormyrus*).

Alle Nilhechte besitzen im Schwanzstiel elektrische Organe. Diese bestehen aus 4 umgewandelten Muskelsträngen, auf jeder Seite des Schwanzstiels 2. Bei kleineren Arten (*Petrocephalus*, *Pollimyrus*, *Gnathonemus*) umfasst ein einzelner Strang 100 - 200 umgewandelte Muskelzellen (= Electrocyten). Die Muskelzellen aller 4 Organe werden synchron entladen und erzeugen die Elektrische Organentladung (**E**lectric **O**rgan **D**ischarge = **EOD**). Bei kleineren Arten haben die EODs eine Amplitude von 100 - 600 mV. Große Arten wie *Mormyrus kannume* erzeugen bis 10 V. Alle Entladungen gehören dem „knatternden Typ" an. Abfolgen der EODs sind an das Verhalten der Tiere gebunden: So zeigt *Pollimyrus isidori* in Ruhe ganz bestimmte Entladungsmuster. Er knattert relativ langsam (ca. 10 Hz) und hat in regelmäßigen Abständen kurze Schübe, in denen die elektrischen Organe Frequenzen bis zu 100 Hz erzeugen. Beim Schwimmen zeigt diese Art relativ gleichmäßige Entladungsmuster um 40 - 60 Hz und beim Angriff erhöht sich die Frequenz auf 150 - 200 Hz.

Jede Art hat ihr spezifisches EOD, welches auch zur Arterkennung eingesetzt wird. So ist es möglich, dass in trübem Wasser bis zu 18 Spezies syntop leben können. Bei einigen Arten, z. B. *Pollimyrus isidori*, sind geschlechtsspezifische EODs bekannt, bei anderen nicht. Der äußere anatomische Geschlechtsdimorphismus ist im Übrigen schwach bis gar nicht ausgeprägt.

Jungtiere besitzen ein larvales elektrisches Organ, das sich aus der Muskulatur der Körperseiten entwickelt. Bereits beim Schlupf ist das adulte Organ im Schwanzstiel angelegt. Es entwickelt sich z. B. bei *Pollimyrus isidori* ab dem 40. Tag. Erste EODs des adulten Organs sind ab dem 75. Tag zu registrieren. Seine volle Leistungsfähigkeit ist mit dem 80. - 82. Tag erreicht. Zu diesem Zeitpunkt stellt das larvale Organ seine Entladungen ein und wird aufgelöst.

Verbreitung. Afrika, weit verbreitet südlich der Sahara sowie im gesamten Nil.

Lebensweise. Nacht- bzw. dämmerungsaktiv, tagsüber gern in Verstecken (Höhlen, Röhren, unter Steinen und Wurzeln). Meist revierbildende, unverträgliche Einzelgänger, einige Arten scheinen sich zumindest zeitweise zu kleineren Schwärmen zusammenzuschließen (z. B. *Mormyrus*, *Marcusenius*, *Petrocephalus*, *Brienomyrus*). Über die Fortpflanzung ist wenig bekannt, *Polymyrus isidori* baut Pflanzennester, in die die Eier gebracht und die vom Männchen bewacht werden.

Nahrung. Kleintierfresser (kleine Maulöffnung), große Arten auch kleine Fische.

Abb. 24.7 *Campylomormyrus elephas* (Privataquarium)

Abb. 24.8 *Mormyrops spec.* (Privataquarium)

18 Gattungen mit etwa 200 Arten. Mit Ausnahme von Arten der Tapirfische (Gattung *Gnathonemus*) kommen andere Nilhechte oft nur als Beifänge nach Europa.

Gattung *Brienomyrus*: 9 kleinere Arten. Körper langgestreckt, Kopf mit kurzen, dicken Kinnvergrößerungen, die wie Barteln aussehen können. Dazu **Kurzkopf-Nilhecht** (*B. brachyistius*): 28 cm, Westafrika bis Kongo.

Gattung *Campylomormyrus* (Elefantenrüsselfische): 14 mittelgroße Arten. Körper kurz, extrem verlängerter, röhrenartiger Mund, an dem die Unterlippe noch hervorragt. Dazu **Ibis-Nilhecht** (*C. cassaicus*): 20 cm, Kasai-Fluss in Kongo und Angola. – **Elefantenfisch** (*C. elephas*): bis 40 cm, Kongo-Becken. – **Langnasen-Nilhecht** (*C. rhynchophorus*): 22 cm, Kongo-Becken. – **Tamandua-Nilhecht** (*C. tamandua*): bis 43 cm, Westafrika.

Gattung *Gnathonemus* (Tapirfische): 4 mittelgroße Arten. Unterlippe stark verlängert, sehr bewegliches Tastorgan. Dazu **Tapirfisch** (*G. petersi*): bis 25 cm, tropisches Westafrika. Wird am häufigsten importiert.

Gattung *Hippopotamyrus* (Löffelschnabel-Nilhechte): 17 kleinere bis mittelgroße Arten. Kurzer Körper mit auffallend rundem Kopf und wulstiger, deutlich verlängerter Unterlippe. Dazu **Papageien-Nilhecht** (*H. psittacus*): 18 cm, tropisches Zentralafrika.

Gattung *Marcusenius* (Schlanke Nilhechte): 37 kleinere bis mittelgroße Arten. Körper gestreckt, Kopf abgerundet, mit leicht verlängerter Unterlippe. Dazu **Schmaler Nilhecht** (*M. longianalis*): 15 cm, Westafrika. – **Großschuppen-Nilhecht** (*M. macrolepidotus*): 25 cm, West-, Zentral- und Ostafrika.

Gattung *Mormyrops*: 20 mittelgroße bis große Arten. Körper langgestreckt. Dazu **Riesen-Nilhecht** (*M. anguilloides*): bis 1,5 m (größte Art), ostafrikanische Seen, tropisches Westafrika.

Gattung *Mormyrus*: 19 mittelgroße bis große Arten. Langgestreckter Körper, mit langer Rückenflosse. Kopf mit deutlich verlängerter Schnauze. Dazu **Tapir-Rüsselfisch** (*M. kannume*): 1 m, Nil und große ostafrikanische Seen. – **Rume-Rüsselfisch** (*M. rume*): 60 - 90 cm, West- und Zentralafrika. 2 Unterarten (*M. r. rume* und *M. r. proboscirostris*).

Gattung *Petrocephalus* (Boxernilhechte): 24 kleinere Arten. Rundköpfig, unterständiges Maul, ohne Tastverlängerungen. Dazu **Boxernilhecht** (*P. bovei*): 12 cm, Nil, westliches Afrika.

Gattung *Pollimyrus* (Rundkopf-Nilhechte): 12 kleine Arten, rundköpfig. Dazu **Rundkopf-Nilhecht** (*P. isidori*): 10 cm, tropisches Westafrika. – **Schwarzflossen-Nilhecht** (*P. nigripinnis*): 12 cm, mittleres Kongo-Becken.

Haltung von Nilhechten

Nilhechte brauchen Wassertemperaturen um 24 - 28 °C, weiches Wasser bis zu 15° dGH, pH-

Abb. 24.9 *Mormyrus kannume* (Zoo Leipzig, Aquarium)

Wert um den Neutralpunkt. Sie werden am besten einzeln oder zu zweit in größeren Aquarien gepflegt. In Großaquarien können auch etliche Individuen zusammen gehalten werden. Sehr große Arten (*Mormyrops*, *Campylomormyrus*) sind nur in Großaquarien zu halten. Alle benötigen viel Deckung und Einstellplätze, die z.B. Bambusröhren oder hohle Steine sein können. Scharfkantige Einrichtungsgegenstände sind ungeeignet. Als Bodengrund sollte feiner Sand gewählt werden. Grober Kies ist zu vermeiden, denn insbesondere die Arten mit Kopfverlängerungen bohren gern im weichen Sand nach Nahrung. Als Futter eignen sich vor allem Rote Mückenlarven und Tubifex. Viele Nilhechte sind neugierig und spielen sogar mit Gegenständen, z.B. wassergefüllten Tischtennisbällen.

Bedingt durch ihre düstere Färbung und versteckte Lebensweise sind Nilhechte vor allem für den Spezialisten interessant. In Schauaquarien jedoch lässt sich mittels einfacher Methoden über einen Oszillographen und Lautsprecher ihr lebhaftes „elektrisches" Verhalten demonstrieren und erklären.

Vermehrung. Die Zucht z.B. von *Campylomormyrus cassaicus*, *Mormyrus rume proboscirostris*, *Pollimyrus isidori* und *Petrocephalus bovei* ist bereits gelungen. Zur Auslösung des Fortpflanzungsverhaltens sind 4 Faktoren notwendig, ähnlich wie bei der Nachzucht von *Eigenmannia spec.*:

- Leitfähigkeit des Aquarienwassers durch Zugabe von destilliertem Wasser kontinuierlich langsam absenken
- Wasserstand kontinuierlich erhöhen
- pH-Wert kontinuierlich absenken (von ca. 6 - 7 auf etwa 5)
- Regen auf der Wasseroberfläche simulieren.

In der Natur ist der Auslöser für die Balz der Beginn der Regenzeit mit erheblichem Eintrag von Regenwasser, als Folge davon das Absinken des pH-Werts und der Leitfähigkeit sowie Steigen des Wasserstands.

Pollimyrus baut Pflanzennester. Die Balz ist eine Kombination aus speziellen elektrischen Entladungsmustern, Lauten und optischen Auslösern. Nach der Eiablage verjagt das Männchen die Weibchen und bewacht das Gelege und die Larven. Diese schwimmen nach etwa 18 Tagen frei. Eine regelmäßige Zucht auf breiter Basis ist nicht bekannt.

Höchstalter. Nilhechte können offenbar recht alt werden. So erreichte *Pollimyrus isidori* im Aquarium ein Alter von 28 Jahren, 11 Monaten und im Aquarium Charlottenlund, Dänemark, *Mormyrus kannume* 16 Jahre, 3 Monate.

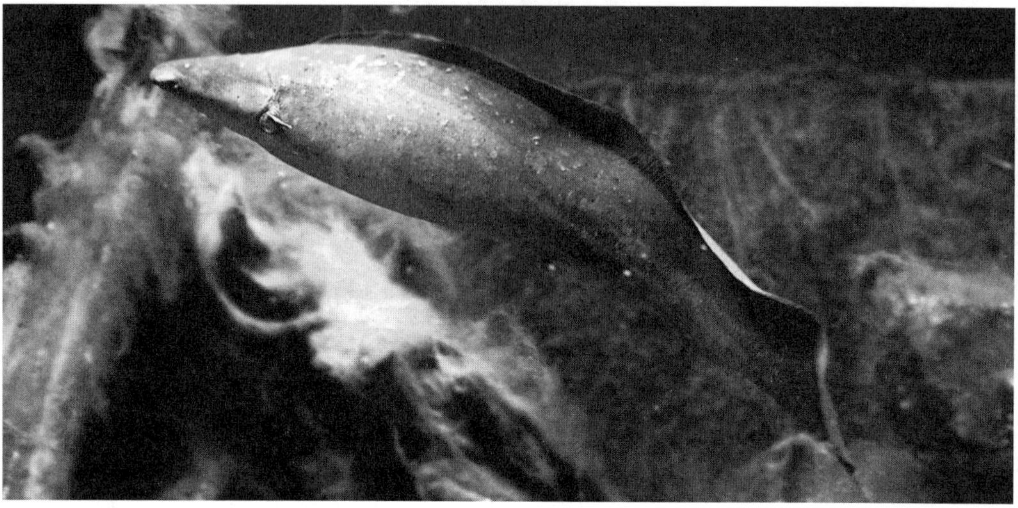

Abb. 24.10 *Gymnarchus niloticus* (Zoo Rotterdam)

Familie Großnilhechte (Gymnarchidae)

Körper langgestreckt, aalähnlich. Keine Bauch-, Schwanz- und Afterflossen, aber sehr lange Rückenflosse, die in Höhe der Brustflossen beginnt und sich bis zum Schwanzstiel hinzieht, der allerdings in eine lange, flossenfreie Spitze ausläuft. Wie bei den Elefantenfischen besteht das elektrische Organ aus 4 Teilen, die paarweise im hinteren Körperdrittel angeordnet sind. Im Gegensatz zu diesen entlädt der Nilhecht sein Organ jedoch permanent mit ca. 250 Hz. Bei großen Tieren wurden bis zu 3 V abgeleitet.

Verbreitung. Tropisches Afrika (vom oberen Nil bis nach Westafrika, Tschadgebiet).

Lebensweise. Bewohnt üppig bewachsene Uferregionen der großen Flüsse und Sümpfe. Schwimmt durch undulierende Bewegungen des Rückenflossensaums gleichermaßen gut vor- und rückwärts. Baut Schwimmnester aus Wasserpflanzen, in denen bis zu 1000 Eier gelegt werden. Eidurchmesser etwa 1 cm. Larven schlüpfen nach etwa 18 Tagen.

Nahrung. Räubert vor allem Fische.

1 Gattung mit 1 Art.

Gattung *Gymnarchus*: **Großer Nilhecht** (*G. niloticus*): bis 2 m, düster gefärbt.

Haltung von Großnilhechten

Nur in sehr großen Becken und einzeln möglich. Ausreichend Versteckplätze müssen vorhanden sein. Als Nahrung können verschiedenste Kleintiere gegeben werden, auch Fische (lebt räuberisch und verschont selbst größere Mitbewohner nicht). Über eine erfolgreiche Nachzucht ist nichts bekannt.

Höchstalter. 1 *Gymnarchus niloticus* lebt seit 26 Jahren im Zoo Rotterdam.

25
Ordnung Tarpunartige (Elopiformes)

W. E. Engelmann

Große, silberglänzende, heringsähnliche Fische mit Seitenlinie (Heringe ohne Seitenlinie), weiten Kiemenöffnungen, bauchständigen Bauchflossen und tief gegabelter Schwanzflosse. Bis zu 7 cm große Knochenschuppen (Cycloidschuppen). Flossen ohne Stacheln (nur mit Weichstrahlen), keine Fettflosse. Die Dornrücken- oder Stachelaale (Unterordnung Notacanthoidei) aus der Tiefsee abweichend von aalähnlicher Gestalt. Gemeinsames Merkmal ist ihre Entwicklung über eine bandförmige, durchsichtige Leptocephalus-Larve, wie sie auch die Aalartigen besitzen. Erste Fossilbelege bereits aus der Oberen Kreide (vor 135 Millionen Jahren).

Die aquaristisch interessanten Arten bewohnen Küstengebiete warmer Meere, z. T. in Flüsse wandernd. Ausdauernde, stürmische Fischjäger, die beliebte Sportfische und imposante, aber problematische Schautiere sind. Über die Tiefseearten ist nur wenig bekannt.

5 - 6 artenarme Familien, von denen vor allem die Tarpune häufiger in Großaquarien gehalten werden.

Familie Frauenfische (Elopidae)

Gestreckter, seitlich etwas abgeflachter Körper. Schuppenloser Kopf, mit großen Augen und endständigem Maul. Rückenflosse liegt deutlich vor der Afterflosse.

Verbreitung. Tropische und subtropische Küstengewässer aller wärmeren Meere, z. T. in Flussmündungen und Mangrove-Sümpfen, Lagunen und an Korallenriffen.

Lebensweise. Sehr salztolerante, schnelle Schwimmer des offenen Wassers, aber in Küs-

Abb. 25.1 *Elops saurus* (Zoo Rotterdam, Oceanium)

tennähe, häufig in Gruppen. Einige Arten dringen regelmäßig in Süßwasserströme ein. Bilden Laichschwärme im offenen Meer. Larven wandern in Ästuare und Mangrove-Sümpfe.

Nahrung. Kleinere Fische, Kalmare und Krebstiere.

1 Gattung mit 6 Arten.

Gattung *Elops*: Dazu **Pazifischer Frauenfisch** (*E. affinis*): 90 cm, Ostpazifik (Südkalifornien bis Peru). – **Indischer Frauenfisch** (*E. machnata*): 1 m, Rotes Meer, Indowestpazifik. In kleinen Gruppen oder einzeln an Korallenriffen und über Sandboden bis in 10 m Tiefe. – **Amerikanischer Frauenfisch** (*E. saurus*): 60 cm, selten bis 1 m, Westatlantik.

Haltung von Frauenfischen

Frauenfische sind empfindlich. Sie benötigen als ständig schwimmende Fische sehr große, geräumige Aquarien ohne störende Einbauten. Je nach Herkunft ist die Wassertemperatur zwischen 20 und 28 °C einzustellen. Als Futter eignen sich Fisch- und Muschelfleisch sowie Krebstiere und Tintenfisch.

Familie Tarpune (Megalopidae)

Körper verhältnismäßig hochrückig und seitlich zusammengedrückt. Leicht oberständiges Maul. Bauchflossen liegen vor Beginn der Rückenflosse, deren letzter Strahl stark verlängert ist. Brustflossen sehr tief angesetzt. Schwimmblase zu zusätzlicher Luftatmung befähigt.

Verbreitung. Ost- und Westatlantik, Indowestpazifik.

Lebensweise. Im freien, küstennahen Wasser, z.T. in Flussmündungen, Lagunen und Mangrove-Wälder eindringend. Leben häufig in größeren Gruppen zusammen. Schnelle Jäger. Fortpflanzung in flachen Küstengewässern und Ästuaren, dort auch Heranwachsen der Jungen. Sehr produktiv.

Nahrung. Meeräschen, Sardinen und andere Schwarmfische, Krabben.

1 Gattung mit 2 Arten.

Gattung *Megalops*: **Atlantischer Tarpun** (*M. atlanticus*): bis 2,5 m, von New York bis Brasilien, Karibik, Westafrika. Springt bis 3 m hoch

Abb. 25.2 *Megalops atlanticus* (Zoo Rotterdam, Oceanium)

und 6 m weit. – **Indopazifischer Tarpun** (*M. cyprinoides*): 55 cm, Indopazifik, von Ostafrika bis Australien.

Haltung von Tarpunen

Tarpune werden gelegentlich in Schauaquarien gepflegt. Die schwimmfreudigen Schwarmfische benötigen sehr große Becken, die wegen der Gefahr des Herausspringens mit einer weichen Abdeckung (Netze) gesichert werden müssen. Jungfische lassen sich auch in Brackwasseranlagen halten. Als Futter werden vor allem kleine Fische angeboten. Eine Vergesellschaftung ist nur mit solchen Fischen möglich, die nicht als Beute infrage kommen. Eingewöhnt sind Tarpune unproblematisch und langlebig.

Höchstalter. Haltungsdauer von über 19 Jahren ist bekannt (Shedd-Aquarium, Chicago).

Familie Grätenfische (Albulidae)

Langgestreckter Körper, Kopf schuppenlos, mit einem Ring aus großen Schuppen am Hinterkopf, unterständiges Maul, zahnlos. Glänzend weiße Cycloidschuppen. Fleisch außerordentlich grätenreich. Schwimmblase wird als zusätzliches Luftatmungsorgan genutzt. Sie werden zusammen mit den Dornrückenaalen auch in eine eigene Ordnung gestellt.

Verbreitung. In allen tropischen bis gemäßigtwarmen Meeren.

Lebensweise. Pelagisch in Küstennähe über Sand- und Schlammgründen, seltener in Brack- und Süßwasser eindringend. Oft in Schulen, aber große Tiere auch einzeln. Fortpflanzung in der offenen See.

Nahrung. Am Boden lebende Weichtiere, Krebse, Würmer.

2 Gattungen mit 7 Arten.

Gattung *Albula*: 5 Arten. Dazu **Grätenfisch** (*A. vulpes*): 60 cm, selten größer, tropischer und subtropischer Indopazifik, bis in 10 m Tiefe, im freien Wasser über Sandgrund, auch in Mangrove-Sümpfen, einzeln oder in kleinen Gruppen. Frisst am Boden (Weichtiere, Krebse, Würmer u. Ä.), laicht aber in der Hochsee.

Haltung von Grätenfischen

Nur in sehr großen, geräumigen Aquarien möglich. Da Grätenfische ihre Nahrung vom Boden aufnehmen, ist ein feines, weiches Substrat erforderlich. Als Futter können Garnelen, Krabben, Muschelfleisch und kleine lebende Futterfische gereicht werden. Es sind auffallend nervöse Fische, die empfindlich auf Störungen und Veränderungen in ihrer Umwelt reagieren.

26
Ordnung Aalartige (Anguilliformes)

W. E. Engelmann & J. Kormann

Schlangenartig gestreckte Fische ohne Bauchflossen, z.T. auch ohne Brustflossen. Die lange Rücken- und Afterflosse sind mit der Schwanzflosse zu einem mehr oder weniger einheitlichen Flossensaum verwachsen. Keine Flossenstacheln, nur Weichstrahlen (Unterschied zu ähnlich geformten, stachelflossigen Fischen). Kleinschuppig oder schuppenlos. Weltweit verbreitete Meeres- oder Wanderfische (Laichwanderungen). Entwicklung, soweit bekannt, über blattartige Larvenformen (Leptocephalus), die eine bis 3-jährige Metamorphose durchlaufen. Erste aalartige Fische aus der Oberen Kreide bekannt.

15 Familien mit über 700 Arten werden unterschieden, darunter viele hier nicht behandelte, z.T. sehr seltene Hochseeformen. Die merkwürdigen Pelikanaale aus der Tiefsee werden als eigene Ordnung Saccopharyngiformes abgetrennt.

Familie Echte Aale (Anguillidae)

Mit Brustflossen, Rückenflosse beginnt hinter den Brustflossen, Maul leicht oberständig.

Verbreitung. Fast weltweit, fehlen nur in Afrika und im größten Teil von Südamerika.

Lebensweise. Dämmerungs- und nachtaktive, katadrome Wanderfische mit räuberischer Ernährungsweise. Leben hauptsächlich im Süßwasser, Fortpflanzung und Larvalentwicklung aber stets im Meer.

Nahrung. Fische, Würmer, Krebstiere.

1 Gattung mit 16 Arten.

Gattung *Anguilla*: Dazu **Europäischer Aal** (*A. anguilla*): Weibchen 1,4 m, Männchen 50 cm. 9 - 12 Jahre als olivbrauner „Fressaal" im Süß- und Brackwasser, dann als silbriger „Blankaal", der die Nahrungsaufnahme einstellt, Wanderung zum Laichplatz in der Sargassosee, dabei weitere Umwandlung (die Tiere bekommen große „Tiefseeaugen"), nach dem Laichen sterben sie. Rückwanderung der Leptocephalus-Larven innerhalb von 3 Jahren mit dem Golfstrom nach Europa, Umwandlung zum „Glasaal", Einwanderung ins Süßwasser als „Steigaal". – **Amerikanischer Aal** (*A. rostrata*): Dem Europäischen Aal sehr ähnlich, besitzt aber elliptische Schuppen. Im Süß- und Brackwasser von Grönland bis zum nördlichen Südamerika. Rückwanderung der Leptocephalus-Larven aus der Sargassosee innerhalb nur 1 Jahres. – **Asiatischer Aal** (*A. japonica*): Weibchen 1,2 m, Männchen 60 cm, in den Pazifik mündende Flüsse vom Amurgebiet bis zur Bucht von Haiphong, Japan, Taiwan. Das Laichgebiet liegt im Pazifik östlich der japanischen und chinesischen Inseln. – **Australischer Aal** (*A. australis*) und **Dieffenbachs Aal** (*A. dieffenbachi*): Australien, Tasmanien und Neuseeland, laichen im Pazifik, östlich von Australien und nördlich von Neuseeland. – Weitere Arten im tropischen indopazifischen Raum (z.B. *A. bicolor, A. marmoratus*) mit nur kurzer, zwei- bis dreimonatiger Larvalentwicklung.

Haltung von Echten Aalen

Die Pflege von Aalen (ausschließlich der tropischen Arten) ist in kühleren, schwach beleuchteten Aquarien bei Fütterung mit allerlei tierischer Nahrung unproblematisch. Nur am Verlassen des Aquariums müssen die Tiere

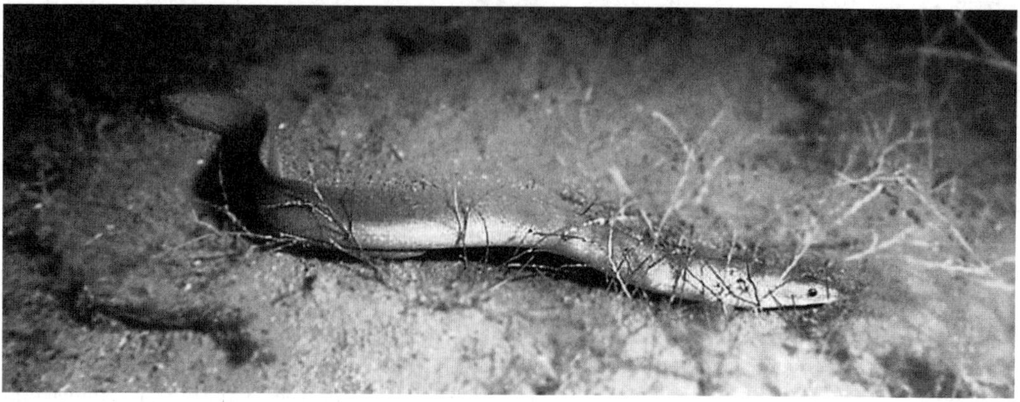

Abb. 26.1 *Anguilla anguilla* (Naturaufnahme, Stechlinsee)

zuverlässig gehindert werden. Als Bodengrund sollte nicht zu grobes Material verwendet werden, da sich Aale gern einwühlen und dann nur den Kopf aus dem Sand herausstrecken. Auch Versteckmöglichkeiten aus Wurzeln oder Steinen müssen vorhanden sein. Obwohl sie lichtscheu und nachtaktiv sind, lassen sie sich dennoch leicht an eine Tagesfütterung gewöhnen. Sie sind nicht wärmeempfindlich (in der Binnenfischerei erfolgt die Aalmast bei 25 °C), trotzdem empfiehlt es sich, den natürlichen Gegebenheiten entsprechend, eine Temperatur von 18 - 20 °C nicht dauerhaft zu überschreiten.

Höchstalter. An der Rückwanderung in ihr Laichgebiet gehinderte Aale können sehr alt werden. So wurden in einem isolierten Gewässer (Große Fuchskuhle) in der weiteren Umgebung des Großen Stechlin (Brandenburg) im Jahr 2001 Aalweibchen von 1,5 m Länge und 8 kg Gewicht gefangen, die nachweislich 1939 als Glasaale eingesetzt wurden. Damit erreichten sie ein Alter von

Abb. 26.2 *Gymnothorax favagineus* (Zoo Leipzig, Aquarium)

Abb. 26.3 *Gymnothorax funebris* (Zoo-Aquarium Berlin)

62 Jahren. Im Tierpark Berlin-Friedrichsfelde lebte bis 1978 ein 1933 als Glasaal gefangener, männlicher Europäischer Aal, der zuletzt schon typische, große Tiefseeaugen aufwies.

Familie Muränenaale (Muraenidae)

Seitlich abgeplatteter, muskulöser Körper, Rücken- und Afterflosse als Flossensaum ausgebildet oder auf die Schwanzspitze konzentriert. Neben den Bauchflossen fehlen auch die Brustflossen. Maul tief gespalten, mit scharfen Zähnen. Röhrenförmige Nasenöffnungen und sehr kleine Kiemenspalten. Größe zwischen 20 cm und 4 m.

Verbreitung. In allen tropisch-subtropischen und warm-temperierten Meeren. In Indonesien und Nordaustralien dringen einige wenige Arten in Süßgewässer ein.

Lebensweise. Bewohner der Küstenzone. Nachtaktiv, tagsüber in Höhlen. Bissig, entgegen verbreiteter Meinung jedoch primär nicht giftig (keine Giftdrüsen, eventuell giftiger Mundschleim, Sekundärinfektionen!). Über die Fortpflanzung ist wenig bekannt, wahrscheinlich keine Leptocephalus-Larven.

Nahrung. Räubern artverschieden Fische, Krebstiere, Tintenfische, Stachelhäuter, sind auch Aasfresser.

14 - 15 Gattungen mit etwa 200 Arten.

Gattung *Echidna*: 11 Arten. Dazu **Sternmuräne** (*E. nebulosa*): 75 cm, tropischer Indopazifik, Rotes Meer. Schwarze, sternförmige Flecken mit gelbem Zentrum auf weißem Grund. Erbeutet hauptsächlich Krebstiere.

Gattung *Enchelycore*: 11 Arten. Dazu **Leopard-Muräne** (*E. pardalis*): 90 cm, tropischer Indowestpazifik. Charakteristisch sind 2 lange Überaugententakel.

Gattung *Gymnomuraena*: 1 Art. **Zebramuräne** (*G. zebra*): bis 1,3 m, tropischer Indopazifik, vor allem im Küstenbereich. Braun-schwarz mit weißer bis gelblicher Ringelung. Nahrung vor allem Krabben und Seeigel.

Gattung *Gymnothorax*: 105 Arten (hier auch die derzeit ungültigen Gattungen *Lycodontis* und *Siderea*). Dazu **Netzmuräne** (*G. favagineus*): 1,8 m, tropischer Indopazifik, sehr häufig

Abb. 26.4 *Gymnothorax tile* (Tierpark Berlin)

in Korallenriffen. Braunschwarz mit gelblich weißer Netzzeichnung. – **Gelbsaum-Muräne** (*G. flavimarginatus*): 80 cm, tropischer Indopazifik. – **Grüne Muräne** (*G. funebris*): bis 2,5 m, tropischer Westatlantik, Karibik. Einfarbig gelblich grün. – **Riesenmuräne** (*G. javanicus*): 3 m, Pazifik. – **Goldschwanz-Muräne** (*G. miliaris*): 60 cm, Karibik bis Brasilien, Westafrika. – **Kalifornische Muräne** (*G. mordax*): 1,5 m, nördlicher Ostpazifik (Kalifornien bis Nordmexiko), Galapagosinseln. – **Gefleckte Muräne** (*G. moringa*): 70 cm, Karibik bis Brasilien. – **Süßwasser-Muräne** (*G. tile*): 60 cm, Indonesische Inseln, Philippinen, Bengalen, Malaysia. Düster bräunlich violett gefärbt, mit feiner, unregelmäßiger gelblicher Zeichnung. Lebt auch im Brack- und zeitweise im Süßwasser, Fortpflanzung aber immer im Meer. – **Körnchen-Muräne** (*G. grisea*): bis 50 cm, Indischer Ozean, Rotes Meer. Mehr oder weniger blassblau bis violett mit bräunlicher Fleckung, stets mehrere Reihen dunkler Punkte im Kopfbereich. Die *Gymnothorax*-Arten sind vor allem Fischfresser.

Gattung *Muraena*: 11 Arten. Dazu **Mittelmeer-Muräne** (*M. helena*): bis 1,5 m, Mittelmeer, Ostatlantik (von den Britischen Inseln bis Senegal), besonders an Felsküsten. Braunschwarz mit gelber Marmorierung. – **Weißflecken-Muräne** (*M. pavonina*): 50 cm, Ost- und Südwestatlantik (St. Paul, Ascension, Fernando de Noronha).

Gattung *Rhinomuraena*: 1 Art. **Nasenmuräne** (*Rh. quaesita*): 1,2 m, australisch-westpazifisch, auf Sandboden unter Korallenblöcken. Extrem schlank, vordere Nasenöffnungen mit sternförmigen Lappen. Mit Farbwechsel während des Wachstums: Jungtiere bis zu einer Länge von 60 - 70 cm schwarz mit gelbem Rückenflossensaum, später wird der Körper tiefblau. Bei etwa 1 m Länge werden die Tiere vom Schwanz her beginnend allmählich gelb. Inwiefern diese Farbänderungen mit einer Geschlechtsumkehr verbunden sind, ist unklar.

Gattung *Scuticaria*: 2 Arten. Dazu **Tigermuräne** (*S. tigrina*): 1,2 m, Indopazifik. Weit verbreitet im Flachwasser zwischen Felsen und in Lagunen. Schwarz gefleckt, nur kleiner Rückenflossensaum.

Abb. 26.5 *Rhinomuraena quaesita* (Vivarium Karlsruhe)

Gattung *Uropterygius*: 20 Arten. Dazu **Einfarbige Muräne** (*U. concolor*): 50 cm, Indowestpazifik.

Haltung von Muränenaalen

Aquarien für Muränen sind stets mit ausreichenden Versteckmöglichkeiten (Höhlen, Röhren) auszustatten. Kleinere Becken müssen gut abgedeckt werden (Fluchtgefahr!). Obwohl Muränen vorwiegend nachtaktiv sind, gelingt es leicht, sie durch Tagesfütterung umzudressieren. Als Raubfische sind die meisten problemlos mit Fisch, Tintenfisch, Würmern, Muschelfleisch, Krebsen, notfalls Rinderherz u.Ä. mit der Pinzette oder vom Stock zu ernähren. Neu erworbene Muränen fressen oft wochenlang nicht. Kleinere Arten lassen sich mit lebenden Futterfischen oder Sandgarnelen zur Nahrungsaufnahme bewegen. Auch Futterneid animiert manchmal zum Fressen. Grundsätzlich schadet gesunden Tieren eine mehrwöchige Fresspause nicht. Meist nehmen sie von einem Tag auf den anderen wieder Nahrung auf. Schwer an das Futter zu bringen sind dagegen häufig Nasenmuränen: Hier sollte mit frisch toten, geöffneten Kleinfischen, lebenden Garnelen, eventuell Geflügelleberstückchen begonnen werden.

Eine Vergesellschaftung gleich großer Muränen oder mit anderen großen Fischen ist vielfach gut möglich. Die Nasenmuränen können dagegen nur mit ruhigen Kleintieren (z.B. Blumentiere, Seepferdchen) gemeinsam gehalten werden. Mittelmeermuränen sind etwas wärmeempfindlich, die Wassertemperatur sollte hier längere Zeit 22 - 24 °C nicht übersteigen. Die Süßwassermuräne kann geraume Zeit auch in Süßwasser-Aquarien gut gehalten werden. Das Wasser sollte aber relativ hart sein, ein Salzzusatz (etwa 1 %) ist empfehlenswert.

Manche Muränen kommen bei der Fütterung oder bei Reinigungsarbeiten dem Pfleger mit aufgesperrtem Maul aus dem Wasser entgegen (Bissgefahr!). Bei einer Verletzung muss die Fleischwunde zunächst kalt ausgespült und eventuell ausgesaugt werden. Zur Wunddesinfektion (gegebenenfalls Antibiotika) sollte ein Arzt aufgesucht werden.

Die großen Muränen sind sehr langlebige Fische und können zu Tierpersönlichkeiten werden. In Großaquarien schwimmen sie gelegentlich mit schlängelnden Körperbewegungen

Abb. 26.6 *Conger conger* (Aquarium Gdingen, Polen)

auch im freien Wasser – ein beeindruckendes Bild für die Besucher.

Vermehrung. Im Vivarium Karlsruhe laichten 2 Nasenmuränen, die sich beide aus der blauen Farbphase in ein tiefes Schwarz umgefärbt hatten und am Leibesumfang deutlich als Männchen und Weibchen erkennbar waren, gemeinsam ab. Die rund 300 Eier waren durchsichtig, etwa 4 mm im Durchmesser und befruchtet.

Höchstalter. Haltungsdauern von über 20 Jahren sind für verschiedene Muränen-Arten bekannt, *Gymnothorax mordax* lebte 26 Jahre im Aquarium (Ozeanographisches Institut der Universität von Kalifornien, San Diego).

Familie Meeraale (Congridae)

Aalförmiger bis langgestreckt dünner Körper, mit großen Augen und tiefer Mundspalte. Ohne Schuppen, aber mit Seitenlinienorgan. Brustflossen können reduziert sein oder, wie bei den Röhrenaalen, sogar vollständig fehlen.

Verbreitung. In tropischen bis gemäßigten Meeren.

Lebensweise. Meeraale meist nachtaktiv, am Tag versteckt in Höhlen. Laichreife Tiere fressen nicht mehr und ziehen zur Fortpflanzung in das offene Meer, sterben nach dem Ablaichen. Röhrenaale tagaktiv und in Kolonien lebend, wobei jedes Tier eine einzelne Sandröhre bewohnt, aus der es den Vorderkörper herausstreckt und vorbeitreibende Plankton-Organismen erbeutet. Bei Gefahr zieht es sich blitzschnell in seine Wohnröhre zurück. Auch bei der Paarung verlassen die Röhrenaale ihre Röhre nicht. Benachbarte Männchen und Weibchen umschlingen sich mit ihren Vorderkörpern, wobei sie die Geschlechtsprodukte abgeben. Die Larven verdriften mit der Strömung.

Nahrung. Räubern Fische, Tintenfische, Krebse (Meeraale) bzw. Zooplankton (Röhrenaale).

42 Gattungen mit über 100 Arten in mehreren Unterfamilien, von denen die meisten kaum in Aquarien gehalten werden. Röhrenaale sind jedoch außerordentlich interessante Pfleglinge.

Unterfamilie Eigentliche Meeraale (Congrinae)

Gattung *Conger*: 14 Arten. Dazu **Atlantischer Meeraal**, **Seeaal** (*C. conger*): bis 3 m, nördlicher Atlantik bis Senegal, Nord- und Ostsee, Mittel- und Schwarzes Meer. Aalartig, aber mit schwarzer Mund- und Kiemenhöhle.

Haltung von Eigentlichen Meeraalen

Große Atlantische Meeraale werden als imposante Schautiere gelegentlich in Aquarien gezeigt. Wegen ihrer vorwiegend nächtlichen Lebensweise baut man in die Beckendekoration Höhlungen und Spalten als Tagesverstecke ein, die zumindest teilweise von den Besuchern eingesehen werden können. Bei entsprechender Gewöhnung gehen die Meeraale aber auch tagsüber auf Nahrungssuche. Die Fütterung erfolgt mit toten Fischen, Fischfilet, Tintenfisch oder Garnelen. Empfindlich sind sie gegenüber höheren Temperaturen (nicht längere Zeit über 22 °C).

Höchstalter. *Conger conger* 5 - 15 Jahre in der Natur, im Aquarium mindestens 9 Jahre (Hydrobiologisches Institut Rhodos, Griechenland).

Unterfamilie Röhrenaale (Heterocongrinae)

Gattung *Heteroconger*: 19 Arten. Dazu **Ohrfleck-Röhrenaal** (*H. hassi*): bis 35 cm, Rotes Meer, Indopazifik, auf sandigen Böden. Schwarz gepunktet, mit auffallendem, schwarzem Fleck hinter den Kiemenöffnungen und gelbem Augenrand.

Haltung von Röhrenaalen

Am besten in Spezialaquarien mit großer Sandfläche und einem hohen Bodengrund, in dem die Röhrenaale ihre Wohnröhren anlegen können, bei Temperaturen zwischen 24 und 26 °C. Zur Eingewöhnung eignen sich als Futter lebende Schwebegarnelen und Salinenkrebschen, die mithilfe einer ständigen, schwachen Strömung an die halbsessilen Fische herantreiben müssen.

Abb. 26.7 *Heteroconger hassi* (Zoo-Aquarium Berlin)

Um den natürlichen Verhältnissen zu entsprechen, sollte stets eine kleine Gruppe von Röhrenaalen als Kolonie gepflegt werden.

Familie Schlangenaale (Ophichthidae)

Sehr schlank, schlangenähnlich, schuppenlos. Querschnitt rundlich, niedrige Rücken- und Afterflossensäume. Zugespitzte Schnauze mit end- oder stark unterständigem Maul. Nasenöffnungen an der Schnauzenspitze, nach unten gerichtet. Größe von 10 cm bis fast 3 m, meist aber um 1 m.

Verbreitung. Tropische und subtropische Meere.

Lebensweise. Nachtaktiv, vom Flachwasser bis in größere Tiefen, auf Weichböden, in die sie sich mit dem flossenlosen, spitzen, harten Körperende voran eingraben. Andere aber auch frei schwimmend in mittleren Wasserschichten. Manche Arten leben im Gezeitenbereich und

Abb. 26.8 *Pisodonophis boro* (Tierpark Berlin)

dringen in Ästuare und Flussläufe ein. Fortpflanzung weitgehend unbekannt.

Nahrung. Fische, Krebstiere, Würmer.

52 Gattungen mit etwa 250 Arten.

Gattung *Myrichthys*: 11 Arten. Dazu **Spitzschwanz-Schlangenaal** (*M. acuminatus*): 1 m, Karibik, auf Sandböden und in Seegraswiesen. Olivgrün bis purpurfarben, gelbweiß gefleckt. – **Natternaal** (*M. colubrinus*): über 90 cm, tropischer Indopazifik. Dunkelbraune Bänder auf cremefarbenem Grund. – **Gefleckter Schlangenaal** (*M. maculosus*): 1 m, Rotes Meer, Indowest- und Zentralpazifik, Hawaii.

Gattung *Ophichthus*: 66 Arten. Dazu **Gemeiner Schlangenaal** (*O. ophis*): bis 1,4 m, Bermuda bis Florida, Kapverden. Schwarze Flecken auf sandfarbenem Körper.

Gattung *Pisodonophis*: 9 Arten. Dazu **Reisaal** (*P. boro*): 1 m, Indowestpazifik (von der ostafrikanischen Küste bis nach Polynesien), bevorzugt in Brackwasserbereichen, dringt aber auch in reines Meer- und Süßwasser ein.

Haltung von Schlangenaalen

Zur Pflege von Schlangenaalen sind ruhige Aquarien ohne lebhafte Fische mit tiefer Sandschicht zum Eingraben geeignet. Wegen Ausbruchsgefahr müssen sie gut abgedeckt werden. Hauptfutter sind Garnelen, aber auch Muschelfleisch und frisch tote Kleinfische. Bei der Fütterung am Tag sind die Schlangenaale dann auch öfter sichtbar.

27
Ordnung Heringsartige (Clupeiformes)

W. E. Engelmann & J. Kormann

Die Verwandtschaft der Heringe, Sardinen, Sardellen usw. ergibt sich aus Gemeinsamkeiten des Körperbaus, die äußerlich nicht alle erkennbar sind. Kleinere, silbrige Freiwasserfische (kaum über 30 cm lang), mit Rundschuppen, ohne Flossenstacheln, meist ohne Seitenlinie, ohne Fettflosse, häufig mit scharfem Bauchkiel. Die meisten fischen mit einem Kiemenreusenapparat Plankton – eine räuberische Ausnahme sind die Wolfsheringe (Familie Chirocentridae). In den Ökosystemen der Meere kommt den Heringsartigen als Zwischenglieder in der Nahrungskette eine große Bedeutung zu.

Umherziehende Schwarmfische, Vertreter in allen Meeren mit Ausnahme der Polargebiete, einige auch im Süßwasser. Im Gegensatz zu ihrer immensen wirtschaftlichen Bedeutung spielen sie aufgrund ihres schlichten Äußeren und der Schwierigkeiten bei Fang, Transport und Pflege für die Schauaquaristik bislang eine geringe Rolle.

4 - 5 Familien mit etwa 300 Arten. Arten aus 3 Familien sind aquaristisch bekannt.

Familie Stachelheringe (Denticipidae)

Kleine Placoidzähnchen auf Kopf, Kiemendeckel und an einigen Stellen des Vorderkörpers (solche Hautzähne sonst fast ausschließlich bei Knorpelfischen). Seitenlinie vorhanden.

Verbreitung. Westafrika.

Lebensweise. In stärker strömenden, küstennahen Gewässern. Schreckhafte Schwarmfische, sehr sauerstoffbedürftig. Sind in ständiger Bewegung, um Atemwasser zu den Kiemen zu leiten, normale Saug-Druck-Atmung sonst nicht ausreichend. Über die Fortpflanzung ist nichts bekannt.

Nahrung. Kleintierfresser.

1 Gattung mit 1 Art.

Gattung *Denticeps*: **Stachelhering** (*D. clupeoides*): 5 cm, Südwestnigeria. Körperseiten silbrig schimmernd.

Haltung von Stachelheringen

Als Fische des offenen Wassers werden Stachelheringe in großen Aquarien mit viel freiem Schwimmraum und lockerer, wandständiger Bepflanzung bei Temperaturen zwischen 20 und 25 °C gehalten. Das Wasser sollte, zumindest in der Eingewöhnungsphase, weich und leicht sauer sein. Später werden auch pH-Werte bis 7,5 und mittelhartes Wasser (15° dGH) toleriert. Ernährt werden die Fische mit kleinem Lebendfutter, das sie allerdings nicht vom Boden aufnehmen können. Zur Vergesellschaftung eignen sich besonders die äußerlich recht ähnlichen Leuchtaugenfische.

Familie Heringsfische (Clupeidae)

Länglicher oder ovaler, meist seitlich abgeflachter Körper mit vorderständigem Maul, Zähne klein oder fehlend. Mit Bauchkiel und gegabelter Schwanzflosse, silberglänzend. Keine

Abb. 27.1 *Clupea harengus* (Aquarium des Instituts für Meereswissenschaften Kiel)

Rumpfseitenlinie. Große Schuppen, die nach Zerreißen der zarten Oberhaut ganz leicht ausfallen (schwere Verletzungen!). Fossil seit der Unteren Kreide bekannt.

Verbreitung. Vor allem in tropischen Meeren (Verbreitungsschwerpunkt im Indowestpazifik), aber bis in kühl-gemäßigte Meere verbreitet sowie in Afrika, Indien, Europa. Nicht in den Polarmeeren und in der Tiefsee.

Lebensweise. Schwarmfische in Küstennähe, seltener im offenen Meer, einige aber auch im Süßwasser bzw. Wanderfische, die zum Laichen in die Flüsse aufsteigen. Meist Freilaicher, nur wenige Arten laichen am Grund. Oft sehr produktiv (bis 200000 Eier pro Laichvorgang). Laich im Wasser treibend oder am Boden liegend. Larven im Plankton.

Nahrung. Hauptsächlich kleine Plankton-Organismen (vor allem Krebstiere).

66 Gattungen mit etwa 225 Arten.

Gattung *Alosa*: 19 Arten. Dazu **Finte** (*A. fallax*): 50 cm, europäische Westküsten, zum Laichen in die Unterläufe der Flüsse aufsteigend. Bläulich silberglänzend, mit einer Reihe von 4 - 9 schwarzen Flecken hinter dem Kiemendeckel. Im Lago Maggiore, Garda- und Comer See allerdings eine reine Süßwasserform (*A. f. lacustris*). Weitere Arten auch in Nordamerika.

Gattung *Clupea*: 2 Arten. **Atlantischer Hering** (*C. harengus*): 35, selten bis 50 cm. Oberseite blaugrün oder violett schimmernd, Flanken und Bauchseite silberglänzend. In den nördlichen gemäßigten und kalten Teilen des Atlantiks und seiner Randmeere. Mehrere Unterarten und unterschiedliche Standortformen. Hauptnahrung sind Hüpferlinge und Krill, aber auch kleine Fische. Riesige Schwärme ziehen vor allem im Frühsommer in Küstennähe, um zu laichen, Laichteppich am Boden. – Der **Pazifische Hering** (*C. pallasii*) wird auch nur als Unterart des Atlantischen Herings angesehen.

Gattung *Nematalosa*: 11 Arten, Rückenflossenende mit einem langen, fadenartigen Fortsatz. Dazu **Australischer Süßwasserhering** (*N. erebi*): bis 48 cm, Australien und Südwestneuguinea. Gehört zu den häufigsten australischen Süßwasserfischen.

Gattung *Sardina*: 1 Art. **Sardine**, **Pilchard** (*S. pilchardus*): bis 30 cm, Mittelmeer, Atlantikküsten von den Kanarischen Inseln bis Norwegen. Oberseits blaugrün, Flanken silbrig. Eier pelagisch.

Gattung *Sardinops*: 5 Arten (werden aber auch in der Sammelart *S. sagax* zusammengefasst).

Dazu **Japanische Sardine** (*S. melanostictus*): 16 cm, Japanisches und Ostchinesisches Meer, in großen Schulen auftretend. Heringsähnlich, mit einer Reihe dunkler Punkte auf der Körpermitte. Filtrieren vor allem Phytoplankton.

Gattung *Sprattus*: 5 Arten. Dazu **Sprotte** (*S. sprattus*): bis 15 cm, Nord- und Ostsee, Mittelmeer, Schwarzes Meer. Oberseite blaugrün, zur Laichzeit rötlich golden. Glatter Kiemendeckel und scharfer Bauchkiel.

Familie Sardellen (Engraulidae)

Meist kleiner (bis 15 cm) bleibende, selten über 30 cm große, heringsähnliche Fische mit spindelförmigem Körper, ovalem Querschnitt und ungekieltem Bauch. Kopf spitz, mit stark unterständigem Maul. Keine Seitenlinie. Wie bei den Heringsfischen fallen die Rundschuppen leicht aus. Zugespitzte, mit der Afterflosse zusammenhängende Schwanzflosse (Rattenschwanzsardellen) oder heringsartig tief gegabelte Schwanzflosse (Eigentliche Sardellen).

Verbreitung. In allen tropischen bis gemäßigttemperierten Meeren sowie in Südamerika, Ost- und Südasien, Australien.

Lebensweise. Meist Schwarmfische, vor allem in küstennahen Meeresgebieten, einige aber auch Wanderfische, die zum Laichen in Flüsse aufsteigen, wenige Arten sind reine Süßwasserbewohner. Größere fischräubernde Arten sind Einzelgänger. Pelagische Eier.

Nahrung. Filtrierende Plankton- oder (selten) Fischfresser.

16 Gattungen mit etwa 140 Arten.

Gattung *Engraulis*: 7 Arten. Dazu **Europäische Sardelle**, **Anchovis** (*E. encrasicholus*): bis 20 cm, Ostatlantik, Nordsee, Mittelmeer, Schwarzes Meer. Rücken grünlich, Seiten silberweiß, mit einem schmalen schwarzen und blauen Längsband an der Körperseite, Plankton fressender Schwarmfisch des offenen Meeres, auch in Brackwasser eindringend. Bildet verschiedene Lokalformen aus. – **Japanische Anchovis** (*E. japonicus*): bis 16 cm, Westpazifik (von Sachalin bis Indonesien). – **Nordpazifische Anchovis** (*E. mordax*): 13 cm, Pazifikküste Kanadas und der USA. Schlank, silberglänzend, mit leicht grünem Rücken.

Gattung *Stolephorus*: 18 Arten. Dazu **Commersons Anschovis** (*S. commersonii = Anchovia commersonii*): 10 cm, Indowestpazifik (Ostafrika bis Neuguinea), an den Küsten, auch in Brackwassergebiete eindringend.

Haltung von Heringsfischen und Sardellen

Fang, Transport und Haltung von Heringsfischen und Sardellen sind äußerst schwierig, da die Fische sehr druckempfindlich (Netzfang vermeiden!) und sauerstoffbedürftig, die Arten aus kälteren und gemäßigt-warmen Meeren zusätzlich noch sehr wärmeempfindlich sind. Die Eingewöhnung gelingt nur mit kleinen Jungfischen von wenigen Zentimetern Länge.

In engen Behältern stoßen Heringe, Sardinen und Sardellen bis zur Selbstzerstörung an. Wegen ihrer Schreckhaftigkeit sind Störungen, auch plötzliche Veränderungen der Lichtverhältnisse, unbedingt zu vermeiden. Haltungserfolge werden in speziellen Rundschwimm-Becken mit entsprechender Kühlung (um 15 °C) oder in sehr großen Tanks mit abgerundeten Ecken erzielt. Als Futter wird lebendes und gefrostetes Zooplankton gereicht.

Der besondere Reiz in der Haltung von Heringen, Sardinen und Sardellen für die Schauaquaristik liegt in ihrem ausgeprägten Schwarmverhalten im freien Wasser. Beispielsweise werden in japanischen Großaquarien Sardinenschwärme zusammen mit großen Zackenbarschen, Thunfischen und Haien, die Feindfaktoren darstellen, gepflegt. Das Schwarmverhalten ist dadurch besonders gut zu beobachten.

Abb. 27.2 *Sardinops melanostictus* (Ring-of-Fire-Aqurium, Osaka)

Versuche zur Haltung der Süßwasserform der Finte aus dem Gardasee sind im Aquarium des Alpenzoo Innsbruck bisher erfolglos geblieben.

Höchstalter. Natürliche Lebenserwartung des Herings maximal 25, der Europäischen Sardelle 3 - 4, der Japanischen Anschovis 3 Jahre. Im „Zoo am Meer“, Bremerhaven, lebten Heringe bis zu 7 Jahre, nachdem sie als Jungfische mit einer Länge von 6 - 8 cm gefangen worden waren.

28
Ordnung Sandfischartige (Gonorynchiformes)

W. E. Engelmann

Seit der Kreidezeit bekannte, heute nur noch wenige Arten umfassende Ordnung. Besitzen sowohl Merkmale der Lachsfischartigen als auch der Karpfenfischartigen. Äußerlich kann man allerdings kaum Gemeinsamkeiten feststellen. Meeres- und Süßwasserfische, von wenigen Zentimetern bis über 1 m.

4 Familien. Aquaristisch bedeutungslos bzw. nur wenig bekannt, biologisch z.T. jedoch außerordentlich interessant.

Familie Milchfische (Chanidae)

Körper stromlinienförmig, seitlich mäßig zusammengedrückt, mit Rundschuppen, großen Augen und langer, tief gegabelter Schwanzflosse.

Verbreitung. Tropische und subtropische Randbereiche des Indopazifiks (im Ostpazifik selten).

Lebensweise. In küstennahen offenen Meeren (von der Oberfläche bis in 30 m Tiefe). Außerordentlich salztolerant (vertragen auch Süßwasser). Bilden Laichschwärme, Fortpflanzung nur in reinem Seewasser. Sehr produktiv, 1 Weibchen kann bis 9 Millionen Eier abgeben. Eier und bandförmiges Larvenstadium zunächst 2 - 3 Wochen pelagisch, danach wandern die Jungfische in die Mangrove und Ästuare, auch Süßgewässer, ein. Sehr schnellwüchsig.

Nahrung. Junge filtrieren zunächst Phytoplankton. Größere Milchfische fressen neben weichen Algen und benthischen Wirbellosen pelagische Fischeier, kleine Fische, Krebstiere, Quallen.

1 Gattung mit 1 Art.

Gattung *Chanos*: **Milchfisch** (*Ch. chanos*): 1 m, ausnahmsweise bis 1,8 m. Körper silbrig glänzend.

Haltung von Milchfischen

Obwohl Milchfische in Südostasien z. T. unter Extrembedingungen, sogar in reinem Süßwasser, in Teichwirtschaften aufgezogen werden, sind sie in Aquarien bisher selten zu sehen. Als schnelle, aktive Schwimmer benötigen sie Großaquarien, die ihnen viel Freiraum bieten und in denen sie zudem in größeren Gruppen gepflegt werden können. Sie sind unempfindlich gegenüber Salzgehalt und Temperatur (zwischen 15 und 28 °C).

Familie Sandfische (Gonorynchidae)

Schlank, mit vorspringender, spitzer Schnauze, unpaarer, mittelständiger Bartel und unterständigem Maul. Mit Kammschuppen. Keine Schwimmblase.

Verbreitung. Tropischer bis gemäßigter Indopazifik.

Lebensweise. Auf ufernahen Sandflächen, oft vergraben, Lauerräuber. Eier legend.

Nahrung. Am Boden lebende Wirbellose.

1 Gattung mit 1 Art.

Gattung *Gonorhynchus*: **Sandfisch** (*G. gonorynchus*): bis 60 cm. Graugrüne bis schwarze Oberseite, Bauchseite fleischfarben, Schwanzflosse schwarz, mit roten Spitzen. Sehr variabel, möglicherweise können mehrere Arten unterschieden werden.

Haltung von Sandfischen

Über die Haltung von Sandfischen ist bislang nichts bekannt.

Familie Schlankfische (Kneriidae)

Schmerlenähnliche, kleine Süßwasserfische. Sehr kleine Schuppen. Maul unterständig, vorstülpbar. Zahnlos, aber verhornte Kiefer. Schwimmblase mit Verbindungsgang zum Darm (physostom).

Verbreitung. Im tropischen und östlichen Afrika.

Lebensweise. In Gebirgsflüssen. Mit den breiten, tief am Bauch stehenden Brustflossen können sich die Fische wohl am Untergrund festsaugen. Eier legend.

Nahrung. Wahrscheinlich Aufwuchsfresser.

4 Gattungen mit 30 Arten.

Gattung *Kneria*: (Ohrenfische): 13 Arten. Männchen mit ohren- oder bohnenförmigem Hinterhauptsorgan (Occipitalorgan) aus verhornten Hautleisten, dient wahrscheinlich bei der Paarung zum Anheften an die Weibchen. Dazu **Ohrenfisch** (*K. auriculata*): 7,5 cm, in kleinen Flüssen Ostafrikas. Rücken schmutzig marmoriert, dunkle Fleckenreihe in der Körpermitte.

Gattung *Parakneria* (Schlankfische): 14 Arten. Männchen besitzen kein Occipitalorgan. Dazu **Tansania-Schlankfisch** (*P. tanzaniae*): 7 cm, schnell fließende Gewässer des Hochlands von Zentraltansania. Oberseite mit dunklen, teilweise verbundenen Flecken und Bändern. Flanken leicht bläulich, mit orangefarbenem, schmalem Band.

Haltung von Schlankfischen

Schlankfische wurden in Aquarien bisher eher selten gehalten. Entsprechend ihrer Herkunft sollte man sie in kleineren Artbecken mit sauberem (gute Filterung), leicht strömendem, sauerstoffreichem Wasser (weich bis mittelhart, pH-Wert um 7) und Temperaturen bei etwa 18 - 24 °C pflegen. Da die Fische in der Natur Algenrasen abweiden, sollte ihnen diese Möglichkeit gleichfalls im Aquarium geboten werden. Ansonsten sind sie in Bezug auf das Futter, das jedoch wegen ihres relativ kleinen Maules nicht zu groß sein sollte, nicht wählerisch.

Vermehrung. Vereinzelt ist die Vermehrung von Ohrenfischen im Aquarium gelungen. Sie scheint nicht schwierig zu sein. Die laichbereiten Weibchen sind an dem größeren Leibesumfang zu erkennen. Eine mehrtägige Trennung der Geschlechter fördert die Paarungsbereitschaft. Zur Paarung presst sich das Männchen an die Körperseite des Weibchens (Funktion des Occipitalorgans?) und beide schießen gemeinsam eine kurze Strecke durch das Wasser. Das Gelege und die nach 4 Tagen schlüpfenden Jungen werden von den Eltern nicht beachtet.

Familie Afrikanische Schlammfische (Phractolaemidae)

Kleine, langgestreckte Süßwasserfische. Körperquerschnitt zylindrisch, verhältnismäßig große Rundschuppen. Kleine Flossen. Kleiner, nach unten gerichteter Kopf mit oberständigem, rüsselartig vorstreckbarem Maul. Schwimmblase mehrfach unterteilt, dient als Hilfsatmungsorgan.

Verbreitung. Tropisches Afrika.

Abb. 28.1 *Phractolaemus ansorgii* (Aquarium Glaser, Rodgau)

Lebensweise. In stark verkrauteten, schlammigen und sauerstoffarmen Gewässern. Über die Fortpflanzung ist nichts bekannt.

Nahrung. Kleine, am Boden lebende Wirbellose.

1 Gattung mit 1 Art.

Gattung *Phractolaemus*: **Afrikanischer Schlammfisch** (*Ph. ansorgii*): 15 cm, Unterlauf des Niger, mittlerer Kongo. Relativ einfarbig mittel- bis dunkelbraun.

Haltung von Afrikanischen Schlammfischen

Afrikanische Schlammfische sind wärmebedürftig. Sie werden am besten bei 25 - 28 °C im Artbecken gepflegt. An die Wasserqualität werden keine besonderen Ansprüche gestellt. Die ruhigen Tiere halten sich gern im dichten Pflanzenwuchs bzw. an dunkleren Stellen unter Vorsprüngen auf. Sie scheinen untereinander recht unverträglich zu sein. Ihre Eingewöhnung ist nicht einfach. Als Futter kann kleines Lebendfutter (Wasserflöhe, auch gefrostet, Tubifex, Enchyträen), ebenso Flockenfutter gereicht werden. Die Männchen besitzen stachlige, weiße Knötchen um die Augen und auf dem Schwanzstiel. Über eine erfolgreiche Aquarienzucht ist noch nichts bekannt geworden.

29
Ordnung Karpfenfischartige (Cypriniformes)

F. Velte & R. Meyer

Vorwiegend kleine bis mittelgroße Fische, nur in seltenen Fällen sehr groß (bis 2,5 m). Körper meist langgestreckt und seitlich komprimiert. Maul vorstreckbar, Kiefer zahnlos, allerdings meist mit Schlundzähnen, die auf den Schlundknochen sitzen. Kopf unbeschuppt. Fettflosse fehlt (außer bei einigen Schmerlen). Charakteristisch ist eine aus Wirbelkörpern abgeleitete, knöcherne Verbindung zwischen Schwimmblase und Innenohr (Weber'scher Apparat).

Vorkommen in Eurasien, Afrika und Nordamerika. Vorwiegend im Süßwasser, jedoch können einige Arten auch im Brackwasser und sogar zeitweise im Meer leben. Meist Allesfresser, außerdem reine Kleintier- und Pflanzenfresser. Große Arten sind Raubfische. Fossil seit dem Tertiär bekannt.

5 - 6 Familien mit etwa 2500 Arten.

Familie Karpfenfische (Cyprinidae)

Kleine (unter 3 cm) bis sehr große (2,5 m) Süßwasserfische der tropischen und gemäßigten Zonen. Meist gestreckte Körperform mit eingeschnittener Schwanzflosse. Keine echten Hartstrahlen, jedoch können der 1. Strahl der Rücken- oder der Afterflosse verknöchert sein. Schwimmblasengang (Ductus pneumaticus) zeitlebens vorhanden (physostome Fische). Kein Magen, dafür kann der Darm sehr lang werden. Meist 2 Barteln. Große Schlundknochen mit 2 - 3 Reihen Schlundzähnen. Als Widerlager zu den Schlundzähnen dient der Mahlstein, ein walzenförmiger, verhornter Schädelfortsatz. Männliche Tiere der Arten aus der gemäßigten Zone meist mit einem weiß gepunkteten Laichausschlag an der Kopfregion.

Verbreitung. Eurasien (Mannigfaltigkeitszentren in China und Südostasien), Afrika und Nordamerika (südlich bis nach Mexiko).

Lebensweise. Bewohner fließender und stehender Gewässer, tagaktiv. Manche Arten tolerieren hohe Temperaturen und niedrige Sauerstoffwerte. Die meisten Arten sind Substrat- oder Freilaicher, Nestbau und Brutpflege sehr selten.

Nahrung. Vorwiegend Allesfresser, doch gibt es ebenfalls Kleintier- und Pflanzenfresser, größere Arten auch Raubfische.

Etwa 210 Gattungen mit fast 2400 Arten. Über die Unterteilung in Unterfamilien gibt es keine einheitlichen Auffassungen. Da außerdem ständig neue Formen beschrieben werden und manche als Arten geltende Taxa sich genetisch deutlich unterscheiden, kann die systematische Gliederung nur vorübergehenden Charakter haben. Hier werden 5 Unterfamilien differenziert.

Unterfamilie Gründlingsverwandte (Gobioninae)

Etwa 10 Gattungen mit über 200 Arten. Außer der Gattung *Gobio* (Europa) ausschließlich in Ostasien (auch Japan) verbreitet.

Gattung *Gobio*: 19 Arten. Dazu **Weißflossengründling** (*G. albipinnatus*): bis 12 cm, Donaugebiet, Südosteuropa bis zum Kaspisee. Rücken- und Schwanzflosse ohne Flecken und

Abb. 29.1 *Pseudorasbora parva* (Zoo Moskau, Aquarium)

Streifen. – **Gründling, Greßling** (*G. gobio*): 15 - 29 cm, Europa (fehlt nur im äußersten Norden und Süden), in Asien bis zum Ural. Lebt in fließenden und stehenden Gewässern, teilweise auch im Brackwasser. Frisst nicht nur Wirbellose, sondern auch Fischlaich. – **Donau-Gründling**, **Steingreßling** (*G. uranoscopus*): bis 15 cm, Donau-Flusssystem, in schnell fließenden, sauerstoffreichen Gewässern. Auffallend lange Barteln.

Gattung *Pseudorasbora*: 3 Arten. Dazu **Blaubandbärbling** (*P. parva*): bis 11 cm, Amur-Gebiet, Korea, Nordostchina, Taiwan, Japan. In verschiedenen europäischen Ländern eingebürgert. Massenzucht in der Teichwirtschaft als Futterfisch.

Haltung von Gründlingsverwandten

Gründlinge, wie auch der Blaubandbärbling, sollten in einem kleinen Schwarm gehalten werden. Das Becken sollte Freiwasserbereiche sowie dicht bepflanzte Stellen aufweisen. Als Bodengrund empfiehlt sich Sand oder feiner Kies. Eine starke Filterung ist ebenso notwendig wie sauerstoffreiches Wasser. Die Wassertemperatur sollte langfristig 25 °C nicht übersteigen. Gründlinge ernährt man mit Lebendfutter, auch Trockenfutter kann gelegentlich gegeben werden.

Vermehrung. Der Gründling laicht von Mai bis Juni portionsweise 1000 - 3000 sehr kleine Eier in Flachwasserbereichen über Steinen oder zwischen Pflanzen ab. Männliche Tiere tragen zur Fortpflanzungszeit einen Laichausschlag in Form von weißen Pünktchen. Da keine Brutpflege betrieben wird, sollten die Eier oder die Elternfische nach dem Ablaichen separiert werden. Voraussetzung zur Zucht ist eine kühle Überwinterung der Elterntiere.

Höchstalter. *Gobio gobio* kann unter Aquarienbedingungen 5 Jahre alt werden.

Unterfamilie Bärblinge (Rasborinae)

30 Gattungen mit etwa 200 Arten. Afrika, Südeuropa und Südasien.

Afrikanische Arten

Gattung *Opsaridium* (früher *Barilius* zugeordnet): 11 Arten. Dazu **Goldmäulchen** (*O. christyi*): 15 cm, Nordghana.

Gattung *Raiamas* (früher *Barilius* zugeordnet): 16 Arten. Dazu **Rotrücken-Barilius** (*R. batesii*): 12 cm, Südkamerun. – **Moors Barilius** (*R. moori*): 18 cm, Tanganjika-, Rukva- und Kivusee. – **Senegal-Barilius** (*R. senegalensis*): 25 cm, Westafrika.

Haltung von afrikanischen Bärblingen

Das Goldmäulchen ist ein lebhafter Schwarmfisch, der viel Schwimmraum und eine leichte Schwimmpflanzendecke benötigt. Es ist verträglich und kann gut mit schlanken westafrikanischen Cypriniden vergesellschaftet werden. Das Wasser soll weich und leicht sauer sein, die Temperatur maximal 24 °C betragen. Ernährung mit Mysis, Schwarzen Mückenlarven und Anflugnahrung.

Vermehrung. Männchen sind schlanker, das Schwarz in den Flossensäumen und bei den

Querbinden ist intensiver. Ansatz im Schwarm. Zuchttiere müssen mindestens 1 Jahr, besser 18 Monate alt sein und die Weibchen deutlichen Laichansatz zeigen. Wasserwechsel mit torfgefiltertem Regenwasser löst Laichbereitschaft aus, Zuchtverlauf wie bei *Danio*.

Die Arten der Gattung *Raiamas* sind Schwarmfische mit auffällig großem, tief gespaltenem Maul, welches auch junge Heimchen und andere Insekten packen kann. Tiere dieser Gattung benötigen viel Schwimmraum und wegen ihres hohen Sauerstoffbedarfs kräftige Filterung und Durchlüftung sowie regelmäßigen Teilwasserwechsel. Die westafrikanischen Arten zeigen unter einer Schwimmpflanzendecke intensivere Farben. Haltungsanforderungen: Westafrikanische Arten 20 - 24 °C, andere Arten 24 - 26 °C, pH-Wert 6,8 - 7, Härte unter 15° dGH, für *R. moori* aus dem Tanganjikasee 24 - 26 °C, pH 7,5, ab 12° dGH.

Asiatisch-tropische Arten

Gattung *Barilius*: 28 Arten. Diese früher artenreiche Gattung mit vielen afrikanischen Bärblingen enthält heute nur noch asiatische Arten. Dazu **Ozolabärbling** (*B. barna*): 10 cm, Indien, Sandbänke in Quellgebieten der Flüsse.

Gattung *Boraras* (Moskitorasboras): 5 Arten. Aus der Gattung *Rasbora* ausgegliederte Fischzwerge. Dazu **Moskitorasbora** (*B. brigittae*): 3,5 cm, Sumatra. – **Zwergbärbling** (*B. maculatus*): 3 cm, Malaysia, Singapur, Sumatra, im Pflanzendickicht. – **Merahbärbling** (*B. merah*): 2 cm, West- und Südborneo. – **Kleiner Zwergbärbling** (*B. micros*): 1,5 cm, Nordthailand. – **Schwanzfleckbärbling** (*B. urophthalmoides*): 2,5 cm, Sumatra.

Gattung *Danio* (bisher *Brachydanio*): 9 Arten. Schlanke, seitlich stark zusammengedrückte Fische mit Barteln und mehr als 1 Längsstreifen auf den Schwanzflossenstrahlen. Dazu **Schillerbärbling** (*D. albolineatus*): 6 cm, Burma (Myanmar) bis Malaiische Halbinsel. – **Glühlichtbärbling** (*D. choprae*): 3 cm, Burma (Myanmar). – **Leopardbärbling** (*D. frankei*):

Abb. 29.2 *Esomus metallicus* (Tierpark Berlin)

6 cm. Aquarienform mit umstrittenem Artstatus. – **Inselbärbling** (*D. kerri*): 5 cm, Thailand. – **Kyathitbärbling** (*D. kyathit*): 3,5 cm, Burma (Myanmar). – **Tüpfelbärbling** (*D. nigrofasciatus*): 4,5 cm, Burma (Myanmar). – **Zebrabärbling** (*D. rerio*): 6 cm, Vorderindien.

Gattung *Devario* (bisher *Danio*): 36 Arten. Kennzeichen sind kurze Maxillarbarteln und ein mehr oder weniger durchgehender horizontaler Streifen entlang der Körpermittellinie. Dazu **Malabarbärbling** (*D. aequipinnatus*): 10 cm, West-Vorderindien, Sri Lanka. – **Devariobärbling** (*D. devario*): 15 cm, Pakistan, Nordindien, Bangladesch. – **Tigerbärbling** (*D. maetaengensis*): 5 cm, Nordthailand. – **Nilghiribärbling** (*D. neilgherriensis*): 10 cm, Indien. – **Rotkehlbärbling** (*D. pathirana*): 6 cm, Sri Lanka. – **Königsdanio** (*D. regina*): 13 cm, Südthailand, Nordmalaysia.

Gattung *Esomus* (Flugbärblinge): 12 Arten. Seitlich stark zusammengedrückt, 2 lange Maxillar- und 2 kurze Rostralbarteln. Brustflossen werden in der Regel waagerecht getragen und erwecken den Eindruck kleiner Tragflächen. Dazu **Großer Flugbärbling** (*E. danricus*): 12 cm, Sri Lanka, Indien, Thailand bis Singapur. – **Metallflugbärbling** (*E. metallicus*): 7,5 cm, Thailand, Laos, Südvietnam. – **Streifenflugbärbling** (*E. lineatus*): 6 cm, Indien. – **Malaiischer Flugbärbling** (*E. malayensis*): 8 cm, Südvietnam, Malaiische Halbinsel.

Gattung *Horadandia*: 1 Art. **Ceylon-Zwergbarbe** (*H. atukorali*): Weibchen 2,8 cm, Männchen 2 cm, Sri Lanka, Indien.

Abb. 29.3 *Leptobarbus hoeveni* (Zoo Leipzig, Aquarium)

Gattung *Inlecypris* (früher *Barilius*): 1 Art. **Inlé-Bärbling** (*I. aureopurpureus*): 6 cm, Inlésee (Burma/Myanmar).

Gattung *Leptobarbus*: 4 Arten. Dazu **Siambarbe** (*L. hoeveni*): 50 cm und darüber, Thailand, Indonesien.

Gattung *Luciosoma* (Hechtbärblinge): 5 Arten. Dazu **Seitenfleck-Hechtbärbling** (*L. spilopleura*): 25 cm, Thailand, Vietnam, Sumatra, Borneo. – **Hechtbärbling** (*L. trinema*): 30 cm, Sumatra, Borneo.

Gattung *Microrasbora* (Zwergrasboren): 5 Arten. Dazu **Quergestreifte Zwergrasbora** (*M. erythromicron*): 3 cm, Burma (Myanmar). – **Neonbärbling** (*M. kubotai*): 3 cm, Nordthailand. – **Rote Zwergrasbora** (*M. rubescens*): 3 cm, Burma (Myanmar). In der Jugend relativ unscheinbar gefärbte, ruhige und verträgliche Art. Die namengebende Rotfärbung tritt erst bei adulten Tieren auf und ist bei treibenden Männchen am intensivsten.

Abb. 29.4 *Rasbora sumatrana* (Tierpark Berlin)

Gattung *Parluciosoma* (bisher *Rasbora*): 2 Arten. **Silberbärbling** (*P. argyrotaenia*): 12 cm, Südostasien, weit verbreitet. – **Zweibindenbärbling** (*P. cephalotaenia*): 14 cm, Südostasien.

Gattung *Rasbora* (Rasboren): 65 Arten. Dazu **Rotschwanzrasbora** (*R. borapetensis*): 5 cm, Thailand, Westmalaysia. – **Schwanzbindenrasbora** (*R. caudimaculata*) 12 cm, Indonesien, Malaysia, Thailand. – **Goldstreifenrasbora** (*R. chrysotaenia*) 10 cm, Malakka, Sumatra. – **Schlankbärbling** (*R. daniconius*): 10 cm, Südostasien und Inseln, weit verbreitet. – **Augenfleckbärbling** (*R. dorsiocellata*): 6,5 cm Malaiische Halbinsel, Sumatra. – **Längsbandbärbling** (*R. einthoveni*): 8,5 cm, Thailand, Malaiischer Archipel. – **Schmuckbärbling** (*R. elegans*): 20 cm, Westmalaysia, Sundainseln. – **Goldstreifen-Rasbora** (*R. gracilis*): 12 cm, Malaiischer Archipel. – **Schönflossenrasbora** (*R. kalochroma*): 10 cm, Westmalaysia, Sundainseln. – **Rotstreifenbärbling** (*R. pauciperforata*): 7 cm, Sumatra, Malaysia. – **Strichbärbling** (*R. paviei*): 6 cm, Westmalaysia, Thailand, Sundainseln. – **Netzbärbling** (*R. reticulata*): 6 cm, Sumatra. – **Sumatrabärbling** (*R. sumatrana*): 12 cm, Thailand, Malaiische Halbinsel, Sundainseln. – **Goldstreifenbärbling** (*R. taeniata*): 7 cm, Westmalaysia, Sumatra. – **Glasrasbora** (*R. trilineata*): 12 cm, Malakka, Große Sundainseln.

Gattung *Rasboroides* (bisher *Rasbora*): 1 Art. **Perlmuttbärbling** (*R. vaterifloris*): 4 cm, Sri Lanka, in Gebirgsbächen. Blaue, gelbe und rote Varianten als Fundortformen.

Gattung *Sundadanio* (bisher *Rasbora*): 1 Art. **Axelrods Rasbora** (*S. axelrodi*): 3 cm, Westborneo (rötliche Form), Sumatra (blaue Form).

Gattung *Trigonostigma* (bisher *Rasbora*): 3 Arten, alle mit Keilfleck. **Roter Keilfleckbärbling** (*T. espei*): 3 cm, Südthailand. – **Glimmlampenbärbling** (*T. hengeli*): 3 cm, Sumatra. – **Keilfleckbärbling** (*T. heteromorpha*): 4 cm, Malakka, Thailand, Sumatra. Bei sächsischen Züchtern entstand eine fast schwarze Farbmorphe dieser Art ohne Keilfleck.

Abb. 29.5 *Sundadanio axelrodi* (Privataquarium)

Haltung von asiatisch-tropischen Bärblingen

Ozolabärblinge (*Barilius barna*) werden im Schwarm gehalten. Dunkler, grober Sand als Bodengrund und gedämpftes Licht intensivieren die Farbe der friedlichen Fische. Wechsel von Schwimmraum und Pflanzengruppen, Wasser um den Neutralpunkt, weich bis mittelhart sowie regelmäßiger Teilwasserwechsel sind wichtige Haltungsvoraussetzungen. Temperatur um 22 °C, nicht über 25 °C. Anflugnahrung wird bevorzugt und ist zur Zuchtvorbereitung unerlässlich, die Fische nehmen jedoch ebenso alles andere Futter (einschließlich Jungfische unter 15 mm Länge) an.

Vermehrung. Die Männchen sind deutlich schlanker. Alter der Zuchttiere mindestens 1 Jahr, Weibchen müssen deutlichen Laichansatz zeigen. Wasserwechsel mit torfgefiltertem Regenwasser löst Laichbereitschaft aus, Zuchtverlauf wie bei *Danio*.

Moskitorasboas (Gattung *Boraras*) werden im Artbecken oder mit anderen kleinen Arten in weichem, saurem Wasser gepflegt. Beckenausstattung mit dichtem Pflanzenwuchs und dunklem Bodengrund.

Vermehrung. Männchen bei allen Arten farblich intensiver. Die Zucht erfordert viel Geduld und gute Augen, da Laichkörner und die winzigen Jungtiere kaum zu finden sind. Eiablage an und zwischen lockerem Javamoos. Ausnahme *B. brigittae*, welche Eier an Unterseite von Blättern heftet.

Gleiche Ansprüche stellt die Ceylon-Zwergbarbe (*Horadandia atukorali*), mit denen diese ruhige Art gemeinsam gepflegt werden kann.

Vermehrung. Im Artenbecken kommen ausreichend Jungtiere auf, sonst im Gruppenansatz mit 2 - 3 Paaren, deren Weibchen deutlich Laichansatz zeigen. Laichabgabe erfolgt zwischen niedrigen Bodenpflanzen oder Javamoos.

Die Arten der Gattung *Danio* sind lebhafte Schwarmfische, die ausreichend Schwimmraum benötigen, nur *D. choprae* und *D. kyathit* sind ruhiger und stellen sich gern im Pflanzendickicht ein. Optimale Temperaturen liegen zwischen 22 und 25 °C und sollten nicht langfristig unterschritten werden. Der Devariobärbling ist auch bei 18 °C gut zu halten. Neben Lebendfutter in maulgerechter Größe werden gern auch auf die Wasseroberfläche gestreute Blattläuse und Kleininsekten genommen.

Vermehrung. Die Männchen sind bei allen Arten schlanker und zeigen leuchtendere Farben. *D. albolineatus*, *D. rerio* sowie *D. kerri* sind sehr produktive Arten, deren Zucht auch dem Anfänger über Laichrost mit lockerer Javamoosauflage gelingt. Die Wasserwerte sind von geringer Bedeutung. Die Temperatur sollte nicht über 25 °C liegen, da sonst die Alttiere schnell ermüden. *D. nigrofasciatus* sowie die prächtigen Neueinführungen der letzten Jahre erfordern zurzeit noch mehr Aufmerksamkeit und sind weniger produktiv. Im Aquarium Erfurt wurden sie alle 1 Jahr nach dem Import in weichem Wasser mit Regenwasseranteil (unter 10° dGH) bei pH-Werten leicht unter 7 nachgezogen. Die Weibchen sollten deutlichen Laichansatz zeigen (Fütterung mit kleinen Mysis und Schwarzen Mückenlarven). Sonnenstrahlen im Zuchtbecken wirken stimulierend.

Alle Arten der Gattung *Devario* sind ebenfalls schwimmfreudig und benötigen Schwimmraum und Randbepflanzung. Gegenüber den Wasserwerten zeigen sich die Arten tolerant, optimale Werte liegen im Neutralbereich und in weichem bis mittelhartem Wasser. Neben allen Futtersorten werden gern Kleininsekten von der Wasseroberfläche genommen.

Vermehrung. Die Männchen sind bei allen Arten schlanker und zeigen intensivere Farben. Alle Arten sind Freilaicher und Laichräuber. Ein Bodengrund aus kirschgroßen Flusskieseln oder Glasmurmeln mit locker darüber ausgebreitetem Javamoos stimuliert auch die etwas schwierigeren Arten besser als ein Laichrost. Sonnenstrahlen am Morgen im Zuchtbecken sind bei allen Arten eine wichtige Zuchtbedingung, lediglich *D. aequipinnatus* akzeptiert künstliche Beleuchtung. Bei den großen Arten, die zudem sehr produktiv sind, sollte das Zuchtbecken mindestens 1 m lang sein.

Flugbärblinge (Gattung *Esomus*) leben in lockeren Schwärmen und benötigen langgestreckte Becken mit einem Wechsel von Schwimmraum und lockeren Pflanzengruppen. Bei Erschrecken „fliegen" sie auf der Seite liegend (vergleichbar den Beilbauchsalmlern) aus dem Becken. Sie finden jede Ritze. Temperaturoptimum zwischen 22 und 24 °C.

Vermehrung. Weibchen sind am stark ausgebuchteten Bauchprofil zu erkennen und werden größer als die Männchen. Zuchtansatz als Paar, es ist empfehlenswert, das Männchen früh, das Weibchen abends in ein mit Laichrost und an einer Seite eingebrachtem lockerem Javamoos oder Myriophyllum ausgestattetes Becken zu setzen. Ein hoher Anteil von Frischwasser im Zuchtbecken und Sonnenstrahlen am Morgen fördern die Laichbereitschaft. Das Männchen treibt stark und drückt das Weibchen in eine Ecke, wo die Laichabgabe erfolgt. Flugbärblinge sind sehr produktiv, jedoch große Laichräuber. Die Larven schlüpfen bei 25 °C bereits nach 16 Stunden und hängen weitere 48 - 72 Stunden im mittleren Wasserbereich an Pflanzen und Scheiben.

Der Inlé-Bärbling (*Inlecypris aureopurpureus*) ist eine sehr attraktive, friedliche Art, die im Artbecken oder gemeinsam mit kleinen *Danio*-Arten in mittelhartem (12 - 20° dHG), neutralem Wasser (pH-Wert 6,8 - 7,5) gehalten werden. Die Tiere lieben gedämpftes Licht, zeigen vor allem dann ihre prachtvolle Färbung und halten sich gern zwischen Wasserpflanzen, z. B. Hygrophila, Cryptocorynen, auf. Temperatur 21 - 24 °C, nicht darüber.

Vermehrung. Werden Tiere zur Zuchtvorbereitung in hartem Wasser (Futter Mysis und Schwarze Mückenlarven) gehalten, so stimuliert Wasserwechsel mit über Torf gelaufenem Regenwasser die Laichbereitschaft. Gruppenansatz (ab 2 Paare) in Becken mit langfaserigem Torf oder kirschgroßen Flusskieseln als Bodengrund und lockerem Javamoos.

Siambarben (*Leptobarbus hoeveni*) sind in der Jugend farblich sehr attraktiv, mit zunehmendem Alter verblassen die Farben. Pflege in Becken mit mehr als 1000 l Inhalt gemeinsam mit anderen großen asiatischen Cypriniden. Bei guter Sauerstoffversorgung tolerant bei den Wasserwerten.

Vermehrung. Die Geschlechtsreife tritt nach Beobachtungen im Aquarium Erfurt ab einer Körpergröße von 15 cm ein. Die Weibchen sind größer, in den Farben blasser und zeigen durch Laichansatz einen im Querschnitt fast rechteckig wirkenden Bauch. Das Ablaichen im Schwarm von 3,5 Tieren im Gemeinschaftsbecken erfolgte spontan, als in das pflanzenfreie Becken in der Mitte der Rückseite ein großes Knäuel Perlonwatte eingehängt wurde. Die Eier sind relativ groß und quellen schnell auf.

Hechtbärblinge (Gattung *Luciosoma*) sind springfreudige Schwarmfische. Ernährung mit Fluginsekten (Heimchen, junge Wanderheuschrecken usw.), aber auch Schrimps, Muschelfleisch und schlanke Fische unter 5 cm Länge. Wenn die Wasserwerte optimal gehalten werden (Wasser weich, leicht sauer, Temperatur 23 - 26 °C) und für regelmäßigen Teilwasserwechsel Sorge getragen wird, erweisen sich die Fische als sehr ausdauernd (*L. spilopleura* leben seit 8 Jahren im Aquarium Erfurt). Die Männchen besitzen verlängerte Bauchflossen. Scheinpaarungen zwischen den Wurzeln sehr großer schwimmender Hornfarne konnten im Aquarium Erfurt beobachtet werden, nachdem im Hochsommer Sonnenlicht in das Gemeinschaftsbecken gelangte.

Zwergrasboren (Gattung *Microrasbora*) werden in gut bepflanzten Becken mit mittelhartem (10 - 20° dGH) und neutralem Wasser gepflegt. Temperaturoptimum zwischen 21 und 24 °C. Trotz ihrer geringen Größe sind Männchen dieser attraktiv gefärbten Art in kleinen Aquarien gegenüber gleich großen anderen Arten etwas ruppig.

Vermehrung. Zuchtfähige und intensiver gefärbte Männchen bilden kleine Reviere von ca. 15 cm Durchmesser. Dichte Bepflanzung und Javamoos bringen Ruhe. Bei Pflege im Artbecken kommen Jungfische auf. Abgelaicht wird in Javamoos. Der Austausch von einem Drittel des Wassers im Zuchtbecken durch Regen- oder Osmosewasser (Regenzeitsimulation) erhöht die Laichbereitschaft, nach Freischwimmen der Jungfische ist die Wasserhärte wieder allmählich zu steigern.

Die Arten der Gattung *Parluciosoma* haben ähnliche Haltungsanforderungen wie die größeren *Rasbora*-Arten.

Vermehrung. Zucht in weichem, leicht saurem Wasser problemlos. Abgelaicht wird zwischen feingliedrigen Pflanzen. Der Silberbärbling ist sehr produktiv (2000 Eier), der Zweibindenbärbling dagegen deutlich weniger produktiv (etwa 100 Eier).

Axelrods Rasbora (*Sundadanio axelrodi*), ein in allen Farbmorphen prächtiger Fischzwerg, gilt als heikel und wird selten gepflegt. Er ist jedoch bei Einhaltung einiger Grundbedingungen, wie weiches Wasser unter 10° dGH, pH-Werten leicht unter 7, Filterung über Torf und Haltung im Schwarm, ausdauernd (im Aquarium Erfurt 4 Jahre, 6 Monate) und wenig anfällig. Ideale und erprobte Partner sind *Boraras*, *Horadandia atukorali* und *Chela dadyburjori*.

Vermehrung. Die Männchen sind deutlich intensiver gefärbt als die Weibchen. Die Zucht erfordert Aufmerksamkeit, ist jedoch erfolgreich, wenn die Geschlechter vor dem Ansatz einige Tage getrennt gehalten werden, das Wasser sehr weich und sauer (pH-Wert 6) ist, am besten torfgefiltertes Regenwasser zur Verwendung kommt und ein Drittel des Beckens dunkel gehalten wird. Zuchtbeckengröße 4 - 5 l, Wasserhöhe 15 cm, Ausstattung dicht mit feinblättrigen Pflanzen, am Bodengrund dunkle Kiesel oder lange Torffasern, zwischen welche die Eier rutschen können. Ansatz paarweise.

Keilfleckbärblinge (Gattung *Trigonostigma*) finden optimale Haltungsbedingungen in einem vorwiegend mit Cryptocorynen bepflanzten, nicht zu hell beleuchteten Aquarium mit weichem, leicht saurem Wasser bei Temperaturen um 25 °C.

Vermehrung. Die Männchen sind kleiner als die Weibchen, ihre Farben leuchten mehr und auf der Bauchseite endet der Keilfleck in einer kleinen Spitze, bei den Weibchen ist diese Stelle abgerundet. Die Wassertemperatur ist auf 26 - 28 °C zu erhöhen, das Wasser sollte sehr weich (unter 2,5° dGH) sein und im pH-Wert um 5,5 liegen. Eine bernsteingelbe Färbung des Wassers nach Filterung über Torf wirkt stimulierend. Voraussetzung für eine erfolgreiche Zucht ist, dass das Männchen mindestens 6 Monate älter als das Weibchen ist. Vor der Paarung reiten die Männchen auf den Weibchen. Die Eiablage erfolgt an der Unterseite von Blättern, bevorzugt unter Cryptocorynen. Nicht selten ist ein Partnertausch erforderlich, bis sich ein geeignetes Paar gefunden hat. Mit

Paaren, welche einmal gezüchtet haben, kann man regelmäßig weiterzüchten. Bei der besonders attraktiv gefärbten Art *T. espei* kann es notwendig werden, vor dem Gemeinschaftsbecken so lange „auf der Lauer zu liegen", bis man ein Paar während der Scheinpaarungen beobachtet.

Rasboren (Gattung *Rasbora*) sind meist sehr robuste Fische, die gegenüber den Wasserwerten eine große Toleranz zeigen. Etwas mehr Aufmerksamkeit verlangen nach Erfahrungen im Aquarium Erfurt nur *R. reticulata* und *R. taeniata*. Die optimalen Haltungsbedingungen liegen bei einem pH-Wert zwischen 6 und 7, einer Wasserhärte unter 10° dGH und Temperaturen zwischen 23 und 25 °C. Schwimmraum und Pflanzengruppen (bevorzugt Cryptocorynen), unter denen sich die Fische oft sehr lange einstellen, sollten sich abwechseln. Untereinander und gegenüber anderen Arten sind Rasboren friedlich. Pflanzen werden unbehelligt gelassen, nur erwachsene Tiere der großen Arten (*R. gracilis*, *R. rasbora*, *R. sumatrana*) verbeißen beim Fehlen pflanzlicher Kost gelegentlich Jungtriebe.

Vermehrung. Eine erfolgreiche Zucht ist mit allen Arten möglich, Voraussetzung ist ein Mindestalter von 12 Monaten, bei den größeren Arten besser 18 Monate. Farbliche Unterschiede zwischen den Geschlechtern außerhalb der Laichzeit gibt es kaum, doch sind die Männchen immer deutlich schlanker als die Weibchen. Die Wasserhöhe im Zuchtbecken sollte 15 cm nicht überschreiten, Ausnahme *R. gracilis* und *R. sumatrana* mit 20 cm Wasserhöhe. In über Torf gefiltertem Regenwasser sind auch die etwas schwierigeren Arten wie *R. reticulata*, *R. paviae* und *R. taeniata* nicht an der Fortpflanzung zu hindern. Die meisten Rasboren sind große Laichräuber, ein mit Glasmurmeln oder kleinen Flusskieseln ausgelegtes Aquarium, über welche eine lockere Schicht Javamoos gebreitet wird, erfüllt alle Ansprüche. Das Aufbringen einer Schwimmpflanze (Hornfarn) mit langen Wurzeln wirkt sich meist günstig aus. Morgensonnenstrahlen im Becken fördern die Laichbereitschaft. Bleibt der Ansatz ohne Erfolg, bringt ein Auswechseln des Männchens meist das gewünschte Ergebnis. Wenn sich das Weibchen versteckt, ist der Laichakt zu Ende, die Alttiere müssen herausgenommen und der Laich vor hellem Licht geschützt werden. *R. gracilis* und *R. sumatrana* sind mit mehreren Tausend Eiern so produktiv, dass ein Teil der Eier abgesaugt werden sollte, um eine Wasserbelastung zu vermeiden.

Der Perlmuttbärbling (*Rasboroides vaterifloris*) wird bei Temperaturen zwischen 25 und 27 °C, in weichem, leicht saurem Wasser optimal gehalten. Gedämpftes Licht und teils dichte Bepflanzung sind wichtig, um die Färbung hervortreten zu lassen. In hellen Becken bleiben alle Farbformen blass.

Vermehrung. Bei den Männchen sind Rücken- und Afterflosse größer und farblich intensiver als bei den Weibchen. Vorbereitung durch Fütterung kleiner Mysis und kleiner Schwarzer Mückenlarven. Torfgefiltertes Regenwasser als Geheimrezept. Gruppenansatz bringt bessere Ergebnisse. Abgelaicht wird an und zwischen feinblättrigen Pflanzen, Torffasern oder Javamoos.

Höchstalter. Die kleinen Arten wie *Danio albolineatus*, *D. rerio* und *Trigonostigma heteromorpha* erreichen im Aquarium ein Alter von etwa 7 - 8 Jahren.

Unterfamilie Karpfenverwandte (Cyprininae)

Etwa 40 Gattungen mit über 700 Arten. Europa, Asien und Afrika.

Afrikanische Arten

Gattung *Barbus* (Afrikanische Barben): etwa 360 Arten. Dazu **Afrikanische Einstreifenbarbe** (*B. ablabes*): 11 cm, tropisches Westafrika. – **Blaustrichbarbe**, **Angolabarbe** (*B. barilioides*): 5 cm, Angola, Simbabwe, Sambia, Zaire. – **Prachtflossenbarbe** (*B. callipterus*): 9 cm, Kamerun bis Nigeria. – **Buckelbarbe** (*B. camptacanthus*): 12 cm, Kamerun, Gabun, Nigerdelta. – **Kongobarbe** (*B. congicus*): 6 cm, Kongo-Flusssystem. – **Afrikanische Längsstrichbarbe** (*B. holotaenia*): 12 cm, Kamerun, Kongo, Angola. – **Schmetterlingsbarbe** (*B. hulstaerti*): 3,5 cm, Angola, Zaire. – **Yae-Barbe** (*B. jae*): 4 cm, Yae und Kribi-Fluss in Kamerun. – **Bartellose Linienbarbe** (*B. lineatus*): 12 cm, Zaire-System. – **Musumbi-Barbe** (*B. musumbi*): 6 cm, Angola. – **Waldbarbe** (*B. sylvaticus*): 2,5 cm, Benin, Nigeria.

Gattung *Barboides*: 1 Art. **Westafrikanische Minibarbe** (*B. gracilis*): 2,5 cm, Benin, Nigeria, Südwestkamerun.

Gattung *Labeo*: 70 Arten in Afrika. Dazu **Rotpunkt-Fransenlipper** (*L. congoro = L. rubropunctatus*): 40 cm, Kongo. – **Afrikanischer Fransenlipper** (*L. coubie*): etwa 75 cm, weit verbreitet vom Nil im Osten bis nach Kamerun im Westen. – **Harlekin-Fransenlipper** (*L. cyclorhynchus*): bis 16 cm, Kongo und Ogove in Zentral- und Westafrika. Klein bleibende, dunkel marmorierte Art. – **Berglabeo** (*L. cylindricus*): 40 cm, Ost- und Südafrika. – **Nilfransenlipper** (*L. forskalii*): 35 cm, Stromgebiet von Nil und Blauem Nil. Männchen besitzen verlängerte Dorsalstrahlen. – **Gefleckter Fransenlipper** (*L. variegatus*): 30 cm, Kongo. – **Sichelflossen-Labeo** (*L. weeksii*): etwa 30 cm, weit verbreitet im Kongo-Becken.

Gattung *Phreatichthys*: 1 Art. **Somalischer Höhlenfisch** (*Ph. andruzzii*): 6 cm, Zentralsomalia, ausschließlich in einem unterirdischen Flusssystem in einem Kalksteinmassiv, etwa 15 m unter der Oberfläche. Wassertemperatur zwischen 28 und 31 °C. Keine Augen, pigmentlos. Wird insbesondere in verschiedenen Forschungslaboratorien gehalten und gezüchtet. In der Natur durch zunehmende Austrocknung der Wohngewässer gefährdet.

Haltung von afrikanischen Karpfenverwandten

Von den Afrikanischen Barben (Gattung *Barbus*) sind die größeren Arten relativ anspruchslos gegenüber Wasserwerten, die optimalen Be-

Abb. 29.6 *Barbus barilioides* (Zoo Leipzig, Aquarium)

dingungen liegen bei pH-Werten zwischen 6 und 7 und weichem Wasser unter 15° dGH. Die Temperaturtoleranz liegt zwischen 20 und 25 °C. Die längs gestreiften Arten sind schwimmfreudig und benötigen neben Pflanzen zum Unterstand auch Schwimmraum. Mit Ausnahme von *B. camptacanthus* sind die Arten verträglich und können gemeinsam gepflegt werden. *B. camptacanthus* eignen sich nach Erfahrungen im Aquarium Erfurt nur als Partner robusterer westafrikanischer Buntbarsche.

Vermehrung. Die Zucht der größeren Arten bereitet in weichem Wasser keine Schwierigkeiten. Vor allem die Gruppe der Längsstrichbarben (*B. ablabes*, *B. holotaenia* usw.) ist sehr produktiv. Die Männchen sind stets deutlich schlanker und die Flossen zeigen eine kräftigere Färbung als die der Weibchen. Es sind Paar- und Gruppenansatz möglich. Die Zuchttiere sollten mindestens 1 Jahr alt sein. Da die Jungfische der afrikanischen Barben im Gegensatz zu den asiatischen Verwandten relativ lange im Bodenbereich leben, hat es sich im Aquarium Erfurt bewährt, den Boden des Zuchtbeckens mit Glasmurmeln auszulegen, über welche locker Javamoos gelegt wird. Zwischen den Murmeln finden die Eier vor den Nachstellungen der Alttiere Schutz und später sind die Schlüpflinge besser zu erkennen, um rechtzeitig anfüttern zu können.

Die meisten der kleineren Arten der Afrikanischen Barben (*B. barilioides*, *B. congicus*, *B.*

hulstaerti, *B. jae*, *B. sylvaticus*) vertragen über längere Zeit keine höheren Temperaturen (mehr als 24 °C), sie zeigen dann verstärkte Anfälligkeit gegenüber Erkrankungen und vergreisen sehr schnell. Anzustreben sind 21 - 22 °C. Pflege in Artbecken oder mit anderen kleinen Arten in weichem (unter 8° dGH), leicht saurem Wasser. Gedämpftes Licht, Beckenausstattung mit dichtem Pflanzenwuchs und dunklem Bodengrund.

Vermehrung. Männchen bei allen Arten farblich intensiver. Sowohl Paar- als auch Gruppenansatz sind möglich, bei Haltung im gut bepflanztem Artbecken kommen stets Jungfische auf. Teilwasserwechsel mit Regenwasser, welches über Torf gelaufen ist, erhöht die Laichbereitschaft. Die Temperatur im Zuchtbecken darf nicht über der im Pflegebecken liegen, manchmal kann sogar ein Absenken um 1 - 2 °C durch Frischwasserzugabe stimulierend wirken (*B. barilioides*, *B. jae*). Eine Ausnahme bildet *B. musumbi*, bei der die Zuchttemperatur auf 28 °C erhöht werden sollte. Geschlechter getrennt halten, Weibchen 1 - 2 Tage vorher, Männchen abends zusetzen. Eiablage erfolgt in den frühen Morgenstunden an und zwischen lockerem Javamoos. Ein Teil des Zuchtbeckens sollte bereits vor dem Einsetzen der Zuchttiere im unteren Drittel abgedunkelt werden, *B. hulstaerti* laicht nur bei dunklem Stand, auch die Jungfische sind lichtscheu.

Die Westafrikanische Minibarbe (*Barboides gracilis*) pflegt man in gut bepflanzten, nicht zu hellen Becken. Wasserwerte: pH-Wert 6,6, Härte unter 6° dGH, Temperatur 21 - 25 °C, nicht darüber, Sauerstoffbedarf hoch, regelmäßiger Teilwasserwechsel erforderlich. Kleine Mückenlarven und kleine Mysis sind optimale Nahrung.

Vermehrung. Im Gruppenansatz, dunkler Stand des Zuchtbeckens, Torffasern als Bodengrund.

Afrikanische Fransenlipper (Gattung *Labeo*) können nur in großen Aquarien (mindestens 4 - 5 m^3) gehalten werden. Sie sind untereinander sehr unverträglich, gegenüber anderen Fischen aber friedlich. Die Tiere stellen keine spezifischen Ansprüche an die Wasserwerte, sind sehr widerstandsfähig und langlebig. Allesfresser, auch Algenbeläge. Männchen bleiben kleiner, schlanker und sind geschlechtsreif am Laichausschlag erkennbar. Eine Zucht ist noch nicht gelungen.

Höchstalter. Ein *Labeo variegatus* ist im Aquarium Erfurt 15-jährig nach einer Havarie gestorben.

Abb. 29.7 *Balantiocheilus melanopterus* (Zoo Leipzig, Aquarium)

Abb. 29.8 *Epalzeorhynchus bicolor* (Privataquarium)

Asiatisch-tropische Arten

Gattung *Balantiocheilus*: 1 Art. **Haibarbe, Glühschwanzbarbe** (*B. melanopterus*): bis 35 cm (Weibchen), Thailand, Borneo, Sumatra.

Gattung *Crossocheilus* (Rüsselbarben): 15 Arten. Im Gegensatz zur verwandten Gattung *Epalzeorhynchus* keine Seitenlappen an der Schnauze. Dazu **Längsband-Rüsselbarbe, Goldbraune Rüsselbarbe** (*C. oblongus* = *Epalzeorhynchus stigmaeus*): bis 16 cm, Thailand, Malaiische Halbinsel, Große Sundainseln.

– **Siam-Rüsselbarbe, Grünflossen-Rüsselbarbe** (*C. siamensis*): 14 cm, Thailand, Malaiische Halbinsel.

Gattung *Cyclocheilichthys*: 10 Arten. Dazu **Indische Flussbarbe** (*C. apogon*): Weibchen bis 50 cm, Hinterindien, Malaiische Halbinsel, Große Sundainseln. Geschlechtsunterscheidung ab etwa 10 cm Länge möglich: Männchen zeigen dann eine gerade Bauchlinie, ihre Afterflosse ist zugespitzt, die Bauchlinie der Weibchen ist konkav.

Abb. 29.9 *Epalzeorhynchus kallopterus* (Zoo Leipzig, Aquarium)

Abb. 29.10 *Garra rufa* (Privataquarium)

Gattung *Epalzeorhynchus* (Asiatische Fransenlipper und Rüsselbarben): 5 Arten. **Feuerschwanz-Fransenlipper** (*E. bicolor*): 12 cm, Thailand. – **Grüner Fransenlipper** (*E. erythrurus*): 15 cm, Nordthailand. – **Zügelfransenlipper** (*E. frenatus*): 15 cm, Ostthailand. – **Schönflossen-Rüsselbarbe** (*E. kallopterus*): 15 cm, Thailand, Sumatra, Borneo.

Gattung *Garra* (Saugbarben): 65 Arten (davon allerdings 11 in Afrika). Schlanke und verträgliche Fische, deren Vorliebe für Algenaufwuchs sie sehr beliebt gemacht haben. Jugend- und Alterskleid unterscheiden sich oft sehr stark, so dass bei vielen der neu importierten Arten eine Zuordnung schwierig ist. Dazu **Oman-Saugbarbe** (*G. barreimiae*): 6 - 7 cm, endemisch im Hajar-Gebirge, Oman. Neben einer sehtüchtigen, dunkel pigmentierten Oberflächenform (*G. b. shawkahensis*) gibt es auch eine blinde, rosa gefärbte Höhlenform im Hoti-Höhlensystem (*G. b. barreimiae*). Für diese werden gegenwärtig Schutzmaßnahmen vorbereitet. – **Löwenkopf-Saugbarbe** (*G. cambodgiensis*): 15 cm, Thailand, Kambodscha, Laos. – **Nasen-Saugbarbe** (*G. nasuta*): 20 cm, Indien bis Vietnam. – **Rötliche Saugbarbe** (*G. rufa*): 16 cm. Kleinasien. Eine Fundortform aus warmen Quellen nahe Kangal in der Türkei hat Karriere als „Kangalfisch“ gemacht, der zur Behandlung von Hauterkrankungen beim Menschen eingesetzt wird. Sie liebt etwas höhere Temperaturen und härteres Wasser als die südostasiatischen Arten.

Gattung *Labeo*: 35 asiatische Arten. Dazu **Schwarzer Fransenlipper** (*L. chrysophekadion = Morulius chrysophekadion*): 90 cm, Südostasien, Sumatra, Java, Borneo. Körper und Flossen einfarbig schwarz.

Abb. 29.11 *Labeo chrysophekadion* (Zoo Leipzig, Aquarium)

Abb. 29.12 *Osteochilus hasseltii* (Zoo Leipzig, Aquarium)

Gattung *Oreichthys*: 2 Arten. **Gelbflossen-Zwergbarbe** (*O. cosuatis*): 5 cm, Indien, Burma (Myanmar), Thailand. – **Hochflossenbarbe** (*O. spec. High Fin*): 4 cm, Nordbengalen, Assam.

Gattung *Osteochilus*: 35 Arten. Dazu **Nilem** (*O. hasseltii*): 35 cm, weit verbreitet in Südostasien. 6 - 9 Längsreihen kleiner, nicht immer deutlicher Punkte auf jeder Körperseite.

Gattung „*Puntius*" (Asiatische Barben): etwa 100 Arten. Die Trennung der nachfolgenden Arten von „*Barbus*" und das Führen als eigene Gattung ist wissenschaftlich nicht ganz korrekt, einige Autoren fassen unter dieser Bezeichnung die Arten aus der bisherigen Gattung „*Barbus*" zusammen, welche keine oder nur 2 Barteln besitzen (afrikanische *Barbus* besitzen 4 Oberkie-

Abb. 29.13 *Puntius denisonii* (Tierpark Berlin)

Abb. 29.14 *Puntius everetti* (Zoo Leipzig, Aquarium)

ferbarteln). Allerdings gibt es auch unter den Asiaten Arten mit 2 Bartelpaaren (z.B. *P. binotatus*, *P. everetti*, *P. fasciatus*, *P. lateristriga*). An dieser Stelle wurde die Trennung vor allem aus praktischen aquaristischen Erwägungen heraus vorgenommen. Dazu **Prachtbarbe** (*P. conchonius*): 10 cm, nördliches Vorderindien. – **Clownbarbe** (*P. everetti*): 10 cm, Borneo, Singapur. – **Denisons Barbe**, **Leuchtstrichbarbe** (*P. denisonii*): 15 cm, Indien. Hinter dem Kiemendeckel kurzer, leuchtend roter Strich über duchgängigem schwarzem Längsband. – **Sumatrabarbe** (*P. tetrazona*): 7 cm, Sumatra, Borneo. – **Brassenbarbe**, **Schwanefelds Barbe** (*P. schwanefeldii*): 35 cm, Malaiische Halbinsel, Sumatra, Borneo, Thailand. Diese Art wird neu auch als *Barbonymus schwanefeldii* geführt. – Weitere, häufiger gepflegte Arten in Tabelle 29.1.

Gattung *Sawbwa*: 1 Art. **Nacktlaube** (*S. resplendens*): 3,5 cm, Inlésee und Umgebung (Burma/Myanmar). Schuppenlos, im männlichen Geschlecht mit rotem Kopf und roten Spitzen der Schwanzflosse prachtvoll gefärbt.

Abb. 29.15 *Puntius rhomboocellatus* (Zoo Leipzig, Aquarium)

Haltung von asiatisch-tropischen Karpfenverwandten

Haibarben (*Balantiocheilus melanopterus*) sind lebhafte und friedliche Schwarmfische, die aber zartere Pflanzen angreifen. Sie sind sehr anpassungsfähig in Bezug auf die Wasserwerte, haben jedoch einen sehr hohen Sauerstoffbedarf. Sie können bei Kommentkämpfen knarrende, kurze Töne abgeben, die so laut und hart sind, dass man befürchtet, die Aquarienscheibe könne zerspringen. Die Geschlechter sind ab etwa 12 cm Länge daran zu unterscheiden, dass bei den Männchen die Bauchlinie fast gerade verläuft, während sie beim fülligeren Weibchen konkav wird. Bei optimalen Haltungsbedingungen in sehr weichem (unter 5° dGH) und leicht

Tab. 29.1 Weitere, häufiger gepflegte Arten der Gattung *Puntius*

Art	Größe	Heimat
Prachtglanzbarbe (*P. arulius*)	12 cm	Süd- und Südostindien
Zweifleckbarbe (*P. bimaculatus*)	7 cm	Sri Lanka
Große Fleckenbarbe (*P. binotatus*)	18 cm	Malaysia, Philippinen
Fleckenbarbe (*P. canius*)	6 cm	Indien: Ganges
Glühkohlenbarbe (*P. fasciatus*)	8 cm	Malaiische Halbinsel
Schwarzfleckbarbe (*P. filamentosus*)	15 cm	Sri Lanka
Zwergfleckenbarbe (*P. gelius*)	4 cm	Zentralindien bis Assam
Linienbarbe (*P. johorensis*)	12 cm	Malaiische Halbinsel, Sundainseln
Schwanzbandbarbe (*P. lateristriga*)	18 cm	Sundainseln, Malaiische Halbinsel
Purpurkopfbarbe (*P. nigrofasciatus*)	6,5 cm	Sri Lanka
Eilandbarbe (*P. oligolepis*)	5 cm	Große Sundainseln
Rotwangenbarbe (*P. orphoides*)	25 cm	Thailand, Java, Borneo
Teilgürtelbarbe (*P. partipentazona*)	4,5 cm	Thailand, Laos
Fünfgürtelbarbe (*P. pentazona*)	5 cm	Malaiische Halbinsel, Borneo
Zwergbarbe (*P. phutunio*)	5 cm	Ostindien, Sri Lanka
Großschuppenbarbe (*P. pierri*)	45 cm	Thailand
Rhombenbarbe (*P. rhomboocellatus*)	5 cm	Borneo
Khavlibarbe (*P. sahjadriensis*)	7 cm	Indien
Messingbarbe (*P. semifasciolatus*)	10 cm	Südostchina, Hongkong
Sonnenfleckbarbe (*P. stoliczkanus*)	6 cm	Ostmyanmar
Zweipunktbarbe (*P. tictus*)	10 cm	Sri Lanka, Indien
Bitterlingsbarbe (*P. titteya*)	5 cm	Sri Lanka, Indien

saurem Wasser (pH 6,5) zeigen Männchen intensives Gelb in den Flossen. Fütterung mit Schrimps, Mysis, Muschelfleisch, blanchierten bzw. gefrosteten Erbsen.

Vermehrung. Nach einem umfangreichen Teilwasserwechsel (50 %) bei gleichzeitiger Temperaturerhöhung um 5 °C konnten im Aquarium Erfurt in einem Gemeinschaftsbecken in Oberflächennähe intensive Balzspiele ausgelöst werden, zur Eiablage kam es jedoch nicht.

Die Grünflossen-Rüsselbarbe (*Crossocheilus siamensis*) ist eine der wenigen Arten, welche sogar die Rasen der Bartalge abweidet. In weichem, leicht saurem Wasser und Becken mit guter Bepflanzung und gedämpftem Licht können die Tiere sehr alt werden.

Vermehrung. Die Weibchen sind deutlich fülliger als die sehr schlanken Männchen. Ein Treiben im Pflanzendickicht zwischen Cryptocorynenstängeln wurde häufig beobachtet, jedoch noch keine Eiabgabe.

Die Indische Flugbarbe (*Cyclocheilichthys apogon*) ist eine verträgliche, in lockeren Gruppen lebende Art, welche mit allen großen südostasiatischen Cypriniden gemeinsam gepflegt werden kann. Sie benötigt viel Schwimmraum. Allesfresser, bei Zufütterung pflanzlicher Nahrung (blanchierte Erbsen) werden derbere Cryptocorynen kaum angefressen.

Vermehrung. Das Ablaichen erfolgte bisher nur im Gemeinschaftsbecken zwischen Pflanzen (*Cryptocoryne usteriana*) in den Morgenstunden (Aquarium Erfurt), Jungfische wurden noch nicht aufgezogen.

Asiatische Fransenlipper und Rüsselbarben der Gattung *Epalzeorhynchus* hält man optimal in gut bepflanzten, mit zahlreichen Höhlen und Verstecken ausgestatteten, großen Becken. Die Fische sind nur dann unverträglich, wenn sie zu zweit oder zu dritt gehalten werden und sich ständig sehen. In einer Gruppe verteilen sich aufkommende Aggressionen. Die gemeinsame Haltung mit großen Barben ist problemlos. Das Wasser sollte weich und leicht sauer bis neutral sein, die Temperatur um 24 °C liegen. Allesfresser.

Vermehrung. Ohne hormonelle Beeinflussung ist die Nachzucht einiger Arten bisher nur in solchen wie oben beschrieben eingerichteten Becken gelungen. Die Eiablage erfolgt in Höhlen, die Eier und die nach 48 Stunden schlüpfenden Larven sind lichtempfindlich. Vereinzelt wurde Brutpflege beobachtet.

Saugbarben (Gattung *Garra*) werden in stellenweise dicht bepflanzten Becken, neutralem, weichem bis mittelhartem Wasser und Temperaturen zwischen 23 und 26 °C gehalten. Sie sind ständig auf Blättern und im Bodenbereich auf Futtersuche. Allesfresser, Zufütterung pflanzlicher Kost (u.a. blanchierte Erbsen) ist beim Fehlen von Algen notwendig.

Vermehrung. Die Männchen bleiben schlanker und bei den Arten mit Farbe in den Flossen sind diese Farben intensiver als bei den Weibchen. Tiere, die sich um Ruheplätze streiten, sind stets Männchen. Freilaicher über kiesigem Bodengrund oder Laichrost und lockerem Javamoos.

Friedliche, gut haltbare Schwarmfische sind die beiden Arten der Gattung *Oreichthys*, die durch die schwarze Säumung der relativ großen Schuppen und die Gelbfärbung der Flossen besonders attraktiv sind. Optimale Haltungsbedingungen liegen in weichem bis mittelhartem, leicht saurem Wasser vor. In nicht zu hellen Becken und nach Filterung über Torf werden die Farben intensiver. Weicher Bodengrund ist erforderlich.

Vermehrung. Bei Kommentkämpfen der Männchen kann es zum Maulzerren wie bei Cichliden kommen. In der Gruppe finden sich häufig bereits Paare, die nach Umsetzen in ein kleines Zuchtbecken (10 l) bereitwillig laichen. Die Auswahl eines laichvollen Weibchens und eines Männchens mit besonders großer oder intensiv gefärbter Rückenflosse bringt ebenso Erfolg. Die Zugabe von über Torf gefiltertem Regenwasser erhöht die Laichbereitschaft und das Schlupfergebnis. Die Eier werden zwar während des Laichaktes gegen Pflanzen gedrückt, besitzen jedoch auch in weichem Wasser keine Klebkraft. Die Larven schlüpfen erst nach 72 Stunden.

Die meisten Asiatischen Barben (Gattung *Puntius*) fordern oder vertragen höhere Temperaturen als ihre afrikanischen Verwandten, die Jungfische zeigen nach dem Schlupf ein anderes Verhalten, sie schwimmen in der Regel früher auf. Grundlagen der Ernährung sollten Mysis und Schwarze Mückenlarven bilden, bei den großen Arten ergänzt durch gefrostete Erbsen und Teichlinsen. Einige Arten scheinen kein Sättigungsgefühl zu kennen und vor allem bei übermäßiger Fütterung mit Roten Mückenlarven tritt die so genannte Rotseuche auf, die Tiere sterben mit übervollem Magen an Kreislaufversagen, nachdem sich der Körper rot verfärbt hat. (Beobachtet wurde dies im Aquarium Erfurt bei *P. conchonius*, *P. everetti*, *P. lateristriga*, *P. tetrazona* sowie bei Jungtieren von *P. pierri* und *P. schwanefeldii*.)

Vermehrung. Zuchtversuche mit nahezu allen der nachfolgend aufgeführten Arten im Aquarium Erfurt haben zur Erkenntnis geführt, dass bei den großen Arten (mehr als 12 cm Länge) die Zuchtreife der Männchen nicht vor dem 3. Lebensjahr erreicht wird. Beim Zuchtansatz dieser Arten sollte daher das Männchen mindestens 6 Monate bis 1 Jahr älter als das Weibchen sein. Wenn es nur um Arterhaltung und nicht um

Produktivität geht und keine großen Zuchtbecken zur Verfügung stehen, wird folgende, im Aquarium Erfurt bewährte Methode empfohlen: In das Gemeinschaftsbecken wird abends vor dem Ausschalten des Lichts ein mit Perlonwolle locker gefülltes Plastikkörbchen (Obstkörbchen) in die Beckenmitte gehängt. Mit Tagesbeginn drängen sich alle laichbereiten Tiere, selbst Brassen- und Haibarben um dieses Ablaichsubstrat und stimulieren sich gegenseitig. Die danach an Eiern reiche Perlonwolle wird in einem kleineren Becken ausgeschüttelt, Eier und Brut werden wie üblich weiter betreut. Alle Barben treiben sehr, die Beckenlänge des Zuchtbeckens sollte das 6fache, besser das 10fache der Körperlänge der Art betragen. Kirschgroße Kiesel oder Glasmurmeln als Bodengrund und eine Schicht darüber ausgebreiteten Javamooses werden von allen Arten als Laichsubstrat akzeptiert und schützen gleichzeitig die Eier vor den Nachstellungen der Eltern. Paare, welche einmal gemeinsam abgelaicht haben, können immer wieder erfolgreich angesetzt und nachmittags gemeinsam in das Zuchtbecken gesetzt werden. Beim ersten Zuchtversuch ist es besser, das Weibchen 1 - 2 Tage vor dem Männchen einzusetzen. Morgendliche Sonnenstrahlen, selbst wenn sie nur über einen Spiegel in das Zuchtbecken geleitet werden, erhöhen in allen Fällen die Laichbereitschaft. Erweisen sich bei einigen Arten die Männchen bei Paaransatz als etwas ruppig (z.B. *P. fasciatus*), so empfiehlt sich Gruppenansatz mit 3 Paaren. Der Zusatz von über Torf gelaufenem Regenwasser (notfalls Osmosewasser) in das Zuchtbecken und eine Temperaturerhöhung um 1 - 2 °C fördern die Laichbereitschaft, bei den etwas heikleren kleinen Arten (z.B. *P. canius*, *P. gelius*, *P. rhombo-ocellatus*, manchmal auch *P. pentazona*) sind sie eine Voraussetzung für den Erfolg.

Nacktlauben (*Sawbwa resplendens*) hält man unter optimalen Bedingungen in mittelhartem (ab 15° dGH) und neutralem Wasser bei Temperaturen um 24 °C. In Becken mit dichter Bepflanzung und gedämpftem Licht entwickeln sich die Farben der Männchen am besten.

Vermehrung. Bei frisch importierten Tieren zeigen die Weibchen nur im zeitigen Frühjahr Laichansatz, bei Nachzuchtgenerationen kann durch wiederholten Wasserwechsel mit Absenken und Steigern der Wasserhärte Laichansatz induziert werden. Sind die Weibchen durch gute Vorbereitungsfütterung (kleine Mysis, kleine Schwarze Mückenlarven) zum Laichansatz gekommen, dann genügt ein Absenken der Wasserhärte um 50 %, um das Ablaichen an oder über aufgelockertem Javamoos einzuleiten. 14 Tage später können die Paare ein 2. Mal angesetzt werden.

Höchstalter. Einige *Crossocheilus siamensis* sowie *Epalzeorhynchus bicolor, E. erythrurus und E. kallopterus* leben im Aquarium Erfurt bereits seit 15 Jahren. Verschiedene *Puntius*-Arten wie auch *Balantiochcheilus melanopterus* erreichten ein Alter von über 11, *P. lateristriga* und *P. semifasciolatus* sogar über 18 Jahren (Artis Aquarium Amsterdam).

Europäisch-nordasiatische Arten

Gattung *Aristichthys*: 1 Art. **Marmorkarpfen** (*A. nobilis*): etwa 1 m, Ostchina, in Mittel- und Osteuropa stellenweise eingebürgert. Fressen Zooplankton, mit zunehmendem Alter aber auch Phytoplankton.

Gattung *Barbus*: in Europa 10 Arten. Dazu **Barbe, Flussbarbe** (*B. barbus*): bis 90 cm, meist kleiner, Mitteleuropa und England. Lebensraum der geselligen Fische sind sauerstoffreiche Bäche und Flüsse. Maul unterständig mit 2 Paar Barteln. Die Eier sind giftig. – **Hundsbarbe** (*B. meridionalis*): bis 40 cm, Pyrenäen, Norditalien, Balkan bis zum Dnepr.

Gattung *Carassius*: 4 Arten. Dazu **Goldkarausche** (*C. auratus*): 30 - 45 cm, ursprünglich Ostasien, in vielen Teilen Europas eingebürgert. Bewohnt stehende und langsam fließende, pflanzenreiche Gewässer. Aus rotgoldenen Farbmorphen wurde um 1000 n.Chr. in China der Goldfisch, mittlerweile in vielen verschiedenen Varianten, herausgezüchtet. – **Karausche, Moorkarpfen** (*C. carassius*): bis 50 cm, meist

Abb. 29.16 *Ctenopharyngodon idella* (Zoo-Aquarium Berlin)

kleiner, Europa und Teile Asiens. Fehlt in Südwesteuropa. Stehende und langsam fließende Gewässer, auch im Brackwasser. Dunkler Fleck auf dem Schwanzstiel. – **Giebel, Silberkarausche** (*C. gibelio*): 25 cm (maximal 45 cm), Osteuropa bis Zentralasien. Wird auch als Unterart von *C. auratus* angesehen. In Teilen des Verbreitungsgebiets gibt es Populationen, die nur aus Weibchen bestehen. Diese beteiligen sich am Laichen anderer Karpfenfische, deren Samenfäden auch in die Giebeleier eindringen. Die Kerne verschmelzen jedoch nicht (keine Befruchtung), die Eientwicklung wird lediglich angeregt; es entstehen wiederum nur Weibchen. Diese Spezialform der Jungfernzeugung wird als Gynogenese bezeichnet.

Gattung *Cyprinus*: 21 Arten. Dazu **Karpfen** (*C. carpio*): bis 1,2 m, ursprünglich Asien, in vielen Teilen der Welt angesiedelt, in langsam fließenden und stehenden, pflanzenreichen Gewässern. Wildform mit gestrecktem, bräunlich silbernem Körper, großen Schuppen und lang

Abb. 29.17 *Hemibarbus maculatus* (Zoo Moskau, Aquarium)

Abb. 29.18 *Tinca tinca*, Jungfisch (Alpenzoo Innsbruck)

gezogener Rückenflosse. Kopf groß, mit 2 Paar Barteln. Mittlerweile existieren verschiedene Zuchtformen.

- Schuppenkarpfen: hochrückig mit vollständigem Schuppenkleid.
- Zeilkarpfen: nur 1 oder mehrere Reihen von Schuppen.
- Spiegelkarpfen: deutlich vergrößerte Schuppen, über den ganzen Körper verteilt.
- Lederkarpfen: unbeschuppt oder zumindest nur einzelne Schuppen.
- Koi-Karpfen: japanische Zuchtform, meist weiß mit roten, schwarzen oder gelben Flecken.

Gattung *Ctenopharyngodon*: 1 Art. **Amurkarpfen**, **Graskarpfen** (*C. idella*): 1,5 m, Amurgebiet, Nordostchina. Sehr anpassungsfähig, große Temperatur- und Salztoleranz. Da Amurkarpfen auch höhere Wasserpflanzen fressen, wurden sie zum Gewässerfreihalten in vielen Ländern der Erde ausgesetzt.

Gattung *Hemibarbus*: 9 Arten. Dazu **Gefleckte Amurbarbe** (*H. maculatus*): 45 cm, Amur-Gebiet und angrenzende Teile von China und Korea, Japan. Auf jeder Körperseite eine Reihe von 7 - 11 schwärzlichen Flecken.

Gattung *Hypophthalmichthys*: 2 Arten. Dazu **Silberkarpfen, Tolstolob** (*H. molitrix*): bis 1 m, Ostasien, in Mittel- und Osteuropa stellenweise eingebürgert. Frisst Planktonalgen. Eier und Larven pelagisch.

Gattung *Tinca*: 1 Art. **Schleie** (*T. tinca*): bis 70 cm, meist kleiner, Europa bis Sibirien, langsam fließende und stehende Gewässer. Sehr kleine Schuppen. Maul mit dicken Lippen und 1 Paar Barteln. Während des Winters im Bodenschlamm eingegraben.

Haltung von europäisch-nordasiatischen Karpfenverwandten

Giebel und Karausche kann man in mittelgroßen Aquarien pflegen. Barbe, Schleie und vor allem Karpfen, Amurkarpfen, Silberkarpfen und Marmorkarpfen brauchen große Becken. Giebel, Karausche und Schleie benötigen außerdem dicht bepflanzte Aquarienbereiche. Da alle Arten gründeln, sollte Flusssand als Bodengrund dienen. Beim Karpfen muss der Wurzelbereich von Wasserpflanzen mit Steinen geschützt werden, um ein Herausreißen zu verhindern. In Aquarien, in denen Amurkarpfen gehalten werden, sollte man auf Pflanzen verzichten. Barben benötigen Verstecke oder Unterstände. Das Wasser sollte gut belüftet sein. Besonders beim Karpfen ist eine starke Filterung notwendig. Die Wassertemperatur sollte langfristig 24 °C nicht übersteigen, doch vertragen die genannten Arten, mit Ausnahme der Barbe, kurzfristig 28 °C. Die Fütterung gelingt problemlos mit Trocken-, Grün- und Lebendfutter. Schleien fressen gern Wasserschnecken. Karpfen und Amurkarpfen sind vorwiegend mit Salat, Löwenzahnblättern oder Spinat zu füttern. Der Silberkarpfen ist als nahezu reiner Phytoplanktonfresser im Aquarium nur schwer zu ernähren, da insbesondere adulte Exemplare große Mengen davon vertilgen.

Vermehrung. Giebel, Karausche und Karpfen wurden im Aquarium bereits nachgezüchtet. Neben der erforderlichen Beckengröße ist eine kühle Überwinterung wichtig. Die Laichtemperaturen liegen bei etwa 18 - 20 °C.

Höchstalter. Eine Karausche lebt im Opel-Zoo Kronberg seit 12 Jahren. Gelegentlich auftretende Berichte, dass der Karpfen 80 und sogar 100 Jahre alt wird, können in das Reich der Fabel verwiesen werden. Seine durchschnittliche Lebenserwartung liegt bei 25 - 30 Jahren, als Höchstalter sind 47 Jahre verbürgt. Im Aquarium wurden 10 Karpfen 38 Jahre alt (Zoo Frankfurt).

Unterfamilie Weißfische (Leuciscinae)

Etwa 50 Gattungen mit ungefähr 300 Arten. Nordamerika, Europa und Asien (außer Indien und Südostasien).

Asiatisch-tropische Arten

Gattung *Aphyocypris*: 3 Arten. Dazu **Venusfisch**, **Chinesischer Lampionfisch** (*A. lini*): 4 cm, Südchina. Art ähnelt dem Kardinalfisch und wird häufig als *Tanichthys lini* angeboten, unterscheidet sich jedoch von diesem durch das Fehlen kleiner Horntuberkel am Schnauzenrand.

Gattung *Chela* (Flügelbärblinge): 6 Arten. Dazu **Blauer Flügelbärbling** (*C. cachius*): 10 cm, Indien. – **Blauer Kielbauchbärbling** (*C. caeruleostigmata*): 6 cm, Zentralthailand. – **Kleiner Kielbauchbärbling** (*C. dadyburjori*): 4 cm, Burma (Myanmar). Männchen kleiner, farblich intensiver. – **Indische Glasbarbe** (*C. laubuca*): 6 cm, Südostasien.

Gattung *Parachela* (bisher *Oxygaster*): 7 Arten. Dazu **Glasbarbe** (*P. oxygastroides*): bei Aquarienhaltung kaum über 15 cm, Thailand, Laos, Große Sundainseln.

Gattung *Tanichthys*: 2 Arten. Dazu **Kardinalfisch** (*T. albonubes*): 4 cm, Kanton und Hongkong (China).

Gattung *Zacco* (Drachenfische): 5 Arten. Dazu **Drachenfisch** (*Z. platypus*): 18 cm, Japan, ostasiatisches Festland.

Haltung von asiatisch-tropischen Weißfischen

Die Flügelbärblinge (Gattung *Chela*) sind kleine bis mittelgroße, oberflächenorientierte Fische. Der Nahrungsbedarf wird weitgehend über Anflugnahrung gedeckt, für die Vorbereitung einer erfolgreichen Zucht sind Blattläuse, Fliegen, Fliegenmaden (Anglerbedarf) usw. wegen darin enthaltener essentieller Bestandteile unerlässlich. Ergänzung mit Mysis und Schwarzen Mückenlarven, Tubifex wird nicht vertragen. Die volle Entfaltung der teilweise prächtigen Färbung kommt nur bei der Pflege in weichem, leicht saurem bis neutralem Wasser zum Tragen. Optimaler Temperaturbereich 22 - 26 °C. Dichte Bepflanzung, gedämpftes Licht und regelmäßiger Teilwasserwechsel erhöhen die Lebenserwartung.

Vermehrung. Die Weibchen lassen sich nur am etwas kantigeren Bauchprofil von den stets kielbäuchigen Männchen unterscheiden. Vorteilhaft ist Zuchtansatz mit Männchenüberzahl, das oder die Weibchen werden 2 Tage vorher, die Männchen abends eingesetzt. Abgelaicht wird in der Abenddämmerung oder nachts an oder zwischen feinblättrigen Pflanzen. Die Zucht ist kein Problem, die Aufzucht der winzig kleinen Jungfische breitet jedoch wegen der Futterbeschaffung erhebliche Schwierigkeiten.

Bei der Glasbarbe (*Parachela oxygastroides*) – die gläserne Durchsichtigkeit der Jungtiere verschwindet mit zunehmendem Alter – sind Haltung, Zuchtansatz und Zuchtverlauf wie bei den nahe verwandten *Chela*. Bei gleicher Färbung sind die Weibchen deutlich fülliger.

Die nahe miteinander verwandten Venusfische (*Aphyocypris lini*) und Kardinalfische (*Tanichthys albonubes*) benötigen etwa gleiche Haltungs- und Zuchtbedingungen. Die friedlichen, anspruchslosen Schwarmfische sind empfindlich gegenüber höheren Temperaturen. Der optimale Temperaturbereich liegt zwischen 18 und 22 °C, eine kühle Überwinterung bei 16 °C ist anzustreben. Toleranz besteht in den Wasserwerten (Härte 4 - 30° dGH, pH-Wert 6 - 7,5).

Vermehrung. Männchen sind schlanker und besitzen intensivere Farben. Zucht problemlos. Paaransatz im 30-l-Becken mit Myriophyllum oder Javamoos. In weichem und leicht saurem Wasser sind die Schlupfergebnisse besser.

Drachenfische (*Zacco platypus*) sind attraktive, in der Jugend friedliche Schwarmfische, mit zunehmendem Alter in zu kleinen Becken und bei höheren Temperaturen oft unverträglich. Bei Pflege in Becken ab 200 cm Länge mit dichter Randbepflanzung, gedämpftem Licht und Temperaturen zwischen 15 und 18 °C bleiben sie

Abb. 29.19 *Alburnoides bipunctatus* (Alpenzoo Innsbruck)

weitgehend verträglich. Mit neutralem, mittelhartem Wasser kommen sie gut zurecht, länger anhaltende Temperaturen über 22 °C vertragen sie nicht. Als räuberische Allesfresser benötigen sie kräftige Nahrung, Schrimps, Mysis, Herz- und Miesmuschelfleisch werden bevorzugt genommen, ebenso Insekten als Anflugnahrung. Die Männchen sind schlank, besitzen längere Flossen und kräftigere Farben. Eine Zucht im Aquarium scheint noch nicht versucht worden zu sein.

Höchstalter. Das mögliche Höchstalter für *Aphyocypris lini* liegt bei 10 Jahren. *Chela cachius* und *Ch. dadyburjori* leben seit 8 Jahren im Aquarium Erfurt.

Europäisch-nordasiatische und nordamerikanische Arten

Gattung *Abramis*: 3 Arten. Dazu **Brachsen, Blei** (*A. brama*): bis 82 cm, Europa, nördlich der Alpen und Pyrenäen, kommt jedoch nicht in Nordschottland und Nordskandinavien vor. Bewohner langsam fließender Flüsse und nährstoffreicher Seen, lebt teilweise auch im Brackwasser. Nahrung besteht aus Kleintieren.

Gattung *Alburnoides*: 3 Arten. Dazu **Schneider** (*A. bipunctatus*): 15 cm, Rhein- und Donaueinzugsgebiet. Lebt in sauberen, strömenden und sauerstoffreichen Gewässern. Seitenlinie nach unten gewölbt und beiderseits mit schwarzen Punkten gesäumt. Schwarmfisch.

Abb. 29.20 *Aspius aspius* (Alpenzoo Innsbruck)

Abb. 29.21 *Chondrostoma nasus* (Alpenzoo Innsbruck)

Gattung *Alburnus*: 13 Arten. Dazu **Ukelei, Laube, Maiblecke** (*A. alburnus*): bis 25 cm, europäisches Festland nördlich der Alpen und Pyrenäen, England und stellenweise Ostsee, in stehenden und langsam fließenden Gewässern. Seitenlinie hinter dem Kopf nach unten gewölbt. Schwarmfisch der oberen Wasserschichten.

Gattung *Aspius*: 2 Arten. Dazu **Rapfen** (*A. aspius*): bis 1 m, meist kleiner, vom Rheineinzugsgebiet ostwärts bis zum Ural, größere Fließgewässer, Seen, teilweise Brackwasser. Erwachsene Tiere sind Raubfische, fressen neben Fischen auch Wasservögel und Kleinsäuger.

Gattung *Blicca*: 1 Art. **Güster** (*B. bjoerkna*): bis 35 cm, Europa nördlich der Alpen und Pyrenäen, bis zum Ural, langsam fließende Flüsse und Altarme, auch im Brackwasser. Körper hochrückig und seitlich stark abgeflacht. Große Augen. Schwarmfisch, häufig mit Brachsen anzutreffen.

Gattung *Chondrostoma*: 26 Arten. Dazu **Nase** (*Ch. nasus*): bis 60 cm, Mitteleuropa, fehlt im Elbeeinzugsgebiet. Bodenfisch sauerstoffreicher und klarer Fließgewässer mit steinigem Untergrund. Deutlich unterständiges Maul mit verhornten Lippen.

Gattung *Leucaspius*: 1 Art. **Moderlieschen** (*L. delineatus*): bis 12 cm, Mittel- und Osteuropa, in pflanzenreichen, stehenden Gewässern und langsam fließenden Flüssen. Schwarmfisch.

Gattung *Leuciscus*: 40 Arten. Dazu **Döbel, Aitel** (*L. cephalus*): bis 60 cm, meist kleiner, Mittel- und Südeuropa, in verschiedenen Gewässertypen, selten auch im Brackwasser. Jungfische leben in Schwärmen, Adulte sind meist Einzelgänger. – **Orfe, Aland** (*L. idus*): bis 80 cm, meist kleiner, vom Rhein ostwärts bis nach Sibirien, stellenweise Ostsee, in Flüssen und Seen sowie im Brackwasser. Körper messingfarben, jedoch treten immer wieder spontan dunkelorangefarbene Morphen auf, die als Goldorfen bezeichnet werden. – **Hasel** (*L. leuciscus*): 15 - 30 cm: Europa nördlich der Alpen und Pyrenäen, bevorzugt klare, sauerstoffreiche Bäche und Flüsse. Laichausschlag bei Männchen über den ganzen

Abb. 29.22 *Leuciscus souffia* (Alpenzoo Innsbruck)

Körper verteilt. – **Strömer** (*L. souffia*): 15 - 25 cm, Einzugsgebiete von Rhone, Oberrhein und Donau, in sauerstoffreichen und sauberen Fließgewässern. Blau-violette Längsbinde vom Auge bis zum Schwanzstiel. Schwarmfisch.

Gattung *Pelecus*: 1 Art. **Sichling**, **Ziege** (*P. cultratus*): 60 cm, Europa und Nordasien, auch im Brackwasser von Ostsee, Schwarzem Meer und Kaspisee sowie Aralsee. Auffallend große und breite Brustflossen.

Gattung *Phoxinus*: 14 Arten, Europa, Nordasien, Nordamerika. (Die nordamerikanische Gattung *Chrosomus* wird neuerdings hier eingeordnet.) Dazu **Elritze** (*Ph. phoxinus* = *Ph. laevis*): 10 - 15 cm, Europa, fehlt im äußersten Norden und Süden. Bewohnt klare fließende und stehende Gewässer sowie die Ostsee. Beide Geschlechter mit Laichausschlag, beim Männchen ist dieser jedoch intensiver ausgebildet. Schwarmfisch der oberen Wasserschichten.

Gattung *Rutilus*: 17 Arten. Dazu **Plötze**, **Rotauge** (*R. rutilus*): 20 - 50 cm, Europa nördlich der Alpen und Pyrenäen, ostwärts bis Sibirien, langsam fließende und stehende Gewässer, Brackwasserpopulationen der Ostsee und des Schwarzen Meeres steigen zum Laichen in die

Abb. 29.23 *Pelecus cultratus* (Zoo Moskau, Aquarium)

Tab. 29.2 Aquaristisch interessante nordamerikanische Karpfenfische

Art	Gesamtlänge	Verbreitung	Lebensraum
Rötling (*Chrosomus eos = Phoxinus eos*)	6 cm	südliches Kanada und Mittlerer Westen der USA	klare Flüsse und Seen
Amerikanische Plötze (*Clinostomus funduloides*)	11 cm	südöstliche USA	steinige, klare Fließgewässer
Kurzlippen-Elritze (*Exoglossum maxillingua*)	1 - 6 cm	nordöstliches Nordamerika	steinige, schnell fließende Bäche, kleine und mittelgroße Flüsse
Goldbrassen (*Notemigonus crysoleucas*)	bis 26 cm	mittleres und östliches Nordamerika	pflanzenreiche, stehende und langsam fließende Gewässer
Smaragdorfe (*Notropis atherinoides*)	bis 8,5 cm	zentrales Nordamerika	große Seen und Flüsse
Regenbogen-Elritze (*Notropis chrosomus*)	8 cm	mittlere USA (Alabama, Georgia, Tennessee)	in Bächen und kleinen Flüssen
Längsbandorfe (*Notropis hypselopterus*)	6 cm	südwestliche USA	Bäche, kleine Flüsse und Sumpfgewässer
Rotflossenorfe (*Notropis lutrensis = Cyprinella lutrensis*)	8 cm	Mittlerer Westen und Süden der USA	verschiedene Gewässertypen
Blaunasenorfe (*Notropis welaka*)	bis 6,5 cm	südöstliche USA (Ostflorida bis Louisiana)	pflanzenreiche Bäche, kleine bis mittelgroße Flüsse
Nordamerikanische Elritze (*Phoxinus neogaeus*)	8 cm	Mittlerer Westen der USA	fließende Gewässer
Dickkopf-Elritze (*Pimephales promelas*)	10 cm	Kanada, USA, Nordmexiko	fließende Gewässer und Teiche
Colorado-Squawfisch, Colorado-Hechtelritze (*Ptychocheilus lucius*)	1,8 m*	Colorado-Becken	tiefe Stellen der großen Flüsse, ausschließlich Fischfresser
Amerikanische Schwarznase (*Rhinichtys atratulus*)	10 cm	südliches Kanada, Mittlerer Westen und Osten der USA	verschiedene Gewässertypen
Bachzwergdöbel (*Semotilus atromaculatus*)	30 cm	mittleres Nordamerika (Montana bis zum Golf von Mexiko)	Oberläufe von Bächen und kleinen Flüssen, über Felsen- und Sandböden

* bis 36 kg (größter nordamerikanischer Karpfenfisch)

Flüsse auf. Der Vorderansatz der Rückenflosse liegt senkrecht über dem Ansatz der Bauchflossen. Iris rot.

Gattung *Scardinius*: 4 Arten. Dazu **Rotfeder** (*S. erythrophthalmus*): bis 40 cm, West-, Mittel- und Osteuropa. Gleicher Lebensraum wie Plötze. Vorderansatz der Rückenflosse deutlich hinter dem Ansatz der Bauchflossen. Alle Flossen rot. Iris goldgelb.

In Tabelle 29.2 sind einige häufiger in Aquarien gehaltene nordamerikanische Karpfenfische zusammengestellt.

Haltung von europäisch-nordasiatischen und nordamerikanischen Weißfischen

Diese Arten pflegt man in geräumigen, gut belüfteten Aquarien, die mit Kaltwasser-Pflanzen (*Elodea*, *Potamogeton* usw.), Ästen und Steinen eingerichtet sind. Der Bodengrund sollte für gründelnde oder im Boden wühlende Arten wie dem Brachsen aus feinem Kies oder Sand bestehen. Bei den anderen Arten kann auch grober Flusskies verwendet werden. Die Wassertempe-

Abb. 29.24 *Cyprinella lutrensis*, beide Männchen mit Laichausschlag am Kopf (Zoo Leipzig, Aquarium)

ratur sollte 22 °C nicht übersteigen. Jedoch tolerieren z.B. Rotfeder, Plötze und Moderlieschen kurzzeitig auch Temperaturen bis 28 °C. Aquarien, in denen Ukelei, Strömer, Elritze oder Aland gehalten werden, sollten gut abgedeckt sein oder einen ausreichend hohen seitlichen Sprungschutz besitzen, da diese Arten gelegentlich aus dem Wasser springen. Generell sollte regelmäßig ein größerer wöchentlicher Teilwasserwechsel durchgeführt werden.

Einheimische Weißfische leben meist in kleinen Gruppen (z.B. Güster, Plötze) oder Schwärmen (z.B. Moderlieschen, Elritze, Strömer) und werden im Aquarium auch entsprechend gehalten. Lediglich den Rapfen und adulte Döbel kann man allein pflegen, da sie auch in der Natur als Einzelgänger leben. Vergesellschaftungen sind in der Regel unproblematisch, doch sollten Rapfen und adulte Döbel aufgrund ihrer piscivoren Lebensweise nur mit gleich großen Fischen vergesellschaftet werden.

Die Fütterung ist problemlos. Fast alle Arten gewöhnen sich an Trocken- und Frostfutter. Dennoch sollte animalische Kost in Form von Wasserflöhen, Mückenlarven oder Tubifex regelmäßig zugefüttert werden. Beim Brachsen sollte diese Kost überwiegen. Der Rotfeder können als vegetarische Kost Salat, Spinat oder Löwenzahnblätter gegeben werden. Rapfen und adulte Döbel ernährt man mit Futterfischen. Der Sichling ist sehr empfindlich gegenüber Hautverletzungen, deshalb größte Vorsicht bei Fang und Transport.

Vermehrung. In Tabelle 29.3 sind die europäischen Arten aufgeführt, die bisher im Aquarium regelmäßig zur Nachzucht gebracht werden konnten. Voraussetzung für eine erfolgreiche Vermehrung ist eine Überwinterung mit herabgesetzten Temperaturen.

Höchstalter. Einige Arten einheimischer Weißfische können ein relativ hohes Lebensalter erreichen. Im Freiland werden Plötzen 14, Hasel 16, Aland 18, Rotfeder 19, Brachsen 20, Döbel 22 Jahre alt. Die Elritze kann im Aquarium über 6 Jahre erreichen, das Moderlieschen sogar 7. Von

Abb. 29.25 *Notropis hypselopterus* (Privataquarium)

Tab. 29.3 Fortpflanzungsdaten verschiedener europäischer Weißfische

Art	Laichzeit [Monat]	Eizahl	Geschlechtsreife	Besonderheiten
Moderlieschen	04 - 06	50 - 100	nach 1 Jahr	Männchen betreibt Brutpflege
Elritze	04 - 07	bis 1000	im 3. Jahr	klebriger Laich wird auf Kiesgrund abgelegt
Plötze	04 - 05	bis 100000	ab dem 3. Jahr	nutzen Wasserpflanzen als Laichsubstrat
Rotfeder	04 - 06	bis 200000	ab dem 2. oder 3. Jahr	nutzen Wasserpflanzen als Laichsubstrat

den größeren Weißfisch-Arten wurden im Aquarium der Brachsen 15 Jahre, 9 Monate, der Güster 16 Jahre, 10 Monate, die Orfe 21 Jahre, 7 Monate, die Plötze 9 Jahre, 3 Monate (alle Artis Aquarium Amsterdam) sowie 5 Rotfedern mindestens 20 Jahre (Shedd Aquarium, Chicago) alt.

Unterfamilie Bitterlinge (Acheilognathinae)

6 Gattungen mit über 50 Arten. Europa und Asien (außer Zentralasien), auch Japan. Weibchen legen Eier in die Mantelhöhle von Muscheln.

Gattung *Acanthorhodeus*: 2 Arten. Dazu **Stachelbitterling** (*A. asmussii*): bis 16 cm, Amurgebiet.

Gattung *Rhodeus*: 15 Arten. Dazu **Europäischer Bitterling** (*Rh. amarus*): bis 10 cm, West-, Mittel- und Osteuropa sowie Kleinasien. Bewohner langsam fließender und stehender Gewässer. Während der Fortpflanzungszeit färben sich verschiedene Körperteile rot bis violett. Weibchen legt die Eier mit einer langen Legeröhre in den Kiemenraum großer Muscheln. Dort entwickeln sich die Embryonen und verlassen diesen nach 2 - 3 Wochen. – **Amurbitterling** (*Rh. sericeus*): 11 cm, Amurgebiet, Nordostchina. Artstatus umstritten, ist vielleicht mit *Rh. sericeus* identisch. – **Rosabitterling**, **Hongkong-Bitterling** (*Rh. ocellatus*): Über 6 cm, Taiwan, in Ostchina, Korea und Japan eingebürgert.

Abb. 29.26 *Rhodeus amarus*, Männchen oben (Alpenzoo Insbruck)

Haltung von Bitterlingen

Bitterlinge kann man auch in kleineren Aquarien mit 100 l Fassungsvermögen pflegen, doch wären größere vorzuziehen. Die Becken sollten gut bepflanzt und strukturiert sein. Als Bodengrund eignet sich feiner Kies. Die Wassertemperatur sollte in der Regel 22 °C nicht übersteigen, doch werden kurzzeitig Temperaturen um 28 °C gut vertragen. Als Futter sollte vorwiegend animalische Kost gereicht werden, allerdings nehmen eingewöhnte Bitterlinge auch Trocken- und Flockenfutter an.

Vermehrung. Aufgrund der besonderen Fortpflanzungsbiologie benötigt man zur Vermehrung des Bitterlings auch größere lebende Muscheln (*Unio* oder *Anodonta*), in die von April bis Juni jeweils 40 - 100 Eier gelegt werden. Voraussetzung für eine erfolgreiche Vermehrung ist eine Überwinterung mit kalten Wassertemperaturen. Die Geschlechtsreife tritt nach 1 Jahr ein.

Höchstalter. Die natürliche Lebenserwartung liegt bei 5 Jahren. Im Aquarium können Bitterlinge ein Alter von 10 Jahren erreichen.

Abb. 29.27 *Myxocyprinus asiaticus* (Zoo-Aquarium Berlin)

Familie Sauger (Catostomidae)

J. Lange

Mittelgroße bis große (bis 1,2 m), meist bodenbewohnende Süßwasserfische. Maul unterständig, weit vorstreckbar. Keine Schuppen im Kopfbereich. Zahlreiche, kammartige Schlundzähne in 1 Reihe. Lippen fleischig, ohne Barteln. Schwanzflosse tief eingeschnitten, Rückenflosse im vorderen Teil oft fahnenartig ausgezogen, nur weiche Flossenstrahlen. Die Schwimmblase ist groß und in 2 - 3 Kammern unterteilt.

Verbreitung. Die Familie entstand wohl in Nordostasien und breitete sich über die Beringstraße nach Nordamerika aus. Während sie sich in der Isolation Nordamerikas formenreich entwickelte, wurde sie in Asien durch die „modernen" Karpfenfische verdrängt. Heute leben nur noch 2 Arten in China und Ostsibirien.

Lebensweise. Bewohner stehender Gewässer und langsam fließender, großer Flüsse, aber auch schnell fließender Bergbäche. Die meist kleineren Männchen mit Laichausschlägen. Ablage der Eier über dem Bodengrund oder an Wasserpflanzen. Wegen ihrer Größe und Häufigkeit bilden sie in vielen nordamerikanischen Gewässern die größte Biomasse überhaupt.

Nahrung. Allesfresser, aber auch spezialisierte Planktonfresser.

13 Gattungen mit etwa 70 Arten.

Gattung *Catostomus*: 24 Arten. Dazu **Langnasen-Sauger** (*C. catostomus*): 64 cm, Nordamerika (Alaska, Kanada und USA bis Nebraska und Colorado), außerdem Nordostsibirien (einziger Sauger, der sowohl in Nordamerika als auch in Asien verbreitet ist).

Gattung *Carpiodes*: 3 Arten. Dazu **Karpfensauger** (*C. carpio*): 64 cm, östliche USA bis Nordmexiko. – **Stachelrücken-Sauger** (*C. cyprinus*): 66 cm, Nordamerika (von den Großen Seen bis Louisiana).

Gattung *Ictiobus* (Büffelsauger): 4 Arten. Dazu **Kleinmaul-Büffelsauger** (*I. bubalus*): 1,1 m, von den Großen Seen bis Nordmexiko. – **Großmaul-Büffelsauger** (*I. cyprinellus*): 1,2 m, Ostkanada bis Louisiana.

Gattung *Moxostoma*: 19, z.T. nur 17-25 cm große Arten.

Gattung *Myxocyprinus*: **Hochflosser**, **Steilflossen-Sauger**, **Dschunkenschmerle**, **Wimpelkarpfen** (*M. asiaticus*): bis 60 cm, China (Yangtsekiang, Hwang-Ho, Tungting-See). Hochrückig, mit dreieckigem Körperquerschnitt und hoher, lang gezogener Rückenflosse, die entsprechend einem umgekehrten Bootskiel den Fisch in schnell fließenden Gewässern auf den Untergrund drückt.

Gattung *Xyrauchen*: **Messerrücken-Sauger** (*X. texanus*): bis 90 cm, USA (Colorado-Flusssystem), im tiefen Wasser mittelgroßer und großer Flüsse. Auffallend steile Stirnpartie. Stark gefährdet.

Haltung von Saugern

In den amerikanischen Schauaquarien werden vor allem die hochflossigen Arten der Gattung *Carpiodes*, aber auch andere große Formen wie die Büffelsauger und der Langnasen-Sauger sowie die rotflossigen Formen der Gattung *Moxostoma* mit anderen einheimischen Fischen zusammen gehalten. Wassertemperatur je nach Art zwischen 12 und 20 °C. Nordamerikanische Sauger-Arten werden nur selten nach Europa exportiert.

In Europa ist heute hingegen der in China lebende und in Farmen gezüchtete Steilflossen-Sauger häufig zu sehen. Er kam erstmals 1989 in Singapur in den Zierfischhandel. Die meist als 10 cm lange Jungfische importierten Sauger sind anfangs orangebraun mit 3 breiten, schwarzbraunen Bändern, später werden sie hellbraun mit 1 violettbraunem Längsband zwischen Schnauze und Schwanz.

Steilflossensauger sind relativ leicht zu pflegen. Temperaturen von 15-26 °C werden toleriert, das Optimum dürfte bei 20-22 °C liegen. Entsprechend ihrer Herkunft wünschen sie im Aquarium eine starke Strömung, nur in Strömungsbecken sind sie wirklich aktiv. Deshalb sollten sie nicht in Aquarien unter 5 m^3 Inhalt gehalten werden. Futter (Garnelen, Futtertabletten, Fischfleisch) wird am Boden gesucht, vor allem werden aber Algen regelrecht abgesaugt. Es sind relativ langsame Fresser, weshalb bei Vergesellschaftungen auf Futterkonkurrenz zu achten ist.

Über Geschlechtsunterschiede und Zucht ist nichts bekannt.

Höchstalter. Natürliche Lebenserwartung von *Catostomus catostomus* 20, von *Ictiobus bubalus* 15 Jahre. *Ictiobus bubalus* und *I. cyprinellus* wurden im Aquarium 16 Jahre, 4 Monate alt (Toledo Zoo, Ohio, USA).

Familie Saugschmerlen (Gyrinocheilidae)

J. Knaack

Auch als „Algenfresser" bekannte schmerlenähnliche Fische mit spindelförmigem, beschupptem Körper. An jeder Seite 2 Kiemenöffnungen, aber Teil der Kiemendeckelspalte vom unteren Hautbogen getrennt. Sauerstoffreiches Wasser wird durch 2 kleine, seitlich des Nackens liegende, enge Öffnungen eingesaugt (bis über 200 Mal pro Minute), gelangt zu den Kiemen (Gasaustausch) und nach außen über den unteren Teil der Kiemendeckelspalte. Diese Besonderheit, dass das Atemwasser nicht mit dem Maul aufgenommen wird, gestattet den Saugschmerlen das Maul ausschließlich als Saugorgan und zur Nahrungsaufnahme zu nutzen. Keine Barteln. Größe bis 25 cm, nach einigen Literaturhinweisen maximal bis 35 cm.

Verbreitung. Nur im Süßwasser tropischer Gebiete Südostasiens, bekannt aus Thailand, Kambodscha und Borneo.

Lebensweise. In der Natur tagaktiv, im Aquarium auch nachtaktiv. Strömungsliebend, besie-

Abb. 29.28 *Gyrinocheilus aymonieri* (Zoo Leipzig, Aquarium)

deln vorzugsweise Fließgewässer von Gebirgsregionen. Territorial, besonders große Fische, mitunter bei zu geringem Lebensraum aggressiv. Brut und Jungfische leben in lockeren kleinen Gruppen, trotzdem wird schon sehr früh ein Individualraum beansprucht.

Im Dezember 1995 beobachtete der Autor um 13.15 Uhr in einer teichförmigen Erweiterung eines Nebenflusses des Skrang-Rivers (Borneo) über einem größeren algenbewachsenen Stein das Ablaichen von Saugschmerlen unbekannter Art (Männchen etwa 15 und 18 cm, Weibchen etwa 20 cm, deutlich fülliger). Die Laicher besaßen ein tiefdunkles Längsband, grüne Rückenpartien und weißliche Regionen unter der Seitenlinie, die Körper waren metallisch glänzend. Mehrere Laichabgaben (Wassertemperatur 24,3 - 25,6 °C, 6,5 mg/l O_2-Gehalt, pH-Wert 6,7, Leitfähigkeit 16 µS/cm). Im gleichen Gewässer lebten die Plattschmerle (*Gastromyzon punctulatus*) und eine *Pangio*-Art. Untersuchungen über vermutete Laichwanderungen stehen noch aus.

Nahrung. Aufwuchs mit überwiegend pflanzlichem Anteil.

1 Gattung mit 3 Arten.

Gattung *Gyrinocheilus*: **Siamesische Saugschmerle** (*G. aymonieri*): bis 28 cm, Hinterindien, nördliche Malaiische Halbinsel. – Die anderen Arten sind *G. ustulosus* und *G. pennocki*, Artbestimmung schwierig. Im aquaristischen Fachhandel werden alle als „Saugschmerlen" angeboten und regelmäßig in größeren Stückzahlen (Wildfänge) importiert.

Haltung von Saugschmerlen

Aufgrund ihres angepassten Lebens an mäßige bis starke Strömung sowie steiniges und felsiges Substrat der Lebensräume fördert Strömung im Aquarium das Wohlbefinden. Hinsichtlich der Milieuansprüche anpassungsfähig, Temperaturen zwischen 22 und 28 °C. Sehr aktiv und tagsüber gut zu beobachten sind die „Weidegänge". Zu beachten sind der Raumfaktor und „Belästigungen" von anderen Beckenbewohnern, besonders durch größere Saugschmerlen. Für geschlechtsreife Saugschmerlen ab etwa 15 cm Aquarium über 500 l bieten. Im Aquarium meist einzeln gehaltene jüngere Tiere fungieren als „Scheibenputzer" bzw. „Algenfresser". Benötigen bei zu kleinen Becken Zufütterung von Flockenfutter, angeschnittenen Gurken-, Zucchini- und Avocado-Stücken, dünn gegossenen Spinat/Agarplatten, Roten Mückenlarven und Daphnien (auch gefrostet).

Vermehrung. Zur Laichzeit entwickeln sich besonders bei den Männchen ab 12 - 15 cm Länge auf dem Kopf kleine temporäre Knötchen. Über

Tab. 29.4 Fortpflanzungsdaten von Steinbeißer, Schlammpeitzger und Bachschmerle

	Cobitis taenia	*Misgurnus fossilis*	*Barbatula barbatula*
Anzahl beobachteter Paare	71	32	53
Verhaltensweisen bei Vermehrung	Unruhe des Männchens, viele S-förmige Krümmungen; Treiben des Männchens; Aufrichten der Vorderkörper beider Tiere; Umschlingung des Weibchens und Abgabe der Geschlechtsprodukte	Unruhe des Männchens, gesteigerte O_2-Aufnahme, viele S-förmige Krümmungen; Treiben des Männchens; gemeinsames Schwimmen und Festhalten des Weibchens mittels gespreizter Brustflosse; Umschlingung des Weibchens (Knotenbildung) und dabei Abgabe der Spermien und Ausstoß der Eier	unruhiges Schwimmen des Männchens, selten S-förmige Krümmungen; Treiben des Männchens; gemeinsames Schwimmen einer Spirale gegen die Strömung bis zur Wasseroberfläche; Rückenlage des Weibchens, Umschlingung durch das Männchen; Abgabe der Spermien und Eier (in Rückenlage des Weibchens)
Eiablagen pro Laichgang*	33	37	15
Anzahl der Scheinpaarungen*	7	3 - 9	4
Anzahl abgelegter Eier*	16	35 - 80	188
Dauer des Ablaichens*	2 ¼ h	4 ½ h	3 ½ h
Abstand zwischen Eiablagen*	4 min	4 - 5 min	11 ½ min
Eizahlen pro Laichgang*	200 - 1000	200 bis über 12000	1000 bis über 10000
Eigrößen*	3,02 - 4,48 mm	1,44 - 1,9 mm	1,12 - 125 mm

* Durchschnittswerte

eine Vermehrung im Aquarium ist nichts bekannt.

Höchstalter. Im Aquarium 21 Jahre für *Gyrinocheilus aymonieri.*

Familie Schmerlen (Cobitidae)

J. Knaack

Körper wurmähnlich bis spindelförmig, manche Arten auch seitlich mehr oder weniger abgeflacht. Charakteristisch ist ein aufrichtbarer Stachel unter dem Auge (bei *Acanthopsis* davor). Eine Reihe von Schlundzähnen. Maul unterständig, mit 3 - 6 Bartelpaaren. Größe zwischen 6 und 40 cm.

Verbreitung. Nordafrika (Marokko, Äthiopien), Europa, Asien und Inseln des Indoaustralischen Archipels.

Lebensweise. Im Süßwasser, viele Arten dämmerungs- und nachtaktiv, manche halten sich tagsüber im Bodengrund (Schlamm, Sand, Kies) auf, andere wechseln im Lauf ihrer Entwicklung die Strukturansprüche. Sie benötigen grobe Strukturen (Spalten, Höhlen) für den Einstand. Verteidigung von Territorien, aber auch Bildung von lockeren Sozialverbänden. Fortpflanzung, z.T. mit Laichwanderungen und

Schwarmbildung, stets paarweise. Keine Brutpflege.

Einzelheiten zur Fortpflanzungsbiologie von *Misgurnus fossilis* und *Cobitis taenia* im Vergleich zur Bachschmerle *Barbatula barbatula* sind in Tabelle 29.4 zusammengestellt.

Nahrung. Benthische Bodentiere (Kleinkrebse, Bachflohkrebse, Würmer, Schnecken, Insektenlarven), z.T. auch pflanzliche Kost.

22 Gattungen mit etwa 160 Arten. Man unterscheidet 2 Unterfamilien, die hier getrennt behandelt werden.

Unterfamilie Steinbeißer (Cobitinae)

1 Paar Rostralbarteln, selten fehlend; Schwanzflosse gewöhnlich gerundet oder schwach ausgerundet (gegabelt bei *Acanthopsis* und einigen *Lepidocephallichthys*-Arten).

19 Gattungen mit etwa 120 Arten. Bestimmung der im Handel angebotenen Arten, selbst Gattungsdiagnosen, vielfach unrichtig.

Gattungen *Acanthopsis* (3 Arten, 10-30 cm) und *Acanthopsoides* (6 Arten, bis 6 cm): in Fließgewässern Südasiens. In Zuflüssen des Tonle Sap in den 80er Jahren in der Trockenzeit auf steinigem, kiesigem Boden stellenweise sehr zahlreich (35 Tiere pro m^2). Dazu **Rüsselschmerle**, **Pferdekopfschmerle** (*Acanthopsis choerorhynchos*): 30 cm, weit verbreitet von Indien bis Vietnam, Sumatra, Java, Borneo.

Gattung *Cobitis* (Steinbeißer): etwa 40 Arten, 6-10 cm. Typusart der Gattung ist **Gemeiner Steinbeißer**, **Steinpicker** (*C. taenia*), in den letzten Jahrzehnten wurden Arten abgetrennt bzw. als weitere Arten und selbst neue Gattungen beschrieben, z.B. Rumänischer Steinbeißer (*Sabanejewia romanica*). Verbreitet in Europa und Asien, es werden Litoralbereiche stehender Seen und Fluss-Seen, aber auch mäßig strömende Fließgewässer besiedelt. Gelegentlich massenhaft in permanenten Restgewässern größerer Ströme nach dem Hochwasser, z.B. im Oderbruch.

Abb. 29.29 *Cobitis taenia*, Laichserie (Privataquarium)

Gattung *Lepidocephalus*: 8 Arten. Dazu **Guntea-Schmerle** (*L. guntea*): 15 cm, Südasien (Pakistan bis Thailand). – **Gewöhnliche Stachelschmerle** (*L. thermalis*): 8 cm, Indien, Sri Lanka.

Gattung *Misgurnus* (Schlammpeitzger): 3-4 Arten, mittelgroße (20-30 cm), bodenbewohnende Süßwasserfische, von denen der **Europäische Schlammpeitzger** (*M. fossilis*) in Mittel- und Osteuropa und der **Ostasiatische Schlammpeitzger** (*M. anguillicaudatus*) sowie weitere Arten ein Verbreitungsgebiet von Nordostasien bis Zentralchina besitzen. Schlammpeitzger haben einen langgestreckt-runden Körper mit einem seitlich abgeflachten Schwanzstiel und abgerundeter Schwanzflosse. Wulstige Lippen umziehen das unterständige Maul, typisch 3 Paar Oberkiefer- und 2 Paar Unterkie-

Abb. 29.30 *Pangio pangia* (Privataquarium)

ferbarteln. Sehr kleine Rundschuppen, kleine Augen und Kiemenöffnungen. Elegante Schwimmer, insbesondere beim Ablaichen. In der Natur werden stehende Gewässer mit schlammigem Boden und Wasserpflanzen – bevorzugt Hottonia-Bestände – besiedelt, aber auch im Uferbereich größerer Flüsse (z.B. Weichsel, Oder) oft häufig. Bei Sauerstoffmangel im Gewässer nehmen die Schlammpeitzger atmosphärische Luft auf, im gefäßreichen Enddarm findet der Gasaustausch statt. Die Brut besitzt beim Schlüpfen auffällige äußere Kiemenbüschel ähnlich wie von Lurchlarven bekannt – eine weitere Anpassung zum Überleben im sauerstoffarmen Milieu. „Winterruhe" wird im Schlamm ähnlich wie beim Europäischen Aal verbracht. Auch als Köderfisch in der Sportangelei benutzt – im Oderbruch geringe Bedeutung als Speisefisch (sauer eingelegt) – in den 50er Jahren wurden noch Weibchen über 45 cm Länge gefangen.

Gattung *Pangio*, ehemals *Acanthophthalmus* (Dornaugen): etwa 24 Arten, noch nicht abgeschlossene Systematik. Kleine, wurmförmige, 6-10 cm große Schmerlen. Am bekanntesten und ständig importiert *P. kuhli*, *P. myersi*, *P. pangia*, *P. shelfordi*, *P. semicincta*. Sehr beliebte Aquarienfische, allerdings mit versteckter Lebensweise. Literaturangaben zufolge sind einfarbige Dornaugen tagaktiver als die gefleckten und gestreiften Arten.

Haltung von Steinbeißern

Die Arten der Gattung *Acanthopsis* sind friedliche Einzelgänger, die sich überwiegend im feinkörnigen Boden aufhalten. Wassertemperaturen 24-28 °C. Beckengröße nach Art und Größe der Fische wählen, notwendige Raumfaktoren beachten. Können mit ruhigen Karpfenfischen gut vergesellschaftet werden. Zumindest schwache Strömung notwendig. Genommen wird Kunst- und Frostfutter. Bei Fütterung mit Roten Mückenlarven, Enchyträen und großen Cyclops werden die Tiere im Aquarium laichreif (Weibchen deutlich fülliger). 1985 wurde vom Autor *Acanthopsis spec.* durch Hormoneinsatz vermehrt.

Die bekannten Dornaugen-Arten stammen aus Burma (Myanmar), Thailand, Kambodscha, Laos, Vietnam, Malaysia und Indonesien. In natürlichen Lebensräumen (Stillwasser von Flüssen, Seen, Teiche, Sümpfe) werden *Pangio*-Arten gelegentlich übersehen, sie sind häufig, müssen aber mit Substrat (Schlamm, Sand) aus dem Gewässer entnommen werden. Gelegentlich in größerer Anzahl zwischen abgefallenen Blättern auf dem Gewässerboden, aber auch im strömenden Wasser zwischen Wurzeln und Pflanzen. 24-30 °C Wassertemperatur. In der Natur machen benthische Organismen geeigneter Größe – bei Nahrungsuntersuchungen häufig Linsenkrebse (Chydorus), Rüsselkrebschen (Bosmina) und selbst Muschelkrebse (Ostracoden) bis über

90 % der aufgenommenen Futtertiere aus. Im Aquarium wird Lebendfutter bevorzugt, aber auch Flocken- und Tablettenfutter angenommen. Über Zufallsvermehrungen wurde berichtet, einige Arten (z. B. *Pangio myersi*) wurden durch Hormonbehandlung gezielt vermehrt.

Die *Cobitis*-Arten sind verträgliche, friedliche Fische – je nach Art und Herkunft jahreszeitlichen Gang von Temperatur bzw. Nahrung beachten. Viele Steinbeißer benötigen eine „Winterruhe", z. B. *Cobitis taenia*. Temperaturabsenkung mindestens unter 8 - 10 °C. Gut geeignet sind Freilandteiche bzw. große Kaltwasser-Aquarien. Von vielen Arten sind sekundäre Geschlechtsunterschiede bekannt, z. B. Canestrini-„Schuppe" der Männchen, dichotome Brustflossen, Männchen mit größeren und veränderten Brustflossen, verdickter 1. Brustflossenstrahl. Gelegentlich haben sich Steinbeißer im Aquarium vermehrt, in großen Gartenteichen (Umlauf, feinkörnige überströmte Sandabschnitte), Vermehrung in Deutschland in Abhängigkeit vom Wetter in den Monaten Ende April, Mai, Juni.

Schlammpeitzger – auch als Wetterfische bezeichnet – sind interessante, ausdauernde Aquarienfische, die je nach Herkunft ein Kaltwasser-Aquarium (Sommer 18 - 25 °C und eine Winterruhe unter 8 °C) benötigen, asiatische Arten sind ähnlich wie die europäischen Schlammpeitzger im Sommer zu pflegen. Eine längere „Ruhephase" während der Trockenzeit ihres Heimatgebiets ist zur Reproduktion wichtig. Außer Lebendfutter (Kleinkrebse, Bachflohkrebse, Würmer, Schnecken, Insektenlarven) wird auch Kunstfutter (Flocken, Tabletten, Pellets) gefressen.

Höchstalter. *Pangio kuhlii* 17, *P. shelfordi* 14, *Cobitis taenia* 10, *Misgurnus fossilis* 12 Jahre (alle Angaben aus Aquarienhaltungen).

Unterfamilie Prachtschmerlen (Botiinae)

Kleine, 6 - 40 cm große Schmerlen. Schwanzflosse tief gegabelt, Körperseiten abgeflacht, 2 Paar Rostralbarteln. Überwiegend in tropischen, auch subtropischen Gewässern Asiens.

3 Gattungen mit mindestens 36 Arten. Nur Arten der Gattung *Botia* sind von aquaristischer Bedeutung.

Gattung *Botia*: mindestens 29 Arten, 6 - 30 cm, vorwiegend in Fließgewässern von Pakistan, Indien bis China, größter Artenreichtum in Südostasien, Laos, Kambodscha, Thailand, Burma (Myanmar), Malaysia, Indonesien (Sumatra, Borneo, Java). Bioakustisches Verhalten bei vielen Schmerlen-Arten bekannt. *Botia*-Arten können Knackgeräusche erzeugen, die wohl Bedeutung für das Territorialverhalten haben. Im Aquarienfachhandel angebotene Prachtschmerlen sind im Wesentlichen Wildfänge. Dazu **Beauforts Schmerle** (*B. beauforti*): bis 25 cm, Thailand, Laos, Kambodscha. Nur für große Aquarien (mehr als 1000 l Volumen) geeignet, Temperatur 24 - 27 °C. – **Tigerschmerle** (*B. helodes*): bis 22 cm, Sumatra, Borneo, Südmalaysia. Große, mit reichlich Substrat ausgestattete Aquarien, 24 - 28 °C. – **Grüne Prachtschmerle** (*B. lecontei*): bis 15 cm, Thailand, Laos, Kambodscha. 24 - 26 °C. – **Netzschmerle** (*B. lohachata*): bis 15 cm, Nordindien, Pakistan. Auch am Tag aktiv, bei ausreichend Einstellmöglichkeiten recht friedlich. Beckengröße ab 100 cm x 35 cm x 45 cm. Bereits im Aquarium vermehrt, 20 - 24 °C. – **Birma-Prachtschmerle** (*B. kubotai*): bis 12 cm, Malaiische Halbinsel. Neben *B. macracanthus* besonders ansprechende Art, erst 2003 beschrieben. – **Prachtschmerle** (*B. macracanthus*): bis 35 cm, Borneo und Sumatra (Unterschiede in der Flossenfärbung). Typisch für einen notwendigen lockeren Artverband, im Aquarium auch festere Gruppen bildend. Allesfresser, tierische und pflanzliche Nahrung, während der Laichzeit fast ausschließlich Chironomiden-Larven. Laichwanderungen aus Sumatra sind beschrieben, wurden auch in Borneo beobachtet, dort aber auch stationäre Populationen. Schmackhafter Speisefisch und in der Aquaristik sehr populär. Beckenlänge über 1 m, 24 - 30 °C. – **Aalstrichschmerle** (*B. morleti*): bis 12 cm, Kambodscha, Laos. Allesfresser, au-

Abb. 29.31 *Botia macracanthus* (Privataquarium)

ßerhalb der Laichzeit oft in Gruppen bis zu 20 Tieren unter größeren Steinen beobachtet. Liebt wie andere *Botia*-Arten Strömung im Becken (um 1 m Länge). – **Schwarzstreifenschmerle** (*B. nigrolineata*): bis 10 cm, Laos (Flusssystem des Mekong). In Gruppen von 6 - 20 Tieren in größeren Becken bei 24 - 28 °C halten. – **Schachbrettschmerle** (*B. sidthimunki*): bis 8 cm, Nordthailand, Laos. In Gruppen halten, soziale Strukturen wie auch bei *B. nigrolineata* festgestellt, 1 Weibchen dominant. Vereinzelt im Aquarium gelaicht. Becken 80 cm, 25 - 28 °C. – **Zebraschmerle** (*B. striata*): bis 8 cm, Südindien. Attraktive Art, Nachzucht bisher nicht bekannt. Liebt dichte Pflanzenbestände, Allesfresser. Beckenlänge ab 80 cm, 22 - 26 °C.

Abb. 29.32 *Botia sidhimunki* (Privataquarium)

Haltung von Prachtschmerlen

Aufgrund ihrer Zeichnungsmuster und Färbungen sowie des interessanten Verhaltens sind Prachtschmerlen häufig gepflegte Aquarienfische. Bei Erwerb auf Kondition und mögliche eventuelle Hautparasiten achten. Eingewöhnte Tiere sind sehr ausdauernd und robust. Sie sind strömungsliebend und benötigen meist feinkörnigen Bodengrund (Sand, Kies) sowie Hohlräume in gröberen Strukturen zwischen Holz und Steinen. Zur Nahrungssuche und Fortpflanzung gelten andere Strukturpräferenzen. Wichtig ist ein ausreichender Lebensraum in Abhängigkeit von Art und Anzahl der Individuen (möglichst große Aquarien: ab 200 l für kleinere Arten und über 500 l z. B. für *B. macracanthus*). Ausreichend „Ruheplätze“ (= Einstände) tragen zu Wohlbefinden und Verträglichkeit bei. Eine Pumpe zum Filtern des Wassers und zur Erzeugung einer geringen bis mäßigen Wasserströmung gehört in jedes *Botia*-Becken. In den natürlichen Lebensräumen ist das Wasser weich (25 - 200 µS/cm), schwach sauer bis neutral (pH-Wert 6,2 - 7,2), und hat eine Temperatur von 22 - 28 °C. Prachtschmerlen gewöhnen sich auch an mittelhartes bis hartes Wasser (44 - 1 000 µS/cm).

Vermehrung. Um größere *Botia*-Arten zum Ablaichen zu bringen, ist starke bis sehr starke Strömung erforderlich (Voraussetzung: die Fische sind laichreif). Obwohl die meisten Arten omnivor sind, sollte grundsätzlich vielseitige pflanzliche (wie Gurke, Zucchini, Paprika, Avocado, Tetraphyll) wie auch tierische Kost (Grindal, Enchyträen, Tubifex, Weiße, Rote und Schwarze Mückenlarven, Kleinkrebse, Bachflohkrebse, Garnelen, Schnecken) verabreicht werden. Einige Wochen vor der Laichzeit ist der Anteil an energiereicher Nahrung zu erhöhen, insbesondere durch die Verfütterung von Chironomiden-Larven.

Da bei etlichen Schmerlen-Arten, aber auch anderen Aquarienfischen wie einigen Wels-Arten, Hormone zur Auslösung der Fortpflanzungsaktivität eingesetzt werden, sollen hier einige grundsätzliche Anmerkungen zu dieser Methode angefügt werden.

Der Einsatz gonadotroper Hormone zur Vermehrung von Speisefischen wird in der Binnenfischerei schon über viele Jahrzehnte praktiziert. Fischhypophysen aus industriellen Anlagen werden als Hypophysenbrei intramuskulär verabreicht. Auch industriell produzierte Hormonpräparate einzeln, als Cocktail sowie als Kombination mit Hypophysen finden Anwendung. Alle Versuche, z.B. *Botia macracanthus*, aber auch viele andere Arten der Gattung im Aquarium zu vermehren, blieben bisher erfolglos. Nur durch eine recht aufwendige Isolierung, Dosierung und Verabreichung von Hypophysenhormon konnten Prachtschmerlen erfolgreich fertil vermehrt werden. Zweifellos hat eine richtig ausgeführte Hormonbehandlung zur erfolgreichen Vermehrung ihre Berechtigung zum Erhalt gefährdeter Fischarten, wenn ein natürliches Ablaichen nicht möglich ist. Voraussetzung dafür ist ein entsprechend ausgestattetes Speziallabor. Um günstige Ergebnisse zu erzielen, werden die „Laicher“ unter natürlichen bzw. naturnahen Bedingungen bis zur Ausbildung und Reifung der Geschlechtsprodukte gehältert. Die Hypophysation leitet die letzte Etappe ein, das Ablaichen bzw. Abstreifen der Rogner und Milchner sowie die künstliche Erbrütung des Laichs.

Ein Anliegen ernsthafter Aquarianer und Betreiber öffentlicher Schauaquarien sollte eine natürliche Vermehrung sein. Um dieses Ziel zu erreichen, helfen gesicherte Informationen, z.B. bei der Prachtschmerle über Lebensbedingungen und Verhalten in den natürlichen Lebensräumen. Beobachtungen und Untersuchungen darüber können sehr hilfreich sein, Arten durch Versuche zum Ablaichen zu bringen. Auch Angaben über Misserfolge helfen Fehler zu vermeiden und führen zu einem Wissenszuwachs. Der Erfolg, eine als nicht vermehrbar geltende Art gesichert (keine Zufallserfolge) im Aquarium zu reproduzieren, birgt Reiz und ist verdienstvoll.

Höchstalter. Nur Aquarienbeobachtungen sind bekannt, noch lebende Prachtschmerlen (*Botia macracanthus*) werden mit 35 (Weibchen) und 25 (Männchen) Lebensjahren beschrieben. Im Aquarium geschlüpfte Schachbrettschmerlen erreichten nach eigenen Beobachtungen 21 Jahre.

Familie Flussschmerlen (Balitoridae)

J. Knaack

Körper langgestreckt, gerundet oder seitlich abgeflacht. Kein Stachel hinter oder vor den Augen, 1 Paar Maxillarbarteln und 2 Paare Rostralbarteln. Maul unterständig (subterminal), in Brust- und Bauchflossen einzelne ungeteilte Flossenstrahlen, 2. Rückenflosse („Fettflosse“) gelegentlich vorhanden, Schuppen vorhanden oder fehlend. Klein, meist unter 10 cm lang, die europäische Bachschmerle erreicht in der Natur bis 16 cm, asiatische Arten wie *Nemacheilus siluroides* und *N. yarkandensis* werden sogar mehr als 35 cm lang.

Etwa 38 Gattungen mit über 620 Arten. 2 Unterfamilien, Bachschmerlen (Nemacheilinae) und Flossensauger oder Plattschmerlen (Balitorinae). Als Unterfamilie werden außerdem die Ellopostominae geführt, deren systematische Stellung sich noch in der Diskussion befindet. Die Einordnung der Bachschmerlen in die Familie der Plattschmerlen oder Flossensauger ist überprüfungsbedürftig.

Unterfamilie Bachschmerlen (Nemacheilinae)

Körper langgestreckt, gerundet oder seitlich abgeflacht, 3 Paar Barteln, Maul unterständig, überwiegend unter 10 cm.

Verbreitung. Europa und Asien, mit Artenschwerpunkt im indischen Subkontinent, in Indochina und China.

Lebensweise. In langsam bis mäßig fließenden Bächen und Flüssen von Mittelgebirgen, aber auch in tiefer gelegenen Regionen. Bevorzugter Aufenthalt sind unterspülte Ufer, Höhlen unter und zwischen Totholz und Steinen sowie in flutenden Pflanzenbeständen, aber auch zwischen submersen Wasserpflanzen in Stillwasserbereichen. Überwiegend dämmerungsaktiv, manche Arten auch tagaktiv. Einzelheiten zur Fortpflanzung tropischer Arten sind nicht bekannt. Männchen der heimischen Bachschmerle (*Barbatula barbatula*) sind zur Laichzeit territorial, Weibchen sind Portionslaicher (Einzelheiten siehe Tabelle 29.4 im Vergleich mit *Cobitis* und *Misgurnus*).

Nahrung. Bachflohkrebse, Insektenlarven, Würmer.

9 Gattungen (nach anderen Autoren sogar über 35) mit mehr als 500 Arten. Nur wenige Arten sind aquaristisch bekannt.

Gattung *Acanthocobitis*: 4 Arten. Dazu **Gescheckte Schmerle** (*A. botia*): bis 11 cm, Südasien (von Pakistan bis Thailand), in klaren, kiesigen Gewässern. – **Augenfleck-Ceylonschmerle** (*A. urophthalmus*): im Aquarium bis 9,5 cm, Sri Lanka.

Gattung *Barbatula*: 6 Arten. Dazu **Schmerle, Bartgrundel** (*B. barbatula*): bis 21 cm, weit verbreitet in Europa (fehlt aber auf der Iberischen Halbinsel und in Italien) und dem nichttropischen Asien. Überwiegend in Fließgewässern, doch auch große Populationen in Uferregionen nährstoffarmer Seen.

Abb. 29.33 *Acanthocobitis botia* (Privataquarium)

Abb. 29.34 *Barbatula barbatula* (Privataquarium)

Gattung *Nemacheilus*: 70 Arten. Dazu **Selangor-Schmerle** (*N. selangarius*): bis 7 cm, Malaiische Halbinsel. Revierbildend. – **Pfeilschmerle** (*N. binotatus*): bis 7 cm, Thailand.

Abb. 29.35 *Beaufortia leveretti*, rechts Bauchseite (Privataquarium)

Gattung *Schistura*: 139 Arten. Dazu **Kampfschmerle** (*Sch. notostigma*): 8 cm, endemisch in Sri Lanka, in Fließgewässern von Höhenlagen.

Gattung *Yunnanilus*: 13 Arten. Dazu **Burma-Schmerle** (*Y. brevis*): bis 6 cm, Burma (Myanmar) und China, in Fließgewässern. Auffallender Sexualdichromatismus. Verträgt mittelhartes bis hartes Wasser.

Haltung von Bachschmerlen

Die einheimischen Schmerlen sind je nach Herkunft mehr oder weniger sauerstoffbedürftig, geeignet für Kaltwasser-Aquarien bis 20 °C. Kurze Überwinterung (trotzdem füttern!) ist zum Ablaichen erforderlich. Sie sind insbesondere zur Laichzeit revierbildend. Eine direkte Brutpflege wird nicht beobachtet. Wichtig im Aquarium sind ein geeignetes Substrat (Kies, Steine, Holz), gefiltertes und sauerstoffreiches Wasser sowie schwache bis mäßige Strömung. Lebendfutter (Bachflohkrebse, Insektenlarven, Tubificiden, Enchyträen), auch Kunstfutter (Flocken, Tabletten, Pellets).

Tropische Bachschmerlen sind wärmer (20 - 26 °C) zu halten, die Kampfschmerle benötigt weiches Wasser. Von den meisten Arten sind die Männchen zeitweise oder permanent revierbildend. Besonders aggressiv sind die Männchen von *Schistura notostigma* (englischer Trivialname: Fighting Loach). Untereinander weitaus friedlicher sind *Acanthocobitis*-Arten, in der Laichzeit sind die Männchen aber auch territorial. Sie wurden im Aquarium bereits häufiger vermehrt.

Höchstalter. Die einheimische Schmerle wurde im Artis Aquarium Amsterdam 8 Jahre, 3 Monate gepflegt.

Unterfamilie Spindelschmerlen (Psilorhynchinae)

Diese im äußeren Erscheinungsbild den südamerikanischen Harnischwelsen der Gattung *Hypoptopoma* ähnlichen Spindelschmerlen (Seitenaugenschmerlen) mit 2 Gattungen und 6 Arten sind aus Nepal, Bengalen, Assam und Burma (Myanmar) aus schnell fließenden Bächen bekannt. Gelegentlich im Handel sind Arten der Gattung *Psilorhynchus*. Zur Pflege werden Strömung, Frischwassergaben, Haltungstemperaturen von 20 - 22 °C sowie als Nahrung pflanzlicher Aufwuchs und tierischer Benthos empfohlen. Wird auch als eigenständige Familie geführt.

Unterfamilie Flossensauger und Plattschmerlen (Balitorinae)

Kleine abgeplattete Schmerlen. Große Brust- und Bauchflossen (getrennt, aber auch verbunden), die besonders ausgebildet sind und als Haftorgan fungieren. Maul unterständig, dient der Nahrungsaufnahme und der Atmung, mit 3 oder mehr Paar Barteln. Der bislang eingebürgerte Name Homalopteridae wurde als Junior-Synonym der Balitoridae eingezogen.

Verbreitung. Von Indien bis China, einschließlich der indonesischen Inseln Borneo, Sumatra und Java sowie Taiwan.

Lebensweise. In schnell fließenden, teilweise reißenden, sehr sauerstoffreichen Gewässern, wo sie sich mit den vergrößerten Brust- und Bauchflossen an Steinen anheften. Bei Ortswechseln schwimmen sie nur kurze Strecken, schnell huschend und flach über dem Bodengrund, um sich sogleich wieder anzusaugen. Über die Fortpflanzung in der Natur ist nichts bekannt.

Nahrung. Überwiegend pflanzlicher Aufwuchs und benthische Tiere, manche Arten Allesfresser.

28 Gattungen mit etwa 120 Arten. In neuester Zeit werden aufgrund von 2 oder mehr ungeteilten vorderen Flossenstrahlen in den Brust- und Bauchflossen sowie einzelner ungeteilter Flossenstrahlen 2 Verwandtschaftsgruppen (Triebe) unterschieden, die Balitorini mit 13 Gattungen und über 68 Arten und die Gastromyzonini mit 15 Gattungen und über 52 Arten.

Gattung *Beaufortia*: 4 Arten. Dazu **Dunkelgepunkteter Flossensauger** (*B. leveretti*): um 5 cm (sehr kleine Art), Fließgewässer in Südostchina, Hainan.

Gattung *Gastromyzon*: 12 Arten. Dazu **Borneo-Flossensauger** (*G. borneensis*): bis 6 cm, Gebirgsbäche Borneos. Oberseite dunkelbraun, im hinteren Teil unregelmäßige, helle Querstreifen, Unterseite weißlich. Männchen mit Laichausschlag. – **Sarawak-Flossensauger** (*G. ctenocephalus*): 5 - 6 cm, aus Nordborneo bekannt, mitunter in Flüssen sehr häufig (leicht mit der Hand zu fangen). In natürlichen Habitaten 22 - 24 °C. – **Grüner Leoparden-Flossensauger** (*G. monticola*): 6 cm, Borneo und Westmalaysia. Grün mit gelben Streifen, die auch netzartige Muster bilden können. – **Hellgepunkteter Flossensauger** (*G. punctulatus*): in Größe und Hälterungsansprüchen dem Sarawak-Flossensauger ähnlich, gelegentlich mit diesem zusammen vorkommend. Blauschwarz mit weißen Punkten (attraktiver Aquarienfisch).

Gattung *Homaloptera*: 32 Arten. Dazu **Leonards Sattelfleckschmerle** (*H. leonardi*): 6,5 cm, Mekong-Flusssystem, Malaysia. – **Borneo-Sattelfleckschmerle** (*H. orthogoniata*): bis zu 15 cm, leicht an Zeichnung (3 Striche am Auge) und Färbung erkennbar, friedliche Art.

Gattung *Liniparhomaloptera*: 2 Arten. Dazu **Südchinesicher Flossensauger** (*L. obtusirostris*): bis 10 cm, Guangdong-Provinz. In der Literatur als friedlicher, guter Aquarienfisch bezeichnet. Zumindest in der Laichzeit strömungsliebend. Kurz nach Einsetzen der Regenzeit werden die Eier auf Kiesbänken in den obersten Bodenschichten abgelegt.

Gattung *Protomyzon*: mindestens 3 Arten. Dazu **Chinesischer Flossensauger** (*P. sinensis*): bis 5 cm, Südchina. Körper relativ gestreckt, dunkel grünbraun, mit unregelmäßigem Linienmuster.

Gattung *Pseudogastromyzon*: 7 Arten. Dazu **Hongkong-Flossensauger** (*P. cheni*): 5 - 6 cm, südliches China. Langgestreckt, mit breiten Brustflossen und dunkler Längsbinde, Rückenflosse mit 2 dunklen Binden. Liebt Strömung und Wassertemperaturen um 20 °C.

Haltung von Flossensaugern und Plattschmerlen

Im Aquarium werden zunehmend mehr Arten gepflegt und auch vereinzelte Vermehrungserfolge sind bekannt. Je nach Art und Herkunft ist auf Strömung, Wassertemperatur (22 - 24 °C) und Substratausstattung des Aquariums zu achten. Der große *Homaloptera orthogoniata* beispielsweise benötigt Beckengrößen ab 150 l.

Viele der natürlicherweise als Aufwuchsfresser lebenden Flossensauger lassen sich leicht an Kunstfutter gewöhnen, doch ein energiereiches Lebendfutter, vorzugsweise Rote Mückenlarven, sollte nicht fehlen. Wildfänge von *Homaloptera leonardi* gewöhnten sich schnell an kleinere Enchyträen-Gaben, auch Spinat-Kindernahrung und gefrostete Cyclops in Gelatine/Agar als Futterfläche auf einem Stein wurden gefressen.

Vermehrung. Beim Gepunkteten Flossensauger und beim Grünen Leoparden-Flossensauger sind die Weibchen größer und fülliger als die Männchen und haben einen stärker gekrümmten Rücken als diese. Beim Hongkong-Flossensauger sind die Männchen größer als die Weibchen. Die männlichen Tiere haben einen eckigen Kopf, die weiblichen einen eher gerundeten. Verschiedene Arten wurden vereinzelt nachgezogen. Gepunkteter und Grüner Leopard-Flossensauger sind Freilaicher mit glasigen, in der Mitte milchig-trüben Sinkeiern. Die Jungfische schlüpfen nach 3 - 4 Tagen und entwickeln sich im Interstitial der kiesigen Bodenschicht. Beim Hongkong-Flossensauger baut das Männchen eine Höhle in den kiesigen Boden, in die das Weibchen die Eier ablegt. Das Männchen betreibt Brutpflege. Junge Saugschmerlen benötigen Futter, welches sie vom Boden aufnehmen können (z.B. zerriebene Futtertabletten). Zur Zuchtstimulation des Gepunkteten Flossensaugers sollte die Temperatur um einige Grade erhöht und dem Weibchen zusätzliches Futter geboten werden.

Höchstalter. Für den Borneo-Flossensauger wird ein Lebensalter von 3 Jahren angegeben.

30 Ordnung Salmlerartige (Characiformes)

R. Meyer, F. Velte & W. E. Engelmann

Artenreiche Ordnung meist lebhaft gefärbter Süßwasserfische Amerikas und Afrikas. Überwiegend klein bis mittelgroß, Arten mit einer Länge über 1 m (maximal 1,5 m) sind die Ausnahme. Körper vorwiegend seitlich abgeflacht, aber auch häufig langgestreckt. Kopf unbeschuppt, Fettflosse meist vorhanden. Mund nicht vorstreckbar und ohne Barteln. Kiefer in der Regel bezahnt, Zähne teilweise sehr unterschiedlich. Zweigeteilte Schwimmblase, steht mit dem Darm in Verbindung und wird von einigen Vertretern als akzessorisches Atmungsorgan genutzt. Weber'scher Apparat vorhanden (Weber'sche Knöchelchen verbinden die Schwimmblase mit dem Labyrinth des Innenohrs, stehen im Dienst der Schallleitung). Mehrere Arten sind zur Lauterzeugung fähig.

Salmlerartige sind überwiegend Schwarmfische, nur relativ wenige Arten leben solitär oder in kleinen Gruppen. Keine Viviparie, Brutpflege selten. Ernährungsweise vielgestaltig, neben Pflanzen-, Plankton- und Allesfressern gibt es auch reine Räuber und Arten mit halbparasitischer Lebensweise (Flossen- und Schuppenfresser) sowie fakultative Putzerfische.

Abb. 30.1 *Neolebias trilineatus* (Zoo Leipzig, Aquarium)

Fossil nachweisbar bis in die Obere Kreide. Amerikanische und afrikanische Arten wurden wahrscheinlich im Unteren Tertiär (vor etwa 90 Millionen Jahren) getrennt.

10 - 16 Familien mit etwa 1400 Arten (davon nur 200 in Afrika). Die systematische Großgliederung in natürliche Verwandtschaftsgruppen wird noch sehr unterschiedlich beurteilt und ist noch nicht abgeschlossen, auch werden immer wieder neue Arten beschrieben.

Afrikanische Salmler

Familie Geradsalmler (Citharinidae)

Körper hochrückig oder langgestreckt. Seitenlinie geradlinig verlaufend (Name!). Mit Kammschuppen (außer bei *Citharhinus*, dort Rundschuppen). Schwanzflosse tief gegabelt. Bauchflossen meist mit zahlreichen Flossenstrahlen. Fettflosse vorhanden. Viele klein bleibende (unter 20 cm) Arten, einige aber über 50 cm groß (bis maximal 1 m).

Verbreitung. Gesamtes tropisches Afrika.

Lebensweise. Meist schwimmfreudige Schwarmfische großer Flüsse, aber auch Lauerjäger, die in Pflanzen versteckt leben (*Phago* und verwandte Gattungen). *Nannocharax* auch bodenorientiert. Über die Fortpflanzung in der Natur sind keine Einzelheiten bekannt.

Nahrung. Kleintier-, Pflanzen- und Aufwuchsfresser, aber auch räuberische, Kleinfische fressende Arten und Halbparasiten (Flossenfresser).

20 Gattungen mit über 100 Arten, die in 2 - 3 Unterfamilien (teilweise auch im Rang von Familien) aufgeteilt werden.

Unterfamilie Karpfensalmler (Distichodinae)

13 Gattungen mit über 80 Arten. Darunter befinden sich einige beliebte und verbreitete Aquarienfische.

Gattung *Distichodus*: 22 Arten, z.T. Speisefische bis zu 1 m Länge. Aquaristisch interessant sind **Rotflossen-Geradsalmler** (*D. affinis*): bis 20 cm, Kongo-Becken. Körper hochrückig. Schwanzflosse tief gespalten, mit 2 kleinen runden Lappen. – **Siebenstreifen-Geradsalmler** (*D. lusosso*): 40 cm, Kongo-Becken, Kamerun, Angola. Gelb mit 7 schwarzen Querstreifen, auffallend spitzköpfig. – **Äschen-Geradsalmler** (*D. notospilus*): Weibchen bis 20 cm, Südkamerun bis Angola. – **Sechsstreifensalmler**, **Zebra-Geradsalmler** (*D. sexfasciatus*): 1 m, Kongo-Fluss, Angola. Hochrückig, seitlich abgeflacht. Maul leicht unterständig. Körperfarbe bei Jungtieren rötlich gelb mit 6 - 7 dunklen Querbinden. Adulte weniger farbenprächtig.

Gattung *Nannaethiops*: 1 Art. **Afrikanischer Einstreifensalmler** (*N. unitaeniatus*): 6,5 cm, Kongo bis Niger, Weißer Nil.

Gattung *Nannocharax* (Afrikanische Bodensalmler): 26 Arten, bis 7,5 cm. Dazu **Afrikanischer Bodensalmler** (*N. fasciatus*): 5 cm, Westafrika. – **Afrikanischer Breitbandsalmler** (*N. latifasciatus*): 5 cm, Südnigeria, Westkamerun. – **Breitband-Bodensalmler** (*N. parvus*): 5 cm, Niger bis Ogove.

Gattung *Neolebias* (die Gattung wird neuerdings als Synonym der Gattung *Nannaethiops* betrachtet): 10 Arten, 3 - 5 cm. Zu den eingeführten Arten gehören **Roter von Kamerun** (*N. ansorgii*): 3,5 cm, Kamerun, Angola, Zentralafrika. – **Axelrods Neolebias** (*N. axelrodi*): bis 3 cm, Südnigeria, Südostbenin. – **Domino-Neolebias** (*N. powelli*): bis 3 cm, Nigerdelta, Südnigeria. Zierlicher, empfindlicher Fisch. – **Trewavas' Neolebias** (*N. trewavasae*): 5 cm, Kongo-Becken. – **Dreistreifen-Neolebias** (*N. trilineatus*): 5 cm, Kongo-Becken.

Haltung von Karpfensalmlern

Die großen *Distichodus*-Arten können gemeinsam und in Gesellschaft mit Welsen Zentralafrikas (z.B. *Synodontis*) gepflegt werden. Sie sind Allesfresser, welche einen hohen Anteil pflanzlicher Nahrung (Blattgemüse, blanchierter Brokkoli) benötigen. Ihr hoher Stoffumsatz erfordert eine sehr wirksame Filterung, an den Wasserchemismus stellen sie keine speziellen Anforderungen.

Alle Arten der Gattungen *Nannaethiops*, *Nannocharax* und *Neolebias* mit gleicher Größe können miteinander in gut bepflanzten und nicht zu hellen Becken vergesellschaftet werden. In Gesellschaft lebhafter Arten bleiben sie scheu. Sie fordern weiches Wasser im leicht sauren Bereich, die Temperatur sollte um 24 °C liegen, nur kurzzeitig höher. Mysis und Schwarze Mückenlarven werden als Futter bevorzugt.

Vermehrung. Geschlechtsunterschiede bei den *Distiochus*-Arten sind nicht ausgeprägt, Männchen zeigen eine gerade, Weibchen eine konkave Bauchlinie. *Distichodus affinis* und *D. notospilus* laichten im Aquarium Erfurt nach Wasserwechsel frei im Gemeinschaftsbecken ab. Die Zucht ist bei einigen kleineren Arten bereits gelungen. *Nannaethiops* ist sehr produktiv und liebt einen hellen Stand des Zuchtbeckens, bei *Nannocharax* und vor allem *Neolebias* sind störungsfrei aufgestellte und nur mäßig beleuchtete Zuchtbecken Voraussetzung für den Erfolg. Abgelaicht wird an Torffasern und an lockerem Javamoos in Bodennähe. Weibchen zeigen deutlich Laichansatz.

Höchstalter. Im Aquarium Erfurt lebten ein Paar *Nannaethiops unitaeniatus* 16, 3 *Nannocharax fasciatus* 18 Jahre.

Unterfamilie Flossenfresser, Schnabelsalmler (Ichthyborinae)

Räuberisch lebende Fische von langgestreckter Gestalt (bis 20 cm Länge), die in der Lage sind, ihren Oberkiefer hochzuheben und so wie mit einer Schere anderen Fischen (nicht selten auch Artgenossen) die Flossen abzuschneiden.

4 Gattungen mit 10 Arten.

Gattung *Belonophago*: 2 Arten. Dazu **Nadel-Flossenfresser** (*B. tinanti*): 12 cm, Zentralafrika.

Gattung *Ichthyborus* (= *Phagoborus*). 4 Arten. Dazu **Gezeichneter Schnabelsalmler** (*I. ornatus*): 18 cm, Kongo-Fluss. Hechtähnliche Körperform mit relativ kurzer Schnauze. Ober- und Unterkiefer mit Hundszähnen. – **Scherenschwanz-Schnabelsalmler** (*I. quadrilineatus*): 22 cm, Westafrika. Schwanzflosse gelb mit schwarzen Streifen.

Gattung *Paraphago*: 1 Art. **Gestreifter Flossenfresser** (*P. rostratus*): 19 cm, Kongo-Becken. Auffallend gestreifte Schwanzflosse.

Gattung *Phago*: 3 Arten. Dazu **Gepanzerter Schnabelsalmler** (*Ph. loricatus* = *Ph. maculatus*): 15 cm, Stromgebiet des Niger. Langgestreckte, hechtähnliche Körperform. Ernähren sich von den Flossen anderer Fische.

Haltung von Schnabelsalmlern

Aufgrund der halbparasitischen Ernährungsweise ist eine Haltung nur im Artbecken sinnvoll. Für eine Vergesellschaftung geeignet sind lediglich hartflossige Arten, z.B. Welse. Die Schnabelsalmler benötigen dicht bepflanzte, ruhige Aquarien mit zahlreichen Versteckmöglichkeiten und dunklem Bodengrund sowie weiches und leicht saures Wasser. Die Wassertemperatur sollte 26 °C nicht unterschreiten. Fütterung mit Fischfleisch und Wasserinsekten, aber auch aufgetauten Garnelen und Stinten. Bei länger anhaltender Beunruhigung verweigern Schnabelsalmler allerdings oft die Futteraufnahme und kümmern.

Über Geschlechtsunterschiede, Nachzuchten und Lebensalter ist nichts bekannt.

Unterfamilie Eigentliche Geradsalmler (Citharininae)

3 Gattungen mit 8 Arten. Die aquaristische Verbreitung ist gering.

Gattung *Citharinus*: 6 Arten. Dazu **Afrikanischer Hochrückensalmler** (*C. citharus*): 50 cm, Nil und andere Flüsse der Sudan-Region,

Abb. 30.2 *Hydrocynus vittatus* (Zoo Leipzig, Aquarium)

Senegal, Gambia, Volta, Niger. Körper hochrückig und silberfarben. Jungtiere mit mehreren schmalen, schwarzen Längsstreifen. Schwarmfisch. – **Kongo-Geradsalmler** (*C. congicus*): etwa 50 cm, Kongo-Becken, Tansania.

Haltung von Eigentlichen Geradsalmlern

Für die Pflege der Arten der Gattung *Citharinus*, die mehr als 40 cm Körperlänge erreichen und im Schwarm gehalten werden können, sind geräumige Becken entsprechender Größe mit reichlich Schwimmraum erforderlich. Bei diesen Allesfressern mit ihrem hohen Nahrungsbedarf haben Pflanzen keine Chance. Die Einrichtung des Aquariums kann lediglich mit Wurzeln und Steinen erfolgen. Die Wassertemperatur sollte im Bereich von 22 - 26 °C liegen. An Filterleistung und Wasserwechsel werden hohe, an den Wasserchemismus keine speziellen Anforderungen gestellt. Die Fütterung gelingt mit Kopfsalat, Haferflocken und Trockenfutter gut. Regelmäßig sollte jedoch auch Lebendfutter in Form von Tubifex, Wasserflöhen oder Artemia-Nauplien gegeben werden. Zur Vergesellschaftung sind nur robuste, gleich große Arten geeignet, da der Afrikanische Hochrückensalmler sehr lebhaft sein kann.

Über Geschlechtsunterschiede, Nachzucht und Lebensalter ist nichts bekannt.

Familie Großaugensalmler, Afrikanische Salmler (Alestidae)

Kleine bis mittelgroße Salmler, meist mit großen Augen (Name!). Körper gestreckt bis leicht hochrückig, mit Rundschuppen. Maul in der Regel leicht oberständig. Fettflosse vorhanden. 2 Zahnreihen auf dem Prämaxillare, davon die innere mit Mahlzähnen. Meist mit großen Rückenflossen.

Verbreitung. Tropisches und subtropisches Afrika (besondere Artenvielfalt im Kongo-Stromgebiet).

Lebensweise. Vorwiegend Schwarmfische in Flüssen und Seen. Laichen im Schwarm im freien Wasser, aber auch paarweise zwischen Wasserpflanzen. Eier sinken meist auf den Gewässergrund, kleben bei manchen Arten aber auch mehr oder weniger leicht an Pflanzen und Wurzeln fest.

Nahrung. Vorwiegend Insekten, aber auch Allesfresser, *Hydrocynus* räubert Fische.

18 Gattungen mit 110 Arten. Viele sind beliebte, kleinere bis mittelgroße, friedliche Aquarienfische.

Gattung *Alestopetersius*: 6 Arten. Dazu **Blauer Diamantsalmler** (*A. smykalai*): 10 cm, Nigeria.

Gattung *Arnoldichthys*: 1 Art. **Arnolds Rotaugensalmler** (*A. spilopterus*): 8 cm, Lagos und Mündungsgebiet des Niger. Körper spindelförmig. Seitenlinie vollständig, auch auf dem Schwanzstiel. Schwanzflosse tief gegabelt. Rückenflosse mit schwarzem, weiß gesäumtem Fleck. Augen rot.

Gattung *Bathyaethiops*: 4 Arten. Dazu **Breuseghems Mondsalmler** (*B. breuseghemi*): 7 cm, Kongo-Becken. – **Afrikanischer Mondsalmler** (*B. caudomaculatus*): 7 cm, Kongo.

Gattung *Bryconaethiops*: 5 Arten. Dazu **Fadensalmler** (*B. macrostoma*): 15 cm, unterer Kongo.

Gattung *Brycinus*: 18 Arten. Dazu **Schwanzflecksalmler** (*B. imberi*): 20 cm, Mittel- und Westafrika. – **Langflossensalmler** (*B. longipinnis*): 13 cm, Guinea-Bissau bis Kongo. Körper seitlich zusammengedrückt, mit großer Rückenflosse. Körperfarbe lehmgelb-silbrig mit schwarzem Längsband auf dem Schwanzstiel. – **Nurse-Salmler** (*B. nurse*): 25 cm, im tropischen Afrika weit verbreitet.

Gattung *Hemigrammopetersius*: 17 Arten. Dazu **Gelber Kongosalmler** (*H. caudalis*): 7 cm, Kongo-Nebenflüsse.

Gattung *Hydrocynus*: 7 Arten. Dazu **Wolfsalmler** (*H. goliath*): 1,3 m, Kongo-Flusssystem,

Tanganjikasee. – **Tigersalmler** (*H. vittatus*): über 1 m, im tropischen Afrika weit verbreitet.

Gattung *Ladigesia*: 1 Art. **Orangeroter Zwergsalmler** (*L. roloffi*): 4 cm, Sierra Leone, Elfenbeinküste, Liberia. Körper langgestreckt und seitlich zusammengedrückt. Schwanzflosse tief gegabelt. Spitze der Rückenflosse mit schwarzem Fleck.

Gattung *Lepidarchus*: 1 Art. **Adonissalmler** (*L. adonis*): 2 cm (kleinste Art), Westafrika. 2 Unterarten.

Gattung *Micralestes*: 16 Arten. Dazu **Spitzzahnsalmler** (*M. acutidens*): 9 cm, von Nigeria bis Angola und Sambesi-Becken. Körper langgestreckt. Seiten und Bauch silbrig mit bläulichem Schimmer. – **Roter Kongosalmler** (*M. stormsi*): 10 cm, Tschadsee bis Kongo. Körper langgestreckt mit dunkler Längsbinde. Breiter Schwanzstiel. Fettflosse rot.

Gattung *Phenacogrammus*: 12 Arten. Dazu **Kongosalmler** (*Ph. interruptus*): 12 cm, Kongo. Körper gestreckt und leicht hochrückig. Bei direkter Beleuchtung zeigen die Tiere schillernde Regenbogenfarben auf den Körperseiten. Rückenflosse der Männchen lang ausgezogen.

Haltung von Großaugensalmlern

Großaugensalmler pflegt man in kleinen Gruppen oder im Schwarm in geräumigen Aquarien mit reichlich Schwimmraum. Nur den Orangeroten Zwergsalmler kann man auch in kleineren Becken halten, die gut abgedichtet sein müssen, da er ein guter Springer ist. In nicht zu hellen (Schwimmpflanzendecke), gut bepflanzten Aquarien mit dunklem Bodengrund zeigen die meisten Fische dieser Familie die beste Färbung. Neutrales, weiches bis mittelhartes Wasser und Temperaturen zwischen 22 und 25 °C erfüllen die Anforderungen der meisten Arten, höhere Temperaturen über längere Zeiten vermindern die Lebenserwartung. Für *Ladigesia* und *Lepidarchus* liegt das Temperaturoptimum bei 23 °C.

Gefüttert wird vorwiegend mit kleinen Insekten jeglicher Art, kleinen Regenwürmern und Wasserflöhen. Die meisten Arten nehmen auch Trockenfutter an. Langflossensalmlern und

Abb. 30.3 *Phenacogrammus interruptus*, Männchen (Tierpark Berlin)

Kongosalmlern kann man auch gewaschenen Kopfsalat anbieten. Bevorzugte Nahrung aller afrikanischen Salmler sind jedoch Mysis und Schwarze Mückenlarven. Sie sind zur Erhaltung der Leuchtkraft der Körperfarben unverzichtbar.

Vergesellschaftungen sind in der Regel unproblematisch, doch sollte insbesondere der Kongosalmler nicht mit Arten gemeinsam gehalten werden, die als Flossenzupfer bekannt sind. Die Raubfische Wolf- und Tigersalmler sind wegen ihrer auffälligen Bezahnung attraktive Schautiere, können jedoch nur mit gleich großen Partnern im Artbecken gepflegt werden.

Vermehrung. Geschlechtsunterschiede sind bei den einzelnen Arten meist deutlich erkennbar, Männchen besitzen verlängerte Rückenflossen (*Brycinus longipinnis, Bryconaethiops*), großflächigere bzw. lappige Afterflossen (*Alestopetersius, Bathyaethiops, Hemigrammopetersius, Phenacogrammus*), intensivere Farben (*Arnoldichthys, Micralestes*) oder sind von schlankerer Gestalt (*Ladigesia, Lepidarchus* usw.).

Bei Arnolds Rotaugensalmler kann man das Männchen an der deutlich ausgebuchteten Afterflosse, die zudem einen roten Fleck trägt, erkennen. Weibchen haben diesen Fleck nicht. Die Zucht ist mehrfach gelungen. Das Weibchen setzt bis zu 1000 ca. 1,2 mm große Eier auf dem Bodengrund ab. Die Embryonen schlüpfen nach ca. 35 Stunden und schwimmen nach 7 Tagen frei. Sie werden mit Artemien aufgezogen. Ähnlich verläuft die Eiablage beim Langflos-

Abb. 30.4 *Hepsetus odoe* (Zoo Leipzig, Aquarium)

sensalmler, doch entwickeln sich die Jungfische langsamer.

Männliche Orangerote Zwergsalmler kann man an der lappenartig verlängerten Afterflosse erkennen. Auch diese Art laicht über dem Bodengrund. Beim Roten Kongosalmler lassen sich die Geschlechter ebenfalls an der Afterflosse unterscheiden. Beim Männchen ist diese rundlich und vorn verlängert. Die des Weibchens ist kürzer und leicht eingebuchtet. Nach heftigem Treiben werden einige Hundert Eier ausgestoßen und sinken zu Boden. Nach 6 Tagen schlüpfen die Jungfische. Ähnlich verhält sich Zucht und Aufzucht bei Spitzzahn- und Kongosalmler. Beim männlichen Spitzzahnsalmler ist die Afterflosse lappenartig verbreitert, beim weiblichen nicht. Die Männchen des Kongosalmlers erkennt man an der verlängerten Rückenflosse sowie an den zipfelartig verlängerten mittleren Strahlen der Schwanzflosse, die den weiblichen Tieren fehlen. Weibliche Tiere sind zudem kleiner und blasser.

Die Zucht ist am aussichtsreichsten in nicht zu hell stehenden Becken, deren Wasser etwas saurer und weicher als das im Pflegebecken (Regensimulation) ist und die mit lockerem Javamoos oder Torffasern ausgelegt sind. Nicht selten sind Partnertausch oder Ansatz in kleiner Gruppe der Schlüssel zum Erfolg. Für die meisten Arten sind 12 Monate das Mindestalter der Fortpflanzungsfähigkeit.

Höchstalter. *Brycinus longipinnis* und *B. nurse* 9, *Arnoldichthys spilopterus* 12, *Bathyaethiops breuseghemi* 6, *Hemigrammopetersius caudalis* 8, *Phenacogrammus interruptus* 11 Jahre im Aquarium Erfurt.

Familie Afrikanische Hechtsalmler (Hepsetidae)

Körper gestreckt, hechtartig, mit Rundschuppen. Lange Maulspalte, mit einigen auffallend großen und kleineren punktförmigen Zähnen. Fettflosse vorhanden.

Verbreitung. Tropisches Afrika.

Lebensweise. Standorttreuer Lauerräuber, Einzelgänger. Jungtiere in Pflanzenbeständen, Erwachsene über freiem Grund in tieferem Wasser. Fortpflanzung in den Sommermonaten mit wiederholten Laichabgaben. Eiablage in treibende Pflanzennester, die von einem Elternteil bewacht werden.

Nahrung. Fische, junge Hechtsalmler auch Wasserinsektenlarven.

1 Gattung mit 1 Art.

Gattung *Hepsetus*: **Afrikanischer Hechtsalmler** (*H. odoe*): bis 70 cm, Westafrika (von Senegal bis zum Sambesi). Oberseits bräunlich, seitlich silbrig metallisch glänzend.

Haltung von Afrikanischen Hechtsalmlern

Der Afrikanische Hechtsalmler gilt als sehr empfindlich bei Verletzungen, die auch während des Transports auftreten können. Trotz seiner ruhigen, bedächtigen Schwimmweise und seiner Standorttreue benötigt er für eine dauerhafte Haltung sehr geräumige Becken. An das Wasser werden bis auf die Temperatur (26 - 28 °C) keine besonderen Ansprüche gestellt. Das Aquarium sollte nicht nur freien Schwimmraum, sondern auch dichte Pflanzenbestände als Versteckmöglichkeit bieten. Zur Eingewöhnung sind lebende Futterfische unerlässlich. Später werden auch tote Futterfische und in Streifen geschnittenes Fleisch gefressen. Kleinere Individuen können mit Mückenlarven, Tubifex und Regenwürmern ernährt werden. Bei ausreichender Wasserhöhe (mindestens 1 m) werden die langsam zu Boden sinkenden frisch toten oder aufgetauten Futterstücke mit raschem Zugriff aufgenommen.

H. odoe kann recht aggressiv werden. Zur Vergesellschaftung eignen sich am besten robuste Welse und Buntbarsche. Doch benötigt man dafür entsprechend große Becken.

Männliche Tiere erkennt man an der fahnenartig verlängerten Rückenflosse. Über Nachzuchten liegen keine Berichte vor.

Höchstalter. *H. odoe* soll im Freiland nur 5 Jahre alt werden, im Aquarium wurde er bereits über 6 Jahre gehalten (Tierpark München-Hellabrunn).

Amerikanische Salmler

Familie Keulensalmler (Hemiodidae)

Körperform schlank. Maul unterständig. Schwanzflosse tief eingeschnitten. In der Regel mit dunklen Flecken oder Bändern auf den Körperseiten. Reduzierte Bezahnung, wobei Unterkiefer meist zahnlos. Größe zwischen 7 und 30 cm.

Verbreitung. Tropisches Südamerika.

Lebensweise. Schwarmfische, schnelle und wendige Schwimmer großer Flüsse. Algensalmler (*Apareiodon* und verwandte Gattungen) aber mehr bodenorientiert. Vermutlich Freilaicher, über die Fortpflanzung in der Natur sind keine Einzelheiten bekannt.

Nahrung. Aufwuchs-, Pflanzen- und Allesfresser.

9 Gattungen mit etwa 50 Arten. Die Algenfresser werden neuerdings auch als eigenständige Familie Parodontidae abgetrennt.

Gattung *Aparaiodon*: 9 Arten. Dazu **La-Plata-Algensalmler** (*A. affinis*): 14 cm, La Plata, Paraná, Rio Paraguay. Schwarzer Längsstreifen.

Gattung *Hemiodopsis* (werden auch zur Gattung *Hemiodus* gezählt): 13 Arten. Dazu **Halbstreifen-Keulensalmler** (*H. semitaeniatus*): bis 20 cm, Rio Guaporé. Körperseiten grünlich bis stahlblau. Länglicher, dunkler Fleck auf den Körperseiten, hinter der Rückenflosse gelegen. – **Schlanker Halbstreifensalmler, Federsalmler** (*H. gracilis*): bis 16 cm, Amazonas, Guayana, Rio Sao Francisco. Glänzend olivgrün. Ab

Abb. 30.5 *Hemiodopsis gracilis* (Zoo Leipzig, Aquarium)

der Körpermitte läuft ein schwarzes Band in den unteren, roten Schwanzflossenlappen.

Gattung *Hemiodus*: 4 Arten. Dazu **Einfleck-Keulensalmler** (*H. arnoldi*): bis 20 cm, Guayana, Orinoko-Gebiet, Rio Guaporé, Brasilien. Silberfarben mit einem schwarzen Fleck in der Körpermitte. – Häufig eingeführt wurde der **Paraguay-Keulensalmler** (*H. orthonops*): 16 cm, Rio Paraguay. Schwarzer Punkt in der Körpermitte, unterer Schwanzflossenlappen schwarz mit weißem Saum. Sehr robuste Art.

Gattung *Parodon*: 10 Arten. Dazu **Tabaksalmler** (*P. suborbitale*): 12 cm, Venezuela, Kolumbien, Bolivien.

Haltung von Keulensalmlern

Keulensalmler der Gattungen *Hemiodus* und *Hemiodopsis* sind ausdauernde, schnell schwimmende und wendige Schwarmfische und benötigen daher große Becken mit viel Schwimmraum. Sie stellen sich gern auch zwischen langstängligen Pflanzen ein, deshalb sollte der hintere Beckenbereich dicht bepflanzt sein. Neutriebe zarter Pflanzen werden bei Fehlen pflanzlicher Kost verbissen. Gelegentlich wird berichtet, dass Keulensalmler in zu hellen Unterkünften in Stresssituationen aus dem Becken springen. Eine Beckenabdeckung oder ein Sprungschutz sind daher zu empfehlen. Vorwiegend sollte pflanzliche Nahrung (Kopfsalat und Algen) gefüttert werden, aber auch Trockenfutter, Wasserflöhe, Mückenlarven und Tubifex werden eifrig gefressen. Die Haltungstemperatur sollte bei 23 °C liegen, beim Schlanken Halbstreifensamler bis 28 °C.

Apareiodon- und *Parodon*-Arten sind dagegen weitgehend bodenorientierte Fische. Sie bevorzugen stellenweise dicht bepflanzte Becken und leicht saures, weiches Wasser. Die bisher eingeführten Vertreter der beiden Gattungen haben sich als Aufwuchs- und Algenfresser bewährt.

Vermehrung. Nach Beobachtungen im Aquarium Erfurt werden Weibchen bei *Hemiodus* größer und sind immer deutlich fülliger als die Männchen. Auch bei den Algensalmlern sind Weibchen an der konvexen Bauchlinie und Körperfülle zu erkennen. Über Nachzuchten ist bisher nichts bekannt geworden.

Höchstalter. *Hemiodopsis gracilis* erreichte im Aquarium schon ein Alter von 16 Jahren.

Familie Barbensalmler (Curimatidae)

Körperform barbenähnlich, gestreckt, massig oder hochrückig. Schwanzflosse gegabelt. Maul meist zahnlos und bei einigen Arten vorstreckbar. Fettflosse vorhanden.

Verbreitung. Südliches Mittelamerika und tropisches Südamerika.

Lebensweise. Meist Grundfische größerer Flüsse, z.T. riesige Laichzüge. Fortpflanzung, soweit bekannt, paarweise in Wasserpflanzen- und Algenbeständen.

Nahrung. Pflanzen- und Dedritusfresser. Manche Arten haben sich auf Algen- und Pilzschleim sowie die dort lebenden mikroskopisch kleinen Organismen spezialisiert.

11 Gattungen mit etwa 125 Arten. Die Nachtsalmler (3 Gattungen mit 30 Arten) werden als Unterfamilie Prochilodontinae oder auch im Rang einer eigenen Familie Prochilodontidae abgetrennt.

Gattung *Curimata*: 13 Arten. Dazu **Gestreifter Breitling** (*C. vittata*): bis 20 cm, Amazonas- und Orinoko-Becken.

Gattung *Curimatopsis*: 5 Arten. Dazu **Fleckenschwanz-Barbensalmler** (*C. evelynae*): 5 cm, Amazonas- und Orinoko-Becken. – **Großschuppen-Barbensalmler** (*C. macrolepis*): 7 cm, im gleichen Verbreitungsgebiet wie die vorige Art.

Gattung *Cyphocharax*: 34 Arten. Dazu **Grünbandsalmler** (*C. saladensis*): 7 cm, Südostbrasilien (Rio de la Plata, Rio Grande do Sul, Seta Catalina). Schuppen deutlich gerandet. Dunkle Längsbinde vom Kiemendeckel bis zum Schwanzstiel. – **Gefleckter Breitling** (*C. voga = Curimatopsis maculatus*): 20 cm, nördliches Argentinien. Großer Kopf mit relativ großen Augen. Mehrere dunkle Flecken auf dem Körper.

Gattung *Semaprochilodus*: 6 Arten. Dazu **Schwanzstreifen-Nachtsalmler** (*S. taeniurus*): bis 30 cm, Amazonas-Gebiet. Hochrückige Körperform mir großem Kopf. Schwanzflosse rot-schwarz gestreift. Weidet Algen von untergetauchten Ästen, Pflanzen und Steinen ab.

Gattung *Steindachnerina*: 22 Arten. Dazu **Silbersalmler** (*S. argentea*): bis 12 cm, Trinidad, Kolumbien und Venezuela. Körperform barbenähnlich. Seiten mit leichtem Blauschimmer. Länglicher dunkler Fleck am Schwanzstiel. Jungtiere mit Zähnen, Adulte zahnlos.

Abb. 30.6 *Semaprochilodus taeniurus* (Aquarium Kopenhagen)

Haltung von Barbensalmlern

Während Arten der Gattungen *Curimata* und *Steindachnerina* farblich kaum attraktiv sind, sich an Pflanzen vergreifen und deshalb selten als Aquarienfische eingeführt werden, weisen die Gattungen *Curimatopsis* und *Cyphocharax* einige ansprechende, kleinere Arten auf. In den letzten Jahren kamen nur Wildfänge in den Handel, die sich als scheu erwiesen und in der Eingewöhnungsphase einige Aufmerksamkeit erfordern.

Weiches, leicht saures Wasser sowie dicht bepflanzte, nicht zu helle Becken erleichtern die Anpassung. Neben pflanzlicher Nahrung (Algenaufwuchs, zerdrückte gekochte Erbsen, pürierte Blattgemüse) werden Mysis und Schwarze Mückenlarven gern genommen. Haltungstemperaturen je nach Herkunft zwischen 20 und 28 °C.

Bei *Semaprochilodus* handelt es sich um größere (etwa 30 cm) Arten, die in Laichschwärmen ziehen und als Speisefische in ihrer Heimat beliebt sind. Der in seiner Jungend attraktive Nachtsalmler wird häufig angeboten. Er besitzt ein kleines, zum Aufwuchsfressen spezialisiertes Maul, das zur Saugscheibe erweitert werden kann (vergleichbar dem Küssenden Gurami, *Helostoma temminckii*). Nur bei ständigem Angebot pflanzlicher Nahrung (püriertes Blattgemüse, Algen, gekochte Haferflocken) und von kleinem Plankton ist er auf Dauer erfolgreich zu halten.

Vermehrung. Die Weibchen von *Steindachnerina argentea* und *Semaprochilodus* werden auffallend füllig, eine Zucht ist noch nicht gelungen. Bei *Cyphocharax saladensis* und *C. voga* besitzen die Männchen einen deutlich kräftigeren und höheren Schwanzstiel und sind kräftiger gefärbt. Zuchtversuche waren in der Vergangenheit verschiedentlich in weichem, leicht saurem Wasser zwischen feinfiedrigen Pflanzen erfolgreich.

Höchstalter. Nachtsalmler erreichten im Aquarium bereits ein Alter von 7 Jahren.

Familie Engmaulsalmler (Anostomidae)

Körper meist schlank und langgestreckt, mit Rundschuppen. Schmale, nicht vorstülpbare Mundöffnung, ober-, end- oder unterständig. Fettflosse vorhanden. Tief gespaltene Schwanzflosse. Größe bis 40 cm.

Verbreitung. Mittel- und Südamerika (östlich der Anden), auch auf einigen karibischen Inseln.

Lebensweise. Standorttreue Einzelgänger oder in kleinen Gruppen zusammenlebend. Mehrere Arten sind Kopfsteher, die meist nur bei der Flucht waagerecht schwimmen. Fortpflanzung als Freilaicher, manche Arten in individuenreichen Ansammlungen und mit Laichwanderungen flussaufwärts.

Nahrung. Vorwiegend Pflanzenfresser, aber auch tierische Kost und Dedritus. Gelegentlich wird (nach Aquarienbeobachtungen) über Putzverhalten von *Anostomus anostomus* berichtet.

14 Gattungen mit etwa 140 Arten in 2 Unterfamilien.

Unterfamilie Eigentliche Engmaulsalmler (Anostominae)

12 Gattungen mit etwa 130 Arten.

Gattung *Abramites*: 2 Arten. Dazu **Brachsensalmler** (*A. hypselonotus*): bis 13 cm, Amazonas-Gebiet und Orinoko-Einzugsbereich. Hochrückiger Körper mit kleinem Kopf und spitzem Maul, 8 schokoladenfarbene Querbinden.

Gattung *Anostomus*: 8 Arten. Dazu **Prachtkopfsteher** (*A. anostomus*): bis 18 cm, Amazonas- und Orinoko-Gebiet, Surinam und Guayana. Körper langgestreckt, deutlich oberständiges Maul, 3 dunkle Längsstreifen. Alte Tiere meist einfarbig braun. Häufig importiert wird auch der **Goldstreifen-Kopfsteher** (*A. ternetzi*): 15 cm, Brasilien. Sehr robuste Art.

Abb. 30.7 *Anostomus anostomus* (Zoo Leipzig, Aquarium)

Gattung *Leporinus*: 87 Arten. Dazu **Bogensalmler** (*L. arcus*): bis 40 cm, Amazonas, Venezuela, Guayana. Körper spindelförmig, mit hellgrauer bis rötlicher Grundfärbung. 4 schwarze Längsstreifen. – **Gebänderter Engmaulsalmler** (*L. fasciatus*): bis 30 cm, Orinoko-Gebiet bis zum Rio de la Plata. 9 - 11 schwarze Querbinden. – **Dreipunkt-Engmaulsalmler** (*L. frederici*): 35 cm, Amazonas-Gebiet bis Guayana. 3 schwarze Punkte auf jeder Körperseite. – **Gestreifter Engmaulsalmler** (*L. striatus*): 18 cm, südöstliches Brasilien, Uruguay, Paraguay sowie Kolumbien bis Ecuador. 4 Längsstreifen, nur der mittlere ist kräftig-schwarzbraun.

Gattung *Pseudanos*: 3 Arten. Dazu **Dreipunkt-Kopfsteher** (*P. trimaculatus*): 14 cm, Amazonas. Kopf stumpf. Die Art gehörte früher zur Gattung *Anostomus*.

Haltung von Eigentlichen Engmaulsalmlern

Engmaulsalmler benötigen große Aquarien. Versteckmöglichkeiten aus Wurzeln, Steinplatten oder großblättrigen Pflanzen (z.B. Amazonas-Schwertpflanzen) sollten vorhanden sein. Beim Brachsensalmler sollte man aber auf eine Bepflanzung verzichten, da diese regelmäßig von den Fischen abgeweidet wird. *Leporinus*-Arten und Brachsensalmler gelten als gute Springer, daher sollten die Becken abgedeckt werden. Das Aquarienwasser kann leicht sauer bis leicht alkalisch und mittelhart sein. Die Temperatur sollte zwischen 24 und 28 °C liegen. Als Futter verwendet man vorwiegend pflanzliche Kost, z.B. gewaschenen und ungespritzten Salat, Kohl- oder Spinatblätter, aber auch Trockenfutter. Tierische Kost (Wasserflöhe, Enchyträen, Mückenlarven oder Tubifex) sollte ebenfalls regelmäßig gefüttert werden.

Engmaulsalmler werden in Gruppen gepflegt. Vergesellschaftungen sind in der Regel unpro-

Abb. 30.8 *Leporinus fasciatus* (Privataquarium)

Abb. 30.9 *Pseudanos trimaculatus* (Privataquarium)

blematisch, nur der Brachsensalmler zupft andere Arten an den Flossen. Die Geschlechter lassen sich nicht sicher unterscheiden. Nachzuchten sind bisher nur vom Prachtkopfsteher und vom Gebänderten Engmaulsalmler bekannt.

Höchstalter. Engmaulsalmler sind sehr langlebig. *Anostomus anostomus* kann im Aquarium ein Alter von 12 Jahren erreichen, *Abramites hypselonotus* leben seit 12 Jahren im Aquarium Erfurt. Für *Leporinus*-Arten sind 18 Jahre verbürgt (Tierpark München-Hellabrunn).

Unterfamilie Eigentliche Kopfsteher (Chilodinae)

2 Gattungen mit 7 Arten.

Gattung *Caenotropus*: 3 Arten. Dazu **Labyrinthsalmler** (*C. labyrinthicus*): 18 cm, Orinoko- und Amazonas-Becken.

Gattung *Chilodus*: 4 Arten. Dazu **Punktierter Kopfsteher** (*Ch. punctatus*): bis 12 cm, Guayana, Orinoko und Oberer Amazonas in Peru. Maul leicht oberständig mit dicken Lippen. Schwimmen meist mit dem Kopf schräg nach unten.

Haltung von Eigentlichen Kopfstehern

Weiches, über Torf gefiltertes saures Wasser (pH-Wert 5 - 6,5), Bodengrund weich, Sand-Torf-Gemisch oder Torffasern, wenig Bepflanzung, Schwimmpflanzendecke zur Lichtdämpfung. Haltungstemperatur zwischen 24 und 28 °C. Nahrung muss pflanzliche Anteile enthalten (blanchierte, angequetschte Erbsen, Algenaufwuchs, Futtertabletten mit hohem Pflanzenanteil), ergänzt mit Mysis und Mückenlarven. Frisch importierte Labyrinthsalmler sind in der Eingewöhnungsphase heikel, später bei Einhaltung der angegebenen Werte ausdauernd.

Vermehrung. Die Zucht ist bei Labyrinthsalmlern noch nicht, bei *Chilodus* nur bei Spezialisten in sehr weichem (unter 3° dGH) und speziell aufbereitetem Wasser gelungen (es muss mehrmals über ausgekochten Torf gefiltert, braun verfärbt und dennoch glasklar sein). Zuchtbecken muss abgedunkelt sein, Plätschern verrät den in Gang gekommenen Ablaichvorgang zwischen Wurzeln von Schwimmpflanzen. In den meisten Fällen muss den Larven nach 48 Stunden mithilfe von Präpariernadeln aus der Eihülle geholfen werden.

Abb. 30.10 *Chilodus punctatus* (Privataquarium)

Familie Raubsalmler, Forellensalmler (Erythrinidae)

Gestreckte, massige Fische mit stumpfem Kopfprofil. Maul groß und tief gespalten, mit zahlreichen konischen Zähnen. Kurze Rückenflosse. Fettflosse fehlt. Schwanzflosse abgerundet. Große Rundschuppen. *Erythrinus* und *Hoplerythrinus* können atmosphärischen Sauerstoff über eine zu einem akzessorischen Atmungsorgan umgebaute Schwimmblase aufnehmen. Größe zwischen 25 und über 90 cm.

Verbreitung. Südliches Mittelamerika und Südamerika (bis Nordargentinien).

Lebensweise. Ruhige Lauerräuber in Seen, Sümpfen und Kleingewässern. Meist in Bodennähe zwischen Wasserpflanzen, Totholz und Wurzeln oder Steinen, aber auch über Sandflächen im freien Wasser. Können sich blitzschnell in weichen Bodengrund eingraben. Die Arten mit zusätzlicher Schwimmblasenatmung können in sehr sauerstoffarmen Gewässern leben und sich sogar über kürze Strecken an Land fortbewegen. Vom Tigersalmler ist Farbwechsel innerhalb weniger Sekunden bei der Balz bekannt. Die Männchen dieser Art betreiben Nestbau und Brutpflege.

Abb. 30.11 *Hoplias malabaricus*, beachte die Bezahnung (Privataquarium)

Nahrung. Fische, jüngere Tiere auch große Insektenlarven und Krebstiere.

3 Gattungen mit 14 Arten.

Gattung *Erythrinus*: 2 Arten. Dazu **Lachssalmler** (*E. erythrinus*): bis 25 cm, nördliches und mittleres Südamerika, Trinidad. Körperfärbung sehr variabel, aber meist lehmgelb bis hellbraun und mit einem schwarzen Längsband. Aus Peru ist eine Farbvariante mit orangefarbenen Flecken bekannt.

Gattung *Hoplerythrinus*: 3 Arten. Dazu **Gestreifter Raubsalmler** (*H. unitaeniatus*): bis 40 cm, nördliches Südamerika. Kiemendeckel mit dunklem Augenfleck und schwarzes Längsband auf den Körperseiten.

Gattung *Hoplias*: 9 Arten. Dazu **Tigersalmler** (*H. malabaricus*): 50 cm, Südamerika, weit verbreitet. Jungfische mit dunklem Längsband, das sich während des Wachstums in Flecken auflöst oder ganz verschwindet.

Haltung von Raubsalmlern

Raubsalmler pflegt man wegen ihrer ausgeprägten Aggressivität einzeln im Artbecken mit einer Kantenlänge von mindestens 1 m. Gedämpfte Beleuchtung und Versteckplätze aus Wurzeln oder dichten Pflanzengruppen sind für das Wohlbefinden wichtig. Das Aquarienwasser sollte weich bis mittelhart sein und eine Temperatur von 24 - 26 °C aufweisen. Gefüttert werden Raubsalmler mit Fischen, Fleischstückchen, großen Insektenlarven oder Regenwürmern. Sie sind sehr gefräßig und sollten nur zwei- bis dreimal in der Woche gefüttert werden.

Vermehrung. Während von *Hoplerythrinus* keine Geschlechtsunterschiede bekannt sind, erkennt man die Männchen des Lachssalmlers an der spitz ausgezogenen und stark verlängerten Rückenflosse. Bei den Weibchen ist diese kurz und abgerundet. Bei *Hoplias malabaricus* sind

Abb. 30.12 *Hoplias malabaricus*, Jungfisch (Privataquarium)

die Weibchen kräftiger und die Bauchlinie ist nach unten gewölbt, während die Männchen deutlich schlanker sind und einen geraden Bauch haben.

Wegen der großen Unverträglichkeit sollten die Geschlechtspartner nur zur Zucht, nach vorsichtiger Eingewöhnung, zusammengesetzt werden. Nach erfolgreichem Ablaichen betreibt das Männchen Brutpflege bis zum Schlupf der Dottersacklarven. Die 2 mm großen Eier werden durch ein Nierensekret des Weibchens zu Ballen bis zu 500 Stück verklebt. Die Larven schlüpfen bei 26 °C nach 1½ - 2 Tagen. Nach 8 Tagen nehmen die Jungen zum ersten Mal Nahrung (Artemia-Nauplien) auf. Bei nicht ausreichender Fütterung tritt Kannibalismus unter den Jungfischen auf.

Familie Schlanksalmler (Lebiasinidae)

Kleine bis mittelgroße, langgestreckte Fische mit seitlich nur wenig zusammengedrücktem Körper und meist zugespitztem Kopf. Schwanzflosse gegabelt, bei einigen Arten mit verlängertem oberem Lappen. Relativ große Rundschuppen. Seitenlinienorgan auf wenige Schuppen reduziert, kann auch vollständig fehlen. Fettflosse vorhanden oder fehlend.

Verbreitung. Südliches Mittelamerika, tropisches und subtropisches Südamerika (östlich der Anden).

Lebensweise. In stehenden oder langsam fließenden, an Pflanzen reichen und schattigen Gewässern. Lockere Verbände, teilweise kleine Reviere bildend. Laichabgabe paarweise zwischen Pflanzen. Bei einigen Gattungen (*Copeina*, *Copella*, *Pyrrhulina*) Brutpflege durch das Männchen.

Nahrung. Kleine Krebstiere, Wasserinsektenlarven, Würmchen. Zwergraubsalmler räubern auch kleine Fische und größere Wirbellose.

9 Gattungen mit etwa 60 Arten. 2 Unterfamilien.

Unterfamilie Zwergraubsalmler (Lebiasininae)

3 Gattungen mit 18 Arten.

Gattung *Lebiasina*: 8 Arten. Dazu **Blauer Zwergraubsalmler** (*L. bimaculata*): 10 cm, Westecuador, Westperu. Diese Art ist dadurch interessant, dass sie Teile der Schwimmblase bei Bedarf (sauerstoffarmes Wasser) als zusätzliches Atmungsorgan nutzen kann. – **Vielpunkt-Zwergraubsalmler** (*L. multimaculata*): 7 cm, Nordwestkolumbien.

Haltung von Zwergraubsalmlern

Zwergraubsalmler werden bestenfalls kleinen, schlanken Fischen gefährlich, sie können mit gleich großen oder hochrückigen Arten gut gemeinsam gepflegt werden. An das Wasser werden keine besonderen Anforderungen gestellt, man sollte ihnen jedoch in der Beckeneinrichtung Rückzugsmöglichkeiten bieten. Mit Garnelen und Muschelfleisch aus dem Frost sind sie problemlos zu ernähren.

Höchstalter. Ein Vielpunkt-Zwergraubsalmler (*L. multimaculata*) lebt seit 10 Jahren im Aquarium Erfurt.

Unterfamilie Eigentliche Schlanksalmler (Pyrrhulininae)

Maul klein und eng.

7 Gattungen mit etwa 50 Arten.

Gattung *Copeina*: 2 Arten. Dazu **Forellensalmler** (*C. guttata*): 12 cm, Amazonas-Becken.

Gattung *Copella*: 8 Arten. Dazu **Spritzsalmler** (*C. arnoldi*): 8 cm, Guyana. Springen paarweise zum Laichen aus dem Wasser an die Unterseite von Pflanzenblättern, Männchen hält das Gelege durch Bespritzen bis zum Schlüpfen der Jungen feucht. – **Rehsalmler** (*C. nigrofasciata*): 5,5 cm, oberes Amazonas-Becken.

Gattung *Nannostomus*: 16 Arten: Dazu **Roter Ziersalmler** (*N. beckfordi*): 6,5 cm, Guyana, Brasilien. – **Spitzmaulziersalmler** (*N. eques*): 5 cm, oberer Amazonas, Guayana. Schwimmt meist mit dem Kopf nach oben. – **Zwergziersalmler** (*N. marginatus*): 3,5 cm, Surinam, Guyana. – **Purpurziersalmler** (*N. mortenthaleri*): etwa 4 cm, Peru (Rio Nanay). Sehr farbenprächtige, schwarz und tiefrot längs gestreifte Art.

Gattung *Pyrrhulina*: 18 Arten: Dazu **Halbstrich-Schlanksalmler** (*P. laeta*): 7,5 cm, zentraler und oberer Amazonas.

Haltung von Eigentlichen Schlanksalmlern

Wasser neutral bis leicht sauer, weich, Temperatur um 25 °C. Wechsel zwischen Bepflanzung und Schwimmraum, Bodengrund dunkel.

Vermehrung. Die Männchen zeigen intensivere Farben, bei *Copeina* und *Copella* sind die oberen Schwanzflossenlappen verlängert, bei *Nannostomus* die Afterflossen farbiger konturiert und bei *Pyrrhulina* sind After- und Bauchflossen farbiger als die der Weibchen.

Copeina laicht in eine vom Männchen ausgefächelte Sandgrube, *Copella arnoldi* an die Unterseite von Blättern außerhalb des Wassers oder an die Deckscheibe, andere *Copella* und *Pyrrhulina* bevorzugt an vorher geputzte Blattoberflächen von Wasserpflanzen. Die Männchen dieser Arten betreiben Brutpflege.

Abb. 30.13 *Nannostomus spec.* (Zoo Leipzig, Aquarium)

Die Männchen von *Nannostomus* bilden kleine Reviere an Büscheln feinfiedriger Pflanzen, in welche die laichwilligen Weibchen kommen. Da sie die Reviere verteidigen, sind die Eiverluste durch Laichräuberei geringer als bei Paaransatz.

Höchstalter. *Nannostomus* beginnen nach 5 Jahren zu vergreisen, *Copeina* und *Pyrrhulina* erreichten im Aquarium Erfurt 8 Jahre.

Familie Beilbauchfische (Gasteropelecidae)

Körper seitlich stark zusammengedrückt, Rückenlinie leicht konvex, scharfkantige Bauchlinie im vorderen Teil mehr oder weniger stark halbkreisförmig. Kräftige Brustflossenmuskulatur, welche den Fischen auf der Flucht Schnellstart aus dem Wasser ermöglicht. Der Antrieb des eigentlichen Flugs bis zu 3 m und Ursache des flatternden Geräusches sind schnelle Schläge mit der Schwanzflosse, meist liegen die Tiere dabei auf der Seite. Fettflosse vorhanden oder fehlend. Größe zwischen 2,5 und 9 cm.

Abb. 30.14 *Carnegiella strigata* (Privataquarium)

Verbreitung. Südliches Mittelamerika, tropisches und subtropisches Südamerika (östlich der Anden).

Lebensweise. Beilbauchfische stehen in lockeren Schwärmen in Oberflächennähe in krautigen Gewässern. Die größeren Arten bewohnen große Flüsse, die kleineren leben in Bächen. Freilaicher in der Nähe der Wasseroberfläche, die Eier sinken zu Boden oder zwischen Wasserpflanzen.

Nahrung. Bevorzugt Anflugnahrung.

3 Gattungen mit mindestens 9 Arten.

Gattung *Carnegiella*: 3 Arten. Keine Fettflosse. Dazu **Marmor-Beilbauchfisch** (*C. strigata*): 4 cm, Guyana. – **Schwarzschwingen-Beilbauchfisch** (*C. marthae*): 3,5 cm, Venezuela, Brasilien.

Abb. 30.15 *Gasteropelecus maculatus* (Privataquarium)

Gattung *Gasteropelecus*: 3 Arten. Dazu **Gefleckter Beilbauchfisch** (*G. maculatus*): 9 cm, nördliches Südamerika bis Panama. Kleine, dunkle Pünktchen an den Körperseiten. – **Silberbeilbauchfisch** (*G. sternicla*): 6,5 cm, Guayana-Länder, Brasilien.

Gattung *Thoracocharax*: 2 Arten. **Platinbeilbauchfisch** (*Th. securis*): 9 cm, zentrales Südamerika. – **Diskusbeilbauchfisch** (*Th. stellatus*): 7 cm, Zentralbrasilien bis Nordargentinien.

Haltung von Beilbauchfischen

Lückenlos abgedeckte, langgestreckte Becken mit lockerer Bepflanzung. Wasser weich, leicht sauer, Temperatur um 25 °C. Neben auf das Wasser gestreuten Kleininsekten, Blattläusen usw. werden Schwarze Mückenlarven und Mysis gern genommen.

Vermehrung. Die Geschlechter sind nur durch den Laichansatz des Weibchens zu erkennen. Reichliche Fütterung von Anflugnahrung und Wasserwechsel fördern die Laichbereitschaft. Die Zucht ist am aussichtsreichsten bei Gruppenansatz im Artbecken, bei dem in halber Wasserhöhe ein Laichrost eingehängt ist. Nur so sind die Eier schnell vor dem Zugriff der Alttiere geschützt. Abgelaicht wird in Oberflächennähe an Wurzeln von Schwimmpflanzen oder zwischen Büscheln feinfiedriger Pflanzen. Ist der Weg der Eier beim Absinken zu lang, werden sie gefressen. Die Larven schlüpfen nach 30 - 36 Stunden.

Familie Amerikanische Hechtsalmler (Ctenoluciidae)

Langgestreckte, hechtähnliche Fische (Name!). Rückenflosse und Bauchflossen setzen weit hinten am Körper an. Fettflosse vorhanden. Kleine Schuppen. Zahlreiche kleine, konische

Abb. 30.16 *Boulengerella maculata* (Zoo Leipzig, Aquarium)

Zähne, die nach hinten gerichtet sind. Größe von reichlich 20 cm bis fast 70 cm.

Verbreitung. Tropisches Mittel- und Südamerika (beiderseits der Anden).

Lebensweise. Räuberisch und standorttreu, oft in Oberflächennähe unter einer Schwimmpflanzendecke. Junge Tiere häufig in kleinen Gruppen, adulte sind Einzelgänger. Soweit bekannt, Freilaicher.

Nahrung. Fische geeigneter Größe, Jungtiere fressen auch Insektenlarven und Kleinkrebse.

2 Gattungen mit 7 Arten.

Gattung *Boulengerella*: 5 Arten. Dazu **Gestreifter Hechtsalmler** (*B. lateristriga*): bis 40 cm, Rio-Negro-Gebiet. Mit breitem, schokoladenfarbenem Längsstrich. – **Gefleckter Hechtsalmler** (*B. maculata*): bis 40 cm, Amazonas-Gebiet. Körper (außer Kopf) und Flossen mit einer Vielzahl dunkler Flecken unterschiedlicher Größe.

Gattung *Ctenolucius*: 2 Arten. Dazu **Hujeta-Hechtsalmler** (*C. hujeta*): bis 23 cm, Panama, Kolumbien, Venezuela. Lehmgelb bis hellolivfarben, Schwanzwurzel mit schwarzem Fleck.

Abb. 30.17 *Ctenolucius hujeta* (Privataquarium)

Haltung von Amerikanischen Hechtsalmlern

In großen Becken (Kantenlänge mindestens 1,5 m) mit dichter Bepflanzung. Das Wasser sollte leicht sauer bis neutral und weich sein, Haltungstemperatur 25 °C. Wichtig ist regelmäßiger Teilwasserwechsel. Die Ernährung gelingt mit Futterfischen, Wasserinsekten und Mückenlarven, bei *Boulengerella maculata* auch mit Mehlkäferlarven. Amerikanische Hechtsalmler können mit großen und hochrückigen Fischen vergesellschaftet werden.

Vermehrung. Bei der Gattung *Boulengerella* sind Geschlechtsunterschiede unbekannt, Zuchtberichte liegen nicht vor. Beim Hujeta-Hechtsalmler sind die Weibchen größer und fülliger als die Männchen. Bei Letzteren ist auch die Afterflosse lappenartig verlängert. Die Zucht kann bei 26 - 28 °C gelingen. Die Paarung erfolgt, vorwiegend in den Abend- und Nachtstunden, direkt unter der Wasseroberfläche. Dabei umschlingt das Männchen mit seiner großen Afterflosse das Weibchen und befruchtet in dieser so entstandenen Tasche die Eier. Durch Schwanzschläge des Männchens auf die Wasseroberfläche entstehen schaumnestartige Gebilde, in denen sich 2000 - 3000 Eier pro Gelege befinden. Nach ungefähr 1 Tag schlüpfen die Jungfische. Bei der Aufzucht muss genügend Lebendfutter vorhanden sein, um Kannibalismus zu vermeiden.

Familie Echte Salmler (Characidae)

Körperform sehr variabel. Es kommen langgestreckte, spindelförmige, hochrückige, tropfen- und scheibenförmige Arten vor. Körper fast immer seitlich abgeflacht. Afterflosse lang, Schwanzflosse meist tief eingeschnitten, in seltenen Fällen mittlere Strahlen verlängert. Fettflosse fehlt nur bei einigen Arten. Häufig mit farbigen, stark irisierenden Körperpartien, dienen meist der Arterkennung und dem Schwarmzusammenhalt. Mindestens 2 blinde Höhlenformen bekannt. Meist kleine bis sehr kleine Fische (1,3 - 3 cm), nur wenige Arten mittelgroß bis groß (1,5 m).

Verbreitung. Vom südlichen Nordamerika über Mittelamerika bis Mittelargentinien.

Lebensweise. Die Vielfalt der hier zusammengefassten Arten füllt alle ökologischen Nischen bis hin zu Höhlengewässern. Es gibt Schwarmfische und Einzelgänger, oberflächen- und bodenorientierte Fische ebenso wie solche des freien Wassers oder der dichten Wasserpflanzenbestände. Fortpflanzung meist paarweise, z.T. mit Laichwanderungen. Der Laich wird zwischen Wasserpflanzen verstreut, seltener in Laichgruben oder Höhlen abgelegt. Einige Arten mit innerer Befruchtung.

Nahrung. Ernährungsweise sehr vielgestaltig, neben reinen Raubfischen gibt es Schuppen-, Flossen-, Alles-, Pflanzen-, Früchte- und Samenfresser. Von mindestens 1 Art kennt man Putzverhalten.

Über 150 Gattungen mit etwa 1000 Arten. Die Einteilung in Unterfamilien wird sehr unterschiedlich gehandhabt. Hier werden 10 Unterfamilien behandelt.

Unterfamilie Characinae

12 Gattungen mit über 70 Arten.

Gattung *Acestrorhynchus*: 15 Arten. Dazu **Roter Hundssalmler** (*A. altus*): 35 cm, Amazonas- und Paraguay-Becken. – **Barracuda-Hundssalmler** (*A. falcatus*): 30 cm, Amazonas- und Orinoko-Becken, Guayana. – **Hundssalmler** (*A. falcirostris*): bis 27 cm, Guayana-Länder, Amazonas- und Orinoko-Flusssysteme. – **Hechtkopfsalmler** (*A. microlepis*): bis 40 cm, Amazonas und Guayana. Hechtähnliche Körperform.

Gattung *Charax*: 16 Arten. Dazu **Wachssalmler** (*Ch. gibbosus*): 15 cm, Amazonas, Guayana, Rio Paraguay. Messerartige Körper-

Abb. 30.18 *Acestrorhynchus falcatus* (Zoo-Aquarium Berlin)

form, schwimmt mit dem Kopf nach vorn geneigt.

Gattung *Exodon*: 1 Art. **Zweitupfensalmler** (*E. paradoxus*): 15 cm, Amazonas. Langgestreckt, je 1 runder schwarzer Fleck vor dem Ansatz der Rückenflosse und auf dem Schwanzstiel.

Gattung *Phenacogaster*: 9 Arten. Dazu **Komtesssalmler** (*Ph. calverti*): 8 cm, Maranhao (Brasilien). Interessante, bei optimaler Haltung in den Regenbogenfarben glänzende, leider nur selten eingeführte Art.

Gattung *Roeboides*: 19 Arten. Dazu **Guatemala-Glassalmler** (*R. guatemalensis*): 10 cm, südliches Mexiko bis Panama. Körper stark durchscheinend, dunkler Fleck hinter dem Kopf. Schwimmt leicht vornübergeneigt. – **Paraná-Salmler** (*R. paranensis*): 10 cm, Paraguay, unteres Paraná-Becken.

Haltung von Characinae

Hundssalmler benötigen große Becken mit einer Kantenlänge von mindestens 1,5 m, die dicht bepflanzt sein sollen und Versteckplätze aufweisen müssen. Zweitupfensalmler brauchen ebenfalls große, gut bepflanzte Becken mit weichem, torfhaltigem Wasser sowie gedämpfter Beleuchtung und sollten in Schwärmen gehalten werden. Die Wassertemperatur für beide Arten sollte zwischen 23 und 28 °C liegen. Als Nahrung wird Lebendfutter gereicht, die Hundssalmler fressen vorwiegend Fische, der Zweitupfensalmler auch Frost- und Trockenfutter. Er darf nicht mit kleineren Arten vergesellschaftet werden. Da er als guter Springer gilt, sollten die Becken abgedeckt werden.

Wachssalmler und Guatemala-Salmler benötigen viel Schwimmraum, aber auch Versteckmöglichkeiten (dichte Pflanzenbestände, Moorkien-Wurzeln). Das Wasser sollte mittelhart, gut gefiltert und 23 - 25 °C warm sein. Als Futter können Wasserflöhe, Tubifex, Mückenlarven, aber auch gelegentlich Trockenfutter gegeben werden. *Roeboides paranensis* frisst zudem Schuppen größerer Fische, deshalb Vorsicht bei der Vergesellschaftung.

Vermehrung. Der Hundssalmler wurde bisher noch nicht nachgezüchtet. Für Wachssalmler, Zweitupfensalmler und Guatemala-Salmler liegen Zuchtberichte vor. Die Männchen von Wachssalmler und Guatemala-Salmler sind während der Laichzeit stärker gelb gefärbt. Die Weibchen wirken blasser, aber fülliger. Das Laichgeschehen findet zwischen Wasserpflanzen statt, an denen die Eier platziert werden. Die Entwicklungszeit dauert 25 - 30 Stunden.

Abb. 30.19 *Roeboides paranensis* (Tierpark Berlin)

Höchstalter. *Exodon paradoxus* 7 Jahre im Aquarium.

Unterfamilie Bryconinae

Etwa 5 Gattungen mit etwa 60 Arten.

Gattung *Brycon*: 41 Arten. Dazu **Lachssalmler** (*B. falcatus*): 25 cm, Amazonas und Guayana. Dunkler Schulterfleck und schwarzer Fleck am Schwanzstiel.

Gattung *Chalceus*: 5 Arten. Dazu **Gelbflossen-Glanzsalmler** (*Ch. erythrurus*): 25 cm, oberes Amazonas-Becken. – **Großschuppensalmler** (*Ch. macrolepidotus*): 25 cm, Guayana. Auffallend große Schuppen, Schwarmfisch.

Gattung *Triportheus*: 14 Arten, vorgewölbter Brustbereich. Dazu **Punktierter Kropfsalmler** (*T. angulatus*): bis 20 cm, Amazonas-Gebiet. Eingeschnittene Schwanzflosse, bei der die mittleren Strahlen schwarz und zipfelartig verlängert sind. – **Gestreckter Kropfsalmler** (*T. elongatus*): bis 20 cm, Amazonas, Rio Negro, Guayana, Orinoko. Dünner schwarzer Längsstrich vom Kiemendeckel bis in die Schwanzflosse.

Haltung von Bryconinae

Diese Arten benötigen sehr große Aquarien mit viel Schwimmraum. Sie werden im Schwarm gepflegt. Der Lachssalmler hat eine Vorzugstemperatur von 20 - 22 °C und verträgt eine Abkühlung recht gut. Die anderen Arten werden bei 24 - 27 °C gehalten. Die Ernährung bereitet mit Insekten aller Art, deren Larven, Regenwürmern, Tubifex und Wasserflöhen keine Probleme. Auch Trockenfutter wird gelegentlich genommen.

Vermehrung. Geschlechtsunterschiede sind nicht bekannt. Nur der Großschuppensalmler konnte bisher zur Nachzucht gebracht werden. Die zahlreichen (3000 - 4000) Eier werden an Pflanzenbü-

Abb. 30.20 *Chalceus erythrurus* (Tierpark Berlin)

scheln abgelaicht. Die Larven schlüpfen am 2. Tag und schwimmen am 5. Tag frei. Die Jungfische werden mit Artemia-Nauplien aufgezogen.

Höchstalter. *Chalceus macrolepidotus* lebte über 19 Jahre im Aquarium.

Unterfamilie Paragoniatinae

Schlanke, seitlich zusammengedrückte und zum Teil durchscheinende, an Glaswelse erinnernde Arten.

6 Gattungen mit etwa 12 Arten.

Gattung *Paragoniates*: 2 Arten: Dazu **Blauer Glassalmler** (*P. alburnus*): 6 cm, Amazonas, Venezuela.

Gattung *Phenagoniates*: 1 Art. **Panama-Glutsalmler** (*P. macrolepis*): 6 cm, Südpanama.

Gattung *Prionobrama*: 2 Arten: Dazu **Rotflossen-Glassalmler** (*P. filigera*): 6 cm, Peru, Bolivien, Südbrasilien, Argentinien.

Gattung *Rachoviscus*: 2 Arten: Dazu **Dickkopfsalmler** (*R. crassiceps*): 4,5 cm, Rio de Janeiro, Paraná.

Gattung *Xenagoniates*: 1 Art. **Goldstirn-Glassalmler** (*X. bondi*): 6 cm, Kolumbien, Ostvenezuela.

Haltung von Paragoniatinae

Mit Ausnahme des Rotflossen-Glassalmlers, der zu den seit langem etablierten Aquarienfischen gehört, kommen die anderen Arten der Unterfamilie meist nur als Beifänge in den Handel. Alle Arten fordern weiches, möglichst über Torf gefiltertes, leicht saures, bernsteinfarbenes, aber klares Wasser und Temperaturen um 24 °C. Mit Ausnahme der *Rachoviscus*-Arten, welche sich ruppig gegenüber anderen Arten zeigen und im Artbecken gepflegt werden sollten, sind Paragoniatinae verträgliche Fische, die in lockeren Schwärmen leben. Alle Arten nehmen gern Anflugnahrung zu sich, dazu Mysis und Mückenlarven.

Vermehrung. Männchen sind meist intensiver gefärbt, besitzen bei *Prionobrama* verlängerte

Abb. 30.21 *Paragoniates alburnus* (Zoo Leipzig, Aquarium)

Afterflossen, bei *Rachoviscus* Häkchen auf der Afterflosse.

Die Zucht von *Prionobrama* ist nicht schwer, abgelaicht wird zwischen lockeren Pflanzen in Oberflächennähe. Die Art gehört zu den Salmlern mit der kürzesten Entwicklungszeit, die Larven schlüpfen bei 27 °C bereits nach 14 Stunden. Bei den anderen Arten sind nur Zufallszuchten bekannt, sie zeigten sich als Freilaicher.

Unterfamilie Aphyocharacinae

1 Gattung mit 11 Arten.

Gattung *Aphyocharax*: Dazu **Rotflossensalmler** (*A. anisitsi*): 5 cm, Argentinien bis Paraguay.

Abb. 30.22 *Prionobrama filigera* (Zoo Leipzig, Aquarium)

Haltung von Aphyocharacinae

Die Arten der Gattung stellen keine speziellen Anforderungen an den Wasserchemismus, fühlen sich jedoch in weichem, leicht saurem Wasser und in gut bepflanzten Becken am wohlsten. Die rote Farbe ist auf Dauer nur über die Fütterung mit Mysis zu halten.

Vermehrung. Männchen sind intensiver gefärbt und besitzen Häkchen auf der Afterflosse. Zucht bei *A. anisitsi* problemlos, Freilaicher bei 27 °C zwischen lockeren Pflanzen in den Morgenstunden, Zugabe von Torfextrakt erhöht die Schlupfrate, Fische sind große Laichräuber.

Unterfamilie Glandulocaudinae

Charakteristisch sind eine Pheromon produzierende Drüse am Schwanzstiel der erwachsenen Männchen sowie der Geschlechtsdimorphismus. Die Arten einiger Gattungen praktizieren eine innere Befruchtung. Lebensweise in lockeren Schwärmen in Oberflächennähe.

19 Gattungen mit etwa 50 Arten.

Gattung *Corynopoma*: 1 Art. **Zwergdrachenflosser** (*C. riisei*): 7 cm, Venezuela, Trinidad.

Gattung *Glandulocauda*: 2 Arten. Dazu **Blauer Tetra** (*G. inequalis*): Männchen 6 cm, Weibchen 4,5 cm, Uruguay.

Gattung *Mimagoniates*: 6 Arten. Dazu **Kleinschuppiger Barberos-Tetra** (*M. microlepis*). – **Barberos-Tetra** (*M. tenuis* = *Coelurichthys tenuis*): 5 cm, Paraguay, Südostbrasilien, Nordargentinien.

Gattung *Pseudocorynopoma*: 2 Arten. Dazu **Drachenflosser** (*P. doriae*): 8 cm, Südbrasilien, Rio de la Plata.

Abb. 30.23 *Mimagoniates spec.* (Privataquarium)

Haltung von Glandulocaudinae

Geräumige, gut bepflanzte Aquarien mit teilweiser Schwimmpflanzendecke. Wasser im Neutralbereich und weich bis mittelhart. Viele Arten sind bei höheren Temperaturen anfällig gegen Schwankungen der Wasserwerte und gegen Infektionen, Temperaturen zwischen 18 und 22 °C sind optimal und dürfen nur bei wenigen Arten überschritten werden.

Vermehrung. Neben den Drüsen am Schwanzstiel besitzen die Männchen einiger Arten großflächigere oder verlängerte, manchmal gefärbte Rücken- und Afterflossen. Beim Zwergdrachenflosser sind die Brustflossen paddelförmig verlängert.

Es findet Vorratsbefruchtung statt. Während der sehr interessanten Balz werden vom Männchen Samenfadenpakete ausgestoßen, die in den Eileiter des Weibchens gelangen. Die angewandten Tricks unterscheiden sich von Art zu Art. Bei manchen Arten genügt eine Spermaaufnahme für das ganze Leben. Stunden, Tage oder Wochen später werden Eier oder Eipakete von den Weibchen an breiteren Blättern abgelegt. Die Larven sind sehr klein, die Beschaffung entsprechenden Futters ist das größte Problem für eine erfolgreiche Aufzucht.

Unterfamilie Rhoadsiinae

3 Gattungen mit 6 Arten.

Gattung *Rhoadsia*: 2 Arten. Dazu **Regenbogensalmler** (*Rh. altipinna*): Männchen bis 18 cm, Weibchen bis 10 cm, Westecuador.

Haltung von Rhoadsiinae

Nur der Regenbogensalmler ist aquaristisch bisher näher bekannt geworden. Die Art ist revierbildend, ein großes Männchen beansprucht 50 cm im Durchmesser und mehr, Nebenbuhler wachsen erst nach dem Tod des Alpha-Tiers weiter. Keine speziellen Anforderungen an die Wasserwerte.

Vermehrung. Deutlicher Geschlechtsdimorphismus: Männchen besitzen verlängerte unpaare Flossen, sind wesentlich größer und farbiger als Weibchen.

Das stärkste Männchen des Schwarms besetzt ein Revier, welches selbst gegen größere Fische (im Aquarium Erfurt gegen Scheibensalmler und *Leporinus*) erfolgreich verteidigt wird. Der Zuchtverlauf wurde im selben Aquarium entdeckt und ist für Salmler einmalig: Die Weibchen kommen in das Revier des Männchens und saugen sich an dessen Genitalpapille fest. Die Spermawolke strömt so über die Kiemen an den Körperseiten entlang zum sandig-kiesigen Boden, an dessen Oberfläche die Eiablage erfolgt. Wenn viele Weibchen laichwillig sind, kommt es zur Tandembildung, ein Weibchen hängt sich an das andere und alle partizipieren bei der Eiablage von der Spermawolke. Durch die intensive Revierverteidigung, für welche die Kräfte eines Männchens bis zu 3 Monaten reichen, kommen auch in Gemeinschaftsbecken zahlreiche Jungfische auf.

Unterfamilie Stethaprioninae

Fische mit scheibenförmigem Körper und 1 kleinen, in eine Furche eingesenkten Stachel vor der Rückenflosse.

Abb. 30.24 *Astyanax jordani* (Zoo Köln, Aquarium)

4 Gattungen mit 12 Arten.

Gattung *Brachychalcinus*: 5 Arten. Dazu **Diskussalmler** (*B. orbicularis*): 12 cm, tropisches Südamerika.

Gattung *Poptella*: 4 Arten. Dazu **Langflossen-Diskussalmler** (*P. longipinnis*): 10 cm, Venezuela.

Gattung *Stethaprion*: 2 Arten. Dazu **Silber-Diskussalmler** (*S. erythops*), 8 cm, Amazonas-Becken.

Haltung von Stethaprioninae

Friedliche Schwarmfische ohne besondere Ansprüche an Wasserwerte und Beckenausstattung, die sich nicht an Pflanzen vergreifen. Für Liebhaber scheibenförmiger Fischgestalten sind sie eine gute Alternative zu Scheibensalmlern.

Vermehrung. Weibchen sind größer und fülliger. Bei *Brachychalcinus* und *Poptella* in Becken von 1 m Länge problemlos. Freilaicher zwischen feinfiedrigen Pflanzen, sehr produktiv. *Stethaprion* wahrscheinlich noch nicht nachgezogen.

Unterfamilie Tetragonopterinae

Arten- und gattungsreichste Unterfamilie, mit einem hohen Anteil beliebter und verbreiteter Aquarienfische. Mindestens 47 Gattungen mit mehreren 100 Arten.

Gattung *Astyanax*: mindestens 90 Arten und zahlreiche Unterarten. Dazu **Rautensalmler** (*A. bimaculatus*): 15 cm, Panama, östliches Südamerika bis Paraguay. Sehr ausdauernd. – **Streifensalmler** (*A. fasciatus*): bis 17 cm, Mexiko bis Argentinien, stellenweise aber fehlend. – **Mexiko-Salmler** (*A. mexicanus*): 12 cm, südliche USA, Ost- und Zentralmexiko. – **Blinder Höhlensalmler** (*A. jordani*): 9 cm, Höhlensysteme in Zentralmexiko (Provinz San Luis Potosi). Sehuntüchtig (Augen sind degeneriert), Orientierung erfolgt mithilfe des gut ausgebildeten Seitenlinienorgans. Körperfarbe weitgehend pigmentlos, fleischfarben. Da sich diese blinde Höhlenform mit dem oberirdisch lebenden *A.*

Abb. 30.25 *Astyanax mexicanus* (Zoo Leipzig, Aquarium)

mexicanus unbeschränkt kreuzt, ist der Artcharakter eigentlich nicht gerechtfertigt.

Gattung *Axelrodia*: 3 Arten. Dazu **Pfeffersalmler** (*A. stigmatias*): 3 cm, Amazonas. Etwas anspruchsvoller Fischzwerg.

Gattung *Boehlkea*: 1 Art. **Blauer Perusalmler** (*B. fredcochui*): 5 cm, Peru, Kolumbien.

Gattung: *Brittanichthys*: 2 Arten. Dazu **Brittans Salmler** (*B. myersi*): 4 cm, Rio Negro.

Gattung *Bryconamericanus*: 51 Arten. Dazu **Primerosalmler** (*B. iheringi*): 10 cm, Südbrasilien, Nordargentinien.

Gattung *Bryconops*: 15 Arten. Dazu **Rotschwänzchensalmler** (*B. melanurus*): 10 cm, Ostbrasilien. Attraktive Färbung nur bei optimalen Wasserbedingungen.

Gattung *Creagrutus*: 64 Arten. Dazu **Goldbandsalmler** (*C. beni*): 7 cm, nördliches Südamerika. Als Ausnahmefall bei den Tetragonopterinae wurde bei dieser Gattung Vorratsbefruchtung beobachtet.

Abb. 30.26 *Ctenobrycon spilurus* (Privataquarium)

Gattung *Ctenobrycon*: 3 Arten. Dazu **Talersalmler** (*C. spilurus*): 8 cm, Amazonas-Gebiet.

Gattung *Gymnocorymbus*: 3 Arten. Dazu **Trauermantelsalmler** (*G. ternetzi*): 5,5 cm, Rio Paraguay, Bolivien.

Gattung *Hasemania*: 1 Art. **Kupfersalmler** (*H. nana*): 5 cm, Brasilien. Ausdauernde Art.

Die folgenden Gattungen *Hemigrammus* und *Hyphessobrycon* unterscheiden sich nur geringfügig (die Schwanzflossenbasis bei *Hemigrammus* ist beschuppt, bei *Hyphessobrycon* völlig unbeschuppt. Doch gerade die Typusart dieser Gattung weicht davon ab). Bei der Zuordnung mancher Arten zu einer dieser beiden Gattungen besteht noch Klärungsbedarf. Da die Diskussion noch im Gange ist, folgte die Auflistung der bisherigen Zuordnung der Standardliteratur.

Gattung *Hemigrammus*: etwa 45 Arten, viele beliebte und klassische, relativ leicht züchtbare Aquarienfische. Dazu **Feuersalmler** (*H. amandae*): unter 3 cm, Brasilien. Bei optimaler Haltung prächtig rot gefärbter Fischzwerg. – **Rotkopfsalmler** (*H. bleheri*): 4,5 cm, Kolumbien, Brasilien. – **Glühlichtsalmler** (*H. erythrozonus*): 4 cm, Guayana. – **Laternensalmler** (*H. ocellifer*): 4,5 cm, Amazonien, Bolivien. – **Karfunkelsalmler** (*H. pulcher*): 4,5 cm, Peru, Brasilien.

Gattung *Hyphessobrycon*: Über 90 Arten, viele beliebte und klassische Aquarienfische, deren Zucht nicht immer einfach ist. Dazu **Schmucksalmler** (*H. bentosi*): 4 cm, Guayana, unterer Amazonas. Mehrere Unterarten. – **Blutsalmler** (*H. callistus*): 4 cm, Amazonas, Paraguay. Beliebte und farbige Art, die sich jedoch bei Nahrungsmangel in „Mini-Piranhas“ verwandeln kann und die Flossen anderer Fische anfrisst. – **Rautenflecksalmler** (*H. anisitsi*, war früher als *Hemigrammus caudovittatus* aquaristisch verbreitet): 7 cm, Argentinien, Paraguay, Südostbrasilien. Idealer Fisch für Einsteiger in die Salmlerzucht. – **Fahnen-Kirschflecksalmler** (*H. erythrostigma*): 6 cm, oberer Amazonas in Peru. Attraktive und ausdauernde Art. – **Roter von Rio** (*H. flammeus*): 4 cm, Ostbrasilien. – **Schwarzer Neon** (*H. herbertaxelrodi*): 4 cm, Brasilien, Paraguay. Anspruchslose Art.

Gattung *Inpaichthys*: 1 Art. **Königssalmler** (*I. kerry*): 4 cm, Amazonas-Gebiet. Geschlechter sind an der Färbung der Fettflosse zu unterscheiden: blassblau beim Männchen, rotorange beim Weibchen.

Gattung *Megalamphodus* (werden auch zur Gattung *Hyphesobrycon* gestellt): 10 Arten. Dazu **Schwarzer Phantomsalmler** (*M. megalopterus*): 4,5 cm, Zentralbrasilien. – **Gelber Phantomsalmler** (*M. roseus*): 3 cm, Guayana-Länder. – **Roter Phantomsalmler** (*M. sweglesi*): 4 cm, Kolumbien.

Gattung *Moenkhausia*: über 50 Arten, mit einigen beliebten Aquarienfischen. Dazu **Rotschwanz-Moenkhausia** (*M. collettii*): 4 cm, Amazonas-Becken, Guayana-Länder: – **Brillantsalmler** (*M. pittieri*): 6 cm, Valenciasee in Venezuela. Laich lichtempfindlich. – **Rotaugen-Moenkhausia** (*M. sanctaefilomenae*): 7 cm, tropisches Südamerika.

Gattung *Nematobrycon*: 3 Arten. Dazu **Kaisersalmler** (*N. palmeri*): 5 cm, Westkolumbien. Dauerlaicher.

Gattung *Paracheirodon*: 3 Arten. **Neonsalmler**, **Neontetra** (*P. innesi*): 5 cm, Rio Putumayo in Ostperu. Blauer und roter Längsstreifen nur halb körperlang und versetzt. Mehrere Zuchtformen, u.a. auch eine Schleierflossenform. – **Roter Neon**, **Kardinaltetra** (*P. axelrodi*): 5 cm, Venezuela, Kolumbien, Westbrasilien. Durchgängiger roter und blauer Längsstreifen. – **Blauer Neon**, **Falscher Neon** (*P. simulans*): 3 cm, oberer Rio Negro und Orinoko. Durchgängiger blauer Längsstrich, der rote Streifen bleibt blass.

Gattung *Petitella*: 1 Art. **Rotmaulsalmler** (*P. georgiae*): 5 cm, Brasilien, Iquitos (Peru).

Gattung *Pristella*: 1 Art. **Wasserstieglitz**, **Sternflecksalmler** (*P. maxillaris*): 4,5 cm, Venezuela, Guyana, Brasilien.

Gattung *Pseudochalceus*: 3 Arten. Dazu **Rotpunktsalmler** (*P. kyburzi*): 6 cm, Kolumbien. Durch zahlreiche rote Tupfen auffallende Art, die zu den Haftlaichern gehört und Brutpflege betreibt.

Abb. 30.27 *Gymnocorymbus ternetzi* (Privataquarium)

Gattung *Tetragonopterus*: 2 Arten. Dazu **Gesäumter Schillersalmler** (*T. argenteus*): 8 cm, Brasilien.

Gattung *Thayeria*: 3 Arten. Dazu **Schrägschwimmer** (*T. boehlkei*): 6 cm, Brasilien, Peru.

Gattung *Vesicatrus*: 1 Art. **Zweipunkt-Glassalmler** (*V. tegatus*): Weibchen 7 cm, Männchen etwas kleiner, Südbrasilien bis Paraguay.

Haltung von Tetragonopterinae

Die überwiegende Zahl der Arten dieser Gruppe sind Schwarmfische und stammen aus Flüssen

Abb. 30.28 *Hyphessobrycon erythrostigma*, Männchen (Zoo Leipzig, Aquarium)

Abb. 30.29 *Moenkhausia sanctaefilomenae* (Privataquarium)

und Gewässern mit weichem, leicht saurem und nicht selten durch Humin- und Gerbsäureeintrag gelb bis braun verfärbtem Wasser. Schafft man diese Bedingungen in ausreichend großen (etwa das Zehnfache der Körperlänge der betreffenden Arten langen) Becken und ermöglicht mit einer durchdachten Bepflanzung den Wechsel von Schwimmraum und Unterständen, dann können auch neue Arten erfolgreich gepflegt werden.

Viele Tetragonopterinae sind „klassische", anspruchslose Aquarienfische wie der Talersalmler (*Ctenobrycon spilurus*), der Trauermantelsalmler (*Gymnocorymbus ternetzi*, z.T. inzwischen durch Schleierflossigkeit genetisch verdorben und verzwergt), Roter von Rio (*Hyphessobrycon flammeus*), Sternflecksalmler (*Pristella maxillaris*), Gesäumter Schillersalmler (T*etragonopterus argenteus*), Schrägschwimmer (*Thayeria boehlkei*). Dagegen sind andere bedeutend anspruchsvoller und etwa der Rotmaulsalmler (*Petitella georgiae*) nur in sehr weichem Wasser ausdauernd, der Zweipunkt-Glassalmler (Vesicatrus tegatus) fühlt sich nur in weichem, leicht saurem Wasser und gut bepflanzten, nicht zu hellen Becken wohl. Die meisten Arten kommen mit Temperaturen um 24 °C gut zurecht, über Spezialisten (z.B. Roter Neon mehr als 26 °C, Neonsalmler nicht mehr als 23 °C, *Bryconamericanus iheringi* unter 22 °C) informiert man sich in der umfangreichen Spezialliteratur.

Abb. 30.30 *Paracheirodon axelrodi* (Zoo-Aquarium Berlin)

Salmler dieser Gruppe sind Allesfresser. Tümpelfutter sollte stets mit Mückenlarven und Mysis aus dem Frost ergänzt werden. Pflanzliche Zusatznahrung in Form von blanchierten, zerquetschten Erbsen, pürierten Blatt- und Wildgemüsen wird von vielen Arten gern genommen und vermindert die Gefahr, dass die Fische die zarten Austriebe der Wasserpflanzen anfressen. Der Wasserwechsel sollte regelmäßig erfolgen, dabei sind starke Abweichungen im Wasserchemismus zu vermeiden.

Abb. 30.31 *Paracheirodon innesi* (Zoo Köln, Aquarium)

Vermehrung. Allgemeine Regeln zu Geschlechtsunterschieden lassen sich bei der Vielfalt der Formen und Färbungen innerhalb dieser Gruppe nur schwer aufstellen. Die Männchen sind in der Regel kleiner und stets schlanker, manchmal farbiger, einige besitzen Häkchen an der Afterflosse oder zeigen Verlängerungen an den unpaaren Flossen

In dieser ungeheuer großen Unterfamilie stehen Arten und Gattungen, welche sich von jedem Anfänger problemlos züchten lassen, solchen gegenüber, die auch dem Spezialisten jahrelang zähen Widerstand leisten. Nicht selten ist zu beobachten, dass Arten im Gemeinschaftsbecken regelmäßig ablaichen, im Zuchtbecken dann jedoch keinerlei Aktivitäten zeigen. Beispielsweise gelingt die Zucht der *Megalamphodus*-Arten nur bei dunklem Stand des Zuchtbeckens und Abdunkelung des lichtempfindlichen Laichs.

Einige allgemeine Grundregeln müssen beachtet werden und gelten für alle Salmler:

- Die zur Zucht vorgesehenen Tiere müssen durch abwechslungsreiche Fütterung in gutem Futterzustand sein, dürfen jedoch nicht fett sein. Eine wichtige Rolle spielen Omega-3-Fettsäuren, die vor allem über Meeresplankton (u.a. Mysis) und Lebendfutter (darunter Anflugnahrung, Blattläuse usw.) zugeführt werden.
- Zuchttiere dürfen nicht zu jung sein, Männchen werden oft erst nach den Weibchen zuchtfähig. Zu alte Weibchen haben manchmal Probleme mit verhärtetem Laich und erst der 2. oder 3. Versuch bringt entwicklungsfähige Eier.
- Ältere Zuchttiere können den Laichakt häufig nur noch von einer Seite her vollziehen, der Austausch eines Partners oder der Ansatz in kleiner Gruppe bringt dann oft Erfolg.
- Das Wasser im Zuchtbecken sollte stets etwas weicher und etwas saurer als im Pflegebecken sein. Zusätze von Torfextrakt, Erlenzäpfchen und anderen natürlichen Säurebildnern simulieren den Säureeintrag während der Regenzeit und wirken in Verbindung mit dem Wasserwechsel stimulierend.
- Auch bei Freilaichern sollten Büschel feinfiedriger Pflanzen im Becken sein, damit sich zu sehr getriebene Weibchen verstecken können.

Abb. 30.32 *Tetragonopterus argenteus* (Privataquarium)

- Geheimtipp für Zootierpfleger: Viele Misserfolge sind darauf zurückzuführen, dass die Eier vieler Arten oft lichtempfindlich sind und absterben, wenn das Zuchtbecken nach dem Herausfangen der Eltern nicht teilweise abgedunkelt wird. Auch ein Bewegen der Eier muss vermieden werden, es kann zum Absterben der Embryonen führen.

Höchstalter. Im Artis Aquarium Amsterdam lebten *Astyanax bimaculatus* 18 Jahre, *Ctenobrycon spilurus* 14 Jahre, 7 Monate, *Hyphessobrycon anisitsi* 12 Jahre, 2 Monate, im Aquarium Erfurt *Gymnocorymbus ternetzi* 10, *Astyanax mexicanus* 12, *Hyphessobrycon erythrostigma* 8 Jahre.

Unterfamilie Cheirodontinae

15 Gattungen mit etwa 50 Arten. Diese Unterfamilie umfasste einmal mehr als 35 Gattungen, sie befindet sich gegenwärtig in der Revision und schließt kaum noch aquaristisch bedeutsame Arten ein.

Gattung *Serrapinnus*: 7 Arten. Dazu **Dreipunkt-Tetra** (*S. kriegi*): 4 cm, Becken des Rio Paraguay. Sehr ausdauernde Art. – **Piaba-Tetra** (*S. piaba*): 5 cm, Brasilien.

Haltung von Cheirodontinae

Bei den meisten Arten handelt es um kleine, zarte Fische, die bisher meist nur als Beifänge in die Hände von Spezialisten oder Schauaquarien gelangten. In leicht saurem, weichem Wasser und nicht zu hellen Becken mit Schwimmpflanzendecke konnten Beifänge aus dieser Gruppe erfolgreich gepflegt werden.

Vermehrung. Männchen sind schlanker und farbiger und besitzen Häkchen auf der Afterflosse oder der Schwanzwurzel. Zucht bisher selten erfolgreich.

Höchstalter. *Serrapinnus kriegi* 14 Jahre im Aquarium Erfurt.

Unterfamilie Eidechsensalmler (Iguanodectinae)

Langgestreckte Fische mit kleinem Maul.

2 Gattungen mit 11 Arten.

Gattung *Iguanodectes*: 8 Arten. Dazu **Eidechsensalmler** (*I. spilurus*): 6 cm, Brasilien, Guayana.

Abb. 30.33 *Iguanodectes spilurus* (Zoo Leipzig, Aquarium)

Abb. 30.34 *Piabucus dentatus* (Privataquarium)

Gattung *Piabucus*: 3 Arten. Dazu **Piabuco-Salmler** (*P. dentatus*): 15 cm, Venezuela bis zur Amazonas-Mündung, auch im Brackwasser der Ästuare.

Haltung von Eidechsensalmlern

Friedliche, in lockeren Schwärmen lebende, lebhafte Fische. Wasser leicht sauer, weich bis mittelhart, Temperatur um 25 °C. Lockere Bepflanzung mit Schwimmräumen ist vorteilhaft.

Vermehrung. Vordere Strahlen der Afterflosse beim Männchen verlängert. Eidechsensalmler sind Freilaicher zwischen lockeren Pflanzen. Da sie Laichräuber sind, ist für eine produktive Zucht der Einsatz eines Laichrostes erforderlich.

Familie Prachtsalmler (Crenuchidae)

Kleine Salmlerartige, die auch als Unterfamilie in die Familie Characidae eingeordnet werden. Körperform kärpflingsähnlich. Rundschuppen. Endständiges Maul, 2 Reihen dicht stehender spitzer Zähne. Rückenflosse lang, oft fahnenartig, Schwanzflosse gegabelt, Fettflosse vorhanden.

Verbreitung. Tropisches Südamerika.

Lebensweise. Prachtsalmler halten sich in Bodennähe zwischen dichten Pflanzenbeständen auf, verteidigen Kleinreviere. Über die Fortpflanzung in der Natur ist wenig bekannt. Gelaicht wird in Höhlungen, das Männchen bewacht das Gelege.

Nahrung. Verschiedenste Wirbellose, besonders Würmer und Mückenlarven, *Crenuchus* Kleinfische.

2 Gattungen mit 3 Arten.

Gattung *Crenuchus*: 1 Art. **Kleiner Raubsalmler**, **Segelflossensalmler** (*C. spilurus*): Männchen 6 cm, Weibchen 4 cm, Guyana, oberer und mittlerer Amazonas. Schwarzer Fleck auf der Schwanzwurzel. Rückenflosse beim Männchen fahnenartig spitz ausgezogen.

Gattung *Poecilocharax*: 2 Arten. Dazu **Weitzmanns Raubsalmler** (*P. weitzmanni*): Männchen 4 cm, Weibchen 3 cm, oberer Amazonas, oberer Rio Negro, Orinoko-Gebiet. Männchen sehr attraktiv rot, blau und schwarz längs gestreift.

Haltung von Prachtsalmlern

Die Arten dieser Familie halten sich bevorzugt im bodennahen Bereich auf, wo sie sich gern unter oder neben Wurzeln, Steinen u.Ä. unterstellen. Sie wünschen dicht bepflanzte Becken. Erwachsene Männchen bilden, ohne Aggressionen zu zeigen, kleine Reviere, deren Grenzen man bei der Beckeneinrichtung bereits optisch markieren sollte (Wurzelstücke, Steine, Pflanzenbüschel usw.). Das Wasser sollte weich bis sehr weich, leicht sauer bis sauer und mindestens einmal über Torf oder bei Zuchtabsichten auch über Erlenzäpfchen gelaufen sein. Grundlage der Fütterung müssen Mückenlarven und Mysis sein (Erhaltung der Körperfarben), mit Trockenfutter sind sie nicht am Leben zu halten.

Der Segelflossensalmler benötigt sehr weiches, saures (pH-Wert 5,5 - 6) Wasser und dicht bepflanzte Becken, Temperatur 25 °C. Er ist ein Lauerjäger, der schlanke Fische mit bis zu zwei Dritteln der eigenen Körpergröße erbeutet, gegen alle anderen jedoch friedlich ist. Jedem Männchen sollten Reviere von etwa 40 cm Durchmesser zur Verfügung stehen. Neben Wurzelverstecken werden auch Kunststoff- oder Bambusröhren angenommen. Da die Fische kein großes Schwimmbedürfnis haben, kann der mittlere und obere Wasserraum mit allen anderen gleich großen Salmlerarten besetzt werden.

Weitzmanns Raubsalmler ist eine friedliche und eher scheue, farblich aber sehr attraktive Art. Zu empfehlen ist die Pflege im Artbecken. Die Fische können im kleinen Schwarm in Becken ab 60 cm Länge gehalten werden. Nur in sehr weichem Wasser (unter 4° dGH) und einem pH-Wert zwischen 5 und 5,5 sind sie erfolgreich zu halten. Temperatur bis 25 °C. Versteckplätze mit kleinen Moorkien-Wurzeln anbieten, dazu zahlreiche ausgekochte Bambusröhrenstücke mit 2 cm Innendurchmesser in verschiedenster Lage im gesamten Becken verteilen. Dunkler Bodengrund mit Torfanteil, Schwimmpflanzendecke (Sumatrafarn).

Vermehrung. Neben der unterschiedlichen Größe der Geschlechter sind die Männchen an einer intensiveren Färbung und einer verlängerten Rückenflosse zu erkennen. Zuchtvoraussetzungen sind Weibchen mit deutlichem Laichansatz und sehr weiches, saures Wasser (Regenwasser über Torf gefiltert). Eiablage erfolgt in Röhren, Brutpflege durch Männchen.

Segelflossensalmler: Zur Zucht ist ein Pärchen, welches im Gemeinschaftsbecken räumlich nahe lebt, in ein nicht zu hell stehendes Zuchtbecken mit etwas weicherem und leicht saurerem Wasser anzusetzen, zu dessen Ausstattung viel Javamoos und Röhren von 25 - 20 mm Durchmesser gehören. Erst wenn beide Tiere gemeinsam in der Röhre verschwinden, findet das Ablaichen statt. 48 Stunden hängen die Eier an der Höhlenwand, 3 Tage später werden die Jungfische vom Männchen aus der Röhre gefächelt. 3 Tage zehren sie noch vom Dottersack, dann erst müssen sie mit Mikrofutter angefüttert werden.

Weitzmanns Raubsalmler: Laichbereitschaft wird ausgelöst durch Absenken des pH-Werts auf 4,5 - 4,7 durch natürliche Säurebildner (Torf, Erlenzäpfchen). Das Weibchen sucht die Bambusröhre aus, in welche abgelaicht werden soll, das Männchen folgt und bleibt während der gesamten Brutzeit dabei. Eier werden an die Röhrenwand geheftet und vom Männchen betreut. Weibchen sind nach 1 Woche wieder laichbereit.

Familie Bodensalmler (Characidiidae)

Schlanke, seitlich kaum zusammengedrückte Salmlerartige, mit kleinem, endständigem oder leicht unterständigem Maul. Seitenlinie vollständig oder unvollständig. Paarige Flossen verhältnismäßig groß, die Brustflossen dienen zum Abstützen auf dem Boden. Schwanzflosse gegabelt, Fettflosse vorhanden. Bodensalmler werden auch als Unterfamilie zu den Characidae gestellt. Es gibt aber ebenfalls Bestrebungen, sie mit den Prachtsalmlern in einer Familie zu vereinigen.

Verbreitung. Mittel- und Südamerika (Panama bis Paraguay und Uruguay).

Lebensweise. Weitgehend bodenorientiert. In stehenden und langsam fließenden Gewässern, meist auf Sandböden liegend. Fortbewegung durch ruckartig kurzes Schwimmen. Friedlich, bilden jedoch meist kleine Reviere, die gegenüber Artgenossen ohne körperliche Auseinandersetzung – nur mit Drohgebärden – verteidigt werden. Laichen, soweit bekannt, paarweise am Boden zwischen Wasserpflanzen.

Nahrung. Kleine Wirbellose (vorwiegend Wasserinsektenlarven).

10 Gattungen mit über 75 Arten.

Gattung *Characidium*: 48 Arten. Dazu **Gebänderter Bodensalmler** (*Ch. fasciatum*): 10 cm, tropisches Südamerika. In den letzten Jahren ist eine kaum noch überschaubare Vielzahl von verwandten und ähnlich aussehenden Arten nach Europa gelangt.

Gattung *Elachocharax*: 4 Arten. Dazu **Widderchensalmler** (*E. georgiae*): 3 cm, Rio Negro, Rio Madeira.

Gattung *Odontocharacidium*: 1 Art. **Zorniger Zwergpfeilsalmler** (*O. aphanes*): 2 cm, Amazonas, Rio Negro.

Haltung von Bodensalmlern

Alle Bodensalmler lieben dicht bepflanzte Becken mit vielen Versteckplätzen auf und unter Wurzeln, Blättern und Steinen. Das Wasser sollte leicht sauer bis neutral und weich bis mittelhart sein, bei Temperaturen um 25 °C. Bodensalmler suchen ihr Futter am Boden, für Widderchen und Zwergpfeilsalmler ist Tubifex jedoch nicht geeignet. Kleine Mysis und Schwarze Mückenlarven werden von allen Arten gern genommen. *Elachocharax georgiae* ist ein idealer Partner für Gemeinschaftsbecken mit anderen kleinen südamerikanischen Salmlern. *Odontocharacidium aphanes* ist für Liebhaber von Fischzwergen ein Juwel. Der deutsche Name ist teilweise unrichtig. Sie sind nicht aggressiv, die schlanken Männchen schießen jedoch bei Annäherung eines Artgenossen wie ein Pfeil aus ihrem Unterstand. Sie können gut mit kleinen anderen Salmlern gemeinsam gepflegt werden. Bei Haltung im dicht bepflanzten Artbecken mit Javamoos kommen ausreichend Jungfische auf.

Abb. 30.35 *Characidium fasciatum*, Weibchen (Privataquarium)

Vermehrung. Die Männchen sind schlanker als die Weibchen. *Characidium fasciatum* wurde im Aquarium vermehrt. Nach starkem Treiben wird zwischen Wasserpflanzen gelaicht. Die sehr kleinen Eier fallen auf den Boden. Nach 30 - 40 Stunden schlüpfen die Larven. Nach weiteren 3 - 4 Tagen schwimmen die Jungfische frei und können mit Artemia-Nauplien angefüttert werden.

Höchstalter. *Odontocharacidium aphanes* lebten 4, *Characidium fasciatum* 18 Jahre im Aquarium Erfurt.

Familie Wolfssalmler (Cynodontidae)

Körper hoch oder gestreckt, seitlich stark zusammengedrückt, mit tiefer, schräger Maulspalte und langen Fangzähnen. Rückenflosse klein, Afterflosse lang, Schwanzflosse gegabelt, Bauchflossen winzig, Brustflossen dagegen verhältnismäßig groß. Fettflosse vorhanden. Größe zwischen 15 cm und 1,15 m.

Verbreitung. Tropisches Südamerika.

Lebensweise. Räuberische Einzelgänger, im Freiwasser, zwischen Wasserpflanzen und Wurzeln. Einzelheiten der Fortpflanzung unbekannt.

Nahrung. Wahrscheinlich ausschließlich Fische.

5 Gattungen mit 14 Arten.

Gattung *Cynodon*: 3 Arten. Dazu **Hundszahnsalmler** (*C. gibbus*): bis 28 cm, Amazonas- und Orinoko-Becken, Guayana-Länder, auch im Brackwasser.

Gattung *Hydrolycus*: 4 Arten. Dazu **Wolfsalmler** (*H. scomberoides*): etwa 1,15 m, Amazonas-, Orinoko- und Rio Paraguay-Flusssysteme. Mächtige, auffallend lange Fangzähne.

Gattung *Rhaphiodon*: 1 Art. **Fuchssalmler** (*R. vulpinus*): 65 cm, Amazonas- und Orinoko-Becken, Paraná, Rio Paraguay und Rio Uruguay. Silberglänzend.

Haltung von Wolfssalmlern

Junge Wolfssalmler werden gelegentlich importiert. Sie sind empfindlich gegenüber Haut- und Schnauzenverletzungen, entsprechend vorsichtig sind sie bei Fang und Transport zu behandeln. Als nicht besonders schwimmfreudige Fische stehen sie gern zwischen senkrecht wachsenden Wasserpflanzen, um auf vorbeikommende Beutefische zu lauern. Diese werden dann langsam von hinten und unten her angeschwommen und mit schnellem Vorstoß ergriffen. Obwohl sie keine Schwarmfische sind, ist es durchaus möglich, in entsprechend großen Becken mehrere, etwa gleich große Tiere zusammen zu halten. Denn ein Revierverhalten wird nicht beobachtet. Andererseits ist die Fütterung nicht einfach. Anfangs werden nur lebende Futterfische genommen. Später gelingt es mit Geduld, die Tiere auch an tote Futterfische und Fischfleisch zu gewöhnen, das dann beim Herabsinken aufgeschnappt wird. Eine Vergesellschaftung ist nur mit Fischen möglich, die aufgrund ihrer Größe nicht als Beute in Betracht kommen. An die Wasserwerte werden keine speziellen Ansprüche gestellt, die Haltungstemperaturen liegen zwischen 24 und 28 °C.

Geschlechtsunterschiede sind unbekannt, über eine erfolgreiche Nachzucht wurde bisher nicht berichtet.

Familie Sägesalmler (Serrasalmidae)

Salmler mit hochrückiger bis scheibenförmiger Körperform. Meist mittelgroße und große Fische (bis 60 cm). Relativ kleine, zahlreiche Rundschuppen. Fettflosse gut entwickelt. Prämaxillare mit sehr scharfen Zähnen, Maxillare unbezahnt. Sägesalmler können über Trommelmuskeln, die auf die Schwimmblase einwirken, Laute produzieren. Deren genaue Funktion ist noch ungeklärt.

Abb. 30.36 *Cynodon gibbus* (Zoo Leipzig, Aquarium)

30.37 *Metynnis lippincottianus* (Zoo-Aquarium Berlin)

Verbreitung. Tropisches und subtropisches Südamerika.

Lebensweise. Vorwiegend in langsam fließenden und stehenden Gewässern. Meist Schwarmfische, doch gibt es auch solitär lebende Arten. Einige mit Laichwanderungen in die Oberläufe der Flüsse. Soweit bekannt, betreiben die Männchen Brutpflege. Jungtiere im Schutz von Pflanzenbeständen. Erwachsene bodennah und im Freiwasser.

Nahrung. Sehr vielgestaltig. Die Ernährungsweise kann sich bei einzelnen Arten im Laufe der Ontogenese auch ändern. Neben reinen Pflanzenfressern (Mylinae) gibt es Arten, die Fische, aber auch Wirbellose und Aas fressen, als Putzerfische tätig sind (Serrasalminae) oder halbparasitisch lebende Schuppenfresser (*Catoprion*).

18 Gattungen mit ungefähr 85 Arten. 3 Unterfamilien werden hier unterschieden.

Unterfamilie Scheibensalmler (Mylinae)

11 Gattungen mit 58 Arten.

Gattung *Colossoma*: 1 Art. **Riesen-Pacu** (*C. macropomum*): bis 1,08 m, Amazonas- und Orinoko-Becken. Solitär lebend, laichen zur Regenzeit in überfluteten Wäldern. Allesfresser.

Gattung *Metynnis*: 11 Arten. Dazu **Silberner Scheibensalmler** (*M. argenteus*): 14 cm, nördliches Südamerika. Körper silberfarben. – **Dickkopf-Scheibensalmler** (*M. altidorsalis*, früher unter *M. hypsauchen* bekannt): 14 cm, nördlich des Amazonas bis Venezuela. Körper silberfarben mit bläulichem Schimmer. – **Gefleckter Scheibensalmler** (*M. lippincottianus,* früher unter *M. maculatus* bekannt): 12 cm, mittlerer Amazonas, Rio Xingu, Rio Araguaia, Rio Madeira. Zahlreiche dunkle Flecken auf dem Körper, die sich am Rücken zu einem Band vereinigen können.

Gattung *Myleus*: 16 Arten. Dazu **Pacu-Scheibensalmler** (*M. pacu*): bis 20 cm, Rio Essequi-

Abb. 30.38 *Myleus schomburgki*, Jungfisch (Zoo-Aquarium Berlin)

bo. – **Haken-Scheibensalmler** (*M. rubripinnis*): bis 39 cm, Surinam und Guayana. Körper silberfarben, teilweise mit goldener Fleckung, Jungtiere mit schwachen, dunkelgrauen Flecken auf der Körperunterseite. Afterflosse besonders bei den Männchen hakenartig lang gezogen. – **Schomburgks Scheibensalmler** (*M. schomburgki*): bis 42 cm, Venezuela bis Brasilien. Silberfarbener Köper mit 1 dunklen senkrechten Streifen. Alte Tiere werden dunkelbraun mit rötlichem Anflug, der Streifen verblasst.

Gattung *Mylossoma*: 3 Arten. Dazu **Mühlsteinsalmler** (*M. duriventre*): bis 25 cm, Amazonas-Gebiet, nördlich bis zum Orinoko, südlich bis zum Paraguay-Paraná-Becken. Erwachsene hellbraun mit leichtem Silberglanz, Jungfische mit dunklen Querbinden.

Gattung *Piaractus*: 2 Arten. Dazu **Pacu** (*P. brachypomum*): bis 88 cm, Amazonas-Gebiet, Rio Guaporé. Körper scheibenartig gestreckt, mit relativ kleinen Augen. Jungtiere rotbäuchig, mit dunklen Flecken auf den Seiten und hellen, dunkel gerandeten Flossen. Adulte Fische meist einfarbig schwarz.

Haltung von Scheibensalmlern

Fast alle Arten der Mylinae sind Schwarmfische und benötigen entsprechend ihrer Größe geräumige Aquarien mit reichlich Schwimmraum. Der Bodengrund sollte nicht zu hell sein. Versteckmöglichkeiten aus Wurzeln und Steinaufbauten dürfen nicht fehlen. Auf Wasserpflanzen sollte man verzichten, da diese gefressen werden. Eine starke Filterung ist erforderlich. An die Wasserzusammensetzung stellen die genannten Arten keine besonderen Ansprüche. Nur der Mühlsteinsalmler bevorzugt leicht saures Wasser. Die Wassertemperatur sollte im Bereich zwischen 24 und 27 °C liegen.

Scheibensalmler und Pacus werden vorwiegend mit pflanzlicher Nahrung (Salat, Spinat, Vogelmiere, blanchierter Brokkoli) versorgt. Tierische Nahrung (Wasserflöhe, Tubifex, Mückenlarven) sollte aber ebenso regelmäßig verfüttert werden. Große Pacus fressen sogar ganze Mäuse, junge Ratten und knacken Nüsse. Viele Scheibensalmler nehmen auch Trockenfutter gern an.

Vergesellschaftungen mit annähernd gleich großen Fischen sind unproblematisch. Im Frankfurter Zoo werden verschiedene Scheibensalmler und andere Fische zusammen mit Schildkröten in einem Landschaftsbecken gepflegt. Im Tierpark Berlin-Friedrichsfelde wurden Riesen-Pacus mit Seekühen vergesellschaftet.

Vermehrung. Bei den meisten Arten sind Geschlechtsunterschiede deutlich zu erkennen. Die Außenkante der Afterflosse verläuft bei den Weibchen gerade, bei den Männchen ist sie mehr oder weniger eingebuchtet. Bei männlichen *Metynnis altidorsalis* sind die Flossen kräftiger gefärbt, Schwanz- und Afterflosse haben einen schwarzen Saum. Die Flossen der Weibchen sind nahezu farblos. Bei den Männchen von *Metynnis lippincottianus* ist die Afterflosse vorn ausgebuchtet, Schwanz- und Afterflosse sind schwarz gesäumt und innen orangerot, die Flossen der Weibchen dagegen blass. Weibliche Pacus haben eine sichelförmige Afterflosse, die der Männchen ist eingebuchtet und wirkt zweilappig. Ältere Männchen haben fadenartig verlängerte Rückenflossenstrahlen, Weibchen nicht.

Nachzuchten gab es bisher nur bei *Metynnis altidorsalis*, *M. lippincottianus* und *Myleus rub-*

Abb. 30.39 *Pygocentrus nattereri* (Opelzoo Kronberg)

ripinnis. Die Tiere laichen nach mehrfachen Scheinpaarungen am frühen Morgen oder späten Abend (möglicherweise auch nachts). Die Eier treiben dabei zu Boden. Die Zahl der Eier pro Gelege beträgt bei *Metynnis altidorsalis* bis zu 2000, bei *M. lippincottianus* etwa 200. Die Jungfische schlüpfen nach 4 Tagen und schwimmen nach weiteren 4 - 5 Tagen frei. Als Futter sollten Cyclops-Nauplien und pflanzliche Nahrung, später Artemia-Nauplien gereicht werden.

Pacus (*Piaractus brachypomum*) mit 45 cm Körperlänge haben unter Aquarienbedingungen nur einmal im Aquarium Erfurt abgelaicht. Die Initiative ging am Vorabend vom laichvollen Weibchen aus, gelaicht wurde in den frühen Morgenstunden. Die Bodenfläche des 1000-l-Aquariums (ca. 1,5 m^2) war mehr als 1 cm hoch mit 4 mm großen Eiern bedeckt. Die Wasserbelastung war so hoch, dass alle Eier abstarben.

Höchstalter. Scheibensalmler können im Aquarium recht alt werden. Ein Gefleckter Scheibensalmler wurde 12, Schomburgks Scheibensalmler und Mühlsteinsalmler über 18 Jahre alt.

Unterfamilie Piranhas (Serrasalminae)

5 Gattungen mit 36 Arten.

Gattung *Pygocentrus*: 4 Arten. Dazu **Roter Piranha** (*P. nattereri*): bis 35 cm, gesamtes Amazonas- und Orinoko-Gebiet, die Guayana-Länder sowie die Einzugsgebiete des Rio Paraguay und Rio Paraná. Jungfische mit schwarzen Punkten auf dem Körper. – **Piraya** (*P. piraya*), bis 34 cm, Amazonas und Rio San Francisco. Deutlich gezähnte Schuppen am Bauchkiel.

Gattung *Serrasalmus*: 24 Arten. Dazu **Pirambeba** (*S. humeralis*): 25 cm, Amazonas-Becken. Flossenfresser. – **Gefleckter Piranha** (*S. rhombeus*): etwa 40 cm, gesamtes Amazonas- und Orinoko-Gebiet sowie die Guayana-Länder. Körperform eher gestreckt. Jungfische silbrig mit dunklen Punkten. Ältere Fische können sehr dunkel werden. – **Schwarzband-Sägesalmler** (*S. spilopleura*): bis 21 cm, vom Orinoko über das Amazonas-Gebiet bis zum Rio-de-la-Plata-Becken. Jungfische grünlich mit starkem Silberglanz und zahlreichen dunklen Flecken. Adulte Fische silbrig, ohne Flecken. Ernähren sich u. a.,

Abb. 30.40 *Pygocentrus nattereri* (Zoo Leipzig, Aquarium)

indem sie anderen Fischen Stücke aus den Schwanzflossen beißen.

Haltung von Piranhas

Piranhas sind Schwarmfische. Sie brauchen daher große Aquarien, die viel Schwimmraum, aber auch zahlreiche Versteckmöglichkeiten, z.B. durch Moorkien-Wurzeln oder eine entsprechende Bepflanzung, bieten. Ein heller Bodengrund ist zu vermeiden. Für den Roten Piranha, den Piraya und den Schwarzbandsägesalmler spielt die Wasserzusammensetzung für die Haltung (nicht für die Zucht) eine untergeordnete Rolle. Mittelhartes Wasser mit einem leicht sauren bis neutralen pH-Wert genügen. Beim Gefleckten Piranha sollte das Wasser einen pH-Wert von 5 - 6 haben und nur wenig hart sein (<10° dGH). Die Temperatur des Aquarienwassers sollte 24 - 26 °C betragen.

Zur Fütterung von Sägesalmlern verwendet man am besten Fischfleisch. Dies kann und sollte jedoch durch Rinderherz, Garnelen und Futtertabletten ergänzt werden. Regenwürmer, Mäusebabys und Grillen können alternativ gegeben werden. Jungfische füttert man mehrmals täglich mit Artemia, Wasserflöhen, Mückenlarven, Lobstereiern und Flockenfutter.

Sägesalmler kann man durchaus mit anderen Fischen vergesellschaften, wenngleich Attacken nie ausgeschlossen werden können. Geeignet sind große Buntbarsche, Welse, Guppys und teilweise auch andere Salmler. Wichtig ist hierbei, dass diese Arten keine Rotanteile in ihrer Färbung aufweisen und entweder eine bodengebundene Lebensweise führen oder eine Körperform haben, die denen der Piranhas ähnlich ist.

Vermehrung. Mehr oder minder regelmäßige Nachzuchten gab es bisher nur beim Roten Piranha. Vereinzelt konnte auch der Gefleckte Piranha und der Schwarzband-Sägesalmler zur Nachzucht gebracht werden. Im Zoo Basel wurde eine Methode entwickelt, die den Roten Piranha zur Fortpflanzung bringen kann. Dabei werden der elektrische Leitwert und der pH-Wert deutlich gesenkt und die Temperatur um 2 - 5 °C angehoben. Danach sondert sich ein Männchen vom Schwarm ab und etabliert ein Revier. Nachdem es mit einem Weibchen zum Ablaichen gekommen ist, wird dieses vertrieben, das Männchen verteidigt das Revier und bewacht die Brut. Das Ablaichen findet in der Regel nachts statt, doch konnte auch schon mehrmals nachmittags Laichverhalten beobachtet werden. Die Größe des Geleges liegt zwischen 300 und 5000 Eiern. Diese sind 1,6 - 2,1 mm groß. Die Larven schlüpfen nach 36 Stunden. Nach durchschnittlich 7 Tagen ist der Dottervorrat aufgebraucht und die Jungfische schwimmen frei. Das Männchen gliedert sich wieder in den Schwarm ein.

Bei der Aufzucht der Jungfische muss auf eine gute Wasserqualität geachtet werden. Die Aufzuchtbecken sollten nicht zu klein sein, da eine zu große Individuendichte zu Flossenfressen und Kannibalismus führt.

Höchstalter. Der Rote Piranha hat im Aquarium bereits ein verbürgtes Lebensalter von 18 Jahren erreicht. Es wird angenommen, dass er sogar 30 Jahre alt werden kann.

Unterfamilie Wimpelpiranhas (Catoprioninae)

1 Gattung mit 1 Art.

Gattung *Catoprion*: **Wimpelpiranha** (*C. mento*): bis 20 cm, Amazonas-Gebiet und Guayana. 1. Strahlen der Rücken- und Afterflosse deutlich verlängert. Hervorstehender Unterkiefer mit weit nach außen ragenden, schaufelförmigen Zähnen. Lebt in Schwärmen, wurde aber auch einzeln lebend beobachtet.

Haltung von Wimpelpiranhas

Der Wimpelpiranha ernährt sich halbparasitisch von den Schuppen anderer Fische. Im Aquarium kann er jedoch problemlos mit Futterfischen, Regenwürmern oder Tubifex gefüttert werden. Er soll sogar gelegentlich Trockenfutter fressen. Wimpelpiranhas benötigen gut bepflanzte Aquarien mit vielen Versteckmöglichkeiten. Jungfische können in Schwärmen gehalten werden. Ältere Tiere sollen sehr unverträglich sein und werden einzeln gepflegt. Die Fische benötigen sehr saures Wasser (pH 5 - 6) mit geringer Härte (bis 10° dGH) und einer Temperatur um 25 °C.

Über Geschlechtsunterschiede, Lebensalter und eine erfolgreiche Zucht ist nichts bekannt.

31
Ordnung Welsartige (Siluriformes)

W. E. Engelmann & J. Knaack

Sehr vielgestaltige und artenreiche Fischgruppe, kleinste Arten um 10 mm, größte über 3 m lang, in Einzelfällen noch größer (bis 5 m). Schuppen fehlen, Haut entweder nackt (unbeschuppt) oder mit einer Panzerung aus Knochenplatten. 1 - 4 Paar Barteln an Ober- und Unterkiefer, auf denen zahlreiche Geschmacksknospen sitzen. 1. Rückenflossen- und Brustflossenstrahlen oft kräftig stachelartig, diese vielfach noch bedornt oder sägeartig, z.T. mit Giftdrüsen verbunden bzw. mit giftigem Schleim überzogen. Fettflosse meist vorhanden.

Weber'scher Apparat zur Schallleitung von der Schwimmblase zum Innenohr. Bei einigen Welsfamilien ist die Erzeugung von Lauten nachgewiesen. Viele besitzen auch Elektrorezeptoren. Erste fossile Belege aus dem Paläozoikum (Beginn des Tertiärs, vor etwa 65 Millionen Jahren).

Mit wenigen Ausnahmen Süßwasserfische. Alles- und Kleintier- oder Pflanzenfresser, Räuber, einige sogar mit parasitischer Lebensweise. Leben als Einzelgänger, in lockeren Gruppen oder Schwärmen, als Bodenfische oder frei schwimmend in mittleren Wasserschichten. Verschiedene Formen der Brutpflege (Eipflege, Schaumnestbau, Maulbrüter). Weltweite Verbreitung, aber besondere Artenfülle in Südamerika und Afrika.

30 - 34 Familien mit etwa 412 Gattungen und 2500 Arten. In einigen Familien befinden sich aquaristische Standardfische, andere werden nur gelegentlich in Spezialaquarien gehalten, etliche Familien sind für die Aquaristik bislang praktisch bedeutungslos und werden hier nicht erwähnt.

Familie Katzenwelse (Ictaluridae)

Kleine (6 cm) bis große (1,6 m) Welse mit 4 Paar gut ausgebildeten Barteln (1 Paar am Vorderkopf, 1 Paar an der Oberlippe, 2 Paar am Kinn). Fettflosse vorhanden, entweder klein oder saumartig langgestreckt. Rücken- und Brustflossen mit starken Stachelstrahlen, in deren Haut sich Giftdrüsen befinden.

Verbreitung. Endemisch im nördlichen Amerika (östlich der Rocky Mountains), vom südlichen Kanada bis Guatemala.

Lebensweise. Nur im Süßwasser, meist in größeren, klaren Fließgewässern und Seen mit kiesigem Bodengrund und Versteckmöglichkeiten, einige wenige Arten sind pigmentlose und blinde Höhlenbewohner. Dämmerungs- und nachtaktiv. Brutpflege (Eier und Larven) durch Männchen oder beide Elternteile.

Nahrung. Schnecken, Würmer, Wasserinsekten, Krebse und kleine Fische.

7 Gattungen mit etwa 45 Arten. Von aquaristischer Bedeutung sind vor allem einige Arten der Gattungen *Ameiurus* und *Ictalurus*. Die größeren Arten sind jedoch beliebte Sport- und Speisefische.

Gattung *Ameiurus* (wurde früher zur Gattung *Ictalurus* gestellt): 7 Arten. Dazu **Zwergkatzenwels**, **Brauner Katzenwels** (*A. nebulosus*): bis 55 cm, mittleres und östliches Nordamerika (von Südkanada bis Florida). In Europa um 1885 erfolgreich eingebürgert. Sehr anpassungsfähig. Dunkelbraun bis grau, wolkig gefleckt, z.T. stark marmoriert. Suchen mit den Barteln den Bodengrund nach Nahrung ab. Beide Eltern bewachen die Eier und Larven in einer Nestmulde, die vom Weibchen ausgeschlagen wird. – Nah verwandt ist der **Schwarze Katzenwels** (*A. melas*), der mit bis zu 66 cm Länge etwas größer wird. Er ist in den USA weit verbrei-

Abb. 31.1 *Ameiurus nebulosus* (Privataquarium)

tet (außer Ostküste und Westen, dort stellenweise eingeführt).

Gattung *Ictalurus*: 9 Arten. Dazu **Blauer Katzenwels** (*I. furcatus*): bis 1,65 m, Mississippi-, Missouri- und Ohio-Becken, südlich bis Mexiko und Nordguatemala. – **Warmwasser-Katzenwels** (*I. lupus*): bis 48 cm, Rio-Grande-Flusssystem, nordöstliches Mexiko, in kleineren klaren, sandigen oder felsigen Fließgewässern. – **Punktierter Katzenwels** (*I. punctatus*): 1,3 m, zentrales Nordamerika. Bläulich olivfarben mit dunklen Flecken auf den Körperseiten.

Gattung *Polydictis*: 1 Art. **Flachkopf-Katzenwels** (*P. olivaris*): 1,5 m, Nordamerika (von den Großen Seen bis Mexiko), sehr anpassungsfähig in verschiedensten Gewässertypen.

Haltung von Katzenwelsen

Während in amerikanischen Schauaquarien auch die großen Katzenwels-Arten regelmäßig gezeigt werden, sieht man in Europa vor allem Zwergkatzenwelse. Sie werden in größeren Aquarien mit sandigem und kiesigem Untergrund sowie Versteckplätzen aus Wurzeln und Steinen ohne besondere Probleme gehalten. An die Wasserbedingungen stellen sie keine größeren Ansprüche (pH-Wert 6 - 8, mittelhartes Wasser). Eine gute Filterung und sauerstoffreiches Wasser ist allerdings wichtig, denn Katzenwelse sind gierige Fresser, die verschiedenste tierische Nahrung wie Regenwürmer, Insektenlarven, Stinte, Sandaale und gewürfeltes Herzfleisch aufnehmen. Sie sind zwar weitgehend nachtaktiv, können aber leicht an eine individuelle Fütterung am Tag gewöhnt werden. Bei reichlichem Nahrungsangebot ist ihr Wachstum schnell. Obwohl sie sehr temperaturtolerant sind und auch höhere Wassertemperaturen vertragen, sollten diese doch in der Regel um 17 - 22 °C liegen. Katzenwelse können z.B. mit Sonnenbarschen und Knochenhechten, aber ebenso mit verschiedenen Kaltwasser-Karpfenfischen gut zusammen gehalten werden. Auch eine Überwinterung in Freilandteichen ist möglich.

Vermehrung. Eine deutliche winterliche Absenkung auf unter 10 °C mit anschließender Erhöhung auf über 20 °C ist für eine erfolgreiche Vermehrung unbedingt notwendig. Einige Arten wurden bereits im Aquarium nachgezogen.

Höchstalter. *Pylodictis olivaris* 16 Jahre, 1 Monat (Toledo Zoo Aquarium, Ohio), *Ameiurus nebulosus* 13 Jahre, 6 Monate (Artis-Zoo Amsterdam).

Familie Stachelwelse (Bagridae)

Kleine bis sehr große Arten (bis 2 m). Körper nackt, schlank bis gedrungen, Mundöffnung unterständig. Meist 4 Paar gut entwickelte Barteln (1 Paar kürzere hinter der Nasenöffnung, 1 Paar sehr lange an der Oberlippe, 2 Paar an der Unterlippe). Rücken- und Brustflossen besitzen kräftige Stacheln mit Widerhaken. Fettflosse vorhanden, kann sehr groß sein. Schwanzflosse meist tief gegabelt. Manche Arten sind in der Lage, Laute zu erzeugen.

Verbreitung. Süßgewässer des subtropischen und tropischen Afrikas und Asiens.

Lebensweise. Meist dämmerungs- und nachtaktiv, manche Arten aber auch tagsüber schwimmfreudig. Einzeln oder in kleinen Gruppen. Bei einigen Arten bilden die Männchen Kleinreviere. Allgemein ist über die Fortpflanzung wenig bekannt. *Bagrichthys macracanthus* laicht zu Beginn der Regenzeit in überfluteten Regenwaldgebieten. *Mystus* sind Freilaicher, deren Eier zwischen Wasserpflanzen kleben und vom Männchen bewacht werden. Bei manchen Arten (*Aorichthys spec.* und *Mystus gulio*) sollen die Jungwelse an der Bauchhaut des Männchens ein zwischen Hautfalten abgeschiedenes, milchiges Sekret aufnehmen.

Nahrung. Sehr vielgestaltig, sowohl Fische als auch die verschiedensten Wirbellosen wie Krebstiere, Insekten, Würmer, Mollusken, aber auch Dedritus und Früchte. Manche Arten, z.B. *Auchenoglanis occidentalis*, durchkauen das Bodensubstrat nach allem Fressbarem.

30 Gattungen mit etwa 270 Arten.

Gattung *Auchenoglanis*: 15 kleine bis mittelgroße Arten. Weit verbreitet im tropischen Afrika (Westafrika bis zum Tanganjikasee im Osten). Augen relativ groß, nur 3 Paar Barteln (die Nasenbarteln fehlen), Fettflosse hoch und lang. Dazu **Giraffenwels, Augenfleck-Stachelwels** (*A. occidentalis*): bis 1 m, von Westafrika, Sudan und Ägypten, Zentral- bis Ostafrika verbreitet.

Gattung *Bagrus*: etwa 10 mittelgroße bis große Arten. Großer, abgeplatteter Kopf mit breiter Schnauze, 4 Paar Barteln, die Oberkieferbarteln sehr lang. Schwanzflosse tief gegabelt und oft fädig ausgezogen. Dazu **Nilwels** (*B. docmak*): bis 1 m, weit verbreitet in Westafrika, den Ostafrikanischen Seen, im Stromgebiet des Nils. Lebt räuberisch von Fischen.

Gattung *Chrysichthys*: ungefähr 40 Arten, klein bis sehr groß (2 m). Verbreitungsschwerpunkt im Kongo-Becken, einige Arten beispielsweise im Tanganjikasee endemisch. Dazu **Marmorierter Stachelwels** (*Ch. ornatus*): 20 cm, oberer und mittlerer Kongo.

Gattung *Hemibagrus*: 30 Arten. Dazu **Asiatischer Rotschwanzwels** (*H. nemurus*): 65 cm, Südostasien, Sumatra, Java, Borneo (Kalimantan), in unterschiedlichen Gewässertypen, vor allem aber in großen Flüssen.

Gattung *Leiocassis*: etwa 24 kleinere Arten (um 20 cm). Südostasien, nördlich bis Korea. Verhältnismäßig gedrungener Körper, familientypisch 4 Paar Barteln, lange Fettflosse. Dazu **Knurr-Stachelwels** (*L. brashnikowi*): 22 cm, Amurgebiet. Kann knurrende Laute erzeugen. – **Asiatischer Hummelwels** (*L. siamensis*): 17 cm, Thailand, Kambodscha. Färbung dunkel braunschwarz, mit 1 hellen Binde hinter den Kiemen und 2 weiteren, besonders in der Jugend kontrastreichen, gelblichen Querbändern, die unterschiedlich breit und unterbrochen sein können. Jeder Schwanzflossenlappen mit dunklen Bändern oder Flecken. – Sehr ähnlich ist *L. poecilopterus* von den Inseln des Indomalaiischen Archipels. Er wird aber größer (bis 30 cm), hat kein helles Halsband, die Schwanzflossenlappen sind breit, dunkel.

Gattung *Lophiobagrus*: 4 Arten. Dazu **Tanganjika-Stachelwels** (*L. cyclurus*): 8 cm, endemisch im Tanganjikasee. Gelangt hin und wieder als Cichliden-Beifang nach Europa.

Gattung *Mystus*: 30 - 40 kleinere bis mittelgroße Arten. Weit verbreitet im südlichen Asien, nordwestlich bis Syrien und im Osten bis China, Verbreitungsschwerpunkt in Indien. Fa-

Abb. 31.2 *Leiocassis siamensis* (Privataquarium)

milientypisch 4 Paar Barteln, die Oberlippenbarteln auffallend lang. Dazu **Kobaltwels** (*M. tengara*): 18 cm, Pakistan, Indien, Bangladesch, in stehenden und langsam fließenden Gewässern. – **Streifenwels** (*M. vittatus*): 22 cm, von Pakistan im Westen und Sri Lanka im Süden bis Thailand im Osten weit verbreitet (dringt auch in Brackwasser ein). Sehr variabel in Färbung und Zeichnung, aber immer mit Längsstreifung. – Der selten importierte, tiefschwarze **Elfenwels** (*M. leucophasis*): bis 12,5 cm, aus Flüssen Burmas (Myanmar) ist eine weitgehend rückenschwimmende Art.

Gattung *Parauchenoglanis*: 12 Arten, bis 30 cm lang. Verbreitet im tropischen West- und Zentralafrika. Augen klein (von Haut bedeckt), keine Nasenbarteln, Fettflosse lang gezogen, flach. Dazu **Afrikanischer Flecken-Stachelwels** (*P. macrostoma = Anaspidoglanis macrostoma*): bis 25 cm, tropisches Westafrika. – **Afrikanischer Flachkopf-Stachelwels** (*P. guttatus*): bis 25 cm, Kongo-Becken.

Gattung *Peltobagrus*: 14 kleinere bis mittelgroße Arten (zählten früher zur Gattung *Pseudobagrus*). Vom Fernen Osten bis Südchina, Japan, Hainan, 1 Art auch in Malaya. Körper rela-

Abb. 31.3 *Mystus tengara* (Privataquarium)

tiv kurz, mit großem Kopf und runder Schnauze. Dazu **Amur-Stachelwels** (*P. fulvidraco*): 32 cm, Amurgebiet. Große dunkelbraune bis schwarze Flecken und Streifen am Körper.

Gattung *Phyllonemus*: 3, nur 10 cm große Arten, endemisch im Tanganjikasee, an felsigen Abhängen, tagsüber in Spalten versteckt. 3 Paar Barteln (Nasenbarteln fehlen), Oberlippenbarteln sehr lang. Dazu **Federbartel-Stachelwels** (*Ph. typus*): am Ende der Oberlippenbarteln eine charakteristische, federähnliche Verbreiterung.

Haltung von Stachelwelsen

Die meisten Stachelwelse sind dämmerungs- und nachtaktiv. Um ihnen die Tagesscheu zu nehmen, sollten die Aquarien abgeschattet (Schwimmpflanzen) sein und zahlreiche Versteckmöglichkeiten (Felsenhöhlen, Wurzeln, Pflanzendickicht) aufweisen. Tagaktiver sind aber beispielsweise *Mystus tengara* und *M. vittatus*. Die Haltung ist in der Regel nicht schwierig, das Aquarienwasser soll klar, gut gefiltert und sauerstoffreich sein. An die Wasserchemie werden von den meisten Arten dagegen keine Ansprüche gestellt. Den endemischen Welsen aus dem Tanganjikasee sollte man allerdings leicht alkalisches, etwas hartes Wasser (12 - 18° dGH) bieten. Die Haltungstemperaturen liegen für die tropischen Arten zwischen 24 und 28 °C, die nördlicher vorkommenden, z.B. aus dem Amurgebiet, können auch etwas kühler (18 - 22 °C) gehalten werden.

Stachelwelse sind gefräßige, schnell wachsende Fische, die möglichst abwechslungsreich mit allem gängigem Lebend- und Frostfutter, aber auch Rinderherz und Fischpellets entsprechend der Fischgröße ernährt werden können.

Eine Vergesellschaftung selbst der großen Arten ist gut möglich, lediglich sehr kleine Fische könnten von manchen, auch Fische räubernden Arten wie *Bagrus docmak* oder *Leiocassis poecilopterus* gefressen werden. Zu beachten ist, dass einige Stachelwelse, beispielsweise *Mystus vittatus* und *Peltobagrus,* Kleinreviere beanspruchen und nur in größeren, gut strukturierten Becken zu mehreren gehalten werden können.

Vermehrung. Eine natürliche Vermehrung ist bisher nur bei wenigen Arten gelungen (z.B. *Mystus vittatus*, *Leiocassis poecilopterus*). Im Zoo Moskau wurden *Peltobagrus fulvidraco* und *Leiocassis brashnikowi* nach Hormonbehandlung zum Ablaichen gebracht. Das Ablaichen erfolgte paarweise, die Eier (etwa 2000 Stück, Durchmesser 2,5 mm) wurden vom Männchen bewacht. Schlupf der Larven nach 3 Tagen.

Familie Gebirgswelse (Sisoridae)

Meist kleinere (unter 20 cm), wenige große (bis 2 m) Welse mit gestrecktem Körper, leicht abgeplattetem Kopf und unterständigem Maul. 4 Paar Barteln, Oberkieferbarteln an der Basis durch eine knöcherne Stützleiste versteift. Fettflosse meist relativ klein, z.T. mit der Schwanzflosse verbunden. Rückenflosse kurz, mit nur schlankem oder ohne Stachel. Schwanzflosse gegabelt. Verschiedene Arten besitzen in der Brustregion längs gerichtete Hautfalten, die im strömenden Wasser einen Saugnapfeffekt erzeugen.

Verbreitung. Südasien, von der Türkei und Syrien bis Südchina und Borneo (Kalimantan).

Lebensweise. Vor allem in schnell fließenden Gebirgsbächen und Stromschnellen, tag- und nachtaktiv. Sowohl schwarmbildende als auch einzeln lebende Arten. Einzelheiten zur Fortpflanzung unbekannt.

Nahrung. Algenbewuchs, Insektenlarven, große Arten räubern Fische.

18 Gattungen mit etwa 125 Arten. Bisherige aquaristische Bedeutung gering.

Gattung *Gagata*: 8 Arten. Dazu **Assam-Clownwels** (*G. cenia*): bis 18 cm, Südasien (weit verbreitet im Ganges-Becken, im Indus-Flusssystem, im Mahanadi- und Salwin-Fluss), dringt bis ins Brackwasser der Gezeitenbereiche vor. Silbrig bis hell bräunlich, oberseits mit dunklen verwaschenen Flecken. Sehr lebhafte Schwimmer.

Gattung *Glyptothorax* (Büffelwelse): 57 Arten. Dazu **Orangebauch-Büffelwels** (*G. dorsalis*): 12 cm, Indien, Burma (Myanmar). – **Dreistreifen-Büffelwels** (*G. trilineatus*): 30 cm, Indien, Nepal, Burma (Myanmar), Laos. Je 1 helle Linie auf jeder Körperseite und auf dem Rücken. – **Brauner Büffelwels** (*G. platypogonides*): 12 cm, Indonesien.

Haltung von Gebirgswelsen

Bisherige Erfahrungen zeigen, dass die meisten der in die Aquarien gelangten Arten nicht einfach zu pflegen sind, und schon der Transport aus den Heimatländern schwierig ist. Wichtig sind Aquarien mit bestens gefiltertem, sauerstoffreichem Wasser und guter Strömung. Je nach Herkunft müssen die Wassertemperaturen bei Gebirgsarten um die 20 °C gehalten werden, bei Tieflandarten können sie mit 22 - 26 °C etwas höher liegen. Gefressen wird alles gängige Lebend-, Frost- und z.T. auch Trockenfutter passender Größe.

Familie Schmetterlingswelse (Erethistidae)

Aus der Familie Sisoridae erst neuerdings herausgelöst und als eigenständige Familie abgetrennt. Es bestehen offenbar nähere verwandtschaftliche Beziehungen zu den Bratpfannenwelsen (Familie Aspredinidae) Südamerikas. Wie diese können sie sich nach dem Rückstoßprinzip durch Ausstoßen von Wasser aus den Kiemenöffnungen fortbewegen. Arten der Gattungen *Conta*, *Laguvia* und *Pseudolaguvia* mit kleinen, längs gerichteten Hautfalten an der Bauchseite, die in der Wasserströmung einen Hafteffekt bewirken. Größe unter 10 cm, nur *Pseudolaguvia tuberculatus* aus Burma (Myanmar) über 30 cm.

Verbreitung. Südasien.

Lebensweise. Ähnlich den Gebirgswelsen in strömungsreichen Gewässern der Gebirge und des Hügellandes. Fortpflanzung unbekannt.

Nahrung. Insektenlarven, Kleinkrebse, Würmer.

6 Gattungen mit 15 Arten.

Gattung *Conta*: 1 Art. **Conta-Wels** (*C. conta*): 12 cm, Indien, Bangladesch. Dunkelbraun gescheckt.

Gattung *Erethistes*: 2 Arten. Dazu **Zwergschmetterlingswels** (*E. pusillus*): 6 cm, Assam, Bangladesch, Burma (Myanmar). Bräunlich.

Gattung *Erethistoides*: 1 Art. **Bergwels** (*E. montana*): 5 cm, Indien.

Gattung *Hara*: mindestens 5 Arten, dämmerungs- und nachtaktiv. **Marmor-Schmetterlingswels** (*H. hara*): bis 13 cm, Indien, Nepal, Burma (Myanmar) und Bangladesch, in langsam fließenden Flüssen und Strömen. Braun gepunktet und gebändert. – **Deltaflügel-Schmetterlingswels** (*H. jerdoni*): bis 3,5 cm, Indien und Bangladesch. Dunkelbraun.

Gattung *Laguvia*: 4 Arten. Dazu **Shaws Zwergschmetterlingswels** (*L. shawi*): 3 cm, Indien und Bangladesch. Vorderkörper hellbraun, Hinterkörper und Schwanzflosse mit je 2 dunklen Querbinden.

Haltung von Schmetterlingswelsen

Schmetterlingswelse werden in gut gefilterten Aquarien mit klarem Wasser und nicht zu star-

Abb. 31.4 *Hara hara* (Privataquarium)

ker Strömung gepflegt. Wichtig sind nicht zu hohe Wassertemperaturen (um 20 °C). Bei schlechten Wasserbedingungen sollen sie dazu neigen, ihre Haut abzustreifen. Gefressen wird vor allem verschiedenstes Lebendfutter wie Rote Mückenlarven, kleine oder zerschnittene Regenwürmer. Bei der Fütterung können aggressive Verhaltensweisen auftreten. *Hara hara* wurde schon im Aquarium vermehrt.

Familie Flusswelse (Akysidae)

Gestreckter, dorsoventral abgeplatteter Körper, Schwanzstiel seitlich zusammengedrückt. Kopf mit 4 Paar Barteln. Rückenflosse kurz, mit einem kräftigen Stachel. Fettflosse relativ lang, kann aber auch fehlen. Der erste starke Brustflossenstachel ist gezähnt. An den Körperseiten befinden sich meist 4 Reihen von Tuberkeln sowie 1 mittig auf der Oberseite. Größe zwischen 4 und 25 cm.

Verbreitung. Südostasien, Indonesien.

Lebensweise. In schnell fließenden Gewässern und in der Nähe von Stromschnellen größerer Flüsse. Fortpflanzung unbekannt.

Nahrung. Kleinkrebse und Wasserinsektenlarven.

3 Gattungen mit 37 Arten. Nur vereinzelt in Aquarien gehalten.

Gattung *Akysis*: 21 Arten. Dazu **Variabler Flusswels** (*A. variegatus*): 4 cm, Mekong-Becken, Nordborneo. Färbung und Bänderung sehr variabel.

Haltung von Flusswelsen

Aquarien mit sauerstoffreichem, bestens gefiltertem Wasser und leichter Strömung. Zu empfehlen ist ein häufiger, größerer Wasserwechsel. Gefressen wird alles Lebend- und Frostfutter geeigneter Größe.

Familie Fahnenschwanzwelse (Olyridae)

Nahe mit den Stachelwelsen (Familie Bagridae) verwandt. Körper aalartig langgestreckt. Maul klein und endständig. Kiemenöffnungen durch Hautfalte teilweise verdeckt. Kleine Rückenflosse, ohne Hartstrahlen, Fettflosse lang. Schwanzflosse tief gegabelt, der obere Lappen fahnenartig vergrößert, zu einer Spitze ausgezogen. Augen klein, von Haut überwachsen, 4 Paar Barteln. Größe zwischen 7 und etwa 20 cm.

Verbreitung. Südasien.

Abb. 31.5 *Olyra longicaudata* (Privataquarium)

Lebensweise. In schnell fließenden, sauerstoffreichen Gewässern, auf steinigem Grund zwischen und unter Felsblöcken und Steinen. Dämmerungsaktiv. Fortpflanzung unbekannt.

Nahrung. Kleinkrebse und Wasserinsektenlarven.

1 Gattung mit 4 Arten.

Gattung *Olyra*: Dazu **Langschwanzwels** (*O. longicaudata*): bis 20 cm (?), Indien, Burma (Myanmar). Bräunlich mit dunklen Längslinien.

Haltung von Fahnenschwanzwelsen

Lediglich von *Olyra longicaudata* liegen einige Haltungserfahrungen vor. Danach sind Artaquarien mit sauerstoffreichem Wasser und leichter Strömung erforderlich. Empfohlen werden regelmäßige größere Wasserwechsel. Die Haltungstemperaturen liegen um 22 °C, der pH-Wert bei 7 - 7,5. Gefressen werden Weiße und Schwarze Mückenlarven sowie Artemien, auch als Frostfutter. Die Tiere zeigen eine hohe innerartliche Aggressivität, deshalb sind ausreichend Versteckmöglichkeiten und Unterstände vorzusehen.

Familie Echte Welse (Siluridae)

Kleine bis sehr große Welse mit abgeflachtem Kopf und breitem Maul. 1 oder 2 Paar Barteln am Unterkiefer, 1 Paar meist sehr lange Barteln am Oberkiefer. Afterflosse saumartig lang, manchmal mit der Schwanzflosse verschmolzen. Rückenflosse fähnchenartig klein oder ganz fehlend. Keine Fettflosse.

Verbreitung. Süßgewässer Europas und Asiens.

Lebensweise. Tagaktiv im freien Wasser, z. T. sogar in Schwärmen, oder als dämmerungs- und nachtaktive, territoriale Bodenfische. Die großen Arten sind gefräßige Raubfische. In den Tropen werden Wanderungen in die Überschwemmungsgebiete während der Regenzeit beobachtet. Über die Fortpflanzung der meisten Arten ist nichts bekannt. Der Europäische Wels laicht paarweise, in unseren Breiten im Frühsommer (bei über 22 °C Wassertemperatur) in flachen Nestmulden zwischen Wasserpflanzen. Das Männchen bewacht das Gelege (Durchmesser der Eier etwa 2,4 mm). Nach 3 - 10 Tagen schlüpfen kaulquappenähnliche Larven, die nach Aufzehren des Dottervorrats rasch heranwachsen.

Abb. 31.6 *Kryptopterus bicirrhis* (Privataquarium)

Nahrung. Kleinere Arten fressen Insektenlarven, Würmer und Krebstiere, große erbeuten Fische, sogar Wasservögel und Kleinsäuger.

9 - 12 Gattungen mit etwa 100 Arten. Vor allem Arten aus 3 Gattungen sind bislang aquaristisch von Interesse.

Gattung *Kryptopterus*: 17 kleine bis mittelgroße Arten (bis 80 cm). 1 oder 2 Paar Barteln, die des Oberkiefers stets auffallend lang, des Unterkiefers sehr kurz oder fehlend, Rückenflosse auf 1 Flossenstrahl reduziert oder gar nicht vorhanden. Schwarmfische. Dazu **Indischer Glaswels** (*K. bicirrhis*): bis 15 cm, Hinterindien, Java, Sumatra, Borneo (Kalimantan). Körper glasartig durchscheinend. – **Blauer Glaswels** (*K. cryptopterus*): 20 cm, Malaiische Halbinsel, Sumatra, Borneo (Kalimantan). Schlanker Körper, nicht besonders durchsichtig, bläulich schimmernd. – **Streifen-Glaswels** (*K. macrocephalus*): 10 cm, Indomalaiischer Archipel. Ähnelt *K. bicirrhis*.

Abb. 31.7 *Kryptopterus cryptopterus* (Zoo Leipzig, Aquarium)

Gattung *Ompok*: 16 Arten. Dazu **Doppelfleck-Glaswels** (*O. bimaculatus*): bis 25 cm, weit verbreitet in Süd- und Südostasien (Sri Lanka, Indien bis Vietnam). Jungtiere durchscheinend, ältere bräunlich bis grau, charakteristischer schwarzer, kreisrunder Fleck am Vorderkörper. Rückenflosse fähnchenartig. Gesellig.

Gattung *Silurus*: 3 (nach anderen Autoren bis 15) Arten. Dazu **Europäischer Wels**, **Waller** (*S. glanis*): selten bis 3 m und sogar 5 m (150 kg, maximal 300 kg), Mittel- und Osteuropa, Kleinasien bis zum Kaspisee. Düster braunschwarz, Körperseiten häufig wolkig marmoriert. 1 Paar lange Oberkiefer- und 2 Paar kürzere Unterkieferbarteln, Augen auffallend klein. Grundfische langsam fließender und stehender, pflanzenreicher Gewässer. Nächtliche Lebensweise, sehr räuberisch (Fische, Frösche, selbst Wasservögel und Kleinsäuger).

Haltung von Echten Welsen

Die aquaristisch bekannten *Kryptopterus*-Arten sind gesellig lebende, tagaktive Welse, die man in kleinen Gruppen von mindestens 6 - 8 Exemplaren pflegen muss. Während Indische Glaswelse in kleinen Trupps meist mit dem Kopf schräg zur Oberfläche gerichtet im oberen Drittel des Aquariums im Schutz von Wasserpflanzen oder der Wurzeln von Schwimmpflanzen stehen, sind andere Arten der Gattung außerordentlich schwimmfreudig. Entsprechend variabel ist der Raumbedarf zu gewährleisten. Eine leichte Strömung, verbunden mit einer leistungsfähigen Filterung und regelmäßigem Wasserwechsel sollen für optimale Wasserverhältnisse sorgen, organisch verunreinigtes Wasser begünstigt Hautinfektionen. Die Wasserwerte spielen eine eher untergeordnete Rolle (pH-Wert um 7, hartes Wasser um 20° dGH, in der Natur allerdings meist unter 100 µS Leitfähigkeit). Die Wassertemperatur sollte entsprechend den Heimatgebieten bei 24 - 28 °C liegen.

Da die Glaswelse weder von der Wasseroberfläche noch vom Boden Futter aufnehmen, ist Lebendfutter (Wasserflöhe und Mückenlarven)

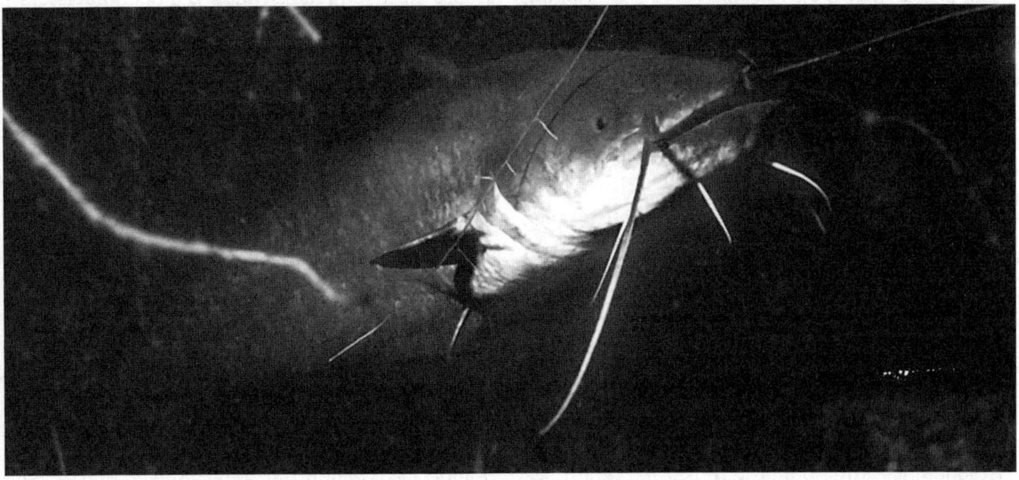

Abb. 31.8 *Silurus glanis* (Naturaufnahme, Tonstich bei Zehdenick, Brandenburg)

für eine ausreichende Ernährung besonders wichtig. Frostfutter sollte möglichst lange in der Schwebe gehalten und deshalb nur in kleinen Mengen gereicht werden. Bei der Vergesellschaftung mit anderen friedlichen Fischen, die unproblematisch ist, muss besonders darauf geachtet werden, dass sie als recht langsame Fresser genügend Nahrung bekommen.

Über eine gezielte Vermehrung im Aquarium ist bisher nichts bekannt geworden. Vereinzelt konnten aber Jungwelse beobachtet werden, ohne dass Fortpflanzungsaktivitäten registriert worden waren.

Die Haltung der tagaktiven Doppelfleck-Glaswelse (*Ompok bimaculatus*) ist unproblematisch und entspricht im Wesentlichen der der *Kryptopterus*-Arten. Das Aquarium sollte gut bepflanzt und mit Wurzeln strukturiert sein, in deren Schutz sich die Fische gern aufhalten. Sie sind sehr gefräßig und können mit Regenwürmern, Tubifex, Rinderherzstückchen u.Ä. ernährt werden. Auch kleinere Fische werden gefressen, so dass eine Vergesellschaftung nur mit Arten entsprechender Größe (z.B. größere Bärblinge, Schmerlen, Labyrinthfische) dauerhaft gelingt.

Europäische Welse (*Silurus glanis*) sind nicht schwierig zu halten, junge Tiere lassen sich leicht eingewöhnen. An die Wasserqualität werden keine besonderen Ansprüche gestellt. Die Temperaturen sollten um die 18 - 20 °C liegen, wenngleich auch höhere Werte gut vertragen werden. Jungwelse hält man generell etwas wärmer (um 22 °C). Durch eine winterliche Absenkung auf unter 10 °C werden die Nahrungsaufnahme und damit das Wachstum deutlich herabgesetzt.

Als nachtaktive Fische benötigen die Europäischen Welse Versteckplätze zwischen Steinen und Wurzeln, die aber für die Besucher einsehbar gestaltet werden sollten. Bei der Haltung in abgeschatteten, halbdunklen Becken schwimmen die Tiere auch am Tag gelegentlich umher. Bei guter Fütterung ist das Wachstum enorm, mit 2 Jahren können sie bereits 25 - 50 cm Länge erreichen. Es sollte daher keinesfalls täglich gefüttert werden, andererseits darf kein eingefallener Hungerbauch auftreten. Sehr junge Welse (erhält man am besten aus Fischzuchtbetrieben) können mit Wasserflöhen, Tubifex und Mückenlarven, später mit Regenwürmern und kleinen Futterfischen ernährt werden. Größere erhalten tote Süßwasserfische und Rinderherz. Sie werden bald futterzahm, wenn man sie auf bestimmte Zeichen (z.B. Klopfgeräusche) vor der Fütterung trainiert.

Eine Vergesellschaftung ist nur mit großen Fischen, die nicht als Beute in Betracht kommen, möglich, wobei auch diese gelegentlich gebissen werden. Sinnvoll ist in der Regel eine Einzelhaltung, es gelingt jedoch bisweilen, mehrere gleich große Waller bei entsprechend strukturierten Becken zusammenzugewöhnen.

Höchstalter. Lebenserwartung für *Silurus glanis* um 80 Jahre, im Aquarium liegt die veröffentlichte Haltungsdauer bei 11 Jahren, 6 Monaten (Danmarks Aquarium, Charlottenlund).

Familie Glaswelse (Schilbeidae)

Kleine bis mittelgroße Welse. Langgestreckter Körper mit kleinem, oft etwas zusammengedrücktem Kopf. Afterflosse sehr lang, Rückenflosse kurz und fähnchenartig oder auch ganz fehlend. Bauchflossen können gleichfalls fehlen. Die Fettflosse ist meist nicht vorhanden. Schwanzflosse tief eingeschnitten. Meist 4, seltener 3 Paar Barteln. Der Körper ist häufig mehr oder weniger transparent. Größe 5 - 20 cm, einige Arten aber bis 1,8 m.

Verbreitung. Süßgewässer Afrikas und Südasiens.

Lebensweise. Die meisten Arten sind tagaktive Schwarmfische des offenen Wassers, in Afrika besonders in den trockeneren Gebieten. Oft sehr schwimmfreudig, aber auch nur am Ort mit pendelnden Schwanzflossenbewegungen verharrend. Über die Fortpflanzung ist nur sehr wenig be-

Abb. 31.9 *Schilbe mystus* (Privataqauarium)

kannt. Jahreszeitabhängige Laichperiode während der Sommerregenzeit bei *Schilbe mystus*, laichen paarweise oder in Gruppen über Wasserpflanzen.

Nahrung. Sehr vielseitig, abhängig von der Größe werden kleine Fische, Wasserinsektenlarven, auch Anfluginsekten, Krebstiere, Plankton gefressen.

Etwa 18 Gattungen mit ungefähr 50 Arten. Die überwiegende Mehrzahl bewohnt afrikanische Gewässer, nur etwa 10 Arten in Südasien. Diese sind nahe mit den Schlankwelsen verwandt und wurden früher in einer Familie zusammengefasst. Aquaristisch sind bisher nur einige afrikanische Arten von Interesse.

Gattung *Eutropiellus* (= *Pareutropius*): 2 Arten. Im Unterschied zu den anderen Gattungen der Familie nur 3 Paar Barteln sowie mit Rücken- und Fettflosse. **Schwalbenschanz-Glaswels** (*E. buffei* = *E. vandeweyeri*): 8 - 10 cm, Westafrika. Auf der Körpermitte 1 breiter schwarzer Längsstreifen und 1 unterbrochener, dünnerer am Bauch, je 1 schwarzer Fleck in beiden Schwanzflossenspitzen. – Diese Flecken und der Bauchstreifen fehlen bei der ansonsten sehr ähnlichen zweiten Art *E. debauwei*.

Gattung *Physailia* (= *Parailia*): 3 Arten. Die 8, etwa gleich langen und dünnen Barteln werden beim Schwimmen oft strahlenförmig nach vorn gestreckt. Keine Rückenflosse, aber mit kleiner Fettflosse (bei den ähnlich aussehenden, nahe verwandten Arten der Gattung *Parailia* fehlt auch diese). Dazu **Afrikanischer Glaswels** (*Ph. pellucida*): 15 cm, oberer Nil und Niger-Becken. Glasartig durchsichtig, so dass die Leibeshöhle mit der glänzenden Schwimmblase und das Skelett gut zu erkennen sind. In der Körpermitte 1 dunkles Längsband, das bis in den oberen Schwanzflossenlappen zieht.

Gattung *Schilbe*: 3 Arten. Ebenso wie die 18 Arten der nahe verwandten Gattung *Eutropius* (wird auch nur als Untergattung von *Schilbe* geführt) mit dreieckiger, kleiner Rückenflosse, aber ohne Fettflosse. Dazu **Silberwels** (*Sch. mystus*): bis 40 cm, weit verbreitet in stehenden und fließenden Gewässern des tropischen Afrikas. Bläulich bis bräunlich, silberglänzend und mehr oder weniger deutlich längs gestreift. – Auch der mit 22 cm Länge kleiner bleibende **Marmorierte Glaswels** (*Sch. marmoratus*) wird gelegentlich eingeführt.

Haltung von Glaswelsen

Die genannten Glaswelse sind tagaktive Schwarmfische, die man unbedingt in kleinen Gruppen pflegen muss. Einzeltiere bleiben versteckt und kümmern. Die Beckeneinrichtung soll sowohl dicht bepflanzte Bereiche als auch freien Schwimmraum bieten. Die Fische ziehen entweder ständig im Becken umher oder stehen mit hängendem Schwanz und leicht hin und her pendelnder Schwanzflosse im Pflanzendickicht. Obwohl an die Wasserwerte keine besonderen Ansprüche gestellt werden, ist klares, sauberes, gut gefiltertes Wasser für das Wohlbefinden wichtig. Die recht scheuen und schreckhaften Glaswelse lieben dunklen Bodengrund und z.B. durch Schwimmpflanzen abgeschattete Becken. Haltungstemperaturen zwischen 24 und 28 °C.

Glaswelse sind in der Ernährung unproblematisch, sie fressen kleines Lebendfutter (Wasserflöhe, Cyclops, Mückenlarven, Tubifex), verschiedenstes Frostfutter, aber auch Flockenfutter und zerkleinertes Rinderherz.

Eine Vergesellschaftung ist sehr gut z.B. mit kleineren afrikanischen Salmlern aus den Gattungen *Barbus* und *Neolebias*, Schmetterlingsfischen (*Pantodon buchholzi*) oder verschiedenen kleineren Nilhechten (Familie Mormyridae) möglich. Bei *Schilbe*-Arten ist allerdings ihre räuberische Lebensweise zu beachten.

Vermehrung. Im Aquarium bisher nur vereinzelt bei *Eutropiellus buffei* und regelmäßig bei *Schilbe mystus* gelungen. Die Fische laichen paarweise in feinfiedrigen Pflanzen ab. Beim Silberwels sind die Weibchen etwas größer und fülliger, sie erreichen die Geschlechtsreife bereits im 2. Lebensjahr. Der Laichvorgang dauert bei dieser Art mehrere Stunden, die Anzahl der abgelegten Eier ist groß (über 16000), sie haben einen Durchmesser von etwa 0,8 mm und sind durchsichtig. Bei 25 °C schlüpfen die Larven nach 48 Stunden. Als Erstfutter haben sich Infusorien, Rädertierchen, Grindal und gehackte Tubifex bewährt. Die Aufzucht ist nicht schwierig, allerdings sollte eine Größensortierung erfolgen, da die Jungen Kannibalismus zeigen.

Höchstalter. Lebensdauer von *Schilbe mystus* 6 - 7 Jahre im Aquarium.

Familie Schlankwelse (Pangasiidae)

Mittelgroße bis sehr große (über 3 m) Welse. Körper schlank, im Kopfbereich abgeplattet, nackt. Rückenflosse verhältnismäßig klein, fähnchenartig, mit 1 - 2 Stachelstrahlen. Tief gegabelte Schwanzflosse und sehr kleine Fettflosse. 1 - 3 Paar Barteln (Nasenbarteln sind nicht vorhanden). Mit den Glaswelsen (Familie Schilbeidae) eng verwandt.

Verbreitung. Süßgewässer Südasiens (Pakistan bis Borneo).

Lebensweise. Tagaktiv, im Freiwasser großer Ströme, z.T. gesellig. Jahreszeitlich bedingte Wanderungen flussauf- und -abwärts, oft in Verbindung mit der Fortpflanzung stehend. Über das Paarungsverhalten ist wenig bekannt. Einige Arten laichen zu Beginn der Regenzeit in Überschwemmungsgebieten.

Nahrung. Kleine Fische, Garnelen, Wasserinsekten. Einige Arten bevorzugen Muscheln. Auch unterschiedlich großer pflanzlicher Anteil an der Nahrungspalette.

3 Gattungen mit etwa 25 Arten. Für die Schauaquaristik sind bisher hauptsächlich einige Arten der Gattung *Pangasius* von Bedeutung.

Gattung *Pangasiodon*: **Riesenwels** (*P. gigas*): bis 3 m (Männchen) bzw. 2,35 m (Weibchen), bis 350 kg, endemisch im Mekong-Becken. Erwachsene zahnlos, ernähren sich ausschließlich von Wasserpflanzen. Keine Barteln. Fortpflanzung weitgehend unbekannt.

Gattung *Pangasius*: 23 Arten. Dazu **Riesenhaiwels** (*P. sanitwongsei*): 2,5 - 3 m, Thailand. Vorderstrahlen der Rücken-, Brust- und Bauchflossen auffallend verlängert. – **Haiwels** (*P. hypophthalmus* = *P. sutchi*): 46 cm, Pakistan bis Hinterindien. Oberseits grauschwarz bis schwarz, auf der Körpermitte 2 blausilbern bis grünlich silbern glänzende Längsbänder, Flossen teilweise schwarz. Wird in Thailand zur Fischproduktion vermehrt, Jungfische kommen als „Minihaie“ nach Europa.

Abb. 31.10 *Pangasius sanitwongsei* (Zoo Leipzig, Aquarium)

Haltung von Schlankwelsen

Die Haltung von Haiwelsen ist einfach. Sie benötigen allerdings ausreichend große Aquarien mit viel freiem Schwimmraum. Die tagaktiven Fische sind in den mittleren Wasserschichten ständig in Bewegung, können bei Erschrecken auch blitzschnell durch das Wasser schießen und sich dabei, besonders in zu kleinen Becken, die Schnauzen verletzen. Gelegentlich kommt es zu Unverträglichkeiten und Bissen untereinander, was wahrscheinlich im Zusammenhang mit Fortpflanzungsaktivitäten zu sehen ist. Eine erfolgreiche Vermehrung wurde allerdings noch nicht beobachtet und dürfte aus Platzgründen wohl kaum möglich sein.

Spezielle Ansprüche an die Wasserbeschaffenheit stellen die Haiwelse nicht. Die Haltungstemperaturen liegen zwischen 22 und 26 °C. Der Nahrungsbedarf ist groß, neben toten Futterfischen können Rinderherz, Mäuse und große Fischpellets verfüttert werden. Um die organische Belastung des Aquariums niedrig zu halten, sind eine leistungsfähige Filterung und ein regelmäßiger Wasserwechsel besonders wichtig. Eine Vergesellschaftung mit sehr großen Fischen (z.B. Guramis, Siambarben), die nicht mehr als Beute angesehen, oder mit solchen, die wegen ihrer Kleinheit noch nicht gefressen werden, ist durchaus möglich.

Junge Haiwelse sind bei guter Fütterung sehr schnellwüchsig und werden für die normalen Zimmeraquarien der Liebhaber bald zu klein. Da auch die Aufnahmefähigkeit der öffentlichen Schauaquarien begrenzt ist, muss vom Kauf der „Minihaie“ durch Privatpersonen, die nicht die Möglichkeit besitzen, die größer werdenden Fische noch vernünftig zu halten, abgeraten werden.

Familie Kaulquappenwelse (Amphiliidae)

Kleine, nur bis 18 cm lange Welse (als Ausnahme 2 Arten mit 45 bzw. 50 cm). Brust- und Bauchflossen verbreitert, so dass sich viele Arten an Steinen anheften können. Schwanzflosse tief gegabelt, Fettflosse kurz, alle Flossen ohne Hartstrahlen. Körper nackt oder mit Knochenplatten teilweise bedeckt. 3 Paar Barteln (Nasenbarteln fehlen).

Verbreitung. Afrikanische Süßgewässer, Verbreitungsschwerpunkt im Kongo-Becken.

Lebensweise. Meist in schnell fließenden, kleinen Flüssen und Gebirgsbächen, tag- oder nachtaktiv. Auf Steinen oder Sand- und Schlammböden. Die Fortpflanzung der meisten Arten ist weitgehend unbekannt. Wenige, relativ große Eier (1 - 3 mm), Junge ähneln Kaulquappen.

Nahrung. Wasserinsektenlarven und andere Kleinorganismen von der Substratoberfläche, auch Algen.

7 Gattungen mit etwa 60 Arten, von denen bisher nur wenige in Aquarien gehalten wurden.

Gattung *Amphilius*: 22 Arten. Dazu **Natal-Schmerlenquappenwels** (*A. natalensis*): 15 cm, südliches Afrika (Malawi, Natal, Simbabwe). – **Bergschmerlen-Quappenwels** (*A. platychir*): 18 cm, Sambesi-Flusssystem und südwärts bis Natal, in höheren Berglagen. Bewohnt kleinere, sauerstoffreiche Fließgewässer mit steinigem Untergrund. Körper kurz, schmerlenartig, olivgrün, mit dunkleren braunen Flecken und Punkten.

Gattung *Phractura*: 12 Arten. Dazu **Roter Kaulquappenwels, Peitschenschwanzwels** (*Ph. ansorgei*): bis 9 cm, Nigeria, sonnige Fließgewässer. Meist in den Wurzelpolstern von Schwimmpflanzen, im Flachwasser. Rötlich braun bis mittelbraun, mit dunkelbrauner Fleckung. Männchen zur Laichzeit rot. Sehr langer, extrem dünner Schwanzstiel, hintere Körperhälfte mit 2 Reihen von Knochenplatten. Äußerlich und im Verhalten an südamerikanische Harnischwelse erinnernd, aber im Unterschied zu diesen kein Saugmaul. – **Sterngucker-Kaulquappenwels** (*Ph. uranoscopus*): bis 19 cm, weit verbreitet in Zentral- und Ostafrika, in klaren Fließgewässern mit felsigem und steinigem Untergrund.

Haltung von Kaulquappenwelsen

Die Arten der Gattung *Amphilius* sind anspruchslose, vorwiegend dämmerungsaktive Welse, die keine besonderen Ansprüche an die Wasserverhältnisse stellen. Auch die Fütterung mit gängigen Futtermitteln bereitet keine Probleme. Haltungstemperaturen zwischen 20 °C (z.T. auch kälter) und 26 °C. Eine erfolgreiche Vermehrung im Aquarium ist bisher noch nicht bekannt geworden.

Peitschenschwanzwelse hält man in gut durchströmten, aber versteckreichen Aquarien mit klarem, sauerstoffreichem Wasser und optimaler Filterung. Sie sind etwas wärmeempfindlich und sollten bei Zimmertemperatur (18 - 22 °C) gepflegt werden. Entsprechend ihrer dämmerungs- und nachtaktiven Lebensweise empfiehlt sich eine abendliche Fütterung. Die Futterpalette umfasst neben Wasserflöhen und Mückenlarven auch Algen, gebrühten Blattspinat und Flockenfutter.

Vermehrung. Die Vermehrung von *Phractura ansorgei* ist bereits vereinzelt gelungen. Die Laichsaison liegt in den Monaten August bis November, das Ablaichen erfolgt am Abend im freien Wasser. Ein Paar kann über mehrere Wochen alle 6 - 10 Tage ablaichen. Die Eier sind etwa 1 mm groß, blaugrün und kleben kaum. Die Jungen schlüpfen nach 3 Tagen und schwimmen nach weiteren 6 Tagen frei. Die Aufzucht ist nicht einfach und gelingt am besten, wenn man verschiedene Futtertiere zur Auswahl anbietet (Cyclops- und Artemia-Nauplien, Rädertierchen, weiches Pflanzenmaterial).

Familie Großmaulwelse (Chacidae)

Kleine (bis 24 cm lange) Welse von charakteristischer Gestalt: Kopf sehr groß und breit, dorsoventral zusammengedrückt, mit kleinen, weit vorn stehenden und nach oben gerichteten Augen. Mundöffnung endständig und außerordentlich breit, mit 3 - 4 Paar sehr kleinen Barteln. Der relativ lange Schwanzstiel ist dagegen seitlich zusammengedrückt. Schwanzflosse mit der Fettflosse verwachsen. Rücken- und Brustflossen besitzen vorn einen kräftigen, kurzen Stachelstrahl. Der nackte Körper ist von einer dicken, warzigen Haut bedeckt.

Verbreitung. Im Süßwasser des südlichen Asiens.

Lebensweise. Nachtaktiv, mit räuberischer Lebensweise. Tagsüber zwischen Wurzeln und Steinen versteckt. Fortpflanzungsverhalten unbekannt.

Nahrung. Fische, Süßwassergarnelen.

1 Gattung mit 3 Arten.

Gattung *Chaca:* Dazu **Anglerwels** (*Ch. bankanensis*): 20 cm, Malaysia, Borneo (Kalimantan). – **Großmaulwels** (*Ch. chaca*): 20 cm, von Pakistan über Indien bis Malaysia und Ostthailand, Sri Lanka, Sumatra, Borneo (Kalimantan). Färbung braun, oft mit schwarzbrauner, unregelmäßiger Fleckung, ähneln einem alten Holzstück. Zeigen auch bei Berührung kaum Fluchtverhalten.

Haltung von Großmaulwelsen

Großmaulwelse liegen am Tag meist bewegungslos am Boden. Für ihr Wohlbefinden benötigen sie deshalb geeignete Versteckplätze, die in ihrem Aquarium durch eine stark strukturierte Bodenfläche mit Wurzeln und Steinen sowie kräftigen Pflanzen geschaffen werden können. Sie sind Raubfische, die mit Futterfischen, Garnelen und Regenwürmern ernährt werden. Die Fütterung erfolgt am besten abends, da die nachtaktiven Fische erst dann fressen. Sie können nur mit Fischen mit einer ausreichenden Größe vergesellschaftet werden, so dass diese nicht mehr als Beute betrachtet werden.

Die Beckentemperatur soll bei etwa 24 - 26 °C liegen, das Wasser leicht sauer bis neutral (pH-Wert 6,5 - 7) und mittelhart bis hart (10 - 20° dGH) sein. Insgesamt sind aber die Großmaulwelse nicht sonderlich empfindlich. Ihre Zucht ist jedoch noch nicht gelungen.

Höchstalter. *Chaca chaca* lebte 6 Jahre, 4 Monate im Zoo-Aquarium Amsterdam.

Familie Raubwelse, Kiemensackwelse (Clariidae)

Meist größere bis sehr große Welse, nur wenige Arten bleiben kleiner (5 cm bis 1,7 m). Von langgestreckter, z.T. sogar aalartiger Gestalt. Kopf gewöhnlich abgeflacht, mit tiefer Maulspalte und 4 Paar langen Barteln. Der nackte Körper im hinteren Bereich seitlich zusammengedrückt. Rückenflosse stachellos, lang und ohne Fettflosse, oder mittellang und mit großer Fettflosse. Afterflosse saumartig lang, Schwanzflosse abgerundet, kann mit der Rücken- und der Afterflosse zu einem Flossensaum verbunden sein. Brustflossen mit starkem Stachelstrahl, diese und die Bauchflossen sind z.T. aber auch reduziert oder fehlen vollständig. Augen klein, einige in Höhlen lebende Arten blind. Familientypisch sind zusätzliche Luftatmungsorgane, die sich in Form von stark verzweigten Fortsätzen des 2. und 4. Kiemenbogens in Aussackungen der Kiemenhöhle befinden.

Verbreitung. Verbreitungsschwerpunkt ist Afrika südlich der Sahara, außerdem der gesamte Nil und der Nahe Osten sowie Südasien einschließlich des Malaiischen Archipels und der Philippinen. *Clarias*-Arten wurden durch den Menschen in Südamerika und in Florida eingeschleppt.

Lebensweise. Dämmerungs- und nachtaktiv. Viele Kiemensackwelse können aufgrund ihrer zusätzlichen Luftatmungsorgane sehr sauerstoffarme Gewässer wie schlammige Restwasserlöcher bewohnen, sogar im Schlamm eingegraben Trockenzeiten überdauern und auf feuchtes Land kriechen, um zu jagen oder neue Wohngewässer zu erreichen. Wenige Arten mit rudimentären Augen (Höhlenbewohner). Trotz der wirtschaftlichen Bedeutung vieler Arten ist über die Fortpflanzung kaum etwas bekannt. Einige Arten laichen während der Sommerregenzeit.

Nahrung. Generell räuberisch, die großen Arten sind sehr gefräßige Raubfische, kleinere ernähren sich von Insekten, Krebsen und Mollusken.

Abb. 31.11 *Clarias gariepinus* (Privataquarium)

14 Gattungen mit etwa 100 Arten. Nur für wenige liegen aquaristische Haltungserfahrungen vor.

Gattung *Channallabes:* **Aalwels, Schlangenwels** (*Ch. apus*): 30 cm, Stromgebiet des Kongo, Angola. Von aalartiger Gestalt, Rücken- und Afterflosse mit der Schwanzflosse zu einem gemeinsamen Flossensaum verwachsen. Bauchflossen fehlen, Brustflossen stark reduziert oder vollständig verschwunden. Färbung dunkelbraun bis schwarz.

Gattung *Clarias*: 51 Arten. Dazu **Angola-Wels** (*C. angolensis*): 35 cm, tropisches West- und Zentralafrika. – **Aal-Raubwels** (*C. anguillaris*): 1,5 m, Nordost- und Ostafrika. – **Froschwels** (*C. batrachus*): bis 47 cm, Südasien, weit verbreitet von Indien bis zu den Philippinen. Bewohnt die unterschiedlichsten Gewässer, auch Brackwasser, Reisfelder, Sümpfe, Kanäle. Färbung bräunlich, relativ häufig treten Albinos oder Teilalbinos auf. – **Höhlen-Raubwels** (*C. cavernicola*): bis 18 cm, Aigumas-Höhle in Namibia. Pigmentlos, Augen sehr klein, zusätzliche Luftatmungsorgane weitgehend reduziert. – **Aalbüschelwels** (*C. gariepinus*): 1,7 m, weit verbreitet in Afrika südlich der Sahara, außerdem im Vorderen Orient. Für die Aquakultur in Europa und Asien eingeführt. – **Stumpfzahn-Raubwels** (*C. ngamensis*): 70 cm, weit verbreitet in Zentral- und Osteuropa. – **Schlangen-Raubwels** (*C. theodorae*): 35 cm, Ostafrika, in vegetationsreichen Uferbereichen von Seen.

Gattung *Heterobranchus*: 4 Arten. Dazu **Langflossenwels**, **Vundu** (*H. longifilis*): über 1,5 m, weit verbreitet in Afrika (Nil-, Niger-, Kongo-, Sambesi-Flusssysteme). Färbung oberseits braungrau bis braunoliv, Unterseite scharf weiß abgesetzt. Sehr lange Fettflosse.

Gattung *Uegitglanis*: 1 Art. **Uegit-Höhlenraubwels** (*Ue. zammaranoi*): 12 cm, Somalia (in den Flüssen Uegit und Uebi Scebeli). Blinde und pigmentlose Höhlenfische, natürliche Bestände gefährdet. Aquarienhaltungen für wissenschaftliche Untersuchungen über Höhlenfische.

Haltung von Raubwelsen

Raubwelse benötigen entsprechend ihrer Größe sehr geräumige Becken, deren Volumen für die großen Arten nicht unter 5 m^3 liegen sollte. Den weitgehend dämmerungs- und nachtaktiven Fischen bietet man ausreichend große Verstecke, z.B. unter Mangrove-Wurzeln oder Moorkienholz, dazu einen dunklen Untergrund und nur schwache Beleuchtung. So sind sie auch am Tag häufiger zu sehen.

Die Haltungstemperaturen können zwischen 22 und 28 °C liegen, an die Wasserwerte werden keine besonderen Ansprüche gestellt. Raubwelse sind sehr langlebig, unempfindlich und fressen praktisch alles tierische Futter, insbesondere Fische, die lebend oder tot gereicht werden. Auch Rinderherz, Mäuse und große Pellets aus der Aquakultur können verfüttert werden.

Bei der Vergesellschaftung ist die Größe oft der entscheidende Faktor, denn zu kleine Fische werden früher oder später gefressen. Andererseits spielt hierbei auch die Beckengröße eine Rolle. In sehr großen, gut strukturierten Aquarien können durchaus auch kleinere Fische mit einem Raubwels zusammenleben. So wird in einem 20-m^3-Becken im Aquarium des Zoo Leipzig ein etwa 70 cm großer Langflossenwels mit kleineren afrikanischen Buntbarschen und Salmlern seit Jahren problemlos vergesellschaftet, die Buntbarsche ziehen sogar Junge auf.

Der relativ friedliche, schlanke, nicht sehr große Aalwels kann gut in einem Afrika-Becken mit vielen verschiedenen afrikanischen Fischarten zusammen gehalten werden. Allerdings wird er meist nur zur Fütterung oder gegen Abend aus seinen Tagesverstecken herauskommen, dann aber sehr aktiv herumschwimmen. Trotz der versteckten Lebensweise sollte das Aquarium daher nicht zu klein dimensioniert sein.

Vermehrung. Eine natürliche Vermehrung ist im Aquarium bisher wohl nur vereinzelt gelungen. Der Froschwels wurde schon mit Hormoninjektionen zur Fortpflanzung gebracht und in jüngster Zeit auch auf natürliche Weise vermehrt. Das Weibchen war an der größeren Körperfülle zu erkennen. Mit etwa 30 cm Länge laichte es das 1. Mal ab. Beide Geschlechter hoben im Kiesboden eine Grube von etwa 30 cm Durchmesser aus, in die die Eier während der Paarung, bei der das Männchen das Weibchen umschlang, abgelegt wurden. Beide Partner, besonders intensiv aber das Männchen, bewachten das Gelege und die geschlüpften Larven. Diese schlüpften bei 25 °C nach etwa 40 Stunden, nach weiteren 3 Tagen schwammen die Jungen frei.

Einige *Clarias*-Arten werden in der Teichwirtschaft gezüchtet und gemästet.

Höchstalter. *Clarias batrachus* 13 Jahre, 2 Monate im Zoo-Aquarium Amsterdam.

Familie Kiemenschlauchwelse (Heteropneustidae)

Mittelgroße Welse mit schlankem Körper und auffallend kleinem, abgeflachtem Kopf. 4 Paar relativ lange Barteln, die fühlerartig nach vorn gerichtet getragen werden. Im Unterschied zu den nahe verwandten Clariidae nur kurze Rückenflosse. Brustflossen mit Hartstrahlen, die mit Giftdrüsen in Verbindung stehen. Keine Fettflosse. Neben den Kiemen als zusätzliches Atmungsorgan zur Veratmung von Luftsauerstoff 2 lange Blindschläuche, die von der Kiemenhöhle unter der Rückenmuskulatur weit nach hinten ziehen.

Verbreitung. Südasien.

Lebensweise. Nachtaktiv, mitunter gesellig. Bewohnen die unterschiedlichsten Gewässer (sauerstoffarme Tümpel, Sümpfe und Marschen, sogar mit leichtem Brackwasser, aber auch zeitweise in schlammigen Flüssen). Fortpflanzung mit Brutpflege durch beide Eltern während der Monsun-Monate in Überschwemmungsgebieten.

Nahrung. Alle Beutetiere passender Größe.

1 Gattung mit 4 Arten.

Gattung *Heteropneustes*: Dazu **Speichenwels** (*H. fossilis*): bis 30 cm, meist deutlich kleiner bleibend, von Indien und Sri Lanka bis Vietnam verbreitet. Braun bis schwärzlich, mit 2 schmalen, hellen Längsbändern. – Sehr ähnlich ist *H. microps*, Sri Lanka, mit unsicherem Artstatus.

Haltung von Kiemenschlauchwelsen

Kiemenschlauchwelse sind, obwohl in der Natur nachtaktiv, in gut bepflanzten, nicht zu hell beleuchteten Aquarien auch immer wieder am Tag aktiv. An die Wasserwerte werden keine besonderen Ansprüche gestellt, die Temperaturen können zwischen 20 und 30 °C liegen. Es sind ausgesprochen gierige Fresser, die alles gängige tierische Futter, aber auch eingeweichte Haferflocken und gekochte Kartoffeln, Pellets und Flockenfutter aufnehmen, oftmals in solchen Mengen, dass ihr Bauch kugelförmig anschwillt und das Schwimmen behindert wird. Vorsicht

Abb. 31.12 *Heteropneustes fossilis* (Privataquarium)

beim Hantieren, Verletzungen durch die Brustflossenstacheln sind sehr schmerzhaft und sollten gegebenenfalls ärztlich versorgt werden.

Vermehrung. Ist im Aquarium von *Heteropneustes* möglich und kann durch Frischwasserzugaben induziert werden. Nach heftigem Treiben laichen die Fische ab, wobei das Weibchen vom Männchen an der Geschlechtsöffnung umschlungen wird. Die transparenten, dunkelgrünen Eier (oft mehrere Tausend) mit einem Durchmesser von 2,2 - 2,5 mm haften an feinfiedrigen Pflanzen oder fallen zu Boden (nur geringe Klebfähigkeit) und werden vom Männchen bewacht. Es gibt aber auch Berichte über die Betreuung der Gelege durch beide Geschlechter. Bei 24 °C schlüpfen die Jungen nach 24 Stunden und nehmen nach weiteren 5 Tagen Nahrung auf (Erstfutter Cyclops-Nauplien). Das Wachstum ist schnell, die Tiere erreichen noch im 1. Lebensjahr die Geschlechtsreife.

Familie Elektrische Welse, Zitterwelse (Malapteruridae)

Mittelgroße Welse mit walzenförmigem Körper und kurzem Kopf, an dem 3 Paar kurze, fleischige Barteln sitzen (Nasenbarteln fehlen). Augen klein, im Alter wahrscheinlich blind. Ohne Rückenflosse, aber gut ausgebildete, vor der gerundeten Schwanzflosse sitzende Fettflosse. Paarige elektrische Organe, die aus der seitlichen Körpermuskulatur entstanden sind und unmittelbar unter der Haut liegen. Je nach Größe sind Entladungen zwischen 100 und über 450 V möglich. Sie dienen dem Nahrungserwerb und der Verteidigung. Im Unterschied zum Zitteraal, der zweiten stark-elektrischen Süßwasserfischart, befindet sich der negative Pol am Kopf, der positive Pol in der Nähe des Schwanzes.

Verbreitung. Tropisches Afrika und im gesamten Nil.

Lebensweise. Nachtaktiv, räuberisch. Fortpflanzung nicht geklärt, abgelaicht werden soll in Höhlen am Ufer, eventuell Maulbrüter.

Nahrung. Fische.

1 Gattung mit 2 (nach anderen Autoren 11) Arten.

Gattung *Malapterurus*: **Zitterwels** (*M. electricus*): bis 1,2 m, tropisches Afrika, Nil. Körper graubraun bis gelbbraun mit zahlreichen schwarzen Tupfen. – Sehr ähnlich, aber mit spitzerem Kopf und mit unter 70 cm kleiner bleibend, ist *M. microstoma* aus dem Kongo-Becken.

Haltung von Elektrischen Welsen

Elektrische Welse werden einzeln im Artbecken gehalten. Sie sind unverträglich und schädigen

Abb. 31.13 *Malapterurus electricus* (Tierpark Berlin)

auf Dauer auch größere, nicht als Beute infrage kommende Fische. Das Aquarium sollte reichlich Wurzelverstecke für die nachtaktiven Welse aufweisen, andererseits aber auch übersichtlich sein und leicht zu reinigen, denn beim Hantieren im Wasser ist wegen möglicher Stromstöße, die sehr schmerzhaft sein können, größte Vorsicht geboten. Die Haltungstemperaturen liegen zwischen 22 und 26 °C, der pH-Wert um den Neutralpunkt, das Wasser kann mittelhart bis hart (bis etwa 20° dGH) sein.

Jungwelse ernährt man mit Regenwürmern und Rinderherzstreifen, ältere mit Süßwasserfutterfischen und magerem Fleisch. Sie sind sehr gefräßig, werden futterzahm und wachsen sehr schnell. Allerdings wird die Maximalgröße von 1 m im Aquarium wohl kaum erreicht werden. Die Zucht ist im Aquarium noch nicht gelungen.

Höchstalter. *Malapterurus electricus* lebte 8 Jahre, 1 Monat (Shedd Aquarium, Chicago).

Familie Kreuzwelse, Meerwelse (Ariidae)

Langgestreckte, mittelgroße bis große Welse, z.T. hochrückig. Kopf abgeplattet, mit breiter Maulspalte. Kopfoberseite mit Knochenschildern, Körper sonst nackt. 2 - 3 oft recht kurze Bartelpaare (keine Nasenbarteln). Rückenflosse kurz und zugespitzt, Schwanzflosse tief gegabelt, Fettflosse meist gut entwickelt. Rückenflosse und Brustflossen mit kräftigem Stachel, der mit einer Giftdrüse in Verbindung steht. Bei einigen Arten ähnelt die Unterseite des Schädelskeletts einem Kruzifix (namengebende Besonderheit).

Verbreitung. Weltweit in tropischen und subtropischen Regionen.

Lebensweise. Tagaktiv, häufig in Schwärmen auftretend. Viele Arten leben an den Meeresküsten Südamerikas und Südostasiens, in Brackwasserbereiche eindringend, in Ästuaren, Lagunen. Wenige Arten ausschließlich im Süßwasser.

Wahrscheinlich sind die Männchen aller Arten Maulbrüter, die die verhältnismäßig wenigen, aber sehr großen (über 1 cm) Eier und dann die Larven, wohl auch noch die Jungfische 6 - 8 Wochen im Mund aufbewahren. Bei vielen Gattungen haben die Weibchen an der Innenseite der Bauchflossen Verdickungen, die zum Auffangen der Eier dienen, bevor sie vom Männchen in das Maul genommen werden.

Nahrung. Krebstiere, Schnecken, kleine Fische.

Abb. 31.14 *Arius seemani* (Zoo Leipzig, Aquarium)

11 - 14 Gattungen mit etwa 150 Arten. Viele Arten sind sich sehr ähnlich und dementsprechend schwer zu unterscheiden. Dies trifft besonders auf die artenreiche Gattung *Arius* zu, deren Vertreter oberseits meist dunkelgrau bis -blau, auf der Bauchseite weißlich gefärbt sind. In Aquarien wurden bisher fast nur einige Arten dieser Gattung gehalten, ohne dass in jedem Fall eine exakte Artbestimmung erfolgte.

Gattung *Arius*: über 110 Arten (es werden z. T. noch 2 Gattungen abgetrennt). Dazu **Hartkopf-Kreuzwels** (*A. felis* = *Ariopsis felis*): 70 cm, Norwestatlantik (Massachusetts bis Florida und Mexiko), in Küstennähe über Schlammböden, auch in Ästuaren. – **Silberner Hai-Kreuzwels** (*A. seemani* = *Hexanematichthys seemani*): etwa 35 cm, peruanische Küste. – Kaum unterscheidbar (oder identisch?) ist *A. jordani*. Jungfische werden oft als „Süßwasser-Haie" importiert.

Gattung *Galeichthys*: 3 Arten. Dazu **Weißer Kreuzwels** (*G. feliceps*): 55 cm, Südostatlantik (afrikanische Küste), Westatlantik (USA bis zum Golf von Mexiko) sowie im westlichen Indischen Ozean (an der ostafrikanische Küste).

Haltung von Kreuzwelsen

Junge, etwa 7 - 8 cm lange Kreuzwelse werden häufiger im Handel fälschlicherweise als Süßwasserfische angeboten. Sie wachsen bei guter Fütterung sehr schnell und sollten möglichst bald in Brack- und Seewasser umgewöhnt werden. Dabei kann die Dichte recht schnell auf die erforderlichen Werte gebracht werden, ohne dass die Fische dies übel nehmen. Sie können offenbar größere Dichteschwankungen des Wassers gut tolerieren. Im Süßwasser gehalten, sind sie oft krankheitsanfälliger. Die Wassertemperaturen sollten zwischen 22 und 24 °C liegen, können aber auch einmal auf 26 - 28 °C ansteigen. Als Futter eignen sich kleine tote Futterfische, Muschelfleisch, Garnelen, Fischfilet und Rinderherz. Es wird gierig im freien Wasser und vom Boden aufgenommen.

Die recht großen, weitgehend tagaktiven Welse benötigen einerseits viel freien Schwimmraum, andererseits stehen sie auch gern senkrecht an der Beckenwandung, den Kopf in die Strömung gerichtet. Dies kann ein Hinweis darauf sein, dass die Kreuzwelse auch in ihrer Heimat starke Wasserströmungen vorfinden. Sie leben offenbar gesellig, man sollte sie in Gruppen halten. Ihre Verträglichkeit untereinander ist gut, sie halten im lockeren Verband zusammen. Gegenüber anderen Fischen verhalten sie sich weitgehend friedlich, so dass eine Vergesellschaftung auch mit kleineren Korallenfischen durchaus möglich ist.

Über eine erfolgreiche Nachzucht im Aquarium ist bisher nichts bekannt geworden.

Höchstalter. *Arius felis* 15 Jahre, 3 Monate (Fairmount Park Aquarium, Philadelphia).

Familie Aal- und Korallenwelse (Plotosidae)

Welse mit mehr oder weniger langgestrecktem, z. T. sogar aalförmigem Körper. Schwanzbereich seitlich zusammengedrückt, Kopf abgeflacht und mit großer Maulspalte. 4 Paar kurze Barteln. Rückenflosse weit vorn stehend, fähnchenartig klein. After- und Schwanzflosse bilden einen gemeinsamen Flossensaum, der oft mehr oder weniger weit über den Rücken nach vorn zieht (wird dann als 2., mit der Schwanzflosse verschmolzene Rückenflosse angesehen).

Verbreitung. In den Küstenbereichen des Indischen Ozeans und des Westpazifiks (von Japan bis Australien), im Brackwasser, in Ästuaren und Mündungsgebieten. Verbreitungsschwerpunkte sind aber die Süßgewässer von Australien, Neuguinea und Madagaskar.

Lebensweise. Tag- und nachtaktiv. Die Meeres- und Brackwasserarten besitzen bäumchenartige Anhänge hinter der Afteröffnung, die der Salzausscheidung und damit der Osmoregulation dienen. Laichabgabe in nestartige Gruben oder in Höhlen. Brutpflege.

Nahrung. Würmer, Schnecken, Krebstiere.

9 Gattungen mit über 30 Arten. Aquaristisch von Bedeutung sind vor allem Korallenwelse aus den tropischen Meeren, die meisten Brack- und Süßwasserarten wurden bisher nicht in Aquarien gehalten.

Gattung *Neosilurus*: 12 Arten. Wird auch mit der Gattung *Tandanus* vereinigt, besitzt aber im Unterschied zu dieser nur einen kurzen Flossensaum auf dem Rücken. Dazu **Schwarzer Aalwels** (*N. ater*): bis 47 cm, Nordaustralien, Papua-Neuguinea. – **Aalschwanzwels** (*N. brevidorsalis*): etwa 20 cm, südliches Neuguinea, Nordaustralien. Einfarbig braunschwarz. – **Gelbflossensaumwels** (*N. hyrtlii = N. glencoensis*): 30 cm, im Süßwasser Australiens.

Gattung *Plotosus*: 5 weitgehend marine Arten. Typisch ist der fast bis zur Rückenflosse reichende Schwanzflossensaum. Dazu **Gestreifter Korallenwels** (*P. lineatus*): 30 cm, weit verbreitet vom Roten Meer über Ostafrika bis zum Westpazifik. Am häufigsten importierte und in Meeresaquarien gepflegte Art. Jungfische auffallend schwarz und weiß längs gestreift, leben in Schwärmen bis zu mehreren Tausend Tieren. Erwachsene weitgehend einfarbig grau, dann verborgen in Höhlen lebende Einzelgänger. Mehr oder weniger nachtaktiv.

Gattung *Tandanus*: 2 Arten. Dazu **Tauwels** (*T. tandanus*): 90 cm, Australien, in langsam fließenden Strömen und Seen.

Haltung von Aal- und Korallenwelsen

Die im Süßwasser lebenden *Neosilurus brevidorsalis* sind tagaktive, recht schwimmfreudige, aber sich hauptsächlich am Boden aufhaltende Fische. Gegenüber anderen, selbst deutlich kleineren Fischen verhalten sie sich friedlich. Auch Artgenossen werden nicht attackiert. Eingewöhnt sind sie sehr gierige Fresser und nehmen als Futter Tubifex, Regenwürmer, Rinderherz, Mückenlarven, kleine tote Futterfische und Fischpellets. Eine entsprechend leistungsfähige Filterung ist daher besonders wichtig, ansonsten werden an das Wasser keine speziellen Ansprüche gestellt (pH-Wert um 7, mittelhartes Wasser). Die Haltungs-

Abb. 31.15 *Plotosus lineatus*, Jungfisch-Schwarm (Naturaufnahme, Rotes Meer)

temperaturen liegen entsprechend der tropischen Herkunft der Fische bei 24 - 26 °C.

Korallenwelse lassen sich in tropischen Korallenfisch-Aquarien bei Temperaturen zwischen 22 und 26 °C gut halten. Sie werden in der Regel als etwa 5 cm große Jungfische importiert. Während sie in dieser Größe noch gesellig in kleinen Trupps zusammenleben, werden sie im Verlauf des Heranwachsens, wenn sich ihre kontrastreiche Längsstreifung verliert, zunehmend territorial und untereinander unverträglich. Sie benötigen dann sehr große Aquarien mit vielen Versteckmöglichkeiten, z.B. zwischen Korallenstöcken, Steinbruch und großen Muschelschalen. Die erwachsenen Korallenwelse sind überwiegend nachtaktiv und verlassen ihren Unterstand meist nur zu den Fütterungszeiten, an die sie sich schnell gewöhnen. Es sind gierige Fresser, die leicht mit kleinen Garnelen, Futterfischen und Tintenfischfleisch ernährt werden können.

Vorsicht ist beim Hantieren mit Aal- und Korallenwelsen geboten. Verletzungen an ihren harten Brust- und Rückenflossenstacheln können länger andauernde Schmerzen und schlecht heilende Wunden verursachen. Dies trifft insbesondere für *Plotosus lineatus* und verwandte Arten zu, über eventuell aufgetretene Todesfälle gibt es allerdings keine verlässlichen Informationen.

Vermehrung. J. Knaack gelang die Vermehrung von *Neosilurus hyrtlii* (= *N. glencoensis*) im Gruppenansatz. Mehrere Männchen (13 - 15 cm) und Weibchen (18 - 21 cm) laichten bei 25 °C in mittelhartem, schwach alkalischem Wasser in einer Röhre (poröses Belüftungsrohr aus der Abwassertechnik). Schlupf der etwa 8 - 9 mm großen Jungfische nach 3 Tagen.

In japanischen Aquarien wurden Korallenwelse bereits erfolgreich vermehrt. Die recht großen, dotterreichen Eier (etwa 3 - 3,5 mm Durchmesser) werden in Steinspalten oder in Nester, die vom Männchen unter Steinen ausgegraben werden, abgelegt. Der Laich wird vom Männchen auch bewacht. Nach 7 - 10 Tagen schlüpfen die Larven. Nach weiteren 10 Tagen schwimmen die Jungen frei und akzeptieren als Erstfutter frisch geschlüpfte Artemia-Nauplien. Die Welse wachsen sehr schnell, die Weibchen können teilweise bereits im Alter von 1 Jahr bei einer Länge von 14 cm geschlechtsreif werden.

Höchstalter. *Plotosus lineatus* lebte im Aquarium 7 Jahre.

Familie Fiederbartwelse (Mochokidae, Mochocidae)

Kleine bis mittelgroße (4 - 80 cm) Welse, mit gedrungenem bis schlankem, nacktem Körper. Kopf und Nacken oft mit Knochenschildern bedeckt. Maul unterständig, mit wulstigen Lippen oder als Saugmaul ausgebildet. 3 Paar Barteln (Nasenbarteln fehlen), davon das Oberlippenpaar am längsten. Die beiden Unterkieferbarteln sind meist befiedert, selten auch das Oberlippenpaar. Rücken- und Afterflossen kurz, Schwanzflosse meist tief gegabelt. Fettflosse auffallend groß, bei einigen Arten sogar mit Flossenstrahlen gestützt. Brust- und Rückenflossen mit einem kräftigen Stachelstrahl.

Verbreitung. Afrikanische Süßgewässer südlich der Sahara.

Lebensweise. Dämmerungs- und nachtaktive, bodenorientierte Welse, die sich tagsüber unter Wurzeln, in Höhlen oder unter hohl liegenden Steinen aufhalten, oft mit dem Bauch nach oben. In tieferem Wasser, wo kaum Licht vordringt, sind sie auch tagaktiv. Einige Arten schwimmen mehr oder weniger ständig in Rückenlage. Leben in langsam fließenden Flüssen, in Seen und Sümpfen, entweder in lockeren Schulen oder territorial. Arten mit Saugmaul bewohnen schnell fließende Gewässer. Über die Fortpflanzung ist wenig bekannt. Beobachtet wurden Substratlaichen (an Pflanzen, auf Wurzeln), Bodenlaichen (im aufgewühlten Schlamm) ohne Brutfürsorge der Eltern sowie Brutparasitismus (Kuckuckswels, siehe dort).

Nahrung. Kleintiere, besonders Insektenlarven, auch bodenlebende Mollusken und Krebse. Viele fressen außerdem Algen, große Arten auch kleine Fische.

10 Gattungen mit etwa 180 Arten. In der Aquaristik sind vor allem zahlreiche Arten aus der Gattung *Synodontis* verbreitet.

Gattung *Brachysynodontis*: 1 Art. **Schwarzbartel-Fiederbartwels** (*B. batensoda*): bis 21 cm, weit verbreitet im Stromgebiet von Nil, Niger, Senegal, Tschad-Becken. Keine Bartelmembran, Rückenschwimmer.

Gattung *Chiloglanis* (Stromschnellen-Welse): über 40 Arten, Maul von lappigen Lippen umgeben (Saugmaul). Aufwuchsfresser, die u.a. in schnell fließenden Gewässern leben. Dazu **Kamerun-Stromschnellenwels** (*Ch. cameronensis*): 6 cm, Küstenflüsse von Kamerun,

Abb. 31.16 *Synodontis angelicus* (Privataquarium)

Abb. 31.17 *Synodontis nigriventris*, in Rückenlage schwimmend (Privataquarium)

Gabun und Äquatorial-Guinea, Kongobecken. – **Malawi-Saugwels** (*Ch. neumanni*): bis 6 cm, Sambesi, oberer Kongo, Malawisee, im felsigen Uferbereich. Wird gelegentlich als Beifang mit Malawi-Buntbarschen importiert.

Gattung *Hemisynodontis*: 1 Art. **Membran-Fiederbartwels** (*H. membranaceus*): über 40 cm. Zentral- und Westafrika, Nilbecken, einfarbig dunkel braunschwarz, Oberlippenbarteln mit breiter, schwarzer Membran.

Gattung *Microsynodontis*: (Zwergfiederbartwelse): 3 Arten, Körper gestreckt, Fettflosse niedrig, aber lang, Schwanzflosse abgerundet. Dazu **Zwergfiederbartwels** (*M. batesii*): 12 cm, Kamerun, Kongobecken.

Gattung *Synodontis* (Fiederbartwelse): mit über 110 Arten die artenreichste und namengebende Gattung der Familie. Dazu **Perlhuhnwels** (*S. angelicus*): 12 cm, Kongo-Becken, sehr attraktiv gefärbt (dunkelbraun bis schwärzlich, mit leuchtend weißen oder gelbbräunlichen Punkten und Streifen). – **Kuckuckswels** (*S. multipunctatus*): 12 cm, endemisch im Tanganjikasee. Äußerst interessantes Fortpflanzungsverhalten (Brutparasitismus: Die Fische legen in unmittelbarer Nähe laichender, maulbrütender Buntbarsche ihre Eier ab, so dass diese von den Buntbarschweibchen mit in das Maul genommen werden). – Sehr ähnliche, ebenfalls endemische Fiederbartwelse des Tanganjikasees sind *S. polli* und *S. petricola*. Zumindest bei letzterer Art entwickelt sich der Laich nach einer Aquarienbeobachtung allerdings im freien Wasser auf Pflanzensubstrat. – **Rückenschwimmmender Kongowels** (*S. nigriventris*): bis 10 cm, Kongo-Becken. Meist in Rückenlage schwimmend, nur

Abb. 31.18 *Synodontis eupterus* (Zoo Leipzig, Aquarium)

Abb. 31.19 *Synodontis ocellifer* (Privataquarium)

zum Fressen am Boden mit der Bauchseite nach unten gedreht; Jungfische beginnen erst nach einigen Wochen diese umgekehrte Schwimmweise anzunehmen. – Weitere, aquaristisch häufiger gepflegte *Synodontis*-Arten sind in Tabelle 31.1 dargestellt.

Haltung von Fiederbartwelsen

Im Allgemeinen sind Fiederbartwelse im Aquarium sehr langlebig und unempfindlich. Entsprechend ihrer nächtlichen Lebensweise benötigen sie gut bepflanzte Becken mit vielen Versteckmöglichkeiten zwischen Steinaufbauten und Wurzeln. Abgeschattete Aquarien und ein dunkler Bodengrund fördern Schwimmaktivitäten auch am Tag, was sich mit mehreren täglichen Fütterungen noch unterstützen lässt. Das Aquarienwasser soll klar und gut gefiltert sein. Ansonsten stellen die meisten Fiederbartwelse keine besonderen Ansprüche an die Wasserwerte, wenngleich viele Arten in ihrer Heimat in leicht sauren bis neutralen Gewässern leben, für manche Arten sind huminsäurehaltige Wässer günstig. Die Arten aus den ostafrikanischen Grabenseen sind an hartes, alkalisches Wasser

Abb. 31.20 *Synodontis schoutedeni* (Privataquarium)

Tab. 31.1 Weitere, aquaristisch häufiger gepflegte *Synodontis*-Arten

Art	Größe	Heimat	Besonderheiten
Alberts Fiederbartwels (*S. alberti*)	20 cm	Kongo-Becken	Oberkieferbarteln extrem lang
Gestreckter Fiederbartwels (*S. brichardi*)	15 cm	unterer Kongo-Fluss	schlank, langgestreckt, z. T. tagaktiv
Domino-Fiederbartwels (*S. congicus*)	20 cm	oberes und mittleres Kongo-Stromgebiet	relativ kurze Oberkieferbarteln, Zahl der Punkte an den Körperseiten sehr variabel
Schmuck-Fiederbartwels (*S. decorus*)	30 cm	Stromgebiet des Kongo	filamentartig lang ausgezogener 1. Rückenflossenstrahl, Oberkieferbarteln befiedert
Schmuckflossen-Fiederbartwels (*S. eupterus*)	15 cm	Tschad-Becken, Niger	hochrückig, alle Flossen auffallend gemustert
Großaugen-Fiederbartwels (*S. macrops*)	18 cm	oberer Nil	einfarbig braun, sehr große Fettflosse
Schwarzer Fiederbartwels (*S. nigrita*)	22 cm	weit verbreitet in Zentral- und Westafrika	Jungtiere intensiv dunkel gepunktet, Erwachsene weitgehend einheitlich braun
Schwarzgefleckter Fiederbartwels (*S. nigromaculatus*)	40 cm	Zentral- und Westafrika, Tanganjikasee	sehr langgestreckt
Njassa-Fiederbartwels (*S. njassae*)	19 cm	Malawisee	endemisch
Einpunkt-Fiederbartwels (*S. notatus*)	27 cm	mittleres Kongo-Stromgebiet	0 - 3 runde, dunkle Punkte auf jeder Körperseite, Erwachsene untereinander aggressiv
Augenflecken-Fiederbartwels (*S. ocellifer*)	49 cm	Westafrika (Senegal bis Tschad)	aus den schwarzen Flecken können bei alten Tieren Ringe werden
Pracht-Fiederbartwels (*S. ornatipinnis*)	22 cm	Kongo-Stromgebiet	schlanker Körper, erinnert auch in der Zeichnung an *S. brichardi*
Schalls Fiederbartwels (*S. schalli*)	56 cm	Stromgebiet des Nil, Victoriasee, Gambia- und Senegal-Fluss, Tschadsee	hochrückig, auffallend große Fettflosse
Marmorierter Fiederbartwels (*S. schoutedeni*)	17 cm	mittleres Kongo-Stromgebiet	sehr attraktive Körperzeichnung
Segel-Fiederbartwels (*S. velifer*)	24 cm	Westafrika	sehr hohe Rückenflosse

gewöhnt. Die Haltungstemperaturen liegen für die meisten Arten zwischen 24 und 28 °C.

Fiederbartwelse sind generell friedlich, obgleich große Arten auch Kleinfische fressen können. Das Revierverhalten ist unterschiedlich ausgeprägt. In zu kleinen Becken kann es innerartlich zu Unverträglichkeiten kommen. Dem wirkt aber eine starke Strukturierung des Aquariums mit möglichst vielen Verstecken entgegen. Ansonsten sind Vergesellschaftungen beispielsweise mit afrikanischen Buntbarschen oder Salmlern, mit *Ctenopoma*-Arten und Afrikanischen Messerfischen gut möglich. Die Ernährung ist unproblematisch. Es wird alles gängige tierische Lebend- und Frostfutter gefressen, aber auch Flockenfutter und Pellets.

Für die Stromschnellenwelse aus der Gattung *Chiloglanis* sind sauerstoffreiche, gut durchströmte Aquarien erforderlich. Als Aufwuchsfresser sollte man ihnen auch pflanzliche Nahrung bieten.

Vermehrung. Eine natürliche Vermehrung ohne Hormonbehandlung ist bisher nur vereinzelt und bei wenigen Arten (z.B. *Synodontis nigrita*, *S. nigriventris*) gelungen. Lediglich die Kuckuckswelse vermehren sich regelmäßig, wenn sie mit maulbrütenden Buntbarschen aus dem Tanganjika- oder Malawisee zusammen gehalten werden.

Höchstalter. *Synodontis schalli* lebte 31 Jahre im Aquarium.

Familie Dornwelse (Doradidae)

Sehr kleine bis mittelgroße, selten größere (4 cm bis 1 m) Welse. Körper plump, mit verhältnismäßig großem, oft verbreitertem Kopf. Kopf und Vorderkörper bis zur Rückenflosse mit Knochenplatten gepanzert. Ein knöcherner Kiemendeckelfortsatz reicht über den Brustflossenansatz hinaus. 3 Paar Barteln (1 Paar lange Oberkieferbarteln, 2 deutlich kleinere Paare Kinn- bzw. Unterkieferbarteln). Charakteristisch ist an jeder Körperseite 1 Reihe von sich überlappenden Knochenplatten, die meist, besonders im hinteren Bereich, 1 oder mehrere Dorne tragen. An Brust- und Rückenflossen befindet sich je 1 kräftiger, oft mit Zähnen oder Rillen ausgestatteter Stachelstrahl. Fettflosse immer vorhanden, aber meist klein, seltener gestreckt oder winzig. Schwanzflosse gerundet oder gerade.

Verbreitung. Süßgewässer Südamerikas, südlich bis Buenos Aires, Verbreitungsschwerpunkt ist das Amazonas-Becken.

Lebensweise. Vorwiegend dämmerungs- und nachtaktiv. Territorial, einige Arten (z.B. *Agamyxis pectinifrons* und *Platydoras costatus*) aber in Gruppen lebend. Zur Nahrungssuche wird der Bodengrund abgesucht. Am Tag meist versteckt zwischen Wurzeln und Pflanzen oder im Sand eingewühlt. Mit ihren starken Brustflossen können sie klammern, um sich zu verankern. Über die Fortpflanzung ist wenig bekannt, einige Arten sollen Nester bauen, eventuell mit Brutpflege. Manche Dornwelse erzeugen mit dem Schultergürtel knarrende Geräusche.

Nahrung. Sehr vielseitig. Neben am Boden lebenden Kleinorganismen (Schnecken, Insektenlarven, Kleinkrebse) werden auch Algen und Dedritus gefressen. Manche Arten fressen mit Vorliebe verschiedene Früchte.

35 Gattungen mit etwa 75 Arten. Bislang werden nur relativ wenige Arten regelmäßig in Aquarien gehalten.

Abb. 31.21 *Agamyxis pectinifrons* (Privataquarium)

Abb. 31.22 *Platydoras costatus* (Privataquarium)

Gattung *Acanthodoras*: 3 Arten. Dazu **Gemeiner Dornwels** (*A. cataphractus*): etwa 12 cm, Amazonasgebiet. Dunkel-schokoladenbraun. – **Echter Dornwels** (*A. spinosissimus*): 15 cm, Rio Guaporé und Nebenflüsse. Kaffeebraun mit weißem Längsband.

Gattung *Agamyxis*: 2 Arten. **Stachel-Dornwels** (*A. albomaculatus*): 15 cm, Orinoko-Becken. – **Kammdornwels** (*A. pectinifrons*): 16 cm, Ostecuador. Dunkelbraun mit zahlreichen hellen Tupfen auf Kopf und Körper.

Gattung *Amblydoras*: 6 Arten. Dazu **Knurrender Dornwels** (*A. hancocki*): 15 cm, nördliches Südamerika. Hellbraun mit unregelmäßiger dunkelbrauner Fleckung.

Gattung *Anadoras*: 4 Arten, Rückenflossenstachel glatt, längs gefurcht, aber ungezähnt. Dazu **Gefleckter Dornwels** (*A. grypus*): bis 15 cm, oberes Amazonas-Becken.

Gattung *Hassar*: 3 Arten. Dazu **Zwergdornwels** (*H. orestis = H. notospilus*): 7,5 cm, Guayana-Länder. Tiefschwarzer, dreieckiger Fleck in der Rückenflosse.

Gattung *Opsodoras*: 9 Arten. Dazu **Zebradornwels** (*O. leporhinus = Nemadoras leporhinus*): 10 cm, nördliches Südamerika (Orinoko, Rio Branco). Auffallend schwarz längs gestreift. – **Stübels Dornwels** (*O. stuebelii*): 12 cm, oberes Amazonas-Gebiet. Braun, hell gefleckt.

Gattung *Platydoras*: 2 Arten. Dazu **Liniendornwels, Schokoladendornwels** (*P. costatus*): 20 cm, oberes Amazonas-Gebiet in Peru, Bolivien und Brasilien. Dunkelbraun mit kräftigem, orangefarbenem Längsstreifen, am häufigsten gehaltene Art.

Gattung *Pseudodoras* (= *Oxydoras*): 2 - 3 Arten. Dazu **Schwarzer Dornwels** (*P. niger*): 90 cm, Amazonas, Guayana-Länder. Tagaktive, territoriale Art.

Gattung *Pterodoras*: 2 Arten. Dazu **Rauer Dornwels** (*P. granulosus*): 70 cm, Amazonas, Paraná, Guayana-Länder.

Haltung von Dornwelsen

Dornwelse sind anspruchslos und widerstandsfähig. An die Wasserwerte werden keine besonderen Ansprüche gestellt. Untereinander und gegenüber anderen Fischen sind sie generell friedlich, so dass eine Vergesellschaftung bei entsprechend strukturierten Becken unproblematisch ist. Wegen ihrer überwiegend dämmerungs- und nachtaktiven Lebensweise sind die meisten dennoch für Schauaquarien wenig geeignet. Sie benötigen zahlreiche Verstecke (Wurzeln, Moorkienholz) sowie weichen Sandboden, in dem sich manche auch gern einwühlen. Zur Fütterung kann man sie allerdings kurzzeitig aus ihrem Unterschlupf hervorlocken.

Abb. 31.23 *Pseudodoras niger* (Tierpark Berlin)

Haltungstemperaturen 20 - 28 °C, eine kurzzeitige Abkühlung wird gut vertragen.

Dornwelse sind Allesfresser, die sowohl mit verschiedenen Würmern (Tubifex, Enchyträen, Regenwürmer) und Insektenlarven als auch magerem Fleisch, Futtertabletten, Flockenfutter, eingeweichten Haferflocken u. a. leicht zu ernähren sind. Sie fressen vom Boden bzw. durchkauen den Bodengrund, auch um Nahrungsreste zu verwerten.

Schöne Schautiere sind große *Pseudodoras niger*, die in entsprechend geräumigen Becken gleichermaßen am Tag aktiv sind und gründelnd auf dem Boden nach Nahrung suchen. Aber auch sie benötigen Unterstände.

Beim Fang mit Netzkeschern verhaken sich die großen Brustflossenstacheln gern. Vorsicht ist dann beim Hantieren geboten, da Verletzungen an diesen Stacheln zu schmerzhaften Vergiftungen führen können. Nach einer Aquarienbeobachtung scheidet *Agamyxis* in Stresssituationen Giftstoffe an das Wasser ab, die andere Fische töten können.

Vermehrung. Über eine natürliche Vermehrung im Aquarium ist von den meisten Arten bisher nichts berichtet worden, wohl aber gelang bei einigen (u.a. *Acanthodoras cataphractus*, *Agamyxis pectinifrons*, *Amblydoras hancocki*, *Platydoras costatus*) die Zucht nach einer Hormonbehandlung. Lediglich *Anadoras grypus* wurde bereits erfolgreich auf natürlichem Wege vermehrt. Bei 24 °C (pH-Wert 7,5, 8° dGH) laichte ein Paar in den frühen Morgenstunden etwa 80 Eier an Blättern von Adventivtrieben von Schwertpflanzen (*Echinodorus*) nahe der Wasseroberfläche ab. Nach 5 - 6 Tagen schlüpften bei 24 °C die 5 - 6 mm großen Jungfische. Die Aufzucht gelang mit Artemia-Nauplien.

Höchstalter. *Amblydoras hancocki* über 20 Jahre im Aquarium.

Familie Falsche Dornwelse, Trugdornwelse (Auchenipteridae)

Kleine bis mittelgroße Welse. Kopfoberseite mit Knochenschild, sonst nackt. 3 Paar Barteln (1 am Oberkiefer, 2 am Kinn), nur bei 1 Gattung fehlt ein Kinnbartelpaar. Seitenlinie häufig zickzackförmig und mit kurzen Seitenzweigen ausgebildet. Kurze, weit vorn stehende Rückenflosse, Fettflosse klein bis winzig, kann auch ganz fehlen. Afterflosse lang oder kurz. Deren erste 2 - 4 Flossenstrahlen sind bei Männchen wenigstens einiger Gattungen während der Fortpflanzungsperiode zu einem Begattungsorgan umgebildet, dadurch Kopulation mit innerer Befruchtung.

Abb. 31.24 *Entomocorus benjamini* (Tierpark Berlin)

Verbreitung. Süßgewässer Mittel- und Südamerikas (von Panama bis Argentinien).

Lebensweise. Weitgehend nachtaktiv, einige Arten aber tagaktiv und gesellig. Bei vielen Arten ist der Fortpflanzungsmodus im Einzelnen zwar nicht bekannt, man nimmt aber für die gesamte Familie eine innere Befruchtung an. Die Weibchen können die Spermien monatelang in ihrem Genitaltrakt befruchtungsfähig aufbewahren. Eier sind bei *Trachelypterus galeatus* mit 3 mm recht groß, haften am Substrat.

Nahrung. Kleine Fische, Krebstiere, Würmer, Insektenlarven, gelegentlich auch Früchte und Detritus.

21 Gattungen mit annähernd 100 Arten. Hier sind auch die von verschiedenen Autoren in einer eigenen Familie geführten sehr ähnlichen südamerikanischen Delphinwelse (Ageneiosidae) mit der Gattung *Ageneiosus* (etwa 30 Arten) eingeschlossen. Die aquaristische Bedeutung ist trotz der interessanten Fortpflanzungsbiologie bislang gering.

Gattung *Auchenipterichthys*: 4 Arten. Dazu **Mitternachtswels** (*A. thoracatus*): 10 - 11 cm, oberer Amazonas. Nur nachtaktiv, zahlreiche weiße Pünktchen am Körper.

Gattung *Auchenipterus*: 11 Arten. Dazu **Schnauzbartwels** (*A. nuchalis*): 15 cm, östliches Südamerika bis zum Rio de la Plata. Dunkle Längsstreifung.

Gattung *Centromochlus*: 10 Arten. Dazu **Großaugenwels** (*C. heckeli*): 12 cm, Amazonas-Becken, Orinoko, Paraná. Schwimmfreudig, die weißliche Bauchseite auf der Körpermitte deutlich von der dunklen Oberseite getrennt, auffallend große Augen. – **Gepunkteter Trugdornwels** (*C. perugiae = Tatia perugiae*): 7 cm, oberes Amazonas-Bassin. Ausschließlich nachtaktiv, frisst Anflug-Insekten.

Gattung *Entomocorus*: 2 Arten. Dazu **Schlafwels** (*E. benjamini*): 7 cm, Bolivien, Körper relativ transparent, mit dunkler Pigmentierung, ruhen auch tagsüber zeitweise wie schlafend am Boden oder zwischen Pflanzen hängend.

Gattung *Liosomadoras*: 2 Arten. Dazu **Jaguar-Wels** (*L. oncinus*): bis 17 cm, Amazonas-Becken.

Gattung *Tatia*: 14 Arten. Dazu **Weißpunktwels** (*T. aulopygia*): bis 9 cm, Amazonas-Gebiet, Guayana-Länder. Dunkelbraun mit kleinen, weißen Längsstrichen. – Sehr ähnlich und möglicherweise nur eine Unterart ist *T. galaxias*.

Abb. 31.25 *Trachelyopterus spec.* (Privataquarium)

Gattung *Trachelyopterichthys*: 2 Arten. Dazu **Streifen-Waldwels** (*T. taeniatus*): 15 cm, oberes Amazonas-Becken.

Gattung *Trachelyopterus* (= *Parauchenipterus*): 13 Arten. Dazu **Treibholzwels** (*T. fisheri*): bis 28 cm, Südamerika (Rio Suico). – **Wurzelwels** (*T. galeatus*): 15 cm, nördliches und mittleres Südamerika, östlich der Anden. – **Streifen-Trugdornwels** (*T. insignis*): 25 cm, Kolumbien. – **Leopard-Trugdornwels** (*T. leopardinus*): 18 cm, Ostbrasilien (Rio Sao Francisco).

Haltung von Falschen Dornwelsen

Die meisten Arten wurden bisher nur vereinzelt und sporadisch importiert. Dementsprechend wenig ist über ihre Haltung bekannt. Sie benötigen als recht schwimmfreudige Fische geräumige Becken, die einerseits gut bepflanzt sind, andererseits aber auch genügend freien Schwimmraum bieten müssen. Da es sich um überwiegend dämmerungs- und nachtaktive Welse handelt (Ausnahmen sind *Centromochlus*-Arten, teilweise auch *Entomocorus spec.*), sollten die Becken versteckreich und abgeschattet sein. Die Wasserwerte sind von geringer Bedeutung, aber in leicht saurem und mittelhartem Wasser lassen sich die meisten Arten gut pflegen. Die Temperaturen können zwischen 20 und 28 °C liegen, bei den tropischen Arten aber nicht unter 24 °C.

Im Allgemeinen sind Falsche Dornwelse friedlich und können mit vielen anderen Fischen vergesellschaftet werden. Nur die größer werdenden Arten wie *Auchenipterichthys spec.* und *Auchenipterus nuchalis,* aber auch *Centromochlus*-Arten vergreifen sich an kleinen Fischen. Viele Arten leben gesellig und sollten in kleineren Gruppen gepflegt werden, für *Auchenipterus nuchalis* wird eine paarweise Haltung empfohlen. Erwachsene *Centromochlus perugiae* sind aber beispielsweise territorial, jeder Fisch benötigt eine eigene Höhle. Für die Ernährung ist verschiedenstes Lebendfutter (Daphnien, Cyclops, Mückenlarven, Tubifex) am besten geeignet. Es wird aber auch Frost- und Trockenfutter gefressen.

Vermehrung. Während der Laichperiode sind die Männchen an den vorderen, verlängerten und verdickten Flossenstrahlen der Afterflosse zu erkennen, die als Kopulationsorgan dienen. Die Befruchtung der Eier geschieht wahrscheinlich erst beim Ablaichen, was ohne Anwesenheit des Männchens einige Wochen nach der Paarung erfolgen kann. Eine Vermehrung im Aquarium ist zuerst bei *Trachelyopterus* (*Parauchenipterus*) *insignis* mit Hormonstimulierung gelungen. Spätnachmittags oder abends umschlingt nach heftigem Treiben das Männchen das Weibchen, wobei die Kopulation etwa 10 - 20 Sekunden dauert. Die Paarungen können sich mehrmals wiederholen. Nach 2 - 4 Wochen legt das Weibchen die befruchteten Eier wahllos über dem Bodengrund und den Pflanzen ab. 7 - 8 Tage später schlüpfen die Jungen, die nach weiteren 2 Tagen frei schwimmen und mit Artemia- und Cyclops-Nauplien angefüttert werden. Die Eltern sind weder Laichräuber noch betreuen sie ihre Brut.

Die Vermehrung von *Centromochlus perugiae* gelingt ohne Probleme im Artbecken und im Daueransatz. Die Fische laichen in Tonröhren, jeweils 50 - 60 Eier in lockeren Ballen, die durch einen klebrigen Schleim zusammengehalten werden. Nach 3 - 4 Tagen schlüpfen die Jungen, nach weiteren 3 - 4 Tagen ist der Dottersack aufgezehrt und die weitere Aufzucht ist mit Artemia-Nauplien als Erstfutter einfach. Die Eltern beachten die Jungfische im Allgemeinen nicht. Die Geschlechtsreife wird mit 12 - 15 Monaten erreicht.

Familie Antennenwelse (Pimelodidae)

Sehr kleine (5 cm) bis sehr große (*Brachyplatystoma filamentosum* bis 3,6 m) Welse. Körper gestreckt, z.T. sogar sehr lang, am Schwanz seitlich zusammengedrückt. Kopf groß, kann extrem abgeplattet sein. 3 Paar Barteln (keine Nasenbarteln), die Oberkieferbarteln sind am längsten und können über die Schwanzflosse hinausragen. Sie werden in der Regel nach vorn gestreckt getragen (Tastsinn). Mund endständig. Häufig ist der Kopf nur mit einer dünnen Haut bedeckt, so dass die Schädelknochen als Schilder deutlich zu sehen sind. Die weit vorn stehende Rückenflosse und die Brustflossen meist mit Stachelstrahl. Schwanzflosse oft tief gegabelt und die beiden Spitzen lang ausgezogen, aber auch gerundet. Fettflosse stets vorhanden, oft sogar sehr lang und groß, selten mit der Schwanzflosse verschmolzen.

Verbreitung. Mittel- und Südamerika (vom südlichen Mexiko bis Mittelargentinien, auch westlich der Anden in Chile) sowie auf karibischen Inseln.

Lebensweise. Die meisten Arten sind dämmerungs- und nachtaktiv, bewohnen alle möglichen Gewässertypen (große Ströme, Urwaldseen, kleine und kleinste Bäche), besonders häufig trübe Weißwasserflüsse Amazoniens, sogar eine blinde Höhlenart ist bekannt. Meist Einzelgänger, manche Arten aber auch in kleinen Gruppen. Insbesondere die größeren Arten sind schnellwüchsige Raubfische. Bei vielen Arten werden Laichwanderungen beobachtet. Einzelheiten zur Fortpflanzung sind weitgehend unbekannt.

Nahrung. Fische, Krebse und andere Wirbellose. Große Arten erbeuten sogar Säugetiere (z.B. Affen), manche fressen auch Früchte.

56 Gattungen mit etwa 300 Arten. Obwohl eine der artenreichsten Welsfamilien, erlangten bislang nur verhältnismäßig wenige Arten für die Aquaristik einige Bedeutung. Neuerdings sind 2 Verwandtschaftsgruppen als eigenständige Familien (Heptapteridae und Pseudopimelodidae) herausgelöst worden.

Gattung *Brachyplatystoma*: 4 Arten, langgestreckt, Kopf spatelförmig abgeflacht, Jungtiere mit besonders langen Oberkieferbarteln und fadenförmig ausgezogenen Spitzen der tief gegabelten Schwanzflosse. Dazu **Goldbinden-Zebraantennenwels** (*B. juruense*): etwa 60 cm, Ostperu und Brasilien. Breite Querbänderung, Jungtiere kontrastreicher gezeichnet.

Gattung *Brachyrhamdia*: mindestens 4 Arten, klein (unter 10 cm), Körper relativ gedrungen. Dazu **Imitatorwels** (*B. imitator*): 7,5 cm, Venezuela. Ähnelt in Form und Färbung dem Schwanzbinden-Panzerwels (*Corydoras melanistius*), mit dem er auch gemeinsam vorkommt.

Gattung *Hemisorubim*: 1 Art. **Schaufelmaul-Antennenwels** (*H. platyrhynchos*): über 50 cm, Südamerika (Orinoko-, Amazonas- und Rio-Paraguay-Stromgebiet). Verlängerter Unterkiefer, dadurch oberständiges Maul (einmalig unter den Antennenwelsen!).

Gattung *Heptapterus*: etwa 30 relativ klein bleibende Arten (neuerdings werden einige Gattungen abgetrennt). Körper langgestreckt, mit langer Fettflosse, die sogar mit der zweilappigen oder runden Schwanzflosse verwachsen sein kann. Dazu **Streifen-Schlankwels** (*H. leptos = Acentronichthys leptos*): bis 11 cm, östliches und südöstliches Brasilien, in schnell fließenden Gewässern. Mehrere dunkle Längsstreifen und Flecken. – **Kopfbinden-Schlankwels** (*H. ornaticeps*): 20 cm, Rio de la Plata.

Gattung *Imparfinis*: 20 Arten. Dazu **Langschwanz-Fiederbartwels** (*I. longicaudus*): 15 cm, Ecuador, Peru (Bobonaza-Flusssystem). Auffallend asymmetrisch gegabelte Schwanzflosse mit langem oberem Lappen. – **Grundel-Antennenwels** (*I. minutus*): 12 cm, Westbrasilien, Guayana-Länder.

Gattung *Lophiosilurus*: 1 Art. **Flachkopf-Antennenwels, Alexanders Breitmaulfisch** (*L. alexandri*): 70 cm, Rio Sao Francisco (Brasilien). Dorsoventral abgeplattet, lehmgelb. Lauerräuber.

Gattung *Merodontus*: 1 Art. **Tigerstreifen-Antennenwels** (*M. tigrinus*): über 60 cm, vielleicht sogar bis 1 m. Erst 1981 entdeckter Großwels aus dem Rio Madeira (Westbrasilien), in Stromschnellen. Stark abgeflachter Kopf mit endständigem Maul, kontrastreiche Zebrastreifung.

Gattung *Microglanis*: etwa 12 klein bleibende (unter 10 cm) Arten. Kopf breit, nur wenig abgeflacht. Dazu **Hummelwels** (*M. iheringi*): 6 cm, im nordwestlichen Südamerika.

Gattung *Perrunichthys*: **Leopard-Antennenwels, Punktierter Antennenwels** (*P. perruno*): 60 cm, Venezuela.

Gattung *Phractocephalus*: **Rotschwanz-Antennenwels** (*Ph. hemiliopterus*): bis 1,3 m, Amazonasgebiet, weit verbreitet. Breiter, massiger Kopf, mit deutlich sichtbaren Knochenschildern bis zur Rückenflosse. Auffallend kontrastreiche, aber je nach Fundort stark variierende Färbung (Rücken und Bauch dunkel schiefergrau bis schwarz, dazwischen ein breites, helles Band, Schwanzflosse orangefarben bis gelbrot). Sehr räuberisch.

Gattung *Pimelodella*: 66 Arten. Dazu **Zierlicher Antennenwels** (*P. gracilis*): 20 cm, Orinoko, Amazonas, Rio de la Plata.

Gattung *Pimelodus*: etwa 26 Arten. Kräftiger Kopf und schlanker, gestreckter Körper. Lebensweise z.T. auch tagaktiv. Dazu **Blochs Anten-**

Abb. 31.26 *Phractocephalus hemiliopterus* (Tierpark Berlin)

Abb. 31.27 *Pimelodus blochi* (Privataquarium)

nenwels (*P. blochi*): 35 cm, Amazonas- und Orinoko-Becken. – **Gefleckter Antennenwels** (*P. maculatus*): bis 36 cm, Paraná und Sao-Francisco-Bassin. – **Schmuckantennenwels** (*P. ornatus*): bis 40 cm, im nördlichen Südamerika weit verbreitet (Amazonas, Orinoko, Paraná, Guayana-Länder). – **Engelantennenwels** (*P. pictus*): bis 11 cm, Amazonas- und Orinoko-Becken.

Gattung *Platystomatichthys*: 1 Art. **Störspatelwels** (*P. sturio*): bis 40 cm, Amazonas-Becken. Extrem lange Oberkieferbarteln, Kopf stark abgeflacht und das Vordermaul leicht nach oben gebogen.

Gattung *Pseudopimelodus*: 5 Arten. Körper gedrungen, Kopf breit. Dazu **Frosch-Fettwels** (*P. raninus = Batrachoglanis raninus*): 20 cm, Amazonas, Guayana-Länder. – **Falscher Antennenwels** (*P. pulcher*): bis 9 cm, oberer Amazonas.

Gattung *Pseudoplatystoma*: 3 sehr groß werdende Arten. Kopf und Schnauze langgestreckt und stark abgeplattet. Dazu **Streifen-Tigerspatelwels** (*P. fasciatum*): etwa 1 m, Amazonas-, Orinoko- und Paraná-Becken. Zeitweise in den überfluteten Regenwäldern (Varcea), sehr räuberisch. – **Tigerspatelwels** (*P. tigrinum*): 1,3 m, Amazonas- und Orinoko-Becken.

Abb. 31.28 *Pseudoplatystoma fasciatum* (Zoo Leipzig, Aquarium)

Abb. 31.29 *Sorubim lima*, Unterseite (Privataquarium)

Gattung *Rhamdia*: 28 Arten. Dazu **Quelen-Antennenwels** (*Rh. quelen*): bis 35 cm, Zentral- und südliches Brasilien. – **Sapo-Antennenwels** (*Rh. sapo*): bis 41 cm, nördliches Argentinien, Uruguay, südöstliches Brasilien. Speisefisch in der Aquakultur.

Gattung *Sorubim*: 5 Arten. Dazu **Spatelwels** (*S. lima*): bis 53 cm, Amazonas-Gebiet. Charakteristisch ist ein breites, schwarzes Längsband, das von der Schnauzenspitze bis in den unteren Schwanzflossenlappen zieht. Die kontrastreiche Jugendfärbung verblasst im Alter. Stich der Brustflossenhartstrahlen sehr schmerzhaft, kann zu Kreislaufproblemen führen.

Gattung *Sorubimichthys*: 1 - 3 Arten. Dazu **Dreistreifen-Spatelwels**, **Rundkopf-Spatelwels** (*S. planiceps*): über 2 m, Amazonas- und Orinoko-Becken.

Haltung von Antennenwelsen

Die großen Antennenwelse sind prächtige Schautiere, die meist einzeln in Großaquarien gehalten werden. Sie benötigen sowohl Verstecke als auch freien Schwimmraum, der so dimensioniert und eingerichtet sein muss, dass die langen Barteln nicht ständig anstoßen. Das Wasser sollte sauerstoffreich und mittelhart bis hart (8 - 16° dGH) sein, der pH-Wert um den Neutralpunkt liegen. Haltungstemperaturen zwischen 24 und 28 °C. Günstig ist für die meist dämmerungs- und nachtaktiven Fische eine gedämpfte Beleuchtung. Manche Arten wie der Störspatelwels und insbesondere der Tigerstreifen-Antennenwels benötigen eine starke Strömung. Letztere Art, die in Stromschnellen zu Hause ist, muss kälter gehalten werden (20 - 22 °C).

Antennenwelse brauchen viel Futter und sind dementsprechend schnellwüchsig. Je nach Größe wird vor allem Lebendfutter (Daphnien, Mückenlarven, Tubifex), Trocken- und Frostfutter gereicht. Große Tiere sind nur mit Futterfischen, Herzfleisch und Mäusen satt zu bekommen. Ihre Fütterung ist eine Besucherattraktion.

Bei Beachtung der Größe ist eine Vergesellschaftung verschiedener Antennenwelse, aber auch der Arten untereinander durchaus möglich. Manche *Pimelodus*-Arten (z.B. *P. pictus*) und *Sorubim lima*, die auch teilweise tagaktiv und gesellig leben, müssen ihrer Natur entsprechend in kleinen Gruppen gehalten werden.

Vermehrung. Geschlechtsunterschiede sind weitgehend unbekannt, eine natürliche Vermehrung im Aquarium ist bisher noch nicht gelungen. Lediglich *Microglanis iheringi* wurde mit und ohne Hormonbehandlung vermehrt. Die Tiere laichen nachts oder in den Morgenstunden. In mehreren Laichgängen werden bis zu 1 000 Eier abgegeben, die auf den Boden sinken. Sie werden weder gefressen noch betreut. Bei 25 - 28 °C schlüpfen nach 24 - 36 Stunden die Jungen, die nach weiteren 3 - 4 Tagen frei schwimmen und mit Artemia- und Cyclops-Nauplien angefüttert werden können.

Höchstalter. Verschiedene Antennenwelse erreichten in Aquarien ein Alter von 11 - 30 Jahren.

Familie Walwelse (Cetopsidae)

Kleinere (3 - 30 cm) Welse von spindelförmiger, plump wirkender Gestalt. Kopf kurz und rund, mit leicht unterständigem Maul. Augen mit Haut überzogen, sehr klein. 3 Paar kurze Barteln (Nasenbarteln fehlen), keine oder sehr kleine Fettflosse und Körper nackt. Schwanzflosse tief gegabelt, Rückenflosse klein, dreieckig und weit vorn stehend. Kleine Schwimmblase, die in einer Knochenkapsel eingeschlossen ist. Einschließlich der früher als eigene Familie geführten Fähnchenwelse (Helogeneidae, 1 Gattung mit 4 Arten).

Verbreitung. Tropisches Südamerika.

Lebensweise. Tag- und dämmerungsaktiv, zeitweise sehr schwimmfreudig. Räuberisch. Fortpflanzung unbekannt. Die Fähnchenwelse sind nachtaktiv.

Nahrung. Fische, es werden auch größere Exemplare angefallen und angefressen. *Helogenes* frisst Insektenlarven und Würmer, auch Ameisen.

7 Gattungen mit 23 Arten. Kaum in Aquarien gehalten.

Gattung *Cetopsis*: 2 Arten. Dazu **Walwels** (*C. coecutiens*): etwa 28 cm, oberes Amazonas-Gebiet, Peru. Einfarbig hell blaugrau gefärbt. Wurde bisher vereinzelt importiert.

Gattung *Helogenes* (Fähnchenwelse): 4 Arten. Dazu **Marmor-Fähnchenwels** (*H. marmoratus*): 12 cm, Amazonas-Gebiet. Braun, seitlich mit dunklerem und hellerem Fleckenstreifen.

Gattung *Pseudocetopsis*: 12 Arten. Dazu **Falscher Walwels** (*P. praecox*): 10 cm, Venezuela (oberer Rio Negro).

Haltung von Walwelsen

Die weitgehend sehuntüchtigen Walwelse schwimmen auffallend lange, ständig schnell und hektisch umher, sie benötigen entsprechend große Becken mit viel freiem Schwimmraum. Dazwischen ruhen sie aber auch längere Zeit am Boden. Ihr Futter – Fischfleisch und Rinderherz sowie Regenwürmer – finden sie durch, wie es scheint, fast zielloses Suchen. Sie werden am besten im Artbecken, auch zu mehreren, gehalten. Eine Vergesellschaftung mit vielen anderen, auch größeren Fischen ist nicht möglich, da diese früher oder später angefallen und nach Piranha-Art aufgefressen werden. Nach Beobachtungen im Leipziger Zoo-Aquarium können sie aber mit Harnischwelsen recht gut gemeinsam gepflegt werden.

An die Wasserzusammensetzung werden keine größeren Ansprüche gestellt (pH-Wert um 7, mittelhartes Wasser). Die Wassertemperatur sollte zwischen 24 und 26 °C liegen.

Fähnchenwelse sind weitgehend nachtaktive Fische, die man am besten in dicht bepflanzten, mit Wurzelverstecken ausgestatteten Aquarien und bei gedämpftem Licht hält. An die Wasserzusammensetzung werden keine besonderen Ansprüche gestellt (mittelhartes, leicht saures Wasser). Haltungstemperaturen zwischen 22 und 28 °C. Die untereinander und gegenüber anderen Fischen friedlichen Welse können leicht mit jedem gängigen Lebend- und Frostfutter geeigneter Größe ernährt werden.

Über eine erfolgreiche Vermehrung ist nichts bekannt.

Familie Bratpfannen- und Banjowelse (Aspredinidae)

Kleine bis mittelgroße (2 - 38 cm) Welse. Dorsoventral abgeplatteter Körper mit mehr oder weniger dünnem Schwanzstiel. Kopf mit Knochenplatten, durch hervortretende Noppen und Leisten entsteht eine kantige Form. Augen klein bis winzig, Maul unterständig, Kiemenöffnungen klein, schlitzförmig, durch kräftiges Wasserausstoßen ist nach dem Rückstoßprinzip eine flossenunabhängige Fortbewegungsweise möglich. 1 Paar lange Oberkieferbarteln und 2 Paar kleine Kinnbarteln sowie oft an der Kopfunterseite zahlreiche weitere kleine Barteln. Rückenflosse kurz, steht weit vorn, direkt über den Bauchflossen, keine Fettflosse. Brustflossen mit sehr starkem, gezähntem 1. Stachelstrahl.

Verbreitung. Tropisches Südamerika.

Lebensweise. Solitär lebende, nachtaktive Fische, die sich tagsüber unter Pflanzen und Wurzeln verstecken oder in feinem Sand eingraben. Grundfärbung besteht aus schwärzlichen sowie dunkel- bis mittelbraunen Tönen.

2 Verwandtschaftsgruppen – Bratpfannenwelse (Unterfamilie Bunocephalinae) und Banjowelse (Unterfamilie Aspredininae) –, die sich morphologisch und geographisch-ökologisch deutlich unterscheiden und von manchen Fachleuten als eigenständige Familien aufgefasst werden. Bratpfannenwelse sind relativ kurzschwänzig, haben eine kurze Afterflosse und leben in den Süßgewässern (häufig in Überschwemmungsgebieten und Flachwasserzonen) des tropischen Südamerikas (östlich der Anden). Banjowelse besitzen einen sehr langen, dünnen Schwanz mit lang gezogener Afterflosse. Sie leben in den Brackwasser führenden Flussmündungen, Mangrove-Sümpfen und Ästuaren, sogar in küstennahen Meeresgebieten des nördlichen und östlichen Südamerikas.

Fortpflanzungseinzelheiten nur von wenigen Arten bekannt. *Bunocephalus* laicht in Gruppen auf Sandsubstrat (4000 - 5000 Eier). Bei *Platystacus* trägt das Weibchen das aus wenigen großen Eiern bestehende Gelege an der Bauchseite.

Nahrung. Breites Futterspektrum (organischer Dedritus, Insektenlarven, Würmer).

10 - 12 Gattungen mit mindestens 35 Arten (nur 2 - 4 Gattungen mit 4 Arten gehören zu den Banjowelsen). Aquaristisch sind die bizarren Fische wenig bekannt.

Unterfamilie Bratpfannenwelse, Peitschenwelse (Bunocephalinae)

Gattung *Bunocephalus*: etwa 19 Arten (einschließlich der auch eigenständig geführten

Abb. 31.30 *Bunocephalus coracoideus* (Privataquarium)

Gattung *Dysichthys*). Kopf dorsoventral stärker abgeplattet, mit Noppen und Leisten. Dazu **Getarnter Gitarrenwels** (*B. amaurus*): 12 cm, weit verbreitet im tropischen Südamerika. – **Kleiner Gitarrenwels** (*B. coracoideus*): 10 cm, Amazonas-Becken. Laichabgabe in ausgeschlagenen Bodenmulden, Männchen bewacht das Gelege. – **Ecuador-Gitarrenwels** (*B. knerii*): 15 cm, westliches Amazonas-Becken. – **Großkopf-Bratpfannenwels** (*B. verrucosus = Agmus scabriceps*): 12 cm, Amazonas-Becken, Guayana-Länder. Kopf hochgewölbt, dessen Oberseite mit starken Höckern.

Haltung von Bratpfannenwelsen

Die Bratpfannenwelse liegen am Tag meist bewegungslos am Boden zwischen Wurzeln und Steinen oder graben sich in den Bodengrund ein. Dementsprechend ist die Beckeneinrichtung zu gestalten: feiner Sand, Wurzeln und Steine, eventuell auch Falllaub, z.B. Buchenblätter. Die Beleuchtung sollte gedämpft sein, die Wassertemperatur zwischen 24 und 26 °C liegen. Obwohl bestimmte Wasserwerte für eine dauerhafte Haltung nicht von herausragender Bedeutung sind, wird ein leicht saures (pH-Wert um 6,5) und mittelhartes Wasser (etwa 10° dGH) den natürlichen Verhältnissen am besten gerecht. Als nachtaktive Fische werden sie abends gefüttert. Gefressen wird Lebend- und Frostfutter (Tubifex, Regenwürmer, Garnelen, Rinderherzwürfel, Mückenlarven). Sie sind recht friedlich und können gut mit anderen Fischen vergesellschaftet werden.

Vermehrung. Vereinzelt gelungen. Laichbereite Weibchen sind an dem deutlich größeren Leibesumfang leicht zu erkennen. Die etwa 1,2 mm großen Eier werden vom Weibchen zunächst zwischen den Brustflossen festgehalten und nach der Befruchtung an einem geeigneten Substrat oder in einer Bodenmulde deponiert, wo sie festkleben. Die Jungen schlüpfen nach 24 - 36 Stunden und schwimmen nach weiteren 4 - 5 Tagen frei. Anfüttern mit Rädertierchen oder feinstem Trockenfutter.

Unterfamilie Banjowelse (Aspredininae)

Gattung *Aspredo*: **Eigentlicher Peitschenbanjowels** (*A. aspredo*): 40 cm, westliche Atlantikküste (Venezuela bis Nordbrasilien), im Brackwasser der Flussmündungen auf sandigen Schlammböden.

Gattung *Platystacus*: **Peitschenbanjowels** (*P. cotylephorus = Aspredo cotylephorus*): bis 35 cm, Atlantikküste von Venezuela bis Nord-

Abb. 31.31 *Platystacus cotylephorus* (Zoo Leipzig, Aquarium)

brasilien. Nach der Laichabgabe und Befruchtung kleben die Eier an der Bauchhaut des Weibchens. Zu jedem der 60 - 100 Eier wächst aus der schwammig aufgequollenen Haut ein 2 mm langer, dünner Stiel, an dem das Ei festsitzt und möglicherweise von der Mutter ernährt wird. Die Fische laichen im Brackwasser von Ästuaren, wandern dann mit dem Laich in Süßwassergebiete, wo die Jungen schlüpfen.

Haltung von Banjowelsen

Peitschenbanjowelse werden nur gelegentlich in Aquarien gehalten. Sie sind ein idealer Zweitbesatz in einem Vieraugenfisch-Becken, denn beide Arten kommen auch in ihrem natürlichen Verbreitungsgebiet gemeinsam vor. Dementsprechend sind die Aquarienbedingungen zu gestalten. Das Wasser (22 - 25 °C) soll mehr oder weniger brackig sein und zum Süßwasser wechseln. Dies führt zu beträchtlichen Schwankungen in pH-Wert und Härte. Die friedlichen Fische sind nicht wählerisch und können gut mit verschiedenster lebender und gefrosteter tierischer Nahrung sowie Kunstfutter ernährt werden.

Vermehrung. *Platystacus cotylephorus* hat schon im Aquarium gelaicht. Die Jungfische wurden mit Mikroälchen und frisch geschlüpften Schwebegarnelen angefüttert.

Familie Schmerlenwelse (Trichomycteridae)

Meist kleine (unter 20 cm) Welse (nur *Acanthopoma* bis 1 m) mit aalartig langgestrecktem oder schmerlenähnlichem, völlig nacktem Körper. Kleiner Kopf mit kleinen Barteln (1 Paar Nasen-, 2 Paar Oberkieferbarteln, Unterkieferbarteln können fehlen), Augen winzig, z.T. blind. Alle Flossen sind klein und gerundet, die Schwanzflosse kann aber auch leicht gelappt sein. Die Fettflosse ist meist nicht vorhanden, wie auch die Bauchflossen fehlen können. Keine Flossenstacheln, aber auf den Kiemendeckeln befinden sich meist mehrere Dornen.

Verbreitung. Mittel- und Südamerika (von Costa Rica bis Argentinien), auch westlich der Anden (Chile).

Lebensweise. In den verschiedensten Gewässertypen (Gebirgsbäche, Wasserfälle, langsam fließende Ströme, stehende Gewässer). Manche Arten können atmosphärischen Sauerstoff aufnehmen (Darmatmung). Meist dämmerungs- und nachtaktiv, viele graben sich am Tag im Sand ein. Einige Arten mit parasitischer Lebensweise. Fortpflanzungsweise weitgehend unbekannt. Eine kleine (Männchen etwa 4 cm, Weibchen etwa 7 cm), nichtparasitische, unbestimmte Schmerlenwels-Art wurde am 26.07.2001 von Knaack in Südbolivien in einer Gruppe beim Laichgeschäft auf Sandboden zwischen 12 und 21 Uhr in einem kleinen Bach (1 - 2,5 m breit, Wasserstand 10 - 15 cm, Fließgeschwindigkeit 0,27 m/s, Wassertemperatur 15,1 °C, pH-Wert 8,86, Leitfähigkeit 529 µS/cm, Sauerstoffgehalt 8,23 mg/l) beobachtet.

Nahrung. Verschiedenste Kleinorganismen wie Fliegenlarven, Krebschen u.a. Die parasitisch lebenden Arten ernähren sich vom Schleim und den Schuppen oder Kiemenblättchen und Blut anderer Fische.

38 Gattungen mit über 200 Arten, die in 8 Unterfamilien aufgeteilt werden. Es muss davon ausgegangen werden, dass die Familie zu den umfangreichsten Welsgruppen gehört. Aufgrund der vielfach versteckten Lebensweise sind noch zahlreiche Neuentdeckungen zu erwarten. Trotz ihrer geringen Größe und teilweise interessanten Lebensweise liegen bislang nur für wenige Arten Haltungserfahrungen vor.

Gattung *Trichomycterus* (= *Pygidium*) (Schmerlenwelse): mit etwa 80 Arten die umfangreichste Gattung, weit verbreitet in Südamerika (südlich bis Patagonien, in den Anden bis in 4500 m Höhe). Dazu **Punktierter Schmerlenwels** (*T. punctulatus*): bis 14,5 cm, Peru. 1. Brustflossenstrahl stark verlängert, Grundfarbe sandgelb, zahlreiche graue Punkte. – Bei dem sehr ähnlichen **Marmorierten Schmerlenwels**

Abb. 31.32 *Trichomycterus spec.* (Privataquarium)

(*T. vermiculatus*) sind die Brustflossenstrahlen deutlich kürzer. – **Regans Schmerlenwels** (*T. regani*): bis 5,5 cm, Kolumbien.

Gattung *Tridensimilis*: bisher 2 Arten. **Glasschmerlenwels** (*T. brevis*): 3 cm, Amazonas-Becken. Frisst aber zumindest auch Kleinkrebse. – **Venezuela-Schmerlenwels** (*T. venezuelae*): 2,5 cm, Brasilien (Rio Negro), Venezuela (Maracaibo-Becken).

Gattung *Vandellia* (Schmarotzerwelse): 6 - 7 Arten, nur 2,5 - 6 cm lang und 3,5 mm dünn. Ernähren sich von Kiemenplättchen und Blut größerer Fische, indem sie über die Kiemenspalten in deren Kiemenraum eindringen. In Amazonien sehr gefürchtet, da sie auch von im Wasser harnenden Säugetieren und badenden Menschen angelockt werden und sich, allerdings offenbar irrtümlich, in deren Harnröhre schlängeln, dort verhaken und absterben. Dazu **Schmarotzerwels, Candiru** (*V. cirrhosa*): nur 2,5 cm lang, weit verbreitet im Orinoko- und Amazonas-Stromgebiet. Weitere parasitisch lebende Schmerlenwelse z.B. in der Gattung *Stegophilus*.

Haltung von Schmerlenwelsen

Schmerlenwelse werden selten importiert, obwohl nur Vertreter einiger Gattungen aufgrund der parasitischen Lebensweise für die Aquaristik ungeeignet und ausschließlich für wissenschaftliche Forschungen von Interesse sind. Die Haltungserfahrungen mit nichtparasitisch lebenden Arten zeigen, dass sie sehr ausdauernd sind und leicht mit tierischem Lebend- und Frostfutter ernährt werden können. Besonders gern werden Rote Mückenlarven gefressen. Die meisten Arten sind dämmerungs- und nachtaktiv und gehen deshalb vor allem abends bei schwacher Beleuchtung auf Nahrungssuche.

Das Aquarium sollte Versteckplätze aus Wurzeln und Pflanzenbüschen bieten sowie eine feine Sandschicht zum Einwühlen besitzen. Aus dem tropischen Flachland stammende Schmerlenwelse sind mit 24 - 28 °C recht wärmebedürftig, aus Gebirgsgegenden oder dem südlichen Verbreitungsgebiet kommende Arten müssen etwas kühler gehalten werden. Ansonsten scheinen an die Wasserqualität keine besonderen Ansprüche gestellt zu werden.

Schmarotzerwelse (*Vandellia spec.*) wurden im Cleveland Aquarium, USA, über 6 Monate in leicht saurem, mittelhartem Wasser erfolgreich gehalten. Um die Fische zu ernähren, mussten lebende Goldfische als Wirtstiere eingesetzt werden. Die Welse drangen von hinten mit ihrem Vorderkörper in den Kiemenraum ein und fraßen sich dann 3 - 4 Minuten lang mit Blut voll. Gehackte Stintkiemen, frisch getötete Goldfische und tröpfchenweise gereichtes Goldfischblut wurden nicht angerührt. *Tridensimilis brevis* kann dagegen mit kleinerem Lebendfutter (Artemia, Wasserflöhe, Cyclops, Mückenlarven) ernährt werden.

Vermehrung. Über eine erfolgreiche Vermehrung von Schmerlenwelsen ist wenig bekannt.

Abb. 31.33 *Tridensimilis spec.* (Privataquarium)

Erste Eiablagen wurden beim Glasschmerlenwels (*Tridensimilis brevis*) erzielt, ohne dass die Aufzucht der Jungen gelang.

Bei *Tridensimilis spec.* gelang die Vermehrung im Aquarium. 6 - 8 Eier pro Laichgang, Ei-Durchmesser 1,6 mm. Anfütterung mit Pantoffeltierchen und kleinen unbeschalten Rädertierchen.

Familie Schwielen- und Panzerwelse (Callichthyidae)

J. Knaack

Körper spindel- bis walzenförmig, mit stachelförmigem, arretierbarem 1. Rücken- und Brustflossenstrahl. Körper mit 2 Reihen sich überlappender Knochenplatten auf jeder Seite. Vor der Fettflosse unpaare kleine Knochenplättchen. Schwimmblase im Knochengewebe eingeschlossen. Maul klein und unterständig, 2 Paar Barteln und kürzere Fortsätze an Ober- und Unterkiefer. Fossile Nachweise reichen bis in das Obertertiär. Größe zwischen 2 und 30 cm.

Verbreitung. Im tropischen und subtropischen Südamerika. Von Costa Rica bis zum nördlichen Argentinien, auch auf einigen karibischen Inseln wie Trinidad, aber bisher nicht an der pazifischen Küste nachgewiesen. Aus Kolumbien wurde jedoch 2002 im Rio Cauca zwischen den Zentral- und Westkordilleren *Callichthys fabricioi* neu beschrieben.

Lebensweise. Süßwasserwelse, einige Arten werden in der Trockenzeit in stark versalzten Restgewässern gefunden. Die meisten leben gesellig in kleinen Gruppen, Schwärmen, in der Trockenzeit mitunter in riesigen Verbänden, oft vergesellschaftet mit anderen Arten und Gattungen der Familie. Überwiegend dämmerungsaktiv, doch auch artabhängig tag- oder nachtaktiv. Familientypisch ist eine zusätzliche Darmatmung wichtig, um in sauerstoffarmen Restgewässern zu überleben. Bei manchen Arten ist die Kiemenatmung so gering, dass sie in Fließgewässern trotz Sauerstoffsättigung, sogar bei Sauerstoffübersättigung, in Sümpfen, Teichen und Seen an die Wasseroberfläche müssen, um Luft zu holen.

Allen Arten ist gemeinsam, dass die Eier (1 bis über 50!) während der Paarung (T-Stellung) in eine von den Bauchflossen des Weibchens gebildete Tasche gelangen und nach der Befruchtung an Substrate geklebt werden.

Nahrung. Je nach Größe Einzeller (Protozoen) und kleinste Vielzeller (Metazoen, z.B. Räder-

Abb. 31.34 *Callichthys callichthys* (Privataquarium)

und Bärtierchen) bis Insektenlarven, Würmer, gelegentlich Fischlaich und frisch geschlüpfte Fischbrut. In Abhängigkeit von der geographischen Lage des Fundorts vielfach vor der Laichzeit eine bis zu mehreren Monaten währende Fastenperiode. Besonders in dieser Zeit Aufnahme von Pflanzenresten und „belebtem Schlamm" der Schlamm-Wasser-Kontaktzone.

Bisher 10 Gattungen mit mindestens 180 Arten. 2 gut unterscheidbare Unterfamilien: Schwielenwelse (Callichthyinae) und Panzerwelse (Corydoradinae). In der Aquaristik spielen viele Arten eine bedeutende Rolle.

Allgemeine Hinweise zur Haltung von Schwielen- und Panzerwelsen

Da unterschiedlichste Gewässer besiedelt werden, sind für die Haltung, Pflege und Vermehrung Informationen über die Lebensräume, aus denen die Welse stammen, erforderlich. Schwielen- und Panzerwelse aus hydrologisch stabilen (permanenten) Gewässern kommen mit den relativ konstanten Bedingungen in Aquarien besser zurecht als Welse aus instabilen Lagunen und Fließgewässern. Arten und Populationen, die aus Restgewässern stammen, benötigen zur Reifung und zum Ablaichen regelmäßig im Jahresgang Veränderungen bzw. Wechsel hinsichtlich Wasserstandshöhe und Wasserbeschaffenheit, Regensimulation, Nahrung, Temperatur und Strukturen (z.B. Bodengrund, Bepflanzung) sowie zeitweilige Strömung im Aquarium.

Unterfamilie Schwielenwelse (Callichthyinae)

Körper langgestreckt, seitlich abgeflacht oder zylindrisch, Schnauze niedergedrückt. 2 Paar lange Oberkieferbarteln. Männchen bauen und betreuen Schaumnest. Einige Arten erzeugen auch für das menschliche Ohr wahrnehmbare Laute. 6 Gattungen mit etwa 15 Arten.

Gattung *Callichthys* (Schwielenwelse): 3 Arten, östlich der Anden, südlich bis Nordargentinien nachgewiesen. Besiedeln pflanzenreiche Uferzonen von Fließgewässern und Seen, in Überschwemmungsgebieten mitunter zahlreich in Restgewässern. Bei Gefahr schnelles Eindringen in weichen Bodengrund (Schlamm). Dazu **Schwielenwels** (*C. callichthys*): Männchen bis 20 cm, Weibchen um 3 - 5 cm kleiner. Körper walzenförmig langgestreckt, mit wulstförmigen Knochenplättchen zwischen Rücken- und Fettflosse. Schwanzflosse gerundet. 2 Paar lange Oberkieferbarteln.

Gattung *Dianema* (Spindel-Schwielenwelse): 2 Arten. Im Amazonas-Becken bis zum Rio Ucayali und in den größeren Weißwasserfluss-Sys-

Abb. 31.35 *Dianema urostriata* (Privataquarium)

temen des Rio Mamorè und Rio Beni. Körper spindelförmig, von der Schnauzenspitze zur Rükkenflosse steil ansteigende Rückenlinie, auch Bauchlinie stärker gewölbt als bei Vertretern anderer Gattungen. Schwanzflosse tief gegabelt, 3 - 5 unpaare, mit den oberen Seitenplatten fest verbundene, kleine Knochenplatten. Äußere Oberkieferbarteln länger, schräg nach oben gerichtet, innen 2 kürzere etwas nach unten gerichtet. **Langbärtiger Schwielenwels** (*D. longibarbis*): 10 cm. – **Schwanzstreifen-Schwielenwels** (*D. urostriata*): 10 - 13 cm. Außerhalb der Laichzeit in Gruppen, gelegentlich in größeren Schwärmen, viel frei schwimmend und im Freiwasser „stehend", oft unter überhängenden Bäumen.

Gattung *Diasternum* (Punktierte Schwielenwelse): 2 Arten. Dazu **Punktierter Schwielenwels** (*D. punctatum*): bis 9 cm, nördliches Südamerika.

Gattung *Hoplosternum* (Einfarbige Schwielenwelse): 1 Art. **Lehmfarbener Schwielenwels** (*H. littorale*): bis 30 cm. Geschlechtsreife

Abb. 31.36 *Hoplosternum littorale* (Privataquarium)

Abb. 31.37 *Lepthoplosternum spec.* Männchen unter Schaumnest (Privataquarium)

Tiere graugrün mit mehr oder weniger metallischem Glanz. Jungfische (bis zu 10 cm) mit typischem Jugendkleid (Streifenmuster). Schwanzflosse tief gegabelt.

Gattung *Lepthoplosternum* (Zwergschwielenwelse): 4 Arten, Systematik noch nicht abgeschlossen. Geringe Größe (bis 8 cm) und mit gerundeter oder schwach gegabelter Schwanzflosse. Männchen u.a. an der Größe der Brustflossen schon ab 3 cm erkennbar.

Gattung *Megalechis* (Gezeichnete Schwielenwelse): 2 Arten. Dazu **Gefleckter Schwielenwels** (*M. thoracata*): 15 cm, vom südlichen Mittelamerika bis Paraguay (in den Flusssystemen des Amazonas, Orinoko, Madeira und Küstenflüsse in Guayana). Systematik und Verbreitungsgrenzen noch unklar.

Haltung von Schwielenwelsen

Futter: Kunstfutter (Flocken, Granulat, Pellets), Zwergenchyträen (Grindal), Enchyträen, Tubifex, Wasserflöhe, Cyclops, Mückenlarven (Schwarze, Rote, für einige Schwielenwelse auch Weiße). Zum Anfüttern der Brut sind unbeschalte Rädertierchen, Artemia-Nauplien, Nauplien bestimmter Hüpferlinge und Schwebehüpferlinge, auch gehackte Grindal gut geeignet. In Vorbereitung und während der Reproduktionsphase soll verstärkt energiereiche Nahrung (Grindal, Enchyträen, Mückenlarven) gereicht werden.

Das Aquarium für *Callichthys callichthys* ist gut abzudecken und muss den Tieren Einstände bieten. Nach der Eingewöhnung sind sie ausdauernd und, wie auch in der Natur, territorial. Zur Vermehrung Wasserstand zwischen 20 und 30 cm, Schwimmblattpflanzen, Temperatur 25 - 30 °C je nach Herkunft der Tiere. Bis zu etwa 3000 Eier pro Weibchen je nach Art und Kondition. Schlupf bei 26 - 27 °C nach 3 Tagen, nach weiteren 48 Stunden erste Nahrungsaufnahme.

Hoplosternum littorale sind Allesfresser, sehr schnellwüchsig und können schon im 1. Lebensjahr fortpflanzungsfähig werden. Die Brustflossen der Männchen sind auffallend, das Ende des 1. stachelförmigen Hartflossenstrahls ist hakenähnlich aufgebogen. Sehr große Reproduktionsraten bis über 30000 Eier pro Weibchen. Diese werden in größeren Klumpen am Substrat des Schaumnestes abgelegt. Bei etwa 28 °C Schlupf nach 2 Tagen, Brut hängt in Oberflächennähe am Substrat, wird vom Männchen bis zum Freischwimmen (Nestgeburt) verteidigt. Das Weibchen ist nach der Eiablage aus dem Ablaichbecken zu entfernen. Außerhalb der Laichzeit friedlich. Haltungstemperaturen zwischen 18 und 30 °C. Größere Aquarien über 500 l sind zu empfehlen. Sehr widerstandsfähig und langlebig.

Lepthoplosternum-Arten sind sehr friedlich. Bei einigen Arten wird das Nest von beiden Elternwelsen betreut. Bis 800 Eier, bei 26 - 27 °C Schlupf nach 3 Tagen. Große, gut gewässerte Buchenblätter sind ein geeignetes „Dach-Substrat" für das Schaumnest. In den ersten Lebenswochen langsamwüchsig, mit 5 Monaten aber schon fortpflanzungsfähig.

Am häufigsten wird *Megalechis thoracata* im Aquarium gehalten und vermehrt. Über seine Fortpflanzungsbiologie gibt es zahlreiche Beiträge in der Fachliteratur. Die Brut wird mit Lebendfutter angefüttert. Attraktives Jugendkleid (gelb-schwarze Querbänderung).

Spindelschwielenwelse sind für Schauaquarien gut geeignet. Es sollten immer kleine Gruppen von 10 - 20 Tieren gehalten werden. *Dianema urostriata* wurden mehrfach in mittelhartem (26,6° dGH), leicht alkalischem (pH-Wert 7,9) Wasser in größeren Stückzahlen vermehrt. Die Art laicht nach dem Grundschema der Familie. Als Substrat für die Schwimmnester haben sich Kunststoffdeckel (etwa 15 cm Durchmesser) bewährt. Eine langsame Erhöhung des Wasserstands im Zuchtbecken von 20 auf 40 cm, Regenimitation, Frischwasserzugaben und energiereiche Fütterung führen zum Ablaichen. Ein Gelege besteht aus 600 - 800 Eiern (2,4 - 2,65 mm Durchmesser), Schlupf bei 27 °C nach 72 - 80 Stunden. Aufzucht wie bei *Megalechis*.

Höchstalter. *Callichthys callichthys* lebte schon länger als 10 Jahre, *Hoplosternum littorale* 23 Jahre, *Dianema urostriata* bis 15 Jahre in Aquarien des Autors.

Unterfamilie Panzerwelse (Corydoradinae)

Schnauze seitlich zusammengedrückt oder rund, nach der Schnauzenform werden unterschieden Kurz- oder Rundschnäuzer und Langschnäuzer, einzelne davon mit Sattelschnauze. Kurze Barteln. Viele Panzerwelse sind beliebte Aquarienfische. Alle Substratlaicher, im Aquarium ohne Hormonbehandlung reproduzierbar.

Bisher 3 Gattungen mit mindestens 170 Arten.

Gattung *Aspidoras* (Schmerlenpanzerwelse): 18 Arten, süd- und östliche Bundesstaaten Brasiliens. Bewohnen die Bodenregionen, strömungsliebend. Tagaktive, etwa 5 cm große, langgestreckte Welse. Kopf gerundet, 2 Paar Oberkiefer- und 1 Paar Unterkieferbarteln, 2 Paar Nackenplatten zwischen Hinterhaupt und Rückenflossenansatz. 2 Schädelfontanellen,

Abb. 31.38 *Brochis spec.* (Privataquarium)

6 - 8 Rückenflossenstrahlen. Häufige und beliebte, ehemals als *Corydoras* beschriebene Arten sind **Strahlen-Schmerlenpanzerwels** (*A. pauciradiatus*): 4 cm, Brasilien (oberer Rio Araguaya). – **Raimunds Schmerlenpanzerwels** (*A. raimundi*): 4,5 cm, Brasilien (Rio Paranaiba). – **Rochas Schmerlenpanzerwels** (*A. rochai*): 5 cm, in Küstenflüssen Nordostbrasiliens.

Gattung *Brochis* (Smaragd-Panzerwelse): mindestens 3 Arten, unklare systematische Situation. Körper seitlich stark abgeflacht, Rückenflosse länger und mit 10 - 18 Weichstrahlen, Schnauze mit Knochenplatten bedeckt. Dazu **Britskis Smaragd-Panzerwels** (*B. britskii*): Weibchen bis 15 cm. Eine einzige durchgehende Knochenplatte auf der Ventralseite. – **Sattelschnauzen-Panzerwels** (*B. multiradiatus*): bis 14 cm, Ecuador, Peru und Nordbolivien. – Weitere als *B. coeruleus* und *B. splendens* bezeich-

Abb. 31.39 *Corydoras pantanalensis* (Privataquarium)

Abb. 31.40 *Corydoras sterbai* (Privataquarium)

nete Smaragd-Panzerwelse stammen aus Ecuador, Peru, Brasilien und Bolivien.

Gattung *Corydoras* (Panzerwelse im engeren Sinn): über 150 Arten. Verschiedene Körperformen sowie anatomische und biologische Unterschiede. Östlich der Anden von Venezuela bis Argentinien. Kleinste bekannte Art 2 cm, große Weibchen z.B. der „*reticulata*"-Gruppe bis 13 cm. Männchen meist kleiner, 4 - 6 cm. Überwiegend mehr oder weniger strömungsliebend. Stachelförmiger Brustflossenhartstrahl unterschiedlich ausgebildet (Gruppenunterscheidungsmerkmal), ihr Stich (z.B. von Sterbas Panzerwels) ist auch für Menschen schmerzhaft. Rückenlinie stärker als Bauchpartie gebogen. Männchen meist mit kräftigeren Brustflossen, steilerer Rückenflosse und spitz auslaufenden Bauchflossen, bei einigen Arten außerdem ein Geschlechtsdichromatismus. Jungfische mancher Arten besitzen ein völlig anderes Zeichnungsmuster als die Erwachsenen. Untersuchungen der verwandtschaftlichen Beziehungen der Gattung führten zu nachstehender, jedoch noch nicht abgeschlossener Gruppeneinteilung. Wie bei den Bärtigen Panzerwelsen (Gruppe „*barbatus*") bereits geschehen (Gattung *Scleromystax*), ist zu erwarten, dass weitere Gruppen Gattungsstatus erhalten (siehe Tabelle 31.2).

Viele Arten können zurzeit noch nicht zugeordnet werden. Dazu gehören z.B. die folgenden aquaristisch besonders bekannten Arten: *C. axelrodi, C. fawleri, C. gracilis, C. pygmaeus, C.*

Abb. 31.41 *Scleromystax barbatus* (Privataquarium)

Tab. 31.2 Verwandtschaftsgruppen in der Gattung *Corydoras*

Gruppe	Art-Beispiele	Größe	Verbreitung
Metall-Panzerwelse „*aeneus*"	*C. aeneus, C. eques, C. schultzei*[1]	bis 9 cm	Trinidad bis östliches La-Plata-Bassin
Punktierte Panzerwelse „*punctatus*"	*C. punctatus, C. julii, C. copei, C. cruziensis, C. trilineatus*	4 - 6 cm	Kolumbien, Bolivien, Brasilien, Peru, Surinam
Marmorierte Panzerwelse „*paleatus*"	*C. paleatus, C. erhardti, C. steindachneri, C. carlae, C. marmoratus*[2]	bis 7 cm	Argentinien, Brasilien,Paraguay, Uruguay
Bärtige Panzerwelse „*barbatus*"	*Scleromystax barbatus, S. kronei, S. lacerdai, S. macropterus*[3]	bis 10 cm	südöstliches Brasilien
Elegans-Welse „*elegans*"	*C. elegans, C. undulatus, C. nanus, C. napoensis, C. bilineatus, C. niysseni*	bis 5 cm	Guayana, Ecuador, Peru, Bolivien, Brasilien, Paraguay, Argentinien
Sromlinien-Panzerwelse „*arcuatus*"	*C. arcuatus, C. narcissus*	bis 7 cm	mittleres und oberes Amazonas-Becken
Netz-Panzerwelse „*reticulatus*"	*C. reticulatus, C. sodalis, C. geryi, C. pantanalensis*	bis 10 cm, *C.-geryi*-Weibchen bis 13 cm	Brasilien, Peru, Bolivien
Schwarzrücken-Panzerwelse „*melini*"	*C. melini, C. metae*	bis 5 cm	Brasilien, Kolumbien: oberer Rio Negro, Meta-River-Bassin
Pracht-Panzerwelse „*sterbai*"	*C. sterbai, C. haraldschultzei, C. spectabilis, C. isbrückeri*	bis 9 cm	Brasilien, Bolivien (im System des Rio Guaporè
Vielpunkt-Panzerwelse „*polystictus*"	*C. polystictus, C. xinguensis, C. similis, C. sanchesi*	bis 4 cm	Surinam bis Paraguay, Nordargentinien
Guaporè-Panzerwelse „*guapore*"	*C. guapore, C. mamore, C. paucerna*	bis 4 cm	oberes und mittleres Guaporè-System, mittleres Flusssystem des Rio Mamore
Bewaffnete Panzerwelse „*armatus*"	*C. armatus, C. loretoensis*	bis 6 cm	Peru, Brasilien, Bolivien

[1] viele Arten im aquaristischen Fachhandel unter *C. aeneus*
[2] benötigen je nach Fundort eine kühle Hälterungszeit (18 - 22 °C)
[3] Hälterung bei 18 - 22 °C, vertragen für kürzere Zeit bis 25 °C

rabauti, C. pulcher, C. parallelus, C. delphax, C. davidsandsi, C. caudimaculatus, C. duplicareus.

Haltung von Panzerwelsen

Viele Arten sind beliebte Aquarienfische. Die Raumansprüche, insbesondere bei großen Arten, sind zu beachten. Frischwasserzugaben fördern das Wohlbefinden, das Wachstum und die Reproduktionsbereitschaft. Bis auf Ausnahmen weiches bis mittelhartes Wasser (30 - 600 µS/cm) zur Pflege und Vermehrung. Frischwasserzugaben, Wasserstandsschwankungen (20 - 40 cm), Temperaturveränderungen/-absenkungen (2 - 3 °C), Regensimulation bei strömungsliebenden langschnäuzigen Panzerwelsen wirken günstig. Eine Strömungsverstärkung und Futterwechsel dienen der Reifung und führen zum Ablaichen.

Auch die größeren *Brochis*-Arten sind geeignete Aquarienfische und für Schauaquarien durchaus zu empfehlen. Sie benötigen große Becken (500 - 1000 l), Frischwasser und reichlich Nahrung. Eine goldfarbene Variante ist bekannt. In der Natur sind sehr große Tiere schwierig zu fangen, in der Zwischenhälterung empfindlich, sie verursachen hohe Transportkosten. *Brochis*-Arten wurden in den letzten Jahren erfolgreich vermehrt.

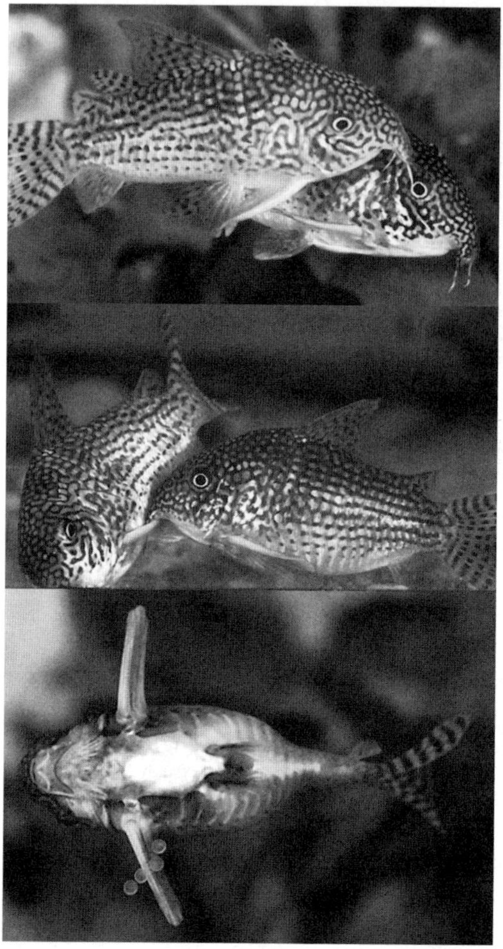

Abb. 31.42 *Corydoras sterbai*, Laichserie (Privataquarium)

Beim Fang von Panzerwelsen im Aquarium sind möglichst feinmaschige Netze zu verwenden, in grobmaschigeren verhaken sie sich leicht mit den Hartstrahlen ihrer Brustflossen. Vorsicht ist beim Anfassen mit der Hand geboten, denn bei einigen Arten führen Stiche mit den Hartstrahlen der Brustflossen zu schmerzhaften Verletzungen.

Höchstalter. *Aspidoras*-Arten lebten 7, Sichelfleckpanzerwelse (*C. hastatus*) 3 - 5 und Gerys Panzerwels (*C. geryi*) 12 - 15 Jahre im Aquarium. In der aquaristischen Literatur werden für *Brochis*-Arten 10 Jahre Lebensalter und mehr angegeben.

Familie Harnischwelse (Loricariidae)

J. Knaack

Dem breiten, aufgewölbten Kopf bzw. Vorderkörper schließt sich ein langer bis sehr langer Schwanzstiel an – einige Gattungen weichen allerdings von dieser Körperform ab. Hinter dem Kopf beginnen 3 - 4 Knochenschildreihen. Bauchregion nicht, ganz (bei vielen Gattungen) oder z. T. mit Knochenplatten bedeckt.

Alle Arten mit kleinen Hautzähnen (Odontoden) auf den Knochenplatten und mitunter langen bis sehr langen borstenförmigen auf den Hartstrahlen der Brustflossen. Im englischsprachigen Raum werden diese Welse deshalb als bewaffnet („armoured" Catfish) bezeichnet.

Dem Auge dient zur Lichtregulierung keine Pupille, sondern ein Irislappen, der allerdings in der Gattung *Otocinclus* fehlt. Maul und Kiemenöffnungen bauchseits unterständig, mit und ohne Barteln, Lippen bei einigen Arten mit langen, verzweigten Barteln (z.B. *Apistoloricaria*), Unterlippe oft mit warzenförmigen Ausbildungen versehen. Bei substratgebundener Lebensweise ein relativ großes Saugmaul, bodenbewohnende Arten besitzen ein deutlich kleineres Maul.

Größe: Zwergharnischwelse, z.B. aus der *Parotocinclus*-Gruppe, erreichen nur 20 mm Länge, große Arten wie der Kaktuswels (*P. histrix*) werden maximal bis 1,5 m und haben als Nahrung für Menschen und Kaimane Bedeutung.

Verbreitung. Von Costa Rica bis Argentinien (nicht jedoch in Chile und im südlichen Argentinien nachgewiesen) sowie auf einigen karibischen Inseln. In den Anden sollen sie bis über die Forellenregion hinaus vorkommen. Als Verbreitungsschwerpunkte gelten das Orinoko- und amazonische Tiefland sowie der Guayana-Schild.

Lebensweise. Überwiegend dämmerungs- und nachtaktiv, manche Gruppen aber auch tagaktiv, einige Arten nehmen kurzzeitige Sonnenbäder im Flachwasser. Einzeln, in kleinen bis größeren Gruppen (z.T. in lockeren Sozialverbänden) lebend, in Zentralbrasilien und Bolivien wurden vom Autor riesige, bis zu Hunderttausende Welse aus den Gattungen *Otocinclus*, *Peckoltia* und *Loricaria* im oberen Rio Guaporè beobachtet. Besiedelt werden unterschiedlichste Gewässertypen im Klar-, Weiß- und Schwarzwasser, vom Flachwasser bis in größere Tiefen. Manche Arten können in stark verunreinigten Restgewässern überleben, die meisten leben aber in hydrologisch stabilen Lebensräumen von Fließgewässern, besiedeln zur Regenzeit auch kleine, nur vorübergehend Wasser führende Zuläufe im Oberlauf von Flusssystemen. Einige Arten sind in der Lage, bei ungünstigen O_2-Verhältnissen (z.B. im Pantanal) atmosphärische Luft aufzunehmen, andere können in feuchten Erdhöhlen und tiefen Erdspalten die Trockenzeit überleben. In kleinen Gewässern und in Klarwasserflüssen ist eine Unterwasserbeobachtung möglich, in großen Weißwasserflüssen mit größeren Tiefen dagegen fast nicht, obwohl in diesen Habitaten besonders viele interessante Harnischwelse leben. Der Fang vieler Arten ist schwierig und gelingt oft nur nachts und per Hand.

Vor allem die geschlechtsreifen Männchen mancher Gattungen sind extrem territorial, sie dulden in näherer Umgebung nur laichbereite Weibchen. Mitunter auffallender Geschlechtsdimorphismus, z.B. permanent: geweihförmige Frontalgebilde bei *Ancistrus*, temporär: Backenbart, besonders Oberseite der Brustflossen, Rumpfdach zwischen Kopf und 1. Rückenflosse, bei manchen Arten, vor allen Dingen bei Männchen zur Laichzeit, ist der gesamte Körper mit Odontoden besetzt. Lange Odontodenstacheln bei *Pseudolithoxus* und *Hemiloricaria*.

Unterschiedliches Balz- und Brutpflegeverhalten, die kleinsten Vertreter beispielsweise der Gattungen *Parotocinclus* und *Otocinclus* kleben meist einzelne Eier an Substrate (Wurzeln, Pflanzen usw. in der Natur, im Aquarium auch an Scheiben), ohne sich dann um Eier und Brut zu kümmern. Bei den Prachthexenwelsen (*Hemiloricaria spec.*) betreuen allein die Männchen „ihre“ Gelege bis zum Schlüpfen der Larven. *Ancistrus*- und *Lasiancistrus*-Arten gehen noch einen Schritt weiter – die Männchen pflegen Eier und geschlüpfte Brut in einer Bruthöhle bis zum Aufzehren des Dottervorrats. Vertreter der Gattung *Loricarichthys* wie auch der Stör- oder Nasenharnischwels (*Hemiodontichthys acipenserinus*) besitzen bei den Männchen besonders ausgebildete Maullappen, zwischen denen die Eiklumpen festgehalten und bei Standortwechsel transportiert werden.

Zu den „Maulbrütern“ (kein echtes Maulbrüten) werden u.a. Flunderharnischwelse (*Apistoloricaria*-Arten) gerechnet, bei denen die Eier (Gelegeschübe) von den Männchen mit den Lippen gehalten werden. Über *Peckoltia cf. brevis* wird berichtet, dass die Eier in Höhlen abgelegt und von beiden Elternteilen über 10 Tage bewacht werden. Von den meisten Arten ist die Fortpflanzungsbiologie unbekannt, das bisher Beobachtete zeigt eine bemerkenswerte Bandbreite des Fortpflanzungsverhaltens innerhalb einer Fischfamilie.

Nahrung. Körperbauliche Merkmale (Maulgröße und Zähne) lassen Rückschlüsse auf besiedelte Lebensräume und Nahrung zu. Man unterscheidet:

- Aufwuchsfresser: Saugmaul; kammähnliche, dichte Zahnreihen; kleiner Magen und langer Darm (in der Aquaristik als „Scheibenputzer“ bekannt).
- Holzfresser: große, löffelförmige Zähne, zum Abraspeln der Hauptnahrung Holz.
- Benthosfresser: relativ kleines Maul und wenige, große Zähne.
- Allesfresser: Harnischwelse mit breitem Nahrungsspektrum.

Gegenwärtig 107 Gattungen mit insgesamt 684 Arten. Es ist davon auszugehen, dass bisher nur ein Teil der Arten bekannt ist. Die derzeitigen systematischen Einordnungen und Wertungen befinden sich z.T. aufgrund großer Artvariabilität bzw. phänotypischer Ähnlichkeiten, die mit den klassischen Artkriterien nicht zu klären sind, sowie fehlender Serien über die Entwick-

Abb. 31.43 *Ancistrus claro* (Privataquarium)

lung einer Art bis zum geschlechtsreifen Tier in Diskussion.

Gattung *Ancistrus*: über 62 Arten (20 Arten wurden 2002 anderen Gattungen zugeordnet), unterschiedliche Größe von 4 - 5 cm bis über 20 cm, nördliches und mittleres Südamerika bis zum Rio de la Plata. Am bekanntesten der beliebte so genannte **Blaue Antennenwels** (*A. dolichopterus*) aus dem Rio Negro. Bekannte Zwergarten sind z.T. im Aquarium vermehrt, aber noch nicht wissenschaftlich bearbeitet. Fast alle Höhlenbrüter, nur bei 2 Arten wurden die Eiballen (bis über 200 Eier) frei am Boden stehender Gewässer gefunden.

Gattung *Chaetostoma* (Gebirgsharnischwelse): 42 Arten (entstammen der eingezogenen Gattung *Chaetostomus*), 10 - 30 cm. Benötigen meist niedrige Temperaturen. Bekannt sind nur Eizahlen unter 60.

Gattung *Cochliodon*: 8 Arten, alle über 15 cm, Kolumbien bis Paraguay, 1 Art wurde 2001 in Argentinien gefunden. Viele unbe-

Abb. 31.44 *Cochliodon spec.* (Privataquarium)

Abb. 31.45 *Hemiloricaria aurata* (Privataquarium)

schriebene Arten, deren Herkunft unbekannt ist, im Handel. Über Fortpflanzung im Aquarium wurde bislang nichts bekannt. Große Arten wie „L 50“, der **Riesen-Cochliodon**, für Schauaquarien besonders geeignet.

Gattung *Farlowella* (Faden- oder Nadelwelse): 26 Arten, meist 20 - 25 cm (ohne die langen Schwanzflossenstrahlen), Amazonas-Becken und Guayana-Länder. Gattungstypisch sind ein sehr langgestreckter, nadelförmiger Körper, aber schwierige Artunterscheidung (unterschiedliche Ausbildung des Rostrums und Zeichnungsmuster des Kopfes). Sehr friedliche Welse, von denen z. B. *F. amazona, F. henriquei* und *F. paraguensis* häufiger importiert werden.

Gattung *Glyptoperichthys* (Schilderwelse): 8 attraktive große Arten. Dazu **Leopoard-Schilderwels** (*G. gibbiceps = Pterigoplichthys multiradiatus*): bis 50 cm, mittlerer und oberer Amazonas und Orinoko. – **Punktierter Schilderwels** (*G. punctatus*): 35 cm, mittlerer und oberer Amazonas.

Gattungen *Hemiloricaria*: 25 Arten und *Rineloricaria* (Hexenwelse, beide Gattungen nahe miteinander verwandt): 18 Arten, von Panama bis zum mittleren Südamerika verbreitet. Von

Abb. 31.46 *Hypancistrus spec.* (Privataquarium)

Abb. 31.47 *Lasiancistrus spec.* (Privataquarium)

den Arten der Gattung *Hemiloricaria* sind einige besonders auffallend in Färbung und Zeichnung, so werden etwa *H. fallax, H. formosa, H. melini, H. teffeana* und *H. aurata* als Prachthexenwelse bezeichnet. Größe bekannter Arten schwankt zwischen 10 und 16 cm, mit 20 cm gilt *H. fallax* als Riese. – Der **Zwerghexenwels** (*R. beni*) erreicht nur 8 cm.

Gattung *Hypoptopoma*: 8 Arten, notwendige Revision der Gattung steht aus. Peru, Brasilien, La-Plata-Gebiet. Im aquaristischen Fachhandel werden ständig neue unbeschriebene Arten angeboten. Kleine, bis 10 cm lange, friedliche Welse, die weit außen liegenden Augen ermöglichen dem Fisch einen großen Beobachtungsradius. Substrate: Holz, Äste, Pflanzen vom Boden bis zur Wasseroberfläche. Männchen betreuen Gelege, bis die Brut geschlüpft ist, diese ist sehr klein und gilt als schwierig in der Aufzucht. Bekannte Arten sind *H. gulare*, *H. guentheri*, *H. joberti*, *H. steindachneri* und *H. thoracatum*.

Abb. 31.48 *Otocinclus flexilis*, vorn das kleinere Männchen (Privataquarium)

Gattung *Hypostomus*: etwa 100 Arten. Das Verbreitungsgebiet reicht von Venezuela bis in die Gewässersysteme des Paraná und Paraguay und beinhaltet unterschiedliche Klimazonen. Einige, wie Vertreter der *H.-emarginatus*-Gruppe, erreichen über 50 cm und sind durchaus für Großaquarien geeignet, viele Arten (z. B. *H. margaritifer*) bleiben unter 20 cm und sind attraktive Pfleglinge für kleinere Aquarien. Wassertemperatur bis 26 °C. Einige Arten, so *H. punctatus* und *H. nigromaculatus*, ergaben in der Aufzucht problemlose Nachzuchten im Aquarium.

Gattung *Liposarcus*: 4 Arten. Über 40 cm (*L. ambrosettii*, *L. disjunctivus*, *L. multiradiatus*, *L. pardalis*). *Liposarcus anisitsi* (?) und der **Riesenschildwels** (*L. pardalis*) wurden in größeren Restgewässern zu Hunderttausenden gefunden. Beim Austrocknen von Lebensräumen gehen diese Harnischwelse in größere, tiefe Trocknungsrisse und können dort bis zur nächsten Regenzeit überleben. Wassertemperatur 20 - 28 °C, Allesfresser. Sehr anspruchslose, schnellwüchsige Harnischwelse, für Großaquarien geeignet.

Abb. 31.49 *Panaque nigrolineatus* (Privataquarium)

Gattung *Loricaria*: 9 Arten, weit verbreitet im nördlichen und mittleren Südamerika. Gattung mit dem zahlenmäßig größten Veränderungen in der Revision von 2002, so wurde eine bis dahin sehr bekannte Art „*L. parva*“ der Gattung *Hemiloricaria* zugeordnet. Ältere und häufig importierte Arten sind *L. cataphracta* und *L. simillima*, sie konnten im Aquarium erfolgreich vermehrt werden. Vermutlich gehören die meisten unter *Loricaria* gepflegten Arten anderen Gattungen an. Gattungszugehörigkeit lässt sich anhand der Bezahnung erkennen. Die meisten Arten erreichen 20 - 25 cm, doch *L. lentiginosa* und *L. prolixa* aus dem kühleren Südostbrasilien werden über 40 cm lang und sind nur für größere Aquarien geeignet.

Gattung *Otocinclus* (Trommelfellwelse): über 11 Arten (sehr ähnlich), knapp 4 cm (lediglich *O. flexibilis* aus Uruguay wird bis 10 cm, bevorzugt Wassertemperaturen von 16 - 24 °C und gehört wohl nicht zur Gattung *Otocinclus*). Solitär und in Schwärmen lebend. Tagaktiv, weit ver-

Abb. 31.50 *Peckoltia spec.* (Privataquarium)

breitet in unterschiedlichsten Gewässern, mit zusätzlicher Darmatmung durch Aufnahme atmosphärischer Luft.

Gattung *Panaque*: mindestens 10 Arten. Größe zwischen etwa 10 und über 40 cm. Dazu *P. cochliodon*, **Schwarzlinien-Harnischwels** (*P. nigrolineatus*) und **Blauaugen-Harnischwels** (*P. suttonorum*), Arten wie „L 74" (Tigerharnischwels) und „L 90" (Sichelharnischwels) sind wissenschaftlich noch unbearbeitet. Verbreitung scheint auf den nördlichen Teil Südamerikas beschränkt.

Gattung *Peckoltia* (Zwergschilderwelse): 8 anerkannte Arten (aber große Anzahl noch unbestimmter Arten), 5 - 15 cm, nördliches Südamerika. Überwiegend gebändert, aber auch gepunktete bzw. gefleckte Arten. Friedlich, meist dämmerungsaktiv, bevorzugen Einstandsmöglichkeiten (Höhlen, Baumwurzeln). Wassertemperatur 22 - 27 °C. Wurden vom Autor nur in Fließgewässern zu Beginn der Regenzeit in großen Schwärmen, die z. B. im Rio Guaporé eine Bodenfläche von etwa 60 m x 4 m bedeckten, beobachtet. In der Natur Aufwuchsfresser.

Gattung *Sturiosoma* (Langflossen-Störwelse): 15 Arten, bis zu 30 cm, reophil, besiedeln Fließgewässer von Panama bis Paraguay. Meist nicht bestimmt und oft nur als Störwelse bezeichnet. Häufiger importierte Arten sind *S. barbatum*, *S. festivum*, *S. nigrirostrum*, *S. panamense*. Mitunter große Variabilität der Arten und deshalb schwierige Nomenklatur.

Haltung von Harnischwelsen

Skurrile Körperformen und kontrastreiche, gefärbte Zeichnungsmuster sowie die Herausforderung einer Vermehrung im Aquarium führten in der Aquaristik zu einer großen Beliebtheit der Harnischwelse. Der einsetzende Boom an Ende der 80er Jahre des vergangenen Jahrhunderts hält immer noch an.

Generell wird für die Pflege von Harnischwelsen aufgrund der schwierigen systematischen Einordnungen sowie der Vielzahl unterschiedlicher Ansprüche an Substrate, Nahrung, Wasser, einschließlich Eiablage- und Brutplätze weitergehend auf Spezialliteratur verwiesen.

Da Harnischwelse äußerst unterschiedliche Lebensräume im neotropischen Südamerika besiedeln, bestehen bei zahlreichen Arten recht spezielle Biotopansprüche. Diese weitläufigen klimatischen Zonen besitzen unterschiedliche Klimate, deshalb ist die Temperatur im üblichen Jahresgang ein wichtiger Faktor für eine erfolgreiche Haltung und Vermehrung von Harnischwelsen – Kenntnisse über spezielle Lebensräume und Habitatsangaben sind besonders bei Erstimporten von Wildfängen wichtig.

Temperatur im Allgemeinen 23 - 26 °C, doch benötigen z. B. *Hypancistrus*, manche *Chaetostomus*-Arten aus Gebirgsbächen größerer Höhenlagen und auch Loricariiden aus dem südöstlichen Brasilien zumindest zeitweilig Wassertemperaturen unter 20 °C. Andererseits brauchen z. B. *Ancistrus cuiabae* aus dem Pantanal zeitweilig über 30 °C Wassertemperatur, um reproduktionsfähig zu werden, *Leporacanthus*-Arten bewohnen Hauptströme mit Temperaturen über 30 °C.

Harnischwelse, die aus Weißwasserflüssen stammen, sind hinsichtlich ihrer Ansprüche gegenüber pH-Wert und Elektrolytgehalt im Aquarium recht anpassungsfähig und lassen sich im Allgemeinen als Wildfänge gegenüber Arten aus dem Klar- und Schwarzwasser leicht eingewöhnen, pflegen und vermehren. Obwohl in den natürlichen Habitaten überwiegend die Leitfähigkeit zwischen 15 und 80 µS/cm und der pH-Wert bei 5,5 - 7,5 liegt, sind die meisten Harnischwelse bei einem Elektrolytgehalt des Aquarienwassers über 500 µS/cm ausdauernde Pfleglinge und vermehren sich. Endemiten aus kleineren Verbreitungsgebieten, vornehmlich des Schwarzwassers, können über sehr spezielle Habitatansprüche verfügen und gelten deshalb als „heikel".

Wichtig sind der Bodengrund und die Schaffung geeigneter Einstandsmöglichkeiten im Aquarium. Zum Eingraben ist z. B. für *Loricaria*, *Apisto-*, *Hemi-* und *Rineloricaria* feinkörniger Flusssand notwendig. Steine, Tonröhren und artgerechte, getöpferte Höhlen sowie gut gewässertes Holz (Wurzeln, Äste) dienen dem Einstand, werden auch für brutpflegende Arten als „Kinderstube“ benötigt.

Welse der Gattungen *Ancistrus, Panaque, Cochilodon* u.a. fressen Holz. Für viele Arten ist eine ausreichende Strömung zum Wohlbefinden und besonders zur Vermehrung erforderlich. Das ist zwar technisch problemlos möglich, aber genaue Informationen über derartige Ansprüche in besiedelten Lebensräumen sind mehr als spärlich. Wir finden in einem Fließabschnitt oft mehrere Harnischwels-Arten, die aber unterschiedliche Zonen besiedeln, was Strömungsmessungen bei Feldbeobachtungen wünschenswert macht. Beobachtungen bei *Lasiancistrus*- und *Ancistrus*-Arten zur „Laichzeit“ ergaben deutlich bevorzugte Eiablageplätze (Bruthöhlen) in Gewässerzonen mit besonders großer Fließgeschwindigkeit.

Schilderwelse (Gattung *Glyptoperichthys*) sind gut für große Schauaquarien geeignet. Alle bekannten Gattungsvertreter vertragen Wassertemperaturen bis 30 °C und sind sehr friedlich untereinander sowie anderen Fischen gegenüber und in ihrer Nahrung wenig anspruchsvoll. Obwohl in der Natur Algenfresser, beschädigen Schilderwelse Wasserpflanzen nicht. Vermehrungserfolge sind nicht bekannt.

Die *Farlowella*-Arten sind strömungsliebend, sie halten sich auf Pflanzen und Holz (Totholz, wie in das Wasser hängende Äste) auf. Im Aquarium ist ein häufiger Teilwasserwechsel erforderlich. Aufwuchsfresser, nehmen Ersatzfutter (Flocken und gefrostete Kleinkrebse), auch dosiert Grindal.

Die kleinen *Hypoptopoma*-Arten stellen, soweit bekannt, keine besonderen Haltungsansprüche. Die Brut von 2 unbestimmten Arten aus Uruguay und Bolivien konnte vom Autor mit kleinen „unbeschalten“ Rädertierchen der Gattung *Polyarthra* aufgezogen werden, sie erreichten nach ca. 120 Tagen etwa 3 cm Länge.

Bei der Haltung der Hexenwelse ist zu beachten, dass sie im nördlichen Südamerika in weichen, sauren Schwarz- oder Weißwasserflüssen mit sandigem Boden gefunden werden. *Hemiloricaria aurata* wurde im Klarwasser (Paraguay) bei pH 7,4 und einer Leitfähigkeit von 68 µS/cm gefangen. Hexenwelse sind vielseitig zu ernähren: Flockenfutter, Frostfutter (Cyclops, Daphnien), aber auch Lebendfutter (Rote Mückenlarven, Enchyträen). Ein Wasserwechsel ist vorteilhaft, er stimuliert Laichbereitschaft. Als Bodengrund Sand, Wassertemperatur 26 - 30 °C (je nach der Herkunft der Tiere) und Tonrohre (etwa 3 cm Durchmesser) als Bruthöhlen, Männchen betreuen Gelege.

Trommelfellwelse (Gattung *Otocinclus*) sind sehr anpassungsfähig, Wassertemperatur 23 - 28 °C, weiches bis mittelhartes Wasser und als Futter „feiner Aufwuchs“, Kunstfutter (Flocken), Frostfutter und Lebendfutter (Cyclops, feine Daphnien, Grindal). Als eine Möglichkeit, Trommelfellwelse zu vermehren, hat sich bewährt, einen Schwarm (10 - 20 Tiere) in einem dicht bepflanzten Becken (ca. 100 cm x 40 cm x 25 cm) bei wöchentlicher Frischwassergabe (etwa 10 %) zu halten. Zur Stimulation der Vermehrung bei erkennbarem Laichansatz der Weibchen zugegebene Frischwassermenge bis 25 % erhöhen. Keine Brutpflege der Männchen, Eier wurden nie gefressen, Sterilität in einem solchen „Vermehrungsaquarium“ ist weder möglich noch angebracht – vorteilhaft ist ein schwacher Unterwasser-Filter. In der Aquaristik sind diese Welse als Putzer bekannt und beliebt.

Alle bekannten Arten der Gattung *Panaque* sind aufgrund ihrer Größe interessante Fische für große Schauaquarien. Jungtiere sind häufig wegen ihrer auffälligen Zeichnung und den leuchtenden Augen, wie die Juvenilen von *P. suttonorum*, teure und beliebte Aquarienfische. Wassertemperatur 22 - 26 °C, hinsichtlich pH-Wert und Härte recht anpassungsfähig – in einem 500-l-Becken mit Potsdamer Leitungswasser (26,6° dGH, pH-Wert 7,9) wuchsen 6 Exemplare *P. nigrolineatus* in 3 Jahren von 5 cm auf 42 - 45 cm heran. Als Nahrung werden angegeben: Algen, FD-Tabletten und Pflanzenflockenfutter – nach Beobachtung des Autors waren die Schwarzlinien-Harnischwelse Allesfresser – Pflanzenkost, Frostfutter, aber auch große lebende Daphnien, Rote Mückenlarven, Enchyträen und selbst länger gewässertes Erlen- und Buchenholz wurden gefressen. Aufgrund des hohen Stoffwechsels ist eine Wasserpflege (Filterung/Strömung) und regelmäßige Frischwasserzufuhr erforderlich. Eine Vermehrung im Aquarium ist bisher nicht bekannt geworden – sie ist vermutlich eine Raum-, Wasser- und Futterfrage.

Die *Peckoltia*-Arten sind tagaktiver als viele andere Harnischwelse. Sie benötigen recht hohe Temperaturen (25 - 28 °C) und klares, sauerstoffreiches Wasser (häufiger Wasserwechsel). 2 unbestimmte Arten aus dem Mato Grosso nahmen im Aquarium des Autors auch Flocken- und Lebendfutter an sowie pflanzliche Kost, erreichten 6 cm Standardlänge und wurden fast 8 Jahre gepflegt. *P. brevis* soll ein Höhlenlaicher mit Elternfamilie sein. Informationen über die Fortpflanzungsbiologie der Zwergschilderwelse sind wünschenswert.

Langflossen-Störwelse (Gattung *Sturiosoma*) werden in größeren Aquarien gehalten, in denen durch Einbringen von Substrat (Steine, Holz) Haftmöglichkeiten geboten werden, mittels Unterwasser-Pumpe wird für Strömung und Filterung gesorgt. Wassertemperatur im Allgemeinen 20 - 24 °C, Arten wie *S. nigrirostrum* sollten bei 25 - 28 °C gehalten werden. Die Nahrung in der Natur besteht überwiegend aus pflanzlichem Aufwuchs. Im Aquarium wird aber Ersatzfutter – Flocken, Tabletten Frostfutter (Cyclops, Daphnien) sowie u.a. Gurke, Zucchini, Avocado – angenommen. Regelmäßiger Frischwasserzusatz ist erforderlich, dieser fördert die Laichbereitschaft. Es handelt sich um so genannte „Offenlaicher“, Eier werden scheibenförmig auf das Substrat geklebt. Die Männchen bewachen das Gelege. Ist die Ernährung sichergestellt, sind Langflossen-Störwelse durchaus für größere Aquarien geeignet.

Beim Umsetzen von Arten aus den Gattungen *Ancistrus*, *Lasiancistrus* und *Megancistrus* ist zu beachten, dass sich der mit kräftigen, hakenförmigen Stacheln besetzte, bewegliche, vorstülpbare Zwischenkiemendeckel leicht im Kescher verhakt oder beim Fang per Hand schmerzliche Verletzungen bewirkt (deshalb z.B. Spezialfleischerhandschuhe benutzen). Schmerzhaft beißen können die Rüsselzahnwelse der Gattung *Leparacanthicus*.

Höchstalter. Einige Schilderwelse erreichten ein Alter von 18 - 19 Jahren (Tierpark München-Hellabrunn).

32
Ordnung Nacktaalartige, Südamerikanische Messerfische (Gymnotiformes)

H. Lücker

Körper aalähnlich rundlich oder seitlich abgeplattet. Eingeweidesack ist weit nach vorn verlagert, der After öffnet sich unmittelbar unter den Kiemen. Rücken- und Bauchflossen fehlen, Schwanzflosse rückgebildet (Familie Apteronotidae), sonst fehlend, Körper endet häufig in einem fadenförmig ausgezogenen Schwanz, der beim Rückwärtsschwimmen als Tastorgan dient. Afterflosse sehr lang, durch ihre undulierenden Bewegungen ist Vorwärts- und Rückwärtsschwimmen gleich gut möglich. Besitzen wie die Welsartigen ein Weber'sches Organ und werden unter anderem deshalb diesen von manchen Systematikern als Unterordnung angegliedert.

Alle Nacktaale besitzen elektrische Organe unterschiedlicher Stärke. Die meisten Arten haben schwach-elektrische Organe aus umgewandelten Muskelzellen. In der Regel verlaufen diese als dünne Stränge von der Schwanzspitze mittig am Körper bis in Höhe der Brustflossen. Als Ausnahme besteht das elektrische Organ der Schwanzflossen-Messeraale (Familie Apteronotidae) jedoch aus Nervengewebe. Der Zitteraal besitzt sogar 3 elektrische Organe: das schwach-elektrische Sachs'sche Organ, das Hauptorgan und das Hunter'sche Organ. Letzteres kommt offensichtlich sowohl bei den schwach-elektrischen Organentladungen (**E**lectric **O**rgan **D**ischarge = **EOD**) als auch bei der Entladung des Hauptorgans, zuständig für die starken elektrischen Schläge, zum Einsatz.

Man unterscheidet im elektrischen Entladungsverhalten der Nacktaale 2 Typen: die „Knatterer" und die „Singer". Bei den Knatterern gibt es nach jedem EOD eine kurze Pause, dann entlädt das Organ wieder. Bei den Singern wird kontinuierlich entladen, was bei Hörbarmachen auf einem Lautsprecher wie ein Ton und nicht wie ein Knattern klingt. Knatterer und Singer kann man nicht systematisch zuordnen. So gibt es z.B. in der Familie Sternopygidae sowohl Singer (*Eigenmannia*) als auch Knatterer (*Sternopygus*).

Der zeitliche Verlauf einer Einzelentladung (EOD) ist art-, bei einigen Arten sogar geschlechtsspezifisch und wird auch so erkannt, wie Verhaltenstests einwandfrei beweisen. EODs und ihre zeitliche Abfolge werden für Elektrokommunikation eingesetzt. Hier spielt besonders die „Schwebung" (engl.: jamming) eine wichtige Rolle: 2 Singer nähern ihre Frequenzen so aneinander an, dass es zu Überlagerungen kommt, die zu Schwebungen führen. Diese sind verhaltensrelevant und lösen Antwortverhalten aus, z.B. Angriff, Flucht usw. Larvale elektrische Organe sind z.B. bei *Apteronotus albifrons* bekannt.

Verbreitung. Ausschließlich in Südamerika verbreitete Süßwasserfische. Schwerpunkt Amazonas- und Orinoko-Flusssysteme, einige Arten auch in mittelamerikanischen Flüssen (bis Guatemala).

Lebensweise. Weitgehend nachtaktiv, tagsüber zwischen dichten Pflanzenbeständen oder im Sandboden vergraben. Meist territoriale Einzelgänger. Ablage von Eiern. Einzelheiten zur Fortpflanzung nicht bekannt.

Nahrung. Verschiedenste Wirbellose, große Arten auch Fische und Frösche.

Abb. 32.1 *Eigenmannia virescens* (Privataquarium)

6 Familien. Einige Arten werden wegen ihres ungewöhnlichen Äußeren und ihrer interessanten Lebensweise in der Schauaquaristik z.T. regelmäßig gezeigt (*Apteronotus*, *Eigenmannia*, *Electrophorus*, *Steatogenys*), andere geraten gelegentlich als Beifänge nach Europa.

Familie Glasmesserfische (Sternopygidae)

Rundköpfig, meist mehr oder weniger glasartig durchscheinend. Größe zwischen 12 cm und 1,4 m.

5 - 6 Gattungen mit mindestens 26 Arten.

Gattung *Eigenmannia*: 10 Arten. Dazu **Glasmesserfisch**, **Grüner Messerfisch** (*Ei. virescens*): bis 45 cm, im nördlichen Südamerika weit verbreitet. Glasartig durchscheinend. – Weitere sehr ähnliche Arten (z.B. *Ei. lineata*).

Gattung *Sternopygus*: 5 Arten. Dazu **Veränderlicher Stumpfkopf-Messerfisch** (*S. macrurus*): bis 50 cm, Südamerika, von Kolumbien und Guayana bis Patagonien. Färbung sehr variabel, von glasartig durchsichtig bis blauschwarz. Friedliche Art.

Familie Sand-Messeraale (Rhamphichthyidae)

Röhrenförmig vorgezogene Schnauze.

2 Gattungen mit etwa 10 Arten (systematischer Status noch unklar).

Gattung *Rhamphichthys*: 8 Arten. Dazu **Langschnabel-Messerfisch** (*Rh. rostratus*): bis 1,8 m, weit verbreitet im nördlichen Südamerika (Guayana-Länder bis zum Rio de la Plata). Bräunlich, mit dunkelbraunen bis schwarzen Flecken auf dem Rücken und brauner Marmorierung auf den Körperseiten. Hält sich tagsüber unter Wurzeln versteckt.

Gattung *Gymnorhamphichthys*: 2 Arten. Dazu **Mäuseschwanz-Messerfisch** (*G. rondoni*): 10 - 15 cm, Venezuela. Glasartig durchscheinend bis hell bräunlich, mit schwärzlichen Sattelflecken. Tagsüber im Sand vergraben.

Familie Kleine Messerfische (Hypopomidae)

Klein, bis etwa 25 cm Körperlänge, mit kurzer Schnauze und kleiner Mundöffnung. Teils auffällig gemustert. Selten importiert.

4 Gattungen mit 12 Arten.

Gattung *Steatogenys*: 2 Arten. Dazu **Gesprenkelter Messerfisch** (*S. elegans*): 18 - 20 cm,

Abb. 32.2 *Steatogenys elegans* (Privataquarium)

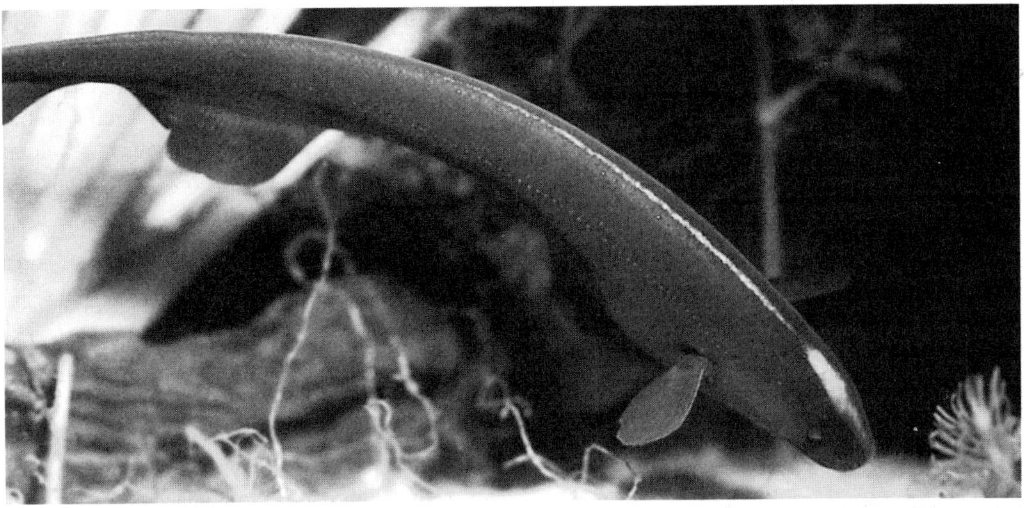

Abb. 32.3 *Apteronotus albifrons* (Tierpark Berlin)

Guayana, mittleres und unteres Amazonasgebiet. Bräunlich, mit dunkelbrauner Fleckung, auffallend langschwänzig.

Familie Schwanzflossen-Messeraale (Apteronotidae)

Kleine, fadenförmige Rückenflosse. Größe zwischen 18 cm und 1,3 m. Besitzen das wohl merkwürdigste elektrische Organ, aufgebaut aus Nervenzellen.

11 Gattungen mit mindestens 44 Arten.

Gattung *Apteronotus*: 13 Arten. Dazu **Kuhkopf-Messerfisch**, **Weißstirn-Messerfisch** (*A. albifrons*): 45 cm, Guayana, Orinoko, Amazonas-Flusssystem, Rio Paraguay, Rio Paraná. Ansprechende weiße Zeichnung auf schwarzem Grund. – **Langschnauzen-Messerfisch** (*A. leptorhynchus*): 25 - 40 cm, nördliches Südamerika. Ähnlich der vorigen Art, aber ohne weiße Zeichnung, Afterflosse durchscheinend. Schnauze länger.

Gattung *Sternarchella* (Fadenmesseraale): 5 Arten, um 20 - 40 cm, Amazonas- und Orinoko-Becken, Rio Paraná. Sehr lang gezogen und dünn.

Gattung *Sternarchorhynchus*: 4 Arten. Dazu **Tapirmesseraal** (*S. oxyrhynchus*): 47 cm, Amazonas, Guayana-Länder. Mit langer, röhrenförmiger und gebogener Schnauze.

Abb. 32.4 *Gymnotus spec.* (Privataquarium)

Familie Streifen-Messeraale (Gymnotidae)

Kopf breit, abgeflacht, mit großer Mundöffnung. Afterflosse reicht fast bis zur Schwanzspitze. Räuberisch.

1 Gattung mit 11 Arten.

Gattung *Gymnotus*: Dazu **Gebänderter Messeraal** (*G. carapo*): bis 60 cm, weit verbreitet von Mittelamerika (Guatemala) bis Uruguay und Nordargentinien. Körper braun, mehr oder weniger deutlich quer gebändert. Relativ häufig importiert. – **Gestreifter Messeraal** (*G. anguillaris*): 30 cm, nördliches Südamerika.

Familie Zitteraale (Electrophoridae)

Körper rund, schuppenlos. Kopf leicht abgeflacht, Augen sehr klein. Besonders große elektrische Organe, die etwa vier Fünftel des Körpers umfassen. Geben Spannungsstöße bis 800 V zum Töten von Beutetieren oder zur Verteidigung ab, sind auch für den Menschen gefährlich. Regelmäßige Aufnahme von Luft an der Oberfläche, Gasaustausch erfolgt in der Mundhöhle, deren Schleimhäute stark durchblutet sind (Mundhöhlenatmung).

1 Gattung mit 1 Art.

Gattung *Electrophorus*: **Elektrischer Aal, Zitteraal** (*E. electricus*): bis 2,3 m, Orinoko- und Amazonas-Flusssysteme. Olivbraun, Kehle orange bis kupferrot. Im Kopfbereich befinden sich auffallende, der Elektrorezeption dienende Sinnesgruben.

Haltung von Nacktaalartigen

Die wärmebedürftigen Nacktaale werden bei Temperaturen zwischen 24 und 28 °C in weichem Wasser (Weißwasserformen auch härteres Wasser) und einem pH-Wert um den Neutralpunkt bei nur schwacher Wasserbewegung gehalten. Alle Arten sind dämmerungs- und nachtaktiv. Bei entsprechender Beckengröße können kleinere Arten auch in Schwärmen gepflegt werden. Für große Arten (*Rhamphichthys*, *Gymnotus*, *Electrophorus*) ist meist eine Einzelhaltung in Großbecken erforderlich. Die Aquarien sollten nicht zu hell sein und als Bodengrund Sand besitzen. Für *Gymnorhamphichthys* ist eine hohe Sandschicht notwendig, da sich die Tiere tagsüber im Sand vergraben. Eine dichte Bepflanzung ist besonders für *Apteronotus*-Arten und für durchscheinende Arten wie *Eigenmannia* erforderlich. Bodenlebende Formen (*Steatogenys*) gehen gern in enge Röhren oder in Wurzeldickichte.

Abb. 32.5 *Electrophorus electricus* (Zoo-Aquarium Berlin)

Eingewöhnte Tiere sind nicht wählerisch und fressen alles tierische Futter wie Mückenlarven, Tubifex, Flohkrebse, Daphnien; größere Nacktaale auch Herzfleischwürfel, Regenwürmer, Kleinfische. Der Zitteraal wird am besten mit Herzfleisch und Süßwasserfisch ernährt, sollte jedoch nur etwa alle 2 Tage gefüttert werden.

Vergesellschaftungen von nichträuberischen Nacktaalen miteinander und mit anderen Arten können vorgenommen werden. *Eigenmannia* wurde mit dem Zitteraal über einen längeren Zeitraum zusammen gehalten, ohne dass sie Schaden nahmen. Hält man Gruppen zusammen, sind ausreichend viele Versteckmöglichkeiten zu schaffen.

Besondere Beachtung ist *Electrophorus* zu schenken, denn seine EODs erreichen 800 V und sind auch für den Menschen gefährlich. Spezielle Vorsichtsmaßregeln sind zu treffen. Normalerweise hält man den Zitteraal einzeln. Es gibt wenige Erfahrungen mit der Haltung zweier oder mehrerer Exemplare in einem großen Aquarium. Ob dies generell möglich ist, hängt mit Sicherheit von der Größe und Ausstattung des Beckens sowie der Größe der Tiere ab. Große Streifen-Messeraale geben EODs in einer Stärke ab (bis ca. 15 V), die man als Kribbeln an den Händen spürt, wenn man die Fische anfasst. Diese EODs sind aber noch ungefährlich.

Durch einfache Methoden können die elektrischen Signale der Nacktaale abgeleitet, auf einem Oszillographen sichtbar und per Lautsprecher hörbar gemacht werden. So ist es möglich, das hochinteressante elektrische Verhalten dieser Fischgruppe den Besuchern sowohl optisch als auch akustisch zugänglich zu machen. Es bedarf jedoch zusätzlich einer ausführlichen und allgemein verständlichen Erklärung dieser für uns nicht erlebbaren, ungewöhnlichen Kommunikationswege mittels elektrischer Felder.

Vermehrung. Die Zucht kleinerer Arten (*Eigenmannia*) ist schon gelungen, aber äußerst mühsam, da die Regenzeit-Bedingungen ihrer Heimat simuliert werden müssen. Zufallszuchten kommen vor, eine regelmäßige Zucht bisher jedoch nicht.

Höchstalter. 3 Zitteraale lebten 12 Jahre, 1 Monat im Zoo Amsterdam.

33
Ordnung Lachsfischartige (Salmoniformes)

W. E. Engelmann & J. Kormann

Sehr formenreiche Ordnung mit z. T. recht bekannten Vertretern (Lachse, Stinte, Hechte). Viele ursprüngliche Merkmale, z. B. am Kopf- und Kiemenskelett, Verbindungsgang zwischen Schwimmblase und Darm (physostome Fische). Keine Gräten, Flossen ohne Stachelstrahlen, aber meist mit Fettflosse. Zykloidschuppen. Eileiter mehr oder weniger rückgebildet (dadurch leichtes manuelles Abstreifen der Eier aus dem Bauch der laichbereiten Weibchen möglich). Meist schlanke Süßwasser- oder Meeresfische bzw. Wanderfische (Lachse!). Fossil seit dem Unteren Eozän bekannt.

Etwa 15 - 18 Familien mit 320 Arten, davon nur 8 Familien in der Aquaristik von einiger Bedeutung. Man unterscheidet mehrere Verwandtschaftsgruppen (Unterordnungen), die auch im Rang eigenständiger Ordnungen stehen. Die Familienzusammenfassungen werden ebenfalls unterschiedlich beurteilt.

Unterordnung Hechtähnliche (Esocoidei)

Familie Hechte (Esocidae)

Unverkennbare große Raubfische mit schlankem, pfeilartigem Körper und großem, tief gespaltenem, entenschnabelartig verbreitertem Maul. Flossen ohne Stachelstrahlen, keine Fettflosse. Relativ kleine Zykloidschuppen und eine vollständig ausgebildete Seitenlinie. Anordnung der Rücken- und Afterflosse in der Nähe der tief gespaltenen Schwanzflosse, dadurch können die Hechte aus dem Stand heraus blitzartig vorschnellen.

Verbreitung. Gemäßigt-temperierte Süßgewässer der Nordhalbkugel.

Lebensweise. Standorttreue Einzelgänger in ruhigen, oft stark verkrauteten Gewässern (größere Seen, Altarme von Flüssen u. Ä.). Stoßräuber, die ihre Beute im Ganzen verschlingen. Kannibalismus häufig. In ihren Ökosystemen spielen Hechte als wichtige Glieder der Nahrungskette eine bedeutende Rolle. Fortpflanzung im Frühjahr paarweise oder mehrere Männchen nacheinander mit einem Weibchen. Laichkörner und Dottersacklarven kleben an Pflanzen.

Nahrung. Fische, Frösche, Vögel, Kleinsäuger; Junge fressen zunächst Wasserinsekten, Kleinkrebse und Würmer.

1 Gattung mit 5 Arten.

Gattung *Esox*: Dazu **Rotflossenhecht** (*E. americanus*): mit maximal 38 cm kleinste Art, östliches Nordamerika. Auf dem Rücken und an den Körperseiten grünlich grau bis bronzefarben mit unregelmäßigen dunklen Bändern. – **Gemeiner Hecht** (*E. lucius*): maximal 1,5 m, Europa, Nord- und Mittelasien (aber nicht auf der Iberischen Halbinsel, in Süditalien und auf dem südlichen Balkan) sowie in Nordamerika von Alaska bis zu den Großen Seen. Färbung oberseits grünlich, unterseits gelblich, im Einzelnen sehr variabel mit dunklen und hellen Längsstrichen, Punkten und Flecken gezeichnet. Bis zu 130 000 Eier pro Weibchen. – **Muskellunge** (*E. masquinongi*): bis 1,4 m, Nordamerika, Gebiet der Großen Seen, Bestände nehmen ab. – **Kettenhecht** (*E. niger*): etwa 80 cm, östliches und südöstliches Nordamerika.

Abb. 33.1 *Esox lucius* (Zoo Leipzig, Aquarium)

Rücken und Seiten dunkelgrün mit hellen, netz- und kettenartigen Streifen.

Haltung von Hechten

Alle Hechtarten sind für Schauaquarien sehr attraktiv. Ihre Haltung ist unproblematisch, wenn man beachtet, dass sie fast gleich große Fische verschlingen (auch Artgenossen), unabhängig von der Aquariengröße rasch wachsen und aus dem Aquarium springen können. Sie benötigen große, kühle (18 - 20 °C) Becken mit Pflanzengruppen. Sehr dekorativ wirkt in das Wasser hineinragendes Weidengezweig. Gefüttert wird alle 2 - 3 Tage mit Fischen (bis etwa ein Drittel der Hechtlänge). Es ist schon vorgekommen, dass Hechte an zu großen Futterfischen verendet sind, weil die Beute wegen der nach hinten gerichteten Zähne nicht mehr ausgespuckt werden konnte. Der Nahrungsbedarf ist recht groß. Schlecht ernährte Hechte sind rundrückig und haben einen eingefallenen Bauch. Obwohl schwierig, kann eine Gewöhnung an tote Futterfische gelingen, wenn man diese vor dem Hecht bewegt. Babyhechte nehmen neben Fischbrut auch Wasserflöhe, Mückenlarven und Würmer.

Höchstalter. Der Gemeine Hecht in der Natur möglicherweise 70 - 80 Jahre. Veröffentlichte Haltungsdauern im Aquarium für *Esox lucius* und *E. masquinongi* jeweils nur 10 Jahre (Londoner Zoo-Aquarium bzw. New York Aquarium).

Familie Hundsfische (Umbridae)

Mit den Hechten verwandte, kleine (maximal bis 30 cm), meist langgestreckte Süßwasserfische mit gerundeter Schwanzflosse. Relativ große Zykloidschuppen, Seitenlinie undeutlich oder fehlend. Ausgeprägte Schwimmblasenatmung.

Verbreitung. Reliktartig in Mittelosteuropa, Nordostsibirien und Alaska sowie im mittleren und östlichen Nordamerika.

Lebensweise. Versteckt und einzeln lebend, auch in sehr sauerstoffarmen Gewässern. Fortpflanzung im Frühjahr zwischen Wasserpflanzen und Wurzeln. Brutpflege durch das Weibchen zumindest bei den *Umbra*-Arten.

Nahrung. Verschiedenste Kleintiere, vor allem Insektenlarven und Fischbrut.

3 Gattungen mit 7 Arten.

Gattung *Novumbra*: 1 Art. **Hubs Hundsfisch** (*N. hubbsi*): 8 cm, isolierte Vorkommen im Nordwesten der USA (Bundesstaat Washington).

Gattung *Umbra* (Hundsfische): 3 Arten. **Ungarischer Hundsfisch** (*U. krameri*): Männchen bis 10 cm, Weibchen bis 13 cm, Donau und Nebenflüsse (von Wien bis zum Delta), Plattensee, Unterlauf des Dnestr, in Torfmooren und Sümpfen. Bräunlicher Rücken, seitlich heller werdend, mit zahlreichen dunklen Tüpfeln und einem gelblichen Strich längs der Körpermitte. Z.T. vom Aussterben bedroht, aber neuerdings Wiederfunde bei Wien. – **Nordamerikanischer Hundsfisch** (*U. limi*): Weibchen bis 13 cm, Männchen kleiner, Nordamerika, Gebiet der Großen Seen und das Mississippi-Einzugsgebiet. Olivgrün, mit dunklem Muster, Bauch gelblich bis weiß. Über die Schwanzwurzel zieht ein schmaler schwarzer Querstreifen. – Ähnlich, aber meist etwas kleiner bleibend, der **Ostamerikanische Hundsfisch** (*U. pygmaea*) aus dem flachen Küstenland der östlichen USA.

Haltung von Hundsfischen

Hundsfische werden in kleineren Kaltwasser-Aquarien gehalten (Temperatur 17 - 23 °C, im Winter weitere Absenkung möglich, zur Stimulierung der Fortpflanzungsbereitschaft sogar unumgänglich). Vorteilhaft ist ein leicht torfiges Wasser, was dem Moorcharakter ihrer natürlichen Vorkommen entspricht. Es sind ruhige Fische, die gern zwischen Wasserpflanzen stehen, aber auch durch quirlende Bewegungen ihrer paarigen Flossen und des hinteren Teils der Rückenflosse zu sehr wendigem und ruckhaftem Schwimmen fähig sind. Da sie gelegentlich springen, ist eine gute Abdeckung erforderlich. Zur Ernährung ist Lebendfutter wichtig (Mückenlarven, Bachflohkrebse, Wasserasseln, Wasserinsekten, Tubifex, auch Fischbrut), eine Gewöhnung an Rote Mückenlarven aus dem Frost ist aber möglich. Untereinander verhalten sich die Hundsfische relativ friedlich, lediglich während der Fortpflanzungsperiode, die im Frühjahr mit der Erwärmung des Wassers beginnt, werden Reviere gebildet.

Abb. 33.2 *Novumbra hubbsi* (Privataquarium)

Vermehrung. Die Geschlechtsreife tritt mit 1 - 2 Jahren ein. Die Weibchen laichen in flachen Sandmulden oder zwischen Wasserpflanzen und bewachen ihre Gelege etwa 1 Woche bis zum Schlüpfen der Jungen. Die Larven schwimmen bei 16 °C nach 3 - 4 Tagen frei, als Erstfutter eignen sich Artemia-Nauplien.

Höchstalter. Hundsfische erreichen ein Alter von 7 - 8 Jahren.

Unterordnung Stintähnliche (Osmeroidei)

Familie Stinte (Osmeridae)

Schlanke, silberglänzende, kleine Schwarmfische, die äußerlich stark an Weißfische wie den

Abb. 33.3 *Umbra krameri* (Landesmuseum St. Pölten, Österreich)

Ukelei erinnern, aber eine kleine Fettflosse auf dem Schwanzflossenstiel und ein tief gespaltenes, oberständiges Maul mit spitzen Zähnen besitzen. Dünne, leicht abfallende Schuppen auf dem durchsichtigen Körper. Seitenlinie unvollständig, nur bis über die Brustflossen reichend.

Verbreitung. Nur auf der Nordhalbkugel.

Lebensweise. In arktischen, atlantischen und pazifischen Küstengewässern, viele laichen in den Unterläufen der Flüsse, einige Formen reine Süßwasserbewohner. Laich haftet an Sandkörnern und Pflanzenteilen, Entwicklung der Eier 2 - 3 Wochen.

Nahrung. Planktonfresser, auch Kannibalismus.

6 Gattungen mit 13 Arten.

Gattung *Osmerus*: 3 Arten. Dazu **Stint** (*O. eperlanus*): 2 Formen, Wanderstint bis 25 cm lang (Eltern in den nordeuropäischen Küstengewässern, Laichabgabe und Jungfische in den Unterläufen der Flüsse; Binnenstint bis 10 cm lang (nordeuropäische Binnenseen, Ablaichen in den Zuflüssen). Mattsilbergrau gefärbt, zur Laichzeit mit bläulich metallisch schimmerndem Längsstreifen. Geschlechtsreif mit 2 Jahren, die meisten sterben nach dem ersten Ablaichen. Teilweise massenhaftes Auftreten. Gefrostete Stinte sind ein ausgezeichnetes Fischfutter. – Nahe verwandt ist der nordamerikanische **Regenbogenstint** (*O. mordax*), von dem eine Unterart (*O. m. dentex*) in den nordpazifischen Küstengewässern lebt.

Haltung von Stinten

Beim Fang, Transport und in der Haltung sind Stinte sehr empfindlich. Ihre Haut kann leicht beschädigt werden und die Fische gehen auch bei kleinen Verletzungen schnell ein. Als Nahrung eignen sich Krebschen, Insektenlarven und kleine Fische (auch Kannibalismus ist möglich). Stinte sind sehr lichtscheu und unruhig und benötigen offenbar einen unverhältnismäßig großen Schwimmraum in gekühlten Becken (15 - 18 °C). Ermutigende Erfahrungen gibt es mit der Pflege von Binnenstinten im Aquarium Potsdam.

Familie Salamanderfische (Lepidogalaxiidae)

Körper gestreckt und schlank, keine Fettflosse. Sehr dünne Schuppen. Augen unbeweglich (keine Augenrinne und äußeren Augenmuskeln). Große Lücken zwischen den Halswirbeln ermöglichen Kopfbewegungen.

Verbreitung. Südwestaustralien.

Lebensweise. In Teichen und Sümpfen, die z. T. monatelang austrocknen. Innere Befruchtung (männliche Afterflosse mit Hautlappen). 1 Woche nach der Kopulation werden 100 - 150 Eier abgelegt. Jungfische und Erwachsene können Trockenperioden in einer Ruhehöhle im Bodengrund überdauern.

Nahrung. Kleine Bodenorganismen.

1 Gattung mit 1 Art (wurde erst 1961 entdeckt).

Gattung *Lepidogalaxias*: **Salamanderfisch** (*L. salamandroides*): 6 - 7 cm. Bräunlich, unregelmäßig schwarz gefleckt.

Haltung von Salamanderfischen

Salamanderfische wurden außerhalb Australiens vermutlich noch nicht gehalten. Es sind Kaltwasserfische, die bei 12 - 15 °C gepflegt werden müssen. Der pH-Wert des Wassers soll unter 6 liegen, eventuell sind sogar Werte bis 4,5 möglich. Wahrscheinlich wird nur Lebendfutter gefressen.

Familie Hechtlinge (Galaxiidae)

Kleine, bis maximal 60 cm große Fische von gestreckter, schlanker Gestalt. Schuppenlos, aber

Seitenlinie vorhanden. Keine Fettflosse, Rücken- und Afterflosse stehen sich gegenüber und setzen wie bei Hechten in der Nähe der Schwanzflosse am Körperende an.

Verbreitung. Nur auf der Südhalbkugel (Australien, Tasmanien, Neuseeland, Neukaledonien, Südamerika, Südafrika).

Lebensweise. Meist in sommerkühlen Süßgewässern, bei einigen Arten aber wandern die laichreifen Fische zur Eiablage in Flussmündungen und Ästuare. Die Larval- und Jugendentwicklung erfolgt im Meer, später Rückwanderung der Jungen in die Süßgewässer (katadrome Wanderfische). In Australien und Neuseeland sind etliche Arten durch ausgesetzte Forellen in ihrem Bestand gefährdet.

Nahrung. Wasserinsekten und Anflugnahrung.

6 Gattungen mit 37 Arten.

Gattung *Brachygalaxias*: 2 Arten. **Chile-Hechtling** (*B. bullocki*): 5 - 6 cm, Südchile, bewohnen Kleinstgewässer. Im Winter sind sie noch nahe 0 °C aktiv und fressen sogar. Männchen mit Prachtfärbung während der Paarungszeit. Einzelabgabe der Eier, die an die Unterseite von Wasserpflanzenblättern geheftet werden. – Sehr ähnlich, aber etwas kleiner ist *B. gothei.*

Gattung *Galaxias*: 31 Arten (artenreichste und am weitesten verbreitete Gattung). Dazu **Klettergalaxie** (*G. brevipinnis*): etwa 16 cm, Küsten Südaustraliens, Tasmanien, Neuseeland, sowohl in kleinen Bergbächen als auch größeren Seen. Reine Süßwasserpopulationen und solche mit Laichwanderung zum Meer. – **Fleckengalaxie** (*G. maculatus*): 10 cm, Küstenflüsse Süd- und Südostaustraliens, Tasmanien, Neuseeland, Falkland-Inseln, südliches Südamerika. Laichwanderung zum Meer, Schlupf der Jungen nach 14 Tagen, bleiben den Winter über im Meer und wandern im folgenden Frühjahr in die Süßgewässer. – **Forellengalaxie** (*G. truttaceus*): 20 cm, Küstenflüsse von Süd- und Westaustralien, Tasmanien. Sehr variabel in der Färbung, erinnert an die von Forellen. Reine Süßwasserpopulationen und solche mit Laichwanderung zum Meer. – **Gebirgsgalaxie** (*G. olidus*): 6 - 7 cm, Ostaustralien, im Inland, sowohl in Gebirgsflüssen als auch im Flachland (extreme Temperaturunterschiede von 4 - 30 °C). – **Kap-Galaxie** (*G. zebrata*): 7,5 cm, südafrikanische Kapprovinz, nur im Süßwasser. 30 - 40 relativ große Eier pro Laichabgabe.

Gattung *Galaxiella*: 3 Arten. Dazu **Zwerggalaxie** (*G. pusilla*): Männchen 3 cm, Weibchen 4,5 cm, Südostaustralien, Tasmanien. Nur im Süßwasser, bei einer zwei- bis dreiwöchigen Laichperiode werden 150 - 200 Eier abgegeben.

Haltung von Hechtlingen

Die biologisch hochinteressante Familie ist aquaristisch noch wenig bekannt. Bisherige Erfahrungen zeigen, dass sich einige Arten gut im Aquarium halten. Wichtig sind gekühlte Becken (Wassertemperatur unter 20 °C) sowie Lebendfutter (Mückenlarven, Tubifex, Wasserflöhe, Anfluginsekten). Frost- und Flockenfutter werden oft schlecht angenommen.

Die Galaxien hält man am besten in kleineren Gruppen, obwohl es gelegentlich auch zu Revierstreitigkeiten kommen kann. Das Aquarium soll deshalb viele Versteckmöglichkeiten besitzen. Die Fische stehen gern im Verborgenen unter überhängenden Steinen oder zwischen Pflanzen. Sie sind aber auch gute Springer (in der Natur erbeuten sie Insekten außerhalb des Wassers), für einen sicheren Springschutz muss demnach gesorgt werden.

Vermehrung. Für eine erfolgreiche Zucht scheint vor allem das jahreszeitliche Temperaturregime von Bedeutung zu sein. Da in der Heimat die Fortpflanzungsperiode im Südwinter bzw. -frühling liegt, kann eine Temperaturabsenkung die Paarungsbereitschaft auslösen. *Brachygalaxias bullocki* und *B. gothei* wurden im Gartenteich, aber auch im Aquarium (bei Temperaturen zwischen 11 und 15 °C) zum Ablaichen gebracht. Die Jungen schlüpften nach 16 Tagen und schwammen bereits kurz darauf frei. Auch *Galaxiella pusilla*, die als pflegeleichte Art gilt, hat bereits im Aquarium abgelaicht.

Höchstalter. Obwohl viele Galaxien recht kurzlebig sind, manche Arten sollen in der Natur sogar nur einen einjährigen Lebenszyklus haben, wurde *Galaxias zebrata* im Aquarium 10 Jahre alt.

Unterordnung Lachsähnliche (Salmonoidei)

W. E. Engelmann, J. Kormann, M. Martys & G. Pechlaner

3 Familien, die auch nur als Unterfamilien in der Familie Salmonidae zusammengefasst werden.

Familie Lachsfische (Salmonidae)

Kräftiger, wenig seitlich zusammengedrückter Körper. Kleine Fettflosse, sehr kleine Zykloidschuppen, Seitenlinie gut ausgebildet, mit großer Mundspalte und kräftigen Zähnen.

Verbreitung. Nur auf der Nordhalbkugel.

Lebensweise. Räuberisch lebende Süßwasser- oder anadrome Wanderfische, die zum Laichen aus dem Meer bis in die Oberläufe der großen Flüsse ziehen. Häufig ist ein Farb- und Gestaltwandel während des Lebenszyklus zu beobachten. Viele Arten nehmen während der Laichwanderung keine Nahrung mehr auf. Laichabgabe in vom Weibchen ausgeschlagene Kiesmulden. Entwicklungsdauer der Eier sehr lang (1,5 bis über 6 Monate).

Abb. 33.4 *Hucho hucho* (Landesmuseum St. Pölten, Österreich)

Abb. 33.5 *Oncorhynchus masou* (Tokyo Sea Life Park)

Nahrung. Krebstiere, Wasser- und Anfluginsekten, Fischbrut, größere Arten räubern Fische. Einige Arten filtern aber Plankton (z.B. *Oncorhynchus nerka*).

8 Gattungen mit über 90 Arten (einige Arten in teilweise mehreren Unterarten bzw. Lokalformen). Wegen der großen Variabilität ist ihre Unterscheidung oft schwierig.

Gattung *Hucho* (Huchen): 5 Arten. Dazu **Huchen, Donaulachs** (*H. hucho*): bis 1,2 m, Donau und Nebenflüsse, eingebürgert in Spanien, Marokko, Polen, Ukraine, in der Äschen- und Barbenregion, dort in klaren, sommerkalten, sauerstoffreichen Gewässerabschnitten. Rücken dunkel braungrün bis grünblau, Seiten heller, rötlich getönt. Kleine, dunkle Tupfen auf der Oberseite. Jungfische mit 8 - 10 dunklen Querbinden. Weibchen mit 4 - 5, Männchen mit 3 Jahren geschlechtsreif.

Gattung *Oncorhynchus* (Pazifische Forellen und Hakenlachse): 14 Arten, die alle zum Pazifik orientierten Lachse Nordamerikas und Ostasiens umfassen. Dazu **Goldforelle** (*O. aguabonita*): 70 cm, Kalifornien (Bergseen und Bäche der Sierra Nevada). Prächtig rote Kiemendeckel, Körperseiten sowie Brust-, Bauch- und Afterflossen. – **Regenbogenforelle** (*O. mykiss*, früher als *Salmo gairdneri* in die Verwandtschaft der Bachforellen gestellt): bis 70 cm, ursprünglich Pazifikküste Nordamerikas von Alaska bis Nevada (Wanderform) bzw. in Fließgewässern und Seen (Süßwasserformen), heute durch den Menschen in geeigneten Gewässern nahezu weltweit verbreitet. Grundfärbung des Rückens graublau bis braungrün, Flanken mit typischem, rosa bis kupferrot irisierendem Band. Ökologisch sehr anpassungsfähig hinsichtlich der Temperatur, dem Sauerstoffgehalt und dem pH-Wert. – Die 40 - 80 cm großen Hakenlachse des Nordpazifiks wie **Königslachs** (*O. tschawytscha*), **Blaurückenlachs** (*O. nerka*) und **Buckellachs** (*O. gorbuscha*) wandern zum Laichen in die nordwestamerikanischen und ostasiatischen Flüsse ein und steigen z.T. bis in die Quellgebiete auf. Ihr außerordentlich feines Geruchsvermögen lässt sie in ihre Laichgewässer zurückfinden, aus denen sie als Jung-

Abb. 33.6 *Salvelinus leucomaenis* (Tokyo Sea Life Park)

fische in das Meer gelangten. Während des Aufsteigens ausgeprägter Geschlechtsdimorphismus hinsichtlich Gestalt und Färbung. Alle Hakenlachse sterben nach dem Ablaichen. – **Masu-Lachs** (*O. masou*): 70 cm, Ochotskisches und Japanisches Meer sowie in Nordjapan und im östlichen Korea. Anadromer Wanderfisch, aber auch ständig in den Oberläufen von Flüssen lebende Süßwasserpopulationen.

Gattung *Salmo* (Atlantische Lachse): 26 Arten. Dazu **Atlantischer Lachs**, **Salm** (*S. salar*): bis 1,5 m, Nordatlantik mit Rand- und Nebenmeeren. Färbung verschiedener Populationen, aber auch altersbedingt, sehr variabel. „Blanklachse" im Meer mit silbrigen Flanken und blaugrauem bis dunkelgrünem Rücken und X-förmigen, schwarzen Tupfen. Zum Laichen aufsteigende „Rotlachse" mit blauem Rücken und rötlichen oder grauen Seiten. Anadromer Wanderfisch, der zum Laichen in die Oberläufe der Flüsse aufsteigt. Männchen dann mit Laichhaken (knorpeliger, nach hinten gebogener Fortsatz am Unterkiefer). Die meisten Lachse sterben nach dem Laichen, nur 5 - 7 % wandern zurück in das Meer und laichen später ein zweites, einige wenige sogar ein drittes Mal. Junglachse bleiben 1 - 5 Jahre im Süßwasser, Lebensdauer insgesamt bis 10 Jahre. – **Forelle** (*S. trutta*): bis 1,4 m, einige Unterarten mit nur 50 cm aber deutlich kleiner bleibend, europäische Atlantikküsten, Island, Mittel- und Schwarzes Meer, Kaspisee, laichen aber stets in Süßgewässern (z. B. die **Meerforelle**, Unterart *S. t. trutta*). Sehr variabel in der Färbung, aber gewöhnlich silbergrau und schwarz gepunktet. Bachforelle oft zitronengelb und mit roten, gelb umrandeten Augenflecken. Fortpflanzungsperiode je nach Unterart und geographischer Lage zwischen Oktober und März. Verschiedene Unterarten, z. B. **Bachforelle** (*S. t. fario*), **Seeforelle** (*S. t. lacustris*) zeitlebens in Süßgewässern Europas sowie des Nahen und Mittleren Ostens. Die Bachforelle ist der Charakterfisch kristallklarer, kalter Gebirgsbäche („Forellenregion").

Gattung *Salvelinus* (Saiblinge): 39 Arten. Dazu **Wandersaibling** (*S. alpinus*): 50 - 60 cm, Küstengewässer des Nordatlantiks und des Eismeeres von Europa, Asien und Amerika (Wanderform, die zum Laichen in die Flüsse aufsteigt), sowie reine Süßwasserformen, die in tiefen, kalten Seen leben, in Großbritannien, Skandinavien und den Alpenländern. Hier auch Ausbildung von Zwergformen, die nur 10 - 15 cm lang werden. Färbung sehr variabel, aber Rücken graubraun bis blassblau, Bauch silbrig. Zur Laichzeit Bauch leuchtend rot, Kehle gelb, Flanken mit gelben oder orangefarbenen

Abb. 33.7 *Coregonus spec.* (Zoo Moskau, Aquarium)

Tupfen. Paarige Flossen und Afterflosse tiefrot mit weißen Vorderkanten. Wanderformen leben als Jungfische 3 - 4 Jahre im Süßwasser. – Im Osten Nordamerikas lebt eine nahe verwandte Art, der mit nur 20 - 40 cm Länge kleiner bleibende **Bachsaibling** (*S. fontinalis*), der 1884 in Europa eingebürgert wurde und sich besonders im Alpenraum gehalten hat. – **Japanischer Saibling** (*S. leucomaenis*): 80 cm, nordwestlicher Pazifik (Beringmeer, Ochotskisches Meer), Kamtschatka, Kurilen, Nordjapan und nordöstliches Korea. Anadrome Wander- und reine Süßwasserformen. – **Lachs-Saibling**, **Malma** (*S. malma*): 1,2 m, Arktisches Meer, Nordost- und Nordwestpazifik. Anadromer Wanderfisch, aber auch reine Süßwasserpopulationen.

Familie Maränen, Renken, Felchen (Coregonidae)

Eng mit den Lachsfischen verwandt, denen sie auch als Unterfamilie zugeordnet werden, aber kleinere Mundspalte und rückgebildete Zähne, Schuppen groß.

Verbreitung. Mittel- und Nordeuropa, Nordasien und Nordamerika.

Lebensweise. Sehr sauerstoffbedürftige Kaltwasserfische in Süßgewässern und als Wanderfische in Fließ- und Küstengewässern. Fortpflanzung im Spätherbst und Winter. Entwicklungsdauer der Eier 3 - 4 Monate. Sehr variabel, viele Arten bilden unterschiedliche Lokalformen oder bastardieren miteinander.

Nahrung. Plankton und kleine Bodentiere.

3 Gattungen mit über 70 Arten.

Gattung *Coregonus*: 64 Arten. Dazu **Kleine Maräne** (*C. albula*): 20 - 35 cm, Ostsee (als Wanderform) und große Binnenseen Nord- und Mitteleuropas, Britische Inseln. Silbern glänzend. Schwarmfisch. – **Große Schwebrenke**, **Blaufelchen**, **Ostseeschnäpel** (*C.-lavaretus*-Formenkreis): bis 50 cm, Nordeuropa, Großbritannien, Voralpengebiet, z.B. Bodensee. Rücken blaugrün, Seiten silbrig. Wanderformen mit verlängertem Oberkiefer („Nase“), stationäre Formen mit spitzem Kopf und end- oder unterständigem Maul.

Familie Äschen (Thymallidae)

Nahe verwandt mit den Lachsfischen, denen sie auch als Unterfamilie zugeordnet werden, aber segelartig hohe Rückenflosse. Kopf klein und spitz, mit enger Mundspalte und kleinen, spitzen Zähnen.

Abb. 33.8 *Thymallus thymallus* (Alpenzoo Innsbruck)

Verbreitung. Europa, Nordasien und Nordamerika.

Lebensweise. Bewohner klarer, kalter Fließgewässer. Zeitweise schwarmbildend, aber trotzdem kleine Reviere verteidigend. Zur Laichzeit untereinander sehr aggressiv. Im Unterschied zu den Arten der beiden vorigen Familien nur relativ kurze Entwicklungsdauer der Eier von 20 - 30 Tagen.

Nahrung. Anfluginsekten, im Wasser lebende Insektenlarven, aber auch Fischlaich, Fischbrut und Kleinfische.

1 Gattung mit 7 Arten.

Gattung *Thymallus*: Dazu **Äsche** (*Th. thymallus*): bis 50 cm, nördliches Mittel- und Osteuropa, in schnell fließenden, flachen Flüssen („Äschenregion", schließt sich flussabwärts der Forellenregion an). Grünlich grau, glänzend. Zur Laichzeit mit rötlichem Anflug. Fortpflanzung im März bis Mai bei Wassertemperaturen von 10 - 11 °C. Die Weibchen legen die Eier etwa 4 cm tief in kiesigen Untergrund. – In Ostsibirien, Alaska und Nordwestkanada lebt die ähnliche **Arktische Äsche** (*Th. arcticus*).

Haltung von Lachsähnlichen

Grundvoraussetzungen für die Haltung von Lachsfischen, Maränen und Äschen sind bestens gefilterte Aquarien mit starker Wasserumwälzung, Temperaturen von 10 - 15 °C (Krankheitsanfälligkeit steigt mit der Temperatur!) und sichere, weiche Abdeckung der Becken. Wanderformen sind auf Dauer kaum zu halten, wie überhaupt eine befriedigende Präsentation dieser in der Binnen- und Sportfischerei so bedeutenden Fische bisher meist nur unzureichend gelingt. Gute Haltungserfolge bei Bachforellen, Blaufelchen, Seesaiblingen und Äschen verzeichnet seit 1986 der Alpenzoo Innsbruck in seinem Kaltwasser-Aquarium. Bestens geeignet, weil auch optisch ansprechend, sind langgestreckte Becken, deren Rückwand als Fließgewässer-Ufer mit vielen Unterständen und differenzierenden Strukturen ausgebildet ist. Aufgrund der hohen Aggressivität, vor allem während der Laichzeit, ist grundsätzlich eine Einzelhaltung bei Äsche, Bachforelle und Huchen zu empfehlen, bei beiden Letzteren höchstens paarweise. Seesaiblinge können in Gruppen gehalten werden, aber nur mit 1 männlichen Fisch.

Bachforellen sind sehr territorial und töten im Laufe der Zeit schwächere Artgenossen in zu kleinen, wenig strukturierten Becken, sie brauchen unbedingt „Uferverstecke". Als noch empfindlicher gelten Äschen, die als Jungfische täglich mehrfach mit kleinen Futterportionen versorgt werden müssen und später territorial werden. Gut eingewöhnte Äschenjunge sind in großflächigen Aquarien allerdings gut zu halten (so im Sea Life Center Timmendorfer Strand bereits über 5 Jahre). Größere Fische müssen vor allem ballaststoffreich und fettarm ernährt werden, da sonst die Gefahr einer Fettleber besteht. Nach den Erfahrungen im Alpenzoo empfiehlt sich die Verfütterung von in Streifen geschnittenem Fischfleisch der Regenbogenforelle und Rinderherz.

Huchen sind untereinander extrem unverträglich und sollten nur einzeln gepflegt werden. Sie benötigen Aquarien mit starker Strömung. Die Ernährung gelingt nur mit lebenden Futterfischen, besonders geeignet sind junge Forellen.

Die geselligeren, verhältnismäßig wärmeunempfindlichen und weniger sauerstoffbedürftigen Regenbogenforellen sind wesentlich leichter zu pflegen. Dies trifft z.T. auch auf die schwarmbildenden Renken wie die Große Maräne zu, die zeitweise noch Temperaturen von 18 - 20 °C vertragen. Die Fütterung aller Formen erfolgt mit tierischem Futter (Fisch, Regenwürmer, Insekten, Kleinkrebse), dazu auch Flockenfutter und Fischpellets. Forellen werden futterzahm, eine gezielte Pinzettenfütterung vermindert die Wasserbelastung. Ihre reichliche und regelmäßige Fütterung ist für eine erfolgreiche Haltung im Aquarium unabdingbar. Hungrige Forellen sind sehr aggressiv, Bissverletzungen mit Sekundärinfektionen sind die Folge einer zu sparsamen Fütterung.

Vermehrung. Im Aquarium gelingt die Zucht von Bachsaiblingen im Paaransatz in großen Becken (mindestens 500 l) mit sehr klarem, sauberem Wasser und starker Strömung, besonders im Bereich des kiesigen Untergrunds. Die Fortpflanzungsbereitschaft wird durch eine Verkürzung der Tageslichtlänge und Verminderung der Wassertemperatur induziert. Nach 4 - 6 Wochen laichen die Fische, die danach entfernt werden sollten. Temperaturabhängig schwimmen die Jungen nach 6 - 8 Wochen und können zunächst mit Kunstfutter für Forellenbrut aufgezogen werden. Im Sea Life Center Timmendorfer Strand gelang die Nachzucht von Regenbogenforellen in der Gruppe in einem 6 m^3 fassenden Schauaquarium schon in der 2. Generation.

Höchstalter. Lebenserwartung für *Salmo salar* 8 - 10, für *Salmo t. trutta* 15, für *Oncorhynchus mykiss* 7 - 11, für *Salvelinus alpinus* 6 - 8, seltener bis 12 Jahre. Im Tierpark München-Hellabrunn lebte ein *Hucho hucho* 10 Jahre, im Londoner Zoo-Aquarium eine Seeforelle 10 Jahre, 4 Monate und in einer Forellen-Zuchtanstalt in Kalifornien ein *Salvelinus malma* sogar 19 Jahre.

34
Ordnung Flaggenflosserartige (Aulopiformes)

W. E. Engelmann & J. Kormann

Kleine bis mittelgroße (bis etwa 2 m) Meeresfische. Körper mehr oder weniger langgestreckt, mit großem Maul und gegabelter Schwanzflosse. Fettflosse meist vorhanden. Schwimmblase fehlt.

13 - 15 Familien, viele reine Tiefseebewohner. In Aquarien sind bisher nur wenige Arten aus 2 Familien gepflegt worden.

Familie Flaggenflosser, Fadensegelfische (Aulopidae)

Körper schlank, mit breitem Kopf und hochstehenden Augen. Rund- oder Kammschuppen. Große Rückenflosse, deren 1. Strahl bei den Männchen verlängert sein kann. Schwanzflosse tief gegabelt. Größe zwischen 20 und 60 cm, aber *Aulopus japonicus* bis über 2,2 m.

Verbreitung. Tropischer und subtropischer Ost- und Westatlantik (einschließlich Mittelmeer und Karibik), West-, Zentral- und Ostpazifik (Südjapan bis Australien und Neuseeland, Hawaii, Niederkalifornien).

Lebensweise. Lauerräuber, auf sandigen und schlammigen Meeresböden, selten an Felsen, vom Flachwasser bis in etwa 1000 m Tiefe. Fortpflanzungsperiode, soweit bekannt, dauert mehrere Monate. Larven im Plankton.

Nahrung. Fische, Krebstiere.

1 Gattung mit etwa 10 Arten.

Gattung *Aulopus*: Dazu **Fadensegelfisch** (*Au. filamentosus*): bis 44 cm, Ostatlantik (Kanarische Inseln bis Westafrika), Mittelmeer, Westatlantik (Golf von Mexiko), Karibik, in 50 - 1000 m Tiefe.

Familie Eidechsenfische (Synodontidae)

Körper langgestreckt, schlank, im Querschnitt rundlich, mit auffallend großem, stark bezahntem Maul. Augen weit vorn am spitz zulaufenden, an eine Echse erinnernden Kopf. Kleine Fettflosse vorhanden. Länge um 30 - 40 cm, maximal 60 cm.

Verbreitung. Alle tropisch-subtropischen Meere.

Lebensweise. Sandflächen- und Korallenriffbewohner des Flachwassers, einige aber auch in der Tiefsee. Sie ruhen entweder auf den Brustflossen oder graben sich bis zu den Augen ein. Stoßräuber. Über die Fortpflanzung ist wenig bekannt. Von einigen Arten wurden schlanke Larven gefunden, die sich erst bei einer Länge von 4 - 5 cm zu kleinen Eidechsenfischen umwandeln.

Nahrung. Hauptsächlich kleine Fische, aber auch Garnelen und Tintenfische.

4 - 5 Gattungen mit über 55 Arten. Die 16 Arten der Bombay-Enten (Gattung *Harpadon*) werden auch als eigene Familie Harpadontidae abgetrennt. Vor allem die Gattung *Synodus* ist aquaristisch von einiger Bedeutung.

Gattung *Synodus*: 21 Arten. Dazu **Sandtaucher** (*S. intermedius*): bis 46 cm, Westatlantik (Bermudas bis Golf von Mexiko und Guayana), Karibik, sehr häufig. Körperseiten mit 8 Querbändern. – **Atlantischer Eidechsenfisch** (*S. saurus*): bis 40 cm, Ostatlantik, Mittelmeer, vom Flachwasser bis in größere Tiefen. Typischer Sandbodenbewohner. Bräunlich, mit feiner Musterung, dunkleren Querbinden und hellblauer Längsstreifung. – **Gebänderter Eidechsenfisch** (*S. variegatus*): 35 cm, tropischer Indopazifik, Hawaii. Bevorzugt auf Korallenfelsen bis in 5 m Tiefe. Mit 8 - 9 dunkelbraunen, sattelförmigen Bändern auf der Oberseite.

Haltung von Flaggenflossern und Eidechsenfischen

Im Aquarium benötigen die auf Sandböden lebenden Fische eine entsprechend große Fläche feinen Sandes, in die sie sich, auf der Stelle rüttelnd, bis zu den Augen eingraben können. Anfangs wird mit lebenden Fischen oder Garnelen gefüttert. Die Gewöhnung an totes Futter (auch Fischstreifen, Weichtierfleisch) ist manchmal schwierig. Eingewöhnte Fische schießen bei der Futtergabe blitzschnell aus dem Sand in den freien Wasserraum, um einen Futterbrocken zu schnappen. Eine Vergesellschaftung ist auf Dauer nur mit größeren bzw. hochrückigen Fischen, die nicht als Beute in Betracht kommen, möglich. Die Haltungstemperaturen richten sich nach den Herkunftsgebieten und sollten bei *Aulopus filamentosus* und *Synodus saurus* aus dem Mittelmeer 20 - 22 °C nicht übersteigen.

35
Ordnung Barschlachsartige (Percopsiformes)

W. E. Engelmann

Kleine, in Nordamerika endemische Süßwasserfische mit Merkmalen der Barschfische (z.B. Vorhandensein von Hartstrahlen und Kammschuppen) und der Lachsfische (z.B. Besitz einer Fettflosse, die allerdings auch fehlen kann).

3 artenarme Familien, über deren Verwandtschaftsbeziehungen noch unterschiedliche Auffassungen herrschen.

Familie Barschlachse (Percopsidae)

Körper mit Kamm- und Rundschuppen, Kopf aber unbeschuppt. Rücken- und Afterflosse mit 1 - 2 Hartstrahlen. Kleine Fettflosse. Maul unterständig, Augen an der oberen Kopfhälfte.

Verbreitung. Weit verbreitet in Nordamerika.

Lebensweise. In Ruhigwasserzonen von Flüssen und Seen, über Sandböden. Räuberisch und eher nachtaktiv. Laichabgabe in Flachwasserbereichen, nach dem Ablaichen sterben die meisten Tiere.

Nahrung. Kleinkrebse, Insektenlarven, kleine Fische.

1 Gattung mit 2 Arten.

Gattung *Percopsis*: **Barschlachs** (*P. omiscomaycus*): 15 cm, von Alaska bis Quebec, südlich bis Kentucky und Missouri verbreitet. Körper silbrig, mit dunklen Tupfen. – Etwas größer (bis 20 cm) ist *P. transmontana* aus dem Columbia-Flusssystem.

Familie Piratenbarsche (Aphredoderidae)

Körper mit Kammschuppen, auch seitlich am Kopf. Rückenflosse mit 3 - 4, Afterflosse mit 2 - 3 Hartstrahlen. Keine Fettflosse. Afteröffnung wandert vor Erreichen der Geschlechtsreife vom Anfang der Afterflosse nach vorn unter die Kehle.

Verbreitung. Östliche USA.

Lebensweise. In stehenden und langsam fließenden Gewässern des Flachlands. Jagen vor allem nachts. Die Vermutung, dass Piratenbarsche aufgrund der unter der Kehle liegenden Geschlechtsöffnung Kiemenhöhlenbrüter (siehe Familie Amblyopsidae) sind, hat sich neuerdings nicht bestätigt. Weibchen laichen in Wurzelnestern ab, in die sie mit dem Kopf voran eindringen, Männchen folgen zur Befruchtung.

Nahrung. Wasserinsekten, kleine Krebstiere und Fischbrut.

1 Gattung mit 1 Art.

Gattung *Aphredoderus*: **Piratenbarsch** (*A. sayanus*): bis 14 cm. Körperfarbe düster bräunlich bis schwärzlich.

Familie Höhlenfische (Amblyopsidae)

Spindelförmig gestreckter Körper, Reduktion der Körperpigmente, Augen reduziert oder weitgehend verschwunden. Bauchflossen, mit einer Ausnahme, nicht vorhanden. Kleine Rundschuppen, Kopf unbeschuppt. Rücken- und Afterflosse stehen sich gegenüber. Kein Seitenliniensystem, aber zahlreiche Papillenreihen auf Kopf, Körper und Schwanz als hochsensibler Ferntastsinn. Afteröffnung liegt weit vorn unter der Kehle. Wurden früher wegen äußerlicher Ähnlichkeit in die Nähe der Zahnkärpflinge (Familie Cyprinodontidae) gestellt.

Verbreitung. Östliche und südöstliche USA.

Lebensweise. Bis auf 1 Freiwasserart (Trugkärpfling, *Chologaster cornutus*) leben alle anderen Arten der Familie in Höhlengewässern. Von der Gattung *Amblyopsis* ist die – möglicherweise für die gesamte Familie zutreffende – Fortpflanzungsstrategie bekannt. Die Weibchen lagern die Eier in ihre beiden Kiemenhöhlen ein, wo wahrscheinlich auch die Besamung erfolgt. Geschlechtsreife mit 1 Jahr.

Nahrung. Vor allem Kleinkrebse (Copepoden, Amphipoden, Isopoden).

5 Gattungen mit 6 Arten.

Gattung *Amblyopsis*: 2 Arten. **Blinder Trugkärpfling**, **Mammuthöhlen-Blindfisch** (*A. spelaeus*): bis 13 cm, östliches Mississippi-Becken. Fleischfarben (pigmentlos). – Ähnlich ist der **Ozork-Höhlenfisch** (*A. rosae*).

Gattung *Chologaster*: 1 Art. **Trugkärpfling** (*Ch. cornutus*): um 5 cm, im Oberflächenwasser der mittelatlantischen Ebene der USA, in sumpfigen Gebieten. Besitzen kleine, sehtüchtige Augen, 3 Längsbänder, das mittlere geht durch das Auge.

Gattung *Typhlichthys*: 1 Art. **Südlicher Höhlenfisch** (*T. subterraneus*): 9 cm, in Karsthöhlensystemen des Ozork-Plateaus (Missouri) sowie um die Flusssysteme des Tennessee und des Coosa (südliches Indiana bis nördliches Alabama und Georgia).

Haltung von Barschlachsartigen

Obwohl sich unter den Barschlachsartigen eigentlich biologisch sehr interessante Arten befinden, ist über ihre Aquarienhaltung recht wenig bekannt. Alle Freiwasserarten sollten im gut bepflanzten Artbecken mit Versteckmöglichkeiten und sauerstoffreichem Wasser gepflegt werden. Die Wassertemperaturen können stärker schwanken, dürfen aber nicht längere Zeit über 22 °C steigen. Überhaupt ist eine kühle Überwinterung bei 5 - 10 °C zu empfehlen. Barschlachse und Piratenbarsche können auch untereinander aggressiv sein. Als Nahrung wird Lebendfutter aller Art genommen, insbesondere kleine Fische, Würmer, Insektenlarven und Kleinkrebse.

Für die in Höhlen lebenden Fische sollte auch das Aquarium höhlenartig eingerichtet werden, also ohne Bepflanzung und mit nur schwacher Beleuchtung. Erforderlich ist ein ruhiger Standort des Beckens, das auch einen entsprechend großen freien Schwimmraum besitzen muss, damit der empfindliche Tastsinn in seiner Funktion nicht beeinträchtig wird. Wichtig ist eine Kühlung, denn die Wassertemperaturen sollten mit geringen Schwankungen zwischen 12 und 16 °C konstant gehalten werden. Die Ernährung mit Würmern, Insektenlarven und Kleinkrebsen ist unproblematisch, die Fische sollen gierige Fresser sein.

Höchstalter. Lebensdauer des Piratenbarsches in der Natur bis 4, des Trugkärpflings 3 - 4 Jahre.

36
Ordnung Froschfischartige (Batrachoidiformes)

W. E. Engelmann

Körper langgestreckt, Kopf groß, abgeflacht. Schuppenlos oder mit Rundschuppen. Unterkiefer überragt den Oberkiefer. Kiemenspalt klein. Am Kopf und Maul häufig zahlreiche kleine, teilweise bizarr verzweigte Hautläppchen. Augen hochstehend und nach oben gerichtet. Kleine 1. Rückenflosse besteht nur aus 2 oder 3 Stacheln (z.T. giftig), 2. Rückenflosse und Afterflosse lang, Bauchflossen kehlständig, vor den großen Brustflossen stehend. Größe zwischen 5 und 57 cm.

Nur 1 Familie.

Familie Froschfische (Batrachoididae)

Verbreitung. In allen tropisch-subtropischen Meeren, einige wenige Arten auch im Süßwasser Mittel- und Südamerikas.

Lebensweise. Meist in 10 - 250 m Tiefe auf Sand- und Schlammböden, verschiedene Arten aber auch in Korallenriffen. Können quakende oder grunzende Laute erzeugen. Das Männchen oder beide Elternteile bewachen den Laich bis zum Schlüpfen der Jungen (nach etwa 3 Wochen) in Spalten und Höhlungen. Larven ähneln Kaulquappen, besitzen Haftscheibe an der Bauchseite.

Nahrung. Krebstiere, Schnecken, Tintenfische, Fische.

21 Gattungen mit über 70 Arten.

Gattung *Allenbatrachus*: 2 Arten. Dazu **Grunzender Krötenfisch** (*A. grunniens*): 30 cm, Indowestpazifik (Mekong-Delta), im Meer- und Brackwasser, z.T. auch reine Süßwasserpopulationen.

Gattung *Amphichthys*: 3 Arten. Dazu **Froschfisch** (*A. cryptocentrus*): bis 40 cm, tropischer

Abb. 36.1 *Allenbatrachus grunniens* (Aquarium Glaser, Rodgau)

Abb. 36.2 *Halobatrachus didactylus* (Ocanarium Lissabon)

Westatlantik (südliche Karibik, Kleine Antillen bis Nordbrasilien), häufig im Flachwasser auf felsigem Boden. Dunkelbraun mit gelblicher Fleckung, Unterseite weißlich.

Gattung *Batrachomoeus*: 5 Arten. Dazu **Dreistachel-Froschfisch** (*B. trispinosus*): 30 cm, Meeresgebiete im Indoaustralischen Archipel, um Nordwestaustralien, Mekong-Delta, dringt auch in Ästuare ein.

Gattung *Daector*: 5 Arten. Dazu **Gerrings Froschfisch** (*D. gerringi*): 25 cm, Kolumbien, Peru, im Süßwasser.

Gattung *Halobatrachus*: 1 Art. **Lusitanischer Krötenfisch** (*H. didactylus*): 50 cm, Ostatlantik (von Südfrankreich bis Ghana).

Gattung *Halophryne*: 4 Arten. Dazu **Gebänderter Krötenfisch** (*H. diemensis* = *H. gangene*): 26 cm, Hinterindien bis Neuguinea, Nord- und Westaustralien, auf Schlickböden und in Korallenriffen, zwischen Mangrove-Wurzeln. Schwarzgrau bis violettschwarz, mit dunklen, unregelmäßigen Binden, Unterseite grau.

Gattung *Opsanus*: 5 Arten. Dazu **Austernfisch** (*O. tau*): 38 cm, Ostküste der USA bis Kuba, auf Sand- und Schlickböden, zwischen Seegras. Färbung düster braunschwarz, dem Untergrund angepasst. Stacheln am Kopf und Stachelstrahlen der 1. Rückenflosse nicht mit Giftdrüsen verbunden. – Ähnlich ist der **Golf-Krötenfisch** (*O. beta*).

Gattung *Porichthys*: 14 Arten. Dazu **Bootsmannfisch** (*P. notatus*): 35 cm, nordamerikanische Pazifikküste von Alaska bis zum Golf von Kalifornien, auf Schlickböden, vom Ufer bis in 300 m Tiefe. Oberseits bronzefarben, unterseits gelblich. Am Bauch zahlreiche kleine Leuchtorgane, die bei der Balz eine Rolle spielen sollen. Dämmerungsaktiv, laut brummend und grunzend, in den südlichen USA deshalb „midshipman" oder „singing fish" genannt.

Gattung *Sanopus*: 6 Arten. Dazu **Korallen-Krötenfisch** (*S. splendidus*): 24 cm, Karibik (Insel Cozumel, Mexiko), bewohnen Höhlen (Korallenriffe, unter Steinen) in 9 - 25 m Tiefe. Farbenprächtigste Art: Grundfarbe braun, im Kopfbereich mit heller Zebrastreifung, am Körper große, helle Rundflecken, Flossen schwarz und gelb gesäumt.

Gattung *Thalassophryne*: 6 Arten. Dazu **Amazonas-Krötenfisch** (*Th. amazonica*): etwa 25 cm, im Amazonas-Flusssystem, reine Süßwasserart. – **Sapo-Krötenfisch** (*Th. maculosa*): 20 cm, südliche Karibik, im Sand vergrabener Küstenfisch. Düster braun mit zahlreichen Punkten und Flecken. Die 2 Rückenflossenstacheln und 1 Kiemendeckelstachel sind hohl und stehen mit Giftdrüsen in Verbindung (Vorsicht vor Verletzungen – gilt für alle Arten der Gattungen *Thalassophryne* und *Daector* aus der Karibik und von der mittelamerikanischen Pazifikküste).

Haltung von Froschfischen

Froschfische werden in Aquarien eher selten gezeigt. Sie sind gefräßige Räuber, die nur mit anderen Fischen vergesellschaftet werden können, wenn diese aufgrund ihrer Größe nicht mehr als Beute in Betracht kommen. Zur Eingewöhnung eignen sich lebende Garnelen und Fische (z.B. Guppys). Später wird alles tierische Ersatzfutter angenommen (Rinderherzwürfel, Geflügelleber, Regenwürmer, Schrimps und Garnelen, kleine Fische, auch Filetstreifen).

Die Sandbodenbewohner unter ihnen benötigen Freiflächen mit hoher Sandschicht, in die sie sich gern eingraben. Andere wiederum bevorzugen dunkle Höhlenverstecke, die man ihnen als Unterschlupf anbieten sollte. Im Zoo-Aquarium Berlin gelang die Nachzucht von *Halophryne.*

Die Süßwasserarten der Gattungen *Thalassophryne* und *Daector* werden in dicht bepflanzten, versteckreichen Aquarien gepflegt.

Höchstalter. *Opsanus tau* 13 Jahre, 11 Monate im Aquarium, *Halophryne diemensis* mindestens 13 Jahre im Tierpark Berlin.

37
Ordnung Schildfischartige (Gobiesociformes)

F. Velte

Meist klein bleibende (unter 10 cm), grundelähnliche Fische ohne Schwimmblase, mit bodengebundener Lebensweise. Kopf in der Regel spitz und abgeplattet. Bauchflossen bei fast allen Arten zu einer großen, unter den Brustflossen liegenden, Bauchsaugscheibe umgebildet. Rücken- und Afterflosse weit hinten ansetzend, oft mit der Schwanzflosse verwachsen. Haut schuppenlos und sehr schleimig. Unabhängig voneinander bewegliche Augen. Die systematische Einordnung ist noch unklar, sie werden auch als Unterordnung zu den Barschartigen, in die Nähe der Leierfische, gestellt.

Nur 1 Familie.

Familie Schildbäuche, Ansauger (Gobiesocidae)

Verbreitung. Im Küstenbereich gemäßigter bis tropischer Meere, nur wenige Arten im Süßwasser, vorwiegend Südamerikas.

Lebensweise. Schlecht schwimmende Bodenfische, häufig recht bunt gefärbt. Substratlaicher, Männchen betreibt Brutpflege. Mehrere Arten leben obligat mit verschiedenen Wirbellosen vergesellschaftet.

Nahrung. Zooplankton und kleine Wirbellose wie Schnecken, Muscheln, Würmer und Krebse.

36 Gattungen und etwa 125 Arten.

Gattung *Diademichthys*: 1 Art. **Seeigel-Schildbauch** (*D. lineatus*): bis 5 cm, Indopazifik. Langgezogene Körpergestalt; rot, mit feinen, weißen Längsstreifen, doch sollen auch Exemplare mit schwarzer Grundfärbung vorkommen. Lebt zwischen den Armen von Diadem-Seeigeln, ernährt sich teilweise auch von deren Saugfüßchen.

Gattung *Discotrema*: 1 Art. **Haarstern-Schildbauch** (*D. crinophila*): bis 3 cm, Indopazifik. Körperquerschnitt rundlich; rot gefärbt, mit wenigen weißen Längsstreifen. Lebt zwischen den Armen von Haarsternen.

Gattung *Gobiesox*: 26 Arten. Dazu **Nordpazifischer Schildfisch** (*G. maeandricus*): 16 cm, Ostpazifik (Südostalaska bis Niederkalifornien). Hellolivbraun bis rötlich, dunkle Netzzeichnung.

Gattung *Lepadogaster*: 3 Arten. Dazu **Purpur-Schildbauch**, **Candolles Schildfisch** (*L. candolii*): 8 cm, Nordostatlantik, Mittel- und Schwarzes Meer. – **Blaufleckschildfisch** (*L. lepadogaster*): bis 6 cm, Mittelmeer, Schwarzes Meer, östlicher Atlantik. Grün-braune Körperfärbung, mit rötlichen Punkten am Rumpf und blauen Strichen am Kopf. 1 Paar großer Kopftentakel. Lebt vorwiegend in Geröllfeldern, aber auch in Seegraswiesen, gelegentlich mit Seeigeln vergesellschaftet.

Haltung von Schildbäuchen

Haltungserfahrungen liegen nur für wenige Arten vor. Der Blaufleckschildfisch wird, ebenso wie verwandte Arten aus seinem Verbreitungsgebiet, in kleineren Aquarien bei Temperaturen nicht über 20 °C gehalten. Der Nordpazifische Schildfisch sollte insgesamt noch etwas kühler gehalten werden. Für die Beckeneinrichtung sind vor allem veralgte Steine zu empfehlen.

Abb. 37.1 *Lepadogaster candolii* (Naturaufnahme, Schwarzes Meer)

Gefüttert wird mit Mysis, Gammarus, Muschel- oder Tintenfischfleisch.

Für die mit Wirbellosen zusammenlebenden Schildbauch-Arten ist die Haltung meist nur mit ihrem Partner möglich. So sollte der Seeigel-Schildbauch mit Diadem-Seeigeln und der Haarstern-Schildbauch mit tropischen Haarsternen gemeinsam gepflegt werden. Der Seeigel-Schildbauch wurde allerdings in einem Artbecken auch schon ohne Seeigel gehalten. Diese Art reagiert empfindlich auf Glasrosen (*Aiptasia spec.*) und Polypen von Cassiopeia-Quallen. Eine Schwierigkeit in der Haltung des Haarstern-Schildbauchs liegt z.B. darin, dass die Pflege der Partner-Haarsterne, die als Filtrierer leben, auf Dauer sehr problematisch ist.

Vermehrung. Die Zucht von *Lepadogaster lepadogaster* ist vereinzelt gelungen. Die Fische laichen zwischen März und Mai an der Unterseite von Steinen ab. Nach 2 Wochen schlüpfen die Larven. Die Aufzucht der Jungfische gelingt mit Euplotes, Brachionus und später Artemia-Nauplien.

Höchstalter. Lebensalter des Blaufleck-Schildfisches bis 5 Jahre, der Seeigel-Schildbauch kann im Aquarium 2 Jahre alt werden.

38
Ordnung Anglerfischartige (Lophiiformes)

J. Kirchhauser

Monströse Meeresfische mit großem Kopf und kurzem Körper. Kiemenöffnungen schmal, liegen unterhalb oder hinter den Brustflossen. Schwimmblase, wenn vorhanden, ohne Verbindung zum Darm (physocliste Fische). 1. Rückenflossenstrahl frei beweglich, meist zu einer „Angelrute“ mit einem Hautlappen als Köder umgebildet, bei Tiefseearten außerdem mit Leuchtorganen. Nach Anlocken der Beute wird diese plötzlich in das riesige Maul eingesaugt. Fortpflanzung, soweit bekannt, durch Ablage von Eiern, die mit einem Sekret umhüllt sind, das im Wasser zu einer großen, gelatinösen Masse anschwillt. Brutpflege wurde beobachtet. Bei einigen Tiefsee-Arten tritt fakultativer und obligater Sexualparasitismus auf (Zwergmännchen wachsen an den Weibchen fest, bestehen dann im Extremfall fast nur noch aus den männlichen Geschlechtsorganen). Larven im Plankton.

Verbreitung in allen tropischen und gemäßigten Meeren, in der Tiefsee durch bizarre Formen aus der Unterordnung Ceratioidei vertreten.

16 - 18 Familien mit etwa 300 Arten. Viele nur aus der Tiefsee bekannt, für die Aquaristik sind lediglich 3 Familien interessant.

Familie Anglerfische, Fühlerfische, Antennenfische (Antennariidae)

Plumper, hochrückiger Körper, 4 - 38 cm lang, mit großem, breitem Kopf und schräg nach oben gerichtetem Maul. Keine Schuppen, weiche Haut kann aber durch Knocheneinlagen rau sein, oft mit lappenartigen, körperauflösenden Fortsätzen, die an Algenbewuchs oder Schwammstrukturen erinnern. Hervorragende Anpassung an die Umgebung durch mehr oder weniger geflecktes Farbmuster, das über längere Zeit dem Untergrund angeglichen werden kann. Die enorme farbliche Vielfalt erschwert die Unterscheidung der Arten. Namengebendes Merkmal der Familie ist die Abwandlung des 1. Rückenflossenstrahls: Er inseriert direkt über der Schnauze und ist als dünne Angelrute ausgebildet, an deren Ende ein Hautlappen als „Köder“ sitzt. Der „Köder“ kann Würmer, Kleinkrebse oder kleine Fische nachahmen. Auch 2. und 3. Flossenstrahl sind vom weichstrahligen Flossenteil abgesetzt und sitzen wie Höcker, die mit dicker, rauer Haut überzogen sind, auf der Kopfoberseite. Bauchflossen kehlständig. Brustflossen stark verändert, ähneln insgesamt einem Arm mit Hand. An einen muskulösen Oberarm setzt über ein „Ellbogengelenk“ der kurze Unterarm mit dem handartigen Flossenende an. Die kleine Kiemenöffnung liegt hinter dem „Ellbogen“ der Brustflosse, durch Auspressen von Wasser können sich die Fische nach dem Rückstoßprinzip im Freiwasser fortbewegen. Schlechte Schwimmer, die diesen „Düsenantrieb“ mit langsamen Paddelbewegungen von Rücken-, Schwanz- und Afterflossen unterstützen.

Verbreitung. In tropischen und subtropischen Meeren (nicht im Mittelmeer). Sargassofische werden regelmäßig bis in gemäßigt-temperierte Gebiete verdriftet.

Lebensweise. Sowohl in Korallenriffen als auch auf mit Schwämmen bewachsenen Felsen, sel-

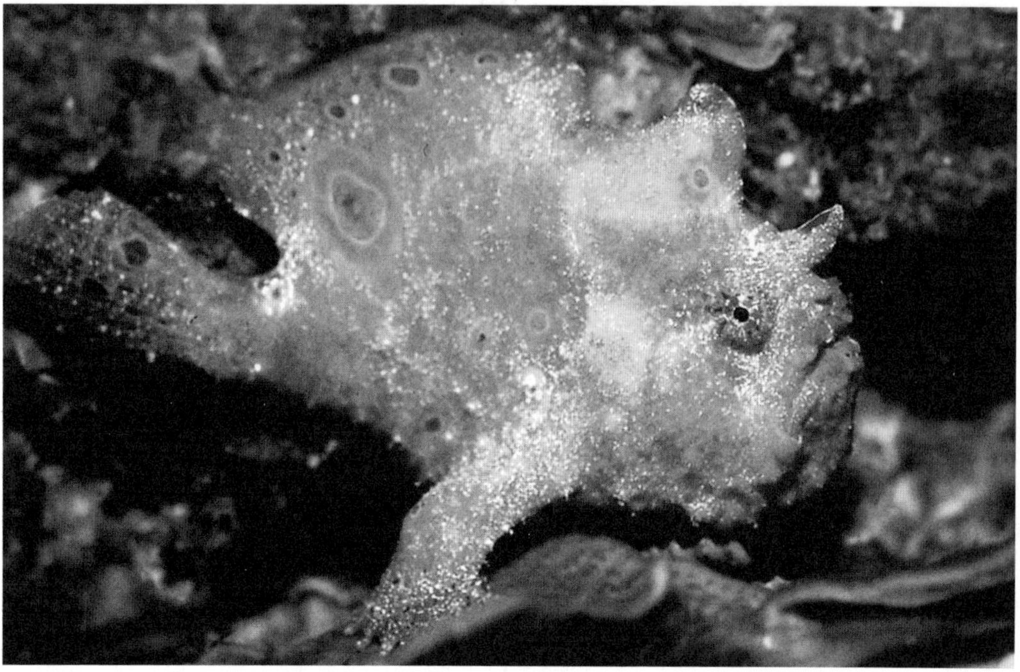

Abb. 38.1 *Antennarius maculatus* (Vivarium Karlsruhe)

tener in Seegraswiesen oder in treibenden Tangfeldern. Meist Lauerjäger, die bestenfalls mithilfe ihrer Brust- und Bauchflossen auf dem Grund, zwischen Korallen, Schwämmen oder in Tangen umherkriechen. Bei Annäherung einer potentiellen Beute beginnt der Anglerfisch mit dem Köder am 1. Rückenflossenstrahl über seinem großen Rachen zu wedeln. Wenn das Opfer nach dem vermeintlichen Leckerbissen zu schnappen versucht, wird es blitzschnell (in wenigen Millisekunden) in den stark dehnbaren Mund- und Kiemenraum eingesaugt. Eigelege als gelatinöses, frei im Wasser treibendes Schleimband. Oft mit Brutpflege.

Nahrung. Garnelen und Fische, sogar von der ungefähren Größe des Anglerfisches selbst. Es gibt Berichte, dass auch wehrhafte Rotfeuerfische ohne Schaden gefressen wurden.

14 - 15 Gattungen mit etwa 50 Arten.

Gattung *Antennarius* (Anglerfische i.e.S.): 24 Arten, z.T. außerordentlich variabel und schwer unterscheidbar. Dazu **Riesen-Anglerfisch** (*A. commersoni*): 35 cm, gesamter tropischer Indopazifik, bis in 50 m Tiefe. Außerordentlich variable Färbung (gelb, rot, grün, braun und schwarz). – **Warzen-Anglerfisch**, **Gefleckter Anglerfisch** (*A. maculatus*): 9 cm, Indowestpazifik, nördlich bis Japan, in Korallenriffen, vom Flachwasser bis in 15 m Tiefe. Erwachsene mit warziger Körperoberfläche. – **Augenfleck-Anglerfisch** (*A. ocellatus*): bis 38 cm, Karibik. Je 1 großer Augenfleck auf der Körperseite, an der Rückenflosse und z.T. auch auf der Schwanzflosse.

Gattung *Histrio*: 1 Art. **Sargasso-Anglerfisch** (*H. histrio*): bis 14 cm, als einziger Anglerfisch circumtropisch in treibenden Sargassum-Tangfeldern, kann mit diesen auch in gemäßigte Zonen (z.B. bis nach Finnland) verdriftet werden. Keine lang ausgezogene Angelrute. Imitiert mit seiner Färbung und mit zahlreichen Hautanhängseln Pflanzenteile des Tangs. Aquarienhaltung im Idealfall mit starkem Bewuchs höherer Algen.

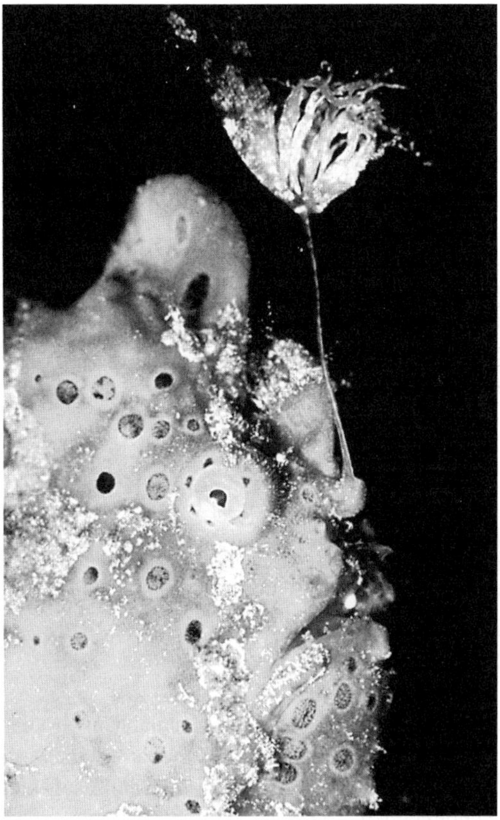

Abb. 38.2 *Antennarius maculatus*, mit ausgeklappter Angel (Vivarium Karlsruhe)

Haltung von Anglerfischen

Der Handel bietet immer wieder Sargasso-Anglerfische und Arten der Gattung *Antennarius* an. Obwohl sie als gut haltbar gelten, leben sie oft nicht länger als 1 Jahr im Aquarium. Möglicherweise kommt als Todesursache eine Überfütterung und anschließende Leberverfettung der gierigen Fresser in Betracht. Sie akzeptieren zunächst nur lebendes Futter (Garnelen oder Fische), können aber in der Regel auf Frostfutter umgestellt werden, indem das Futtertier auf einen dünnen PVC-Stab gesteckt und vor dem Anglerfisch bewegt wird. Sie sollten nur mit größeren Tieren vergesellschaftet werden, da Fische und Krebstiere bis zur eigenen Körpergröße als Beute betrachtet werden. Besonders in der Eingewöhnungsphase muss darauf geachtet werden, dass das Futter nicht von gierigen Mitbewohnern weggeschnappt wird. Stark nesselnde Anemonen und Korallen führen unter Umständen zu Schädigungen.

Beim Leben auf bunten Schwämmen können auch die Anglerfische dekorative Farben annehmen, die sich aber – gerade bei Jungtieren – im Aquarium wieder ändern können. So wurde ein 2 cm großes Jungtier, das beim Kauf eine kirschrote Färbung hatte, im Aquarium innerhalb von 6 Wochen tiefschwarz. Beim weiteren Heranwachsen färbte sich das Tier wieder heller und bekam nach 8 Monaten eine hellorange Färbung. Ältere Tiere behielten meist den Farbton, den sie beim Kauf hatten.

Aus der Gattung *Antennarius* eignen sich attraktiv gefärbte Exemplare unterschiedlicher Arten als interessante Bereicherung von Aquarien mit großen Fischen (z.B. Rotfeuerfische). Schon bei der Anschaffung sollte bedacht werden, dass die Endgröße bei verschiedenen Arten sehr unterschiedlich ausfallen kann. Die Größe von Mitbewohnern muss darauf abgestimmt sein. Auch zupfende Fische können zu Schäden an Angel und Hautanhängseln führen.

Wenn sich im Aquarium ein Paar gebildet hat (was oft durch den Kannibalismus der Tiere verhindert wird), kommt es nicht selten zur Eiablage. Die Gelege bilden transparente gelatineartige Bänder, die bei kleineren Arten 5 - 10 cm groß sind, bei großen Arten bis zu 3 m lang werden können. Sie rollen sich von beiden Seiten her auf, nach wenigen Tagen schlüpfen pelagische Larven, die mehrere Wochen im freien Wasser verbringen. Die Aufzucht ist bisher nicht gelungen. Die aufgerollten Bänder von *Histrio histrio* lösten sich nach eigenen Beobachtungen innerhalb von 3 Tagen auf, ohne dass Jungfische zu finden waren.

Höchstalter. Im Aquazoo Düsseldorf lebte ein *Antennarius commersoni* 4 Jahre, 6 Monate, im Vivarium Karlsruhe ein *A. maculatus* 4 Jahre.

Abb. 38.3 *Histrio histrio* (Vivarium Karlsruhe)

Familie Seeteufel (Lophiidae)

Breiter, abgeflachter Kopf mit außerordentlich weitem Maul, der vorn breite Körper verengt sich nach hinten keilförmig. Augen relativ klein, nach oben gerichtet. Die schuppenlose Haut ist braun bis graugrün marmoriert und kann der Umgebung angepasst werden, zusätzliche Tarnung durch zahlreiche Hautlappen (besonders am Rand des vorragenden Unterkiefers). Große, flache Brustflossen, die zum Kriechen verwendet werden. Bauchflossen kehlständig. Rückenflosse zweigeteilt, die ersten 3 Rückenflossenstrahlen des vorderen Teils stehen frei, sind fadenartig verlängert und über die ganze Länge mit kleinen Hautlappen besetzt. Der 1. Rückenflossenstrahl trägt einen fleischigen Hautlappen als Köder. Kiemenöffnungen in der Achsel der Brustflossen.

Verbreitung. In allen Meeren (von der Küste bis in etwa 1000 m Tiefe), Hauptverbreitung im Nordatlantik, einschließlich Mittelmeer.

Lebensweise. An den Kontinentalabhängen aller Kontinente, außer in den Polargebieten, meist in Tiefen unter 200 m bis über 1000 m auf Sand- und Schlickböden, seltener auch auf Felsgrund. Gut getarnte Lauerjäger, die sich gelegentlich vollständig oder bis zur Hälfte in den Bodengrund eingraben. Der Köder am 1. Rückenflossenstrahl wird zum Anlocken von Beutefischen vor dem Maul hin und her bewegt. Ist die Beute nahe genug, schießt der Seeteufel mit weit aufgerissenem Maul auf sie zu und saugt sie regelrecht ein. Lange, nach innen gebogene Zähne verhindern deren Entkommen. Fortpflanzung zumindest des Großen Seeteufels im Frühsommer in größeren Tiefen. Riesige, violette, gallertige Laichbänder (bis zu 12 m lang und 90 cm breit), in denen bis zu 3 Millionen einzelne, mit Öltröpfchen versehene Eier liegen. Das Laichband schwebt frei im Wasser. Nach wenigen Tagen schlüpfen die pelagischen Larven, die mit langen Flossenstrahlen Quallen imitieren, um nicht gefressen zu werden; sie gehen mit ca. 7 cm Länge zum Bodenleben über.

Nahrung. Gefräßige Fische, die nahezu alles, was vom Köder angelockt wird, vertilgen; sogar

Seevögel sollen schon im Magen von Großen Seeteufeln gefunden worden sein.

4 Gattungen mit etwa 25 Arten.

Gattung *Lophius*: 7 Arten. Dazu **Großer Seeteufel** (*L. piscatorius*): über 1 m (im Extremfall bis 2 m, größte Art), östlicher Atlantik (von Norwegen bis zum Senegal), Mittelmeer und Schwarzes Meer. Bevorzugt in Flachwasserzonen felsige Untergründe, in tieferen Regionen (bis 1 000 m) eher Sand- und Schlammböden.

Haltung von Seeteufeln

Da *Lophius piscatorius* in europäischen Meeren als Speisefisch gefangen wird, kann diese Art hin und wieder für das Aquarium beschafft werden. Wegen ihrer Größe und Gefräßigkeit sind Seeteufel jedoch bestenfalls für große Spezialaquarien geeignet. Die Tiere wachsen schnell heran und andere Mitbewohner werden bald als Beute betrachtet. In küstennahen Schauaquarien werden sie aber auch zusammen mit Schwarmfischen wie Heringen oder Goldstriemen gehalten. Dort werden gelegentlich einzelne Tiere aus dem Schwarm gefressen, die dann wieder ersetzt werden müssen. Bei der Aquarienfütterung werden anfänglich nur lebende Fische akzeptiert, später wird auch Frostfutter angenommen. Ihrer Herkunft entsprechend sollten Seeteufel in gekühlten Becken bei Wassertemperaturen, die deutlich unter 20 °C liegen, gehalten werden. Gute Ergebnisse wurden im Sommer bei 12 °C, im Winter bei 9 °C erzielt.

Wenn Seeteufel mit dem Netz gefangen werden, versuchen sie heftig, sich zu befreien und verletzen sich dabei häufig die Schleimhaut oder sogar ihre Haut. Anschließende Infektionen an den betroffenen Bereichen breiten sich oft aus und führen letztendlich zum Tod. Als probates Gegenmittel hat sich eine vorübergehende Absenkung des Salzgehalts auf 17 ‰ bewährt und bei einer Temperatur von ca. 8 °C waren die Tiere nach 2 Wochen völlig genesen. Auch der gelegentliche Befall mit Fischegeln (*Callobdella lophii*) wird beim vorübergehenden Aufenthalt im Brackwasser beseitigt. Nach Überwindung der oben genannten Anfangsprobleme ist *Lophius piscatorius* ein ausdauernder Pflegling. Verschiedentlich kam es auch zur Eiablage, die jedoch (ohne Geschlechtspartner) nach 5 Tagen in der Auflösung des Laichbandes endete.

Höchstalter. Haltungsdauer des Seeteufels im Aquarium über 8 Jahre.

Familie Seefledermäuse (Ogcocephalidae)

Merkwürdig aussehende Bodenfische, deren abgeplattete Körperform an Zitterrochen erinnert, 8 - 45 cm lang. In der Regel mit beigefarbener oder brauner Tarnfärbung, bei einigen Arten gelbe Brustflossen. Haut glatt, mit dornartigen Hautknochen durchsetzt. Vor allem am Körperrand fadenförmige Hautanhänge, die bei *Ogcocephalus parvus* den ganzen Körper pelzartig überziehen. Vorderkörper pfannkuchenartig, deutlich vom kurzen, schlanken Hinterkörper abgesetzt. Kopf bullig wirkend, oft mit einer einhornartigen Spitze. Am Hinterrand des breiten Vorderkörpers setzen die zum „Gehen“ verwendeten Brustflossen über ein „Ellbogengelenk“ an, die Bauchflossen stehen unterseits kurz hinter dem Kopf und werden ebenfalls beim „Gehen“ eingesetzt, so dass eine Art vierbeinige Fortbewegung zustande kommt. Obwohl beobachtet wurde, dass Seefledermäuse des Flachwassers regelmäßig in der Nacht zur Wasseroberfläche schwimmen, gelten sie gemeinhin als schlechte Schwimmer, die typische Fortbewegungsweise ist der oben beschriebene vierbeinige Gang auf Brust- und Bauchflossen. Der einzige harte Rückenflossenstrahl sitzt in einer Rinne eingelegt über dem Maul und kann als Angelköder nach vorn aufgerichtet werden. Der weiche Teil der Rückenflosse ist klein und befindet sich auf dem Hinterkörper. Die Kiemenöffnungen liegen nach hinten versetzt zwischen Brustflossen-Ansatz und Hinterkörper.

Verbreitung. In allen tropischen und vielen subtropischen Meeren.

Lebensweise. Über die Lebensweise ist wenig bekannt. Meist in tieferen Zonen zwischen 200 und 1 000 m, einige Arten auch im Flachwasser. Sie halten sich auf Sand, Schlamm oder steinigem Untergrund auf und graben sich gern im Boden ein, so dass nur Kopf und Angelrute herausschauen.

Nahrung. Kleine Fische, die mit dem Köder angelockt werden, und verschiedene Wirbellose, die über ein spezielles Saugsystem in die Mundöffnung eingesaugt werden. Manche Arten ernähren sich bevorzugt von Muscheln und Schnecken.

9 Gattungen mit etwa 60 Arten. Im europäischen Handel selten. Aquaristisch vor allem die Gattung *Ogcocephalus* interessant.

Gattung *Ogcocephalus* (Seefledermäuse i.e.S.): 12 Arten, Hauptverbreitung im westlichen Atlantik und in der Karibik, auch im Flachwasser. Für das Aquarium sind bestenfalls 3 Arten aus der Karibik erhältlich: **Kurznasen-Seefledermaus** (*O. nasutus*): bis 45 cm, **Kopfnasen-Seefledermaus** (*O. radiatus*): bis 45 cm und **Langnasen-Seefledermaus** (*O. vespertilio*): bis 23 cm.

Haltung von Seefledermäusen

Nach bisherigen Erfahrungen sind die Seefledermäuse bei der Umgewöhnung an Ersatzfutter sehr heikel. Versuche können mit lebenden Mysis, jungen Süßwasserfischen, kleinen Regenwürmern oder kleinen Wasserschnecken unternommen werden. Bei einer Vergesellschaftung sind Nahrungskonkurrenten zu vermeiden. Dagegen ist eine gemeinsame Haltung z.B. mit Seepferdchen, Feenbarschen, Brunnenbauern möglich. Kleine Fische oder Garnelen könnten allerdings als Beute betrachtet werden. Bei der Beckengestaltung ist ein sandiger Bodengrund wichtig. Die Dekoration sollte so gewählt werden, dass sich die Fische nicht einklemmen können (häufige Todesursache im Aquarium).

39
Ordnung Dorschartige (Gadiformes)

St. Inselmann & W. E. Engelmann

Fast ausschließlich Meeresfische. Typisch sind kehlständige, also vor den Brustflossen stehende Bauchflossen. Alle Flossen ohne Hartstrahlen. Häufig mit Barteln. Keine Gräten zwischen den Muskelsegmenten. Schwimmblase ohne Verbindung zum Darm (physoclist), bei einigen bodenlebenden Arten ist sie aber reduziert. Weit verbreitete Nutzung der Schwimmblase als Resonanzkörper bei der Erzeugung von Tönen zur innerartlichen Kommunikation. Meist Rundschuppen, selten auch Kammschuppen.

Räuberische Lebensweise, als Bodenfisch, im freien Wasser, in Schwärmen. Oft auch Wanderungen, den Nahrungstieren folgend oder zu Laichplätzen. Viele Dorschartige sind außerordentlich produktiv. So kann ein Kabeljau-Weibchen in einer Laichperiode bis zu 9 Millionen Eier abgeben. Eier sind meist pelagisch, werden oft durch Öltröpfchen schwebend gehalten.

Die ersten Vorfahren der Gadiformes sind mit großer Wahrscheinlichkeit in dem kreidezeitlichen tropischen Tethys-Meer entstanden und breiteten sich nach dessen Vereinigung mit dem Nordatlantik und dem Arktischen Becken in diesen Meeren aus. Besiedlung des Pazifiks im Pliozän, der Antarktis während der Eiszeit. Heutige Verbreitung ist vor allem die nördliche Hemisphäre, insbesondere der Nordatlantik, aber auch südliche Meere bis zu den antarktischen Gewässern, in der Tiefsee (bis in 6000 m) und selten in tropisch-subtropischen Küstengewässern.

9 - 12 Familien mit etwa 500 Arten. Über ihre verwandtschaftlichen Beziehungen und damit ihre Systematik bestehen unter den Fachleuten jedoch unterschiedliche Auffassungen, so dass einzelne Familien auch anderen Ordnungen zugerechnet bzw. aufgesplittet oder zusammengelegt werden. Während zahlreiche Dorschartige eine große wirtschaftliche Bedeutung besitzen, werden nur wenige Arten regelmäßig in Schauaquarien gezeigt.

Familie Grenadierfische, Rattenschwänze (Macrouridae)

Rückenflosse zweigeteilt, die 2. Rückenflosse und die Afterflosse bilden einen zu einer Spitze auslaufenden Saum, Schwanzflosse fehlt. Meist mit Kinnbartel. 1. Rückenflosse z.T. mit einem Hartstrahl (Ausnahme unter den Dorschartigen). Kleine Rund- oder Kammschuppen.

Verbreitung. Weltweit, vor allem aber in den kalten Tiefen tropischer und subtropischer Meeresgebiete.

Lebensweise. Vorwiegend bodenorientierte Tiefseefische, bis in den oberen Kontinentalschelfbereich (200 m) vordringend, nur wenige Arten im freien Wasser.

Nahrung. Am Boden lebende Wirbellose (Krebstiere, Würmer), kleinere Fische.

38 Gattungen mit über 285 Arten, wobei jedoch die systematische Eingruppierung und Familienzuordnung noch kontrovers diskutiert werden.

Gattung *Coryphaenoides*: 1 Art. **Grenadierfisch** (*C. rupestris*): bis 1 m, Nord- und Ostatlantik bis zur Biskaya. Große Augen und stumpfe Schnauze.

Haltung von Grenadierfischen

Über die Aquarienhaltung der fischereiwirtschaftlich wertvollen Grenadierfische ist bisher nichts bekannt geworden. Beim kommerziellen Fang werden die Fische offenbar so geschädigt, dass sie im Aquarium nicht überleben. Die Pflege von schonend gefangenen Jungtieren sollte aber in gut gekühlten Aquarien möglich sein.

Familie Seehechte (Merlucciidae)

Gestreckte, seitlich zusammengedrückte Dorschartige, mit weiter Maulspalte, keine Kinnbartel. 2 Rücken- und nur 1, allerdings tief gekerbte Afterflosse. Auch die 2. Rückenflosse ist eingekerbt.

Verbreitung. Weit verbreitet an den Kontinentalschelfen des Ost- und Westatlantiks, im südwestlichen Indischen Ozean und östlichen Pazifik, auch im Mittelmeer und Schwarzen Meer. Auf der südlichen Hemisphäre die nahe verwandten Süd-Seehechte der Gattung *Macruronus*, die jedoch neuerdings als eigene Familie abgetrennt werden.

Lebensweise. Tagsüber in tieferem, freiem Wasser oder in Bodennähe (bis in etwa 1000 m Tiefe). Ziehen nachts zum Jagen an die Oberfläche, oft weite Wanderungen. Zur Fortpflanzung werden bestimmte Laichgebiete aufgesucht. Eier treiben im Plankton.

Nahrung. Räuberische Fischjäger (Makrelen, Heringe, Sardinen u. a.), fressen auch Kalmare.

1 Gattung mit 13 Arten. Einige besitzen große fischereiwirtschaftliche Bedeutung, in der Schauaquaristik sind sie kaum zu sehen.

Gattung *Merluccius*: Dazu **Silberner Seehecht** (*M. bilinearis*): 75 cm, nördlicher Westatlantik (von Kanada und den USA bis zu den Bahamas). – **Seehecht**, **Hechtdorsch** (*M. merluccius*): bis 1 m, Ostatlantik, Nordsee und (selten) Ostsee, Mittelmeer. Tagsüber in tieferem Wasser (200 - 300 m).

Haltung von Seehechten

Die Haltungsergebnisse von Seehechten sind bislang sehr bescheiden, offensichtlich wohl vor allem deshalb, weil die vom kommerziellen Fischfang angelandeten Fische schon stark vorgeschädigt in die Aquarien gelangten. Die Seehechte müssen bei Fang und Transport mit größter Vorsicht behandelt werden, weil sie mit ihrer weichen Muskulatur und den sich leicht vom Körper lösenden Schuppen sehr empfindlich sind. Verletzungen überleben sie meist nur wenige Tage. Spezielle Haltungsversuche mit 2 Seehechten waren im Aquarium von San Sebastian, Spanien, in einem Rundbecken von 3,4 m^3 Inhalt bei Wassertemperaturen um 12 - 13 °C und unter Dämmerlicht nur über 13 - 14 Monate erfolgreich.

In einer nordamerikanischen Forschungsversuchsanlage gelang es hingegen, Silberne Seehechte zum Ablaichen zu bringen und die Larven einige Zeit am Leben zu erhalten.

Familie Dorschfische (Gadidae)

Körper mehr oder weniger langgestreckt oder spindelförmig, mit kleinen Rundschuppen. Kinnbartel meistens vorhanden. 1 - 3 Rücken- und 1 - 2 Afterflossen, Schwanzflosse stets von beiden getrennt. Größe zwischen 15 cm und 2 m.

Verbreitung. Fast ausschließlich in arktischen Gewässern sowie im Nordatlantik und -pazifik, Mittelmeer und Schwarzem Meer (nur 1 reine Süßwasserart, die Quappe).

Lebensweise. Als Einzelgänger, gesellig oder in größeren Gruppen. Räuberisch, im offenen Meer oder am Meeresboden. Tag- oder nachtaktiv, teilweise ausgedehnte Nahrungswanderungen. Fortpflanzung in Schwärmen oder kleineren Gruppen, mit Laichwanderungen. Eier und Larven planktonisch (Ausnahme die im Süßwasser lebende Quappe).

Nahrung. Je nach Art und Alter werden Fische, besonders Heringe, oder die unterschiedlichsten wirbellosen Meerestiere erbeutet.

21 Gattungen mit 56 Arten. 3 Unterfamilien, die jedoch auch als getrennte Familien angesehen werden.

Abb. 39.1 *Gadus morrhua*, beachte die lange Unterkieferbartel (Aquarium des Instituts für Meereswissenschaften, Kiel)

Unterfamilie Dorsche i.e.S. (Gadinae)

13 Gattungen mit 24 Arten.

Gattung *Gadus*: 3 Arten. Dazu **Kabeljau** (*G. morrhua*): bis 2 m, 6 Hauptverbreitungsgebiete: Nordsee, Ostsee, Barentssee, um Neufundland, Grönland, Island, um die Lofoten, nicht im Mittelmeer. Variable Färbung (graugrün, gelbbraun, rötlich, mit dunkler Fleckung). Wird als noch nicht geschlechtsreifer Fisch und in der Ostsee (kleinere, nur 40 - 50 cm Länge erreichende Form) **Dorsch** genannt. Hauptsächlich Fischjäger (Sandspierlinge, Heringe, Seezungen u.a.), erbeutet aber auch Krebstiere, Würmer und Tintenfische.

Gattung *Melanogrammus*: 1 Art. **Schellfisch** (*M. aeglefinus*): bis 1 m, europäische und nordamerikanische Atlantikküste, in bodenorientierten Schwärmen, frisst Bodentiere (Würmer, Muscheln, Seesterne), Heringslaich. Unterständiges Maul. Kenntlich an schwarzer Seitenlinie und schwarzem Fleck über der Brustflosse. Winzige Kinnbartel.

Gattung *Merlangius*: 1 Art. **Wittling**, **Merlan** (*M. merlangus*): 40 - 70 cm, europäische Küsten, Island, Nordsee, selten in der westlichen Ostsee, vorzugsweise auf Schlammgrund. Jagt Fische (Stintdorsche, Heringe u.a.). Winzige Kinnbartel.

Gattung *Pollachius*: 2 Arten. **Köhler**, **Seelachs** (*P. virens*): etwa 1,15 m, verbreitet an der nordamerikanischen und europäischen Atlantikküste, um Island. Leicht oberständiges Maul, kurze Kinnbartel. Schwarmfisch des freien Wassers, der Krebstiere und kleine Fische (besonders Heringe) jagt. – **Pollack**, **Steinköhler** (*P. pollachius*): 1,2 m, verbreitet an den europäischen Atlantikküsten, in der Nordsee und dem westlichen Mittelmeer. Keine Kinnbartel. Etwas wärmeliebender und eher bodenorientiert als der Köhler.

Gattung *Trisopterus*: 3 Arten. Dazu **Franzosendorsch** (*T. luscus*): 30 - 46 cm, westliche europäische Atlantikküste, Britische Inseln, vereinzelt im westlichen Mittelmeer, besonders häufig im Kanal. Hochrückig, deutliche Kinnbartel, 4 dunkle Querbinden auf braunem Grund. Bildet größere Gruppen im offenen Meer. – **Zwergdorsch** (*T. minutus*): 25, selten bis 40 cm, europäische Atlantikküsten, westliches Mittelmeer, westliche Ostsee bis Kiel, bis in 100 m Tiefe. Sehr kurze Kinnbartel.

Haltung von Dorschen i.e.S.

Von den Dorschfischen wird in der Schauaquaristik regelmäßig der Kabeljau oder Dorsch präsentiert, der auch fischereiwirtschaftlich am bedeutendsten ist. Er ist in jeder Größe ein geeigneter Fisch für die langjährige Haltung in entsprechend großen Aquarien. Da er rasch wächst und eine ungefähre Endgröße von 1,5 m erreicht, sollte man eine artgerechte Unterbrin-

Abb. 39.2 *Trisopterus luscus* (Aquarium Bergen an Zee, Holland)

gung in einer Gruppe in Becken von mindestens 15 m^3 sicherstellen können.

Dorsche sind in den deutschen Küstengewässern häufig und können leicht über die kleine Küstenfischerei beschafft werden. Am einfachsten sind Jungfische aus dem Flachwasser bis zu maximal 10 m Tiefe einzugewöhnen. In größeren Tiefen gefangene und rasch an die Oberfläche geholte Tiere leiden als Physocliste leicht an oftmals irreversiblen Schwimmblasenschäden. Grundsätzlich sollten Dorsche für die spätere Aquarienhaltung weder getrawlt, noch mit Stellnetzen gefangen werden, zu groß sind die Schäden ihrer dann leicht zu Infektionen neigenden Haut. Ideal sind im abgekühlten Herbstwasser in Reusen gefangene Jungtiere.

Obwohl Kabeljaus in Küstengewässern oft im Sommer höheren Temperaturen ausgesetzt sind, hat sich zu dieser Jahreszeit eine Haltungstemperatur von nicht über 15 °C bewährt. Bei einer Überschreitung dieser Temperatur neigt die Art zu Flossen- und Hautinfektionen sowie Geschwüren. Im Winter leben die Fische in Nord- und Ostsee bei sehr niedrigen Temperaturen (2 - 4 °C), trotzdem empfiehlt es sich, im Aquarium 6 - 8 °C nicht zu unterschreiten. Ansonsten können durch die drastisch reduzierte Nahrungsaufnahme schnell Mangelerscheinungen (Vitamine, Spurenelemente?) auftreten.

Während junge Dorsche noch Allesfresser sind, die bevorzugt mit Garnelenartigen, Fischfleisch, Tintenfischstückchen oder Muschelfleisch ernährt werden können, werden die Tiere ab 30 - 40 cm Länge immer mehr zu reinen Fischfressern. Dies äußert sich in ihrer veränderten Morphometrie, nimmt doch der Kopf eines großen Kabeljaus etwa ein Drittel der Totallänge ein! Im Aquarium sind als Futter Stücke größerer Fische wie Makrele und Seelachs sowie Sardinen, Sandaale und Kalmare besonders geeignet.

Kabeljaus sind, wie viele andere Gadiden auch, äußerst gierige Fresser. Das macht eine Vergesellschaftung mit anderen und insbesondere mit nicht so durchsetzungsfähigen Arten schwierig. Die Fische scheuen nicht davor zurück, Futterstücke aus den Tentakeln stark nesselnder Anemonen herauszupicken. Auch bei relativ geringen Größenunterschieden neigen sie zu Kannibalismus!

Bei Konzipierung und Bau eines Aquariums für Dorsche sollte man auf einen guten, umlaufenden Springschutz oder eine entsprechende Abdeckung achten. Die Fische sind nicht nur gute Springer, sondern auch sehr schreckhaft. Dies ist auch besonders bei Arbeiten im Aquarium zu beachten.

Wittlinge eignen sich aufgrund ihrer gegenüber dem Kabeljau geringeren Endgröße von nur 60 cm besonders gut für die Aquarienhaltung. Einmal eingewöhnt, lässt sich die Art problemlos mit dem gleichen Futter wie für Dorsche ernähren. Im Aquarium neigen sie nicht zu deren Schreckhaftigkeit. Nach dem Fang und auch nach Transporten sind Wittlinge für Hautinfektionen besonders anfällig. Müssen sie im Aquarium gefangen werden, so sollte dies mit ruhiger Hand und weichen, feinmaschigen und in jedem Fall knotenlosen Netzen geschehen. Die Temperaturen im Jahresgang gleichen denen für den Dorsch genannten.

Die beiden in europäischen Gewässern vorkommenden *Pollachius*-Arten, der Pollack und der Köhler, sind in Aquarien sehr ausdauernd und robust, benötigen allerdings wegen ihrer Endgrößen noch größere Beckenvolumina (30 - 50 m^3). Sie sind durch ihre Größe und Schnelligkeit bedingt sehr durchsetzungsfähig und scheuen nicht davor zurück, selbst deutlich größeren Haien das Futter streitig zu machen. Während Köhler auch im Sommer Temperaturen unter 15 °C bevorzugen, lassen sich Pollacks bei bis zu 17 °C ohne Probleme halten. Dies sollte aber als Obergrenze verstanden werden, besser sind eindeutig auch Sommermaxima um 15 °C.

Unter den Dorschfischen i.e.S. fällt der Franzosendorsch durch seine abweichende, attraktive Körperform, Farbe und Zeichnung auf. Auch seine relativ geringe Endgröße von nur etwa 40 cm macht ihn zu einem idealen Aquarienpflegling. Eine Gruppe von 10 ausgewachsenen Tieren kann artgerecht schon in Aquarien mit 8 - 10 m^3 Inhalt gepflegt werden. Franzosendorsche bevorzugen kleines Futter wie Garnelen, Muscheln oder klein geschnittene Fisch- und Kalmarstückchen. Nach längerer Gewöhnung fressen sie auch gern Sinkpellets aus der Aquakultur (für Wolfsbarsche oder Goldbrassen). Oft verlieren Franzosendorsche nach einiger Zeit im Aquarium ihre attraktive Streifenzeichnung, die einem einfarbigen Braun Platz macht. Nach Stresssituationen wie Keschern und Umsetzungen zeigen sie aber für einige Zeit wieder ihre arttypische Streifenzeichnung. Vermutlich verschwindet diese Signalzeichnung, die dem Schwarmzusammenhalt dient, im Aquarium, da Stressoren wie große Raubfische o. Ä. nicht vorhanden sind oder aufgrund der guten Fütterung keine Gefahr besteht.

Höchstalter. Der Köhler erreicht in der Natur ein Lebensalter von 27 Jahren. Im Aquarium lebte der Pollack 5 Jahre.

Unterfamilie Seequappen (Lotinae)

6 Gattungen mit 22 Arten.

Gattung *Ciliata*: 2 Arten. Dazu **Fünfbärtelige Seequappe** (*C. mustela*): selten bis 30 cm, Island, europäische Küsten von der Nordsee (nicht Ostsee) bis zur Biskaya, an flachen Felsenküsten. Neben der Kinnbartel 2 Paar Oberkieferbarteln. Kleine, planktische Eier mit Öltröpfchen. Mit verwandten Arten neuerdings in einer eigenen Familie geführt.

Gattung *Enchelyopus* (= *Rhinonemus*): 1 Art. **Vierbärtelige Seequappe** (*E. cimbrius*): bis 50 cm, Nordostatlantik (südlich bis zur Biskaya), Nordsee, westliche und mittlere Ostsee. Neben der Kinnbartel weitere 3 Oberlippenbarteln.

Gattung *Gaidropsarus*: 14 Arten. Dazu **Dreibärtelige Seequappe** (*G. vulgaris*): bis 60 cm, nordostatlantische Küsten, Mittelmeer. Zur Kinnbartel noch 1 Paar Oberkieferbarteln.

Gattung *Lota*: 1 Art. **Quappe**, **Aalquappe**, **Rutte** (*L. lota*): 60 cm, Nord- und Mitteleuropa, Nordasien und Nordamerika, nur im Süß- und –

Abb. 39.3 *Lota lota* (Alpenzoo Innsbruck)

selten – in leicht brackigem Wasser. 1. Rückenflosse klein, abgerundet, 2. Rückenflosse und Afterflosse langgestreckt, saumartig. Schwanzflosse abgesetzt und kreisrund. Lange Kinnbartel. Nachtaktive Räuber. Laichen Dezember bis Februar, die kleinen, nur 1 mm großen Eier liegen am Boden.

Gattung *Raniceps*: 1 Art. **Froschdorsch** (*R. raninus*): 30 cm, im Tang der Felsküsten der Nordsee und der Britischen Inseln. 1. Rückenflosse winzig, 2. und die ungeteilte Afterflosse langgestreckt. Bodenfisch, der sich von Krebsen, Seesternen und kleinen Grundfischen ernährt. Wegen seiner anatomischen Besonderheiten wird er auch in eine eigene Familie gestellt.

Gattung *Molva*: 3 Arten. Dazu **Lengfisch** (*M. molva*): bis 2 m (größter Dorschfisch), Nordatlantik, Mittelmeer. Aalartig schlanker Grundfisch.

Haltung von Seequappen

Mit Ausnahme der Dreibärteligen Seequappe, die eine Länge von 50 cm erreicht, sind die anderen Seequappen-Arten klein bleibend (ca. 20 - 25 cm) und können sehr gut in kleineren, versteckreichen Aquarien gepflegt werden. Durch ihre versteckte Lebensweise fallen sie aber oft erst auf den zweiten Blick auf und werden eigentlich nur zur Fütterung richtig aktiv. Dann aber entwickeln sie eine erstaunliche Geschwindigkeit beim gierigen Verzehr des Futters, das hauptsächlich aus Garnelen, Mysis sowie Fisch- und Tintenfischstückchen bestehen sollte. In der Natur werden auch häufig Seeringelwürmer gefressen.

Der Froschdorsch lebt sehr versteckt. Er benötigt daher unbedingt Steinaufbauten mit Spalten und Höhlungen, die allerdings zumindest teilweise einsehbar sein sollten. Eine Fütterung vom Stock mit Fischfilet ist zur Kontrolle der Nahrungsaufnahme angebracht. Die Haltungstemperaturen liegen bei etwa 14 - 18 °C.

Lengfische werden selten in Schauaquarien gezeigt. Sie benötigen sehr große, gut gekühlte (unter 16 °C) Becken mit ausreichend Versteckmöglichkeiten.

Die Aalquappe ist der einzige Dorschfisch, der ausschließlich im Süßwasser lebt. Sie bevorzugt kühle Fließgewässer (Äschen-Forellen-Region) oder auch sommerkühle, tiefe Seen. Dennoch lassen sich Jungfische bis zu 10 cm Länge auch im sommerwarmen Littoral beobachten. Trotzdem sollten im Aquarium die Temperaturen im Jahresgang von 4 - 8 °C im Minimum bis zu maximal 14 °C reichen. Entsprechend ihrer versteckten, nachtaktiven Lebensweise sind im Becken Unterstände und Versteckplätze vorzusehen.

Als Jungfisch ernährt sich die Aalquappe vornehmlich von Insektenlarven, Bachflohkrebsen und kleinen Fischen (Brut). Später erbeutet sie vor allem nachts Fische. Sie scheut sich auch nicht vor dem Verzehr von Aas. Manchmal nei-

Abb. 39.4 *Raniceps raninus* (Aquarium Bergen an Zee, Holland)

gen insbesondere ältere Aalquappen zu Augentrübungen, die Ursachen hierfür sind noch nicht bekannt.

Nicht unerwähnt bleiben darf, dass die Aalquappe ein Zwischenwirt des Fischbandwurms (*Diphyllobothrium latum*) ist, für den der Mensch unter besonderen Bedingungen als Endwirt fungieren kann. Diese besondere Form der Zoonose kann aber nach aktuellem Kenntnisstand nur durch den Verzehr roher (oder nicht durchgegarter) Fischleber auftreten.

Unterfamilie Gabeldorsche (Physinae)

2 Gattungen mit 10 Arten.

Gattung *Physis*: 3 Arten. Dazu **Großer Gabeldorsch** (*Ph. blennioides*): bis 1,1 m, meist kleiner, Nordatlantik, Nordsee, Mittelmeer, in großen Schwärmen auf Sand- und Schlammböden. Bauchflossen lang ausgezogen, am Ende gegabelt.

Haltung von Gabeldorschen

Gabeldorsche können in großen, gut gekühlten (unter 20 °C) Becken mit Versteckmöglichkeiten gehalten werden. Eine Vergesellschaftung mit ruhigen Fischen, die ähnliche Ansprüche besitzen, ist möglich.

Höchstalter. Der Große Gabeldorsch wird in der Natur 15 Jahre alt.

40 Ordnung Bartmännchenartige (Ophidiiformes)

W. E. Engelmann

Früher als Unterordnung zu den Dorschartigen (Ordnung Gadiformes) gestellt, mit denen sie viele Gemeinsamkeiten besitzen. Typisch sind ein kleiner Kopf und ein langgestreckter, sich verjüngender Körper mit weichen oder ohne Schuppen, je 1 lange, saumartige Rücken- und Afterflosse, die oft mit der Schwanzflosse verschmelzen. Bauchflossen kehl- oder kinnständig (Barteln imitierend), entweder strahlenlos oder mit nur 1 - 2 Flossenstrahlen, können aber auch völlig fehlen. Alle Flossen ohne Stachelstrahlen.

Weltweit verbreitete Meeresbewohner, meist Bodenfische vom Flachwasser bis in die Tiefsee (Tiefenrekord für einen Knochenfisch hält *Abyssobrotula galatheae* mit 8370 m im Puerto-Rico-Graben!). Nur wenige Arten pelagisch bzw. im Süßwasser. Fortpflanzung durch Eier oder lebend gebärend.

4 - 5 Familien. Trotz ihrer teilweise ausgesprochen interessanten Biologie ist ihre aquaristische Bedeutung bislang ausgesprochen gering.

Familie Bartmännchenfische, Eierlegende Brotulas (Ophidiidae)

Weiche Rundschuppen in gleichmäßigen Reihen oder unregelmäßig verteilt. Rücken- und Afterflosse bilden einen einheitlichen Flossensaum. Nur in der Gattung *Brotula* mit Kinn- und Mundbarteln. Größe zwischen etwa 10 cm und 2 m.

Verbreitung. Weltweit in allen Meeren.

Lebensweise. Meist bodenorientiert in Schelfgebieten und an den Kontinentalabhängen, nachtaktiv, viele Arten in der Tiefsee, nur wenige im freien Meer. Eier legend, auch die Larven der Tiefseeformen werden anfangs in den oberen Wasserschichten der Hochsee gefunden. *Ophidion* legt seinen Laich in schleimumhüllten Klumpen am Boden ab.

Nahrung. Verschiedenste Wirbellose und Kleinfische.

46 Gattungen mit über 210 Arten. Aquaristisch so gut wie unbekannt. Arten der Gattungen *Genypterus* (gemäßigte Meere der Südhalbkugel) und *Brotula* (am Kontinentalschelf der meisten tropischen Meere) werden fischereiwirtschaftlich genutzt.

Gattung *Ophidion*: 24 Arten. Dazu **Bartmännchen** (*O. barbatum*): 25 cm, Ostatlantik (südliches England bis Senegal), nördliches Mittelmeer. Bodenfisch, tagsüber im Schlamm verborgen. Rotbraun, Bauch weißlich. Bauchflossen kinnständig, auf je 2 Flossenstrahlen reduziert.

Haltung von Bartmännchenfischen

Es liegen keine Haltungserfahrungen vor. Bartmännchen können als Zufallsfunde in ein am Mittelmeer oder Atlantik liegendes europäisches Aquarium gelangen. Sie sind als nachtaktive Fische tagsüber im Sandboden eingewühlt und daher in Normalaquarien für die Besucher kaum zu beobachten. Als Futter eignen sich Mysis, Artemien, Muschel- und Krebsfleisch, das vom Boden aufgenommen wird. Die Haltungstemperaturen sollten 20 °C nicht übersteigen.

Familie Eingeweidefische (Carapidae)

Langgestreckter, aalähnlicher Körper, unbeschuppt. Afteröffnung in der Nähe der Kiemen. Bauchflossen nicht vorhanden und auch die Brustflossen können fehlen. Rücken- und Afterflosse bilden einen langen, am Ende spitz zulaufenden Flossensaum. Größe zwischen 10 und 40 cm.

Verbreitung. Weltweit in allen Meeren.

Lebensweise. Vom Flachwasser bis in die Tiefsee. Frei am Boden lebend oder als Kommensalen bzw. echte Parasiten in Körperhöhlen verschiedenster wirbelloser Meerestiere (Seegurken, Seesterne, Seeigel, Muscheln und Seescheiden), nachtaktiv. Die Fische dringen mit dem Schwanz voran in deren Körperöffnungen ein, um sich im Inneren, z.B. in der Leibeshöhle, in den Wasserlungen, usw., zu verbergen. Leben häufig paarweise in ihrem Wirt. Fortpflanzung über planktonische Eier und Larven.

Nahrung. Verschiedenste am Boden lebende Wirbellose, auch Kleinfische und Fischbrut. Arten der Gattung *Encheliophis* zusätzlich parasitisch von verschiedenen inneren Organen, besonders den Gonaden, ihrer Seegurkenwirte, die allerdings leicht regeneriert werden können.

7 Gattungen mit 32 Arten.

Gattung *Carapus*: 7 Arten. Dazu **Nadelfisch** (*C. acus*): 20 cm, Mittelmeer und Ostatlantik, lebt in Seegurken der Arten *Holothuria tubulosa* und *Stichopus regalis*. – **Perlfisch** (*C. bermudensis*): 20 cm, Westatlantik, lebt in Seegurken. – **Seestern-Nadelfisch** (*C. mourlani*): 17 cm, Indowest- und Zentralpazifik, lebt in dem Seestern *Culcita novaeguineae*. – **Seescheiden-Nadelfisch** (*C. sluiteri*): 10 cm, Indonesien, lebt in Seescheiden.

Haltung von Eingeweidefischen

Eingeweidefische, auch die frei lebenden Arten, werden bislang nicht importiert. Es ist jedoch möglich, sich die kommensalisch lebenden Arten, insbesondere mit großen Seegurken, unbemerkt einzuschleppen. Als nachtaktive Fische sind sie am Tag praktisch nicht zu sehen. Erst in der Dämmerung und nachts verlassen sie ihren Wirt, um kleine Mysis, Flohkrebse u. Ä. zu fressen.

Familie Lebendgebärende Brotulas (Bythitidae)

Körper gestreckt, Rücken-, Schwanz- und Afterflosse bilden entweder einen geschlossenen Flossensaum oder die Schwanzflosse ist deutlich getrennt. Meist mit Schuppen, Kiemendeckel häufig mit einem kräftigen Dorn. Die Männchen besitzen vor der Afterflosse ein Kopulationsorgan. Größe zwischen 2,5 und 60 cm.

Verbreitung. Atlantik und Indopazifik, wenige Arten in Süßgewässern von Höhlen in Kuba, den Bahamas und der Halbinsel Yukatan (Mexiko).

Lebensweise. Vorwiegend im Flachwasser, auch in Korallen- und Felsenriffen verborgen lebend. Einige Arten bewohnen die Kontinentalschelfe bis in die Tiefsee. Ganz wenige Höhlenbewohner sind blind bzw. weitgehend blind, leben in Höhlen mit stark wechselndem Salzgehalt bzw. in reinem Süßwasser. Lebend gebärend, nach Kopulation und innerer Befruchtung werden vom Weibchen voll entwickelte Jungfische geboren.

Nahrung. Verschiedenste kleinere Wirbellose, auch Fischbrut und Jungfische.

31 Gattungen mit 100 Arten.

Gattung *Brotulina*: 2 Arten. Dazu **Schwärzlicher Brotula** (*B. fusca*): 7 cm, Westpazifik.

Gattung *Ogilbia*: 5 Arten. Dazu **Key-Brotula**, **Gelbe Witwe** (*O. cayorum*): 10 cm, Westatlantik (Bermudas bis zum nördlichen Südamerika), in Korallenriffen, bis in 20 m Tiefe.

Gattung *Stygnobrotula*: 1 Art. **Schwarze Witwe** (*S. latebricola*): 7,5 cm, Westatlantik (Bahamas bis Brasilien), in Felsen- und Korallenriffen. Pechschwarz bis dunkelbraun.

Haltung von Lebendgebärenden Brotulas

Obwohl viele Arten klein bleiben, in Korallenriffen leben und sehr friedlich sind, werden sie, wohl aufgrund ihrer versteckten Lebensweise, nur selten und mehr zufällig gefangen. Sie gelangen demzufolge auch nur sehr vereinzelt in die Aquarien. Ihre Pflege ist nach bisherigen Erfahrungen nicht einfach. Eine erfolgreiche Eingewöhnung setzt gesunde, kräftige und unverletzte Tiere voraus. Sie gelingt am besten in kleinen Aquarien, in denen die Futteraufnahme gut zu kontrollieren ist. Insbesondere die Schwarze Witwe ist schwer zum Fressen zu bringen. Zu empfehlen sind kleine lebende Futtertiere (Garnelen- oder Mysis-Nauplien, die mit HUFAs angereichert werden sollten). Die Wasserqualität muss optimal, Ammonium und Nitrit dürfen nicht nachweisbar sein. Haltungstemperatur zwischen 23 und 27 °C.

41
Ordnung Ährenfischartige (Atheriniformes)

K. Breitfeld & W. E. Engelmann

Kleine, langgestreckte Meeres- und Süßwasserfische mit meist 2 charakteristischen Rückenflossen und tief gegabelter Schwanzflosse. Die kleinere 1. Rückenflosse mit biegsamen Stachelstrahlen, 2. Rückenflosse und Afterflosse mit nur 1 ersten Stachelstrahl. Rundschuppen. Seitenlinie fehlt vollständig bzw. ist auf wenige Schuppenkanäle oder Gruben in der Körpermitte reduziert.

7 - 8 Familien mit etwa 285 Arten. Nur Arten aus 5 Familien sind bislang von aquaristischem Interesse.

Familie Madagaskar-Ährenfische (Bedotiidae)

Kleine Süßwasserfische. Eng mit den Ährenfischen verwandt, mit denen sie auch in einer Familie zusammengefasst werden. Größe zwischen 5 und 14 cm.

Verbreitung. Endemisch auf der Insel Madagaskar.

Lebensweise. Tagaktive Schwarmfische. Soweit bekannt, Dauerlaicher, Laichperiode erstreckt sich über mehrere Wochen.

Nahrung. Vorzugsweise Insekten (von der Wasseroberfläche) und deren Larven.

2 Gattungen mit 11 Arten.

Gattung *Bedotia*: mindestens 4 Arten, langgestreckt, Kopf zugespitzt, Maul oberständig, 2. Rückenflosse und Afterflosse lang ausgezogen. Dazu **Rotschwanz-Ährenfisch** (*B. geayi*): 14 cm, in Flüssen des östlichen Berglands. Körper gelb bis gelbbraun mit blauviolettem bis schwarzem Längsstreifen. Unpaare Flossen gelb bis orange gefärbt, mit schwarzer Randbinde und rotem Saum. Männchen kräftiger gefärbt. – Weniger farbenprächtig ist der **Madagaskar-Ährenfisch** (*B. madagascariensis*). – Erst im Jahr 2000 wurde *B. marojejy* aus dem Mantanenina-Fluss beschrieben.

Gattung *Rheocles*: 7 Arten, in kühleren Gebirgsbächen, in kleinen Schwärmen, strömungsliebend. Dazu **Katrana** (*Rh. alaotrensis*): 14 cm, westliches Madagaskar:.

Haltung von Madagaskar-Ährenfischen

Nur für 2 Arten aus der Gattung *Bedotia* liegen bisher gesicherte Haltungserfahrungen vor. Ihre Haltung entspricht im Wesentlichen der der Regenbogenfische. Sie sind ein wenig empfindlich gegen Frischwasser, wenn der Wasserwechsel nicht regelmäßig erfolgt. *Rheocles* sollen etwas kühler gehalten werden (maximal 25 °C), sie sind gegenüber der Ichthyophthirius-Krankheit empfindlich.

Abb. 41.1 *Bedotia geayi* (Zoo Leipzig, Aquarium)

Vermehrung. *Bedotia* sind Dauerlaicher und leicht züchtbar, da die Jungfische vom 1. Tag an frisch geschlüpfte Artemia-Nauplien aufnehmen können. Die Jungen werden von den adulten Tieren nicht gefressen. Insektennahrung bringt den Zuchttieren einen guten Laichansatz.

Familie Regenbogenfische (Melanotaeniidae)

Kleine, bis 18 cm große Süßwasserfische. Körper schlank, seitlich stark zusammengedrückt und meist sehr hochrückig. Große Augen und relativ große Körperschuppen. Seitenlinie fehlt vollständig. Häufig sehr bunte Körperfärbung, besonders bei den Männchen. Sie sind etwas größer als die Weibchen und haben eine deutlich größere Rücken- und Afterflosse, die beide oft über das Ende des Schwanzstiels hinausragen. Die heute vorhandenen Arten entstanden vor etwa 200000 Jahren aus Ährenfischverwandten, die ursprünglich im Küstenbereich lebten, gelegentlich über Brackwasserzonen in Süßgewässer flussaufwärts wanderten und sich dort weiterentwickelten.

Verbreitung. Nord- und Ostaustralien sowie Neuguinea (beide Landmassen waren vor 10000 Jahren noch miteinander verbunden). Die Verbreitungsgrenze wird in Südaustralien durch die Wassertemperatur bestimmt: Sinkt sie im Murray-Darling-Flusssystem im Winter unter 14 °C, sterben die Fische. Auf Neuguinea bestimmt die Höhenlage des Landes die Temperatur und damit die Lebensgrenze. In über 1800 m Höhe bei Temperaturen unter 18 °C gibt es keine Regenbogenfische mehr (Ausnahme: Hochland-Regenbogenfisch, *Chilatherina campsi*).

Lebensweise. Schwarmfische (außerhalb der Fortpflanzungszeit), die in Seen, Flüssen und Bächen leben. Dauerlaicher, die während der Fortpflanzungsperiode täglich laichen. Eier haften an Wasserpflanzen.

Nahrung. Vorzugsweise Insekten (auch Ameisen), die in das Wasser fallen, und Larven wasserbewohnender Insekten, gelegentlich Wasserpflanzenteile. Außerdem kleine Schalentiere, Fischbrut.

7 Gattungen mit mindestens 65 Arten, deren Artstatus teilweise umstritten ist. Noch immer entdeckt man neue Formen. Zahlreiche Regenbogenfische werden regelmäßig in Aquarien gehalten und gezüchtet.

Gattung *Chilatherina*: 9 Arten, klein, bis maximal 14 cm, Papua-Neuguinea. Weibchen oft unscheinbar, schwer zu unterscheiden. Bei mehreren Arten werden die Männchen mit zunehmendem Alter deutlich hochrückig. Dazu **Blehers Regenbogenfisch** (*Ch. bleheri*): 13 cm, in Seen und Bächen im nordöstlichen Papua-Neuguinea. Vorderkörper graublau, Schwanzstiel rötlich, dunkle undeutliche Querbinden. Haftlaicher an feinfiedrigen Pflanzen, gelegentlich Laichfresser. – **Gestreifter Regenbogenfisch** (*Ch. fasciata*): bis 14 cm, im Norden Neuguineas. Die attraktive Art wird oft mit *Ch. sentaniensis* verwechselt. Eine Population aus dem Mamberano-River soll bis 20 cm groß werden.

Gattung *Glossolepis*: 6 Arten. Mittlere Flossenstrahlen der 2. Rücken- und der Afterflosse sind länger als die hinteren, ein wichtiges Unterscheidungsmerkmal zu anderen Gattungen. Männchen werden ebenfalls hochrückig. Dazu **Lachsroter Regenbogenfisch** (*G. incisus*): bis 15 cm, im Lake Sentani und in dessen Zuflüssen im Nordosten von Neuguinea. Geschlechtsreife Männchen mit leuchtend roter Körperfärbung und großen, silberglänzenden Schuppen. Weibchen unscheinbar graubraun bis silbrig. Die Art benötigt große Aquarien (nicht unter 250 l Inhalt) und Versteckmöglichkeiten. Die Männchen sind beim Laichen gegenüber den Weibchen oft sehr aggressiv.

Gattung *Iriatherina*. 1 Art. **Fadenflossen-Regenbogenfisch** (*I. werneri*): bis 6, meist aber nur 4 cm, in Sümpfen und langsam fließenden Bächen von Neuguinea und Nordaustralien. Körper schlank, relativ niedrig, spitze Schnauze. 2. Rücken-, After- und Bauchflossenstrahlen bei den Männchen stark verlängert, schwarz. Weibchen einfarbig, unscheinbar.

Gattung *Melanotaenia* (= *Charisella*): mit etwa 40 Arten die artenreichste Gattung der Regenbogenfische. Dazu **Harlekin-Regenbogenfisch** (*M. boesemani*): bis 12 cm, in Seen des äußersten Nordwestens von Neuguinea. Eine der schönsten Arten. – **Lake-Eacham-Regenbogenfisch** (*M. eachamensis*): 8 cm, endemisch im Eacham-Kratersee (Australien). Männchen balzend orangebraun mit schwarzem Rücken- und Afterflossenrand. Durch das Einsetzen von Raubfischen in seinem Heimatgewässer unwiederbringlich ausgerottet. Erhaltungszucht im Zoo Sydney begann mit 23 Tieren, mittlerweile weltweit. Junge sehr klein, langsam wachsend. – **Lake-Kutubu-Regenbogenfisch** (*M. lacustris*): bis 12 cm, Zentralneuguinea, in z.T. sehr stark alkalischen Gewässern (bis pH 9). Obere Körperhälfte intensiv grün bis türkisblau mit einzelnen goldenen Schuppen. – **Zwergregenbogenfisch**, **Kleiner Regenbogenfisch** (*M. maccullochi*): bis 8 cm, in Bächen und Sümpfen Nordaustraliens (Queensland) und des südwestlichen Neuguineas. Mindestens 4 farblich unterschiedliche Fundortpopulationen. Männchen hochrückig, mit goldgelben, braunen und schwarzen Schuppenreihen, Weibchen allgemein blasser. – **Schwarzband-Regenbogenfisch, Großer Regenbogenfisch** (*M. nigrans*): bis 8,5 cm, in Regenwaldbächen, Lagunen, Sumpfgebieten Nordaustraliens. Mit breitem, schwarzem Längsband, nicht besonders hochrückig. – **Östlicher Regenbogenfisch** (*M. splendida*): bis 14 cm, in kleinen Bächen, Flüssen und Seen Nordostaustraliens. Zahlreiche, in der Färbung sehr unterschiedliche Populationen, aber Rücken bläulich, Seiten gelbgrün, Bauch weißlich, Flossen mit roten bis rotbraunen Säumen, dunkler Mittelstreifen. Insgesamt hochrückig. – **Gebänderter Regenbogenfisch** (*M. trifasciata*): bis 13 cm, in fließenden Gewässern Nordaustraliens. Zahlreiche geographische Farbspiele. Kräftiger Mittelstreifen von blau bis schwarz, Oberkörper bläulich, grünlich, gelblich, rötlich. Männchen werden sehr hochrückig, im Alter mit Buckelstirn. Beide Geschlechter farblich sehr ähnlich, die Flossen der Männchen jedoch größer.

Abb. 41.2 *Iriatherina werneri*, Männchen (Privataquarium)

Haltung von Regenbogenfischen

Die Haltung von Regenbogenfischen ist allgemein nicht schwierig. Es handelt sich um Schwarmfische, die große Aquarien nicht unter 100 l benötigen. Mehrere Arten können problemlos vergesellschaftet werden. Weiches bis sehr weiches Wasser mit einem pH-Wert zwischen 6 und 8 und einer Temperatur von 22 - 26 °C ist für die meisten Arten geeignet. Eine gute Filterung, dadurch glasklares Wasser

Abb. 41.3 *Melanotaenia boesemani*, Männchen (Tierpark Berlin)

Abb. 41.4 *Melanotaenia trifasciata*, Männchen (Zoo Leipzig, Aquarium)

und Sonnenlicht tragen zum Wohlbefinden der Fische bei. Regelmäßiger Teilwasserwechsel alle 2 - 3 Wochen ist zu empfehlen. Die Arten brauchen viel freien Schwimmraum, nur etwa ein Drittel des Aquariums sollte dicht bepflanzt werden (Versteckmöglichkeiten). Im Hinblick auf das Futter sind sie nicht wählerisch, denn sie nehmen alles geeignete Futter, auch Pflanzen, z.B. Algen oder Wasserlinsen, und fressen oft mehr, als gut ist. Vor einer Überfütterung ist daher zu warnen, man sollte für erwachsene Fische einen wöchentlichen Fastentag einhalten. Dagegen sind die Jungfische besonders gut zu füttern, möglichst mehrmals am Tag mit kleinen Portionen.

Bei vielen Arten der Regenbogenfische unterscheidet man nicht nur mehrere Unterarten, sondern bereits einzelne Populationen zeigen teilweise beträchtliche Färbungsunterschiede. Solche Fundortvarianten wie auch verschiedene Unterarten einer Spezies sollten stets getrennt gehalten werden, um eine genetische Vermischung zu vermeiden.

Vermehrung. Regenbogenfische laichen bei intensivster Färbung in den Morgenstunden. Dabei zeigen sie ihre volle Farbenpracht. Feinfiedrige Pflanzen oder ein Ablaichmopp aus Acrylwolle eignen sich als Ablaichsubstrat (Eier mit Klebfäden). Die Jungfische schlüpfen in Abhängigkeit von der Temperatur nach 6 - 7 Tagen. Ihre Aufzucht ist nicht einfach. Sie benötigen in den ersten Tagen sehr kleines Staubfutter (Infusorien). Die Jungfische von *Iriatherina werneri* sind sehr klein, Fütterung anfangs mit Rotatorien.

Höchstalter. Regenbogenfische erreichen in der Natur ein Alter von etwa 2 Jahren. Im Aquarium ist eine Lebensdauer von 10 und mehr Jahren keine Seltenheit, die Fische werden dann auch größer als in der Natur. *Melanotaenia nigrans* lebte z.B. 17 Jahre, 7 Monate (Artis-Zoo Amsterdam). Lebensdauer von *Iriatherina werneri* unter Aquarienbedingungen maximal 2 Jahre.

Familie Blauaugen (Pseudomugilidae)

Mit den Regenbogenfischen nahe verwandte, kleine, schlanke (niemals hochrückige) Süß- und Brackwasserfische (selten auch im Seewasser), mit denen sie auch bisher zusammengefasst wurden. Spezielle Unterschiede im Knochenbau begründen jedoch ihre Abtrennung. Größe zwischen 3 und 5 cm.

Verbreitung. Nord- und Ostaustralien, Neuguinea und das östliche Indonesien.

Lebensweise. Schwarmfische in küstennahen Bächen, Sümpfen, Mangrove-Gewässern, aber auch im Binnenland, oft vergesellschaftet mit Regenbogenfischen. Z. T. Dauerlaicher und Eier mit Haftfäden.

Nahrung. Vorzugsweise aquatische und terrestrische Insekten und deren Larven.

3 Gattungen mit 16 Arten. Nur Arten aus der Gattung *Pseudomugil* (= *Popondetta*, *Popondichthys*) werden in Aquarien gehalten.

Gattung *Pseudomugil*: 13 Arten. Geschlechterunterschiede sind erst erkennbar, wenn die Männchen ausfärben. Nur bei einigen Arten bilden sie früh verlängerte Flossen. Weibchen zeigen wenig Farbe. Meist Oberflächenfische. Einige Arten brauchen salziges Wasser. Dazu **Gabelschwanz-Blauauge** (*P. furcatus*): bis 7 cm, meist aber nur 4 - 5 cm, in Bächen Ostneuguineas. 1. Rückenflosse beim Männchen fadenförmig ausgezogen. – **Popondetta-Blauauge** (*P. connieae*): mit der vorigen Art nahe verwandt. – **Gepunktetes Blauauge** (*P. gertrudae*): bis 4 cm, in Bächen der Küstenregion Australiens und im Süden Neuguineas. Bauchflossen ausgezogen. – **Pazifisches Blauauge, Schmetterlings-Blauauge** (*P. signifer*): bis 6 cm, großes Verbreitungsgebiet in Bächen und Küstengewässern entlang der australischen Ostküste (über 15 Fundortvarianten). Die lang ausgezogenen Rücken-, After- und Bauchflossen der Männchen sind besonders attraktiv, Farbe an der Basis schwarz, danach orange, Spitzen weiß. Sie werden bei der Balz und den Revierkämpfen aufgerichtet. – **Zwerg-Blauauge** (*P. tenellus*): 3,5 cm, relativ unscheinbare Fische Nordaustraliens und des südlichen Neuguineas.

Haltung von Blauaugen

Nicht schwierig, Blauaugen leben vorzugsweise in Oberflächennähe. Relativ flache Artbecken mit dichter Bepflanzung, Schwimmpflanzen, gut gefiltertem Wasser mit pH-Werten zwischen 7 und 8 sowie Temperaturen um 25 °C tragen zum Wohlbefinden der Fische bei. Die Herkunft der einzelnen Arten ist zu beachten, einige brauchen salziges Wasser. Der Schlupf der Jungfische erfolgt temperatur- und artabhängig nach 10 - 20 Tagen. Weitere Hinweise siehe Pflege und Zucht der Regenbogenfische.

Familie Ährenfische (Atherinidae)

Kleine, schlanke Schwarmfische (bis 60 cm). Körper gestreckt, spindelförmig und seitlich abgeflacht, mit großen Augen. Große Schuppen, die leicht abfallen. Kopfoberseite flach, Mundspalte endständig, schräg. Seitenlinie fehlt. Körperfärbung meist metallsilbern, mit einem deutlichen, hell glänzenden Längsstreifen.

Abb. 41.5 *Pseudomugil signifer*, Männchen (Aquarium Glaser, Rodgau)

Verbreitung. In allen tropischen, subtropischen und gemäßigt-warmen Meeren. Auch ausschließlich in Süßgewässern (vor allem Amerika und Australien).

Lebensweise. In küstennahen Flachwassergebieten. Einige Arten dringen auch in Brack- und Süßwasser vor bzw. unternehmen Laichwanderungen, aber auch reine Süßwasserfische. Außerhalb der Fortpflanzungszeit pelagisch. Zur Laichzeit häufig Bildung von stationären Schwärmen in ausgedehnten Seegraswiesen oder zwischen Wasserpflanzen. Eine außergewöhnliche Fortpflanzungsstrategie besitzt der in den kalifornischen Küstengewässern lebende Grunion (*Leuresthes tenuis*). Die Fische laichen nachts 1 - 2 Tage nach Neu- oder Vollmond bei Springflut auf dem Sandstrand und graben den Laich mehrere Zentimeter tief in den Ufersand ein. Bei der folgenden Springflut nach etwa 14 Tagen schlüpfen die Jungfische und werden in das Meer gespült.

Nahrung. Vorwiegend Planktonfresser.

Etwa 25 Gattungen mit ungefähr 170 Arten. Neuerdings werden die südamerikanischen Arten als Neotropische Ährenfische (Atherinopsidae) in eine eigene Familie gestellt. Die aquaristische Bedeutung ist gering.

Gattung *Atherina* (Ährenfische): 5 Arten. Dazu **Großer Ährenfisch** (*A. hepsetus*): bis 14,5 cm, Mittelmeer und Schwarzes Meer. –

Kleiner Ährenfisch (*A. mochon* = *A. boyeri*): bis 12,5 cm, außer im Mittelmeer auch in Süßwasserseen Italiens, Spaniens, Südfrankreichs und Dalmatiens, weitere Unterarten im Schwarzen Meer und im Kaspisee. – **Priesterfisch** (*A. presbyter*): bis 15 cm, vom westlichen Dänemark und Südengland bis zum Mittelmeer und Nordwestafrika.

Gattung *Atherinopsis*: 1 Art. **Kalifornischer Ährenfisch** (*A. californiensis*): 45 cm, Nordostpazifik (Oregon bis Niederkalifornien):

Gattung *Menidia*: 7 Arten. Dazu **Atlantischer Ährenfisch** (*M. menidia*): 15 cm, Nordwestatlantik (Kanada bis Nordflorida), über Sandböden.

Gattung *Odonthestes*: 20 Arten. Dazu **Japanischer Ährenfisch** (*O. bonariensis*): 50 cm, südliches Argentinien und Rio de la Plata, in Küstennähe, lebt sowohl im Meer- als auch im Brack- und Süßwasser.

Haltung von Ährenfischen

Die Ährenfisch-Arten werden am besten als individuenreiche Schwärme in großen Rundbecken gezeigt, die ihrem Schwimmbedürfnis genügen. Sie sind etwas wärmeempfindlich, die Wassertemperaturen sollten daher 20 °C längere Zeit nicht übersteigen. Geeignetes Futter sind Salinenkrebse und Mysis.

Die Süßwasserformen benötigen klares, sauerstoffreiches Wasser und große Becken mit schwimmenden Wasserpflanzenbüschen. Auch sie sind wärmeempfindlich.

Abb. 41.6 *Telmatherina ladigesi*, Männchen (Privataquarium)

Höchstalter. Natürliche Lebenserwartung für *Leuresthes tenuis* 4 Jahre, für *Atherina mochon* etwa 3 Jahre, 6 Monate.

Familie Celebes-Regenbogenfische, Sonnenstrahlfische, Segelfische (Telmatherinidae)

Nahe mit den Regenbogenfischen verwandt, denen sie auch zugeordnet werden. Die Abtrennung in eine eigene Familie gründet sich auf anatomische Merkmale. Größe zwischen 4 und 20 cm.

Verbreitung. Endemisch auf der indonesischen Insel Celebes (Sulawesi) und einigen kleinen Inseln vor Westneuguinea.

Lebensweise. Schwarmfische im Süß- und Brackwasser (z. T. auch im Seewasser von Mangrove-Sümpfen). Soweit bekannt, Dauerlaicher (Laichperiode mehrere Monate), Eier haften an feinfiedrigen Wasserpflanzen.

Nahrung. Vorzugsweise in das Wasser gefallene Insekten (Anflugnahrung).

4 - 5 Gattungen mit 17 Arten.

Gattung *Telmatherina*: etwa 10 Arten. Dazu **Celebes-Segelfisch** (*T. ladigesi* = *Marosatherina ladigesi*): bis 7 cm. Prächtige Art, lang ausgezogene Flossenstrahlen beim Männchen, besonders 2. Rückenflosse und Afterflosse, werden vor allem bei der Balz aufgerichtet. Zitronengelbe Grundfarbe, bläuliches Längsband, Weibchen blasser. – Neu in der Aquaristik ist **Bonts Sonnenstrahlfisch** (*T. bonti*): etwa 6,5 cm.

Haltung von Segelfischen

Siehe auch Regenbogenfische und Blauaugen. Der Celebes-Segelfisch benötigt größere Aquarien mit neutralem bis leicht alkalischem Wasser. Sandiger Bodengrund und deutlicher Wechsel zwischen dichter Bepflanzung und freiem Schwimmraum tragen zum Wohlbefinden bei. Ein geringer Salzzusatz erhöht die Vitalität. Die Art ist ein Substratlaicher.

Familie Kehlphallusfische (Phallostethidae)

Körper zahnkärpflingsartig gestreckt, seitlich etwas zusammengedrückt und mehr oder weniger durchsichtig. Mund vorstülpbar. Rückenflosse meist zweigeteilt, der vordere Teil besteht aber nur aus 1 - 2 kurzen Stacheln, der hintere Teil ist klein. Afterflosse deutlich größer, Schwanzflosse eingeschnitten, Bauchflossen fehlen. Rundschuppen. Charakteristisch ist ein kehlständiges, mit Knochenelementen, u.a. der reduzierten Bauchflossen, gestütztes Begattungsorgan (Priapium) der Männchen, das aus 1 Stammteil und 2 nach vorn gerichteten, säbelartig geschwungenen Fortsätzen gebildet wird. In diesem Bereich münden auch die Geschlechts-, Harn- und Afteröffnung. Bei den Weibchen sind diese Öffnungen gleichfalls unter den Brustflossen. Sehr kleine Fischchen, nur 1,5 - 3,5 cm groß.

Verbreitung. Südostasien (größte Artenvielfalt auf den Philippinen).

Lebensweise. In unterschiedlichen, oft sehr trüben Kleingewässern, auch in Gebirgsbächen, in Sümpfen und Marschen, in Flussmündungen und der Mangrove (Brackwasser) sowie – selten – im küstennahen Seewasser. Kleine Schwärme bildend, mehr oder weniger oberflächenorientiert. Fortpflanzung paarweise mit innerer Befruchtung, Weibchen legen die mit Klebfäden ausgestatteten Eier an Wasserpflanzen ab.

Nahrung. Kleinstkrebse und Protozoen.

4 Gattungen mit 21 Arten.

Gattung *Gullaphallus*: 5 Arten. Dazu **Phallus-Wunderfisch** (*G. mirabilis*): 3,3 cm, Philippinen, im Brack- und Süßwasser.

Gattung *Phenacostethus*: 3 Arten. Dazu **Posthon-Kehlphallusfisch** (*Ph. posthon*): 1,8 cm, Malaysia, Sumatra, im Brack- und Süßwasser. – **Smiths Kehlphallusfisch** (*Ph. smithi*): 2 cm, Thailand, Kambodscha, Sumatra.

Haltung von Kehlphallusfischen

Kehlphallusfische wurden bisher nur selten importiert, demzufolge gibt es kaum Haltungserfahrungen. Die zarten Fische sind empfindlich und sollten im Artbecken bei 24 - 28 °C gepflegt werden. Eine Salzzugabe (1 gehäufter Kaffeelöffel Seesalz auf 6 l Wasser) wird empfohlen. Ernährung mit feinem Trockenfutter und Artemia-Nauplien.

42
Ordnung Hornhechtartige (Beloniformes)

K. Breitfeld & W. E. Engelmann

Fische unterschiedlicher Größe und Verbreitungsgebiete. Die hier zusammengefassten Familien wurden bis vor wenigen Jahren noch den Ordnungen Atheriniformes und Cyprinodontiformes zugerechnet. Auch auf der Familienebene herrschen keine einheitlichen Auffassungen, ein Hinweis darauf, dass die natürlichen Verwandtschaftsbeziehungen noch nicht ausreichend geklärt sind. Für die aquaristische Bedeutung dieser Fische spielt das eine geringe Rolle. Sie werden von den Aquarianern oft noch zu den Killifischen gezählt.

5 - 7 Familien mit etwa 190 Arten.

Familie Schaufelkärpflinge, Bauchflossenbrüter (Adrianichthyidae)

Kleine, schlanke, gestreckte Fische. Rücken- und Afterflosse stehen sich weit hinten auf dem seitlich komprimierten Schwanzstiel gegenüber und sind relativ lang, besonders die Afterflosse. Hierzu werden mitunter auch die beiden folgenden Familien Reiskärpflinge und Glaskärpflinge als Unterfamilien gezählt.

Verbreitung. Nur auf Celebes (Sulawesi), im Gebiet von Poso- und Lindusee.

Lebensweise. Schwarmfische im flachen Uferbereich. Soweit bekannt, wird der Laich von den Weibchen in einer Traube bis zum Schlupf der Jungen am Bauch getragen.

Nahrung. Allesfresser, bevorzugt werden frei schwimmende Garnelen.

2 Gattungen mit mindestens 4 Arten.

Gattung *Adrianichthys*: 1 Art. **Entenschnabelfisch** (*A. kruyti*): bis 16 cm, kommt endemisch nur im zentralen Pososee vor. Langschnauzige, auffällig geformte Art mit einer ungewöhnlichen Mundbildung, die einem Entenschnabel vergleichbar ist. Färbung unscheinbar grau bis gelblich. Bisher keine aquaristischen Erfahrungen.

Gattung *Xenopoecilus*: vermutlich 3 Arten. Kleine Fische, seitlich stark abgeflachter Körper, Rücken fast gerade, Kopf groß und breit. Rückenflosse steht über der hinteren Hälfte der Afterflosse, beide Flossen mit lang ausgezogenen mittleren Flossenstrahlen, reichen in angelegtem Zustand über die Schwanzflossenbasis hinaus. Schwanzflosse gegabelt, Enden zugespitzt. Dazu **Schaufelkärpfling** (*X. sarasinorum*): 7 - 8 cm, im Lindusee (westliches Zentrum der Insel). Körper silbrig bis goldfarben mit großen, goldfarben leuchtenden Augen. Alle Flossen sind etwas schwärzlich, besonders beim Männchen, dessen Körper in Balzstimmung nahezu vollständig schwarz wird.

Haltung von Schaufelkärpflingen

Die biologisch sehr interessanten Fische wurden bisher selten oder nicht in Aquarien gehalten. Die Pflege des Schaufelkärpflings (einzige bisher etwas verbreitete Art) ist nicht schwierig. Er ist ein Schwarmfisch, daher sind große Aquarien mit kräftiger Durchlüftung erforderlich.

Vermehrung. Das Weibchen des Schaufelkärpflings trägt nach erfolgter Befruchtung an der

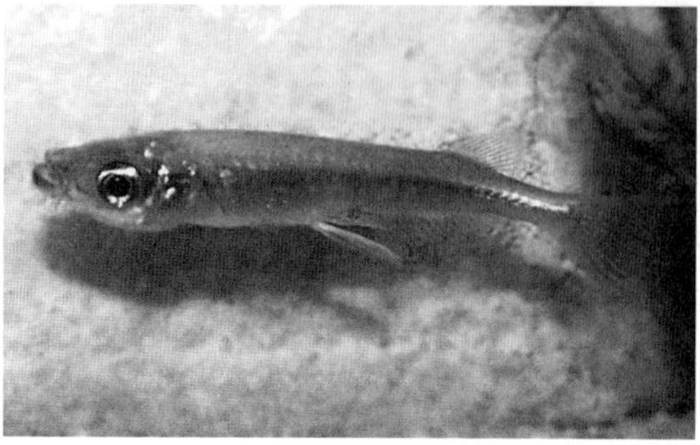

Abb. 42.1 *Xenopoecilus sarasinorum* (Zoo Leipzig, Aquarium)

Genitalöffnung eine Laichtraube, die fest mit ihr verbunden ist und bei Bedarf vollständig von Bauch- und Afterflossen zugedeckt werden kann. Diese Laichtraube darf nicht vom Weibchen getrennt werden, da die Embryonen sonst absterben. Sie werden über eine Art „Nabelschnur" vom Muttertier versorgt. In den etwa 15 - 20 Eiern kann die Entwicklung der Embryonen deutlich verfolgt werden. Am 12. Tag nach der Eiabgabe schlüpfen die Jungfische. Zu ihrem Schutz wird die Verwendung eines Ablaichkastens empfohlen. Die Aufzucht ist problemlos, feinstes Flockenfutter wird von Anfang an genommen.

Familie Medakas, Reisfische, Reiskärpflinge (Oryziidae)

Männchen und Weibchen in Größe und Aussehen nahezu identisch. Bei einzelnen Arten sind die Weibchen allerdings größer. Färbung unscheinbar, transparent, mit mehr oder weniger auffälliger Zeichnung.

Verbreitung. Tropisches und subtropisches Süd- und Südostasien (von Indien über Burma/ Myanmar und Indonesien bis Japan), auch im Südosten Russlands und in China.

Lebensweise. Kleine Schwarmfische, vorzugsweise in überschwemmten Reisfeldern (Name!), Unterläufen und Mündungsgebieten von Flüssen, Binnenseen und Wasseransammlungen mit geringer Wassertiefe von 20 cm bis 1 m. Das Wasser ist weich bis mittelhart bei Temperaturen bis 30 °C. Sonnenliebende, schwimmfreudige Fische, die sich vorwiegend an der Wasseroberfläche aufhalten. Die Weibchen tragen den befruchteten Laich (innere Befruchtung) als eine an der Genitalöffnung befestigte Traube eine Zeit lang umher und streifen ihn dann an Pflanzen ab.

Nahrung. Aquatische und terrestrische Insekten passender Größe und deren im Wasser lebende Larven, kleine Krebstiere, Jungfische.

1 Gattung mit etwa 19 Arten. Sie werden auch als Unterfamilie zu den Schaufelkärpflingen gestellt.

Gattung *Oryzias*: Dazu **Schwarzfleckenkärpfling**, **Burmakärpfling**, **Javakärpfling** (*O. melastigmus*): bis 4 cm, in küstennahen Gewässern mit Süß- und Brackwasser in Ostindien, Ceylon, Burma (Myanmar), Malaysia, Indonesien. Relativ hoch gebauter Körper; transparent, graugrün, mit dunklem Strich am Rücken, dunkler Längslinie in der Körpermitte und einer 2. über der Afterflossenbasis. Augen kräftig hellblau leuchtend. Afterflossenstrahlen der Männchen fransenartig verlängert. – **Zwergreisfisch** (*O. minutillus*): 1,5 cm, in Flüssen, Bächen und Seen Thailands. Unscheinbar gefärbt und auffällig transparent. – **Japankärpfling**, **Medaka**, **Japanischer Goldhecht** (*O. latipes*): bis 5 cm, in Gräben und kleinen Süßwasseransammlungen, auf Reisfeldern in Japan, China, Korea, Taiwan, Südostrussland. Körper relativ transparent, grünlich grau bis schwach bläulich. Auch eine xanthinistische Form ist bekannt, auf dem goldfarbenen Körper befinden sich unregelmäßig verteilte, hell leuchtende Glanzschuppen.

Haltung von Reiskärpflingen

Obwohl die Haltung von Reisfischen relativ einfach ist, werden nur wenige Arten regelmäßig in Aquarien gepflegt und gezüchtet. Eine Ursache dafür liegt wesentlich an der geringen farblichen Attraktivität.

Für einen Schwarm (Schwarmhaltung entspricht der natürlichen Lebensweise) von mindestens 10 Tieren benötigt man ein geräumiges, möglichst sonnig stehendes Aquarium mit Pflanzenbestand und ausreichendem Schwimmraum. Ein wöchentlicher Teilwasserwechsel, mittelhartes bis weiches Wasser, geringer Salzzusatz (5 g pro 10 l Wasser), schwankende Temperaturen zwischen 18 und 30 °C und kräftige Durchlüftung bilden gute Voraussetzungen für eine erfolgreiche Pflege. Als Futter eignen sich Insekten und deren Larven, Cyclops, Daphien und auch Flockenfutter.

Vermehrung. Viele Arten lassen sich in den Sommermonaten sehr gut in einem Freilandteich hältern und vermehren. Die meist dunkel pigmentierten Jungfische schlüpfen in Abhängigkeit von der Temperatur nach 10 - 18 Tagen, bewegen sich ständig schlängelnd an der Wasseroberfläche und nehmen nur dort Pantoffel- oder Rädertierchen, später Cyclops-Nauplien auf. Sie wachsen langsam.

Familie Glaskärpflinge (Horaichthyidae)

Kleine, durchsichtige, gestreckte Fische. Bei den Männchen sind die ersten 6 Afterflossenstrahlen vom Rest der Flosse getrennt, bilden das Gonopodium. Den Weibchen fehlt gewöhnlich die rechte Bauchflosse, Geschlechtsöffnung meist seitlich versetzt.

Verbreitung. Vorderindien (Kerala).

Lebensweise. Im Brackwasser von Ästuaren, zeitweise in reinem Süßwasser. Bemerkenswerte Fortpflanzungsstrategie: Die Männchen heften mit ihrem Gonopodium keulenförmige Spermatophoren in der Nähe der Geschlechtsöffnung der Weibchen an. Die Spermien sind bis 2 Wochen lebensfähig, dringen während dieser Zeit in den Eileiter ein und befruchten die Eier, die in

Abb. 42.2 *Oryzias latipes*, Weibchen mit Eitraube (Privataquarium)

Gruppen von 20 - 30 Stück mit ihren teilweise langen, durchsichtigen Anhängen an Pflanzen verkrauteter Tümpelränder abgelegt werden. Nach 1 - 3 Wochen schlüpfen die Jungfische.

Nahrung. Aquatische und terrestrische Insekten passender Größe und deren im Wasser lebende Larven, kleine Krebstiere, Jungfische.

1 Gattung mit 1 Art. Wird auch als Unterfamilie zu den Schaufelkärpflingen gestellt.

Gattung *Horaichthys*: **Indischer Glaskärpfling** (*H. setnai*): 2 - 3 cm, in den indischen Küstenregionen nördlich und südlich von Bombay. Körper nahezu durchsichtig. Geschlechterunterschiede besonders in der Verteilung der schwarzen Pigmentierung, die beim Männchen wesentlich kräftiger ist. Schuppenränder gelegentlich schwarz.

Haltung von Glaskärpflingen

Die Pflege der in ihrer Biologie außerordentlich interessanten Fische im Aquarium ist schwierig, die Lebensdauer auf wenige Monate beschränkt. Es liegen bisher zu geringe Haltungserfahrungen vor. Jungfische müssen mit feinstem Plankton angefüttert werden.

Familie Hornhechte, Nadelfische (Belonidae)

Sehr langgestreckte, seitlich kaum abgeflachte Schwarmfische. Schnabelartiger Ober- und Unterkiefer mit einer Reihe scharfer Zähne. Jungfische mit deutlich verlängertem Unterkiefer, später gleicht sich Länge der Kiefer aus. Rundschuppen sehr klein, dünn, fallen bei Berührung leicht ab. Seitenlinie verläuft weit bauchwärts, bildet eine Art Seitenfalte. Rücken- und Afterflosse lang, weit hinten angesetzt, enden unmittelbar vor der Schwanzflosse. Größe zwischen 6 cm und 1,5 m.

Verbreitung. In warmen und gemäßigt-temperierten Meeresgebieten mit einem Verbreitungsschwerpunkt im Indopazifik. Nur wenige Arten leben im Brack- und Süßwasser Südasiens und Südamerikas.

Lebensweise. Sehr gefräßige Raubfische. Meist im Schwarm, schwimmen mit schnellen, schlängelnden Bewegungen dicht unter der Wasseroberfläche. Laichen im flachen Wasser über Seegras, in Ästuaren oder zwischen Wasserpflanzen.

Nahrung. Fische, Krebstiere.

10 Gattungen mit etwa 50 Arten. Die meisten von ihnen sind bisher kaum in Aquarien gehalten worden.

Meeresarten:

Gattung *Belone*: 2 Arten. Dazu **Europäischer Hornhecht** (*B. belone*): bis 1 m, im nordöstlichen Atlantik (bis Murmansk), besonders vor Frankreich, und in der Nord- und Ostsee, auch in Mittelmeer und Schwarzem Meer. Wandert mit seinen Nahrungstieren über große Entfernungen. Färbung oberseits blaugrün, Flanken silbrig. Beim Kochen werden die Knochen grün (Grünknochen). Aufenthalt vom Frühjahr bis Herbst in Küstennähe, laichen Mai bis Juni in Seegraswiesen (Zostera) ab, wo sich die Eier von 3 mm Durchmesser mit 60 - 80 langen Fäden an Seegras anheften. Dem Europäischen Hornhecht nahe verwandt sind die weltweit in warmen und tropischen Meeren vorkommenden *Strongylura*- und *Tylosurus*-Arten.

Süßwasserarten:

Gattung *Potamorrhaphis*: 3 Arten. Dazu **Brasilianischer Nadelhecht**, **Spindelhecht** (*P. guianensis*): bis 30 cm, in Guayana und im westlichen Amazonas-Becken bis Venezuela, nur im Süßwasser. Laich klebt an Wasserpflanzen. Körper gestreckt, mit langen, dicht mit Zähnen besetzten, schnabelförmigen Kiefern. Unpaare Flossen glasklar, weit hinten angesetzt und in der Mitte eingezogen, Schwanzflosse gerade. Körper einheitlich gelbgrau, hellgrauer bis schwarzbrauner Längsstreifen, grünlich irisierend.

Gattung *Xenentodon*: 2 Arten. Dazu **Indischer Nadelhecht** (*X. cancila*): bis 30 cm, verbreitet in Indien, Ceylon, Burma (Myanmar), Thailand, Halbinsel Malakka, nur im Süßwasser. Oberseite graugrün, seitlich grünsilbern, Bauchseite weiß, Kehlregion oft gelblich.

Abb. 42.3 *Xenentodon cancila* (Zoo Leipzig, Aquarium)

Glanzstreifen von Kopf bis Schwanz mit paralleler, feiner, dunkler Linie, vorn meist rostrot getönt. Beim Männchen sind Rücken- und Afterflosse dunkel gesäumt.

Haltung von Hornhechten

Von den meeresbewohnenden Hornhecht-Arten wird in einem riesigen, 5000 m^3 fassenden Gemeinschaftsbecken für nordatlantische Fische des Nordsee-Museums und Aquariums von Hirtshals (Dänemark) *Belone belone* in lockeren Gruppen erfolgreich gehalten. Die größten Probleme bereiten Fang und Transport der empfindlichen und schreckhaften Fische, die sich leicht verletzen und Schuppen verlieren oder ihre lange, dünne Schnauze brechen. Aus diesem Grund eignen sich vor allem sehr große Rund- oder elliptische Becken für die Haltung, in denen die Tiere nicht gegen Wände stoßen. Die Wassertemperaturen liegen bei 14 - 16 °C. Zur Ernährung haben sich Sandaale bewährt, die als aufgetautes Frostfutter leicht verfügbar sind und gut angenommen werden.

Selten wird der aus der Karibik stammende Rotflossen-Hornhecht (*Strongylura notata*) in Aquarien gezeigt. Die Art eignet sich auch für ein größeres, beispielsweise mit Gorgonien besetztes Wirbellosen-Becken.

Von den Süßwasserarten wird der Indische Nadelhecht regelmäßig in verschiedenen Aquarien gehalten und gezüchtet. Voraussetzung für eine erfolgreiche Hälterung ist eine gute Futterfischzucht, denn die Ernährung ist auf Dauer nur mit lebenden Fischen geeigneter Größe möglich. Die Aquariumeinrichtung sollte viel freien Schwimmraum, aber auch Pflanzenbestände bieten, das Wasser mittelhart bis hart und leicht sauer bis neutral sein. Ein Seesalzzusatz (1 g auf 1 l Wasser) hat sich als günstig erwiesen. Die Haltungstemperaturen liegen bei 22 - 26 °C. Obwohl sich die Indischen Nadelhechte im Allgemeinen untereinander gut vertragen, ist doch ein erheblicher Futterneid zu beobachten, die Fische jagen sich gegenseitig ihre Beute ab. Sie sind exzellente Springer, ein guter Springschutz ist daher unabdingbar.

Über die Haltung des Brasilianischen Nadelhechtes liegen wenige Erfahrungen vor. Es werden weiches, leicht saures bis neutrales Wasser und Temperaturen zwischen 25 und 28 °C empfohlen. Als Futter kommen nur lebende Fische passender Größe infrage. Seine Vermehrung im Aquarium ist aber bereits gelungen.

Vermehrung. Als Dauerlaicher geben Indische Nadelhecht-Weibchen über mehrere Tage kleinere Mengen (10 - 15) Eier ab. Diese sind glasklar, dementsprechend schwer zu sehen, etwa 3,5 mm im Durchmesser und hängen an ungefähr 2 cm langen Fäden an Wasserpflanzen. Nach 10 Tagen schlüpfen die reichlich 10 mm langen Larven, die nach dem Freischwimmen mit lebender Fischbrut (gut geeignet sind z. B. Kampffische) angefüttert werden müssen.

Familie Makrelenhechte (Scomberesocidae)

Von spindelförmiger, gestreckter Gestalt. Unterkiefer bei älteren Fischen länger als der Oberkiefer. Zwischen Rücken- bzw. Afterflosse und Schwanzflosse stehen je 4 - 7 kleine Flösselchen. Keine Schwimmblase. Größe zwischen 5 und 50 cm.

Verbreitung. In allen subtropischen und gemäßigt-warmen Meeren

Lebensweise. Oberflächenorientierte, pelagische oder halbpelagische Meeresfische, z. T. in Schwärmen auftretend. Unternehmen große Wanderungen. Eier haften mit Klebefäden aneinander oder an im Wasser treibendem Holz, Tang u. Ä.

Nahrung. Planktische Krebstiere und Fischlarven.

3 Gattungen mit 4 Arten.

Gattung *Cololabis*: **Pazifischer Makrelenhecht** (*C. saira*): 40 cm. In Japan ein bedeutender Speisefisch, wird auch in japanischen Schauaquarien gezeigt.

Familie Fliegende Fische (Exocoetidae)

Heringsähnlicher Körper, mit endständigem, nicht vorstreckbarem Maul. Sehr große, flügelartige Brustflossen, bei einigen Arten sind auch die Bauchflossen verbreitert. Schwanzflosse tief gegabelt, der untere Lappen verlängert. Größe zwischen 11 und 50 cm.

Verbreitung. In allen warmen bis gemäßigt-temperierten Meeren.

Lebensweise. Hochseefische, besitzen in unterschiedlichem Maße die Fähigkeit, aus dem Wasser schnellend einen Gleitflug auszuführen. Manche können bei einer Anfangsgeschwindigkeit von 60 km/h etwa 200 m weit gleiten. Eier, meist mit Haftfäden, werden in Küstennähe an treibendem Tang u. a. abgelegt.

Nahrung. Planktonfresser.

Etwa 8 Gattungen mit etwa 50 Arten.

In Japan, wo Fliegende Fische für die menschliche Ernährung traditionell eine große Bedeutung besitzen, werden einige Arten (*Cypselurus heterurus*, bis 35 cm, *Hirundichthys oxycephalus*, bis 25 cm) auch in Schauaquarien gezeigt.

Familie Halbschnabelhechte (Hemiramphidae)

Kleine bis mittelgroße (4 - 55 cm) Fische, die eng mit den Fliegenden Fischen (Familie Exocoetidae) verwandt sind, denen sie auch als Unterfamilie angegliedert werden. Körper gestreckt, seitlich kaum oder wenig abgeflacht. Flossen klein, Rücken-, After- und Bauchflossen weit hinten angesetzt. Die Körperschuppen sitzen locker und fallen bei Berührung leicht ab. Der schnabelartige Unterkiefer ist meist stark verlängert (außer bei Arten der Gattungen *Chriodorus* und *Oxyporhamphus*). Die starre, dreieckige Oberkieferplatte, die oft wesentlich kürzer als der Unterkiefer ist, kann gegen den übrigen Schädel nach oben hin bewegt werden. Ober- und Unterkiefer sind vor allem bei der Gattung *Dermogenys* durch eine Hautfalte verbunden, die sich beim Öffnen des Maules sackartig erweitert. Dadurch entsteht ein Sog, mit dem Nahrungstiere eingeschlürft werden

Verbreitung. Atlantikküsten, Mittelmeer, Persischer Golf, tropischer Indowestpazifik. Auch einige reine Süßwasserarten in Flüssen, Teichen, Bächen und Rinnsalen Südostasiens und des Indomalaiischen Archipels.

Lebensweise. Oberflächenorientierte Meeres- oder Brackwasserbewohner, Schwarmfische. Einige Halbschnabelhechte lebend gebärend. Die Männchen dieser Arten haben zur Samenübertragung ein modifiziertes Gonopodium (Andropodium) an der Afterflosse ausgebildet. Die Embryonen entwickeln sich in einer sackartigen Höhlung des Eierstocks. Die Vertreter der nicht lebend gebärenden Arten laichen vorwiegend im Stillwasser von Lagunen und Flussmündungen. Zum Ablaichen werden Verstecke in den Pflanzen an der Wasseroberfläche aufgesucht, die Eier haften mit Klebfäden an den Pflanzen

Nahrung. An der Wasseroberfläche schwimmendes Seegras sowie Krebse und kleine Fische. Die Süßwasserarten erbeuten vorwiegend Anflugnahrung (Insekten) und deren Larven.

14 Gattungen mit 110 Arten. 9 Gattungen mit über 60 Arten sind Eier legend. Die Gattungen *Dermogenys*, *Hemiramphodon*, *Nomorhamphus* und *Zenarchopterus* umfassen Arten aus dem Süßwasser und aus Ästuaren mit wechselndem Salzgehalt, besitzen eine innere Befruchtung und sind (außer *Zenarchopterus*) auch lebend gebärend. Einige sind verbreitete Aquarienfische. Von den reinen Meeresarten wird z. B. *Hyporhamphus sajori* (40 cm, nördlicher Westpazifik, von Sachalin bis Taiwan) in japanischen Schauaquarien gezeigt.

Gattung *Dermogenys*: 13 Arten. Dazu **Hechtköpfiger Halbschnäbler** (*D. pusilla*): Männchen bis 5,5 cm, Weibchen bis 8 cm, Hinterindien, Indomalaiischer Archipel, Sundainseln, in Süß- und gelegentlich Brackwasser. Körper oberseits grauoliv, Rücken- und Afterflosse im vorderen Bereich rot, im hinteren gelblich, Schwanzflosse manchmal gelborange. Es gibt Unterarten und Zuchtformen mit silber- oder goldfarbener Körperpigmentierung und mehrere Unterarten nach geographischen Verbreitungsgebieten. Männchen stets intensiver gefärbt.

Gattung *Hemirhamphodon*: 6 Arten. Sehr langer Unterkiefer, der im Unterschied zu den *Dermogenys*-Arten mit Zähnchen besetzt ist. Spitze des Unterkiefers leicht nach unten gebogen. Rückenflosse sehr lang, beginnt vor der Afterflosse, Schwanzflosse gegabelt. Dazu **Roter Halbschnäbler**, **Zahnleisten-Halbschnäbler** (*H. pogonognathus*): bis 19 cm, Malaiische Halbinsel, Sumatra, Borneo (Kalimantan), Bangka, Belitung, im Brack- und Süßwasser. Sehr langgestreckte, schlanke Art. Männchen wesentlich größer als Weibchen. Kiemendeckel mit dunklem Fleck. Flossen zart bräunlich, z.T. dunkel gerandet. Geschlechter an der Afterflosse leicht zu unterscheiden. – Die Art *H. tengah* ist Eier legend.

Gattung *Nomorhamphus*: mindestens 10 Arten. Unterkiefer nur wenig länger als der Oberkiefer. Das vordere, etwas verdickte Ende des Unterkiefers nach unten abgebogen. Rücken- und Afterflosse stehen sich gegenüber. Auf Celebes (Sulawesi) endemisch. Dazu **Celebes-Halbschnäbler** (*N. celebensis*): bis 7 cm. Körper silbern mit ockerfarbenem, gelblichem oder grünlichem Schimmer. Flossen leicht gelblich, orangefarben, rot. Männchen an etwas größeren Flossen und Unterkieferhaken leicht zu erkennen. – **Liems Halbschnäbler** (*N. liemi*): Männchen bis 5,5 cm, Weibchen bis 9,5 cm. Bläuliche bis bräunliche Grundfärbung. Unpaare Flossen einschließlich der Bauchflossen mit breitem, schwarzem Saum und bläulicher bis roter Basis. Unterkiefer deutlich nach unten gebogen und schwarz, Schnauzenregion bis zu den Augen gelegentlich mit attraktiver roter Färbung (besonders bei *N. l. snijdersi*).

Abb. 42.4 *Dermogenys pusilla*, Männchen (Privataquarium)

Gattung *Zenarchopterus*: 20 Arten. Erst in jüngster Zeit wurden mehrere Arten häufiger importiert, z.B. *Z. beauforti*, *Z. dispar*, beide bis 15 cm, und *Z. kampeni*, bis maximal 25 cm.

Haltung von Halbschnabelhechten

Die Haltung von Halbschnabelhechten aus dem Süßwasser ist unproblematisch: Temperatur 20 - 28 °C, pH-Wert 7 - 7,5 (8), mindestens 10° dGH, etwas Seesalzzusatz bei weichem Wasser. Einzelne Arten der Gattung *Hemirhamphodon* leben in weichem und saurem Wasser. Das notwendige Lebendfutter sollte an der Wasseroberfläche erreichbar sein. Geeignet sind besonders Anflugfutter, z.B. mutierte Fruchtfliegen der Gattung *Drosophila*, Springschwänze (Collembola), Mückenlarven (besonders Schwarze), Tubifex, Enchyträen, Wasserflöhe, aber auch Flockenfutter. Bei geringer Wasserhöhe wird das Futter

Abb. 42.5 *Nomorhamphus liemi*, trächtiges Weibchen (Zoo-Aquarium Berlin)

auch in Bodennähe aufgenommen. Halbschnabelhechte sind sehr gefräßig. Sie haben einen starken Stoffwechsel, daher sind ausreichende Filterung und häufiger Wasserwechsel notwendig. Gegenüber anderen Fischen sind sie friedlich. Die Männchen bilden jedoch an der Wasseroberfläche Reviere und sind untereinander und gegenüber Weibchen aggressiv. Schwimmpflanzen bieten Versteckmöglichkeiten, zumal die Fische in der Eingewöhnungsphase recht schreckhaft sein können. Eine lückenlose Abdeckung der Aquarien ist notwendig, da Halbschnäbler ausgezeichnete und zielsichere Springer sind.

Vermehrung. Über einen längeren Zeitraum werden alle 4 - 8 Wochen 5 - 50 schlanke Jungfische mit einer Länge von 0,5 - 1 cm geboren. Die Aufzucht sollte von den Eltern getrennt erfolgen, da sie die Jungfische fressen. Anfütterung mit Rotatorien, später Artemia-Nauplien und alle Arten von Lebendfutter. Bei überwiegend toten Nachkommen ist die Ursache in einseitiger Fütterung oder unzulänglichen Hälterungsbedingungen zu suchen. Die Fische brauchen Vitamin D_3 und Calcium im Futter und möglichst UV-Strahlung (Sonne).

In Thailand werden die Fische zu Schau- und Wettkämpfen verwendet. Ihre Aggressivität wird durch Zuchtauswahl gefördert.

Höchstalter. Ein *Zenarchopterus dispar* lebte 8 Jahre im Aquarium des Zoo Leipzig.

43
Ordnung Zahnkärpflingsartige (Cyprinodontiformes)

K. Breitfeld & W. E. Engelmann

Kleine Fische (meist unter 20 cm Gesamtlänge), mit ungeteilter Rückenflosse und meist abgerundeter, nicht gegabelter Schwanzflosse. In allen Flossen nur Weichstrahlen. Maul weit vorstülpbar.

Mit Ausnahme Australiens weltweit verbreitet. Besonders erfolgreiche Entwicklung in Extrembiotopen, z.B. in Wüstenquellen mit starken Temperatur- und Salinitätsschwankungen oder in temporären Gewässern, die mehrere Monate im Jahr trocken fallen. Die meisten Arten leben in Süßgewässern, viele auch in Flussmündungen, wenige an den Meeresküsten. Von den Süßgewässern führen die meisten ständig, manche aber nur zeitweilig Wasser. Letztere werden auch als temporäre oder Saisongewässer bezeichnet. Es sind Bodenvertiefungen, die sich nach jahreszeitlich bedingten Überschwemmungen oder länger andauernden Regenfällen (Regenzeit) mit Wasser füllen und danach langsam austrocknen (Trockenzeit). Arten aus solchen Gewässern (z.B. *Nothobranchius*-Arten werden als anuell (jährlich, einjährig) oder semi-anuell bezeichnet. Bei den semi-anuellen Arten kommt es nur zeitweilig zur völligen Austrocknung der Gewässer, die Fische passen sich entsprechend an, die Jungfische schlüpfen früher oder später. Die nicht-anuellen Arten leben in ständig Wasser führenden Gewässern.

Die Beliebtheit der Zahnkärpflinge als Aquarienfische gründet sich auf ihre geringe Größe, die außerordentliche Farbigkeit, besonders der Männchen, ihr interessantes Balz- und Ablaichverhalten und die meist einfache, teilweise sehr interessante Pflege und Vermehrung.

12 Familien (nach neueren Untersuchungen) mit über 800 Arten. Von den zusammenfassenden Familien der Eierlegenden bzw. der Lebendgebärenden Zahnkarpfen kann nur noch bedingt gesprochen werden. Die Merkmale „Eier legend" oder „lebend gebärend" haben als systematisches Kennzeichen an Bedeutung verloren. Außerdem werden frühere Unterfamilien z.T. als eigenständige Familien geführt. Die systematische Einordnung ist insgesamt noch nicht abgeschlossen. Zu den Eierlegenden Zahnkarpfen oder Killifischen zählt man insbesondere die Arten der Familien Aplocheilichthyidae, Cyprinodontidae, Aphaniidae, Fundulidae, Aplocheilidae und Rivulidae.

Familie Leuchtaugenfische, Leuchtaugenkärpflinge (Aplocheilichthyidae)

Kleine, bis etwa 9 cm große, schlanke Fische. Vorherrschend sind grünliche bis blau irisierende Farbtöne, auffallend die relativ großen, das Licht reflektierenden Augen (Familienname). Männchen allgemein farbenfreudiger und mit ausgezogenen Flossen, Weibchen wesentlich blasser und kleiner.

Verbreitung. Tropen und Subtropen Afrikas und Südamerikas (dort nur Gattung *Fluviphylax*).

Lebensweise. Einzeln oder in kleinen Schwärmen, in Regenwald- und Savannengebieten in ständig Wasser führenden, stehenden und fließenden Gewässern sowie kleinsten Tümpeln wie auch in den großen ostafrikanischen Seen

Abb. 43.1 *Lamprichthys tanganicanus*, imponierende Männchen (Privataquarium)

(außer Malawisee) und in Brackwasserzonen der afrikanischen Atlantikküste. Fortpflanzung nicht-anuell, Eier legend.

Nahrung. Als Oberflächenfische vorwiegend auf aquatische und terrestrische Insekten und deren Larven orientiert. Daneben auch verschiedenste kleine Krebstiere.

9 Gattungen mit etwa 70 Arten. Ihre aquaristische Verbreitung ist gering.

Gattung *Aplocheilichthys*: etwa 40 Arten (umfangreichste Gattung), verbreitet in West-, Ost- und Südafrika. Sowohl schlanke als auch hochrückige Formen. Dazu **Kolibrifisch** (*A. myersi*): 2,5 cm, aus pflanzenreichen Gewässerabschnitten Kongos und Zaires. Sehr attraktiver Fisch, der meist in Schwärmen vorkommt. – **Vielfarbiger Leuchtaugenfisch** (*A. pumilus*): bis 5,5 cm, aus dem Gebiet der ostafrikanische Seen und deren Flusseinzugsgebiete, vorwiegend im Kongo, in Uganda, Kenia, Tansania, Rwanda, Burundi. Bewohnt unterschiedlich große Gewässer, teilweise auch im Uferbereich von Flüssen mit starker Strömung, frei von Unterwasservegetation. – **Nackenfleck-Leuchtaugenfisch** (*A. spilauchen*): 7 cm, Mündungsgebiete des Senegal und des Kongo, auch im Brackwasser.

Gattung *Lamprichthys*: **Tanganjika-Leuchtauge** (*L. tanganicanus*): 14 cm, endemisch im Tanganjikasee, gemeinsam mit Cichliden an pflanzenlosen Felsküsten, über Geröll und in sandigen Buchten. Sehr hartes Wasser (Magnesiumverbindungen). Besonders schöne und attraktive Art: Männchen mittel- bis grüngelbe Körperseiten, olivgrüner Rücken, gelber Bauch. Zahlreiche blau bis grünblau schillernde Punkte auf dem ganzen Körper, großer blauer Kiemendeckelfleck. Rücken- und Afterflosse spitz ausgezogen. Weibchen mehrere Zentimeter kleiner, silbrig, mit einzelnen grünblau schillernden Punkten, farblose, abgerundete Flossen. Ausgesprochener Schwarmfisch. Eier werden in schmale, meistens vertikale Steinspalten passender Größe gedrückt, sie haben fast 3 mm Durchmesser.

Gattung *Procatopus*: mindestens 3, außerordentlich variable Arten. Dazu **Blaugrüner Leuchtaugenfisch** (*P. abberans*): 6 cm, im Süden Nigerias, Südwesten Kameruns und in Äquatorial-Guinea. Leben in oberflächenorientierten Schwärmen, vorwiegend in ständig fließenden Flüssen und Bächen des Flachlands mit üppiger Randvegetation.

Haltung von Leuchtaugenfischen

Zur Haltung und Zucht von Leuchtaugenfischen eignen sich Aquarien über 50 l Wasserinhalt mit sauberem und sauerstoffreichem, mittelhartem bis hartem Wasser. Ein regelmäßiger Wasserwechsel ist wichtig. Die Vergesellschaftung mehrerer Arten ist möglich, die Haltung in der Gruppe erhöht das Wohlbefinden. Alle Arten sind in sehr weichem Wasser anfällig für Fischtuberkulose, Pilzkrankheiten und Ektoparasiten. 1 - 2 Esslöffel Kochsalz pro 10 l Wasser beugen dem vor. PH-Wert von 6 - 7,5, Wasserhärte unter 10, ausnahmsweise bis 20° dGH (*A. spilauchen*), Temperaturen bis 33 °C. Zur Ernährung kann sowohl Lebend- als auch Trockenfutter eingesetzt werden, besonders kleine Mückenlarven, Fruchtfliegen und Springschwänze.

Vermehrung. Für die Vermehrung werden als Laichsubstrat dichte, feinfiedrige Pflanzenbüsche, Mopps aus Kunstfasern an oder in der Nähe der Wasseroberfläche verwendet. Es gibt aber auch Spaltenlaicher (z.B. *L. tanganicanus*), die ihre Eier in enge Spalten drücken und sie dabei oft deformieren. Die Embryonen entwickeln sich trotzdem normal. Als Laichsubstrat eignen sich hier Korken mit Rillen, Rindenstücke, Bimsstein.

Die Eier sind allgemein groß (Ausnahme *A. myersi*), die Jungfische schlüpfen in Abhängigkeit von der Temperatur nach 10 - 20 Tagen. Sie schwimmen unruhig aalförmig schlängelnd an der Wasseroberfläche gegen die Strömung. Als Erstfutter sind Pantoffeltierchen oder Rotatorien geeignet, die mittels Durchlüftung an die Wasseroberfläche gebracht werden müssen. Junge Leuchtaugenfische wachsen langsam. Sie halten sich an der Wasseroberfläche auf und können daher leicht abgeschöpft werden.

Familie Lebendgebärende Zahnkarpfen (Poeciliidae)

Kleine, bis maximal 20 cm große, farbenfreudige Fische. Maul endständig, mehr oder weniger weit vorstreckbar. Seitenlinie zu einer Reihe von Sinnesgruben reduziert.

Verbreitung. Weit verbreitet in Amerika, von den Südstaaten der USA über Mittelamerika bis Argentinien. In ihrer Stammesgeschichte breiteten sich die Lebendgebärenden Zahnkarpfen von Mittelamerika nach Nord- und Südamerika aus. Es gibt dazu verschiedene Theorien, die aber alle von diesem einfachen Grundschema ausgehen.

Lebensweise. Oberflächenorientiert, besonders in wasserpflanzenreichen, flachen Gewässern aller Art mit stehendem oder schwach fließendem Wasser. Verschiedene Arten kommen auch in brackigem Wasser der Flussmündungen vor (große Salztoleranz).

Teilweise erheblicher Geschlechtsdimorphismus hinsichtlich Gestalt, Färbung und Größe. Männchen meist mehrere Zentimeter kleiner als Weibchen und auch wesentlich schlanker. Charakteristisch ist die Fortpflanzung durch lebend geborene Jungfische. Die innere Befruchtung wird durch die zu einem Begattungsorgan umgebildete Afterflosse des Männchens, das Gonopodium, ermöglicht. Für die Systematik der Familie ist deren gesamtes Gonopodialsystem von großer Bedeutung. Die Weibchen können befruchtungsfähige Spermien vorrätig halten (*Amphigonia retardata*). So sind sie in der Lage, nach der ersten Befruchtung ohne weitere Begattung mehrere Male hintereinander Jungfische zu werfen. Befruchtete Weibchen mit Embryonalentwicklung sind bei den meisten Arten deutlich an einem dunkel gefärbten, so genannten Trächtigkeitsfleck am hinteren Bauchraum erkennbar.

Nahrung. Neben Anflugnahrung auch Insektenlarven an der Wasseroberfläche, Garnelen und meistens auch Wasserpflanzen und besonders Algen. Verschiedene Arten wurden weltweit zur Bekämpfung von Mückenlarven in Malariagebieten ausgesetzt (z.B. *Gambusia affinis*). Sie kommen daher heute in vielen Gewässern anderer Erdteile vor, die ihnen ihre artspezifischen Lebensbedingungen bieten.

30 Gattungen mit über 200 Arten. Einige gehören zu den beliebtesten Aquarienfischen überhaupt. Von bestimmten Arten gibt es darüber hinaus zahlreiche Zuchtformen, die oft sehr attraktiv aussehen und in der Aquaristik außerordentlich weit verbreitet sind. Sie werden hier jedoch nicht im Einzelnen behandelt.

Gattung *Alfaro*: 2 Arten. Dazu **Messerkärpfling** (*A. cultratus*): bis 8 cm, in klaren Fließgewässern Costa Ricas, Westpanamas, Nicaraguas. Männchen und Weibchen bräunlich bis bläulich, mit Glanzschuppen auf den Körperseiten und transparenten Flossen.

Gattung *Belonesox:* **Hechtkärpfling** (*B. belizanus*): Weibchen bis 20 cm, Männchen mit 12 cm wesentlich kleiner (größter Lebendgebä-

Abb. 43.2 *Cnesterodon decemmaculatus*, Weibchen während der Geburt (Privataquarium)

Abb. 43.3 *Cnesterodon decemmaculatus*, Männchen (Privataquarium)

render Zahnkarpfen), Mexiko bis Honduras. Schlanker, hechtförmiger Raubfisch mit zahlreichen Zähnen an Ober- und Unterkiefer, kann auf Dauer nur mit lebenden Fischen ernährt werden. Jungfische bei der Geburt bereits etwa 20 mm groß.

Gattung *Brachyraphis*: 9 Arten. Dazu **Bullenkärpfling** (*B. rhabdophora*): bis 6,5 cm, Costa Rica. Männchen mit dunklem Rücken, schwarz gerandeten Schuppen, dunklen Querbinden, die in der hinteren Körperhälfte besonders breit und kräftig sind. Rücken- und Schwanzflosse dunkel geflammt und gebändert mit orangefarbenem Saum. – **Rosens Kärpfling** (*B. roseni*): bis 5 cm, pazifische Seite Costa Ricas. Schönste Art. Streitsüchtige Fische.

Gattung *Cnesterodon*: 4 Arten. 2 - 3, maximal 5 cm (kleinste Lebendgebärende Zahnkarpfen), Argentinien, Bolivien, Brasilien, Paraguay, Uruguay. Meist unscheinbare Fische. Dazu **Zehnfleckkärpfling** (*C. decemmaculatus*): Weibchen etwa 10 kurze Querbinden auf jeder Körperseite, Männchen einfarbig graubraun.

Gattung *Flexipenis*: 1 Art. **Schwarzsaum-Kärpfling** (*F. vittata*): 6 cm, Mexiko. Hellgraue Körperseiten mit dunklem Band entlang der Seitenlinie und breitem, schwarzem Band in der Rückenflosse. Die Art wird als pflegeleicht empfohlen.

Gattung *Gambusia*: über 30 Arten, die z. T. in ihrer Existenz bedroht sind. Bekannt sind besonders der als Männchen überwiegend schwarz gefärbte **Koboldkärpfling** (*G. holbrooki*) aus Florida und der recht unscheinbar grau bis bräunlich gefärbte **Texas-Kärpfling** (*G. affinis*) aus dem gleichnamigen US-Staat. Beide Arten wurden weltweit als Moskitofische zur Mückenbekämpfung in Malariagebieten eingebürgert. Sie sind anspruchslos und vertragen Temperaturen von 5 - 30 °C sowie stärkere organische Belastungen des Wassers.

Gattung *Girardinus*: 8 Arten, endemisch auf Kuba. Dazu **Metallkärpfling** (*G. metallicus*), Weibchen 7 cm, Männchen 4 cm. Variable Färbung, meistens metallisch goldene bis silberne Grundfarbe und hell leuchtende, halbmondförmige Querbinden auf den Körperseiten. Manche Männchen haben ein schwarzes Gonopodium.

Gattung *Heterandria*: 1 Art. **Zwergkärpfling** (*H. formosa*): Männchen nur 2 cm, Weibchen 3,5 cm, Südosten der USA (Florida, South Carolina). Rötlich braune bis graue Färbung mit breitem, schwarzem Längsband in der Körpermitte und heller Bauchregion. An der Rückenflossen- und beim Weibchen an der Afterflossenbasis befindet sich jeweils ein großer, schwarzer Fleck. Gelegentlich schmale dunkle Querbinden auf den Körperseiten. Die Eier entwickeln sich nicht gleichzeitig, sondern nacheinander: Alle 1 - 4 Tage werden 1 - 6 Jungfische geboren (einmalig innerhalb der Familie!). Die Eltern stellen den Jungtieren kaum nach.

Gattung *Limia*: etwa 20 Arten (werden auch in die Gattung *Poecilia* gestellt), Verbreitung auf verschiedenen Karibikinseln. Beliebte Aquarienfische, die Männchen oft sehr hochrückig. Dazu **Breitzahn-Kärpfling** (*L. grossidens*): bis 6 cm, Haiti. – **Schwarzbauch-Kärpfling**, **Dreifarbiger Jamaika-Kärpfling** (*L. melanogas-*

ter): Männchen bis 4,5 cm, Weibchen bis 6 cm, Jamaika und Haiti. Bräunliche Grundfarbe mit bläulichen Glanzzonen und kurzen Querbinden in der oberen Körperhälfte. – **Buckelkärpfling**, **Schwarzbindenkärpfling** (*L. nigrofasciata*): bis 6 cm, Haiti. Hochrückig in beiden Geschlechtern, 10 und mehr schmale schwarze Querbinden auf den silbrig bis bläulich glänzenden Körperseiten. Empfindlich bei Wasserwechsel. – **Kuba-Kärpfling** (*L. vittata*): Weibchen 10 cm, Männchen 5 cm, Kuba. Variabel gefärbt, Grundfarbe oft gelblich bis bräunlich mit mehr oder weniger zahlreichen, unterschiedlich geformten schwarzen Strichen und Flecken auf Körperseiten und Flossen. Bei Zuchtformen wurde besonders der Schwarzanteil erhöht.

Gattung *Neoheterandria*: 2 - 3 Arten. Dazu **Elegant-Kärpfling** (*N. elegans*): bis 2,5 cm, Kolumbien. Bräunliche Grundfarbe mit goldenen Glanzzonen und dünnen, manchmal V-förmigen, schwarzen Querbinden.

Gattung *Phallichthys*: 5 Arten. Dazu **Guatemala-Kärpfling** (*Ph. amates*): bis 6 cm, Guatemala und Honduras. Männchen mit auffallend langem Gonopodium. – *P. pittieri* aus Costa Rica sieht ähnlich aus.

Gattung *Phalloceros:* **Einfleckkärpfling**, **Kaudi**, **Scheckenkärpfling**, (*Ph. caudimaculatus*): bis 4,5 cm, südöstliches Brasilien, Paraguay, Uruguay. Naturform einfarbig grau bis braun, mit dunkel genetzten Schuppen, dunklem Rückenflossensaum, meist mit großem, schwarzem Punkt, z. T. mit hellem Hof, am Beginn des Schwanzstiels, gelb-schwarzes Gonopodium. Verschiedene gescheckte Zuchtformen mit unterschiedlich hohem Anteil an schwarzen Flecken und Punkten (Pfeffer-Salz-Färbung).

Gattung *Poecilia*: Sammelgattung (etwa 30 Arten) verschiedener Artengruppen und Formenkreise. Dazu **Guppy** (*P. reticulata*): Weibchen bis 5 cm, Männchen 2,5 cm, Brasilien, Guayana-Länder, Kolumbien Venezuela, Mexiko, Guadeloupe. Dem großen Verbreitungsgebiet entsprechend gibt es zahlreiche, überwiegend sehr bunte Farbvarianten der Männchen. Weibchen sind einheitlich hellbraun mit dunklerem Rücken und heller Bauchregion. Der Guppy ist der bekannteste Aquarienfisch überhaupt. Die Wildformen bilden das Ausgangsmaterial für zahlreiche Zuchtformen, die sich einen festen Platz in der Aquaristik erobert haben. – **Spitzmaulkärpfling**, **Spitzkopfmolly** (*P. sphenops*): bis 7 cm, Barbados, Guatemala, Honduras, Mexiko, Panama. Färbung sehr variabel. Männchen mit bläulich schimmerndem Körper, schwarz gerandeten Schuppen und einem breiten, roten Saum in der mit schwarzen kurzen Strichen und Punkten versehenen Rücken- und Schwanzflosse. Es gibt auch Formen mit einem hohen Schwarzanteil auf Körper und Flossen (Pfeffer-Salz), rot-schwarzer Schwanzflosse und metallisch grünblauer Körperfärbung. – **Segelkärpfling** (*P. velifera*): bis 15 cm, Mexiko.

Abb. 43.4 *Phalloceros caudimaculatus*, oben Weibchen, unten Männchen (Privataquarium)

Abb. 43.5 *Poecilia reticulata*, Wildfänge (Privataquarium)

Abb. 43.6 *Poecilia velifera*, imponierendes Männchen (Zoo Leipzig, Aquarium)

Männchen sehr attraktiv mit überdimensioniert großer, gelb bis rot gesäumter Rückenflosse und kräftigem Körperbau. Zahlreiche, farblich unterschiedliche Zuchtformen.

Gattung *Poeciliopsis*: 21 Arten. Dazu **Seitenfleck-Kärpfling** (*P. gracilis*): 5 cm (Weibchen, Männchen kleiner), Mittelamerika (Südmexiko bis Honduras). Auf jeder Körperseite Längsreihe von 4 schwarzen Flecken.

Gattung *Priapella*: 4 Arten. Dazu **Blauaugenkärpfling** (*P. intermedia*): bis 6,5 cm, Mexiko. Leuchtend blaue Augen. Beliebter, lebhafter Aquarienfisch, der klares, sauberes, möglichst strömendes Wasser benötigt.

Gattung *Quintana*: 1 Art. **Glaskärpfling** (*Qu. atrizona*): bis 4 cm, Kuba. Hellbraun bis silbrig,

Abb. 43.7 *Poeciliopsis gracilis*, Weibchen (Zoo Leipzig, Aquarium)

mit Glanzschuppen und mehreren, über den Körper verteilten dünnen, dunklen Querbinden.

Gattung *Xenophallus*: 1 Art. **Schattenkärpfling** (*X. umbratilis*): bis 6 cm, Costa Rica. Rückenflosse des Männchens schwarz, mit gelbem Fleck oder gelber Binde parallel zum Hinterrand.

Gattung *Xiphophorus*: über 30 Arten. Dazu **Grüner Schwertträger** (*X. helleri*): bis 10 cm, Baja California (Mexiko), Belize, Guadeloupe, Honduras, Südkolumbien. Sehr variable grüne, manchmal bräunliche, gelbliche bis rötliche Färbung mit einem roten Band entlang der Mittellinie und mehreren dünneren ober- und unterhalb. Großes, gelbes, schwarz eingefasstes Schwert als untere Verlängerung der Schwanzflosse bei den Männchen. – **Platy**, **Spiegelkärpfling** (*X. maculatus*): bis 6 cm, Belize, Guyana, Mexiko. Hochrückige Fische mit variabler Färbung und relativ großen Schuppen. Braune, blaue und rötliche Farbtöne herrschen vor, die sich zu verschiedenen Mustern vereinigen. – **Montezuma-Schwertträger** (*X. montezumae*): Männchen mit Schwert bis 10 cm, Weibchen 6 cm, Mexiko. Männchen mit einem vergleichsweise sehr langen Schwert. – **Papageienkärpfling**, **Veränderlicher Spiegelkärpfling** (*X. variatus*): bis 6 cm, Mexiko. Hochrückige Art, sehr variabel gefärbt. Besonders schöne Männchen haben auf bläulichen Grund dünne, dunkle Querbinden, zahlreiche unregelmäßige schwarze Flecken oberhalb der Mittellinie, große dunkle Flecken an Afterflosse und Schwanzstiel und eine rote Schwanzflosse.

Neben den Wildformen Lebendgebärender Zahnkarpfen gibt es Zuchtformen in großer Vielfalt. Sie sind die Folge ihrer Mutationsfreudigkeit, der optimalen Lebensbedingungen im Aquarium, der gezielten Auswahl durch den Züchter und des Fehlens von Fressfeinden. Besonders bekannt sind die durchweg kräftigroten Schwertträger und Platys sowie die tiefschwarzen Mollys. Es gibt auch umstrittene Zuchtformen, die ein unerwünschtes Ergebnis der Hochzucht darstellen, z.B. Gießener Guppy, Ballonmolly, Wiesbadener Kreuzung, Berliner Kreuzung.

Haltung von Lebendgebärenden Zahnkarpfen

Die Haltung ist nicht immer so einfach, wie das zu vermuten wäre. Zahlreiche Arten benötigen spezielle Bedingungen, die unmittelbar mit denjenigen in ihren Herkunftsgebieten zusammenhängen. Dies bezieht sich besonders auf die oft lebensnotwendigen Temperaturschwankungen im Tages- und Jahreszeitenverlauf. Manchmal sind die Fische empfindlich gegenüber höheren Temperaturen. Beispielsweise darf der Papageienkärpfling (*Xyphophorus variatus*) nicht zu warm gehalten werden, hier ist Einfühlungsvermögen notwendig. Auch für *Phalloceros caudimaculatus* sind allgemein niedrigere Temperaturen und jahreszeitliche Schwankungen erforderlich. Heterandria formosa kann im Winter bei 16 - 18 °C gehalten werden.

Lebendgebärende Zahnkarpfen sind gesellig, oft friedfertig. Generell sollte die Hälterung aber im Artbecken erfolgen. Der Texas-Kärpfling (*Gambusia affinis*) beispielsweise ist wenig für eine Vergesellschaftung geeignet, da er oft aggressiv ist und die Flossen anderer Fische beschädigt. Mittelhartes bis hartes Wasser sagt ihnen zu. Sie fressen lebendes Futter aller Art sowie Algen, aber auch Flockenfutter mit pflanzlichen Bestandteilen. So ist der Metallkärpfling (*Girardinus metallicus*) ohne pflanzliche Zukost nur schwer haltbar.

Vermehrung. Relativ leicht. Allerdings fressen bei vielen Arten die Weibchen ihre Jungen unmittelbar nach der Geburt. In dicht bepflanzten Aquarien verringert sich diese Gefahr, besser ist jedoch die Verwendung von Ablaichkästen oder Laichrosten. Die trächtigen Weibchen sind aber sehr zeitig daran zu gewöhnen, da solche Veränderungen des Lebensraums zu Fehlwürfen führen können. Die Jungfische fallen nach der Geburt durch einen Bodenschlitz in das größere Aquarium und sind dadurch dem Zugriff des Weibchens entzogen. Meistens sind sie bei der Geburt bereits voll entwickelt und selbständig. Nachdem sie an der Oberfläche ihre Schwimmblase gefüllt haben, können sie sofort mit der Nahrungsaufnahme beginnen. Es kommen aber auch nicht voll entwickelte Frühgeburten vor. In solchen Fällen waren die Umweltbedingungen für das Weibchen ungünstig oder die Fütterung in den vorangegangenen Wochen nicht abwechslungsreich genug. Als schwierig gilt die Zucht von *Brachyraphis roseni*, deren Junge einen ausgeprägten Kannibalismus zeigen. Durch reichliche Fütterung mit Lebendfutter und durch diechten Pflanzenwuchs kann dieser gemildert werden.

Allgemein sind die meisten Zuchtformen besser an die Aquarienbedingungen gewöhnt und lassen sich leicht pflegen. Auch eine Vergesellschaftung ist hier problemlos möglich.

Höchstalter. Insgesamt relativ kurzlebige Fische. *Limia nigrofasciata* 5 Jahre, 7 Monate (Artis-Zoo Amsterdam).

Familie Vieraugenfische, Linienkärpflinge und Weißaugen (Anablepidae)

3 recht unterschiedliche Gattungen. *Anableps* und *Jenynsia* werden auch als eigenständige Familien aufgefasst bzw. *Oxycygonectes* in die Verwandtschaft der Fundulen gestellt. Körper gestreckt, der Rücken abgeflacht. Brust- und Bauchflossen stehen weit auseinander. Größe zwischen 4 und 35 cm.

Verbreitung. Mittel- und Südamerika.

Lebensweise. Im Brack- und Süßwasser, z.T. auch im küstennahen Meer. Mehr oder weniger oberflächenorientiert, Vieraugenfische sogar ausgesprochene Oberflächenfische mit speziellen Anpassungen (horizontal geteilte, über den Kopf hinausragende Augen). Fortpflanzung mit innerer Befruchtung und Gebären voll entwickelter Junge oder durch äußere Befruchtung des abgelegten Laichs.

Nahrung. Vorwiegend Anfluginsekten, aber auch Kleinkrebse und Mückenlarven.

Abb. 43.8 *Anableps anableps*, vorn 2 Männchen (Zoo Leipzig, Aquarium)

3 Gattungen mit 15 Arten. Lediglich die Vieraugenfische besitzen größere aquaristische Bedeutung.

Gattung *Anableps* (Vieraugenfische): 3 Arten. Schlanke, langgestreckte, wenig komprimierte Oberflächenfische mit abgeflachtem Kopf und endständigem Maul. Große, leuchtende Augen, die über den Kopf hinausragen. Hornhaut, Pupille und Retina sind durch eine Bindegewebsschicht horizontal zweigeteilt und unterschiedlichen Brechungsverhältnissen angepasst, dadurch ist gleichzeitiges Scharfsehen über und unter Wasser möglich. Bewohner von seichten Küsten und Ästuaren, im Brack- und Meerwasser, aber zeitweilig auch im Süßwasser der meeresnahen Flüsse. Fortpflanzung mit innerer Befruchtung und durch Gebären weniger, großer Jungfische. Nicht jedes Männchen kann sich mit jedem Weibchen paaren. Das Gonopodium ist entweder links oder rechts schwenkbar, entsprechend nehmen die Weibchen jeweils nur von einer Seite aus die Spermien auf. In der Natur ist jede dieser 4 Varianten mit 25 % vertreten. – **Gewöhnliches Vierauge** (*A. anableps*): bis 32 cm, verbreitet im Flachwasser der Küsten und Flussmündungen von Brasilien, Mexiko, Nicaragua. Rücken graubraun, Bauch heller. Dünne dunkle Längslinien von der Schnauze bis zur Schwanzwurzel. Brustflossen besonders groß und kräftig. – **Pazifisches Vierauge** (*A. dowi*): bis 34 cm, pazifische Küstengebiete von Südmexiko bis Honduras, gelber Längsstrich auf der Körperseite. – **Kleinschuppen-Vierauge** (*A. microlepis*): 27 cm, mittelamerikanische und nöordliche südamerikanische Atlantikküste, wird gemeinsam mit *A. anableps* importiert und kommt wahrscheinlich auch mit diesem zusammen vor.

Gattung *Jenynsia* (Linienkärpflinge): 11 Arten, östliches Südamerika. Lebend gebärend, innere Befruchtung. Männchen mit Gonopodium. Embryonen werden vom Muttertier über Fortsätze, die aus der Eileiterwand in deren Münder wachsen, ernährt. Dazu **Linienkärpfling** (*J. lineata*): Männchen 4, Weibchen 10 cm, Südbrasilien bis Nordargentinien, in Küstengewässern. Mehrere gestrichelte Längslinien auf jeder Körperseite. – **Falscher Linienkärpfling** (*J. multidentata*): Weibchen bis 10 cm, Männchen deutlich kleiner, Rio de la Plata bis Nordargentinien. Längslinien insbesondere der Weibchen sind durchgehend, nicht gestrichelt.

Gattung *Oxyzygonectes*: 1 Art. **Weißaugenfisch** (*O. dowi*): 15 - 35 cm, Pazifikküste von Panama bis Costa Rica, im Meer-, Brack- und Süßwasser. Einfarbig silbern schillernd, Flossen der Männchen pastellgelb. Körper langgestreckt, Kopf flach und spitz zulaufend, hechtförmig (oberflächenorientierte Lebensweise). Äußere Befruchtung (kein Gonopodium), Weibchen sind Dauerlaicher, die über längere Zeit täglich mehrere (bis etwa 40) Eier an Pflanzen kleben.

Haltung von Vieraugenfischen, Linienkärpflingen und Weißaugen

Vieraugenfische werden am besten in Palludarien mit relativ niedrigem Wasserstand (20 - 50 cm) präsentiert, so dass der Betrachter sie auch von oben sehen kann. Da sie untereinander etwas zänkisch sind, aber trotzdem in Gruppen gehalten werden sollen, ist das Wasserbecken, insbesondere die Oberfläche, mit Wurzeln, Hölzern und Pflanzen (z. B. Mangroven) vielgestaltig zu strukturieren. Andererseits ist aber für die lebhaften Fische auch freier Schwimmraum erforderlich. Ebenso gern ruhen sie im flachen Wasser, so dass sie nur teilweise untergetaucht sind. Eine dauerhafte Hälterung in reinem Süßwasser führt früher oder später zu Hauterkrankungen, ein Seesalzzusatz ist daher unumgänglich. Am besten wird, entsprechend den natürlichen Verhältnissen in ihren Verbreitungsgebieten, der Salzgehalt starken Schwankungen unterworfen (pH-Wert bei 8). Gut bewährt hat sich beispielsweise im Zoo Basel die Methode, das Vieraugen-Becken zunächst mit Seewasser zu füllen, allmählich durch Filterspülung und Gießen der Bepflanzung mit Süßwasser auszusüßen und dann in einem Wasserwechsel wieder reines Seewasser einzubringen. Die Wasser- und Lufttemperaturen sollten zwischen 24 und 28 °C liegen.

Die Ernährung der Vieraugen mit Insekten, z. B. Fliegen, die auf die Wasseroberfläche gegeben werden, bereitet keine Schwierigkeiten. Auch Mückenlarven und Tubifex werden gern gefressen. Die Würmer kann man von einem auf der Wasseroberfläche liegenden, flachen Holzbrettchen in das Wasser herunterkriechen lassen. Die Vieraugenfische lernen es bald, sich aus dem Wasser herauszuschieben und sie direkt aufzunehmen. Gut geeignet ist auch auf der Wasseroberfläche schwimmendes Flockenfutter.

Abb. 43.9 *Anableps anableps* (Zoo-Aquarium Berlin)

Vermehrung. Ein Weibchen bringt nur zweimal jährlich Junge zur Welt. Die Trächtigkeit (etwa 6 Monate) ist an dem zunehmenden Leibesumfang leicht zu erkennen. Eine Vorratsbegattung der Weibchen, die für mehrere Würfe ausreicht, wird beobachtet. Bei der Geburt sind die wenigen Jungtiere (2 - 7, im Zoo-Aquarium Berlin sogar bis 18!) bereits 3 - 5 cm lang. Um sie vor Nachstellungen der Alttiere zu schützen, sollten sie baldmöglichst herausgefangen werden. Ihre Aufzucht, z. B. mit getrockneten Mückenlarven oder Fruchtfliegen, bereitet keine Probleme.

Linienkärpflinge sind in der Haltung anspruchslos, die Wassertemperaturen dürfen aber 23 °C möglichst nicht überschreiten, größere Temperaturschwankungen (zwischen 12 und 18 °C) werden toleriert. Ein Seesalzzusatz (5 - 10 g/l) wird empfohlen. Die Fische sollen untereinander recht zänkisch und auch kannibalisch veranlagt sein. In Heimatgewässern wurden pH-Werte zwischen 7,3 und 8 und eine Gesamthärte von 10 - 12° dGH gemessen.

Vermehrung. Damit die Jungtiere von den Erwachsenen nicht gefressen werden, sollten trächtige Weibchen in dicht bepflanzte Absetzbecken separiert werden. Trächtigkeitsdauer 5 - 6 Wochen. Junge (Anzahl schwankt je Wurf zwischen 10 und 80) sind bei der Geburt bereits 1,5 - 2 cm groß. Die Geschlechtsreife erreichen sie schon mit 2 - 3 Monaten.

Weißaugenfische werden selten in Aquarien gepflegt. Sie sind offenbar recht leicht zu halten und zu vermehren. Allerdings benötigen sie geräumige Becken mit Versteckmöglichkeiten und freiem Schwimmraum. Beengte Verhältnisse führen zu Verletzungen. Die Fische sind scheu, Störungen deshalb zu vermeiden. Ein Seesalzzusatz ist für die salztoleranten Fische sinnvoll. Mückenlarven und Mysis werden besonders gern gefressen, aber auch Flockenfutter wird angenommen. Eine Kombination mit Vieraugenfischen ist sehr gut möglich.

Vermehrung. Als Laichsubstrat eignen sich sowohl feinfiedrige Pflanzen als auch Kunstwollmopps. Die Eier sind zunächst glasklar, nach 1 Tag werden sie aber weißlich trüb und sind dann bei einem Durchmesser von 3 - 4 mm sehr leicht zu erkennen. Bei 24 °C schlüpfen nach 14 - 18 Tagen die Jungen, die mit Artemia-Nauplien angefüttert werden können.

Familie Wüstenfische, Wüstenkärpflinge (Cyprinodontidae)

Kleine, oft hochrückige Fische unter 10 cm Länge.

Verbreitung. Vom US-Staat Massachusetts nach Süden über die Süd- und Südweststaaten der USA, Mexiko und die Karibischen Inseln bis in die Küstenregionen Venezuelas.

Lebensweise. In sehr unterschiedlichen Lebensräumen gemäßigter bis tropischer Gebiete: das offene Meer, sonnenüberflutete Binnengewässer, Flüsse, Mineralquellen (auch schwefelhaltige Thermalquellen), Sümpfe mit Salz-, Brack- und Süßwasser. Einzelne Arten kommen in Salzwässern mit fünf- bis sechsfacher Konzentration von Meerwasser und Wassertemperaturen von 10 °C bis über 40 °C vor. Temperaturschwankungen stimulieren Laichperioden.

Nahrung. Neben Insekten und deren im Wasser lebenden Larven ist pflanzliche Nahrung in Form von kurzfaserigen Algen und Detritus von Bedeutung.

6 - 7 Gattungen mit etwa 44 Arten.

Gattung *Cubanichthys*: 2 Arten. **Kubakärpfling** (*C. cubensis*): bis 4,5 cm, Westteil der Insel Kuba bei Pinar del Rio, in der Nähe von Havanna und Batabano, auf der Insel Isla de Pinos, im Uferbereich seichter, gelegentlich brackiger und stark verkrauteter Flüsse. Männchen mit markantem dunkelrotbraunem Band vom Brustflossenansatz bis zur Schwanzwurzel. Weibchen kleiner, transparente Flossen. – **Jamaikakärpfling** (*C. pengelleyi* = *Criopeoides pengelleyi*): 4,5 cm, endemisch auf Jamaika, in flachen, verkrauteten Quellgewässern und Sümpfen. Flossenstrahlen von Rücken- und Afterflosse bei erwachsenen Männchen etwas verlängert. Mit zunehmendem Alter bildet sich ein attraktiver Rückenbuckel. Weibchen kleiner und unscheinbarer.

Gattung *Cyprinodon*: (Wüstenfische, Wüstenkärpflinge): etwa 40 Arten, zahlreiche Unterarten (artenreichste Gattung der Familie). Größe zwischen 3 und 8 cm. Ihre Evolution, die eng mit den erdgeschichtlichen Entwicklungsphasen verbunden ist, führte zu biologisch außergewöhnlich interessanten Anpassungen. Es gibt kleinsträumig verbreitete Reliktarten, deren Bestand ernsthaft gefährdet ist und die unter strengem Naturschutz stehen (z.B. *C. diabolis*). Eng verwandt mit den altweltlichen Aphaniidae. Körper hochrückig, karpfenähnlich gedrungen, adulte Männchen oft mit bullig steiler

Abb. 43.10 *Cubanichthys pengelleyi*, Pärchen, vorn das Männchen (Privataquarium)

Stirnpartie. Kurze und hohe Rückenflosse, wenige Flossenstrahlen, unpaare abgerundete Flossen. Färbung und Zeichnung der Arten relativ einheitlich. Unregelmäßige, z.T. keilförmige oder fleckige dunkle und helle Querbinden auf Körperseiten (typisch für junge Fische, rangniedere Männchen und erwachsene Weibchen). Geschlechtsreife Männchen mit meist kräftigblauer oder grünlicher Färbung und reflektierenden Leuchtschuppen im Bereich zwischen Kopf und Rückenflosse oder auf der gesamten vorderen Körperhälfte. Gelbe bis orangefarbene Regionen am Schwanzstiel und Bauch, gelegentlich helle oder dunkle Querbinden. Rote Farbtöne fehlen ganz. Dazu **El-Potosi-Wüstenkärpfling** (*C. alvarezi*): 6 cm, Mexiko. – **Blauer Wüstenfisch**, **Stahlblauer Wüstenfisch** (*C. macularius*): 5 cm, verbreitet in den Südweststaaten der USA und im Nordwesten Mexikos. Gegenüber Temperaturschwankungen wenig empfindlich, verträgt in den Heimatgebieten Temperaturen bis 45 °C! Mehrere Unterarten und Populationen, die aquaristisch verbreitet sind und gezüchtet werden (z.B. *C. m. eremus*, *C. macularius* „Salton Sea"). – **Edelsteinkärpfling** (*C. variegatus*): 7 cm, sehr großes Verbreitungsgebiet (Massachusetts bis Venezuela). Vorderkörper mit Brust- und Bauchflossen ist in Laichstimmung hell orangefarben. Zahlreiche Unterarten und unterschiedliche Populationen. Verwendung als Köder- und Laborfisch. Alle Inlandsarten sind zunehmend vom Aussterben bedroht.

Gattung *Garmanella*: 1 Art. **Yukatankärpfling**, **Schönflossenkärpfling**, **Schlangenhaut-Killi** (*G. pulchra*): bis 5 cm, im See- und Brackwasser um die Halbinsel Yucatán und den küstennahen, vorgelagerten Inseln. Leben in Flussmündungen, Küstenlagunen und -sümpfen mit oft extremem Wechsel zwischen Brack- und Süßwasser, der durch Regenfälle und Sturmfluten verursacht wird. Kopf, Kehle, Rücken- und Afterflosse des Männchens intensiv orangerot gefärbt, übrige Flossen mehr gelb. Der Gattungsrang von *Garmanella* ist umstritten.

Gattung *Jordanella*: 1 Art. **Floridakärpfling**, **Amerikanischer Flaggenkilli** (*J. floridae*): 7 cm, verbreitet in einem eng begrenzten Areal im südlichen Florida (USA). Bewohnen stehende bis langsam fließende, vorwiegend reine Süßgewässer mit reichlichem Pflanzenwuchs und relativ starken täglichen und jahreszeitlichen Temperaturschwankungen. Männchen grün bis olivfarben, mit roten Punkten in schmalen Längsstreifen und grünen, blauen und goldfarbenen Glanzschuppen. Großer, fast schwarzer Fleck in Körpermitte. Weibchen unscheinbarer. Die Männchen verteidigen Reviere gegenüber anderen Männchen und Fischen anderer Arten. Interessantes Ablaichverhalten, bei dem das Weibchen die stimulierende Rolle spielt. Bei vorheriger Geschlechtertrennung und kräftiger Fütterung der Weibchen können innerhalb von 90 Minuten 200 - 300 Eier auf kleinstem Raum abgelegt werden. Männchen befächelt, bewacht

Abb. 43.11 *Cyprinodon macularius*, Männchen (Privataquarium)

Abb. 43.12 *Garmanella pulchra*, Männchen (Privataquarium)

Abb. 43.13 *Jordanella floridae*, Paar beim Ablaichen (Privataquarium)

und verteidigt Laich gewöhnlich nur am 1. Tag – eine einfache Form der Brutpflege.

Haltung von Wüstenkärpflingen

Richtet sich wesentlich nach den Besonderheiten ihrer Herkunftsgebiete. Allgemein sind folgende Bedingungen geeignet: Große Aquarien, reichlich Versteckmöglichkeiten, klares, sauberes, gefiltertes, möglichst hartes Wasser mit pH-Werten von neutral bis alkalisch, fundortspezifische Salzzugaben, schwankende und möglichst hohe Temperaturen bis 30 °C, häufiger Wasserwechsel. Dichte Pflanzenbüsche tragen wesentlich zum Wohlbefinden der Fische bei und verringern die oft beobachtete Schreckhaftigkeit, die zum plötzlichen Tod führen kann. Bei Gefahr wühlen sich die Fische gelegentlich in den Bodengrund ein. Abwechslungsreiche Fütterung mit Lebend- und Flockenfutter einschließlich Algen, Spinat oder gebrühtem Salat.

Der Jamaika-Kärpfling (*Cubanichthys pengelleyi*) bleibt einzeln gehalten sehr scheu und schreckhaft, in Gesellschaft mit ähnlichen Fischen ist er aber lebhaft und friedlich. Feine erfolgreiche Aquarienhaltung des Yukatankärpflings (*Garmanella pulchra*) sind ein Seesalzzusatz von 5 - 6 g/l oder ein Fünftel bis ein Zehntel Meerwasserzusatz, schwankende Temperaturen und pflanzliche Nahrung (kurzfaserige Algen, feinfiedrige Pflanzen, Salat oder Spinat) unerlässlich.

Vermehrung. Zur Zucht wird 1 Männchen mit 2 - 3 Weibchen angesetzt. Die Männchen bilden auch im Aquarium Reviere, die in der Natur oft 1 m^2 groß sind. Als Ablaichsubstrat eignen sich feinfiedrige Pflanzenbüsche, Filterwolle, Mopps, besonders wenn diese vom Wasser durchströmt werden. Die Eier sind weißlich, trotzdem nicht verpilzt oder unbefruchtet. *Cyprinodon*-Arten sind sehr produktiv, aber große Laichräuber. Rationeller wird die Zucht nur bei kurzzeitigem Zusammenbringen der Geschlechter oder ständigem Vorhandensein von Lebendfutter. Die Laichentwicklung beträgt 1 - 2 Wochen, die Jungfische halten sich am Boden auf, schwimmen in der ersten Zeit ruckartig („bauchrutscherähnlich"), nach einigen Wochen normal. Die Fische eignen sich während der Sommermonate gut für eine Hälterung im sonnigen Gartenteich. Das Nahrungsangebot entspricht dort durch den Algenreichtum natürlichen Bedingungen, das Sonnenlicht verbessert die allgemeine Konstitution der Fische.

Familie Mittelmeerkärpflinge (Aphaniidae)

Kleine (bis 7 cm), schlanke, mäßig gestreckte und seitlich wenig abgeflachte, z. T. etwas hochrückige Fische. Mundregion kurz, mit teilweise extrem aufwärts gerichtetem Maul und vorspringendem, nahezu vertikalem Unterkiefer. Flossen abgerundet, die Schuppen gelegentlich stark reduziert. Rücken- und Afterflosse sehr ähnlich, stehen sich direkt gegenüber. Enge verwandtschaftliche Beziehungen bestehen zu den Wüstenfischen aus der nord- und mittelamerikanischen Familie Cyprinodontidae.

Verbreitung. In den europäischen und afrikanischen Küstenflachländern rings um das Mittel- und Rote Meer, den Persischen Golf bis Pakistan sowie in Binnengewässern Nordafrikas, der arabischen Halbinsel, der Türkei und des Irans. Die anatolische Hochebene im asiatischen Teil der Türkei ist ein Verbreitungsschwerpunkt.

Lebensweise. In ruhigen Abschnitten von Quellen, Sümpfen, Tümpeln, Gräben, Kanälen, Seen und Lagunen, die oft direkt mit dem Meer in Verbindung stehen, im Süß-, Brack- und Seewasser, mit teilweise hohen Konzentrationen von Sulfaten und Magnesiumverbindungen. Extreme Schwankungen der Wassertemperaturen in den Heimatgebieten (zwischen 5 und 32 °C sowohl im Tag-Nacht-Rhythmus als auch in der Jahreszeitenabfolge).

Zwischen den geographisch oft weit entfernt lebenden Populationen einer Art deutliche Unterschiede in Form und Färbung des Körpers. In der Regel Weibchen größer als Männchen, auch Farbunterschiede zwischen beiden Geschlechtern: Körper und Flossen der Männchen meist hell-dunkel quer gestreift, der Weibchen auf einfarbigem Grund in unterschiedlicher Weise gefleckt und gepunktet. Fortpflanzung nichtanuell, Haftlaicher.

Nahrung. Neben Insekten und deren im Wasser lebenden Larven pflanzliche Nahrung in Form kurzfasriger Algen und Detritus von Bedeutung.

1 Gattung mit 15 Arten.

Gattung *Aphanius*: Dazu **Anatolienkärpfling**, **Acigölkärpfling** (*A. anatoliae*): 6 cm, Südwesten der Türkei, in abflusslosen Seen der Steppengebiete mit teilweise erheblichem Salzgehalt. Wassertemperaturen an den Fundorten selten unter 15 °C, der pH-Wert zwischen 7 und 9. – *A. chantrei* ist eine sehr ähnliche Art. – **Atlaskärpfling** (*A. apodus*): 6 cm, Algerien, im Oberlauf des Rhumel (früher Tell), südlich Constatine, in einem eng begrenzten Gebiet des algerischen Hochlands, in reinem Süßwasser. – **Perlmutterkärpfling** (*A. dispar*): bis 8 cm, großes Verbreitungsgebiet. Zahlreiche Unterarten und getrennte Populationen. – Aquaristisch interessant sind außerdem der **Mittelmeer-**, **Salinen-** oder **Zebrakärpfling** (*A. fasciatus*), der **Spanienkärpfling** (*A. iberus*) und der **Orient-** oder **Schwarzkärpfling** (*A. mento*), der durch seine blausilbrig irisierenden Punkte auf den ungebänderten Körperseiten auffällt.

Abb. 43.14 *Aphanius mento*, Männchen (Privataquarium)

Haltung von Mittelmeerkärpflingen

Die Haltung ist bei Beachtung der artspezifischen Besonderheiten nicht schwer: große Aquarien, Gruppenhälterung, schwankende Temperaturen von 5 - 35 °C, hartes Wasser (10 - 30° dGH), neutrale bis alkalische pH-Werte (nicht unter 7!), eventuell Salzzusatz von 5 - 10 g/l, kräftige Durchlüftung und Filterung, regelmäßiger Wasserwechsel, feinkörniger Bodengrund (gegebenenfalls Kalkstein zur Verbesserung der Wasserwerte), Büsche feinfiedriger Pflanzen, möglichst Sonnenlicht, abwechslungsreiche Fütterung mit Lebend- und Trockenfutter, pflanzliche Nahrung in Form von Algen, Salat u.Ä.

Alle *Aphanius*-Arten lassen sich über die Sommermonate sehr gut im Freien hältern, besonders *A. mento*. Diese Art und andere können dort gezüchtet und im sauberen Gartenteich mit einer Tiefe von mehr als etwa 50 cm auch überwintert werden.

Vermehrung. Mittelmeerkärpflinge sind große Laichfresser, aber sehr produktiv. Bei einigen Arten bilden die Männchen Reviere, die heftig verteidigt werden, Flossenverletzungen sind dabei unausbleiblich. Die Weibchen werden heftig getrieben und benötigen daher ausreichend Versteckplätze. Die Jungfische schlüpfen nach 10 - 20 Tagen. Als Erstfutter eignen sich Cyclops- oder Artemia-Nauplien, die Aufzucht ist problemlos. Eine sparsame Fütterung ist nötig, die Fische können an Überfütterung zugrunde gehen. Ein geringer Zusatz von Bittersalz und eine Spur Jodjodkalium vermeiden mögliche Schilddrüsenerkrankungen.

Familie Fundulen (Fundulidae)

Kleine (3 - 20 cm), meist schlanke Zahnkarpfenartige. Bei einigen Arten befinden sich auf dem Kopf Leuchtschuppen, ähnlich wie bei den altweltlichen Hechtlingen. Deutliche Geschlechtsunterschiede in Färbung, Länge und Flossengröße. Verwandtschaftliche Beziehungen bestehen zu der altweltlichen Familie Aphaniidae.

Verbreitung. Nord- und Mittelamerika sowie in der Karibik.

Lebensweise. Viele Meeres- und Brackwasserbewohner, die z.T. in gemäßigten Klimabereichen vorkommen und kühle Temperaturen unter 10 °C problemlos vertragen. Wenige sind reine Süßwasserbewohner. In Anpassung an die klimatischen Verhältnisse ihrer Heimatgebiete tritt bei verschiedenen Arten eine mehr oder weniger ausgeprägte Laichperiode auf, die mit einer farblich attraktiven Laichfärbung der Männchen verbunden ist. Im Frühjahr wandern diese Fische stromaufwärts in das Binnenland, paaren sich dort und kehren im Herbst zu den Flussmündungen in das Brack- und Meerwasser zurück.

Abb. 43.15 *Fundulus cingulatus*, Pärchen, unten das Männchen (Privataquarium)

Nahrung. Aquatische und terrestrische Insekten (Anflug) und deren Larven, Würmer und Krebstiere, Wasserschnecken.

4 Gattungen mit etwa 45 Arten. Von aquaristischer Bedeutung ist vor allem die artenreiche Gattung *Fundulus*.

Gattung *Fundulus*: mindestens 30 Arten. Großes Verbreitungsgebiet vom Südosten Kanadas über die USA bis Mexiko, einschließlich verschiedener karibischer Inseln sowie den Bermudas. Mehr als die Hälfte der Arten sind in den Südoststaaten der USA beheimatet. Unterschiedlichste Lebensräume wie Küstensäume, salzige Sümpfe, Seen, Flüsse und Teiche. In der Laichperiode haben die Männchen einiger Arten an den Strahlen der Rücken- und Afterflosse „Kontaktorgane“ in Form von kleinen Dornen, die sich nach der Laichzeit wieder zurückbilden. Die Weibchen besitzen ein unterschiedlich markant ausgebildetes „Geschlechtstäschchen“ an der Genitalöffnung, eine Hautfalte, die den 1. Strahl der Afterflosse einbezieht. Fast keine Art konnte sich als Aquarienfisch u.a. wegen mangelnder Farbenpracht dauerhaft durchsetzen. Dazu **Goldohr**, **Goldauge** (*F. chrysotus*): 8 cm, südöstliche USA, in flachen Gräben, Sümpfen, Buchten von Seen, vorwiegend im Süßwasser, ausnahmsweise im Brackwasser. – **Gürtelkärpfling** (*F. cingulatus*): bis 7 cm, USA (Alabama, Georgia, Florida), in weichen, leicht sauren Süßgewässern des Flachlands. Männchen mit 10 - 12 schmalen dunkelbraunen Querbändern. Bauchregion des Männchens in der Laichzeit rot, die Flossen kräftig orangerot mit roten Punkten und schwarzen Säumen. Diese Färbung bleibt unter Aquarienbedingungen erhalten. – **Sumpf-Fundulus** (*F. confluentus*): bis 8 cm, USA (Maryland, Virginia, North Carolina, South Carolina, Georgia, Florida, Alabama), in Flussgebieten, die zum Meer entwässern. In Laichstimmung sind bei den Männchen die untere Körperhälfte sowie Kopf und Flossen rötlich getönt. – **Blaubandkärpfling** (*F. heteroclitus*): bis 14 cm, Kanada (Golf of St. Lawrence), atlantische USA-Staaten bis Nordostflorida

(Matanzas), im Süß-, Brack- und Meerwasser. Männchen mit etwa 12 blauen bis grünblauen Querstreifen, breiter, schwarzer Saum in Rücken- und Schwanzflosse. Erster, bereits von Linné 1766 beschriebener Killifisch! Als Labor- und Köderfisch von Bedeutung, wurde für Weltraumexperimente benutzt. – **Streifenkärpfling** (*F. zebrinus*): bis 9 cm, USA (New Mexico, Wyoming, Texas), in verkrauteten Buchten flacher Süßwasserflüsse.

Gattung *Lucania*: 3 Arten: Dazu **Rotschwanzkärpfling** (*L. goodei*): bis 6 cm, USA (Florida, Georgia), auch in Nordmexiko. Bilden oberflächenorientierte Schwärme in langsam fließenden oder stagnierenden, stark verkrauteten, flachen Gewässern mit Brack- und Süßwasser. Männchen mit metallisch gelben Glanzzonen auf den Körperseiten, schwarzes Zickzackband auf der Mittellinie vom Maul über das Auge bis zur Schwanzflossenbasis. Auf der Schwanzwurzel 2 hellgelb leuchtende Punkte. Weibchen kleiner, Mittellinie als kräftiges schwarzes Band markiert, Leuchtflecken in der Schwanzwurzel deutlicher als beim Männchen.

Abb. 43.16 *Lucania goodei*, Männchen (Privataquarium)

Haltung von Fundulen

Bei der Haltung von Fundulen ist die geographische Herkunft der Arten zu beachten. Allgemein sind die Ansprüche an Wasserchemismus, -temperatur und Futter gering. Wichtig sind aber schwankende Temperaturen im Jahres- und Tagesrhythmus und ausreichende Futtermengen. Hälterungsempfehlungen: geräumiges Artaquarium, teils dichte Bepflanzung, teils offener Schwimmraum, sauerstoffreiches Wasser mit neutralem pH-Wert, Meersalzzusatz (10 g auf 10 l Wasser), regelmäßiger, wöchentlicher Wasserwechsel, abwechslungsreiche Fütterung mit Lebend- und Flockenfutter, möglichst sonniger Standort des Aquariums.

Alle Fundulen eignen sich für eine Freilandhaltung im Sommer, auch eine Überwinterung im Gartenteich ist bei guten Voraussetzungen (ausreichende Wassertiefe, sauberes Wasser, wenig organische Abfallstoffe) möglich.

Vermehrung. Nachzuchten über mehrere Generationen sind eher selten. Die *Fundulus*-Arten aus den nördlichen Gebieten mit gemäßigtem Klima bedürfen einer kühlen Winterperiode bei Temperaturen zwischen 10 und 15 °C. Eine nachfolgende Wassererwärmung und reichliche Fütterung stimulieren die Fortpflanzungsbereitschaft. Gelaicht wird an feinfiedrigen Pflanzen. Die Eltern stellen ihrem Laich nach, ein Absammeln der Eier ist deshalb ratsam. Da die Männchen stürmisch treiben, sind Versteckplätze für die Weibchen notwendig. Die Verpaarung eines Männchens mit mehreren Weibchen ist günstig. Die Jungfische schlüpfen temperaturabhängig nach etwa 2 - 3 Wochen, ihre Aufzucht mit Cyclops- und Artemia-Nauplien sowie Flockenfutter ist einfach.

Familie Europäische Kärpflinge (Valenciidae)

Kleine Zahnkärpflingsartige, die eng mit den neuweltlichen *Fundulus*-Arten verwandt sind.

Verbreitung. Spanien, Griechenland, Albanien.

Lebensweise. In Gewässern mit Süß- und Brackwasser. Fortpflanzung nicht-anuell, Pflanzenlaicher.

Nahrung. Aquatische und terrestrische Insekten (Anflug) und deren Larven, Würmer und Krebstiere, Wasserschnecken.

1 Gattung mit 2 Arten.

Gattung *Valencia*: **Valenciakärpfling** (*V. hispanica*): Männchen bis 8,5 cm, Weibchen 6 cm, aus Küstensümpfen und schwach brackigen Gewässern an der spanischen Mittelmeerküste, besonders in der Nähe von Valencia und Sevilla und an den Mündungen von Ebro und Guadalquivier in unterschiedlichsten, meist pflanzenreichen Biotopen. Infolge von Trockenlegungen und der Einführung von *Gambusia affinis* zur Mückenbekämpfung verliert die Art an Lebensraum. Männchen gelb- bis rotbraun, mit großem, dunklem Fleck über der Brustflossenbasis, schmale dunkelbraune Querstreifen in der hinteren Körperhälfte. – Sehr ähnlich ist *V. letourneuxi* von Kérkyra (Korfu) und dem gegenüberliegenden griechischen und albanischen Küstengebiet, die teilweise auch nur als Unterart von *V. hispanica* betrachtet wird.

Haltung von Europäischen Kärpflingen

Eine Hälterung im Artaquarium ist zu empfehlen, weil hier die Temperaturen im Winter leichter für einige Wochen auf etwa 10 - 15 °C gesenkt werden können. Der pH-Wert des Wassers soll 7,5 nicht übersteigen. Eine ganzjährige Freilandhälterung ist in geeigneten Gartenteichen möglich.

Vermehrung. Die Zucht ist einfach. Die großen Eier (bis 2,5 mm Durchmesser) werden an Wasserpflanzen abgelegt. Nach 8 - 15 Tagen schlüpfen die Jungfische.

Höchstalter. Lebensdauer bis zu 3 Jahre.

Familie Mittelamerikanische Kärpflinge (Profundulidae)

Kleine Zahnkarpfenartige, die mit den Fundulen eng verwandt sind und mit diesen teilweise auch zusammengefasst werden. Körper schlank, mit spitzer Schnauze oder gedrungen, dann mit mehr abgerundeter Schnauze. Rücken- und Afterflosse klein, gerundet, weit hinten angesetzt. Weibchen allgemein größer und fülliger als die farbintensiveren Männchen.

Verbreitung. Mittelamerika (Mexiko bis Guatemala).

Lebensweise. Bewohnen Bäche und Flüsse häufig gemeinsam mit Lebendgebärenden Zahnkarpfen. Nicht-anuelle Fische.

Nahrung. Aquatische und terrestrische Insekten (Anflug) und deren Larven, Würmer und Krebstiere, Wasserschnecken.

1 Gattung mit 5 Arten.

Gattung *Profundulus*: Dazu **Punktierter Kärpfling** (*P. punctatus*): 12 cm, Süden von Mexiko, Guatemala und Honduras, in Bächen und Flüssen, die direkt zum Atlantik oder zum Pazifik entwässern. Männchen bräunlich, olivgrün oder gelblich gefärbt, vom Maul zur Schwanzwurzel zieht sich ein zunehmend breiteres, dunkles, unscharf begrenztes Band. Kiemendeckel und Brustflossenansatz mit metallisch goldglänzenden Flecken besetzt.

Abb. 43.17 *Profundulus punctatus*, Pärchen, oben das Männchen (Privataquarium)

Haltung von Mittelamerikanischen Kärpflingen

Die Pflege ist in geräumigen Aquarien (Wasserinhalt über 50 l), bei Temperaturen zwischen 20 und 27 °C und einem pH-Wert möglichst über 7 sowie klarem, gut durchlüftetem Wasser problemlos. Die Wasserhärte ist von untergeordneter Bedeutung. Temperaturschwankungen bereiten keine Schwierigkeiten, sind eher günstig.

Vermehrung. Die Zucht ist im Artaquarium extensiv möglich, denn die Elterntiere stellen den Jungfischen kaum nach. Gelaicht wird an Wasserpflanzen. Die Eier sind groß. Nach etwa 10 - 12 Tagen schlüpfen die Jungfische. Der Punktierte Kärpfling kann über die Sommermonate auch im Freiland gehältert und gezüchtet werden.

Familie Hochlandkärpflinge (Goodeidae)

2 recht verschiedene Gruppen (Unterfamilie Quellkärpflinge – Empetrichthyinae und Unterfamilie Zwischenkärpflinge – Goodeinae), deren engere Verwandtschaft erst in neuerer Zeit erkannt wurde. Während man früher die Ersteren in die Nähe der Fundulen stellte, wurden die Letzteren als eigene Familie unter die Ährenfischartigen eingeordnet.

Unterfamilie Quellkärpflinge (Empetrichthyinae)

Gedrungener, hochrückiger Körper. Keine Bauchflossen.

Verbreitung. Südwesten der USA (Nevada).

Lebensweise. Kleinräumig nur in Extrembiotopen, z.B. Quellgebiete. Befruchtung des Laichs außerhalb des weiblichen Körpers (Männchen ohne Kopulationshilfen).

Nahrung. Aquatische und terrestrische Insekten und deren im Wasser lebende Larven, Wasserschnecken, Algen.

2 Gattungen mit 4 Arten. Alle Arten sind im Bestand stark gefährdet und streng geschützt.

Gattung *Crenichthys* (Quellkärpflinge i.e.S.): 2 Arten, *C. baileyi* (in mehreren Unterarten): 5,5 - 7,5 cm und *C. nevadensis*: 6 cm.

Gattung *Empetrichthys* (Teichkärpflinge): 2 Arten, *E. latos* (in mehreren, z.T. ausgestorbenen Unterarten) und *E. merriami* (wahrscheinlich ausgestorben).

Haltung von Quellkärpflingen

Die Haltung von Quellkärpflingen entspricht im Wesentlichen der der Wüstenfische aus der Gattung *Cyprinodon*, nicht-anuelle Arten.

Unterfamilie Zwischenkärpflinge (Goodeinae)

Kleine, bis etwa 20 cm große Kärpflinge, Körper gedrungen, hochrückig. Männchen stets kleiner und meist farbenfreudiger als Weibchen.

Verbreitung. Hauptsächlich im mexikanischen Hochland und dem angrenzenden Mittelamerika.

Lebensweise. In pflanzenarmen, steinigen Fließgewässern, deren Wasserführung starken jahreszeitlichen Schwankungen unterworfen ist. Lebend gebärend (Trächtigkeitsfleck bei den Weibchen) und auch Eier legend. Innere Befruchtung durch Übertragung eines Samenpakets (Spermatophore) mithilfe eines einfachen Andropodiums, das von den vorderen, verkürzten und abgetrennten Afterflossenstrahlen gebildet wird. Keine Vorratsbefruchtung, jeder Wurf bedingt eine neue Begattung. Die befruchteten Eier sind dotterarm. Besondere Nährstränge wachsen von den Embryonen zur Eileiterwand, so dass sie von der Mutter ernährt werden (echtes Lebendgebären!). Die Jungfische tragen häufig Reste dieser Nährschnüre.

Abb. 43.18 *Ameca splendens*, Weibchen (Zoo Leipzig, Aquarium)

Abb. 43.19 *Ameca splendens*, Männchen (Zoo Leipzig, Aquarium)

Nahrung. Larven von Wasserinsekten, kurzfasrige Algen, Detritus, Jungfische.

17 Gattungen mit etwa 40 Arten. In der Natur ist der Bestand verschiedener Arten stark gefährdet. Nur wenige werden regelmäßig in Aquarien gehalten und auch nachgezüchtet.

Gattung *Ameca*: 1 Art. **Ameca-Kärpfling**, **Flitterkärpfling**, **Schmetterlingskärpfling** (*A. splendens*): bis 10 cm, Mexiko. Einer der bekanntesten Hochlandkärpflinge überhaupt. Färbung sehr variabel, es gibt sogar schwärzliche Formen. Auffällig ist ein breites, schwarzes, submarginales Band und ein heller, bläulicher bis kräftig gelber Saum in der Schwanzflosse der Männchen. Die Art verträgt Wassertemperaturen bis 28 °C.

Gattung *Chapalichthys*: 3 Arten, Mexiko. Dazu **Seitentupfen-Hochlandkärpfling**, **Forellenkärpfling** (*Ch. encaustus*): bis 8 cm, Männchen meist 2 cm kleiner.

Gattung *Characodon*: 1 Art. **Regenbogen-Goodeide** (*Ch. lateralis*): Weibchen bis 6 cm, Männchen 5 cm, von anderen Hochlandkärpflingen geographisch isoliertes Vorkommen in Mexiko. Körperfärbung mit hohem Rotanteil, unpaare Flossen mit roter Basis und schwarzen Säumen, farblich differenzierte Populationen.

Gattung *Girardinichthys*: 2 Arten. Friedliche, kleine Fische. Dazu **Großflossen-Hochlandkärpfling**, **Gelber Hochlandkärpfling** (*G. multiradiatus*): bis 5,5 cm. Körper gelblich bis bräunlich, die unpaaren Flossen groß, mit einer gelben Basis und einem schwärzlichen Saum.

Gattung *Goodea*: 3 Arten, relativ groß und friedlich. Dazu **Schwarzflossen-Goodea** (*G. atripinnis*): bis 18 cm. Körper einheitlich silbrig bis bläulich, Weibchen mehr bräunlich.

Gattung *Ilyodon*: etwa 3 Arten, variabel gefärbt, friedlich. Auch höhere Temperaturen werden toleriert. Dazu **Colima-Kärpfling** (*I. furcidens*): bis 9 cm. Oberkörper braun, schwarze Seitenlinie, blau schimmernde Bauchregion mit schwarzen Punkten, schwarzer Schwanzflossensaum.

Gattung *Skiffia*: 4 (5) Arten, kleine, attraktive und friedliche Hochlandkärpflinge, die Temperaturen bis 26 °C vertragen können. Weibchen ähneln Guppy-Weibchen, mit deutlichem Trächtigkeitsfleck. Dazu **Zweilinienkärpfling**, **Zweistreifenkärpfling** (*S. bilineata*): Weibchen bis 7 cm, Männchen bis 3,5 cm. Variable Färbung der Männchen, angedeutete schwarze Querbinden, schwarze Rücken- und Afterflosse.

Gattung *Xenotoca*: 3 Arten, bekannteste Gattung der Hochlandkärpflinge. Je nach Fundort sehr variabel gefärbt. Dazu **Banderolenkärpfling** (*X. eiseni*): bis 8 cm. Hochrückige Form, Rücken dunkel, Oberkörper bläulich bis gelblich mit metallischem Glanz, Schwanzstiel und Brustflossenregion rot, Bauch hell.

Haltung von Zwischenkärpflingen

Bis auf wenige Ausnahmen nicht einfach und verlangt Fingerspitzengefühl. Es gibt viele artspezifische Besonderheiten, die eng mit dem Herkunftsgebiet verbunden sind. Größere Aquarien mit vielen Versteckmöglichkeiten, z.B. Pflanzenbüschen, Steinen, Wurzeln, sind erforderlich. Jede Art sollte in Gruppen gepflegt werden, um das innerartliche Sozialverhalten der Fische zu erhalten. Vor allem die Männchen von *Characodon lateralis* sind untereinander sehr aggressiv, eine besonders dichte Bepflanzung ist hier hilfreich. Alle benötigen zum Wohlbefinden Temperaturschwankungen im Tages- und Jahreszeitenrhythmus sowie insgesamt meist relativ niedrige Temperaturen bis 22 °C, wie etwa bei *Girardinichthys*-Arten, deren erfolgreiche Hälterung nur gelingt, wenn die Temperaturen schwanken und nicht für längere Zeit über 22 °C steigen. Eine Grundvoraussetzung für eine erfolgreiche Haltung ist mittelhartes bis hartes, leicht alkalisches Wasser, das regelmäßig gewechselt wird.

Vermehrung. Die Pflege und Zucht gelingt, wenn die Fische abwechslungsreich gefüttert werden, auch mit Insekten und pflanzlicher Nahrung (Spirulina, Krillflocken). Trächtige Weibchen bringen in Ablaichkästen ihren Nachwuchs verlustarm zur Welt, denn die Elterntiere stellen dem Nachwuchs nach. Die Aufzucht der Würfe von 20 - 40 und mehr Jungfischen gelingt meist problemlos.

Familie Titicacakärpflinge, Andenkärpflinge (Orestiidae)

Bis maximal 20 cm große Zahnkärpflingsartige. Die wissenschaftliche Bearbeitung der außerordentlich interessanten Familie, bei der sich gegenwärtig offenbar eine Aufsplitterung in zahlreiche Arten vollzieht, ist noch nicht abgeschlossen, die verwandtschaftlichen Verhältnisse weitestgehend ungeklärt. Interessant ist, dass enge Verbindungen zu den altweltlichen *Aphanius*-Arten bestehen sollen.

Verbreitung. Endemisch im südamerikanischen Titicacasee (knapp 4000 m Höhe) mit seinen Zu- und Abflüssen (peruanische und bolivianische Anden). Der Bestand ist durch eingesetzte Lachsfische stark gefährdet.

Lebensweise. Schwarmfische im freien Wasser, Jungfische in ufernahen Pflanzenbeständen.

Nahrung. Vorhandene Kenntnisse lückenhaft, vermutlich Insekten und deren Larven, Garnelen, Wasserschnecken und Algen.

1 Gattung mit mindestens 5, maximal über 40 Arten.

Gattung *Orestias*: Dazu **Agassiz' Andenkärpfling** (*O. a. agassizi*): bis 7 cm. Olivgrau bis braun, gelegentlich mit dunklen Flecken und Fleckenreihen, zahlreiche unterschiedliche Populationen. – **Raubkärpfling** (*O. cuvieri*): bis 30 cm. Hechtähnlicher Raubfisch mit großen Zähnen. Rücken grünlich, Körperseiten gelb bis bräunlich, Bauch hell. – **Gelber Andenkärpfling** (*O. luteus*): bis 17 cm. Graubrauner Rücken, gelbbraune Körperseiten.

Haltung von Andenkärpflingen

Aquaristisch haben sie bisher keine Bedeutung erlangt, ihre Hälterung in Schaubecken könnte erfolgreich sein. Das wissenschaftliche Interesse an Andenkärpflingen wird ihre Verbreitung fördern. Voraussetzungen für eine erfolgreiche Haltung dieser Kaltwasserfische sind weitgehend konstant niedrige Temperaturen um 13 °C (10 - 15 °C) in geräumigen Aquarien mit lockerer Bepflanzung und mittelhartem Wasser bei guter Filterung und Sauerstoffversorgung.

Vermehrung. Im Alter von etwa 1 Jahr, die Fische sind noch nicht ausgewachsen, tritt die Geschlechtsreife ein. Weibchen erkennt man an einer nach hinten spitz zulaufenden „Befruchtungstasche“. Die Embryonalentwicklung dauert etwa 4 Wochen, das Wachstum der Jungen ist langsam.

Familie Prachtkärpflinge und Hechtlinge (Aplocheilidae)

Kleine, altweltliche Killifische, die in Ausnahmefällen 12 cm erreichen, meistens aber nur 5 - 6 cm groß sind. Körper meist gestreckt, seitlich wenig abgeflacht, relativ große Augen und ein breites, oberständiges und vorstülpbares Maul (z.B. *Aphyosemion*), manche aber hechtförmig (z.B. *Aplocheilus*, *Epiplatys*), andere mehr hochrückig (z.B. *Nothobranchius*). Rückenflosse ungeteilt, in allen Flossen nur Weich-, keine Hartstrahlen. Die Männchen sind fast immer farblich sehr attraktiv (Geschlechtsdimorphismus). Die einfarbig grauen bis braunen Weibchen können dagegen bei zahlreichen Arten auch vom Spezialisten nur schwer oder nicht auseinander gehalten werden

Verbreitung. Hauptsächlich in Afrika, nur die Gattung *Aplocheilus* im tropischen Asien.

Lebensweise. In Anpassung an unterschiedliche Gewässertypen verschiedene Fortpflanzungsstrategien: Arten, die in ständig Wasser führenden Gewässern leben, laichen nur an

Abb. 43.20 *Aphyosemion gardneri*, imponierende Männchen (Privataquarium)

Pflanzen und ähnlichem Substrat (nicht-annuell). Andere leben in Gewässern, die gelegentlich nur kurze Zeit austrocknen, diese laichen unmittelbar am Boden ab (semi-annuell). Die Vertreter einer 3. Artengruppe bewohnen Gewässer, die periodisch vollständig austrocknen, sie laichen stets im Boden ab, hier Bodenpflüger (annuell).

Nahrung. Vorwiegend Insekten, die auf die Wasseroberfläche fallen (Anflugnahrung, besonders Ameisen), Insektenlarven, kleine Fische, im Bodengrund lebende Würmer, junge Garnelen und Detritus.

12 Gattungen mit etwa 200 Arten, einige außerdem mit mehreren Unterarten und farblich verschiedenen Fundortpopulationen, deren Status wissenschaftlich unterschiedlich beurteilt wird. Die aquaristische Bedeutung der Arten ist unbestritten groß, das Angebot im Handel wechselhaft. Nur wenige Arten sind ständig verfügbar (z.B. *Aplocheilus lineatus, Aphyosemion australe, A. gardneri, A. striatum, Epiplatys dageti*).

Gattung *Aphyosemion* (Prachtkärpflinge): etwa 112 Arten (artenreichste Gattung). Klein, nur 3 - 12 cm. Eine weitere Aufgliederung der Gattung wird angestrebt. Körperbau nahezu einheitlich, von typischer schlanker, wenig abgeflachter Gestalt. Relativ große Augen und breites, oberständiges Maul. Männchen wesentlich farbiger und kräftiger gezeichnet als Weibchen. Besonders auffällig sind folgende Körperregionen: Kiemendeckel (rote Punkt- und Strichzeichnung), Region oberhalb des Brustflossen-Ansatzes (Schild, Wundmal), Körperseiten (Längs- und Querbänder, netz- und lyraförmige Zeichnung), Kehlpartie (Zeichnung), Flossen (Kanten, Randsäume, Bänder, Flecken, Striche, Punkte). Die Farbmuster stehen meistens auf einem kontrastreichen und oft metallisch glänzenden gelben, grünen oder blauen Grund. Rücken-, After-, Schwanz- und Bauchflossen rund bis oval, vielfach wimpel- oder fahnenförmig ausgezogen. Weibchen einfarbig hellgraubraun bis hellrotbraun, teilweise mit dunklen oder blassfarbigen Punkten, Flecken oder Streifen auf Körperseiten und Flossen. Ausschließlich in den tropischen Regenwäldern und Feuchtsavannen von West- und Zentralafrika verbreitet (von der Atlantikküste Gambias und Guineas bis zum Kongo, nördlich und südlich des Äquators, in verschiedenen Höhenlagen, Ostgrenze ist der ostafrikanische Grabenbruch). Lebensräume sind vorwiegend Tümpel, die Ränder wenig beschatteter, langsam fließender Bäche und kleiner Flüsse mit sandigem bis schlammigem Bodengrund, flache Buchten und Ausstände. Dazu **Bunter Prachtkärpfling, Kap Lopez** (*A. australe*): 6 cm, Gabun und Kongo. Färbung von Population zu Population etwas verändert, eine orange- bis goldfarbene Mutation ist der Gold Kap Lopez, Gelber Kap Lopez. Besonders friedliche Art. Typischer Pflanzenlaicher, nicht-annuell. – **Vielfarbiger Prachtkärpfling** (*A. bitaeniatum*): 5 - 6 cm, Weibchen kleiner (nur 2,5 - 3 cm), Togo, Benin, Nigeria, Kamerun, Äquatorial-Guinea. Mit 2 sehr dunklen Längsbinden auf den Körperseiten. Nicht-annuell. – **Gardners Prachtkärpfling** (*A. gardneri*): 6 cm, Südosten Nigerias und Südwesten Kameruns. Männchen mit blauer bis grüner, metallisch schimmernder Grundfarbe. Viele Unterarten und Populationen in blauen und gelben Farbphasen, z. B. *A. g. lacustre*, *A. g. mamfense*, *A. g. nigerianum*. Semi-annuell. – **Gérys Prachtkärpfling, Zickzack-Prachtkärpfling** (*A. geryi*): 8 cm, Gambia, Senegal (Süden), Guinea-Bissau, Guinea, Sierra Leone. Männchen mit zickzackförmiger Längslinie aus roten Punkten und Flecken. Weibchen braunoliv mit dunklem Rücken und dunkelbraunem Zickzackband. Unproblematischer, nicht-annueller Pflanzenlaicher. – **Goldfasan-Prachtkärpfling** (*A. occidentalis*): bis 10 cm, Sierra Leone, Westliberia. Färbung sehr variabel. Fortpflanzung semi-annuell bis annuell. – **Blauer Prachtkärpfling, Sjöstedts Prachtkärpfling** (*A. sjoestedti*): bis 12 cm, Südwesten Nigerias, Westkamerun, in zeitweilig austrocknenden Gewässern. Männchen mit ausgezogenen vorderen Afterflossenstrahlen, die Schwanzflosse farbig dreigeteilt und mit 3 ausgezogenen Spitzen

Abb. 43.21 *Aphyosemion occidentalis*, Männchen (Privataquarium)

(oben, unten und in der Mitte). Unterschiedliche Populationen, u. a. eine, deren Angehörige kleiner bleiben und sich durch eine farblich zweigeteilte, in der unteren Hälfte rotorangefarbene Schwanzflosse auszeichnen. Im Boden laichende, semi-annuelle Art. – **Gestreifter Prachtkärpfling, Streifen-Prachtkärpfling** (*A. striatum*): bis 6 cm, Nordwesten Gabuns, südliches Äquatorialguinea. Männchen mit auffallenden Längsreihen karminroter Punkte. Nicht-annueller Pflanzenlaicher.

Gattung *Aplocheilus* (Asiatische Hechtlinge): 5 Arten, bis 12 cm. Sehr großes Verbreitungsgebiet von Vorderindien bis nach Indonesien, in besonnten, flachen, stehenden bis langsam fließenden Gewässern (Bäche, Reisfelder, Sümpfe) mit dichtem Pflanzenwuchs. Leben dort an der Wasseroberfläche zwischen den Wasserpflanzen (Schwimmpflanzen) oder unter überhängenden Landpflanzen in Ufernähe. Eng verwandt mit den afrikanischen *Epiplatys*-Arten. Besonders auffällig ist bei den Weibchen und Jungfischen ein dunkler, meist hell gesäumter

Abb. 43.22 *Aphyosemion striatum*, Männchen (Privataquarium)

Abb. 43.23 *Aplocheilus lineatus*, Männchen (Privataquarium)

Fleck an der Basis der Rückenflosse. Gestalt hechtförmig, gestreckt, breiter, abgeflachter Kopf, großes oberständiges Maul, silbriger Leuchtfleck auf dem Scheitel (signalisiert in seiner Funktion als „3. Auge“ Gefahr) und große Augen. Rücken- und Afterflosse spitz auslaufend, die mittleren Strahlen der Schwanzflosse sind teilweise lappig verlängert. Geschlechtsdimorphismus in der Färbung weniger deutlich, die Weibchen aber ohne bunte Flossen und mit dunklen Querbinden auf den Körperseiten. Der schwarze Augenfleck in der Basis der Rückenflosse ist mit einem weißen, gelblichen oder blauen Hof umgeben. Bei Erregung zeigt sich auf jeder Körperseite eine dunkle Längsbinde. Alle *Aplocheilus*-Arten sind nicht-annuelle Pflanzenlaicher. Dazu **Grüner Hechtling**, **Ceylonhechtling** (*A. dayi*): bis 9 cm, endemisch in Sri Lanka. Verschiedene Unterarten und Farbvarietäten. *A. d. werneri* aus einem reliktartigen Vorkommen im Süden der Insel (Gebiet des Kottowa-Urwalds) ist besonders schön. – **Streifenhechtling** (*A. lineatus*): 12 cm, weit verbreitet im indischen Raum. Mittlere Strahlen der Schwanzflosse bei den Männchen oft lappig verlängert. Auch eine goldfarbige Zuchtform ist bekannt. – **Gemeiner Hechtling** (*A. panchax*): 8 cm, Indien (nicht in Sri Lanka), Indonesien. Längsreihen roter Punkte. Zahlreiche, farblich unterschiedliche Populationen.

Abb. 43.24 *Epiplatys annulatus*, 2 Männchen (Privataquarium)

Gattung *Epiplatys* (Afrikanische Hechtlinge): etwa 32 Arten, 4,5 - 9 cm. Sehr großes Verbreitungsgebiet von Senegal bis zum Einzugsgebiet des Nil und nach Süden bis in das Kongo-Becken (entspricht etwa dem Verbreitungsgebiet der *Aphyosemion*-Arten). Relativ einheitliche hechtförmige Gestalt, mit breitem Kopf und großem, oberständigem Maul. Rückenflosse beginnt über hinterem Teil der Afterflosse. Häufig befinden sich arttypische Querbinden auf den Körperseiten. Die Schwanzflosse ist relativ groß und kann 30 % der Gesamtlänge betragen. Auffallend sind Verlängerungen der mittleren, z.T. auch der unteren Flossenstrahlen. Silbriger Leuchtfleck auf der Oberseite des Kopfes wie bei den *Aplocheilus*-Arten. Sehr farbenprächtige Fische, die den Prachtkärpflingen wenig nachstehen. Weibchen in der Regel blasser. Alle Arten sind nicht-annuelle Pflanzenlaicher. Dazu **Ringelhechtling** (*E. annulatus*): 4,5 cm, Küstenregionen Guineas, Sierra Leones, Liberias. – **Ghanahechtling** (*E. chaperi*): bis 8 cm, Südwestghana, südöstliche Elfenbeinküste, Südwesttogo. Männchen mit 4 dunklen Querbinden in der hinteren Körperhälfte, die im Alter verblassen. Zahlreiche Unterarten und unterschiedliche Populationen. Farblich attraktiv ist eine Form aus Angona in Südwestghana, die sich durch eine kräftige Rotfärbung der unpaaren Flossen auszeichnet. – **Querbandhechtling** (*E. dageti*): bis 5 cm, Elfenbeinküste, Westghana, Liberia, in Sümpfen und Bächen der Küstengebiete. Männchen mit 5 - 6 Querbinden. Rotfärbung der Kehle nur bei der Unterart *E. d. monroviae*. – **Sechsbandhechtling** (*E. sexfasciatus*): bis 9 cm, Ghana, Togo, Benin, Nigeria, Kamerun, Äquatorial-Guinea, Gabun. Männchen mit 6 dunkelblauen bis schwarzen, unregelmäßig ausgebildeten Querbinden auf den Körperseiten. Rücken- und Afterflosse spitz ausgezogen, Schwanzflosse im mittleren Teil lappig verlängert. Kehle bläulich.

Gattung *Nothobranchius* (Prachtgrundkärpflinge): etwa 30 Arten, bis 10 cm lang. Vorwiegend in Ost- und Zentralafrika bis Südafrika (Krüger National Park, Natal), in Savannen- und Trockengebieten mit deutlich ausgeprägten Regen- und Trockenzeiten. Bewohnen Gewässer unterschiedlicher Art und Größe mit meist stagnierendem Wasser, die regelmäßig austrocknen und sich nur in den Regenzeiten mit Wasser füllen. Bodengrund aus Schlamm oder zerfallendem organischem Pflanzenmaterial (aber nicht in Tümpeln mit Lateritboden, da dort pH-Wert zu sauer). Erhebliche Schwankungen der Wassertemperaturen von 0 - 40 °C als Folge großer Lufttemperaturunterschiede im Tages- und Jahresverlauf. Die Gewässer sind wegen der geringen oder fehlenden Ufervegetation der Sonneneinstrahlung ungehindert ausgesetzt. Wasserhärte und pH-Wert unterliegen deutlichen Schwankungen. Von kompakter und gedrungener Gestalt, unpaare Flossen der Männchen groß, abgerundet, nicht spitz auslaufend, von kontrastreicher Färbung. Schuppen meistens farbig gerandet (Netzmuster). Färbung der Männchen rot, braun, grün, blau, der stets kleineren Weibchen einfarbig grau bis braun. Typische annuelle Saisonfische, die als „Im-Boden-Laicher“ oder „Bodenpflüger“ bezeichnet werden können. Dazu **Orchideen-Prachtgrundkärpfling**, **Eggers Prachtgrundkärpfling** (*N. eggersi*): 4 - 5 cm, im Osten Tansanias. – **Foerschs Prachtgrundkärpfling**, **Butterfly-Prachtgrundkärpfling** (*N. foerschi*): bis 5,5 cm, Tansania. Männchen bläulich bis grünblau mit einer roten Netzzeichnung, Schwanzflosse leuchtend rot. – **Jubbs Prachtgrundkärpfling** (*N. jubbi*): bis 6 cm, Kenia, Südsomalia. – **Schwarzflekken-Prachtgrundkärpfling** (*N. melanospilus*): Männchen bis 7 cm, Weibchen bis 6 cm, im Küstentiefland Tansanias, Kenias und auf Sansibar. Färbung der Männchen sehr variabel. – **Rachows Prachtgrundkärpfling** (*N. rachovii*): bis 5 cm. Männchen türkis bis blau, Schuppen rotorange bis rotbraun gerandet, blaue oder mehr rote Farbvarianten.

Abb. 43.25 *Nothobranchius rachovii*, Pärchen, unten das Männchen (Privataquarium)

Gattung *Pachypanchax* (Madagaskar-Hechtlinge): 3 Arten, nur auf Madagaskar, den Seychellen und Sansibar. Ähnlichkeit zu den afrikanischen *Epiplatys-* und *Aplocheilus*-Arten. Nicht-annuelle Pflanzenlaicher. Dazu **Madagaskar-Hechtling** (*P. omalonotus*): bis 10 cm, Madagaskar. Männchen grün, blaugrün bis hellblau, Weibchen ähnelt dem Männchen. Eine blaue und eine mehr bronzefarbene (rote) Farbvariante sind bekannt, die beide gemeinsam bei Nachzuchten auftreten können. – **Tüpfelhechtling** (*P. playfairii*): bis 10 cm, Seychellen (in Sansibar eingeschleppt, wahrscheinlich aber wieder ausgestorben), in Bächen und Mangrove-Sümpfen. Männchen blaugrün bis gelblich mit unregelmäßigen Längsreihen roter Punkte. After- und Schwanzflosse mit braunrotem oder schwarzem Saum.

Abb. 43.26 *Pachypanchax playfairii* (Privataquarium)

Haltung von Prachtkärpflingen und Hechtlingen

Haltung und Nachzucht sind nicht immer einfach und setzen oft spezielle Kenntnisse voraus. Kleine bis mittelgroße (5 - 30 l) Aquarien sind ausreichend für ein bis mehrere Pärchen. Eine Hälterung im Artaquarium ist meist günstiger, obwohl sich zahlreiche Arten auch für eine Vergesellschaftung eignen.

Weiches bis mittelhartes Wasser, pH-Wert leicht sauer bis 6, Temperaturen 20 - 25 °C, dichte, feinfiedrige Pflanzenbüsche (auch Schwimmpflanzen), Versteckmöglichkeiten (Moorkien-Wurzeln, Steine), ein nicht zu heller Standort, dunkler Sand oder Torffasern als Bodengrund und regelmäßiger, etwa wöchentlicher, bis zu 50 %iger Wasserwechsel genügen meistens den Ansprüchen. Manche Arten wie *Apochilus dayi* brauchen vor allem Versteckmöglichkeiten an der Wasseroberfläche.

Vermehrung. Zur Zucht nimmt man ein Pärchen oder Trio (1,2). Die Haftlaicher laichen an feinfiedrigen Pflanzen oder Ablaichmopps (Wollfäden) in allen Wasserschichten. Die Eier der Prachtkärpflinge (1 - 1,5 mm Durchmesser) sind hartschalig, besitzen Haftfäden und kleben damit am Substrat fest. Sie können mit der Hand abgelesen und zur Kontrolle ihrer Entwicklung separat aufbewahrt werden. Die Entwicklung verläuft gleichmäßig, es tritt kein vorübergehender Stillstand (Diapause) ein. Bei Temperaturen von 24 - 28 °C schlüpfen die Jungfische bereits nach etwa 12 Tagen. Die Eier der *Aplocheilus*-Arten sind mit ca. 2 mm relativ groß und färben sich während der Embryonalentwicklung durch Pigmenteinlagerungen fast schwarz.

Prachtkärpflingsarten aus temporären (zeitweilig austrocknenden) Gewässern der Savannengebiete sind vorzugsweise Am-Boden-Laicher oder Bodenpflüger. Die Fische tauchen nicht in den Bodengrund ein, wie die südamerikanischen Bodentaucher der Familie Rivulidae. Sie wirbeln ihre – keine oder wenige Haftfäden besitzenden – Eier nur leicht in den Bodengrund ein. Als Ablaichsubstrat eignet sich feiner Sand oder Torfmull in einer Stärke von mehreren Zentimetern. Die Eier können nach etwa 8 Tagen aus dem Sand ausgesiebt, in feuchten Torf überführt oder mit dem Torf gekeschert und bis auf eine Restfeuchte ausgedrückt werden. Das Torf-Laich-Gemisch wird in Plastikbeuteln oder Glasgefäßen dunkel aufbewahrt. Die Entwicklungszeit beträgt 4 Wochen bis etwa 6 Monate (art- und temperaturabhängig). In größeren Abständen sollte der Entwicklungsstand des Laichs geprüft werden. Die in den Eiern sichtbar voll entwickelten Embryonen werden durch Aufgießen von merklich kühlerem Wasser zum Schlüpfen gebracht. Die Aufzucht ist problemlos. Als Erstfutter eignen sich Nauplien von Kleinkrebsen oder Infusorien. Die Jungfische von annuellen Arten wachsen relativ schnell, sie sind nach 2 - 5 Monaten geschlechtsreif.

Höchstalter. Die Lebensdauer nicht-annueller Arten kann 5 Jahre betragen, *Epiplatys dageti* lebte sogar 9 Jahre, 10 Monate im Aquarium (Artis-Zoo Amsterdam). Dagegen leben die annuellen Arten kaum länger als 1 Jahr.

Familie Fächerfische und Bachlinge (Rivulidae)

Bis 20 cm lange Zahnkärpflingsartige, zu den Killifischen (Eierlegenden Zahnkarpfen) gehörig. Deutlich ausgeprägter Geschlechtsdimorphismus: Männchen werden meist größer, sind wesentlich farbiger und haben größere unpaare Flossen.

Verbreitung. Mittel- und Südamerika.

Lebensweise. Nicht-annuelle, semi-annuelle und annuelle Arten. Während die Bachlinge (Gattung *Rivulus*) überwiegend ständig Wasser führende Gewässer bewohnen, leben alle anderen Arten der Familie in temporären, z. T. mehrere Monate trockenliegenden Gewässern tropischer, subtropischer und nahezu gemäßigter Klimagebiete. In den Ansprüchen an die Wassertemperaturen meist sehr flexibel, vertragen klimatisch bedingte, stark schwankende Temperaturen problemlos. Die flachen Vorkommensgewässer liegen oft völlig in der Sonne, haben einen reichen Pflanzenwuchs und eine üppige, in das Wasser hineinragende, niedrige Ufervegetation. Die Fortpflanzungsstrategie ähnelt der der altweltlichen *Nothobranchius*-Arten, auch sie legen ihre Eier in den Bodengrund ab. Der Unterschied besteht jedoch darin, dass sie beim Laichen völlig im Substrat eintauchen (so genannte „Bodentaucher").

Abb. 43.27 *Austrolebias nigripinnis*, Pärchen beim Ablaichen. Das Weibchen taucht aus dem Substrat auf. (Privataquarium)

Nahrung. Aquatische und terrestrische Insekten (Ameisen) und deren Larven (Anflugnahrung), Jungfische, pflanzliche Reste.

26 Gattungen mit über 210 Arten. Die Systematik, besonders der annuellen Arten, wurde in den letzten Jahren wissenschaftlich völlig neu geordnet, was zur Aufstellung mehrerer neuer Gattungen führte. So gehörten früher zu den bekannten Fächerfischen (*Cynolebias*) etwa 46 Arten, heute sind es nur noch 8. Zum besseren Verständnis wird bei der Vorstellung der Beispielarten neben dem neuen Namen auch die alte Gattung noch mit genannt.

Gattung *Austrolebias*: 17 Arten, aus dem Süden Brasiliens bis Argentinien. Dazu **Blauer Fächerfisch** (*A. bellottii = Cynolebias bellottii*): bis 7 cm, Argentinien, La-Plata-Stromgebiet, in zeitweiligen Wasseransammlungen. Annuelle Art. Trockenzeiten von 6 - 8 Monaten normal. Hochrückig, blau bis bräunlich, mit zahlreichen hellen Punkten. – **Schwarzer Fächerfisch** (*A. nigripinnis = Cynolebias nigripinnis*): bis 5 cm, Argentinien. Männchen mit großen unpaaren Flossen.

Gattung *Cynolebias*: 8 Arten, aus dem Einzugsgebiet des Rio de la Plata, Brasilien. Große, robuste Arten, bis 16 cm, mit wenig differenzierter bläulicher bis bräunlicher Färbung. Dazu **Pernambuco-Fächerfisch** (*C. porosus*).

Gattung *Leptolebias*: 9 Arten, aus den temporären Gewässern der Küstengebiete Südostbrasiliens. Attraktive, klein bleibende Aquarienfische. Dazu **Goldpunkt-Zwergfächerfisch** (*L. aureoguttatus*): 4 cm, Staaten Sao Paulo und Paraná. Männchen rotbraun mit zahlreichen blaugrün schimmernden Punkten und Flecken, Rücken- und Afterflosse zugespitzt. Annuelle Art, Fische tauchen beim Laichen nicht in den Bodengrund ein, ähnlich altweltlicher *Nothobranchius*-Arten. – **Zwergfächerfisch** (*L. minimus*): 3 cm, Staat Rio de Janeiro. Männchen smaragdgrün, mit zahlreichen, dunklen Querstreifen auf Körper und unpaaren Flossen. Annuelle Art, Bodenpflüger.

Gattung *Megalebias*: 5 Arten, die besonders durch ihre Größe auffallen. Dazu **Gestreckter Riesenfächerfisch** (*M. elongatus = Cynolebias elongatus*): 15 cm (ausnahmsweise bis 20 cm), Weibchen deutlich kleiner, Argentinien (Provinz Buenos Aires), Uruguay, in zeitweiligen Wasseransammlungen. Männchen graublau,

Abb. 43.28 *Megalebias elongatus*, Männchen (Privataquarium)

Flossen bläulich. Annuelle Art, die nur mit deutlichen Temperaturschwankungen (täglich und jahreszeitlich) gehalten werden kann.

Gattung *Moema*: 4 Arten, Südamerika. Schlanke, große Fische bis 15 cm, attraktive Färbung. Dazu **Marajó-Schleierkärpfling** (*M. piriana*): bis 15 cm. Venezuela, Guayana, nördliches Brasilien, in zeitweiligen Gewässern der Überschwemmungsgebiete. Männchen mit 5 Längsreihen dunkler, braunrötlicher Punkte auf grauviolettem bis metallisch grünem Grund. Weibchen ähnlich gefärbt, aber blasser. Annuelle Art.

Gattung *Nematolebias*: 1 Art. **Perlmutt-Fächerfisch**, **Whites Fächerfisch** (*N. whitei* = *Cynolebias whitei*): bis 8 cm, Weibchen kleiner, Brasilien (Umgebung von Rio de Janeiro). Körperseiten und Flossen mit leuchtenden, grünlichen bis blaugrünen Punkten, Strichen und Flecken. Weibchen hellbraun mit 2 dunklen, runden Flecken in der Körpermitte und 2 kleineren vor der Schwanzflossenwurzel, Körperseiten marmoriert oder gestreift. Auch eine albinotische Form ist bekannt. Annuelle Art.

Gattung *Pterolebias*: 1 Art. **Langflossiger Schleierkärpfling** (*P. longipinnis*): bis 14 cm, Brasilien, Uruguay, Argentinien, in zeitweiligen Wasseransammlungen, im Uferbereich langsam fließender Bäche und in den Überschwemmungsebenen (Varzea) großer Flüsse. Männchen mit deutlich ausgebildetem Fleck („Wundmal") aus leuchtend roten und schwarzen Schuppen hinter dem Ansatz der Brustflossen. Lange, spitz ausgezogene After-, Rücken- und Bauchflossen, Schwanzflosse sehr groß, fahnenartig, am Ende gefranst. Weibchen kleiner, einfarbig grau bis braun. Annuelle Art, die aquaristisch Verbreitung gefunden hat.

Gattung *Rivulus* (Bachlinge): etwa 90 Arten, zahlreiche Unterarten und Populationen, die sich farblich teilweise deutlich unterscheiden. Größte Killifisch-Gattung der Neuen Welt, entspricht in vielen Details den *Aphyosemion*-Arten der Alten Welt. Es gibt Bemühungen, die Gattung systematisch weiter zu differenzieren. Sehr großes Verbreitungsgebiet von Nordamerika (Halbinsel Florida) über Mittelamerika mit den Karibischen Inseln bis in das Mato-Grosso- und Gran-Chaco-Gebiet Südamerikas. Lebensraum kleinräumige, pflanzenbestandene Biotope verschiedener Höhenlagen, teilweise in kleinsten Wasseransammlungen (Ausbildung hermaphroditer Formen). Ausgezeichnete Springer, wandern bei Verschlechterung ihrer Lebensbedingungen über Land (feuchte Böden und Pflanzen) in benachbarte Gewässer. Körper nahezu einheitlich langgestreckt, schlank, mit rundlichem Querschnitt. Rückenflosse klein, weit hinten, nach dem Ansatz der Afterflosse sitzend, Schwanzflosse fächerförmig, Flossen meistens abgerundet, oberständiges Maul. Auffällig ist der so genannte „Rivulusfleck" im oberen Übergangsbereich zwischen Schwanzstiel und der Schwanzflossenbasis, der bei Jungtieren und Weibchen zahlreicher Arten auftritt und sich durch seine dunkle Pigmentierung deutlich abhebt. Ausgeprägter geschlechtsbedingter Farbdimorphismus. Männchen in der Regel farbiger. In den letzten Jahren wurden einige recht bunte Bachlinge gefunden, die in ihrer Farbenpracht den afrikanischen Prachtkärpflingen nicht nachstehen. Alle Arten werden zu den nicht-annuellen Pflanzen- und Substratlaichern gezählt, obwohl es auch Arten gibt, deren Eier bei Trockenheit eine Diapause (Entwicklungsstillstand) einlegen können. Dazu **Agila-Bachling**, **Roter Bachling** (*R. agilae*): 5 cm, Surinam, Französisch-Guayana, nordöstliches Brasilien. Männchen vorn überwiegend blaugrün, hinten orangefarben bis rot. Färbung populationsabhängig schwankend. Weibchen bräunlich mit rötlicher Afterflosse und Rivulusfleck. – **Brasilianischer Bachling**, **Brauner Bachling** (*R. brasiliensis*): bis 6,5 cm, Brasilien. Männchen rötlich braun bis dunkelbraun mit zahlreichen blaugrünen Punkten und Flecken. In der hinteren Körperhälfte 5 - 7 dunkle, ungleichmäßig ausgebildete Querbinden. Weibchen dunkel marmoriert, ohne typischen Schwanzwurzelfleck. – **Martinique-Bachling** (*R. cryptocallus*): bis 8,5 cm, Antilleninsel Martinique. Männchen glänzend blaugrün, mit Längsreihen kleiner roter Punkte vom Kopf bis in die Schwanzwurzel. Weibchen hellbraun mit dunklem Rücken und Rivulusfleck. – **Kuba-**

Bachling (*R. cylindraceus*): bis 5,5 cm, nur auf Kuba. Männchen mit leuchtend blauem Schuppenfleck oberhalb des Brustflossenansatzes. Rivulusfleck des Weibchens sehr markant, mit einem hellen Hof. – **De Rhams Bachling** (*R. derhami*): bis 5 cm, Peru. Männchen dunkelbraun mit bläulichen oder bläulich mit dunkelbraunen bis braunroten Flecken und Marmorierungen. Auch gelblich grüne Exemplare mit orangefarbener Färbung der Flossen und orangefarbenen Punktreihen auf dem Körper. Weibchen nahezu gleich groß, in Färbung und Zeichnung dem Männchen ähnlich, Rivulusfleck undeutlich. Die Art ist nicht-annuell bis semi-annuell. Die Fische laichen in Torf und in Wollmopps, sowohl am Boden als auch an der Wasseroberfläche. Die Eier werden periodisch abgegeben. – **Riesenbachling, Trinidad-Bachling** (*R. hartii*): bis 12 cm, südliche Karibikinseln wie Trinidad, Tobago, Margarita, Küstenflachland von Venezuela und Kolumbien. Weibchen mit Rivulusfleck. Sehr sprungkräftig, können in ihren Heimatgebieten bei feuchter Witterung über Land die Gewässer wechseln. – **Augenfleck-Bachling, Marmorierter Bachling** (*R. ocellatus*): bis 7,5 cm, Brasilien, Guayana, Venezuela, Mittelamerika, Karibische Inseln einschließlich Kuba, Florida, teilweise in Gewässern mit sehr geringem Wasserstand und äußerst beschränktem Lebensraum. Biologisch bemerkenswert ist, dass überwiegend nur hermaphroditische Tiere gefunden werden, die sowohl Weibchen als auch Männchen sind und das Aussehen eines Weibchens haben. Grundfarbe des Hermaphroditen ist graubraun bis braunschwarz mit unterschiedlich intensiver Marmorierung (helle und dunkle Flecken, angedeutete Querbinden) und zahlreichen kleinen dunklen Punkten in unregelmäßiger Anordnung, deutlicher Schwanzwurzelfleck mit hellem Hof. Unter bestimmten Temperatur- und Umweltbedingungen können sich auch farbenfreudigere Männchen entwickeln. Die Eier werden im Körper des Fisches befruchtet und in unterschiedlichen Entwicklungsstadien abgesetzt. Sie haben keinen oder 1 unterentwickelten Haftfaden, so dass sie teilweise zu Boden fallen. – **Blaustreifen-Bachling** (*R. xiphidius*): bis

Abb. 43.29 *Rivulus ocellatus*, Hermaphrodit (Privataquarium)

4,5 cm, Französisch-Guyana, in stagnierenden Ausständen langsam fließender Bäche dichter Waldgebiete. Männchen mit markantem Längsband vom Maul bis zum Ende der Schwanzflosse. Hinter dem Auge ein blauer Fleck. Weibchen etwas kleiner. Im Unterschied zu den anderen Arten der Gattung keine bogenförmige Ruhehaltung, sondern eine salmlerähnliche Schwimmweise. Männchen untereinander sehr aggressiv.

Gattung *Simsonichthys*: 22 Arten, in Südostbrasilien bis Paraguay, farblich sehr ansprechende annuelle Arten von geringer Größe, mit ausgezogener Rücken- und Afterflosse. Dazu **Brasilianischer Leierflosser** (*S. boitonei = Cynolebias boitonei*): bis 4 cm, Hochland von Brasilien. Männchen dunkelbraun, Bauch heller, mit vielen schmalen, glänzend blauen Querbinden, im hinteren Körperbereich blaue Punktreihen, Flossen rötlich mit zahlreichen blauen

Abb. 43.30 *Terranatos dolichopterus*, Männchen (Privataquarium)

Punkten. Weibchen olivfarben bis bräunlich mit mehreren dunklen Querbinden und 1 oder 3 großen dunklen Flecken in der Körpermitte. Bauchflossen fehlen.

Gattung *Terranatos*: 1 Art. **Flügelflosser, Säbelflosser** (*T. dolichopterus*): 5 cm, Venezuela, östliches Kolumbien, in periodisch austrocknenden Gewässern. Männchen mit auffallendem, senkrechtem Augenstrich. Unpaare Flossen und Brustflossen lang ausgezogen. Der markanteste Unterschied zu allen anderen Rivulidae der Neuen Welt besteht in der deutlichen Verlängerung von Rücken- und Afterflosse in beiden Geschlechtern. Flossen beschuppt. Annuelle Art, Bodenpflüger. Nichtklebende Eier, deren Oberfläche regelmäßig strukturiert ist und spitze, steife Fortsätze trägt. Nachzucht nicht einfach.

Haltung von Fächerfischen und Bachlingen

Haltung und Zucht der Fächerfische sind nicht einfach. Sie wollen als annuelle Saisonfische mit einem nur kurzen Leben ständig laichen und brauchen dazu geeigneten Bodengrund (Torf), den nur ein Artaquarium bieten kann. Die Fische laichen am und im Boden. Zur Zucht setzt man 1 Männchen mit mehreren Weibchen an. Der Bodengrund sollte wöchentlich gewechselt werden. Das Substrat mit dem Laich wird durch einen Kescher gegeben, bis auf eine Restfeuchte ausgedrückt und in einem Plastikbeutel bis zum Aufgießen aufbewahrt. Die Länge der Aufbewahrungszeit, die notwendige Temperatur und gegebenenfalls Frischluftzufuhr sowie Temperaturschwankungen sind artspezifisch und der Spezialliteratur zu entnehmen. Wenn alle Bedingungen günstig sind, kann eine große Anzahl Jungfische innerhalb weniger Stunden schlüpfen und frei schwimmen. Die Fische, auch die Jungfische, brauchen ständig kräftiges, abwechslungsreiches Lebendfutter, damit sie schnell wachsen und Kondition bekommen. Den Sommer über können verschiedene Arten mit Erfolg im Gartenteich gehältert werden. Dort laichen sie in torfgefüllten Behältern ab.

Haltung und Zucht der Bachlinge entsprechen im Wesentlichen denen pflanzenlaichender, nicht-annueller *Aphyosemion*-Arten. Alle sind ausgezeichnete Springer, die Aquarien müssen deshalb lückenlos abgedeckt werden. Die Fische liegen manchmal auf Schwimmblättern der Wasserpflanzen oder kleben an der Deckscheibe des Aquariums. Auffällig ist außerdem die oft bogenförmige oder schräge Haltung in Ruhestellung, die ein normales Verhalten darstellt. Sie können gut mit geeigneten Fischen vergesellschaftet werden. Alles mögliche Lebendfutter wird gefressen, gelegentlich aber auch Flockenfutter. Mückenlarven (bevorzugt *Culex*) und Stummelfliegen sind besonders geeignet.

Vermehrung. Die Nachzucht der Fische ist meistens einfach. Nur einige Arten, zu denen auch die sehr farbenprächtigen gehören, bereiten durch ihre geringe Produktivität Schwierigkeiten. Für die Nachzucht von *Rivulus marmoratus* als weitgehendem Zwitter genügt ein Fisch. Hohe Wassertemperaturen von 30 - 35 °C und ein Salzzusatz von 10 g auf 10 l Aquarienwasser sind zu empfehlen. Die Jungfische schlüpfen im Zeitraum von etwa 1 - 4 Wochen. Als Erstfutter eignen sich Artemia- und Cyclops-Nauplien.

Höchstalter. Fächerfische erreichen kaum ein Lebensalter von 1 Jahr, eher weniger. Bachlinge können unter Aquarienbedingungen durchaus 5 Jahre alt werden.

44
Ordnung Schleimkopfartige (Beryciformes)

W. E. Engelmann & J. Lange

Kleine, nur wenig über 25 cm, maximal 60 cm lange Meeresfische. Echte Hartstrahlen im vorderen Teil von Rücken- und Afterflosse, auch Bauchflossen (wenn vorhanden) bestachelt, Schwanzflosse meist gerundet. Charakteristisch sind kleine, mit Schleim gefüllte Vertiefungen in der Kopfhaut.

Sowohl Flachwasser- und am Kontinentalschelf lebende Arten als auch zahlreiche Tiefseeformen. Erstere lichtscheu und nachtaktiv, sich tagsüber in Höhlen verbergend, mit auffallend großen Augen. Letztere mit sehr kleinen Augen. Vielfach mit stacheligen Schuppen, Tiefseearten schuppenlos oder mit kleinen Rundschuppen. Über die Lebensweise, insbesondere der Tiefseeformen, ist wenig bekannt.

14 - 17 Familien, deren Verwandtschaftsbeziehungen jedoch umstritten sind. So wird auch eine Aufteilung in 3 getrennte Ordnungen diskutiert. Für die Aquaristik sind vor allem Arten aus 4 Familien, die zu den Echten Schleimköpfen zählen, von Interesse. Aus den hier nicht weiter vorgestellten Familien Silberköpfe (Diretmidae) und Sägebäuche (Trachichthyidae) wird *Diretmichthys parini* bzw. *Gephyroberyx darwini* (= *G. japonicus*) in japanischen Aquarien gezeigt.

Familie Schleimköpfe (Berycidae)

Rot bis orangerot gefärbte, großäugige Fische. Kopf mit großem Maul und – besonders auffallend bei Jungfischen – mit stacheligen Schuppen. Bauchflossen mit 1 Stachelstrahl. Maximalgröße 60 cm.

Verbreitung. Alle tropischen bis gemäßigttemperierten Meere (fehlen aber im Ostpazifik).

Lebensweise. In Bodennähe oder in mittleren Wasserschichten der tieferen Schelfabhänge (25 - 1300 m), als Einzelgänger oder in kleinen Schulen. Über die Fortpflanzung ist wenig bekannt, Jungfische leben pelagisch.

Nahrung. Krebstiere, kleine Fische, Tintenfische.

2 Gattungen mit 9 Arten.

Gattung *Beryx*: 2 Arten. **Nordischer Schleimfisch** (*B. decadactylus*): bis 50 cm, kosmopolitisch in tropisch-subtropischen Meeren, auch Mittelmeer, bis in die Nordsee, halbpelagisch. – **Alfoncino** (*B. splendens*): 60 cm, kosmopolitisch in tropisch-subtropischen Meeren, am Küstenschelf.

Gattung *Centroberyx*: 7 Arten. Dazu **Roter Schleimfisch** (*C. affinis*): etwa 50 cm, Südwestpazifik (Ostaustralien, Tasmanien, Neuseeland). In Schulen am Kontinentalschelf bis in 450 m Tiefe.

Haltung von Schleimköpfen

Schleimköpfe sind ruhige Fische, die gut in kleinen Gruppen gehalten werden können. Sie sind friedlich, lediglich kleinere, dem natürlichen Nahrungsspektrum entsprechende Fische und Krebstiere werden gefressen. Da sich die Fische in tieferen Wasserschichten, in die nur wenig Sonnenlicht eindringt, aufhalten, sollte das Becken nicht hell beleuchtet und die Temperatur unter 20 °C gehalten werden. Die Ernährung kann mit Krebstieren (Garnelen, Krill), aber auch Fisch- und Tintenfischfleisch erfolgen.

Familie Tannenzapfenfische (Monocentridae)

Plumpe Fische, mit großen, kräftig bestachelten Schuppen, die einen Hautpanzer bilden. Rückenflosse zweigeteilt, 1. Rückenflosse und Bauchflossen mit sehr starken Stacheln. Leuchtorgane mit symbiontischen Leuchtbakterien am Unterkiefer vorn (*Monocentris*) oder seitlich (*Cleidopus*).

Verbreitung. Tropische und subtropische Teile des Indopazifiks.

Lebensweise. In küstennahen Schelfgebieten (30 - 400 m Tiefe). Gesellig lebend, nachtaktiv. Fortpflanzung über pelagische Eier.

Nahrung. Vor allem Krebstiere, die mit den Leuchtorganen aufgespürt und geködert werden. 2 Gattungen mit 4 Arten. Nur 2 Arten tauchen im Handel immer wieder einmal auf.

Gattung *Cleidopus*: 2 Arten. Dazu **Australischer Tannenzapfenfisch** (*C. gloriamaris*): bis 20 cm, tiefere Küstengewässer Australiens. Seitlich am Unterkiefer je 1 großes, am Tag orangefarbenes, im Dunkeln blaugrün strahlendes Leuchtorgan.

Gattung *Monocentris*: 2 Arten. Dazu **Japanischer Tannenzapfenfisch** (*M. japonicus*): bis 15 cm, Japanisches Meer, Indowestpazifik bis Südafrika. Kleineres, weißliches Leuchtorgan jeweils beiderseits der Maulspitze.

Haltung von Tannenzapfenfischen

Als dämmerungsaktive Fische der größeren Meerestiefen sind Tannenzapfenfische in leicht gekühlten (15 - 20 °C), abgedunkelten Becken ohne Schwierigkeiten über Jahrzehnte haltbar. Wichtigste Voraussetzung ist die ständige Verfügbarkeit lebender Garnelen als Futtergrundla-

Abb. 44.1 *Cleidopus gloriamaris*, am Unterkiefer ist das längliche Leuchtorgan zu erkennen (Zoo-Aquarium Berlin)

ge. Obwohl die Fische lernen, hin und wieder auch tote Garnelen vom Boden aufzunehmen, ist die weitgehende Ernährung mit Lebendfutter für eine dauerhafte Haltung unerlässlich.

Als Schwarmfische werden Tannenzapfenfische am besten in kleinen Gruppen gehalten. Die absolut friedlichen Tiere stehen oft unter Überhängen und an Steinspalten oder schwimmen langsam und ruhig umher. Ebenso bedächtig wird gefressen, so dass sich eine Vergesellschaftung mit lebhaften Fischen verbietet. Gut zur Vergesellschaftung geeignet sind aber beispielsweise Eberfische (*Capros aper*) und vor allem der Nautilus (*Nautilus pompilius*), der ähnliche Haltungsbedingungen wünscht und sich nach Erfahrungen im Zoo-Aquarium Berlin niemals an frei schwimmenden Fischen vergreift.

Das Aquarium für die lichtscheuen Tiere sollte nur schwach und über starke Blaufilter beleuchtet sein, so dass der Eindruck eines Lebensraums aus tieferen Wasserschichten entsteht und die Fische auch tagsüber umherschwimmen. Die größeren Leuchtorgane der Australischen Tannenzapfenfische sind dann relativ gut zu beobachten, die kleineren des Japanischen Tannenzapfenfisches jedoch nur bei absoluter Dunkelheit.

Häufiger wurde die Abgabe der pelagischen Eier beobachtet, die allerdings langsam zu Boden sinken. Nach Erfahrungen im Zoo-Aquarium Berlin scheinen für die erfolgreiche Aufzucht absolute Dunkelheit – die Larven sterben an Lichtschock – und gewisse Druckverhältnisse die Grundvoraussetzung zu sein, denn nur bei einer Wassersäule von mindestens 10 m schwammen die Larven normal und stiegen nachts in den oberen Teil der Wassersäule auf, während sie sich tagsüber in Bodennähe aufhielten.

Familie Laternenfische, Blitzlichtfische (Anomalopidae)

Stumpfköpfige, schwarzbraun gefärbte, maximal 35 cm lange Meeresfische, mit hellweißem, elliptischem Leuchtorgan jeweils unter den auffallend großen Augen. Je nach Art unterschiedliche Möglichkeiten, das Leuchtorgan kurzfristig auszublenden (Blinken). Hartstrahlen an Rücken-, After- und Bauchflossen. Hart- und weichstrahliger Teil der Rückenflosse durch tiefe Kerbe getrennt (außer bei *Photoblepharon*).

Verbreitung. Indowest- und Zentralpazifik, in der Karibik und im Ostpazifik (Golf von Kalifornien).

Lebensweise. Im Küstenbereich und in Korallenriffen, fast immer unter 30 m Wassertiefe. Nachtaktiv, tagsüber in Höhlen. Ziehen z.T. nachts in Schwärmen an die Oberfläche, um zu jagen.

Nahrung. Krebstiere.

6 Gattungen mit 8 Arten.

Gattung *Anomalops*: 1 Art. **Großer Laternenfisch** (*A. katoptron*): 28 cm, Westpazifik, in Korallenriffen. Leuchtorgan kann nach unten verdreht werden, um den Lichtaustritt zu verhindern.

Gattung *Kryptophanaron*: 1 Art. **Karibischer Laternenfisch** (*K. alfredi*): bis 12 cm, Karibik (Große Antillen, Cayman-Inseln), an steilen Felsabhängen in 25 - 50 m Tiefe. Leuchtorgan wird durch Drehen nach unten für längere Perioden abgeschaltet, durch Überziehen mit einer schwarzen Hautfalte erzeugt es schnelle „Blitze“.

Gattung *Photoblepharon*: 2 Arten. Dazu **Kleiner Laternenfisch** (*Ph. palpebratus*): bis 11 cm, tropischer Indopazifik, Rotes Meer. Leuchtorgan kann durch Überziehen einer schwarzen Hautfalte „abgeschaltet“ werden. Blinkfrequenz umgebungs- und verhaltensabhängig etwa 50/min.

Gattung *Phthanophaneron*: 1 Art. **Kalifornischer Laternenfisch** (*Ph. harveyi*): bis 8 cm, endemisch im Golf von Kalifornien.

Haltung von Laternenfischen

In Europa werden im Allgemeinen nur die Gattung *Anomalops* und selten *Photoblepharon* gehalten, die Gattungen *Phthanophaneron* und *Kryptophanaron* dagegen bisher wohl nur in amerikanischen Aquarien der West- bzw. Ostküste. Generell gilt, dass die nachtaktiven und häufig in Höhlen und tieferen Wasserschichten lebenden Laternenfische ausgesprochen lichtscheu sind. Sie sollten deshalb auch beim Transport in dunklen Beuteln verschickt und nur in dunklen Räumen ein- und ausgepackt werden. Nach den Erfahrungen im Zoo Basel verträgt *Photoblepharon* überhaupt kein Licht. Deshalb wurden in Basel die Laternenfische mit einer komplizierten Technik vor den Fotoblitzen der Besucher geschützt. *Anomalops* hingegen kann durchaus bei ganz dunkelblauem Restlicht (offensichtlich noch besser bei rotem Licht) gehalten werden.

Laternenfische sollten in kleineren Schwärmen bei Temperaturen von 18 - 22 °C gehalten werden. Sie lassen sich gut mit Tannenzapfenfischen vergesellschaften. Nur in den wenigsten Fällen wird Frostfutter angenommen, so dass auf eine Fütterung mit lebenden Garnelen und vor allem Mysis nicht verzichtet werden kann.

Während das Leuchtorgan von *Photoblepharon* in der Regel im Aquarium voll in Funktion bleibt, hören fast alle *Anomalops* eines Schwarmes meistens nach etwa 1 Monat auf zu leuchten. Nicht immer jedoch scheint der Verlust an Leuchtbakterien hierfür die Ursache zu sein, denn sobald die Fische umgesetzt werden oder einem besonderen Stress unterliegen, beginnen sie häufig wieder zu blinken. Sicher beeinflussen Dominanzverhalten, fehlender Stress usw. das Blinken ebenfalls.

Bei Befall mit Hautparasiten dürfen Laternenfische wegen ihrer Leuchtbakterien in keinem Fall mit Kupfersulfat oder ähnlichen Medikamenten behandelt werden.

Familie Soldaten- und Husarenfische (Holocentridae)

Mehr oder weniger rötlich gefärbte, oft längs gestreifte, kleinere bis mittelgroße (maximal 60 cm) Meeresfische, mit Kammschuppen, z. T. bestachelt. Auffallend große Augen. Rückenflosse langgestreckt, durch eine tiefe Kerbe in einen vorderen hartstrahligen (meist 11 Stacheln) und einen hinteren weichstrahligen Teil getrennt. Afterflosse mit 4, oft sehr starken, Stacheln, Bauchflossen mit je 1 Stachelstrahl.

Verbreitung. Alle tropischen und subtropischen Meere.

Abb. 44.2 *Myripristis murdjan* (Zoo-Aquarium Berlin)

Abb. 44.3 *Sargocentron cornutum* (Zoo Leipzig, Aquarium)

Lebensweise. Dämmerungs- und nachtaktiv, am Tag in Höhlen und unter Überhängen, häufig in Korallenriffen. Viele Arten gesellig lebend, einige aber revierbildende Einzelgänger. Erzeugen Geräusche mithilfe der großen Schwimmblase und einer speziellen Muskulatur oder mit den Schlundzähnen zur Feindabwehr und bei der Balz. Die mehr oder weniger großen, mit Öltröpfchen ausgestatteten Eier und die Larven treiben pelagisch, auch in der Hochsee.

Nahrung. Verschiedenste, vor allem am Boden lebende Wirbellose, Fischbrut und Kleinfische.

8 Gattungen mit etwa 80 Arten.

Gattung *Holocentrus* (Eichhörnchenfische): 2 Arten. Dazu **Karibischer Eichhörnchenfisch** (*H. rufus*): 26 cm, Karibik, Bermudas, Bahamas. Vordere Weichstrahlen des hinteren Rückenflossenteils lang ausgezogen.

Gattung *Myripristis* (Soldatenfische i.e.S.): 28 Arten, alle mit rundem Kopfprofil. Dazu **Dunkler Soldatenfisch** (*M. adustus*): 30 cm, Indowestpazifik, Rotes Meer. Schwarz gesäumte Rücken-, Schwanz- und Afterflosse. – **Karibik-Soldatenfisch** (*M. jacobus*): 20 cm, Karibik, tropischer Westatlantik. Rosa bis silbern im Bauchbereich, dunkles Querband hinter dem Kiemendeckel. – **Weißsaum-Soldatenfisch** (*M. murdjan*): 25 cm, Indowestpazifik, Rotes Meer. Weitgehend einfarbig rot.

Gattung *Neoniphon* (= *Flammeo*): 5 Arten. Dazu **Schwanzfleck-Husarenfisch** (*N. sammara*): 30 cm, Indowestpazifik, Rotes Meer. Auffallend dunkler Fleck im vorderen Rückenflossenteil.

Gattung *Sargocentron* (= *Adioryx*) (Husarenfische i.e.S.): 34 Arten. Dazu **Dreifleck-Husarenfisch** (*S. cornutum*): bis 27 cm, Westpazifik, Großes Barriereriff. – **Diadem-Husarenfisch** (*S. diadema*): 15 cm, Indowestpazifik, Rotes Meer. Weiße, schmale Längsstreifen auf rötlichem Grund. – **Streifen-Husarenfisch** (*S. rubrum*): 25 cm, Indowestpazifik, Rotes Meer, in das östliche Mittelmeer durch den Suez-Kanal eingewandert. Rotbraune und weiße Längsstreifung. – **Großer Husarenfisch** (*S. spiniferum*): 45 cm, Indowestpazifik. Langer Kiemendorn, hochrückig, spitze Schnauze, intensiv rot.

Haltung von Soldatenfischen

An den großen Augen und der roten Körperfärbung lässt sich schon beim ersten Anblick erkennen, dass es sich um nachtaktive Fische aus z. T. größeren Meerestiefen handelt. Im Aquarium sind deshalb Unterschlupfmöglichkeiten erforderlich. Eingewöhnt sind Soldatenfische auch tagsüber durchaus im freien Wasser zu beobachten. Wassertemperatur 22 - 26 °C. Gegenüber gleich großen Fischen verhalten sie sich friedlich, kleinere können gefressen werden.

Soldatenfische gehen schnell an das Futter und lassen sich praktisch mit jedem Ersatzfutter ernähren. Jedoch fressen sie nur im Freiwasser und nehmen das Futter nie vom Boden auf. Sie sind schnelle Fresser. Deshalb sollten die flinken und robusten Soldatenfische grundsätzlich niemals mit langsam fressenden und sehr heiklen Fischen vergesellschaftet werden.

Beim Fangen der Fische ist darauf zu achten, dass die großen Augen nicht beschädigt werden. Stichverletzungen durch die Hartstrahlen der Flossen können wegen des giftigen Hautsekrets(?) sehr schmerzhaft sein. Genaueres über Giftapparat und Giftwirkung ist bei den Soldatenfischen jedoch noch nicht bekannt.

Höchstalter. Die Lebensdauer der großen Soldatenfisch-Arten kann im Aquarium durchaus 15 - 20 Jahre betragen.

45
Ordnung Petersfischartige (Zeiformes)

W. E. Engelmann

Kleine bis mittelgroße, hochrückige und seitlich abgeflachte Meeresfische, mit großem Kopf, weit vorstülpbarem Maul und großen Augen. Der stachelige und der weichstrahlige Teil der Rückenflosse, z.T. auch der Afterflosse, sind durch eine Einkerbung fast vollständig getrennt. Meist mit Schuppen (Ctenoid-, seltener Cycloidschuppen).

In Bodennähe schwimmende Raubfische, in tropischen bis subtropischen Zonen aller Ozeane, vom unteren Küstenbereich bis zur Tiefsee. Über die Lebensweise vieler Arten ist kaum etwas bekannt.

6 Familien mit nur 41 Arten. Ihre verwandtschaftlichen Beziehungen sind unzureichend geklärt. Für europäische Schauaquarien sind nur die Petersfische und die Eberfische von Bedeutung. In Japan werden aber auch *Zenion japonicum* (Familie Macrurocyttidae) sowie *Parazen pacificus* (Familie Parazenidae) gezeigt.

Familie Petersfische (Zeidae)

Körper seitlich stark zusammengedrückt, schuppenlos oder mit winzigen Schuppen. Charakteristisch sind kräftige Knochenschilder an der Basis von Rücken- und Afterflosse. Rückenflosse mit 7 - 10, Afterflosse mit 1 - 4 Stachelstrahlen. Zwischen den Strahlen der Rückenflosse sind bei den erwachsenen Fischen die dünnen Häute filamentartig verlängert und ragen weit über die Strahlen hinaus. Bauchflossen stehen unterhalb der Brustflossen. Größe 7 - 90 cm.

Verbreitung. Weltweit in tropischen bis gemäßigt-temperierten Meeren.

Lebensweise. Solitär lebend oder kleine Schulen bildend, am Kontinentalschelf oder in mittleren Wasserschichten, gelegentlich auch küstennah. Junge, soweit bekannt, pelagisch im Oberflächenwasser.

Nahrung. Fische, Krill, Schwebegarnelen und Tintenfische.

7 Gattungen mit 14 Arten.

Gattung *Zeus*: 2 Arten. Dazu **Heringskönig, Petersfisch** (*Z. faber*): 70 cm, Norwegen bis Südafrika, Mittelmeer sowie im Indowestpazifik. Auf jeder Körperseite befindet sich ein auffallender, großer, dunkler Fleck, der von einem weißlichen Ring umgeben ist. Lebt einzeln, gelegentlich auch in kleinen Gruppen an den Küsten zwischen 200 und 400 m Tiefe. Folgt u.a. den Heringsschwärmen und wird daher oft mit diesen zusammen gefangen. Fortpflanzung in Küstennähe, die relativ großen Eier (2 mm Durchmesser) und Larven treiben im Wasser. Frisst Heringe, Sardellen, Pilchards, Sandaale.

Haltung von Petersfischen

Der bizarre Heringskönig ist gelegentlich, oft als Folge eines Zufallsfangs, in Aquarien zu sehen. Wichtig für seine erfolgreiche Eingewöhnung ist eine möglichst schonende Behandlung bei Fang und Transport. Die Fische mit ihren

Abb. 45.1 *Zeus faber* (Zoo-Aquarium Berlin)

empfindlichen Flossenfilamenten verpilzen leicht. Dagegen bewährt haben sich weitgehend sterile Aquarien mit Ozon und UV-Wasserklärern. Obwohl auch höhere Temperaturen vertragen werden, ist eine Hälterungstemperatur von unter 20 °C angebracht. Zur Eingewöhnung sind zunächst kleine, lebende Futterfische erforderlich, später werden auch Fische aus dem Frost (z.B. Stinte) angenommen. Da Heringskönige untereinander nicht aggressiv sind, ist eine Gruppenhaltung möglich.

Höchstalter. Die Lebensdauer im Aquarium liegt bei 4 - 5 Jahren.

Familie Eberfische (Caproidae)

Meist rötlich gefärbt, mit kleinen Ctenoidschuppen. Rückenflosse mit 7 - 9, Afterflosse mit 2 oder 3 Stachelstrahlen, Bauchflossen mit je 1 Stachelstrahl. Größe 6 - 30 cm.

Verbreitung. Weltweit in tropischen und subtropischen Meeren.

Lebensweise. Soweit bekannt, in kleinen Schulen am Kontinentalschelf. Larven bzw. Jungfische in mittleren Wasserschichten pelagisch.

Nahrung. Vor allem Krebstiere, Weichtiere und Würmer.

2 Gattungen mit 12 Arten.

Gattung *Antigonia*: 11 Arten. Dazu **Hoher Eberfisch** (*A. capros*): 30 cm, weltweit in tropisch-subtropischen Meeren, in 50 - 900 m Tiefe. – **Indopazifischer Eberfisch** (*A. rubescens*): 22 cm, Indowestpazifik (von Ostafrika bis Japan), in 50 - 600 m Tiefe.

Gattung *Capros*: 1 Art. **Eberfisch** (*C. aper*): bis 16 cm, Mittelmeer und östlicher Nordatlantik (bis Südnorwegen), in Wassertiefen um 100 m, gesellig.

Abb. 45.2 *Capros aper* (Zoo-Aquarium Berlin)

Haltung von Eberfischen

In gekühlten Aquarien – 15 - 17 °C, auch kurzzeitig nicht über 20 °C – sind Eberfische jahrelang haltbar. Die gesellig lebenden Fische sollten in kleinen Gruppen und entsprechend ihrer Herkunft aus tieferen Wasserschichten in einem nur schwach beleuchteten Becken gepflegt werden. Ihre Ernährung bereitet mit lebenden und gefrosteten Mysis, Artemien, aber auch klein geschnittenem Tintenfischfleisch keine Probleme. Da Eberfische aber relativ langsame Fresser sind, ist bei Vergesellschaftungen darauf zu achten, dass sie genügend Futter abbekommen.

Die *Antigonia*-Arten werden in japanischen Aquarien gezeigt.

46
Ordnung Stichlingsartige (Gasterosteiformes)

Th. Jermann

Knochenfische von extrem unterschiedlicher Gestalt und oft mit von der typischen Fischform abweichendem Körperbau. Keine Schuppen, aber Hautknochenplatten umgeben und stützen den ganzen Körper. Bauchflossen fehlen oder befinden sich weit hinten am Rumpf. Häufig stachlige Flossen- oder Knochenpanzerfortsätze. Kiemenöffnungen meist verkleinert. Mund entweder extrem röhrenförmig ausgezogen (Seenadeln, Seepferdchen, Schnepfenfische, Schnepfenmesserfische) oder vorstülpbar (Stichlinge). Dies ermöglicht die Fressmethode des so genannten „suction feeding“ (Saugfressen).

Verbreitung vorwiegend in marinen Küstenbereichen, aber auch im Brack- und Süßwasser. Meist benthisch lebende Plankton- oder Fischfresser. Hoch entwickelte Brutpflege.

10 Familien mit über 250 Arten. Die Systematik der Stichlingsartigen wird unterschiedlich beurteilt. Oft werden die Seenadelverwandten als eigenständige Ordnung Syngnathiformes abgetrennt.

Abb. 46.1 *Gasterosteus aculeatus* (Zoo Leipzig, Aquarium)

Unterordnung Stichlingsverwandte (Gasterosteoidei)

3 Familien. Die Familie Hypoptychidae mit nur 1 Art, dem Stichlingssandaal (*Hypoptichus dybowskii*) aus dem Japanischen und Ochotskischen Meer, wird hier nicht behandelt.

Familie Stichlinge (Gasterosteidae)

Kleine, aggressive Raubfische. Vor der Rückenflosse befindet sich eine je nach Art unterschiedliche Anzahl einzeln stehender Stacheln. Auch die Bauchflossen tragen Stacheln. Größe zwischen 5 und 20 cm.

Verbreitung. Nur in den gemäßigten Breiten der Nordhalbkugel, im Meer-, Brack- und Süßwasser.

Lebensweise. Tagaktiv, einzeln oder in kleinen Gruppen. Ausgesprochen interessantes Balz- und Brutpflegeverhalten. Männchen bauen Nester aus Pflanzenmaterial, das mit einem Sekret der Nieren zusammengeklebt wird.

Nahrung. Kleinkrebse, Wasserinsekten, Würmer und Fischbrut.

Abb. 46.2 *Spinachia spinachia* (Meeresbiologische Station Laboe)

5 Gattungen mit mindestens 9 Arten.

Gattung *Apeltes*: 1 Art. **Vierstacheliger Stichling** (*A. quadracus*): bis 6 cm, nordöstliches Nordamerika, im Brack- und Meerwasser.

Gattung *Culaea*: 1 Art. **Bachstichling** (*C. inconstans*): 8,5 cm, nordöstliches Nordamerika, im Süßwasser. Männchen zur Brutzeit mit tiefschwarzer Brust.

Gattung *Gasterosteus*: 2 Arten. **Dreistachliger Stichling** (*G. aculeatus*): 5 - 7 cm, Europa, Nordasien und Nordamerika. Lebt und laicht sowohl in den Binnengewässern Mittel- und Südeuropas als auch in küstennahen Meeresgebieten der Nordsee, der Ostsee, des Ärmelkanals und des Atlantiks. Gewisse Populationen machen saisonale Laichwanderungen und steigen dabei in die Flüsse auf. Andere Populationen bestehen aus reinen Süßwasserformen. Eine dritte Gruppe laicht auch im Meerwasser. Stichlinge sind ursprünglich reine Meeresbewohner, die in die Binnengewässer eingewandert sind. In der Balzzeit färben sich die Männchen spektakulär (roter Bauch, blaue Augen) um. Bauen Nester aus Pflanzenmaterial, in welche sie durch auffällige Schwimm-Muster (Zickzacktanz) nacheinander mehrere laichbereite Weibchen locken. Die Eier werden dauernd befächelt und umsorgt, die Jungfische schlüpfen nach ca. 1 Woche. – **Schwarzgefleckter Stichling** (*G. wheatlandi*): 7,5 cm, nordamerikanische Atlantikküste, im See- und Brackwasser, nur selten in reines Süßwasser eindringend.

Gattung *Pungitius*: mindestens 4 Arten. Dazu **Neunstachliger Stichling** (*P. pungitius*): bis 7 cm, Nordeurasien, nördliches Nordamerika. 9 - 10 Rückenstacheln. Verhalten ähnlich wie *Gasterosteus aculeatus*, ist aber deutlicher an Süßwasser gebunden. Balzfärbung der Männchen ist eine lackschwarze Brust.

Gattung *Spinachia*: 1 Art. **Seestichling** (*S. spinachia*): bis 20 cm, Nordostatlantik, Nordsee, auch in der westlichen Ostsee. 15 kleine Stacheln auf dem Rücken. Im Gegensatz zu *Gasterosteus aculeatus* reiner Meeres- und Brackwasserbewohner. Lebt in Gruppen, zur Laichzeit bilden die Männchen Reviere. Laicht in Seegrasbeständen in Nestern aus Algenmaterial. Eine auffällige Laichfärbung der Männchen fehlt.

Haltung von Stichlingen

Aufgrund ihres ausgesprochen vielseitigen und gut zu beobachtenden Verhaltens sind Stichlinge sehr interessante Aquarienfische. Sie sind robust und können sowohl in kalten (15 °C) wie auch in wärmeren (20 - 22 °C) Aquarien und – nach einer kurzen Umgewöhnung – sowohl in Süß- wie in Meerwasser gehalten werden. Stichlinge lassen sich gut selbst in kleinen, gefilterten Aquarien (um 100 l) pflegen und beobachten. Fütterung mit Daphnien, Flockenfutter, handelsüblichem Fischfutter, Insekten und Kleinkrebsen.

Abb. 46.3 *Aulorhynchus flavidus* (Monterey Bay Aquarium, Kalifornien, USA)

Der Bachstichling ist etwas wärmeempfindlicher und sollte ausschließlich bei Temperaturen um 15 °C mit einer deutlichen winterlichen Absenkung gehalten werden. Er ist scheuer als andere Stichlinge, so dass ein dichter Pflanzenwuchs für das Wohlbefinden wichtig ist. Fortpflanzungsaktivitäten werden in der Natur nur bei Wassertemperaturen von unter 19 °C beobachtet. Die erfolgreiche Vermehrung im Aquarium gelingt am besten, wenn mehrere Männchen gleichzeitig Nester mit Gelege betreuen. Die dadurch notwendige Revierverteidigung scheint die Ausbildung des Pflegetriebs zu fördern. Bei 14 - 15 °C schlüpfen die Larven am 8. oder 9. Tag und schwimmen nach weiteren 3 - 4 Tagen frei.

Seestichlinge hält man in Gruppen in gekühlten Meeresaquarien (14 - 18 °C). Ihre Ernährung mit gefrosteten Mysis oder Artemien ist unproblematisch. Auch eine Vermehrung ist bereits im Aquarium gelungen.

Höchstalter. *Pungitius pungitius* 3 Jahre bis 3 Jahre, 6 Monate, manche Populationen nur 1 Jahr. *Gasterosteus aculeatus* im Aquarium 4 - 5 Jahre.

Familie Pazifische Stichlinge, Röhrenschnäbler (Aulorhynchidae)

Ähneln den Stichlingen, aber Körper stärker gestreckt. 24 - 26 sehr kurze Stacheln vor der weichstrahligen Rückenflosse.

Verbreitung. Küstengewässer des nördlichen Pazifiks.

Lebensweise. Tagaktiv, in größeren Schulen über Seegras- und Algenbeständen bis in etwa 10 m Tiefe. Männchen zur Fortpflanzung territorial, Nestbau und Brutpflege.

Nahrung. Plankton-Organismen geeigneter Größe.

2 Gattungen mit 2 Arten.

Gattung *Aulorhynchus*: 1 Art. **Pazifischer Stichling** (*Au. flavidus*): 18 cm, ostpazifische Küste Kanadas und der USA, südlich bis Kalifornien, in individuenreichen Schwärmen. Das Männchen verklebt Sprosse des Riesentangs (*Macrocystis*) zu einer Glocke, unter die das Weibchen seine Eier legt.

Haltung von Röhrenschnäblern

Pazifische Stichlinge werden am besten in größeren Gruppen in Kelp-Aquarien bei Temperaturen zwischen 15 und 18 °C gehalten. Sie sind sehr ausdauernd und mit Mysis, Artemien und kleinen Regenwürmern leicht zu ernähren.

Unterordnung Seenadelverwandte (Sygnathoidei)

7 Familien. Hier werden von einigen Autoren auch die Flügelrossfische (Familie Pegasidae)

eingeordnet, andererseits aber die Stachelröhrenmäuler (Familie Indostomidae) auch als eigenständige Ordnung ausgegliedert.

Familie Seepferdchen und Seenadeln (Syngnathidae)

Körperform stark von der normalen hydrodynamischen Fischform abweichend. Körper von einem vollständigen Knochenpanzer umgeben. Seitenlinienorgan fehlt ebenso wie eine Bezahnung, Kiemendeckel stark reduziert. Die Nahrungsaufnahme erfolgt extrem schnell durch ein „suction feeding", welches durch ein deutliches Klicken gut wahrnehmbar ist. Der Unterdruck im Mundboden entlädt sich über die ganze Schnauzenlänge und durch die sehr kleine Mundöffnung, so dass eine große Beschleunigung des Beutetiers erreicht wird. Größe bis 60 cm.

Abb. 46.4 Röntgenbilder von Seepferdchen, links Männchen, rechts Weibchen

Verbreitung. In tropischen bis gemäßigten Meeresgebieten, in Küstennähe, am artenreichsten im Indowestpazifik. Einige Arten dringen in Brackwasserbereiche vor, wenige weitgehend reine Süßwasserarten im tropischen Afrika, in Südasien, Nordaustralien sowie in Mittel- und im nördlichen Südamerika.

Lebensweise. Tagaktiv. Virtuose Tarnkünstler durch sehr ruhige Fortbewegung und aufgelöste Körperform. In beschränktem Umfang zu Farbwechsel befähigt. Einzelgänger, paarweise oder, zumindest zeitweise, in kleinen Gruppen. Hoch spezialisierte männliche(!) Brutpflege. Bei vielen Arten beginnen die Jungtiere sofort die Lebensweise der Erwachsenen aufzunehmen, bei anderen durchlaufen sie aber zunächst eine pelagische Phase.

Nahrung. Z.T. ausgesprochene Nahrungsspezialisten. Manche Arten fressen mehr oder weniger selektiv Plankton-Organismen, andere gehen in Riffspalten, Seegrasbeständen oder Felsblöcken auf Nahrungssuche. Futter vorwiegend Krebsartige.

52 Gattungen mit etwa 275 Arten. Da sich die beiden Unterfamilien der Seepferdchen und Seenadeln anatomisch und biologisch stark unterscheiden, werden sie hier auch separat behandelt.

Allgemeine Hinweise zur Haltung von Seepferdchen und Seenadeln

Möglichst strömungsarme Aquarien. Seepferdchen und Seenadeln fressen langsam. Deshalb muss das Futter, vor allem falls es sich um Lebendfutter handelt, eine lange Verweildauer im Aquarium aufweisen. Optimal ist schwebendes oder lebendiges Futter. Filterung und Strömung sollten während der Fütterung ausgeschaltet werden.

Gefressen werden vor allem Kleingarnelen (z.B. Mysis) oder Artemien. Die Fische lassen sich relativ leicht an adulte Artemien und an diverse Gefrierfutter gewöhnen. Wichtig ist die richtige, an den Munddurchmesser angepasste Futtergröße.

Viele Jungtiere sterben durch bakterielle Infektionen. Bakterien können in großer Zahl durch Futtertiere in das Zuchtaquarium eingeschleppt werden. Entschalung der Artemienzysten mit Natriumhypochlorit-Lösung oder Entkeimung des Wassers mit UV kann die Keimzahl und dadurch die Infektionsgefahr minimieren.

Abb. 46.5 *Hippocampus bleekeri* (Zoo Basel, Vivarium)

Unterfamilie Seepferdchen (Hippocampinae)

Durch den einzigartigen Greifschwanz unterscheiden sich die Seepferdchen deutlich von den (adulten) Seenadeln. Damit halten sie sich an Seegräsern, Algen, Hornkorallen oder anderen zweigartigen Strukturen fest, um bei Nahrungssuche oder Balz der Strömung zu widerstehen. Seepferdchen neigen zu starker und lang dauernder Paarbindung. Der Grad der Monogamie ist jedoch nicht bei allen Arten gleich hoch, scheint auch innerartlich nicht konstant zu sein. Balz oft über mehrere Stunden und meist in den frühen Morgenstunden. Männchen blähen dabei ihre Bruttasche auf. Bei der eigentlichen Paarung übergibt das Weibchen 50 - 1000 Eier in eine Bruttasche am Bauch des Männchens (einzigartig unter den Fischen!). Eiübertragung durch Injektion mithilfe eines vorstülpbaren Ovipositors (Legegang) direkt in die Bruttasche. Unmittelbar darauf erfolgt die Befruchtung. Entwicklungsdauer je nach Art und Temperatur unterschiedlich. Nur Meeresbewohner.

1 Gattung mit etwa 50 Arten.

Gattung *Hippocampus*: Dazu **Australisches Topfbauch-Seepferdchen** (*H. bleekeri*): sehr große Art, die bis zu 35 cm erreichen kann(!), Meeresbereiche um Südostaustralien, Tasmanien, das nördliche Neuseeland. Bis zu 400 Eier pro Brut, Länge der Jungtiere über 2 cm. – Wird oft mit dem sehr ähnlichen **Neuseeländischen Topfbauch-Seepferdchen** (*H. abdominalis*) verwechselt, welches aber nur um Neuseeland herum vorkommt. Manche Autoren betrachten beide unter dem Artnamen *H. abdominalis* als 1 Art. – **Linien-Seepferdchen** (*H. erectus*): bis 15 cm, Westatlantik (Ostküste der USA und Golf von Mexiko), von seichten Seegraswiesen bis in 70 m Tiefe, manchmal in driftenden Sargassum-Tangen. Gelege bis zu 400 Eier. – **Langschnauziges Seepferdchen** (*H. guttulatus* = *H. ramulosus*): 14 cm, Mittelmeer und europäischer Atlantik (Kanarische Inseln bis zur Nordsee). Brutsaison April bis Oktober, Tragzeit 3 - 5 Wochen. Die Jungen sind ca. 15 mm lang. – **Kurzschnauziges Seepferdchen** (*H. hippocampus*): etwa 10 cm, Mittelmeer, Schwarzes Meer und europäischer Atlantik (von den Kanarischen Inseln bis zum Ärmelkanal), vorwiegend in Seegrasbeständen, aber auch in Flussmündungen, schlammigem Flachwasser und auf bewachsenen Felsböden. – **Pazifisches Seepferdchen** (*H. ingens*): 30 cm. Ostpazifik (Kalifornien bis Peru, Galapagos). Färbung außerordentlich variabel. – **Ästuar-Seepferdchen**, **Krönchen-Seepferdchen** (*H. kuda*): bis 30 cm, Indopazifik (Singapur bis

Abb. 46.6 *Hippocampus ingens* (Birch Aquarium, La Jolla, Kalifornien, USA)

Java, eventuell Japan), kommt in Mangrove-Beständen, Seegras und Flussmündungen vor. Tragzeit 20 - 28 Tage. Zwischen 50 und 1000 Junge pro Wurf. – Wird oft mit dem **Gewöhnlichen Seepferdchen** (*H. taeniopterus*) verwechselt. – **Langschnauzen-Seepferdchen** (*H. reidi*): bis 15 cm, Westatlantik, von Florida bis zu den Westindischen Inseln. Wird oft als *H. erectus* gehandelt. Weichböden, häufig an Gorgonien und Schwämmen lebend. Bis in Tiefen von mindestens 50 m.

Haltung von Seepferdchen

Grundsätzlich benötigen Seepferdchen im Aquarium verästelte Strukturen (z.B. Hornkorallen, Steinkorallen, Kunststoffröhrchen etc.) im Überfluss, an welchen sie sich festhalten können.

Vermehrung. Die beiden europäischen Arten *H. hippocampus* und *H.guttulatus* lassen sich am besten in gekühlten Becken bei 16 - 24 °C mit deutlichen saisonalen Schwankungen halten. Ihre Zucht ist weit schwieriger als die der tropischen Seepferdchen-Arten, da die Jungtiere äußerst klein (< 10 mm) sind. Die Aufzucht gelingt dann, wenn ausreichend lebende *Euplotes sp.* (Ciliata) und *Brachionus plicatilis* (Rotatoria) als Planktonersatz verfüttert werden können. Nach etwa 2 Wochen erfolgt die langsame Umstellung auf frisch geschlüpfte Salinenkrebslarven (*Artemia salina*). Die Jungen zieht man vorzugsweise bei 25 °C auf, da bei dieser Temperatur die kritische erste Wachstumsphase schnell durchlaufen wird. Die Aufzucht gelingt deutlich besser, wenn das Planktonfutter und die Artemien mit hochgradig ungesättigten Fettsäuren (HUFAs) angereichert werden. Entsprechende Produkte finden sich im Aquakultur-Bereich, z.B. Selco©-Produkte. Nach den ersten Monaten Aufzucht mit Lebendfutter sollte unbedingt versucht werden, die Jungtiere an Gefrierfutter (Mysis, Artemia, „Baby-Krill" usw.) umzugewöhnen.

H. bleekeri lässt sich ebenfalls in der beschriebenen Weise gut züchten, wenn es in hohen Aquarien (Wassertiefe > 70 cm) bei tiefen Temperaturen (15 - 18 °C) gehalten wird. Die Aufzucht der tropischen Seepferdchen gelingt ebenso, jedoch meistens mit höheren Erfolgsquoten.

Höchstalter. Lebensdauer von *Hippocampus bleekeri* vermutlich rund 10, im Aquarium 7 Jahre. Andere kleinere Arten leben deutlich kürzer.

Unterfamilie Seenadeln (Syngnathinae)

Im Unterschied zu Seepferdchen ist der Körper extrem langgestreckt, bei den Fetzenfischen außerdem mit zahlreichen körperauflösenden Anhängen versehen. Die Eier werden nicht in einer Tasche ausgebrütet, sondern am Bauch oder Schwanzstiel des Männchens angeklebt. Dort werden sie durch ein besonderes Gewebe festgehalten und anscheinend auch mit Nährstoffen versorgt. Manche Arten zeigen Putzverhalten.

Abb. 46.7 *Dunckerocampus dactyliophorus* (Zoo-Aquarium Berlin)

Meist Meeresbewohner, die z.T. in Brackwasserbereiche vordringen, doch auch einige reine Süßwasserarten.

51 Gattungen mit etwa 215 Arten.

Eigentliche Seenadeln

Gattung *Corythoichthys*: mindestens 23 Arten. In Korallenriffen des tropischen Indopazifiks weit verbreitet. Kleine (meist nur um 10 cm, selten bis 20 cm), bodenorientierte, unscheinbar grau bis bräunlich gefärbte Seenadeln, die mit ihrer dünnen Mundröhre nur kleinste Krebstiere vom Boden aufnehmen können.

Gattung *Doryrhamphus*: 11 Arten. Vorwiegend benthisch lebende Seenadeln mit großer, meist artcharakteristisch leuchtend gefärbter Schwanzflosse. Oft paarweise, Putzer. Dazu **Blaustreifen-Seenadel** (*D. melanopleura*): 6 cm, Westpazifik, im Flachwasser von Lagunen und Korallenriffen. An jeder Körperseite 1 breiter, tiefblauer Längsstreifen von der Schnauze bis zur Schwanzwurzel. – Sehr ähnlich ist *D. excisus* aus dem Roten Meer und Indischen Ozean.

Gattung *Dunckerocampus*: 8 Arten. Frei schwimmend, in der Nähe von Höhlen und Spalten, meist paarweise. Dazu **Zebra-Seenadel** (*D. dactyliophorus*): 18 cm, Westpazifik, an Korallenriffen (vom Flachwasser bis in etwa 10 cm Tiefe). Putzverhalten. – **Gebänderte Seenadel** (*D. multiannulatus*): bis 19 cm, Rotes Meer, Indischer Ozean (von Ostafrika bis Sumatra), bis in 20 m Tiefe.

Abb. 46.8 *Syngnathoides biaculeatus* (Zoo Basel, Vivarium)

Abb. 46.9 *Syngnathoides biaculeatus*, Männchen. Bauchseite mit Eiern (Zoo Basel, Vivarium)

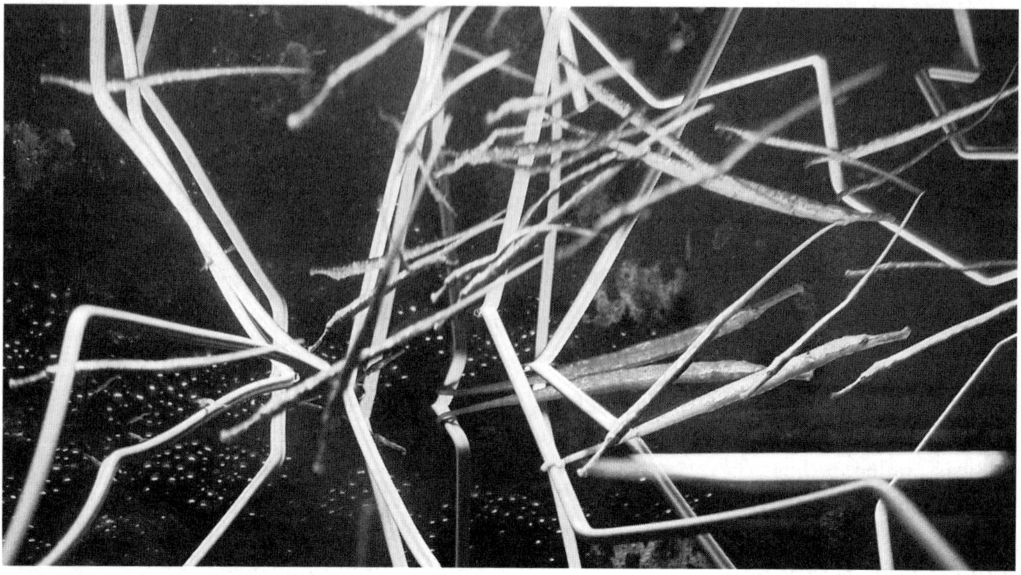

Abb. 46.10 *Syngnathoides biaculeatus*, wenige Tage alte Jungtiere (Zoo Basel, Vivarium)

Gattung *Nerophis*: 3 Arten, keine Schwanzflosse, nördlicher Ostatlantik, Mittel- und Schwarzes Meer. Dazu **Kleine Schlangennadel** (*N. ophidion*): bis 28 cm, auch in der Nordsee und westlichen Ostsee, in Seegraswiesen und Algenbeständen bis in 15 m Tiefe.

Gattung *Syngnathoides*: 1 Art. **Doppelenden-Nadelpferdchen** (*S. biaculeatus*): bis 28 cm, tropischer Indowestpazifik (von Ostafrika und dem Roten Meer bis Japan) und Zentralpazifik. Meist in geschützten Lagunen, Seegrasbeständen. Langsame Fortbewegung.

Gattung *Syngnathus*: 32 Arten. Dazu **Große Seenadel** (*S. acus*): bis 45 cm, Nordostatlantik, Mittelmeer, im Flachwasser mit Algen- und Seegrasbeständen, dringt auch in das Brackwas-

Abb. 46.11 *Syngnathus acus* (Aquarium „Vaso da Gama", Lissabon)

ser vor. Etwa 400 Eier werden am Bauch des Männchens über rund 5 Wochen inkubiert. – **Kleine Seenadel** (*S. rostellatus*): 20 cm, Nordsee und Nordostatlantik bis zur Biskaya. – **Hochschnauzen-Seenadel** (*S. typhle*): bis 35 cm, Nordostatlantik, Nord- und Ostsee, Mittelmeer. Lebt in algenbewachsenen Flachwasserzonen oder in Zostera-Seegras-Beständen. Die Art ist an der Form der Schnauze zu erkennen, welche dieselbe Höhe wie der Körper aufweist.

Süß- und Brackwassernadeln

Gattung *Doryichthys*: 5 Arten, Südostasien, Indonesien. Dazu **Asiatische Flussnadel** (*D. boaja*): 44 cm. – **Großpunkt-Flussnadel** (*D. deokhatoides*): 18 cm.

Gattung *Ichthyocampus*: 2 Arten. Dazu **Indische Süßwassernadel** (*I. carce*): 12 cm, Südasien, Sri Lanka, Indonesien, in großen Flüssen und Ästuaren. Während der Balz färbt sich bei beiden Geschlechtern die Bauchseite leuchtend rot.

Gattung *Microphis*: mindestens 20 Arten, weit verbreitet, meist in küstennahen Flüssen und Seen und an der Meeresküste des tropischen Indopazifiks und Atlantiks. Dazu **Kurzschwanz-Flussnadel** (*M. brachyurus*): bis 23 cm, südasiatische Küsten und Inseln.

Abb. 46.12 *Doryichthys boaja* (Zoo Köln, Aquarium)

Haltung von Eigentlichen Seenadeln und Süß- und Brackwassernadeln

Die marinen Seenadeln werden in möglichst reich mit Algen und eventuell Hornkorallen strukturierten Aquarien gehalten. Dort suchen sie gern Deckung auf.

Syngnathus acus, *S. typhle* und *Nerophis ophidion* lassen sich nach kurzer Eingewöhnung relativ gut auf Gefrierfutter (Mysis, Krill, Sand- und Steingarnelen) umstellen. Die Wassertemperatur sollte möglichst saisonale Schwankungen (14 - 22 °C) aufweisen, falls eine Zucht beabsichtigt ist.

Die kleinen tropischen Seenadeln der Gattungen *Doryrhamphus*, *Dunckerocampus* und *Corythoichthys* eignen sich sehr gut für die Pflege in Wirbellosen-Becken und Korallenriff-Aquarien. Einige Arten, wie die Zebra-Seenadel, vermehren sich im Aquarium regelmäßig. Die Doppelenden-Seenadel (*Syngnathoides biaculeatus*) muss sehr sorgfältig auf Gefrierfutter umgestellt werden.

Vermehrung. Die Zucht gelingt manchmal leichter, wenn das Männchen nur zur Eiübernahme zum Weibchen gelassen wird. Bei andauernder paarweiser Haltung finden bei manchen Arten (z.B. *Syngnathus acus*) häufig keine Balzrituale statt.

Süßwassernadeln hält man am besten in locker bepflanzten (z.B. mit *Vallisneria*) Artbecken in mittelhartem bis hartem Wasser (16 - 24° dGH)

Abb. 46.13 *Phycodurus eques* (Zoo Basel, Vivarium)

und Temperaturen um 25 - 26 °C. Ein Seesalzzusatz ist für die auch im Brackwasser lebenden Arten angebracht. Fütterung mit Lebendfutter (Wasserflöhe, Cyclops, Mysis) und Frostfutter (Mysis).

Vermehrung. Gelingt bei verschiedenen Arten mehr oder weniger regelmäßig. *Doryichthys boaja* beispielsweise wird im Exotarium des Frankfurter Zoos nachgezogen. Die Jungen – bei einer Geburtsgröße von 25 mm bis zu 30 Stück pro Wurf – werden zunächst mit Artemia-Nauplien angefüttert. Mit 12 Monaten erreichen sie die Geschlechtsreife.

Höchstalter. *Doryrhamphus-* und *Dunckerocampus*-Arten im Aquarium 5 - 10 Jahre. Lebenserwartung vieler kleiner Seenadel-Arten nur 2 - 3 Jahre.

Fetzenfische

Fetzenfische sind nahe verwandt mit den Seenadeln. Sie leben endemisch an den südaustralischen Küsten in ausgedehnten Kaltwasser-Tangbeständen des Felslitorals. Als ausgesprochene Nahrungsspezialisten ernähren sie sich vorwiegend von Schwebegarnelen, die sie sehr bedächtig mit ihrem langen „Schnabel" einsaugen.

3 Gattungen mit 3 Arten. Der Bänder-Fetzenfisch (*Haliichthys taeniophora*) aus den etwas wärmeren nordwestaustralischen Küstengewässern ist aquaristisch, zumindest außerhalb Australiens, noch unbekannt.

Gattung *Phycodurus*: 1 Art. **Großer Fetzenfisch** (*Ph. eques*): bis 46 cm.

Gattung *Phyllopteryx*: 1 Art. **Kleiner Fetzenfisch** (*Ph. taeniolatus*): etwa 30 cm. Geschlechtsunterscheidung sehr schwierig.

Haltung von Fetzenfischen

Fetzenfische sind in Aquarien nur mit größerem Aufwand zu halten. Grundbedingungen sind Lebendfütterung mit *Mysis* (oder eine – anstrengende – Umgewöhnung auf Gefrierfutter), tiefe

Abb. 46.14 *Phyllopteryx taeniolatus* (Zoo Basel, Vivarium)

Wassertemperaturen zwischen 15 und 20 °C (optimal scheint eine Wassertemperatur von 16 - 17 °C mit nur geringen saisonalen Schwankungen zu sein) sowie ein Beleuchtungssystem, das abrupte Lichtwechsel verhindert.

Jungtiere von *Phyllopteryx taenoilatus* lassen sich relativ sicher eingewöhnen, wenn genügend lebende Mysis in diversen Größen verfüttert werden können. Die Art nimmt nur schwer Ersatzfutter an. Falls es jedoch gelingt, sie an adulte Artemien oder gar an Gefrierfutter zu gewöhnen, vereinfacht sich die Haltung bedeutend. *Phycodurus eques* ist grundsätzlich einfacher zu halten, da sich diese Art leichter an Ersatzfutter (Gefrierfutter: Mysis, Krill oder Guppys) gewöhnen lässt und deutlich weniger schreckhaft ist.

Fetzenfische können mit anderen Kaltwasser-Fischarten vergesellschaften werden, aber nur, wenn es sich um ebenfalls sehr langsam fressende Arten wie Seepferdchen handelt.

Manchmal gelangen Krankheitserreger über das Futter (lebende Mysis) ins Aquarium. Die Gefahr einer Infektion durch einzellige Mikroorganismen kann durch ein fünfminütiges Süßwasserbad respektive durch Medikamentierung der Futtertiere verringert werden. Bei Befall der Fetzenfische durch Ciliaten oder Flagellaten ist eine Behandlung mit Kupfersulfat (20 ppm) oder mit Metronidazol (4,2 ppm) ohne Gefahr möglich.

Vermehrung. Unterscheidung der Geschlechter nicht einfach. Weibchen sind generell „hochrückiger“ als Männchen. Die Zucht und Aufzucht von Fetzenfischen im Aquarium ist bis jetzt nur äußerst selten vollständig gelungen.

Höchstalter. Fetzenfische erreichen im Aquarium ein Alter von etwa 5 Jahren (Lebensdauer eventuell bis 10 Jahre).

Familie Stachelröhrenmäuler (Indostomidae)

Sehr kleine, äußerlich einem Seestichling ähnliche Süßwasserfische. Tatsächlich sind jedoch Verwandtschaftsbeziehungen zu den Stichlingen sowie Seenadeln sehr umstritten, so dass für diese Fische sogar eine eigene Ordnung aufgestellt wurde. Auffallend ist ein langer, dünner und sehr beweglicher Schwanzstiel. Vor der weichstrahligen Rückenflosse stehen 5 Stacheln. Größe zwischen 2,5 und 3 cm.

Verbreitung. Südostasien.

Lebensweise. In flachen, verkrauteten Gewässern, zwischen Wasserpflanzen stehend oder langsam schwimmend. Wahrscheinlich kein Nestbau, aber Bewachung des Geleges und der Larven durch das Männchen.

Nahrung. Kleine Krebstiere, Insektenlarven und Würmer.

1 Gattung mit 3 Arten.

Gattung *Indostomus*: Dazu **Burma-Stichling** (*I. paradoxus*): 3 cm, im nördlichen Burma (Myanmar).

Haltung von Stachelröhrenmäulern

In Kleinstaquarien mit Versteckmöglichkeiten und weichem, leicht saurem Wasser bei Temperaturen zwischen 24 und 26 °C. Fütterung mit Wasserflöhen, verschiedenen Mückenlarven und Artemien.

Vermehrung. Die Zucht gelang bereits im Aquarium. Das Weibchen erkennt man an der größeren Leibesfülle und der dunkleren Körperfarbe. Der Laich wird an Steinen angeheftet und vom Männchen bewacht. Schlupf der Larven nach 48 Stunden, die Jungen schwimmen nach weiteren 7 Tagen frei. Als Erstfutter wurden Pantoffel- und Rädertierchen, Mikroälchen, frisch geschlüpfte Zuckmückenlarven und Artemia-Nauplien angeboten.

Familie Schnepfenfische (Macroramphosidae)

Körper hochrückig und seitlich zusammengedrückt. Mund röhrenförmig langgestreckt, auffallend große Augen. Charakteristisch ist ein sehr langer 2. Rückenflossenstachel. Keine Seitenlinie. Größe zwischen 15 und 32 cm.

Verbreitung. In tropischen bis gemäßigt-temperierten Gebieten des Atlantiks, Indischen und Pazifischen Ozeans, auch im Mittelmeer, bis in größere Tiefen.

Lebensweise. Bodenorientiert, Nahrungsaufnahme mit dem langen Schnabel vom Substrat und aus Spalten. Eier und Jugendstadien pelagisch.

Nahrung. Kleinkrebse.

3 Gattungen mit 8 Arten.

Gattung *Macroramphosus*: Artenkomplex. Diese Gattung enthält eine unklare Anzahl einzelner Arten oder Rassen. Systematik lückenhaft. Praktisch globales Vorkommen in

Abb. 46.15 *Macroramphosus scolopax* (Zoo-Aquarium Berlin)

temperierten bis kalten Gewässern. Mittelmeer, Ostatlantik, Japan, Australien, Neuseeland. In europäischen Gewässern in Tiefen bis 600 m. Oft in großen Schulen. In Australien liegt die maximale Verbreitungstiefe bei etwa 60 m. Färbung rosa bis rötlich, teilweise silbrig glänzend. Dazu **Gewöhnlicher Schnepfenfisch** (*M. scolopax*): bis 18 cm. – Eine schlankere Variante wird oft *M. gracilis* genannt.

Haltung von Schnepfenfischen

Bei genügender Kühlung des Aquariums (ca. 16 - 20 °C) ist die Haltung über viele Jahre ausgezeichnet möglich. Schnepfenfische fressen diverse Gefrierfuttersorten (Krebsarten). Der Sandboden wird nach Fressbarem durchkämmt. Die Fische sollten in großen Gruppen (> 20 Individuen) gehalten werden.

Familie Schnepfenmesserfische, Rasiermesserfische (Centriscidae)

Körper extrem seitlich zusammengedrückt, weitgehend mit dünnen Knochenplatten bedeckt. Lang gezogene, zahnlose Mundröhre. 1. Rückenflossenstachel am Körperende, 2. Rückenflosse und Schwanzflosse zur Bauchseite gedreht. Keine Seitenlinie. Bauchlinie rasiermesserscharf (werden in ihrer Heimat getrocknet und als Schaber benutzt). Größe zwischen 15 und 30 cm.

Verbreitung. Indopazifik und Rotes Meer.

Lebensweise. In Korallenriffen und Seegraswiesen. Leben meist in kleinen Gruppen oder größeren Schulen, normale Schwimmhaltung in senkrechter Position. Laichen im freien Wasser, Eier treiben im Plankton.

Nahrung. Hauptsächlich Kleinkrebse.

2 Gattungen mit 4 Arten.

Abb. 46.16 *Aeoliscus punctulatus* (Zoo Basel, Vivarium)

Gattung *Aeoliscus*: 2 Arten. **Gepunkteter Schnepfenmesserfisch** (*A. punctulatus*): bis 15 cm, Westindik und Rotes Meer. In großen Schwärmen in geschützten Seegraswiesen, Flachwasser. Kleine schwarze Punkte auf den Körperseiten. – **Gestreifter Schnepfenmesserfisch** (*A. strigatus*): bis 14 cm, Westpazifik und Indik bis zu den Seychellen. Dunkle Längsstreifen. Lebt in größeren Verbänden über Seegrasbeständen und Geröllfeldern in Buchten und Ästuaren. Beide Arten verstecken sich gelegentlich zwischen den Stacheln von Diademseeigeln, im Seegras oder zwischen verästelten Korallen.

Abb. 46.17 *Aeoliscus strigatus* (Zoo-Aquarium Berlin)

Gattung *Centriscus*: 2 Arten. **Waffel-Schnepfenmesserfisch** (*C. cristatus*): bis 30 cm, Australien, Westpazifik. Gelber Seitenstreifen mit blauen Querbändern. Lebt solitär oder in kleinen Gruppen in küstennahen Seegrasbeständen oder Flussmündungen. – **Steifer Schnepfenmesserfisch** (*C. scutatus*): bis 14 cm, Westpazifik bis zur Andamansee. Rötlich braune bis schwarze Längsstreifen. Lebt meist in großen Schulen vorwiegend zwischen Korallenstöcken.

Haltung von Schnepfenmesserfischen

Schnepfenmesserfische oder Rasiermesserfische sind Nahrungsspezialisten, die ihr Futter in engen Felsspalten suchen. Bei der Fütterung müssen möglichst kleine Nahrungspartikel angeboten werden. Gut eignen sich lebende Artemien in diversen Größen. Frisch geschlüpfte Nauplien sind vorteilhaft, da sie für die meisten anderen Fische zu klein sind. Hohe Fütterungsfrequenz (zwei- bis dreimal pro Tag).

Schnepfenmesserfische sollten nicht mit Fischen vergesellschaftet werden, die das gleiche Futter schneller fressen können. Eine Gruppengröße von ca. 10 Individuen sollte möglichst nicht unterschritten werden (Schwarmverhalten, Nachtverhalten).

Höchstalter. Ein Pärchen von *Aeoliscus strigatus* lebt bereits 9 bzw. 7 Jahre im Aquarium (E. Thaler).

Familie Gespenster-Pfeifenfische, Röhrenmäuler (Solenostomidae)

Äußerst spektakulär aussehende, kleine, mit den Seenadeln verwandte Fische, die ihre Umgebung (Invertebraten, Algen oder Seegras) ähnlich virtuos wie die Fetzenfische imitieren. Relativ kurzer, seitlich zusammengedrückter Körper mit großem Kopf und langer Mundröhre. 2 deutlich getrennte Rückenflossen und verhältnismäßig große Bauchflossen. Im Unterschied zu den Syngnathidae tragen die Weibchen den Laich in einer von den Bauchflossen gebildeten Bruttasche. Größe zwischen 6 und 17 cm.

Verbreitung. Tropischer Indowest- und Zentralpazifik, Rotes Meer.

Lebensweise. Bodenorientiert, auf Schlamm oder Geröll und in Korallenriffen. Erwachsene meist paarweise, aber auch in kleinen Gruppen. Nach mehrtägiger Balz werden die in der Bruttasche des Weibchens liegenden Eier (bis zu 350) vom Männchen besamt. Jungtiere leben nach dem Schlupf fast bis zur Geschlechtsreife pelagisch.

Nahrung. Kleine Bodenwirbellose und Zooplankton.

1 Gattung mit 5 Arten.

Gattung *Solenostomus*: Dazu **Langschwanz-Geisterpfeifenfisch** (*S. armatus*): 12 cm, Arafurasee, Indonesien. – **Robuster Geisterpfeifenfisch** (*S. cyanopterus*): bis 15 cm, tropischer Indowestpazifik, Indonesien in Seegras- und Algenbeständen. – **Zarter Geisterpfeifenfisch** (*S. leptosomus*): 10 cm, Indowestpazifik, Japan bis Australien, Mauritius, Riffkanten, Sandsubstrate. – **Schmuck-Geisterpfeifenfisch** (*S. paradoxus*): bis 11 cm, tropischer Indowest- und Zentralpazifik, Rotes Meer, strömungsexponierte Riffkanten, Korallenstöcke und Geröll, in Küstennähe.

Haltung von Gespenster-Pfeifenfischen

Gespenster-Pfeifenfische gelten als ungeeignete Aquarienfische, da sie Nahrungsspezialisten sind. Ihre Haltung ist bisher nirgends über einen längeren Zeitraum geglückt. Sie sind langsame Fresser, die ständig auf Nahrungssuche sind. Am besten eignen sich Artbecken, die mit Lebenden Steinen stark strukturiert sind. Die Ernährung kann mit lebenden Mysis und Artemien versucht werden. Ein häufiger Wechsel der Lebenden Steine und damit der Eintrag natürlicher Nahrung ist sicher von Vorteil.

Familie Trompetenfische (Aulostomidae)

Abb. 46.18 *Aulostomus maculatus* (Zoo-Aquarium Berlin)

Körperachse extrem verlängert (bis 90 cm), mit lang ausgezogenem, röhrenförmigem Mund. Am Unterkiefer 1 Bartel, auf dem Rücken 8 -12 kleine Stacheln vor der weichstrahligen 2. Rückenflosse. Die fischuntypische Körperform dient der Tarnung im strukturlosen Wasser über dem Meeresgrund.

Verbreitung. In tropischen bis subtropischen Meeren.

Lebensweise. Meist einzeln in Korallenriffen und an Felsenküsten. Äußerst geschickte, tagaktive Räuber. Die Beute wird nach einer unauffälligen Annäherung durch hohen Unterdruck im Maul eingesogen. Fortpflanzung im Freiwasser. Mehrere Männchen werben um 1 Weibchen, aber das Ablaichen erfolgt wahrscheinlich paarweise spätabends. Eier, Larven und Jungfische pelagisch.

Nahrung. Kleine Rifffische und garnelenartige Krebse.

1 Gattung mit 3 Arten.

Gattung *Aulostomus*: Dazu **Pazifischer Trompetenfisch** (*Au. chinensis*): 80 cm, gesamter tropisch-subtropischer Indopazifik, Rotes Meer, an Korallenriffen vom Flachwasser bis in über 100 m Tiefe. Sehr unterschiedliche Färbungen. – **Atlantischer Trompetenfisch** (*Au. maculatus*): bis 90 cm, Karibik, Bermudas, Bahamas, südlich bis Brasilien, in Korallenriffen und Seegraswiesen.

Haltung von Trompetenfischen

Trompetenfische sind recht selten in Aquarien anzutreffen. Sie benötigen sehr große Becken (Verletzungsgefahr) mit Versteckplätzen aus langgestreckten Materialien, hinter denen sie sich verbergen können, aber ebenso mit ausreichendem Schwimmraum. Zur Eingewöhnung ist Lebendfutter (kleine Fische, Garnelen) wichtig. Die Haltungstemperaturen liegen zwischen 22 und 27 °C. Da Trompetenfische Einzelgänger sind, ist auch für größere Tiere eine Einzelhaltung zu empfehlen. In sehr großen Becken konnten aber Balz und Ablaichverhalten von *Aulostomus chinensis* beobachtet werden.

Familie Flötenfische (Fistulariidae)

Noch schlanker gebaut als Trompetenfische. Charakteristisch ist ein filamentartig ausgezogener Schwanz. Befähigung zu schnellen Farbwechseln. Können bis 2 m Länge erreichen.

Verbreitung. In allen tropischen Meeren, bis in 200 m Tiefe.

Lebensweise. Erwachsene meist Einzelgänger, jüngere auch in kleinen Gruppen zusammen. Meist im offenen Wasser über dem Grund, wo sie Schwärme von kleinen Fischen jagen. Über die Fortpflanzung ist wenig bekannt. Eier und Larven treiben im Plankton.

Nahrung. Fische.

1 Gattung mit 4 Arten.

Gattung *Fistularia*: Dazu **Indopazifischer Flötenfisch** (*F. commersoni*): 1,6 m, gesamter tropisch-subtropischer Indopazifik, Rotes Meer, in Korallenriffen vom Flachwasser bis in über 100 m Tiefe. – **Blauflecken-Flötenfisch** (*F. tabacaria*): 1,8 m, tropischer Ost- und Westatlantik, Karibik.

Haltung von Flötenfischen

Haltung schwieriger als von Trompetenfischen. Es werden sehr große Becken benötigt, mit viel freiem Schwimmraum und Versteckplätzen unter Felsenüberhängen, aus denen heraus die Flötenfische ihre Beute – lebende Fische – einsaugen können. Wenn das Problem der Ernährung gelöst ist, können Flötenfische jedoch auch im Aquarium ausdauernd sein.

47
Ordnung Kiemenschlitz- und Stachelaalartige (Synbranchiformes)

J. Knaack

Knochenfische des Süßwassers (selten im Brackwasser) mit langgestrecktem, aalförmigem, bei den Stachelaalartigen häufig an den Seiten mehr oder weniger abgeflachtem Körper. Meist Flossensaum, vor- und rückwärts schwimmend, keine Bauchflossen. Von den Schädelknochen mittleres Flügelbein reduziert oder fehlend, das äußere langgestreckt. Zwischenkieferknochen nicht hervorragend, ohne aufsteigenden Fortsatz. Stammesgeschichtlich den Barschartigen – nicht den Aalen – nahe stehend. Über Herkunft und Verwandtschaft bestehen unterschiedliche Auffassungen. 2 Unterordnungen.

Unterordnung Kiemenschlitzaalverwandte (Synbranchioidei)

Nur 1 Familie.

Familie Kiemenschlitzaale (Synbranchidae)

Früher auch als Kurzschwanzaale bezeichnet. Brust- und Bauchflossen fehlen, Rücken-, Schwanz- und Afterflosse bilden einen Flossensaum, mitunter reduziert. Kleine Augen, Haut meist nackt. Verkümmerte Schwimmblase. Kiemen speziell angepasst, häufig rückgebildet. Aufnahme atmosphärischer Luft, über besondere, gefäßreiche Gewebe im Maul oder Enddarm bzw. einer lungenähnlichen Ausbildung in der Kiemenhöhle erfolgt Sauerstoffaufnahme. Größe zwischen 10 cm und über 1,5 m.

Verbreitung. In subtropischen und tropischen Gewässern Afrikas, Asiens, des Indomalaiischen Archipels und Australiens sowie im südlichen Nordamerika, Mittel- und Südamerika bis Argentinien.

Lebensweise. Anpassung an zeitweise sauerstoffarme Gewässer (Überschwemmungsflächen, Restgewässer, Sümpfe). Einzelgänger, dämmerungs- und/oder nachtaktiv. Wanderungen der Jungfische auch am Tag. Einige Arten sind augen- und pigmentlose Höhlenbewohner. Von einigen Arten ist Brutpflege (Schaumnest), protogyne Zwittrigkeit und Trockenzeitruhe in selbst gegrabenen röhrenförmigen Gängen bekannt.

Nahrung. Würmer, Insekten und Insektenlarven, Garnelen, Fische, auch Frösche.

4 Gattungen mit 18 Arten.

Gattung *Macrotrema*: 1 Art. **Singapur-Kiemenschlitzaal** (*M. caligans*): bis 20 cm, Malaiische Halbinsel, im Süß- und Brackwasser.

Gattung *Monopterus* (Asiatische Kiemenschlitzaale): 9 Arten, Hauptverbreitungsgebiet indischer Subkontinent bis Japan. Dazu **Ostasiatischer Kiemenschlitzaal**, **Reisaal** (*M. albus*): 50 - 90 cm, weit verbreitet in fließenden und stehenden Gewässern, selbst in Abwassergräben, von Indien bis China, Japan, Taiwan und Indonesien, z. B. sehr zahlreich in Kambod-

Abb. 47.1 *Synbranchus marmoratus* (Privataquarium)

scha (Raum Tonlé Sap), Vietnam (Reisfelder) und Laos (Überschwemmungsflächen des Mekong). Gilt als beliebter Speisefisch (z.B. Aalsuppe). Ist dem Leben im sauerstoffarmen Milieu gut angepasst, die Kiemenhöhle gekammert, mit 3 rudimentären Kiemenpaaren und 2 kehlständigen Kiemenschlitzen. Interessante Brutpflege: Bei 26 - 28 °C baut das Männchen ein Schaumnest und betreut dieses wie das umliegende Areal bis einige Tage nach dem Schlupf der Brut.

Gattung *Ophisternon*: 6 Arten. Dazu **Blinder Kiemenschlitzaal** (*O. infernale*): bis 35 cm (?), südliches Nordamerika (Halbinsel Yukatan), in Höhlensystemen. Pigmentlos erscheinend, mit rückgebildeten, tief liegenden Augen.

Gattung *Synbranchus* (Südamerikanische Kiemenschlitzaale): 2 Arten. Dazu **Marmorierter Kiemenschlitzaal** (*S. marmoratus*): 90 - 160 cm, Südmexiko bis Argentinien, weit verbreitet, teilweise sehr häufig in Binnengewässern, z.B. im Paraná-Delta massenhaft. Dem Leben in temporären Gewässern angepasst. Dient als Köder für die Sportangelei, aufgrund der schlangenähnlichen Körperform in vielen Gegenden Südamerikas keine praktische Bedeutung als Speisefisch. Bei geeigneten Böden (Schlamm, feiner Sand, Ton, Lehm) werden Rückzugsröhren zum Überleben der Trockenzeit angelegt. Selbst wenn sie kein Wasser enthalten, reicht eine Luftfeuchtigkeit von über 70 % zum Überleben. Eine derartig hohe Luftfeuchtigkeit ist Voraussetzung für eine zeitweilige terrestrische Lebensweise (Landgänge über mehrere Stunden wurden beobachtet). Die ballonförmig erweiterte Kiemenhöhle und 4 spezielle funktionstüchtige Kiemen ermöglichen dieses Verhalten. Kehlseitig ein quer gestellter Schlitz.

Haltung von Kiemenschlitzaalen

Erfahrungen liegen in Europa nur für *Synbranchus marmoratus* und *Monopterus albus* vor. Im Aquarium sind sie zunächst scheu, nach Eingewöhnung in großen Schauaquarien sogar tagaktiv (in der Natur zeigt besonders *Monopterus albus* eine versteckte, nächtliche Lebensweise). Für *Synbranchus marmoratus* ist ein Aquaterrarium zu empfehlen, dann unternehmen die Fische auch längere Landgänge. Obwohl Kiemenschlitzaale in der Natur auch auf und in schlammigen Böden vorkommen, sollte im Aquarium feinkörniger Bodengrund verwendet werden, ferner sollten reichlich Einstellmöglichkeiten

(Wurzeln, Moorkienholz) vorhanden sein. Wenn zudem ausreichend Nahrung geboten wird, werden keine Unverträglichkeiten beobachtet. Als gefräßige Raubfische sollten die Kiemenschlitzaale im Artbecken gehalten oder nur mit großen Fischen vergesellschaftet werden, die nicht mehr als Beute infrage kommen. Besonders muss darauf geachtet werden, dass Kiemenschlitzaale keine Möglichkeit haben, aus dem Aquarium zu entweichen – sie sind Ausbruchskünstler!

Kiemenschlitzaale sind schnellwüchsig, an den Wasserchemismus sehr anpassungsfähig und ohne besondere Ansprüche. Im mittelharten, schwach alkalischen Potsdamer Leitungswasser erreichten ursprünglich etwa 12 cm lange *M. albus* aus Nordvietnam in 1 Jahr 75 cm und etwa 800 g – gefüttert mit Tauwürmern, Moderlieschen und gefrosteten Maränen (*Coregonus albula*).

Vermehrung. Die unterschiedlichen Temperatur-Jahresgänge (22 - 28 °C, zeitweise unter 10 bzw. über 30 °C) und eine Trockenzeitruhe in den riesigen Verbreitungsgebieten in subtropischen und tropischen Regionen Amerikas und Asiens müssen für eine erfolgreiche Reproduktion beachtet werden. Regensimulation, Wasserstands- und Temperaturerhöhung von etwa 20 °C auf 27 - 29 °C bewirken Schaumnestbau und Ablaichen. Zur Vermehrung wird 1 Männchen mit 1 - 2 Weibchen angesetzt.

Unterordnung Stachelaalverwandte (Mastacembeloidei)

Aal- bis bandförmig, ohne Bauchflossen, Rücken-, Schwanz- und Afterflosse verschmolzen. Geschlossene Schwimmblase, kein Luftkanal und keine posttemporalen Knochen, Sagitta (ein bestimmter Schädelknochen) wie bei den Barschartigen – gelten als deren Abkömmlinge.

2 Familien. Die wenig bekannte, nur 5 Arten umfassende Familie Chaudhuriidae aus dem östlichen Asien ist aquaristisch praktisch unbekannt.

Familie Stachelaale (Mastacembelidae)

Eine Reihe (9 - 42) einzelner, stachelförmiger Hartstrahlen vor der Rückenflosse (bis zu 131 Weichstrahlen). Schnauze mit rüsselförmigem, fleischigem Anhang (Rostrum). Afterflosse lang gezogen (2 - 3 „Stacheln“ und bis zu 130 Weichstrahlen).

Verbreitung. Tropisches Asien (von Syrien über Indien, Hinterindien, Indonesien bis Südchina) und tropisches West-, Zentral- und Ostafrika (viele endemische Arten im Malawi- und Tanganjikasee und in deren Zuflüsse, andere in Gewässersystemen des Benue-, Niger- und Kongo-Beckens).

Lebensweise. Im Süßwasser (*Macrognathus* auch im Brackwasser), dämmerungs- und nachtaktiv, einzeln lebend, tagsüber zwischen Steinen oder im Boden eingegraben. Große Tageswanderungen von Halbwüchsigen bei Wasserrückgang (Beginn der Trockenzeit), dann Massenfang für menschliche Ernährung. Interessantes, unterschiedliches Fortpflanzungsverhalten, Brutpflegeverhalten wurde nicht beobachtet. Weibchen zur Laichzeit am Körperumfang erkennbar, je nach Art Freilaicher oder Substratlaicher, keine Laichräuber.

Nahrung. Kleinkrebse, benthische Würmer, Insektenlarven, mittelgroße und große Stachelaale, Garnelen und andere Krebse, Fische.

5 Gattungen mit über 70 Arten. Die asiatischen und afrikanischen Arten werden in 2 Unterfamilien (Mastacembelinae und Afromastacembelinae) getrennt. Viele sind aufgrund prächtiger Färbung und interessanter Verhaltensweisen beliebte Aquarienfische.

Gattung *Aethiomastacembelus*: über 20 Arten. Dazu **Ghana-Stachelaal** (*Ae. praensis*): über 35 cm, Prah-River-System (Ghana). – **Malawi-Stachelaal** (*Ae. shiranus*): 25 cm, endemisch im Malawisee.

Abb. 47.2 *Caecomastacembelus frenatus* (Privataquarium)

Gattung *Caecomastacembelus*: 29 Arten. Dazu **Kryptischer Stachelaal** (*C. cryptacanthus*): bis 23 cm, Westafrika (Kamerun, Benin, Niger), mittlerer Kongo, Tanganjikasee. – **Zügelstachelaal**, **Langschwanz-Stachelaal** (*C. frenatus*): 40 cm, Viktoria- und Tanganjikasee, oberer Sambesi und Okavango. – **Lönnbergs Stachelaal** (*C. loennbergii*): 30 cm, Tschad-, Benue- und Niger-Becken. – **Moores Stachelaal** (*C. moorii*): 50 cm, Tanganjikasee. – **Gebänderter Stachelaal** (*C. plagiostomus*): 35 cm, Tanganjikasee. – **Tanganjika-Stachelaal** (*C. tanganicae*): 28 cm.

Gattung *Macrognathus* (Pfauenaugenstachelaale): mindestens 13 Arten. Dazu **Pfauenaugenstachelaal** (*M. aculeatus*): 15 - 30 cm, Indien, Südpakistan, Vietnam, Kambodscha, Laos, Thailand, Burma (Myanmar), Malaysia und Indonesien. In Kambodscha wurden saisonale Laichwanderungen beobachtet. Mit Beginn der Regenzeit steigen die Fische aufwärts und laichen auf Überschwemmungsflächen (auch gefluteten Reisfeldern) sowie im Ufersaum stehender und schwach fließender Gewässer. In Brackwasserzonen keine Beobachtungen. – **Gürtelstachelaale** (*M. cf. circumcinctum*, vermutlich ein Komplex von Geschwisterarten, werden auch wie die nachfolgende Art zur Gattung *Mastacembelus* gezählt): bis 18 cm, Männchen bleiben etwas kleiner. Unterschiede in Färbung und Zeichnung aus unterschiedlichen Populationen. – **Zebrastachelaal** (*M. zebrinus*): bis 10 cm (45 cm?), Burma (Myanmar), Thailand.

Gattung *Mastacembelus* (Asiatische Stachelaale): 9 Arten, Asien (von Iran bis Korea und

Abb. 47.3 *Macrognathus aculeatus* (Privataquarium)

Abb. 47.4 *Mastacembelus erythrotaenia* (Privataquarium)

China). Viele strömungsliebende (rheophile) Bodenfische in Flüssen und Bächen, andere in pflanzenreichen, langsam fließenden und stehenden Gewässern mit weichem Bodengrund (z.B. **Riesenstachelaal**, *M. armatus*, bis 80 cm). Einige Arten Freilaicher, andere Substratlaicher. Dazu **Feuerstachelaal** (*M. erythrotaenia*): bis 1,2 m, über 2 kg Körpergewicht. Attraktives Farbkleid in der Jugend, mit zunehmendem Alter verblassen Zeichnung und Färbung. Schmackhafter Speisefisch.

Haltung von Stachelaalen

Eingewöhnte Tiere sind langlebig, aber hautempfindlich gegenüber Mikroorganismen. Beim Erwerb ist auf Pilzbefall und rote Hautflecken zu achten. Eine rechtzeitige Behandlung mit Antibiotika (TC = Tetracyclin und OTC = Oxytetracyclin) ist wirksam.

In Abhängigkeit von Art und Zahl ist die Beckengröße zu bemessen, z.B. für *Macrognathus zebrinus* 100 l, kräftige Strömung, für *Caecomastacembelus plagiostomus* 500 l, keine Strömung, aber Filterung, bei regelmäßiger Wasserpflege empfohlener Salzzusatz nicht erforderlich, für *Mastacembelus erythrotaenia* über 1000 l, schwache Strömung (gut geeignet für große Schauaquarien). Wichtig (für „Hautpflege“) ist der Bodengrund (Sand, Flusskies), dessen Stärke ein Eingraben ermöglichen soll. Abschnitte mit dichter Bepflanzung, Einstellmöglichkeiten (Wurzelwerk, Steine und Röhren) bieten. Wöchentlich etwa 10 % Frischwasser. Ausreichend Lebendnahrung (Tubifex, Enchyträen, Regenwürmer, Insektenlarven, Krebse, Fische) geben.

Die Temperaturansprüche sind artabhängig, im Allgemeinen liegen sie bei 24 - 28 °C. Stachelaale sind nicht nur für Artbecken, sondern auch für Schauaquarien geeignet. Asiatische und einige afrikanische Stachelaale benötigen weiches bis mittelhartes Wasser, Arten aus dem Malawi- sowie Tanganjikasee über 250 µS/cm.

Abb. 47.5 *Mastacembelus erythrotaenia*, Porträt (Privataquarium)

Vermehrung. Zur Laichzeit sind die Weibchen optisch am Laich (größerer Körperumfang) erkennbar. Von mehreren Arten ist die Vermehrung im Aquarium gelungen, problemlos beim Gürtelstachelaal (*M. circumcinctus*), 2 Pfauenaugenstachelaal-Arten (*Macrognathus*) wurden massenhaft durch Hormonbehandlung der Wildfänge vermehrt, F_1 war fertil und laichte dann ohne Hormongaben. In mittelhartem, schwach alkalischem Leitungswasser wurden vom Autor regelmäßig 17 Arten vermehrt. Strömungsliebende, substratlaichende Arten wie der Gürtelstachelaal laichen willig im und auf Flusskies in kräftiger Strömung (einige Tage Strömung drosseln, dann Rahmen mit Kiespackung in Wasserstrom stellen). Die Eier (1,1 mm Durchmesser) sind stark klebend. Jungfische mit typischem Jugendkleid (3 - 4 schwarze Flecken), „kolibriähnliches“ Freischwimmen, Nahrung fein gesiebtes Zooplankton. Der Pfauenaugen-Stachelaal (*M. aculeatus*) in oberen Wasserschichten, oft nahe der Oberfläche „freilaichend“, Brut hält sich am Boden auf. Auch die Vermehrung des Feuerstachelaals ist im Aquarium bereits gelungen (Kölner Zoo und Autor).

Höchstalter. Ein Feuerstachelaal lebte im Aquarium 10 Jahre, 11 Monate (Zoo Amsterdam).

48
Ordnung Schlangenkopffischartige (Channiformes, Ophiocephaliformes)

W. E. Engelmann & St. Inselmann

Kleinere bis große, langgestreckte Süßwasserfische. Körper walzenförmig, Kopf leicht abgeflacht, mit tiefer, endständiger Maulspalte. Rücken- und Afterflosse als langer Flossensaum, Schwanzflosse gerundet, Bauchflossen klein oder fehlen vollständig. Keine Hartstrahlen. Rund- oder Kammschuppen. Sehr lange Schwimmblase, die bis in den Schwanz hineinzieht. Im Kiemenraum befindet sich ein so genanntes Suprabranchialorgan, das aus einem lamellenartig gefalteten, reich durchbluteten Epithel besteht und mit dem nach Aufnahme von Luft atmosphärischer Sauerstoff veratmet werden kann. Der Bau dieses Organs weist Ähnlichkeiten mit den Verhältnissen bei den Kletterfischen (Unterordnung Anabantoidei) aus der Ordnung der Barschartigen auf, weshalb die Schlangenkopffische von einigen Autoren als eine Unterordnung dort eingegliedert werden.

Nur 1 Familie.

Familie Schlangenkopffische (Channidae, Ophiocephalidae)

Verbreitung. Tropisches Afrika und Asien, dort bis zum Amurgebiet, auf Madagaskar und Neuguinea.

Lebensweise. Standorttreue Einzelgänger oder dauerhaft paarweise, Lauerräuber. Eier mit Öltröpfchen, treiben an der Wasseroberfläche und werden vom Männchen, teilweise auch von beiden Elternteilen, bewacht. Auch Nestbau aus Pflanzenmaterial wurde beobachtet. Einige

Abb. 48.1 *Channa micropeltes* (Zoo Dresden)

Abb. 48.2 *Parachanna obscura* (Zoo Leipzig, Aquarium)

Arten sind im männlichen Geschlecht Maulbrüter.

Nahrung. Krebse, Fische, Frösche (gefräßige Raubfische).

2 Gattungen mit mindestens 32 Arten.

Gattung *Channa* (Asiatische Schlangenkopffische): mindestens 18 Arten. Dazu **Argus-Schlangenkopffisch** (*Ch. argus*): 85 cm, Nordchina, Korea. Die etwas kleinere Unterart *Ch. a. warpachowskii* lebt im Amur. – **Chinesischer Schlangenkopffisch** (*Ch. asiatica*): 20 cm, südöstliches Asien, besonders häufig in Südchina. Keine Bauchflossen, Augenfleck an der Schwanzflossenbasis. – **Blehers Schlangenkopffisch** (*Ch. bleheri*): 18 cm, Indien (Assam). Gehört farblich zu den schönsten Arten. – **Augenfleck-Schlangenkopffisch** (*Ch. marulius*): 1,8 m (größte Art), weit verbreitet in Südasien. Augenfleck in der oberen Schwanzflosse. – **Großer Schlangenkopffisch** (*Ch. micropeltes*): über 1,3 m, weit verbreitet in Südasien. Frisst auch Frösche und Schlangen. Jungfische rötlich, mit 2 schwarzen Längsstreifen. – **Ceylon-Schlangenkopffisch** (*Ch. orientalis*): 20 - 25 cm, Sri Lanka. Keine Bauchflossen, maulbrütende Art. – **Quergestreifter Schlangenkopffisch** (*Ch. striata*): 90 cm, weit verbreitet in Süd- und Südostasien. Kann, im feuchten Schlamm eingegraben, monatelange Trockenzeiten überdauern.

Gattung *Parachanna* (Afrikanische Schlangenkopffische): 3 Arten. Dazu **Afrikanischer Schlangenkopffisch** (*P. africana*): 30 cm, Westafrika (Nigeria und Kamerun). – **Dunkelbäuchiger Schlangenkopffisch** (*P. obscura*): 50 cm, weit verbreitet im mittleren Afrika (vom Weißen Nil bis Westafrika).

Haltung von Schlangenkopffischen

Die Haltung ist wie bei vielen Raubfischen unproblematisch, wenn man beachtet, dass eine Vergesellschaftung nur mit mindestens gleich großen Fischen möglich ist. Sie sind gute Springer, die Aquarien müssen dementsprechend gesichert sein. Im Prinzip nehmen Schlangenkopffische tierisches Futter aller Art, manche Tiere nur lebendes – für die Praxis wichtig ist eine frühzeitige Gewöhnung an totes Futter. Vorsicht, größere Schlangenköpfe greifen in ihrer Fressgier oder bei der Brutpflege den Menschen an, sie springen dabei sogar aus dem Wasser!

Während die aus tropischen Gebieten stammenden Arten recht wärmebedürftig (24 - 28 °C) sind, ist der Amur-Schlangenkopffisch auch bei niedrigeren Temperaturen (17 - 22 °C, in seiner Heimat überdauert er sogar in eingefrorenen Gewässern) gut haltbar. Ansonsten werden an die Wasserbedingungen keine besonderen Ansprüche gestellt.

Vermehrung. Die Zucht ist bei verschiedenen sowohl maulbrütenden als auch Schwimmnester bewachenden Arten gelungen. Die Jungen sind groß und schnellwüchsig. Sie können mit kleinen Cyclops, Artemien o. Ä. leicht aufgezogen werden. Wenn nicht genügend Futter vorhanden ist, was bei den großen Jungfischzahlen regelmäßig vorkommt, tritt Kannibalismus auf. *Channa orientalis* betreibt eine besondere Form der Brutpflege: Maulbrüter im männlichen Geschlecht, beide Eltern sorgen sich etwa 4 Wochen um die Jungfische, das Weibchen produziert Nähreier, mit denen die Brut nach dem Ausschwimmen ernährt wird.

49
Ordnung Drachenkopfartige (Scorpaeniformes)

I. Koch & W. E. Engelmann

Kopf und Körper meist stachelig oder mit Hautknochenplatten bedeckt. Kopf massig, endständiges Maul. Adulte meist mit großen, harten Kamm- oder Rundschuppen. Seitenlinie schwach ausgebildet oder fehlend. Gemeinsames Merkmal: Tränenbein (Lacrimale) reicht über Wange bis zum Vorderkiemendeckel (Praeoperculum), daher der deutsche Name „Panzerwangen". Häufig Kopfstacheln an dieser Knochenstrebe. Große Brustflossen, Schwanzflosse meist gerundet. Ernährung räuberisch. Körperform variabel mit Längen von 2,5 cm (Samtfische) bis 1,5 m (Bartmännchen). Färbung vielfach rötlich oder bräunlich gefleckt. Teilweise große fischereiliche Bedeutung (z. B. Rotbarsch).

Vorkommen kosmopolitisch mit Schwerpunkt auf der Nordhalbkugel. Meist marin, aber auch Vertreter in Brack- und Süßwasser. Großteils im Flachwasser, jedoch auch in Hochsee und Tiefsee.

20 - 32 Familien mit über 1200 Arten. Die Gliederung in Unterordnungen und die Familieneinteilung wird noch sehr unterschiedlich gehandhabt. Hier werden 11 Familien behandelt, die eine mehr oder weniger große aquaristische Bedeutung besitzen. Aus weiteren 4 hier nicht behandelten Familien – Indianerfische (Pataeci-

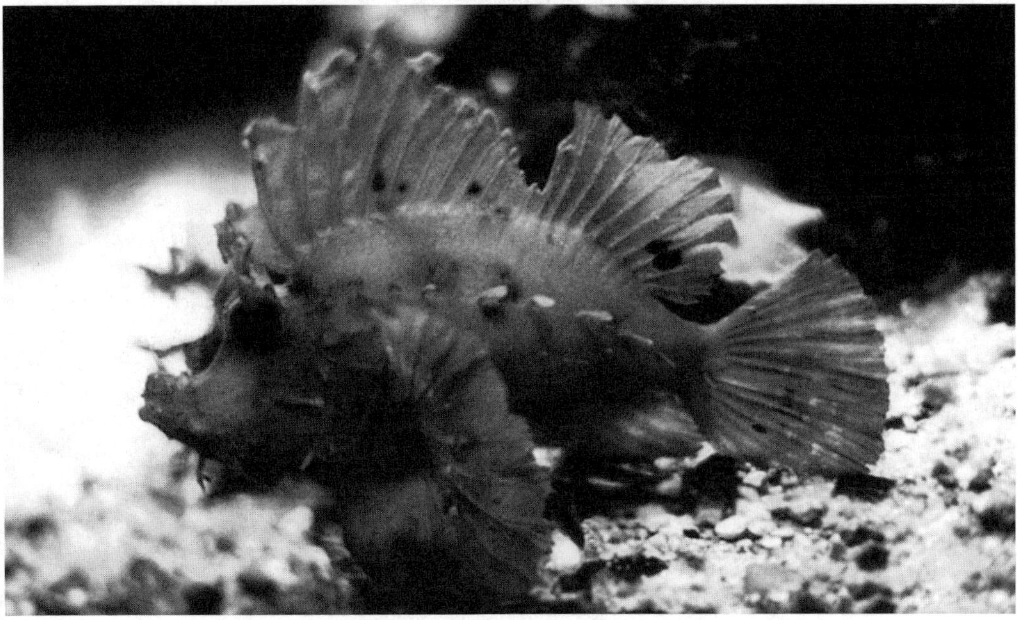

Abb. 49.1 *Rhinopias eschmeyeri* (Hagenbecks Tierpark Hamburg-Stellingen, Exotarium)

dae), Pelzgroppen (Caracanthidae), Samtfische (Aploactinidae) und Rennpferdfische (Congiopodidae) – wurden nur ganz vereinzelt Tiere gepflegt bzw. können in die Aquarien gelangen.

Unterordnung Drachenkopfverwandte (Scorpaeniodei)

7 - 14 Familien mit ungefähr 600 Arten. Hier finden sich die berühmtesten Giftfische der Welt.

Familie Drachenköpfe (Scorpaenidae)

Körper kompakt, seitlich zusammengedrückt. Im Verhältnis zur Körpergröße große stachelige Köpfe. 1 - 2 Kiemendeckelstacheln und 3 - 5 Vorderkiemendeckelstacheln. Benthische Arten oft durch Hautanhänge getarnt, häufig lange, verzweigte Überaugententakel. Wenn Schuppen vorhanden, dann vorwiegend Kammschuppen. Meist 1, oft eingeschnittene Rückenflosse. Hartstrahlen von Rücken-, Bauch- und Afterflosse oft mit Giftdrüsen. Einige Arten ohne Schwimmblase. Viele Drachenköpfe häuten sich in regelmäßigen Abständen.

Verbreitung. Alle tropischen und gemäßigten Meere.

Lebensweise. In tropischen Meeren größtenteils Riffbewohner, sonst vor allem auf Felsgrund, an Felsenriffen, in Algenbeständen und Seegraswiesen. Meist räuberische Einzelgänger (manche Feuerfische jagen aber in der Gruppe), vorwiegend dämmerungsaktiv. Adulte vorwiegend benthisch. Eier pelagisch oder in Gallertballen, Larven pelagisch.

Nahrung. Krebstiere, Tintenfische, Fische.

23 Gattungen mit etwa 190 Arten. Mehrere Unterfamilien, darunter die Skorpion- und Feuerfische.

Abb. 49.2 *Rhinopias frondosa* (Zoo-Aquarium Berlin)

Abb. 49.3 *Scorpaena scrofa* (Zoo Leipzig, Aquarium)

Unterfamilie Skorpionfische (Scorpaeninae)

18 Gattungen mit 174 Arten.

Gattung *Rhinopias*: 8 Arten. Dazu **Eschmeyers Skorpionfisch** (*Rh. eschmeyeri*): bis 19 cm, endemisch um Mauritius. Einfarbig rötlich braun. – **Tentakel-Schluckspecht** (*Rh. frondosa*): bis 23 cm, Indowestpazifik, in Felsen- und Korallenriffen in 13 - 90 m Tiefe, selten. Hochrückig, mit zahlreichen fransenartigen Körperanhängen.

Gattung *Scorpaena*: 59 Arten. Dazu **Flossenrand-Drachenkopf** (*S. inermis*): bis 12 cm, Karibik, auf Fels- und Sandböden bis in 100 m Tiefe. Variabel rotbraun gefleckt. – **Brauner Drachenkopf** (*S. porcus*): bis 25 cm, Verbreitung wie die Große Meersau, jedoch bis in 800 m Tiefe. Lebt auf Sand-, Weich- und Felsböden, aber auch in Seegraswiesen. Variabel bräunlich gefärbt, sehr lange Überaugententakel. – **Große Meersau** (*S. scrofa*): bis 50 cm, Mittelmeer, Nordostatlantik (vom Ärmelkanal bis zu den Kapverden), vom Flachwasser bis in Tiefen über 200 m. Felsbodenbewohner, gelegentlich auf Sand- oder Weichböden. Farblich variabel rot-braun gescheckt mit dunklen Flecken auf den Flossen. Exzellenter Speise- und beeindruckender Aquarienfisch.

Gattung *Scorpaenopsis*: 25 Arten. Dazu **Bärtiger Drachenkopf** (*S. barbata*): bis 25 cm, endemisch im Roten Meer, in Tiefen zwischen 3 und 30 m. Kopf und Körper sind mit Hautanhängen übersät, aber keine Überaugententakel. In Braun- und Rottönen variabel gefleckt. – **Zirren-Drachenkopf** (*S. cirrhosa*): 23 cm, Nordwestpazifik (Südjapan, China, Taiwan), bis in 90 m Tiefe. – **Buckel-Drachenkopf** (*S. diabolus*): bis 25 cm, Rotes Meer, Indischer Ozean, vom Flachwasser bis in 70 m Tiefe. Durch den Buckel unverwechselbar. Farblich unauffällig, oft veralgt. Nur die Unterseiten der Brustflossen sind brillant gefärbt.

Gattung *Taenianotus*: 1 Art. **Schaukelfisch** (*T. triacanthus*): bis 12 cm, tropischer Indowest- und Zentralpazifik, vom Flachwasser bis in Tiefen von 100 m und darunter. Farblich sehr variabel von grün, bräunlich bis gelb. Häufig, aber durch die geringe Größe und gute Tarnung meist übersehen. Ausgesprochen sessil – lassen sich durch die Strömung wie ein Blatt hin und her bewegen.

Abb. 49.4 *Taenianotus triacanthus* (Aquarium La Rochelle, Frankreich)

Haltung von Skorpionfischen

Drachenköpfe sind ruhige, langlebige Aquarienbewohner, gelegentlich aber schwer ans Futter zu gewöhnen. Nehmen Fische, Kalmar und Muscheln. Bei schwacher Beleuchtung fühlen sich die Tiere wohler. Die Beckeneinrichtung muss ausreichend Liegeplätze bieten. Eine Vergesellschaftung mit Fischen ähnlicher Größe und großen Krustentieren ist möglich. Bei ausreichendem Futterangebot können mehrere Drachenköpfe zusammen gehalten werden, sie sind dann gegeneinander nicht aggressiv. Die Haltungstemperaturen richten sich nach den Herkunftsgebieten. Obwohl auch die Mittelmeerarten Temperaturen über 22 °C gut vertragen, sind saisonale Temperaturschwankungen mit winterlichen Absenkungen für ihre langfristige Haltung von Bedeutung.

Abb. 49.5 *Dendrochirus biocellatus* (Zoo Leipzig, Aquarium)

Beim Hantieren ist wegen der Giftdrüsen an den Hartstrahlen von Rücken-, Bauch- und Afterflosse Vorsicht geboten: Die Giftwirkung auf Menschen wird meist übertrieben – die Verletzungen sind aber sehr schmerzhaft. Sekundärinfektionen der Einstichstellen können zusätzlich Probleme schaffen. Todesfälle oder Spätfolgen von Vergiftungen sind nicht bekannt.

Höchstalter. *Scorpaena porcus* 9, *S. scrofa* 8, *Taenianotus triacanthus* mindestens 5 Jahre im Aquarium.

Unterfamilie Feuerfische (Pteroinae)

In diese Unterfamilie (wird auch als eigenständige Familie geführt) gehören die meisten aquaristisch wichtigen Vertreter der Ordnung. Bewohnen die Korallenriffe aller tropischen Meere. Färbung meist ein Streifenmuster aus weiß und rötlichen oder bräunlichen Farbtönen.

6 Gattungen mit 17 Arten.

Gattung *Dendrochirus*: 5 Arten. Dazu **Pfauenaugen-Zwergfeuerfisch** (*D. biocellatus*): bis 15 cm, von der Andamanensee bis in den Westpazifik, vom Flachwasser bis in 50 m Tiefe. Schwarze Augenflecken mit gelblichem Rand auf dem weichstrahligen Teil der Rückenflosse und 2 lange Hauttentakel an der Schnauze machen ihn unverwechselbar. – **Kurzflossen-Zwergfeuerfisch** (*D. brachypterus*): bis 15 cm, gesamter Indopazifik, bis in 80 m Tiefe, nicht nur im Riff, sondern auch auf Weichböden und in Seegraswiesen. Färbung extrem variabel. Klappt die Hartstrahlen der Rückenflosse gern wechselseitig zur Seite. Frisst überwiegend Krebstiere. – **Zebra-Zwergfeuerfisch** (*D. zebra*): bis 20 cm, gesamter Indopazifik, vom Flachwasser bis in 80 m Tiefe. Körperbau und Färbung wie *Pterois*-Arten, aber kürzere Flossen. Die Brustflossen wirken geteilt, da die

Abb. 49.6 *Pterois radiata* (Tierpark Berlin)

Membran im oberen Teil vollständig, im unteren aber reduziert ist.

Gattung *Parapterois*: 1 Art. **Blauflossen-Feuerfisch** (*P. heterura*): 20 cm, Indowestpazifik (Südafrika bis zum südlichen Japan), in 40 - 300 m Tiefe. Fällt durch sehr lange Hartstrahlen der Rückenflosse auf.

Gattung *Pterois*: 9 Arten. Dazu **Antennenfeuerfisch** (*P. antennata*): bis 20 cm, gesamter Indopazifik, in Tiefen zwischen 5 und 50 m. Brustflossenstrahlen leuchtend weiß, Augenflecke auf den Membranen der Brustflossen. Nur kleine Hautläppchen an der Kopfunterseite. Von anderen Feuerfischen gut durch die langen, gelappten Überaugententakel zu unterscheiden. – **Strahlenfeuerfisch** (*P. radiata*): bis 25 cm, Indopazifik, vorwiegend im Flachwasser bis in 15 m Tiefe. Bevorzugt felsige Riffbereiche. Flossenstrahlen von Rücken- und Brustflossen leuchtend weiß, die der Brustflossen fast völlig frei. Nur kurze Überaugententakel und fadenförmige Hautlappen an der Kopfunterseite. Lebt vorwiegend von Krebstieren. – **Russels Rotfeuerfisch** (*P. russelii*): 30 cm, Indowestpazifik (vom Persischen Golf und Ostafrika bis Neuguinea und Westaustralien). – **Pazifischer Rotfeuerfisch** (*P. volitans*): bis 35 cm, gesamter Indopazifik, bis in 60 m Tiefe. Farblich variabel von rot oder braun mit weißen Streifen bis fast schwarz. Lange Überaugententakel, große gefiederte Hautlappen an der Kopfunterseite. Die oberen 3 Brustflossenstrahlen fast frei, aber mit Membranfahnen. Durchsichtige mediane Flossen deutlich gepunktet.

Haltung von Feuerfischen

Feuerfische sind dankbare Aquarienpfleglinge, in aller Regel gehen sie problemlos ans Futter (Fisch, Muschelfleisch, Kalmar). Auf eine ausreichende Ernährung ist zu achten. Vergesellschaftung mit kleineren Fischen kann zum Verlust derselben führen, Fische gleicher Größe

Abb. 49.7 *Pterois russelii* (Haus der Natur, Salzburg)

oder große Krebstiere werden toleriert. Die Beckeneinrichtung sollte den Feuerfischen schattige Bereiche oder besser noch Höhlen oder Überhänge bieten. Auf genügend Schwimmraum ist zu achten – im Gegensatz zu den Drachenköpfen sind Feuerfische schwimmfreudig. Aber *Dendrochirus biocellatus* bleibt auch im Aquarium oft sehr scheu und empfindlich. Ihrer tropischen Herkunft entsprechend liegen die Haltungstemperaturen zwischen 24 und 28 °C.

Beim Hantieren ist Vorsicht geboten, beunruhigte Feuerfische attackieren gelegentlich die Hand des Pflegers. Die Giftwirkung auf Menschen wird meist übertrieben – die Verletzungen sind aber sehr schmerzhaft, zudem bildet sich ein Ödem. Sekundärinfektionen der Einstichstellen können zusätzlich Probleme schaffen. Nach einem Stich eines Rotfeuerfisches musste ein Mitarbeiter des Kieler Aquariums mit starken Herz- und Kreislaufproblemen in die Klinik eingeliefert werden. Todesfälle oder Spätfolgen von Vergiftungen sind nicht bekannt.

Höchstalter. Im Aquarium können Feuerfische gut 10 Jahre leben.

Familie Felsenbarsche (Sebastidae)

Körper seitlich zusammengedrückt, meist etwas hochrückig bis spindelförmig. Kopf gewöhnlich mit Wülsten und Stacheln, Vorkiemendeckel gezähnelt. Keine Hautfransen. Giftdrüsen an den Hartstrahlen von Rücken-, After- und Bauchflossen. Größe zwischen 15 cm und über 1 m.

Verbreitung. Weltweit in allen Meeren, aber Verbreitungsschwerpunkt im Nordpazifik.

Abb. 49.8 *Sebastes melanops* (Zoo Leipzig, Aquarium)

Lebensweise. Bodenorientierte, dämmerungs- und nachtaktive Raubfische. Alle Arten der Gattung *Sebastes* lebend gebärend.

Nahrung. Krebstiere, Fische.

7 Gattungen mit über 130 Arten.

Gattung *Helicolenus*: 8 Arten. Dazu **Blaumaul** (*H. dactyliopterus*): bis 40 cm, Ostatlantik, Mittelmeer, zwischen 100 und 1000 m Tiefe. Kopf ohne Tentakel, Mundhöhle blauschwarz. Färbung variabel zwischen braun und rot mit 5 - 6 dunklen Querbinden. Dunkler Fleck am Ende des hartstrahligen Teils der Rückenflosse.

Gattung *Sebastes*: 109 Arten, die meisten im Nordpazifik verbreitet, lebend gebärend. Dazu **Kupferfelsenbarsch** (*S. caurinus*): bis 58 cm, Golf von Alaska bis Niederkalifornien. Junge versammeln sich im Gezeitenbereich. – **Schwarzgelber Felsenbarsch** (*S. chrysomelas*): bis 39 cm, Kalifornien und Niederkalifornien, an Felsenriffen bis in etwa 35 m Tiefe. – **Gelbschwanz-Felsenbarsch** (*S. flavidus*): bis 66 cm, von Alaska bis Südkalifornien, bis in 270 m Tiefe. – **Stachelrücken-Felsenbarsch** (*S. maliger*): 60 cm, Golf von Alaska bis Zentralkalifornien, häufig, bis in 275 m Tiefe. – **Schwarzer Felsenbarsch** (*S. melanops*): 63 cm, von den Aleuten bis Niederkalifornien, bis in 360 m Tiefe. – **Roter Felsenbarsch** (*S. miniatus*): bis 76 cm, von British Columbia bis Niederkalifornien, bis in 275 m Tiefe. Prächtig zinnoberrot gefärbt. – **China-Felsenbarsch** (*S. nebulosus*): 45 cm, Südalaska bis Südkalifornien. Kräftige gelbe Flecken und Streifen. – **Tiger-Felsenbarsch** (*S. nigrocinctus*): 60 cm, Golf von Alaska bis Zentralkalifornien. Breite dunkelbraune Querbänder. – **Gelbaugen-Felsenbarsch** (*S. ruberrimus*): bis 1,04 m, Golf von Alaska bis Niederkalifornien. – **Rotgestreifter Felsenbarsch** (*S. rubrivinctus*): 50 cm, Mittel- bis Niederkalifornien. Rot-weiße Querbänderung. – **Bäumchen-Felsenbarsch** (*S. serriceps*): 40 cm, Kalifornien und Niederkalifornien. Attraktiv gelb-schwarz quer gebändert. – **Kleiner Rotbarsch** (*S. viviparus*): bis 35 cm, Nordnorwegen über Island bis zu den Britischen Inseln, in der südlichen Nordsee selten, vom Flachwasser bis in Tiefen jenseits von 700 m. Schwarmfisch, unternimmt weite Wanderungen. Leuchtend rot gefärbt. – Fischereiwirtschaftlich wichtig ist sein großer Verwandter, der bis zu 1 m lange und 15 kg schwere **Große Rotbarsch** (*S. marinus*).

Abb. 49.9 *Sebastes rubrivinctus* (Birch Aquarium, La Jolla, Kalifornien, USA)

Haltung von Felsenbarschen

Voraussetzung für eine langjährige, erfolgreiche Haltung der *Sebastes*-Arten sind gut gekühlte Becken (14 - 18 °C). Steinaufbauten mit senkrechten Flächen, Überhängen und Höhlungen nutzen die standorttreuen Fische gern als Aufenthaltsort. Eine gedämpfte Beleuchtung oder wenigstens dunklere Bereiche des Aquariums sind für das Wohlbefinden wichtig. Vergesellschaftungen mit anderen größeren Fischen, aber auch untereinander, sind gut möglich. Futter: Fisch, Muschelfleisch, Garnelen oder Krill.

Höchstalter. Für *Sebastes marinus* wird ein Höchstalter in der Natur von 60 Jahren angegeben.

Familie Stirnflosser, Wespenfische (Tetrarogidae)

Körper seitlich zusammengedrückt. Kopf meist mit Stacheln und Knochenkämmen, am oberen Kiemendeckel in der Regel 2 nach hinten gerichtete Stacheln. Haut unbeschuppt oder nur stark rückgebildete Schuppen. Rückenflosse setzt meist etwa in Augenhöhe an, einheitlich lang oder der hintere, kleine weichstrahlige Teil durch eine Kerbe mehr oder weniger tief getrennt. Schwanzflosse gerundet. Der Stich der Rückenflossenstachel ist stark giftig. Größe meist zwischen 6 und 25 cm, der Dreipunkt-Wespenfisch (*Neocentropogon bimaculatus*) bis 81 cm.

Verbreitung. Indowestpazifik, 1 Art (*Notesthes robusta*) aber katadromer Wanderfisch, der aus den Süßgewässern Ostaustraliens zum Laichen in das Meer zieht.

Lebensweise. Räuberisch, schwimmen selten, sondern kriechen meist mit den Brustflossen am Boden. Häufig zwischen Seegras und Felsen, auch in Korallenriffen. Laichabgabe im freien Wasser, Larven leben planktonisch.

Nahrung. Krebstiere und Fische.

16 Gattungen mit über 40 Arten.

Gattung *Ablabys*: 3 Arten. Dazu **Schaukel-Stirnflosser** (*A. binotatus*): 15 cm, westlicher Indischer Ozean. – **Kakadu-Wespenfisch** (*A. taenianotus*): 10 cm, Indowestpazifik, in Korallenriffen bis in Tiefen von über 70 m.

Gattung *Hypodytes*: 1 Art. **Rotflossen-Wespenfisch** (*H. rubripinnis*): 11 cm, Küstengewässer der südlichen Japanischen Inseln.

Gattung *Liocranium*: 1 Art. **Schwarzfleck-Wespenfisch** (*L. praepositum*): 13 cm, Meeresgebiete nördwestlich von Australien und Neuguinea.

Gattung *Neovespicula*: 1 Art. **Koboldfisch** (*N. depressifrons*): 10 cm, Indonesien, Philippinen, Neuguinea, im Süß-, Brack- und Meerwasser. Braun gescheckt.

Gattung *Paracentropogon*: 4 Arten. Dazu **Büschel-Wespenfisch** (*P. longispinus*): 8 cm, Indowestpazifik, Farbwechsel von hell zu dunkel.

Gattung *Richardsonichthys*: 1 Art. **Weißgesicht-Wespenfisch** (*R. leucogaster*): 10 cm, östlicher Indischer Ozean und südlicher Westpazifik bis Melanesien. Dämmerungs- und nachtaktiv, am Tag gewöhnlich vergraben.

Haltung von Wespenfischen

Stirnflosser (Gattung *Ablabys*) werden am besten in einem Becken mit sandigem Bodengrund und Caulerpa-Bewuchs gepflegt. Sie müssen, zumindest in der Anfangsszeit, mit lebenden Kleinfischen oder Garnelen ernährt werden, die sie meist in Bodennähe erbeuten. Später kann man versuchen, sie auch an totes Futter, eventuell von der Pinzette, zu gewöhnen.

Rotflossen-Wespenfische werden häufig in japanischen Schauaquarien gezeigt. Man kann sie in großer Individuenzahl in einem Becken sehen.

Neovespicula depressifrons ist für den Besatz in einem Brackwasser-Aquarium mit schwankendem Salzgehalt besonders geeignet. Zur Eingewöhnung empfiehlt sich Lebendfutter (Mückenlarven, Tubifex), später wird auch Frostfutter akzeptiert. Eine Gruppenhaltung entspricht den natürlichen Verhältnissen.

Familie Steinfische (Synanceiidae)

Körperbau sehr gedrungen, abgeflachter, plumper, sehr großer Kopf. Haut rau, unbeschuppt, mit warzigen Drüsen, oft algenbewachsen. Maul meist oberständig, Augen hoch am Kopf

Abb. 49.10 *Richardsonichthys leucogaster* (Vivarium Karlsruhe)

sitzend. Sehr große Brustflossen. Größe zwischen 8 und 60 cm.

Verbreitung. Alle tropischen Meere.

Lebensweise. Adulte benthisch auf Sand- und Geröllböden sowie in Fels- und Korallenriffen, nahezu sessil. Extreme Lauerjäger. Einzelgänger. Larven pelagisch.

Nahrung. Krebstiere, Tintenfische, Fische.

8 Gattungen mit 36 Arten.

Gattung *Inimicus*: 10 Arten. Dazu **Kaledonischer Teufelsfisch** (*I. caledonicus*): 25 cm, Indowestpazifik (Andamanen, Nikobaren, um Nordaustralien und Neuguinea, Neukaledonien). **Filament-Teufelsfisch** (*I. filamentosus*): 25 cm, westlicher Indischer Ozean, Rotes Meer, in 3 - 25 m Tiefe. Die gespreizten Brustflossen leuchten orangegelb.

Gattung *Synanceia*: 5 Arten. Dazu **Ästuar-Steinfisch** (*S. horrida*): 60 cm, Meere um Indien, China, Australien. – **Arabischer Steinfisch** (*S. nana*): bis 13,5 cm, Rotes und Arabisches Meer, vom Flachwasser bis in 35 m Tiefe, häufig. Nicht nur im Riff, sondern auch auf Sandflächen. Ebenso giftig wie seine großen Verwandten. – **Steinfisch** (*S. verrucosa*): bis 40 cm, gesamter Indopazifik, vom Flachwasser bis in 50 m Tiefe, häufig. Im Riff oder auf Sandböden, gräbt sich auch ein. Hervorragend getarnt, Haut oft mit Al-

Abb. 49.11 *Inimicus caledonicus* (Zoo-Aquarium Berlin)

gen bewachsen. Giftigster Vertreter unter den Drachenkopfverwandten, aber nicht aggressiv.

Haltung von Steinfischen

Steinfische sind wegen ihrer Giftigkeit Publikumslieblinge und daher fast ein Muss in öffentlichen Aquarien. Gefüttert wird mit Fisch oder Kalmaren, jedoch nicht täglich, damit die Tiere nicht verfetten. Da sie nicht schwimmen, können sie in vergleichsweise kleinen Becken gehalten werden. Eine Vergesellschaftung mit anderen Fischen ist nur dann möglich, wenn diese erheblich größer sind als der Steinfisch. Wirbellose sind unproblematisch, sie nehmen höchstens dadurch Schaden, dass sich der Steinfisch auf ihnen niederlässt.

Auch wenn Steinfische überhaupt nicht aggressiv sind, ist beim Hantieren äußerste Vorsicht geboten: Die Hartstrahlen von Rücken-, Bauch- und Afterflosse tragen Giftdrüsen. Verletzungen sind extrem schmerzhaft und heilen mühsam. Zudem entwickeln sich große Ödeme und oft auch Wundnekrosen, Sekundärinfektionen schaffen zusätzlich Probleme. Begleitsymptome von Schwächegefühl bis hin zum Kreislaufkollaps sind nicht unbedingt Folge der Giftwirkung, sondern vielmehr der starken Schmerzen. Einige wenige Todesfälle sind bekannt, gegen das Gift wird in Australien ein Antiserum produziert.

Höchstalter. Lebensdauer im Aquarium über 10 Jahre.

Familie Knurrhähne (Triglidae)

Kopf groß, mit Knochenplatten und zahlreichen Leisten und Stacheln bedeckt. Kräftige Stacheln an Kiemen- und Vorderkiemendeckeln. Schnauzenspitze meist mit 2 Rostralfortsätzen. 2 Rückenflossen, deren Basis mit scharfen Stacheln

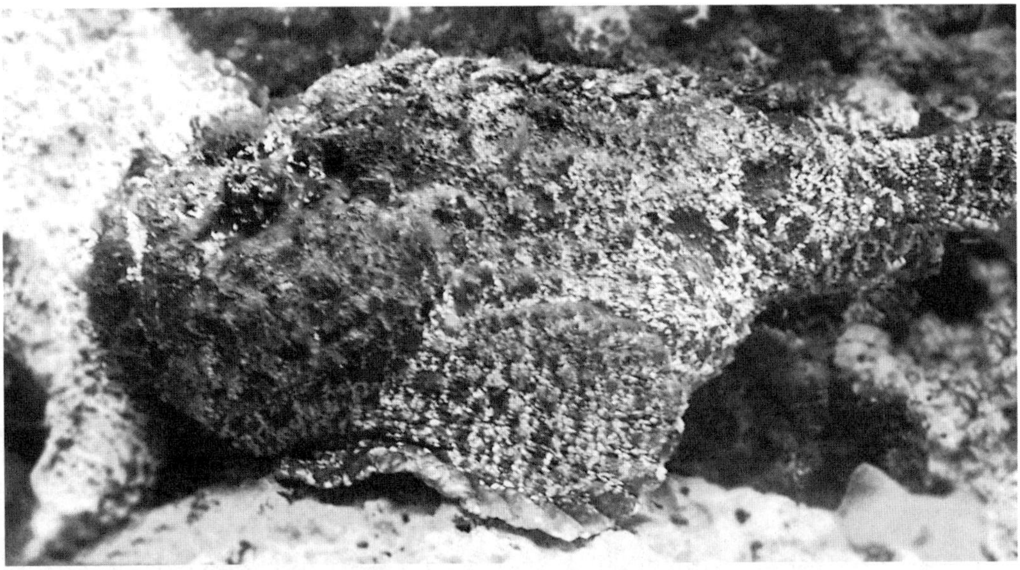

Abb. 49.12 *Synanceia verrucosa* (Birch Aquarium, La Jolla, Kalifornien, USA)

oder Schildern besetzt ist. Untere 2 - 3 Strahlen der Brustflossen freistehend, mit Tast- und Geschmacksorganen. Die Knurrhähne „laufen" damit über den Grund und spüren so Nahrung auf. Durch Muskelbewegungen können sie ihre Schwimmblase zur Vibration bringen, so dass knurrende Töne entstehen. Färbung meist rötlich. Größe zwischen 10 und 75 cm, teils geschätzte Speisefische.

Verbreitung. Alle tropischen und gemäßigten Meere.

Lebensweise. Bewohner des Kontinentalschelfs bis in etwa 400 m Tiefe. Auf Sand- und Weichböden. Tagaktive, bodenorientierte Einzelgänger. Eier und Larven pelagisch.

Nahrung. Krebstiere, Würmer, Schnecken, Fische.

14 Gattungen mit über 110 Arten.

Gattung *Chelidonichthys*: 11 Arten. Dazu **Seekuckuck** (*Ch. cuculus = Aspitrigla cuculus*): 50 cm, nordostatlantische Küste, Mittelmeer. Etwas Wärme liebend. – **Grauer Knurrhahn** (*Ch. gurnardus = Eutrigla gurnardus*): bis 50 cm, Mittelmeer, Schwarzes Meer und Nordostatlantik (von Island bis Marokko), in Tiefen zwischen 5 und 140 m. Auf Weich- und Felsböden. Kommt im Sommer in Küstennähe, unternimmt weite Wanderungen. – **Gestreifter Knurrhahn** (*Ch. lastoviza = Trigloporus lastoviza*): bis 40 cm, Mittelmeer, Ostatlantik (von den Britischen Inseln bis Südafrika), in Tiefen zwischen 5 und 150 m. Kopfprofil sehr steil. Brustflossen sehr lang, mit blauem Muster, das abschreckend wirken soll, wenn die Flossen plötzlich ausgebreitet werden. – **Roter Knurrhahn** (*Ch. lucernus = Trigla hirundo*): bis 75 cm, Mittelmeer, Schwarzes Meer und Nordostatlantik (von Norwegen bis zu den Kanaren), in Tiefen zwischen 20 und 300 m, auf Sand- und Weichböden. Guter Schwimmer, gelegentlich auch im Freiwasser anzutreffen.

Gattung *Trigla*: 1 Art. **Lyra-Knurrhahn** (*T. lyra*): bis 60 cm, Ostatlantik (Britische Inseln bis Westafrika), Mittelmeer. Schnauzenspitze gegabelt.

Haltung von Knurrhähnen

Knurrhähne benötigen Aquarien mit großer Bodenfläche und feinem Bodengrund, in dem sie

Abb. 49.13 *Chelidonichthys lucernus* (Aquarium Kopenhagen)

mit ihren Flossenstrahlen tasten können, ohne sich zu verletzen. Die genannten Arten müssen in gekühlten Aquarien bei Wassertemperaturen von unter 20 °C gehalten werden. Für Tiere aus dem Mittelmeer kann es saisonal auch etwas wärmer sein. Die Verträglichkeit untereinander ist gut, so dass in entsprechend großen Aquarien mehrere Tiere zusammenleben können. Auch eine Vergesellschaftung mit anderen Fischen ist möglich (keine kleinen Bodenfische!). Es ist jedoch darauf zu achten, dass diese den langsam fressenden Knurrhähnen nicht alles Futter wegschnappen.

Knurrhähne haben häufiger Probleme mit Bauchwassersucht, Laichverhärtung und Glotzaugen. Bevor es zu einer Laichverhärtung kommt, sollte man den laichreifen Weibchen die Eier vorsichtig herausdrücken. Dieses Laichabstreifen muss eventuell mehrmals wiederholt werden.

Höchstalter. Lebensdauer des Seekuckucks beträgt maximal 21 Jahre. Haltungsdauer des Roten Knurrhahns 6 Jahre, 9 Monate im Aquarium.

Unterordnung Flachköpfe (Platycephaloidei)

3 Familien

Familie Flachköpfe (Platycephalidae)

Körper langgestreckt, im hinteren Bereich rundlich und dünn, Kopf schaufelförmig abgeplattet und mit Stacheln besetzt. Kleine Kammschuppen. Augen auf der Kopfoberseite. Mund oberständig, tiefe Maulspalte. Keine Schwimmblase. 2 getrennte Rückenflossen. Größe zwischen 10 cm und 1,2 m.

Verbreitung. Tropischer Indopazifik, 1 Art an der afrikanischen Atlantikküste, 3 Arten sind über den Suez-Kanal in das östliche Mittelmeer eingewandert.

Lebensweise. Auf Sand- und Schlickböden flacher Küstengewässer, häufig in den Lagunen von Korallenriffen und Flussmündungen, gut getarnt, oft mehr oder weniger tief eingegraben. Nachtaktive Jäger. Fortpflanzungsbiologie wenig bekannt, z.T. Laichwanderungen. Eier (Durchmesser unter 1 mm) treiben im Plankton.

Nahrung. Fische und Krebse.

18 Gattungen mit über 60 Arten.

Gattung *Platycephalus*: 16 Arten. Dazu **Indischer Plattkopf** (*P. indicus*): bis 1 m, weit verbreitet vom Roten Meer bis zum Westpazifik, über den Suez-Kanal in das östliche Mittelmeer eingewandert, auf Sand- und Schlammböden zwischen 2 und 30 m Tiefe, auch im Brackwasser. Braune Farbtöne sind vorherrschend.

Gattung *Cociella*: 5 Arten. Dazu **Krokodil-Plattkopf** (*C. crocodila*): 50 cm, Rotes Meer, Indowestpazifik, südlich bis Australien. Junge auch in der Mangrove.

Haltung von Flachköpfen

Plattköpfe gehören zu den Fischen, die nur gelegentlich in Aquarien zu sehen sind. Die wenig bewegungsfreudigen Fische benötigen vor allem genügend freie Bodenfläche aus Sand oder Korallengrus, in den sie sich auch einwühlen können. Da sie in der Natur Einzelgänger sind, ist auch eine Einzelhaltung im Aquarium sinnvoll. Problematisch kann die Ernährung sein, denn oft werden nur lebende Fische oder Garnelen gefressen, eine Gewöhnung an Totfisch oder Kalmar sollte aber mit entsprechender Geduld gelingen. Eine Vergesellschaftung ist naturgemäß nur mit größeren, langsam fressenden Arten, z.B. *Pterois volitans*, möglich.

Der Indische Plattkopf wird in Japan in der Aquakultur kommerziell vermehrt.

Unterordnung Grünlingsverwandte (Hexagrammoidei)

2 Familien.

Familie Grünlinge (Hexagrammidae)

Körper gestreckt, seitlich etwas zusammengedrückt. Kleine Kopftentakel, aber keine Stacheln oder Knochenkämme. Schwanzflosse leicht gerundet, gerade oder gegabelt. Rückenflosse nicht geteilt, meist aber zwischen hart- und weichstrahligem Teil tief eingeschnitten. Kamm- oder Rundschuppen. Oft mehrere (bis 5) Seitenlinien. Keine Schwimmblase. Größe zwischen 25 cm und 1,5 m.

Verbreitung. Ausschließlich im Nordpazifik.

Lebensweise. Meist im Flachwasser unterhalb der Gezeitenzone, manche Arten gehen aber bis in über 500 m Tiefe. Vorwiegend bodenorientiert auf Felsen und pflanzenbewachsenem Grund. Besetzen und verteidigen Territorien, besonders zur Fortpflanzungszeit (*Pleurogrammus* bildet aber Schwärme). Eiablage in Laichballen, die am Substrat haften und von den Männchen bewacht werden.

Nahrung. Krebse, Muscheln, Schnecken, Vielborster, kleine Fische.

4 Gattungen mit 10 Arten.

Gattung *Hexagrammos*: 6 Arten. Dazu **Kelpgrünling** (*H. decagrammus*): 50 cm, Nordostpazifik (von den Aleuten bis nach Kalifornien). Ausgeprägte Färbungsunterschiede der Geschlechter (Männchen braun-olivfarben mit blauen Punkten, Weibchen hellbraun, golden bis blau mit Reihen orangebrauner, runder Flecken). – **Weißgepunkteter Grünling** (*H. stelleri*): bis 48 cm, Nordpazifik (Bucht Peters des Großen, Japanisches Meer, Tschuktschen-See, Aleuten bis Oregon).

Gattung *Ophiodon*: 1 Art. **Lingcod** (*O. elongatus*): bis 1,5 m, Beringmeer bis Kalifornien. Auf grauem oder grünem Grund dunkel gefleckt. Bildet eine eigene Unterfamilie.

Gattung *Oxylebius*: 1 Art. **Gemalter Grünling** (*O. pictus*): 25 cm, Nordostpazifik (von den Aleuten bis nach Niederkalifornien), bis in 50 m

Abb. 49.14 *Oxylebius pictus* (Zoo Leipzig, Aquarium)

Tiefe. 5 breite, rotbraune Bänder auf weißgrauem Grund. Die Art bildet eine eigene Unterfamilie, die auch neuerdings in der kleinen, hier nicht behandelten Familie Kammfische (Zaniolepididae) eingeordnet wird.

Haltung von Grünlingen

Grünlinge benötigen große Aquarien (mindestens 4 - 5 m^3) mit Felsaufbauten, freien Sandflächen und kräftiger Wasserströmung. Ein ausgeprägtes Schwimmbedürfnis ist nicht vorhanden, man sieht sie oft, sich mit den Brustflossen abstützend, auf dem Substrat liegen. Trotzdem sind es keine „langweiligen" Fische, denn durch ihre häufigen kurzzeitigen Standortwechsel sind sie eigentlich immer in Bewegung. Eine Vergesellschaftung mit anderen Fischen, aber auch bei entsprechendem Raumangebot untereinander, ist möglich.

Wichtig ist eine leistungsfähige Kühlung, denn die Wassertemperatur für die wärmeempfindlichen Fische sollte 16 - 17 °C keinesfalls übersteigen. Die Fütterung bereitet mit Fisch- und Muschelfleisch, Garnelen und Krill keine Probleme.

Unterordnung Groppenverwandte (Cottoidei)

9 Familien. Im Gegensatz zu den Drachenkopfverwandten finden sich hier keine Giftfische.

Familie Groppen (Cottidae)

Fische mit großen, abgeflachten, bestachelten Köpfen und großen Augen. Rumpf unbeschuppt oder mit eingebetteten Schuppen, teils bestachelt, Kopf und Körper aber niemals vollständig mit Knochenplatten bedeckt. Seitenlinie vorhanden. Keine Schwimmblase bei Adulten. 2 Rückenflossen, große Brustflossen. Keine Hartstrahlen in der Afterflosse. Größte Vertreter bis 1 m lang.

Verbreitung. Auf der Nordhalbkugel und im Osten Australiens sowie Neuguinea und Neuseeland, in arktischen bis gemäßigten Meeren sowie im Süßwasser.

Lebensweise. Bodenorientierte Einzelgänger. Häufig dämmerungs- und nachtaktiv. Eier und Larven benthisch, bei manchen Arten bewacht das Männchen das Gelege bis zum Schlupf.

Abb. 49.15 *Clinocottus analis* (Tierpark Berlin)

Nahrung. Krebstiere, Würmer, Schnecken, Fische.

Etwa 70 Gattungen mit über 200 Arten.

Gattung *Artedius*: 5 Arten, Nordostpazifik (Kodiak-Insel, Alaska bis Südkalifornien). Dazu **Polstergroppe** (*A. fenestralis*): bis 14 cm. – **Schuppenkopf-Groppe** (*A. harringtoni*): 10 cm.

Gattung *Chitonotus*: 1 Art. **Raurücken-Groppe** (*Ch. pugetensis*): bis 23 cm, Nordostpazifk, auf Sand- und Schlammböden bis in 140 m Tiefe.

Gattung *Clinocottus*: 5 Arten. Dazu **Wollgroppe** (*C. analis*): bis 18 cm, südlicher Nordostpazifik, in der Gezeitenzone und in Gezeitentümpeln.

Gattung *Cottus*: 42 Arten. Dazu **Mühlkoppe**, **Groppe** (*C. gobio*): bis 15 cm, von England südlich bis Nordspanien und östlich bis zum Ural, in sehr sauberen, schnell fließenden, klaren Gewässern mit steinigem Grund. Im Alpen-

Abb. 49.16 *Cottus gobio* (Alpenzoo Innsbruck)

Abb. 49.17 *Cottus poecilopus* (Privataquarium)

raum Seepopulationen, an der Ostsee auch im Brackwasser mancher Flussmündungen. Männchen bewacht Gelege. – **Ostgroppe** (*C. poecilopus*): bis 13 cm, Mitteleuropa östlich der Elbe, Skandinavien und Nordwestrussland, z. T. sympatrisch mit der Mühlkoppe.

Gattung *Enophrys*: 4 Arten. Dazu **Bison-Groppe** (*E. bison*): bis 37 cm, Golf von Alaska bis Zentralkalifornien.

Gattung *Hemilepidotus*: 6 Arten. Dazu **Rote Groppe, Red Irish Lord** (*H. hemilepidotus*): 50 cm, Beringmeer bis Zentralkalifornien.

Gattung *Jordania*: 1 Art. **Langflossen-Groppe** (*J. zonope*): 15 cm, Nordostpazifik (Südalaska bis Zentralkalifornien).

Gattung *Myoxocephalus*: 12 Arten. Dazu **Vierhörniger Seeskorpion** (*M. quadricornis*): bis 40 cm, zirkumpolar an den arktischen Küsten, als Eiszeitrelikt in der östlichen Ostsee (ab Rügen). – **Seeskorpion** (*M. scorpius*): bis 60 cm, Nordostatlantik (Island bis Biskaya), Nord- und Ostsee, in Tiefen zwischen 1 und 50 m, auf allen Böden, auch in Seegraswiesen, erträgt Brackwasser. Färbung sehr variabel, meist bräunlich-weißlich gefleckt. Bauch rötlich (Männchen) oder orange (Weibchen) mit weißen Flecken.

Gattung *Oligocottus*: 5 Arten. Dazu **Gezeiten-Groppe** (*O. maculosus*): 9 cm, Nordostatlantik (vom Ochotskischen Meer bis Südkalifornien). – **Snyders Groppe** (*O. snyderi*): 8,5 cm, Südalaska bis Niederkalifornien.

Gattung *Rhamphocottus*: 1 Art. **Ferkelgroppe** (*Rh. richardsoni*): 8,5 cm, von Japan über das Beringmeer bis Südkalifornien. Gedrungener Körper mit lang gezogener, kleiner Schnauze. Die Art wird auch in eine eigene Familie Rhamphocottidae gestellt.

Gattung *Scorpaenichthys*: 1 Art. **Cabezon** (*S. marmoratus*): bis 1 m, 14 kg, Nordostpazifik (von Alaska bis Niederkalifornien), in Tiefen zwischen 5 und 80 m, auf Felsböden. Bräunlich-olivgrün-grau gefleckt. Große Überaugententakel und ein langer Hautfortsatz auf der Schnauze. Männchen bewachen Gelege.

Haltung von Groppen

Groppen sind in der Regel dankbare, langlebige Pfleglinge im Aquarium. Allerdings sollte man auf eine gut funktionierende Kühlung achten, die Kaltwasserfische vertragen einen Anstieg der Wassertemperatur nur schlecht. Bei der Vergesellschaftung achte man besonders bei den Meeresbewohnern auf adäquate Größenverhältnisse: Die gierigen Fresser verschlingen Beute bis zur eigenen Körpergröße. Bei der Fütterung sind sie unproblematisch – es wird nahezu jedes Futter akzeptiert. Da alle Groppen Bodenfische sind, sollte eine großzügig bemessene Bodenfläche mit entsprechendem Substrat vorhanden sein. Auch wenn Groppen keine Giftdrüsen an der Basis der Flossenstrahlen haben, ist beim Hantieren Vorsicht geboten, denn verletzen kann man sich an jedem stacheligen Fisch!

Familie Segelflossen-Groppen (Hemitripteridae)

Nahe mit den Groppen (Familie Cottidae) verwandt, mit denen sie auch in einer Familie zusammengefasst werden. Kopf und Körper mit zu kleinen Dörnchen modifizierten Schuppen bedeckt. Die 1., aus 6 - 19 Stachelstrahlen bestehende Rückenflosse segel- oder schwertartig verlängert. Keine Schwimmblase. Größe von 8 - 70 cm.

Verbreitung. Nordpazifik und nordwestlicher Atlantik.

Lebensweise. Bodengebunden, von der Gezeitenzone bis in 200 m Tiefe. Laichabgabe auf Substrat.

Nahrung. Verschiedenste Wirbellose und Fischbrut.

3 Gattungen mit 8 Arten.

Gattung *Blepsias*: 2 Arten. Dazu **Silberflecken-Groppe** (*B. cirrhosus*): etwa 20 cm, Nordpazifik (vom Japanischen Meer über das Beringmeer bis Zentralkalifornien). Benutzt Schwämme als Laichsubstrat.

Gattung *Nautichthys*: 3 Arten. Dazu **Segelgroppe** (*N. oculofasciatus*): 20 cm, Beringmeer bis Südkalifornien. Segelartig lang gezogene 1. Rückenflosse.

Haltung von Segelflossen-Groppen

Wie Groppen (Familie Cottidae), siehe dort.

Vermehrung. Im Aquarium von Vancouver, Kanada, gelang mehrfach und in großen Stückzahlen die Vermehrung von *Nautichthys oculofasciatus*.

Familie Panzergroppen (Agonidae)

Körper langgestreckt, mit langem Schwanzstiel, von Knochenplatten bedeckt. Unterständige,

Abb. 49.18 *Blepsias cirrhosus* (Zoo Moskau, Aquarium)

Abb. 49.19 *Nautichthys oculofasciatus* (Zoo-Aquarium Berlin)

kleine Mundöffnung. Unterkiefer und Kehle mit zahlreichen kurzen Barteln. Keine Schwimmblase. Größe zwischen 2 und 42 cm.

Verbreitung. Kalte und gemäßigte Meere der Nordhalbkugel (die meisten Arten im Nordpazifik), 1 Gattung im Südatlantik an der Südspitze von Südamerika.

Lebensweise. Kleine Bodenfische, Einzelgänger, vom Flachwasser bis in über 1 000 m Tiefe. Dämmerungs- und tagaktiv. Weibchen legen relativ wenige, große Eier, die mit Haftfäden am Substrat kleben. Larven pelagisch.

Nahrung. Krebstiere, Stachelhäuter, Schnecken, Würmer, Fische.

20 Gattungen mit 46 Arten.

Gattung *Agonopsis*: 3 Arten. Dazu **See-Panzergroppe** (*A. vulsa*): 20 cm, Südalaska bis Südkalifornien. In der Schwanzflosse befindet sich ein typischer heller Fleck.

Gattung *Podothecus* (= *Agonus*): 1 Art. **Stör-Steinpicker** (*P. acipenserinus*): 30 cm, von den Kommandeursinseln und Aleuten bis nach Nordkalifornien.

Gattung *Agonus*: 1 Art. **Steinpicker** (*A. cataphractus*): bis 20 cm, Nordnorwegen bis zum Ärmelkanal, Nordsee und westliche Ostsee, in Tiefen zwischen 1 und 300 m, bevorzugt auf Sand- oder Weichböden. Schnauzenspitze mit 2 Paar Stacheln, Kopfunterseite mit vielen Bartfäden. Bräunlich und weißlich gefleckt. Entwicklung der Eier dauert 12 Monate, daher sind in Seegras- und Algenbeständen ganzjährig Laichballen zu finden.

Gattung *Anoplagonus*: 2 Arten. Dazu **Unbewaffneter Steinpicker** (*A. inermis*): 15 cm, Golf von Alaska bis Zentralkalifornien.

Gattung *Odontopyxis*: 1 Art. **Kleine Panzergroppe** (*O. trispinosa*): bis 9,5 cm, Südalaska bis zum zentralen Niederkalifornien.

Abb. 49.20 *Agonus cataphractus* (Aquarium Kopenhagen)

Haltung von Panzergroppen

Panzergroppen werden aufgrund der nordwestpazifischen Artenvielfalt besonders in den an der Westküste liegenden amerikanischen Aquarien gezeigt. In europäischen öffentlichen Schauaquarien ist der Steinpicker wohl die einzige Art, die gelegentlich gehalten wird. Die Gestaltung des Aquariums ist von untergeordneter Bedeutung, für Steinpicker ist nur der Boden wesentlich. Als Bodengrund sollte Sand gewählt werden. Wichtig ist die Wassertemperatur, sie sollte nicht über 14 °C steigen (ideal sind 4 - 10 °C). Als Futter dienen klein geschnittenes Kalmar- und Muschelfleisch sowie gefrorene Mysis. Wenn sich im Bodengrund ein Bestand an Polychaeten entwickelt, werden auch diese von Steinpickern gefressen.

Höchstalter. Im Aquarium lassen sich Steinpicker meist nur etwa 2 Jahre halten. Da sie in der Natur erst mit 3 - 4 Jahren geschlechtsreif werden, scheinen in Menschenobhut wichtige Ansprüche nicht erfüllt zu werden.

Familie Lumpfische (Cyclopteridae)

Körper plump, kugelförmig gedrungen. Kleine Mund- und Kiemenöffnungen. Haut unbeschuppt, aber mit in Längsreihen angeordneten Knochendornen bestückt. Seitenlinie fehlt. Keine Schwimmblase. Rückenflosse zweigeteilt, der 1. Teil nur bei Jungfischen deutlich ausgebildet, später höckerförmig und von Haut umgeben. Die brustständigen Bauchflossen sind zu einer Haftscheibe verwachsen. Größe zwischen etwa 5 und 60 cm.

Verbreitung. Nordatlantik und Nordpazifik, Arktisches Meer.

Lebensweise. Benthisch, an festen Unterlagen (Steine, Felsen, Tang) angesaugt. Mit schnellen Vorstößen werden Beutetiere ergriffen. Soweit bekannt, betreiben die Männchen bis zum Schlupf der Jungen Brutpflege. Larven kaulquappenförmig, heften sich an Pflanzen an, mit denen sie verdriften.

Nahrung. Krebstiere, Quallen, Rippenquallen, kleine Fische.

8 Gattungen mit 28 Arten.

Gattung *Cyclopterus*: 1 Art. **Seehase** (*C. lumpus*): bis 60 cm, nordeuropäische Küsten bis Island, Nord- sowie westliche und mittlere Ostsee. Junge im Spätsommer häufig in den küstennahen Seegraswiesen.

Gattung *Eumicrotremus*: 14 Arten. Dazu **Pazifischer Stachelseehase** (*Eu. orbis*): 13 cm, Nordost- und Nordwestpazifik.

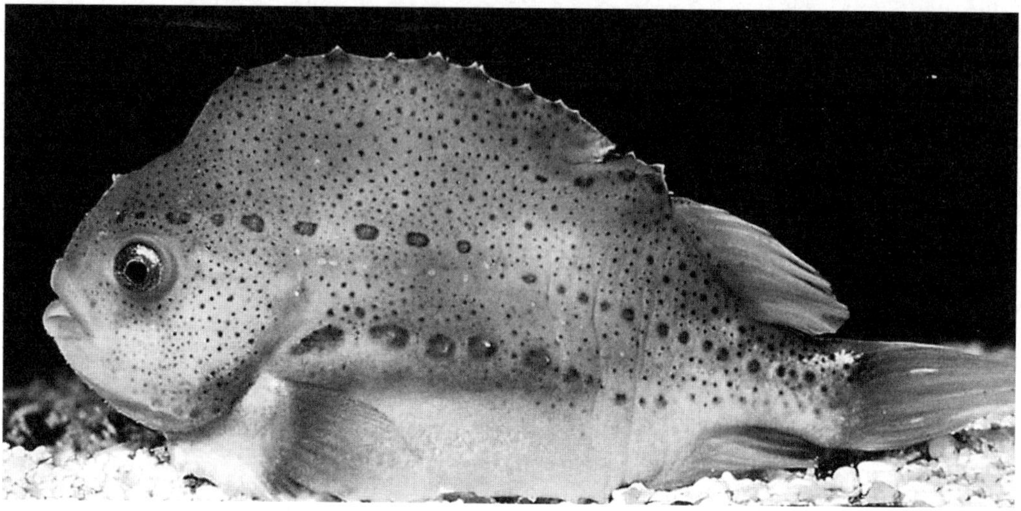

Abb. 49.21 *Cyclopterus lumpus* (Vivarium Karlsruhe)

Haltung von Lumpfischen

Seehasen werden in verschiedenen europäischen Schauaquarien regelmäßig gezeigt. Gewöhnlich werden sie als etwa 2 cm große Jungfische gefangen und dann aufgezogen. Im Aquarium des Instituts für Meereskunde in Kiel gelingt die Eingewöhnung mit lebenden Artemien (> 0,5 cm), die über den Tag verteilt angeboten werden. Nach 2 - 3 Monaten sind die Fische so futterfest, dass sie gefrostete Artemien beim Herabsinken aufnehmen. Mit ca. 5 Monaten – sie haben dann eine Größe von etwa 5 cm – können sie auf gefrostete Mysis und Sandgarnelen umgestellt werden. Sie werden jetzt nur noch zweimal in der Woche gefüttert. Im Alter von 1 Jahr haben sie z. T. eine Größe von 10 cm erreicht. Größere Tiere adäquat zu ernähren, wird aber zunehmend problematisch. Sie werden deshalb im Meer wieder ausgesetzt.

Auch in den nordamerikanischen Aquarien an der Pazifikküste sind die Haltungserfolge beim Pazifischen Stachelseehasen bescheiden und liegen unter 1 Jahr.

Vermehrung. Von *Cyclopterus lumpus* verschiedentlich, u.a. im Aquarium St. Malo, Frankreich bereits in den 70er Jahren des vergangenen Jahrhunderts sowie im Exploris Aquarium, Portaferry, Nordirland, gelungen. Das Männchen bewacht das vom Weibchen an Steinen oder großen Algen angeheftete Gelege. Entwicklung 50 - 70 Tage. Die schlüpfenden Jungen besitzen bereits Haftscheiben.

Familie Scheibenbäuche (Liparidae)

Körper kaulquappenartig, mit großem Kopf und sich zum Schwanz hin verjüngend, schuppenlos und ohne Hautverknöcherungen. Rücken- und Afterflosse sehr lang, stoßen an die Schwanzflosse oder bilden sogar einheitlichen Flossensaum. Bauchflossen zu Saugnapf verwachsen, reduziert oder fehlen vollständig. Kleine Mund- und Kiemenöffnungen, keine Schwimmblase. Größe zwischen 4 und 77 cm.

Verbreitung. Nordatlantik und -pazifik, Arktisches und Antarktisches Meer.

Lebensweise. Vom Flachwasser bis in große Tiefen (über 7 500 m), meist am Substrat festgesaugt, besonders im Gezeitenbereich mit starkem Wellengang. Arten der Tiefsee aber oft ohne Saugscheibe, mindestens 1 Art sogar dort pelagisch im freien Wasser. Laichen wenige klebrige Eier, die zu Boden sinken. Auch die Larven bleiben am Substrat. Die Weibchen einiger Arten legen ihre Eier in die Kiemenkammern von Krabben. Bei zumindest 1 Art wird Maulbrüten im männlichen Geschlecht vermutet.

Nahrung. Verschiedenste benthische, aber auch pelagische Wirbellose (Vielborster, kleine Krebstiere, Muscheln, Schnecken u.a.), größere Arten auch Fische.

23 Gattungen mit 315 Arten.

Gattung *Careproctus*: 100 Arten. Dazu **Meer-Kaulquappe** (*C. reinhardti*): 30 cm, Arktisches Meer, Nordatlantik, in 150 - 1200 m Tiefe.

Gattung *Liparis*: 54 Arten. Dazu **Gefleckter Scheibenbauch** (*L. callyodon*): bis 13 cm, Nordostpazifik (westliche Aleuten, Alaska bis Oregon), in Gezeitentümpeln. – **Schleimiger Scheibenbauch** (*L. fabricii*): 20 cm, Nordatlantik, Arktisches Meer, in 20 bis über 1700 m Tiefe. – **Lappenflossen-Scheibenbauch** (*L. greeni*): bis 31 cm, Nordostpazifik. – **Großer Scheibenbauch** (*L. liparis*): 15 cm, Nordostatlantik, bis in 300 m Tiefe. – **Kleiner Scheibenbauch** (*L. montagui*): 12 cm, nordeuropäische, britische und isländische Küstengewässer, bis in 30 m Tiefe. Junge häufig im Wattenmeer.

Haltung von Scheibenbäuchen

Haltungserfahrungen mit den beiden europäischen Scheibenbäuchen zeigen, dass sie nur in gut gekühlten Becken (möglichst unter 15 °C) über längere Zeit zu pflegen sind. Ihrer Lebensweise entsprechend saugen sie sich die meiste Zeit am Substrat fest, häufig an schwer einsehbaren Stellen. Zur Fütterung werden sie aktiv und huschen dann über den Boden, um Artemien und Mysis (aus dem Frost) zu schnappen.

Abb. 49.22 *Liparis liparis* (Vivarium Karlsruhe)

Vermehrung. In einem Spezialaquarium für die arktische Fauna in Tromsø, Norwegen, gelang die Vermehrung der beiden Arten *Liparis fabricii* und *Careproctus reinhardti* bei ganzjährigen Haltungstemperaturen um 1,5 °C. Obwohl die Larven den Dottersack erst nach 1 Monat aufgebraucht hatten, begannen sie bereits etwa 2 Wochen nach dem Schlupf mit der Aufnahme von Artemia-Nauplien. Später wurde auch Kunstfutter aus der Aquakultur angenommen.

50
Ordnung Flughahnartige (Dactylopteriformes)

W. E. Engelmann

Systematische Zuordnung unsicher. Verschiedene anatomische Besonderheiten sprechen für eine engere Verwandtschaft mit den Knurrhähnen (Familie Triglidae) aus der Ordnung Scorpaeniformes, andere Befunde jedoch weisen auf Beziehungen zu den Stichlingsartigen (Ordnung Gasterosteiformes) hin. Charakteristisches Merkmal sind die großen, flügelartig spreizbaren Brustflossen, wobei ein vorderer, deutlich kleinerer Abschnitt gegenüber dem hinteren Teil frei beweglich ist. Bauchflossen schmal und lang, werden als „Beine" zum Laufen auf dem Boden eingesetzt. Rückenflosse zweigeteilt. Augen auffallend groß, Mund leicht unterständig, verhältnismäßig klein. Über dem Kiemendeckel, am Hinterkopf beginnend, ein langer, am Körper anliegender Dorn. Längsreihen von kräftigen, schildartig gekielten bzw. bedornten Schuppen. Größe bis 50 cm.

Nur 1 Familie.

Abb. 50.1 *Dactylopterus volitans* (Aquarium von Elba, Italien)

Familie Flughähne (Dactylopteridae)

Verbreitung. Tropische und subtropische Meere (außer Ostpazifik).

Lebensweise. Tagaktiv, auf Sand- und Schlammböden der Küstenbereiche. Soweit bekannt, Laich und Larven pelagisch, werden z. T. im offenen Ozean gefunden.

Nahrung. Krebstiere und Würmer, die auch mit dem vorderen Brustflossenteil aus dem Boden gewühlt werden.

2 Gattungen mit 7 Arten.

Gattung *Dactyloptena*: 6 Arten. Dazu **Indischer Flughahn**, **Helm-Flughahn** (*D. orientalis*): 35 - 40 cm, Rotes Meer, Indowestpazifik.

Gattung *Dactylopterus*: 1 Art. **Atlantischer Flughahn** (*D. volitans*): bis 45 cm, meist kleiner bleibend. Einziger im Atlantik verbreiteter Flughahn, auch im Mittelmeer. Beim Spreizen der Brustflossen werden leuchtend blaue Punkte und Striche sichtbar.

Haltung von Flughähnen

Flughähne benötigen sowohl einen großen offenen Schwimmraum als auch sandigen Bodengrund. Denn sie schwimmen einerseits viel mit angelegten Brustflossen im freien Wasser, andererseits „laufen“ sie auch mit ihren Bauchflossen auf dem Boden herum, um nach Nahrung zu suchen. Allerdings fressen sie ebenso im freien Wasser (Mysis, Krill, zerschnittenes Muschelfleisch). Einmal eingewöhnt, wachsen die jungen Flughähne schnell und halten sich in großen Becken oft auch mehrere Jahre. Gegenüber anderen Fischen sind sie absolut friedlich und auch untereinander vertragen sie sich im Allgemeinen gut. Wird ein Tier allerdings abgedrängt, muss es herausgenommen werden. Die Haltungstemperaturen für *Dactylopterus volitans* aus subtropischen Gewässern liegen zwischen 20 und 26 °C, für tropische Formen sollen sie mit 22 - 28 °C etwas höher sein.

51
Ordnung Pegasusfischartige (Pegasiformes)

J. Kirchhauser

Skurrile, kleine Bodenfische (7 - 13 cm), deren plumper Körper mit Knochenplatten gepanzert und deren Schwanz von knöchernen Ringen umgeben ist. Kleines, aber extrem weit vorstreckbares, zahnloses Maul an der Basis einer langen, spitzen Schnauze (Rostrum), Kiemenöffnungen klein. Brustflossen können flügelartig ausgebreitet werden und erinnern an die eines Knurrhahns. Krabbelnde Fortbewegung am Boden mithilfe weniger freistehender, beinartiger Bauchflossenstrahlen. Keine Schwimmblase.

Nur 1 Familie. Wird von einigen Autoren in die Ordnung der Stichlingsartigen (Gasterosteiformes) eingegliedert, da – trotz unterschiedlichen Erscheinungsbilds – viele Gemeinsamkeiten mit diesen vorhanden sind.

Familie Pegasusfische, Flügelrossfische, Seemotten (Pegasidae)

Verbreitung. Indopazifik, teilweise bis in gemäßigte Zonen (Japan, Südaustralien).

Lebensweise. Bodenbewohner, auf sandigen und kiesigen Untergründen oder in Seegraswiesen (seltener Korallenriffe). Mit ausgebreiteten Brustflossen können größere Distanzen im „Gleitflug“ zurückgelegt werden. Bei regelmäßigen Häutungen wird die komplette oberste Hautschicht abgestreift, um störende Aufwuchsorganismen zu entfernen. Eier und Larven pelagisch.

Abb. 51.1 *Pegasus volitans* (Vivarium Karlsruhe)

Nahrung. Würmer und kleine Krebstiere.

2 Gattungen mit 5 Arten.

Gattung *Eurypegasus*: 2 Arten. Dazu **Zwerg-Flügelrossfisch** (*Eu. draconis*): bis 8 cm, Indopazifik, Rotes Meer, in Seegraswiesen und auf sandigen Böden des Flachwassers bis in 15 m Tiefe. Oft paarweise anzutreffen (das Männchen lässt sich am schlanken Körperbau und an der länger ausgezogenen Schnauze deutlich vom Weibchen unterscheiden). Die braun-beige Färbung kann in kurzer Zeit der Umgebung angepasst werden.

Gattung *Pegasus*: 3 Arten. Dazu **Langschwanz-Seemotte** (*P. volitans*): 15 cm, Indowestpazifik, im Flachwasser. Rotbraun, mit dunklen Binden.

Haltung von Pegasusfischen

Im Aquarium sind Pegasusfische schwierig an das Futter zu bringen. Der Konkurrenzdruck durch schnellere Fische oder Garnelen muss vermieden werden. Eine Vergesellschaftung mit *Synchiropus*-Arten oder Seepferdchen ist noch am ehesten möglich. Die wenigen bisher importierten Tiere konnten trotz aller Bemühungen nicht über längere Zeit gepflegt werden. Der Grund könnte einerseits in der Belästigung durch andere Aquarienbewohner, andererseits im Mangel geeigneter Futtertiere liegen.

Der Zwerg-Flügelrossfisch pickte im Aquarium nach einiger Zeit tote Artemien vom Boden auf, während Versuche mit anderen Krebstieren oder mit Tubifex fehlschlugen. Es gibt auch Erfahrungen, dass lebende kleine Mysis und Artemien angenommen werden. In hohen Aquarien (über 60 cm) kam es hin und wieder zur Balz und Eiabgabe.

52
Ordnung Barschfischartige (Perciformes)

W. E. Engelmann

Artenreichste Ordnung der Knochenfische, wie der Wirbeltiere überhaupt. Außerordentlich vielgestaltig, vorherrschend ist jedoch eine kräftige Körperform, ähnlich dem bekannten, der gesamten Ordnung den Namen gebenden Flussbarsch. Allerdings auch stärker abweichende Gestalten (z.B. die im freien Wasser lebenden Makrelen, die bodenbewohnenden Schleimfische und Grundeln oder die eigentümlichen Schiffshalter). Besonders charakteristisches äußeres Merkmal (wie auch bei den Drachenkopfartigen) ist die Zweiteilung der Rückenflosse in einen vorderen Teil mit Stacheln und einen hinteren, weichstrahligen Abschnitt; beide können ineinander übergehen, sind aber meist durch eine Einkerbung oder vollständig getrennt. Auch After- und Bauchflossen mit Stacheln. Bauchflossen brust- oder kehlständig, können aber auch fehlen. Körper meist mit Kammschuppen, seltener mit Rundschuppen, aber nie mit Knochenplatten oder -panzer bedeckt. Schwimmblase ohne Verbindung zum Darm, mit Gasdrüse (physocliste Fische). Keine Gräten.

Weltweite Verbreitung. In den marinen Küstengebieten die dominierende Fischgruppe, manche Arten in der Hochsee bzw. in der Tiefsee, einige Familien im Süßwasser, wo sie stellenweise überwiegen (Buntbarsche der ostafrikanischen Seen). Gewöhnlich räuberische Lebensweise als Kleintierfresser, größere Arten gefräßige Raubfische. Fortpflanzungsstrategien sehr unterschiedlich (siehe bei den Familienbeschreibungen).

18 - 22 Unterordnungen mit etwa 150 Familien und über 9000 Arten. Viele, hier nicht behandelte Familien für die Aquarienhaltung bedeutungslos, aber andere spielen eine außerordentlich große Rolle, vor allem auch in der Heimaquaristik (z.B. Buntbarsche, Riffbarsche, Labyrinthfische, Kaiser- und Falterfische). Über etliche Familien gibt es eine umfangreiche aquaristische Literatur, auf die verwiesen werden soll.

Unterordnung Barschfischverwandte (Percoidei)

Etwa 70 Familien, von denen 45 aquaristisch mehr oder weniger von Bedeutung sind und vorgestellt werden. Wenn einzelne der genannten Familien auch anderweitig zugeordnet werden, wird an den entsprechenden Stellen darauf hingewiesen.

Familie Glasbarsche (Chandidae, Ambassidae)

Kleine, nur bis etwa 26 cm große Barschfische, die früher der Familie Centropomidae zugeordnet wurden. Körper hochrückig, mehr oder weniger durchscheinend, z.T. schuppenlos. Rückenflosse tief eingekerbt oder vollständig zweigeteilt, Schwanzflosse gegabelt.

Verbreitung. Indowestpazifik, von Madagaskar bis Australien.

Lebensweise. An den Meeresküsten, oft in Brackwassergebiete (Mangrove, Ästuare, Flussmün-

Abb. 52.1 *Parambassis pulcinella*, Männchen (Privataquarium)

dungen) eindringend, auch einige reine Süßwasserarten. Räuberisch, in Gruppen gesellig lebend oder revierbildende, untereinander recht unverträgliche Einzelgänger. Sowohl Substratlaicher an Wasserpflanzen als auch Fortpflanzung im Freiwasser mit pelagischen Eiern.

Nahrung. Insektenlarven, Kleinkrebse, Fischbrut.

8 Gattungen mit etwa 45 Arten.

Gattung *Ambassis*: 22 Arten. Dazu **Commersons Glasbarsch** (*A. commersonii*): 16 cm, Ostafrika bis Australien, vorwiegend im Meer und Brackwasser. Gelblich, metallisch glänzend.

Gattung *Denariusa*: 1 Art. **Pennyfisch** (*D. bandata*): 4,5 cm, Nordaustralien (Halbinsel York), Papua-Neuguinea, in pflanzenreichen Gewässern.

Abb. 52.2 *Parambassis ranga* (Privataquarium)

Gattung *Gymnochanda*: 3 Arten. Dazu **Fadenglasbarsch** (*G. filamentosa*): bis 4 cm, Malaiische Halbinsel. Männchen mit fadenartig verlängerten Flossenstrahlen der hinteren Rückenflosse und der Afterflosse.

Gattung *Parambassis*: 14 Arten. Dazu **Beulenkopf-Glasbarsch** (*P. pulcinella*): bis 10 cm, Burma (Myanmar), reine Süßwasserart. Besonders im männlichen Geschlecht großer Buckel hinter dem Kopf bis zum Beginn der 1. Rückenflosse. Wurde erst 2003 entdeckt. – **Indischer Glasbarsch** (*P. ranga*): 8 cm, Südostasien, im Süß- und Brackwasser. – **Wolfs Glasbarsch** (*P. wolfii*): 20 cm (größte Art), Südostasien, nur im Süßwasser. Silberglänzend. Viele Arten dieser Gattung wurden in der Gattung *Chanda* geführt.

Haltung von Glasbarschen

Am besten im Artbecken, reich bepflanzt und nicht zu hell, mit dunklem Bodengrund, sonst sind Glasbarsche scheu oder unverträglich. Das Wasser sollte mittelhart bis hart sein, bei Brackwasserarten außerdem einen Seesalzzusatz (5 - 20 g/l) erhalten. Dann kann die Bepflanzung mit *Cryptocoryne ciliata* erfolgen, die das salzige Wasser gut verträgt. Wichtig ist eine regelmäßige Zufütterung mit Lebendfutter.

Aus Südostasien werden häufig durch künstliche Farbstoffe gelb, rot, grün oder blau gefärbte Glasbarsche importiert. Die Pflege solcher Fische ist aus ethischen Gründen abzulehnen.

Vermehrung. Verschiedene Arten (u. a. *Ambassis commersonii*, *Parambassis ranga*, *Gymnochanda filamentosa*) wurden im Aquarium vermehrt. Dies gelingt besonders gut bei einem sonnigen Standort des Zuchtbeckens. Die Laichbereitschaft kann durch Temperaturerhöhung, Frischwasserzugabe und Geschlechtertrennung angeregt werden. Bei *Ambassis commersonii* kann auch ein Aussüßen des Aquarienwassers diesen Effekt haben. Sinnvoll ist der Ansatz mehrerer Paare. Die Eier werden an feinfiedrigen Pflanzen, Wurzeln von Schwimmpflanzen oder auch Perlonwatte abgelegt. Sie werden von den Elterntieren nicht beachtet. Zur Auf-

Abb. 52.3 *Polyprion americanus* (Aquarium Bergen an Zee, Holland)

zucht der Jungen sollte viel Futter (Artemia- und Cyclops-Nauplien) angeboten werden, da diese nicht aktiv Nahrung suchen, sondern nach vorbeitreibenden Futtertierchen schnappen.

Familie Wrackbarsche (Polyprionidae)

Mit den Zackenbarschen nahe verwandt. Kopf und Körper mit kleinen Kammschuppen bedeckt. Kiemendeckel mit Längskiel, der in einem Stachel endet. Rückenflosse deutlich eingekerbt, der vordere, hartstrahlige Teil aber nicht vollständig getrennt. Schwanzflosse gerade bis leicht gerundet. 1. Stachel der Bauchflossen sehr kräftig. Seitenlinie vollständig. Größe zwischen 1,5 und 2,5 m.

Verbreitung. Alle nichttropischen Meere.

Lebensweise. Am Kontinentalschelf bis in 1000 m Tiefe. Räuberische Einzelgänger. Nach neueren Erkenntnissen keine Geschlechtsumwandlung, Geschlechterverhältnis etwa 1 : 1. Die Weibchen werden meist etwas größer als die Männchen. Junge oft in Schulen an Treibholz, in Kelpwäldern.

Nahrung. Benthische Fische, große Krebstiere, Tintenfische.

2 Gattungen mit 6 Arten. Aus der Gattung *Stereolepis* erreicht der an der kalifornischen Pazifikküste lebende **Riesenseebarsch** (*S. gigas*) 2,5 m!

Gattung *Polyprion*: 4 Arten. Dazu **Wrackbarsch** (*P. americanus*): bis 1,8 m, Ostatlantik (Norwegen bis Südafrika), Mittelmeer, Nord- und Südwestatlantik, westlicher Indischer Ozean, Neuseeland. Blaugrau, silbern glänzend, Flossen schwarzbraun. Junge mit einzelnen schwarzen Flecken auf Kopf und Körper. Bevorzugte Aufenthaltsorte der Adulten sind Höhlen und Schiffswracks.

Haltung von Wrackbarschen

Obwohl Wrackbarsche wenig schwimmfreudig sind, benötigen sie aufgrund ihres raschen Wachstums und ihrer Größe sehr geräumige Aquarien (mindestens 10 m^3). Zu ihrem Wohlbefinden sind große Höhlen oder Überhänge er-

Abb. 52.4 *Lates calcarifer* (Zoo Dresden)

forderlich, wo sie sich tagsüber vorzugsweise aufhalten. Wegen ihrer innerartlichen Aggressivität können nur Einzeltiere gehalten werden. Die Vergesellschaftung mit anderen Fischen, die wegen ihrer Größe nicht als Beute in Betracht kommen, ist aber ohne Weiteres möglich. Die Haltungstemperaturen sollten 20 °C nicht längere Zeit übersteigen. Wrackbarsche sind mit toten Futterfischen, Fischstückchen und Kalmar leicht zu ernähren.

Familie Riesenbarsche (Centropomidae)

Kleinere bis sehr große Barschfische (30 cm bis etwa 2 m). Etwas gestreckter, mehr oder weniger hochrückiger Körper mit auffallend eingedrückter Stirnpartie. Tiefe Maulspalte, Unterkiefer überragt den Oberkiefer. Rückenflosse zweigeteilt, entweder deutlich getrennt oder tief gespalten. Schwanzflosse meist gerundet, seltener gerade oder gegabelt. Gut ausgebildete Seitenlinie, die in der Schwanzflosse endet.

Verbreitung. Meeres- und Süßwasserfische der Tropen und Subtropen, auch im Brackwasser. Verbreitungsschwerpunkte sind Afrika und Südamerika.

Lebensweise. Räuberische Einzelgänger. Zur Laichzeit werden Aggregationen gebildet, z. T. anadrome Laichwanderungen. Eier pelagisch.

Nahrung. Vor allem Fische und Krebse.

4 Gattungen mit 23 Arten.

Gattung *Centropomus*: 12 Arten. Dazu **Gewöhnlicher Snook** (*C. undecimalis*): 1,4 m, Ostküste des tropischen und subtropischen Amerikas (von Südflorida bis Rio de Janeiro), auch in Brackwasser eindringend.

Gattung *Lates*: 9 Arten. Dazu **Schmalstirn-Riesenbarsch** (*L. angustifrons*): bis 2 m, endemisch im Tanganjikasee. – **Barramundi, Riesenbarsch** (*L. calcarifer*): 2 m, Küsten von Ostafrika, Süd- und Südostasien bis Nordaustralien, steigt zum Laichen in die Flüsse auf. – **Kleinschuppen-Riesenbarsch** (*L. microlepis*): 1,35 m, Tanganjikasee. – **Nilbarsch** (*L. niloticus*): 1,9 m, Afrika (Nil, Kongo, Volta, eingebürgert im Victoriasee).

Haltung von Riesenbarschen

Auf Dauer nur in entsprechend dimensionierten Becken (mindestens 10 m³) möglich. Die großen *Lates*-Arten gelten als unverträglich. Es sind ruhige Fische, die Unterstände aus größe-

Abb. 52.5 *Dicentrarchus labrax* (Aquarium des Instituts für Meereswissenschaften, Kiel)

ren Wurzeln oder Felsüberhängen benötigen. Ein großer *Lates niloticus* z.B. lebt im Leipziger Zoo-Aquarium seit Jahren mit verschiedenen *Tilapia*-Arten, deren Junge z.T. sogar aufwachsen, sowie größeren *Brycon*-, *Distichodus*- und *Labeo*-Arten zusammen. Trotz seiner 60 cm Körperlänge lässt er die Beckenmitbewohner in Ruhe. Drei- bis viermal in der Woche erhält er gezielt sein Futter, das hauptsächlich aus größeren toten Futterfischen besteht. Die Nahrung wird nicht vom Boden aufgenommen. An die Wasserverhältnisse werden keine besonderen Ansprüche gestellt. Die aus dem Tanganjikasee stammenden endemischen Arten sollten allerdings den natürlichen Bedingungen entsprechend in härterem und leicht alkalischem Wasser gepflegt werden (20 - 25° dGH, pH 7,5 - 8). Die Haltungstemperaturen liegen zwischen 20 und 28 °C.

Centropomus undecimalis kann sehr gut beispielsweise in einem Karibik-Becken in reinem Seewasser oder in einem Brackwasser-Becken bei entsprechend großem Wasservolumen (10 m^3) auch zu mehreren bzw. in einer kleinen Gruppe gepflegt werden.

Höchstalter. Der Nilbarsch wurde 12 Jahre im Aquarium gehalten.

Familie Wolfsbarsche (Moronidae)

Gestreckter, spindelförmiger Körper, mit vollständiger Seitenlinie. Kopf groß, mit tiefer Maulspalte und vorspringendem Unterkiefer. Rundschuppen am Kopf, sonst Kammschuppen. Kiemendeckel mit 2 flachen Stacheln. Rückenflosse in hart- und weichstrahligen Teil getrennt, Schwanzflosse gegabelt. Größe zwischen 45 cm und 2 m.

Verbreitung. Östliches Nordamerika sowie nördlicher Atlantik, Mittel- und Schwarzes Meer.

Lebensweise. Sehr salztolerant. In Küstennähe, in Ästuaren, Lagunen, in große Flüsse eindringend, aber auch reine Süßwasserformen. Räuberisch, gesellig lebend. Eier der im Meer laichenden Arten sind pelagisch, die der im Süßwasser laichenden sinken zu Boden. Junge bilden größere Schulen.

Nahrung. Krebstiere, Mollusken, Fische.

2 Gattungen mit 6 Arten.

Gattung *Dicentrarchus*: 2 Arten. **Europäischer Wolfsbarsch** (*D. labrax*): 1 m, Nordostatlantik (Norwegen bis Marokko), Schwarzes und Mittelmeer. Jungfische mit einigen dunklen Flecken auf der Körperoberseite, Erwachsene einfarbig silbergrau. – **Punktierter Wolfsbarsch** (*D. punctatus*): 70 cm, Nordostatlantik (vom Ärmelkanal bis nach Senegal), Mittelmeer.

Gattung *Morone*: 4 Arten. In nordamerikanischen Süßgewässern, teilweise in Brackwasser und im küstennahen Nordatlantik (dann anadrome Wanderfische). Dazu **Weißer Wolfsbarsch** (*M. americana*): bis 50 cm, nordöstliches Amerika (Quebec bis South Carolina), auch in Brack- und Küstengewässer eindringend.

Haltung von Wolfsbarschen

Während in amerikanischen Schauaquarien die relativ klein bleibenden und sehr salztoleranten Weißen Wolfsbarsche erfolgreich gehalten werden, sind in europäischen, insbesondere am Meer liegenden Aquarien die beiden *Dicentrarchus*-Arten häufiger zu sehen. Sie sind sehr ausdauernd und leben oft mit großen Meerbrassen und Meeräschen vergesellschaftet jahrelang. Die recht schwimmfreudigen Fische pflegt man am besten in kleinen Gruppen von 6 - 10 Tieren, die allerdings große Becken (mindestens 10 m^3) benötigen. Die Wassertemperaturen sollten nicht über 22 °C steigen. Eine winterliche Temperaturabsenkung auf 8 - 10 °C ist zu empfehlen. Die Ernährung ist unproblematisch, da praktisch alles tierische Futter geeigneter Größe gefressen wird.

Höchstalter. *Dicentrarchus labrax* lebte 30 Jahre im Aquarium.

Familie Zackenbarsche, Sägebarsche (Serranidae)

W. E. Engelmann & Th. Seitz

Kleine bis sehr große (5 cm bis 3,5 m) Barschfische. Kräftige, oft massig wirkende Gestalt, Körper mäßig seitlich zusammengedrückt, mit tiefer Mundspalte und vorstehendem Unterkiefer. Kiemendeckel mit 1 - 3 flach anliegenden Stacheln. Hart- und weichstrahlige Rückenflossenteile meist verbunden, nur selten durch eine Einkerbung getrennt. Afterflosse mit 8 Stachelstrahlen, Bauchflossen mit je 1 Stachelstrahl. Schwanzflosse abgerundet, gerade oder eingedellt, selten gegabelt. Kleine bis mittelgroße Kammschuppen und vollständige Seitenlinie.

Verbreitung. Tropisch-subtropische Meere, ganz wenige Arten im Süßwasser Australiens und Neuguineas.

Lebensweise. Meist vom Flachwasserbereich bis in 300 m Tiefe, nur wenige Arten in tieferem Wasser. Am artenreichsten in den tropischen Korallenriffen, aber auch an Felsen und im Seegras. Vorwiegend dämmerungsaktive, territoriale, standorttreue Lauerräuber. Die nicht besonders aktiven Schwimmer stehen meist ruhig im Wasser, liegen am Boden oder halten sich im Schutz von Fels- und Riffwänden auf. Tagsüber oft auch in Höhlen und unter Überhängen versteckt.

Die meisten Zackenbarsche sind Zwitter, entweder gleichzeitig Männchen und Weibchen (Simultanhermaphroditen) oder zuerst Weibchen und danach Männchen (protogyne Zwitter), selten getrenntgeschlechtlich. Laichabgabe, z.T. verbunden mit Laichwanderungen, paarweise oder in kleinen Gruppen bis zu riesigen Schwärmen von 100000 Tieren im freien Wasser. Eier und Larven im Plankton.

Nahrung. Fische, Krebstiere und Tintenfische.

Etwa 34 Gattungen mit über 180 Arten. Insbesondere einige kleiner bleibende Zackenbarsch-Arten sind regelmäßig in Aquarien zu sehen.

Gattung *Cephalopholis*: 21 Arten, im Indopazifik und Mittelatlantik. Dazu **Pfauen-Zackenbarsch** (*C. argus*): 60 cm, Rotes Meer, Indowestpazifik. – **Braungestreifter Zackenbarsch** (*C. boenak*): 19 cm, Westpazifik, Indischer Ozean bei Ostafrika. – **Blaustreifen-Zackenbarsch** (*C. formosa*): 34 cm, Ostafrika bis Neuguinea,

Abb. 52.6 *Cephalopholis miniata* (Zoo Leipzig, Aquarium)

südliches Japan. Am dunklen Körper unregelmäßig blau gestreift. – **Blaupunkt-Zackenbarsch** (*C. miniata*): 45 cm, Rotes Meer, Indowestpazifik. Sehr attraktiv, rot mit zahlreichen blauen Punkten.

Gattung *Cromileptes*: 1 Art. **Paddelbarsch, Grace-Kelly-Barsch** (*C. altivelis*): 70 cm, Ostafrika bis zum Westpazifik, nördlich bis zum südlichen Japan. Sehr hochrückig und auffallend eingedellte Stirn-Nacken-Partie.

Gattung *Epinephelus*: 99 Arten. Dazu **Schneeflocken-Zackenbarsch** (*E. coeruleopunctatus*): 76 cm, Ostafrika, Indowestpazifik. – **Baskenmützen-Zackenbarsch** (*E. fasciatus*): 40 cm, Rotes Meer, Indowestpazifik. – **Gelbflossen-Zackenbarsch** (*E. flavocaeruleus*): 90 cm, Westpazifik, an Fels- und Korallenriffen. Relativ hochrückig und gedrungen. – **Roter Zackenbarsch** (*E. guttatus*): 40 cm, tropischer Westatlantik, Karibik. Rötlich oder

Abb. 52.7 *Cromileptes altivelis* (Zoo Leipzig, Aquarium)

Abb. 52.8 *Epinephelus itajara* (Zoo Leipzig, Aquarium)

bräunlich, dunkel gepunktet. – **Riesenzackenbarsch** (*E. lanceolatus* = *Promicrops lanceolatus*): bis 3,5 m, 250 kg, Rotes Meer bis Polynesien, in Lagunen und am Außenriff, Jungtiere auch im Brackwasser. – **Dunkler Zackenbarsch** (*E. marginatus*): 1,5 m, vom Ostatlantik um Südafrika bis in den westlichen Indischen Ozean, Mittelmeer, im Westatlantik von Südbrasilien bis Argentinien. – **Nassau-Zackenbarsch** (*E. striatus*): 80 cm, Westatlantik (Karibik, Bahamas, Bermudas, Brasilien).

Gattung *Hypoplectrus* (Hamletbarsche): 10 Arten, 13 - 15 cm. Endemisch in der Karibik und an der Ostküste der USA, Simultanhermaphroditen. Die Artentrennung beruht lediglich auf, allerdings z.T. gravierenden, Färbungsunterschieden, so dass oft nur Unterarten oder sogar nur Farbvariationen einer Art anerkannt werden. Dazu **Blauer Hamletbarsch** (*H. indigo*), **Gebänderter Hamletbarsch** (*H. puella*) und **Einfarbiger Hamletbarsch** (*H. unicolor*).

Gattung *Liopropoma*: 24 Arten. Meist nur 5 - 20 cm groß, soweit bekannt getrenntgeschlechtlich. Dazu **Kandis-Höhlenbarsch** (*L. carmabi*): bis 5 cm, Florida Keys, Bahamas, Karibik. Meist unterhalb von 25 m Tiefe in Korallenriffen. – **Lippfisch-Höhlenbarsch** (*L. eukrines*): bis 12 cm, North Carolina bis Florida, in Felsenriffen unter 25 m Tiefe. Rot, mit breitem, dunklem, gelb eingefasstem Längsband. – **Pfefferminz-Zackenbarsch** (*L. rubre*): 8 cm, Karibik (Florida bis nördliches Südamerika). Rot, 5 dunkle Längsstreifen auf jeder Körperseite.

Gattung *Serranus*: 28 Arten, Simultanhermaphroditen. Dazu aus dem Mittelmeer u.a. **Gestreifter Schriftbarsch**, **Sägebarsch** (*S. cabrilla*): bis 40 cm. 3 helle Längsstreifen. – **Kleiner Schriftbarsch**, **Beutelbarsch** (*S. hepatus*): 13 cm, schwarze Bauchflossen. – **Gemeiner Schriftbarsch** (*S. scriba*): 25 cm. Erwachsene mit blauem oder violettem Bauch. – Aus der Karibik u.a. **Laternen-Sägebarsch** (*S. baldwini*): 12 cm. – **Tabak-Sägebarsch** (*S. tabacarius*): 20 cm. Breites, gelbbraunes Band auf den Körperseiten. – **Harlekinbarsch**, **Schachbrettbarsch** (*S. tigrinus*): 25 cm. Unregelmäßige dunkle Querbänderung. – **Kreide-Sägebarsch** (*S. tortugarum*): 8 cm. Bläulich, über dem Rücken breite, schwarze Sattelflecken.

Gattung *Variola*: 2 Arten. Dazu **Mondsichel-Zackenbarsch** (*V. louti*): etwa 80 cm, Rotes Meer, Indowestpazifik. Mondsichelartig ausgezogene Schwanzflosse.

Haltung von Zackenbarschen

Im Allgemeinen einfach, Zackenbarsche sind hart, nicht krankheitsanfällig und stellen keine besonderen Ansprüche hinsichtlich der Wasserqualität. Wegen ihrer versteckten Lebensweise benötigen sie allerdings geeignete Steinaufbauten, größere Muschelschalen oder Korallenblöcke als Unterstände und Schattenplätze. Aufgrund der Unverträglichkeit der meisten Arten untereinander ist eine Einzelhaltung oft unumgänglich. Die kleinen *Serranus*- und *Hypoplectrus*-Arten können jedoch auch in Gruppen gehalten werden. Mit anderen Fischen, die nicht als Beute in Betracht kommen, lassen sich Zackenbarsche gut vergesellschaften. Besonders eindrucksvoll ist die Gemeinschaftshaltung sehr großer Zackenbarsche mit Putzerfischen (*Labroides dimidiatus*). Diese kleinen Lippfische können im weit geöffneten Mundraum oder zwischen den abgespreizten Kiemenbögen der Zackenbarsche herumschwimmen und unbehelligt ihrem Reinigungsgeschäft nachgehen.

Während die Haltungstemperaturen für die tropischen Arten bei 22 - 28 °C liegen, sollten sie für die Mittelmeerarten 20 °C in der Regel nicht übersteigen.

Zackenbarsche sind bezüglich des Futters nicht wählerisch. Sie fressen Fischfilet, Garnelen, Muschelfleisch und Tintenfischstücke. Die Futterbrocken werden meist beim Herabsinken ergriffen. Die großen Arten bekommen Heringe, Dorsch oder Kalmare vom Stock. Eine Vitamin- und Mineralstoffzugabe in Tablettenform hat sich bewährt. Die früher häufig bei großen Zackenbarschen vorkommenden „Glotzaugen" treten seit der regelmäßigen Vitaminzugabe nicht mehr auf. Bei guter Fütterung wachsen Jungtiere schnell heran. Wegen des starken Stoffumsatzes ist eine effiziente Filterung und Abschäumung besonders wichtig. Die großen Arten der Gattung *Epinephelus* reagieren sensibel auf Pflegerwechsel oder Störungen bei der Fütterung. Sie können zu regelrechten Fischpersönlichkeiten werden, die „ihren" Pfleger genau kennen.

Vermehrung. In Großaquarien konnte das Ablaichen einiger Arten (z. B. *Epinephelus striatus*, verschiedene *Serranus*-Arten) beobachtet werden. Vereinzelt gelang sogar die Aufzucht der Larven (*Epinephelus fuscoguttatus*, *E. coioides*, *E. tauvina*, *Hypoplectrus*-Arten). Als Erstfutter

Abb. 52.9 *Serranus tigrinus* (Tierpark Berlin)

haben sich Rädertierchen (*Brachionus*) bewährt. Bei den Mittelmeer-Arten *Serranus hepatus* und *S. scriba* führte eine intensive Fütterung und Temperaturerhöhung auf 25 °C zur Gonadenreifung und Abgabe der Geschlechtsprodukte. Als Simultanhermaphroditen, bei denen die männlichen und weiblichen Geschlechtszellen gleichzeitig reifen, sind alle *Serranus*-Arten theoretisch in der Lage, sich selbst zu befruchten. Zumindest im Aquarium scheint diese Möglichkeit zu bestehen, wie aus Beobachtungen hervorgeht, nach denen aus von Einzeltieren abgesetzten Eiern Larven schlüpften.

Höchstalter. Lebensdauer im Aquarium für *Serranus cabrilla* und *S. scriba* 7 Jahre, 5 Monate, viele *Epinephelus*-Arten zwischen 7 und 14 Jahren, *E. marginatus* 29 Jahre, 2 Monate (Aquarium Monaco). *Cephalopholis miniatus* lebte über 10 Jahre im Aquarium der Wilhelma,

Abb. 52.10 *Serranus tortugarum* (Zoo Leipzig, Aquarium)

Abb. 52.11 *Anthias anthias*, Pärchen, vorn das Männchen (Aquarium La Rochelle, Frankreich)

Stuttgart. Im Vergleich dazu wird jedoch das Lebensalter von *Epinephelus marginatus* in der Natur mit bis zu 50 Jahren angegeben.

Familie Fahnenbarsche (Anthiidae)

E. Thaler

Fast durchweg schlanke, spindelförmige kleine Barschartige, nahe mit den Sägebarschen (Familie Serranidae) verwandt, denen sie oft auch als Unterfamilie zugerechnet werden. Rückenflosse langgestreckt, einheitlich, Schwanzflosse fast immer tief gegabelt, an den Enden spitz ausgezogen. In der Regel maximal 20 cm Körperlänge, größer werden nur der Mittelmeer-Fahnenbarsch (*Anthias anthias*) sowie einige *Caprodon-* und *Caesioperca*-Arten. Viele Arten sind rot gefärbt, andere Farbakzente, meist in Pink- oder Gelbtönen, sind sparsam an Flossensäumen oder als Schuppenpunkte eingesetzt: Gerade diese attraktiven Farbverteilungen machen sie zu beliebten Aquarienfischen.

Verbreitung. Tropisch-subtropische Meere.

Lebensweise. Typische Korallenriff-Bewohner. Wenige Arten halten sich tiefer als ca. 50 m auf (wie etwa der Höhlen bewohnende Gabelschwanz-Fahnenbarsch, *Serranocirrhitus latus*). Tagaktive, pfeilschnelle, wendige Strömungsjäger, die den ganzen Tag hindurch fressen. Bei Gefahr verschwinden sie blitzschnell in Korallen- und Gesteinsspalten.

Fahnenbarsche sind protogyne Zwitter, d.h. aus einem anfänglichen Weibchenstadium entwickelt sich unter bestimmten Voraussetzungen ein auffallend bunt gefärbtes Männchen. Gewöhnlich geschieht dies sehr rasch (innerhalb von Tagen, bei so genannten „Trugmännchen" sogar innerhalb weniger Minuten!), sobald ein Haremsmännchen einem Raubfisch zum Opfer fällt. Fast alle Fahnenbarsche leben in Haremsstrukturen, wobei die Anzahl der Weibchen pro Harem nicht nur artspezifisch, sondern auch innerhalb derselben Art standortabhängig verschieden sein kann. Je größer der Schwarm, desto größer die Anzahl der Weibchen, die sich um den jeweiligen Haremsmann scharen und angebalzt werden. Gelaicht wird am späten Nachmittag, und zwar nicht in Form eines Gruppenlaich-Vorgangs, sondern mit jeweils nur 1, seltener auch 2 - 3 Weibchen, die sich dem balzenden Männchen anschließen. Eier pelagisch, verdriften mit der Strömung. Viele tropische Arten laichen täglich, nur im Roten Meer scheint beim dort besonders häufigen Juwelenfahnenbarsch ein gewisser Rhythmus der Fortpflanzungsperiode, wohl abhängig von der stärker schwankenden Wassertemperatur, gegeben zu sein.

Nahrung. Planktonfresser, vorwiegend Kleinstpartikel. Feldstudien ergaben für *Pseudanthias squamipinnis* von 8.30 - 17.06 Uhr eine Fresshäufigkeit (gezählt wurden Zuschnapp-Bewegungen) von 17,3 pro Minute: kleine Krebstiere, pelagisch driftender Laich und Fischlarven, auch Schwebealgen.

Etwa 20 Gattungen mit etwa 170 Arten. Die systematische Zuordnung wird sehr unterschiedlich gehandhabt.

Gattung *Anthias*: 15 Arten. Dazu **Mittelmeer-Fahnenbarsch** (*A. anthias*): 27 cm, Mittelmeer, Ostatlantik (Portugal bis Kongo). – **Rotmeer-Fahnenbarsch** (*A. taeniatus*): 13 cm, endemisch im Roten Meer.

Gattung *Caesioperca*: 2 Arten. Dazu **Schmetterlingsfahnenbarsch** (*C. lepidoptera*): 30 cm, östlicher Indischer Ozean und Südwestpazifik (um Südaustralien und Neuseeland). Bildet an Felsenriffen größere Schulen, bis in 140 m Tiefe.

Gattung *Caprodon*: 3 Arten. Dazu **Langflossen-Fahnenbarsch** (*C. longimanus*): 50 cm, Südwest- und Südostpazifik. An Felsenriffen bis in 220 m Tiefe.

Gattung *Pseudanthias*: 40 Arten. Dazu **Seitenfleck-Fahnenbarsch** (*P. pleurotaenia*): 20 cm (eine der größten Arten der Gattung), Indischer Ozean (Ostafrika bis zu den Andamanen). Die Haremsmännchen sind überaus farbig mit großem, grellpinkfarbenem Flankenfleck und gelben bis hellblauen Flossensäumen, die Weibchen dagegen einheitlich orangegelb. – **Juwelenfahnenbarsch** (*P. squamipinnis*): 15 cm, Indopazifik, Rotes Meer. Einer der haltbarsten

Abb. 52.12 *Pseudanthias tuka*, Pärchen, oben das Männchen (Zoo-Aquarium Berlin)

und schönsten Fahnenbarsche. Weibchen je nach Herkunft zart- bis grellorangerot mit purpurnen Augenringen, Männchen dunkler purpurfarben mit dunkelroten Flecken an den Brustflossen und langen Flossenfilamenten. – Sehr ähnlich, jedoch mit grünlicher Grundfärbung ist *P. huchthii*. – Weitere robuste Arten (Männchen ähnlich wie ihre Weibchen und daher weniger auffallend gefärbt) sind **Zweifleck-Fahnenbarsch** (*P. bimaculatus*), **Coopers Fahnenbarsch** (*P. cooperi*), **Rotflecken-Fahnenbarsch** (*P. rubrizonatus*). – Sehr empfindliche, wunderschöne Arten sind der **Zweifarben-Fahnenbarsch** (*P. bicolor*) und der **Rückenstachel-Fahnenbarsch** (*P. carberry*). Zur Untergattung *Mirolabrichthys* gehören sicher die elegantesten, farblich raffiniertesten Fahnenbarsche, die allerdings nur mit großem Aufwand haltbar sind. Sie sind durch einen verlängerten Schnauzenfortsatz, besonders ausgeprägt bei den Männchen, gekennzeichnet. Hierzu zählen der **Gelbrücken-Fahnenbarsch** (*P. evansi*), **Diadem-Fahnenbarsch** (*P. parvirostris*), **Zwergfahnenbarsch** (*P. pulcherrimus*), **Tukas Fahnenbarsch** (*P. tuka*) und andere, meist filigrane Fahnenbarsche, die selten in den Handel kommen und oft nicht haltbar sind, wie etwa *P. ventralis*, ein überaus empfindlicher Tiefenbewohner.

Gattung *Sacura*: 4 Arten. Dazu **Japanischer Fahnenbarsch** (*S. margaritacea*): bis 13 cm,

Abb. 52.13 *Sacura margaritacea* (Tokyo Sea Life Park)

Nordwestpazifik (südliches Japan), in 15 - 50 m Tiefe. Rötlich mit weißen Flecken.

Haltung von Fahnenbarschen

Alle kleineren Vertreter der angeführten Gattungen haben sehr ähnliche Ansprüche, die sich auf wenige Parameter beschränken. Diese sind jedoch für eine erfolgreiche Haltung essentiell:

- Fahnenbarsche sind Planktonjäger, also äußerst aktive Dauerschwimmer mit unbegrenztem Nahrungsbedarf. Sie bevorzugen Kleinstpartikel und gedeihen am besten mit einem guten Frostfutter-Gemisch, das genügend Cyclops oder Bosmiden enthält. Die Versorgung sollte in kleinen Portionen möglichst oft am Tag erfolgen. Juwelen-Fahnenbarsche scheinen eher mit spärlicher Fütterung (etwa nur zweimal pro Tag) auszukommen, verlieren aber auf Dauer ihre Farbe, schwimmen wenig frei und werden unförmig fett, wohl aufgrund einer unnatürlichen Energiebilanz.
- Fahnenbarsche benötigen beste Wasserqualität und bevorzugen Stellen mit kontinuierlicher laminarer Strömung. Dort halten sie sich, sofern sie gesund und stressfrei sind, tagsüber fast durchgehend frei schwimmend auf. Tiere, die sich häufig verstecken, sind entweder unterernährt und sparen somit Energie oder sie stehen unter Stress oder beides trifft zu!
- Fahnenbarsche haben ein hoch spezialisiertes Sozialverhalten, das mit Aggression bzw. Beschwichtigung geregelt wird, und benötigen möglichst viele Versteckmöglichkeiten. Kleine Spalten und Höhlen sind besser als wenige geräumige Höhlen, wo sich die Fische wiederum ständig sehen müssen.
- Fahnenbarsche sollten je nach Beckengröße in mehr oder minder kopfstarken Gruppen gehalten werden. Auch in kleinen Behältern (500 l) sollte man wenigstens 6 von ihnen (entweder nur Weibchen oder 1 Männchen mit mehreren Weibchen) gemeinsam pflegen. Reine Weibchenschwärme sind empfehlenswert, weil sich das stärkste Weibchen sehr rasch zum Männchen umwandelt und so eine lineare Hierarchie entsteht. Weibchen sind untereinander ebenso aggressiv wie Männchen, allerdings kämpfen Männchen intensiver. Mit mehreren Männchen die Haltung zu beginnen, ist in keinem Fall empfehlenswert. Geplänkel mit kurzen Verfolgungen sind normal, doch es darf weder zu einer Beschädigung noch zu einem längerfristigen Verstecken einzelner Tiere führen. In diesem Fall kann mit zusätzlichen Fütterungen Besserung erzielt werden. Auch in gut harmonierenden Gruppen wandeln sich früher oder später (meist jedoch nach 2 Jahren) alle Weibchen zu Männchen um. Meist behält das dominierende Männchen seine Alpha-Stellung bei und die Gruppe lebt reibungslos zusammen. In diesem Fall sollte man es vermeiden, neue Weibchen hinzuzusetzen, es kommt dann unweigerlich zu eskalierenden Kämpfen!
- Vorsicht bei der Auswahl von Beifischen. Man sollte auch neu einzusetzende Doktorfische zunächst vorsichtig testen. Manche rot gefärbten Lippfische könnten ebenfalls nicht toleriert werden (z.B. *Cirrhilabrus spec.*, *Pseudocheilinus spec.*).
- Bei gleichzeitigem Einsetzen sind auch gemischte Fahnenbarsch-Schwärme durchaus verträglich. Man sollte jedoch möglichst verschiedenfarbige Fische auswählen und zarte Arten nicht mit robusten vergesellschaften (eine ungünstige Kombination wären

etwa *P. squamipinnis* und *P. tuca*, dagegen sind *P. carberry* und *P. tuca* oder auch *P. dispar* sehr gut verträglich!).

- Für die meisten tropischen Arten liegen die Haltungstemperaturen bei 24 - 28 °C. Der Mittelmeer-Fahnenbarsch wird am besten je nach Jahreszeit zwischen 16 und 19 °C gepflegt. Auch die großen Arten aus dem südlichen Pazifik müssen bei kühleren Temperaturen (unter 20 °C) gehalten werden.

Familie Seifenbarsche (Grammistidae)

Ähneln den Zackenbarschen, denen sie auch als Unterfamilie angegliedert werden. Maul oberständig, hartstrahliger Teil der Rückenflosse klein. Rücken-, After- und Schwanzflosse gerundet. In der Haut Giftdrüsen, die bei Gefahr und unter Stress einen Giftstoff (Grammistin) in das Wasser abgeben.

Verbreitung. Rotes Meer und tropischer Indopazifik.

Lebensweise. An Korallen- und Felsenriffen. Dämmerungs- und nachtaktiv, tagsüber unter Überhängen und in Höhlen. Fortpflanzung wenig bekannt, zumindest bei einigen Arten paarweise im freien Wasser, mit planktonischen Eiern.

Nahrung. Kleine Fische, Krebstiere, Würmer und Tintenfische.

10 Gattungen mit etwa 40 Arten.

Gattung *Diploprion*: 2 Arten. Dazu **Schwarzgelber Seifenbarsch** (*D. bifasciatum*): 25 cm, östlicher Indischer Ozean und Westpazifik.

Gattung *Grammistes*: 1 Art. **Sechsstreifen-Seifenbarsch** (*G. sexlineatus*): 30 cm, Rotes Meer, im Indopazifik bis Polynesien, an Korallenriffen und Felsenküsten. Jungtiere mit 6 gelbweißen Längsstreifen, die sich während des Wachstums in zahlreiche Strichel auflösen.

Gattung *Pogonoperca*: 2 Arten. Dazu **Büschel-Seifenbarsch** (*P. punctata*): 35 cm, tropischer Indopazifik, an Riffhängen in 15 - 150 m Tiefe. Charakteristisch ist eine ausgefranste Kinnbartel.

Haltung von Seifenbarschen

Die standorttreuen Fische sind nach bisherigen Erfahrungen gut haltbar und wenig krankheitsanfällig. In ihren Aquarien benötigen sie um-

Abb. 52.14 *Grammistes sexlineatus*, Jungfisch (Zoo Leipzig, Aquarium)

Abb. 52.15 *Pogonoperca punctata* (Zoo Leipzig, Aquarium)

fangreiche Felsaufbauten mit Höhlen und Überhängen, die sie gern als Unterstände nutzen. Sechsstreifen-Seifenbarsche halten sich besonders gern an Stellen mit starker Strömung auf. Sie sind gegeneinander kaum aggressiv und auch gegenüber anderen Fischen friedlich. Lediglich wesentlich kleinere Fische können als Beute betrachtet und gefressen werden. Die Haltungstemperaturen der aus tropischen Gewässern stammenden Seifenbarsche liegen bei 24 - 26 °C.

Seifenbarsche akzeptieren alles mögliche tierische Futter in mundgerechter Größe wie Fischfiletstückchen, Kalmarstücke, Krill, Garnelen und Muschelfleisch. Sie werden leicht zahm und nehmen das Futter direkt vom Pfleger an. Wegen ihrer großen Gefräßigkeit muss darauf geachtet werden, dass es nicht zu einer Überfütterung kommt.

In kleinen Becken besteht die Gefahr, dass Mitbewohner durch den giftigen Hautschleim, den die Seifenbarsche in Stresssituationen in das Wasser abgeben, getötet werden. So kann selbst noch in einem 5-m^3-Becken ein toter Seifenbarsch zahlreiche Mitinsassen vergiften. In sehr großen Aquarien wie dem Leipziger Ringbecken mit 120 m^3 Wasservolumen ist der Verdünnungsfaktor jedoch offenbar so groß, dass eine Schädigung anderer Fische nicht beobachtet wurde. In jedem Fall müssen Seifenbarsche, auch wenn es z. B. beim Umsetzen nur für kurze Zeit ist, allein in kleinen Gefäßen transportiert werden.

Höchstalter. Haltungsdauern von über 10 Jahren sind bekannt.

Familie Feenbarsche (Grammidae)

Kleine, bis etwa 10 cm große Barschfische mit schlankem Körper, oft bunt gefärbt. Seitenlinie unvollständig in 2 Teilen oder fehlend. Rückenflosse einheitlich langgestreckt. Bauchflossen schmal und lang, mit 1 Stachelstrahl.

Verbreitung. Tropisch-subtropischer Westatlantik.

Lebensweise. In Korallenriffen. Einzeln oder in kleinen Gruppen, jedes Tier besetzt ein Kleinstrevier. Tagaktiv, aber stets in der Nähe eines Unterschlupfes, in den es sich bei Gefahr sofort flüchtet. Zumindest bei *Gramma loreto und G. melacara* bauen die Männchen versteckte Nestmulden aus Algenmaterial, in die ein Weibchen über einen längeren Zeitraum täglich die mit Haftfäden zusammenklebenden Eier ablegt.

Nahrung. Kleinkrebse des Planktons.

2 Gattungen mit 12 Arten. Nur aus der Gattung *Gramma* werden regelmäßig Tiere gepflegt.

Gattung *Gramma*: 4 Arten. Dazu **Königsgramma**, **Königs-Feenbarsch** (*G. loreto*): 8 cm, endemisch in der Karibik, vom Flachwasser bis in 30 m Tiefe. Auffallend gefärbt, vordere Körperhälfte violett, hintere gelb. – **Schwarzkappen-Feenbarsch** (*G. melacara*): 10 cm, Karibik, lebt in tieferem Wasser (ab 30 m). Dunkle Kopfoberseite.

Haltung von Feenbarschen

Feenbarsche werden am besten in einem Korallenriff-Aquarium (z.B. Karibik-Becken) gehalten. Die normalerweise in solchen Becken herrschende ausgezeichnete Wasserqualität und die vielen Löcher und Höhlungen, die in den Steinaufbauten vorhanden sind, bieten diesen kleinen, friedlichen Fischen ideale Lebensbedingungen. Bei entsprechend groß dimensionierten Aquarien können auch mehrere Feenbarsche gemeinsam gepflegt werden, denn die einzelnen Tiere haben dann die Möglichkeit, um ihre jeweiligen Wohnlöcher herum ein Kleinrevier zu verteidigen. In reinen Fischbecken leiden sie dagegen oft unter Futterkonkurrenz und bleiben wegen häufiger Störungen durch andere Fische scheu. Die Haltungstemperaturen liegen zwischen 22 und 28 °C.

Die Ernährung der Feenbarsche bereitet mit aufgetauten Frostmysis und Artemien keine Schwierigkeiten. Auch Flockenfutter wird angenommen.

Vermehrung. Äußere Geschlechtsunterschiede sind nicht zu erkennen. Haben sich Paare gefunden, so kann das Ablaichen in der Höhle beobachtet werden. Die Aufzucht der nach 5 - 7 Tagen schlüpfenden Jungen gelingt, wenn geeignetes Plankton zur Verfügung steht. In kommerziellen Korallenfisch-Züchtereien der USA wurde *Gramma loreto* bereits in den 60er Jahren des vergangenen Jahrhunderts in großen Stückzahlen vermehrt.

Abb. 52.16 *Gramma loreto* (Vivarium Karlsruhe)

Höchstalter. *Gramma loreto* wird in der Natur etwa 17 Jahre alt, die veröffentlichte Haltungsdauer im Aquarium beträgt 7 Jahre (Opel-Zoo Kronberg).

Familie Kieferfische, Brunnenbauer (Opistognathidae)

Körper langgestreckt, Kopf auffallend groß, mit tief gespaltenem Maul und weit vorn stehenden, großen Augen. Kopf unbeschuppt, Körper mit kleinen Kammschuppen bedeckt. Rückenflosse einheitlich lang, vom Nacken bis zur Schwanzflosse reichend. Auch Afterflosse lang, Schwanzflosse gerundet. Bauchflossen stehen vor den Brustflossen. Seitenlinie unvollständig, nur im vorderen Körperteil in Rückennähe. Größe zwischen 3 und 40 cm.

Abb. 52.17 *Opistognathus aurifrons*, Balz (Zoo-Aquarium Berlin)

Verbreitung. In den Flachwasserbereichen aller tropischen Meere.

Lebensweise. Tag- oder nachtaktive, standorttreue Bodenfische, die mit ihrem großen Maul im Schlick oder Sandgrund Wohnröhren ausheben und diese z.T. mit Steinchen, Korallenbruch und Muschelschalen verfestigen. Bilden oft große Kolonien mit Kleinrevieren. Wandeln im Laufe ihres Lebens das Geschlecht vom Weibchen zum Männchen (protogyne Zwitter). Soweit bekannt, lockt das Männchen ein Weibchen zur Laichabgabe in seine Höhle, die Männchen sind Maulbrüter.

Nahrung. Zooplankton, Fischbrut.

3 Gattungen mit etwa 60 Arten. Nur für relativ wenige Arten aus der Gattung *Opistognathus* liegen Haltungserfahrungen vor.

Gattung *Opistognathus*: etwa 43 Arten. Dazu **Goldstirn-Kieferfisch** (*O. aurifrons*): bis 15 cm, Karibik (Golf von Mexiko, Bahamas bis zum nördlichen Südamerika). Kopf gelblich, Flossen himmelblau. – **Gebänderter Kieferfisch** (*O. macrognathus*): 20 cm, Karibik (Florida bis nördliches Südamerika). – **Feingepunkteter Kieferfisch** (*O. punctatus*): 40 cm, Ostpazifik (Niederkalifornien bis Panama). – **Blaupunkt-Kieferfisch** (*O. rosenblatti*): 10 cm, Golf von Kalifornien. Lebt in großen Kolonien. – **Bullaugen-Brunnenbauer** (*O. scops*): 12 cm, Ostpazifik (Golf von Kalifornien bis Panama), in etwa 20 m Tiefe.

Haltung von Kieferfischen

Brunnenbauer benötigen Aquarien mit einer aus glatt geschliffenem, feinem und gröberem Korallensplit bestehenden Bodenschicht von wenigstens 10 cm Höhe, damit sie entsprechend ihrer Lebensweise ihre Wohnröhren anlegen können. In größeren Becken kann man kleine Gruppen zusammen halten, wenn jeder Fisch die Möglichkeit hat, ein kleines Territorium gegen seine Artgenossen zu verteidigen. Der Goldstirn-Brunnenbauer, die am meisten gehaltene Art, ist ein interessanter Besatz für ein flächiges Karibik-Becken mit den typischen Hornkorallen. Bei der Vergesellschaftung mit anderen Fischen muss darauf geachtet werden, dass die Brunnenbauer an ihren Wohnhöhlen nicht ständig gestört werden und genügend Futter abbekommen. Da sie nur aus dem freien Wasser, nicht aber vom Boden Nahrung aufnehmen, muss das Futter (Mysis, Cyclops, kleine Garnelen, Muschelfleisch) mehrmals täglich in kleinen Portionen angeboten und möglichst lange in der Schwebe gehalten werden. Die Haltungstemperatur liegt zwischen 24 und 28 °C.

Vermehrung. Die Vermehrung von Kieferfischen ist im Aquarium schon verschiedentlich gelungen. Das Männchen „bebrütet“ den Eiballen (bis mehrere Hundert Eier) 8 - 9 Tage im Maul, wobei dieser aber auch kurzzeitig um zu fressen oder für Ausbesserungsarbeiten an der Wohnhöhle in der Höhle abgelegt wird. Die Larven werden mit *Brachionus*-Rädertierchen angefüttert und metamorphosieren nach etwa 3 Wochen.

Familie Rundköpfe (Plesiopidae)

E. Thaler

Der englische Trivialname „prettyfins“, also „Hübschflosser“, gibt den Gesamteindruck dieser Barschfamilie sehr gut wieder: Zumeist kleine Fische, deren Rücken, After- und Schwanzflosse oft segelartig vergrößert sind und dadurch den Fisch geradezu imposant erscheinen lassen. Häufig verschleiert ein feines Punkte- oder Strichelmuster zusätzlich die tatsächliche Körperform. Kopf stumpf, mit tiefer Maulspalte und großen Augen. Seitenlinie zweiteilig oder unvollständig. Größe zwischen 3 und 33 cm.

Verbreitung. Tropischer Indowestpazifik, einige Arten im gemäßigt-temperierten Pazifik um Südaustralien.

Lebensweise. Alle Vertreter führen ein recht verstecktes Leben in Höhlen oder Spaltensystemen von Korallenstöcken oder unter Überhängen (darauf deutet auch das große Auge hin). Alle (?) sind Lauerjäger, die kaum ihre Beute verfolgen, sondern warten, bis sie nahe genug kommt, um dann blitzschnell im Saugschnappverfahren ganz verschluckt zu werden. Arten der Gattung *Assessor* sind Planktonjäger. Leben als Einzelgänger oder paarweise, bei einigen Arten konnte obligatorische Geschlechtsumwandlung vom Weibchen zum Männchen beobachtet werden. Freilaichen scheint nicht vorzukommen, die Laichballen werden in Höhlen und Spalten deponiert. Von einigen Arten ist bekannt, dass die Männchen die Eiballen bis zum Schlupf der Larven bewachen. In der Gattung *Assessor* ist Maulbrüten verbreitet.

Nahrung. Vor allem Krebstiere, aber auch Fischlarven.

11 Gattungen mit etwa 42 Arten. In die Familie Rundköpfe wird auch die Gattung *Trachinops* mit 4 völlig anders aussehenden, langgestreckten, kleinen Arten (8 - 15 cm) aus den kühleren Gewässern Südaustraliens mit eingeordnet.

Gattung *Assessor*: 3 Arten, ausschließlich Höhlen bewohnend, in lockeren Gruppen (Haremsgruppen?), manchmal auch in großen Schwärmen in geräumigen Höhlensystemen. Dazu **Gelber Mirakelbarsch** (*A. flavissimus*): 5,5 cm, nördliches Großes Barriereriff, in 5 - 20 m Tiefe. Leuchtend goldgelb. – **Blauer Mirakelbarsch** (*A. macneillii*): 6 cm, Großes Barriereriff, Neukaledonien. Tiefblauschwarz.

Gattung *Calloplesiops*: 2 Arten. **Echter Mirakelbarsch**, **Pfauenaugen-Mirakelbarsch** (*C. altivelis*): 16 cm, Indopazifik, um Australien. Prachtvoll gefärbt, tiefschwarz mit weißem Punktmuster, das den ganzen Körper mit Ausnahme der gelben Brustflossen bedeckt. Alle Flossensäume zartblau gerandet. An der unteren Basis der übergroßen Rückenflosse befindet sich 1 schwarzblaues, hellblau umrandetes Scheinauge, an der anliegenden Seite der Schwanzflosse 1 schmaler schwefelgelber Fleck, der bei gespreizten Flossen die Wirkung des Augenflecks noch verstärkt. Dieser Fisch „nützt“ die Wirkung seines Augenflecks auf raffinierte Weise: Fühlt er sich bedrängt, flüchtet er zunächst in eine Gesteinsspalte, um dann jedoch langsam verkehrt herum, also mit der Schwanzflosse voran, wieder heraus zu schwimmen. Dabei präsentiert er sein Körperende so, dass der Augenfleck deutlich zur Geltung kommt. In dieser Position täuscht der Fisch verblüffend den Kopf einer Perlmuräne (*Gymnothorax meleagris*) vor (= Räubermimikry, Bates'sche Mimikry). Besonders laichbewachende Mirakelbarsche zeigen dieses Verhalten häufig. – **Phantom-Mirakelbarsch** (*C. argus*): 16 cm, Zentralpazifik. Unterscheidet sich von voriger Art nur durch ein zarteres, gedrängtes Punktmuster.

Gattung *Paraplesiops*: 4 Arten. **Alisons Mirakelbarsch** (*P. alisonae*): 15 cm, pazifische Gewässer um Südaustralien. Am Kopf kräftigblau gefleckt, After- und Rückenflosse mit blauen Streifen. – **Bleekers Mirakelbarsch** (*P. bleekeri*): 23 cm, Ostaustralien. Kräftige hell- bis dunkelblaue Querbänderung, Schwanz und

Abb. 52.18 *Calloplesiops altivelis* (Zoo Leipzig, Aquarium)

hintere Teile der Rücken- und Afterflosse gelb. – **Blaupunkt-Mirakelbarsch** (*P. meleagris*): bis 33 cm (größte und eindrucksvollste Art), Süd- und Westaustralien, in 15 - 25 m Tiefe. Auf dunkelblauem Grund hellblau getüpfelt. – **Powers Mirakelbarsch** (*P. poweri*): 20 cm, pazifische Gewässer um Ostaustralien. Grundfärbung bräunlich bis rötlich, am Kiemendeckel 1 kräftiger blauer Fleck.

Gattung *Plesiops*: 17 Arten. Dazu **Blauflossen-Mirakelbarsch** (*P. caeruleolineatus*): 10 cm, Indowestpazifik, Rotes Meer. Rückenflosse mit orangefarbenen bis hellroten Spitzen und blauem Längsband. – **Schwarzer Mirakelbarsch** (*P. nigricans*): 17 cm, Rotes Meer.

Haltung von Rundköpfen

Alle Vertreter der Mirakelbarsche sind ideale Aquarienfische, aber sie besitzen eine ausgeprägte Vorliebe für Höhlen oder andere möglichst schlecht einsehbare Verstecke. Sie scheuen starkes Licht, überschwimmen ungern freie, helle Sandflächen und halten sich ohne Zwang niemals im offenen Wasser auf. Zudem sind einige Arten dämmerungs- und nachtaktiv. Andererseits spricht für sie, dass sie sessile Wirbellose nicht beachten und dass ihre Ernährung sehr einfach ist. Ein gutes Frostfutter, das reichlich groben Krill und Mysis enthält, wird sehr geschätzt. Als Lauerjäger, die wenig Energie in Beutefang investieren müssen, sind Rundköpfe überaus genügsam. Allerdings sollte stets ausreichend gefüttert werden, da sonst die Gefahr besteht, dass sie sich an kleinen Fischen und Putzergarnelen vergreifen. Bei ausgewogener Ernährung behelligen Mirakelbarsche weder *Stenopus*- noch *Lysmata*-Arten.

Um die lichtscheuen Pfleglinge dennoch beobachten zu können, sollte man die Aquariendekoration so anordnen, dass große, durchgängige und deshalb einsehbare Höhlen und weit vorragende Überhänge entstehen. Solche Verstecke werden in der Regel gern angenommen. Dann hat man beste Chancen, diese überaus attraktiven Fische und ihr interessantes Verhalten auch tagsüber zu beobachten.

Die Haltungstemperaturen richten sich nach den Herkunftsgebieten. Für die tropischen Arten sind Wassertemperaturen zwischen 24 und 28 °C erforderlich, die Arten aus den Gewässern um Süd-, Ost- und Westaustralien sind wärmeempfindlicher und sollten bei Temperaturen zwischen 18 und 22 °C gehalten werden.

Vermehrung. Bereits 1975 gelang es in Holland einem Hobby-Aquarianer, den Echten Mirakelbarsch – wohl als eine der ersten Korallenfisch-Arten – im Aquarium zu züchten. Demnach enthält ein Gelege ca. 500 Eier, aus denen die Larven bei 26 °C nach 5 - 6 Tagen in der Dämmerung schlüpfen. Sie sind stark pigmentiert, etwa 3 mm lang, Augen, das große Maul, Brustflossen und weitere Flossensäume sind gut erkennbar. Der Dottersack ist nicht mehr vorhanden. Die Larven schwimmen ruckartig, bevorzugen leichte Strömung und jagen nach wenigen Tagen gezielt kleine Beutetiere (Artemia-Nauplien, *Brachionus*). Ab dem 16. Tag suchen sie bodennahe, dunkle Verstecke auf. Die Jungfische haben zunächst weiße Flanken, die Adultfärbung bildet sich langsam heraus, ab dem 5. Monat sind erste weiße Punkte sichtbar, mit 7 Monaten sind die Fische ausgefärbt und etwa 3 cm groß. Heute können Mirakelbarsche regelmäßig gezüchtet werden, möglicherweise gelingt die Vermehrung auch anderer Arten.

Familie Tigerbarsche, Grunzbarsche (Teraponidae)

Mehr oder weniger hochrückige, seitlich etwas abgeflachte Barschfische. Kleine Kammschuppen. Rückenflosse leicht eingekerbt, der vordere Teil mit käftigen Stachelstrahlen, auch die Afterflosse mit 3 Hartstrahlen. Am Kiemendeckel 1 - 2 nach hinten gerichtete Stacheln. Schwanzflosse gerundet oder leicht eingebogen. Viele Arten erzeugen mit der Schwimmblase Laute („Grunzbarsche“). Größe zwischen 8,5 und 45 cm.

Verbreitung. Tropischer Indopazifik sowie die Philippinen und als Verbreitungsschwerpunkt Australien und Neuguinea.

Lebensweise. Meist in Küstengewässern, auch in die Mangrove-Sümpfe und Flussmündungen eindringend, z.T. Schwärme bildend. Einige sind reine Süßwasserarten (allein 24 in Australien). Über die Fortpflanzung ist wenig bekannt, die meisten sind wahrscheinlich Freilaicher, ohne Brutpflege.

Nahrung. Fische, Krebstiere, Wasserinsekten, am Boden lebende Wirbellose, aber auch Allesfresser, die zusätzlich oder fast ausschließlich Pflanzliches fressen.

16 Gattungen mit 48 Arten.

Gattung *Amniataba*: 3 Arten. Dazu **Gelbschwanz-Grunzer** (*A. caudovittatus*): 30 cm,

Abb. 52.19 *Hephaestus carbo* (Aquarium Glaser, Rodgau)

Südwestpazifik (Nordaustralien und Neuguinea), fast ausschließlich im Brack- und Meerwasser. – **Gestreifter Grunzbarsch** (*A. percoides*): 18 cm, weit verbreitet im nördlichen Australien, nur im Süßwasser.

Gattung *Bidyanus*: 2 Arten. Dazu **Silberbarsch** (*B. bidyanus*): 40 cm, Südostaustralien (Murray-Darling-Flusssystem). Silbergrau, Allesfresser.

Gattung *Hephaestus*: 13 Arten. Dazu **Kohlen-Grunzer** (*H. carbo*): bis 33 cm, Nordaustralien (Kap-York-Halbinsel), gelb-schwarz gemustert. – **Schwarzer Grunzbarsch** (*H. fuliginosus*): 45 cm, Nordaustralien, im Süßwasser.

Gattung *Leiopotherapon*: 4 Arten. Dazu **Tüpfelgrunzbarsch** (*L. unicolor*): selten bis 30 cm, nördliches Australien, häufigste Grunzbarsch-Art.

Gattung *Mesopristes*: 4 Arten. Dazu **Silberner Tigerbarsch** (*M. argenteus*): 28 cm, Westpazifik (Japan bis Queensland, östlich bis Neukaledonien).

Gattung *Pingalla*: 3 Arten. Dazu **Lorentz' Grunzbarsch** (*P. lorentzi*): 17 cm, Nordaustralien (Kap-York-Halbinsel), Südneuguinea.

Gattung *Terapon*: 3 Arten. Dazu **Bogenstreifen-Tigerbarsch** (*T. jarbua*): bis 36 cm, Küsten des tropischen Indowestpazifiks, Rotes Meer, auch im Brackwasser und in Süßwasserbereiche vordringend, laichen aber im Meer. An den Körperseiten 3 gebogene Längsstreifen. – **Vierstreifen-Tigerbarsch** (*T. theraps*): 30 cm, tropischer Indowestpazifik (bis Nordaustralien).

Haltung von Tiger- und Grunzbarschen

Bisherige Erfahrungen zeigen, dass Tiger- und Grunzbarsche in entsprechend geräumigen Becken mit Versteckmöglichkeiten (Wurzeln) und freiem Schwimmraum gut haltbar sind. Beachtet werden muss allerdings, dass viele Arten als Erwachsene (z.B. *Amniataba percoides*, *Hephaestus carbo*) oder Jungtiere (*Terapon jarbua*) untereinander recht streitsüchtig und unverträglich sein können. Eine Einzelhaltung ist dann erforderlich. In ausreichend großen Aquarien sollten die Fische allerdings in Gruppen gehalten werden, in denen sich die innerartliche Aggressivität ausgleicht. Andererseits gilt z.B. *Pingalla lorentzi* als recht friedfertig, und erwachsene *Terapon jarbua* leben im Schwarm zusammen.

Die australischen Süßwasserarten stellen, soweit bekannt, keine besonderen Ansprüche an die Wasserqualität, wie auch ihre Temperaturtoleranz recht groß ist (22 - 28 °C, z.T. auch kühler). Die

Abb. 52.20 *Terapon jarbua* (Aquarium Glaser, Rodgau)

Abb. 52.21 *Kuhlia mugil* (Oceanarium, Lissabon)

vor allem an den Meeresküsten lebenden *Terapon*-Arten, *Amniataba caudivittatus* und *Mesopristes argenteus* passen gut in ein Brackwasser-Aquarium, zusammen mit Argusfischen, Silberflossenblättern und *Etroplus suratensis*. Sie benötigen Temperaturen zwischen 24 und 28 °C.

Die robusten und schnell wachsenden Fische erhalten kräftiges tierisches Futter (tote Futterfische, Fleisch und Rinderherz, Garnelen), fressen aber auch Pellets und Salat als pflanzliche Zukost.

Vermehrung. Aquariennachzuchten der Süßwasserarten sind nicht bekannt. Verschiedene Arten (z.B. *Bidyanus bidyanus*) werden in Australien in der Teichwirtschaft, allerdings nur mithilfe von Hormonen, kommerziell vermehrt. *Terapon jarbua* soll sich schon im Aquarium fortgepflanzt haben, wobei das Männchen das auf Steinen deponierte Gelege bewachte.

Höchstalter. *Terapon jarbua* 7 Jahre, 7 Monate im Zoo-Aquarium London.

Familie Fahnenschwänze (Kuhliidae)

Hochrückige, 20 - 45 cm große Barschfische, deren Rückenflosse durch eine Einkerbung deutlich in einen vorderen stachelstrahligen und einen hinteren weichstrahligen Abschnitt getrennt ist. Leicht oberständiges Maul, vorstreckbar. 2 Stacheln an jedem Kiemendeckel. Schwanzflosse leicht eingedellt.

Verbreitung. Indischer Ozean sowie West- und Mittelpazifik.

Lebensweise. Schwarmfische, sehr salztolerant, im Flachwasser der Küsten, oft in Gezeitentümpeln und häufig in Mangrove-Sümpfen und Flussmündungen eindringend, 1 Art (*K. rupestris*) weitgehend im Süßwasser. Am Tag in größeren Gruppen, unter Überhängen und an Felsen vor Höhlen, in der Nacht verteilen sich die Fische im freien Wasser zur Nahrungssuche. Laich wird wahrscheinlich nicht bewacht.

Nahrung. Krebstiere des freien Wassers.

1 Gattung mit 9 Arten.

Gattung *Kuhlia*: Dazu **Gestreifter Fahnenschwanz** (*K. mugil*): 40 cm, Indowestpazifik, weit verbreitet im Brack- und Seewasser bis in 5 m Tiefe an Riff- und Felsenküsten. – **Felsen-Flaggenbarsch** (*K. rupestris*): 45 cm, Rotes Meer, Indowestpazifik (von Ostafrika bis Australien), zahlreiche westpazifische Inseln, in Küstengewässern, Lagunen, oft auch in Ästuaren und Regenwaldflüssen. – **Hawaii-Fahnenschwanz** (*K. sandvicensis*): 30 cm, endemisch um die Hawaii-Inseln, Junge in Ästuaren, Flussunterläufen, Adulte am Außenriff. – **Fahnenschwanz** (*K. taeniurus*): 20 cm, Indowestpazifk (Ostafrika bis Australien), im flachen Küstenwasser, häufig in Gezeitentümpeln, liebt turbulente Wasserströmungen.

Haltung von Fahnenschwänzen

In großen Gruppen in geräumigen Aquarien mit viel freiem Schwimmraum, aber auch Versteckplätzen. Starke, wechselnde Strömungen kommen den natürlichen Verhältnissen entgegen. Fahnenschwänze gelten als sehr hart, wenig krankheitsanfällig und tolerieren auch eine etwas schlechtere Wasserqualität und einen schwankenden Salzgehalt. Ebenso unproblematisch ist die Ernährung, da alle gängigen Futtermittel geeigneter Größe, auch Trockenfutter, angenommen werden. Die Wassertemperaturen sollten zwischen 22 und 28 °C liegen.

Höchstalter. Lebensdauer im Aquarium für *Kuhlia taeniura* 8 Jahre, 9 Monate im Zoo Amsterdam, für *K. mugil* 8 Jahre im Tierpark Berlin.

Familie Sonnenbarsche (Centrarchidae)

Kleine bis mittelgroße (9 cm bis fast 1 m) Barschfische. Körper meist gedrungen und hochrückig, hart- und weichstrahliger Teil der Rückenflosse kaum getrennt, aber auch gestreckt, mit deutlicher Einkerbung zwischen vorderem und hinterem Rückenflossenabschnitt. Afterflosse mit 3 Stachelstrahlen. Kammschuppen und vollständige Seitenlinie.

Verbreitung. In Nordamerika endemisch (vom südlichen Kanada bis Florida). Einige Arten wurden in Europa ausgesetzt (Faunenverfälschung mit negativen Auswirkungen auf die heimische Fischwelt).

Abb. 52.22 *Enneacanthus chaetodon* (Zoo Leipzig, Aquarium)

Lebensweise. Bewohner ruhiger, verkrauteter Gewässer. Bei fast allen Arten Nestbau mit Ei- und Brutpflege durch die zur Brutzeit territorialen Männchen. Außerhalb der Brutzeit meist gesellig, bilden so genannte Winteraggregationen.

Nahrung. Wasserinsekten, Krebstiere, Fischbrut, Jungfische.

8 Gattungen mit 30 Arten.

Gattung *Ambloplites*: 4 Arten. Dazu **Steinbarsch** (*A. rupestris*): bis 15 cm, Große Seen, Mississippi-Flusssystem.

Gattung *Centrarchus*: 1 Art. **Pfauenaugen-Sonnenbarsch** (*C. macropterus*): bis 16 cm, Illinois bis Florida.

Gattung *Enneacanthus*: 3 Arten. Dazu **Scheibenbarsch** (*E. chaetodon*): bis 10 cm, New Jersey bis Florida. – **Diamantbarsch** (*E. obesus*): bis 9,5 cm, östliche USA.

Gattung *Lepomis*: 11 Arten. Dazu **Gemeiner Sonnenbarsch** (*L. gibbosus*): 20 cm, von den Großen Seen bis Florida und Texas. In Europa 1887 ausgesetzt, heute beispielsweise in den Berliner Seen, im Plattensee, an der europäischen Schwarzmeerküste. – **Grüner Sonnenbarsch** (*L. cyanellus*): 20 cm, Kanada bis Nordmexiko.

Gattung *Micropterus*: 7 Arten. Dazu **Forellenbarsch** (*M. salmoides*): bis 70 cm, von den

Abb. 52.23 *Lepomis gibbosus* (Zoo Leipzig, Aquarium)

Großen Seen bis Nordmexiko, Kuba. Gefräßiger Raubfisch.

Gattung *Pomoxis*: 2 Arten. Dazu **Schwarzflecken-Sonnenbarsch** (*P. nigromaculatus*): etwa 30 cm, östliches Nordamerika (von Manitoba bis Florida), in Seen und großen Flüssen.

Haltung von Sonnenbarschen

Haltung gruppenweise in kühleren Aquarien (um 20 °C) mit sauerstoffreichem Wasser, mit Versteckplätzen und offenem Schwimmraum. Bei zu geringem Platzangebot sind Sonnenbarsche untereinander unverträglich. Rasche Temperatur- und pH-Wert-Schwankungen werden manchmal schlecht vertragen. Alles tierische Futter passender Größe wird genommen.

Vermehrung. Eine winterliche Temperaturabsenkung begünstigt die Fortpflanzungsbereitschaft. Für den Nestbau werden größere freie Sandflächen benötigt. Das Männchen betreut das Gelege und führt anfangs auch den Jungfischschwarm. Mit Nachlassen des Pflegetriebs müssen die Jungen separiert werden, da sie sonst gefressen würden. Bei der Ernährung mit feinem Lebendfutter wachsen sie schnell heran. Auch eine Freilandhaltung ist möglich.

Höchstalter. Der Steinbarsch erreichte im Aquarium ein Alter von 18 Jahren (New York Aquarium), der Pfauenaugen-Sonnenbarsch und der Gemeine Sonnenbarsch von 16 Jahren, der Scheibenbarsch ein Alter von 7 Jahren, 1 Monat (Zoo Amsterdam).

Familie Dorschbarsche (Percichthyidae)

Körper seitlich zusammengedrückt, gestreckt, oft barschartig hochrückig. Kopf relativ klein, zugespitzt, mit endständigem, aber tief gespaltenem Maul. Schwanzflosse gerundet oder gegabelt, Rückenflosse einheitlich bzw. mehr oder weniger tief (auch bis zur völligen Trennung) eingekerbt. Kammschuppen, sekundär auch Rundschuppen. Seitenlinie vollständig. Größe sehr unterschiedlich, von 7,5 cm bis etwa 2 m.

Verbreitung. Australien, südliches Südamerika (Argentinien und Chile) sowie Ostasien.

Abb. 52.24 *Siniperca chuatsi* (Zoo Moskau, Aquarium)

Lebensweise. Je nach Art und Größe in großen Flüssen und Seen oder kleineren Gewässern, oft auf Kiesböden. Verschiedene Arten in Küstenflüssen, dringen bis in Brackwasserbereiche vor. Fortpflanzung als Frei- oder Höhlenlaicher. Keine Brutpflege.

Nahrung. Insekten, Krebstiere, größere Arten auch kleine Fische, Mollusken.

14 Gattungen mit über 40 Arten.

Gattung *Gadopsis*: 2 Arten. Dazu **Süßwasserdorsch** (*G. marmoratus*): 60 cm, Australien (außer Nordterritorium und Westaustralien), Tasmanien. Die Gattung wird auch als eigene Familie zu den Dorschfischartigen (Gadiformes) gestellt.

Gattung *Maccullochella*: 2 Arten. Dazu **Forellendorsch** (*M. macquariensis*): 80 cm, Australien (Murray-Darling-Flusssystem).

Gattung *Macquaria*: 4 Arten. Dazu **Macquarie-Barsch** (*M. australasica*): 45 cm, Australien (Murray-Darling-Flusssystem), eingeführt in Victoria und Neusüdwales.

Gattung *Nannatherina*: 1 Art. **Balstons Zwergbarsch** (*N. balstoni*): 8 cm, Südwestaustralien.

Gattung *Nannoperca*: 4 Arten. Dazu **Nördlicher Zwergbarsch** (*N. oxleyana*): 8 cm, Küstenflüsse Nordost- und Südostaustraliens. – **Goldener Zwergbarsch** (*N. variegata*): 7 cm, Südaustralien.

Gattung *Siniperca*: 9 Arten. Dazu **China-Barsch** (*S. chuatsi*): bis 65 cm, Amur-Gebiet, Nordostchina.

Haltung von Dorschbarschen

Je nach ihrer Größe benötigen Dorschbarsche kleinere Aquarien von 200 - 500 l oder große Becken von mehreren Kubikmetern Inhalt. Die kleinen Arten verhalten sich ausgesprochen friedlich und können gut auch mit anderen Fischen passender Größe und Lebensweise vergesellschaftet werden. Bei den groß werdenden Arten ist deren räuberische Lebensweise zu beachten.

Dorschbarsche sind sehr tolerant hinsichtlich der Wassertemperatur (im Jahresverlauf können diese zwischen 10 und 28 - 30 °C schwanken). Auch an die Wasserqualität werden keine besonderen Ansprüche gestellt (pH-Wert um 7, weiches bis mittelhartes Wasser). Die Becken werden mit Kiesboden, Versteckplätzen aus Wurzeln und Steinen sowie robusten Pflanzen eingerichtet. Die Ernährung ist mit jedem gängigem Lebend- und Frostfutter, auch Flockenfutter, unproblematisch; größere Fische benötigen entsprechend kräftiges Futter wie Futterfische, Garnelen, Herzfleisch, Pellets.

Vermehrung. Die *Nannoperca*-Arten lassen sich im Artbecken leicht vermehren, wobei ein größerer Teilwasserwechsel die Laichbereitschaft stimulieren soll. Einige große Barschdorsche werden in Australien in der Aquakultur vermehrt.

Abb. 52.25 *Etheostoma fusiforme* (Privataquarium)

Familie Echte Barschfische (Percidae)

W. E. Engelmann, M. Martys & G. Pechlaner

Meist kleine und sehr kleine bis mittelgroße (4 cm bis 1,3 m) Barschfische mit seitlich zusammengedrücktem oder dorsoventral abgeplattetem Körper. Rückenflosse meist deutlich zweigeteilt oder zumindest tief eingekerbt, die größere 1. mit Stachelstrahlen. Afterflosse mit 1 - 2 Stacheln, Bauchflossen mit je 1 Stachelstrahl, bruständig. Kräftige Kammschuppen und meist gut ausgebildete Seitenlinie. Mit großer Schwimmblase, bei am Boden lebenden Arten aber oft reduziert oder vollständig fehlend.

Verbreitung. Süßgewässer Nordamerikas (Verbreitungsschwerpunkt), Europas und des gemäßigten Asiens, wenige auch im Brackwasser (z. B. der Ostsee).

Lebensweise. Häufig Einzelgänger, revierbildend, aber auch Schwarmfische, tag-, dämmerungs- oder nachtaktiv. Weibchen laichen im freien Wasser zwischen Pflanzen, am Boden, in Gruben oder heften die Eier am Substrat fest, z. T. sehr produktiv, auch Brutpflege durch das Männchen.

Nahrung. Würmer, Wasserinsekten, Krebstiere, Fischlaich und kleine bzw. Jungfische. Große Arten sind gefräßige Raubfische.

10 Gattungen mit 175 Arten.

Gattung *Etheostoma* (Springbarsche): 117 Arten. Endemisch in Nordamerika (englischer Name „darters"). Meist unter 10 cm kleine, bodenorientierte Barschfische mit sprungartiger Fortbewegungsweise. Männchen zur Laichzeit oft auffallend bunt. Bekannte Arten sind **Grünseiten-Springbarsch** (*E. blennioides*), **Regen-**

Abb. 52.26 *Gymnocephalus schraetser* (Alpenzoo Innsbruck)

Abb. 52.27 *Perca fluviatilis* (Naturaufnahme, Stechlinsee, Brandenburg)

bogen-Springbarsch (*E. caeruleum*), **Sumpf-Springbarsch** (*E. fusiforme*), **Rotlinien-Springbarsch** (*E. rufilineatum*), **Vierbinden-Springbarsch** (*E. tetrazonum*), **Bunter Springbarsch** (*E. variatum*) und **Gestreifter Springbarsch** (*E. zonatum*).

Gattung *Gymnocephalus* (= *Acerina*): 4 Arten. Dazu **Kaulbarsch** (*G. cernua*): bis 23 cm, Europa nördlich der Alpen, häufig auch in der östlichen Ostsee, in Schwärmen. Olivgrün mit dunklen Flecken. – **Schrätzer** (*G. schraetser*): bis 25 cm, endemisch in der Donau und ihren Nebenflüssen. Spitzköpfiger Grundfisch.

Gattung *Perca* (Flussbarsche): 3 Arten. Dazu **Europäischer Flussbarsch** (*P. fluviatilis*): bis 50 cm, Europa (außer Pyrenäenhalbinsel) bis Mittelsibirien, auch in der östlichen Ostsee und in brackigen Flussmündungen. 5 - 7 schwarze Querbinden auf olivfarbenem Grund. Eier werden, von einer Gallerthülle eingeschlossen, in Schnüren abgelegt. – In Nordamerika lebt der ähnliche **Gelbe Flussbarsch** (*P. flavescens*).

Gattung *Sander*: 2 Arten. Dazu **Europäischer Zander** (*S. lucioperca*): bis 1,2 m, Europa, nördlich der Alpen und Pyrenäen, im Osten bis zum Aralsee. Mundspalte weit, mit großen Fangzähnen.

Gattung *Stizostedion*: 3 Arten. Dazu **Kanadischer Zander** (*S. canadense*): bis 76 cm, Kanada. – **Glasaugenbarsch** (*S. vitreum*): bis 1 m, Große Seen Nordamerikas.

Gattung *Zingel*: 3 Arten. Dazu **Zingel** (*Z. zingel*): 15 - 20 cm, endemisch in Donau und

Abb. 52.28 *Zingel zingel* (Alpenzoo Innsbruck)

Dnestr und deren Nebenflüssen. Grundfisch, nachtaktiv. Kopf spitz, mit unterständigem Maul. – **Streber** (*Z. streber*): 12 - 18 cm, endemisch im Flusssystem der Donau, nachtaktiv. Langer Schwanzstiel. Beide Arten in ihrem Bestand stark gefährdet.

Haltung von Echten Barschfischen

In Kaltwasser-Aquarien entsprechender Größe (Wassertemperatur nicht über 20 °C, mittelhartes Wasser, pH-Wert um den Neutralpunkt). Generell sind Jungfische der großen Arten aus den Gattungen *Perca*, *Sander* und *Stizostedion*, die noch in Schwärmen zusammenleben, leichter einzugewöhnen als erwachsene Tiere. Diese sind revierbildend und teilweise aggressiv gegenüber Artgenossen. Das Becken sollte dann vor allem im unteren Bereich mit Wurzeln, Steinen und Wasserpflanzengruppen strukturiert sein. Als Bodengrund eignet sich grober Flusssand. Wichtig ist außerdem sauberes, sauerstoffreiches Wasser, insbesondere für den empfindlicheren Zander.

Während Jungbarsche und -zander mit Regenwürmern, Mückenlarven und auch Wasserflöhen ernährt werden können, fressen ältere Tiere Futterfische, lernen aber auch, tote und zerschnittene Fische, sogar Rinderherz, vom Boden aufzunehmen. Zander sind etwas lichtscheu und vorsichtige, langsame Fresser, so dass bei Vergesellschaftungen, z.B. mit dem Flussbarsch, darauf geachtet werden muss, dass sie genügend Futter abbekommen.

Kaulbarsche sind relativ friedlich und leben gesellig. Sie müssen deshalb artgemäß in kleinen Gruppen gehalten werden. Allerdings erweist sich ihre Eingewöhnung, möglicherweise infolge von Transportschädigungen, oft als schwierig. Ebenso wie die eher einzeln lebenden, untereinander mitunter aggressiven Schrätzer nehmen sie nur kleineres Futter wie Bachflohkrebse, Regenwürmer, Tubifex und Wasserflöhe sowie klein geschnittenes Fischfleisch auf. Kaulbarsche können auch in leicht brackigem Wasser gepflegt werden.

Zingel und Streber sind in der Haltung noch schwieriger. Wichtig ist eine kräftige Strömung, die Wassertemperaturen sollten 17 °C nicht übersteigen. Während insbesondere der Zingel gegenüber Artgenossen und anderen Fischen recht aggressiv ist, lassen sich Streber dauerhaft in kleinen Gruppen pflegen. Als Futter gibt man Würmer und Insektenlarven. Gute Haltungs- und Zuchtergebnisse über mehrere Generationen, auch für den Schrätzer, hat der Alpenzoo Innsbruck mit seinem in Wassertemperatur und Beleuchtung dem natürlichen Jahresrhythmus angepassten Aquarium aufzuweisen.

Vermehrung. Die Zucht der Barschfische gelingt nach winterlicher Temperaturabsenkung, so dass Barsche und Zander bei entsprechendem Platzangebot im Frühjahr ablaichen. Die Gelege des Flussbarsches bilden lange, netzförmig durchbrochene Bänder, in denen sich bis zu 200000 Eier befinden können. Das Zanderweibchen legt seine klebrigen Eier in großen Klumpen gern an in das Becken eingehängtes Astwerk ab.

Im Alpenzoo Innsbruck laichten Schrätzer bei 10,1 °C ab, wobei die Eier auf steinigem, kiesigem Untergrund, vor allem in Bodennähe auch auf Hölzern und Wurzeln deponiert wurden. Bei einer Wassertemperatur von 15,2 °C schlüpften nach 16 Tagen die Jungen. Streber laichten in gleicher Weise bei 12 °C ab, ein Weibchen produzierte etwa 300 - 400 Eier, aus denen bei 16,4 °C nach 16 Tagen die Jungen schlüpften. Beim Zingel erfolgte die Laichabgabe bei 11,1 °C und der Schlupf bei 16,5 °C nach 11 Tagen. Als Startfutter dienten Artemia-Nauplien, später wurde Gefrierfutter, zerkleinerte Tubifex und Wasserflöhe genommen. Die Jungfische erreichten im Alter von 3 Jahren die Geschlechtsreife.

Die kleinen, gewöhnlich friedlichen nordamerikanischen Springbarsche benötigen gut durchströmte, sauerstoffreiche Kaltwasser-Aquarien mit Versteckplätzen und kiesigem Bodengrund. Besonders gern werden Rote Mückenlarven gefressen. Eine winterliche Temperaturabsenkung auf 4 - 10 °C ist für die ansonsten nicht schwierige Zucht erforderlich. Zum Auf-

Abb. 52.29 *Pristigenys serrula* (Zoo Rotterdam, Oceanium)

bau des Laichansatzes empfiehlt sich eine zusätzliche Fütterung mit Enchyträen oder Grindal. Das unter Steinen abgelegte Gelege wird vom Männchen betreut.

Höchstalter. Die Lebensdauer des Kaulbarsches liegt bei 6, des Europäischen Flussbarsches bei 16 Jahren. Die Haltungsdauer im Aquarium liegt für den Europäischen Flussbarsch bei 10 Jahren, 8 Monaten, für den Gelben Flussbarsch bei 12 Jahren (New York Aquarium), für den Europäischen Zander bei 9 Jahren, 1 Monat (Zoo-Aquarium London). Nach Erfahrungen im Alpenzoo Innsbruck kann der Schrätzer etwa 6, der Zingel bis 8 und der Streber 9 Jahre alt werden.

Familie Großaugenbarsche, Ochsenaugen (Priacanthidae)

Körper oval, seitlich zusammengedrückt, mit tiefer, schräg nach oben gerichteter Maulspalte. Raue Kammschuppen, Seitenlinie einfach, vollständig. Auffallend große Augen, besitzen eine innere Reflexionsschicht (Tapetum lucidum). Rückenflosse einheitlich, Schwanzflosse leicht eingedellt bis gerundet. Die inneren Flossenstrahlen der Bauchflossen sind durch eine Membran mit dem Körper verbunden. Färbung meist in verschiedenen Rottönen, ein Hinweis darauf, dass sich die Fische nicht in den oberen, lichtdurchfluteten Regionen aufhalten. Größe zwischen 20 und 70 cm.

Verbreitung. Tropische und subtropische Meere des Atlantischen, Indischen und Pazifischen Ozeans.

Lebensweise. Weitgehend dämmerungs- und nachtaktive Fische der Felsen- und Korallenriffe bis in eine Tiefe von 400 m. Tagsüber halten sie sich meist einzeln oder in kleinen Gruppen unter Überhängen und in Höhlen auf. Laichabgabe wahrscheinlich paarweise, Jungfische leben zunächst pelagisch.

Nahrung. Benthische Krebstiere, Tintenfische, Kleinfische.

4 Gattungen mit 18 Arten.

Gattung *Cookeolus*: 1 Art. **Langflossen-Ochsenauge** (*C. japonicus*): bis 68 cm, tropisch-subtropischer Indowest- und Zentralpazifik, Ostpazifik (Niederkalifornien bis Peru), bis in 400 m Tiefe.

Gattung *Heteropriacanthus*: 1 Art. **Glasaugenbarsch** (*H. cruentatus*): 50 cm, zirkumtropisch verbreitet. Variabel rot gefärbt, oft silbrige Fleckchen eingesprenkelt oder marmoriert.

Gattung *Priacanthus*: 12 Arten. Dazu **Roter Großaugenbarsch** (*P. arenatus*): 50 cm, West- und Ostatlantik. Tiefrot gefärbt. – **Gewöhnlicher Großaugenbarsch** (*P. hamrur*): 45 cm, Indowest- und Zentralpazifik, Rotes Meer. Schwanzflosse leicht eingedellt und spitz ausgezogen. – **Hawaii-Großaugenbarsch** (*P. meeki*): bis 33 cm, Hawaii- und Midway-Inseln, bis in 50 m Tiefe.

Gattung *Pristigenys*: 4 Arten. Dazu **Kurzer Großaugenbarsch** (*P. alta*): 30 cm, Westatlantik (nordamerikanische Ostküste, Golf von Mexiko, Karibik). – **Japanischer Großaugen-**

barsch (*P. niphonia*): etwa 30 cm, Rotes Meer Indowestpazifik (nördlich bis Südjapan), hauptsächlich an Felsenriffen in 80 - 100 m Tiefe. – **Glotzaugenbarsch** (*P. serrula*): bis 33 cm, Ostpazifik (von Kalifornien bis Peru, Galapagosinseln).

Haltung von Großaugenbarschen

Großaugenbarsche benötigen große, reich strukturierte Becken mit Höhlen und Überhängen. Eine gedämpfte Beleuchtung erleichtert die Umstellung der natürlicherweise nachtaktiven Fische auf eine mehr tagaktive Lebensweise. Da tote Futtertiere nicht beachtet werden, sind für die Ernährung, zumindest während der Eingewöhnung, lebende Garnelen oder Fische (z.B. kleine Plötzen und Rotfedern) unerlässlich. Für eine Vergesellschaftung eignen sich ruhige Arten wie Soldatenfische oder Skorpionfische. Haltungstemperaturen zwischen 20 und 24 °C.

Familie Stint-Weißlinge (Sillaginidae)

Langgestreckter Körper mit kleiner, spitzer Schnauze. Kleine, leicht abfallende Schuppen. 2 getrennte Rückenflossen, die 2. lang, ebenso lang die Afterflosse, Schwanzflosse gegabelt. Größe zwischen 15 und 70 cm.

Verbreitung. Indowestpazifik.

Lebensweise. Im küstennahen Flachwasser, oft auch im Brackwasser, gesellig. Über die Fortpflanzung ist wenig bekannt. *Sillaginopsis panijus* hat jährlich 2 Laichperioden. Jungtiere einiger Arten wandern für 1 - 3 Monate in Süßgewässer.

Nahrung. Kleinfische, Krebstiere, verschiedene Würmer, Mollusken, auch Algen.

3 Gattungen mit 31 Arten. Obwohl mit einigen Arten in Japan und in Australien in der Aquakultur experimentiert wird, sind sie aquaristisch noch weitgehend unbekannt.

Gattung *Sillaginopsis*: 1 Art. **Indischer Schwertfisch**, **Antennenfisch** (*S. panijus*): bis 44 cm, Küstengewässer des westlichen Indischen Ozeans (Ganges-Delta, Burma/Myanmar, Malaysia). Vorderer Strahl der 1. Rückenflosse antennenartig verlängert.

Haltung von Stint-Weißlingen

Nur für den Indischen Schwertfisch liegen – wenige – Haltungserfahrungen vor. Die recht transportempfindlichen Fische pflegt man in kleinen Gruppen in geräumigen Brackwasser-Aquarien (pH-Wert 7 - 9, Temperatur 22 - 28 °C), obwohl sich Jungfische (bis etwa 18 cm Länge) natürlicherweise einige Monate auch in Süßgewässern aufhalten können. Das Becken, das den Fischen viel Schwimmraum über Sandboden bieten soll, wird mit Wurzeln und abgerundeten Steinen eingerichtet. Eine kräftige Filterung und Wasserströmung ist wichtig. Die Ernährung mit verschiedenstem Lebendfutter, Forstfutter, Pellets und Flockenfutter bereitet keine Schwierigkeiten.

Familie Torpedobarsche (Malacanthidae)

Körper langgestreckt, im Querschnitt weitgehend zylindrisch, nur wenig zusammengedrückt. Rückenflosse einheitlich und lang, auch Afterflosse relativ lang. Schwanzflosse gegabelt oder gerundet. Größe zwischen 11 und 70 cm.

Verbreitung. Indopazifik (westlich bis Hawaii), 1 Art (*Malacanthus plumieri*) im westlichen Atlantik.

Lebensweise. Auf Sand- und Geröllböden in Riffgebieten, bis in eine Tiefe von etwa 100 m. Meist paarweise in selbst gegrabenen Wohnhöhlen. Protogyne Zwitter, im Alter von 1 - 2

Jahren wandeln sich die Weibchen in Männchen um. Über die Fortpflanzung ist wenig bekannt, wahrscheinlich keine Brutpflege.

Nahrung. Zooplankton und wirbellose Bodentiere (Würmer, Schnecken, Krebstiere u. a.).

2 Gattungen mit 14 Arten. Die aquaristisch bedeutungslosen 26 Arten der Familie Ziegelbarsche (Branchiostegidae) werden oft, dann allerdings als getrennte Unterfamilie, mit den Torpedobarschen zusammengefasst.

Gattung *Hoplolatilus*: 11 Arten. Dazu **Chamäleon-Torpedobarsch** (*H. chlupatyi*): 13 cm, Philippinen. Auffallend schnelles Farbwechselvermögen. – **Gelbpunkt-Torpedobarsch** (*H. fourmanoiri*): 14 cm, tropischer Indopazifik. – **Goldener Torpedobarsch** (*H. luteus*): 11 cm, Indonesien, in Korallenriffen auf Sandgrund. – **Marcos Torpedobarsch** (*H. marcosi*): 12 cm, westlicher Zentralpazifik. Breites, rotbraunes Längsband. – **Purpur-Torpedobarsch** (*H. purpureus*): 13 cm, Philippinen und Salomonen, in Korallenriffen ab etwa 30 m Tiefe. – **Blaukopf-Torpedobarsch** (*H. starcki*): 15 cm, Westpazifik. Gelb mit blauem Kopf.

Gattung *Malacanthus*: 3 Arten. Dazu **Gestreifter Torpedobarsch** (*M. brevirostris*): über 30 cm, im gesamten tropischen Indopazifik, einschließlich des Roten Meeres. – **Band-Torpedobarsch** (*M. latovittatus*): bis 60 cm, Indowest- und Zentralpazifik, Rotes Meer, weit verbreitet am Außenriff über Korallenschutt. Jungfische ähneln jungen Korallenwelsen.

Haltung von Torpedobarschen

Torpedobarsche sind friedlich, aber recht scheu, deshalb sollten ausreichend Versteckplätze vorhanden sein. Sie sind sehr gut für Korallenriff-Aquarien geeignet, deren starke Strömungsverhältnisse und gute Wasserqualität für die empfindlichen Tiere optimale Haltungsbedingungen bieten. Die Eingewöhnung gelingt sehr gut mit lebenden Mysis oder Artemien, später wird dann auch Frostfutter genommen. Man hält sie am besten paarweise. In kleinen Aquarien besteht die Gefahr des Herausspringens, da die schreckhaften Fische sehr sprungfreudig sind.

Die größeren *Malacanthus*-Arten benötigen entsprechend geräumige Becken mit Sandboden und festen Einbauten, unter denen sie ihre Wohnhöhlen anlegen können. Im Aquarium des Zoo Leipzig erreichten in einem 4,5-m^3-Becken 2 *Malacanthus latovittatus* immerhin eine Größe von etwa 35 cm.

Familie Schnapper (Lutjanidae)

Körper oft hochrückig, seitlich etwas zusammengedrückt, aber auch spindelförmig gestreckt. Große Kammschuppen. Maulspalte groß, endständig, häufig fallen vorn stehende, kräftige Fangzähne auf. Einheitliche Rückenflosse, keine Trennung zwischen hart- und weichstrahligem Teil. Schwanzflosse deutlich gegabelt oder zumindest leicht eingedellt. Oft unterschiedliche Jugend- und Altersfärbung. Größe zwischen 15 cm und 1,7 m.

Verbreitung. In allen tropischen und subtropischen Meeren, auch im Brackwasser von Ästuaren und bis in das Süßwasser von Flüssen eindringend. Ferner einige wenige reine Süßwasserarten.

Lebensweise. An Korallen und Felsenriffen, in Seegraswiesen und Algenwäldern von der Küste bis in etwa 450 m Tiefe. Einzelgänger, in kleinen Gruppen oder auch in großen Schwärmen, tag- und nachtaktiv. Fortpflanzung, soweit bekannt, nachts in Laichgemeinschaften im freien Wasser. Eier und Larven zunächst pelagisch, Jungfische wachsen dann in Flachwasserbereichen, oft in Ästuaren und Mangrovenwäldern, heran.

Nahrung. Fische und Krebstiere, manche Arten sind Planktonfresser.

18 Gattungen mit über 100 Arten.

Abb. 52.30 *Lutjanus kasmira* (Zoo Leipzig, Aquarium)

Gattung *Lutjanus*: 67 Arten. Dazu **Kupferschnapper** (*L. argentimaculatus*): bis 1,5 m, Indowestpazifik, Rotes Meer. Sehr salztolerant, Jungtiere häufig in der Mangrove, in Ästuaren und den Unterläufen großer Flüsse. – **Gelber Schnapper** (*L. argentiventris*): 70 cm, Ostpazifik (Südkalifornien bis Peru, Galapagosinseln). – **Schulmeister** (*L. apodus*): 60 cm, tropischer Ost- und Westatlantik. Silbergrau, Flossen gelblich. – **Grauer Schnapper** (*L. griseus*): etwa 80 cm, Westatlantik (Bermudas bis Brasilien, Karibik). Jungtiere in Ästuaren, Mangrove-Gebieten und im Unterlauf größerer Flüsse. – **Schwarzschwanz-Schnapper** (*L. fulvus*): 40 cm, Indowest- und Zentralpazifik. Rücken- und Schwanzflosse tiefschwarz. – **Hundsschnapper** (*L. jocu*): über 1,2 m, Westatlantik (Bermudas bis Brasilien, Karibik), Ostatlantik (St. Pauls Insel, Ascension). 2 auffallend große Fangzähne im Oberkiefer. – **Kaschmir-Schnapper** (*L. kasmira*): 40 cm, Indowestpazifik, Rotes Meer, Südostatlantik (um Südafrika). Attraktiv gelb gefärbt, mit 4 blauen Längsstreifen. Tagsüber in großen Gruppen. – **Kaiser-Schnapper** (*L. sebae*): über 1,1 m, Indowestpazifik, Rotes Meer. Die kräftigen rotbraunen Querbinden der Jungtiere verblassen im Alter. – **Gelbstreifen-Schnapper** (*L. synagris*): 60 cm, tropischer und subtropischer Westatlantik, Karibik, Golf von Mexiko.

Gattung *Macolor*: 2 Arten. Dazu **Schwarzer Schnapper** (*M. niger*): 75 cm, Indopazifik (Ostafrika bis Samoa und Australien). Jugendfärbung kontrastreich schwarz-weiß gefleckt, Erwachsene einfarbig grau. Jungfische leben einzeln, Adulte in großen Schulen.

Gattung *Ocyurus*: 1 Art. **Gelbschwanz-Schnapper** (*O. chrysurus*): 75 cm, tropischer Ost- und Westatlantik. Bis in die tief gegabelten Schwanzflossenlappen ziehender gelber Längsstrich.

Gattung *Symphorichthys*: 1 Art. **Blaustreifen-Schnapper** (*S. spilurus*): 60 cm, Westpazifik. Charakteristisch sind besonders in der Jugend lang ausgezogene Rücken- und Afterflosse. Jungfische bis etwa 10 cm Länge besitzen breites, schwarzes, weiß eingefasstes Längsband, die Erwachsenenfärbung ist gelb mit zahlreichen blauen Längsstreifen und 1 schwarzen Fleck auf der Schwanzwurzel – sehr attraktive Fische.

Gattung *Symphorus*: 1 Art. **Zimt-Schnapper** (*S. nematophorus*): 80 cm, östlicher Indischer Ozean, Westpazifik. Ähnelt dem Blaustreifen-Schnapper, aber kein schwarzer Schwanzstielfleck, Flossen nicht gelb.

Haltung von Schnappern

Schnapper sind im Aquarium robust und langlebig. Sie werden als Jungfische importiert, gewöhnen sich leicht ein und wachsen sehr schnell heran. Am Tag stehen sie oft unter Überhängen

Abb. 52.31 *Symphorichthys spilurus* (Zoo Leipzig, Aquarium)

und in Höhlungen oder halten sich an exponierten Strömungsstellen auf, schwimmen aber nachts viel umher. Ihr Raumbedarf ist deshalb sehr groß, das Becken sollte für ältere große Schnapper mindestens ein Volumen von 10 m^3 aufweisen. An die Wasserqualität werden keine besonderen Ansprüche gestellt. Die Haltungstemperaturen liegen bei 22 - 28 °C. Gefressen wird praktisch alles tierische Futter geeigneter Größe.

Die meisten Arten sind untereinander sehr unverträglich, schwächere Tiere werden früher oder später sterben. Kaschmir-Schnapper beispielsweise lassen sich aber in mehrere Kubikmeter großen Becken recht gut als Gruppe zusammen halten. Eine Vergesellschaftung mit anderen Fischen ist in der Regel problemlos möglich, wenn diese nicht als Beute in Betracht kommen.

Höchstalter. Haltungsdauer für *Lutjanus jocu* 14 Jahre, 7 Monate (New York Aquarium), für *L. argentiventris* über 11 Jahre (Steinhart Aquarium, San Francisco).

Familie Füsiliere (Caesionidae)

Körper mehr oder weniger spindelförmig. Rückenflosse einheitlich, Schwanzflosse tief gegabelt. Größe zwischen 13 und 60 cm.

Verbreitung. Indowestpazifik.

Lebensweise. Tagaktive, elegante Schwarmfische im Freiwasser tropischer Korallenriffe. Zeigen bei Gefahr typisches Synchronschwimmen. Schlafen nachts in Spalten (Schlaffärbung). Geschlechtsumwandlung, zuerst Weibchen, dann Männchen (protogyne Zwitter), Fortpflanzung im Schwarm in Oberflächennähe. Laich und Larven pelagisch.

Nahrung. Zooplankton.

4 Gattungen mit 20 Arten.

Gattung *Caesio*: 8 Arten. Dazu **Hochrücken-Füsilier** (*C. cuning*): bis 60 cm, östlicher Indischer Ozean, Westpazifik. Körper blau, Rücken

Abb. 52.32 *Caesio cuning* (Zoo Leipzig, Aquarium)

und Schwanz gelb. – **Gelbrücken-Füsilier** (*C. teres*): bis 40 cm, tropischer Indowestpazifik. Blau, im Rücken gelblich.

Gattung *Pterocaesio*: 10 Arten. Dazu **Zweistreifen-Füsilier** (*P. diagramma*): 30 cm, Westpazifik. Auf jeder Körperseite 2 feine, gelbe Streifen, schwarze Schwanzflossenspitzen. – **Neon-Füsilier** (*P. tile*): 30 cm, tropischer Indowestpazifik. Schwarzer, in den oberen Schwanzlappen hineinziehender Längsstrich, auch im unteren Schwanzlappen schwarzer Strich. – **Dreistreifen-Füsilier** (*P. trilienata*): 20 cm, Westpazifik. Oberseits längs gestreift.

Haltung von Füsilieren

Die transportempfindlichen Füsiliere sind, einmal eingewöhnt, sehr gut haltbar. Allerdings benötigen sie große Aquarien (mindestens 10 m^3), die den lebhaften Schwarmfischen ausreichenden Schwimmraum, auch in der Höhe, bieten. Sie verhalten sich, auch gegenüber anderen Fischen und Wirbellosen, friedlich und sollten stets in einer größeren Gruppe gepflegt werden. Gut eignen sich die Füsiliere für einen großen Korallenriff-Tank, in dem sie meist in den mittleren Wasserschichten umherziehen.

Als Planktonfresser nehmen sie ihr Futter (Mysis, Artemien, zerkleinertes Muschel-, Krebs- und Fischfleisch) nur aus dem freien Wasser auf. Es muss deshalb für die äußerst schnellen Fresser durch die Wasserströmung möglichst lange in der Schwebe bleiben bzw. mehrmals täglich gefüttert werden. Die Haltungstemperaturen liegen entsprechend der tropischen Herkunft bei 24 - 28 °C.

Familie Dreischwanzbarsche (Coiidae)

Körper hochrückig, seitlich zusammengedrückt. Kopf zugespitzt, mit tief gespaltenem, endständigem Maul. Kammschuppen und vollständige, dem Rückenprofil folgende Seitenlinie. Die großen, gerundeten Weichteile der Rücken- und Afterflosse lassen zusammen mit der gerundeten Schwanzflosse den Eindruck einer Dreischwänzigkeit entstehen. Größe zwischen 30 und 45 cm.

Verbreitung. Südasien (Indien bis Vietnam, Indonesien), auch Neuguinea.

Lebensweise. Vorwiegend Brackwasserfische der großen Flussmündungen, z. T. aber auch in reinem Süßwasser. Erwachsene sind standorttreue, räuberische Einzelgänger. Eier legend, Einzelheiten der Fortpflanzung unbekannt.

Nahrung. Fische, Krebstiere, Insektenlarven.

2 Gattungen mit 5 Arten. Sie bildeten früher zusammen mit dem Schwarzen Dreischwanzbarsch (*Lobotes surinamensis*) die Familie Lobotidae, die jetzt nur noch diese Art umfasst.

Gattung *Coius*: 3 Arten. Dazu **Kleinschuppen-Tigerbarsch** (*C. microlepis*): 45 cm, Südostasien, Borneo, Sumatra. Grundfärbung gelbbraun. Auf den Körperseiten 3 breite, schwarze Querstreifen, weitere Streifen am Kopf und Schwanzstiel. – **Vierstreifen-Tigerbarsch** (*C. quadrifasciatus*): 30 cm, ganz Süd- und Südostasien, südlich bis Neuguinea. Körper düster olivbraun, Jungtiere mit 8 - 10 Querstreifen, die im Alter zu 4 Querbinden verschmelzen.

Gattung *Datnioides*: 2 Arten. Dazu **Schöner Tigerbarsch** (*D. pulcher*): 40 cm, Hinterindien. 4 - 5 breite, schwarze Streifen.

Haltung von Dreischwanzbarschen

Die Dreischwanzbarsche sind ein interessanter Besatz für ein asiatisch-tropisches Brackwasser-Becken und können bei einem ausreichenden Raumangebot (etwa 2 m^3) gut z. B. mit Silberflossenblättern und Bogenstreifen-Tigerbarschen (*Terapon jarbua*) oder Schützenfischen vergesellschaftet werden. Wichtig ist eine ausreichende Strukturierung der Beckeneinrichtung, um den Fischen genügend Einstandsmöglichkeiten zu bieten. Auch eine gedämpfte Beleuchtung trägt zum Wohlbefinden bei. Die Dreischwanzbarsche können leicht mit toten Futterfischen, Rinderherz, frischer Leber und Regenwürmern ernährt werden. Sie sind gefräßige Raubfische, dementsprechend leistungsfähig sollte die Filterung ausgelegt sein.

Familie Grunzer, Schweinsfische, Süßlippen (Haemulidae, Pomadasyidae)

Körper seitlich zusammengedrückt, gestreckt bis hochrückig. Rückenflosse einheitlich, aber im vorderen Teil mit sehr kräftigen Stachelstrahlen. Afterflosse klein, Schwanzflosse meist gegabelt, seltener gerade oder leicht gebogen. Kiemendeckel mit 1 Stachel. Mundspalte relativ klein, mit verdickten Lippen. Am Kinn meist 2 Poren (keine Barteln) und 1 Längsfurche. Kleine bis mittelgroße Kammschuppen. Seitenlinie vollständig, folgt dem Rückenprofil. Viele Arten erzeugen Geräusche, die durch Aneinanderreiben der Schlundzähne entstehen und durch die Schwimmblase als Resonanzorgan verstärkt werden. Häufig extreme Färbungs- und Zeichnungsunterschiede zwischen Jungfischen und Erwachsenen. Keine äußeren Geschlechtsunterschiede erkennbar. Größe zwischen 10 cm und reichlich 1 m, meist aber 30 - 50 cm.

Verbreitung. Alle tropischen und subtropischen Meere.

Lebensweise. An Felsen- und Korallenriffen, manche Arten auch über Seegraswiesen und Sandgründen, einige sogar im Brackwasser und in Flüsse aufsteigend. Am Tag halten sie sich oft in größeren Gruppen mehr oder weniger ruhig unter Überhängen oder in der Nähe von Höhlen auf. Nachts vereinzeln sie sich, um auf Nahrungssuche zu gehen. Freilaicher, Eier und Larven pelagisch. Junge oft in Gezeitentümpeln oder Ästuaren.

Nahrung. Verschiedenste Wirbellose (Garnelen, Krabben, Würmer, Stachelhäuter, Mollusken), kleine Fische, z. T. auch Algen.

17 Gattungen mit über 130 Arten. Die Süßlippen (Unterfamilie Plectorhinchinae) werden auch als eigene Familie geführt.

Gattung *Anisotremus*: 10 Arten. Dazu **Panama-Grunzer** (*A. taeniatus*): 35 cm, Ostpazifik

Abb. 52.33 *Anisotremus virginicus* (Zoo Leipzig, Aquarium)

(Kalifornische Halbinsel bis Ecuador). In der Färbung dem karibischen Schweinsgrunzer sehr ähnlich. – **Surinam-Grunzer** (*A. surinamensis*): bis 76 cm, subtropisch-tropischer Westatlantik, Karibik. Erwachsene silbrig grau mit dunklen Schuppenzentren, an der Brustflossenbasis 1 schwarzer Fleck, Flossen schwärzlich. – **Schweinsgrunzer**, **Virginia-Grunzer** (*A. virginicus*): 45 cm, tropischer Westatlantik, Karibik. Erwachsene mit gelben Längsstreifen und gelben Flossen, am Kopf je 1 schwarzes Band durch das Auge und hinter dem Kiemendeckel.

Gattung *Conodon*: 3 Arten. Dazu **Querbandgrunzer** (*C. nobilis*): bis 33 cm, tropisch-subtropischer Westatlantik (Texas bis Brasilien). Undeutliche Querbänderung bis in die Schwanzflosse.

Gattung *Diagramma*: 4 Arten. Dazu **Silber-Süßlippe** (*D. pictum*): bis 1 m, Indowestpazifik, Rotes Meer. Jungfische mit breiten schwarzen Längsbändern, Erwachsene mit zahlreichen gelblichen bis bräunlichen Punkten.

Gattung *Haemulon*: 19 Arten. Jungfische sind meist sehr ähnlich längs gestreift. Die im Folgenden angegebenen Färbungen beziehen sich auf Erwachsene. Dazu **Goldstreifen-Grunzer** (*H. aurolineatum*): 25 cm, Westatlantik (von Massachusetts bis Brasilien). Silberweiß mit 2 gelben Längsstreifen und 1 schwarzen Fleck vor der Schwanzflosse. – **Schwarzer Grunzer** (*H. bonariense*): 40 cm, Westatlantik (von den Großen Antillen bis Brasilien). – **Caesar-Grunzer** (*H. carbonarium*): bis 36 cm, tropisch-subtropischer Westatlantik, Karibik, auch in der Mangrove. – **Gelbstreifen-Grunzer** (*H. chrysargyreum*): bis 23 cm, tropisch-subtropischer Westatlantik. Erwachsene in Korallenriffen. – **Franzosen-Grunzer** (*H. flavolineatum*): 30 cm, Golf von Mexiko bis Brasilien. Gelb mit unregelmäßigen blauen Längsstreifen. – **Spanischer Grunzer** (*H. macrostoma*): bis 43 cm, tropischer Westatlantik. Silbergrau mit schwarzen Längsstreifen, unter und hinter der Rückenflosse gelb. – **Kopfstreifen-Grunzer** (*H. plumieri*): bis 53 cm, Westatlantik (von Südflorida, Golf von Mexiko, Karibik bis Südostbrasilien). Färbung sehr variabel, aber charakteristische gelbe und bläuliche Linien im Kopfbereich. – **Schwanzfleck-Grunzer** (*H. steindachneri*): 30 cm, Westatlantik (Panama bis Rio de Janeiro), Ostpazifik (Mexiko bis Peru). Großer schwarzer Fleck auf der Schwanzflossenbasis. –

Abb. 52.34 *Plectorhinchus gaterinus* (Tierpark Berlin)

Streifengrunzer (*H. striatum*): bis 28 cm, tropischer Westatlantik, Karibik. Silbergrau mit 5 dunkelgelben Streifen.

Gattung *Orthopristis*: 7 Arten. Dazu **Kleinmaul-Grunzer** (*O. chrysoptera*): bis 46 cm, Westatlantik (Bermudas, New York bis Mexiko). Zahlreiche gelbe bis bronzefarbene Punkte und kurze Striche auf grauem bis bläulichem Grund.

Gattung *Plectorhinchus*: 32 Arten. Dazu **Riesen-Süßlippe** (*P. albovittatus*): etwa 80 cm, Indowest- und Zentralpazifik, Rotes Meer. Jungtiere weiß-gelb oder -orange längs gestreift. – **Harlekin-Süßlippe** (*P. chaetodonoides*): etwa 70 cm, Indopazifik (Mauritius, Seychellen, Malediven bis zu den Fidschi-Inseln). Jungfische besitzen große weiße Flecken auf braunem Grund, Erwachsene gelbweiß mit zahlreichen dicht stehenden dunklen Punkten. – **Linien-Süßlippe** (*P. gaterinus*): 50 cm, Indischer Ozean, Rotes Meer. Jungfische mit 3 Paar schwarzen Längsstreifen, Erwachsene weißgelb mit braunen Tupfen. – **Diagonal-Süßlippe** (*P. lineatus*): etwa 70 cm, West- und Zentralpazifik. Jungtiere mit 5 schwarzen Längsstreifen, Erwachsene über der Körpermitte mit schräg verlaufenden, schwarzen Streifen. – **Orient-Süßlippe** (*P. orientalis*): bis 86 cm, Indowest- und Zentralpazifik. Schwarz-weiß längs gestreift. – Sehr ähnlich ist *P. vittatus* aus dem Indischen Ozean. – **Forellen-Süßlippe** (*P. pictus*): bis 83 cm, Indowestpazifik, nicht häufig. – **Schwarz-weiße Süßlippe** (*P. picus*): bis 84 cm, Indowestpazifik, Jungtiere großflächig schwarz und weiß gezeichnet, Erwachsene gelbgrau mit zahlreichen dunklen Tupfen.

Gattung *Pomadasys*: 37 Arten. Dazu **Bastardgrunzer** (*P. incisus* = *P. bennetti*): 50 cm, zentraler Ostatlantik (Gibraltar bis Angola). Auch im Brackwasser.

Haltung von Grunzern und Süßlippen

Während *Haemulon*-Arten besonders in nordamerikanischen Schauaquarien zu sehen sind, werden nach Europa vor allem die indopazifischen *Plectorhinchus*-Arten exportiert. Sie sind im Allgemeinen gut haltbar, wenn man berücksichtigt, dass die lebhaften Fische viel Schwimmraum und damit entsprechend große Becken, Unterstände in den Felsaufbauten als Ruheplätze sowie eine kräftige Strömung und leistungsstarke Filterung benötigen. Viele der ansonsten friedlichen Fische können untereinander oder gegenüber ähnlich gefärbten Arten zumindest zeitweise sehr unverträglich sein.

Abb. 52.35 *Plectorhinchus orientalis* (Zoo Leipzig, Aquarium)

Zwischen Geschlechtspartnern wird als Ausdruck des innerartlichen Imponierens ein sich gegenseitig drohendes Maulaufsperren und anschließendes „Küssen“ beobachtet.

Nach der Eingewöhnung, die am besten mit Lebendfutter (Mysis, Artemien, kleine Garnelen) gelingt, wird alles gängige tierische Futter gefressen. Auch pflanzliche Zukost (Salat) wird von manchen Arten gern genommen.

Vermehrung. Im Vivarium Karlsruhe gelang im Jahr 2001 zufallsbedingt die Vermehrung von *Haemulon flavolineatum*. Während längerer Haltung eines nicht immer harmonierenden Paares wurden im Grobfiltersieb Eier gefunden, die abgesammelt und in einem 10-l-Eimer zum Schlupf gebracht wurden. Die anfangs 30 Jungfische, die eine Länge von 2 mm hatten, schwammen die ersten 3 Wochen mit dem Kopf senkrecht nach oben. Angefüttert wurde mit Copepoden, nach 3 Wochen wurden frisch geschlüpfte Artemia-Nauplien aufgenommen. Insgesamt konnten 5 Jungfische aufgezogen werden.

Abb. 52.36 *Plectorhinchus orientalis*, Jugendfärbung (Naturaufnahme, Rotes Meer)

Höchstalter. *Orthopristis chrysoptera* 5 Jahre, 6 Monate im Aquarium, *Plectorhinchus gaterinus* 19 Jahre im Tierpark Berlin.

Familie Meerbrassen (Sparidae)

Körper relativ hochrückig, seitlich zusammengedrückt. Kopf verhältnismäßig klein, mit mehr oder weniger spitzer Schnauze, nur mäßig vorstreckbar. Mund endständig oder leicht ober- bzw. unterständig, je nach Lebensweise mit Schneide-, Fang- oder Mahlzähnen. Stachel- und weichstrahliger Teil der Rückenflosse einheitlich. Afterflosse wesentlich kleiner als die Rückenflosse. Brustflossen lang und spitz ausgezogen, Schwanzflosse tief eingeschnitten. Kammschuppen, vollständige Seitenlinie, Kiemendeckel unbestachelt und glattrandig (Unterschied zu den Zackenbarschen). Körperfärbung oft mit Silberglanz und schwarzen Flecken oder Bändern. Größe zwischen 20 cm und 2 m.

Verbreitung. In allen tropischen bis gemäßigt-temperierten Meeren. Mannigfaltigkeitszentrum um Südafrika.

Lebensweise. Meist Schwarmfische des Litorals und der Felsenküsten, manche dringen in Brack- und Süßwasserbereiche ein. Relativ standorttreu. Viele Meerbrassen sind protogyne oder protandrische Zwitter, bei denen zuerst die weiblichen, danach die männlichen Keimdrüsen reifen bzw. umgekehrt, einige aber auch Simultanhermaphroditen. Viele Freilaicher, Eier und Larven treiben im Plankton, aber auch Anlegen von Laichgruben am Boden durch das Männchen mit anschließender Brutpflege.

Nahrung. Fische, Krebstiere, Mollusken, Algen.

35 Gattungen mit über 120 Arten.

Gattung *Archosargus*: 3 Arten. Dazu **Schafskopf** (*A. probatocephalus*): 90 cm, Westatlantik, Karibik. 5 - 6 breite, dunkle Querbinden.

Gattung *Boops*: 2 Arten. Dazu **Gelbstrieme** (*B. boops*): 36 cm. 2 - 3 gelbe Längsstreifen.

Gattung *Calamus*: 13 Arten. Dazu **Pazifischer Brassen** (*C. brachysomus*): 60 cm, Ostpazifik (Südkalifornien bis Peru). – **Glotzaugen-Brassen** (*C. calamus*): 40 cm, tropischer Westatlantik, Karibik.

Abb. 52.37 *Diplodus vulgaris* (Zoo Leipzig, Aquarium)

Abb. 52.38 *Lithognathus mormyrus* (Zoo Leipzig, Aquarium)

Gattung *Dentex*: 9 Arten. Dazu **Zahnbrassen** (*D. dentex*): 1 m, Ostatlantik (von den Britischen Inseln bis zum Senegal).

Gattung *Diplodus*: 12 Arten. Dazu **Ringelbrassen** (*D. annularis*): 24 cm, südeuropäische und nordwestafrikanische Atlantikküste, Mittelmeer. Schwarzer Schwanzfleck. – **Spitzbrassen** (*D. puntazzo*): 60 cm, wie vorige Art, außerdem im Schwarzen Meer. Kräftige schwarze Querbänderung. – **Großer Geißbrassen** (*D. sargus*): 45 cm, Ostatlantik, Mittelmeer, östlicher Indischer Ozean. Schwarzer Halbring auf dem Schwanzstiel. 7 Unterarten. – **Zweibindenbrassen** (*D. vulgaris*): 40 cm, Mittelmeer, südeuropäische und nordwestafrikanische Atlantikküste.

Gattung *Lithognathus*: 4 Arten. Dazu **Marmorbrassen** (*L. mormyrus*): 55 cm, Ostatlantik,

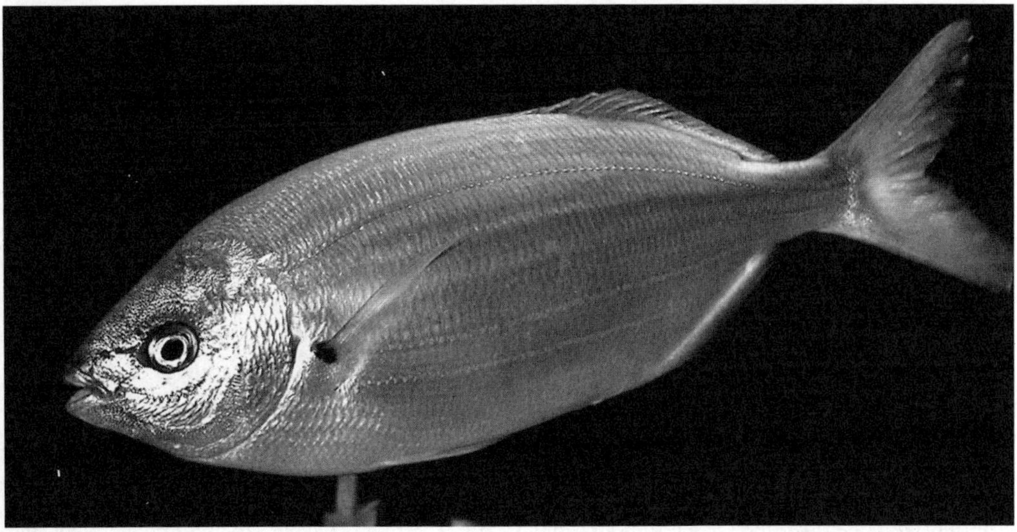

Abb. 52.39 *Sarpa salpa* (Zoo Leipzig, Aquarium)

Abb. 52.40 *Sparus auratus* (Aquarium des Instituts für Meereswissenschaften, Kiel)

Mittelmeer, Rotes Meer, Indischer Ozean. 10 - 12 schwärzliche Querbinden.

Gattung *Oblada*: 1 Art. **Brandbrassen** (*O. melanura*): 34 cm, Mittel- und Schwarzes Meer, Ostatlantik (von Westfrankreich bis Angola). Schwanzstiel mit schwarzem Ring.

Gattung *Pagellus*: 5 Arten. Dazu **Rotbrassen** (*P. erythrinus*): 60 cm, Mittelmeer, Ostatlantik (von Skandinavien bis zu den Kapverden). Im Alter rötlich gefärbt.

Gattung *Sarpa*: 1 Art. **Goldstrieme** (*S. salpa*): 50 cm, Mittel- und Schwarzes Meer, Ostatlantik (Golf von Biskaya bis Südafrika). 10 - 12 goldfarbene Längsstreifen.

Gattung *Sparus*: 2 Arten. Dazu **Goldbrassen** (*S. auratus*): 1,4 m, Mittelmeer, Ostatlantik (von Westfrankreich bis zum Senegal). Hochgewölbte Stirn mit goldener Binde zwischen den Augen, schwarzer Fleck über der Brustflosse.

Gattung *Spondyliosoma*: 1 Art. **Brandbrassen** (*S. cantharus*): bis 60 cm, Ostatlantik, Nordsee, Mittelmeer. Die zunächst längs gestreiften Weibchen werden später zu hochrückigen, blaugrauen Männchen.

Haltung von Meerbrassen

Sehr gut in größeren Aquarien mit viel freiem Schwimmraum möglich. Man kann Meerbrassen in kleinen Gruppen pflegen, aber auch verschiedene Arten vergesellschaften. Zumindest die Mittelmeerarten scheinen etwas empfindlich gegenüber höheren Temperaturen zu sein. Eine längere Hälterung schon bei 20 - 22 °C begünstigt Hautinfektionen. Die optimalen Haltungstemperaturen liegen bei 16 - 18 °C.

Gefressen wird alles tierische Futter, das zur Ernährung von Meeresfischen eingesetzt wird. Man sollte allerdings die Garnelen, das Muschelfleisch oder Fischfilet vorher in mundgerechte Teile zerpflücken. Auch Flockenfutter wird gern genommen. Da viele Meerbrassen Algen fressen, bilden die im Aquarium wachsenden Algenrasen eine wichtige Nahrungsgrundlage.

Höchstalter. Lebensdauer im Aquarium für *Archosargus probatocephalus* 6, *Dentex dentex* und *Sparus auratus* 8, *Oblada melanura, Diplodus annularis, D. sargus, D. puntazzo* und *Lithognathus mormyrus* 9 Jahre, *Boops boops* in der Natur 6 Jahre.

Familie Großkopfschnapper, Straßenkehrer (Lethrinidae)

Körper spindelförmig bis hochrückig, seitlich zusammengedrückt, mit großem Kopf, meist steiler Stirnpartie und hochstehenden Augen. Mund oft sehr spitz, leicht vorstreckbar, Lippen dick. Auffallende Fangzähne in den vorderen Kieferabschnitten. Dünne Kammschuppen. Hart- und weichstrahliger Teil der Rückenflosse nicht getrennt oder eingekerbt. Häufig schnelles Farbwechselvermögen. Größe zwischen 20 cm und 1 m.

Verbreitung. Tropische, z.T. auch subtropischen Teile des Indopazifiks. 1 Art (*Lethrinus atlanticus*) vor Westafrika im östlichen Atlantik.

Lebensweise. Einzeln oder in Gruppen, über und in der Nähe von Riffen. Viele Arten fressen nachts, manche sind auch tagsüber aktiv. Wohl alle Arten sind protogyne Zwitter, d.h. die Weibchen wandeln sich später zu Männchen um. Fortpflanzung im freien Wasser, oft gemeinsam in großen Laichschwärmen. Eier treiben im Plankton.

Nahrung. Vorzugsweise bodenbewohnende, hartschalige Wirbellose (Schnecken, Muscheln, Krebse), auch Fische.

5 Gattungen mit 37 Arten. Nur wenige wurden bisher in Aquarien gehalten, einige Arten spielen in der Aquakultur eine Rolle.

Gattung *Gnathodentex*: 1 Art. **Gelbfleck-Großkopfschnapper** (*G. aurolineatus*): 30 cm, Indopazifik (von Ostafrika bis Hawaii), bis in 30 m Tiefe. Leuchtender gelber Fleck unter dem weichen Teil der Rückenflosse.

Gattung *Lethrinus*: 27 Arten. Dazu **Pazifischer Gelbschwanz-Straßenkehrer** (*L. atkinsoni*): 45 cm, Westpazifik (Indonesien, Philippinen, Japan bis Australien), bis in 30 m Tiefe. Körper blaugrau, Kopf braun mit rötlichen Lippen. – **Chinesischer Straßenkehrer** (*L. haematopterus*): 45 cm, Nordwestpazifik (chinesische und japanische Gewässer). Olivgrau mit dunklen Punkten. – **Blauschuppen-Straßenkehrer** (*L. nebulosus*): bis 87 cm, Indowestpazifik, Rotes Meer. Dringt auch in Brackwasser von Mangrove-Sümpfen ein.

Gattung *Monotaxis*: 1 Art. **Großaugen-Großkopfschnapper** (*M. grandoculis*): 60 cm, Indopazifik (Rotes Meer bis Hawaii). Erwachsene silbrig weiß, mit auffallend bullig wirkendem Kopfprofil, Jungtiere in der oberen Körperhälfte kontrastreich breit schwarz-weiß gebändert, untere Hälfte weiß.

Haltung von Großkopfschnappern

Die Haltung ist unproblematisch (siehe auch Familie Schnapper). Großkopfschnapper benötigen genügend freien Schwimmraum und Unterstände in Form von Höhlungen und Überhängen als Ruheplätze. Das Wachstum erfolgt rasch. Die Haltungstemperaturen richten sich nach den Herkunftsgebieten (zwischen 20 und 26 °C).

Familie Schnauzenbrassen (Centracanthidae, Maenidae)

Körper elliptisch gestreckt, mit endständigem, weit vorstreckbarem Maul. Rückenflosse ungeteilt, Schwanzflosse gegabelt. Größe zwischen 20 und 38 cm.

Verbreitung. Ostatlantik, Mittelmeer, Schwarzes Meer.

Lebensweise. In Küstennähe, über mit Seegras und Algen bewachsenen Sand- und Hartböden, oft in großen Gruppen. Protogyne Zwitter, Weibchen entwickeln sich später zu Männchen. Eiablage in vom Männchen ausgeschlagenen, flachen Gruben, aber auch Ablaichen im freien Wasser.

Nahrung. Zooplankton (Krebstiere, Fischbrut).

2 Gattungen mit 7 Arten.

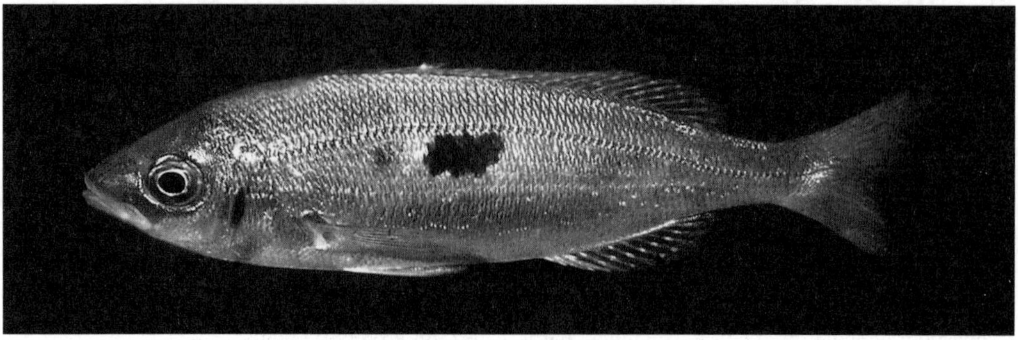

Abb. 52.41 *Spicara maena* (Zoo Leipzig, Aquarium)

Gattung *Spicara*: 6 Arten. Dazu **Laxierfisch** (*S. maena* = *Maena maena*): 25 cm, Nordostatlantik (Portugal bis Madeira und zu den Kapverdischen Inseln), Mittelmeer, Schwarzes Meer. Charakteristisch ist 1 annähernd rechteckiger, schwarzer Fleck in der Körpermitte. – Ähnlich, aber mit 20 cm etwas kleiner bleibend, ist der **Pikarel** (*S. smaris*).

Haltung von Schnauzenbrassen

Schnauzenbrassen sieht man selten in Aquarien. In Großbecken (mindestens 5 - 10 m^3) mit viel freiem Schwimmraum sind sie recht gut haltbar, wenn man die geselligen Fische in einer kleinen Gruppe pflegt. Die Eingewöhnung gelingt mit lebenden Mysis und Artemien, später werden diese auch aus dem Frost gefressen. Da die toten Futtertiere aber nicht vom Boden aufgenommen werden, muss mehrmals am Tag gefüttert werden. Die Haltungstemperaturen liegen zwischen 16 und 22 °C.

Höchstalter. *Spicara maena* über 8 Jahre im Aquarium (Naturkunde-Museum Karlsruhe).

Familie Scheinschnapper, Monokelbrassen (Nemipteridae)

Körper meist spindelförmig gestreckt, mit großen Augen und relativ kleinem, zugespitztem Mund. Rückenflosse einheitlich, langgestreckt, Afterflosse deutlich kürzer. Schwanzflosse gegabelt, mitunter der obere Lappen fadenartig ausgezogen. Jugend- und Erwachsenenfärbung meist sehr unterschiedlich. Größe zwischen 10 und 36 cm.

Verbreitung. Tropische und subtropische Teile des Indowestpazifiks.

Lebensweise. Tagaktiv, meist in kleinen Gruppen, aber ebenso einzeln über Sandböden am Korallenriff. Manche Arten besiedeln auch Mangrove-Gebiete. Die nicht sehr schwimmfreudigen Fische stehen oft ruhig am Ort. Fortpflanzung als protogyne Zwitter, die Weibchen wandeln sich wahrscheinlich nach dem 1. Ablaichen in Männchen um. Laichabgabe, soweit bekannt, im freien Wasser, Eier und Larven zunächst im Plankton.

Nahrung. Bodenlebende Wirbellose, vor allem Vielborster, Krebstiere, Mollusken und Stachelhäuter, aber auch kleine Fische. Einige Arten fressen auch größeres Zooplankton.

5 Gattungen mit 63 Arten.

Gattung *Pentapodus*: 9 Arten. Dazu **Fangzahn-Scheinschnapper** (*P. caninus*): 35 cm, Westpazifik. Erwachsene oberseits blassblau, unterseits weißlich. – **Emerys Scheinschnapper** (*P. emeryi*): 30 cm, östlicher Indischer Ozean (vor Nordwestaustralien), Indonesien, Philippinen.

Gattung *Scolopsis*: 16 Arten. Dazu **Zweistreifen-Monokelbrassen**, **Schärpen-Scheinschnap-**

per (*S. bilineata*): bis 23 cm, östlicher Indischer Ozean, West- und Zentralpazifik, in 1 - 25 m Tiefe. Oberer Körperteil olivfarben oder graubraun, unterer Teil perlweiß, 2 gelbe Streifen am Kopf. Relativ häufig importiert. – **Arabischer Monokelbrassen** (*S. ghanam*): 30 cm, Indischer Ozean, Rotes Meer. Dunkelbraun gestreift und gefleckt. – **Würfel-Monokelbrassen** (*S. lineata*): bis 23 cm, Indowestpazifik. Obere Körperhälfte mit dunkelbraunen, rechteckigen Flecken. – **Perlen-Monokelbrassen** (*S. margaritifer*): bis 28 cm, Westpazifik. Oberseits olivfarben, Bauchseite weißlich. – **Monokel-Scheinbrassen** (*S. monogramma*): bis 31 cm, Indowestpazifik. Oberer Schwanzflossenlappen beim Männchen fadenartig ausgezogen.

Haltung von Scheinschnappern

Nach Europa werden Scheinschnapper nicht häufig importiert. Die transportempfindlichen Fische sind, einmal eingewöhnt, recht gut haltbar. Sie benötigen Aquarien mit viel freiem Schwimmraum, guter Wasserqualität und nur mäßigen Strömungsverhältnissen. In der Eingewöhnungszeit werden bald lebende Mysis, Artemien und kleine Garnelen akzeptiert, später wird auch Frostfutter, klein geschnittenes Muschel- und Fischfleisch sowie Kalmar gefressen. Haltungstemperaturen zwischen 24 und 26 °C.

In kleinen Aquarien können Scheinschnapper aggressiv gegenüber Artgenossen sein, in großen Becken ist auch eine Haltung im Schulverband möglich. Ansonsten sind sie friedlich und können mit anderen ruhigen Fischen vergesellschaftet werden, die keine Futterkonkurrenz darstellen. Auch für den Besatz in großen Korallenriff-Aquarien sind Scheinschnapper gut geeignet.

Familie Adlerfische, Umberfische, Trommler (Sciaenidae)

Körper mehr oder weniger gestreckt, seitlich etwas zusammengedrückt und hochrückig. Seitenlinie vollständig, bis in die Schwanzflosse reichend, folgt dem Rückenprofil. Rund- und Kammschuppen. Im Kopfbereich zahlreiche Schleimkanäle. Schnauze abgerundet, mit end- oder unterständigem Maul. Am Unterkiefer häufig 1 oder mehrere kleine Barteln. Lange Rückenflosse, mit tiefer Kerbe zwischen hart- und weichstrahligem Teil, selten vollständig getrennt. Schwanzflosse sehr variabel (schräg abgestutzt, gerundet, spitz ausgezogen, leicht ausgerandet, aber niemals gegabelt). Schwimmblase (selten rückgebildet) meist einkammerig, aber sehr vielgestaltig, oft mit zahlreichen einfachen oder verzweigten Ausstülpungen, bis zum Kopf oder in die Muskulatur hineinziehend. Männchen mit speziellen Muskeln, welche die Schwimmblase zum Schwingen bringen, so dass trommelnde, brummende oder krächzende Geräusche entstehen, die besonders während der Balz zu hören sind. Größe zwischen 10 cm und 2,3 m.

Verbreitung. Atlantik, Indowest- und Ostpazifik (fehlen im Zentralpazifik), Mittelmeer, Schwarzes Meer, Rotes Meer. Verbreitungsschwerpunkt sind die australischen und südafrikanischen Küstengewässer. Wenige Arten in Nord- und Südamerika.

Lebensweise. Meist im küstennahen Flachwasser tropisch-subtropischer Meere, über Sand- und Schlammgrund, bodenorientiert. Teilweise in Brackwasser und Flussmündungen eindringend. Einige Arten aus 4 Gattungen nur im Süßwasser. Manche auch im tiefen Wasser (bis 600 m) oder in Korallenriffen. Überwiegend nachtaktiv, viele bilden Schwärme zur Nahrungssuche und zur Fortpflanzung. Eier (mit Öltröpfchen) und Larven der Meeresarten schweben im Wasser. Junge oft in Ästuaren.

Nahrung. Krebstiere, Borstenwürmer, Mollusken, kleine Fische.

Etwa 70 Gattungen mit etwa 270 Arten. Nur sehr wenige Arten sind aquaristisch bekannt.

Abb. 52.42 *Equetus acuminatus* (Zoo-Aquarium Berlin)

Gattung *Aplodinotus*: 1 Art. **Süßwassergrunzer** (*A. grunniens*): 95 cm, Nord- und Mittelamerika, in großen Flüssen und Seen bis in 30 m Tiefe.

Gattung *Argyrosomus*: 9 Arten. Dazu **Adlerfisch** (*A. regius*): 2,3 m (größte Art), Ostatlantik (Norwegen bis Gibraltar und Mauretanien), Mittelmeer, Schwarzes Meer. Silbergrau.

Gattung *Atractoscion*: 2 Arten. Dazu **Weißer Seebarsch** (*A. nobilis*): 1,6 m, Nordostpazifik (Alaska bis Niederkalifornien, auch im Golf von Kalifornien):

Gattung *Bairdiella*: 7 Arten. Dazu **Blauer Grunzer** (*B. batabana*): 25 cm, Westatlantik (südliches Florida, Große und Kleine Antillen), in 3 - 10 m Tiefe.

Gattung *Equetus*: 5 Arten, in Korallenriffen der Karibik, vor Florida, den Bermudas und Bahamas, bis nach Nordbrasilien. Alle mit fahnenartig verlängerter 1. Rückenflosse. Dazu **Gestreifter Ritterfisch** (*E. acuminatus*): 23 cm, in 5 - 20 m Tiefe. Erwachsene schwarz-weiß längs gestreift. – **Wimpel-Ritterfisch** (*E. lanceolatus*): 24 cm, besonders lang ausgezogene 1. Rückenflosse, von der 1 breites schwarzes Band bogenförmig bis in die Schwanzflosse zieht. – **Tüpfel-Ritterfisch** (*E. punctatus*): 27 cm.

Gattung *Nibea*: 9 Arten. Dazu **Nibe-Grunzer** (*N. mitsukurii*): 75 cm, Nordwestpazifik (von Tohoku bis zum Ostchinesischen Meer). Wird in Japan in der Aquakultur gezüchtet.

Gattung *Pareques*: 4 Arten. Dazu **Gungo** (*P. viola*): 25 cm, östlicher Pazifik (Golf von Kalifornien bis Peru).

Gattung *Plagioscion*: 6 Arten. Dazu **Südamerikanischer Silbergrunzer, Süßwasser-Umberfisch** (*P. squamosissimus*): über 70 cm, nordwestliches Südamerika, bewohnt sehr unterschiedliche Süß- und Brackwasserbiotope.

Gattung *Pogonias*: 1 Art. **Schwarzer Trommler** (*P. cromis*): 1,7 m, Westatlantik (von Neuschottland bis Nordmexiko und Südbrasilien bis Argentinien).

Gattung *Sciaena*: 3 Arten. Dazu **Meerrabe** (*S. umbra*): 70 cm, Ostatlantik (vom Ärmelkanal bis Mauretanien), Mittel- und Schwarzes Meer. Jungfische häufig in Seegraswiesen.

Gattung *Sciaenops*: 1 Art. **Roter Trommler** (*S. ocellatus*): etwa 1,5 m, Nordwestatlantik

Abb. 52.43 *Sciaena umbra* (Aquarium Bergen an Zee, Holland)

(von Massachusetts bis Südflorida), über Sand- und Schlammböden der Küsten und Ästuare.

Gattung *Umbrina*: 16 Arten. Dazu **Schattenfisch** (*U. cirrosa*): etwa 70 cm, europäische und afrikanische Atlantikküste, Mittel- und Schwarzes Meer. – **Kanaren-Trommler** (*U. canariensis*): 80 cm, Ostatlantik (Golf von Biskaya bis Südafrika), westliches Mittelmeer sowie an der ostafrikanischen Küste.

Haltung von Adlerfischen

Transport (Verletzungsgefahr) und Eingewöhnung gelten allgemein als schwierig. Einmal eingewöhnt, sind viele Adlerfische aber langjährig haltbar. Die vorwiegend dämmerungs- und nachtaktiven Fische benötigen einen großen Schwimmraum, aber auch dunklere Versteckplätze (Überhänge, Höhlungen u. Ä.) als Tageseinstände. Das Anfüttern wird mit lebenden Mysis und Artemien erleichtert. Für tropische Arten sind Wassertemperaturen zwischen 25 und 28 °C erforderlich, für die Arten aus dem Mittelmeer und Nordatlantik sollten sie in der Regel unter 20 °C liegen, wenngleich kurzzeitig auch höhere Temperaturen vertragen werden. Eine starke Wasserbewegung ist generell zu empfehlen. Mit ruhigen, nicht territorialen Fischen ist auch eine Vergesellschaftung gut möglich.

Die karibischen Ritterfische werden relativ häufig als Jungtiere nach Europa exportiert. Sie sind untereinander oft zänkisch und anfangs scheu. Ihre Eingewöhnung ist nicht einfach und gelingt am besten in sehr großen Becken mit lebenden Artemien oder Garnelen bei Temperaturen über 26 °C.

Höchstalter. *Aplodinotus grunniens* 16 Jahre, 5 Monate; verschiedene große Meeresarten lebten 10 - 12 Jahre im Aquarium.

Familie Meerbarben (Mullidae)

Schlanke, seitlich leicht zusammengedrückte Meeresfische mit hoch liegenden Augen. Große Rund- oder nur leicht gezähnte Kammschuppen. Bauchseite weitgehend gerade, Rücken gewölbt. Maul unterständig und vorstreckbar.

Abb. 52.44 *Mullus surmuletus* (Vivarium Karlsruhe)

1. und 2. Rückenflosse deutlich getrennt, Schwanzflosse gegabelt. Am Kinn befinden sich 2 sehr lange, bewegliche Barteln, die beim freien Schwimmen nach hinten in Rinnen am Unterkiefer eingelegt werden. Häufig attraktiv gefärbt, oft in unterschiedlichen Farbvarianten. Größe zwischen 8 und 60 cm.

Verbreitung. In allen tropischen bis gemäßigt-temperierten Flachmeeren.

Lebensweise. In der Nähe von Korallenriffen, auf Sand- und Schlammgründen an den Meeresküsten, oft in Schwärmen, aber auch einzeln oder paarweise. Sowohl tag- als auch nachtaktive Arten bzw. solche, die am Tag im Schwarm schwimmen und nachts einzeln auf Nahrungssuche gehen. Mit den außerordentlich beweglichen Barteln, auf denen sich Geschmacksknospen befinden, wird der Bodengrund nach Fressbarem abgesucht. Fortpflanzung in Gruppen oder paarweise im freien Wasser. Eier (mit Öltröpfchen) und Larven pelagisch.

Nahrung. Bodenbewohnende wirbellose Kleintiere (verschiedene Würmer, Kleinkrebse, Schnecken, Muscheln, kleine Stachelhäuter), Jung- und Kleinfische.

6 Gattungen mit etwa 60 Arten.

Gattung *Mullus*: 4 Arten. Dazu **Rote Meerbarbe** (*M. barbatus*): bis 40 cm, Nordsee, Nordostatlantik, Mittel- und Schwarzes Meer. Kopfoberseite und Rücken rötlich. – **Gestreifte Meerbarbe** (*M. surmuletus*): bis 50 cm, verbreitet wie vorige Art. 3 - 4 deutliche Längsstreifen.

Gattung *Parupeneus*: 24 Arten. Dazu **Zweifarben-Meerbarbe** (*P. barberinoides*): 25 cm, Westpazifik. Vordere Körperhälfte dunkel rötlich braun, hintere gelblich weiß. – **Gelbe Meerbarbe** (*P. cyclostomus*): bis 50 cm, im Indopazifik weit verbreitet. Färbung sehr variabel von zitronengelb über bräunlich bis bläulich und grünlich. Frisst vorwiegend Fische. – **Dreistreifen-Meerbarbe** (*P. insularis*, als *P. antrocingulatus* fehlbestimmt): 30 cm, Zentralpazifik (Hawaii, Samoa, Marshall-Inseln u. a.). – **Vielstreifen-Meerbarbe** (*P. multifasciatus*): 30 cm, Zentralpazifik, Hawaii. – **Schwarzpunkt-Meerbarbe** (*P. spilurus*): 36 cm, Westpazifik (Japan bis Westaustralien und Neuseeland). 3 weiße Längsstreifen, auf der Schwanzwurzel 1 schwarzer Fleck.

Gattung *Pseudupeneus*: 3 Arten. Dazu **Flecken-Meerbarbe** (*P. maculatus*): 30 cm, Westatlantik (Bermudas, Golf von Mexiko, Karibik, südlich bis Brasilien). Färbung sehr variabel.

Gattung *Upeneus*: 19 Arten. Dazu **Mittelstreifen-Meerbarbe** (*U. tragula*): 28 cm, Indowest- und Zentralpazifik (Ostafrika bis Neukaledonien). Schmaler, rötlicher Längsstreifen.

Abb. 52.45 *Parupeneus insularis* (Aquarium Paris)

Haltung von Meerbarben

Meerbarben sind sehr schwimmfreudig und benötigen daher geräumige Becken mit großen Flächen freien Bodengrunds, der aus feinem Sand oder Korallensplitt bestehen soll. Die Fische schwimmen meist dicht über der Bodenfläche, die mit den langen, außerordentlich beweglichen Barteln nach Fressbarem abgetastet wird. Sie müssen deshalb häufig gefüttert werden, eventuell auch nachts. Als Futter eignen sich vor allem Mysis und Artemien aus dem Frost, die dann vom Boden aufgenommen werden. Die Gewöhnung an das Ersatzfutter ist aber mitunter nicht einfach. Bei der Vergesellschaftung mit anderen Fischen ist Futterkonkurrenz zu vermeiden.

Die Haltung von Meerbarben gilt als schwierig. Sie sind empfindlich gegenüber einer schnellen Änderung des Wassermilieus und leiden leicht unter Sauerstoffmangel. Die Wasserqualität muss optimal sein (gute Filterung). In sehr großen Becken sind die Haltungserfolge deutlich besser. Für die tropischen Arten sind Wassertemperaturen um 24 - 28 °C erforderlich, Arten aus nördlichen Meeren sind bei wesentlich kühleren Temperaturen (unter 20 °C) zu halten.

Parupeneus cyclostomus ist eine relativ gut haltbare, häufiger importierte Art, von der auch mehrere Tiere in einem Becken zusammenleben können.

Höchstalter. Lebenserwartung in der Natur über 12 Jahre.

Familie Flossenblätter (Monodactylidae)

Kleinere, 20 - 25 cm große Barschfische, mit seitlich stark zusammengedrücktem, mehr oder weniger scheibenförmigem Körper, silberglänzend. Verhältnismäßig kleines Maul und große Augen. Rücken- und Afterflosse langgestreckt, ihr vorderer Teil hoch ausgezogen, nur wenige kleine Stachelstrahlen. Winzige Bauchflossen bei Jungfischen noch vorhanden, fehlen den Erwachsenen (Gattung *Monodactylus*) oder bleiben klein (Gattung *Schuettea*). Rund- oder Kammschuppen, Seitenlinie vollständig, dem Bogen der Rückenlinie folgend.

Verbreitung. Tropische Küsten des Indopazifiks, Atlantikküste Westafrikas, auch in Brack- und Süßgewässer eindringend.

Lebensweise. Im flachen Küstenwasser, in Lagunen, an versandeten Riffen und in der Mangrove, oft in großen Schulen vorkommend. Tagaktiv und ständig auf Nahrungssuche umherschwimmend. Fortpflanzung im Brackwasser der Flussmündungen, vermutlich Freilaicher.

Eier treiben in das Meer, wo wahrscheinlich die Jungfische schlüpfen und heranwachsen.

Nahrung. Verschiedenste kleine Wirbellose und Jungfische.

2 Gattungen mit 4 - 5 Arten.

Gattung *Monodactylus*: 3 - 4 Arten. Dazu **Silberflossenblatt** (*M. argenteus*): 25 cm, Indopazifik. – **Afrikanisches Flossenblatt** (*M. sebae*): 25 cm, tropischer Ostatlantik (Senegal bis Kongo).

Haltung von Flossenblättern

Flossenblätter sind friedliche, lebhafte Schwarmfische, die in größeren Gruppen in entsprechend voluminösen Aquarien mit viel freiem Schwimmraum gehalten werden müssen. Für eine Dauerhaltung ist reines Süß- oder Meerwasser ungeeignet, am besten pflegt man Flossenblätter in Brackwasser-Becken bei 24 - 28 °C. Ihre Ernährung ist, da sie Allesfresser sind, mit Lebendfutter aller Art in geeigneter Größe, Flockenfutter und Pflanzlichem (Salat, Algen) kein Problem.

Abb. 52.46 *Monodactylus argenteus* (Zoo Nürnberg)

Monodactylus sebae ist weniger salztolerant und in der Eingewöhnungsphase auch etwas empfindlicher als die robusteren *M. argenteus*. Flossenblätter wurden im Aquarium noch nicht vermehrt.

Höchstalter. *Monodactylus sebae* über 10 Jahre im Aquarium der Wilhelma, Stuttgart, *M. argenteus* 5 Jahre, 6 Monate (Zoo München-Hellabrunn).

Familie Beilfische (Pempheridae)

Körper mehr oder weniger hochrückig, seitlich zusammengedrückt, mit relativ großen Rund- und Kammschuppen. Kleine, ungeteilte Rückenflosse, verhältnismäßig große Afterflosse und gegabelte Schwanzflosse. Kopf spitz, Maul tief gespalten, Augen groß. Arten der Gattung *Parapriacanthus* mit einem Y-förmigen Leuchtorgan vor den Brustflossen und einem streifenförmigen Leuchtorgan unbekannter Funktion vor der Afterflosse. Größe zwischen 7,5 und 28 cm.

Verbreitung. Tropischer Indopazifik und Atlantik.

Lebensweise. Nachtaktive Fische, die sich tagsüber meist in großen Schwärmen in Höhlen und unter Überhängen aufhalten. Nachts verteilen sie sich zur Nahrungssuche. Fortpflanzung wahrscheinlich im freien Wasser mit pelagischem Laich.

Nahrung. Zooplankton, benthische und planktische Krebstiere, z. T. auch Kleinfische.

2 Gattungen mit mindestens 24 Arten.

Gattung *Pempheris*: 22 Arten. Dazu **Dunkler Beilfisch** (*P. adusta*): bis 17 cm, Indowestpazifik (bis Neuguinea), häufig in Korallenriffen. Kupferbraun. – **Silberner Beilfisch** (*P. oualensis*): 20 cm, Rotes Meer, Indopazifik (bis Mikronesien). Rücken- und Schwanzflosse schwarz gesäumt, Brustflossenbasis schwarz. – **Glas-Beilfisch** (*P. schomburgkii*): 15 cm, Westatlantik (Bahamas, Südflorida, Karibik bis Brasilien). Junge nahezu durchsichtig.

Haltung von Beilfischen

Beilfische sind außerordentlich empfindlich gegenüber Haut- und Schuppenverletzungen bei Fang und Transport. Entsprechend schonend behandelte Tiere lassen sich aber als größere Gruppen in sehr großen Riffaquarien erfolgreich pflegen. Ernährung vor allem mit Mysis und Artemien.

Abb. 52.47 *Pempheris spec.* (Zoo-Aquarium Berlin)

Familie Schützenfische (Toxotidae)

Körper dorsoventral abgeflacht, in der Körpermitte am höchsten. Kopf mit leicht oberständigem Maul und tiefer Mundspalte, nach vorn spitz zulaufend. Augen auffallend groß. Die etwa gleich großen, sich gegenüberstehenden Rücken- und Afterflosse beginnen in der Körpermitte. Rückenflosse einheitlich, vorn mit 4-6 Stachelstrahlen. Mithilfe einer Längsrinne am Gaumendach, die mit der Zunge zu einer Röhre verschlossen wird, können Wasserstrahlen über die Wasseroberfläche hinausgeschossen werden. Größe zwischen 15 und 40 cm.

Verbreitung. Südasien (von Indien bis zu den Philippinen, Indonesien), Neuguinea, Australien, Polynesische Inselwelt.

Lebensweise. Im Süß- und Brackwasser, seltener auch in reinem Meerwasser. Typische Oberflächenfische, die gern in Gruppen in Ufernähe unter überhängenden Pflanzen stehen. Über der Wasseroberfläche sitzende Insekten werden mit einem gezielten Wasserstrahl über eine Entfernung von etwa 1 m „abgeschossen“. Die Treffsicherheit wird durch Übung während des Heranwachsens verbessert (Lernvorgang!). Fortpflanzung in Süß- und Brackwasser. Zahlreiche, sehr kleine Eier, keine Brutpflege.

Nahrung. Landinsekten, Wasserinsektenlarven und Kleinkrebse.

1 Gattung mit 8 Arten.

Gattung *Toxotes*: Dazu **Gefleckter Schützenfisch** (*T. chatareus*): 40 cm, Sri Lanka und Indien bis Neuguinea und Australien, in Süß- und Brackwasser. 4-6 schwarze Querbinden der Jungfische werden im Alter zu großen Flecken in der oberen Körperhälfte reduziert, dazwischen bilden sich weitere kleine Flecken. – **Gebänderter Schützenfisch** (*T. jaculatrix*): 30 cm, Indien bis Philippinen, Neuguinea, Nordaustralien, vor allem im Brackwasser. Ähnelt in der Färbung der vorigen Art, bekommt aber während des Wachstums keine Zwischenflecke. – **Primitiver Schützenfisch** (*T. lorentzi*): 15 cm, Nordaustralien, südliches Neuguinea, nur im Süßwasser. Silbergrau, mit nur schwach angedeuteten Querbändern.

Haltung von Schützenfischen

Schützenfische werden in Becken mit großer Wasseroberfläche gepflegt. Da sie sich meist nur im oberen Wasserbereich aufhalten bzw. umherschwimmen, sind keine tiefen Becken erforderlich, ein Wasserstand von etwa 30 cm ist völlig ausreichend. Bei einer Gruppenhaltung sollten die Fische etwa gleich groß sein, da kleinere Artgenossen attackiert und unterdrückt werden können, falls nicht genügend räumliche

Abb. 52.48 *Toxotes chatareus* (Zoo-Aquarium Berlin)

Ausweichmöglichkeiten und geeignete Versteckplätze vorhanden sind.

Im Lebensraum eines Mangrove-Beckens mit Brackwasser (1 - 1,5 % Salzgehalt) sind *Toxotes jaculatrix* und *T. chatareus* eine interessante Besetzung. Mit anderen Brackwasserfischen wie Silberflossenblättern, Argusfischen, Tigerbarschen oder manchen Kugelfischen, z. B. *Tetraodon fluviatilis*, können sie problemlos vergesellschaftet werden. Das Wärmebedürfnis ist mit 24 - 30 °C recht hoch.

Als Futter werden vor allem Insekten (Fliegen, Grillen, Schaben, Heuschrecken, auch Mehlkäfer und deren Larven) gereicht, die man auf die Wasseroberfläche gibt. Werden die Schützenfische in einem Becken präsentiert, wo der Luftraum einsehbar und entsprechend mit Pflanzen und Geäst gestaltet ist, kann man auch das „Schießen" demonstrieren. Lässt man beispielsweise kleine Grillen aus einem dunklen Behälter über ein Röhrchen ins Licht krabbeln, lernen die Schützenfische bald, die herauskommenden Insekten mit einem Wasserstrahl zu treffen, so dass sie herunterfallen und gefressen werden.

Toxotes lorentzi wird in Süßwasser gehalten. Die Art stellt keine besonderen Ansprüche an die Wasserqualität.

Eine Nachzucht ist bei Schützenfischen bisher noch nicht gelungen.

Höchstalter. Haltungsdauer von *Toxotes jaculatrix* 6 Jahre, 5 Monate (Steinhart Aquarium, San Francisco).

Familie Sichelfische (Drepaneidae)

Körper scheibenförmig, seitlich stark zusammengedrückt, mit Rundschuppen. Maul weit nach unten vorstreckbar. Stachel- und weichstrahliger Teil der Rückenflosse durch tiefen Einschnitt getrennt. Brustflossen sichelartig lang gezogen. Größe zwischen 45 und 50 cm.

Verbreitung. Indowestpazifik, Ostatlantik.

Lebensweise. In kleinen Gruppen oder einzeln, in Küstennähe, über Sand- und Schlammböden, in der Nähe von Korallenriffen, auch in Ästuare und Häfen eindringend (dort auch Brackwasser tolerierend). Über die Fortpflanzung ist wenig bekannt, wahrscheinlich im freien Wasser.

Nahrung. Verschiedenste benthische Wirbellose (vor allem Krebstiere), Fischeier und Kleinfische, Algen.

1 Gattung mit 3 Arten.

Gattung *Drepane*: **Afrikanischer Sichelfisch** (*D. africana*): 45 cm, Kanarische Inseln bis Angola. – **Gestreifter Sichelfisch** (*D. longimana*): 50 cm, vom Roten Meer über Ostafrika bis Japan und Nordaustralien, bis in 50 m Tiefe. – **Punktierter Sichelfisch** (*D. punctata*): 50 cm, von Indien bis Japan und Nordaustralien. Mehrere feine, senkrechte Punktreihen auf silbergrünem Grund.

Haltung von Sichelfischen

Die schnell wachsenden Fische benötigen viel Schwimmraum. An die Wasserqualität und den Salzgehalt werden keine besonderen Ansprüche gestellt. Sichelfische sind in Bezug auf ihre Nahrung nicht wählerisch und fressen alles gängige tierische Futter, das sie auch vom Boden aufnehmen. Zusätzlich sollte man Salat und Algen reichen. Haltungstemperaturen zwischen 24 und 28 °C.

Familie Steuerbarsche (Kyphosidae)

Körper mehr oder weniger hochrückig, Kopf mit der endständigen Maulspalte auffallend klein. Stachel- und weichstrahliger Teil der Rückenflosse nur durch eine leichte Einkerbung getrennt. Schwanzflosse etwas gegabelt. Sehr kleine Kammschuppen. Geteilte Schwimmblase, die weit in den Schwanzstiel hineinreicht. Größe zwischen 16 und 90 cm.

Verbreitung. In allen tropischen, subtropischen und gemäßigt-temperierten Meeren.

Lebensweise. Schwarmfische, meist im Flachwasser der Meeresküsten, aber auch zwischen treibendem Tang oder in der Begleitung von Schiffen. Bilden Fortpflanzungsgemeinschaften, die im freien Wasser ablaichen.

Abb. 52.49 *Atypichthys strigatus* (Tokyo Sea Life Park)

Nahrung. Vor allem Algen, einige Arten aber auch kleine Wirbellose.

15 Gattungen mit 50 Arten. Man unterscheidet 5 Unterfamilien, die aber z. T. auch als eigenständige Familien gesehen werden.

Gattung *Atypichthys*: 2 Arten. Dazu **Australischer Steuerbarsch** (*A. strigatus*): 25 cm, Südwestpazifik (um Südostaustralien). Braunschwarz längs gestreift.

Gattung *Girella*: 18 Arten. Dazu **Opalauge** (*G. nigricans*): bis 66 cm, kalifornische Pazifikküste, auf Seegras und in Algenwäldern. – **Punktierter Steuerbarsch** (*G. punctatus*): 50 cm, westlicher Nordpazifik (Japan, Taiwan, Ostchinesisches Meer).

Gattung *Medialuna*: 2 Arten. Dazu **Halbmond** (*M. californiensis*): 48 cm, Nordostpazifik (Insel Vancouver bis zum Golf von Kalifornien).

Gattung *Kyphosus*: 10 Arten. Dazu **Bermuda-Steuerbarsch** (*K. sectatrix*): 76 cm, weit verbreitet im Ost- und Westatlantik (Massachusetts bis Südamerika, Karibik und Marokko bis Guinea), selten im Mittelmeer.

Gattung *Microcanthus*: 1 Art. **Streifling, Nagasakifisch** (*M. strigatus*): 16 cm, Westpazifik (Japan bis Australien), Hawaii. Gelb-schwarze, leicht gebogene Längsstreifen.

Gattung *Scorpis*: 5 Arten. Dazu **Blauer Steuerbarsch** (*S. violacea*): etwa 30 cm, Südwestpazifik (südliches Australien, Neuseeland). Einfarbig blau.

Abb. 52.50 *Girella nigricans* (Zoo Leipzig, Aquarium)

Gattung *Tilodon*: 1 Art. **Sechsband-Steinbrassen** (*T. sexfasciatum*): 4 cm, um Südaustralien.

Haltung von Steuerbarschen

Nur wenige Arten werden hin und wieder in europäischen Aquarien gehalten. Sie gelten als sehr hart und unempfindlich. Untereinander und gegenüber anderen Fischen verhalten sich die meisten Arten friedlich, nur sehr kleine Fische können als Beute betrachtet und gefressen werden. Die Schwarmfische pflegt man am besten in kleineren Gruppen. In Anbetracht ihrer Größe benötigen Steuerbarsche entsprechend große Becken mit viel offenem Schwimmraum. Algen sind für die Ernährung notwendig, ansonsten werden auch Muschelfleisch, Garnelen und Krill gefressen.

Kyphosus sextatrix eignet sich sehr gut für den Besatz in einem größeren Karibik-Becken. Die Art benötigt Wassertemperaturen zwischen 22 und 28 °C. Die aus kühleren Meeren stammenden Arten, wie das Opalauge, der Halbmond oder der Sechsband-Steinbrassen, müssen bei Temperaturen um 16 - 22 °C gepflegt werden.

Höchstalter. Haltungsdauer von *Girella nigricans* 7 und *Medialuna californiensis* 6 Jahre.

Familie Spaten- und Fledermausfische (Ephippidae)

Mittelgroße (45 cm bis etwa 1 m) Barschfische, die jedoch auch in die Verwandtschaft der Doktorfische gestellt werden. Körper seitlich zusammengedrückt, hochrückig. Maul verhältnismäßig klein. Außer bei der Gattung *Platax* ist der hartstrahlige Vorderteil der Rückenflosse fast vollständig vom weichstrahligen Teil getrennt. Afterflosse mit 3 kleinen Hartstrahlen. Die weichstrahligen Teile der Rücken- und der Afterflosse oft stark verlängert, insbesondere bei jungen *Platax*. Schwanzflosse leicht gewellt. Meist mehr oder weniger deutliche Querbänderung, besonders im Jugendalter.

Verbreitung. Tropische und z. T. subtropische Küstenbereiche des Atlantiks und Indopazifiks.

Lebensweise. Im Flachwasser über Sandböden, vor und auf Korallenriffen, in Hafenanlagen, in der Mangrove, z. T. in Brackwasserbereiche eindringend. Als Jungfische in großen Schwärmen auftretend, ältere Tiere als Einzelgänger oder in kleineren Gruppen und größeren Tiefen. Tagaktiv. Laichabgabe wahrscheinlich im freien Wasser in großen Fortpflanzungsgemeinschaften.

Nahrung. Allesfresser. Verschiedenste, auch sessile Wirbellose (Schwämme, Nesseltiere, Muscheln und Schnecken, Borstenwürmer, Seescheiden), Jungfische und Algen.

8 Gattungen mit 15 Arten.

Gattung *Chaetodipterus*: 3 Arten. Dazu **Atlantischer Spatenfisch** (*Ch. faber*): 90 cm, Westatlantik (Ost-USA, Karibik bis Brasilien). Silbergrau mit dunklen Querbinden, Jungfische schwärzlich. – **Pazifischer Spatenfisch** (*Ch. zonatus*): 65 cm, Ostpazifik (Südkalifornien bis Peru).

Gattung *Platax*: 5 Arten. Dazu **Gewöhnlicher Fledermausfisch** (*P. orbicularis*): 50 cm, Rotes Meer, Indowestpazifik. – **Rotsaum-Fledermausfisch** (*P. pinnatus*): 45 cm, Indoaustralischer Archipel. Jungfische dunkelbraun, orangeroter Saum um den Körper. – **Langflossen-Fledermausfisch** (*P. teira*): 70 cm, Indowestpazifik. 3 breite, dunkle Querbänder.

Abb. 52.51 *Chaetodipterus faber* (Zoo Leipzig, Aquarium)

Haltung von Spaten- und Fledermausfischen

Spaten- und Fledermausfische benötigen entsprechend ihrer Größe und Schwimmfreudigkeit sehr große Aquarien mit viel freiem Schwimmraum. Man sollte sie in Gruppen pflegen, sonst kann es zu innerartlicher Aggressivität kommen. Sie sind gierige Fresser, die mit jeder tierischen Kost, aber auch mit Trockenfutter sowie Algen und Salat problemlos ernährt werden können. *Platax teira* und *P. pinnata* sind während der Eingewöhnung etwas empfindlicher. Jungfische wachsen sehr schnell heran. Obwohl Fledermausfische leicht Hauttrübungen aufweisen und an Oodinium erkranken, insbesondere bei schlechter Wasserqualität, überstehen sie solche Perioden in der Regel ohne Schäden.

Vermehrung. *Chaetodipterus faber* wurde im Aquarium des Tulsa Zoo, USA, nachgezogen. In einer Gruppe von 5 Tieren – Geschlechterunterschiede waren nicht zu erkennen – kam es in einem 40-m^3-Becken (jahreszeitliche Temperaturschwankungen zwischen 20 °C im Winter und 27 °C im Sommer) zum Ablaichen. Die planktischen Eier (1 - 1,2 mm Durchmesser) wurden mit einem Filter abgesammelt und zur weiteren Entwicklung in Petri-Schalen überführt. Unter mikroskopischer Kontrolle schlüpften die Larven bereits nach etwa 24 Stunden. Nach weiteren 2 Tagen schwammen sie kontrolliert und begannen *Brachionus* zu fressen. 9 Tage später wurden bereits frisch geschlüpfte Artemia-Nauplien angenommen.

Auch die Vermehrung von *Platax orbicularis* ist in einem französischen Aquarium bereits gelungen.

Höchstalter. *Platax orbicularis* bis 14 Jahre im Aquarium, *Chaetodipterus faber* 5 Jahre (New York Aquarium).

Familie Argusfische (Scatophagidae)

Robuste, maximal 35 - 40 cm große Barschfische, mit seitlich zusammengedrücktem, scheibenförmigem Körper. Kopf relativ klein, mit kleinem, endständigem Maul. Sehr kleine Kammschuppen und vollständige Seitenlinie. Hart- und weichstrahliger Rückenflossenabschnitt durch tiefe Einkerbung fast vollständig getrennt. Bauchflossen mit 1 Stachelstrahl, Afterflosse mit 4 Stachelstrahlen. Stichverletzungen an den Stacheln führen zu Vergiftungserscheinungen.

Verbreitung. Tropischer Indopazifik.

Lebensweise. An den Meeresküsten, sehr salztolerant, deshalb häufig auch in Ästuaren und Flussmündungen. Vorzugsweise in Hafenanlagen und an Abwassereinleitungen. Über die Fortpflanzung ist wenig bekannt, wahrscheinlich Substratlaicher. Jungfische können flussaufwärts bis in reine Süßwasserbereiche wandern.

Nahrung. Algenaufwuchs, Detritus, menschliche Abfälle, Fäkalien.

2 Gattungen mit 4 Arten.

Gattung *Scatophagus*: 2 Arten. **Grüner Argusfisch** (*S. argus*): bis 35 cm, vom östlichen Indischen Ozean bis zum Westpazifik. Auf grünlicher Grundfarbe dunkel gepunktet (Jungfische leicht gestreift). Eine Farbvariante mit orangerotem Oberkopf und Nacken wird unter dem Phantasienamen *S. rubrifrons* im Handel angeboten. – **Gestreifter Argusfisch, Afrikanischer Argusfisch** (*S. tetracanthus*): 40 cm, Indischer Ozean, einzige auch an der afrikanischen Ostküste vorkommende Art. Unterschiedliche Querbänderung, aber keine Flecken.

Gattung *Selenotoca*: 2 Arten. **Gebänderter Argusfisch** (*S. multifasciata*): bis 40 cm, Indoaustralischer Archipel. Silberglänzend, obere Körperhälfte gestreift, untere gepunktet. – **Papua-Argusfisch** (*S. papuensis*): bis 40 cm, Küsten von Neuguinea und Celebes.

Haltung von Argusfischen

Argusfische sind eine Idealbesetzung für Brackwasser-Aquarien (Salzgehalt etwa 1 - 1,5 %, durchaus auch schwankend), die beispielsweise als Mangrove-Küste oder tropische Hafenanlage gestaltet werden können. Wichtig sind dabei eine gute Strukturierung mit Wurzeln und Steinen, aber auch genügend Freiräume zum Schwimmen für die meist auf Nahrungssuche am Substrat zupfenden Fische. Es sollte stets eine kleine, mindestens 4 - 5 Tiere umfassende Gruppe gehalten werden, denn weniger Tiere sind untereinander oft etwas aggressiv.

Abb. 52.52 *Scatophagus argus* (Meeresmuseum Stralsund)

In ihrer Ernährung sind Argusfische nicht wählerisch, sie nehmen eigentlich alles tierische Futter an. Zusätzlich muss aber regelmäßig auch Pflanzliches wie Algen oder Salatblätter gegeben werden. Gut gefressen wird auch Flockenfutter. Da Argusfische starke Fresser sind und einen dementsprechend hohen Stoffumsatz besitzen, sind eine gute Filterung und regelmäßige Teilwasserwechsel besonders wichtig. Obwohl sie hinsichtlich der Wasserqualität nicht als besonders empfindlich gelten, führen höhere Nitrit- bzw. Nitratgehalte zu Schleimhauttrübungen. Wassertemperatur zwischen 24 - 28 °C.

Die im Handel angebotenen Jungfische leben im Süßwasser und sollten bald auf Brackwasserverhältnisse umgestellt werden.

Vermehrung. Die Zucht ist im Aquarium noch nicht gelungen. Das Ablaichen Grüner Argusfische wurde aber bereits in einem Seewasser-Aquarium beobachtet. Beide Eltern betreuten das Gelege.

Höchstalter. Lebensdauer im Aquarium für *Scatophagus argus* 9 Jahre, 3 Monate (Danmarks Akvarium, Charlottenlund).

Familie Falterfische, Schmetterlingsfische (Chaetodontidae)

E. Thaler

Körper seitlich stark zusammengedrückt, im Umriss länglich-oval bis kreisrund. Maul klein, die Schnauzenpartie mehr oder minder vorgezogen. Eine extrem verlängerte Schnauzenpartie (etwa bei den Gattungen *Chelmon*, *Chelmonops*, *Forcipiger*) deutet bereits auf Nahrungsspezialisierung hin. Zähne klein und kurz, wirken borstig (wissenschaftlicher Name „Borstenzähner"!). Erste Flossenstrahlen der Rückenflosse hart und steif, der rückwärtige Bereich segelartig vergrößert, ähnlich verhält es sich bei der Afterflosse. Glänzendes und dichtes Schuppenkleid, Schuppen können die körpernahen Flossenbereiche bedecken. Seitenlinie unvollständig (u.a. Gattung *Chaetodon*) oder auch vollständig. Trotz übergeordneter Ähnlichkeiten unterscheiden sich auch nahe verwandte Arten sehr deutlich durch unterschiedliche Zeichnung, manchmal auch durch die Schnauzenlänge und Anzahl der Flossenstrahlen. Größe zwischen 7,5 und 30 cm.

Nahezu alle Vertreter dieser Familie gehören zu den auffallendsten, buntesten Fischgestalten der warmen Meere. Ihre flache, bisweilen scheibenförmig-runde Körperform mit spektakulären Zeichnungsmustern, großen Rücken- und Afterflossen, die oft mit ausgezogenen Fähnchen und Wimpelfortsätzen versehen sind, ihre bedächtige, elegante Schwimmweise und ihre Eigenschaft, sich zumeist ganz offen und ohne Scheu durch Riffe und Korallenlandschaften zu bewegen, macht sie zu viel beobachteten und viel bewunderten Geschöpfen, die den Unterwasser-Fotografen ebenso wie den Amateur-Schnorchler begeistern.

Verbreitung. Vor allem in tropischen, aber auch subtropischen Meeren (Verbreitungsschwerpunkt im Indopazifik). Bei entsprechenden Wetterverhältnissen können Falterfische von Strömungen ab und zu in weit entfernte, kühlere Regionen verdriftet werden, wo sie während der warmen Jahreszeit offenbar überleben können.

Lebensweise. Großteils in geringen Wassertiefen, obgleich es auch hier Ausnahmen gibt. Jedoch ist gerade für die Vielfalt der Farben und der subtilen Musterungen ein lichtdurchfluteter Lebensraum Voraussetzung, um entsprechend zur Geltung zu kommen bzw. als Mittel der Artdifferenzierung eingesetzt werden zu können! Erwartungsgemäß zeigen solche Arten, die in größeren Tiefen leben, gröbere und stark kontrastierende Zeichnungen.

Vermutlich sind Falterfische sequentielle Hermaphroditen (Folgezwitter), allerdings gibt es kaum Untersuchungen diesbezüglich (eigene Beobachtungen bei *Chaetodon xanthurus*, *C. semilarvatus* und *Chelmon rostratus*). Laichabgabe pelagisch, wie die Mehrzahl der riffbewohnenden Fische. Manche Arten, die vorwiegend paarweise leben, laichen auch paarweise, doch kommt sogar bei monogamen Arten soziales Laichverhalten vor: Viele Paare schließen sich zu bestimmten Tageszeiten (zumeist spätnachmittags bis abends, oft während der Tidenwechsel) zu großen Schwärmen zusammen und geben dann gemeinsam ihre Geschlechtsprodukte oberflächennah ab. Dieses Verhalten, an dem auch verschiedene Arten gleichzeitig beteiligt sein können, hat wohl dazu geführt, dass man gerade bei Chaetodontiden abweichende, intermediär erscheinende Färbungen als Zeichen von Bastardierungen interpretiert hat, die eben durch dieses Misch-Laichen zustande kommen sollen. Doch ist gerade die enorme Vielfalt an Mustern ein Zeichen für eine längst genetisch fixierte, strenge Artentrennung, die natürlich auch in der Ausformung der Geschlechtsprodukte wirksam wird. Es ist biologisch unsinnig, dass solch ein „Aufwand“ an arttrennenden Mechanismen durch unspezifisches Laichverhalten wieder aufgehoben wird. Viel eher handelt es sich um Farbmorphen, die sich durch umweltbedingte Stresssituationen entwickelt haben. Dies ist eine viel beobachtete Tatsache bei Korallenfischen, die ja ganz allgemein in verschiedensten Situationen ihre Körperfärbung ändern können. Falterfische haben etwa nachts ein völlig anderes Aussehen, können Augenflecke aufweisen oder Schwarzfärbung annehmen.

Nahrung. Zumeist „Substratzupfer“, ganz wenige Arten ernähren sich vorwiegend planktisch, d.h. von Schwebeorganismen. Einige Arten betätigen sich zeitlebens als Putzer, bei Jungfischen tritt dieses Verhalten quer durch verschiedenste Gattungen häufig auf. Viele Falterfische sind Nahrungsspezialisten und fast alle Arten nehmen in der einen oder anderen Weise Korallenpolypen zu sich. Manche Arten ernähren sich ausschließlich davon, sie können sich dabei (und das kann regional verschieden sein) auf ganz wenige Korallenarten spezialisieren. Andere ernähren sich opportunistisch und fressen neben den verschiedensten Wirbellosen wie allerlei Krebstierchen und Würmern auch Algen. Sie sind dann in der Lage, nach großflächigem Korallensterben („coral bleeching“) in derart geschädigten Habitaten zu überleben.

11 Gattungen mit über 125 Arten.

Gattung *Amphichaetodon*: 2 Arten. **Lord-Howe-Pinzettfisch** (*A. howensis*): 18 cm, Südpazifik (Australien bis Neuseeland), bis in 150 m Tiefe, an Felsenriffen. 3 breite schwarze Querbänder auf der Körperseite, 1 Augenbinde und 1 Binde in der Schwanzflosse. – Ähnlich ist der **Chile-Falterfisch** (*A. melbae*): bis 11 cm, aus dem Südostpazifik (Meeresküste von Chile).

Gattung *Chaetodon*: 89 Arten. Viele Arten eignen sich wegen ihrer Nahrungsspezialisierung nicht für die Haltung im Aquarium, andere können dagegen in Wirbellosen- oder Fischaquarien gut gehalten werden. Dazu gehören **Fähnchen-Falterfisch** (*Ch. auriga*): bis 20 cm, Indowestpazifik, Rotes Meer. Lang ausgezogene Rückenflosse. – **Pfauenaugen-Falterfisch** (*Ch. capistratus*): bis 13 cm, Karibik, Golf von Mexiko, nordamerikanische Ostküste. – **Halsband-Falterfisch** (*Ch. collare*): bis 16 cm, Indischer Ozean bis Westpazifik. Bräunlich mit weißem Querband hinter dem Auge. – **Sattelfleck-Falterfisch** (*Ch. ephippium*): bis 23 cm, Indowestpazifik, Großes Barriereriff. Großer schwarzer Fleck auf dem hinteren oberen Körperviertel. – **Sattelfleck-Falterfisch** (*Ch. falcula*): 20 cm, Indischer Ozean. 2 keilförmige Rückenflecken. – **Tabak-Falterfisch** (*Ch. fasciatus*): 22 cm, Rotes Meer, Golf von Aden. Kurze, weiße Stirnbinde. – **Kleins Falterfisch** (*Ch. kleinii*): bis 14 cm, Indowest- und Zentralpazifik. Braungelb, mit schwarzer Augenbinde. – **Mondsichel-Falterfisch** (*Ch. lunula*): 20 cm, Indowest- und Zentralpazifik. Gelbbraun, namengebend ist ein schwarzer Streifen von der hinteren Rückenflosse zur Schwanzwurzel. – **Schwarzrücken-Falterfisch** (*Ch. melanotus*): 15 cm, Indowestpazifik, Rotes Meer, Großes Barriereriff. Körper weiß mit zahlreichen, nach hinten oben geschwungenen schwarzen Streifen und Punktreihen, Kopf und Flossen gelb. – **Winkel-Oran-**

Abb. 52.53 *Chaetodon fasciatus* (Zoo-Aquarium Berlin)

genfalterfisch (*Ch. mertensii*): 12 cm, Westpazifik. Auf dem Körper zahlreiche schwarze, abgewinkelte Querstreifen, Hinterende und 1 Streifen auf der Schwanzflosse orangefarben. – **Japan-Falterfisch** (*Ch. nippon*): 15 cm, Südjapan, Taiwan, Philippinen, im tieferen Wasser (bis 100 m), im Norden des Verbreitungsgebietes an Felsenriffen. Weitgehend einfarbig gelbbraun. – **Rotmeer-Orangenfalterfisch** (*Ch. paucifasciatus*): bis 14 cm, endemisch im Roten Meer. Ähnlich *Ch. mertensii*, aber Augenbinde orangefarben. – **Großschuppen-Falterfisch** (*Ch. rafflesi*): 15 cm, Indowestpazifik (von Sri Lanka bis Tahiti). Gelb mit feiner dunkler Gitterzeichnung, schwarze Augenbinde und schwarzer Querstreifen in der Schwanzflosse. – **Masken-Falterfisch** (*Ch. semilarvatus*): 30 cm, endemisch im Roten Meer. Gelb mit schwarzem Fleck an den Kopfseiten. – **Vagabund-Falterfisch** (*Ch. vagabundus*): bis 23 cm, Indowest- und Zentralpazifik (vom Roten Meer bis zu den Marshall-Inseln), eine der häufigsten Arten, dringt auch in Brackwasser ein. Weiß mit schräg verlaufenden, dunklen Linien, schwarze Augenbinde, 1 schwarze Querbinde am Körperende und in der Schwanzflosse. – **Gitter-Orangenfalterfisch** (*Ch. xanthurus*): bis 14 cm, Westpazifik. Grauweiß mit dunkler Gitterzeichnung, Hinterende und Querbinde in der Schwanzflosse gelb. Es werden aber auch immer wieder Arten importiert, die im Aquarium nicht haltbar sind, wie **Rotkopf-Falterfisch** (*Ch. larvatus*), **Nadelstreifen-Falterfisch** (*Ch. lunulatus*), **Gebänderter Falterfisch** (*Ch. meyeri*), **Orangestreifen-Falterfisch** (*Ch. ornatissimus*), **Rippelstreifen-Falterfisch** (*Ch. trifasciatus*), deren Anschaffung aus Artenschutzgründen abzulehnen ist.

Gattung *Chelmon*: 3 Arten. Körper stark zusammengedrückt, hochrückig, mit lang ausgezogener, pinzettenartiger Schnauze, 5 unterschiedlich ausgeprägte, orangefarbene Querbinden. **Vierbinden-Pinzettfisch** (*Ch. marginalis*): 18 cm, Großes Barriereriff. – **Müllers Pinzettfisch** (*Ch. muelleri*): 20 cm, Küste von Queensland (Australien). – **Gewöhnlicher Pin-**

Abb. 52.54 *Chaetodon melannotus* (Zoo-Aquarium Berlin)

zettfisch (*Ch. rostratus*): 20 cm, Indowestpazifik (von den Andamanen südlich bis nach Australien).

Gattung *Chelmonops*: 2 Arten. Dazu **Schwarzbinden-Pinzettfisch** (*Ch. truncatus*): bis 22 cm, endemisch um Südaustralien, an Felsenriffen. Spitzschnauzig, mit breiten Querbändern.

Gattung *Coradion*: 3 Arten, im Westpazifik verbreitet, nur 15 cm groß. **Hochflossen-Coradion** (*C. altivelis*): Ohne Augenflecke. – **Augenfleck-Coradion** (*C. chrysozonus*): Augenfleck im hinteren Rückenflossenabschnitt. – **Doppelaugen-Coradion** (*C. melanops*): je 1 Augenfleck im Rücken- und Afterflossenende.

Gattung *Forcipiger*: 2 Arten, sehr langschnauzig, Körper gelb, obere Kopfhälfte bis zum Ansatz der Rückenflosse schwarz, darunter grau, schwarzer Fleck am Afterflossenende. **Gelber Maskenpinzettfisch** (*F. flavissimus*) und **Langschnauzen-Pinzettfisch** (*F. longirostris*), von dem um Hawaii auch eine fast schwarze Variante recht häufig gefunden wird.

Gattung *Hemitaurichthys*: 5 Arten. Dazu **Gelber Pyramidenfalterfisch** (*H. polylepis*): 18 cm, Indowest- und Zentralpazifik (östlicher Indik bis Hawaii). Kopf und Vorderkörper schwarz, Vorder- und Hinterrücken sowie Rücken- und Afterflosse gelb, übriger Körper weiß. – **Rosa Falterfisch** (*H. thompsoni*): 18 cm, Marianen, Samoa, Hawaii, Tuamotu-Inseln. Körper schwarzgrau, teilweise mit rötlichem Anflug. – **Schwarzer Pyramidenfalterfisch** (*H. zoster*): 18 cm, Indischer Ozean (von Ostafrika über Mauritius bis zu den Andamanen). Vorder- und Hinterkörper schwarz, dazwischen weiß.

Gattung *Heniochus*: 8 Arten. Vorderer Rückenflossenteil mehr oder weniger lang fahnenartig ausgezogen. Je nach Art unterschiedlich ausgebildete schwarze, in die Flossen hineinziehende Querbänder. Dazu **Gemeiner Wimpelfisch** (*H. acuminatus*): 25 cm, Ostafrika bis zum Zentralpazifik. Sehr lange Rückenflossenfahne. – **Pazifik-Wimpelfisch** (*H. chrysostomus*): 16 cm, Westpazifik (von Indonesien bis zu den Marshall-Inseln). Rückenflosse nur wenig verlängert, Schnauze gelb. – **Rotmeer-Wimpelfisch** (*H. intermedius*): 18 cm, endemisch im Roten Meer. Körper zwischen den schwarzen Bändern gelb. – **Brauner Wimpelfisch** (*H. varius*): bis 19 cm, Westpazifik (Malaysia bis Samoa), Großes Barriereriff. Etwas abweichendes

Färbungsmuster, 2 Augenhöcker, 1 Stirnbuckel, Rückenflosse nur wenig ausgezogen.

Gattung *Johnrandallia*: 1 Art. **Barbier-Schmetterlingsfisch** (*J. nigrirostris*): 20 cm, Ostpazifik (Golf von Kalifornien bis Panama, Galapagosinseln), in großen Schulen an Korallen- und Felsenriffen. Putzverhalten.

Gattung *Parachaetodon*: 1 Art. **Fünfbinden-Falterfisch**, **Segelfalterfisch** (*P. ocellatus*): 18 cm, Malaysia bis Australien.

Gattung *Prognathodes*: 3 Arten. **Karibischer Pinzettfisch** (*P. aculeatus*): 10 cm, Westatlantik (Südflorida bis Venezuela, Karibik). – **Sensen-Falterfisch** (*P. falcifer*): 15 cm, Ostpazifik (Südkalifornien bis Peru, Galapagosinseln. – **Franzosen-Falterfisch** (*P. guyanensis*): bis 19 cm, Westindische Inseln, Belize, Französisch-Guayana.

Abb. 52.55 *Chelmon rostratus* (Zoo Leipzig, Aquarium)

Haltung von Falterfischen

Generell sollte man einer Haltungsanleitung folgende Gedanken voranstellen: Falterfische stellen wohl diejenige Familie dar, die untrennbar mit der Farbigkeit und Vielfalt einer Korallenlandschaft verbunden ist. Sie sind in ihrem gesamten Verhalten an das Leben im Riff angepasst (die wenigen Ausnahmen sollten die Regel bestätigen!) und im Sinne einer modernen, artgerechten Tierhaltung sollten sie auch nur in Riffaquarien gehalten werden, jede andere Haltungsform (etwa in reinen Fischaquarien) ist letztlich tierquälerisch. Betreiber von gut funktionierenden Riffaquarien geraten nun in verständlichen Zwiespalt, da bei der Haltung einer attraktiven Gruppe von Falterfischen die wertvollen Korallenbestände stark in Mitleidenschaft gezogen werden (können)! Damit ist die Artengarnitur, die für eine vertretbare Riffaquarienhaltung infrage kommt, bereits sehr eingeschränkt, aber es gibt einige sehr spektakuläre Falterfische, die sich vorzüglich dafür eignen, und diese sollen hier vorrangig vorgestellt werden:

- alle Vertreter der Gattungen *Forcipiger*, *Chelmon*, *Chelmonops* und (hinsichtlich kleinpolypiger Steinkorallen etwas eingeschränkt) *Coradion* und *Prognathodes*
- viele Vertreter der Gattung *Heniochus* (Ausnahme *H. varius*, *H. chrysostomus*)
- vorbehaltslos alle Vertreter der Gattung *Hemitaurichthys*
- unter den *Chaetodon*-Arten eignen sich nur ganz wenige für eine derartige Haltungsform: *Ch. punctatofasciatus*, *Ch. xanthurum* und Verwandte, allerdings besteht auch hier eine gewisse, oft individuell verschiedene Vorliebe für manche Steinkorallen.

Auch für die „Riff-geeigneten“ Arten ist mehrmals täglich eine reichliche, vielseitige Ernährung mit verschiedensten Frostfutter-Sorten (und zusätzlich Cyclops als Beschäftigungstherapie!) nötig, um sie davon abzuhalten, ihren

Abb. 52.56 *Forcipiger flavissimus* (Zoo-Aquarium Berlin)

Abb. 52.57 *Heniochus intermedius* (Naturaufnahme, Rotes Meer)

Proteinbedarf an verschiedenen Wirbellosen zu stillen. Nur unter diesen Haltungsbedingungen gelingt es problemlos, Falterfische paarweise zu pflegen, da sie als Dauerfresser schon bei geringsten Mangelsituationen auch den gut bekannten Partner als Futterkonkurrenten betrachten und „wegkämpfen".

Fast alle Falterfische sind im Riff paarweise, manchmal auch in größeren Trupps, anzutreffen, eine Einzelhaltung ist also keinesfalls artgerecht. Die einzige Ausnahme betrifft den Sparren-Falterfisch (*Chaetodon trifascialis*), der im Riff extrem unverträglich einzelgängerisch lebt und sein Revier (meist etliche große Tischkorallen) wütend verteidigt.

Insgesamt lassen sich in Riffaquarien ohne Steinkorallen-Bestände (insbesondere Acroporen) bei entsprechender Fütterung verschiedene *Chaetodon*-Arten gut und auch paarweise pflegen: *Ch. kleinii*, *Ch. lunula*, *Ch. rafflesi*, *Ch. vagabundus*, *Ch. mertensii*, *Ch. melanotus*, *Ch. punctatofasciatus*, *Ch. semilarvatus*, *Ch. xanthurus*. Individuelle Vorlieben für großpolypige Steinkorallen (etwa *Fungia spec.*) sind jedoch nicht auszuschließen, *Ch. lunula* ist ein Anemonenfresser!

Zweifelsfrei geht jedoch von einem in einer blühenden Rifflandschaft beschaulich-harmonisch miteinander schwimmendem Falterfisch-Pärchen ein ganz besonderer Reiz aus, der in einem „kunterbunten" Fischgewimmel völlig verloren ginge. Dieser Anblick sollte für einige angeknabberte Korallen entschädigen.

Andererseits leben auch einige wenige Arten der Schmetterlingsfische natürlicherweise in gemäßigt-subtropischen Meeren, wo keine Korallenriffe vorhanden sind, vorzugsweise an Felsenriffen. Hierzu gehören *Chaetodon nippon, Chelmonops truncatus, Johnrandallia nigrirostris, Prognathodes falcifer* und die beiden *Amphichaetodon*-Arten. Diese sollte man nicht zusammen mit Fischen der tropischen Korallenriffe halten. Sie benötigen neben der allgemein für alle Schmetterlingsfische notwendigen exzellenten Wasserqualität sowie starken, möglichst wechselnden Strömungsverhältnissen etwas niedrigere Haltungstemperaturen, die je nach Herkunft zwischen 18 und höchstens 24 °C liegen sollen.

Höchstalter. *Heniochus varius* und *H. acuminatus* 20 bzw. 19, *Forcipiger flavissimus* 18 und *Hemitaurichthys zoster* 17 Jahre im Aquarium.

Familie Kaiserfische (Pomacanthidae)

E. Thaler

Körper oval, hochrückig, seitlich zusammengedrückt, mit kleinem, leicht vorgezogenem Maul. Nahe mit den Falterfischen (Familie Chaetodontidae) verwandt. Die Bezahnung ist falterfischähnlich kurz, borstig. Rücken- und Afterflossen, besonders deren weicher, rückwärtiger Anteil, oft vergrößert, jedoch weniger auffallend als bei Falterfischen, der vordere Bereich trägt harte Flossenstrahlen. Schuppen dicht, mittelgroß bis klein, metallisch glänzend bis samtartig (Phantomkaiser). Auffallendes Merkmal, das Kaiser- von Falterfischen am besten trennt, ist der markant ausgeprägte Kiemenstachel, der oft farblich abgesetzt ist und bei Angriffs- und Verteidigungskämpfen eingesetzt wird. Vor allem die großen *Pomacanthus*-und *Holacanthus*-Arten können in Erregung deutliche und weithin hörbare Knurr- und Klopflaute ausstoßen.

Färbung und Musterung sowie Körper- und Flossenform trennen die Gattungen bzw. die einzelnen Arten sehr deutlich. Darüber hinaus ist besonders bei den Großkaisern durchgängig ein völlig distinktes und auffallendes Jugendkleid ausgebildet, das artverschieden manchmal 2 - 3 Jahre lang getragen wird. Nur bei der Gattung *Genicanthus* lassen sich die Geschlechter eindeutig unterscheiden. Größe 7 cm (*Centropyge argi*) bis zu 60 cm (*Pomacanthus arcuatus*).

Verbreitung. In allen tropischen Meeren. Verbreitungsschwerpunkt im Indopazifik. Im Atlantik bzw. in der Karibik kommen verhältnismäßig wenige Arten vor. Verdriftung in kühlere Regionen (wie bei Falterfischen) ist bei Kaiserfischen relativ selten, wohl bedingt durch ihre territoriale Lebensweise.

Lebensweise. Durchweg tagaktiv. Meist in geringen Wassertiefen, stark an Korallenriffe gebunden. Wenige Arten leben in größeren Tiefen unter 50 m. Fast alle Kaiserfische sind streng territorial, wobei die Größe der Reviere nicht unbedingt mit der Körpergröße korreliert: So kontrollieren etwa *Pomacanthus imperator*, *P. paru* oder *P. arcuatus* mehr als 1000 m^2 große Riffabschnitte, *P. navarchus* ist dagegen viel stärker an seinen Unterschlupf gebunden. Vertreter der Gattung *Centropyge* können nur relativ kleine Bereiche von wenigen Metern von einem sicheren Versteck aus als Revier verteidigen. In der Regel bewegen sich Kaiserfische nah am Substrat und können in Spalten und Höhlen auch bauchaufwärts, etwa entlang des Höhlendachs schwimmen. Sie meiden also, mit wenigen Ausnahmen, das offene Wasser. Auch die Plankton fressenden *Genicanthus*-Arten jagen in „Bodennähe“.

Alle daraufhin untersuchten Kaiserfische sind protogyne Hermaphroditen, also Folgezwitter (Männchen entwickeln sich aus den vorangehenden Weibchenstadien). Eine Rückentwicklung scheint nicht vorzukommen. Eine häufige Sozialform ist die Haremsstruktur, 1 dominantes Männchen kontrolliert in einem mehr oder minder großen Revier eine meist kleine Anzahl (2 - 5) Weibchen, doch kommt auch monogame Paarbildung vor. Abgabe der Geschlechtsprodukte spätabends, auch nachts, pelagisch, es wird paarweise abgelaicht. Rasche Eientwicklung, innerhalb weniger Tage; auch das dem Schlupf folgende pelagische Larvenstadium scheint insgesamt relativ kurz (z. B. bei *Centropyge loriculus* nur 5 Tage) zu währen. Wie schon bei Falterfischen erwähnt, sind die häufig beobachteten Farbvariationen keinesfalls zwangsläufig als Zeichen von Hybridisierungen zu werten. Im Gegenteil, es sollten sowohl die Territorialität als auch die sehr verschiedenen Farbmuster und Verhaltensweisen einer Bastardierung erfolgreich entgegenwirken.

Nahrung. Sehr vielseitig: Kleinkrebschen, Mollusken ebenso wie Algen- und Bakterienrasen, Schwämme, Salpenkolonien, Lederkorallen, großpolypige Steinkorallen, Anemonen. Manche Arten sind auf bestimmte Schwammarten spezialisiert. Planktonjäger stellen eine Ausnahme dar und sind wohl nur innerhalb der Lyrakaiser (Gattung *Genicanthus*) regelhaft vertreten. Manche Arten betätigen sich nicht nur in ihrer Jugend, sondern auch als Erwachsene als Putzer, sie unterhalten dann regelrechte Putzstationen, die von Großfischen (Mantas und verschiedene Riffhaie) gezielt aufgesucht werden. Bekannt ist dies vor allem vom Orangen-Engelfisch (*Holacanthus clarionensis*), hier beteiligen sich stets größere Gruppen als Putzer.

7 Gattungen mit etwa 86 Arten. Die Kaiserfische gehören wohl zu den prächtigsten, impo-

Abb. 52.58 *Centropyge bicolor* (Vivarium Karlsruhe)

Abb. 52.60 *Centropyge loricula* (Tierpark Berlin)

santesten und auffallendsten Fischen der warmen Meere. Ihre Farbenpracht übertrifft noch die der Falterfische, ihr Verhalten ist zwar artspezifisch sehr unterschiedlich, doch übereinstimmend zeigen alle Kaiser- und Zwergkaiserfische ein sehr selbstbewusstes Verhalten, und nicht zuletzt ist dies ein Grund, sie zu besonders beliebten Aquarienfischen zu machen.

Gattung *Apolemichthys*: 9 Arten. Dazu **Hawaii-Kaiserfisch, Flaggen-Kaiserfisch** (*A. arcuatus*): bis 18 cm, Hawaii- und Johnston-Inseln im zentralen Pazifik, in 12 - 180 m Tiefe. 1

Abb. 52.59 *Centropyge flavissima* (Zoo Leipzig, Aquarium)

schwarze Längsbinde zieht vom Auge in das Ende der Rückenflosse, auch Afterflosse und Schwanzflossenende schwarz. – **Gelber Dreipunkt-Kaiserfisch** (*A. trimaculatus*): bis 26 cm, Indowestpazifik. Gelb, mit 3 schwarzen Punkten am Kopf. – **Arabischer Rauchkaiserfisch** (*A. xanthotis*): 15 cm, Rotes Meer, Golf von Aden und Golf von Oman. Der schwarze Kopfbereich reicht bis zum Ansatz der Brustflosse, bei der folgenden, ansonsten sehr ähnlichen Art nur bis zum Vorkiemendeckel. – **Indischer Rauchkaiserfisch** (*A. xanthurus*): 15 cm, westlicher Indischer Ozean (Mauritius bis Indien, Sri Lanka).

Gattung *Centropyge* (Herzogfische, Zwergkaiserfische): 34 Arten. Eine Auswahl der häufiger importierten Arten ist in Tabelle 52.1 zusammengestellt.

Gattung *Chaetodontoplus*: 11 Arten. Dazu **Blaupunkt-Kaiserfisch** (*Ch. caeruleopunctatus*): bis 14 cm, endemisch um die Philippinen. Körper grauschwarz, Schwanzflosse gelb. – **Kragen-Kaiserfisch** (*Ch. conspicillatus*): 10 cm, südliches Großes Barriereriff bis zur Lord-Howe-Insel, Neukaledonien. – **Australischer Kaiserfisch** (*Ch. duboulayi*): bis 28 cm, Gewässer nördlich von Australien, südlich bis zur Lord-Howe-Insel. Schwarze Augenbinde, weißes Kiemenfeld, gelber Brust- und Rückenstreifen sowie gelbe Schwanzflosse, ansonsten feines blaues Linienmuster auf schwarzem Grund – eine besonders prächtige Art! – **Phantom-**

Tab. 52.1 Häufiger importierte *Centropyge*-Arten

Art	Größe	Heimat	Besonderheiten
Orangerücken-Herzogfisch (*C. acanthops*)	8 cm	westlicher Indischer Ozean	Brustflossen gelb
Zwergkaiserfisch (*C. argi*)	8 cm	Karibik, Golf von Mexiko, Bermudas	blauviolett, mit orangegelbem Kopf
Goldbrauner Herzogfisch (*C. aurantia*)	10 cm	Indonesien, Großes Barriere-riff	prächtige Art, hält sich jedoch schlecht im Aquarium
Flammenrücken-Herzogfisch (*C. aurantonota*)	7,5 cm	Karibik, Rio de Janeiro	Brustflossen blau
Blaugelber Herzogfisch (*C. bicolor*)	15 cm	Indowest- und Zentralpazifik	auffallend gelb-blau quer geteilt, mit blauem Stirnfleck, sehr häufig importiert und gut haltbar
Blauschwarzer Streifen-herzogfisch (*C. bispinosa*)	10 cm	Indowest- und Zentralpazifik	blau-orangefarbene Querstreifung (sehr variable Art)
Schmuck-Herzogfisch (*C. eibli*)	15 cm	Sri Lanka, östlicher Indo-malaiischer Archipel	orangefarbene Querstreifung, Schwanz schwarz, sehr häufig importiert und gut haltbar
Rotbrauner Herzogfisch (*C. ferrugata*)	10 cm	Südjapan bis Taiwan, Philippinen	rostbraune Grundfärbung (sehr variabel), Männchen mit blauen, Weibchen mit schwarzbraunen Flossenrändern
Weißschwanz-Herzogfisch (*C. flavicauda*)	8 cm	Indowestpazifik	durchscheinende weiße Schwanzflosse, schwarzer Fleck hinter den Kiemen
Zitronen-Herzogfisch (*C. flavissima*)	14 cm	West- und Zentralpazifik (nicht Hawaii)	einfarbig gelb, blauer Augenring und blaue hintere Flossenränder
Goldener Herzogfisch (*C. heraldi*)	10 cm	Westpazifik (Südjapan bis zum Großen Barriereriff)	einfarbig gelb, ohne blaue Farbzeichen
Feuer-Herzogfisch (*C. loricula*)	15 cm	Zentralpazifik	sehr attraktiv rot mit schwarzen Querbinden
Bunter Herzogfisch (*C. multicolor*)	9 cm	Zentralpazifik	beige mit blau-schwarz gestreiftem Nacken (seltener importierte Art)
Zebra-Herzogfisch (*C. multifasciata*)	11 cm	Westpazifik, Mikronesien	auf weißem Grund schwarz-braun quer gestreift, heikel in der Pflege
Blaubrauner Herzogfisch (*C. multispinis*)	14 cm	Indowestpazifik (Ostafrika bis westliches Thailand)	schwarzer, bläulich eingefasster runder Fleck hinter dem oberen Kiemendeckel, gut haltbar
Schwarzer Herzogfisch, Mitternachts-Zwergkaiser (*C. nox*)	10 cm	Westpazifik (Südjapan bis zum Großen Barriereriff)	einfarbig schwarz, schlecht haltbar, Algennahrung
Rosetten-Herzogfisch (*C. potteri*)	10 cm	Hawaii- und Johnston-Inseln	olivgrüne und am Kopf und Rücken orangefarbene, an den Seiten, auf der After- und Schwanzflosse schwarze Streifen- und Netzzeichnung
Leuchtfleck-Herzogfisch (*C. tibicen*)	19 cm*	Westpazifik, Mikronesien	blauschwarz, Afterflossensaum gelb, in der Körpermitte senkrechter, weißer Fleck
Gelbkragen-Herzogfisch (*C. venustus*)	12 cm	Westpazifik (Südjapan bis Philippinen)	blauer Rücken, gelbe Bauchseite und gelber Kopf sowie breites gelbes Querband
Perlen-Herzogfisch (*C. vrolikii*)	12 cm	Indowestpazifik	hellgrau, geht nach hinten in Schwarz über, dunkler Kiemenfleck, gut haltbar

*größte Art

Abb. 52.61 *Chaetodontoplus personifer* (Aquarium Madrid)

Kaiserfisch (*Ch. melanosoma*): 20 cm, Indomalaiischer Archipel bis Südjapan, Neuguinea. – **Rauchgrauer Kaiserfisch** (*Ch. mesoleucus*): 18 cm, Indowestpazifik. Kräftige schwarze Augenbinde, der weiße Vorderkörper geht allmählich in das schwarze Hinterende über, Schwanzflosse bräunlich. – **Blaustreifen-Kaiserfisch** (*Ch. septentrionalis*): bis 22 cm, Westpazifik (Japan bis Malaysia). Körper, Rücken- und Afterflosse blau längs gestreift.

Gattung *Genicanthus*: 10 Arten, Schwanzflosse in einen oberen und unteren Faden lang ausgezogen, auffallender Geschlechtsdichromatismus. Dazu **Pracht-Lyrakaiserfisch** (*G. bellus*): 18 cm, West- und Zentralpazifik. Männchen mit schwarzer Streifung, Weibchen bräunliches Streifenmuster. – **Rotmeer-Lyrakaiserfisch** (*G. caudovittatus*): 20 cm, Rotes Meer, westlicher Indischer Ozean (afrikanische Küste, Madagaskar, Mauritius, Reunion). Männchen mit

Abb. 52.62 *Holacanthus ciliaris* (Tierpark Berlin)

Abb. 52.63 *Pomacanthus imperator* (Zoo Leipzig, Aquarium)

schwarzer Zebrastreifung und schwarzem Rückenflossenstreifen. – **Zebra-Lyrakaiserfisch** (*G. melanospilos*): 18 cm, Westpazifik (bis Fidschi-Inseln). Der vorigen Art sehr ähnlich, aber kein schwarzer Streifen auf der Rückenflosse. – **Vierstreifen-Lyrakaiserfisch** (*G. lamarck*): 25 cm, östlicher Indischer Ozean und Westpazifik (Japan bis Großes Barriereriff). Männchen mit gelbem Stirnfleck und 5 dünnen, schwarzen Längsstreifen, Weibchen mit 1 schwarzen breiten und 3 dünnen Längsstreifen. – **Gelbstreifen-Lyrakaiserfisch** (*G. watanabei*): 15 cm, westli-

Abb. 52.64 *Pomacanthus paru* (Tierpark Berlin)

Abb. 52.65 *Pomacanthus semicirculatus*, Jugendfärbung

cher Zentralpazifik. Männchen mit gelbem Strich vor dem Schwanzstiel, im unteren Körperbereich schwarz gestreift, Weibchen ohne Zeichnung auf den Körperseiten, dafür einige schwarze Stirnbänder.

Gattung *Holacanthus*: 8 Arten, große Unterschiede in der Jugend- und Adultfärbung. Dazu **Bermuda-Engelfisch** (*H. bermudensis*): 45 cm, westlicher Atlantik (Bermudas, Bahamas, Florida bis Halbinsel Yukatan). Türkisblau, mit orangefarbenem Schwanzflossensaum. – **Königin-Engelfisch** (*H. ciliaris*): 45 cm, Karibik, Golf von Mexiko bis Brasilien. Auf der Stirn charakteristischer blauer Fleck mit schwarzer Netzzeichnung. – **Orangen-Engelfisch, Pazifischer Engelfisch** (*H. clarionensis*): 20 cm, Ostpazifik (Niederkalifornien bis Mittelmexiko). Gelborange, mit blauen Flossensäumen. – **Blauer Engelfisch** (*H. isabelita*): 45 cm, Westatlantik (Bermudas, Golf von Mexiko, nördliche Karibik). Sehr ähnlich oder identisch mit *H. bermudensis*. – **Königsengelfisch, Kaiser von Mexiko** (*H. passer*): 35 cm, Ostpazifik (Golf von Kalifornien bis Peru, Galapagosinseln). Graubraun, mit weißem Querband vor der Körpermitte und gelber Schwanzflosse. – **Gelbschwarzer Engelfisch, Felsenschönheit** (*H. tricolor*): 35 cm, Westatlantik (von Georgia bis Rio de Janeiro). Schwarz, gelber Vorderteil und gelbe Schwanzflosse, Iris und Lippen blau.

Gattung *Pomacanthus* (einschließlich der eingezogenen Gattung *Euxiphipops*): 13 Arten. Jugendfärbung eine unterschiedliche weiße bis gelbe Linienzeichnung auf blauschwarzem Grund. Umfärbung zum Erwachsenenkleid stufenweiße. Dazu **Ringelkaiserfisch** (*P. annula-*

Abb. 52.66 *Pomacanthus semicirculatus*, Umfärbungsphase

Abb. 52.67 *Pomacanthus semicirculatus*, Erwachsenenfärbung

ris): 30 cm, westlicher Indischer Ozean (zwischen Sri Lanka und Indonesien). Namengebend ist 1 blauer Ring über dem oberen Ende des Kiemendeckels, dazu kommen weitere blaue Linien auf bräunlichem Grund. – **Grauer Kaiserfisch** (*P. arcuatus*): 60 cm, Westatlantik, einschließlich Karibik (von den Neuengland-Staaten bis Rio de Janeiro). – **Rotmeer-Kaiserfisch** (*P. asfur = Arusetta asfur*): 40 cm, Rotes Meer bis zum Golf von Aden. Tiefblauschwarz mit breiter, kräftiggelber Querbinde in der Körpermitte und ebenso gelber Schwanzflosse. – **Gelbschwanz-Kaiserfisch** (*P. chrysurus*): 35 cm, Indowestpazifik. – **Imperator-Kaiserfisch** (*P. imperator*): 30 cm, weit verbreitet vom Roten Meer über den Indischen Ozean bis zum Zentralpazifik (Hawaii). Erwachsene mit schwarzer, blau eingefasster Augenbinde und schwar-

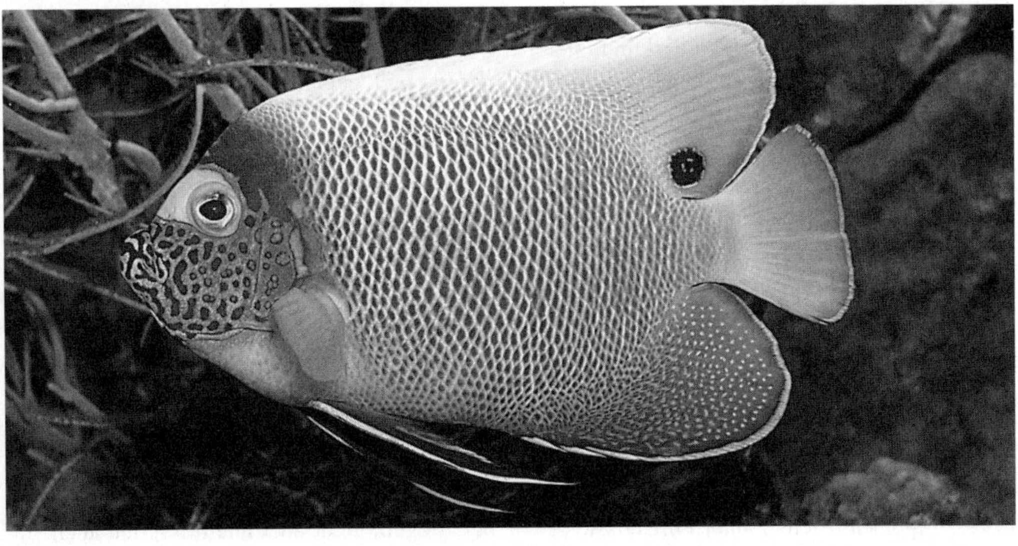

Abb. 52.68 *Pomacanthus xanthometopon* (Aquazoo Düsseldorf)

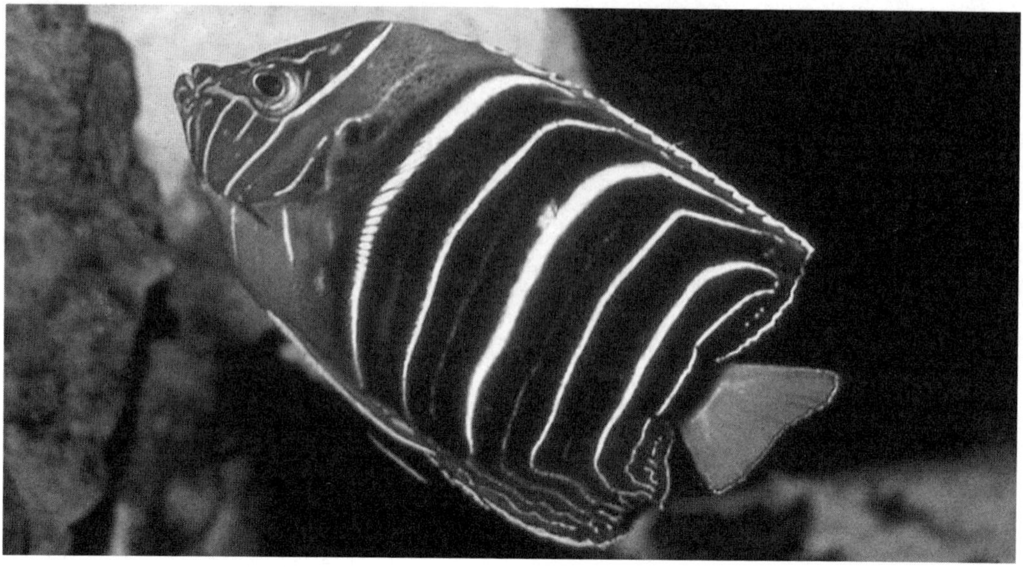

Abb. 52.69 *Pomacanthus chrysurus* (Zoo Leipzig, Aquarium)

zem Feld um die und über den Brustflossen, Körper dicht blau-gelb längs gestreift. – **Mondsichel-Kaiserfisch** (*P. maculosus*): 50 cm, Rotes Meer, Persischer Golf und Golf von Aden. – **Traum-Kaiserfisch** (*P. navarchus*): bis 28 cm, Indoaustralischer Archipel, Philippinen. Körper gelb mit schwarzvioletten Punkten, Rücken- und Schwanzflosse gelb, breites schwarzviolettes Kopfband, ebenso die Bauchseite, der Schwanzstiel, Bauch- und Afterflosse gefärbt. Alles leuchtend blau eingefasst und im hinteren Teil blau gepunktet – eine traumhaft schöne Art. – **Franzosen-Kaiserfisch** (*P. paru*): 40 cm, Westatlantik (Florida bis Brasilien). – **Koran-Kaiserfisch** (*P. semicirculatus*): 40 cm, Rotes Meer, Indowestpazifik. Körper grüngrau mit zahlreichen bläulichen und schwärzlichen Sprenkeln, alle Flossen und die Kiemendeckel blau eingefasst. – **Sechsstreifen-Kaiserfisch** (*P. sexstriatus*): 50 cm, südlicher Westpazifik (Philippinen bis Großes Barriereriff). Auf grauem, blau gepunktetem Grund 6 schwarze Querbänder, schwarzer Kopf mit weißer Binde hinter dem Auge. – **Blaustirn-Kaiserfisch** (*P. xanthometopon*): bis 38 cm, Indoaustralischer Archipel, Philippinen. Gelbe, blau eingefasste Augenstirnbinde, darunter Mundbereich und Kiemendeckel mit leuchtend blauem Netzmuster, Brust, Brustflossen und Schwanzflosse gelb, im Rückenflossenende schwarzer Augenfleck, auf den Körperseiten jede Schuppe mit blauschwarzem, viereckigem Fleck, Zwischenräume gelb.

Gattung *Pygoplites*: 1 Art. **Pfauenkaiserfisch** (*P. diacanthus*): 25 cm, weit verbreitet vom Roten Meer über den Indischen Ozean bis zum westlichen Pazifik (bis Tahiti), besonders häufig im Großen Barriereriff. Mit auffallend bunter, geschwungener schwarz-weiß-gelber Querbänderung und leuchtend blauen Bändern auf Kiemendeckel und Flossen – besonders prächtige Art.

Haltung von Kaiserfischen

Kaiserfische, und natürlich ganz besonders die so genannten Zwergkaiser oder Herzogfische (Gattung *Centropyge*), sind wohl die „Stars“ unter den Aquarienfischen, da sie aufgrund ihrer geringen Größe auch in normal großen Liebhaberbecken gut gehalten werden können. Sie alle sollten paarweise gepflegt werden, bei genügend Platz (etwa Becken über 1000 l) können bei einigen, nicht aber allen(!) Arten auch Haremsgruppen eingesetzt werden. Stets sollte ein

Abb. 52.70 *Pygoplites diacanthus* (Naturaufnahme, Ostindik)

größerer Fisch mit einem beträchtlich kleineren oder mit 2 - 3 kleineren Tieren zusammen gepflegt werden. Dann halten sich „Dominanzgeplänkel" in Grenzen und das dominante Tier entwickelt sich immer zum Männchen. Einzelhaltung ist unnatürlich und birgt außerdem die Gefahr, dass die Fische schon aus Langeweile zu Korallenzupfern werden. Außerdem ist die Beobachtung von allabendlich balzenden und ablaichenden Pärchen ein schönes Erlebnis.

Zwergkaiser sind, ähnlich wie ihre großen Verwandten, intelligente und deshalb neugierige, immer aktive Fische, die jedoch ungern frei, also ohne jede Deckung, schwimmen. Bietet man ihnen möglichst viele unterschiedlich große, durchgängige Spalten- und Höhlenstrukturen, so wird man sie stets gut beobachten können. Sie sollten mehrmals täglich vor allem abwechslungsreich gefüttert werden. Alle Arten nehmen gern pflanzliche Nahrung (z.B. abgebrühte, klein geschnittene Löwenzahnblätter) und hochwertiges Flockenfutter. Des Weiteren sollten verschiedene gute Frostfuttersorten und Cyclops, auch Bosmiden, nie fehlen, da die Suche nach diesen Kleinpartikeln die Fische lange Zeit beschäftigt. Derart sind eigentlich alle Zwergkaiser völlig problemlos selbst in anspruchsvollen Korallenbecken zu pflegen, ernsthafte Übergriffe auf Korallen kommen dann kaum vor, wie eigene Erfahrungen mit *Centropyge argi*, *C. potteri*, *C. flavicauda*, *C. acanthops*, *C. aurantonotus*, *C. bicolor*, *C. bispinosa*, *C. multicolor*, *C. loricula*, *C. nox*, *C. multispinis*, *C. heraldi*, *C. aurantia*, *C. eibli*, *C. vrolikii*, *C. ferrugata*, *C. venustus* und *C. multifasciata* zeigten. Als problematisch hinsichtlich ihrer Haltbarkeit können *Centropyge multifasciata*, *C. aurantia* und *C. nox* eingestuft werden, wobei offen bleibt, ob die Hinfälligkeit auf Giftfang, Zwischenhälterungsmethoden oder allgemeine Transportempfindlichkeit zurückzuführen ist. Auch die Wassertiefe beim Fang bzw. die davon herrührenden Dekompressionsschäden können sich negativ auswirken.

Die beiden Gattungen *Chaetodontoplus* und *Apolemichthys* (Samtkaiser und Phantomkaiser) enthalten wunderschöne, klein bleibende Arten, die von ihrer Größe und auch vom Verhalten her sehr gut für normal große Aquarien geeignet wären. Doch findet man gerade in diesen beiden Gruppen schwer haltbare, da anspruchsvolle Nahrungsspezialisten. Von den vorwiegend Höhlen bewohnenden Phantomkaisern, wie etwa *Ch. melanosoma* oder *Ch. conspicillatus,* hat man kaum Kenntnis über ihre tatsächlichen Nahrungsansprüche. Meist nehmen sie keine Ersatznahrung an und leben nur kurze Zeit. Auf ihre Anschaffung sollte daher besser verzichtet werden. Relativ anspruchslose Pfleglinge sind dagegen die beiden Rauchkaiser-Arten *A. xanthotis* und *A. xanthurus* sowie *A. trimaculatus* oder *Ch. dubolayi*, auch *Ch. mesoleucus* und *Ch. septentrionalis*. Wie bei den Großkaisern findet man bei ihnen Jugendkleider, die oft völlig verschieden vom Aussehen der Adulten sind.

Großkaiser der Gattung *Genicanthus* sind für größere Riffbecken vorzüglich geeignet, sie sind als Planktonjäger extrem aktive Dauerschwimmer und sollten ebenfalls stets paarweise gepflegt werden. Kleine Haremsgruppen benötigen viel Platz! Es empfiehlt sich, mit 2 oder 3 noch nicht ausgewachsenen Weibchen zu beginnen, das dominante Tier wechselt nach Erreichen der Adultgröße in das Männchen-Stadium, auf diese Weise kommt es nicht zu Aggressionen. Reichliche, mehrmals am Tag erfolgende Fütterung ist gerade für diese bewegungsaktive Gruppe sehr wichtig. Sonst beginnen die Fische Energie zu sparen und sich zu verstecken.

Problematischer ist die Haltung von Großkaisern, obgleich gerade sie besonders für Schauaquarien attraktive Blickfänge sein können, vor allem dann, wenn sie sich wohl fühlen und normal verhalten. Dann erst zeigen sie die volle, leuchtende Farbenpracht. Manche Arten eignen sich grundsätzlich weniger gut für Aquarienhaltung; das betrifft vor allem die schwimmfreudigen Patrouillierer, die in ihrem natürlichen Lebensraum täglich Kilometer lange Riffabschnitte kontrollieren, wie *Pomacanthus imperator*, *P. maculosus* oder *P. asfur*. In Aquarien, auch in sehr großen Schaubecken, können sie unter Langeweile oft unerträglich ausgeprägte Stereotypien entwickeln. Arten, die sich weniger weit von ihrem Unterstand wegbewegen, etwa *Pomacanthus navarchus* oder andere vorwiegend höhlengebundene Kaiserfische, sind vergleichsweise leichter an den eingeengten Lebensraum zu gewöhnen. Wichtig ist auch bei Großkaisern ein möglichst abwechslungsreiches gut gegliedertes Umfeld und eine ausgewogene, abwechslungsreiche Fütterung. In guten Riffbecken können alle Arten paarweise gehalten werden, 2 verschieden große Fische sollten möglichst gleichzeitig eingesetzt werden. Ungleich interessanter ist es, mit juvenilen Fischen, die also noch ihre Jugendfärbung tragen, zu beginnen. Diese passen sich problemloser an. Auch für Großkaiser gilt – entgegen der gängigen Meinung –, dass sie bei paarweiser Haltung und abwechslungsreicher Fütterung (die im Übrigen nicht zu große Partikel beinhalten sollte, sondern ebenfalls neben reichlicher Grünkost auch Kleinkrebschen wie Cyclops) sehr gut im Korallenbecken haltbar sind. Es gibt kaum ein eindrucksvolleres Bild als ein Farben sprühendes Kaiserpaar, etwa *Pomacanthus xanthometopon*, inmitten einer bunten Korallenlandschaft!

Vermehrung. Das offenbar nur kurze pelagische Larvenstadium der Kaiserfische von wenigen Tagen dürfte eine Grundvoraussetzung für ihre Vermehrung im Aquarium sein. Ob dies tatsächlich im Rahmen einer sinnvollen kommerziellen Vermehrung gelingen wird, muss derzeit noch bezweifelt werden. Allerdings wurde *Centropyge loricula* bereits, wenn auch mit großem Aufwand, im Waikiki-Aquarium, Honolulu (Hawaii) in größeren Zahlen nachgezogen.

Höchstalter. Zwergkaiser erreichen bei bester Gesundheit bis zu 14 Jahre (*Centropyge bispinosa*) bzw. sind jetzt (Thaler 2004) im Alter von 9 - 13 Jahren immer noch voll fortpflanzungsaktiv. In Aquarien lebten *Apolemichthys trimaculatus* 24 Jahre, *A. xanthurus* 23 Jahre, 10 Monate, *Genicanthus bellus* 17, *G. watanabei* 11 und einige *Pomacanthus*-Arten über 20 Jahre (z.B. *P. navarchus* und *P. xanthometopon* 26 Jahre).

Familie Doppel-Rückenflosser (Enoplosidae)

Hochrückiger, seitlich zusammengedrückter Körper. Kopf verhältnismäßig klein, mit leicht oberständigem, spitzem Maul. Am Kiemendeckel 2 kleine, nach hinten gerichtete, spitze Stacheln. Rückenflosse zweiteilig (deutscher Name!), hinterer Teil stark verlängert. Auffallend große Bauchflossen, die einen kräftigen Stachel besitzen. Schwanzflosse tief gegabelt.

Abb. 52.71 *Enoplosus armatus* (Zoo-Aquarium Berlin)

Verbreitung. Südöstlicher Indischer Ozean, südwestlicher Pazifik.

Lebensweise. Tagaktiv, in großen Gruppen, paarweise oder einzeln an Felsenriffen und über Seegras, bis in 90 m Tiefe. Über die Fortpflanzung ist wenig bekannt, die Jungfische werden in Ästuaren gefunden.

Nahrung. Krebstiere, Würmer, auch Algen.

1 Gattung mit 1 Art.

Gattung *Enoplosus*: **Doppel-Rückenflosser** (*E. armatus*): bis 50 cm, endemisch an der südaustralischen Meeresküste, sie sind auch unter dem englischen Namen „Old Wife" bekannt. Silbern glänzend mit charakteristischen, schwarzen Querbändern.

Haltung von Doppel-Rückenflossern

Bei entsprechender Kühlung (unter 20 °C) und Größe (5 - 10 m^3) der Aquarien ist die Haltung von Doppel-Rückenflossern unproblematisch. Die gegenüber anderen Fischen friedlichen *Enoplosus* können im Aquarium untereinander recht aggressiv werden, so dass eine Einzelhaltung erforderlich wird. Andererseits sieht man sie aber auch in manchen Aquarien in größeren Gruppen (mindestens 5 - 6 Tiere) zusammenleben. Als Futter eignen sich Artemien, Mysis und kleine Garnelen aus dem Frost, auch klein geschnittenes Muschel- und Tintenfischfleisch wird gefressen.

Der Stich der Rückenflossenstacheln ist giftig, entsprechend vorsichtig sind die Doppel-Rückenflosser zu behandeln.

Familie Panzerköpfe (Pentacerotidae)

Seitlich stark zusammengedrückter, hochrückiger Körper mit relativ kleinem, vorgezogenem Maul. Kleine bis mittelgroße Kammschuppen, Seitenlinie vollständig. Rückenflosse einheitlich und groß, oft segelartig. Afterflosse deutlich kleiner. Namengebend sind Knochenplatten, die den größten Teil des Kopfes umschließen. Größe zwischen 25 und 100 cm.

Verbreitung. Indopazifik und südwestlicher Atlantik.

Lebensweise. Einzelgänger, paarweise oder in kleinen Gruppen in kühlerem Wasser größerer Tiefen (bis etwa 600 m), in gemäßigt-temperierten Meeren aber auch im Flachwasser. Bevorzugt auf Unterwasserbergen und Felsenriffen, selten pelagisch. Keine Brutpflege, Einzelheiten der Fortpflanzung unbekannt.

Nahrung. Verschiedenste Wirbellose, teilweise auch Braunalgen.

8 Gattungen mit 14 Arten. In Europa aquaristisch bislang ohne Bedeutung.

Gattung *Evistias*: 1 Art. **Gestreifter Panzerkopf** (*E. acutirostris*): bis 90 cm, Pazifik (Japan, Hawaii, um Australien, Neuseeland, Norfolk- und Kermadec-Inseln).

Gattung *Pentaceros*: 4 Arten. Dazu **Japanischer Panzerkopf** (*P. japonicus*): 25 cm, von Südjapan bis Australien und Neuseeland.

Gattung *Pseudopentaceros*: 3 Arten. Dazu **Langflossen-Panzerkopf** (*P. pectoralis*): 50 cm, Nordpazifik (von Japan über Alaska bis nach Mittelkalifornien.

Gattung *Zanclistius*: 1 Art. **Australischer Panzerkopf** (*Z. elevatus*): bis 33 cm, um Südaustralien und Neuseeland.

Haltung von Panzerköpfen

Ihrem Lebensraum entsprechend sollten die aufgeführten Arten in mehrere Kubikmeter großen Becken mit umfangreichen Steinaufbauten und bei Temperaturen zwischen 16 und 22 °C gehalten werden. Als Ersatzfutter können Mysis, Garnelen und Muschelfleisch angeboten werden.

Familie Nanderbarsche (Nandidae)

Körper hochrückig, seitlich zusammengedrückt, mit großem Kopf und tief gespaltenem, meist weit vorstreckbarem Maul. Rückenflosse eingekerbt, der stachelstrahlige Vorderteil langgestreckt, der weichstrahlige Hinterteil wimpelartig kurz. Afterflosse ähnlich oder deutlich kleiner, Schwanzflosse abgerundet. Kräftige Kammschuppen, Seitenlinie unvollständig oder fehlend. Größe zwischen 5 und 21 cm.

Verbreitung. Tropisches Südamerika, Westafrika, Süd- und Südostasien.

Lebensweise. Tag- oder dämmerungsaktive Lauerräuber, Einzelgänger. Manche imitieren abgestorbene Blätter und lassen sich im Wasser treiben. Substratlaicher oder Schaumnestbau. Brutpflege durch das Männchen, *Nandus nandus* laicht aber im freien Wasser ohne Brutpflege.

Nahrung. Fische, Insektenlarven, Krebstiere, auch Würmer, *Pristolepis* vor allem Algen, Wasserpflanzen, Früchte und Samen.

6 Gattungen mit 10 Arten. Die südamerikanischen Arten werden neuerdings als eigene Familie Polycentridae abgetrennt.

Gattung *Afronandus*: 1 Art. **Vierstachel-Nanderbarsch** (*A. sheljuzhkoi*): 5 cm, Westafrika (Elfenbeinküste), in Quellgewässern.

Gattung *Monocirrhus*: 1 Art. **Blattfisch** (*M. polyacanthus*): 8 cm, Amazonas, Rio Negro, Guayana. Ähnelt in Form und Farbe einem abgestorbenen Blatt. Wurmförmiger Fortsatz an der Unterlippe. Laich auf Wasserpflanzenblättern oder Steinen, wird vom Männchen bewacht.

Gattung *Nandus*: 3 Arten. Dazu **Großer Nanderbarsch** (*N. nandus*): 20 cm, Vorder- und Hinterindien. Großfleckig marmoriert. – **Nebelfleck-Nanderbarsch** (*N. nebulosus*): 12 cm, Hinterindien, Malaiischer Archipel. Dunkle, unregelmäßige Querbänderung.

Gattung *Polycentropsis*: 1 Art. **Afrikanischer Vielstachler** (*P. abbreviata*): 8 cm, tropisches Westafrika. Auffallend kurzschwänzig. Männchen baut Schaumnest unter Schwimmpflanzen.

Gattung *Polycentrus*: 1 Art. **Südamerikanischer Vielstachler** (*P. schomburgki*): 10 cm, nordöstliches Südamerika, Trinidad. Stark wechselnde Färbung, keine Seitenlinie. Ablaichen in Höhlen oder Unterständen.

Gattung *Pristolepis*: 3 Arten. Dazu **Gestreifter Nanderbarsch** (*P. fasciata*): 21 cm, Hinterindien, Malaiische Halbinsel, Sumatra, Borneo. Relativ kleines, wenig vorstreckbares Maul, unterbrochene Seitenlinie. – **Indonesischer Nanderbarsch** (*P. grooti*): 18 cm, Sumatra, Borneo, Bangka und Belitung.

Haltung von Nanderbarschen

Am besten im Artbecken, dicht bepflanzt und strukturiert mit Wurzelverstecken und Schwimmpflanzen. Die ruhigen Fische stehen, gut getarnt, gern in dichtem Pflanzendickicht. In derart strukturierten Becken können etwa gleich große Tiere in kleinen Gruppen gepflegt werden. Eine Vergesellschaftung ist nur mit ruhigen, von der Größe her nicht als Beute in Betracht kommenden Fischen sinnvoll.

Die Haltungstemperaturen liegen zwischen 24 und 28 °C, das Wasser sollte relativ weich (3 - 10° dGH) und leicht sauer (pH 6 - 6,8) sein. Dies gilt allerdings nicht für *Nandus nebulosus*, der in mittelhartem (10 - 16° dGH) und neutralem bis leicht alkalischem (pH 7 - 7,5) Wasser, sowie *N. nandus*, der besser noch mit einem Seesalzzusatz (0,2 - 0,5 %) gehalten wird.

Alle Nanderbarsche müssen kräftig und reichlich gefüttert werden. Es wird oft nur Lebendfutter gefressen: Futterfische, Insektenlarven, Regenwürmer. Fütterungsversuche mit Rinderherz können erfolgreich sein. Der Blattfisch ist nur mit lebenden Fischen (vor allem Guppys und Platys) zu ernähren.

Abb. 52.72 *Monocirrhus polyacanthus* (Aquazoo Düsseldorf)

Vermehrung. Verschiedene Nanderbarsch-Arten sind mit mehr oder weniger großem Aufwand bei der Ernährung der Jungen erfolgreich nachgezüchtet worden. Insbesondere die Vermehrung von Blattfischen (Zuchttemperatur 27 - 29 °C, pH-Wert bei 5,5) erfordert die Bereitstellung von Jungfischbrut zum Füttern der kleinen Blattfische, als Erstfutter können Cyclops und Artemia-Nauplien eingesetzt werden. Da junge Nanderbarsche unterschiedlich schnell wachsen und dann Kannibalismus auftreten kann, sollten die Jungen nach Größenklassen getrennt aufgezogen werden.

Höchstalter. *Pristolepis grooti* 8 Jahre, 1 Monat (Zoo Amsterdam).

Familie Blaubarsche (Badidae)

Körper gestreckt, seitlich nur mäßig zusammengedrückt. Maul klein. Rückenflosse durchgehend. Werden auch als Unterfamilie zu den Nanderbarschen gestellt.

Verbreitung. Vorder- und Hinterindien.

Abb. 52.73 *Badis ruber* (Privataquarium)

Lebensweise. In Kleingewässern, als Einzelgänger, die kleine Territorien verteidigen. Höhlenbrüter, Männchen betreiben Brutpflege bzw. Laichabgabe zwischen feinfiedrigen Pflanzen, dann ohne Brutpflege.

Nahrung. Kleine Wirbellose.

2 Gattungen mit 15 Arten.

Gattung *Badis*: 12 Arten, mit Seitenlinienorgan. Dazu **Blaubarsch** (*B. badis*): 8 cm, Weibchen kleiner. – Weitere früher als Unterarten bzw. Farbvariationen aufgefasste Formen sind *B. assamensis* und *B. siamensis*. Der frühere *B. b. burmanicus* ist der **Rote Blaubarsch** (*B. ruber*).

Gattung *Dario*: 3 Arten, ohne Seitenlinienorgan. **Bengalischer Zwergblaubarsch** (*D. dario*): etwa 2 cm. Die frühere „Scarlett"-Variante ist eine besonders schöne, attraktiv rötlich gefärbte Form. – Importiert wurden auch die ähnlichen, ebenfalls mehr oder weniger rot gefärbten *D. dayingensis* und *D. hysginon*.

Haltung von Blaubarschen

Die kleinen, ruhigen Fische werden am besten im Artbecken gepflegt, das mit vielen Verstecken (Wurzeln, hohl liegende Steine, Kokosnuss-Halbschalen u. Ä.) ausgestattet, reich bepflanzt und mit Schwimmpflanzen abgeschattet sein sollte. Die ansonsten recht friedlichen Fische bilden Kleinreviere, was bei der Beckengestaltung (Revierabgrenzungen) berücksichtigt werden muss. Vergesellschaftungen nicht mit lebhaften Arten, die als Futterkonkurrenten auftreten. Gefressen wird kleines Lebendfutter aller Art. Wasser leicht sauer (pH um 6,5) und weich bis mittelhart (6 - 15° dGH), bei Temperaturen zwischen 24 und 28 °C.

Vermehrung. Die farbenprächtigeren Männchen sind leicht an ihrer eingedellten Bauchlinie von den blasser gefärbten Weibchen mit gerader oder bei Laichansatz leicht vorgewölbter Bauchlinie zu unterscheiden. *Badis*-Arten laichen in Höhlen oder unter Überhängen. Das Gelege (30 - 100 Eier) und die geschlüpften Jungen werden bis zum Freischwimmen vom Männchen betreut. Temperaturabhängig schlüpfen die Larven nach 2 - 3 Tagen und schwimmen nach spätestens 7 Tagen frei. Das Anfüttern kann mit Cyclops- oder Artemia-Nauplien erfolgen.

Die *Dario*-Arten laichen zwischen feinfiedrigen Pflanzen. Ihre Eier werden nicht betreut.

Höchstalter. Lebensdauer im Aquarium für *Badis badis* 7 Jahre, 6 Monate (Zoo Amsterdam).

Familie Schnabelbarsche, Meißelzähner (Oplegnathidae)

Körper gestreckt, leicht zusammengedrückt, sehr kleine Kammschuppen. Rückenflosse einheitlich, mit einem langen, stachelstrahligen vorderen Teil. Afterflosse entspricht in Form und Größe dem hinteren weichstrahligen Rückenflossenabschnitt. Bei älteren Tieren verschmelzen die Zähne zu schnabelähnlichen Zahnleisten, vergleichbar denjenigen der Papageifische (Familie Scaridae). Jugend- und Altersfärbung sehr unterschiedlich. Größe zwischen 45 und 90 cm.

Verbreitung. Um Japan und Südaustralien, vor dem östlichen Südafrika, der peruanischen und chilenischen Küste sowie Galapagos und Hawaii.

Lebensweise. Gewöhnlich als Einzelgänger in felsigen Bereichen, z.T. auch in Korallenriffen vom Flachwasser bis in etwa 300 m Tiefe. Freilaicher, keine Brutpflege. Eier pelagisch (unter 1 mm Durchmesser). Jungfische (bis etwa 5 cm Größe) treiben in Tangfeldern.

Nahrung. Mollusken, Seepocken und Krebse, auch Algen.

1 Gattung mit 7 Arten.

Gattung *Oplegnathus*: Dazu **Gestreifter Schnabelbarsch** (*O. fasciatus*): 80 cm, Japan, Hawaii. 7 schwarze Querbinden. – **Gepunkteter Schnabelbarsch** (*O. punctatus*): über 80 cm, Japan und Südchinesisches Meer, Hawaii.

Haltung von Schnabelbarschen

Schnabelbarsche werden aus ihren Heimatgebieten kaum exportiert, sie sind demzufolge meist nur in den großen ostasiatischen Schauaquarien zu sehen. Für die Haltung der in der Regel friedlichen, nicht aggressiven Fische sind große Becken (mehrere Kubikmeter Inhalt) mit umfangreichen Felsaufbauten und Wassertemperaturen um 18 - 24 °C erforderlich. Futter: Garnelen, Krabben, aufgeschlagene Muscheln. Hartschalige Nahrung ist für die Abnutzung der Zahnleisten wichtig. In Japan werden einige Arten in der Aquakultur vermehrt.

Familie Zwergbarsche (Pseudochromidae)

E. Thaler

Größtenteils klein bleibende, länglich-schmale Barschartige mit z.T. überaus prächtiger Färbung. Typische Barsch-Merkmale: verhältnismäßig großes, gut bezahntes Maul, große, „scharf blickende“ Augen mit leicht ovaler Pupille, die sich deutlich von der meist hellen, farbigen Iris absetzt. Rükkenflosse lang, verläuft durchgehend. Seitenlinie fortlaufend oder unterbrochen. Größter Vertreter *Labracinus lineatus* mit ca. 25 cm Körperlänge, aber die meisten Vertreter der Unterfamilie Pseudochrominae überschreiten kaum 5 cm.

Verbreitung. Im tropischen Indopazifik, an Korallen gebunden, dadurch vorwiegend in geringer Tiefe vorkommend.

Lebensweise. Lauerjäger, die durchwegs versteckt leben, oft in verzweigten Korallenstöcken, Gesteinsritzen oder kleinen Höhlen; schwimmen ohne Zwang niemals im freien Wasser, bleiben stets in unmittelbarer Nähe ihres Verstecks und flüchten bei Gefahr pfeilschnell in Deckung. In verzweigten Korallenstöcken (etwa in Acroporen, Pocilloporen) lebende Arten verlassen ihre Koralle auch dann nicht, wenn man die Koralle mitsamt dem Fisch aus dem Wasser hebt!

Meist paarweise lebend, doch halten die Partner einen eher lockeren Kontakt, besetzen vielfach auch eigene, nebeneinander liegende Reviere. Nur während der Balz, die sehr auffallend und stürmisch verlaufen kann, da das Männchen das Weibchen durch ständiges An- und Voranschwimmen zur Höhle dirigiert, bzw. während der Eiablage sucht das Weibchen das Männchen-Revier auf. Haremsbildung kann vorkommen (*Pseudochromis fridmani*?). Zwergbarsche wechseln ihr Geschlecht (protogyne Hermaphroditen, möglicherweise auch Simultanhermaphroditen), jedoch behält der dominante Partner, der auch meist etwas größer ist, den Männchenstatus. Die Männchen betreiben Brutpflege, sie bewachen und pflegen den in einer Höhle abgelegten Laichballen mindestens 1 Woche, bis die Jungfische (noch im Larvenstadium, mit Dottervorrat) schlüpfen.

Nahrung. Kleine, jedoch effiziente Räuber, die kaum Nahrungsspezialisten zu sein scheinen, sie nehmen „alles“, was sie überwältigen können. Bevorzugt werden aber meist planktische Kleinkrebschen u.Ä., daneben aber auch Beutetiere auf dem Substrat, sofern diese offen sichtbar sind.

Abb. 52.74 *Pseudochromis diadema* (Zoo Leipzig, Aquarium)

11 Gattungen mit etwa 100 Arten. Aufgrund ihrer ansprechenden Färbung, ihrer geringen Größe und auch ihrer Genügsamkeit sind viele Arten beliebte und begehrte Aquarienfische.

Gattung *Cypho*: 1 Art. **Purpur-Zwergbarsch** (*C. purpurascens*): bis 7,5 cm, Westpazifik (Großes Barriereriff bis Fidschi-Inseln). Rötlich, mit blauen Flossensäumen, Männchen insgesamt dunkler.

Gattung *Labracinus*: 4 Arten. Dazu **Augenring-Zwergbarsch** (*L. cyclophthalmus*): 20 cm, Westpazifik, bis zu den Fidschi-Inseln. Männchen kräftigrot mit dunklem Kopf, Weibchen wesentlich blasser gefärbt. – **Streifen-Zwergbarsch** (*L. lineatus*): 25 cm, Indischer Ozean vor Westaustralien. Gelbbraun mit zahlreichen zu kurzen Linien zusammenlaufenden blauen Punkten am Körper.

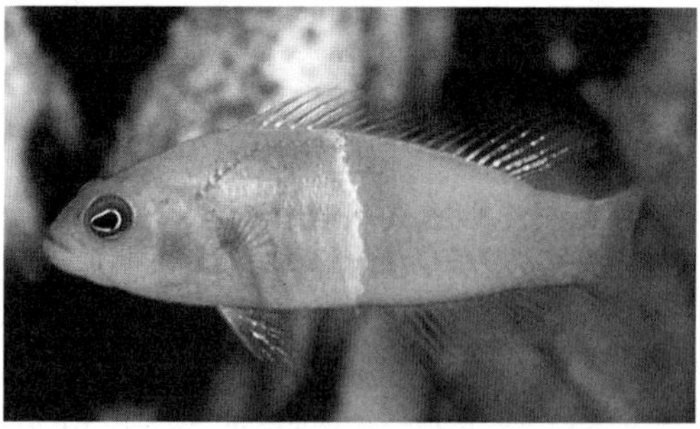

Abb. 52.75 *Pseudochromis paccagnellae* (Vivarium Karlsruhe)

Gattung *Lubbockichthys*: 2 Arten. Dazu **Vielschuppiger Zwergbarsch** (*L. multisquamatus*): bis 7,5 cm, östlicher Indischer Ozean bis Zentralpazifik. Rötlich, mit gelbem Schwanz.

Gattung *Ogilbyina*: 4 Arten. Dazu **Neuholland-Zwergbarsch** (*O. novaehollandiae*): 10 cm, Großes Barriereriff. Männchen mit rotem Kopf und grauschwarzem Körper, Weibchen insgesamt rötlich. – **Queensland-Zwergbarsch** (*O. queenslandiae*): 15 cm, Westpazifik (endemisch vor Queensland, Australien). – **Spitzschwanz-Zwergbarsch, Segelflossen-Zwergbarsch** (*O. velifera*): bis 12 cm, Großes Barriereriff. Sehr variabel, tiefschwarz, zartblau bis gelbbraun, Kopfoberseite und Rückenflosse kräftiger gefärbt.

Gattung *Pseudochromis*: 53 Arten. Dazu **Aldabra-Zwergbarsch** (*P. aldabraensis*): 10 cm, westlicher und mittlerer Indischer Ozean. Blaue Streifung an Kopf und Rücken. – **Diadem-Zwergbarsch** (*P. diadema*): 6 cm, Westpazifik. Gelb mit purpurfarbenem Streifen auf Kopfoberseite und Rücken. – **Gabelschwanz-Zwergbarsch** (*P. dixurus*): 9 cm, Rotes Meer. Je 1 dunkel- und hellbrauner Längsstreifen. – **Dutoiti-Zwergbarsch** (*P. dutoiti*): 9 cm, westlicher Indischer Ozean (von Südafrika bis Pakistan). – **Gelbrücken-Zwergbarsch** (*P. flavivertex*): 7 cm, Rotes Meer, Golf von Aden. Blau mit gelbem Rückenstreifen. – **König-Salomon-Zwergbarsch** (*P. fridmani*): 6 cm, endemisch im Roten Meer. Weitgehend einfarbig purpurviolett, schwarzer Augenstreifen. – **Zweifarben-Zwergbarsch, Nymphenzwergbarsch** (*P. paccagnellae*): bis 7 cm, Indoaustralien, Salomonen, Neue Hebriden. Vordere Körperhälfte violett, hintere gelborange. – **Langflossen-Zwergbarsch** (*P. polynemus*): 12 cm, zentraler Westpazifik. – **Porphyr-Zwergbarsch** (*P. porphyreus*): 6 cm, Westpazifik. Ähnelt in der Färbung *P. fridmani*, aber ohne schwarzen Augenstreifen. – **Prachtzwergbarsch** (*P. splendens*): 13 cm, Westpazifik (Philippinen, Indonesien und Nordwestaustralien). Zahlreiche blauschwarze Längspunktlinien, blau gesäumte Rücken-, After- und Bauchflossen, schwarze Augenbinde. – **Springers Zwergbarsch** (*P. springeri*): 6 cm, endemisch im Roten Meer.

Schwärzlich mit 2 leuchtend blauen Streifen an Kopf und Vorderkörper. – **Leierschwanz-Zwergbarsch** (*P. steenei*): 12 cm, Westpazifik (nur Indonesien und Nordaustralien). Männchen mit schmalem, weißem Streifen hinter dem Auge.

Gattung *Pseudoplesiops*: 10 Arten. Dazu **Rosafarbener Zwergbarsch** (*P. typus*): bis 5,5 cm, Westpazifik.

Haltung von Zwergbarschen

Alle Zwergbarsche sind gut haltbare, wunderschöne und aufgrund ihrer Fortpflanzungsstrategien sehr interessante Pfleglinge. Mit anderen Aquarienbewohnern leben sie meist friedlich zusammen (Ausnahme: *Pseudochromis steenei*, *P. polynemus* und besonders *P. splendens*, die extrem territorial sind und in kleinen Aquarien andere Fische „tyrannisieren", ja sogar töten können!), doch muss man bedenken, dass alle Zwergbarsche territorial sind und einen je nach Art verschieden großen Bezirk nachdrücklich verteidigen. Vor allem Laich-bewachende Männchen vertreiben dann auch ihre Partnerinnen sehr energisch aus dem Nahbereich. Stellt man genügend passende Unterschlupfmöglichkeiten zur Verfügung, so kann man diese stets latent vorhandene Aggressivität verringern. Angeblich sollen Nachzuchttiere weniger aggressiv sein (kann die Autorin nicht bestätigen, sofern es sich um gesunde Fische handelt).

Mit reichlicher und abwechslungsreicher Fütterung lässt sich mancher zunächst aggressive Zwergbarsch meist besänftigen. Gefüttert wird am besten mit verschiedenen Frostfutter-Mischungen, generell wird Flockenfutter weniger gern angenommen.

Arten der Gattung *Ogilbyina* fallen durch die sehr hohen, elegant geschwungenen Rücken- und Afterflossen auf. Die Farbe kann je nach sexuellem Status bzw. Alter oder Stimmung sehr variabel sein. *O. velifera* wechselt z.B. von Tiefschwarz zu pink- und orangefarbenen Tönen. Außerdem zeichnet diese Gruppe eine relative Friedfertigkeit aus.

Vermehrung. Einige Arten können bei der Partnerwahl besonders schwierig sein, so etwa *Pseudochromis porphyreus*; auch *P.-dutoiti*-Männchen nehmen längst nicht jedes Weibchen an. Hier ist es nötig, mit verschiedenen Partnern eine Verpaarung zu versuchen, und man sollte notfalls das unterlegene Tier rasch entfernen. Da die Gelege nicht übermäßig groß sind (meist einige Hundert Eier), die Schlüpflinge ebenfalls nicht allzu winzig, ist die Voraussetzung für aquaristische Züchtbarkeit gegeben. Tatsächlich werden auch fast alle *Pseudochromis*- und *Labracinus*-Arten schon seit Jahren erfolgreich nachgezogen. Die Erstzucht von *Labracinus cyclophthalmus* gelang übrigens bereits 1987 im Zoo-Aquarium Berlin. Die Jungfische waren territorial und mussten schon mit etwa 8 mm Länge getrennt gehalten werden.

Für die Nachzucht gelten ähnliche Voraussetzungen wie für Anemonenfische, unbedingt benötigt wird *Brachionus* als Aufzuchtfutter, insgesamt scheint die Zucht etwas aufwendiger zu sein, da die Larven kleiner sind. Auch die Aggressivität der heranwachsenden Jungfische macht Schwierigkeiten.

Höchstalter. Bei der Autorin lebte *Pseudochromis fridmani* 7 Jahre, *P. polynemus*, ein Einzelfisch, ist derzeit 11 Jahre, 4 Monate alt und noch sehr vital.

Familie Aalblennies (Congrogadidae)

Körper aalartig gestreckt, Rücken- und Afterflosse sehr lang, können mit der kleinen, runden Schwanzflosse teilweise verbunden sein. Bauchflossen klein oder fehlend. Kleine Rundschuppen, Seitenlinie unvollständig kurz oder bis zu 4 getrennte Seitenlinien auf jeder Körperseite. Größe zwischen 5 und 45 cm. Offenbar nahe mit den Zwergbarschen (Familie Pseudochromidae) verwandt, denen sie auch als Unterfamilie zugeordnet werden.

Verbreitung. Tropische und subtropische Küstenbereiche des Indowestpazifiks.

Lebensweise. Von der Gezeitenzone bis in 140 m Tiefe in Korallen- und Felsenriffen und auf Geröll- und Schlammböden zwischen Seegras und Schwämmen. Eier legend, Einzelheiten der Fortpflanzung in der Natur weitgehend unbekannt.

Nahrung. Hauptsächlich Krebstiere und Würmer.

8 Gattungen mit 24 Arten. Nur wenige Arten werden, eher selten, in Aquarien gezeigt.

Gattung *Blennodesmus*: 1 Art. **Bandförmiger Aalblennie** (*B. scapularis*): 10 cm, Küsten vor Nordaustralien, in der Gezeitenzone bis in 3 m Tiefe.

Gattung *Congrogadus*: 6 Arten. Dazu **Teppich-Aalblennie** (*C. subducens*): 45 cm, Indowestpazifik (Nikobaren, Andamanen, Japan bis Nordaustralien). Teppichmuster aus hellen Flecken und Streifen.

Gattung *Haliophis*: 3 Arten. Dazu **Afrikanischer Aalblennie** (*H. guttatus*): bis 15,5 cm, Rotes Meer und westlicher Indischer Ozean. Zahlreiche schmale Querstreifen.

Haltung von Aalblennies

Die Erfahrungen mit den bisher gepflegten Arten zeigen, dass diese sehr gut haltbar sind. Im Becken sollten genügend Versteckmöglichkeiten durch Steinaufbauten und Höhlen geboten werden. Die Fische sind gegenüber Schwankungen der Salzkonzentration recht unempfindlich. Bei einer Vergesellschaftung muss darauf geachtet werden, dass kleinere Fische und Wirbellose gefressen werden. Als Futter eignen sich kleine Futterfische, Muschelfleisch und Garnelen.

Vermehrung. *Congrogadus subducens* laichte schon im Aquarium, das Gelege besteht aus großen Eiballen, die Eier haben einen Durchmesser von 3 - 4 mm. Die Jungen können mit Artemia-Nauplien angefüttert werden.

Familie Kardinalbarsche (Apogonidae)

E. Thaler

Barschartige Fische mit recht einheitlichen Merkmalen: relativ klein (4 cm, *Apogonichthys ocellatus*, bis maximal 24 cm, *Cheilodipterus macrodon*), meist jedoch zwischen 8 und 10 cm. Körper eher länglich, nur wenige Arten wirken gedrungen, hochrückig, mit deutlich abgesetztem, verhältnismäßig langem Schwanzstiel. Meist mit Kammschuppen, selten mit Rundschuppen oder unbeschuppt. Schwanzflosse gegabelt, Rückenflosse deutlich zweigeteilt, Kopf und vor allem Maul beeindruckend groß. Augen ebenfalls im Verhältnis zum Körper sehr groß, weisen auf Dämmerungs- und Nachtaktivität hin. Wenige Arten einfarbig oder mit großflächigen Zeichnungen, es überwiegen zarte Längsstreifen- oder Tüpfelmuster, die bei vielen Artengruppen ähnlich scheinen und die Unterscheidung vor allem bei Jungfischen erschweren. Deutlich vom Adultkleid abweichende Jugendfärbung kommt nicht vor. Generell handelt es sich um sehr wehrhafte, ja aggressive Fische, die in Erregung weithin vernehmbare Knurrgeräusche äußern können. Vor allem nachts kann man dies im Riff und ebenso im Aquarium hören.

Verbreitung. In allen tropischen und subtropischen Meeren, besonders in Korallenriffen, teilweise im Brackwasser der Mangrovensümpfe, einige Arten in Süßgewässern pazifischer Inseln (z. B. Neuguinea).

Lebensweise. Meist dämmerungs- und nachtaktiv, manche Arten besiedeln auch größere Tiefen. Kardinalbarsche formieren sich durchwegs in Gruppen, können auch größere Schwärme bilden und sind oftmals sozial straff organisiert. Als Lauerjäger schwimmen sie kaum im offenen Wasser, halten sich in Höhlen oder unter Überhängen, zwischen Korallenästen und in den Fächern von Gorgonien oder zwischen

Abb. 52.76 *Apogon imberbis*, maulbrütendes Männchen (Zoo Leipzig, Aquarium)

langstieligen Tangen und Seegräsern, auch im Stelzwurzelgewirr von Mangroven auf. Kleine Jungfische suchen oftmals zwischen den Stacheln von Diademseeigeln Schutz, manche klein bleibende Arten tun dies zeitlebens.

Alle daraufhin untersuchten Kardinalbarsche sind Maulbrüter, in der Regel scheint das Männchen den Laichballen in seinem geräumigen Rachenraum auszutragen. Da Kardinalbarsche protogyne Folgezwitter (vom Weibchen zum Männchen), vielleicht sogar bei manchen Arten zeitgleiche Zwitter (Simultanhermaphroditen) sind, könnte die Beteiligung am Maulbrüten vom Männchen zum Weibchen oder auch umgekehrt wechseln. Naturbeobachtungen sind dazu verständlicherweise recht schwierig. Eiablage und Gelege-Übernahme des jeweils maulbrütenden Partners erfolgt unter ritualisierten, oft stundenlangen Balzspielen, die Partner schwimmen dabei unter häufigem Maul-Aufreißen (Präsentieren des Rachenraums!) synchron Seite an Seite. Ei- und Spermaabgabe erfolgen sehr rasch und gleichzeitig, ebenso blitzschnell wird das Eipaket ins Maul genommen. Bei manchen (allen?) Arten folgt eine ausgedehnte „Nachbalz", die vielleicht dazu dient, eine sichere Befruchtung des Geleges zu gewährleisten.

Nahrung. Carnivor, vorbeitreibende Beutetiere (besonders Krebse, verschiedene planktische Larvenstadien, Kleinfische) werden blitzschnell erfasst und im Ganzen verschlungen, es werden erstaunlich große Brocken bewältigt! Generell scheinen bodenlebende Beutetiere nicht vom Substrat aufgenommen zu werden.

24 Gattungen mit über 330 Arten.

Gattung *Apogon*: etwa 205 Arten. Zahlreiche Arten werden häufiger oder auch nur gelegentlich importiert. Dazu **Goldener Kardinalbarsch** (*A. aureus*): bis 14,5 cm, Rotes Meer, Indowestpazifik. Gelbbraun, breiter schwarzer Ring vor der Schwanzflosse. – **Ockerstreifen-Kardinalbarsch** (*A. compressus*): Westpazifik (Malaysia bis Mikronesien, Großes Barriereriff). – **Goldstreifen-Kardinalbarsch** (*A. cyanosoma*): 8 cm, Rotes Meer, Indowestpazifik. 5 - 6 gelborangefarbene Längsstreifen. – **Gebänderter Kardinalbarsch** (*A. fasciatus*): 10 cm, Rotes Meer, Indowestpazifik. – **Zarter Kardinalbarsch** (*A. fragilis*): bis 5,5 cm, Indopazifik (Ostafrika bis Samoa, Großes Barriereriff). Bildet große Schulen. Körper durchsichtig. – **Meerbarbenkönig** (*A. imberbis*): bis 15 cm, Mittelmeer, Ostatlantik, an Felsen. Tiefrot ge-

Abb. 52.77 *Pterapogon kauderni* (Zoo-Aquarium Berlin)

färbt. Bis 20000 sehr kleine Eier. – **Irisierender Kardinalbarsch** (*A. kallopterus*): 15 cm, Rotes Meer, Indowestpazifik (östlich bis Hawaii, südlich bis Neuseeland). Hellrötlich mit irisierendem Schimmer. – **Durchsichtiger Kardinalbarsch** (*A. leptacanthus*): 6 cm, Rotes Meer, Indowestpazifik, in der Brandungszone von Riffen und Lagunen. Leicht irisierend, ohne markante Zeichnungen. – **Augenstreif-Kardinalbarsch** (*A. maculatus*): bis 11 cm, Westatlantik (von Massachusetts bis Brasilien). Rot mit schwarzem Augenstreif und schwarzem Fleck unter der 2. Rückenflosse, die jedoch auch sehr blass sein können. – **Bullaugen-Kardinalbarsch** (*A. nigripinnis*): 8 cm, Indowestpazifik, Rotes Meer, über den Suez-Kanal in das Mittelmeer eingewandert. Rauchgrau mit schwarzem, rundem Fleck auf jeder Körperseite. – **Zweipunkt-Kardinalbarsch** (*A. pseudomaculatus*): bis 11 cm, Westatlantik. Je 1 schwarzer Punkt unter der 2. Rückenflosse und auf der hinteren Schwanzwurzel. – **Halbstreifen-Kardinalbarsch** (*A. semilineatus*): 12 cm, Westpazifik (Japan bis Nordwestaustralien). Hintere Körperhälfte ungestreift.

Abb. 52.78 *Sphaeramia nematoptera* (Zoo-Aquarium Berlin)

Gattung *Astrapogon*: 3 Arten. Dazu **Schnecken-Kardinalfisch** (*A. stellatus*): 10 cm, Bermudas, Bahamas, um Florida und in der Karibik. Bronzefarben bis schwärzlich marmoriert. Hält sich tagsüber in der Mantelhöhle von Königshelm-Schnecken (*Cassis tuberosa*) auf.

Gattung *Cheilodipterus*: 16 Arten. Dazu **Fünflinien-Kardinalbarsch** (*Ch. quinquelineatus*): 13 cm, Rotes Meer, Indischer Ozean. 5 dunkelbraune Längslinien.

Gattung *Foa*: 4 Arten. Dazu **Buchten-Kardinalbarsch** (*F. brachygramma*): 8 cm, Indowest- und Zentralpazifik. Gelblich braun.

Gattung *Pterapogon*: 2 Arten. Dazu **Zebra-Kardinalbarsch** (*P. kauderni*): 8 cm, endemisch um die Banggai-Inseln (Indonesien). Weiß bis grau mit 3 schwarzen Querbinden und schwarzen Säumen am Schwanzstiel, die bis in die Schwanzlappen ziehen.

Gattung *Sphaeramia*: 2 Arten, Körper mehr scheibenförmig. **Pyjama-Kardinalbarsch** (*S. nematoptera*): 10 cm, östlicher Indischer Ozean und tropischer Westpazifik. Große rote Augen und breiter schwarzer Querstreifen von der 1. Rückenflosse bis in die Bauchflossen ziehend. – **Gürtel-Kardinalbarsch** (*S. orbicularis*): 12 cm, Indischer Ozean, bevorzugt in Mangrove-Gebieten. 1 schmale, schwarze Querbinde erstreckt sich von der Rückenflosse zu den Bauchflossen.

Haltung von Kardinalbarschen

Insgesamt handelt es sich um eine – mit gewissen Einschränkungen – für die Aquarienhaltung hervorragend geeignete Gruppe. Als frei schwimmende, jedoch recht stationäre Lauerjäger ist ihr Energiebedarf zwar groß, kann jedoch mit einer (besser 2) täglichen, reichlichen Fütterung(en) abgedeckt werden. Unterstände oder ruhige schattige Aquarienbereiche werden gern genutzt. Inmitten einer hektischen Fischgesellschaft können sich die meisten Apogoniden, auch sehr kleine Arten, zwar gut durchsetzen, zeigen sich dann aber weniger oft im freien Wasser. Obgleich fast alle Arten im natürlichen Lebensraum soziale Schwarmfische sind, lässt sich dieses optisch ansprechende Schwarmverhalten im normalgroßen Aquarium nur schwer und vor allem kaum dauerhaft etablieren. Einerseits mag dies durch den fehlenden Feinddruck, andererseits durch die komplexe Sozialstruktur erschwert werden. Gute und oftmalige Fütterung bzw. möglichst individuenstarke Gruppen können diesem Vereinzelungseffekt entgegenwirken: Vermutlich hat, ähnlich wie bei Fahnenbarschen, jede Art je nach Kleinlebensraum und Nahrungsverfügbarkeit eine genetisch fixierte Kenntnis der idealen Schwarmgröße. Zwischen einigen wenigen Individuen kann die stets vorhandene, hohe Aggressionsbereitschaft nicht artgerecht „verteilt“ werden, die Kardinalbarsche kämpfen pausenlos und dezimieren sich, bis meist nur 2 Fische übrig bleiben. Schwärme von mindestens 20 Fischen haben relativ gute Aussichten, stabil zu bleiben, doch bedarf dies dann sehr großer Aquarien (mindestens 2 m^3).

Da die Kardinalbarsche als Geschlechtsumwandler gerade innerhalb des Schwarms eine hohe innerartliche Aggression zum Aufrechterhalten eines ausgewogenen Geschlechterverhältnisses benötigen (denn sonst gäbe es sehr rasch nurmehr Männchen!), kann auch dieses Verhalten in Zusammenhang mit Futterkonkurrenzeffekten bei zu wenig Individuen eine Schwarmbildung verhindern.

Ernährung unproblematisch, es wird mehr oder minder „alles“ recht unselektiv verschluckt, jedoch so gut wie nie Ersatzfutter wie Flocken angenommen. Beutetiere, die am Substrat leben, bleiben unbeachtet, auch zu Boden sinkendes Frostfutter ist dann uninteressant.

Vermehrung. Kardinalbarsche könnten als Maulbrüter mit intensiver Laichpflege durchaus gezüchtet werden, doch enthält bei fast allen Arten der Laichballen viele tausend Eier und somit schlüpfen entsprechend winzige Larven, deren Ernährung sehr schwierig ist. Allerdings gelang bereits 1987 im Zoo-Aquarium Berlin die Vermehrung von *Apogon nigripinnis*, wobei sich die Eier nur bei einer sehr starken Strömung entwickelten.

Eine Ausnahme bildet der wunderschöne schwarz-silbrigweiß gezeichnete *Pterapogon kauderni*, der sich als Insel-Endemit mit geringem Verbreitungsradius eine sehr lange Brutzeit und Brutpflege „leisten“ kann. Er produziert kleine Gelege, in der Regel 20 - 40 Eier, die entsprechend groß sind und bis zu 1 Monat im Maul des Männchens verbleiben, dort ihr gesamtes Larvenstadium durchlaufen, bis sie als 8 mm große, fertige Fischchen freigegeben werden. Damit erlischt das elterliche Pflegeverhalten, die Jungen nehmen sofort entsprechend kleine Nahrung, etwa Artemia-Nauplien, an. Oft suchen sie in den ersten Lebenswochen Schutz vor Fressfeinden zwischen den Stacheln von Seeigeln, auch Anemonen und Pilzkorallen werden angenommen. Jeder engagierte Aquarianer kann *Pterapogon kauderni* züchten und man sollte annehmen, dass die Aquaristik ihren Bedarf längst und ausschließlich mit Zuchtfischen abdecken könnte. Deshalb ist es völlig unverständlich, dass immer noch Wildfänge aus dem gefährdeten, da kleinen Verbreitungsgebiet in den Handel kommen.

Höchstalter. Langlebige Fische! Bei der Autorin schwimmen ein mindestens 14-jähriger Pyjamakardinalbarsch und ein 11-jähriges Paar (?, vermutlich inzwischen beides Männchen)

Pterapogon kauderni, das vor 2 Jahren noch gebrütet hat.

Familie Silberlinge, Mojarras (Gerreidae)

Körper seitlich zusammengedrückt, hochrückig, mit weit nach schräg unten vorstreckbarem Maul. Große Augen. Kopf und Körper sind mit verhältnismäßig großen Rundschuppen bedeckt. Rückenflosse einheitlich, aber zwischen hart- und weichstrahligem Teil mehr oder weniger tief eingekerbt. Schwanzflosse tief gegabelt. Rücken- und Afterflosse können in Schuppenscheiden eingelegt werden. Körperfärbung silbern, oft glänzend, keine auffallenden Zeichnungsmuster. Größe zwischen 6,5 und 50 cm.

Verbreitung. In fast allen tropischen und z. T. auch subtropischen Meeren.

Lebensweise. Meist in Schulen über Sand- und Schlammgründen oder Seegraswiesen von Gezeitentümpeln, Lagunen, Korallenriffen und Strandflächen mit nur leichtem Wellengang. Auch in Mangrove-Gebieten und Ästuaren, wenige Arten dringen in Süßgewässer ein. Laichabgabe im freien Wasser, Eier treiben im Plankton. Jungfische oft in Ästuaren und in der Mangrove.

Nahrung. Am Boden lebende Wirbellose, die aus dem Substrat herausgewühlt oder zusammen mit Sand verschluckt werden; der Sand wird über die Kiemen wieder ausgeschieden. Manche Arten fressen auch Plankton-Organismen.

6 Gattungen mit 50 Arten. Nur aus der Gattung *Gerres* werden gelegentlich Arten gehalten.

Gattung *Gerres*: 26 Arten. Dazu **Gelbflossen-Silberling** (*G. cinereus*): 40 cm, tropisch-subtropischer Westatlantik (Bermudas bis Rio de Janeiro), Karibik. Sehr salztolerant, dringt auch in Süßgewässer ein. Angedeutete Querstreifung. – **Blaurücken-Silberling** (*G. erythrourus*): 30 cm, Indowestpazifik (Madagaskar bis Australien), nicht im Süßwasser. Rücken bläulich oder grünlich. – **Fadenflossen-Silberling** (*G. filamentosus*): 35 cm, Indowestpazifik (Ostafrika, Madagaskar bis Japan und Australien), auch im Brack- und Süßwasser. 2. Rückenflossenstrahl stark verlängert. – **Schlanker Silberling** (*G. oblongus*): 30 cm, Indowest- und Zentralpazifik, Rotes Meer. Verhältnismäßig schlank, Jungtiere mit undeutlichen Sattelflecken.

Haltung von Silberlingen

Bisherige Erfahrungen zeigen, dass Silberlinge verhältnismäßig hart sind. Sie benötigen allerdings größere Becken mit viel freiem Schwimmraum und sandigem Bodengrund. Als euryhaline, ausgesprochen friedliche Fische lassen sie sich sehr gut z. B. mit Argusfischen und Silberflossenblättern in einem Mangrove-Becken vergesellschaften. Man sollte immer kleine Gruppen (3 - 5 Tiere) gemeinsam pflegen. Haltungstemperaturen zwischen 24 und 28 °C.

Die Ernährung ist unproblematisch, da nach der Eingewöhnung alles gängige tierische Futter in geeigneter Größe vom Boden gefressen wird. Auch Frost- und Flockenfutter wird bald angenommen.

Unterordnung Kurter (Kurtoidei)

W. E. Engelmann

1 Familie.

Familie Kurterfische (Kurtidae)

Körper seitlich zusammengedrückt, hochrückig und mit auffallend langem Schwanzstiel. Tiefe Mundspalte. Rückenflosse einfach, nur mit 1 kurzen vorderen Hartstrahlenteil. Afterflosse wesentlich länger, Schwanzflosse tief gegabelt. Kleine Rundschuppen, Seitenlinie nur rudimentär hinter dem Kiemendeckel vorhanden. Die Männchen besitzen am Nacken einen knöchernen Haken, der vom Hinterschädel und modifizierten Rückenstacheln gebildet wird. Größe zwischen 25 und 60 cm.

Verbreitung. Süd- und Südostasien bis Nordaustralien.

Lebensweise. Im Unterlauf von Flüssen und deren Ästuaren, z.T. auch in den angrenzenden küstennahen Meeresteilen. Bilden kleine Trupps. Laichwanderungen, Einzelheiten der Fortpflanzung unbekannt. Die Männchen tragen die Eier als Paket um ihre Nackenhaken geschlungen, die mit den zu einer Schnur verdrehten Eimembranen eine Traube bilden.

Nahrung. Garnelen, kleine Fische.

1 Gattung mit 2 Arten.

Gattung *Kurtus*: Dazu **Australischer Höckerkopf** (*K. gulliveri*): 60 cm, Südneuguinea, Nordaustralien. Laichwanderungen bis in die Flussoberläufe.

Haltung von Kurterfischen

Obwohl biologisch außerordentlich interessant, sind Kurterfische aquaristisch noch weitgehend unbekannt. Erste Haltungserfolge gibt es im Tokyo Sea Life Park mit einer größeren Gruppe, die in einem Becken bei gedämpftem Licht lebt. Einzelheiten zur Pflege können jedoch nicht mitgeteilt werden. Die Fische sollen gegenüber Pilzinfektionen und Stress sehr empfindlich sein.

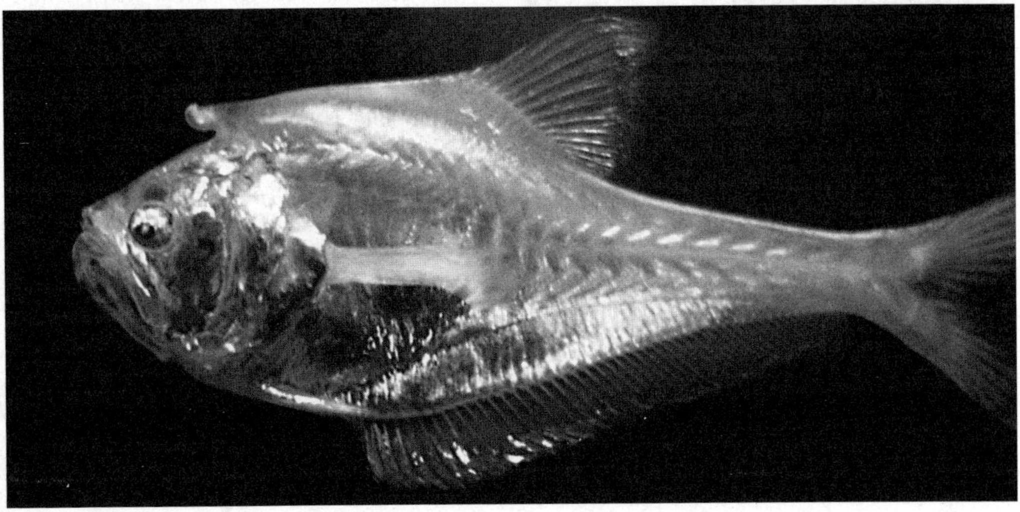

Abb. 52.79 *Kurtus gulliveri* (Tokyo Sea Life Park)

Unterordnung Zwergsonnenbarschverwandte (Elassomatoidei)

W. E. Engelmann

1 Familie.

Familie Zwergsonnenbarsche (Elassomatidae)

Sehr kleine (3 - 5 cm) Barschfische, mit gestrecktem Körper, einheitlicher Rückenflosse und gerundeter Schwanzflosse. Rundschuppen, keine Seitenlinie. Die systematische Zuordnung ist unklar, sie werden auch in die Nähe der Ährenfischartigen (Ordnung Atheriniformes) gestellt.

Verbreitung. Endemisch in Nordamerika (Südosten der USA).

Abb. 52.80 *Elassoma evergladei* (Privataquarium)

Lebensweise. Im sumpfigen Küstenflachland, aber auch in höher gelegenen Kleingewässern. Einzelgänger. Laichabgabe an Wasserpflanzen, keine Brutpflege.

Nahrung. Insektenlarven, Kleinkrebse, auch Algen.

1 Gattung mit mindestens 6 Arten.

Gattung *Elassoma*: Dazu **Everglades-Zwergsonnenbarsch** (*E. evergladei*): 3,5 cm, südöstliche USA (North Carolina bis Florida). Männchen zur Laichzeit samtschwarz mit einzelnen grün glitzernden Schuppen. – **Gebänderter Zwergsonnenbarsch** (*E. zonatum*): knapp 4 cm, östliche und südöstliche USA. Besonders die Männchen mit kräftiger Querbänderung.

Haltung von Zwergsonnenbarschen

Zwergsonnenbarsche werden am besten in kleineren, dicht bepflanzten Artbecken gepflegt, selbst Kleinstaquarien sind dafür geeignet. Wie in ihren Heimatgewässern, in denen starke natürliche Temperaturschwankungen auftreten, tolerieren sie auch im Aquarium Wassertemperaturen zwischen 4 und 30 °C. Eine kühle Überwinterung bei etwa 10 °C fördert die Fortpflanzungsbereitschaft und das Wohlbefinden. An pH-Wert und Härte werden keine besonderen Ansprüche gestellt (weiches bis mittelhartes Wasser, pH zwischen 6,5 und 7,5). Zur Ernährung ist alles tierische Futter passender Größe ebenso wie Flockenfutter geeignet.

Vermehrung. Die Zucht ist im Artbecken unproblematisch, da die Alttiere weder die an Wasserpflanzen haftenden Laichkörner noch die Jungfische fressen. Im Sommerhalbjahr sind auch Freilandhaltung und -zucht möglich.

Höchstalter. Bis 5 Jahre im Aquarium.

Unterordnung Büschelbarschverwandte (Cirrhitoidei)

W. E. Engelmann

5 Familien, die auch zur Unterordnung Percoidei gezählt werden. Kleine bis mittelgroße, überwiegend bodenorientierte Meeresfische mit Rundschuppen, deren untere Brustflossenstrahlen unverzweigt und verdickt sind. Hier werden nur 2 Familien behandelt.

Familie Morwongs, Fingerflosser (Cheilodactylidae)

Körper mäßig gestreckt und seitlich zusammengedrückt, mit kleinem Kopf und kleinem endoder leicht unterständigem Maul und verdickten Lippen. Rückenflosse einheitlich oder zwischen hart- und weichstrahligem Teil eingekerbt. Schwanzflosse gegabelt. Charakteristisch sind bei Erwachsenen 4 - 7 freie, fingerartig verdickte Strahlen der Brustflossen, die zum Aufstützen und als Tastorgane dienen. Schwimmblase bei Erwachsenen oft rückgebildet. Größe zwischen 18 cm und 1,8 m.

Verbreitung. Südliche Teile des Atlantischen, Indischen und Pazifischen Ozeans sowie im nördlichen Pazifik.

Lebensweise. Erwachsene einzeln oder in kleinen Gruppen, unter Überhängen und Höhlungen, in Tiefen bis zu 240 m. Die fingerartigen Flossenstrahlen der Brustflossen werden zum Ruhen am Boden oder Festklemmen zwischen Steinen oder Korallen verwendet. Jungfische oft in Gezeitentümpeln oder in der Hochsee mit Tangfeldern treibend.

Nahrung. Kleine benthische Wirbellose.

5 Gattungen mit 25 Arten. Aquarienhaltungen sind selten.

Gattung *Cheilodactylus*: 7 Arten. Dazu **Westaustralischer Fingerflosser** (*Ch. gibbosus*): etwa 30 - 40 cm, östlicher Indischer Ozean (um Westaustralien).

Gattung *Goniistius*: 8 Arten. Dazu **Hawaii-Morwong** (*G. vittatus*): 40 cm, Hawaii-Inseln, Lord-Howe-Insel, Neukaledonien. Auf hellem Grund mehrere schwarze, schräg nach hinten verlaufende Längsbänder. – **Fleckenschwanz-Morwong** (*G. zonatus*): 45 cm, Nordwestpazifik (Südchinesisches Meer, Taiwan). Schwanzflosse mit zahlreichen hellen Flecken.

Abb. 52.81 *Goniistius zonatus* (Tokyo Sea Life Park)

Haltung von Morwongs

Die ruhigen, friedlichen Tiere pflegt man in ihrer Größe entsprechenden geräumigen Becken, die beschattete Unterstände und Sandflächen zur Nahrungssuche bieten sollen. Morwongs nehmen bald ohne Schwierigkeiten am Boden liegende Artemien, Mysis und Garnelen aus dem Frost. Bei der Vergesellschaftung mit anderen Fischen ist zu beachten, dass sie als langsame Fresser unter Futterkonkurrenz leiden können. Die Haltungstemperaturen liegen bei etwa 20 °C.

Familie Büschelbarsche, Korallenwächter (Cirrhitidae)

E. Thaler

Artenarme Gruppe von Barschfischen mit sehr ähnlichen morphologischen Merkmalen: relativ hochrückig und gedrungen-großköpfig. Untere Strahlen der Brustflossen deutlich verstärkt, dienen als Stütze und ermöglichen so die charakteristische, leicht angehobene „Lauerstellung“. Die freien Spitzen der Rückenflossenstrahlen tragen ein meist deutlich sichtbares Büschel weicher Zirren. Maul barschtypisch groß, gut bezahnt. Bei einigen Arten ist die Schnauzenpartie spitz zulaufend (beim Langnasen-Büschelbarsch besonders ausgeprägt verlängert). Teilweise sehr farbenprächtig, oft mit stark konturauflösenden Tüpfel- oder Strichelmustern, deren optische Wirksamkeit allerdings erst im artgemäßen Umfeld, also in bestimmten Korallen, zur Geltung kommt, wie etwa bei *Oxycirrhites typus* in roten Fächergorgonien oder Feuerkorallen. Größe zwischen 7 cm (*Cirrhitichthys falco*) und 60 cm (*Cirrhitus rivulatus*).

Verbreitung. In allen tropischen Meeren.

Lebensweise. Vielfach an Korallenriffe gebunden. Wenig schwimmfreudige Lauerjäger (reduzierte Schwimmblase), die, vorzüglich getarnt, oft stundenlang bewegungslos im Korallengeäst auf Beute lauern. In der Regel wird nicht aktiv gejagt.

Büschelbarsche sind protogyne Hermaphroditen. Allerdings legen einige Beobachtungen (an *Neocirrhites armatus* und *Oxycirrhites typus*) die Vermutung nahe, dass es sich um Simultanhermaphroditen (zeitgleiche Zwitter) handelt, die Rollenverteilung jedoch vom jeweiligen Dominanzstatus bestimmt wird. Laichabgabe abends, auch nachts, die Geschlechtsprodukte werden meist oberflächennah abgegeben. Dazu katapultieren sich die Fische synchron aufwärts und kehren danach sofort wieder zum Ausgangsort zurück. Büschelbarsche sind mäßig territorial, verteidigt wird meist nur ein bestimmter Bereich innerhalb einer Koralle. Große Tischkorallen können auch von 2 oder mehreren (dann jedoch verschieden großen) Fischen bewohnt sein, die unter Umständen in einer Art Haremsverhältnis zueinander stehen.

Nahrung. Je nach Art bevorzugt Garnelen und andere Krebstiere, z.B. symbiontische Korallenkrabben (in der Natur werden jedoch keine Putzergarnelen gefressen!) oder Fische. Die Beute muss sich in der unmittelbaren Reichweite des lauernden Barsches befinden, sie wird nicht verfolgt. Planktonjagd kommt offenbar nicht vor. Es werden erstaunlich große Beutetiere überwältigt, Büschelbarsche sind enorm gefräßige Raubfische!

9 Gattungen mit mindestens 32 Arten.

Gattung *Amblycirrhitus*: 5 Arten. Dazu **Zweifleck-Büschelbarsch** (*A. bimacula*): 10 cm, Indowest- und Zentralpazifik. – **Karibischer Büschelbarsch** (*A. pinos*): bis etwa 11 cm, Bahamas, Golf von Mexiko, Karibik. Dunkelbraune, breite und schmale Querbänder.

Gattung *Cirrhitichthys*: 8 Arten. Dazu **Gefleckter Büschelbarsch** (*C. aprinus*): bis 12,5 cm, östlicher Indischer Ozean, Westpazifik. Großflächige rotbraune Flecken und Querbänder, Grundfärbung sehr variabel hellgrau weißlich, grünlich, rötlich oder bräunlich. – **Goldener Büschelbarsch** (*C. aureus*): 14 cm,

Indowestpazifik (von Indien bis Südchina und Südjapan). – **Falkenbüschelbarsch**, **Zwergbüschelbarsch** (*C. falco*): 7 cm, östlicher Indischer Ozean, West- und Zentralpazifik. Rote bis bräunliche Querstreifen und Flecken, Büschel der Stachelstrahlen der Rückenflosse gelb. – **Spitzkopf-Korallenwächter** (*C. oxycephalus*): 10 cm, weit verbreitet vom Roten Meer über den gesamten tropischen Indopazifik bis nach Panama. Rötlich mit großen, runden, roten bis orangefarbenen Flecken. Sehr häufig importiert.

Gattung *Cirrhitops*: 2 Arten. Dazu **Gestreifter Büschelbarsch** (*C. fasciatus*): bis 13 cm, Hawaii, Japan, Reunion, Mauritius und Madagaskar. Rot-weiße Querbänderung.

Gattung *Cirrhitus*: 4 Arten. Dazu **Gedrungener Büschelbarsch** (*C. pinnulatus*): 30 cm, Rotes Meer, Indischer Ozean, West- und Zentralpazifik (Hawaii), bei Südafrika auch im südöstlichen Atlantik. – **Riesen-Büschelbarsch** (*C. rivulatus*): 60 cm, Golf von Kalifornien bis Kolumbien, Galapagosinseln.

Gattung *Cyprinocirrhitus*: 1 Art. **Schwalbenschwanz-Korallenwächter** (*C. polyactis*): 15 cm, Ostafrika bis zum Westpazifik sowie an der südöstlichen Küste Südafrikas, in tieferen Wasserschichten (10 - 130 m). Erbeutet als einziger Büschelbarsch Plankton-Organismen im freien Wasser.

Gattung *Neocirrhites*: 1 Art. **Feuer-Korallenwächter** (*N. armatus*): 9 cm, Westpazifik. Ziegelrot mit schwarzem Rückenstreifen.

Gattung *Oxycirrhites*: 1 Art. **Langschnauzen-Korallenwächter** (*O. typus*): bis 13 cm, weit verbreitet vom Roten Meer über den gesamten tropischen Indopazifik bis nach Panama und den Golf von Kalifornien. Schnauze sehr lang und spitz ausgezogen. Rotes Gitterstreifenmuster auf weißlichem Grund.

Gattung *Paracirrhites*: 6 Arten. Dazu **Augenring-Korallenwächter** (*P. arcatus*): 20 cm, Indopazifik (Ostafrika bis Hawaii). Färbung sehr variabel, aber stets ein dunkler oder heller Bogenring hinter dem Auge. – **Schlanker Korallenklimmer** (*P. forsteri*): bis 22 cm, Indopazifik (Rotes Meer bis Hawaii). Außerordentlich variabel in Färbung und Zeichnung, aber stets

Abb. 52.82 *Oxycirrhites typus* (Skansen-Aquarium Stockholm)

zahlreiche dunkle Punkte im Kopfbereich. – **Gelber Korallenwächter** (*P. xanthus*): 10 cm, Polynesien. Einfarbig gelb.

Haltung von Büschelbarschen

Eine der aquaristisch bestgeeigneten Korallenfisch-Gruppen. Als Lauerjäger können Büschelbarsche mit ihrer Energie sparsam umgehen. 1 - 2 Fütterungen pro Tag reichen aus, doch sollte dann abwechslungsreich und vor allem bei großwüchsigen Arten nicht zu knapp gefüttert werden, sonst erfolgen die (allzu oft beschriebenen!) Übergriffe auf verschiedene Garnelen und auch kleine Fische. Hungrige Büschelbarsche jagen dann sogar *Chromis*-Arten! Ausreichend mit Mysis, Artemien oder Garnelen gefütterte

Abb. 52.83 *Paracirrhites arcatus* (Zoo Leipzig, Aquarium)

Büschelbarsche hingegen verhalten sich auch im Riffbecken so wie in der Natur, sie wählen exponierte Ansitzorte, von denen aus sie einen möglichst großen Bereich überblicken können. Man kann durch strategisch günstig platzierte Korallenstöcke Büschelbarsche jederzeit an den gewünschten Ort locken. Alle Büschelbarsch-Arten können (und sollen!) paarweise gehalten werden, sie verhalten sich dann ungleich lebhafter, suchen stets die Nähe des Artgenossen und explorieren zu zweit alle möglichen Aquarienstrukturen. Aggressionen treten kaum, und wenn, so höchstens durch Futterkonkurrenz verursacht, auf. Größere Gruppen der gleichen – oder auch ähnlicher – Arten können problemlos nur in sehr großen Aquarien vergesellschaftet werden, sonst kommt es zu Aggressionen.

Gegenüber anderen Fischen sind Büschelbarsche durchaus verträglich, können allerdings bei Neuzugängen durch aufdringliche Neugier stören. Meist gibt sich dieses Verhalten nach kurzer Zeit. Eine Besonderheit sollte man berücksichtigen: Büschelbarsche sind besonders beim Laichvorgang sehr sprungfreudig und geraten leicht aus dem Aquarium. Man kann dies nach Beobachtung des bevorzugten Laichplatzes – meist eine oberflächennahe Korallenstruktur, die die Fische sehr konservativ beibehalten – verhindern, indem man diesen Bereich mit einer Plexiglasscheibe abdeckt.

Höchstalter. Die kleinen Arten meist bis etwa 5 Jahre im Aquarium. *Amblycirrhites pinos* 8 und *Paracirrhites forsteri* sowie *P. arcatus* 7 Jahre (Artis Aquarium Amsterdam).

Unterordnung Stachelmakrelenverwandte (Carangoidei)

W. E. Engelmann

Ausschließlich Meeresfische mit kleinen, zusammenhängenden Rundschuppen. Viele Arten sind wichtige Speisefische.

5 Familien. Hier werden 4 Familien behandelt, von denen in Großaquarien einige Arten häufiger oder sehr selten gezeigt werden.

Familie Stachelmakrelen (Carangidae)

Gestalt recht unterschiedlich: Körper mehr oder weniger spindelförmig bis extrem hochrückig und seitlich stark zusammengedrückt, mit tiefer Mundspalte. Sehr kleine oder sogar winzige Rundschuppen. Seitenlinie vollständig, über den Brustflossen oft bogenförmig nach oben gewölbt, im dünnen Schwanzstiel meist mit großen, gekielten Knochenschildern markiert. 1. Rückenflosse klein und kurz, deutlich von ser 2. getrennt, diese im Vorderteil oft wimpelartig verlängert. Afterflosse ähnelt der 2. Rückenflosse. Charakteristisch sind 2 freistehende Stacheln vor der Afterflosse. Schwanzflosse tief gegabelt. Bauchflossen brustständig. Brustflossen können sehr lang und bogenförmig ausgezogen sein. Rücken meist blaugrün, blaugrau oder bräunlich gefärbt, Körperseiten oft silberglänzend. Größe zwischen 16 cm und 2,5 m.

Verbreitung. In allen tropischen bis gemäßigt-temperierten Meeren. Manche Arten dringen bis in die Brackwasserbereiche großer Flussmündungen ein.

Lebensweise. Schnelle Schwimmer in küstennahen Flachwasserbereichen, aber auch reine Hochseebewohner. Pilotfische und junge Königsmakrelen begleiten Wale, Haie, auch Schiffe. Junge mancher Arten leben unter den Schirmen von Quallen. Meist in mehr oder weniger großen Schwärmen, einige Arten im Alter aber als Einzelgänger oder paarweise. Freilaicher, Eier (mit Öltröpfchen) schweben im Wasser.

Nahrung. Kleine Fische, Krebstiere, Kalmare, manche Arten auch am Boden Weichtiere und Würmer.

33 Gattungen mit 146 Arten.

Abb. 52.84 *Gnathanodon speciosus* (Zoo Leipzig, Aquarium)

Gattung *Alectis*: 3 Arten. Dazu **Faden-Stachelmakrele** (*A. ciliaris*): 1,5 m, in allen tropisch-subtropischen Meeren, pelagisch in 60 - 100 m Tiefe. – **Indische Stachelmakrele** (*A. indicus*): 1,65 m, Rotes Meer, Indowest- und Mittelpazifik, in der Nähe von Korallenriffen in 20 - 100 m Tiefe.

Gattung *Caranx*: 19 Arten. Dazu **Rauchflossen-Stachelmakrele** (*C. crysos*): 70 cm, Ostatlantik, westliches Mittelmeer, Westatlantik (von Kanada bis Brasilien), in Küstennähe. – **Blauer Stöcker**, **Pferdeaugen-Stachelmakrele** (*C. latus*): 1 m, Westatlantik (von New Jersey bis Rio de Janeiro), selten im Ostatlantik, pelagisch in Riffnähe in 60 - 140 m Tiefe, Junge auf Sand- und Schlammböden, dringen in Brack- und Süßwasser ein. – **Schwarze Pferdemakrele** (*C. lugubris*): 1 m, zirkumtropisch in allen Meeren, pelagisch. Rücken olivgrün bis schwärzlich. – **Riesen-Stachelmakrele** (*C. ignobilis*): 1,7 m, Rotes Meer, Indowest- und Zentralpazifik. – **Seitenstreifen-Stachelmakrele** (*C. ruber*): 60 cm, Westatlantik (New Jersey, Bermudas bis Brasilien), Junge oft in Algen-Beständen (z.B. Sargassum), Erwachsene häufig in Riffnähe in 3 - 35 m Tiefe. Ein schwarzer Streifen zieht sich von der 1. Rückenflosse bis in den unteren Schwanzflossenlappen.

Gattung *Decapterus*: 12 Arten. Dazu **Makrelen-Stachelmakrele** (*D. macarellus*): 40 cm, in allen tropischen bis gemäßigt-temperierten Meeren, in 40 - 200 m Tiefe. Körper makrelenartig gestreckt.

Gattung *Gnathanodon*: 1 Art. **Königsmakrele** (*G. speciosus*): 1,2 m, im gesamten tropischen Indopazifik, in Riffnähe bis in 10 m Tiefe. Junge kontrastreich gelb mit schwarzen Querbinden, verblassen im Alter. Fressen vom Sandboden vor allem Krebse u. a. Wirbellose.

Gattung *Naucrates*: 1 Art. **Pilotfisch** (*N. ductor*): 70 cm, in allen tropischen und subtropischen Meeren, pelagisch, schwimmen mit Haien, Rochen, großen Fischen und Meeresschildkröten.

Gattung *Selene*: 7 Arten. Dazu **Mexikanischer Bodengucker** (*S. brevoorti*): etwa 40 cm, Ostpazifik (von Mexiko bis Ecuador). – **Karibischer Bodengucker** (*S. vomer*): 48 cm, Westatlantik (von Florida bis Uruguay, Bermudas), in der Karibik auch im Brackwasser, bis in 50 m Tiefe auf Sand- und Hartböden. Silberglänzend, lebt in kleinen Gruppen oder paarweise.

Gattung *Seriola*: 9 Arten. Dazu **Bernsteinmakrele** (*S. dumerili*): 1,9 m (bis 81 kg), weltweit in allen tropischen und subtropischen Meeren (außer Ostpazifik), bis in 360 m Tiefe. – **Pazifische**

Abb. 52.85 *Selene vomer* (Zoo-Aquarium Berlin)

Seriola (*S. rivoliana*): 1,6 m, weit verbreitet in tropischen und subtropischen Meeren (nicht jedoch im Ostatlantik und im Roten Meer).

Gattung *Trachinotus*: 20 Arten, relativ hochrückig. Dazu **Stumpfnasen-Stachelmakrele** (*T. blochii*): 1,1 m, Rotes Meer, Indowest- und Mittelpazifik, in der Nähe von Korallen- und Felsenriffen. Frisst bevorzugt Mollusken vom Sandboden. – **Permit** (*T. falcatus*): 1,2 m, Westatlantik. Vordere Rücken- und Afterflosse sehr lang gezogen, alle Flossen schwärzlich. – **Gabelschwanzmakrele** (*T. ovatus*): 70 cm, Ostatlantik (von Skandinavien bis Angola), Mittelmeer.

Gattung *Trachurus*: 14 Arten, relativ schlank. Dazu **Japanische Pferdemakrele** (*T. japonicus*): 40 cm, Westpazifik (von Südjapan bis Südostasien). – **Pazifische Pferdemakrele** (*T. symmetricus*): 80 cm, Nordostpazifik (Südalaska bis Niederkalifornien), Galapagosinseln. – **Atlantische Pferdemakrele** (*T. trachurus*): 70 cm, Ostatlantik (Island bis zum Senegal), Mittel- und Schwarzes Meer, auch im Westatlantik und Indowestpazifik.

Haltung von Stachelmakrelen

In Großaquarien werden kleinere Gruppen der verschiedensten Arten mit gutem Erfolg gehalten. Wichtig für die schnellen Schwimmer ist viel Bewegungsfreiheit. Die gierigen Fresser sollten mehrmals täglich gefüttert werden. Das Futter – kleine Futterfische, Garnelen, Muschel- und Tintenfischfleisch, Fischfilet – wird im freien Wasser aufgeschnappt. Eingewöhnte große Bernsteinmakrelen beispielsweise fressen aber auch vom Boden. Der Nahrungsbedarf ist enorm, umso wichtiger sind eine leistungsfähige Filterung bzw. regelmäßige größere Wasserwechsel. Die Fische wachsen dementsprechend schnell. Im Aquarium des Zoo Leipzig wuchsen Bernsteinmakrelen innerhalb von reichlich 3 Jahren von etwa 25 cm auf fast 1 m Länge heran!

Viele Arten sind recht salztolerant. Die Temperaturansprüche richten sich im Allgemeinen nach den Herkunftsgebieten. Die tropischen Arten werden bei 24 - 26 °C gehalten, aber auch

Abb. 52.86 *Echeneis naucrates*, beachte die Saugscheibe auf der Kopfoberseite (Zoo-Aquarium Berlin)

Tiere aus dem Mittelmeer können problemlos bei solchen Temperaturen gepflegt werden.

Höchstalter. Haltungsdauer im Aquarium für *Caranx crysos* 5 Jahre, 11 Monate (Aquarium Philadelphia), für *Selene vomer* 5 Jahre (New York Aquarium).

Familie Schiffshalter (Echeneidae)

Langgestreckte, spindelförmige Meeresfische (bis 1 m Körperlänge), mit kleinen Rundschuppen. Maulspalte oberständig. Alle Flossen ohne Stachelstrahlen. Auf dem abgeflachten Kopf eine Saugscheibe, die aus der 1. Rückenflosse entstanden ist. Deren Flossenstrahlen bilden Querlamellen, die beim Anheben eine Saugwirkung hervorrufen. Keine Schwimmblase.

Verbreitung. In allen tropischen und subtropischen Meeren.

Lebensweise. Gewandte, schnelle Schwimmer, die sich meist an Großfischen (Haie, Thunfische, Merline, Schwertfische, Teufelsrochen), Meeresschildkröten, Walen und auch Schiffsrümpfen ansaugen und sich so passiv mitnehmen lassen. Fortpflanzung paarweise oder mehrere Männchen mit 1 Weibchen im freien Wasser. Eier mit Öltröpfchen, treiben im Plankton.

Nahrung. Kleine Fische, Krebstiere, die vom Wirtsfisch abgelesen werden. Beutereste.

4 Gattungen mit 8 - 9 Arten.

Gattung *Echeneis*: 2 Arten. Dazu **Gestreifter Schiffshalter** (*E. naucrates*): 1 m, in allen tropisch-subtropischen Meeren. Die Tiere des Westatlantiks werden auch als eigene Art *E. naucratoides* abgetrennt.

Gattung *Remorina*: 1 Art. **Weißer Schiffshalter** (*R. albescens*): bis 30 cm, weltweit verbreitet. Körper gedrungener, lebt oft mit Teufelsrochen zusammen, in deren Kiemenhöhlen und Mundraum er eindringt.

Haltung von Schiffshaltern

Am häufigsten wird der Gestreifte Schiffshalter gepflegt. Die meist als Jungtiere von 15 - 20 cm Länge importierten Fische können leicht eingewöhnt werden. Sie sind außerordentlich schnellwüchsig und benötigen dementsprechend große Becken. Obwohl sie sich oft an der Beckenscheibe und glatten Wänden ansaugen, gern mit dem Kopf zur Strömung hin gerichtet, schwimmen sie auch viel umher.

Die Ernährung bereitet mit Fischfilet, Futterfischen (Stint, Sandaale), Garnelen, Krill und Tintenfischfleisch keine Probleme. Wassertemperaturen zwischen 22 und 28 °C.

Im Ringaquarium des Leipziger Zoos lebten 2 große *E. naucrates* mit mehreren großen Schwarzspitzen-Riffhaien zusammen, unter deren Bauchseite sie oft mitschwammen oder sich auch gelegentlich an diesen ansaugten. Man hatte den Eindruck, dass sich die Haie dadurch allerdings „belästigt" fühlten. Nach mehrmonatiger Gemeinschaftshaltung wurden die Schiffshalter von den Haien gefressen.

Vermehrung. In Leipzig konnte der Laichvorgang beobachtet werden. Das etwa 80 cm lange Weibchen und das nur unwesentlich kleinere, aber deutlich schlankere Männchen schwammen parallel zueinander senkrecht mit dem Kopf voran zur Wasseroberfläche. Mit zitternden Körpern und langsam gemeinsam herabsinkend wurden die Geschlechtsprodukte ausgestoßen.

In einem japanischen Institut gelang sogar die Aufzucht der Jungen. Bei 28 °C schlüpften die Larven nach 62 Stunden und trieben über dem Boden. Am 9. Tag nach dem Schlupf begann sich die Saugscheibe auszubilden, im Alter von 35 Tagen konnten sich die jungen Schiffshalter bei einer Länge von 5,5 cm bereits festsaugen.

Familie Kobias (Rachycentridae)

Langgestreckter, spindelförmiger Körper, Kopf breit, zusammengedrückt. 2. Rückenflosse und Afterflosse sehr lang, Schwanzflosse tief gegabelt. Die 1. Rückenflosse besteht nur aus 7 - 9 kurzen Einzelstacheln, die meist in einer Rinne versenkt sind. Die große Ähnlichkeit der Larven mit denen der Goldmakrelen weist auf eine enge Verwandtschaft beider Familien hin.

Verbreitung. Außer im Ostpazifik in allen tropisch-subtropischen Meeren.

Lebensweise. Obwohl vorwiegend im offenen Meer bis in 1 200 m Tiefe, werden auch küstennahe Bereiche, selbst Mangroven und Ästuare aufgesucht. Fortpflanzung im freien Wasser. Eier und Larven treiben im Plankton.

Nahrung. Fische, Krabben und Garnelen, Tintenfische.

Abb. 52.87 *Rachycentron canadum* (Oceanarium Lissabon)

1 Gattung mit 1 Art.

Gattung *Rachycentron*: **Kobia** (*R. canadum*): 1,1 m (maximal bis 2 m), Westatlantik (Bermudas bis Argentinien), Ostatlantik (Marokko bis Südafrika), Indowestpazifik (Ostafrika bis Japan und Australien). Dunkelbraun mit 2 schmalen silbernen Längsbinden.

Haltung von Kobias

Die aktiven, schnellen Schwimmer können nur in sehr großen Becken mit einem Volumen von mindestens 100 m^3 gehalten werden. Sie sind daher auch nur in wenigen Großaquarien zu sehen, dort aber, einmal eingewöhnt, gut haltbar. Bei der Vergesellschaftung muss darauf geachtet werden, dass zu kleine Fische gefressen werden.

Höchstalter. 15 Jahre.

Familie Goldmakrelen (Coryphaenidae)

Große, langgestreckte Fische mit stumpfem Kopf und seitlich zusammengedrücktem Körper. Rückenflosse reicht vom Scheitel bis zum Schwanz, auch die Afterflosse ist lang. Keine Stachelstrahlen. Schwanzflosse schmal und tief gegabelt. Größe bis 1,5 m.

Verbreitung. Alle tropischen und subtropischen Meere.

Lebensweise. In der Hochsee, aber auch in Küstennähe. Bilden Schulen und unternehmen weite Wanderungen. Schnell wachsend, erreichen schon mit 4 - 5 Monaten die Geschlechtsreife. Laichabgabe im offenen Meer.

Nahrung. Fische, Tintenfische, Krebse.

1 Gattung mit 2 Arten.

Gattung *Coryphaena*: Dazu **Goldmakrele, Mahimahi** (*C. hippurus*): bis 1,5 m, weltweit in tropischen und subtropischen Meeren, einschließlich des Mittelmeers. Oben metallisch blaugrün glänzend, Seiten goldgelb.

Haltung von Goldmakrelen

Goldmakrelen werden im Waikiki Aquarium, Honolulu (Hawaii), im Rahmen eines Forschungsprojekts zur Aquakultur dieser Fischart in einem 3700 m^3 fassenden und 6 m tiefen Becken, bei etwa 26 °C im offenen System bereits in der 2. Generation gehalten. Die Fütterung erfolgt einmal am Tag mit Tintenfischen und einer speziellen Vitaminkomposition.

Vermehrung. Goldmakrelen sind außerordentlich produktiv, sie laichen alle 2 Tage. Die Larven schlüpfen nach 48 Stunden, die Jungen werden zunächst mit Rädertierchen angefüttert und nehmen nach 8 - 10 Tagen Artemia-Nauplien auf. Nach 3 - 4 Wochen ist die Metamorphose beendet. Sie werden mit 6 Monaten bei einer Größe von etwa 45 cm geschlechtsreif.

Unterordnung Meeräschenverwandte (Mugiloidei)

W. E. Engelmann & I. Koch

Nur 1 Familie. Systematische Stellung umstritten, wird auch als eigenständige Ordnung Mugiliformes geführt.

Familie Meeräschen (Mugilidae)

Schlanker, aber kräftiger, muskulöser Körper (zwischen 10 und 90 cm lang), mit kleinem, abgeflachtem Kopf und kleinem, endständigem Maul mit wulstigen, verhornten Lippen. Keine oder nur sehr kleine Zähne. Muskelmagen, Darm erreicht bis zu 4½fache Körperlänge. Gut ausgebildete, harte Kamm- oder Rundschuppen. Seitenlinie schwach oder fehlend. Bauchflossen am Vorderbauch, deutlich hinter den

Abb. 52.88 *Mugil cephalus* (Oceanarium Lissabon)

hoch ansetzenden Brustflossen. 2 weit getrennte Rückenflossen, die 1. mit 4 Stachelstrahlen, die 2. mit 1 Stachelstrahl beginnend. Schwanzflosse gegabelt. Färbung vorwiegend silbergrau, gelegentlich dunkle oder gelbliche Flossen. Regional große fischereiliche Bedeutung.

Verbreitung. Vor allem in den Küstengewässern aller tropischen bis gemäßigt-temperierten Meere, auch im Brackwasser, wenige reine Süßwasserformen (*Liza abu* aus Südostasien und *Agonostomus monticola* aus Mittelamerika).

Lebensweise. Meist Schwarmfische, sehr salztolerant. Leben oftmals in Schulen im küstennahen Flachwasser, viele Arten häufig im Brackwasser und auf Futtersuche auch monatelang in Flüssen. Fortpflanzung aber, bis auf die reinen Brack- und Süßwasserarten, stets im Meer. Manche Arten bilden Laichschwärme. Sehr produktiv, Eier (mit Öltröpfchen) und Larven pelagisch.

Nahrung. Kleinstlebewesen und Algen, Aufwuchsfresser oder den Bodengrund durchkauend. In Oberflächennähe lebende Arten Anflugnahrung bzw. Algenfilme von der Oberfläche „schlürfend".

17 Gattungen mit etwa 80 Arten.

Gattung *Chelon*: 3 Arten. Dazu **Dicklippenmeeräsche** (*Ch. labrosus*): bis 60 cm, Nordostatlantik (von Island bis zum Senegal), Mittelmeer. Zieht nordwärts, wenn im Sommer die Wassertemperaturen steigen, Laichzeit in den Wintermonaten. Häufigste Meeresart.

Gattung *Liza*: 23 Arten. Dazu **Goldmeeräsche** (*L. aurata*): bis 50 cm, Nordostatlantik (von Norwegen bis zum Senegal), Mittelmeer, Schwarzes Meer, nördliches Rotes Meer, eingeführt im Kaspisee. Charakteristischer goldfarbener Fleck auf dem Kiemendeckel. Laichzeit Juli bis November. – **Springende Meeräsche** (*L. saliens*): 40 cm, Ostatlantik (Frankreich bis Marokko), Mittel- und Schwarzes Meer. – **Diamantschuppenmeeräsche** (*L. vaigiensis*): bis 50 cm, tropischer Indopazifik, an Brackwassergebiete gebunden, oft auf Sandstränden.

Gattung *Mugil*: 16 Arten. Dazu **Gestreifte Meeräsche, Großkopf-Meeräsche** (*M. cephalus*): 80 cm, als Kosmopolit in allen tropischen und subtropischen Meeren, im Mittelmeer und Schwarzen Meer, eingeführt im Kaspisee. Rücken aschgrau, an den Seiten einige schmale, schwarze Längsstreifen. Jungtiere wandern auch in Süßgewässer ein. – **Weiße Meeräsche** (*M. curema*): bis 90 cm, Westatlantik (Bermudas bis Südbrasilien), Ostatlantik (Senegal bis Namibia), Ostpazifik (Golf von Kalifornien bis

Abb. 52.89 *Rhinomugil corsula* (Zoo Leipzig, Aquarium)

Chile), dringt auch in Brackwasser und Flüsse ein.

Gattung *Oedalechilus*: 2 Arten. Dazu **Kastenmaul-Meeräsche** (*Oe. labeo*): bis 25 cm, Mittelmeer und Madeira, vorwiegend an Felsküsten. Feine, goldbraune Längslinien.

Gattung *Rhinomugil*: 2 Arten. Dazu **Indische Nasenmeeräsche** (*Rh. corsula*): bis 35 cm, Indien, Bangladesch, Burma (Myanmar), im Süß- und Brackwasser. Oberflächenfisch mit leicht oberständigen Augen.

Haltung von Meeräschen

Aquaristisch sind Meeräschen wegen ihrer Größe und der fehlenden Farbigkeit von geringer Bedeutung. Sie können jedoch sehr nützliche, anspruchslose Algenbekämpfer in Meerwasser-Aquarien sein, die aber große, viel freien Schwimmraum bietende Becken ab etwa 2 m^3 benötigen. Die Aquarien sollten eine große Wasseroberfläche und feinen Bodengrund aufweisen. Die bewegungsfreudigen Fische pflegt man am besten in kleineren Gruppen von mindestens 4 - 5 Tieren. Sie sind aufgrund ihrer Größe auch mit Räubern und wegen ihrer Friedfertigkeit problemlos mit kleineren Fischen zu vergesellschaften. Die Wasserqualität ist für Meeräschen oft von untergeordneter Bedeutung, die Haltungstemperaturen liegen zwischen 18 und 28 °C. Gern wird der Aufwuchs in eingefahrenen Becken abgezupft. Ansonsten nehmen sie gefrostete Mysis, Garnelen, und Muscheln ebenso wie Flockenfutter, auch an Salat wird gefressen. Die Bestimmung der einzelnen Arten ist am schwimmenden Tier oft schwer bis unmöglich. Ein zuverlässiges Unterscheidungsmerkmal bieten die allerdings nur durch eine Sektion des toten Fisches zu untersuchenden Pylorusanhänge (Darmanhänge).

Einige wirtschaftlich wertvolle Meeräschen-Arten werden in der Aquakultur in Brackwasserteichen kommerziell in großen Mengen gezüchtet. Aquarienzuchten sind nicht bekannt.

Indische Meeräschen sind Oberflächenfische, die mit dem Kopf und den hochstehenden Augen bei leicht durchgebogener Rückenlinie meist unmittelbar unter der Wasseroberfläche schwimmen. Da die Augen teilweise aus dem Wasser herausstehen, werden die *Rhinomugil* vom Händler oft als Indische Vieraugen angeboten. Sie sollten in kleinen Schwärmen von mindestens 6 - 10 Tieren in Becken mit großer, freier Oberfläche gepflegt werden. Bei relativ niedrigem Wasserstand (um 25 cm) fressen sie Algenbeläge auch vom Boden ab.

Die Ernährung mit Flockenfutter, Wasserflöhen und Schwarzen Mückenlarven ist unproblematisch, ebenso wie die Vergesellschaftung mit kleineren friedlichen, keine Nahrungskonkurrenten darstellenden Süßwasserfischen. Allerdings scheint die längerfristige Haltung über mehrere Jahre in reinem Süßwasser nicht zu gelingen, eine Seesalzzugabe bis zu 1,5%iger Brackwasserdichte könnte eventuell die Haltungserfolge verbessern. Für die bislang noch nicht gelungene Zucht scheint dies sogar unumgänglich zu sein, wie man nach Beobachtungen aus der Natur vermuten kann. Die Geschlechter sind an der unterschiedlichen Leibesfülle der geschlechtsreifen Tiere zu erkennen. Weibchen zeigen einen deutlichen Laichansatz, Männchen bleiben schlank.

Höchstalter. Verschiedene Meeräschen lebten 14 und 23, *Mugil cephalus* 9 Jahre im Aquarium.

Unterordnung Drachenfischverwandte (Trachinoidei)

W. E. Engelmann & St. Inselmann

13 Familien, fast ausschließlich im Meer verbreitet. Die meisten sind sehr artenarm und aquaristisch unbekannt. Hier werden nur 5 Familien behandelt, aus denen Fische in Aquarien gezeigt werden.

Abb. 52.90 *Pholidichthys leucotaenia* (Zoo Nürnberg)

Familie Aalgrundeln (Pholidichthyidae)

Körper aalförmig langgestreckt, schuppenlos. Rücken- und Afterflosse sehr lang, mit der Schwanzflosse verbunden. Die kleinen Bauchflossen stehen unter den Brustflossen. Systematische Stellung unklar, es werden auch verwandtschaftliche Beziehungen zu den Schleimfischen oder den Grundeln angenommen.

Verbreitung. Tropischer Westpazifik.

Lebensweise. Wahrscheinlich paarweise, sehr versteckt in Höhlungen und Tunnelsystemen von Küstenriffen und Lagunen, die die Erwachsenen kaum vollständig verlassen. Jungtier-Gruppen auch in Bodennähe im Freien. Fortpflanzung in der Wohnhöhle mit Brutpflege.

Nahrung. Kleinkrebse, Würmer.

1 Gattung mit 2 Arten.

Gattung *Pholidichthys*: Dazu **Aalgrundel** (*Ph. leucotaenia*): 34 cm, Westpazifik (Philippinen, Malaysia, Indonesien, Neuguinea und Salomonen). Erwachsene mit breiten, schwarzen Querflecken über dem Rücken, Jungtiere bis zu einer Größe von 5 cm sind längs gestreift und ähneln frappierend jungen Korallenwelsen (*Plotosus lineatus*).

Haltung von Aalgrundeln

Aalgrundeln sind sehr ausdauernd und leicht in einem mit Korallenblöcken und -steinen reich strukturierten Aquarium zu halten (Temperaturen zwischen 24 und 28 °C). Da sie allerdings ihre Wohnhöhlen kaum verlassen, sind sie selten und meist nur zur Fütterungszeit beim Fressen zu beobachten. Auch dann bleiben sie in der Regel mit dem Körperende noch im Höhlenbereich. Das Futter muss deshalb gezielt in ihrer Nähe

Abb. 52.91 *Parapercis hexophtalma* (Zoo Leipzig, Aquarium)

platziert bzw. durch die Strömung dorthin getrieben werden. Sie fressen alles übliche tierische Futter wie Mysis, Krill, Muschelfleisch, klein geschnittenes Kalmarfleisch und Fischfilet.

Vermehrung. In größeren Becken können mehrere Tiere zusammen gepflegt werden, wobei Paare dann oft eine gemeinsame Höhle bewohnen. Äußere Geschlechtsunterschiede sind allerdings nicht zu erkennen. In der Höhle kommt es auch zum Ablaichen. Eine Brut umfasst etwa 400 - 500 Junge. Die geschlüpften Jungfische erscheinen mit etwa 6 mm Länge zunächst tagsüber am Höhleneingang, nachts verschwinden sie wieder und heften sich mit einem Klebesekret aus 4 Klebedrüsen, die sie zwischen den Augen auf der Kopfoberseite tragen, am Höhlensubstrat an. In den ersten 6 Wochen wird der Jungfischschwarm noch von den Eltern bewacht, danach erlischt der Pflegetrieb und die dann etwa 2 cm großen Jungen können gefressen werden. Man muss sie deshalb vorher herausfangen. Als Erstfutter haben sich Artemia-Nauplien bewährt. Die weitere Aufzucht der jungen Aalgrundeln, die mehrmals täglich gefüttert werden müssen, erfolgt mit kleinen, lebenden Artemien oder Mysis und zerkleinertem Muschelfleisch.

Familie Krokodilfische, Sandbarsche (Pinguipedidae, Parapercidae)

Körper langgestreckt, im Querschnitt mehr oder weniger zylindrisch. Kopf lang, mit tief gespaltenem Maul, Augen liegen an der Oberseite. Kleine Kammschuppen. Der vordere, sehr kleine hartstrahlige Flossenteil deutlich von dem langen weichstrahligen Teil getrennt, auch Afterflosse sehr lang. Schwanzflosse gerundet. Bauchflossen haben Stützfunktion. Größe meist zwischen 10 und 30 cm, nur wenige Arten über 50 - 120 cm.

Verbreitung. In allen tropischen und z.T. auch subtropischen Meeren.

Lebensweise. Bodenorientierte Räuber im Korallenriff und auf Sandböden. Männchen sind territorial, mit Haremsbildung. Protogyne Zwitter (Geschlechter oft unterschiedlich gefärbt). Fortpflanzung paarweise im freien Wasser. Eier und Larvalentwicklung (1 - 2 Monate) pelagisch.

Nahrung. Kleine Wirbellose und Fische.

6 Gattungen mit über 50 Arten. Nur aus der artenreichen Gattung *Parapercis* werden einige Vertreter mehr oder weniger regelmäßig in Aquarien gezeigt.

Gattung *Parapercis*: 44 Arten. Dazu **Tüpfel-Krokodilbarsch**, **Weißer Krokodilbarsch** (*P. hexophtalma*): bis 29 cm, Rotes Meer, Indowest- und Zentralpazifik, auf Sand und Geröllböden. Auffallender, schwarzer Fleck auf der Schwanzflosse. – **Kopfstreifen-Krokodilbarsch** (*P. nebulosa*): 30 cm, Rotes Meer, Indowestpazifik (bis östliches Australien). In Korallenriffen zwischen 15 und 60 m Tiefe. – **Harlekin-Krokodilbarsch** (*P. pulchella*): 20 cm, Indowestpazifik (Sansibar bis Japan). Braun-orange gefärbt. – **Punktierter Krokodilbarsch** (*P. punctulata*): 13 cm, Indischer Ozean (Seychellen, Mauritius, afrikanische Küste), auf Geröllböden im Korallenriff. – **Rotflecken-Krokodilbarsch** (*P. schauinslandii*): 20 cm, Indopazifik (von Südafrika bis Hawaii), in Korallenriffen bis in 50 m Tiefe. Leuchtend orangerot quer gestreift – **Sechsstreifen-Krokodilbarsch** (*P. sexfasciata*): 12 cm, Westpazifik (Südjapan bis Taiwan). – **Augenstreifen-Krokodilbarsch** (*P. tetracantha*): 25 cm, weit verbreitet in den Korallenriffen des Indopazifiks, zwischen 12 und 20 m Tiefe. – **Lippenfleck-Krokodilbarsch** (*P. xanthozona*): bis 23 cm, Indowestpazifk (von Ostafrika bis zu den Fidschi-Inseln), auf geschützten Sandflächen in Lagunen und Buchten bis in eine Tiefe von etwa 30 m.

Haltung von Krokodilfischen

Die bisherigen Erfahrungen zeigen, dass die Haltung von Korkodilbarschen (Gattung *Parapercis*) keine Probleme bereitet. Sie sind leicht an Garnelen und Mysis aus dem Frost als Ersatzfutter zu gewöhnen. Allerdings werden wegen ihres ausgeprägten Territorialverhaltens (Territoriumsgröße 0,5 - 1 m^2) oft nur Einzeltiere gezeigt. Eine Vergesellschaftung ist nur mit anderen robusten Fischen (z.B. große Riffbarsche, größere Lippfische, Doktorfische) möglich. Die Beckeneinrichtung soll neben Sand- und Geröllflächen auch Steinaufbauten besitzen, die so angeordnet sind, dass sie von den Krokodilbarschen als Ansitze zum Beobachten ihrer Umgebung genutzt werden können. Da Korallen von ihnen nicht behelligt werden, ist die Pflege auch in einem Riffaquarium möglich. Haltungstemperaturen zwischen 24 und 28 °C.

Familie Sandaale (Ammodytidae)

Aalartig langgestreckte Meeresfische. Kopf lang und spitz, Unterkiefer etwas länger als der Oberkiefer. Maul tief gespalten, ohne Zähne. Rückenflosse saumartig lang, reicht vom Nacken bis zur Schwanzflosse, Afterflosse ähnlich, aber nur halb so lang, beide ohne Hartstrahlen. Schwanzflosse tief eingeschnitten. Bauchflossen klein, kehlständig oder fehlend. Seitenlinie lang, nahe des Rückens verlaufend. Kleine Kammschuppen oder schuppenlos, keine Schwimmblase. Größe zwischen 7,5 und 40 cm.

Verbreitung. Weltweit in allen kalten bis tropischen Meeren.

Lebensweise. Auf Weichböden in Küstennähe (von der Gezeitenzone bis in 60 m Tiefe), in Schulen oder auch riesigen Schwärmen. Können sich blitzschnell mit dem Kopf voran in Sand oder Schlick einbohren. Weibchen laichen schubweise in Sandmulden ab. Larven pelagisch. Bilden wichtige Nahrungsgrundlage für viele Raubfische und Seevögel.

Nahrung. Zooplankton, Würmer, Krebstiere, Fischbrut.

7 Gattungen mit 23 Arten.

Gattung *Ammodytes*: 6 Arten, Körper silberglänzend. Dazu **Amerikanischer Sandaal** (*A. americanus*): 22 cm, Nordwestatlantik. – **Pazifischer Sandaal** (*A. hexapterus*): 27 cm, Nordpazifik (nordamerikanische und nordasiatische Küsten). – **Kleiner Sandaal**, **Tobiasfisch** (*A. tobianus*): 20 cm, Nordostatlantik, Nord- und Ostsee.

Gattung *Gymnammodytes*: 3 Arten, schuppenlos. Dazu **Mittelmeersandaal** (*G. cicerelus*): 17 cm, Nordostatlantik, Mittelmeer, Schwarzes Meer.

Gattung *Hyperoplus*: 2 Arten. Dazu **Großer Sandaal** (*H. lanceolatus* = *Ammodytes lanceolatus*): bis 40 cm, Nordostatlantik, Nord- und Ostsee.

Haltung von Sandaalen

Haltungserfahrungen liegen hauptsächlich für den Tobiasfisch vor. Diese Sandaale treten an den deutschen Küsten insbesondere im Sommer in großen Schwärmen auf, wo sie leicht mit Strandwaden am frühen Morgen gefangen werden können. Als Fische, die aufgrund ihrer Lebensweise mechanischen Beanspruchungen der Haut ausgesetzt sind, vertragen sie den Fang mit Zugnetzen problemlos. Veränderungen des Salzgehalts (z. B. beim Fang von Fischen aus dem Brackwasser der Ostsee und Umgewöhnung auf den Salzgehalt der Nordsee, also von 0,4 auf 3,0 %) werden ebenfalls problemlos sogar innerhalb von 1 - 2 Tagen mitgemacht.

Auf die Aquarienhaltung vorbereitet werden Sandaale nach dem Fang am besten in Rundbecken mit mäßig starker Kreisströmung, die am effektivsten durch einen horizontalen, radial über der Wasseroberfläche angebrachten Sprühstab erzeugt wird (gute Belüftung, gleichmäßige Strömung). Das Becken wird zusätzlich belüftet. Auf das Einbringen von Bodengrund sollte der besseren Kontrolle wegen verzichtet werden. Etwa 2 Tage nach dem Fang sollte vorsichtig mit aufgetauten Mysis und Artemien angefüttert werden.

Nach 2 Wochen werden die Sandaale, dann futterfest eingewöhnt, in das Schaubecken überführt. Dieses muss rund oder zumindest sechs- bis achteckig sein, damit sich die eleganten Schwarmfische wohl fühlen. Die Haltungstemperaturen sollten 16 °C nicht übersteigen.

Ausschlaggebend für die erfolgreiche Haltung von Sandaalen ist die Besatzdichte. Als grober Anhalt dient eine Besatzdichte von bis zu 500 Fischen pro Kubikmeter Beckennettovolumen, damit die Fische ein Gefühl von Sicherheit haben. Man muss berücksichtigen, dass sich nie alle Besatzfische zur selben Zeit in der Wassersäule aufhalten, ein Teil wird immer im Bodengrund verborgen sein. Dieser sollte aus feinem Kies mit einer Körnung von maximal 3 mm bestehen und in einer Schichtdicke von etwa 10 cm eingebracht werden.

Gefüttert wird mehrfach täglich in kleinen Portionen mit unaufgetauten Artemien, um ständig Fische für den Besucher sichtbar zu haben. Gegen Abend begeben sich alle Sandaale in den Bodengrund, den sie, zumindest im Aquarium, erst am Morgen wieder verlassen.

Der hohen Besatzdichte wegen sollte das Becken einen Durchfluss von 1 Beckenvolumen pro Stunde von der zentralen Wasseraufbereitung haben. Zusätzlich wird im Becken durch einen seitlich angebrachten vertikalen Sprühstab eine moderate laminare Strömung erzeugt. Als weitere Sicherheitsmaßnahme gegen Sauerstoffmangel ist eine Belüftung erforderlich.

Höchstalter. Natürliche Lebenserwartung von Tobiasfischen wahrscheinlich nur 3 Jahre.

Familie Petermännchen, Drachenfische (Trachinidae)

Körper relativ gestreckt, seitlich etwas zusammengedrückt. 1. Rückenflosse klein, vollständig von der sehr langen 2. Rückenflosse getrennt. Afterflosse ebenfalls lang. Schwanzflosse gerade oder leicht eingedellt. Bauchflossen kehlständig, setzen weit vor den Brustflossen an. Sehr kleine Rund- und Kammschuppen. Maul groß, Mundspalte schräg nach oben gerichtet. Augen über die Kopfoberseite hinausragend. Seitenlinie in Rückennähe, vollständig. Schwimmblase kann fehlen. Nach hinten gerichteter Kiemendeckelstachel auf jeder Seite, Hartstrahlen der 1. Rückenflosse stehen mit Giftdrüsen in Verbindung. Größe zwischen 15 und 53 cm.

Verbreitung. Ostatlantik (von Norwegen bis zum südlichen Westafrika). Verbreitung im Ostpazifik bei Chile unsicher.

Abb. 52.92 *Trachinus draco* (Aquarium Kopenhagen)

Lebensweise. Bodenorientierte Fische der küstennahen Bereiche bis in 150 m Tiefe. Tagsüber im Sand oder Schlick eingewühlt, oft nur die Augen frei bleibend. Besonders in der Dämmerung und nachts auch in Grundnähe auf Beutesuche frei schwimmend. Wandern zum Laichen in tieferes Wasser. Eier und Larven pelagisch.

Nahrung. Kleine Bodenfische und Garnelen.

2 Gattungen mit 8 - 9 Arten.

Gattung *Echiichthys*: 1 Art. **Viperqueise** (*E. vipera*): 15 cm, südliche und westliche Nordsee, Ostatlantik bis Marokko, Madeira, Mittelmeer. Dunkel gefleckt.

Gattung *Trachinus*: 7 - 8 Arten. Dazu **Spinnenqueise**, (*T. araneus*): 45 cm, Südportugal bis Angola, Mittelmeer. 6 - 7 schwarze Punkte auf den Körperseiten. – **Großes Petermännchen** (*T. draco*): bis 53 cm, Nordsee und Kattegatt, Mittelmeer und Schwarzes Meer, Ostatlantik (Mittelnorwegen bis Marokko). Grün, blau, gelb und silbrig schillernd, mit zahlreichen Schrägstreifen an den Flanken. – **Strahlenkopfqueise** (*T. radiatus*): 45 cm, Mittelmeer, Ostatlantik (Gibraltar bis zum Golf von Guinea).

Haltung von Petermännchen

Einige der aus dem Mittelmeer und den nordostatlantischen Küstengewässern stammenden Arten werden gelegentlich in Aquarien gehalten. Sie sind wärmeempfindlich, die Wassertemperaturen sollten unter 18 °C liegen. Ansonsten sind eingewöhnte Tiere sehr ausdauernd. Für ihr Wohlbefinden benötigen sie weichen Sandboden, in den sie sich, auf der Stelle rüttelnd, eingraben. Meist sieht man von ihnen lediglich die Augen und einen Teil des Kopfes aus dem Sand herausschauen. Nur gelegentlich schwimmen sie kurzzeitig auch im freien Wasser oder liegen auf dem Boden. In Becken mit entsprechend großer Bodenfläche sollte man mindestens 5 Tiere zusammen halten, denn erst in der Gruppe fühlen sich die Tiere wirklich wohl.

Die Ernährung bereitet keine Schwierigkeiten. Als Futter werden z.B. Frostgarnelen, Sandaale, Fischfilet- und Kalmarstückchen angeboten. Das Futter wird beim Herabsinken durch blitzschnelles Vorstoßen aus dem Sand im freien Wasser ergriffen.

Da Petermännchen Giftfische sind, ist beim Umgang mit ihnen besondere Vorsicht geboten.

Abb. 52.93 *Uranoscopus scaber* (Naturaufnahme, Schwarzes Meer)

Familie Himmelsgucker (Uranoscopidae)

Leicht dorsoventral abgeflachte, bullig wirkende Bodenfische. Kopf groß und breit, mit Knochenplatten gepanzert. Körper nackt oder mit kleinen Kammschuppen bedeckt. Große, mehr oder weniger senkrecht stehende Maulspalte. Kleine, nur mäßig hervortretende Augen auf der Kopfoberseite. Am Kiemendeckel und im Schulterbereich je 1 nach hinten gerichteter, kräftiger, mit einer Giftdrüse verbundener Stachel. Einige Arten mit schwach-elektrischen Organen hinter den Augen. Die kleine, hartstrahlige 1. Rückenflosse ist deutlich von der langgestreckten 2. Rückenflosse getrennt. Auch Afterflosse lang. Schwanzflosse leicht eingedellt oder gerade. Die kleinen Bauchflossen sind kehlständig. Seitenlinie in Rückennähe, vollständig. Größe zwischen 15 und 90 cm.

Verbreitung. In allen tropischen bis gemäßigttemperierten Meeren, vom Flachwasser bis in 500 m Tiefe.

Lebensweise. Gewöhnlich im Sand oder Schlick eingebuddelte, nur mit den Augen hervorschauende Lauerräuber. Manche Arten können eine faden- oder bäumchenartige Schleimhautfalte am Unterkiefer vorstrecken und mit deren schlängelnden Bewegungen Beutetiere anlocken. Solitär lebend, nur zur Fortpflanzung kurzzeitig paarweise. Keine Brutpflege, Eier pelagisch.

Nahrung. Kleinfische und Krebse.

9 Gattungen mit etwa 50 Arten.

Gattung *Uranoscopus*: 22 Arten. Dazu **Gemeiner Himmelsgucker**, **Sternseher** (*U. scaber*): bis 30 cm, Mittelmeer und angrenzender Atlantik, Schwarzes Meer. Graubraun mit hellen Flecken.

Haltung von Himmelsguckern

Erfahrungen liegen nur für den Sternseher vor. Die für die Präsentation wenig attraktiven Fische sieht man nur selten im freien Wasser schwimmend. Meist liegen sie im lockeren Sand eingewühlt und selbst die herausragenden Augen sind nur schwer zu entdecken. Die nordatlantischen Himmelsgucker sind etwas wärmeempfindlich, die Wassertemperaturen sollten nicht über 20 °C steigen.

Die Eingewöhnung wird erleichtert, wenn lebende Fische als Futter zur Verfügung stehen. Aber auch Sandaale, Garnelen und Fischfilet aus dem Frost werden bald gefressen. Die Futterbrocken sollten in der Nähe des Mauls platziert werden. Der Nahrungsbedarf scheint aber nicht besonders groß zu sein. Andererseits werden Fische gefressen, die an ihre eigene Körpergröße heranreichen. So fraß im Leipziger Aquarium einmal ein Himmelsgucker im Tansportbehälter einen fast gleich großen Eidechsenfisch!

Unterordnung Grundelverwandte (Gobioidei)

J. Kirchhauser

Meist Bodenfische mit drehrunder Körperform, in Anpassung an das Bodenleben ist die Schwimmblase in der Regel reduziert oder fehlt ganz. Bauchflossen liegen unter Brustflossen und sind oft zu gemeinsamem „Saugnapf" verschmolzen. Seitenlinienorgan auf Kopfregion beschränkt, wo es unterschiedlich ausgebildet sein kann.

7 - 8 Familien mit über 2200 Arten. Nur 4 Familien sind von aquaristischem Interesse.

Familie Pfeilgrundeln (Microdesmidae)

Körper mehr oder weniger langgestreckt, dünn. Kopf meist abgerundet mit endständigem Maul. Schwimmblase gut ausgebildet. Bauchflossen getrennt.

10 Gattungen mit über 70 Arten, die in 2 Unterfamilien aufgeteilt und wegen ihrer unterschiedlichen Lebensweise hier getrennt behandelt werden.

Unterfamilie Wurmgrundeln (Microdesminae)

Körperform aalartig langgestreckt, im Gegensatz zu anderen Grundeln mit durchgehender Rückenflosse, die vom Kopf bis zur Schwanzflosse reicht, lang gezogene Afterflosse. Typische schlängelnde Fortbewegung. Größe zwischen 5 und 15 cm.

Verbreitung. Ostpazifik und Karibik (artenreiche Gattungen *Cerdale*, *Clarkichthys* und *Microdesmus*), Indopazifik (Gattung *Gunnellichthys* und monotypische Gattung *Paragunnellichthys*).

Lebensweise. Über Sandböden, Korallenschotter oder in Seegraswiesen, wo sie bis zu 1 m über der Wohnhöhle nach Plankton jagen; bei Gefahr stürzen sie sich kopfüber in ihre Höhle im Sand. In der Natur oft Einzelgänger, einige Arten leben aber auch paarweise oder sogar in kleinen Gruppen.

Nahrung. Verschiedene Planktonorganismen (kleine Krebstiere, Fischlarven usw.).

5 Gattungen mit 31 Arten. Wurmgrundeln sind im Handel wenig vertreten, lediglich mit Sendungen aus dem Indopazifik werden hin und wieder Tiere der Gattung *Gunnelichthys* nach Europa importiert.

Gattung *Gunnelichthys*: 5 Arten, 5 - 15 cm. Dazu **Kiemenfleck-Wurmgrundel** (*G. monostigma*): 8 cm, Indowestpazifik. Einheitlich beigefarben mit schwarzem Kiemenfleck. – **Schwarzstreifen-Wurmgrundel** (*G. pleurotaenia*): 8 cm, West- und Zentralpazifik. Schwarzer Längsstreifen. – **Orangestreifen-Wurmgrundel** (*G. viridescens*): 7 cm, Indowest- und Zentralpazifik. Attraktive orangefarbene und blaue Längsstreifen. – **Neonstreifen-Wurmgrundel** (*G. curiosus*): 8 cm, Indowestpazifik. Blauer und orangefarbener Längsstreifen, schwarzer Schwanzfleck.

Haltung von Wurmgrundeln

Friedliche, mitunter aber scheue Fische, die für Korallenaquarien mit Sandbereich zu empfehlen sind. Es sollten geeignete Höhlen (eventuell auch künstliche aus schräg eingegrabenen Röhrchen) zur Verfügung stehen. Die Männchen einer Art sind unverträglich, eine Vergesellschaftung mit großen Fischen sollte vermieden werden. Frostfutter (Plankton, Artemia, Mysis etc.) oder künstliche Futtersorten werden problemlos akzeptiert.

Höchstalter. Über die Lebenserwartung von Wurmgrundeln liegen keine Angaben vor.

Unterfamilie Schwert- und Torpedogrundeln (Ptereleotrinae)

Gestalt hochrückiger und weniger langgestreckt als die der Arten der Unterfamilie Microdesminae. 2 Rückenflossen (vordere kurz, hintere lang gezogen bis zur Schwanzflosse), lang gezogene Afterflosse. Größe zwischen 3 und 24 cm.

Verbreitung. Vorwiegend im tropischen Bereich des Pazifischen Ozeans, einige Arten im Indowestpazifik (von Ostafrika bis nach Australien), in der Karibik lediglich 2 Arten (wurden früher der Gattung *Ioglossus* zugeordnet, heute aber zur Gattung *Ptereleotris* gestellt).

Lebensweise. Schwert- und Torpedogrundeln stehen mit ruckartigen Schlägen der Brustflossen im Freiwasser, wobei viele Arten eine typische schräge Körperhaltung einnehmen. Torpedogrundeln (*Ptereleotris spec.*) sind bewegliche Schwimmer, die waagerecht stehen. Während Schwertgrundeln knapp über dem Untergrund (30 - 50 cm) nach Plankton jagen, entfernen sich Torpedogrundeln bei ihrer Jagd bis zu 3 m vom Boden, bei einer Bedrohung schießen sie torpedo- oder pfeilartig in ihr Versteck (daher der deutsche Name). Die Höhlen von Schwertgrundeln (*Nemateleotris spec.*) befinden sich oft unter Steinen, die auf Sand oder Korallenbruch liegen, während sich Torpedogrundeln auch in Felshöhlen flüchten oder sogar von Symbiose-Grundeln und Knallkrebsen bewohnte Höhlen nutzen. Adulte Tiere leben in der Regel paarweise, junge Schwertgrundeln bilden kleine Gruppen, junge Torpedogrundeln sogar Schwärme.

Über die Fortpflanzung vieler Arten ist nichts bekannt, in der Regel lassen sich die Geschlechter äußerlich nicht unterscheiden. Balz und Ablage der winzigen Eier in der Wohnhöhle wurden schon bei verschiedenen Torpedogrundeln beobachtet. Bei der Zebra-Torpedogrundel (*P. zebra*) bewacht das Weibchen die grauen Eier, duldet aber die Anwesenheit des Männchens. Es schlüpfen winzige Larven, die im Freiwasser leben, bis sie mit 3 cm Länge an das Riff zurückkehren.

Abb. 52.94 *Nemateleotris magnifica* (Zoo-Aquarium Berlin)

Nahrung. Plankton-Organismen, vor allem kleine Krebstiere.

5 Gattungen mit etwa 40 Arten. Hierzu zählen einige beliebte Aquarienfische aus den Gattungen *Nemateleotris* (Schwertgrundeln) und *Ptereleotris* (Torpedogrundeln), selten werden auch Pfeilgrundeln der Gattung *Oxymetopon* angeboten.

Gattung *Nemateleotris* (Schwertgrundeln): 3 Arten. Dekorativ gefärbte, 6 - 8 cm lange Grundeln, deren 1. Rückenflosse vorn schwertartig verlängert ist. Die immer wieder angeführte Geschlechtsunterscheidung anhand der unterschiedlichen Länge des „Schwerts" hat sich als falsch erwiesen. Dazu **Dekor-Schwertgrundel** (*N. decora*): 8 cm, Mauritius bis Australien, erst in tieferem Wasser von 25 - 70 m. Deutlich kürzeres „Schwert" als bei folgender Art, der helle Körper wird nach hinten zunehmend violett, Oberseite von Kopf und Körper sowie alle unpaaren Flossen violett mit roten Einfärbungen in den Flossen. – **Pracht-Schwertgrundel**, **Feuer-Schwertgrundel** (*N. magnifica*): 8 cm, von der Küste Ostafrikas bis nach Australien, häu-

Abb. 52.95 *Ptereleotris zebra* (Vivarium Karlsruhe)

fig, schon ab 3 m Tiefe anzutreffen, kommt aber bis in 70 m Tiefe vor. Sehr langes „Schwert" (oft mehr als halbe Körperlänge), Körper und Flossen vorn weiß mit gelben Rändern, hinten orange bis rot gefärbt. Wegen ihrer großen Verbreitung oft importiert, gilt jedoch in der Pflege als kritischer als die vorige Art.

Gattung *Oxymetopon* (Pfeilgrundeln): 4 Arten, mit bis zu 20 cm Körperlänge relativ groß für diese Familie. Auffällige Fische, die mit ihrer schmalen, hohen Körperform etwas an die Riemenfische der Tiefsee erinnern. Flossen insgesamt höher als bei anderen Pfeilgrundeln. Dazu **Blaustreifen-Pfeilgrundel** (*O. cyanoctenosum*): bis 20 cm, im Indoaustralischen Archipel, über Sand- und Schlammgründen in 15 - 60 m Tiefe. Faszinierend metallisch schimmernd, mit senkrechten blauen Streifen auf rötlich silbernem Grund. Einzige Art der Gattung, die hin und wieder importiert wird.

Gattung *Ptereleotris* (Torpedogrundeln): 13 Arten, 8 - 14 cm, weniger attraktiv, meist beige gefärbt mit grünem oder blauem Glanz: Einige Arten mit schwarzen Streifen oder Flächen. Rückenflossen ohne „Schwert", oft schon im Flachwasser ab 2 m Tiefe. Dazu **Scherenschwanz-Torpedogrundel** (*P. evides*): bis 12 cm, weit verbreitet vom Indopazifik bis Australien, in Buchten und Lagunen schon in 2 m Tiefe (oft am Übergang vom Fels zum Sand), aber auch an Riffabhängen bis in 50 m Tiefe. Vorderkörper hell, Hinterkörper und angrenzende Flossen rauchschwarz, 2. Rückenflosse und Afterflosse vorn erhöht, so dass der hintere Bereich des Fisches keilartig wirkt. – **Zebra-Torpedogrundel** (*P. zebra*): bis 11 cm, vom Indopazifik bis Australien, oft schon ab 2 m Tiefe über Korallenriffen, aber auch in mehr als 30 m Tiefe. Die grün-beige Grundfärbung des Körpers wird senkrecht von etwa 20 schmalen, hellviolettfarbenen Streifen unterbrochen, eine dunkle Kinnbartel kann zum Drohen nach unten aufgerichtet werden, Flossen nicht erhöht.

Haltung von Schwert- und Torpedogrundeln

Schwert- und Torpedogrundeln sind eine interessante Bereicherung in Korallenaquarien mit friedfertigen Fischen. Bei zu großen oder aggressiven Mitbewohnern bleiben sie scheu und verlassen kaum den Schutz ihrer Höhle. Im Idealfall hat man die Möglichkeit, ein bestehendes Paar zu erwerben oder erwirbt mehrere Jungtiere, aus denen sich Paare herausbilden; nur in größeren Aquarien (über 1000 l) kann man versuchen, mehrere Paare gemeinsam zu halten. Lediglich die Zebra-Torpedogrundel kann in kleinen Gruppen gepflegt werden. Geeignete Höhlen müssen angeboten werden, bevorzugt werden vor allem hohl auf dem Sand liegende Steine; das Aquarium sollte gut abgedeckt sein, da die Tiere dazu neigen, bei der Flucht aus dem Becken zu springen. Die Futterfrage stellt in der Regel kein Problem dar, da verschiedene Arten von Frostfutter wie Artemien, Mysis oder Plankton aus der Schwebe im Wasser gefangen werden, oft wird auch Kunstfutter akzeptiert. Lebende Artemien können besonders in der Anfangszeit hilfreich sein.

Höchstalter. Über die Lebenserwartung liegen nur wenige Informationen vor. Insgesamt geht man davon aus, dass sie nur wenige Jahre alt werden. Eigene Erfahrungen mit *Nemateleotris magnifica*, *N. decora* und *Ptereleotris zebra* belaufen sich auf eine Haltung von über 4 - 7 Jahren.

Familie Echte Grundeln (Gobiidae)

J. Kirchhauser & W. E. Engelmann

Körper zigarrenförmig gestreckt, leicht bullig wirkender Kopf mit hoch sitzenden, prominenten Augen. Rückenflosse zweigeteilt, bei einigen Arten mit verlängerten Flossenstrahlen im hartstrahligen vorderen Teil, Bauchflossen besonders bei Bodenbewohnern zu einer Art „Saugscheibe" verwachsen. Schwimmblase in Anpassung an die benthische Lebensweise oft reduziert oder fehlend. Von wenigen bunten Arten abgesehen meist in Anpassung an das Leben auf dem Sandgrund unscheinbar gefärbt, wenige Farbakzente dienen der innerartlichen Kommunikation. Bei einigen Grundeln färben sich die Männchen bei der Balz um. Größe mehrheitlich 5 - 15 cm, wenige Arten bis 66 cm oder unter 5 cm (darunter eines der kleinsten Wirbeltiere der Welt, *Trimmatom nanus*, mit 0,8 cm Körperlänge).

Verbreitung. Überwiegend Meeresbewohner, die in allen Meeren verbreitet sind; vor allem in der Alten Welt auch im Brackwasser oder sogar in reinem Süßwasser.

Lebensweise. Meist paarweise auf Sandboden, entfernen sich nur wenig von ihrem Versteck, manche Arten schweben frei über ihrer Höhle oder streifen frei schwimmend umher, andere leben verborgen in Seegraswiesen oder im Korallenriff bzw. auf unterschiedlichsten wirbellosen Tieren. Viele Grundeln sind räuberische Bodenbewohner, die regungslos auf dem Sand liegend die Umgebung beobachten. Aufgrund ihrer unscheinbaren Tarnfärbung erkennt man sie oft erst, wenn sie sich angesichts drohender Gefahr mit wenigen Schlägen der Brustflossen blitzschnell in ihr Versteck zurückziehen. Die Höhlen sind entweder in Sand gegraben oder unter Felsen bzw. Korallen angelegt, die dem Sand aufliegen. Teilweise graben die Grundeln ihre Höhle selbst, teilweise übernehmen sie die Höhlen anderer Tiere.

Eine Besonderheit bildet die Symbiose von so genannten Partnergrundeln (*Amblyeleotris*, *Cryptocentrus*, *Ctenogobiops*, *Lotilia* und *Stonogobiops*) und Knallkrebsen der Familie Alpheidae: Während die Knallkrebse unermüdlich die Wohnhöhle ausgraben und ausbessern, sichern die deutlich besser sehenden Grundeln im Bereich des Höhleneingangs die Wohngemeinschaft gegen nahende Gefahren ab. Beim Verlassen der Höhle hält der Knallkrebs über eine Antenne steten Kontakt mit der Grundel und wird auf diesem Wege laufend über die momentane Lage informiert.

Neben räuberischen Grundeln gibt es auch Arten (*Signigobius*, *Valenciennea* und *Exyrias* sowie einige *Amblygobius*-Arten), die unablässig damit beschäftigt sind, Sand nach verwertbaren Organismen zu durchsieben, indem sie ihn ins Maul aufnehmen und durch die Kiemen wieder ausstoßen. Zu dieser Gruppe gehört auch die auffällige Krabbenaugen-Grundel (*Signigobius biocellatus*), die mit 2 großen Augenflecken auf den Rückenflossen und schaukelnden Bewegungen der aufgespreizten Bauch- und Afterflossen die Frontansicht eines Eidechsenfisches täuschend echt nachahmt (früher fälschlicherweise als Krabben-Mimikry beurteilt). Andere Grundeln, z.B. *Stonogobiops spec.*, schweben ähnlich wie Pfeilgrundeln der Familie Microdesmidae frei über ihrem Versteck und schnappen nach vorbeidriftenden Plankton-Organismen. Ebenfalls von Plankton ernähren sich die bunt gefärbten kleinen Arten (*Gobiodon*, *Trimma*, *Eviota*, *Bryaninops* und *Pleurosicya spec.*), die auf oder in unterschiedlichsten Wirbellosen wie Schwämmen, Korallen und Seescheiden leben. Nur wenige Grundeln (z.B. einige *Amblygobius*-Arten) sind bedächtige Freischwimmer, die umherstreifen und Fressbares (teilweise auch Algen) vom Untergrund „picken". Eine Besonderheit sind die Neongrundeln (*Elacatinus spec.*) der Karibik, die sich als Putzerfische betätigen. Interessanterweise entspricht ihre blau, schwarz und weiß gestreifte Färbung weitgehend der von Putzerlippfischen (*Labroides spec.*) des indopazifischen Raums. Eine weitere Grundelgruppe, die sich stark spezialisiert hat, sind die Schlammspringer der Gattungen *Periophthalmodon* und *Periophthalmus,* die die Brackwasserbereiche tropischer Flussmündungen erobert haben. Dieser meist von Mangroven bewachsene Lebensraum ist dem Wechsel der Gezeiten ausgesetzt, so dass die bewohnten Schlammflächen regelmäßig trocken fallen und die Tiere längere Zeit an Land verbringen.

Die meisten Grundel-Arten leben paarweise, wenige in kleinen Gruppen. Viele Grundeln sind ein Leben lang monogam, oft stirbt nach dem Tod eines Partners auch das 2. Tier. Das Geschlecht kann nur selten an der Färbung oder an der vergrößerten 1. Rückenflosse erkannt werden, meist gibt nur die Form der Genitalpapille einen Hinweis darauf, ob es sich um ein Männchen oder Weibchen handelt. In der Regel sind Grundeln getrenntgeschlechtlich, es gibt aber auch einige Hermaphroditen. Eine Geschlechtsumwandlung vom Weibchen zum Männchen (protogyne Hermaphroditen) ist insbesondere von einigen in Verbindung mit verschiedenen Wirbellosen, aber auch von anderen im Korallenriff lebenden Grundel-Arten bekannt.

Das Fortpflanzungsverhalten vieler Arten ist unbekannt, die bekannten Fälle verlaufen in typischer Weise: Nachdem das Männchen in der Wohnhöhle oder auf dem bewohnten Substrat (auch auf lebenden Korallen oder anderen wirbellosen Tieren) mit der Reinigung des Laichplatzes die Nestvorbereitungen getroffen hat, stimmt es – meistens am frühen Morgen – das Weibchen mit vibrierendem Körper zu einem charakteristischen Tanz-Ritual ein und lockt es zum Nest. Dort gehen beide Partner unter heftigem Zittern zur Ablage von meist 300 - 500 Eiern über. Die Eier sind etwa 1 - 3 mm groß, haften am Substrat, bei Höhlenbewohnern an der Decke der Höhle, und werden vom Männchen bewacht. Nach 4 - 10 Tagen schlüpfen die winzigen, transparenten Larven wenige Stunden nach Einbruch der Dunkelheit und gehen zum Leben im Plankton über. Die Larven sind meist 1,5 - 2,5 mm lang (*Elacatinus* bis 4 mm) und besitzen gut entwickelte Augen. Da sie keinen Dottersack mehr haben, müssen sie schon ab dem 1. Tag Nahrung zu sich nehmen. Die Larven der Brackwasserarten werden in der Regel ins Meer verdriftet, von dort steigen sie nach dem Übergang zum Bodenleben wieder in die Flussmündungen hinauf. Die Metamorphose findet ungefähr nach 1 Monat statt. Bei den ausschließlich im Süßwasser lebenden Grundeln sind die Larven meist größer.

Nahrung. Kleinere Wirbellose, die am Boden erbeutet werden. Die Futterpalette besteht größtenteils aus unterschiedlichen Krebstieren, aber auch Würmer, Muscheln, Schnecken oder kleine Fische gehören dazu. Bei der Ernährung von Süßwasser-Grundeln spielen Insekten und deren Larven eine zentrale Rolle. Kleinere Arten sind Planktonjäger, die karibische Gattung *Elacatinus* hat sich auf das Putzen anderer Fische spezialisiert, wenige Arten weiden Algen ab.

Über 210 Gattungen mit über 1850 Arten (eine der artenreichsten Fischfamilien). Hier werden 5 Unterfamilien getrennt behandelt. Von den aquaristisch bekannten Arten kann nur ein kleiner Teil vorgestellt werden.

Unterfamilie Aalgrundeln (Amblyopinae)

Langgestreckt, mit einheitlicher Rückenflosse. Augen sehr klein.

Etwa 10 Gattungen mit ungefähr 30 Arten. Gattung *Gobioides*: 6 Arten. Dazu **Lila Aalgrundel** (*G. broussonnetii*): 55 cm, Westatlantik (südliche USA bis Brasilien), in Buchten und Ästuaren, dringt auch in Süßwasserbereiche ein. – **Blaue Aalgrundel** (*G. peruanus*): bis 38 cm, amerikanische Pazifikseite von Costa Rica bis Nordperu, auch im Süßwasser. Einheitlich graublau.

Abb. 52.96 *Gobioides broussonnetii* (Tierpark Berlin)

Gattung *Odontamblyopus*: 5 Arten. Dazu **Indische Aalgrundel** (*O. rubicundus*): 25 cm, Küstengewässer von Indien, Burma (Myanmar) und Bangladesch. Bewohnt die Gezeitenzone; das Trockenfallen während der Ebbe wird in tiefen Gängen im Schlamm überbrückt.

Haltung von Aalgrundeln

Aalgrundeln werden am besten in Brackwasser-Aquarien (0,3 - 0,5 % Salzgehalt) mit starker, weicher Sandschicht sowie aufgeschichteten runden Flusssteinen und Wurzelhölzern zur Strukturierung der Bodenfläche gepflegt. Die bodenorientierten Fische können ihre Wohnhöhlen zwischen und unter den Steinen anlegen. Sind genügend Versteckmöglichkeiten vorhanden, lassen sich auch mehrere Aalgrundeln ohne größere Probleme zusammen halten. Vor allem zu den Fütterungszeiten werden sie aktiv und verlassen ihre Wohnhöhlen. Sie suchen ihre Nahrung ausschließlich am Boden. Als Futter ist besonders Tubifex geeignet, aber auch kleine Garnelen, Mysis und Mückenlarven aus dem Frost werden akzeptiert. Haltungstemperaturen zwischen 22 und 28 °C.

Am häufigsten wird die Lila Aalgrundel importiert, die sich sehr gut mit Vieraugenfischen vergesellschaften lässt. *Odontamblyopus rubicundus* bietet sich dagegen als Zweitbesatz für ein Gezeitenbecken mit Schlammspringern an.

Unterfamilie Meergrundeln (Gobiinae)

Etwa 130 Gattungen mit etwa 1200 Arten. Die Arten werden hier nach ökologischen und damit auch aquaristisch-praktischen Gesichtspunkten besprochen.

Meergrundeln kalter und gemäßigt-temperierter Meere

Gattung *Acanthogobius*: 1 Art. **Gelbflossengrundel** (*A. flavimanus*): 30 cm, Japan, Korea, russische Pazifikküste, im Süß-, Brack- und Meerwasser.

Gattung *Chromogobius*: 3 Arten. Dazu **Kastanienbraune Grundel** (*Ch. quadrivittatus*): 7 cm, Mittel- und Schwarzes Meer, im Flachwasser und in Gezeitentümpeln.

Gattung *Gobius*: 26 Arten, verbreitet im Ostatlantik. Viele Arten leben in kühleren Meeresteilen, einschließlich des Mittelmeers. Dazu **Anemonengrundel** (*G. bucchichii*): bis 12 cm,

Abb. 52.97 *Chromogobius quadrivittatus* (Privataquarium)

gesamtes Mittelmeer, Schwarzes Meer, im Ostatlantik an der Südküste Portugals, meist auf Fels- und Geröllböden des Flachwassers, selten tiefer als 10 m, auch Sandflecken zwischen Felsen werden besiedelt. Beige Grundfärbung mit zahlreichen dunklen Punkten und kurzen Strichen, die teilweise in Längsreihen angeordnet sein können, relativ schlanker Kopf. Einziger Anemonenfisch des Mittelmeers. Schon ab Geburt enthält seine Schleimhaut Substanzen, die ihn vor der Nesselung durch Wachsrosen (*Anemonia sulcata*) schützen (wirken nicht gegen andere Seeanemonen!); keine Symbiose, sondern Probiose (Nutznießung), da nur die Grundel einen Vorteil erlangt, ohne dass die Wachsrose einen Vor- oder Nachteil hat. Das Antreffen in einer Wachsrose ist das sicherste Bestimmungsmerkmal für *G. buchichii*. – **Rotmaulgrundel, Blutmundgrundel** (*G. cruentatus*): bis 20 cm, wahrscheinlich gesamtes Mittelmeer (außer afrikanische Küste im östlichen Bereich) und Ostatlantik (Marokko bis zum Südwesten Irlands), auf Felsgrund ab etwa 5 m bis in größere Tiefen, Sandböden werden nur bewohnt, wenn Felsbereiche mit geeigneten Wohnhöhlen angrenzen, oft werden auch Seegraswiesen besiedelt. Rötlich beige mit dunkelbraunen Flecken, vor allem ältere Tiere oftmals mit helleren Querbinden über dem Rücken, auffallend blutrote Lippen, auch die Rückenflossen sind mit roten Tupfen gesprenkelt. Tagaktiver Grundfisch, hält sich stets in der Nähe seines Unterschlupfs auf. – **Schlankgrundel** (*G. geniporus*): bis 16 cm, nur im Mittelmeer (hauptsächlich im westlichen Teil), regelmäßig auf Kies-, Sand- oder Weichgrund zwischen 5 und 30 m Tiefe. Bevorzugt die Nähe von Seegraswiesen, da natürliche Versteckmöglichkeiten unter Seegraswurzeln gern genutzt werden. Braune Marmorierung auf sandfarbenem Grund, entlang der Körpermitte Längsreihe aus unregelmäßigen, dunkelbraunen Flecken, Bauchseite hell. Wenig scheu, flüchtet immer nur über kurze Distanzen. – **Schwarzgrundel** (*G. niger*): bis 20 cm, Mittelmeer und Nordatlantik bis in die Nordsee und westliche Teile der Ostsee, auf Sand-, Schlick-

Abb. 52.98 *Gobius niger* (Zoo Leipzig, Aquarium)

und Muschelböden vom Flachwasser bis in große Tiefen. Meist in selbst gegrabenen Höhlen, die bevorzugt unter Felsen, Steinen oder Muscheln angelegt werden. Beige, gelbe oder braune Grundfärbung, oft mit dunkler Marmorierung, geschlechtsreife Männchen im unteren Kopfbereich schwarz, bei Balz und bei Kämpfen am ganzen Körper schwarz. Männchen sind auch an der fahnenartig verlängerten 1. Rückenflosse zu erkennen (gutes Unterscheidungsmerkmal zu anderen Grundeln), der Kopf ist im Verhältnis zum Körper auffällig groß. Während der Fortpflanzungszeit bekämpfen sich die Männchen mit wilden Drohgebärden und geben dabei tiefe, schnarrende Laute von sich. – **Felsengrundel** (*G. paganellus*): 12 cm, Ostatlantik, Mittelmeer und Schwarzes Meer. Häufig in der Gezeitenzone, dringt auch in Süßwasserbereiche ein. Männchen tiefblauschwarz. – **Streifengrundel** (*G. vittatus*): 7 cm, Mittelmeer. Breiter, schwarzer Streifen zieht von der Schnauzenspitze bis zur Schwanzflosse.

Gattung *Lythrypnus*: 20 Arten, die meisten leben im Westatlantik, einige auch im Ostpazifik, sowohl in tropischen als auch subtropischen und gemäßigt-warmen Meeren. Dazu **Catalina-Grundel** (*L. dalli*): bis 5 cm, Ostpazifik, Golf von Kalifornien, lebt im Winter auf Blockfeldern und Felsen der Flachwasserbereiche, wandert im Sommer in kühleres Wasser unter 50 m ab. Prächtig intensiv rot gefärbt mit leuchtend blauen Querbändern, die im Kopfbereich breiter sind, Männchen mit fahnenartig verlängerter 1. Rückenflosse.

Gattung *Pomatoschistus*: 11 Arten, im Nordatlantik verbreitet, mehrere Arten auch in kühleren Meeren. Dazu **Strandküling** (*P. microps*): bis 9 cm, Ostatlantik (Norwegen bis Marokko), Nord- und Ostsee, westliches Mittelmeer. Auf Sandböden bis ins Flach- und Brackwasser. – **Sandküling** (*P. minutus*): bis 11 cm, Ostatlantik (Norwegen bis Spanien), Mittelmeer und Schwarzes Meer. Schuppen über der Seitenlinie sind schwarz gesäumt.

Gattung *Rhinogobiops*: **Schwarzaugen-Grundel** (*Rh. nicholsii*): 15 cm, Ostpazifik, von British Columbia (Kanada) bis Niederkalifornien (Mexiko), von der Gezeitenzone bis in 100 m Tiefe. Zart graublau mit tiefschwarzen Augen.

Abb. 52.99 *Lythrypnus dalli* (Sea World Aquarium, San Diego, Kalifornien, USA)

Gattung *Thorogobius*: 4 Arten. Dazu **Leopardengrundel** (*Th. ephippiatus*): bis 13 cm, Mittelmeer und Ostatlantik (von Madeira bis zu den Britischen Inseln), lebt versteckt in Höhlen oder unter Überhängen bis in 40 m Tiefe. Bevorzugt Unterschlupfmöglichkeiten, denen zumindest eine kleine Sandfläche vorgelagert ist. Auf weißem Grund mit rosafarbenem Stich verläuft an der Seite und auf dem Rücken je 1 Längsreihe aus großen rotbraunen Flecken, die diese hübsche Grundel unverwechselbar machen.

Haltung von Meergrundeln kalter und gemäßigt-temperierter Meere

Im Idealfall wie die meisten Grundel-Arten paarweise halten. Die Wassertemperatur liegt bei diesen Arten zwischen 15 und 20 °C. Im Aquarium sollten mehrere geeignete Versteckplätze unter flach liegenden oder leicht schräg stehenden Steinen angeboten werden. Die Aufbauten dürfen durch die Grabaktivitäten der Grundeln nicht einsturzgefährdet sein. Je nach Art ist ein angemessener Sandbereich für das Wohlbefinden der Tiere wichtig. Eine Umgewöhnung auf Ersatzfutter ist meist problemlos möglich. Kleinere Grundeln werden eher Artemien, Mysis, Rote Mückenlarven, Tubifex oder gar Brocken von Futtertabletten akzeptieren, größeren Arten eher Sandgarnelen, Muscheln oder Fisch. Es ist wichtig, darauf zu achten, dass keine gierigen Mitbewohner das Futter wegschnappen, bevor es am

Abb. 52.100 *Amblygobius phalaena* (Tierpark Berlin)

Boden bei den Grundeln ankommt. Bei der Vergesellschaftung im Aquarium muss auch berücksichtigt werden, dass Grundeln räuberisch leben und kleinere Beckengenossen früher oder später fressen können.

Die attraktive, lebhafte Catalina-Grundel kann mit ruhigen Fischen (z.B. Seenadeln) und kleinen Garnelen in einem gekühlten Spezialaquarium (15 - 22 °C) gehalten werden.

Meergrundeln tropischer Meere

Sandsiebende tropische Meergrundeln
Gattung *Amblygobius*: 1 Art. (Höhlen- oder Sandgrundeln): 15 Arten, 4 - 20 cm, vom Indopazifik bis nach Nordaustralien. Meist hell- bis dunkelgrau gefärbt mit wenigen dunkleren Längs- oder Querstreifen. Körper spindelförmig mit relativ schmalem Kopf, Geschlechter nur schwer an der Genitalpapille unterscheidbar (auch verlängerte Rückenflossenstrahlen wie bei *A. phalaena* sind nicht geschlechtsspezifisch). Meist auf Sand oder Korallenschotter des Flachwassers bis in 30 m Tiefe, wenige Arten in Seegraswiesen oder im Riff, die Wohnhöhlen werden teils unter flach liegenden Steinen oder Korallenblöcken angelegt, teils direkt im Sand gegraben. Die Jungfische einiger Arten leben in Gruppen, adulte Tiere einzeln oder paarweise. Die Mehrzahl der Höhlengrundeln wühlt im Boden nach Verwertbarem und entfernt sich dabei nicht weit von der Höhle, andere Arten zupfen Algen oder Detritus vom Untergrund, *A. rainfordi* patrouilliert dabei frei über dem Substrat schwimmend durch das Revier und nutzt Felshöhlen als Versteck, die ähnlich aussehende *A. hectori* verhält sich gleich und ernährt sich von Plankton. Im Handel trifft man regelmäßig auf die **Braunstreifen-Höhlengrundel** (*A. phalaena*): 15 cm, westlicher Indopazifik (von Indonesien bis Polynesien). Typische Höhlengrundel mit dunkelbraunen Querstreifen, die blau gesäumt sind. Wühlt wenig, zupft eher kleine Wirbellose, Detritus und Algen vom Boden; – und auf die außergewöhnlich hübsch gefärbte **Rotstreifen-Höhlengrundel** (*A. rainfordi*): nur 6,5 cm, Indonesien, Großes Barriereriff. Frei schwimmende kleine Grundel mit 6 intensiv orangeroten Längsstreifen auf jeder Seite. Zupft ebenfalls kleine Wirbellose und Algen vom Boden. Beide sollen auch zur Bekämpfung von Algenproblemen geeignet sein. – Weitere aquaristisch bekannte Arten sind z.B. *A. albimaculatus* (20 cm), *A. decussatus* (8 cm), *A. nocturnus* (7 cm) und *A. sphinx* (18 cm).

Abb. 52.101 *Valenciennea strigata* (Tierpark Berlin)

Gattung *Signigobius*: 1 Art. **Krabbenaugen-Grundel** (*S. biocellatus*): bis 10 cm, vom Indowestpazifik bis zum Großen Barriereriff, in 2 - 30 m Tiefe auf geschützten Sand- oder Korallenschotterflächen entlang der Riffe. Braune Fleckenzeichnung auf hellem Untergrund, After- und Bauchflossen kaffeebraun mit leuchtend blauen Punkten, auffällige, hell gesäumte Scheinaugen am Hinterrand der 2 Rückenflossen, bulliger Kopf mit hochstehenden Augen. Rücken-,

After- und die verwachsenen Bauchflossen vergrößert. Geschlechtsunterschiede unbekannt. Diese interessante Grundel ist durch ihre Mimikry einzigartig im Reich der Fische: Sie richtet bei Gefahr ihre Rückenflossen mit den Scheinaugen hoch auf und bewegt sich mit schaukelnden After- und Bauchflossen fort; früher wurde dieses Verhalten als Nachahmung einer seitwärts laufenden Krabbe gedeutet. Da vergleichbare Krabben im natürlichen Biotop fehlen und zudem für viele Raubfische ebenfalls ein Leckerbissen wären, vermutet heute die Verhaltensforscherin Prof. E. Thaler eher eine Imitation des Sichtbildes lauernder, in der Dünung schwankender Eidechsenfische; es wäre damit eine Bates'sche Mimikry (Nachahmung eines Räubers). Jungtiere leben einzeln, geschlechtsreife Tiere paarweise (streng monogam), die Fische sollen durch blitzartigen Farbwechsel der Scheinaugen das Geschlecht eines anderen Tieres erkennen und entsprechend reagieren können. Grundeln gleichen Geschlechts bekämpfen sich.

Gattung *Valenciennea* (Schläfer- oder Sandgrundeln): 15 Arten, zwischen 11 und 18 cm, viele Arten im gesamten Indopazifik weit verbreitet, bewohnen in 1 - 30 m Tiefe Sand- oder Schlickböden, die nahe am Riff liegen. Grundfarbe meist blassbeige mit Aufhellung zur Bauchseite, darauf wenige farbige Längsstreifen oder Punktmuster. Zigarrenförmiger Körper, Bauchflossen getrennt, Männchen mit verlängerten Flossenstrahlen an der 1. Rückenflosse. Wohnhöhle wird im Sand, unter flach aufliegenden Steinen oder unter Korallenblöcken angelegt. Leben immer paarweise (streng monogam, 2. Tier stirbt bald nach dem Tod des Partners ebenfalls), nur Jungfische einiger Arten wurden auch in Gruppen angetroffen. Durchwühlen unablässig den Boden nach Fressbarem, indem der aufgenommene Sand durch die Kiemen gesiebt wird. Anders als bei anderen Grundeln bewacht bei *Valenciennea*-Arten das Weibchen die bis zu 2000 Eier, die an die Höhlendecke geheftet werden. Nach 2 - 3 Wochen jagen beide Eltern die frisch geschlüpften Larven aus der Höhle. Häufig importiert werden: **Maiden-Schläfergrundel** (*V. puellaris*): 14 cm, Indopazifik (vom Roten Meer bis nach Südjapan). Orangefarbener Längsstrich unter Körpermitte, darüber 2 Längsreihen orangefarbener Flecken, die auch zu vertikalen Strichen verbunden sein können. – **Goldkopf-Schläfergrundel** (*V. strigata*): 18 cm, gesamter Indopazifik (von Ostafrika bis nach Polynesien). Gelber Kopf mit blauem Längsstreifen unter den Augen.

Haltung sandsiebender tropischer Meergrundeln

Wenn man von Ausnahmeerscheinungen wie *Amblygobius rainfordi* absieht, ist es wichtig, den Grundeln dieser Gruppe ausreichend Sandflächen anzubieten. Korallensand mit einer Körnung von maximal 2 mm gibt den Tieren die Möglichkeit, ihr normales Fressverhalten zu entwickeln, die Sandschicht sollte mindestens 6 cm hoch sein. Die magere Ausbeute zwingt die Tiere dazu, unablässig den Sand durchzusieben. Korallen oder kleine Riesenmuscheln im Bodenbereich laufen dabei Gefahr, ständig zugeschüttet zu werden. Auf deren gemeinsame Haltung sollte deshalb verzichtet werden. Ansonsten bereitet eine Haltung im Korallenriff-Becken keine Probleme und bringt letztendlich sogar den Vorteil eines stets gereinigten Korallensands. Es empfiehlt sich, die Grundeln stets paarweise zu erwerben. Besonders *Valenciennea*-Arten sind ohne Partner nicht lange überlebensfähig. *Amblygobius*-Arten können auch allein gehalten werden. Bei der Kombination mit anderen Fischen sind ebenfalls die *Amblygobius*-Arten am anspruchslosesten. Für die anderen Gattungen existieren widersprüchliche Angaben. Teilweise wird ihre Haltung als einfach bezeichnet, vor allem die Krabbenaugen-Grundel wird aber auch als anspruchsvoller Pflegling geführt. Sie sollte zumindest nicht mit größeren Bodenfischen und Krebstieren vergesellschaftet werden. Für *Valenciennea*-Arten wird oft ein Artbecken empfohlen, eine Vergesellschaftung mit größeren Fischen nur für große Becken in Betracht gezogen. Kleine Fische können bei ihnen leicht zur Beute werden. Die Akzeptanz von Ersatzfutter ist in der Regel gut, verschiedene Frostfutterarten oder sogar mundgerechte Stücke von Futtertabletten werden bald angenommen.

Vermehrung. Ein Ablaichen von *Valenciennea*-Arten im Aquarium erfolgt bei gut eingewöhnten Tieren regelmäßig. Eine Aufzucht der Larven ist schwierig und gelingt nur bei einigen Arten. Teilweise muss dabei mit lebendem Meeresplankton gefüttert werden. Zur Fortpflanzung der Krabbenaugen-Grundel ist lediglich ein Bericht bekannt, dessen erstaunliche Beobachtungen zwar in Zweifel gezogen werden, für die aber kein Gegenbeweis vorliegt: Danach baut das Paar eine Höhle, in der nach der Eiablage das Männchen eingeschlossen wird (ähnlich wie bei anderen Grundeln). Nach 5 Tagen verlässt jedoch das Männchen die Höhle, in der sich die Eier und Larven allein weiterentwickeln. Später öffnen die Eltern die Höhle, in der nur ein einziger Jungfisch übrig ist, der bereits am Boden lebt. Damit würde im Unterschied zu allen anderen Grundeln kein planktonisches Larvenstadium existieren. Aus der Gattung *Amblygobius* wurde bisher nur für *A. phalaena* von Eiablagen im Aquarium berichtet. Eine Aufzucht von Jungtieren steht noch aus.

Abb. 52.102 *Amblyeleotris diagonalis* mit Partnergarnele (Vivarium Karlsruhe)

Partner- oder Symbiosegrundeln

Gattung *Amblyeleotris*: derzeit 36 Arten (Systematik unsicher), 6 - 13 cm (nur *A. fontanesii* bis 16 cm), ausschließlich im Indopazifik. Auf hellbeiger Grundfärbung verlaufen 5 - 7 mehr oder weniger breite, vertikale Bänder, die orange oder dunkelrot gefärbt sind. Körper ist für Grundeln recht schlank und lang gezogen, Bauchflossen nicht bei allen Arten verwachsen. Geschlechter können nur an der Genitalpapille unterschieden werden. Auf Sand- oder Schotterflächen, die auch abfallend sein können, *A. randalli* auf kleinen Sandflecken in Höhlen oder unter Überhängen. Meist bewohnen die Grundeln die Wohnhöhle paarweise oder einzeln gemeinsam mit 2 Knallkrebsen, für erwachsene Grundeln scheint die Symbiose obligatorisch zu sein. Während sich die Knallkrebse vorwiegend von Algen aus dem näheren Umfeld ernähren, liegen die Grundeln im Eingangsbereich der Höhle und erbeuten vorbeidriftendes Plankton oder bodenlebende Wirbellose. Im Handel werden unterschiedliche Arten regelmäßig angeboten, etwa **Randalls Partnergrundel** (*A. randalli*): 12 cm, Südostasien (von Südjapan bis zum nördlichen Großen Barriereriff). 7 schmale, leuchtend orangefarbene Querstreifen. 1. Rückenflosse zu rundem Segel vergrößert, mit schwarzem Augenfleck an der Basis. – **Steinitz' Partnergrundel** (*A. steinitzi*): 8 cm, Rotes Meer und gesamter Indik. 5 schmale braunrote Streifen. – **Wheelers Partnergrundel** (*A. wheeleri*): 7 cm, westlicher Indopazifik. 6 breite rote Bänder und 1 haubenartiges Band am Kopf. – Weitere aquaristisch bekannte Arten sind z. B. *A. aurora* (11 cm), *A. fasciata* (8 cm), *A. fontanesii* (17 cm), *A. gymnocephala* (14 cm) und *A. sungami* (10 cm).

Gattung *Cryptocentrus*: bisher 51 Arten (es werden immer wieder neue Arten entdeckt), 6 - 12 cm, weit verbreitet vom Indopazifik bis zum Großen Barriereriff, auf flachen Sandböden, oft in Lagunen, teilweise sogar in Mangrove-Wäldern. Meist unscheinbare hellbeige Grundfärbung, die bei einigen Arten von etwas dunkleren Vertikalbändern unterbrochen wird, oft mit rötlichen Flecken und kleinen leuchtend blauen Punkten, die vor allem im Kopfbereich angesiedelt sind. Körper zigarrenförmig, Kopf wirkt durch gewölbte Kehle und hoch abstehende Augen bullig. Bei einigen Arten sind die Männchen dunkler gefärbt, ansonsten sind die Geschlechter nur an der Genitalpapille zu unterscheiden. Einzeln oder paarweise immer in Gesellschaft von Knallkrebsen, die die Wohnhöhle ausbaggern. Lauern im Eingangsbereich der Höhle auf wirbellose Bodentiere (hauptsächlich auf Krebstiere). Häufig im Handel **Rottupfen-Wächtergrundel** (*C. leptocephalus*): 10 cm, Indowestpazifik (bis zum Indoaustralischen Archipel). Orangefarbene Flecken und feine blaue Punkte auf oberem Drittel des Kopfes und entlang der Rückenflosse, 5 etwas dunklere Vertikalstreifen. Insgesamt etwas aggressiver als andere Partnergrundeln. – **Gelbe Wächtergrundel** (*C. cinctus*): bis 7,5 cm, westlicher Pazifik bis zum Großen Barriereriff. 2 Farbformen (gelb oder graublau), beide mit kleinen blauen Punkten auf Kopf, Vorderkörper und Rückenflossen.

Gattung *Stonogobiops*: derzeit 7 Arten, mit 3,5 - 6 cm Länge recht klein, Indowestpazifik bis nach Südjapan, auf küstennahen Sandböden und Sandhängen. Weißer Körper bei fast allen Arten mit 4 dunkelbraunen bis schwarzen Vertikalstreifen und gelber Stirn. Auffälligstes Kennzeichen sind die bei mehreren Arten zu einem langen Faden ausgezogenen vorderen Flossenstrahlen der 1. Rückenflosse (daher auch die deutsche Bezeichnung „Fadengrundel" für *S. nematodes*), die Länge des Fadens ist nicht geschlechtsspezifisch. *S. xanthorhinica* und *S. dracula* ohne Faden, nur beim Männchen ist die 1. Rückenflosse segelartig vergrößert. Leben paarweise mit Knallkrebsen in gemeinsamer Höhle. Im Gegensatz zu den anderen Grundeln dieser Gruppe schweben die *Stonogobiops*-Arten ähnlich wie Schwertgrundeln der Gattung *Nemateleotris* frei über dem Höhleneingang, um nach Plankton zu schnappen. Nach Erfahrungen des Autors erstreckt sich ihr Aktionsradius über eine Entfernung von 50 cm vom Höhleneingang. Hin und wieder importiert: **Fadengrundel** (*S. nematodes*): 6 cm, mittlerer Indowestpazifik bis zu den Philippinen. Gelbe Stirn, vorderer Vertikalstreifen setzt sich in der Verlängerung der 1. Rückenflosse fort.

Abb. 52.103 *Cryptocentrus leptocephalus* mit Partnergarnele (Zoologisch-Botanischer Garten Wilhelma, Stuttgart)

Partnergrundeln der Gattungen *Ctenogobiops*, *Lotilia*, *Myersina*, *Mahidolia* und *Vanderhorstia* sowie die einzige karibische Partnergrundel *Nes longus* werden nur selten importiert, dürften aber ähnlich zu behandeln sein wie oben genannte Gattungen.

Haltung von Partner- oder Symbiosegrundeln
Schon beim Kauf werden wichtige Weichen für die spätere Haltung dieser interessanten Tiere gestellt. In guten Zoofachgeschäften ist es regelmäßig möglich, ein bestehendes Paar mit einem dazugehörigen Knallkrebs-Paar zu erwerben. Alle Abstriche, die hier gemacht werden, verhindern später die Entfaltung natürlicher Verhaltensweisen. Das Aquarium sollte ausreichend Sandflächen mit feiner bis mittlerer Körnung bieten. Die Sandschicht sollte mindestens 5 cm hoch sein. Große, flach aufliegende Steine bieten den Knallkrebsen Gelegenheit, eine stabile Höhle zu bauen. In Quarantäne-Becken leisten auch bis zum Oberrand eingegrabene, halbierte Blumentöpfe gute Dienste. Wichtig ist, dass keine Einsturzgefahr besteht.

Partnergrundeln sollten nur mit ruhigen, friedlichen Fischen vergesellschaftet werden. Gerade im Bodenbereich sollte keine Konkurrenz existieren. Auch die gemeinsame Haltung von gleichgeschlechtlichen Artgenossen führt zu erbitterten Kämpfen. Von *Cryptocentrus*-Arten wird berichtet, dass sogar 4 cm große Kardinalsgarnelen (*Lysmata debelius*) überwältigt und gefressen wurden. Vor allem *C. leptocephalus* scheint insgesamt gegen andere Aquarienbewohner aggressiver zu sein. Ansonsten verhalten sich die verschiedenen Partnergrundeln recht friedlich. Eine Gewöhnung an Ersatzfutter bereitet in der Regel wenige Probleme. Es werden mundgerechtes Frostfutter (Artemien, Mysis etc.) oder sogar Trockenfutter bzw. kleine Stücke von Futtertabletten akzeptiert. Vor allem in der Eingewöhnungsphase ist eine Futterkonkurrenz im Becken zu vermeiden. Auch später kann eine gezielte Fütterung über ein Rohr nötig sein.

Vermehrung. Wenn sich ein Paar im Aquarium wohl fühlt, kommt es zu regelmäßigen Eiablagen an der Decke der Wohnhöhle. Der Autor konnte immer wieder beobachten, wie 2 - 3 Stunden nach Einbruch der Dunkelheit schubweise ganze Wolken von winzigen Fischlarven aus der Wohnhöhle von *Amblyeleotris steinitzi* ausgestoßen wurden. Eine gelungene Aufzucht der Larven ist nur bei *Amblyeleotris randalli* und *Cryptocentrus cinctus* und über mehrere Generationen bei einer weiteren, blau gepunkteten, aber unbestimmten *Cryptocentrus*-Art bekannt.

Meergrundeln, die auf anderen Tieren (vorwiegend Korallen) leben

Gattung *Bryaninops* (Zwerggrundeln): derzeit 10 Arten, 1,5 - 5,5 cm, vom Roten Meer bis zum Großen Barriereriff im Indopazifik weit verbreitet. Färbung meist in Anpassung an die bewohnte Koralle weiß, gelb, rosa oder rot mit vertikalen Bändern oder lateralem Längsstreifen, Flossen transparent, schlanker Körper mit spitzer Schnauze. In Anpassung an die Situation kann das Geschlecht in beide Richtungen gewechselt werden. Jungtiere werden obligatorisch erst zu Weibchen. Viele leben auf Peitschen- oder Hornkorallen und sind manchmal sogar auf eine Korallenart fixiert. Für das Aquarium eignen sich nur Arten, deren Wohnkorallen gehalten werden können (z.B. *B. natans* auf *Acropora spec.*, *B. nexus* auf *Acropora formosa* oder *B. erythrops* und *B. ridens* auf *Millepora*- und *Porites*-Arten). Die Tiere leben in Abhängigkeit von der Korallengröße einzeln, paarweise oder in Gruppen und ernähren sich von Plankton. Wie bei Korallengrundeln wird zur Eiablage ein kleiner Bereich der Koralle vom Polypengewebe befreit. Für die 2,5 - 4,5 cm langen Zwerggrundeln der Gattung *Pleurosicya* (18 Arten) gilt Ähnliches, sie sind außer auf Weichkorallen auf Schwämmen, Mollusken, Stachelhäutern und Manteltieren anzutreffen. Auch einige Vertreter der umfangreichen Zwerggrundel-Gattung *Eviota* (über 60 Arten) leben im Schutz der Polypen unterschiedlicher Steinkorallen. Die Bauchflossen sind bei dieser Gattung nicht verwachsen.

Gattung *Elacatinus,* früher zur Gattung *Gobiosoma* gestellt (Neongrundeln): 25 Arten, 3 - 5 cm, vorwiegend Karibik, wenige Arten aus dem Ostpazifik. Färbung ähnelt meist der von Putzerfischen (Gattung *Labroides*) des tropischen Indopazifiks. Oberseite schwarz, Bauchseite hell, auf jeder Seite blaues oder gelbes Längsband, das an der Schnauze oder am Auge beginnt. Andere Arten meist braun oder beige mit vielen Querstreifen, schlanke Körperform. 7 Arten sind als Putzerfische aktiv, die auf Korallenköpfen auf „Kundschaft" warten, andere leben in Schwämmen, wo sie sich von parasitischen Borstenwürmern ernähren, wieder andere leben in Algen, auf Korallen oder unter Steinen und verschwinden bei Gefahr in Spalten. Neongrundeln leben einzeln, paarweise oder in Gruppen mit bis zu 30 Tieren. *E. atronasum* bildet tagsüber große Schwärme, die im Freiwasser nach Plankton jagen; nachts sucht sie Schutz in Korallen. In geeigneten Löchern oder Spalten werden bis zu 500 relativ große Eier abgelegt, die (etwa 10 Tage lang) bis zum Schlupf der Larven vom Männchen bewacht werden. Die Metamorphose zur bodenlebenden Grundel findet nach ungefähr 4 Wochen statt. Am häufigsten im Handel die **Neongrundel** (*E. oceanops*): 3,5 cm, Karibik. Blaues Längsband, das über das Auge hinausgeht, aber keine Verbindung zum Längsband der Gegenseite hat. Putzerfisch. Seit Anfang der 90er Jahre kommerziell gezüchtet. An 2. Stelle steht die **Hainasen-Neongrundel** (*E. evelynae*): 3,5 cm, Karibik. Längsbänder beider Seiten verschmelzen auf der Schnauze zu einem V und sind entweder ganz gelb oder in der Kopfregion gelb und hinten blau. Putzerfisch. Auch sie wird inzwischen kommerziell gezüchtet. – Seltener ist **Genies Putzergrundel** (*E. genie*): 4,5 cm, Bahamas, Grand Cayman-Island. Schwarzes Längsband auf jeder Körperseite und auf der Rückenmitte.

Gattung *Gobiodon* (Korallengrundeln): etwa 22 Arten, 3 - 8 cm, Indopazifik (von Ostafrika bis nach Polynesien). Färbung entweder gelb bis dunkelorangefarben (teilweise mit schmalen blauen Strichen) oder türkisfarben bis schwarz (teilweise mit orangefarbenen Flecken oder Streifen). Auffällig hochrückiger Körperbau, Schuppen fehlen, Fraßschutz durch giftigen, übel schmeckenden Hautschleim. Haremsbildung mit obligatorischem Geschlechtswechsel: Das größte Tier ist das Männchen, das folgende Tier das paarungsbereite Weibchen, das sich beim Fehlen des Männchens in ein Männchen umwandelt. Korallengrundeln leben in Korallenriffen im Schutz der Zweige ästiger Steinkorallen (bevorzugt *Acropora spec.*), warten auf den Zweigenden der Koralle auf vorbeidriftendes Plankton, teilweise werden auch an der Koralle haftende Nahrungspartikel oder sogar Tentakel der Koralle gefressen (z.B. von *Gobiodon okinawae*). Bei Gefahr ziehen sich die Fische in das Gewirr der Korallenäste zurück. Zur Eiablage wird eine kleine Fläche der Koralle vom Polypengewebe befreit, die auf dem nackten Korallenskelett befestigten Eier werden bewacht. Im Handel sind nur 2 Arten regelmäßig anzutreffen: **Zitronen-Korallengrundel** (*G. citrinus*): Männchen 7 cm, Weibchen bis 4 cm, Rotes Meer, Indowestpazifik (von Ostafrika bis zum Großen Barriereriff). Zitronengelb bis dunkelorangefarben, mit 4 blauen Vertikalstreifen am Kopf. – **Okinawa-Korallengrundel** (*G. okinawae*): 3,5 cm, Bandasee, Indonesien bis Japan. Einheitlich gelb. – Selten werden importiert: **Schwarze Korallengrundel** (*G. cf. albofasciatus*): 3,5 cm, Indoaustralischer Archipel. Jungtiere grau, erwachsene Tiere schwarz. – **Gebänderte Korallengrundel** (*G. histrio*): 3,5 cm, Rotes Meer bis Samoa. Orangefarben quer und längs gestreift. – **Blaupunkt-Korallengrundel** (*G. rivulatus*): 5 cm, Indopazifik bis Polynesien. Hübsch türkisfarben mit orangefarbenen Flekken oder Streifen.

Abb. 52.104 *Elacatinus genie* (Tierpark Berlin)

Haltung von auf anderen Tieren lebenden Meergrundeln

Am einfachsten dürfte wohl die Haltung von Neongrundeln sein. Sie scheinen allerdings etwas transportempfindlich zu sein. Aus diesem Grund wird zum Kauf von weniger empfindlichen, halbwüchsigen Tieren geraten. Aus unter-

Abb. 52.105 *Gobiodon okinawae* (Aquazoo Düsseldorf)

schiedlich großen Neongrundeln soll sich immer ein Paar herausbilden. Obwohl sie sich in der Natur ausschließlich von den Parasiten der gereinigten Fische ernähren, ist eine Umstellung auf Ersatzfutter leicht möglich. Es wird vor allem Frostfutter (Artemien, Mysis usw.), aber auch mundgerechtes Kunstfutter angenommen. Da Neongrundeln von vielen Fischen als Putzerfische akzeptiert werden, gibt es trotz ihrer geringen Größe wenig Probleme bei der Vergesellschaftung im Aquarium. Sie können sehr zutraulich werden und selbst die Hand des Aquarianers putzen. Wenn sich ein Paar eingelebt hat, kommt es nicht selten zur regelmäßigen Ablage von Eiern (oft alle 3 Tage). Als Bruthöhle kann unter anderem ein PVC-Rohr mit 2 cm Durchmesser dienen. Diese Grundel-Gattung lässt sich am leichtesten im Aquarium nachziehen.

Bei der Haltbarkeit dürften Korallengrundeln an 2. Stelle in dieser Gruppe stehen. Für sie ist allerdings ein Aquarium mit gut gedeihendem *Acropora*-Bestand eine wichtige Voraussetzung. Leidlich wachsende Korallen können die Belästigung durch Korallengrundeln sowie die Schädigungen beim Nestbau nicht dauerhaft überstehen. Die restlichen Beckeninsassen sollten ruhig und friedlich sein. Einige Arten nehmen in der ersten Zeit nur lebendes Futter an, nach und nach wird aber meist kleines Frostfutter oder sogar Trockenfutter akzeptiert. Eine Fütterung über ein Futterrohr ist oft nötig. Die Zitronen-Korallengrundel und die Okinawa-Korallengrundel wurden inzwischen erfolgreich nachgezüchtet.

Abb. 52.106 *Brachygobius sabanus* (Tierpark Berlin)

Zwerggrundeln der Gattung *Bryaninops* werden in letzter Zeit immer wieder angeboten, sollten aber nur von erfahrenen Aquarianern gemeinsam mit den dazugehörigen Korallen gepflegt werden. Das Gleiche gilt für Zwerggrundeln der Gattung *Pleurosicya* und ihre Wirtstiere. Die Gattung *Eviota* ist diesbezüglich einfacher zu halten. Für alle Zwerggrundeln gilt jedoch, dass sie mit kleinstem Futter wie Artemia-Nauplien, Cyclops oder Fischrogen versorgt werden müssen und von vielen Fisch- oder Krebsarten gestört werden. Wahrscheinlich ist ein Spezialaquarium angebracht.

Andere Grundeln tropischer Meere werden nur selten importiert, da sie in Anpassung an das Leben auf dem Sandgrund unscheinbar gefärbt sind. Hin und wieder werden Arten der Gattungen *Istigobius* und *Fusigobius* angeboten, die (abgesehen von der Temperatur) ähnlich wie vergleichbare Grundeln aus kalten Meeren zu behandeln sind. Ganz selten gelangt auch die hübsche *Discordipinna griessingeri* zu uns und wird zu astronomischen Preisen verkauft.

Höchstalter. Neongrundeln können bis zu 2 Jahre alt werden.

Meergrundeln des Süß- und Brackwassers

Gattung *Brachygobius*: 9 Arten. Meist im Süß- und teilweise im Brackwasser. In unterschiedlicher Weise schwarz quer gebändert, sehr variabel. Dazu **Schwarm-Goldringelgrundel** (*B. aggregatus*): 5 cm, Südostasien (Mekong-Flusssystem), Philippinen. – **Kleine Goldringelgrundel** (*B. nunus*): 3 cm, Vorder- und Hinterindien, Indonesien. – **Saban-Goldringelgrundel** (*B. sabanus*): 3 cm, Indonesien, Malaysia, Thailand, Südvietnam. – **Hummel-Goldringelgrundel** (*B. sua*): 3 cm, Hinterindien. – **Zwerg-Goldringelgrundel** (*B. xanthomelus*): 2,5 cm, Malaysia, Indonesien, nur im Süßwasser. – **Goldringelgrundel** (*B. xanthozona*): 4,5 cm, Java, Sumatra, Borneo.

Gattung *Chlamydogobius*: 6 Arten. Dazu **Wüstengrundel** (*Ch. eremius*): 6 cm, Südaustralien. – **Kaulquappen-Grundel** (*Ch. ranunculus*): 4 - 5 cm, Nordaustralien, in schlammigen Pfützen, Ästuaren und Überschwemmungsgebieten. Dunkelgraublau mit heller Marmorierung. Männchen in der 1. Rückenflosse mit leuchtend gelbem Streifen.

Gattung *Evorthodus*: 2 Arten. Dazu **Lyra-Grundel** (*E. lyricus*): 15 cm, Westatlantik (Golf von Mexiko bis zum nördlichen Südamerika). Häufig in Ästuaren im Süß-, Brack- und Meerwasser.

Gattung *Padogobius*: **Panizza-Grundel** (*P. bonelli* = *P. martensi* = *P. panizzae*): bis 8,5 cm (Männchen) bzw. 7,5 cm (Weibchen), Norditalien, Dalmatien, in Fließgewässern und Seen bis in 400 m Höhe.

Gattung *Redigobius*: 13 Arten. Dazu **Vaimosagrundel** (*R. balteatus*): 3 cm, Sri Lanka, Indonesien, Philippinen, Malaysia, Neuguinea; nur im Süßwasser.

Abb. 52.107 *Redigobius balteatus* (Tierpark Berlin)

Haltung von Meergrundeln des Süß- und Brackwassers

Am besten in großflächigen Artbecken, wo sich die speziellen Ansprüche hinsichtlich der unterschiedlichen Salzkonzentrationen für die einzelnen Arten leicht realisieren lassen. Auch für die meisten der Süßwasserarten empfiehlt sich ein Seesalzzusatz (1 - 2 Esslöffel auf 10 l Wasser), sie sind dann gegenüber Krankheiten widerstandsfähiger. Als Bodengrund verwendet man zum Buddeln geeigneten weichen, feinen Sand, in Verbindung mit entsprechenden Steinaufbauten können die Männchen ihre Wohn- und Laichhöhlen anlegen. Insbesondere in Laichstimmung sind die Männchen territorial und verteidigen ihre Kleinreviere. Das Aquarium soll gut durchströmt, das Wasser sauerstoffreich sein. Die Haltungstemperaturen richten sich nach der Herkunft und können bei den tropischen Arten zwischen 22 und 30 °C schwanken. Fische der gemäßigt-temperierten Gewässer müssen kühler gehalten werden, *Padogobius bonelli* etwa nicht über 18 °C und im Winter deutlich kühler.

Die kleinen Arten sind Planktonfresser, die mit Cyclops, Wasserflöhen und heranwachsenden Artemia-Nauplien ernährt werden. Größere Arten sind oft sehr gefräßig, sie füttert man mit Mückenlarven, Tubifex, Muschelfleisch und Schnecken, auch Frost- und Flockenfutter sollte versucht werden. Manche fressen zusätzlich Algen, für diese Arten empfiehlt es sich, überbrühten Spinat oder gequetschte Erbsen als Ersatz anzubieten.

Vermehrung. Bei vielen Arten lassen sich die Geschlechter an der intensiveren Körper- und/oder Flossenfärbung der Männchen leicht unterscheiden. Auch die Zucht ist bei verschiedenen Arten im Aquarium schon regelmäßig gelungen. Zu diesen gehören Goldringelgrundeln, die im Brackwasser-Becken bei 24 - 30 °C in halbierten Blumentöpfen oder auch auf Steinplatten ablaichen. Ein Weibchen legt etwa 100 - 150 Eier pro Gelege, das vom Männchen bis zum Schlupf der Jungen (temperaturabhängig nach 4 - 5 Tagen) bewacht wird. Auch die Aufzucht gelingt im Brackwasser (1 % Salzkonzentration) anfangs mit *Brachionus*, später mit Artemia-Nauplien, wobei zu beachten ist, dass die Jungen „im Futter“ stehen sollen, also eine hohe Futtertierkonzentration vorliegen muss. Als Erstfutter für die nur etwa 2 mm großen Larven von *Redigobius balteatus* wurde mit wechselndem Erfolg feinstes Staubfutter (Pantoffeltierchen, Rädertierchen) verwendet.

Abb. 52.108 *Gobiopterus chuno* (Tierpark Berlin)

Verhältnismäßig unproblematisch ist die Zucht von Arten, die große Eier und entsprechend große Junge produzieren. Dies trifft z.B. auf *Chlamydogobius eremius* und *Ch. ranunculus* zu, deren Eier 3 - 4 mm groß sind, so dass die temperaturabhängig nach 5 - 10 Tagen schlüpfenden Jungfische bereits mit Artemia-Nauplien angefüttert werden können. Bei guter Fütterung erfolgt ihr Wachstum schnell, schon nach 4 Monaten kann die Geschlechtsreife erreicht werden. Auch *Padogobius bonelli* lässt sich im Aquarium leicht vermehren (Alpenzoo Innsbruck), als Erstfutter der bei 20 °C schlüpfenden Jungen eignen sich gleichfalls Artemia-Nauplien.

Höchstalter. *Chlamydogobius eremius* 2 Jahre im Aquarium, das durchschnittliche Lebensalter von *Ch. ranunculus* beträgt nur 1 - 1,5 Jahre.

Unterfamilie Zwerggrundeln (Gobionellinae)

Viele Arten im tropischen und subtropischen Süßwasser.

56 Gattungen mit über 500 Arten.

Gattung *Gobiopterus*: 7 Arten. Dazu **Glasgrundel** (*G. chuno*): 3,5 cm, Süd- und Südostasien, im Süß- und Brackwasser. Körper glasartig durchscheinend.

Gattung *Mugilogobius*: 35 Arten. Dazu **Gelbstreifen-Grundel** (*M. chulae*): 4 cm, Westpazifik, im Süß-, Brack- und Meerwasser.

Gattung *Rhinogobius*: 36 Arten. Dazu **Weißwangen-Grundel** (*Rh. duospilus* = *Rh. wui*): 4,5 cm, Vietnam, Südchina, in Bächen des Berglands mit felsigen und sandigen Untergründen. Sehr temperaturtolerant.

Gattung *Schismatogobius*: 7 Arten. Dazu **Rotnacken-Grundel** (*Sch. deranyagalai*): 4,5 cm, Indien, Sri Lanka, Philippinen, Australien. In größeren Gruppen im Süßwasser.

Gattung *Stigmatogobius*: 5 Arten. Dazu **Gefleckte Rittergrundel** (*S. sadanundio*): etwa 10 cm, Indien und Indonesien, im Süßwasser, selten auch in Brackwassergebiete eindringend.

Haltung von Zwerggrundeln

Grundsätzlich entspricht die Haltung der meisten Zwerggrundeln der der Meergrundeln des Süß- und Brackwassers. Die Vermehrung stößt auf ähnliche Probleme, vor allem hinsichtlich der Aufzucht der dann winzigen Larven, wenn diese planktisch im Meerwasser leben und nur feinstes Lebendfutter fressen. Die größeren Larven der reinen Süßwasserarten wie die der Weißwangen-Grundel (*Rhinogobius duospilus*) lassen sich dagegen leicht mit Artemia-Nauplien aufziehen.

Höchstalter. *Schismatogobius deranyagalai* 6 Jahre im Privataquarium.

Unterfamilie Lippenzahngrundeln (Sicydiinae)

Weltweit in tropischen Süß- und Brackwassergebieten verbreitet. Die Larven und Jungfische entwickeln sich bei vielen Arten offenbar im küstennahen Meer.

6 Gattungen mit etwa 100 Arten.

Gattung *Awaous*: 12 Arten. Dazu **Amerikanische Schmetterlingsgrundel** (*A. flavus*): 10 cm, Kolumbien, unterer Amazonas, im Süß- und Brackwasser. Rückenflossen der Männchen mit bunter Signalfärbung. – **Asiatische Schmetterlingsgrundel** (*A. grammepomus*): 17 cm, Sri Lanka bis Neuguinea, in Flüssen,

Abb. 52.109 *Awaous flavus* (Zoo Leipzig, Aquarium)

geht bis ins Brackwasser. – **Seitenbandgrundel** (*A. lateristriga*): bis 26 cm, westatlantische Küste (Senegal bis Angola), im Brack- und Meerwasser, dringt aber auch in Süßwasserbereiche vor.

Gattung *Sicydium*: 15 Arten. Dazu **Klettengrundel** (*S. punctatum*): 8 cm, karibische Inseln, küstennahe Gebiete von Kolumbien und Venezuela, im Süß-, Brack- und Meerwasser. Graben sich bei Gefahr bis zu den Augen im Sand ein.

Gattung *Sicyopterus*: 29 Arten. Dazu **Rotschwanzgrundel** (*S. halei*): 8 cm, endemisch in Sri Lanka, im Süßwasser, Larvalentwicklung im Meer.

Gattung *Sicyopus*: 12 Arten. Dazu **Lippenstiftgrundel** (*S. jonklaasi*): 4,5 cm, endemisch im Südwesten von Sri Lanka, im Süßwasser, Larvalentwicklung im Meer. Rötlich gefärbte Oberlippe.

Gattung *Stiphodon*: 24 Arten. Dazu **Purpur-Grundel** (*S. atropurpureus*): 5 cm, Japan, Taiwan, Malaysia, Philippinen, nur im Süßwasser. – **Leuchtgrundel** (*S. elegans*): 6 cm, Indonesien, Philippinen, Fidschi-Inseln, Neukaledonien, westliches Neuguinea und Riukiu-Inseln, wandert zwischen Süß-, Brack- und Seewasser. Männchen mit leuchtend blauem Längsstreifen.

Haltung von Lippenzahngrundeln

Lippenzahngrundeln leben bodenorientiert und sind strömungsliebend. Sie benötigen gut gefilterte, sauerstoffreiche und strömungsintensive Aquarien mit feinem, weichem Sand als Bodengrund. Die *Awaous*-Arten beispielsweise durchkauen gern den Sand nach Fressbarem. Durch Aufschichten von runden Flusssteinen können zahlreiche Versteckmöglichkeiten geschaffen werden, wo die Männchen ihre kleinen Reviere um ihre jeweilige Wohn- und Bruthöhle besetzen. In kleineren Becken sollte man daher nur 1 Männchen mit mehreren Weibchen gemeinsam pflegen. Wie bei anderen Süß- und Brackwassergrundeln wirkt sich die Zugabe von etwas Seewasser oder Seesalz auf die Haltung günstig aus, die Fische sind widerstandsfähiger. Als Futter eignet sich alles gängige Lebend- und Frostfutter geeigneter Größe, manche Arten wie *Sicydium punctatum* und *Stiphodon elegans* weiden darüber hinaus auch gern kurzen Algenbewuchs von Steinen ab. Haltungstemperaturen je nach Herkunft zwischen 20 und 28 °C.

Gute Haltungserfahrungen wurden mit *Stiphodon elegans,* die in einem großen, 4,5 m^3 fassenden Becken zusammen mit verschiedenen

Abb. 52.110 *Sicydium punctatum* (Privataquarium)

Regenbogenfischen gehalten wurden, im Aquarium des Leipziger Zoos gemacht. Dem Becken werden in unregelmäßigen, größeren Abständen (mehrere Wochen) 20 - 30 l Seewasser zugesetzt.

Vermehrung. Obwohl einige Arten (z.B. *Sicydium punctatum*, *Sicyopus jonklaasi*, *Stiphodon elegans*) schon häufiger im Aquarium abgelaicht haben, ist die Aufzucht der Jungen bislang nicht gelungen. Die winzigen Larven können wahrscheinlich nur mit feinstem, tropischem Meeresplankton wie den Larven der Riesenauster (*Crossastraea gigas*) oder dem Rädertierchen *Brachionus plicatilis* angefüttert werden. Bei *S. elegans* wurden die Fortpflanzungsaktivitäten durch häufige große Wasserwechsel, verbunden mit einem deutlichen Temperaturrückgang (Simulierung der Regenzeit?), ausgelöst. Die Fische laichten nachts unter Steinplatten, unter denen das Männchen eine Höhle gebuddelt hatte. Der Laich (Eidurchmesser nur 0,3 - 0,33 mm) wurde bis zum Schlupf der Larven vom Männchen bewacht. Die nach 48 Stunden bei 24 °C schlüpfenden Larven mussten zur weiteren Entwicklung in Seewasser überführt werden, wo sie nach weiteren 36 - 48 Stunden ihren Dottervorrat aufgebraucht hatten und dann etwa 2 mm groß waren. Ein geeignetes Aufzuchtfutter wurde noch nicht gefunden.

Höchstalter. Im Aquarium des Zoo Leipzig lebt eine männliche *Stiphodon elegans* seit 10 Jahren.

Unterfamilie Schlammspringer-Verwandte (Oxudercinae)

In tropisch-subtropischen Küstenbereichen des Indowest- und Zentralpazifiks sowie des Ostatlantiks. Lebensweise angepasst an die Bedingungen der Flussmündungen (Ästuare) und Gezeitenzonen, sowohl der Süßwasserbereiche als auch der Meeresküsten. Die Echten Schlammspringer unter ihnen bewohnen die Grenzzone zwischen Wasser und Land. Außerhalb des Wassers wird zur Atmung atmosphärische Luft in sackartige Kammern im Kiemenbereich gepresst, wo die Sauerstoff-Aufnahme über gefaltete, gut durchblutete Membranen erfolgt. Die Brustflossen sind an der Basis armartig verstärkt, die Tiere können sich damit abstützen und auch an Land mithilfe des Schwanzes als Widerlager hüpfend fortbewegen. Hauttaschen unter den Augen dienen als Flüssigkeitsreservoir, damit die einklappbaren Augen an Land nicht austrocknen. Die 1. Rückenflosse ist bei den Männchen vergrößert und vor allem zur Balzzeit intensiv gefärbt, sie dient der Kommunikation mit „Flaggensignalen".

10 Gattungen mit etwa 34 Arten. In der Aquaristik spielen fast nur die Echten Schlammspringer aus der Gattung *Periophthalmus* eine Rolle. Daneben werden gelegentlich Unechte Schlammspringer der Gattungen *Boleophthalmus*, *Apocryptes*, *Pseudapocryptes* und *Parapocryptes* importiert.

Gattung *Apocryptes*: 1 Art. **Schlammspringer-Grundel** (*A. bato*): 26 cm, Indien, Bangladesch, Burma (Myanmar), in Flüssen und Ästuaren bis in reines Seewasser. Helle Fische mit leichtem Messingglanz und kaum erkennbarer Marmorierung auf der oberen Körperhälfte, Flossen milchig transparent. Langgestreckter Körper, oben liegende Augen wenig prominent, Schnauze wirkt stupsnäsig. Geht nicht an Land, sehr friedliche Art.

Gattung *Boleophthalmus* (Unechte Schlammspringer): 5 Arten, 12 - 17 cm lang, von Arabien bis Australien verbreitet, in schlammigen Bereichen des Meer- oder Brackwassers, selten auch in Süßwasser. Graben Höhlen mit 2 Ausgängen (so wie die Echten Schlammspringer), revierbildend. Beige bis braun mit dunklen und weißen Flecken. 3. Flossenstrahl der 1. Rückenflosse auffällig verlängert. Körperbau und hochstehende Augen lassen die nahe Verwandtschaft dieser amphibisch lebenden Gattung zu den Echten Schlammspringern erkennen. Dazu **Boddarts Schlammspringer** (*B. boddarti*): 22 cm, Indien bis Neuguinea, Südchina. Wird gelegentlich angeboten, ist aber beim Import oft empfindlich. – **Blaupunkt-Schlammspringer** (*B. caeruleomaculata*): etwa 17 cm, Papua-Neuguinea, westliches Nordaustralien.

Gattung *Parapocryptes*: 2 Arten. 10 - 18 cm, Indien bis China, im Brackwasser von schlammigen Küsten, teilweise auch weiter im Landesinneren. Körper langgestreckt, Grundfärbung beige, obere Körperhälfte mit schrägen, dunklen Bändern, im Unterschied zu *Pseudapocryptes* Schwanzflosse ohne schwarze Streifen. Leben tagsüber versteckt in Höhlen, verlassen das Wasser nicht, ernähren sich weitgehend von Kieselalgen und Detritus. Gegen Artgenossen aggressiv, sonst sehr friedlich. Selten importiert die **Rillengrundel** (*P. serperaster*): bis 23 cm, Indien, Südostasien.

Gattung *Periophthalmodon*: 3 Arten, meist außerhalb des Wassers. Dazu **Riesenschlammspringer** (*P. schlosseri*): bis 27 cm, Süd- und Südostasien, in Ästuaren und der Gezeitenzone. Dunkelbraun, blau gepunktet, 2. Rückenflosse mit breitem, schwärzlichem Längsstreifen.

Gattung *Periophthalmus* (Echte Schlammspringer): 15 Arten, von Ostafrika bis Samoa, im Brackwasser von Flussmündungen weit verbreitet, 1 Art (*P. barbarus*) an der Westküste Afrikas, typischer Lebensraum sind Mangrove-Sümpfe der Mündungsgebiete, die unter dem Einfluss der Gezeiten starken Schwankungen des Wasserpegels und der Salinität unterworfen sind. Bei mehrstündigen Landaufenthalten wird atmosphärischer Sauerstoff über sackartige Kammern im Kiemenbereich, die von gefalteten, gut durchbluteten Membranen durchzogen sind, aufgenommen. Meist auf beiger bis brauner Grundfärbung dunkel marmoriert, Bauchseite hell, einige Arten mit blauen oder orangefarbenen Punkten, die vor allem im Kopfbereich liegen. Rückenflossen oft plakativ gefärbt (inner- und zwischenartliche Signalgeber, „Flagging"). Augen stehen – der amphibischen Lebensweise entsprechend – wie bei einem Frosch nach oben ab, in Hauttaschen unter den Augen wird Flüssigkeit gespeichert, die das Austrocknen der Augen an Land verhindert. Basis der Brustflossen armartig verstärkt, kräftige Flossenstrahlen der Schwanzflosse dienen als Widerlager bei der hüpfenden Fortbewegung an Land. 1. Rückenflosse der Männchen flaggenartig vergrößert, oft mit verlängertem 1. Flossenstrahl. Bei einigen

Abb. 52.111 *Periophthalmus spec.* (Zoo-Aquarium Berlin)

Arten sind die Männchen äußerst territorial und aggressiv (z.B. *P. barbarus*), andere Arten leben friedlich in größeren gemischten Gruppen (z.B. *P. novemradiatus*). Über die Brutbiologie ist nur bekannt, dass Y-förmige Höhlen mit Brutkammer und 2 Ausgängen in den Schlick gegraben werden. Dazu **Silberlinien-Schlammspringer** (*P. argentilineatus*): bis 19 cm, südliches Rotes Meer bis Südafrika, Indischer Ozean bis Westpazifik. 1. und 2. Rückenflosse mit weiß eingefasstem, schwarzem Längsstreifen an der Außenkante. – **Atlantischer Schlammspringer** (*P. barbarus*): 25 cm, Westafrika (Senegal bis Angola). Braun mit dunkler Marmorierung, stahlblaue Punkte am Kopf, von weißen Linien gesäumtes blaues Band in beiden Rückenflossen. Im Handel am häufigsten angebotene Art. – **Nordpazifischer Schlammspringer** (*P. modestus*): 10 cm, Hongkong bis Korea, Südjapan, selten in der Bucht von Tokio. – **Kleiner Schlammspringer** (*P. novemradiatus*): 12 cm, Indien, Südostasien, Philippinen. Sandfarben mit 9 schrägen braunen Bändern auf der oberen Körperhälfte, bei der Balz sind 1. Rückenflosse und Basis der Brustflossen bei beiden Geschlechtern orange gefärbt.

Gattung *Pseudapocryptes*: 2 Arten. 10 - 18 cm, von der Ostküste Indiens bis nach Borneo. Beige Grundfärbung, obere Körperhälfte mit Messingglanz und schrägen dunklen Bändern, Schwanzflosse mit schwarzen Vertikalstreifen, langgestreckter Körper wie *Apocryptes bato*. Leben auf Schlammflächen im Einfluss der Gezeitenzone, das Wasser wird nur ungern verlassen, die Tiere stützen sich häufig S-förmig am Boden ab und beobachten die Umgebung über Wasser. Bei Sauerstoffmangel kann atmosphärische Luft über ein spezielles Gewebe im Rachen- und Kiemenbereich aufgenommen werden. Im Schlamm werden Gänge gegraben, die bis in eine Tiefe von 2 m reichen können, bei Niedrigwasser ziehen sich die Grundeln in diese Gänge zurück, längere Trockenzeiten werden dort in einer Art „Trockenschlaf" in einer „Pfütze schleimigen Wassers" überdauert. Insgesamt sehr friedlich und von Anfang an wenig scheu. Nur die **Lanzettgrundel** (*P. lanceolatus*) ist hin und wieder im Handel anzutreffen.

Haltung von Schlammspringer-Verwandten

Ein geräumiges Brackwasser-Aquarium mit niedrigem Wasserstand (5 - 10 cm) bietet gute Voraussetzungen für eine Haltung von Schlammspringern. Die Salinität sollte ungefähr bei 15 ‰ liegen. Als Salz kommt selbstverständlich nur Seesalz für den aquaristischen Bedarf infrage. Da die Einfahrphase eines derartigen Beckens deutlich länger dauert, sollte man hierfür mindestens 5 Wochen ansetzen. Als Untergrund dient feiner Aquarienkies oder Korallensand, der in größeren Anlagen wie in der Natur vom Land schräg ins Wasser abfallen kann. Bei der Haltung von Echten Schlammspringern sollten ausreichend Ansitzflächen außerhalb des Wassers vorhanden sein. Hierzu können auch größere Steine oder Wurzeln (im Idealfall Mangrove-Wurzeln) dienen. Als Bepflanzung bieten sich lebende Mangroven an, wie sie immer mehr im Handel erhältlich sind. Besonders besucherattraktiv kann der Lebensraum in einem Gezeitenaquarium mit periodisch wechselndem Wasserstand oder in einem kleinen Brandungsbecken mit schwacher Wellenimitation dargestellt werden.

Bei der Haltung von Unechten Schlammspringern sollten geeignete Unterschlupfmöglichkeiten geboten werden. Es ist wichtig, dass die Aufbauten bei den Grabaktivitäten der Tiere nicht einsturzgefährdet sind. Bei der Gattung *Pseudapocryptes* sind längere PVC-Rohre ein geeigneter Ersatz für die Wohnröhren. Eine Vergesellschaftung von Schlammspringern kann bei einigen Arten wegen der innerartlichen Aggressivität (leider auch bei der am häufigsten importierten Art *Periophthalmus barbarus*) zu Problemen führen. In großflächigen Anlagen müssen sie so gehalten werden, dass durch eine stark strukturierte Gestaltung ein direkter Sichtkontakt möglichst verhindert wird. Es gibt aber auch nicht wenige Arten, die als ausgesprochen friedfertig anzusehen sind. Die Fütterung von Schlammspringern bereitet in der Regel wenige Probleme. Sie nehmen unterschiedliches Lebendfutter von Tubifex über Mückenlarven bis zu Heimchen an. Schon bald akzeptieren sie aber auch viele Arten von Frost- und Kunstfutter. Auf eine ausreichende Fütterung der Tiere muss geachtet werden.

Die 1. Nachzucht gelang 2004 bei *Periophthalmus modestus* im Tokyo Sea Life Park.

Abb. 52.112 *Micropercops swinhonis* (Zoo Moskau, Aquarium)

Familie Zahn-Schläfergrundeln (Odontobutidae)

W. E. Engelmann

Ähneln den Schläfergrundeln, zu denen sie auch gezählt werden. Ihre Abtrennung erfolgte wegen einiger, hier nicht näher genannte anatomische Besonderheiten. Größe zwischen 6 und 25 cm.

Verbreitung. Ost- bis zum nördlichen Südostasien, Japan.

Lebensweise. Bodenorientiert, im Süßwasser, z. T. auch in Brackwasserbereiche der Ästuare eindringend. Laichabgabe auf Substrat, das Männchen bewacht den Laich.

Nahrung. Jede tierische Beute geeigneter Größe.

6 Gattungen mit 20 Arten.

Gattung *Micropercops*: 4 Arten. Dazu **Swinhonis Schläfergrundel** (*M. swinhonis*): 8 cm, Korea, Ostchina, Japan. Männchen farbiger.

Gattung *Perccottus*: 1 Art. **Chinesische Schläfergrundel** (*P. glenii*): 25 cm, Amur-Gebiet und angrenzende Teile von Russland, China, Korea, bevorzugt in stehenden Gewässern und Sümpfen.

Haltung von Zahn-Schläfergrundeln

Entsprechend ihrer Herkunft sind die aus gemäßigt-temperierten Gewässern stammenden Fische bei etwas kühleren Temperaturen (18 - 22 °C) zu halten. Größere jahreszeitliche Schwankungen und eine winterliche Abkühlung sind sicherlich vorteilhaft und dürften für eine erfolgreiche Vermehrung, die bisher noch nicht gelang, von Bedeutung sein. Ansonsten werden keine besonderen Ansprüche an die Wasserwerte gestellt (pH-Wert um Neutralpunkt, mittelhartes Wasser). Die genannten Arten können mit allem gängigen tierischen Futter geeigneter Größe ernährt werden.

Familie Schläfergrundeln (Eleotridae)

W. E. Engelmann

Körper langgestreckt, im Querschnitt rund oder leicht dorsoventral abgeplattet. Mund end- oder oberständig, niemals unterständig. Kleine bis

Abb. 52.113 *Perccottus glenii* (Zoo Moskau, Aquarium)

mittelgroße Kamm- oder Rundschuppen. Stets 2 getrennte Rückenflossen, die vordere mit Hartstrahlen. Brustständige Bauchflossen geteilt, höchstens an der Basis verwachsen, bilden keine Saugscheibe. Größe zwischen 3,5 und 70 cm.

Verbreitung. An allen tropisch-subtropischen Meeresküsten, auch im Brackwasser, viele Arten ausschließlich in Süßgewässern der Tropen, wenige Arten auch in gemäßigt-temperierten Breiten.

Lebensweise. Vorwiegend bodenorientiert, manche auch zwischen Wasserpflanzen. Als Einzelgänger ruhig und versteckt lebend, seltener auch in kleinen Gruppen, oft dämmerungs- und nachtaktiv. Viele Arten sind typische Brackwasserfische, die auch im Süßwasser und/oder im Meerwasser leben können (sehr salztolerant), der Wechsel kann auch mit Laichwanderungen kombiniert sein. Eiablage paarweise auf Substrat in Höhlen oder seltener im Freien zwischen Wasserpflanzen. Eltern oder das Männchen bewachen das Nest. Inwiefern auch eine Geschlechtsumwandlung vorkommt, ist nicht näher bekannt.

Nahrung. Kleinkrebse und Insektenlarven, Würmer und Fischbrut, z. T. auch Algen.

Etwa 35 Gattungen mit etwa 150 Arten in 2 Unterfamilien (Butinae und Eleotrinae). Nur wenige Arten sind regelmäßig in den Aquarien zu sehen, andererseits werden viele, auch hier nicht aufgeführte Arten hin und wieder importiert.

Gattung *Butis*: 6 Arten. Dazu **Amboina-Spitzkopfgrundel** (*B. amboinensis*): bis 13 cm, Indien bis Indonesien, Philippinen, Neuguinea, im Süß-, Brack- und Meerwasser (häufig in der Mangrove). – **Spitzkopfgrundel** (*B. butis*): 15 cm, Ostafrika bis Westpazifik (Fidschi-Inseln), häufig in Mangrove-Sümpfen und Ästuaren. – **Gestreifte Spitzkopfgrundel** (*B. gymnopomus*): bis 11,5 cm, Indien, Indonesien, Philippinen, Neuguinea, im Süß- und Brackwasser.

Gattung *Dormitator*: 4 Arten. Dazu **Pazifische Fettschläfergrundel** (*D. latifrons*): bis 21 cm, ostpazifische Küste (Südkalifornien bis Peru), im Süß-, Brack- und Meerwasser. – **Lehmgrundel** (*D. lebretonis* = *Batanga lebretonis*): 12 cm, Ostatlantik (Senegal bis Südangola), in Ästuaren, Lagunen und der Mangrove. –

Abb. 52.114 *Dormitator maculatus* (Tierpark Berlin)

Gefleckte Fettschläfergrundel (*D. maculatus*): 70 cm, von den südlichen USA und den Bahamas bis Brasilien, im Süß-, Brack- und Meerwasser. Männchen mit blauem Fleck über dem Kiemendeckel.

Gattung *Eleotris*: 21 Arten. Dazu **Streifen-Schläfergrundel** (*E. fusca*): bis 26 cm, Indopazifik (zwischen Ostafrika und Polynesien). – **Schwarzbauch-Schläfergrundel** (*E. melanosoma*): bis 28 cm, von Ostafrika bis zum Westpazifik, im Meer-, Brack- und Süßwasser. – **Gestreifte Schläfergrundel** (*E. vittata*): bis 22 cm, tropisches Westafrika, in küstennahen Bächen und Tümpeln, seltener auch im Brackwasser. Reh- bis rotbraun und dunkel getüpfelt.

Gattung *Hypseleotris* (Kärpflingsgrundeln): 16 Arten. Fische der mittleren Wasserschichten mit lebhafter Schwimmweise, teilweise in kleinen Schulverbänden, z.T. ausgeprägter Geschlechtsdimorphismus. Dazu **Goldene Schläfergrundel** (*H. aurea*): 8 cm, südliches und zentrales Westaustralien, nur im Süßwasser. – **Philippinen-Kärpflingsgrundel** (*H. bipartitus*): etwa 4 cm, endemisch auf den Philippinen, im Süßwasser. – **Australische Kärpflingsgrundel** (*H. compressa*): 12 cm, Australien, Zentralneuguinea, im Süßwasser. – **Kärpflingsschläfergrundel** (*H. cyprinoides*): bis 9 cm, östlicher Indischer Ozean (Reunion), im Süß- und Brackwasser. Andere Vorkommen im Indowestpazifik sind zweifelhaft. – **Days Schläfergrundel** (*H. dayi*): bis 8 cm, Süß- und Brackwasser von Ästuaren in Natal (Südafrika). – **Feuerschwanz-Schläfergrundel** (*H. gallii*): 5,5 cm, Ostaustralien, nur im Süßwasser.

Gattung *Milyeringa*: 1 Art. **Höhlenschläfergrundel** (*M. veritas*): bis 6 cm, Nordaustralien, in Höhlengewässern. Blind und unpigmentiert, in der Natur gefährdet.

Gattung *Mogurnda*: 25 Arten. Dazu **Violettgepunktete Schläfergrundel** (*M. adspersa*): bis 14 cm, im Süßwasser von Victoria und Queensland (Australien). – **Tüpfelschläfergrundel** (*M. mogurnda*): bis 17,5 cm, Australien, Papua-Neuguinea. – **Moresby-Schläfergrundel** (*M. pulchra*): 10 cm, Papua-Neuguinea.

Gattung *Ophiocara*: 2 Arten. Dazu **Schlangenkopf-Schläfergrundel** (*O. porocephala*): bis 34 cm, Indopazifischer Raum (von der ostafrikanischen Küste bis zu den Philippinen, Australien und Neukaledonien), im Brackwasser der Ästuare, aber auch in der Gezeitenzone und im Unterlauf der Flüsse.

Gattung *Oxyeleotris*: 14 Arten. Dazu **Aru-Schläfergrundel** (*O. aruensis*): 18 cm, Neuguinea und Nordaustralien, nur im Süßwasser. – **Marmorschläfergrundel** (*O. marmorata*): etwa 65 cm, weit verbreitet in Südostasien, Philippinen, im Süß- und Brackwasser.

Gattung *Tateurndina*: **Schwanzfleck-Schläfergrundel, Pastellschläfergrundel** (*T. ocellicauda*): bis 7,5 cm, östliches Papua-Neuguinea, in Flüssen des Regenwalds.

Haltung von Schläfergrundeln

Im Allgemeinen unproblematisch. Je nach Lebensweise und Herkunft sind die Aquarien stark strukturiert, mit Wurzeln und Steinen im Brackwasser oder auch mit dichten Wasserpflanzenbeständen im Süßwasser einzurichten. Auch die unterschiedliche innerartliche Verträglichkeit oder Aggressivität muss bei Gruppenhaltungen beachtet werden. Die meist dämmerungs- und nachtaktiven Fische leben tagsüber häufig sehr

Abb. 52.115 *Mogurnda adspersa* (Zoo Leipzig, Aquarium)

Abb. 52.116 *Tateurndina ocellicauda* (Zoo Leipzig, Aquarium)

versteckt. So schmiegt sich *Butis butis* gern dicht hinter und unter Wurzeln, dass man sie nur zur Fütterungszeit zu Gesicht bekommt. Andererseits sind z.B. *Dormitator maculatus* oder *Hypseleotris compressa* im freien Wasser leichter zu beobachten.

Viele Schläfergrundeln sind gegenüber dem Salzgehalt des Wassers sehr tolerant, doch sollten auch reine Süßwasserarten besser in mittelhartem, leicht alkalischem (pH-Wert um 7,5) Wasser gepflegt werden. Für sie wird zudem eine geringe Seesalzzugabe (1 - 2 Teelöffel auf 10 l Wasser) empfohlen. Arten, die auch oder nur im Brackwasser bzw. Seewasser leben, hält man am besten bei einem Salzgehalt von etwa 1,5 % im Brackwasser-Becken. Die Haltungstemperaturen können gleichfalls relativ stark schwanken und liegen je nach Herkunft meist zwischen 18 und 28 °C, für *Tateurndina ocellicauda* sollten jedoch Temperaturen unter 22 °C und über 24 °C möglichst vermieden werden. Eine Vergesellschaftung mit anderen Fischen, die ähnliche Haltungsansprüche stellen, ist gut möglich, sofern sie für größere Schläfergrundeln nicht als Beute in Betracht kommen.

Schläfergrundeln sind sehr gefräßig und fressen praktisch alles gängige Lebendfutter geeigneter Größe, aber auch Flockenfutter und z. T. sogar zerkleinertes, mageres Fleisch. Die Fütterung sollte vielseitig und abwechslungsreich sein.

Vermehrung. Einige Arten wie *Dormitator lebretonis*, *D. maculatus*, *Mogurnda spec.* und *Tateurndina ocellicauda* werden z.T. regelmäßig nachgezogen. Die Paare laichen in Höhlen (halbierte Blumentöpfe), unter hohl liegenden Steinen oder auch an der Aquarienscheibe ab. Lediglich *D. lebretonis* soll als Freilaicher die Eier zwischen feinfiedrige Wasserpflanzen streuen. Die Männchen betreiben Brutpflege. Aus den winzigen Eiern schlüpfen bereits nach 1 - 2 Tagen sehr kleine Larven. Die Jungfische müssen dann mit Infusorien, feinsten Nauplien und Rädertierchen angefüttert werden. Das Wachstum ist schnell. Große Weibchen von *Mogurnda mogurnda* können bis zu 1300 Eier absetzen, die etwa 1 mm breit und fast 4 mm lang sind. Ihre Entwicklung dauert bei 24 - 25 °C bis zum Schlupf der Larven 3 - 8 Tage. Die nach weiteren 5 - 6 Tagen frei schwimmenden Jungfische nehmen als Erstfutter Artemia-Nauplien. Bei der Pastellgrundel dauert die Eientwicklung bei 21 °C allerdings 9 - 10 Tage, bei höheren Temperaturen (27 °C) schlüpfen die Jungfische zu früh und sterben dann ab. Bei dieser Art ist der Dottervorrat beim Schlupf bereits vollständig aufgebraucht, so dass die Jungen sofort mit der Nahrungsaufnahme beginnen können. Bei der ausschließlich im Süßwasser lebenden *Hypseleotris galli* sind die Eier mit 0,6 - 0,9 mm verhältnismäßig groß, ebenso die Larven (2 - 3 mm), die mit Pantoffeltierchen (*Paramecium*) angefüttert werden können.

Neuerdings gelang auch die Vermehrung von *Hypseleotris*-Arten, deren planktonisches Larvenstadium im Meer abläuft. Hier wurde das Absetzen von Spermabändern auf dem vorbereiteten Laichsubstrat durch das Männchen beobachtet, bevor das Weibchen seine Laichkörner anheftete. (Ähnliches trifft auch für *Dormitator maculatus* zu.) Die Eier (5000 - 8000 Stück) waren sehr klein (0,31 - 0,35 mm), bei 24 °C schlüpften nach etwa 12 Stunden die nur 1,3 mm großen Larven, sie wurden nach weiteren 4 Tagen zunächst mit Larven der Riesenauster (*Crossastraea gigas*) angefüttert. Später wurden dann *Brachionus* und anschließend Artemia-Nauplien aufgenommen. Die Aufzucht von *Butis gymnopoma* gelang mit dem Meeresciliaten *Euplotes*.

Höchstalter. *Hypseleotris galli* erreicht in der Natur ein Alter von 3 - 4 Jahren, im Aquarium dagegen bisher nur maximal 1 Jahr. Andererseits wurden *Eleotris vittata* 11 Jahre, 10 Monate (Aquarium Charlottenlund, Dänemark), *Dormitator maculatus* 14 Jahre, 2 Monate und *Oxyeleotris marmorata* sogar über 20 Jahre alt (beide Artis-Zoo Amsterdam).

Unterordnung Leierfischverwandte (Callionymoidei)

J. Kirchhauser

2 Familien. Die nur 7 Arten umfassende Familie *Draconettidae* aus tropischen bis warm-temperierten Meeren des Indopazifiks und Atlantiks ist aquaristisch unbekannt.

Familie Leierfische (Callionymidae)

Großer Kopf mit hochsitzenden Augen und spitzem, vorstreckbarem Maul, Körper drehrund, bei Sandbewohnern leicht abgeflacht, 2 - 30 cm lang. Schuppenlose Haut wird von dicker Schleimschicht geschützt, die übel riecht – eventuell sogar giftig ist. Kiemenöffnungen zu kleinem Loch reduziert, das bei Sandbewohnern nach oben gerichtet ist, am abspreizbaren Vorderkiemendeckel sitzt ein Dorn, der in der Regel mit Widerhaken versehen ist. Zweigeteilte Rückenflosse, Männchen mit 1 oder mehreren verlängerten Flossenstrahlen an der vorderen Rückenflosse; die transparenten Brustflossen werden propellerartig bewegt, um eine „stoßweise" Fortbewegung über das Substrat herbeizuführen, kehlständige Bauchflossen werden als Auflagefläche ausgespannt. Sandbewohnende Arten meist in unscheinbaren braun-beigen Farbtönen, nur bei der Balz zeigen die Männchen prächtige grüne, blaue oder violette Streifenmuster, Riffbewohner teilweise bunt gefärbt.

Verbreitung. Weltweit, mit Schwerpunkt in tropischen Meeren, wenige Arten in temperierten und kalten Meeren.

Lebensweise. Bodenbewohner, die hauptsächlich auf Sand- und Schlickböden vom Flachwasser bis in 900 m Tiefe leben, wo sie sich oft bis zur oberen Kopfhälfte eingraben, wenige Arten in Seegraswiesen oder in Korallenriffen, einzelne Arten (z.B. *Eleutherochir opercularis*) dringen an Flussmündungen auch ins Süßwasser vor. Sie leben einzeln oder paarweise in einem abgegrenzten Revier, das viele Arten unermüdlich mit „pickenden" Bewegungen nach Fressbarem absuchen. Männchen der gleichen Art drohen sich gegenseitig mit aufgerichteten Flossen und weit abgespreizten Kiemendeckeln, ohne jedoch die Dorne der Vorderkiemendeckel dabei als Waffe zu nutzen, der Gegner wird notfalls mit Bissen verjagt.

Bei der Balz umwirbt das Männchen das laichbereite Weibchen mit hoch aufgestellten Flossen, bis das Paar Seite an Seite in einer für Leierfische typischen Art und Weise im Wasser hochsteigt, um sich wieder zum Bodengrund fallen zu lassen. Nach mehreren Scheinpaarungen in der Abenddämmerung wird schließlich die echte Paarung am höchsten Punkt des Aufstiegs vollzogen, das Weibchen setzt dabei mehrere Hundert winzige, transparente Eier auf die horizontal gehaltene Afterflosse des Männchens, wo sie befruchtet werden, bevor sie mit dem Plankton davonschweben. Schlupf der planktischen Larven teilweise schon nach 18 Stunden, je nach Art gehen sie dann nach 7 - 40 Tagen zum Bodenleben über.

Nahrung. Hauptsächlich Kleinkrebse des Bodens, einige Arten fressen auch kleine Schnecken und Würmer.

18 Gattungen mit etwa 150 Arten (in tropischen Gebieten werden noch viele unbestimmte Arten vermutet), in der Aquaristik sind derzeit nur Tiere der Gattungen *Callionymus* und *Synchiropus* verbreitet.

Abb. 52.117 *Callionymus pusillus* (Privataquarium)

Gattung *Callionymus*: 81 Arten. Dazu **Gewöhnlicher Leierfisch**, **Gestreifter Leierfisch** (*C. lyra* = *C. dracunculus*): Männchen bis 30 cm, Weibchen bis 20 cm, Mittelmeer, östlicher Atlantik und Nordsee, territorialer Bewohner von Sandböden, stellenweise häufig, gräbt sich gern ein. Beigebraune Tarnfärbung, Männchen bei der Balz mit prächtigen grünen, blauen und violetten Längsstreifen. Aufgestellte 1. Rückenflosse des Männchens gleicht einer Leier und führte zur deutschen Bezeichnung der Familie. – **Gefleckter Leierfisch** (*C. maculatus*): mit bis zu 16 cm Länge deutlich kleiner als oben genannte Art, Verbreitung wie *C. lyra*, wird immer wieder auf tieferen Sandgründen gefangen. – **Zwergleierfisch** (*C. pusillus* = *C. festivus*): Männchen 14 cm, Weibchen 10 cm, Atlantikküste um Südportugal, Mittel- und Schwarzes Meer. Blaue Querstreifchen an den Körperseiten.

Abb. 52.118 *Synchiropus picturatus* (Zoo Nürnberg)

Gattung *Synchiropus*: 29 Arten. Dazu **Augenfleck-Mandarinfisch**, **Marmor-Leierfisch** (*S. ocellatus*): bis 7 cm, von Japan über Indonesien und Australien bis zu den Marshall-Inseln, auf Sandböden oder Felsgrund von Lagunen oder Außenriffen. Unscheinbar gefärbt, mit unregelmäßigen grauen bis braunen Flecken auf weißem bis beigefarbenem Grundton. Wie bei *S. stellatus* sind beim Männchen alle 4 Flossenstrahlen der vorderen Rückenflosse verlängert, am oberen Rand der großen, segelartigen vorderen Rückenflosse sind 4 namengebende Augenflecken. – **Clown-Leierfisch**, **LSD-Leierfisch** (*S. picturatus*): bis 7 cm, relativ kleines Verbreitungsgebiet von den Philippinen bis Neuguinea. Auf hellgrünem Grundton befinden sich dunkelgrüne Augenflecken, die von orangefarbenen, schwarzen und olivgrünen Linien gesäumt werden. – **Mandarin-Leierfisch** (*S. splendi-*

dus): bis 10 cm, von Japan über Indonesien bis zum Großen Barriereriff, in Korallenriffen, innerhalb eines begrenzten Reviers sucht ein Paar beständig nach Kleinlebewesen. Beide Geschlechter attraktiv gefärbt mit einer orangefarbenen und graugrünen Marmorierung, Männchen mit stark verlängertem 1. Rückenflossenstrahl. – **Stern-Leierfisch** (*S. stellatus*): bis 6 cm, in den Riffen des Indischen Ozeans von Ostafrika bis Sri Lanka. Auffälligste Art der Gattung: Auf weißem bis hellrotem Untergrund sind rote, teilweise sternförmige Flecken angeordnet. Im Gegensatz zu den oben genannten *Synchiropus*-Arten sind bei den Männchen alle 4 Flossenstrahlen der vorderen Rückenflosse segelartig verlängert.

Immer wieder werden auch andere *Synchiropus*-Arten importiert, können aber von *S. ocellatus* nur schwer unterschieden werden.

Haltung von Leierfischen

Gewöhnliche Leierfische wurden schon vor über 100 Jahren in Aquarien gehalten, zählen also zu den Pionierarten der Meerwasseraquaristik. Sie sind weitgehend unproblematische Fische für kalte Nordsee- oder Mittelmeer-Aquarien, die lediglich in der Eingewöhnungsphase empfindlich sind. Dabei machen vor allem Schürfverletzungen und der Stress in der neuen Umgebung Schwierigkeiten, besonders männliche Tiere sind hiervon betroffen. Eine Konkurrenz von schnell fressenden Mitbewohnern sollte (wie bei allen Leierfischen) vermieden werden. Ideal ist ein gut eingefahrenes Aquarium mit höherem Sandgrund, der viele Kleinlebewesen beherbergt. Eine Haltung von mehreren Männchen ist nur in sehr großen Aquarien möglich, wirkt aber durch das vermehrte Balzen der Männchen sehr attraktiv. Ein Ablaichen wurde schon in den Pionierzeiten der Meerwasseraquaristik beobachtet, ein Zuchterfolg gelang jedoch nie. Als Ersatzfutter werden Artemien, Mysis, Sandgarnelen, geschnittenes Muschelfleisch und Fischstückchen akzeptiert. Die Aquarienhaltung des Gefleckten Leierfisches gleicht der von *C. lyra*.

Im Zoofachhandel werden regelmäßig tropische Leierfische aus der Gattung *Synchiropus* angeboten. Vom Kauf hohlbäuchiger Tiere ist abzuraten, da sie oft schon zu stark geschwächt sind: Gut eingefahrene Korallenaquarien mit einer reichlichen Kleinfauna bieten optimale Voraussetzungen für die Haltung dieser Tiere. Ihr Ernährungszustand sollte gut kontrolliert werden, um zu erkennen, wann der Einsatz von Ersatzfutter nötig ist, es darf dabei keine Futterkonkurrenz durch schnell fressende Mitbewohner existieren (geeignet ist z. B. eine Kombination mit Seepferdchen). Alternativ war es in einigen Versuchen auch möglich, die Mandarin-Leierfische darauf zu trainieren, ihr Futter in Flachwasserbereichen abzuholen, die für andere Fische unerreichbar waren. Die beste Akzeptanz konnte mit Frost-Artemien erzielt werden, aber auch Mysis, Daphnien, Tubifex und Rote Mückenlarven sollen angenommen worden sein, in einem Fall wird sogar von der Annahme von Flockenfutter berichtet.

Immer wieder wird beobachtet, dass *Synchiropus*-Arten auch Planarien fressen. Insgesamt muss aber festgestellt werden, dass eine effektive Bekämpfung von parasitischen Planarien oder von der roten Planarie *Convolutriloba sp.* mit *Synchiropus*-Arten nicht möglich ist.

Wie bei anderen Leierfischen sind auch die Männchen der *Synchiropus*-Arten untereinander unverträglich. Einige Autoren warnen sogar vor der Vergesellschaftung verschiedener *Synchiropus*-Arten, andere dagegen berichten von einer friedlichen Koexistenz von *S. splendidus* mit *S. picturatus* oder *S. ocellatus*. Im Vivarium Karlsruhe werden ohne Probleme *S. splendidus* und *S. stellatus* in einem Aquarium gehalten. Auch über die Aggressivität unter den Weibchen einer Art liegen unterschiedliche Aussagen vor.

Im Vivarium Karlsruhe wurde über viele Jahre *S. picturatus* gemeinsam mit Nasenmuränen (*Rhinomuraena quaesita*) gehalten. Der Schleim der Leierfische schien die Muränen (die schon deutlich größere Fische gefressen hatten) abzuhalten. Als eines Abends 1 Stunde nach Abschalten des Lichts die Beleuchtung noch einmal eingeschaltet wurde, kam es überraschend zum

Übergriff einer Muräne auf einen schlafenden LSD-Leierfisch, den sie aber kurz darauf wieder „angewidert“ losließ. Der eklige Schleim des Fisches hing ihr am Maul und sie versuchte, ihn abzustreifen. Der LSD-Leierfisch war unverletzt. Ab diesem Tag attackierte die Muräne den Leierfisch immer wieder und kämpfte danach mit dem Schleim des völlig unbeeindruckt davonschwimmenden Tieres. Nach 4 Tagen schließlich gelang es ihr, den Leierfisch zu fressen, offensichtlich hielt seine Schleimproduktion der Dauerbelastung nicht stand. Eine Giftwirkung konnte bei der Muräne nicht festgestellt werden.

Vermehrung. Wenn sich ein *Synchiropus*-Paar wohl fühlt, kann regelmäßig in den Abendstunden die Balz und der gemeinsame Aufstieg des Paares mit abschließender Eiabgabe beobachtet werden. Vereinzelt gelang sogar die Aufzucht von *Synchiropus splendidus*, indem die winzigen Eier abgeschöpft und in einem Plankton-Kreisel in der Schwebe gehalten wurden. Nach 18 - 22 Stunden schlüpften die planktischen Larven, die nach 4 Tagen den Dottervorrat verbraucht hatten und mit angereicherten Euplotes, Glockentierchen und Copepoden-Larven gefüttert wurden (*Brachionus* wurden nicht angenommen). Nach 2 - 3 Wochen gingen die Jungfische zum Bodenleben über und jagten Artemia-Nauplien. Nach 4 Wochen waren die Jungtiere 10 - 15 mm lang und nahmen die Färbung der adulten Tiere an.

Höchstalter. *Callionymus lyra* wurde im Aquarium mehr als 5 Jahre gehalten. Auch bei LSD- und Mandarin-Leierfischen liegen Angaben über eine Lebensdauer von 5 Jahren vor.

Unterordnung Makrelenverwandte (Scombroidei)

W. E. Engelmann

5 - 6 Familien. Die Schlangenmakrelen (Familie Gempylidae), die Haarschwänze (Familie Trichiuridae), die Schwertfische (Familie Xiphiidae) und die Segelfische (Familie Istiophoridae) sind, obwohl z.T. wichtige Wirtschafts- und Sportfische, aquaristisch noch bedeutungslos und werden daher nicht behandelt.

Familie Barrakudas (Sphyraenidae)

Kleinere bis große (zwischen 30 cm und reichlich 2 m) Meeresfische mit langgestrecktem, hechtförmigem Körper. Kopf lang, zugespitzt, Maul tief gespalten, mit verlängertem Unterkiefer und kräftigen, gut sichtbaren Zähnen. Beide kurze Rückenflossen stehen weit auseinander, die 1. mit 5 Stachelstrahlen, die 2. mit 1 Stachelstrahl (steht der etwa gleich großen Afterflosse gegenüber). Schwanzflosse gegabelt. Gut ausgebildete Seitenlinie. Z.T. mit physiologischem Farbwechsel. Einige Autoren ordnen die Barrakudas in die Unterordnung Percoidei ein.

Verbreitung. In allen tropischen und subtropischen, z.T. auch in kälteren Meeren.

Lebensweise. Jungtiere und Halbwüchsige in Schwärmen im freien Wasser oder am Vorriff (bis in 1000 m Tiefe). Ältere Pfeilhechte meist Einzelgänger, können aber auch zeitweise größere Aggregationen bilden. Tagaktiv. Fortpflanzung in Schulen im freien Wasser, Eier pelagisch.

Nahrung. Fische.

1 Gattung mit etwa 20 Arten.

Gattung *Sphyraena*: Dazu **Pazifischer Barrakuda** (*S. argentea*): 1,4 m, Nordostpazifik (Kodiak-Insel, Alaska bis Niederkalifornien). – **Großer Barrakuda** (*S. barracuda*): bis 1,8 m, tropischer Indopazifik, Atlantik. Flanken silbrig, mit etwa 20 dunklen Querstreifen. – **Gelbflossen-Barrakuda** (*S. flavicauda*): 40 cm, Rotes Meer und Teile des Indopazifiks. Flossen gelblich durchsichtig. Goldgelbe Längsbinde in

Abb. 52.119 *Sphyraena barracuda* (Zoo Rotterdam, Oceanium)

der Körpermitte. – **Pfeilhecht** (*S. sphyraena*): 1 m, Atlantik, Mittelmeer.

Haltung von Barrakudas

Junge Barrakudas sind in großen Becken (2 - 3 m^3) leicht einzugewöhnen. Sie lernen es schnell, tote Futterfische wie Sandaale und Stinte, die mit der Pumpenströmung im Wasser treiben, aufzunehmen. Später ist auch die Fütterung mit Fischfilet möglich. Das Wachstum erfolgt recht schnell und die Becken müssen bald entsprechend größer werden. Obwohl Barrakudas oft lange an einer Stelle stehen oder langsam umherschwimmen, können sie doch ganz plötzlich vorwärts schießen (Verletzungsgefahr für die lange Schnauze). Es ist deshalb alles zu vermeiden, was die Fische erschrecken könnte. Ein guter Springschutz ist unbedingt erforderlich.

Die Verträglichkeit etwa gleich großer Tiere untereinander ist gut, auch mit vielen anderen Fischen ist eine Vergesellschaftung in Großbecken möglich. Eine gemeinsame Haltung mit Schwarzspitzen-Riffhaien endet aber früher oder später damit, dass auch große Barrakudas von den Haien gefressen werden (außer vielleicht in den riesigen Haitanks der Großaquarien.

Familie Makrelen- und Thunfische (Scombridae)

Körper spindelförmig, mit spitzkegeligem Kopf und dünnem, oft durch Seitenkiele stabilisiertem Schwanzstiel, perfekt den hydrodynamischen Verhältnissen im freien Wasser angepasst. Maul tief gespalten, nicht vorstreckbar. Sehr kleine Rundschuppen oder, bis auf eine Schuppenansammlung im Brustbereich („Korselett"), unbeschuppt. Alle Flossen verhältnismäßig klein. Die stachelstrahlige 1. Rückenflosse, die Bauchflossen und die Afterflosse können in rinnenförmige Vertiefungen eingelegt werden. Familientypisch sind kleine Flösselchen zwischen 2. Rückenflosse bzw. Afterflosse und Schwanzflosse. Diese ist steif und tief gegabelt. Die Schwimmblase fehlt meist.

Thunfische besitzen ein mit der Seitenmuskulatur verbundenes Hautgefäßsystem, das erzeugte Muskelwärme in das Körperinnere ableitet, so dass die Körpertemperatur auf einem bis zu 9 °C höheren Wert als die umgebende Wassertemperatur gehalten werden kann.

Verbreitung. In allen tropischen bis gemäßigten Meeren.

Abb. 52.120 *Thunnus thynnus* (Tokyo Sea Life Park)

Lebensweise. Charakteristische Fische der Hochsee sowie steil abfallender Meeresküsten und Riffabhänge, die als tag- und nachtaktive Dauerschwimmer mit geöffnetem Maul ständig frisches Atemwasser zu den Kiemen führen müssen. Leben in großen oder kleineren Gruppen zusammen, die ausgedehnte, oft jahreszeitlich bedingte Nahrungs- und Fortpflanzungswanderungen unternehmen. Dabei werden kurzzeitig Geschwindigkeiten von 75 - 90 km/h erreicht. Fortpflanzung im freien Ozean oder in Küstennähe. Eier pelagisch.

Nahrung. Sehr gefräßige Raubfische, die Heringe, Sardinen, Sandaale u.a. erbeuten, aber auch Kalmare und frei schwimmende Krebstiere fressen. Große Thunfische jagen z.B. auch Makrelen und Hornhechte.

15 Gattungen mit 54 Arten.

Gattung *Euthynnus*: 3 Arten. Dazu **Kawakawa** (*Eu. affinis*): 1 m, tropisch-sutropischer Indowestpazifik. – **Tonine** (*Eu. alleteratus*): 1,2 m, beiderseits des Atlantiks, Mittelmeer.

Gattung *Katsuwonus*: 1 Art. **Echter Bonito** (*K. pelamis*): bis 1,08 m, weltweit in allen warmen Meeren.

Gattung *Scomber*: 4 Arten. Dazu **Thunmakrele** (*S. colias*): über 50 cm, Atlantik. – **Japanische Makrele** (*S. japonicus*): bis 64 cm, Indopazifik. – **Gemeine Makrele** (*S. scombrus*): 60 cm, weltweit in allen warmen bis warm-temperierten Meeren.

Gattung *Sarda*: 4 Arten. Dazu **Pelamide** (*S. sarda*): 90 cm, beiderseits des Atlantiks, Mittel- und Schwarzes Meer. – **Orientalischer Bonito** (*S. orientalis*): etwa 1 m. – **Pazifik-Bonito** (*S. chilensis*): etwa 1 m.

Gattung *Thunnus*: 8 Arten. Dazu **Gelbflossen-Thunfisch** (*Th. albacares*): über 2,3 m, weltweit in tropisch-subtropischen Meeren. – **Langflossen-Thunfisch** (*Th. allalunga*): 1,4 m, weltweit in tropischen bis gemäßigt-temperierten Meeren, Mittelmeer. – **Pazifischer Blauflossen-Thunfisch** (*Th. orientalis*): 3 m, Nordpazifik. – **Atlantischer Blauflossen-Thunfisch** (*Th. thynnus*): 4,5 m, West- und Ostatlantik, Mittelmeer, westliches Schwarzes Meer.

Haltung von Makrelen- und Thunfischen

Die Haltung von Thunfischen wird hauptsächlich in einigen US-amerikanischen und japanischen Großaquarien versucht, was gerade in Japan bei der dortigen immensen wirtschaftlichen

Bedeutung dieser Fische nicht verwundert. Sie ist generell schwierig und aufwendig. Die pelagischen Fische kennen in ihrem natürlichen Lebensraum keine Begrenzungen oder Hindernisse, Haltungsbecken für sie können eigentlich nicht groß genug sein. So umfasst im Tokyo Sea Life Park der Thunfisch-Tank immerhin 2200 m^3, im amerikanischen Monterey Bay Aquarium sogar 4250 m^3!

Als ständig aktive Schwimmer haben Thunfische einen hohen Stoffwechsel mit einem entsprechend großen Sauerstoffbedarf und einer hohen Ammoniumausscheidung. Die Aufrechterhaltung einer sehr guten Wasserqualität durch eine leistungsstarke Filtertechnik mit Ozonzugabe und regelmäßige größere Wasserwechsel sind daher unabdingbar.

Thunfische reagieren sehr schreckhaft auf Störungen und können sich durch Anschwimmen gegen die Scheiben Kopfverletzungen zufügen. Auch plötzliche Lichtveränderungen müssen mit einem abgestimmten Lichtregime vermieden werden. Die Haltungstemperaturen liegen optimal bei 22 °C.

Als Futter werden aus dem Frost aufgetaute Heringe, Anchovis, Sardinen, Stinte und Makrelen sowie Kalmare verwendet. Der Nahrungsbedarf ist groß und beträgt etwa 5 % des Körpergewichts pro Tag. Die tägliche Gesamtfuttermenge wird auf 3 Mahlzeiten verteilt. Die morgendliche Fütterung wird mit Vitaminen und HUFAs angereichert.

Die kleiner bleibenden Makrelen-Arten werden unter ähnlichen Bedingungen gepflegt, allerdings ist der Platzbedarf nicht ganz so groß. So wird im Ozeanium des Rotterdamer Zoos ein Schwarm von über 40 *Scomber scombrus* in einem 75-m^3-Becken bei 12 - 14 °C seit mehreren Jahren erfolgreich gehalten. Die Ernährung erfolgt mit einem Kunstfutter auf Agar-Basis mit klein geschnittenen Sprotten, angereichert mit Vitaminen. Unter keinen Umständen dürfen beim Hantieren und beim Fang im Becken Netze verwendet werden. Damit verursachte Hautverletzungen führen unweigerlich zum Tod. Die Makrelen dürfen deshalb nur mit Plastiktüten berührt bzw. gefangen werden.

Der Transport von Makrelen- und Thunfischen kann nur in entsprechend großen, runden oder ovalen Behältern mit einer von Pumpen erzeugten kreisförmigen Strömung erfolgen, in denen die Fische – ohne anzuecken – frei schwimmen können. Eine schwache Beleuchtung des Transportbehälters vermindert die Stresssituation insbesondere für die äußerst schreckhaften Thunfische. Die prophylaktische Zugabe eines Antibiotikums wird empfohlen. Sehr große Thunfische werden auf Tragbaren transportiert.

Höchstalter. Lebensdauer von *Scomber scombrus* etwa 11, von *S. japonicus* 18 Jahre. Haltungsdauer von *Thunnus thynnus* über 15 Jahre im Riesentank des Tokyo Sea Life Park.

Unterordnung Erntefischverwandte (Stromatoidei)

W. E. Engelmann

6 Familien, mit nur insgesamt etwa 65 Arten, die weltweit in tropischen bis gemäßigt-temperierten Meeren sowohl in Küstennähe als auch im offenen Ozean vorkommen. Aquaristisch bislang weitgehend bedeutungslos, obwohl viele Arten wegen ihres Zusammenlebens mit Quallen interessante Verhaltensweisen zeigen.

Familie Schwarzfische, Medusenfische (Centrolophidae)

Körper gestreckt bis hochrückig, mit breitem, abgerundetem Kopf. Kleine, zarte Rundschuppen (nur 1 Art mit kleinen Kammschuppen), die leicht ausfallen. Zahlreiche Hautporen, die in unter der Haut liegende Schleimkanäle münden. Rückenflosse einheitlich, wie die Afterflosse langgestreckt, nur mit wenigen kleinen Stachelstrahlen, Bauchflossen auffallend klein. Größe zwischen 13 cm und 1,5 m.

Verbreitung. Weltweit in tropischen bis gemäßigt-temperierten Meeren (außer im zentralen Indischen Ozean und im zentralen Pazifik).

Lebensweise. Pelagisch, auch in größeren Tiefen (600 m). Jungfische halten sich häufig unter dem Schirm großer Medusen auf. Freilaicher, Eier und Larven im Plankton.

Nahrung. Krebstiere, Salpen, kleine Fische.

7 Gattungen mit 30 Arten.

Gattung *Icichthys*: 2 Arten. Dazu **Medusenfisch** (*I. lockingtoni*): 45 cm, Nordpazifik (einziger Erntefisch in diesem Ozeanteil).

Haltung von Schwarzfischen

Junge *Icichthys lockingtoni* werden im Monterey Bay Aquarium, Kalifornien, in einem Zylinderbecken (Durchmesser etwa 70 cm) präsentiert. Darin bewegt sich eine künstliche, aus Plastik gefertigte Meduse mit Schirm und Tentakeln, die den Zylinderquerschnitt weitgehend ausfüllt, in regelmäßigen Abständen, das Schwimmen lebender Medusen nachahmend, auf- und abwärts. Die 6 - 8 cm großen Medusenfische suchen, von unten kommend, immer wieder den schützenden Schirm auf und können dabei von den Besuchern beobachtet werden.

Unterordnung Fadenflosserverwandte (Polynemoidei)

J. Lange

1 Familie. Ihre Stellung wird unterschiedlich beurteilt, sie wird auch der Unterordnung Percoidei angegliedert.

Familie Fadenflosser (Polynemidae)

Leicht gestreckter Körper mit gerundetem Kopf. Konische Schnauze überragt die Maulöffnung. Kammschuppen. Charakteristisch sind die zweigeteilten Brustflossen: Der untere, tief liegende Teil besteht meist aus 3 - 8 einzelnen, sehr langen, weichen Flossenstrahlen, die als Tastorgane unabhängig voneinander beweglich sind. Bei manchen Arten reichen die Fäden weit über die Körperlänge hinaus. Beide Rückenflossen weit voneinander getrennt. Schwanzflosse tief gegabelt. Größe zwischen 10 cm und 1,8 m (Riesen-Fadenflosser, *Eleutheronema tetradactylum*).

Verbreitung. An allen tropischen und vielen subtropischen Meeresküsten, Verbreitungsschwerpunkt im Indowestpazifik. Einige südostasiatische Arten nur im Süßwasser.

Lebensweise. Auf Sand oder Schlammgrund im küstennahen Flachwasser, wenige Arten auch in der Nähe von Korallenriffen, im Brackwasser und sogar in Flüsse eindringend. Einige reine Süßwasserarten. Sehr schwimmfreudig, die Flossenfäden tasten als „Fühler" ständig den Bodengrund nach Nahrung ab. Viele Arten scheinen sich im Meer fortzupflanzen, andere wandern zur Fortpflanzung in Ästuare oder große Flüsse ein. Wahrscheinlich pelagische Laicher, Eier treiben im Plankton.

Nahrung. Garnelen und Krebse, kleine Fische.

7 Gattungen mit 39 Arten. Nach Deutschland wurden in den letzten 15 Jahren nur 2 Arten aus Thailand importiert.

Gattung *Polynemus*: 7 Arten. Dazu **Paradies-Fadenflosser** (*P. multifilis*): bis 27 cm, Thailand, Indonesien. – **Östlicher Fadenflosser** (*P. dubius*): 20 cm, Hinterindien, Indonesien. Im schlammigen Wasser großer Flussmündungen. Beide Arten sind während der Regenzeit in Thailand so häufig, dass Jungfische als Schweine- und Entenfutter bzw. als Düngemittel dienen.

Abb. 52.121 *Polynemus multifilis* (Zoo-Aquarium Berlin)

Haltung von Fadenflossern

Erfahrungen mit den genannten Arten zeigen, dass die Fische ausgesprochen nervös und stressanfällig und deshalb schwer zu transportieren sind (einzeln in großen Beuteln). Sie bleiben im Aquarium sehr anfällig und dürfen nur auf Sandboden und ohne Inneneinrichtung und Dekoration (maximal einige wenige runde Steine am Boden) gepflegt werden. Stoßen die Fische mit ihren Flossenstrahlen permanent an der Beckendekoration an, sterben sie aus Stress oder springen aus dem Becken. In Landschaftsbecken landen sie nachts meist außerhalb des Wassers auf den Pflanzen (gute Springer!). Eine Vergesellschaftung der empfindlichen Fadenflosser mit anderen Fischen ist nach den Erfahrungen im Zoo-Aquarium Berlin nicht möglich.

Die beiden Fadenflosser-Arten sollten in relativ schwach beleuchteten Süßwasser-Aquarien bei 24 - 26 °C gehalten werden, sie vertragen kein Brackwasser. Fütterung ein- bis zweimal täglich mit gefrorenen oder lebenden Mysis. Offensichtlich sind sie anfällig gegenüber Wurmbefall. Eine Behandlung ist erforderlich, da die Fische sonst zu stark abmagern.

Unterordnung Lippfischverwandte (Labroidei)

6 Familien. Die nur 12 Arten umfassende marine Familie Odacidae aus den Küstengewässern Neuseelands und Südaustraliens ist aquaristisch bedeutungslos und wird hier nicht behandelt.

Familie Buntbarsche (Cichlidae)

J. Kormann

Körperform sehr variabel, aber im Grundtyp gestreckt und seitlich mehr oder weniger abgeflacht. Rückenflosse ungeteilt, vorn mit kräftigem, stacheligem Abschnitt, Ende der Rücken- und Afterflosse oft ausgezogen. Schwanzflosse gerundet oder gerade, z.T. auch mit lang ausgezogenen seitlichen Flossenstrahlen, selten gegabelt. Kamm- oder Rundschuppen. Besonders charakteristisch: einfache Nasenöffnungen (bei den meisten Fischen doppelt), Seitenlinie meist zweigeteilt, manchmal weitgehend reduziert. Intensive Brutpflege. Viele Arten sehr farbig. Oft hoch entwickeltes Farbwechselvermögen in Zusammenhang mit einem sehr differenzierten Sozial-, Territorial- und Fortpflanzungsverhalten. Größe zwischen 3 und 80 cm.

Verbreitung. Afrika (etwa 1700 Arten), Mittel- und Südamerika (etwa 350 Arten), Madagaskar (17 Arten), Jordantal (4 Arten), Iran (1 Art) und Südindien (3 Arten). Die weltweite Verschleppung von Buntbarschen gefährdet heute vielerorts in unterschiedlichem Maße die lokale Fischfauna. Afrikanische Cichliden wie der Mosambik-Buntbarsch (*Oreochromis mossambicus*) sind nahezu zirkumtropisch verschleppt und finden sich u.a. in Taiwan, Vietnam, Thailand, Sri Lanka, Madagaskar und Mittelamerika, der westafrikanische *Tilapia mariae* ist heute der dominante große Barschfisch in Südflorida, der südamerikanische Chanchito (*Heros fasciatus*) ist in Portugal verwildert usw. Ganz akut gefährdet ist andererseits die endemische Buntbarschfauna des Viktoriasees durch Einführung des Nilbarsches, endemische Cichliden einiger mittelamerikanischer Seen durch eingesetzte fremde Arten, madagassische Buntbarsche durch afrikanische Cichliden und verschiedene asiatische Fische. Hinzu kommt eine Gefährdung durch Waldvernichtung und Agrochemikalien.

Lebensweise. Tagaktive Süßwasserfische, selten auch im Brackwasser. Von der gedrungen-kräftigen Barschgestalt eines anzunehmenden „Grundcichliden" ausgehend, ist in Anpassung an die Lebensweise eine außerordentliche Vielfalt entstanden: scheibenförmige, kleintierfressende Diskusbuntbarsche und Segelflosser, schlanke, räuberische Hechtbuntbarsche, Bewuchs fressende Schabemundbuntbarsche, schwimmblasenlose Stromschnellencichliden und Grundelbuntbarsche aus der Brandungszone großer Seen, territoriale Bodenfische und schwarmbildende Freiwasserbewohner.

Fortpflanzung ausnahmslos durch Ablage von Eiern (keine innere Befruchtung, nicht lebend gebärend). Stets Brutpflege in verschiedener Form:

- Substratbrüter/Offenbrüter: Haftende Eier und Larven an Steinen, Blättern, Holz bzw. in Laichgruben. Feste Paare bewachen und pflegen Eier und Jungfische in der Regel gemeinsam (Elternfamilie).
- Substratbrüter/Versteckbrüter: Laich wird in Höhlen, vorwiegend an der Höhlendecke angeheftet. Brutpflege vielfach allein durch das Weibchen (Mutterfamilie, brutpflegende Weibchen dann auch gegen den Laichpartner aggressiv) oder ein Männchen verteidigt das Brutrevier von 1 (Vater-Mutter-Familie) oder mehreren Weibchen (Mann-Mutter-Familie bzw. Harem), selten gemeinsame Brutpflege als Elternfamilie.
- Maulbrüter: Entwicklung der nicht haftenden Eier bis zum frei schwimmenden Jungfisch im Maul des Weibchens, seltener des Männchens oder beider Geschlechter. Meist keine Paarbindung (agame Maulbrüter). Bei anderen werden erst die frisch geschlüpften Jungen (von beiden Geschlechtern) ins Maul genommen (larvophile Maulbrüter). Brutdauer meist 9 - 14 Tage (maximal 30 Tage), in vielen Fällen kehren die Jungen noch einige Zeit nachts und bei Gefahr in das elterliche Maul zurück. Die Besamung der nach der Ablage meist rasch aufgenommenen Eier im Maul sichern vielfach verschiedene Eiattrappen nahe der männlichen Geschlechtsöffnung (Eiflecken auf der Afterflosse, Bauchflossenläppchen), nach denen das Weibchen beim Laichen instinktiv schnappt.

Das Brutverhalten variiert schon innerhalb einer Gattung (z.B. *Apistogramma*, *Geophagus*), die gesamte Vielfalt innerhalb dieser Familie kann hier nur umrissen werden. Auch äußerlich einander sehr ähnliche Arten mit sehr unterschiedlicher Brutpflege (z.B. *Tilapia*-Verwandtschaft). Das Brutgeschehen ist sehr attraktiv für Aquarienbesucher!

Geschlechtsunterschiede gering (besonders bei Offenbrütern mit Elternfamilie) bis sehr auffällig (viele Maul- oder Höhlenbrüter mit Mutterfamilie oder Haremsbildung). Bei Letzteren sind meist die Männchen größer und farbiger und haben länger ausgezogene Flossen. Bei äußerlich schwer unterscheidbaren Geschlechtern Form der Genitalpapille beachten: beim Weibchen kegelstumpfartig, beim Männchen spitz – sie kann außerhalb der Fortpflanzungsphase nach starker Fütterung vorübergehend sichtbar werden.

Nahrung. In Abhängigkeit von der Lebensweise sehr vielseitig: verschiedenste Wirbellose (Kleinkrebse, Wasserinsekten und deren Larven, Würmer), kleinere Fische und Fischbrut, z.T. aber auch Algen und andere Wasserpflanzen. Seltener Nahrungsspezialisten (Schuppenfresser, Schneckenfresser, Laichräuber). Selbst äußerlich einander sehr ähnliche Arten mancherorts mit sehr unterschiedlicher Ernährungsweise (z.B. die so genannten trophischen Gruppen im Viktoriasee).

Über 220 Gattungen mit – vorsichtig geschätzt – mehr als 2000 Arten (umfangreichste Familie der Barschartigen). Die Zusammenfassung einander nahe stehender Gattungen zu Verwandtschaftsgruppen – am besten in Unterfamilien – ist „in Arbeit“. Gebräuchlich sind z.B. schon Tilapiinae, Etroplinae, Cichlasominae, Geophaginae, Heroinae u.a.

Großen Veränderungen ist derzeit auch die wissenschaftliche Benennung der Buntbarsche unterworfen. Vor allem die Auflösung alter Sammelgattungen (bei Neuweltcichliden vor allem *Aequidens* und *Cichlasoma*, bei den afrikanischen Buntbarschen vor allem *Haplochromis*) führt zu zahlreichen Umbenennungen, die auf den ersten Blick verwirren. Sie sind aus wissenschaftlicher Sicht jedoch notwendig, damit die Gattungsbezeichnungen natürlichen Verwandtschaftsgruppen entsprechen. In Zweifelsfällen hat es sich eingebürgert, den Namen der alten Sammelgattung bis zur endgültigen Klärung in Anführungszeichen zu verwenden. Es geht bei alldem aber um die Einordnung in zutreffende Gattungen – die Artnamen bleiben davon in der Regel unberührt.

Allerdings kommen auch immer noch neu entdeckte Arten hinzu. Wo, wie im Malawi- oder Viktoriasee, die Artbildung noch in vollem Gang ist, fällt die Entscheidung, ob es sich bei verschiedenen Populationen noch um ein und dieselbe Art oder schon um eine gegebenenfalls neu zu beschreibende handelt, oft schwer (nach dem holländischen Spezialisten Konings leben allein im Malawisee schätzungsweise 650 Buntbarsch-Arten!).

Entsprechend groß ist vielfach die Namensverwirrung. Es geistern auch leichtfertig zugeordnete wissenschaftliche oder wissenschaftlich klingende Namen durch die aquaristische Literatur. Deshalb ist es oft verantwortungsvoller, zunächst ältere Namen, mit Autor und Jahr, beizubehalten oder wenigstens in jedem Fall mit anzuführen und provisorische Bezeichnungen als solche zu kennzeichnen (z.B. durch Anführungszeichen).

Allgemeine Hinweise zur Haltung von Buntbarschen

Bei der Pflege von Buntbarschen ist besonders auf die Vergesellschaftung zu achten. Die Aggressivität richtet sich vor allem gegen geschlechtsreife Artgenossen, aber auch gegen neu hinzugesetzte Individuen. Daher empfiehlt sich zur Erstbesetzung meist eine Gruppe gleich alter Jungfische, aus der sich Paare oder auch artgemäße Gruppen bilden, die sich in einem gut strukturierten Aquarium miteinander arrangieren. Während sich wenige Individuen einer Art unter Umständen hartnäckig bekämpfen, ist die Aggressivität innerhalb größerer Gruppen und bei Vergesellschaftung mehrerer Arten oft geringer. Das Brutpflegeverhalten ist bei Anwesenheit von Artgenossen intensiver. Das Territorialverhalten brütender Paare oder Einzeltiere ist oft mit heftiger Aggressivität verbunden, was unter den beengten Aquarienverhältnissen fatale Folgen haben kann. Gruppen, die sich individuell kennen, bekämpfen fremde Artgenossen (typisch für die Gattung *Tropheus* aus dem Tanganjikasee).

Die Einrichtung der Aquarien sollte zahlreiche Versteckmöglichkeiten bieten und durch räumliche Untergliederung der Becken (Steine, Holz, Pflanzen) die Bildung mehrerer Reviere begünstigen. Andererseits kann man manche Arten am besten in größeren Gruppen pflegen, wenn das Aquarium keine „Landmarken" zur Bildung von Revieren enthält. Das hat sich beispielsweise bei dem imposanten mittelamerikanischen Zitronenbuntbarsch (*Amphilophus citrinellus*) bewährt, der auch in der Natur große Verbände bildet.

Im Idealfall entstehen in entsprechend gestalteten Aquarien sich selbst reproduzierende Gruppen, in denen ständig die interessante Brutpflege zu beobachten ist und, begünstigt durch passende Versteckmöglichkeiten, Jungfische heranwachsen. Das gelingt auch mit verschiedenen Arten im selben Aquarium, die umso besser miteinander auskommen, je weniger sie sich äußerlich und in ihren Ansprüchen ähneln. Nicht-Cichliden werden, sofern sie nicht als Beute in Frage kommen, meist überhaupt nicht beachtet und lassen sich gut mit Buntbarschen vergesellschaften. Dadurch ergeben sich schöne Kombinationsmöglichkeiten mit Fischen aus den gleichen Gewässern.

Bei der Bepflanzung der Aquarien gibt es mit manchen Buntbarschen typische Schwierigkeiten, z.B. aufgrund der Wühltätigkeit großer Offenbrüter. Man kann versuchen, den Wurzelbereich mit Steinen zu schützen oder Pflanzgefäße in die Dekoration einfügen bzw. geeignete Pflanzen auf Holz aufbinden. Pflanzenfresser wie der Keilfleckbuntbarsch (*Uaru amphiacanthoides*) sind seltene Ausnahmen, doch fressen z.B. viele Buntbarsche aus dem Malawisee Pflanzen an.

Die Wasserwerte sollten in etwa der Herkunft entsprechen, auch wenn viele Buntbarsche diesbezüglich keine besonderen Ansprüche zu stellen scheinen. Für empfindliche Arten aus den tropischen Weichwassergebieten (z.B. Diskus-Buntbarsche, *Nanochromis*-Arten) ist weiches, keimarmes Schwarzwasser ohnehin lebenswichtig, für andere ist annähernd herkunftsgemäßes Wasser zumindest für die Fortpflanzung von entscheidender Bedeutung. In stark besetzten Buntbarsch-Becken ist die Wasserbelastung durch Stoffwechselprodukte sehr hoch – entsprechende Belüftung, Filterung und häufiger Teilwasserwechsel sind wichtig.

Die Fütterung sollte sich möglichst an den natürlichen Gegebenheiten orientieren. Das gilt besonders für Pflanzen fressende Arten. Sie lassen sich zwar auch mit tierischem Futter ernähren, dabei kommt es aber leicht zu Ernährungsschäden.

Einrichtung, Pflege und Besetzung von Buntbarsch-Aquarien sollten vor allem auch dem Ziel dienen, dass der Aquarienbesucher die natürliche Brutpflege der Cichliden erleben kann. Das ist, von empfindlichen Arten abgesehen, bei sehr vielen durchaus möglich. Junge Buntbarsche sind relativ groß und nehmen in der Regel schon Artemia-Nauplien oder Futter vergleichbarer Größe an, das man dem Aquarium zusetzen kann. In länger eingerichteten Aquarien finden sie darüber hinaus oft geeignetes Erstfutter. Kritisch kann es werden, wenn die elterliche Fürsorge endet. Dann sind Versteckmöglichkeiten für die heranwachsenden Jungen vielfach überlebenswichtig. In manchen Fällen sollten dann die Jungfische zunächst separat großgezogen werden. Bei diesem Verfahren wachsen natürlich längst nicht alle Jungen auf. Für die (kommerzielle) Massenvermehrung werden daher meist schon die Gelege den Eltern weggenommen, Maulbrütern werden die Eier unter Umständen aus dem Maul geschüttelt, vor Verpilzung des Laichs schützen Wasserzusätze wie Methylenblau und die Aufzucht der Jungfische erfolgt ohne elterliche Fürsorge – nicht so bei Diskusbuntbarschen, deren Junge in den ersten Wochen von elterlichem Hautsekret leben.

Aquaristisch gehören die Buntbarsche zu den bedeutendsten Fischfamilien. Ihre beeindruckende Vielfalt wird hier aus Gründen der Übersichtlichkeit und aus praktischen Erwägungen heraus unter geographischen Gesichtspunkten abgehandelt, die Gattungen dann jeweils in alphabetischer Folge. Bei den einstigen Sammelgattungen wird auch auf die daraus hervorgegangenen aktuellen Gattungsnamen hingewiesen.

Buntbarsche Afrikas

Etwa 80 % aller Buntbarsch-Arten sind in Afrika beheimatet. Die größte Artenfülle hat sich in großen Seen entwickelt sowie in den Flussgebieten des äquatorialen Westafrikas. Diese attraktiven Cichliden haben weite Verbreitung in den Aquarien gefunden. Ein typisches Farbmerkmal vieler Buntbarsche Afrikas ist der dunkle Vorkiemendeckelfleck (Präoperkularfleck).

Erster in Aquarien gepflegter afrikanischer Buntbarsch war 1902 der **Kleine** oder **Vielfarbige Maulbrüter** (*Pseudocrenilabrus multicolor*): 8 cm, unterer Nil bis Uganda und Tansania. Männchen metallisch glänzend, unpaare Flossen rot-blau gemustert, Weibchen schlichter gefärbt, allein maulbrütend.

Auf dem gesamten Kontinent vertreten sind Tilapien-Verwandte (Tilapiinae) mit den Gattungen *Oreochromis* (38 Arten), *Sarotherodon* (16 Arten) und *Tilapia* (10 Arten), von denen einige auch im Nahen Osten und Nordafrika vorkommen, z. B. der **Nilbuntbarsch** (*O. niloticus*): bis 50 cm, von Syrien bzw. Israel bis Ost- und Westafrika, auch im Brackwasser. Männchen zur Brutzeit mit roter Kehle, baut Laichgrube, Weibchen Maulbrüter. – **Weißkehlbarsch** (*O. mossambicus*): 40 cm, Ostafrika. Reife Männchen schwarz mit weißer Kehle. Maulbrüter, Mutterfamilie (wie Nilbuntbarsch). – **Soda-Maulbrüter** (*O. alcalicus*): 12 cm, Tansania (Natronsee, *O. a. alcalicus*) und Kenia (Magadisee, *O. a. grahami*), leben unter extremen Verhältnissen bei Temperaturen bis über 40 °C und pH-Werten bis 10,5! Langgestreckt, blaugrau. Weibchen maulbrütend. Pflege in hartem Wasser bei 24 - 32 °C im Artbecken mit Sandboden. – **Pracht-Maulbrüter** (*S. galileus*): 40 cm, Jordanien, Ostafrika bis Liberia. Hell goldglänzend, jung mit unregelmäßigen schwarzen Flecken am Hinterkopf. Elternfamilie, beide Geschlechter maulbrütend, bis 1 500 Junge. – **Zilles Buntbarsch** (*T. zillii*): 30 cm, Syrien, Jordanien, Sahara. Offenbrüter (Elternfamilie), über 1 000 Junge pro Brut. Vor allem diese genügsamen, schnellwüchsigen größeren Arten sind als leicht züchtbare Speisefische heute über die ganzen Tropen verschleppt worden.

Buntbarsche des Malawisees

Der Malawisee: 31 000 km², Oberflächenwasser 23 - 28 °C, pH Wert 7,8 - 8,5, Leitfähigkeit 200 - 260 µS. Geschätztes Alter mindestens 3 Millionen Jahre. Der Wechsel von steilen Felsküsten und flachen Sand- und Schlammküsten hat die Bildung der zahlreichen Arten und Lokalformen begünstigt, die an den jeweiligen isolierten Felsbiotop gebunden sind. Weichbodenbewohner einheitlicher und weiter verbreitet, auch Übergangszone am Fuß der Uferfelsen sowie Höhlen mit besonderen Arten. Keine ausgesprochen pelagischen Buntbarsche, aber Planktonfresser stoßen vom Boden bzw. Ufer her in das freie Wasser vor.

Ernährungsweise sehr unterschiedlich: Allesfresser, Planktonfresser, Bodensieber, Sandbläser (pusten Kleintiere aus dem Boden), Schneckenfresser, Algenbewuchsschaber, Bewuchskämmer (erbeuten Kleintiere aus dem Algenbewuchs), Fischjäger, Pädophagen (rauben Eier und Junge maulbrütender Weibchen), *Otopharynx lithobates* lebt vom Kot Pflanzen fressender Buntbarsche, andere begleiten im Boden wühlende Arten und fressen von diesen aufgewirbeltes Futter.

Alle Malawibuntbarsche sind agame Maulbrüter mit Mutterfamilie, Männchen sehr farbig, meist mit Eiflecken auf der Anale (einziger Offenbrüter *Tilapia rendalli*). Häufig Polychromatismus: mehrere Farbformen (Morphen) in einer Population.

Viele Malawibuntbarsche sind wichtige Speisefische. Die heimischen Fischer unterscheiden zwischen den plakatfarbigen, territorialen, robusten Buntbarschen des Felslitorals, „Mbuna", und den zarteren, zur Schwarmbildung über Weichböden und im freien Wasser tendierenden „Utaka" – Bezeichnungen, die sich auch in der Aquaristik eingebürgert haben. Bei Vergesellschaftung im Aquarium unterliegen oft die zarteren Utaka. Ungefähr 45 Gattungen mit über 650 ganz überwiegend endemischen Arten.

Gattung *Astatotilapia*: 1 Art. **Malawi-Grundcichlide** (*A. calliptera*): Männchen 13 cm, verkrautetes Flachwasser und Zuflüsse. Graugelbrot mit großen Eiflecken in der Anale. Allesfresser. *Haplochromis*-Typ, steht dem mutmaßlichen Urahn der (aller?) Malawisee-Buntbarsche zumindest sehr nahe.

Gattung *Aulonocara*: mindestens 21 Arten, viele Lokalformen. Kleine Bewohner der Übergangszone am Fuß der Felsen in Tiefen von 15 - 20 m, wo die außerordentlich farbenprächtigen Männchen Reviere behaupten. Eiflecken. Gattungstypische Sinnesgruben im unteren Kopfbereich, vermutlich zum Aufspüren von Kleintiernahrung im Sandboden. Dazu **Nkhomo-Benga-Kaiserbuntbarsch** (*A. baenschi*): Männchen 10 cm. Gelb mit blauer Schnauzenpartie. – **Gelbbauch-Kaiserbuntbarsch** (*A. hueseri*): Männchen 12 cm. Kopf und Nacken glänzend blau, Bauch gelb. – **Grants Kaiserbuntbarsch** (*A. stuartgranti*): Männchen 10 cm. Stahlblau, Schwanzflosse mit gelber Strichelung.

Gattung *Chilotilapia*: 2 Arten. Charakteristisch 2 Längsstreifen an Rücken und Seite, Weibchen und Junge in Schulen, paarungsbereite Männchen (farbiger) territorial, oft in Kolonien. **Sauglippen-Buntbarsch** (*Ch. euchilus*): 25 cm. Saugt mit Wulstlippen Wirbellose von Steinen, aber es gibt auch Weichbodenfresser-Populationen mit normalen Lippen(!). Eiflecken. – **Schneckenfresser** (*Ch. rhoadesii*): 23 cm, im ganzen See über Weichböden.

Gattung *Copadichromis*: 27 Arten. Planktonfresser, oft in riesigen Schwärmen an senkrechten Wänden und Riffen, typische Utaka-Cichliden mit sehr beweglichem, vorstülpbarem Maul. Geschlechtsreife Männchen bauen zum Ablaichen Sandburgnester, andere laichen an Felsrevieren oder im freien Wasser. Dazu **Azur-Utaka** (*C. azureus*): 12 cm. Männchen ganzheitlich metallisch blau mit dunkleren Querstreifen. Sandburgnester nahe Steinen der Übergangszone um 10 m Tiefe. – **Kadango-Buntbarsch** (*C. borleyi „Kadango“*): 13 cm. Beim Männchen Kopf und Flossenränder metallisch blau, Körper kupferfarben (viele andere Farbvarianten!) besetzen zum Laichen Felsreviere, Weibchen aschgrau mit roten Bauch- und Afterflossen.

Gattung *Cynotilapia*: mindestens 10 Arten. Planktonfresser mit einspitzigen Zähnen (territoriale Männchen fressen z. T. auch Aufwuchs). Dazu **Afra-Barsch** (*C. afra*): 12 cm. Territoriale Männchen hellblau mit dunklen Körperquerbinden (wie *Pseudotropheus zebra*, der aber zweispitzige Zähne hat), polychrom: Rückenflosse weißlich, gelb oder orange, verteidigen Felshöhlen gegen konkurrierende Artgenossen, auch brütende Weibchen zwischen Felsen. Junge und sexuell Inaktive in großen Schulen über Sand und Felsen.

Gattung *Cyrtocara*: aktuell nur noch mit 1 Art. **Malawi-Buckelkopf**, **Delphinbuntbarsch** (*C. moorii*): 20 cm. Beide Geschlechter glänzend hellblau, mit Kopfbuckel. Über flachen Sandböden, begleitet Sandsieber wie *Lethrinops* und *Fossorochromis* und frisst durch deren Wühltätigkeit aufgewirbeltes organisches Material. Ablaichen und Besamung der Eier ohne Nest auf Sand, danach erst Aufsammeln durch das Weibchen.

Gattung *Dimidiochromis*: 4 Arten. Dazu **Messerbuntbarsch** (*D. compressiceps*): 25 cm. Hechtartiger Lauerräuber mit dunklem Längsstreifen. Lauert zwischen Pflanzen jungen Utaka auf. Männchen baut flache Laichgrube im Sand.

Gattung *Labeotropheus*: 2 Arten, Algenaufwuchsfresser mit nasenartigem Fortsatz und unterständigem Maul. **Schabemundbarsch** (*L. fuelleborni*): 18 cm, obere Fels- und Geröllzone. Polychrom: Männchen meist leuchtend hellblau mit unterschiedlichen orangefarbenen oder gelben Anteilen, selten gescheckt, mit Eiflecken, Weibchen blasser oder gescheckt. – **Gestreckter Schabemund** (*L. trewavasae*): 15 cm, bis in 40 m Tiefe. Viel schlanker, Färbung ähnlich vielfältig, himmelblaue Männchen mit orangeroter Rückenflosse besonders attraktiv.

Gattung *Labidochromis*: mindestens 18 z. T. farbenprächtige, polychrome Arten der Fels- und Übergangszone. Kaum 10 cm lang. Picken wie *L. caeruleus* (in Aquarien häufig eine leuchtend zitronengelbe Morphe) vor allem Kleintie-

Abb. 52.122 *Labeotropheus fuelleborni*, Männchen (Zoo Leipzig, Aquarium)

re (Insektenlarven, Krebse, Schnecken) aus dem Aufwuchs oder fressen auch die Algen selbst mit (*L. vellicans*).

Gattung *Lethrinops*: 27 Arten (ähnlich die Gattungen *Fossorochromis*, *Maravichromis*, *Otopharynx*, *Trematichromis*). Großäugige Sand- und Schlickbodenbewohner (Utaka) mit gerader Bauchkante und schräg nach unten ausstülpbarem Saugmaul, die mit Kiemenrechen kleine Bodentiere aussieben. Männchen farbiger als Weibchen, mit Eiflecken, viele laichen in großen Sandburgnestern, manche einfach am Boden. Im Aquarium gegenüber robusteren Fischen (Mbuna) nicht durchsetzungsfähig. Dazu **Straßenkehrer** (*L. lethrinus*): 20 cm, seeweit auf Weichböden. Sandburgbauer.

Gattung *Melanochromis*: 24 Arten. Schlanke, plakatfarbige Felszonenbewohner. Geschlechtsreife Männchen mit großen, gegen Artgenossen heftig verteidigten Revieren (im Aquarium problematisch). Ihre Färbung wie ein Negativ der von Weibchen und Jungen, Eiflecken. Ernährungsweise unterschiedlich. Dazu **Türkisgoldbarsch** (*M. auratus*): 11 cm. Weibchen und Junge gelb mit 2 schwarzen Längsstreifen, Männchen schwarz mit weiß- bis grüngoldenen Längsstreifen. Rundköpfiger Aufwuchsfresser. – **Chipoka-Melanochromis** (*M. chipokae*): 15 cm. Färbung ähnlich *M. auratus*. Langschnauziger Jungfisch- und Kleintierjäger.

Gattung *Nimbochromis*: 7 Arten. Raubfische mit tarnendem Fleckenmuster, Männchen farbig mit Eiflecken. Dazu **Schläfer** (*N. livingstoni*): 25 cm, Vallisneriazone. Lauerräuber, legt sich flach auf den Boden und schnappt sich neugierig nähernde kleine Fische. – **Pfauenmaulbrüter** (*N. venustus*): 25 cm, Sandzone. Männchen mit gelbem Rücken, Körperseiten, mit großen, dunklen Flecken, blau schimmernd.

Gattung *Nyassachromis*: 6 Arten. Plankton fressende Utaka aus dem Freiwasser über Sandböden. Körper spindelförmig. Männchen mit Eiflecken, bauen meist Sandburgen. Dazu **Blauschwarzer Utaka** (*N. eucinostomus*): 12 cm. Balzaktive Männchen blau glänzend mit dunkler Unterseite, Eiflecken, Weibchen silbrig.

Gattung *Placidochromis*: 8 Arten. Besonders schön der **Elektra-Maulbrüter** (*P. electra*): Männchen bis 16 cm, Weibchen (maulbrütend) kleiner, auf Sandflächen, Felsverstecke. Silbrig blau, schräge, schwarze Augenbinde, starke 1. Körperbinde. Sehr friedfertig.

Gattung *Protomelas*: 16 Arten. Großäugig, Grundmuster 1 - 2 Längs- und etwa 10 Querstreifen (Weibchen und Junge), balzaktive Männchen metallisch blau mit unterschiedli-

Abb. 52.123 *Pseudotropheus zebra*, Männchen (Tierpark Berlin)

chen gelben Farbanteilen. Zur Gattung gehört die in Aquarien verbreitete „Steveni-Gruppe“.

Gattung *Pseudotropheus*: 34 Arten, viele Formen mit unklarem Status. Hauptgattung der Mbuna mit einigen der farbigsten Buntbarsche überhaupt, verschiedene Farbformen (Morphen) häufig schon innerhalb einer Population. Gattungstypische Schlundknochenbezahnung. Überwiegend streng an den jeweiligen Felsbiotop gebunden und Sand meidend, daher viele isolierte Populationen und Arten. Hauptnahrung meist Aufwuchs (Algen und darin lebende Wirbellose), wobei die meisten auch Plankton schnappen, aber ebenso verschiedene Spezialisierungen (*P. elegans* lebt von organischen Schlickauflagerungen, *P. crabro* putzt den brutpflegenden Wels *Bagrus meridionalis* und frisst von dessen Eiern und Larven). Alle *Pseudotropheus* sind agame Maulbrüter mit Mutterfamilie, Männchen stets mit Eiflecken. Dazu **Gelbbauch-Zebra** (*P. aurora*): 11 cm, Übergangszone in geringer Tiefe. Männchen (blau-schwarz quer gestreift, Rükkenflosse und Bauch goldgelb) graben zum Laichen unter Steinen Tunnelnester. – **Schmalbarsch** (*P. elongatus*): 13 cm. Ausnehmend schlanke Mbuna mit zahlreichen Farb- und Lokalformen, eine mit dem bezeichnenden Namen *P. elongatus* „aggressiv“(!). Aufwuchs- und Planktonfresser. – **Rotblauer Zebrabuntbarsch** (*P. estherae*): 11 cm. Orangerote (bei manchen Stämmen nur die Weibchen, Männchen blausilbrig), hellblaue und gescheckte Morphen, Querstreifung höchstens angedeutet, Form ganz ähnlich *P. zebra*. Frisst Aufwuchs, aber auch in großen Schwärmen Plankton. Männchen verteidigen kleine Laichhöhlen im Fels. – **Eisblauer Zebra** (*P. greshakei*): 13 cm, endemisch nur an 2 Riffen südlich der Insel Boadzulu(!). Männchen hellblau mit orangeroter Dorsale. Hauptnahrung Phytoplankton. – **Großer Malawi-Schneckenbarsch** (*P. livingstoni*): 15 cm und **Kleiner Malawi-Schneckenbarsch** (*P. lanisticola*): 7 cm, verbergen sich in leeren Schneckenhäusern der Gattung *Lanistes*, die Weibchen sind Maulbrüter, die Männchen polygam. Hauptnahrung organisches Sediment. – **Malawi-Zebrabuntbarsch** (*P. zebra*): 14 cm. Männchen himmelblau mit 7 - 8 breiten schwarzen Körperbinden und schwarzer unterer Kopfhälfte, Weibchen düster gefärbt oder auf gelbem Grund gescheckt. Verwirrende Formen- und Namen-Vielfalt als *P.-zebra*-Komplex zusammengefasst, darüber hinaus noch ähnlich gefärbte Arten anderer Gattungen (z. B. *Cynotilapia*).

Gattung *Sciaenochromis*: 4 Arten. Dazu **Azur-Buntbarsch** (*S. fryeri*): 15 cm. Männchen leuchtend blau glänzend, Weibchen grau. Gattungstypisch auffallend schlanker, großäugiger,

Abb. 52.124 *Altolamprologus calvus* (Zoo Leipzig, Aquarium)

langschnauziger Raubfisch, der im Felsbiotop Jungfischen nachstellt.

Buntbarsche des Tanganjikasees

Der Tanganjikasee: Oberfläche ca. 33 000 km^2, Temperatur 23 - 28 °C, pH-Wert 8,6 - 9,2 Leitfähigkeit 550 - 600 µS. Geschätztes Alter 11 - 30 Millionen Jahre. Buntbarschfauna daher noch wesentlich stärker differenziert (älter) als die des Malawisees. Etwa 37 Cichliden-Gattungen, bis zu 350 fast ausschließlich endemische Arten.

Gattung *Altolamprologus*: 2 Arten. Hochrückige, seitlich abgeflachte Kleinräuber aus der Fels- und Geröllzone, Hauptnahrung Garnelen aus Spalten. **Nander-Buntbarsch** (*A. compressiceps*): 15 cm. Beide Geschlechter je nach Population gleichartig braunbeige, gelb, orangefarben oder olivgrün. Höhlenbrüter, Elternfamilie. – Sehr ähnlich ist auch *A. calvus*.

Gattung *Benthochromis*: 2 Arten. Unteres Felslitoral in 30 - 150 m Tiefe. Planktonfresser. Männchen farbig, Weibchen grau, agame Maulbrüter. Dazu **Blaustreifenbarsch** (*B. tricoti*): 20 cm. Männchen graubraun mit 4 leuchtend blauen Längslinien und gelber Kehle.

Gattung *Boulengerochromis*: 1 Art. **Riesenbuntbarsch** (*B. microlepis*): 80 cm (größter Cichlide). Allgegenwärtiger Raubfisch. Substratlaicher.

Gattung *Callochromis*: 4 Arten. Schlanke, spitzschnauzige Sandbewohner mit gerader Bauchkante und großen Augen. Dazu **Südlicher Großaugen-Maulbrüter** (*C. macrops*): 15 cm, Männchen mit rötlicher Bauchpartie, hebt schüsselförmige Laichgruben aus, Weibchen maulbrütend.

Gattung *Chalinochromis*: 2 Arten. Schlank wie *Julidochromis*. Dazu **Maskenbuntbarsch** (*Ch. brichardi*): 14 cm, Felslitoral. Schlank, hellbraun, dreistreifige Gesichtsmaske. Höhlenbrüter, Elternfamilie.

Gattung *Cyathopharynx*: **Großer Fadenmaulbrüter** (*C. furcifer*): 20 cm. Männchen je nach Herkunft prächtig blauviolett- oder teilweise goldglänzend, mit stark verlängerten Bauchflossen, bauen im Sand Laichgruben mit bis zu 1 m Durchmesser. Weibchen und Junge unscheinbar grausilbrig mit dunklen Fleckenreihen. Maulbrüter, Mutterfamilie.

Gattung *Cyphotilapia*: 1 Art. **Tanganjikasee-Beulenkopf** (*C. frontosa*): 35 cm, Felszone in 30 - 40 m Tiefe, in Gruppen. 6 bzw. 5 schwarze

Abb. 52.125 *Eretmodus cyanostictus* (Zoo Leipzig, Aquarium)

Querbinden auf grauweißem Grund, im Alter mit Stirnbuckel (bei Männchen größer). Weibchen maulbrütend, Betreuung des Nachwuchses 6 Wochen. Hauptnahrung Kleinkrebse, Garnelen, kaum Fische.

Gattung *Cyprichromis* (Kärpflingsbuntbarsche): 4 Arten. Standorttreue Schwarmfische des freien Wassers in der Nähe steiler Felswände, an denen sie nachts schlafen, Planktonfresser. Dazu **Zitronenschwanz** (*C. leptosoma*): 14 cm. Männchen mit leuchtend gelber Schwanzflosse, metallisch blauer Kopfoberseite und Rückenflosse (lokal unterschiedlich), Junge und Weibchen (allein maulbrütend) grau. Sehr ähnlich Gattung *Paracyprichromis* mit 2 Arten.

Gattung *Eretmodus*: 1 Art. **Tanganjikasee-Clown** (*E. cyanostictus*): 8 cm. Territorialer Grundelbuntbarsch mit unterständigem Maul aus der oberen Geröllzone. Kleintierfresser. Querstreifenmuster (lokal unterschiedlich). Monogame(!) Maulbrüter (beide Geschlechter!). Ähnlich die Gattungen *Spathodus* und *Tanganicodus*.

Abb. 52.126 *Lamprologus cf. speciosus* (Zoo Köln, Aquarium)

Gattung *Gnathochromis*: 2 Arten. Saugen mit großem, unterständigem Maul Kleintiere vom Boden auf. Dazu **Staubsaugercichlide** (*G. permaxillaris*): bis 25 cm. Bräunlich, Männchen und Weibchen in Höhlen, maulbrütend. Ähnlich die Gattung *Limnochromis*.

Gattung *Julidochromis* (Schlankcichliden): 5 Arten. Sehr bodengebundene Höhlenbrüter ufernaher Fels- und Geröllgründe, Kleintierfresser. Geschlechter gleich gefärbt, Männchen etwas kleiner. Brutpflege wenig intensiv, Junge vereinzeln sich unauffällig an Steinoberflächen. Dazu **Dickfelds Schlankcichlide** (*J. dickfeldi*): 8 cm. Rücken braun-orangefarben mit 3 Längsstreifen, Dorsale blau gerandet. – **Schachbrett-Schlankcichlide** (*J. marlieri*): 12 cm. Dunkles Gittermuster auf gelbem Grund. – **Gelber Schlankcichlide** (*J. ornatus*): 8 cm. Leuchtend gelb mit 3 schwarzen Rückenstreifen. – **Großer Schlankcichlide** (*J. regani*): 25 cm.

Gattung *Lamprologus*: insgesamt 17 Arten, davon nach diversen Revisionen vielleicht noch etwa 10 Arten im Tanganjikasee. Hier vorwiegend Schneckenbuntbarsche, die in leeren Schneckenschalen brüten. Dazu **Augenfleck-Schneckenbuntbarsch** (*L. ocellatus*): 6 cm. Braungrau mit dunklem Kiemendeckelfleck, großäugig, Weibchen brütet in *Neothauma*-Gehäusen, Männchen sichert. – **Weißgebänderter Tanganjikasee-Buntbarsch** (*L. speciosus*): 5 cm.

Gattung *Lepidiolamprologus*: 6 Arten. Schlanke, großmäulige Fischjäger der Felsregion, bis zu 30 cm lang. Höhlenbrüter, Elternfamilie. Typischer Vertreter ist der **Tanganjikasee-Schmalbarsch** (*L. elongatus*): 30 cm. Längsreihen heller Flecken auf braunschwarzem Grund. Etwa 500 Junge pro Brut.

Gattung *Neolamprologus*: mit 47 Arten umfangreichste Gattung im See, meist unter 10 cm lang. Große Formen- und Verhaltensvielfalt. Krebs-, Mollusken-, Fischfresser. Überwiegend monogame Höhlenbrüter im Felslitoral mit Elternfamilie, etwa 10 Arten sind Schneckenbarsche (in *Neothauma*-Gehäusen brütend). Ge-

Abb. 52.127 *Neolamprologus leleupi* (Zoo Leipzig, Aquarium)

schlechter gleich gefärbt (monomorph), Männchen oft etwas größer, z.T. mit leichtem Stirnbuckel. Dazu **Feenbarsch**, **Prinzessin von Burundi** (*N. brichardi*): 10 cm, Felslitoral. Hellbraun mit blauweißen Flossenrändern. Etwa 200 Jungfische pro Brut, ältere Junge bleiben lange mit im Revier. – **Spindelbuntbarsch** (*N. buescheri*): 7 cm. Oberseite braun mit hellem Längsband vom Auge bis zum Schwanzflossenstiel, Schwanzflosse ausgezogen. Territoriale Männchen oft mit mehreren Weibchen im Revier, sehr aggressiv gegen Artgenossen. – **Großer Schneckenbarsch** (*N. callipterus*): Männchen über 15 cm, Weibchen nur bis 4,5 cm. Männchen kleiner Raubfisch, bräunlich mit regelmäßigen feinen, hellen Punktreihen, Weibchen mit unregelmäßigen dunklen Flecken (ursprünglich als getrennte Arten beschrieben!). Meist mehrere Weibchen mit ihrem Schneckengehäuse im Revier eines territorialen Männchens, dieses trägt Schneckenhäuser mit Weibchen darin in sein Revier. – **Zylinderbarsch** (*N. cylindricus*): 12 cm. Beide Geschlechter graubraun mit feinen hellen Querstreifen. Felslitoral. Paare gegen Artgenossen aggressiv. – **Goldcichlide** (*N. leleupi*): 10 cm, unteres Felslitoral. Zitronengelb. – Sehr ähnlich, aber schlanker ist *N. longior*. – **Hoher Lamprologus** (*N. moorei*): 10 cm. Hochrückig. Einfarbig schiefergrau, blau glänzende Flossenränder, Junge goldbraun. Felslitoral. – **Kleiner Schneckenbarsch** (*N. multifasciatus*): Männchen bis 4,5 cm, Weibchen um 3 cm, in 10 m Tiefe über leeren *Neothauma*-Gehäusen. Viele feine, helle Querstreifen auf hellgrauem Grund. – **Großer Lamprologus** (*N. tetracanthus*): 19 cm. Reihen feiner, heller Tüpfel auf Körper und unpaaren Flossen. Raubfisch. – **Fünfstreifen-Tanganjikaseebuntbarsch** (*N. tretocephalus*): 15 cm. 5 braunschwarze Querbinden auf hellem Grund. Bis zu 400 Junge.

Gattung *Ophthalmotilapia* (Fadenmaulbrüter): 4 Arten. Relativ hochrückige Allesfresser mit gegabelter Schwanzflosse. Spezialisierte Maulbrüter: Eiattrappen (Hautlappen) am Ende der stark verlängerten Ventralen des Männchens sichern die Besamung der Eier im Maul des (kleineren) Weibchens. Mutterfamilie. Dazu **Nasenbuntbarsch** (*O. nasuta*): 18 cm. Nasenartiger Kopffortsatz. Gaugrün mit dunkleren Querstreifen. – **Winkerbuntbarsch**, **Blauer Fadenmaulbrüter** (*O. ventralis*): bis 15 cm, Übergangszone. Mehrere Farbformen, vielfach bläulich. Brütende Tiere (mit Laichmulde) territorial, sonst in Gruppen.

Gattung *Petrochromis*: mindestens 6 Arten. Kräftige, meist düster gefärbte Aufwuchsfresser der Felszone. Agame Maulbrüter, Männchen mit Eiflecken in der Anale.

Gattung *Simochromis*: 5 Arten, farblich wenig attraktive, kurzschnauzige Aufwuchsfresser

(Pflanzennahrung wichtig). Männchen mit Eiflecken, Weibchen maulbrütend.

Gattung *Spathodus*: 2 Arten. Grundelbuntbarsche der oberen Flachwasserzone (ähnlich *Eretmodus* und *Tanganicodus*), Aufwuchsfresser. Dazu **Blaupunkt-Grundelbuntbarsch** (*S. erythrodon*): 7 cm. Maulbrüter (beide Geschlechter!), enge Elternfamilie.

Gattung *Telmatochromis*: 6 Arten. Schlanke Höhlenbrüter, z.T. in Schneckenhäusern. Bekannteste Art der **Zweiband-Cichlide** (*T. bifrenatus*): 7 cm. Gelbolivfarben mit 2 dunklen Längsbinden, Elternfamilie.

Gattung *Tropheus*: 6 Arten, viele, sehr unterschiedlich gefärbte Lokalformen. Spezialisierte Aufwuchsfresser (Algen und darin lebende Wirbellose) der Fels- und Geröllzone. Relativ hochrückig mit rundem Kopf und leicht unterständigem Maul. Einzeln oder gruppenweise territorial. Färbung beider Geschlechter gleich, Männchen mit längeren Ventralen, Weibchen Maulbrüter. 5 - 15 große Eier, die einzeln abgelegt und erst im mütterlichen Maul bei der so genannten T-Stellung besamt werden. Brutdauer etwa 4 Wochen, die Weibchen fressen dabei. Dazu **Weißgürtel-Maulbrüter** (*T. duboisi*): 12 cm. Schwarz mit weißer Querbinde, Kopf metallisch blau schimmernd. Junge schwarz mit weißen Punkten. Einzelgänger, aber verträglicher als die folgende Art. – **Brabant-Buntbarsch** (*T. moorii*): 15 cm. Sepiaschwarz mit je nach Population unterschiedlichen roten und/ oder gelben Binden bzw. Flecken (u.a. Kaiser-, Kirschfleck-, Orange-, Doppelfleck-, Schwarzstreifen-Moori). Bildet in der ufernahen Geröllzone Gruppen mit Rangordnung, Gruppenfremde werden heftig bekämpft.

Gattung *Xenotilapia*: 12 Arten. Großäugige, silbrige Sandcichliden mit großem Kopf, schlankem Körper, gerader Bauchkante. Maulbrüter mit Elternfamilie (!). Zunächst nimmt das Weibchen die Eier ins Maul, nach 10 - 12 Tagen auch das Männchen, die Eltern fressen dabei. Geschlechtsunterschiede gering. Typischer Vertreter ist der **Schmetterlings-Sandbarsch** (*X. papilio*): 10 cm, auch im Felslitoral. Flossen hübsch blau-gelb-schwarz gemustert.

Buntbarsche der Viktoriasee-Region

Der Viktoriasee: Flachsee, Oberfläche 68 000 km^2 (zweitgrößter See der Erde), 21 - 27 °C, pH 7,1 - 9,0, Leitfähigkeit nur um 100 µS. Geschätztes Alter 250000 - 750000 Jahre, aber zuletzt vor 12400 Jahren komplett ausgetrocknet. Anschließend geradezu explosionsartige Entwicklung einer „jungen" Buntbarschfauna, wahrscheinlich überwiegend aus einem einzigen gemeinsamen *Haplochromis*-Vorfahren. Daher sind alle anatomisch noch sehr ähnlich und werden anstelle der von dem Ichthyologen Greenwood vorgeschlagenen Aufteilung in 20 Gattungen heute überwiegend wieder in die Gattung *Haplochromis* eingeordnet mit vielleicht 200 Arten im See. Durch das Aussetzen von faunenfremden größeren Buntbarschen und vor allem des räuberischen Nilbarsches (*Lates niloticus*) aus wirtschaftlichen Erwägungen sind viele endemische Arten heute bedroht, möglicherweise schon ausgerottet. Erhaltungszucht in Aquarien ist eventuell die einzige Überlebenschance, Ausstellung auch als Beispiel für die fatalen Folgen von Faunenverfälschungen. Benachbarte Seen (z.B. Albert-, Edward-, Kyoga-, Kivusee) mit ähnlicher Buntbarschfauna, z.T. mit dem gleichen Nilbarsch-Problem (Kyogasee, wo der **Uganda-Großmaul-Cichlide**, *Pyxichromis orthostoma,* ausgerottet ist, allerdings in einigen Satellitenseen noch vorkommt).

Fast alle Viktoriasee-Buntbarsche sind agame Maulbrüter mit Mutterfamilie und bedienen sich zumeist der Eifleckmethode. Farblich und ökologisch sehr vielfältig. Balzaktive Männchen überwiegend leuchtend bunt, besonders untereinander äußerst aggressiv (eventuell hilft bunte Mischung mehrerer Arten), Weibchen meist unscheinbar und kleiner. Man unterscheidet 16 Ernährungsformtypen (trophische Gruppen), u.a. Phytoplanktonfresser des freien Wassers, epiphytische Algenweider (fressen Algenbewuchs von Papyrusstängeln), epilithische Algenweider (Algenbewuchs und darin lebende Kleintiere von Felsen), Pflanzenfresser (höhere Pflanzen, Algen, Kleintiere), Molluskenfresser (zerdrücken Schnecken und Muscheln mit den

Schlundzähnen oder ziehen sie aus dem Gehäuse), Zooplanktonfresser, Insektenfresser, Garnelenfresser, Krabbenfresser, Fischfresser, Jungfischfresser (überfallen maulbrütende Weibchen und erbeuten Eier und Brut), Schuppenfresser, Parasitenfresser. Bei der Aquarienhaltung erweisen sie sich aber meist als opportunistische Allesfresser.

Bestimmung neben den nicht annähernd gelösten taxonomischen Fragen zusätzlich erschwert, da Formen aus benachbarten Seen als „Viktoriaseebuntbarsche" im Handel sind. Im See etwa 250 (350?) überwiegend endemische Cichliden-Arten.

Gattung *Haplochromis*: über 200 Arten. Dazu **Browns Maulbrüter** (*H. brownae*): 12 cm. Männchen mit roter Schwanzflosse. – **Viktoria-Wulstlippen-Maulbrüter** (*H. chilotes*): 15 cm. Männchen grünlich gelb. Wulstlippen. – **Martins Viktoriaseebarsch** (*H. chilotes*): 15 cm, über Weichböden. Männchen mit feuerrotem Bauch und Rücken; Wangen, Rücken- und Afterflosse blassblau, Bauchflossen schwarzbraun. – **Dunkler Viktoriaseebuntbarsch** (*H. nigricans*): 12 cm. Männchen graublau mit 8 schwarzen Querbändern und roter Schwanzflosse. Algenbewuchsfresser der oberen Felsregion. – **Glühkohlen-Maulbrüter** (*H. nubilus*): 13 cm, auch im Edwardsee u.a. benachbarten Seen. Männchen metallisch blaugrün mit feuerroter Schwanzflosse, besonders aggressiv. – **Nyerere-Buntbarsch** (*H. nyererei*): 10 cm, über Felsgrund. Männchen mit roter oberer und blauschwarzer unterer Körperhälfte. Zooplanktonfresser. – **Viktoriasee-Obliquidens** (*H. obliquidens*, Name unsicher): 12 cm. Körperseite der Männchen leuchtend gelb, Kopfoberseite bis Vorderrücken rot. Bauch himmelblau. (*H. spec. „Zebra-Obliquidens"* stammt hingegen aus dem Nawampasee in Uganda). – **Rock-Kribensis** (*H. spec. „Rock Kribensis"*): 12 cm. Je 1 dunkler Längsstreifen am Rücken und in der Körpermitte. Männchen goldgelb, Kopfunterseite und Bauch mehr oder weniger rot. Im See und in Aquarien weit verbreitet. – **Regenbogen-Viktoriaseebuntbarsch** (*H. spec. „Thick Skin Like"*): 15 cm. Männchen: Körpermitte goldgelb, dunkle Querstreifen, Bauchseite metallisch grün, stachelige Rückenflosse himmelblau, Schwanzflosse rot.

Gattung *Oreochromis*: hier endemische Vertreter der artenreichen Gattung, z.B. **Gold-Tilapie** (*O. esculentus*): 40 cm. Männchen goldgelb. Wie der gleichfalls endemische *O. variabilis* durch die Einführung von *O. niloticus*, *O. leucostictus* und *Tilapia*-Arten verdrängt.

Buntbarsche Westafrikas

Regenwaldgebiete des westlichen äquatorialen Afrikas mit reicher, eigener Buntbarschfauna, auch vielen kleineren Formen von großer Schönheit. Vorwiegend Fließgewässer mit weichem, saurem Wasser, doch auch Seen, Wüstenrand- und Küstengebiete mit mineralreichem Wasser. Im Gegensatz zu den ostafrikanischen Arten meist Offen- oder Höhlenbrüter. Gattungen überwiegend endemisch.

Gattung *Anomalochromis*: 1 Art. **Afrikanischer Schmetterlingsbuntbarsch** (*A. thomasi*): 10 cm. Blau-metallische Pünktchenreihen auf hellrötlichem Grund, Wangen rot. Offenbrüter, Elternfamilie.

Gattung *Chromidotilapia*: 12 Arten (viele Farbformen bzw. noch zu beschreibende Arten), Körper gedrungen-kräftig, Rücken- und Afterflosse ausgezogen. Dazu **Günthers Prachtbuntbarsch** (*Ch. guentheri*): bis 20 cm, Sierra Leone bis Gabun. Weibchen (gattungstypisch) etwas kleiner, zur Balz mit leuchtend rotem Bauchfleck und hellem Band in der Rückenflosse, maulbrütend. (Ein Teil der *Chromidotilapia*-Arten wird von manchen Autoren neuerdings zur Gattung *Benitochromis* gestellt.)

Gattung *Hemichromis*: etwa 10 Arten, gedrungen-kräftig, Offenbrüter, Elternfamilie. Hierzu gehören die bekannten **Roten Cichliden**, wie *H. bimaculatus*: 16 cm, Regenwaldgebiete Südguineas und Liberias, und *H. lifalili*: 10 cm, Kongofluss. Körper und Flossen feuerrot mit metallisch blauen Pünktchen, friedfertig. – Ein extrem aggressiver Fischräuber hingegen ist der **Gebänderte Juwelenbarsch** (*H. fasciatus*): 18 cm, Senegal bis Kamerun. Graugelb mit 5

Abb. 52.128 *Hemichromis lifalili* (Zoo Leipzig, Aquarium)

schwarzen Seitenflecken. Nur brütende Paare harmonieren.

Gattung *Lamprologus*: hier nur wenige Arten, bekannt ist der **Kongo-Grundcichlide** (*L. congoensis*): 15 cm. Schlank, Männchen mit Kopfbuckel, sandgrau mit Goldtupfen. Höhlenbrüter, haremartige Mann-Mutter-Familie.

Gattung *Nanochromis*: 10 Arten. Kleine schlanke farbige Höhlenbrüter (mit 12 Schuppen um den Schwanzflossenstiel). Dazu **Blauer Kongocichlide** (*N. parilus*): 8 cm, Kongo-System. Blaugrün-metallischer Vorderbauchfleck. Mann-Mutter-Familie. – **Leopolds Buntbarsch** (*N. transvestitus*): 5 cm, Mai-Ndombe-See. Dunkle Körperquerbinden. Weibchen mit kirschrotem Hinterbauchfleck und schwarzweiß gebänderten unpaaren Flossen! – Farblich weniger attraktiv, sonst sehr ähnlich ist die Gattung *Paranochromis* (5 Arten).

Gattung *Pelvicachromis*: mindesten 5 Arten (viele lokale Farbformen). Etwas größer und gedrungener als *Nanochromis*, mit 16 Schuppen um den Schwanzflossenstiel. Weibchen farbiger (roter Bauchfleck) und etwas kleiner als Männchen, Höhlenbrüter, Vater-Mutter-Familie. Häufigste, typische Art der **Purpur-Prachtbarsch** (*P. pulcher*): 10 cm, Nigeria. Mehrere Farbformen.

Gattung *Sarotherodon*: hier nur wenige Arten, darunter der **Schwarzkehl-Maulbrüter** (*S. melanotheron*): 20 cm. 3 Unterarten von Senegal bis Guinea. Ganz außergewöhnlich: Männchen allein (agamer) Maulbrüter!

Gattung *Steatocranus*: 8 Arten. Physiologisch „bauchrutschend", mit verkümmerter Schwimmblase, leben in felsigen Stromschnellen. Steingrau, hochrückig bis schlank, Männchen im Alter mit Stirnbuckel. Höhlenbrüter, Mutter-Vater-Familie. Dazu **Helmcichlide**, **Kongo-Buckelkopf** (*S. casuarius*): 11 cm. Hochrückig, graue Querbänder. Lebhaft, gesellig, friedfertig.

Gattung *Teleogramma*: 4 Arten. Schlanke, walzenförmige Stromschnellenbewohner. Bisher nur importiert der **Quappenbuntbarsch** (*T. brichardi*): 12 cm. Glatt braunschwarz, Weibchen mit rotem Bauch. Höhlenbrüter, Mann-Mutter-Familie, sonst territoriale Einzelgänger.

Gattung *Thysochromis*: 2 Arten. Dazu **Fünffleck-Buntbarsch** (*Th. ansorgii*): 13 cm, Elfenbeinküste bis Nigeria. Offenbrüter, Elternfamilie.

Gattung *Tilapia* (hier zahlreiche Arten). Besonders attraktiv für Schauaquarien die **Zebratilapie** (*T. buttikoferi*): 25 cm, Guinea bis Liberia. Hochrückig, durchgehend schwarz-weiß gebändert. Offenbrüter, intensive Elternfamilie. –

Abb. 52.129 *Tilapia buttikoferi* (Aquarium Paris)

Kleine Zebratilapie (*T. joka*): 13 cm, Sierra Leone. Schwarz mit dünnen, hellen Querbinden. Höhlenbrüter, Vater-Mutter-Familie. – **Marientilapie** (*T. mariae*): 35 cm, von der Elfenbeinküste und Ghana bis Benin und Kamerun, in den Küstenebenen, auch im Brackwasser. Hellgelb mit 4 - 5 schwarzen Flecken. Offen- bzw. Höhlenbrüter, Vater-Mutter-Familie.

Haltung von afrikanischen Buntbarschen

Annähernd herkunftsgemäße Wasserqualität und adäquate Ernährung sind Grundvoraussetzungen. Erstaunlich viele Arten brauchen auch pflanzliche Nahrung, um gesund zu bleiben.

Der Vielfalt von Lebensräumen, Arten und Spezialisierungen sollte eine entsprechend differenzierte Aquariengestaltung und Pflege entsprechen. Damit kann auch eine Vorstellung der natürlichen Lebensräume und der Nutzung unterschiedlicher Nischen durch die Fische einer Familie vermittelt werden. Sehr attraktiv ist die Vergesellschaftung verschiedener plakatfarbiger „Mbuna"-Cichliden aus dem Malawisee in Felsaquarien, die auch den das mütterliche Maul verlassenden Jungtieren Verstecke bieten. Es besteht allerdings die Gefahr, dass einander nahe stehende Arten bastardieren. In einem entsprechend gestalteten Tanganjikasee-Aquarium lassen sich maulbrütende Freiwasserfische (*Cyprichromis, Tropheus*), Höhlenbrüter (*Julidochromis, Neolamprologus*) und über einer Fläche mit leeren Schneckenhäusern auch Schneckenbuntbarsche wie *Neolamprologus multifasciatus* gemeinsam pflegen und vermehren, natürlich auch zusammen mit den bei *Tropheus* brutparasitierenden Kuckuckswelsen wie *Synodontis polli.* Große räuberische Formen wie auch besonders anspruchsvolle Buntbarsche (z.B. Stromschnellenbewohner oder fragile „Zwergcichliden") gehören natürlich in ein Artbecken. Probleme der innerartlichen Aggressivität (z.B. bei Viktoria-*Haplochromis*) lassen sich unter Umständen durch eine vielfältige Vergesellschaftung oder eine stark gegliederte Einrichtung mildern, auch gemeinsam heranwachsende Fische bleiben eher verträglich. Wichtig ist ebenso die Ausstellung bedrohter Arten mit Hinweisen auf Ursachen und auf Erhaltungszuchtprogramme (Viktoriasee-Buntbarsche!).

Weitere Hinweise zur Pflege einzelner Gattungen oder Arten, die keinen Anspruch auf Vollständigkeit erheben und eher als Beispiele dienen sollen:

Unter den Malawisee-Buntbarschen sind z.B. die farbenprächtigen Kaiserbuntbarsche der Gattung *Aulonocara* aus der Übergangszone am

Fuße der Felsen zarter besaitet und sollten höchstens mit vergleichbaren kleineren Fischen vergesellschaftet werden, keinesfalls aber mit den rabiaten Mbuna-Cichliden. Untereinander sind die *Aulonocara*-Männchen ausgesprochen unverträglich und besetzen große Balzreviere. Wie generell bei maternalen Maulbrütern ist es ratsam, 1 Männchen mit mehreren Weibchen zu vergesellschaften. Diese benötigen Verstecke, um sich zeitweise der intensiven Balz zu entziehen und zu brüten.

Der imposante Tanganjika-Beulenkopf (*Cyphotilapia frontosa*) ist trotz seiner Größe ein ausgesprochen friedfertiger, eher scheuer Buntbarsch, der sich z.B. in Gesellschaft quirliger *Tropheus* nicht wohl fühlt. Es empfiehlt sich eine Gruppenhaltung in großen, ruhigen, versteckreichen Aquarien. Naturgemäß ist eine Ernährung mit Garnelen bzw. Krebsfleisch. Eine Vergesellschaftung mit kleineren Fischen ist möglich, an denen er sich nach übereinstimmenden Angaben „kaum“ vergreift. Auch Pflanzen lässt er in Ruhe wachsen.

Die zierlichen Kärpflingsbuntbarsche (*Cyprichromis*, *Paracyprichromis*) fühlen sich im Schwarm am wohlsten und benötigen genügend freies Wasser, in dem sie sich tagsüber aufhalten. *Tropheus moorii* sind eine störende Raumkonkurrenz. Als Gesellschaft empfehlen sich gleichfalls zartere, bodenorientierte Arten. Kärpflingsbuntbarsche laichen nicht nur im freien Wasser, außergewöhnlich ist ferner, dass sich die aus dem mütterlichen Maul entlassenen Jungfische an der Oberfläche sammeln. Dort sind sie zur gezielten Aufzucht relativ leicht abzufischen.

Als Problemfisch unter den Buntbarschen des Tanganjikasees gilt der hübsche Tanganjikaclown (*Eretmodus cyanostictus*). Er stellt besonders hohe Ansprüche an die Wassergüte und gedeiht nur bei häufigem Teilwasserwechsel.

Bei manchen Arten und bei Importfischen aus der Natur hängt der Erfolg bei Haltung und Zucht von einer genaueren Nachahmung der natürlichen Wasserverhältnisse ab, so z.B. bei dem wunderschönen *Nanochromis transvestitus*, der sehr mineralarmes, saures Wasser benötigt. Auch nehmen Importfische manchmal zunächst nur Lebendfutter an. Altgediente Aquarienstämme, wie wir sie z.B. von *Pelvicachromis pulcher* besitzen, sind hingegen weniger anspruchsvoll.

Der mehrfach als „Störenfried“ erwähnte Brabant-Buntbarsch (*Tropheus moorii*) mit seinen z.T. äußerst attraktiven Farbformen ist dennoch alle Mühe wert! Er bildet Gruppen mit Rangordnung, willkürlich zugesetzte ältere Individuen werden heftig bekämpft. Man beginnt am besten mit einigen Jungtieren, deren Nachkommen dann in die Gemeinschaft hineinwachsen. So entwickelt sich mit der Zeit eine große Gruppe dieser hochinteressanten lebhaften Buntbarsche. Sie benötigen auch pflanzliche Kost. Die Vergesellschaftung mit möglichst andersartigen bodengebundenen Arten, z.B. kleinen Schneckenbarschen oder *Julichromis* ist gut möglich.

Höchstalter. *Hemichromis bimaculatus* 14 Jahre, 6 Monate, *Oreochromis niloticus* 11 Jahre, 11 Monate (beide Artis-Zoo Amsterdam), *Tilapia zillii* 5 Jahre, 1 Monat (Aquarium Charlottenlund, Dänemark).

Buntbarsche Madagaskars

Endemische Buntbarschfauna mit ursprünglichen Merkmalen, mit den afrikanischen Buntbarschen nicht näher verwandt, Gattung *Paretroplus* steht den indischen *Etroplus*-Arten nahe. Soweit bekannt, alle Substratlaicher mit Elternfamilie. Akute Gefährdung der endemischen Buntbarsche durch die Einführung von *Tilapia*- und *Oreochromis*-Arten, des asiatischen Schlangenkopffisches *Channa striata*, des amerikanischen Forellenbarsches u.a. Speisefische. Üblicherweise fängt man in madagassischen Gewässern heute in erster Linie faunenfremde Fische. Der „Ureinwohner“ *Ptychochromoides betsileanus* aus klaren Gebirgsseen ist höchstwahrscheinlich schon ganz verschwunden.

5 Gattungen mit etwa 19 Arten.

Gattung *Oxylapia*: 1 Art. **Madagassischer Grundelbuntbarsch** (*O. polli*): 12 cm. Schlanker Stromschnellencichlide aus dem Nosivolo-Fluss.

Abb. 52.130 *Paratilapia polleni* (Zoo Leipzig, Aquarium)

Gattung *Paratilapia*: 2 Arten. **Fimanga-Buntbarsch** (*P. bleekeri*): 18 cm. Männchen schwarzbraun, brütend blauschwarz mit hellen Punkten und Flecken, sehr schön. Bewegliche Eitraube durch Klebfäden zusammengehalten, vom Weibchen befächelt, vom Männchen mit bewacht (Mann-Mutter-Familie). – Sehr ähnlich, aber mit kleineren Punkten, ist der **Pollen-Buntbarsch** (*P. polleni*).

Gattung *Paretroplus*: 10 Arten. Körperform ähnlich den indischen *Etroplus*-Arten hochrückig und seitlich abgeflacht, aber im Gegensatz zu diesen mit gegabelter Schwanzflosse. Elternfamilie, brütende Paare gegenüber Artgenossen territorial (paarweise Haltung empfehlenswert). Im Süß- und Brackwasser entlang der Nordwestküste lebt **Damis Paretroplus** (*P. damii*): 28 cm. Schwarzgrau mit breiter, gelber bis rötlicher Körperquerbinde und gelben bis roten Kopfseiten, Männchen mit blauem Maul. – In der östlichen Küstenebene verbreitet ist der **Ostküsten-Paretroplus** (*P. polyactis*): 20 (40) cm. 5 - 6 dunkle Körperquerbinden, Augen rot gerandet. Salztolerant. Heftet Laich an Holz-Unterseite. – Auf kleine Süßwasser-Areale beschränkt und sehr bedroht sind die wie alle Gattungsangehörigen reizvoll-eigenartigen *P. kieneri* (Teichzuchten in Frankreich und Florida), *P. maculatus*, *P. petiti* und der erst 1996 beschriebene **Rotrand-Paretroplus** (*P. menerambo*): 18 cm. Schwarze Schuppenpunkt-Längsstreifen, Weibchen mit mehr oder weniger deutlichen Körperquerbinden auf gelblich grauem Grund, nur Männchen mit rot gerandeten unpaaren Flossen. Offenbrüter mit Elternfamilie.

Gattung *Ptychochromis*: 3 Arten. Dazu **Saroy-Buntbarsch** (*P. oligacanthus*): 28 cm, Flachland, weit verbreitet, auch Brackwasser. Große Augen, tief stehendes Maul, verschiedene lokale Farbformen. Großer Laichplatz mit mehreren kleinen Vertiefungen. Elternfamilie. Nahe verwandt ist die Gattung *Ptychochromoides* mit 3 Arten aus Fließgewässern. Soweit bekannt, Offenbrüter (Laich auf Steinen) mit Elternfamilie.

Haltung von madagassischen Buntbarschen

Für die vom Aussterben bedrohten endemischen Buntbarsche Madagaskars gibt es Erhaltungszuchtbemühungen in Europa unter Federführung des Londoner Zoo-Aquariums und in den USA des Denver Zoos und des Aquariums des Bronx Zoo, New York.

Paratilapia bleekeri ist die aquaristisch am weitesten verbreitete Art. In größeren, mit

Abb. 52.131 *Paretroplus kieneri*, Männchen betreut Gelege (Zoo Leipzig, Aquarium)

Steinaufbauten und Wurzeln oder Totholz strukturierten Aquarien (1 - 3 m^3) kann man sie auch zu mehreren gut halten. Auftretende Aggressionen zwischen den Männchen verteilen sich dann. Die Wasserwerte spielen keine größere Rolle (pH-Wert um 7, mittelhartes Wasser), die Temperaturen können zwischen 20 und 28 °C schwanken. Gefressen wird alles gängige tierische Lebend- und Frostfutter, auch Flockenfutter und Fischpellets.

Die Haltungsansprüche von *Ptychochromis oligacanthus* entsprechen im Wesentlichen denen von *Paratilapia.* Auch hier sind die Männchen recht unverträglich, so dass die Aquarien gut strukturiert sein müssen. *Paretroplus kieneri* ist dagegen vergleichsweise friedlich und kann in einer Gruppe bereits in relativ kleinen Aquarien erfolgreich gehalten werden. Die Art benötigt vor allem einen weichen Bodengrund. Die Fische bohren ihren tief liegenden vorderen Kopfteil mit dem Maul in den Sand ein, um mit seitlichen Schlägen den Boden aufzuschaufeln. Sie versuchen auf diese Weise offenbar, Schnecken herauszuwühlen, die in der Natur ihre Hauptnahrung darstellen. Sie sollten auch im Aquarium einen bedeutenden Teil des Futterspektrums ausmachen. Beide genannten Arten benötigen leicht alkalisches (pH-Wert 7,5 - 8), mittelhartes Wasser (um 20° dGH). Für Zuchtversuche ist ein Nitratgehalt unter 30 mg/l zu beachten.

Vermehrung. Geschlechtsunterschiede sind bei *Paratilapia bleekeri* nicht leicht zu erkennen, Männchen werden etwas größer als Weibchen, die auch deutlich Laichansatz zeigen. Gelaicht wird zwischen größeren Steinspalten oder in Kiesgruben. Die orangefarbene, im bewegten Wasser hin und her flutende Laichtraube (!) wird von beiden Geschlechtern betreut. Die bei etwa 27 °C nach 48 Stunden schlüpfenden Larven schwimmen nach weiteren 4 Tagen frei und können mit Artemia- oder kleinen Cyclops-Nauplien angefüttert werden.

Buntbarsche Südasiens

Auf dem indischen Subkontinent und Sri Lanka leben insgesamt nur 3 endemische Buntbarsch-Arten mit ganz augenfälliger Ähnlichkeit zu den madagassischen *Paretroplus* und wahrscheinlich gleicher Wurzel wie alle Madagaskar-Buntbarsche.

Gattung *Etroplus*: 3 Arten, küstennahes Süß- und Brackwasser. Substratlaicher mit Elternfamilie. *E. canarensis* (nur in Küstenflüssen des

Abb. 52.132 *Etroplus suratensis* (Zoo Leipzig, Aquarium)

indischen Staates Karnataka) ist aquaristisch unbekannt. Im südlichen Vorderindien und auf Sri Lanka leben 2 Arten. **Punktierter Buntbarsch** (*E. maculatus*): 8 cm. Goldgelb mit schwarzem Punkt in der Körpermitte und unregelmäßigeren schwarzen Körperseitenflecken sowie Längsreihen feiner roter Pünktchen. 200 - 300 Eier auf Steinen und Holz, Junge hängen anfangs gelegentlich wie bei Diskusbuntbarschen an den Körperseiten der Eltern. Diese z. T. als Laichräuber bei der folgenden Art. – **Indischer Streifenbuntbarsch** (*E. suratensis*): 40 cm. Graugrün mit dunkleren Körperquerbinden und diamantsplitterartigen Fleckchen. Brutpflegende Eltern mit dunkler Kehle und Brust. 500 - 1 000 Eier offen oder an bzw. unter Wurzeln. Geselliger Brackwasserfisch, in Süßwasser gedeiht er auf Dauer nicht!

Haltung von südasiatischen Buntbarschen

Beide Arten kommen in der Natur in Brackwasserbiotopen sympatrisch vor und können in einem Mangrove-Aquarium gemeinsam gepflegt werden, der Punktierte Buntbarsch auch in bepflanzten Süßwasser-Aquarien. Der Indische Streifenbuntbarsch bildet eindrucksvolle Gruppen. Er benötigt auf jeden Fall pflanzliche Nahrung. Eine Vergesellschaftung mit anderen Brackwasser- bzw. Süßwasserfischen ist möglich. *E. maculatus* betätigt sich auch als Putzer der großen *E. suratensis*. Die Fische sind Wärme liebend (23 - 28 °C).

Buntbarsche Amerikas

Aus den riesigen Flussgebieten Südamerikas sind etwa 300 Buntbarsch-Arten bekannt. Es überwiegt der ursprüngliche Lebensformtyp des bodengebundenen Kleintierfressers. Außerdem gibt es eine Reihe z. T. hechtartig schlanker Raubfische (*Cichla, Crenicichla*), einzelne Planktonfänger (*Chaetobranchopsis*), einige an Stromschnellen angepasste Arten wie *Retroculus* und einige zart besaitete „Luxusentwicklungen" wie Segelflosser (*Pterophyllum*) und Diskusfische (*Symphysodon*). Eine Besonderheit sind die so genannten Zwergcichliden (haupt-

Abb. 52.133 *Acarichthys heckelii* (Tierpark Berlin)

sächlich *Apistogramma*). Letztere sind Höhlenbrüter, daneben gibt es einige (larvophile) Maulbrüter (z.B. *Bujurquina*), es überwiegen jedoch Offenbrüter mit Elternfamilie. Die verschiedenen Wassertypen (Weiß-, Klar- und Schwarzwasser) sind alle mineralarm und zumindest schwach sauer, extrem mineralarmes Schwarzwasser (z.B. Rio Negro) hat aufgrund des hohen Gerbstoffgehalts pH-Werte bis unter 4,0. Nur wenige Arten sind (zur Fortpflanzung) aber auf derartige Extremwerte angewiesen. – Für die Aquarienpraxis sind sie absolut nicht zu empfehlen!

Mittelamerika hat hingegen aufgrund reicher Kalkvorkommen ganz überwiegend mineralreiches „hartes", leicht alkalisches Wasser und eine eigene Buntbarschfauna. Es gibt hier viele kräftige Großbuntbarsche, in isolierten Seen auch endemische Formen, die heute z.T. durch Faunenverfälschung bedroht sind. Am weitesten nördlich lebt der Texascichlide (*Herichthys cyanoguttatus*).

Wer seit langem mit den großen amerikanischen „Sammelgattungen" wie *Aequidens, Cichlasoma* oder *Geophagus* vertraut ist, sträubt sich zunächst gegen die vielen daraus hervorgegangenen Gattungen. Wenn man damit aber dem Ziel einer Aufteilung in natürliche Verwandtschaftsgruppen näher gekommen ist, müssen sich diese letztlich durchsetzen. Zurzeit sind wir in einer schwierigen Übergangsphase. Viele Arten werden in der Literatur noch lange nicht einheitlich benannt und in älteren Büchern findet man natürlich die alten Namen. Zur Orientierung stehen hier deshalb bei den alten Gattungsnamen Hinweise auf die daraus hervorgegangenen aktuelleren, unter denen man einen Großteil der Arten heute findet.

Gattung *Acarichthys*: 1 Art, äußerlich sehr ähnlich *Geophagus* (hochrückig, gerade Bauchlinie, große Augen). **Heckels Buntbarsch** (*A. heckelii*): 20 cm, Guayana, Brasilien, Peru. Grün glänzende Fleckenlängsreihen, lang ausgezogene rote Rückenflossenstrahlen. Höhlenbrüter, Elternfamilie. Sehr attraktive, gesellige, ruhige, die Pflanzen schonende Fische für größere Aquarien.

Gattung *Acaronia*: 2 Arten, Südamerika. Hochrückige Buntbarsche mit großen Augen und tief gespaltenem, weit vorstülpbarem Maul (ähnlich *Chaetobranchopsis* und *Chaetobranchus*). Räuberisch (Garnelen, Insektenlarven, Fische), gegen Artgenossen unverträglich. Offenbrüter, Elternfamilie. **Reusenmaulbuntbarsch** (*A. nassa*): 25 cm, Amazonas, Guayana. – *A. vultuosa*: 18 cm, Orinoko, Rio Negro.

Abb. 52.134 *Amphilophus citrinellus*, Männchen (Zoo Barcelona)

Gattung *Aequidens*: Nach Revision der einstigen Sammelgattung noch etwa 10 Arten, Mittel- und Südamerika. Mittelgroße, rundköpfige, kurzschnauzige Buntbarsche, häufig mit Längsband, dunklem Seitenfleck und hell gerandetem, schwarzem Schwanzwurzelfleck. Offenbrüter, Elternfamilie. Typusart: **Grünglanz-Buntbarsch** (*Ae. tetramerus*): 25 cm. Kopf und Bauch weinrot. Viele weitere noch provisorisch unter diesem Namen, z.B. – **Goldsaum-Buntbarsch** (*Ae. rivulatus*): 20 cm, Westecuador. Männchen größer, mit Stirnbuckel, Schwanzflosse breit rotgold gesäumt. Großer Formenkreis ähnlicher Cichliden. – **Blaupunkt-Buntbarsch** (*Ae. pulcher*): 15 cm, Panama bis Venezuela. Blau glänzende Schuppen- und Wangenflecken. Hinweis: zahlreiche Arten der einstigen Sammelgattung *Aequidens* heute in den Gattungen *Bujurquina, Cleithracara, Krobia, Laetacara, Tahuantinsuyoa* bzw. provisorisch unter „*Aequidens*".

Gattung *Amphilophus*: 17 Arten. Mittelamerika. Großbuntbarsche, Offenbrüter, Elternfamilie. Dazu **Zitronenbuntbarsch** (*A. citrinellus*): 30 cm, Nicaragua, Costa Rica. Einheitlich gelb, aber auch weißlich bis orangefarben (wohl von Carotinen aus Krebsnahrung beeinflusst). Männchen mit imposantem Stirnbuckel. Bewuchs- und Kleintierfresser. Jung, unverpaart gesellig, Paare territorial. – Ganz ähnlich aus dem gleichen Gebiet der **Lippenbuntbarsch** (*A. labiatum*) mit spitzerem Kopf und verdickten Lippen. Zur selben Gattung rechnet P. Loiselle, Ichthyologe am Aquarium des Bronx Zoo auf Long Island, New York, weitere mittelamerikanische Buntbarsche, die aquaristisch aber kaum Bedeutung haben.

Gattung *Apistogramma*: mindestens 70 Arten, noch häufig Neubeschreibungen, Kleingewässer Südamerikas. Hauptgattung der so genannten Zwergbuntbarsche. Körper langgestreckt. Männchen maximal 5 - 10 (12) cm groß mit ausgezogenen Flossen und farbiger, Weibchen unscheinbarer und viel kleiner. Höhlenbrüter (Weibchen-Brutkleid oft leuchtend gelb-schwarz). Überwiegend Mann-Mutter-Familie („Harem"), selten Übergänge zu gemeinsamer Brutpflege. Markante Vertreter sind **Agassiz-Zwergbuntbarsch** (*A. agassizi*): 8 cm, Brasilien, Amazonas. Dunkles Längsband, Schwanzflosse spatelförmig, diverse

Farb- und Zuchtformen. – **Reitzigs Zwergbuntbarsch** (*A. borelli*): 8 cm, Matto Grosso, Rio Paraguay. Relativ hochrückig. Männchen blau glänzend, Kopf gelb mit blauen und roten Flecken. – **Kakadu-Zwergbuntbarsch** (*A. cacatuoides*): 8 cm, Amazonas-Becken. Männchen mit verlängerten Rückenflossenstacheln (an aufgestellte Kakaduhaube erinnernd), breites Maul. Bauchseite mit 3 - 4 wellenförmigen Linien. Im Handel überwiegend Zuchtformen mit leuchtend rot gefleckten unpaaren Flossen. – **Panda-Zwergbuntbarsch** (*A. nijsseni*): 7 cm, Peru. Mit rot gerandeter Schwanzflosse, Männchen blau glänzend, Weibchen leuchtend gelb mit großen schwarzen („Panda"-) Flecken an Kopf, Bauch und Körper.

Gattung *Archocentrus*: 10 Arten (umstritten), Mittelamerika. Mittelgroße Cichliden, Männchen z.T. deutlich größer, jedoch maximal nur 12 - 15 cm. Höhlen- oder Offenbrüter, Elternbzw. Vater-Mutter-Familie, Junge in Gruben. Bekannte Arten: **Zebrabuntbarsch** (*A. nigrofasciatum*): 15 cm, Guatemala. Hellgrau mit 7 - 8 schwarzen Querbinden. Höhlen- bis Offenbrüter, Vater-Mutter-Familie. – **Sajika-Buntbarsch** (*A. sajika*): 12 cm, Costa Rica. Männchen mit Stirnbuckel und weinroten unpaaren Flossen, Weibchen taubengrau.

Gattung *Astronotus*: eventuell 3 - 4 Arten, südamerikanische Großcichliden. Sicher bekannt nur der **Pfauenaugen-Buntbarsch** (*A. ocellatus*): bis 33 cm, Amazonasgebiet, südwärts bis Rio Paraguay. Orangefarben umrandete schwarze Augenflecke in oberer Schwanzflossenbasis und oft auch in der Rückenflosse, Körper mit wolkigen dunklen Flecken und Binden. Populäre Zuchtform: „Roter Oskar" mit einheitlich kupferrotem Körper. Offenbrüter, Elternfamilie. Auffallend schwarz-silbernes Jugendkleid. Wenig aggressiv, Haltung in zusammengewöhnten Gruppen möglich. Starke Fresser (magerer Fisch, Garnelen, auch Pflanzliches). In Florida, Mittelamerika und Ozeanien eingebürgert.

Gattung *Biotodoma*: 2 Arten, Südamerika. Wunderschön pastellfarbige, kurzschnauzige, hochrückige Erdfresser. Bekannteste Art: **Schwanzstreifenbuntbarsch** (*B. cupido*): 12 cm, Peru, Südostbrasilien. Schwarze Augenbinde, hell gesäumter schwarzer Fleck unter der weichen Rückenflosse, Schwanzflosse mit weißen Seitenstreifen. Männchen metallisch grün bis kupferfarben, Weibchen schlichter. Offenbrüter, Elternfamilie.

Gattung *Bujurquina*: etwa 30 Arten, teils noch ohne wissenschaftliche Namen, Südamerika. Mittelgroß, *Aequidens* sehr ähnlich, aber Längsband knickt über dem Auge nach oben und alle sind larvophile Maulbrüter mit Elternfamilie, z.T. transportable Laichsubstrate (Blätter) benutzend. Arten schwer unterscheidbar, typisch z.B. der **Fleckenband-Buntbarsch** (*B. syspilus*): 15 cm, oberer Amazonas. Längsband aus zusammenfließenden Flecken.

Gattung *Caquetaia*: 4 Arten. Großcichliden, hochrückig mit großer, spitzer Schnauze. Fischräuber. Offenbrüter, Elternfamilie. Dazu **Myers Buntbarsch** (*C. myersi*): bis 27 cm, Kolumbien, Ecuador. Gelb mit 2 schwarzen Querbinden.

Gattung *Chaetobranchopsis*: 2 Arten. Hochrückig, großmäulig, mit Kiemenrechen. Planktonfresser, die Nahrung wird unter schnellen Bewegungen des tütenartigen Maules eingesaugt. 4 - 6 Afterflossenstacheln. Gelegentlich als Beifang importiert der **Planktoncichlide** (*Ch. orbicularis*): 12 cm, Rio Negro. Graugrün mit schwarzem Fleck in der Körpermitte und erwachsen 2 dunklen Längsbinden. – Sehr ähnlich die gut doppelt so groß werdenden 3 Arten der Gattung *Chaetobranchus* (3 Afterflossenstacheln).

Gattung *Cichla* (Raubcichliden): etwa 10 Arten. Imposante Fischjäger des tropischen Südamerikas mit tief gespaltenem, großem Maul, vorstehendem Unterkiefer und typischer Kerbe zwischen harter und weicher Rückenflosse. Reife Männchen mit Stirnbuckel. Vermutlich alle Offenbrüter (Laich auf Hartsubstrat in Sandmulde) mit Elternfamilie, z.B. **Augenfleck-Kammbarsch** (*C. ocellaris*): 50 cm, nordöstliches Südamerika. Gelbgrün mit 3 mehr oder weniger deutlichen Querbinden und gattungstypischem Augenfleck auf der Schwanzflossenbasis. – **Humboldt-Cichlide** (*C. temensis*):

65 cm, Orinoko, Rio Negro. Graugrün, helle Tüpfel, 3 schwarze Körperquerbinden, Bauch- und Afterflosse sowie untere Schwanzflossenhälfte rot. Haltung in speziellen Großaquarien.

Gattung *Cichlasoma*: aktuell nur noch 12 Arten, Südamerika (Orinoko bis Rio Paraná). Bis 15 cm lange, *Aequidens* ähnelnde Offenbrüter (Elternfamilie). Allen gemeinsames Farbmuster: je 1 Fleck unter dem Auge, in der Körpermitte und am Schwanzflossenstiel, dunkles Längsband, z.B. **Zweifleck-Buntbarsch** (*C. bimaculatum*): 20 cm, Guayana-Länder, in Südostflorida eingeschleppt. Aquaristisch ist diese auch farblich wenig attraktive Restgruppe der einst über 100 Arten umfassenden Sammelgattung kaum von Bedeutung. Die früher unter diesem Gattungsnamen bekannten Arten, darunter viele auffällige Großbuntbarsche, findet man jetzt in anderen Gattungen: *Amphilophus, Archocentrus, Caquetaia, Cryptoheros, Hoplarchus, Herichthys, Heros, Herotilapia, Hoplarchus, Hypselacara, Hypsophrys, Mesonauta, Nandopsis, Parapetenia, Petenia, Theraps, Thorichthys, Tomocichla, Vieja.* Die Umgruppierung ist oft noch nicht endgültig. Etwa 30 Arten, von denen bisher nur klar ist, dass sie nicht zu der von dem schwedischen Ichthyologen Kullander 1983 definierten Gattung gehören, werden vorerst weiter unter „*Cichlasoma*" geführt, darunter sehr bekannte und attraktive Fische. Als erster Cichlide 1894 lebend nach Berlin gelangt und gezüchtet war der **Chanchito** („*C. facetum*"): 16 cm, Südbrasilien bis Nordargentinien. Gelbbraun mit schwarzen Querbändern, variabel. Offenbrüter, Elternfamilie. Mehrere ähnliche Arten bzw. Formen bilden die so genannte „*C.-facetum*"-Gruppe. Besonders schön gefärbt sind **Orangeroter Tigerbuntbarsch** („*C. festae*"): 50 cm, Westecuador. Kräftiger Großbuntbarsch. Orangerot, schwarze bis grüne Querbänder. Männchen deutlich größer. Offenbrüter, Vater-Mutter-Familie, brütend besonders aggressiv. Hoher Schauwert! – **Achtbindenbuntbarsch** („*C. octofasciatum*"): 20 cm, Südmexiko bis Honduras. Blau glänzende Schuppenflecken, 8 schwarze Körperquerbinden, stimmungsabhängig mehr oder weniger deutlich. – **Salvins Buntbarsch** („*C. salvini*"): 15 cm, Südmexiko bis Honduras. Goldgelb, 2 schwarze Längsstreifen, blaue und rote Flossentüpfel. Verpaarte Tiere sehr aggressiv.

Gattung *Cleithracara*: 1 Art. **Maroni-Buntbarsch** (*C. maronii*): 15 cm, Guayana. Braun mit schwarzer Nacken-Augenbinde und Schlüssel-

Abb. 52.135 *Crenicichla lugubris* (Zoo-Aquarium Berlin)

Abb. 52.136 *Satanoperca spec.* (Zoo Leipzig, Aquarium)

lochfleck im hinteren Körperdrittel. Offenbrüter, Elternfamilie. Friedlicher „Idealbuntbarsch".

Gattung *Crenicara*: 3 Arten, Südamerika. Besonders schön **Gabelschwanz-Schachbrettcichlide** (*C. filamentosa*): 9 cm, Rio Negro, Orinoko. Offenbrüter, Elternfamilie. Zarter Zwergbuntbarsch.

Gattung *Crenicichla* (Hechtcichliden, Kammbarsche): Mindestens 80 Arten, Südamerika. Sehr langgestreckte Stoßräuber mit großem, spitzem Maul (stumpfschnauzigere Arten z.T. als Gattung *Batrachops* abgetrennt). Bis 45 cm lang, doch auch einzelne „Zwergbuntbarsche" (z.B. *C. compressiceps*, 7 cm). Soweit bekannt, Höhlenbrüter mit Eltern- bzw. Vater-Mutter-Familie. Manche sind Stromschnellenspezialisten mit verkümmerter Schwimmblase, z.B. **Sterngucker-Hechtbuntbarsch** (*C. camenata*) mit nach oben gerichteten Augen. – Manche sehr farbig, z.B. **Marmor-Kammbarsch** (*C. marmorata*): bis 38 cm, Rio Madeira, Amazonas. Schwarzes Längsband mit leuchtend roten Flecken. – Seit langem bekannt der **Große Hechtcichlide** (*C. lepidota*): 45 cm, Brasilien, Bolivien. Meist graugrün mit hellen Tüpfeln. – **V-Schwanzfleck-Kammbarsch** (*C. lugubris*): 30 cm, Amazonas-Becken, Guayana-Länder. Einfarbig, schwarzer Fleck auf der Schwanzflossenbasis. – Einige sehr attraktive Arten (z.B. *C. spec.* „Rio Xingu I - III") noch ohne wissenschaftlichen Namen. Geräumige Aquarien mit Höhlenverstecken und allenfalls größeren Mitbewohnern.

Gattung *Geophagus* (Erdfresser): 18 Arten (dazu etliche unbeschriebene bzw. hier nur noch provisorisch eingeordnete), Südamerika. Hochrückig, gerade Bauchkante, mit tief stehendem, ausstülpbarem Saugmaul gründelnd. Bekannte Vertreter: **Brasil-Perlfisch** (*G. brasiliensis*): bis 28 cm, Südostbrasilien in Küstennähe, bis ins Brackwasser. Metallisch glänzende Schuppenflecke. Allesfresser, Offenbrüter, Elternfamilie. – **Surinam-Perlfisch** (*G. proximus*): 30 cm, Guayana bis Amazonas. Längsstreifen metallisch glänzender Schuppen, großer dunkler Seitenfleck. Larvophiler Maulbrüter mit Elternfamilie. – Unter gleichem deutschem Namen der sehr ähnliche *G. surinamensis*: 15 cm, nur östliches Guayana-Schild. Nur 3 Schuppen breiter dunkler Seitenfleck. – **Rothauben-Erdfresser** (*G. steindachneri*): 15 cm, Kolumbien. Reife Männchen mit rotem Stirnbuckel. Maulbrüter, Mutterfamilie. Andere Arten aus der einstigen Sammelgattung *Geophagus* heute unter *Biotodoma, Guianacara, Gymnogeophagus* und *Satanoperca.*

Gattung *Gymnogeophagus*: 9 Arten und weitere noch nicht wissenschaftlich beschriebene Formen, Südamerika. Attraktive, meist nur um 10 cm lange Erdfresser. Südwärts bis in die Subtropen verbreitet (Vorzugstemperaturen von 22 - 26 °C). Entweder Offenbrüter mit rötlichen

Abb. 52.137 *Heros severus* (Zoo Leipzig, Aquarium)

Längsstreifen (*G.-rhabdotus*-Komplex) oder Maulbrüter mit Tendenz zu Kopfbuckelbildung bei reifen Männchen (*G.-gymnogenys*-Komplex). Dazu **Gestreifter Erdfresser** (*G. rhabdotus*): bis 15 cm, Südbrasilien bis Argentinien. Körper metallisch blaugrün mit roten Längsstreifen, zur Brutzeit mit für diesen Komplex typischem hell gesäumtem, dunklem Körperseitenfleck. Geschlechter gleichartig, Offenbrüter, Elternfamilie. – **Ballonkopf-Erdfresser** (*G. balzanii*): 15 cm, Rio Paragay, Paraná. Sehr hochrückig, Männchen mit großem Stirnbuckel. Weibchen viel schlichter, allein larvophil maulbrütend.

Gattung *Herichthys*: etwa 9 Arten, Mittelamerika. Großbuntbarsche, ältere Männchen mit Stirnbuckel. Offenbrüter, Elternfamilie. Besonders bekannt 2 lange verwechselte Arten: **Perlcichlide** (*H. carpintis*): 30 cm, Nordmexiko (Rio Panuco). Dicht stehende, fast augengroße Perlmuttflecken. – **Texasbuntbarsch** (*H. cyanoguttatus*): 25 cm, Südtexas, Nordmexiko (Rio Grande, am weitesten nördlich vorkommender Cichlide). Winzige Perlmuttflecke in den Schuppenwinkeln.

Gattung *Heros*: 4 Arten (?), Südamerika. Hochrückige Diskus-Verwandte. Gesellig, zur Laichzeit paarweise territorial. Offenbrüter, Elternfamilie. Dazu **Augenfleckbuntbarsch** (*H. severus*). 20 cm, Orinoko, Rio Negro. Jung 8 dunkle Querbänder, später nur noch bauchseitige Flecke und 1 (wohl gattungstypische) Binde zwischen weicher Rücken- und Afterflosse. Allesfresser, auch Pflanzen! – **Rotkeil-Perubuntbarsch** (*H. cf. efasciatus*): 15 cm, Rio Nanai. Farbenprächtigster Vertreter (Erstimport im Jahr 2000), Kopf metallisch blau-rot, Nacken bis Vorderbauch leuchtend rot, Körper grünlich silber.

Gattung *Herotilapia*: 1 Art. **Regenbogencichlide** (*H. multispinosa*): 13 cm, Nicaragua bis Panama. Afterflosse mit 11 Stacheln. Braun bis leuchtend gelb, großer schwarzer Körpermittelfleck und kleiner Schwanzwurzelfleck, stimmungsabhängig bis 8 Querstreifen oder 1 Längsband, bei der Brutpflege untere Körperhälfte und Bauchflossen schwarz.

Gattung *Hoplarchus*: 1 Art. **Papageibuntbarsch** (*H. psittacus*): 35 cm, Rio Negro, Orinoko. Schnauze papageienschnabelähnlich, 2 kleine schwarze Flecke hinter dem roten Auge, ansonsten farblich wenig attraktiver Speisefisch.

Gattung *Hypselacara*: 2 Arten, Südamerika. Großbuntbarsche. Sehr attraktiv für Großaquarien. Dazu **Rotgrüner Buntbarsch** (*H. temporalis*, bekanntes Synonym *Cichlasoma hella-*

Abb. 52.138 *Microgeophagus ramirezi* (Tierpark Berlin)

brunni): 30 cm, Amazonas. Im Alter mit sehr hoher Stirn, Kopf und Bauch weinrot, Körper grün-gelb mit schwarzem Mittelfleck. Offenbrüter, Elternfamilie.

Gattung *Laetacara*: 4 Arten. Südamerika. Die „Zwergbuntbarsche" aus der einstigen Gattung *Aequidens*. Kurze Schnauze, runder Kopf. Offenbrüter, Elternfamilie. Farblich besonders markant der **Tüpfelbuntbarsch** (*L. curviceps*): 8 cm, Amazonasgebiet. Türkisblau, Wangen und Schwanzflosse mit ebensolchen Tüpfeln. – **Roter Laetacara** (*L. dorsigera*): 8 cm, Rio Paraguay. Unterseite im Brutkleid auffallend rot, sonst hellgraubraun. – **Thayers Buntbarsch** (*L. thayeri*): 15 cm, oberer Amazonas. Dunkler Nackenfleck, Längsbinde knickt am Mittelfleck in die Rückenflosse. Alle *Laetacara* sind ideal für kleine, bepflanzte Gesellschaftsaquarien.

Gattung *Mesonauta* (Flaggenbuntbarsche): 6 sehr ähnliche Arten, Südamerika. Alle mit attraktiver schräger, schwarzer Binde von Schnauzenspitze/Auge bis zum Rückenflossenende, z.B. **Flaggenbuntbarsch** (*M. insignis*): 20 cm, Rio Negro, Orinoko. Offenbrüter, Elternfamilie, Laich an senkrechten Substraten.

Gattung *Microgeophagus* (= *Papiliochromis*): 2 Arten, Südamerika. Zwergbuntbarsche. Offenbrüter, Elternfamilie. Einer der schönsten überhaupt ist der **Schmetterlingsbuntbarsch** (*M. ramirezi*): 7 cm, Orinoko. Vorn goldgelb, hinten hellblau glänzend, Iris rot, schwarze Augenbinde, schwarzer Seitenfleck, Weibchen am Bauch rot. Diverse, vor allem in Südostasien gezüchtete Farbformen.

Gattung *Nandopsis*: 4 Arten. Antillen. Großbuntbarsche. Fisch-, Wirbellosen- und Pflanzenfresser. Offenbrüter, Eltern- oder Mann-Mutterfamilie (*N. haitiensis*), Junge in Gruben. Dazu **Kuba-Buntbarsch** (*N. tetracanthus*): 25 cm, auch im Brackwasser. Hellgrau mit schwarzen Flecken und Querbinden.

Gattung *Nannacara*: 5 Arten, nordöstliches Südamerika. Zwergbuntbarsche. Bekannteste Art ist **Blaugrüner Zwergbuntbarsch** (*N. anomala*): Männchen 8 cm, Weibchen kleiner, Guayana. Männchen blaugrün metallisch glänzend, Weibchen lehmgelb, Brutkleid mit schwarzen Längs- und Querbändern. Höhlenbrüter, Mutterfamilie. Andere Arten mit gemeinsamer Brutpflege.

Abb. 52.139 *Pterophyllum altum* (Tierpark Berlin)

Gattung *Neetroplus*: 2 Arten, Mittelamerika. Bekannt ist der **Fadenfußbuntbarsch** (*N. nematopus*): 12 cm, Nicaragua, Costa Rica. Ruhekleid hellgrau mit schwarzer Querbinde, Brutfärbung genau umgekehrt. Algen- und Kleintierfresser (aber auch Augen anderer Fische!). Höhlenbrüter, Elternfamilie. Lebhaft, Nahrungs- und Brutreviere bildend.

Gattung *Parachromis*: 5 Arten, Mittelamerika. Kraftvolle Großcichliden, z.B. **Leopardbuntbarsch** (*P. dovii*): 40 (70) cm, Nicaragua, Costa Rica. Hell mit dunkler Flecken-Längsreihe.

Gattung *Petenia*: 1 Art. **Gefleckter Raubbuntbarsch** (*P. splendida*): 50 cm, Südmexiko bis Nicaragua. Grausilber mit schwarzen Pünktchen und Flecken-Längsreihe. Fische jagender Großbuntbarsch. Offenbrüter, Elternfamilie. Markante Fischgestalt.

Gattung *Pterophyllum* (Segelflosser): 3 Arten. Hochrückig, blattartig flach, Rücken- und Afterflosse sowie Brustflossen stark verlängert. Offenbrüter (Laich an senkrechten Flächen), Elternfamilie. **Hoher Segelflosser** (*P. altum*): Länge bis 18 cm, Gesamthöhe bis 30 cm, (Standardlänge gleich oder geringer als Körperhöhe), Orinoko. Typischer Stirnknick. Auch die blassere 2. und 4. Körperbinde bis zum Bauch durchgehend. – **Spitzkopf-Segelflosser** (*P. leopoldi*): um 10 cm (Standardlänge etwa 1,5fache Körperhöhe), östlicher Amazonas. Stirn ohne Einbuchtung. Schwarzer Fleck unter der Rückenflossenbasis. – **Segelfosser, Skalar** (*P. scalare*): Länge bis 15 cm, Höhe bis 25 cm (Standardlänge etwas größer als Körperhöhe), Amazonasgebiet von Peru bis Brasilien, Guayana. Ohne Stirnknick. 2. und 4. Köperbinde nur am Rücken angedeutet. Zahlreiche Zuchtformen (Goldskalar, Marmorskalar, Schleierskalar u.a.). Eine als „Peru-Altum" bezeichnete, besonders hochrückige Form mit leichtem Stirnknick.

Gattung *Retroculus* (Stromschnellen-Erdfresser): 4 Arten. Strömungsliebende, schlanke, Erdfressern ähnliche Buntbarsche mit verkümmerter Schwimmblase und kräftigen Flossen, z.B. **Stromschnellen-Erdfresser** (*R. lapidifer*): 25 cm, Brasilien. Fein blau-rot punktiert, obere Schwanzflossenhälfte rot. Gesellig auf Sandflächen, brütende Paare territorial. Laichmulde im Boden, Eier verkleben mit Sandkörnern.

Abb. 52.140 *Symphysodon aequifasciata* (Zoo Leipzig, Aquarium)

Gattung *Satanoperca* (Teufelsangeln): 7 wissenschaftlich beschriebene und mehrere unbeschriebene Arten, Amazonien, Guayana-Länder und Rio Paraguay (*S. pappaterra*). Schlanke, spitzschnauzige Erdfresser. Gemeinsames Farbmerkmal 1 meist hellgerandeter dunkler Fleck an der oberen Schwanzflossenbasis. Brutverhalten unterschiedlich. Offenbrüter, larvophile bis oophile Maulbrüter. Dazu **Dreieck-Erdfresser** (*S. daemon*): 30 cm, Orinoko, Rio Negro. Markanter Zügelstreifen und 2 Körperseitenflecken, unpaare Flossen blau-rot. Offenbrüter, Elternfamilie. – **Teufelsangel** (*S. jurupari*): 25 cm, Guayana, Brasilien. Unklar abgegrenzter variabler Formenkreis ohne Flankenflecken, typisch mit leuchtend blauen Tüpfeln an den Kopfseiten. Ovophile Maulbrüter, Elternfamilie.

Abb. 52.141 *Thorichthys ellioti* (Zoo Leipzig, Aquarium)

Gattung *Symphysodon* (Diskusfische): 2 Arten, tropisches Südamerika. Körper flach scheibenförmig, Maul klein. Hauptnahrung vermutlich Kleinkrebse. Geschlechter absolut gleich, Offenbrüter (Laich an senkrechten Flächen), Elternfamilie. Jungfische ernähren sich zuerst von elterlichem Hautschleim! – **Echter Diskusfisch** (*S. discus*): 20 cm, unterer Rio Negro. Wellig blau-rot längs gestreift, mittlere dunkle Körperquerbinde stark hervortretend. – **Amazonas-Diskusfisch** (*S. aequifasciata*): 15 cm, Amazonasgebiet. Mehrere Unterarten (Blauer, Brauner, Grüner Diskus), zahlreiche Zuchtformen (u.a. Roter Diskus, Türkis-Diskus, Riesen-Diskus), auch Kreuzungen mit *S. discus.*

Gattung *Tahuantinsuyoa*: 2 Arten, ähnlich *Aequidens*. Dazu **Inka-Steinbuntbarsch** (*T. macantzatza*): 12 cm, Peru, Rio Ucayali, über steinigem Grund. Laich auf Blättern, beide Geschlechter nehmen die Larven ins Maul.

Gattung *Teleocichla*: 7 Arten. Südamerikanische Grundelbuntbarsche aus Stromschnellen und Uferzonen mit verkümmerter Schwimmblase (daher schwerer als Wasser). Extrem schlank, maximal 5 - 15 cm lang. Höhlenbrüter, Mutterfamilie, Männchen größer, polygam.

Gattung *Thorichthys*: 8 einander sehr ähnliche Arten, Mittelamerika. Hochrückig, spitze Schnauze, ähnlich *Geophagus*. Kiemendeckel mit schwarzem Augenfleck, abgespreizt als Drohgeste. Offenbrüter, Elternfamilie. Bekannteste und farbigste Art der **Feuermaul-Buntbarsch** (*Th. meeki*): 15 cm, Mexiko, Guatemala. Blaugrau, Unterseite leuchtend rot. Ei- und Brutpflege in erster Linie durch das etwas kleinere Weibchen, Männchen verteidigt Brutrevier. Frisst auch an weichen Pflanzen. – Die rote Bauch- und Kehlfärbung fehlt bei *Th. ellioti.*

Gattung *Uaru*: 3 Arten, Südamerika. Hochrückige Diskus-Verwandte, die auch Pflanzen fressen. Offenbrüter, Elternfamilie. Junge leben wie bei Diskusfischen anfangs von elterlichem Hautsekret. Schon 1913 erstmals importiert der **Keilfleckbuntbarsch** (*U. amphiacanthoides*): 30 cm, Brasilien, Guayana. Großer schwarzer Keilfleck am graugrünen Körper, Iris rot. – **Venezolanischer Uaru** (*U. fernandezyepezi*): 25 cm, (erst 1989 beschrieben). Gleichfalls sehr attraktiv.

Gattung *Vieja*: 16 Arten, Mittelamerika. Kräftig-hochrückige Großcichliden, kurzschnauzig mit verhältnismäßig kleinem Maul. Alte Männ-

Abb. 52.142 *Uaru amphiacanthoides* (Tierpark Berlin)

chen oft mit Stirnbuckel. Farblich besonders attraktiv **Getupfter Buntbarsch**, **Schwarzgürtel-Buntbarsch** (*V. maculicauda*): 30 cm, Südmexiko bis Panama. Körper hellgrau-silbern, untere Kopfseiten sowie Brust und Schwanzflosse rot, schwarze Flankenbinde, andere Farbformen fein getüpfelt. – **Quetzal-Buntbarsch**, **Feuerkopf-Buntbarsch** (*V. synspilum*): 35 cm, Guatemala bis Belize. Nacken, Kopf und Brust weinrot, Hinterkörper goldfarben, undeutliche schwarze Längsflecken unter der Rückenflosse und am Schwanzflossenstiel – farbenprächtigste Art! Sehr eindrucksvolle, wenig aggressive Fische.

Haltung von amerikanischen Buntbarschen

Unter den amerikanischen Cichliden sind viele ausgesprochen pflegeleichte „Idealbuntbarsche" wie *Aequidens*, *Archocentrus*, *Bujurquina*, *Laetacara*, *Pterophyllum scalare*, *Thorichthys*. Andererseits gibt es bisher nicht gezüchtete Problemfische wie *Chaetobranchopsis* und *Chaetobranchus*. Zur Pflege und vor allem für die Zucht einzelner Arten oder Gruppen (z.B. *Crenicara filamentosa*, *Microgeophagus ramirezi*, *Pterophyllum altum*, *Satanoperca daemon*, *Uaru*, *Symphysodon*) ist sehr mineralarmes, weiches, huminsaures, keimarmes Wasser mit Torfzusätzen entscheidend. Stromschnellenbewohner wie *Retroculus* und *Teleocichla* benötigen stets frisches, bewegtes, sauerstoffreiches Wasser.

Mittel- und südamerikanische Großcichliden werden publikumswirksam in Aquarien von mehreren Kubikmetern Inhalt oder Landschaftsaquarien gezeigt, oft vergesellschaftet mit Großsalmlern (Pacus, Scheibensalmlern, Knochenzünglern) oder größeren Antennen-, Dorn- und Schilderwelsen. Wo eine Bepflanzung nicht infrage kommt, werden die Becken zumeist mit Steinen und/oder Totholz gestaltet, um ausreichend Verstecke und Unterstände sowie Anhaltspunkte zur Revierbildung und Laichplätze zu schaffen. Der Bodengrund lässt sich leichter sauber halten, wenn grober Flusskies anstelle von allzu feinem Sand verwendet wird. Um bei den täglichen Fütterungen große Buntbarsche satt zu bekommen, ist kräftiges Futter erforderlich (Regenwürmer, Herz- und Fischfleisch, Mäuse, Pellets aus der Aquakultur). Die Keilfleckbuntbarsche der Gattung *Uaru* brauchen vor allem Pflanzliches (Wasserlinsen, Algen, Salat, Spinat, Rosenkohl, Möhren, Apfel- oder Birnenstücke). Entsprechend dem hohen Nahrungsbedarf großer Buntbarsche sind leistungsfähige Filter und häufige Teilwasserwechsel erforderlich.

Die so genannten Zwergbuntbarsche (*Apistogramma*, *Crenicara*, *Microgeophagus*, *Nannacara* und einzelne kleine Vertreter anderer Gattungen) als Bewohner flacher, pflanzenreicher Kleingewässer und Uferzonen fühlen sich in entsprechenden Aquarien mit Pflanzen, vielen Verstecken und Bruthöhlen wohl (Steine, Holz, Laub). Trotz ihrer geringen Größe sind sie recht territorial, erst ab etwa 1 m Aquarienlänge kann man artgemäße Gruppen („Harems") halten. Im Artbecken bleiben sie meist scheu. Es bietet sich an, für sie ein Uferzonen-Aquarium mit anderen Fischen einzurichten. Als Futter sind in erster Linie lebende Kleinkrebse anzubieten, Flockenfutter wird oft verschmäht.

Die Haltung der äußerst friedlichen Segelflosser der Gattung *Pterophyllum* erfolgt in ruhigen, hohen, pflanzenreichen Aquarien mit weichem, saurem Wasser ohne lebhafte Mitbewohner. Sie sind Wärme liebend (26 - 30 °C). Vergesellschaftung mit anderen ruhigen Fischen ist gut möglich, zu kleine Mitbewohner wie Neonsalmler werden allerdings gefressen. Besonders *Pterophyllum altum* benötigt sehr mineralarmes, leicht saures Wasser (pH-Wert um 6,0). *P. scalare* ist natürlicherweise ein Mischwasserbewohner, es existieren an härteres Wasser adaptierte Aquarienstämme. Nur bei optimalen Verhältnissen entwickeln Segelflosser ihre ganze Schönheit und es kommt zur Fortpflanzung. Besonders empfindlich sind sie gegenüber Chemikalien, wie z.B. auch Spuren von Kupfer im Leitungswasser.

Die Pflege der herrlichen Diskusbuntbarsche der Gattung *Symphysodon* erfolgt am besten ohne andere Arten in ruhigen Aquarien mit Pflanzengruppen und Holz als Versteck und Laichsubstrat. Höchste Wasser- und Futter-Hygiene erforderlich! Temperaturen 27 - 30 °C, weiches, saures Wasser mit Torfzusätzen. Bei Vergesellschaftung auch mit ruhigen Fischen (Segelflossern oder *Heros*-Arten) besteht stets Gefahr der gegenseitigen Infektion mit den Geißeltierchen *Hexamita* u.a. (weiße Kotfäden, Schwarzfärbung, Abmagerung; Behandlung mit Metronidazol-Präparaten). Die häufig hauptsächlich am Kopf zu beobachtende „Lochkrankheit" gilt als Folge schlechter Haltungsbedingungen. Sauberes, hochwertiges Futter: Krebsfleisch, kleine Garnelen, Kleinkrebse aus sauberen Gewässern (Tubifex und Rote Mückenlarven besser vermeiden). Die Zucht ist schwierig, gewerblich meist in sterilen Aquarien mit Tonkegeln als Laichsubstrat.

Die eigenartig schönen Buntbarsche der Gattung *Uaru* benötigen außer Krebs- und Fischfleisch unbedingt auch Pflanzennahrung (auch weiches Moorkienholz!). Vorzugstemperatur 28 - 30 °C. Zucht schwierig (weiches, saures Wasser). Erstzucht von *U. fernandezyepezi* 2003 in sehr mineralarmem Wasser.

Höchstalter. *Astronotus ocellatus* 17 Jahre, 3 Monate (Zoo Wuppertal), *Heros severus* 10 Jahre, 8 Monate (Artis-Zoo Amsterdam), *Cichlasoma facetum* 10 Jahre, 4 Monate (Artis-Zoo Amsterdam), *Hypselacara temporalis* 9 Jahre, 4 Monate (Zoo Wuppertal), *Vieja maculicauda* 8 Jahre, 11 Monate (Artis-Zoo Amsterdam).

Familie Brandungsbarsche (Embiotocidae)

W. E. Engelmann

Körper barbenartig hochrückig und seitlich zusammengedrückt. Rundschuppen. Mund relativ klein. Rückenflosse einheitlich, Afterflosse lang,

Abb. 52.143 *Hypsurus caryi* (Zoo Leipzig, Aquarium)

mit 3 Stachelstrahlen, Schwanzflosse gegabelt. Seitenlinie gut entwickelt. Größe zwischen 15 und 45 cm.

Verbreitung. Endemisch im Nordpazifik, Verbreitungsschwerpunkt im Nordosten. Nur der Tule-Barsch (*Hysterocarpus traskii*) in Süßgewässern Kaliforniens.

Lebensweise. Häufig in den Tangwäldern und Seegraswiesen der flachen Küstengebiete, oft in kleinen Gruppen. Fortpflanzung vivipar. Begattung der Weibchen zeitlich unabhängig von der Befruchtung der Eier. Beim Männchen ist für die Spermienübertragung der vordere Afterflossenteil verdickt. Entwicklung der Embryonen in der Eierstockhöhle, Ernährung und Sauerstoffversorgung durch Auswüchse der Rücken- und Afterflosse, die Verbindung mit dem mütterlichen Eierstock aufnehmen. Geburt sehr großer Jungfische, die schon bald die Geschlechtsreife erreichen.

Nahrung. Muscheln, Schnecken und Krabben, z. T. auch Seepocken, kleine Fische und Algen.

13 Gattungen mit 24 Arten.

Gattung *Amphistichus*: 3 Arten. Dazu **Rotschwanz-Brandungsbarsch** (*A. rhodoterus*): bis 41 cm, von Vancouver bis Zentralkalifornien.

Gattung *Cymatogaster*: 1 Art. **Glänzender Brandungsbarsch** (*C. aggregata*): 20 cm, von der Wrangel-Insel bis Niederkalifornien, bis in 140 m Tiefe.

Gattung *Embiotoca*: 2 Arten: Dazu **Streifen-Brandungsbarsch** (*E. lateralis*): bis 38 cm, von der Wrangell-Insel bis Niederkalifornien, bis in eine Tiefe von 20 m. 15 blaue Längsstreifen auf kupferfarbenem Grund.

Gattung *Hyperprosopon*: 3 Arten. Dazu **Silberner Brandungsbarsch** (*H. ellipticum*): bis 27 cm, von British Columbia bis zum nördlichen Niederkalifornien, bis in 110 m Tiefe.

Gattung *Hypsurus*: 1 Art. **Regenbogen-Brandungsbarsch** (*H. caryi*): 30 cm, Nord- bis Niederkalifornien. Sehr attraktiv gefärbte Art, feine, braune und blassblaue Streifen, auf Rücken- und Afterflosse je 1 kräftiger, dunkler Fleck.

Gattung *Micrometrus*: 3 Arten. Dazu **Kelp-Brandungsbarsch** (*M. frenatus*): 22 cm, von British Columbia bis Niederkalifornien, besonders in den Kelpwäldern bis in 30 m Tiefe. Putzt andere Fische.

Gattung *Rhacochilus*: 2 Arten. Dazu **Jochbarsch** (*Rh. vacca*): bis 44 cm, von der Wrangel-Insel bis Niederkalifornien, bis in 46 m Tiefe. Schwarze Querbinde unter der Rückenflosse und Sattelfleck am Schwanzstiel.

Haltung von Brandungsbarschen

Die verschiedenen Brandungsbarsch-Arten werden naturgemäß häufig in den Schauaquarien an der US-amerikanischen und kanadischen Westküste gehalten. Sie benötigen sehr große, gekühlte Becken (Wassertemperatur unter 18 °C). Als Einrichtung empfiehlt sich die Nachgestaltung eines Felsenriffs mit Braunalgenbeständen aus Plastik. Die am besten in kleinen Gruppen zu pflegenden Fische sind recht unempfindlich und friedlich, allerdings können sehr kleine Mitbewohner gefressen werden. Die Ernährung erfolgt mit Muschelfleisch, Garnelen, Krabben und Kalmar, es sollten aber stets auch Algen mit angeboten werden.

Vermehrung. *Embiotoca lateralis* und *Cymatogaster aggregata* wurden bereits in nordamerikanischen Aquarien erfolgreich vermehrt. *Rhacochilus vacca* züchteten mehrmals im Oceanarium des Zoo Rotterdam in einem großen nordpazifischen Schaubecken. Ein Wurf umfasste 6 - 10 Junge, die bei der Geburt schon etwa 3 cm groß waren.

Familie Riffbarsche (Pomacentridae)

F. Velte

Hochrückige, kleine bis mittelgroße Fische mit rauen Kammschuppen, Schuppen der Seitenlinie gelocht. Untere Schlundzähne zu einer Platte verschmolzen. Oft auffallend bunt gefärbt, Jungtiere und Erwachsene manchmal von unterschiedlicher Farbe. Gelegentlich tritt Sexualdimorphismus auf.

Verbreitung. Tropische bis gemäßigte Meere, wenige Arten auch im Brackwasser. Am artenreichsten im tropischen Indowestpazifik.

Lebensweise. Bewohnen die Küstenregionen, vor allem in Korallenriffen, aber auch an Felsen oder in Algenbeständen, selten auf Sand- und Schlickböden. Die meisten Arten leben sehr territorial und sind Substratlaicher, die Männchen betreiben Brutpflege. In der Regel planktische Larven. Manche Arten zur Lautgebung fähig.

Nahrung. Allesfresser, einige sind aber auch Aufwuchs- oder Planktonfresser.

28 Gattungen mit über 300 Arten, die sich auf 4 Verwandtschaftsgruppen verteilen. Von aquaristischem Interesse sind vor allem verschiedene Anemonenfischeverwandte (Unterfamilie Amphiprioninae), Eigentliche Riffbarsche (Unterfamilie Pomacentrinae) und Demoisellen (Unterfamilie Chrominae).

Unterfamilie Anemonenfischverwandte (Amphiprioninae)

2 Gattungen mit 26 Arten.

Gattung *Amphiprion* (Anemonenfische): 25 Arten. In Korallenriffen des Roten Meeres und Indopazifiks. Leben obligat mit Seeanemonen in Symbiose, in deren nesselnden Tentakeln sie sich unbeschadet aufhalten können, andererseits profitieren die Wirtsanemonen, indem sie gegen ihre Fressfeinde verteidigt werden. Schutz vor dem Nesselgift der Seeanemone erlangen einige

Abb. 52.144 *Amphiprion frenatus* (Meeresmuseum Stralsund)

Tab. 52.2 Häufig in Aquarien gepflegte Anemonenfische (Gattung *Amphiprion*)

Art	Größe	Heimat	Färbung	Besonderheiten
Rotmeer-Anemonenfisch (*A. bicinctus*)	bis 14 cm	Rotes Meer, Golf von Aden, Tschagos-Archipel	hellorange bis mittelbraun, 2 weiße Streifen, gelbe Schwanzflosse	Partner erkennen einander visuell
Clarks Anemonenfisch (*A. clarkii*)	bis 14 cm	Persischer Golf bis Japan, Australien, Melanesien	viele Farbvarianten	größtes Verbreitungsgebiet aller Anemonenfische
Roter Anemonenfisch (*A. frenatus*)	bis 14 cm	Südchinesisches Meer bis Japan, westlicher Indomalaiischer Archipel	weißer Kopfstreifen, Weibchen mit schwarzen Seiten, Männchen ohne Schwarzfärbung und kleiner	sehr aggressiv während der Brutpflege
Schwarzflossen-Anemonenfisch (*A. melanopus*)	bis 12 cm	östlicher Indomalaiischer Archipel, Großes Barriereriff mit Korallen-See bis mikronesischer Inselwelt	weißer Kopfstreifen, schwarz umrandet, schwarze Bauch- und Afterflossen	individuenreich in großen Seeanemonen-Kolonien
Orangeringelfisch (*A. ocellaris*)	bis 9 cm	Indomalaiischer Archipel, Südchinesisches Meer bis Japan, Philippinen, Nordaustralien	orangefarben, mit 3 weißen Streifen	bei Australien kommen melanistische Formen vor
Clown-Anemonenfisch (*A. percula*)	bis 8 cm	Küsten Nordwestaustraliens und Melanesien	leuchtend orange gefärbt, mit 3 weißen, schwarz umrandeten, Streifen	
Rosa Anemonenfisch (*A. perideraion*)	bis 10 cm	Indomalaiischer Archipel, Nordaustralien, Südchinesisches Meer	blass rosafarben mit schmalem, weißem Kopfstreifen, weißer Rückenstreifen	Tiefenverbreitung bis 20 m, ernährt sich vorwiegend von Algen
Sattelfleck-Anemonenfisch (*A. polymnus*)	bis 12 cm	Indomalaiischer Archipel, Südchinesisches Meer bis zum südlichen Japan, Küsten Nordwestaustraliens	dunkelbraun bis gelblich, weißer Sattelfleck in der Körpermitte, selten treten melanistische Formen auf	Tiefenverbreitung bis 30 m, lebt vorwiegend auf sandigen und schlammigen Böden, z. T. sogar in Häfen

Anemonenfische (z.B. *Amphiprion bicinctus*) durch die Übernahme von Körperschleim ihres Symbiosepartners durch intensives „Kuscheln" in den Tentakeln, wobei die Fische anfangs noch genesselt werden und sich langsam akklimatisieren müssen. Bei anderen Arten (z.B. *Amphiprion melanopus*, *A. ocellaris*) ist der Schutz vor dem Nesselgift angeboren, wobei aber noch nicht ganz geklärt ist, weshalb die Fische nicht genesselt werden. Substratlaicher, Gelege befindet sich stets im Schutz der Tentakelkrone. Durchleben eine Geschlechtsumwandlung vom Männchen zum Weibchen.

Am häufigsten werden die in Tabelle 52.2 genannten Arten in Aquarien gepflegt.

Gattung *Premnas*: 1 Art. **Samt-Anemonenfisch** (*P. biaculeatus*): Weibchen bis 16 cm, Männchen nur bis 7 cm, Indomalaiischer Archipel bis Nordwestaustralien. Braunrot mit 3 weißgrauen, schmalen Körperstreifen. Unterscheidet sich von der nahe verwandten Gattung *Amphiprion* durch den Besitz eines langen Wangendorns. Alleinige Symbiose-Anemone ist die Blasenanemone (*Entacmaea quadricolor*).

Unterfamilie Eigentliche Riffbarsche (Chrominae)

5 Gattungen mit etwa 100 Arten.

Gattung *Acanthochromis*: 1 Art. **Schwalbenschwanz-Riffbarsch** (*A. polyacanthus*): bis 15 cm, Indomalaiischer Archipel bis Australien. Es gibt eine dunkelviolette und eine schwarzweiß gefärbte Variante. Einzige Riffbarsch-Art, die ihre Jungen betreut.

Abb. 52.145 *Acanthochromis polyacanthus*, mit frei schwimmender Brut (Tierpark Berlin)

Gattung *Chromis*: etwa 80 Arten, weit verbreitet in allen tropischen und gemäßigten Meeren. Dazu **Mönchsfisch** (*Ch. chromis*): bis 15 cm, Mittelmeer, an algenbewachsenen Felsküsten. Erwachsene dunkelbraun, Jungfische mit azurblauer Körperfärbung. – **Blaues Schwalbenschwänzchen** (*Ch. cyanea*): bis 10 cm, Karibik. Kobaltblaue Körperfärbung mit schwarzen Streifen an Rücken- und Bauchseite. In kleinen Gruppen mit 1 dominierenden Männchen. – **Grünes Schwalbenschwänzchen** (*Ch. viridis*): bis 7 cm, gesamter Indopazifik, kommt in kleinen Schwärmen, stark gebunden an Korallenstöcke, vor.

Gattung *Dascyllus* (Preußenfische): 9 Arten. Rundliche Körperscheibe, große Schuppen, nur im tropischen Indowestpazifik. Dazu **Dreibinden-Preußenfisch** (*D. aruanus*): 5 cm, gesamter Indowestpazifik. Weiß mit 3 schwarzen Körperbinden. Aggressiv gegenüber anderen Fischen. – **Vierbinden-Preußenfisch** (*D. melanurus*): 7 cm, Indomalaiischer Archipel bis Australien. Ähnlich der vorigen Art, aber mit 4 schwarzen Körperbinden, davon 1 in der Schwanzflosse, Männchen mit dunkler, Weibchen mit weißer Stirn. Aggressiv gegenüber anderen Fischen. – **Netz-Preußenfisch** (*D. reticulatus*): 7 cm, Indomalaiischer Archipel, in Schwärmen bis in 50 m Tiefe. Kopf und Vorderkörper kaffeebraun, Hinterkörper hellbraun, 2 braune bis schwarze Körperstreifen, After- und Schwanzflosse mit blauen Flecken. – **Dreifleck-Preußenfisch** (*D. trimaculatus*): bis 14 cm, gesamter Indowestpazifik bis zum südlichen Japan und Polynesien, dunkelbraun bis schwarz mit weißem Stirnfleck und je 1 weißen Körperfleck, bei den Malediven gibt es eine gelbe Farbvariante. Jungfische leben in Seeanemonen, oft zusammen mit Anemonenfischen.

Abb. 52.146 *Chromis viridis* (Zoo Nürnberg)

Unterfamilie Demoisellenverwandte (Pomacentrinae)

20 Gattungen mit etwa 200 Arten.

Gattung *Abudefduf* (Feldwebelfische, Serganten): 18 Arten, verhältnismäßig hochrückig, tro-

Abb. 52.147 *Dascyllus aruanus* (Tierpark Berlin)

pischer Indopazifik und Atlantik. Dazu **Gestreifter Riffbarsch**, **Sergantmajor** (*A. saxatilis*): 15 cm, weit verbreitet in tropischen Meeren. Mittelgrau mit 5 schwarzen Körperbinden. Sehr aggressiv gegenüber kleineren und gleich großen Fischen. Im Indowestpazifik gibt es die Unterart *A. s. vaigiensis*, die auch als eigenständige Art aufgefasst wird.

Gattung *Chrysiptera* (Demoisellen): 25 Arten, nur im tropischen Indowestpazifik. Dazu **Blaue Demoiselle** (*Ch. cyanea*): 6 cm, Indomalaiischer Archipel bis Australien. Mittelblaue Färbung, Männchen mit orangefarbener Schwanzflosse,

Abb. 52.148 *Chrysiptera parasema* (Zoo Nürnberg)

bei Weibchen und Jungfischen ist sie transparent, viele verschiedene Farbvarianten mit gelbem Maul und gelben Flossen. – **Goldschwanz-Demoiselle** (*Ch. parasema*): 5 cm, westlicher Pazifik, kobaltblau mit gelbem Schwanzstiel und gelber Schwanzflosse. Männchen verteidigen vehement ihre kleinen Reviere. – **Talbots Demoiselle** (*Ch. talboti*): 4,5 cm, weit verbreitet im Indowestpazifik. Gelblich grau mit schwarzem Rückenfleck.

Gattung *Hypsypops*: 1 Art. **Garibaldi-Fisch** (*H. rubicundus*): 30 cm (größte Riffbarsch-Art), Küste von Kalifornien bis Mexiko, in Felsriffen und Kelpwäldern. Erwachsene dunkelorange, Jungfische zusätzlich mit blauen Flecken.

Gattung *Microspathodon*: 4 Arten, im tropischen Ostpazifik und Atlantik. Dazu **Juwelen-Riffbarsch** (*M. chrysurus*): 16 cm, Korallenriffe der Bermudas und Karibik. Jungtiere dunkelblau, azurblau gepunktet, im Alter verschwinden die Punkte.

Gattung *Neoglyphidodon*: 8 Arten, tropischer Indowestpazifik. Dazu **Behns Riffbarsch** (*N. nigroris*): 9 cm. Jungfische gelbbraun mit 2 schwarzen Längsstreifen, Erwachsene einfarbig grau. – **Neon-Riffbarsch** (*N. oxyodon*): 12 cm. Jungfische blauschwarz mit leuchtend blauen Längsstreifchen, blauen Flossenrändern und gelblichem Querstreifen, Erwachsene einfarbig grauschwarz.

Haltung von Riffbarschen

Anemonenfische und tropische Riffbarsche pflegt man in Korallenriff-Becken bei Temperaturen zwischen 23 und 27 °C. Das Zusammenleben mit sessilen Wirbellosen bereitet keine Probleme. Für Anemonenfische sollten immer Partner-Seeanemonen vorhanden sein.

Tabelle 52.3 zeigt, welche Anemonenfisch-Art mit welcher Seeanemone zusammenlebt.

Manche *Amphiprion*-Arten (z. B. *A. ocellaris*, *A. percula*) nehmen auch Anemonen an (z.B. *Condylactis aurantiaca, C. passiflora*), mit denen sie in der Natur nicht vergesellschaftet sind.

Garibaldi-Fische und Mönchsfische benötigen kühles Wasser. Die Temperaturen sollten

Abb. 52.149 *Hypsypops rubicundus* (Zoo-Aquarium Berlin)

20 °C nicht übersteigen. Bei höheren Temperaturen neigt der Mönchsfisch zu Verpilzungen. Die Becken für Riffbarsche sollten immer reich gegliedert sein und Versteckmöglichkeiten bieten, da die meisten Arten zumindest während der Brutpflege territorial sind. Die Ernährung bereitet mit kleinen Mysis, Mückenlarven, Cyclops, Gammarus, Futtertabletten, klein geschnittenem Muschel- und Tintenfischfleisch und auch Trockenfutter keine Probleme. Beim Rosa Anemonenfisch sollte die Nahrung jedoch auch pflanzliche Komponenten (z.B. Algen) enthalten. In der Regel sollte zweimal täglich gefüttert werden. Bei den *Chromis*-Arten empfiehlt sich jedoch eine mehrmalige Fütterung.

Vermehrung. Anemonenfische werden regelmäßig nachgezüchtet. Zur Zucht setzt man ein eingewöhntes Paar in ein separates, geräumiges Becken, das mit Korallenbruchstücken, glatten Kalksteinen oder Blumentöpfen eingerichtet wird, an denen die Tiere ablaichen können. Eine Partneranemone kann ebenfalls hinzugegeben werden, ist aber nicht unbedingt notwendig. Wenn das Paar abgelaicht hat, schlüpfen die Larven, je nach Art, am Abend des 6. - 11. Tages aus den Eiern und werden dann mit einer Fangglocke oder einem Becher abgeschöpft. Hilfreich ist eine Lichtquelle, von der die Larven angezogen werden. Ein Kescher darf nicht zum Fangen verwendet werden, da dies bei den Larven zu schweren Verletzungen führen kann. Man kann das Gelege auch 1 Tag vor dem Schlupf mit dem Laichsubstrat aus dem Zuchtaquarium nehmen und in ein separates Becken überführen. Dabei dürfen die Eier jedoch nicht aus dem Wasser genommen werden.

Zur Aufzucht der Larven in den ersten Lebenstagen verwendet man Zooplankton (*Euplotes* und *Brachionus*). Bei Arten mit großen Larven (*A. bicinctus*, *A. clarkii*, *A. frenatus*, *A. melanopus*, *A. polymnus*) kann man ab dem 7. Lebenstag Artemia-Nauplien (ohne Schalen) zufüttern. Bei Arten mit kleinen Larven (*A. ocellaris*, *A. peridereion*, *A. percula* und *Premnas biaculeatus*) sollte man damit bis zum 10. Lebenstag warten.

Auch andere Riffbarsch-Arten laichen regelmäßig im Aquarium ab. Aufgrund der sehr kleinen Larven konnten bisher aber nur beim Grünen Schwalbenschwänzchen, dem Dreibinden-Preußenfisch und dem Dreifleck-Preußenfisch Nachzuchten erzielt werden. Der Goldschwanz-Riffbarsch wurde bislang nur mit natürlichem

Tab. 52.3 Verschiedene Anemonenfische und ihre Wirtsanemonen

Anemonenfisch-Art	Seeanemonen-Art
Rotmeer-Anemonenfisch (*A. bicinctus*)	*Entacmaea quadricolor, Heteractis aurora, H. crispa, H. magnifica, Stichodactyla gigantea*
Clarks Anemonenfisch (*A. clarki*)	*Cryptodendrum adhaesivum, Entacmaea quadricolor, Heteractis aurora, H. crispa, H. magnifica, H. malu, Macrodactyla doreensis, Stichodactyla gigantea, S. haddoni, S. mertensii*
Roter Anemonenfisch (*A. frenatus*)	*Entacmaea quadricolor*
Schwarzflossen-Anemonenfisch (*A. melanopus*)	*Entacmaea quadricolor, Heteractis crispa, H. magnifica*
Orangeringelfisch (*A. ocellaris*)	*Heteractis magnifica, Stichodactyla gigantea, S. mertensi*
Clown-Anemonenfisch (*A. percula*)	*Heteractis crispa, H. magnifica, Stichodactyla gigantea*
Rosa Anemonenfisch (*A. perideraion*)	*Heteractis crispa, H. magnifica, H. doreensis, Stichodactyla gigantea*
Sattelfleck-Anemonenfisch (*A. polymnus*)	*Heteractis crispa, Stichodactyla haddoni*

Meeresplankton vermehrt. Frisch geschlüpfte Schwalbenschwanz-Riffbarsche fressen bereits Artemia-Nauplien und Cyclops. Vom Garibaldi-Fisch und vom Mönchsfisch liegen keine Nachzuchtberichte vor, wenngleich der Mönchsfisch auch schon im Aquarium gelaicht hat.

Höchstalter. Riffbarsche können sehr alt werden. So ist für einen Schwarzflossen-Anemonenfisch eine Haltungsdauer von 31 Jahren verbürgt. Die durchschnittliche Lebenserwartung der Anemonenfische im Meer liegt jedoch bei 10 - 12 Jahren. Kleinere Arten (*Chromis*, *Chrysiptera*, *Dascyllus*) werden 6 - 9 Jahre alt. Beim Garibaldi-Fisch ist ein Lebensalter von 12 Jahren nachgewiesen.

Familie Lippfische (Labridae)

I. P. Illich & A. Goldschmid

Schlanke bis hochrückige Barschartige, mit ungeteilter Rückenflosse, im Vorderteil nur relativ schwache Stachelstrahlen. Bauchflossen brustständig. Oft große Rundschuppen. Weit vorstreckbarer Maul mit stark aufgewulsteten, fleischigen Lippen und kegelförmigen Fangzähnen. Unbezahnter Gaumen, Schlundzähne zu einer Platte mit runden Zähnen ausgebildet. Geschickte Schwimmer, „labriformes" Schwimmen durch gleichzeitigen Brustflossenanschlag.

Verbreitung. In allen tropischen und gemäßigten Meeren, Verbreitungsschwerpunkte sind aber die tropischen Korallenriffe.

Lebensweise. Tagaktive, farbenprächtige Fische mit interessantem Verhalten und ausgeprägtem Geschlechtsdimorphismus. Protogyne Zwitter, d.h. die meisten Männchen haben sich aus funktionellen Weibchen entwickelt. „Primäre Männchen" werden als Männchen geboren, „sekundäre" Männchen sind zuerst funktionelle Weibchen und wandeln sich später in Männchen um. Unterscheidungsmerkmal ist die unterschiedliche Gonadenstruktur. Auffällige Farbunterschiede der Geschlechter sowie Änderung des Farbkleids während des Wachstums. Sekundärmännchen am farbenprächtigsten. Verschiedene Fortpflanzungsstrategien. Pelagische Gruppenlaicher: laichen in Gruppe gleichzeitig

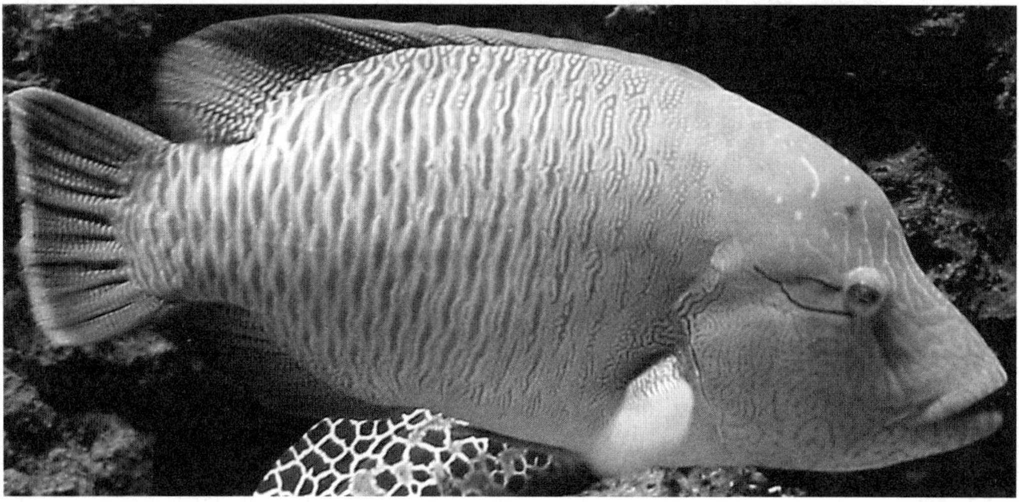

Abb. 52.150 *Cheilinus undulatus* (Zoo Leipzig, Aquarium)

ab (z. B *Thalassoma*, *Halichoeres*). Paarweises Ablaichen: Einzelpaare schwimmen eng aneinander geschmiegt zur Wasseroberfläche und stoßen gleichzeitig ihre Geschlechtsprodukte aus. *Labrus*- und *Symphodus*-Arten aus dem Mittelmeer bauen Nester aus Algen und Sand. Betreiben Brutpflege.

Nahrung. Umfangreiches Nahrungsspektrum: Weichtiere, Krebse, Würmer, Plankton, Hautparasiten von Fischen (Putzerlippfische). Manche Arten zerschlagen Krebse oder Seeigel an Felsen, fressen davon Bruchstücke.

Etwa 60 Gattungen mit über 500 Arten, davon 7 Gattungen mit rund 20 Arten im Mittelmeer. Aus der Vielzahl der Gattungen können nur einige, besonders für die Aquarienhaltung geeignete, angeführt werden.

Gattung *Anampses*: 13 Arten. Je 1 Paar kräftige Zähne, die aus der Ober- und Unterlippe ragen. Auffällige Farbmuster, Jungfische mit gro-

Abb. 52.151 *Choerodon fasciatus* (Aquarium des Instituts für Meereswissenschaften, Kiel)

Abb. 52.152 *Coris julis*, Männchen (Zoo Leipzig, Aquarium)

ßen Augenflecken an den Enden der Dorsal- und Analflossen. Dazu **Diamantlippfisch** (*A. caeruleopunctatus*): bis 42 cm, weit verbreitet vom Roten Meer bis zu den Osterinseln (nicht Hawaii). Ausgesprochen viele Farbvarianten. Ahmt in der Strömung treibende Algen nach. – **Linien-Lippfisch** (*A. lineatus*): 10 cm, Indischer Ozean, Rotes Meer. – **Gelbschwanz-Lippfisch** (*A. meleagrides*): 17 cm, Indowestpazifik, Rotes Meer.

Gattung *Bodianus*: 32 Arten. Sehr territorial, im Verlauf der Entwicklung verschiedene Färbungen. Jungfische mancher Arten betätigen sich als Putzer. Dazu **Lyraschwanz-Lippfisch** (*B. anthioides*): 24 cm, Indowestpazifik, Rotes Meer. Zweigeteilte Körperfärbung. – **Zweifleck-Schweinsfisch** (*B. bimaculatus*): bis 10 cm, Indowestpazifik. – **Dianas Lippfisch** (*B. diana*): 25 cm, Indowest- und Zentralpazifik. – **Kubanischer Schweinsfisch** (*B. pulchellus*); bis 30 cm, Westatlantik. – **Atlantischer Schweinsfisch** (*B. rufus*): 30 cm, tropischer Westatlantik. Putzt als Jungfisch andere Fische.

Gattung *Cheilinus*: 8, z.T. sehr große Arten wie der **Napoleon-Lippfisch** (*Ch. undulatus*): mit bis 2,3 m Länge und 190 kg Gewicht größte Lippfisch-Art. – Kleinere *Cheilinus*-Arten farb-

Abb. 52.153 *Coris julis*, Weibchen (Haus der Natur, Salzburg)

Abb. 52.154 *Gomphosus varius*, Männchen (Tierpark Berlin)

lich sehr ansprechend und gut zu pflegen, z.B. **Rotbrust-Lippfisch** (*Ch. fasciatus*): bis 40 cm, Indowestpazifik, Rotes Meer.

Gattung *Choerodon*: 20 Arten. Dazu **Harlekin-Lippfisch** (*Ch. fasciatus*): 40 cm, Westpazifik. Einzelgänger, vorstehende, kräftige Fangzähne, mit denen auch Schnecken und Muscheln geknackt werden.

Gattung *Clepticus*: 1 Art. **Kreolenlippfisch** (*C. parrae*): 30 cm, tropischer Westatlantik, einschließlich Karibik. Färbung blauviolett bis purpur, Vorderkopf und Brustflossen schwarz.

Gattung *Coris*: Etwa 20 Arten. Erhebliche Größenunterschiede innerhalb der Gattung. Einzige Art im Mittelmeer ist der **Meerjunker** (*C. julis*): 25 cm. Neben den prächtig gefärbten „Sekundärmännchen" gibt es „Primärmännchen", die sich „parasitisch" fortpflanzen und wie Weibchen gefärbt sind. Sie dringen in das Territorium von ablaichenden Paaren ein und stoßen bei deren Laichvorgang ihr Sperma aus. Arten aus dem indopazifischen Raum sind z.B. der **Spiegelfleck-Junker** (*C. aygula*): bis 1,20 m (größte Art). Ausgeprägte Veränderung der Färbung und Körperform mit zunehmendem Alter, Jugendfärbung 2 orangefarbene Flecken. – **Roter Clownjunker** (*C. gaimard*): bis 40 cm. – **Brauner Clownjunker** (*C. formosa*): 50 cm.

Gattung *Gomphosus*: 2 Arten. Nahrungsspezialisten, die mit ihrer vogelschnabelartigen Schnauze zwischen dem Korallengeäst nach Krebsen, Schnecken und Schlangensternen suchen. **Vogellippfische** (*G. caeruleus* und *G. varius*): 30 cm, Indowest- und Zentralpazifik (bis Hawaii). Sehr ähnliche Arten.

Gattung *Halichoeres*: mit 60 Arten umfangreichste Lippfischgattung, meist unter 20 cm Länge. Sehr farbenprächtig. Jugendfärbung unterscheidet sich sehr wesentlich von der Adultfärbung durch so genannte „Scheinaugen" auf der Rükkenflosse zur Täuschung des Fressfeinds. Dazu **Kanarien-Lippfisch** (*H. chrysurus*). – **Gelbkopf-Lippfisch** (*H. garnoti*).

Gattung *Labroides*: 5 Arten in tropischen Meeren. Nahrungsspezialisten, die andere Fische von Parasiten reinigen. *Labroides*-Arten zeigen bestimmte Verhaltensmuster, wobei sie von besetzten Putzstationen aus agieren. Jungfische ausschließlich Weibchen. Bekannteste Art ist der **Putzerlippfisch** (*L. dimidiatus*), der einzeln, paarweise oder im Harem lebt: 1 Männchen ist von mehreren Weibchen umgeben. Stirbt das Männchen, übernimmt das stärkste Weibchen seine Position und wandelt sich in relativ kurzer Zeit zum funktionstüchtigen Männchen um. Der Säbelzahnschleimfisch (*Aspidontus taeniatus*) ahmt *L. dimidiatus* sowohl in der Färbung als auch in der Schwimmweise perfekt nach und reißt mit seinen scharfen Zähnen den ahnungslosen Putzkunden kleine Hautstücke heraus. – Weiterhin **Zweifarben-Putzerfisch** (*L. bicolor*): Juvenile schwarz mit gelbem Rückenstreifen. – **Rotlippen-Putzerfisch** (*L. rubrolabiatus*): bis 7 cm lang. – **Schwarzfleck-**

Putzerfisch (*L. pectoralis*): unterscheidet sich von *L. dimidiatus* durch schwarzen Fleck auf der Brustflosse. Aquaristisch sind die *Labroides*-Arten von besonderem Interesse und sollten in keinem Korallenfisch-Aquarium fehlen, zumal sie auf natürliche Weise zur Gesunderhaltung des Fischbestands beitragen. Außerdem zeigen sie höchst interessante Verhaltensweisen.

Gattung *Labrus*: 4 Arten im Mittelmeer und Atlantik. **Gefleckter Lippfisch** (*L. bergylta*). – **Brauner Lippfisch** (*L. merula*). – **Grüner Lippfisch** (*L. turdus*). – **Kuckuckslippfisch** (*L. bimaculatus*): bis 35 cm. Weibchen orangefarbenes Farbkleid mit 3 schwarzen Flecken auf dem Schwanzstiel, Männchen blau-gelbe Färbung.

Gattung *Macropharyngodon*: 10 Arten. Bis 15 cm große, farbenprächtige Lippfische aus dem tropischen Indopazifik. Das Sekundärmännchen mit großen, hervorstehenden Eckzähnen im Oberkiefer. Dienen dem Verhaken beim gemeinsamen Ablaichen im Freiwasser. Geschlechtsumwandlung, Jungfische Weibchen, später Männchen. Unterschiedliches Farbkleid der Geschlechter. Konturauflösende Fleckenzeichnung. Lebt in kleinen Gruppen bevorzugt im Flachwasser. Dazu **Leoparden-Lippfisch** (*M. meleagris*): Jungfische imitieren treibenden Tang, lassen sich dabei kopfüber in der Brandungszone zwischen Algen treiben. – **Kuiters Lippfisch** (*M. kuiteri*). – **Großzahn-Lippfisch** (*M. bipartitus*). – **Negros-Lippfisch** (*M. negrosensis*). – **Choats Lippfisch** (*M. choati*).

Gattung *Paracheilinus*: 14 Arten. 6,5 - 17 cm, häufig mit verlängerten Strahlen der Rückenflosse. Färbung meist in verschiedenen Rottönen. Ähnlich der nahe verwandten Gattung *Cirrhilabrus*, von der ebenfalls Vertreter in die Aquarien gelangen. Dazu **Seychellen-Lippfisch** (*P. attenatus*): 7,5 cm, endemisch um die Seychellen. Schwanzflosse spitz ausgezogen. – **Faden-Lippfisch** (*P. filamentosus*): bis 17 cm, Indowest- und Zentralpazifik. Prächtig rot gefärbt. – **McCoskers Lippfisch** (*P. mccoskeri*): 8 cm, Indischer Ozean (Ostafrika bis Thailand). Nur 1 verlängerter Rückenflossenstrahl. – **Achtstreifen-Lippfisch** (*P. octotaenia*): 9 cm, Rotes Meer. Keine verlängerten Rückenflossenstrahlen.

Abb. 52.155 *Labroides dimidiatus*, putzt am Auge eines *Lo vulpinus* (Zoo Leipzig, Aquarium)

Gattung *Symphodus*: 9 Arten. Bewohner der Fels- und Sandküsten des Mittelmeers. Männchen bauen Nester und betreiben Brutpflege. Körpergröße 10 - 15 cm. Dazu **Augenfleck-Lippfisch** (*S. ocellatus*): Buntes Laichkleid des Männchens mit rot-blau gesäumtem, dunklem „Augenfleck“ am Kiemendeckel. Bei Bedrohung wird der auffällige Augenfleck durch blitzschnelles Spreizen der Kiemendeckel vor-

Abb. 52.156 *Paracheilinus spec.* (Tierpark Berlin)

Abb. 52.157 *Xyrichthys novacula*, aus dem Sand auftauchend (Zoo Barcelona)

gezeigt. Schüsselförmige Nester aus Algen. – **Mittelmeer-Lippfisch** (*S. mediterraneus*). – **Grauer Lippfisch** (*S. cinereus*). – **Schwarzschwanz-Lippfisch** (*S. melanocerus*): Jungfische betätigen sich als Putzer. – **Fünffleck-Lippfisch** (*S. roissali*).

Gattung *Thalassoma*: 22 Arten. Einzige Art im Mittelmeer: **Meerpfau** (*Th. pavo*): 25 cm. Farbkleid mit stufenweisem Farbwechsel, Unterschied zwischen Männchen und Weibchen sehr ausgeprägt. Weitere Arten aus tropischen Meeren sind z. B. **Mondsicheljunker** (*Th. lunare*): 20 cm. – **Gelber Lippfisch** (*Th. lutescens*): 22 cm. – **Blaukopf-Lippfisch** (*Th. bifasciatum*): 15 cm. – **Cortez-Lippfisch** (*Th. lucasanum*): 18 cm. Sehr farbenprächtig.

Gattungen *Xyrichthys* und *Novaculichthys*: 27 bzw. 2 Arten. Stark abgeflachte, hochrückige Fische mit steiler Kopfpartie, scharfe Zähne zum Ergreifen von Schnecken, Muscheln, Krebsen, Würmern, Stachelhäutern. Scheue Sandbodenbewohner, die bei Bedrohung kopfüber in den Sand eintauchen. Einzigartige Fortpflanzungsbiologie mancher Arten: Weibchen haben im Bereich der Ovarien eine durchsichtige Bauchdecke, die bei der Eireifung gedehnt wird. Dadurch wird dem Geschlechtspartner Laichbereitschaft demonstriert. Dazu **Sandtaucher** (*X. novacula*): einzige Art im Mittelmeer. – **Blatt-Schermesserfisch** (*X. pavo*): 35 cm, Indowest- und Zentralpazifik, Rotes Meer. – Ahmt wie der **Bäumchen-Lippfisch** (*N. taeniurus*) treibende Algen am Meeresgrund nach.

Haltung von Lippfischen

Lippfische brauchen große, gut strukturierte Aquarien mit Fels- bzw. Steinaufbauten, die genügend Versteckmöglichkeiten bieten. Da sich sehr viele Arten besonders in der Nacht im Sand vergraben, ist eine ausreichende Sandschicht (mindestens 10 cm) nötig. Sie sind äußerst schwimmfreudig und haben daher einen hohen Energiebedarf. Eine reichliche, abwechslungsreiche Ernährung ist für die erfolgreiche Pflege von großer Bedeutung. Lippfische akzeptieren allerlei Frostfutter, wie z. B. Mysis, Artemia, Muscheln, Krill, Garnelen und kleine Stinte. Da durch häufiges Füttern die Nährstoffbelastung zunimmt, sollte in gewissen Zeitabständen ein regelmäßiger Teilwasserwechsel erfolgen.

Beim Besatz mit Lippfischen sollte eine sorgfältige Auswahl von Arten getroffen werden, da die Aggression gegenüber Artgenossen – nicht aber gegenüber anderen Fischarten – erheblich sein kann. Viele Arten sind als Jungfische (meist Weibchen) untereinander friedfertig und problemlos zu halten (z. B. *Anampses, Halichoeres, Macropharyngodon, Thalassoma pavo, Coris julis*). Mit Beginn der Geschlechtsumwandlung zum Männchen steigt die Aggression. Pro Aquarium sollte daher nur 1 Sekundärmännchen mit mehreren Weibchen gehalten werden. Ausreichende Fütterung kann die Aggression mindern.

Viele Lippfisch-Arten sind aufgrund ihrer Vorliebe für Wirbellose nur bedingt für ein Korallenriff-Aquarium geeignet. Auf selbständiger

Futtersuche können sie sich an Röhrenwürmern, Schnecken und Krebsen vergreifen. Eine gute Fütterung kann die Fresslust nach „Verbotenem“ mindern.

Beim Erwerb eines Jungfisches sollte man sich zuvor über die Farbänderung während der Entwicklung und die zu erwartende Größe des erwachsenen Tieres informieren! Die Eingewöhnungsphase kann bei geschwächten und vor allem bei medikamentös behandelten Tieren schwierig sein! Die häufig importierten Jungfische von *Novaculichthys taeniurus* sind aufgrund ihres Verhaltens besonders interessante Aquarienbewohner, die viel Sand und gute Strömung benötigen. Einzel- oder Paarhaltung.

Alle genannten Mittelmeer-Arten der Gattung *Somphosus* sind für die Aquarienhaltung gut geeignet und können miteinander vergesellschaftet werden. Zur Laichzeit kann man nestbauende Männchen von *S. ocellatus* beobachten, vorausgesetzt ein dichter, höherer Algenbestand befindet sich im Aquarium. Die Wassertemperatur sollte bei Mittelmeer-Arten zwischen 15 - 18 °C, bei tropischen zwischen 25 - 27 °C liegen.

Die Zucht von Lippfischen ist in Aquarien bis jetzt noch nicht gelungen. Ablaichvorgänge wurden jedoch wiederholt beobachtet.

Höchstalter. Verschiedene *Labrus*-Arten bis 20 Jahre in der Natur, 8 Jahre für *Coris julis*. Im Aquarium liegt die Lebensdauer für diese Art bei 7, für Putzerlippfische bei 11 Jahren (E. Thaler).

Familie Papageifische (Scaridae)

W. E. Engelmann

Körper lippfischähnlich, häufig mit Stirnbuckel (besonders im männlichen Geschlecht). Große Rundschuppen. Rückenflosse ungeteilt, Bauchflossen stehen unter den Brustflossen. Maul endständig. Im Unterschied zu den Lippfischen sind die äußeren Zähne der Kiefer zu Schneidekanten oder Platten verwachsen, Kiefer bilden papageiähnlichen „Schnabel“. Außerdem plattenförmige Schlundzähne. Mit weiteren Besonderheiten des Kieferapparats ermöglicht dieses Gebiss den Papageifischen, Hartsubstanzen abzuschaben bzw. abzubeißen und zu zermahlen.

Sehr komplizierte Geschlechterverhältnisse mit Primärmännchen und Geschlechtsumwandlungen von Weibchen zu Sekundärmännchen. Oft große Färbungsunterschiede zwischen Jungtieren, Weibchen sowie Primär- und Sekundärmännchen. Größe zwischen 13 cm und 1,3 m.

Verbreitung. Überwiegend in tropischen Meeren, wenige Arten auch in subtropischen und mediterranen Gewässern.

Lebensweise. Typische Fische der tropischen Korallenriffe, wenige Arten leben in Seegraswiesen und an Felsen. Tagaktiv, viele Arten umgeben sich nachts mit einem Schlafkokon aus Schleim. Leben als Einzelgänger mit Revierverteidigung, auch in Harems, in kleinen Trupps oder finden sich zeitweise zu größeren Fressschwärmen zusammen. Laichabgabe paarweise oder in Schwärmen im freien Wasser.

Nahrung. Pflanzlicher und tierischer Bewuchs, der meist zusammen mit dem Substrat aufgenommen wird. Die Hartsubstanzen werden zermahlen, so dass die Papageifische ganz bedeutend zur natürlichen Erosion der Korallenriffe beitragen und die Sedimentbildung fördern. Wenige Arten haben sich auf die Aufnahme lebender Korallenpolypen spezialisiert.

10 Gattungen mit über 90 Arten. Trotz der Farbigkeit und relativen Kleinheit vieler Arten wurden bisher nur wenige in Aquarien gehalten.

Gattung *Cetoscarus*: 1 Art. **Zweifarben-Papageifisch** (*C. bicolor*): bis 90 cm, Rotes Meer, Indopazifik (bis Mikronesien und zum Großen Barriereriff). Juvenile leben solitär, adulte Männchen sind territorial und besitzen Harems.

Gattung *Scarus*: 53 Arten. Dazu **Königspapageifisch** (*S. dubius*): etwa 35 cm, endemisch in den Gewässern um die Hawaii-Inseln. – **Regen-**

Abb. 52.158 *Cetoscarus bicolor*, erwachsenes Männchen (Naturaufnahme, Rotes Meer)

bogen-Papageifisch (*S. guacamaia*): bis 1,2 m, Westatlantik (Bermudas und Bahamas, Florida bis Argentinien, fehlt im nördlichen Golf von Mexiko), Korallen- und Felsenriffe, Junge in der Mangrove. – **Streifen-Papageifisch** (*S. iseri* = *S. croicensis*): 35 cm, Golf von Mexiko, Bahamas, Karibik. Primärmännchen blaugrün und orange gefärbt, Weibchen und Sekundärmännchen 2 weiße und 2 schwarzbraune Längsstreifen. Primärmännchen laichen paarweise, Sekündärmännchen dagegen in der Gruppe. – **Gewöhnlicher Papageifisch** (*S. psittacus*): 30 cm, Rotes Meer, Indopazifik bis Hawaii, weit verbreitet. – **Quoys Papageifisch** (*S. quoyi*): 21 cm, Indowestpazifik (von Indien bis Mikronesien). – **Prinzess-Papageifisch** (*S. taeniopterus*): 35 cm, Westatlantik (Bermudas bis Brasilien), Karibik.

Abb. 52.159 *Cetoscarus bicolor*, Jugendfärbung (Zoo Leipzig, Aquarium)

Gattung *Sparisoma*: 10 Arten. Dazu **Seepapagei** (*S. cretense*): bis 50 cm, Mittelmeer (nicht in der Adria), in Seegraswiesen und auf Felsböden. Männchen grau, Weibchen rot gefärbt. – **Stopplicht-Papageifisch** (*S. viride*): bis 64 cm, Westatlantik (Florida, Bermudas, Bahamas, Karibik bis Brasilien). Sehr attraktive Art.

Haltung von Papageifischen

Als Aufwuchsfresser schaben die meisten Papageifische mit ihrem scharfen Schnabelgebiss Substratbeläge ab, die pflanzliche und tierische Komponenten enthalten. Die Problematik in der dauerhaften Haltung vieler Arten liegt offenbar darin, für sie eine geeignete Ersatznahrung anzubieten. Neben pflanzlicher Zusatzkost (Salat, Algen) sollte vor allem hartschaliges Futter zum Abnutzen des Gebisses (Schnecken, Krebse, Krabben, auch Pellets) gegeben werden. Die Gewöhnung an das Ersatzfutter erfordert oft viel Geduld. Der im eingefahrenen Aquarium natürlich wachsende kurze Algenbelag bildet eine gute Nahrungsergänzung.

Alle Papageifische benötigen große Becken, die neben strukturierenden Einbauten aus Korallenblöcken oder Steinen auch für die bewegungsfreudigen Fische einen großen, freien Schwimmraum besitzen müssen. Viele Arten sind untereinander zumindest zeitweise sehr unverträglich, so dass in der Regel nur Einzeltiere in den Aquarien zu sehen sind. Für ein Korallenriff-Aquarium sind Papageifische natürlich nicht geeignet. Der Meerpfau aus dem Mittelmeer muss etwas kühler (20 - 22 °C) als die tropischen Arten (24 - 28 °C) gehalten werden.

Am häufigsten wird als Jungtier nach Europa wohl der Zweifarben-Papageifisch importiert. Er hat sich als recht gut haltbar erwiesen und färbt sich auch im Aquarium in die Erwachsenen-Färbung um.

Höchstalter. *Sparisoma cretense* lebte 7 Jahre im Aquarium.

Unterordnung Schleimfischverwandte (Blennioidei)

I. P. Illich & A. Goldschmid

6 Familien. Die kleinen Sandsterngucker (Dactyloscopidae) der warmen bis gemäßigten Meere um Nord- und Südamerika sind wenig bekannt und werden hier nicht behandelt.

Familie Spitzkopf-Schleimfische (Tripterygiidae)

Meist bis 5 cm (nur wenige Arten bis 25 cm) große Fischchen mit dreigeteilter Rückenflosse, spitzem Maul und kleinen Schuppen.

Verbreitung. In tropischen und gemäßigten Meeren, aber die größte Artenvielfalt um Neuseeland.

Lebensweise. Als Bodenbewohner im gleichen Lebensraum wie Schleimfische, aber keine Schlupfwinkel. „Sprunghafte" Schwimmweise. Interessantes Fortpflanzungsverhalten mit Nestbau und Brutpflege durch die Männchen.

Nahrung. Ernähren sich „pickend" vor allem von Kleinkrebsen.

20 Gattungen mit etwa 115 Arten, 3 Arten im Mittelmeer.

Gattung *Helcogramma*: 24 Arten. Dazu **Gestreifter Dreiflosser** (*H. striatum*): 4,5 cm, häufigster Dreiflosser des Indopazifiks.

Gattung *Tripterygion*: 3 Arten, Mittelmeer. Dazu **Gelber Spitzkopf-Schleimfisch** (*T. delaisi*): 9 cm. Laichfärbung der Männchen gelb mit schwarzem Kopf. – **Roter Spitzkopfschleimfisch** (*T. tripteronotus*): 8 cm, häufige Art an den Felsküsten des Mittelmeers. Buntes Laichkleid mit schwarzem Kopf, blau irisierendem Flossensaum und rotem Körper.

Haltung von Spitzkopf-Schleimfischen

Die Eingewöhnungsphase ist schwieriger als bei den Schleimfischen. Sie sind hinsichtlich Futter viel selektiver und bevorzugen anfänglich Lebendfutter wie Artemia, Daphnien, Mückenlarven. Einmal eingewöhnt, fressen sie auch Frostfutter. Eine Vergesellschaftung mit den eher „gefräßigen" Schleimfischen ist nur mit gut an die Aquarienhaltung angepassten Individuen möglich. Die Wassertemperatur sollte bei Mittelmeerarten zwischen 15 °C (Winter) und 22 °C (Sommer) liegen, bei tropischen Arten zwischen 25 - 27 °C.

Höchstalter. *Tripterygion tripteronotus* 3 Jahre.

Familie Röhrenschleimfische (Chaenopsidae)

Kleine, bis maximal 15 cm große, schuppenlose Schleimfischverwandte. Körper gestreckt und seitlich zusammengedrückt, Schwanzflosse ge-

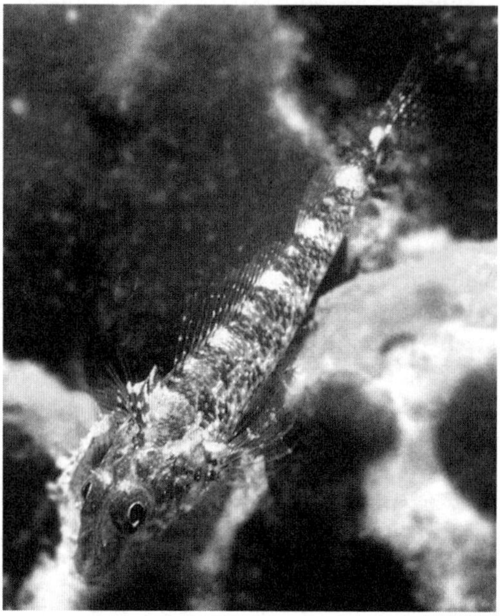

Abb. 52.160 *Tripterygion tripteronotus* (Haus der Natur, Salzburg)

trennt oder mit Rücken- und Afterflosse verbunden. Keine Seitenlinien, an den Augen und Nasen oft Zirren. Männchen kontrastreicher gefärbt und mit wesentlich größerer Rückenflosse als die Weibchen.

Verbreitung. Tropische Meere Nord-, Mittel- und Südamerikas.

Lebensweise. Besiedeln meist leere Röhren von verschiedenen Wirbellosen (Röhrenwürmer, Muscheln). Betreiben wahrscheinlich Brutpflege in den Wohnröhren.

Nahrung. Kleine Wirbellose, Fischeier.

9 Gattungen mit etwa 80 Arten.

Gattung *Acanthemblemaria*: 17 Arten, 2 - 6 cm und Gattung *Emblemaria*: 17 Arten, 4 - 7,5 cm, Planktonfresser.

Gattung *Chaenopsis*: 9 Arten. Hechtähnlicher, langer Körper. Dazu **Orangekehliger Hechtblenni** (*Ch. alepidota*): 15 cm. Einzelgänger.

Haltung von Röhrenschleimfischen

Die Planktonfresser akzeptieren im Aquarium tiefgefrorenes Ersatzplankton. Versteckplätze in Form von schmalen Röhren sind wichtig. Es werden auch „künstliche Bohrlöcher" angenommen, vorausgesetzt, Länge, Durchmesser und Neigungswinkel passen. Der Hechtblenni bevorzugt senkrechte Röhren im Boden.

Familie Unbeschuppte Schleimfische (Blenniidae)

Kleine Fische, selten größer als 10 cm. Schleimige, schuppenlose Haut. Rückenflosse bildet Flossensaum, kehlständige Bauchflossen, Stachelstrahlen biegsam. Schwimmblase fehlt meist. Am Kopf oft artspezifische Hauttentakeln. Unterschiedliche Gebissformen und Ernährungsweisen, oft sehr große „Eckzähne" am Ende der einfach geschlossenen Zahnreihe, die nicht zum Nahrungserwerb, sondern im Sozialverhalten eingesetzt werden. Z. T. hoch spezialisierte Arten wie die Säbelzahnschleimfische (Gattung *Meiacanthus*) mit Giftdrüsen.

Verbreitung. Verbreitungsschwerpunkt sind die tropischen Meeresküsten, aber auch im nördlichen und südlichen Atlantik, Pazifik und im Mittelmeer, ganz wenige Arten auch im Süßwasser.

Lebensweise. Bodenbewohnende Fische von Felsküsten, wo sie kleine, Körperkontakt bietende Höhlen besetzen. Hoch entwickeltes Fortpflanzungsverhalten, Männchen betreiben Brutpflege. Oft prachtvoll gefärbt, vor allem zur Laichzeit. Sehr neugieriges Verhalten.

Nahrung. Meist wird Algenaufwuchs samt wirbellosen Tieren abgeraspelt. Der als „Falscher Putzer" bekannte *Aspidontus taeniatus* betätigt sich als Schuppen- und Hautfresser.

Über 50 Gattungen mit etwa 350 Arten, davon im Mittelmeer und an der europäischen Atlantikküste 26 Arten. Man unterscheidet mehrere Verwandtschaftsgruppen (u.a. Blenniini, Salariini, Nemophidini).

Kammzahnschleimfische (Blenniini)

15 Gattungen mit 70 Arten, davon einige im Mittelmeer verbreitet: Häufig vor allem in Gebieten mit Kalkfelsen, wo die im Gestein bohrenden Muscheln *Rocellaria dubia* und *Lithophaga lithophaga* vorkommen. Die Männchen vieler Arten, z.B. *Parablennius incognitus*, *Aidablennius sphynx* und *Lipophrys canevai* nützen diese von den Muscheln gebohrten, leer stehenden „Kleinhöhlen". Die Weibchen dürfen diese nur zur Eiablage aufsuchen, das Männchen betreibt Brutpflege. Viele der im Mittelmeer, im Schwarzen Meer und an der europäischen Atlantikküste vorkommenden Arten werden in Aquarien gehalten.

Gattung *Aidablennius*: 1 Art. **Sphinx-Schleimfisch** (*A. sphynx*): 7,5 cm, auf algenbewachsenen Felsbänken der Brandungszone. Männchen mit dreieckigem Flossensegel im vorderen Teil der Rückenflosse, blau irisierende Tupfen, besonders am Kopf.

Gattung *Blennius*: 2 Arten. Dazu **Seeschmetterling** (*B. ocellaris*): bis 20 cm. Schwarzblauer, weiß gerandeter Augenfleck auf der Rückenflosse.

Gattung *Lipophrys*: 8 Arten. Dazu **Schwarzkopf-Schleimfisch** (*L. nigriceps*): 4,5 cm. Männchen schwarzer Kopf, roter Körper. Höhlenbewohner. – **Gelbwangen-Schleimfisch** (*L. canevai*): 7,5 cm. Männchen zur Laichzeit mit leuchtend gelben Wangen. – **Schan** (*L. pholis*): 15 cm, europäische Atlantikküste. Keine Stirnfühler.

Gattung *Parablennius*: 26 Arten. Dazu **Gestreifter Schleimfisch** (*P. gattorugine*): 20 cm, westliche Atlantikküste, Mittelmeer. – **Roux' Schleimfisch** (*P. rouxi*): 8 cm. Gelbliche Grundfärbung mit schwarzem Längsstreif. – **Gehörnter Schleimfisch** (*P. tentacularis*): bis 15 cm. Lange, einseitig befiederte Augententakel. –

Abb. 52.1610 *Aidablennius sphynx* (Haus der Natur, Salzburg)

Brauner Schleimfisch (*P. zvonimiri*): 7 cm. Männchen rotbraun mit hellen Flecken entlang der Rückenflosse.

Gattung *Salaria*: 3 Arten. Dazu **Süßwasserschleimfisch** (*S. fluviatilis*): 15 cm, in Flüssen und Seen rund um das Mittelmeer, z.B. Gardasee. – **Pfauenschleimfisch** (*S. pavo*): bis 12 cm. Männchen mit orangefarbenem Helm, am Kiemendeckel bläulicher Augenfleck.

Abb. 52.162 *Salaria pavo* (Zoo Leipzig, Aquarium)

Haltung von Kammzahnschleimfischen

Die oben genannten Mittelmeerarten sind für die Aquarienhaltung gut geeignet und aufgrund ihrer Färbung (besonders in der Laichzeit) und ihrer besonderen Verhaltensmuster sehr ansprechend. Sie können in relativ hoher Dichte gepflegt werden. Bewohnern von Bohrmuschellöchern sollte man ein entsprechend durchlöchertes Gestein bieten. Als Ersatz eignen sich auch „künstlich" nachgebaute Steine, z.B. aus gebranntem Ton. Die darin geformten Löcher sollten allerdings für die jeweilige Art den richtigen Neigungswinkel, die entsprechende Länge sowie den richtigen Durchmesser der Eingangsöffnung aufweisen. Derartige, „künstliche Steine" werden von den Blenniiden gerne angenommen. Hinsichtlich Ernährung sind Schleimfische nicht wählerisch und akzeptieren allerlei Frostfutter wie Mysis, Artemia und zerkleinerte Muscheln. Zusätzlich beschaffen sie sich die pflanzliche Kost durch Abraspeln des Algenbelags im Aquarium. Die Hälterungstemperaturen für diese Mittelmeerarten liegen bei 15 °C (Winter) und 22 °C (Sommer).

Eine Vergesellschaftung mit anderen Mittelmeerfischen, z.B. Lippfischen aus der Gattung *Symphodus*, ist durchaus möglich.

Vermehrung. Die Zucht gelingt am ehesten bei Arten, deren Weibchen große Eier produzieren, wie es bei dem Mittelmeer-Pfauenschleimfisch (*Salaria pavo*) der Fall ist. Der Pfauenschleimfisch ist ein Substratlaicher. Zuchtpärchen sollten in einem entsprechend eingerichteten Aufzuchtbecken mit einem integrierten Behälter für die Larven isoliert werden. Aus dem Gelege schlüpfen nach etwa 2 Wochen die Larven. Eine möglichst reichhaltige Planktonfütterung ist Voraussetzung für eine erfolgreiche Aufzucht. Gefüttert wird in den ersten Tagen mit Zoo- und Phytoplankton, bestehend aus einzelligen Algen und *Euplotes* (Wimpertierchen), später mit *Brachionus* (Rädertierchen) und nach etwa 12 Tagen mit frischen Artemia-Nauplien sowie mit künstlichem Aufzuchtfutter. Nach etwa 3 Wochen gehen die Jungfische zum Bodenleben über. In dieser Zeit ist es wichtig, ihnen genügend Schlupflöcher in Form von Kleinhöhlen anzubieten.

Höchstalter. *Parablennius gattorugine* 9, *Lipophrys pholis* 10 Jahre.

Lippenzahnschleimfische (Salariini)

Etwa 26 Gattungen mit rund 200 Arten. Tagaktive Bodenbewohner. Meist Algenfresser, aber auch ausgesprochene Nahrungsspezialisten wie der Leoparden-Schleimfisch (*Exallias brevis*), der sich von Steinkorallenpolypen ernährt. Für die Korallenriff-Aquarien eignen sich vor allem Arten aus den Gattungen *Ecsenius* und *Salarias* zur biologischen Algenbekämpfung.

Gattung *Ecsenius*: 47 Arten. Meist Algenfresser. Dazu *E. bicolor*: 8 cm, *E. pictus*: 5 cm, *E. stictus*: 6 cm und *E. lineatus*: 8 cm. – Der **Gold-Schleimfisch** (*E. midas*): 13 cm, ist eine Plankton fressende, eher frei schwimmende Art, die manchmal in Schwärmen von Fahnenbarschen (*Pseudanthias squamipinnis*) schwimmt und diese nachahmt. – Weitere ausgesprochene Algenfresser mit lebhaftem Verhalten aus anderen Gattungen sind z.B. der **Gefleckte Schleimfisch** (*Cirripectes stigmaticus*): 10 cm, Westpazifik, der **Rotlippen-Schleimfisch** (*Ophioblennius atlanticus*): 13 cm, Westatlantik und der **Fransen-Schleimfisch** (*Scartella cristata*): 11 cm, tropischer Ost- und Westatlantik.

Gattung *Istiblennius* und Gattung *Alticus* (Felshüpfer): 14 bzw. 5 Arten. Dazu *I. rivulatus*: 8,5 cm, *I. edentulus*: 14,5 cm, *A. kirkii*: 11 cm, Ostafrika bis Indien. Aufgrund ihrer amphibischen Lebensweise sind die in der Gezeitenzone lebenden Felshüpfer äußerst interessante Arten. Sie verbringen die meiste Zeit außerhalb des Wassers und schnellen sich bei Ebbe von Fluttümpel zu Fluttümpel. Für diese extreme Lebensweise sind spezifische Anpassungen erforderlich.

Gattung *Salarias*: 9 Arten. Dazu *S. fasciatus*: 13 cm, tropischer Indopazifik. Ausgeprägtes Territorialverhalten.

Haltung von Lippenzahnschleimfischen

Viele Arten sind hervorragende Algenfresser in einem Riffbecken. Manche jedoch, wie *E. gravieri*, können auch vereinzelt Korallenpolypen anfressen. Nach eigenen Beobachtungen im Aquarium Salzburg können die irisierenden Punkte im Mantelsaum von Riesenmuscheln eine Faszination auf manche Arten, z. B. *E. pictus*, ausüben und zum Zubeißen anregen. Nachdem der Mantelsaum dieser Muschel durch die ständigen Attacken bereits geschädigt war und sich die Schalen nicht mehr öffneten, mussten *E. pictus* aus dem Becken entfernt werden. *E. midas* kann in Gruppen gepflegt werden.

Felshüpfer sollten in niedrigeren, möglichst großen Aquarien, die mit Wurzeln und Steinen strukturierte Landflächen besitzen, gehalten werden. Dazwischen sollten sich nicht allzu tiefe, z. T. gut durchströmte Wasserbereiche befinden. Arten aus dieser Gruppe können ein ausgeprägtes territoriales Verhalten zeigen, eine paarweise Haltung ist von Vorteil.

Säbelzahnschleimfische (Nemophidini)

5 Gattungen mit etwa 48 Arten. Lange, gekrümmte Eckzähne in beiden Kiefern zur Verteidigung. Im Unterschied zu allen anderen Blenniiden besitzen sie eine Schwimmblase, frei schwimmend.

Gattung *Aspidontus*: 2 Arten. Betreiben Mimikry. Dazu **Falscher Putzerfisch** (*A. taeniatus*): 13 cm, Indowestpazifik und Rotes Meer. Aggressiver Schuppen- und Hautfresser, der den echten Putzerlippfisch (*Labroides dimidiatus*) in Färbung und Verhalten bestens kopiert. Gelangt so in die Nähe von Putzkunden und beißt ihnen Haut und Flossenstücke ab. Beide Arten besitzen das gleiche Verbreitungsgebiet. Im Unterschied zu *L. dimidiatus,* der ein endständiges Maul besitzt, ist dieser bei *A. taeniatus* leicht unterständig.

Gattung *Meiacanthus*: 21 Arten. Auffällig gefärbte, friedliche Planktonfresser. Giftdrüsen an der Basis der Eckzähne. Wirkungsvolle Verteidigung gegenüber Beutegreifern, die nach *Meiacanthus* schnappen, diese aber sofort wieder ausspucken und einen gleich aussehenden Fisch nie wieder fassen. *Meiacanthus*-Arten werden daher von anderen Fischen als Vorbilder nachgeahmt – ein Beispiel für Mimikry. So sieht im Roten Meer *Ecsenius gravieri* dem giftigen *M. nigrolineatus* zum Verwechseln ähnlich. *M. atrodorsalis* wird von dem parasitisch lebenden *Plagiotremus laudandus* nachgeahmt. – Weitere Arten z. B. **Zebra-Schleimfisch** (*M. grammistes*): 12 cm. Gelbweiß mit schwarzen Längsbinden. – **Afrikanischer Leierschwanz-Schleimfisch** (*M. mossambicus*): 10 cm.

Gattung *Plagiotremus* (= *Runula*): 9 Arten. Spezialisierte Beutegreifer, die aus der Haut anderer Fische kleine Teile herausstanzen. Stark unterständiges Maul. Für *Plagiotremus*-Arten ist es von Vorteil, wie die friedlichen, aber mit Giftzähnen ausgestatteten *Meiacanthus*-Arten auszusehen. Dazu **Blaustreifen-Säbelzahnfisch** (*P. rhinorhynchus*): bis 12 cm, in tropischen Korallenriffen weit verbreitet. Unternimmt von seiner Wohnröhre aus blitzartige Überraschungsangriffe auf vorbeiziehende Fische. – *P. tapeinosoma*: 4 cm.

Haltung von Säbelzahnschleimfischen

Die *Meiacanthus*-Arten sind gut für Korallenriff-Aquarien geeignet. Sie sind leicht zu pflegen und akzeptieren anstelle des Zooplanktons Ersatzfutter. Auch von Säbelzahnschleimfisch-Nachzuchten wird berichtet.

Von der Haltung der übrigen Arten ist aufgrund ihrer parasitischen Lebensweise jedoch dringend abzuraten.

Familie Beschuppte Schleimfische (Labrisomidae)

W. E. Engelmann

Körper schlank, mit langer Rücken- und Afterflosse. Wohl ausgebildete Rundschuppen, selten aber auch schuppenlos. Typischerweise befinden sich an der Nase, über den Augen und am Nacken büschelartige Zirren. Keine Schwimmblase. Größe zwischen 2,5 und 23 cm.

Verbreitung. In tropischen Meeren von Atlantik und Pazifik, mit Schwerpunkt im Westatlantik und Ostpazifik, nur wenige Arten im Ostatlantik und Westpazifik.

Lebensweise. Bodenorientiert und territorial, meist Flachwasserbewohner in Algenzonen und Seegraswiesen. Fortpflanzung durch Eier, das am Substrat haftende Gelege wird vom Männchen bewacht. Die Weibchen einiger Arten in den Gattungen *Starksia* und *Xenomeda* aber lebend gebärend.

Nahrung. Kleine Bodenwirbellose.

16 Gattungen mit über 100 Arten. Vor allem Arten des tropischen Westatlantiks sind in Aquarien verbreitet.

Gattung *Labrisomus*: 20 Arten, alle im tropischen Westatlantik verbreitet. Dazu **Wangen-Blenny** (*L. bucciferus*): 9 cm, Bermudas bis Mittelamerika. 4 - 5 dunkelbraune Querbänder. – **Langflossen-Blenny** (*L. haitiensis*): 7,5 cm, Bahamas, Golf von Mexiko, Karibik. – **Flossenflecken-Blenny** (*L. kalisherae*): 7,5 cm, Südflorida bis Brasilien, häufig in der Nähe von Feuerkorallen. 4 - 5 undeutliche, breite Querbänder. – **Wangenfleck-Blenny** (*L. nigricinctus*): 8 cm, Bahamas, Südflorida bis Brasilien. Am Kiemendeckel großer, dunkler Augenfleck, am Körper 8 - 9 Querbänder. – **Haariger Blenny** (*L. nuchipinnis*): 23 cm, Bermudas, Bahamas, Florida bis Brasilien. Außerdem im Ostatlantik (Madeira, Kanaren, Westafrika).

Gattung *Malacoctenus*: 18 Arten. Dazu **Rosenblenny** (*M. macropus*): 5,5 cm, Bermudas, Bahamas, Golf von Mexiko, Karibik. Auffallend spitze Schnauze. – **Sattelflecken-Blenny** (*M. triangulatus*): 7,5 cm, Bahamas, Südflorida bis Brasilien.

Gattung *Paraclinus*: 23 Arten. Dazu **Marmorierter Blenny** (*P. marmoratus*): 10 cm, Südflorida, Bahamas, nördliches Südamerika, Kuba, in Seegraswiesen und Korallenriffen. – **Mexikanischer Blenny** (*P. mexicanus*): 4 cm, Ostpazifik (Niederkalifornien bis Ecuador). – **Augenfleck-Blenny** (*P. nigripinnis*): 6,5 cm, Bermudas, Bahamas, Florida bis Brasilien, im Flachwasser (Gezeitentümpel und Seegraswiesen). Hinsichtlich der Färbung außerordentlich variable Art.

Gattung *Starksia*: 23 Arten. Dazu **Karierter Blenny** (*S. ocellata*): 6 cm, North Carolina bis Florida, in Felsen- und Korallenriffen, oft in den Ausströmöffnungen von Schwämmen. – **Key-Blenny** (*S. starcki*): 4 cm, Florida Keys, Belize, Honduras, in Korallenriffen bis in etwa 20 m Tiefe.

Haltung von Beschuppten Schleimfischen

Vor allem in nordamerikanischen Aquarien werden die kleinen karibischen Beschuppten Schleimfische häufig gehalten. Die Becken werden mit Korallenblöcken und Steinaufbauten so eingerichtet, dass zahlreiche Löcher, Höhlungen und Spalten als Unterschlupf vorhanden sind. Die sehr territorialen Fische haben so die Möglichkeit, Reviere zu besetzen. In zu kleinen Aquarien kann die Revierverteidigung gegenüber Artgenossen und auch anderen Fischen zu Problemen führen. Ansonsten sind sie aber leicht haltbar und werden bald futterzahm. Zur Eingewöhnung verwendet man am besten Lebendfutter (Mysis, Artemia, Gammariden), später wird auch Frostfutter, eventuell sogar Trockenfutter angenommen. Haltungstemperaturen zwischen 22 und 26 °C. Eiablagen wurden im Aquarium schon häufiger beobachtet.

Familie Klippfische, Kelpfische (Clinidae)

W. E. Engelmann

Körper gestreckt, Rückenflosse saumartig lang, reicht vom Kopf bis zur Schwanzflosse, mit vielen Hartstrahlen und wenigen oder gar keinen Weichstrahlen. Die ersten 3 Stacheln gelegentlich von der übrigen Rückenflosse getrennt. Afterflosse ebenfalls lang, aber nur 3 Hartstrahlen. Schwanzflosse gerundet oder gegabelt. Kleine Rundschuppen, gewöhnlich unauffällig, tief in der Haut eingebettet. Seitenlinie vollständig oder reduziert. Größe zwischen 5 und etwa 60 cm.

Verbreitung. Fast ausschließlich in den gemäßigt-temperierten Meeren der Nord- und Südhalbkugel (Mannigfaltigkeitszentren um Südafrika und Südaustralien), nur 4 Arten im tropischen Indopazifik.

Lebensweise. Bodenorientiert, vor allem im Flachwasser vom Uferbereich bis in etwa 100 m Tiefe. Häufig in Ästuaren, Gezeitentümpeln und Algenzonen, aber auch auf Fels- und Sandböden. Sandbewohner wühlen sich oft teilweise ein. Tarnungskünstler, die schnell Färbung und Zeichnungsmuster ihrer Umgebung anpassen. Viele Arten pflanzen sich durch innere Befruchtung (Männchen mit Kopulationsorgan) lebend gebärend fort, andere Arten legen Eier. Von einigen Arten ist bekannt, dass die Weibchen mehrere Bruten unterschiedlichen Alters gleichzeitig austragen.

Nahrung. Verschiedene bodenbewohnende Wirbellose, insbesondere Krebstiere.

20 Gattungen mit über 80 Arten. Aquaristisch wenig bekannt. Es werden wohl nur einige nordostpazifische Arten in Aquarien gezeigt.

Gattung *Gibbonsia*: 4 Arten, Unterscheidung schwierig. Dazu **Streifen-Kelpfisch** (*G. metzi*): bis 24 cm, Nordostpazifik (Vancouver bis Niederkalifornien). – **Spalten-Kelpfisch** (*G. montereyensis*): bis 11 cm, Kanada bis Niederkalifornien.

Gattung *Heterostichus*: 1 Art. **Riesenkelpfisch** (*H. rostratus*): 60 cm, Nordostpazifik (Kalifornien bis Niederkalifornien, Guadalupe). Körperfärbung sehr variabel, passt sich der Algenumgebung an.

Haltung von Klippfischen

Die genannten Arten sind in gekühlten Aquarien (16 - 20 °C) gut haltbar. Man pflegt sie am besten in algenbewachsenen (eventuell Kunststoffalgen) Becken mit Steinaufbauten, die auch Verstecke bieten. Gefressen wird alles gängige tierische Futter in geeigneter Größe. Eine starke, wechselnde Strömung ist zu empfehlen.

Unterordnung Aalmütterverwandte (Zoarcoidei)

W. E. Engelmann

Familie Ronquils (Bathymasteridae)

Gestreckter Körper, mit langer, einheitlicher Rücken- und Afterflosse, nur mit Weichstrahlen. Schwanzflosse, gerundet bis leicht eingedellt. Große Brustflossen, die senkrecht hinter den Kiemen ansetzen. Augen und Seitenlinie weit oben. Größe zwischen 15 und 30 cm.

Verbreitung. Endemisch im Nordpazifik.

Lebensweise. Grundfische der Meeresküsten, oft an den Übergängen von Felsen zu Sand- und Schlammböden, bis in 275 m Tiefe. Soweit bekannt, bewacht das Männchen das Gelege.

Nahrung. Verschiedenste, vor allem benthische Wirbellose.

3 Gattungen mit 7 Arten.

Gattung *Rathbunella*: 1 Art. **Streifenflossen-Ronquil** (*R. hypoplecta*): bis 22 cm, Ostpazifik, von San Francisco bis Niederkalifornien, bis in 90 m Tiefe. Körper einfarbig hellbräunlich oder mit kleinen dunklen Punkten.

Gattung *Ronqilus*: 1 Art. **Nördlicher Ronquil** (*R. jordani*): 18 cm, Ostpazifik (Beringmeer, Aleuten bis Monterey Bay, Kalifornien). Zart grün bis bräunlich gefärbt, mit einigen schwach angedeuteten, hellen Längsstreifen.

Haltung von Ronquils

In gekühlten Aquarien (12 - 16 °C) lassen sich Ronquils gut halten. Die Beckeneinrichtung soll Felsaufbauten mit Höhlungen als Versteckplätze und freie Sandflächen bieten. Die friedlichen Fische können mit allem gängigen tierischen Futter geeigneter Größe ernährt werden.

Familie Aalmütter, Gebärfische (Zoarcidae)

Körper langgestreckt, aalförmig. Hautschuppen entweder nicht vorhanden oder sehr klein, glattrandig, rund, tief in der Schleimhaut liegend, berühren sich nicht. Undeutliche Seitenlinie. Rücken-, After- und Schwanzflosse bilden einen spitz auslaufenden Flossensaum. Bauchflossen klein, kehlständig (vor den Brustflossen stehend), oder auch vollständig fehlend. Keine Schwimmblase. Größe zwischen 7 cm und 1,1 m.

Verbreitung. Hauptsächlich im Nordatlantik und Nordpazifik, sowie in arktischen und antarktischen Gewässern.

Lebensweise. Im Kaltwasser, Bodenbewohner des Felslitorals. Eier legend, teilweise mit Brutpflege, Arten der Gattung *Zoarces* aber lebend gebärend.

Nahrung. Krebstiere, Würmer und Jung- bzw. Kleinfische.

46 Gattungen mit etwa 250 Arten. Systematische Stellung unsicher, die Familie wird auch den Dorschartigen zugeordnet.

Gattung *Macrozoarces*: 1 Art. **Riesenaalmutter** (*M. americanus*): bis 1,1 m, Westatlantik (Labrador bis Virginia), bis in 180 m Tiefe. Eier legend, Männchen betreibt Brutpflege.

Gattung *Zoarces*: 3 Arten. Dazu **Europäische Aalmutter** (*Z. viviparus*): 30 cm (ausnahmsweise bis 60 cm, Männchen bleiben kleiner), nordeuropäische Küsten, Nordsee, gesamte

Abb. 52.163 *Zoarces viviparus* (Naturaufnahme, Ostsee)

Ostsee. Kehlständige, fadenförmige Bauchflossen. Innere Befruchtung, lebend gebärend. Eierstock unpaar. Paarung in den Sommermonaten. Sehr kleine Eier, Embryonen liegen z. T. in der Bauchhöhle, werden vom mütterlichen Organismus mit abgesonderter „Uterusmilch“ ernährt. 200 - 300 Junge von etwa 37 mm Länge, Geburt der Jungen, auch portionsweise, im Dezember/Januar.

Haltung von Aalmüttern

Europäische Aalmuttern sind sehr wärmeempfindlich und können auf Dauer nur bei Wassertemperaturen gehalten werden, die deutlich unter 20 °C liegen. Das Aquarium muss viele Versteckplätze in der Dekoration besitzen, damit sich die recht scheuen Fische verbergen können. Oft sind sie nur beim Fressen zu beobachten. Noch bei 4 °C nehmen sie reichlich Nahrung auf. Gefüttert wird mit klein geschnittenem Fischfleisch, Frostgarnelen, Regenwürmern oder Muschelfleisch. Die salztoleranten Aalmuttern sind gut auch in brackigem Wasser, z. B. eines Ostsee-Aquariums, zu halten.

Vermehrung. Die Vermehrung der lebend gebärenden Aalmuttern ist im Aquarium schon gelungen. Allerdings scheint die Aufzucht der Jungfische schwierig zu sein. Nach dem Anfüttern mit Artemia-Nauplien war die weitere Ernährung mit Drosophila-Maden und später mit Junggarnelen erfolgreich. Gefüttert wurde zweimal täglich bei Haltungstemperaturen um 6 °C.

Familie Stachelrücken (Stichaeidae)

Körper aalartig gestreckt, am Kopf oft Tentakel. Rückenflosse hinter dem Kopf beginnend bis zur Schwanzflosse reichend, besitzt ausschließlich Stachelstrahlen (Trivialname!), Schwanzflosse gerundet. Bauchflossen sehr klein oder fehlend, Brustflossen klein bis groß. Winzige Rundschuppen, keine Schwimmblase. 4 Seitenlinien auf jeder Körperseite, können aber auch alle fehlen. Größe zwischen 6 und 76 cm.

Verbreitung. Schwerpunkt im Nordpazifik, nur wenige Arten im Nordatlantik.

Lebensweise. Bodenorientiert, meist im Flachwasser auf und zwischen Felsen, von der Gezeitenzone bis in über 100 m Tiefe. Laichabgabe in Ballen, die entweder vom Männchen oder vom Weibchen bewacht werden. Larven zunächst pelagisch.

Nahrung. Verschiedene Wirbellose wie Vielborster, Krebstiere, Mollusken, auch Aktinien sowie Algen.

36 Gattungen mit über 70 Arten.

Gattung *Anoplarchus*: 2 Arten. Charakteristisch ist ein fleischiger Kamm auf dem Kopf. **Schlanker Stachelrücken** (*A. insignis*): 12 cm, von den Aleuten bis Nordkalifornien. – **Hoher Stachelrücken** (*A. purpurescens*): 20 cm, Pribilof-Inseln, Alaska bis Südkalifornien, häufig im Gezeitenbereich unter Steinen.

Gattung *Cebidichthys*: 1 Art. **Affengesicht-Stachelrücken** (*C. violaceus*): bis 76 cm, vom südlichen Oregon bis Niederkalifornien. Keine Bauchflossen.

Gattung *Chirolophis*: 8 Arten. Dazu **Dekor-Stachelrücken** (*Ch. decoratus*): bis 42 cm, Kamtschatka, Aleuten bis Kalifornien. Fransenförmige Auswüchse auf dem Kopf und dem vorderen Rückenflossenteil. – **Japanischer Stachelrücken** (*Ch. japonicus*): 50 cm, Nordwestpazifik (Nordjapan bis zur Bucht Peters des Großen). – **Mooskopf-Stachelrücken** (*Ch. nugator*): 15 cm, von den Aleuten bis Südkalifornien. 13 runde, schwarze, gelb umrandete Flecken auf der Rückenflosse.

Gattung *Lumpenus*: 3 Arten. Dazu **Schlangen-Stachelrücken** (*L. sagitta*): 50 cm, Nordpazifik (Japanisches Meer, Sachalin, Beringmeer, Aleuten bis San Francisco). Relativ große Bauchflossen.

Gattung *Xiphister*: 2 Arten. Dazu **Felsenstachelrücken** (*X. mucosus*): bis 58 cm, Nordost-

Abb. 52.164 *Chirolophis japonicus* (Tierpark Berlin)

pazifik. Keine Bauchflossen und nur winzige Brustflossen.

Haltung von Stachelrücken

Stachelrücken, die ihrem Verbreitungsgebiet entsprechend vor allem in den Aquarien an der nordamerikanischen Westküste zu sehen sind, lassen sich in gekühlten Becken (12 - 16 °C) sehr gut halten. Sie gelten als hart und wenig krankheitsanfällig. Die Aquarien sollten gut veralgt sein, eventuell kann eine Dekoration auch mit Plastikalgen erfolgen. Wichtig sind Steinaufbauten, die den Fischen Versteckmöglichkeiten bieten, sowie starke, wechselnde Strömungen, die das Beckenwasser gut durchmischen. Es wird alles gängige tierische Futter, ergänzt mit pflanzlicher Zukost, gefressen.

Familie Butterfische (Pholidae)

I. P. Illich & A. Goldschmid

Langgestreckter, seitlich abgeflachter Körper. Keine Seitenlinie. Winzige Rundschuppen. Rücken- und Afterflosse bilden Flossensaum, abgerundete Brust- und Bauchflossen, Letztere oft rudimentär oder fehlend. Augen liegen nahe der Kopfoberseite. Größe zwischen 13 und 46 cm.

Verbreitung. Arktisch-atlantische und arktisch-pazifische Küsten sowie Nord- und Ostsee.

Lebensweise. Im küstennahen Flachwasser an Felsen, unter Steinen, in Seegrasbeständen, bei Ebbe in Gezeitentümpeln. Einzelgänger, nur zur Fortpflanzungszeit paarweise. Eltern bewachen Gelege.

Nahrung. Kleinkrebse (vorwiegend Isopoden, Asseln).

4 Gattungen mit etwa 14 Arten.

Gattung *Apodichthys*: 1 Art. **Gitter-Butterfisch** (*A. flavidus*): bis 46 cm, Golf von Alaska bis Südkalifornien, vor allem in Gezeitentümpeln.

Gattung *Pholis*: 8 Arten. Dazu **Langflossen-Butterfisch** (*Ph. clemensis*): 13 cm, Nordostpazifik (Südalaska bis Nordkalifornien). – **Atlantischer Butterfisch** (*Ph. gunellus*): bis 25 cm, östliche Nordatlantikküste, Nord- und Ostsee, Island, im Sommer im Flachwasser, im Winter in größeren Tiefen (bis 100 m). – **Halbmond-Butterfisch**

Abb, 52.165 *Pholis gunellus* (Privataquarium)

(*Ph. laeta*): 25 cm, Beringmeer bis Nordkalifornien. – **Schmuck-Butterfisch** (*Ph. ornata*): 30 cm, asiatischer und amerikanischer Nordpazifik. – **Gestreifter Butterfisch** (*Ph. picta*): 25 cm Nordwestpazifik (Kamtschatka bis Korea).

Haltung von Butterfischen

Butterfische benötigen gut strukturierte Aquarien, mit vielen Schlupflöchern und Spalten. Zum Ablaichen sollte man ihnen Austern- und andere große Muschelschalen anbieten. Das Paarungsverhalten und die Brutpflege sind gut im Aquarium zu beobachten. Bisher ist es allerdings nicht gelungen, Butterfische nachzuzüchten. Hinsichtlich Nahrung sind sie nicht wählerisch und fressen sowohl Lebend- als auch Frostfutter in Form von Garnelen, kleinen Muscheln, Kleinfischen und Tintenfischen. Lässt sich mit Fischen und Wirbellosen vergesellschaften. Die Wassertemperatur sollte zwischen 12 - 15 °C liegen.

Abb. 52.166 *Pholis picta* (Tierpark Berlin)

Höchstalter. *Pholis gunellus* über 5 Jahre.

Familie Seewölfe (Anarhichadidae)

I. P. Illich & A. Goldschmid

Große, bis 2,7 m lange Grundfische. Körper nackt oder mit winzigen Kammschuppen. Keine Schwimmblase. Bauchflossen fehlen, Schwanzflosse klein. Äußerst kräftige Kiefer mit starken, spitzen Greif- und pflasterartigen Quetschzähnen. Geschätzte Speisefische.

Verbreitung. Nordatlantik und Nordpazifik.

Lebensweise. Bodenorientiere Einzelgänger, nur zur Fortpflanzungszeit paarweise. Wie bei den Schleimfischen bewachen die Männchen das Gelege.

Nahrung. Seeigel, Muscheln und Krabben, die mit den kräftigen Kiefern aufgebrochen werden.

2 Gattungen mit 5 Arten.

Gattung *Anarhichas*: 4 Arten. Dazu **Gestreifter Seewolf**, **Steinbeißer**, **Kattfisch** (*A. lupus*): bis 1,5 m, 20 kg schwer, bewohnt Felsböden im Ost- und Westatlantik, auch im Mittelmeer, bis in etwa 1 500 m Tiefe.

Gattung *Anarrhichthys*: 1 Art. **Augenfleck-Wolfsfisch** (*A. ocellatus*): 2,4 m, im Nordpazifik.

Haltung von Seewölfen

Seewölfe brauchen große Aquarien mit stabilen Felsaufbauten und genügend Schlupflöchern. Am besten ist eine Paarhaltung, eine Gruppenhaltung ist jedoch ebenfalls möglich, vorausgesetzt, die Tiere sind von klein auf aneinander gewöhnt. Sie benötigen hartschaliges Futter (Krebstiere, Muscheln), aber auch Fisch (Dorsch, Hering, aber Vorsicht mit fettem Fisch!) und Tintenfische werden akzeptiert. Sie werden bald futterzahm. Eine Vergesellschaftung mit anderen Kaltwasserfischen, z. B. mit Aalmuttern und Butterfischen, ist möglich. Die Wassertemperatur sollte unter 15 °C liegen.

Vorsicht bei der Pflege – schmerzhafte Bissverletzungen!

Abb. 52.167 *Anarhichas lupus* (Zoo-Aquarium Berlin)

Vermehrung. Im Vancouver-Aquarium, Kanada, gelang die Vermehrung von *Anarrhichthys ocellatus*. Sie bildeten mit 4 Jahren feste Paare und laichten mit 5 Jahren ab. Laichballen mit etwa 10000 Eiern, Schlupf nach 11 - 12 Wochen, die Larven waren bereits 45 mm lang und zunächst pelagisch, das Erstfutter bestand aus Cottiden-Larven.

Höchstalter. *Anarrhichthys ocellatus* über 7 Jahre im Aquarium.

Unterordnung Doktorfischverwandte (Acanthuroidei)

F. Velte

4 Familien. Die Hahnenfische (Familie Luvaridae) mit dem in der Hochsee lebenden Louvar (*Luvarus imperialis*) als einzigem Vertreter sind aquaristisch unbekannt. Außerdem werden von einigen Autoren die Fledermausfische (Familie Ephippidae) und die Argusfische (Familie Scatophagidae) in dieser Unterordnung platziert.

Familie Doktorfische (Acanthuridae)

Scheibenförmige bis leicht langgestreckte Körperform mit hoher Stirnpartie. Körperquerschnitt flach bis leicht rundlich. Augen hoch am Kopf. Kleines, endständiges Maul. Hart- und weichstrahliger Teil der Rückenflosse bilden einheitlichen Flossensaum. Schwanzflosse tief gegabelt bzw. mehr oder weniger gerade. Am Schwanzstiel befinden sich auf jeder Seite typische Verknöcherungen, die aus Schuppen hervorgegangen sind und zur Charakterisierung von Unterfamilien dienen. Einige Arten mit deutlichem Geschlechtsdimorphismus oder Farbwechsel während der Laichphase. Zahlreiche Acanthuriden werden als Speisefische genutzt, Ciguatera-Vergiftungen können auftreten. Größe zwischen 12 cm und 1 m.

Verbreitung. Alle tropischen und subtropischen Meeresgebiete, aber Verbreitungsschwerpunkte im Indischen und Pazifischen Ozean. Eine ostatlantische Art wurde im Mittelmeer nachgewiesen.

Lebensweise. Schwimmfreudige, tagaktive Fische der Korallenriffe. Jungfische oft in Flussmündungen und Ästuaren. Sowohl revierbildende Einzelgänger als auch paarweise lebend sowie in kleinen Trupps oder in größeren Schwärmen. Paar- und Schwarmlaicher im freien Wasser, mit pelagischen Eiern und Larvenstadien. Einige Doktorfische zeigen Mimikry, bei der sie die Färbung und das Verhalten anderer Arten nachahmen. Welchen Vorteil sie davon haben, ist nicht ganz geklärt.

Nahrung. Vorwiegend Pflanzenfresser, doch gibt es auch Plankton- und Detritusfresser. Einige Spezialisten ernähren sich von Fischeiern, Krebsen und Quallen. Von zumindest 1 Art sind symbiotische, im Magen lebende Mikroorganismen beschrieben. Wahrscheinlich helfen sie, die pflanzliche Nahrung aufzuschließen.

6 - 7 Gattungen mit etwa 80 Arten, die in 3 Unterfamilien aufgeteilt werden.

Unterfamilie Eigentliche Doktorfische, Seebader (Acanthurinae)

Charakteristisches, knöchernes Stilett oder Skalpell beiderseits des Schwanzstiels, das in einer Tasche liegt und über Sehnen mit der Wirbelsäule verbunden ist. Es schwingt bei entsprechenden Körperkrümmungen heraus, der ausgeklappte Zustand kann nicht fixiert werden, auch ein aktives Aufrichten ist nicht möglich. Die Giftigkeit der Skalpelle ist umstritten, möglicherweise ist das sie umgebende Gewebe giftig. 4 - 5 Gattungen.

Gattung *Acanthurus*: 39 Arten. Dazu **Blutfleck-Doktorfisch** (*A. achilles*): bis 25 cm, Pazifik, häufig um Hawaii. Tiefdunkelblauer bis

Abb. 52.168 *Acanthurus achilles* (Tierpark Berlin)

braunschwarzer Körper mit orangefarbenem, tropfenförmigem Fleck vor dem Schwanzstiel. Lebt im Seichtwasser der Korallenriffe, meist einzeln und bildet Reviere, nur in bestimmten Regionen in Schwärmen. – **Spätblauer Doktorfisch** (*A. coeruleus*): bis 40 cm, Florida, Karibik, tropischer Westatlantik bis Brasilien und Ascension. Als Jungtier gelb gefärbt und solitär. Adulte Fische mit blauer Körperfarbe, in Trupps. – **Philippinen-Doktorfisch** (*A. japonicus*): 15 cm, von Südjapan bis zu den Philippinen und Indonesien, in Lagunen und am Außenriff, bis in 20 m Tiefe. Meist in Trupps, gelegentlich als territorialer Einzelgänger. – **Weißkehl-Doktorfisch** (*A. leucosternon*): bis 30 cm, Indischer Ozean von Afrika bis Indonesien, bis in 25 m Tiefe. Territorial lebend, schließt sich aber zeitweise zu Schwärmen zusammen. – **Streifen-Doktorfisch** (*A. lineatus*): bis 35 cm, Ostafrika bis Hawaii, nördlich von Japan bis südlich zum Großen Barriereriff. Jungtiere im Flachwasser, adulte Fische bis 15 m Tiefe. Gelbe Grundfärbung mit blauen Längsstreifen. Revierbildend. – **Orangefleck-Doktorfisch** (*A. olivaceus*): bis 30 cm, östlicher Indischer Ozean, West- und Zentralpazifik von Japan bis Hawaii sowie den Marquesas-Inseln. Jungfische leuchtend gelb gefärbt. Adulte Fische mit verschiedenen dunklen Körperfärbungen, aber immer mit länglichem, orangefarbenem Fleck hinter dem Kiemendeckel. Meist in Schwärmen lebend. – **Schokoladen-Doktorfisch** (*A. pyroferus*): 20 cm, weit verbreitet im Indopazifik, in Lagunen und Außenriffen bis in 60 m Tiefe. Jungfische territorial, ahmen in verschiedenen Farbmorphen sympatrisch lebende Zwergkaiserfische nach (Mimikry). – **Gestreifter Rotmeer-Doktorfisch** (*A. sohal*): bis 40 cm, Rotes Meer bis zum Arabischen Golf, im seichten Wasser der Riffplatten und Riffkanten. Graublaue Körperfärbung mit zahlreichen schwarzen Längsstreifen. Revierbildend, nur selten in kleinen Trupps. 1 Männchen kontrolliert mehrere Weibchenreviere. – **Doppelband-Doktorfisch** (*A. tennentii*): etwa 30 cm, westlicher Indischer Ozean (Südafrika bis Bali). 2 charakteristische kurze, schwarze, parallel verlaufende Striche über jeder Brustflosse. – **Gitter-Doktorfisch** (*A. triostegus*): bis 20 cm, gesamter Indopazifik (von Ostafrika bis zur Pazifikküste Mexikos), in Lagunen, küstennahen Riffen und Ästuaren. Hellgrauer Körper mit 5 dunklen Querbinden. Lebt in riesigen Schwärmen (bis 1 000 Tiere).

Gattung *Ctenochaetus*: mindestens 9 Arten. Dazu **Blauaugen-Borstenzahndoktorfisch** (*C.

Abb. 52.169 *Acanthurus leucosternon* (Aquarium des Instituts für Meereswissenschaften, Kiel)

binotatus): bis 22 cm, von Ostafrika bis nach Japan im Norden und dem Großen Barriereriff im Süden. Speichert in bestimmten Gebieten durch die Aufnahme von Dinoflagellaten das Gift Ciguatoxin. – **Streifen-Borstenzahndoktorfisch** (*C. striatus*): bis 26 cm, Rotes Meer, Indopazifik von Ostafrika bis nach Mikronesien, bis in 20 m Tiefe. Jungfische blau-orange gestreift, Adulte blasser. Laicht in Gruppen. – **Goldring-Borstenzahndoktorfisch** (*C. strigosus*): bis 18 cm, im Indopazifik bis nach Hawaii, fehlt im Roten Meer, in tiefen Lagunen und Außenriffen bis in 45 m Tiefe. Leuchtend gelber Augenring. Lebt in Paaren und Trupps.

Gattung *Paracanthurus*: 1 Art. **Paletten-Doktorfisch** (*P. hepatus*): bis 30 cm, indopazifischer Raum von Ostafrika bis nach Japan und Hawaii. Jungfische leben in Schwärmen, oft in der Nähe der Steinkoralle *Pocillopora eydouxi*, Adulte einzeln oder in Paaren.

Gattung *Zebrasoma*: 7 Arten. Dazu **Westlicher Fledermaus-Segeldoktorfisch** (*Z. desjardinii*): bis 40 cm, Rotes Meer und Indischer Ozean. Jungtiere solitär lebend, adulte Fische in Paaren oder kleinen Trupps. Stellt bei Erregung die Rücken- und Afterflosse auf. – **Gelber Seebader** (*Z. flavescens*): bis 20 cm, Pazifik von Japan bis Hawaii, immer nördlich des Äquators. Bevorzugt dichte Korallenbestände in Lagunen und am Außenriff. Leuchtend gelb gefärbt. – **Brauner Seebader** (*Z. scopas*): 20 cm, tropischer Indowestpazifik. Meist in kleinen Gruppen. – **Segel-Seebader** (*Z. veliferum*): 40 cm, West- und Zentralpazifik. Hell-dunkle Querstreifung. – **Gelbschwanz-Doktorfisch** (*Z. xanthurum*): bis 25 cm, Rotes Meer bis Persischer Golf, im seichten Wasser der Korallenriffe und Lagunen, seltener am Außenriff. Blauer Körper und gelbe Schwanzflosse. Lebt meist einzeln oder paarweise, seltener in kleinen Schwärmen.

Abb. 52.170 *Acanthurus triostegus* (Zoo Leipzig, Aquarium)

Abb. 52.171 *Paracanthurus hepatus* (Tierpark Berlin)

Haltung von Eigentlichen Doktorfischen

Doktorfische sind Dauerschwimmer und erreichen stattliche Endgrößen. Sie sollten daher in großen Aquarien mit viel Schwimmraum gepflegt werden. Arten der Gattung *Ctenochaetus* kann man bereits in mittelgroßen Becken halten. Die Aquarien können als Felsriff- oder bei einigen Arten auch als Korallenriff-Ausschnitte gestaltet werden. Aufgrund der Aggressivität vieler Arten empfiehlt es sich, die Aufbauten mittig zu setzen und zahlreiche Versteckmöglichkeiten in Form von Vorsprüngen, Nischen und Höhlen einzurichten. Wichtig ist, dass der Bodengrund zumindest teilweise aus feinem Sand besteht, den manche Arten aufnehmen, um die pflanzliche Nahrung besser zu verdauen. Besonders geeignet für die Pflege von Doktorfischen sind Rundbecken.

Abb. 52.172 *Zebrasoma velifera* (Tierpark Berlin)

Aufgrund ihrer intensiven Verdauung benötigen Doktorfische Aquarienwasser mit bester Qualität. Starke, leistungsfähige Filter sind daher unbedingt erforderlich. Viele Arten reagieren empfindlich auf Veränderungen der Wasserparameter.

Die meisten Doktorfische kann man bei Wassertemperaturen von 24 - 28 °C pflegen. Beim karibischen Spätblauen Doktorfisch sollten allerdings 25 °C nicht überschritten werden.

Tabelle 52.4 gibt eine Übersicht über wichtige Haltungsparameter für Doktorfische aus der Unterfamilie Acanthurinae

Bei der Haltung von Doktorfischen in Paaren sollten die Individuen deutliche Größenunterschiede aufweisen, um Rangordnungskämpfe zu vermeiden. Will man Doktorfische in Trupps halten, empfiehlt es sich, alle Tiere gleichzeitig

Tab. 52.4 Haltungshinweise für häufig gepflegte Doktorfisch-Arten

Art	Futter	Haltungsform im Aquarium	Besonderheiten
Rotschwanz-Doktorfisch (*A. achilles*)	Algen, Caulerpa, Salat	einzeln	aggressiv gegen Artgenossen und andere Doktorfische
Spätblauer Doktorfisch (*A. coeruleus*)	Algen, Caulerpa, Salat, Spinat, Trockenfutter, Mysis	als Jungtier einzeln, Adulte in Trupps	
Philippinen-Doktorfisch (*A. japonicus*)	Algen, Caulerpa, Salat, Spinat, Trockenfutter, Mysis	einzeln	aggressiv gegen Artgenossen und andere Doktorfische
Weißkehl-Doktorfisch (*A. leucosternon*)	Algen, Caulerpa, Trockenfutter, Salat, Mysis, Muschelfleisch	einzeln	aggressiv gegen andere Doktorfische, frisst an Korallen und Anemonen
Streifen-Doktorfisch (*A. lineatus*)	Algen, Salat, Spinat, Trockenfutter	einzeln	aggressiv gegen andere Fische
Orangefleck-Doktorfisch (*A. olivaceus*)	Algen, Trockenfutter, Planktonfutter	einzeln, im Trupp, paarweise	
Schokoladen-Doktorfisch (*A. pyroferus*)	Algen, Salat, Spinat, Trockenfutter	einzeln oder paarweise	
Gestreifter Rotmeer-Doktorfisch (*A. sohal*)	Algen, Salat, Spinat, Caulerpa	einzeln	aggressiv gegen Streifen-Doktorfisch
Gitter-Doktorfisch (*A. triostegus*)	Algen, Spinat, Salat, Futtertabletten	im Trupp	
Blauaugen-Borstenzahn-doktorfisch (*C. binotatus*)	Algen, Salat, Spinat, Trockenfutter,	paarweise	
Streifen-Borstenzahn-doktorfisch (*C. striatus*)	Algen, Salat, Spinat, Trockenfutter	paarweise	
Goldring-Borstenzahn-doktorfisch (*C. strigosus*)	Algen, Salat, Spinat, Trockenfutter	paarweise oder in Trupps	
Paletten-Doktorfisch (*P. hepatus*)	Algen, Spinat, Salat, Trockenfutter, Mysis, Muschelfleisch	paarweise oder in Trupps	aggressiv gegen andere blaue Doktorfische, frisst an Korallen
Westlicher Fledermaus-Segeldoktorfisch (*Z. desjardini*)	Algen, Salat, Spinat, Caulerpa	paarweise	aggressiv gegen andere Doktorfische, frisst an Korallen
Gelber Seebader (*Z. flavescens*)	Algen, Salat, Spinat, Trockenfutter, Caulerpa, Mysis, Muschelfleisch	in Trupps	frisst an Korallen, Röhrenwürmern und Riesenmuscheln
Gelbschwanz-Doktorfisch (*Z. xanthurum*)	Algen, Salat, Spinat, Trockenfutter, Caulerpa, Mysis, Muschelfleisch	in Trupps	aggressiv gegen andere Fische, frisst an Xenia-Korallen

in ein Becken einzugewöhnen, da später eingesetzte Tiere attackiert und sogar getötet werden können.

Da die meisten Doktorfische Pflanzenfresser sind und viel Zeit mit Nahrungssuche und -aufnahme verbringen, sollten sie mehrmals am Tag mit kleinen Portionen gefüttert werden.

Über Nachzuchten im Aquarium liegen bisher keine Berichte vor.

Höchstalter. *Zebrasoma flavescens* wurde bereits über 11 Jahre im Aquarium gepflegt, *Z. desjardini* und *Paracanthurus hepatus* über 16 Jahre.

Abb. 52.173 *Naso brevirostris* (Zoo Leipzig, Aquarium)

Unterfamilie Nasendoktorfische (Nasinae)

Die Verknöcherungen am Schwanzstiel bilden feststehende Kiele.

Nur 1 Gattung.

Gattung *Naso*: 17 Arten. Dazu **Langnasen-Nashornfisch** (*N. brevirostris*): bis 60 cm, Rotes Meer, Indopazifik (Südafrika bis Südjapan und Hawaii). Beide Geschlechter mit hornartigem Fortsatz an der Stirn, der sich mit einer Körperlänge von etwa 15 cm entwickelt. Männchen mit Laichfärbung, Laichabgabe in Gruppen. – **Blauklingen-Nashornfisch** (*N. hexacanthus*): bis 75 cm, Rotes Meer, Indopazifik (Ostafrika bis Japan und Hawaii), Schwarmfisch am Außenriff in Tiefen von 6 bis über 200 m. Grau, unterseits heller, mit dunkelblauer Schwanzflosse. Kein „Horn". – **Kuhkopffisch** (*N. lituratus*): bis 50 cm, Rotes Meer, Indopazifik (Ostafrika bis Australien und Neu-Kaledonien, Hawaii), bis in 90 m Tiefe. Graublau, mit farbiger Maske am Kopf. Pazifische Tiere mit fast schwarzer Rückenflosse. Tiere des Indischen Ozeans mit gelber Rückenflosse (werden neuerdings als eigene Art *N. elegans* abgetrennt). Ernährt sich fast ausschließlich von Braunalgen. – **Masken-Nashornfisch** (*N. vlamingi*): bis 70 cm, Südafrika bis Japan, Neu-Kaledonien und Tuamotu, in tiefen Lagunen und am Außenriff. Blaue Lippen und Zwischenaugenbinde. Lebt einzeln oder paarweise, tagsüber auch in kleinen Schwärmen. Reiner Planktonfresser.

Haltung von Nasendoktorfischen

Nashornfische erreichen eine Endgröße von mindestens 50 cm und sollten deshalb nur in sehr großen oder riesigen Becken gehalten werden. Für den Bodengrund ist feinkörniger Sand wichtig, weil viele Doktorfische Sandkörner aufnehmen, um die Pflanzennahrung zu zerkleinern. Da sie in der Natur im Schwarm leben, empfiehlt es sich, immer mehrere Individuen gleichzeitig zu pflegen. *Naso lituratus* und *N. vlamingi* kann man aber auch als Paar halten. Alle Nashornfische sind Dauerschwimmer, daher ist es vorteilhaft, wenn die Aquarien einen mittigen Aufbau haben, den die Fische umkreisen können. Ringbecken eignen sich demzufolge in besonderem Maße für ihre Pflege. Die Wassertemperatur sollte zwischen 24 und 28 °C liegen.

Der Kuhkopffisch ist ein reiner Vegetarier und kann mit Algen, Salat und Nordseetang gefüttert werden. Eingewöhnt frisst er zusätzlich auch anderes Futter wie Artemien, Mysis-Garnelen und Mückenlarven. Die anderen Nashornfische sind vorwiegend Planktonfresser. Sie ernährt man mit

Abb. 52.174 *Naso elegans* (Tierpark Berlin)

Mysis-Garnelen, Grindalwürmern, Cyclops, Artemien, Tubifex, Mückenlarven, kleinen Stücken von Muschelfleisch, aber auch mit pflanzlicher Nahrung. Jungfische von *N. brevirostris* benötigen vorwiegend pflanzliche Futterkomponenten, bis sich das Horn ausbildet. Dann nehmen sie vermehrt Plankton zu sich.

Vergesellschaftungen verlaufen problemlos. Allerdings soll der Blauklingen-Nashornfisch gelegentlich Wirbellose anfressen.

Geschlechterunterschiede kennt man nur von wenigen Arten. Die Männchen von *N. vlamingi* lassen ihre Flanken beim Imponieren hellblau aufleuchten. Bei Männchen von *N. hexacanthus* wurde dies ebenfalls beobachtet. Berichte über Aquarien-Nachzuchten liegen nicht vor.

Höchstalter. Der Masken-Nashornfisch wurde schon über 10 Jahre im Aquarium gepflegt.

Unterfamilie Sägedoktorfische (Prionurinae)

Die Verknöcherungen am Schwanzstiel bilden sägeblattähnliche Stacheln.

Nur 1 Gattung.

Gattung *Prionurus*: 7 Arten. Dazu **Galapagos-Doktorfisch** (*P. laticlavius*): 30 cm, Galapagosinseln und südamerikanische Pazifikküste, bewohnt Felsriffe bis in 25 m Tiefe. Kommt in Schwärmen bis zu 200 Tieren vor. Reiner Planktonfresser. – **Gefleckter Doktorfisch** (*P. maculatus*): bis 45 cm, Südostaustralien und Lord-Howe-Insel, in Felsriffen, geschützten Buchten und klaren Ästuaren. Zahlreiche gelbe Punkte auf dem Körper, die in Linien übergehen können. – **Punktierter Doktorfisch** (*P. punctatus*): bis 35 cm, Ostpazifik (kalifornische Küste bis El Salvador und Revilla-Gigedo-Inseln), in Tiefen bis 35 m. Graublau, mit zahlreichen kleinen, dunklen Punkten. Schwarmfisch über mit Algen bewachsenen Felsriffen. – **Japanischer Sägedoktorfisch** (*P. scalprum*): 50 cm, Nordwestpazifik (Japan bis Taiwan).

Haltung von Sägedoktorfischen

Aufgrund ihrer stattlichen Endgröße benötigen die Arten dieser Unterfamilie sehr geräumige Aquarien mit viel Schwimmraum. Da die genannten Arten Schwarmfische sind, sollte man sie auch als solche pflegen. Die Becken können als Felsriff gestaltet und, wenn möglich, mit veralgten Steinen besetzt sein. Der Galapagos-Doktorfisch be-

Abb. 52.175 *Prionurus laticlavius* (Zoo Rotterdam, Oceanium)

nötigt Temperaturen um 15 °C. Auch für die anderen genannten Arten sollte das Aquarienwasser nicht wärmer als 22 °C sein. Da sich Sägedoktorfische friedlich verhalten, sind Vergesellschaftungen mit anderen Fischen unproblematisch.

Prionurus-Doktorfische sind relativ einfach zu ernähren. Primär sollten sie mit Algen gefüttert werden, doch nehmen sie auch Futtertabletten, Trockenfutter, Mysis-Garnelen, Muschelfleisch und Artemien problemlos an.

Informationen über Geschlechterunterschiede liegen nicht vor. Im Aquarium wurden diese Arten bisher nicht nachgezüchtet.

Höchstalter. Für *P. laticlavius* und *P. maculatus* sind Haltungsdauern von mehr als 10 Jahren bekannt.

Familie Kaninchenfische (Siganidae)

Leicht gestreckter, seitlich zusammengedrückter Körper. Lange, teilweise röhrenförmige Schnauze mit kleinem, endständigem Maul. Die Zähne können leicht gesägt sein und sind ein- oder zweispitzig. Sehr kleine Rundschuppen. Rückenflosse einheitlich und mit langem hartstrahligem Teil. Schwanzflosse gerade bis schwach gegabelt. Bauchflossen mit je 1 inneren und äußeren Hartstrahl, dazwischen 3 Weichstrahlen. Alle Hartstrahlen der Flossen sind giftig, dabei sitzen die Giftdrüsen an der Basis der Flossenstrahlen. Viele Arten werden als Speisefische genutzt, Ciguatera-Vergiftungen können auftreten. Größe zwischen 20 und 45 cm.

Verbreitung. Tropischer Indopazifik, 2 Arten sind über den Suez-Kanal in das östliche Mittelmeer eingewandert.

Lebensweise. Vorwiegend Schwarmfische in Korallenriffen sowie über Seegraswiesen und Algenwäldern, tagaktiv. Einige Arten scheinen paarweise zu leben. Laichabgabe im freien Wasser.

Nahrung. Algen und Seegräser, manche Arten Allesfresser, andere sind Spezialisten, die vermutlich auch Quallen fressen.

Abb. 52.176 *Lo vulpinus* (Zoo Leipzig, Aquarium)

2 Gattungen mit 27 Arten.

Gattung *Lo* (wird auch als Untergattung zu *Siganus* gestellt): 4 Arten. **Andamanen-Fuchsgesicht** (*L. magnificus*): bis 24 cm, östlicher Indischer Ozean (Thailand bis Westjava). Schwarz-weißer Kopf, Körpermitte grauschwarz, Flossen gelb. Erwachsene leben paarweise. – **Einfleckiges Fuchsgesicht** (*L. unimaculatus*): bis 25 cm, von den Philippinen bis nach Südjapan verbreitet. Gelb, mit schwarzem Fleck unterhalb der Rückenflosse, schwarzweißer Kopf. Häufig in großen Schulen schwimmend. Früher zu *Lo vulpinus* gestellt. – **Braungelbes Fuchsgesicht** (*L. uspi*): bis 25 cm, Fidschi-Inseln und Neukaledonien, in einer Tiefe von bis zu 30 m. Schokoladenbraun, schwarz-weißer Kopf. Schwanzflosse und Schwanzstiel, sowie hinterer Teil der Rücken- und Afterflosse gelb. Paarweise lebender Pflanzenfresser – **Fuchsgesicht** (*L. vulpinus*): bis 25 cm, von Indonesien bis zum Großen Barriereriff, nach Neukaledonien und den Karolinen- sowie den Marshall-Inseln verbreitet. Gelb, mit schwarz-weißem Kopf. Adulte meist paarweise, Jungfische oft in kleinen Gruppen zwischen Korallen.

Gattung *Siganus*: 27 Arten. Dazu **Gefleckter Kaninchenfisch** (*S. guttatus*): bis 40 cm, von Malaysia bis zum Großen Barriereriff, Philippinen, südliches Japan, Mikronesien. Jungfische im Brackwasser und Mangrovengebieten, Adulte in kleinen Gruppen in Korallenriffen an schattigen Stellen. Körper mit zahlreichen Punkten und goldgelbem Sattelfleck am Hinterende der Rückenflosse vor dem Schwanzstiel. – **Linierter Kaninchenfisch** (*S. lineatus*): bis 40 cm, von Sri Lanka und den Philippinen bis zum Großen Barriereriff und Neukaledonien. Körper mit Längsstreifen, die sich in Punkte auflösen und mäandrieren können. Gelber Sattelfleck vor dem Schwanzstiel. Bevorzugt seichtes Wasser in Ufernähe und Mangrove-Gebiete. – **Labyrinth-Kaninchenfisch** (*S. vermiculatus*): bis 35 cm, Indowestpazifik. Jungtiere häufig in Ästuaren. Dunkle labyrinthartige Körperzeichnung.

Haltung von Kaninchenfischen

Kaninchenfische benötigen viel Schwimmraum und brauchen daher entsprechend große Aquarien. Diese sollten mit Fels- oder Korallenaufbau-

Abb. 52.177 *Siganus vermiculatus* (Zoo-Aquarium Berlin)

ten eingerichtet sein und auch Versteckmöglichkeiten bieten. Da Kaninchenfische viel Nahrung zu sich nehmen, ist eine starke Filterung erforderlich. Die Wassertemperatur sollte 24 - 28 °C betragen.

Die meisten Arten ernähren sich von pflanzlicher Nahrung. Man sollte deshalb vorwiegend Algen, Caulerpa, Spinat und Salat, am besten zweimal täglich oder öfter, füttern. Ersatzfutter wie Mysis-Garnelen, Flohkrebse, Mückenlarven, Enchyträen, Futtertabletten und Flockenfutter wird von allen genannten Arten problemlos akzeptiert.

Die *Lo*-Arten pflegt man einzeln oder paarweise. *Siganus guttatus* und *S. lineatus* sollten in kleinen Gruppen gehalten werden. Vergesellschaftungen mit gleich großen Fischen verlaufen in der Regel problemlos, wenngleich *L. vulpinus* und *L. unimaculatus* gegen andere Fische aggressiv werden können. *L. uspi*, *S. guttatus* und *S. lineatus* sollten nicht gemeinsam mit Garnelen oder anderen beweglichen Wirbellosen gehalten werden, da sie diese als Beute betrachten.

Geschlechteruntsschiede sind nicht bekannt. Zwar werden einige Arten in der Aquakultur vermehrt, doch liegen aus Aquarien bisher keine Zuchtberichte vor.

Beim Hantieren mit Kaninchenfischen sollten aufgrund der giftigen Flossenstrahlen Handschuhe getragen werden.

Familie Halfterfische (Zanclidae)

Hochrückiger, seitlich stark zusammengedrückter Körper mit winzigen Kammschuppen. Die endständige Schnauze verlängert, röhrenförmig. Mundöffnung nicht sehr groß und mit zahlreichen kleinen, gebogenen Zähnen besetzt. Der 3. Strahl der Rückenflosse ist extrem verlängert. Adulte Fische haben zwischen den Augen 2 kurze, hornartige Gebilde. Larven besitzen einen Dorn am Maul, dessen Funktion unklar ist. Beim Übergang von der planktischen zur benthischen Lebensweise verschwindet dieser Dorn.

Verbreitung. Im gesamten tropischen Indopazifik.

Abb. 52.178 *Zanclus cornutus* (Naturaufnahme, Rotes Meer)

Lebensweise. Tagaktiv, in kleinen Gruppen in Lagunen, Korallenriffen und selbst Häfen, es wurden aber auch schon Schulen von über 100 Individuen beobachtet. Laichabgabe im freien Wasser. Lange pelagische Larvenstadien, die bis zur Umwandlung zum Jungfisch (bei einer Länge von 7,5 cm) über große Strecken verdriftet werden.

Nahrung. Schwamm- und Algenfresser.

1 Gattung mit 1 Art.

Gattung *Zanclus*: **Halfterfisch** (*Z. cornutus*): bis 23 cm, im gesamten tropischen Indopazifik, in Tiefen bis zu 180 m. Gelbliche Grundfarbe, mit 2 breiten, schwarzen Querstreifen sowie 1 weiteren auf der Schwanzflosse. Bei Rivalenkämpfen wird versucht, den Konkurrenten Stirn an Stirn wegzuschieben.

Haltung von Halfterfischen

Halfterfische gelten als sehr empfindlich. Man pflegt sie als Paar oder besser in kleinen Trupps. Bei der Pflege von mehreren Individuen sollten alle gleichzeitig eingesetzt werden, um Rivalenkämpfe zu vermeiden. Sie benötigen geräumige Aquarien mit genügend Schwimmraum und mindestens 1 „Unterstand" pro Tier. Die Wassertemperatur sollte zwischen 24 und 28 °C liegen.

Die Fütterung ist problematisch. Halfterfische brauchen ballaststoffreiches Futter. Vorwiegend sollten Algen gefüttert werden, ersatzweise kann man Muschelfleisch, Artemien und Flockenfutter anbieten. Wann immer möglich, sollte man Schwämme (Porifera) anbieten. Es ist besonders darauf zu achten, dass der Bauch immer einen rundlichen Eindruck macht. Dies kann als Indiz für eine ausreichende Ernährung angesehen werden.

Geschlechtsunterschiede sind nicht bekannt. Halfterfische wurden bisher im Aquarium nicht nachgezüchtet.

Unterordnung Kletterfischverwandte (Anabantoidei)

R. Meyer & W. E. Engelmann

Süßwasserfische (z. T. auch im Brackwasser) Südost- und Südasiens sowie West-, Zentral- und Südafrikas. Gemeinsames Merkmal ist ein zusätzliches Atmungsorgan in beiden Seiten der

Kiemenhöhle, das so genannte Labyrinth (Suprabranchialorgan). Es besteht aus vielfach gewundenen und gefalteten Lamellen, deren stark durchblutetes Hautepithel der eingeatmeten atmosphärischen Luft den Sauerstoff entnimmt und CO_2 abgibt. Die Luftatmung ermöglicht es verschiedenen Arten, in sehr sauerstoffarmen Gewässern zu leben und sogar über Land zu kriechen. Das Labyrinth entwickelt sich erst einige Wochen nach dem Schlupf der Larven aus dem Ei. Brutpflege weit verbreitet (Schaumnester oder Maulbrut), erfolgt mit wenigen Ausnahmen durch die Männchen.

5 Familien mit etwa 80 Arten. Manche Autoren zählen aber auch die Familien Nandidae, Badidae und Channidae zu den Kletterfischverwandten.

Allgemeine Hinweise zur Haltung von Kletterfischverwandten

Die Haltung der meisten Kletterfischverwandten ist im Allgemeinen nicht schwierig. Niedrige Becken sind meist ausreichend, eine Schwimmpflanzendecke ist oft günstig. Manche Arten ersticken aber, wenn die Möglichkeit der Aufnahme atmosphärischer Luft unterbunden wird, bei anderen reicht unter Aquarienbedingungen die Kiemenatmung aus. Das Wasser soll für die meisten Arten neutral bis leicht sauer und weich bis mittelhart sein. Temperaturen 22 - 26 °C (Ausnahmen werden bei den einzelnen Arten genannt). Die Lufttemperatur im Atembereich darf nicht unter der Wassertemperatur liegen.

Vermehrung. Die Zucht ist bei vielen Arten recht einfach, eine Temperaturerhöhung reicht oft, um das Fortpflanzungsverhalten auszulösen. Bei Schaumnestbauern verteidigt das Weibchen in ausreichend großen Becken das Außenrevier, in kleinen wird es vom Männchen bedrängt und sollte herausgefangen werden. Für die Aufzucht der meist winzige Larven (Selbständigkeit 2 - 6 Tage nach dem Schlupf) ist nach Aufzehren des Dottersacks feinstes Staubfutter erforderlich. Durch ein Teesieb geriebenes hart gekochtes Eigelb bildet eine Alternative.

Familie Kletter- und Buschfische (Anabantidae)

Körper robust, gestreckt, z. T. seitlich leicht abgeflacht und hochrückig. Kopf groß, mit tief gespaltenem Maul und mehr oder weniger wulstigen Lippen. Meist Kamm-, selten nur Rundschuppen. Rückenflosse lang, hart- und weichstrahliger Teil bilden einheitlichen Flossensaum, Afterflosse ähnlich, aber etwas kürzer, Schwanzflosse gerundet oder gerade. Größe zwischen 4 und 24 cm.

Verbreitung. Tropisches Asien und Afrika südlich der Sahara (außer Ostafrika).

Lebensweise. Bewohner stehender und langsam fließender, oft stark verkrauteter Gewässer. Kleinreviere bildende, standorttreue Einzelgänger, tagaktiv, *Anabas* aber vorwiegend mit nächtlicher Lebensweise. Manche Arten kriechen über Land. Fortpflanzung paarweise als Freilaicher oder im vom Männchen gebauten Schaumnest. Brutpflege durch das Männchen verbreitet.

Nahrung. Kleinkrebse, Wasserinsekten, Fischbrut, Pflanzen, große Arten räubern Fische.

4 Gattungen mit 36 Arten.

Gattung *Anabas*: 2 Arten. Freilaicher in Bodennähe, ölhaltige Eier (bis 5000 Stück) schwimmen auf, werden nicht behelligt, aber auch keine Brutpflege. **Kletterfisch** (*A. testudineus*): bis 25 cm, tropisches Asien (Indien und Sri Lanka bis Philippinen und Südchina). Kann mithilfe der kräftigen Flossenstacheln über Land wandern und Trockenzeiten im Schlamm eingewühlt überdauern. – **Hochrücken-Kletterfisch, Ganges-Kletterfisch** (*A. cobojius* = *A. oligolepis*): bis 18 cm, Indien, Bangladesch, Borneo.

Abb. 52.179 *Anabas testudineus* (Tierpark Berlin)

Gattung *Ctenopoma*: 20 Arten. Freilaicher über Blättern, Eier schwimmen häufig auf, oft Laichräuber. Dazu **Leopard-Buschfisch** (*C. acutirostre*): 15 cm, Kongo-Bassin, Braungelb mit zahlreichen dunklen Flecken. – **Schwarzfleck-Buschfisch** (*C. kingsleyae*): bis 24,5 cm (größte Buschfisch-Art), Westafrika. Einfarbig schwarzbraun, schwarzer Fleck auf dem Schwanzstiel. Brutpflege. – **Nilbuschfisch** (*C. muriei*): 6 cm, Nil, Tschad, Uganda, Tansania. – **Augenfleck-Buschfisch** (*C. ocellatum*): 15 cm, Kongogebiet. – **Pfauenaugen-Buschfisch** (*C. oxyrhynchum*): 10 cm, Kongogebiet.

Gattung *Microctenopoma*: 11 Arten. Schaumnestbauer, Brutpflege durch das Männchen. Dazu **Orangebuschfisch** (*M. ansorgii*): 8 cm, Kongo-Flusssystem. Gelbbraun mit zahlreichen dunklen Flecken, die auch auf die Flossen übergreifen. – **Kongo-Buschfisch** (*M. congicum*): 8 cm, Zentralafrikanische Republik. – **Perlbuschfisch** (*M. damasi*): 7 cm, Uganda. – **Gebänderter Buschfisch** (*M. fasciolatum*): 8 cm, Kongogebiet. 9 mehr oder weniger deutliche Querbänder. – **Zwergbuschfisch** (*M. nanum*): 8 cm, Kamerun, Gabun, Kongo.

Gattung *Sandelia*: 2 Arten. Freilaicher, Eier sinken zu Boden, Gelege und Umgebung wird vom Männchen bewacht. **Kap-Buschfisch** (*S. capensis*): 20 cm, Südafrika. – **Felsen-Buschfisch** (*S. bainsii*): 26 cm, Südafrika, bestandsbedrohte und geschützte Art.

Haltung von Kletter- und Buschfischen

Kletterfische gelten als recht unverträglich, können jedoch gut mit anderen großen Labyrinthfischen (z. B. *Belontia*, *Ctenopoma*) vergesellschaftet werden. Es sind Allesfresser, die selbst Nudeln fressen, bevorzugen aber mittelgrobe Nahrung (Mysis, Krill, Mückenlarven). Die

Abb. 52.180 *Ctenopoma acutirostre* (Zoo Leipzig, Aquarium)

Männchen erkennt man an ihrer länger ausgezogenen Afterflosse. Die Vermehrung von *Anabas* gelingt problemlos in größeren Becken bei Temperaturen ab 25 °C. Die Larven schlüpfen nach 24 Stunden, nach dem Freischwimmen ist für die Aufzucht feinstes Staubfutter erforderlich.

Große Arten der Gattung *Ctenopoma* sind Raubfische mit weit vorstülpbarem Maul, die mit kleineren, als Beute in Betracht kommenden Fischen nicht vergesellschaftet werden können. Die kleinen Vertreter dieser Gattung und der Gattung *Microctenopoma* sind dagegen friedlicher, meist scheu und liegen häufig auf Steinen und Wurzeln. Buschfische können, wenn sie plötzlich erschreckt werden, in Ohnmacht fallen und ertrinken, wenn man sie nicht an die Oberfläche holt. Die Männchen sind oft farbiger mit größeren bzw. ausgezogenen Flossen. Sie besitzen Dornenfelder hinter den Augen und auf den Kiemendeckeln, mit denen sie im Fangnetz hängen bleiben. Zum Fangen muss deshalb ein Glas- oder Plastikgefäß verwendet werden.

Für die *Sandelia*-Arten, *Microctenopoma congicum* und *M. nanum* sollten die Haltungstemperaturen nicht über 22 °C steigen. Bei höheren Temperaturen sind diese Fische hinfällig.

Höchstalter. Im Aquarium Erfurt lebten *Anabas testudineus* 16, *Ctenopoma acutirostre*, *C. kingsleyae*, *C. ocellatum* und *C. oxyrhynchum* über 15 Jahre. Lebenserwartung von *Microctenopoma nanum* vermutlich nicht über 5 Jahre.

Familie Kampf- und Fadenfische (Belontiidae)

Körper langgestreckt oder eiförmig, mit relativ großem Kopf und vorstreckbarem Unterkiefer. Kleine, sehr dicht stehende Kammschuppen. Seitenlinie rudimentär oder fehlend. Rückenflosse verhältnismäßig klein, Afterflosse dagegen sehr lang, Schwanzflosse leicht gerundet oder gegabelt, Bauchflossen oft mit langem Faden. Größe zwischen 2 und 19 cm.

Verbreitung. Von Pakistan über Indien und Hinterindien bis zum Indomalaiischen Archipel, nördlich bis Korea.

Lebensweise. Meist in kleinen, verkrauteten, häufig stark trüben und sauerstoffarmen Gewässern, in Reisfeldern und Überschwemmungsgebieten. Tagaktive Einzelgänger, die Kleinreviere besetzen. Maulbrüter oder Schaumnestbauer.

Nahrung. Kleinkrebse, Insektenlarven und kleine Wasserinsekten, Anflugnahrung.

Abb. 52.181 *Belontia signata* (Zoo Leipzig, Aquarium)

12 Gattungen mit etwa 85 Arten, die auf 3 Unterfamilien verteilt werden.

Unterfamilie Großmakropoden (Belontiinae)

1 Gattung mit 2 Arten.

Gattung *Belontia* (Großmakropoden): **Wabenschwanzmakropode** (*B. hasselti*): 20 cm, Sumatra, Borneo, Java, Malaysia. Wabenzeichnung bei jungen Männchen intensiver, bei sehr alten Tieren (ab 10. Lebensjahr) kaum noch erkennbar. Männchen haben kräftigere Flossen als Weibchen. Großes, lockeres Schaumnest. – **Kammschwanzmakropode** (*B. signata*): 13 cm, Sri Lanka. Männchen mit verlängerten Flossenstrahlen in der Schwanzflosse. Meist nur angedeutetes Schaumnest unter Pflanzenblatt.

Haltung von Großmakropoden

Beide Arten der Großmakropoden können gemeinsam und mit gleich großen anderen Fischen vergesellschaftet werden. Die häufig beschriebene Aggressivität gegenüber anderen Fischen tritt nur in zu kleinen Becken auf. Gruppenhaltung ist vorteilhaft, vermindert innerartliche Aggressionen. Die Wassertemperatur sollte über 24 °C liegen, die Lufttemperatur keinesfalls niedriger sein.

Höchstalter. Im Aquarium Erfurt leben beide Arten seit 15 Jahren.

Unterfamilie Kampffische und Makropoden (Macropodinae)

7 Gattungen mit etwa 72 Arten.

Gattung *Betta* (Kampffische): etwa 47 Arten. Trivialname ist irreführend und gilt nur für wenige schaumnestbauende Arten als Ausdruck des Revierverhaltens der Männchen bzw. deren gemeinsamer Haltung in beengten Räumen. Missbrauch der Männchen (vor allem von *B. splendens*) für Schaukämpfe mit Wetteinsätzen.

Abb. 52.182 *Betta fusca*, maulbrütendes Männchen (Privataquarium)

Maulbrütende Arten: **Leierflossen-Kampffisch** (*B. akarensis*): 12 cm, Borneo. – **Ediths Kampffisch** (*B. edithae*): 7,5 cm, Borneo. – **Dunkler Kampffisch** (*B. fusca*): 8 cm, Sumatra, Malaiische Halbinsel. – **Großer Maulbrütender Kampffisch** (*B. macrophthalma*): 14 cm, weit verbreitet in Südostasien. Sehr lange Maulbrutdauer (28 Tage). – **Augenfleck-Kampffisch** (*B. macrostoma*): 11 cm, Borneo. Anspruchsvolle Art, Temperatur über 24 °C, Männchen sehr attraktiv. – **Java-Kampffisch** (*B. picta*): 5,5 cm, Indonesien. Maulbrutdauer bis zu 14 Tagen. – **Kriegerischer Kampffisch** (*B. pugnax*): 12 cm, Malaysia. – **Großer Kampffisch** (*B. unimaculata*): 12 cm, Borneo.

Schaumnestbauende Arten: **Streifenkampffisch** (*B. bellica*): 13 cm, Thailand bis Malaysia, Sumatra. – **Roter Kampffisch** (*B. coccina*): 6 cm, Südostasien. Schöne, jedoch heikle Art. – **Laub-Kampffisch** (*B. persephone*): 3,5 cm, Südmalaysia. Kleine, schöne, aber anspruchsvollere Art. – **Smaragd-Kampffisch** (*B. smaragdina*): 7 cm, Nordostthailand. Eiablage in kleinem Schaumnest in Höhle (Blumentopf). – **Siamesischer Kampffisch** (*B. splendens*): 5 cm, Hinterindien. – **Schlanker Kleiner Kampffisch** (*B. tussyae*): 5,5 cm, Malaysia.

Gattung *Colisa* (Kleine Fadenfische): 2 Arten. **Gestreifter Fadenfisch** (*C. fasciata*): 12 cm, Nordindien, Assam, Bangladesch. – **Zwergfadenfisch** (*C. lalia*): 6 cm, Indien. Der Honiggurami und der Dicklippige Fadenfisch

Abb. 52.183 *Macropodus opercularis*, Männchen (Tierpark Berlin)

wurden neuerdings in die Gattung *Trichogaster* überführt.

Gattung *Ctenops*: 1 Art. **Spitzkopfgurami** (*C. nobilis*): 12 cm, Indien (Brahmaputra) und Bangladesch.

Gattung *Macropodus* (Paradiesfische, Makropoden): 5 Arten. Revierbildende Schaumnestbauer. Dazu **Schwarzer Makropode** (*M. spechti* = *M. concolor*): 12 cm, Kambodscha, Vietnam. – **Rundschwanzmakropode** (*M. ocellatus* = *M. chinensis*): 8 cm, von Südkorea bis Südchina. – **Paradiesfisch** (*M. opercularis*): 12 cm, Korea, China, Hainan, Taiwan. Erster tropischer Aquarienfisch in Europa (Frankreich 1869, Deutschland 1876).

Gattung *Malpulutta*: 1 Art. **Marmor-Spitzschwanzmakropode** (*M. kretseri*): 6 cm, Sri Lanka, begrenztes Vorkommen, bestandsbedroht. Rücken-, Schwanz- und Afterflossen der Männchen verlängert. Lockeres Schaumnest in Röhren (bevorzugt Bambus).

Gattung *Parasphaerichthys* (Falsche Schokoladenguramis): 1 Art. **Burmesischer Schokoladengurami** (*P. ocellatus*): 6 cm, Burma (Myanmar).

Gattung *Parosphronemus* (Prachtzwergguramis): 11 Arten.

Arten mit Temperaturansprüchen über 24 °C (bis 28 °C): **Deissners Prachtzwerggurami** (*P. deissneri*): 3,5 cm, Indonesien. – **Tweedies Prachtzwerggurami** (*P. paludicola*): maximal 4 cm, Westmalaysia. – **Kleiner Prachtzwerggurami** (*P. parvulus*): maximal 3 cm, Südborneo.

Arten mit Vorzugstemperaturen von 20 - 24 °C: **Allens Prachtzwerggurami** (*P. alleni*): 4 cm, Borneo. – **Faden-Prachtzwerggurami** (*P. filamentosus*): 4 cm, Borneo. – **Harveys Prachtzwerggurami** (*P. harveyi*): 3,5 cm, Malaysia. – **Linkes Prachtzwerggurami** (*P. linkei*): 4 cm, Borneo. – **Nagys Prachtzwerggurami** (*P. nagyi*): 4 cm, Malaysia. – **Prachtzwerggurami** (*P. ornaticauda*): maximal 3 cm, Borneo.

Gattung *Pseudosphronemus* (Spitzschwanzmakropoden): 2 Arten. Rücken- und Afterflosse der Männchen länger ausgezogen. Schaumnester werden in Höhlen errichtet. **Schwarzer Spitzschwanzmakropode** (*P. cupanus*): 7 cm, Indien, Sri Lanka. – **Roter Spitzschwanzmakropode** (*P. dayi*): 7 cm, Malabarküste.

Gattung *Sphaerichthys* (Schokoladenguramis): 4 Arten. Dazu **Spitzmäuliger Schokoladengurami** (*S. acrostoma*): 10 cm, Borneo. Maulbrut durch das Männchen. – **Schokoladengurami** (*S. osphronemoides*): 6 cm, Malaysia, Indonesien, Malakka. Maulbrut durch das Weibchen. – **Vaillants Schokoladengurami** (*S. vaillanti*): 8 cm, Borneo. Maulbrut durch das Männchen.

Haltung von Kampffischen und Makropoden

Die Kampffische der Gattung *Betta* benötigen grundsätzlich weiches bis mittelhartes, leicht saures bis neutrales Wasser. Man pflegt sie bei gedämpftem Licht (Schwimmpflanzendecke) in Aquarien mit niedrigem Wasserstand (25 cm Wasserhöhe ausreichend). Ernährung mit Mückenlarven, kleinen Schwebegarnelen (Mysis), Artemien, Nauplien und anderem.

Während einige Arten wie *B. bellica*, *B. picta*, *B. splendens* und *B. unimaculata* wenig anspruchsvoll sind, verlangen andere mehr Aufmerksamkeit und sollten eher im Artbecken gepflegt werden (z. B. *B. coccina*, *B. macrostoma*, *B. persephone*, *B. tussyae*). Der Kriegerische

Kampffisch (*B. pugnax*) trägt einen irreführenden Trivialnamen, denn eine innerartliche Aggressivität wird lediglich in zu kleinen, nur spärlich eingerichteten Becken beobachtet. Die Haltungstemperaturen für *B. akariensis*, *B. picta*, *B. tussyae* und *B. unimaculata* sollten 24 - 25 °C nicht übersteigen, lediglich für Zuchtversuche sind höhere Temperaturen erforderlich. Dagegen benötigen *B. edithae* und *B. macrostoma* dauerhaft höhere Haltungstemperaturen über 24 - 25 °C.

Vermehrung. Bei den maulbrütenden Formen ist weiches und leicht saures Wasser Zuchtvoraussetzung. Ein Torfanteil im Bodengrund und die Anreicherung des Wassers mit Gerbsäuren über Erlenzäpfchen sind allgemein für die Haltung vorteilhaft. Die Paarung erfolgt in Bodennähe, das Männchen umschlingt dabei das Weibchen U-förmig. Die Eier fallen auf die After- und Schwanzflosse des Männchens. Das Weibchen sammelt sie ein und spuckt sie dem Männchen vor das Maul. Dieses nimmt die Eier in seinen Kehlsack zur weiteren Maulbrutpflege. Das Weibchen verteidigt das brütende Männchen und das Revier. Störungen während der Eiaufnahme und der Maulbrut müssen unterlassen werden. In der Regel werden ab dem 9. Tag die Jungfische entlassen. Sie nehmen sofort Artemia-Nauplien an.

Die meist farbenprächtigeren Männchen der schaumnestbauenden Kampffische zeigen ein ausgeprägtes Revierverhalten. Eine gemeinsame Haltung mehrerer Männchen einer Art ist nur in sehr großen und reich strukturierten Becken in Ausnahmen möglich. Das Schaumnest wird vom Männchen gebaut. Die bei den zahlreichen Paarungen (Umschlingungen) ausgestoßenen Eier schweben oder steigen nach oben. Sie werden vom Männchen eingesammelt und in das Nest eingebaut.

Von dem klassischen Siamesischen Kampffisch (*B. splendens*) gibt es Züchtungen in vielen Farben und Flossenformen: vor allem in Thailand für Wettkämpfe gezüchtete kurzflossige sowie zahlreiche großflossige Zuchtformen, die in Bewertungsschauen verglichen werden. Die in der Liebhaber-Aquaristik verbreitete Aufzucht und Haltung von Kampffisch-Männchen in kleinen Gläsern ist als tierschutzwidrig abzulehnen.

Die beiden *Colisa*-Arten benötigen Aquarien mit neutralem bis leicht saurem und weichem bis mittelhartem Wasser. Wassertemperatur 22 - 26 °C, die Lufttemperatur im Atembereich darf nicht darunter liegen. Niedrige Becken sind ausreichend, eine Schwimmpflanzendecke günstig. In das Schaumnest werden meist Pflanzenteile mit eingebaut. Männchen sind intensiver gefärbt. Die Spitzschwanz-Makropoden haben ähnliche Haltungsansprüche. Bei ihnen sind die Männchen durch die länger ausgezogenen Rücken- und Schwanzflossen zu erkennen. Die zum Bau der Schaumnester notwendigen Höhlen können durch das Einbringen kleiner Blumentöpfe bereitgestellt werden.

Der Spitzkopfgurami (*Ctenops nobilis*) ist eine interessante, jedoch heikle Art. Die Wildfänge kommen meist mit Endoparasiten durchseucht an und reagieren auf Medikamente empfindlich. Empfehlenswert ist die Haltung im Artbecken. Weiches, leicht saures Wasser, gute Bepflanzung, gedämpftes Licht. Bei Temperaturen über 24 °C vergreisen die Tiere sehr schnell, optimal sind 20 - 23 °C. Geschlechtsunterschiede: Beim Männchen sind Schwanz- und Afterflosse rot gesäumt. Die Maulbrut erfolgt durch das Männchen.

Bei den Makropoden (Gattung *Macropodus*) sind alle Arten revierbildende Schaumnestbauer

Abb. 52.184 Schaumnest von *Macropodus opercularis* (Tierpark Berlin)

und in kleinen Becken nicht vergesellschaftungsfähig. In großen, reich gegliederten ist dies dagegen ohne Probleme untereinander und mit anderen gleich großen Labyrinthfischen möglich. Mit Ausnahme von *Macropodus ocellatus*, der kühler gehalten werden soll (nicht über 24 °C), gibt es keine speziellen Haltungsanforderungen.

Der Marmor-Spitzschwanzgurami (*Malpulutta kretseri*) baut ein lockeres Schaumnest in Röhren, z.B. Bambus. Die Zuchttemperatur liegt bei 27 °C. Die Eier sinken zu Boden und werden von beiden Eltern eingesammelt. Erst nach 40 Stunden schlüpfen die Larven.

Alle Prachtzwergguramis (Gattung *Parosphronemus*) stellen hohe Ansprüche an die Pflege. Sie werden möglichst im Artbecken gehalten, wobei *Boaras* und andere kleine, ruhige Bärblinge als Partner möglich sind. Weiches, leicht saures Wasser, Schwimmpflanzendecke und die Vermeidung von hellem Licht sind Voraussetzung für eine erfolgreiche Haltung. Wegen seiner kontinuierlichen schwachen Gerbsäureabgabe ist das Einbringen von trockenem Falllaub (Buche, Eiche) als Beckeneinrichtung vorteilhaft. Der für die einzelnen Arten genannte optimale Temperaturbereich muss eingehalten werden, sonst sind die Fische kurzlebig. Das Schaumnest wird unter Blättern oder an Höhlendächern gebaut. In weichem Wasser kleben die Eier auch ohne Schaum an der Höhlendecke.

Spitzschwanz-Makropoden (Gattung *Pseudophronemus*) haben ähnliche Haltungsansprüche. Bei ihnen sind die Männchen durch die länger ausgezogenen Rücken- und Schwanzflossen zu erkennen. Die zum Bau der Schaumnester notwendigen Höhlen können durch das Einbringen kleiner Blumentöpfe bereitgestellt werden.

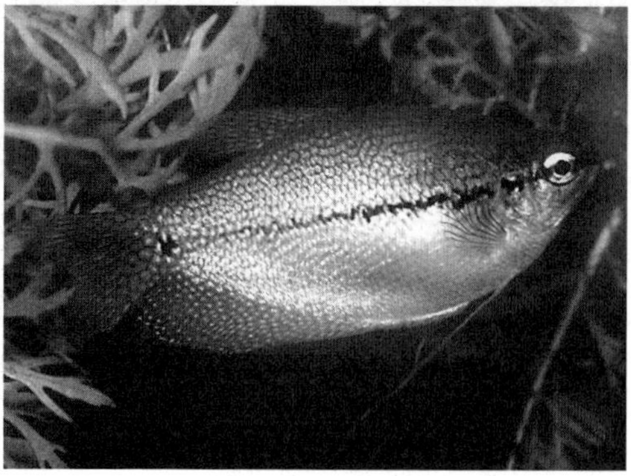

Abb. 52.185 *Trichogaster leeri* (Zoo Leipzig, Aquarium)

Die erfolgreiche Haltung von Schokoladenguramis (Gattung *Sphaerichthys*) über einen längeren Zeitraum ist noch immer selten. Sie benötigen sehr weiches, leicht saures, mit Gerbsäuren angereichertes Wasser und Temperaturen zwischen 25 und 30 °C. Gleiche Haltungsansprüche stellen die Falschen Schokoladenguramis, jedoch sind Temperaturen von 24 - 26 °C ausreichend. Bei der Eingewöhnung von Wildfängen stellen vor allem Endoparasiten ein Problem dar. Kleine Mysis, Artemien und Schwarze Mückenlarven werden gern genommen. Das Schaumnest wird auf glatten Flächen gebaut.

Höchstalter. Die kleineren Arten werden vermutlich nicht älter als 3 - 4 Jahre, größer werdende Arten leben etwa 5 Jahre. *Colisa lalia* wurde 6 Jahre, 11 Monate alt (Artis Aquarium Amsterdam).

Unterfamilie Fadenfische (Trichogastrinae)

2 Gattungen mit 9 Arten.

Gattung *Trichogaster* (Fadenfische): 6 Arten. Fadenartig verlängerte Bauchflossen dienen der chemischen Wahrnehmung. Männchen mit deutlich verlängerter, zugespitzt endender Rückenflosse. **Honiggurami** (*T. chuna* = *Colisa chuna*): 5 cm, Nordindien, Assam, Bangladesch. – **Dicklippiger Fadenfisch** (*T. labiosa* = *Colisa labiosa*): 10 cm, südliches Burma (Myanmar). – **Mosaikfadenfisch** (*T. leeri*): 12 cm, Indonesien, Malaysia. – **Mondfadenfisch** (*T. microlepis*): 20 cm, Thailand, Malaysia. – **Schaufelfadenfisch** (*T. pectoralis*): 20 cm, Thailand. – **Fadenfisch** (*T. trichopterus*): 15 cm, Thailand, Malaysia, Indonesien. 2 Unterarten: **Punktierter Fadenfisch** (*T. t. trichopterus*) und **Blauer Fadenfisch** (*T. t. sumatranus*) mit zahlreichen Zuchtformen in Gold, Stahlblau, Lichtblau, Braun und Opal sowie mit Cosby-Zeichnung.

Gattung *Trichopsis* (Knurrende Zwerggurамis): 3 Arten. **Knurrender Zwerggurami** (*T. pumila*): 5 cm, Thailand, Malaysia, Indonesien. – **Schallers Knurrender Zwerggurami** (*T. schalleri*): 6 cm, Südthailand. – **Knurrender Gurami** (*T. vittata*): 7 cm, Malaysia, Thailand.

Haltung von Fadenfischen

Während die Fadenfische der Gattung *Trichogaster* wenig anspruchsvolle Schaumnestbauer sind, benötigen die Arten der Gattung *Trichopsis* weiches, leicht saures Wasser und Temperaturen zwischen 23 und 28 °C sowie gut bepflanzte Becken und gedämpftes Licht. Die Männchen sind an etwas länger ausgezogenen Flossen zu erkennen, sicherer für die Geschlechtsdiagnose ist aber der deutlich im Gegenlicht erkennbare Laichansatz der Weibchen. Das kleine Schaumnest wird an der Unterseite großer Wasserpflanzenblätter gebaut, die Jungfische heften sich mit Drüsen dort an, wo sie schlüpften.

Höchstalter. Im Aquarium Erfurt lebte *Trichogaster pectoralis* 9, *T. microlepis* 8, *T. leeri* und *T. trichopterus* 6 Jahre. Die *Trichopsis*-Arten werden dagegen vermutlich kaum über 3 Jahre alt, *T. vittata* erreichte allerdings ein Alter von 6 Jahren, 11 Monaten (Artis Aquarium Amsterdam).

Familie Buckelmäuler (Helostomatidae)

Körper mehr oder weniger gestreckt-eiförmig, seitlich stark zusammengedrückt. Maul endständig, spitz, mit kräftigen, vorstreckbaren Lippen, die mit hornigen Zähnen besetzt sind (Mund selbst dagegen zahnlos). 2 Seitenlinien, die untere beginnt vor dem Ende der oberen. Kammschuppen, nur auf der Kopfoberseite Rundschuppen. Langgestreckte Rücken- und Afterflosse, mit einem deutlich vergrößerten weichstrahligen Abschnitt, Bauchflossen spitz, aber nicht in Fäden auslaufend.

Verbreitung. Südostasien.

Lebensweise. Bewohnt Flüsse, Teiche und Sümpfe, tagaktiv. Charakteristische Verhaltensweise rivalisierender Männchen, aber auch bei der Paarung, ritualisiertes Maulzerren (Küssen). Freilaicher (kein Schaumnestbau), mehrere Tausend aufschwimmende Eier, keine Brutpflege.

Abb. 52.186 *Helostoma temminckii* (Aquarium Glaser, Rodgau)

Abb. 52.187 *Osphronemus goramy* (Zoo Dresden)

Nahrung. Zooplankton (Filtrierer mit spezialisiertem Kiemenreusen-Apparat), aber auch Algenaufwuchs.

1 Gattung mit 1 Art.

Gattung *Helostoma*: **Küssender Gurami** (*H. temminckii*): bis 30 cm, Thailand, Malaiische Halbinsel, Große Sundainseln. Weitgehend einförmig grünlich bis gelblich silbern, mit mehr oder weniger deutlichen dunklen Längsstreifen entlang der Schuppenreihen. Ist in seiner Heimat ein wertvoller Speisefisch.

Haltung von Buckelmäulern

Küssende Guramis sind verhältnismäßig friedlich und können in entsprechend großen Becken auch zu mehreren gehalten werden. Sie sind sehr wärmebedürftig (mehr als 24 °C), an die anderen Wasserwerte werden keine besonderen Ansprüche gestellt. Zur Ernährung ist nur Kleinfutter geeignet, pflanzliche Beikost sollte nicht fehlen. Die Geschlechter sind schwer zu unterscheiden, erst mit dem Laichansatz wird das Weibchen an der Körperfülle erkennbar. Die Larven schlüpfen bei Temperaturen über 26 °C nach 18 Stunden.

Höchstalter. Lebenserwartung vermutlich nicht über 8 Jahre.

Familie Riesenfadenfische (Osphronemidae)

Körper mehr oder weniger oval, seitlich stark zusammengedrückt, mit relativ kleinem, zugespitztem Kopf. Große Kammschuppen und eine vollständige Seitenlinie. Rückenflosse verhältnismäßig kurz, Afterflosse dagegen sehr lang, Schwanzflosse leicht gerundet, Bauchflossen fadenartig ausgezogen. Größe bis 70 cm.

Verbreitung. Südostasien.

Lebensweise. In großen Flüssen, Seen und verkrauteten Teichen, auch im Brackwasser. Das Männchen baut unter der Wasseroberfläche aus Pflanzenteilen ein großes, nach unten offenes, halbkugelförmiges Nest, in das Luft, Schaum und nach der Paarung die Eier eingetragen werden. Nach dem Aufquellen sind die mehr als 3000 ovalen Eier fast 3 mm groß. Die geschlüpften Jungen werden vom Männchen noch etwa 14 Tage betreut.

Nahrung. Allesfresser (Pflanzen, Früchte, Insektenlarven, Krebstiere, Würmer, auch kleine Wirbeltiere).

1 Gattung mit 4 Arten.

Gattung *Osphronemus*: Dazu **Riesengurami** (*O. goramy*): bis 70 cm, ursprünglich nur Große Sunda-Inseln, als Nutzfisch in vielen tropischen Ländern aller Erdteile eingeführt. Adulte mit charakteristischen Wulstlippen und Stirnbuckel. – **Roter Riesengurami** (*O. laticlavius*): 50 cm, Sabah (Borneo). Männchen mit roten Flossensäumen. – **Elefantenohr-Riesengurami** (*O. exodon*): 60 cm, Hinterindien (Mekong-Becken).

Haltung von Riesenfadenfischen

Riesenguramis benötigen große Becken, ab dem 3. Lebensjahr ist ihre Pflege nur in Aquarien von mehr als 3 m^3 möglich. Für eine Vermehrung sind Becken von mindestens 10 m^3 erforderlich. Die Männchen werden nach Eintritt der Geschlechtsreife untereinander unverträglich. Erwachsene Männchen sind am bullig wirkenden Kopf mit großem Stirnbuckel und dickeren Lippen erkennbar, Zipfel von Rücken- und Afterflosse sind zugespitzt. Während der Laichzeit färben sich die Flossen der Männchen fast schwarz, die der Weibchen orangefarben ein. In kleineren Becken wird das Weibchen nach dem Ablaichen getötet, wenn es nicht entfernt wird.

Riesenguramis sind Allesfresser, deren Nahrungspalette von ganzen Bananen bis zur halberwachsenen Ratte reicht. Ein hoher Pflanzenanteil in der Nahrung ist notwendig, macht jedoch eine sehr intensive Wasseraufbereitung erforderlich. Sie vertragen auch niedrigere Temperaturen und können gut bei 20 - 25 °C gehalten werden.

Höchstalter. *Osphronemus goramy* mindestens 27 Jahre (Zoo-Aquarium Berlin).

Familie Hechtköpfe (Luciocephalidae)

Gestreckte, hechtförmige Süßwasserfische mit langem, zugespitztem Kopf. Mundöffnung leicht oberständig, Kieferapparat extrem weit vorstreckbar. Die weit hinten ansetzende Rücken- und Afterflosse ohne Hartstrahlen, Schwanzflosse abgerundet. Bauchflossen mit je 1 Hartstrahl beginnend, der 1. Weichstrahl fadenartig verlängert. Afterflosse tief eingeschnitten, fast zweigeteilt. Mit Labyrinthorgan zur Luftatmung, Schwimmblase ist, entgegen zahlreicher Literaturangaben, vorhanden.

Neuere Untersuchungen, insbesondere der Oberflächenstruktur der Eier, belegen eine engere Verwandtschaft der Hechtköpfe mit anderen Labyrinthfisch-Gattungen (*Ctenops*, *Sphaerichthys* und *Parasphaerichthys*), so dass auch andere Familienzusammenstellungen diskutiert werden. Andererseits wird auch eine eigene Unterordnung innerhalb der Barschartigen angenommen.

Verbreitung. Südostasien.

Lebensweise. Bewohner stark verkrauteter, saurer und extrem weicher Gewässer (an einem Fundort auf Borneo wurden z. B. eine Leitfähigkeit von nur 15 µS/cm und ein pH-Wert unter 4,8 gemessen). Lauer- und Stoßräuber, den Beutetieren wird beim Zustoß das weit geöffnete, vorgeklappte Maul übergestülpt (kein Einsaugen!). Fortpflanzung paarweise am Boden. Der vom Weibchen abgesetzte Eiballen wird bis zum Schlupf der Jungfische vom Männchen in das Maul genommen (Maulbrutpflege im männlichen Geschlecht).

Nahrung. Fische, Süßwassergarnelen.

Abb. 52.188 *Luciocephalus pulcher* (Aquarium Glaser, Rodgau)

1 Gattung mit mindestens 1 Art. Eine weitere, noch unbeschriebene Art wurde Anfang der 1990er Jahre nach Europa eingeführt.

Gattung *Luciocephalus*: **Hechtkopf** (*L. pulcher*): bis 18 cm, südliche Malaiische Halbinsel und Teile des Malaiischen Archipels (Sumatra, Borneo und einige kleinere Inseln). Bräunlich, mit breiter, dunkler Längsstreifung, die sich bei balzenden Männchen zu einer Tüpfelzeichnung auflöst.

Haltung von Hechtköpfen

Die Pflege ist nicht einfach. Hechtköpfe sind empfindlich für bakterielle und mykologische Erkrankungen und neigen zu Hautgeschwüren unbekannter Ursache. Die besten Erfolge erzielt man in weichem (unter 10° dGH) und saurem (pH-Wert zwischen 4,8 und 5,5), über Torf gefiltertem Wasser, dessen Keimgehalt niedrig ist. Auch der Einsatz eines UV-Klärers kann sinnvoll sein.

Hechtköpfe sollte man am besten in nicht zu kleinen Aquarien (mindestens 200 l) mit dichter Bepflanzung und Schwimmpflanzendecke unterbringen. Sie sind, außer bei Fortpflanzungsaktivitäten, untereinander gut verträglich und sollten deshalb in kleineren Gruppen gehalten werden. Wassertemperaturen zwischen 25 und 28 °C. Als Futter kommen ausschließlich lebende Fische, wie verschiedene Lebendgebärende Zahnkarpfen und Zebrabärblinge, infrage.

Vermehrung. Zur Zucht sollten balzende Paare separiert werden. Das vom Männchen aufgenommene Eipaket kann über 150 Eier umfassen. Nach ungefähr 4 Wochen werden die bereits etwa 14 mm großen Jungfische aus dem Maul entlassen. Die Aufzucht gelingt am besten mit den Larven und später den Jungfischen verschiedener Labyrinthfische. Erfolge wurden mit den Bruten von *Trichogaster* und *Anabas* erzielt, aber auch Artemia-Nauplien können anfangs hilfreich sein. Bis zu einer Größe von etwa 6 cm können Wasserflöhe und Mückenlarven gefüttert werden, danach sind zur ausreichenden Ernährung Fische entsprechender Größe erforderlich.

53
Ordnung Plattfischartige (Pleuronectiformes)

W. E. Engelmann & St. Inselmann

Scheibenförmig-flache Grundfische ohne Schwimmblase. Unverkennbar durch den völlig asymmetrischen Körperbau: Beide Augen befinden sich auf der pigmentierten linken oder rechten Körperseite. Die Fische liegen auf der meist weißlichen Blindseite. Jugendstadien bis etwa 1 cm Länge noch symmetrisch, mit dem Übergang zum Bodenleben wandert 1 Auge auf die funktionelle Oberseite, indem die zwischen beiden Augen liegende Knorpelsubstanz aufgelöst wird. Auch die Nasenöffnungen und meist auch die Mundöffnung verschieben sich. Um trotzdem mit beiden Kiemen atmen zu können, sind die Kiemenkammern über einen besonderen Gang miteinander verbunden. Das Atemwasser kann dadurch von den auf der Blindseite liegenden Kiemen über die Kiemenöffnung der Augenseite mit ausgestoßen werden.

Rücken- und Afterflosse lang, können mit der Schwanzflosse verschmolzen sein (Familie Hundszungen). Keine Stachelstrahlen, nur die ursprünglichen Hartstrahlenflundern oder Ebarmen (Familie Psettodidae) mit Hartstrahlen in Rücken- und Bauchflossen (Hinweis auf eine vermutete Abstammung der Plattfische von Barschartigen). Kleine Rund- oder Kammschuppen. Größe schwankt zwischen wenigen Zentimetern und über 3 m.

Verbreitung. Weltweit in allen Meeren, von der Antarktis bis in das Nordpolarmeer, vor allem an den Kontinentalabhängen. Einige wandern auch in Brackwasser oder sind zu reinen Süßwasserbewohnern geworden.

Lebensweise. Tag- oder nachtaktiv, räuberisch. Die Fische graben sich gern in den Bodengrund ein, so dass nur die erhöhten Augen hervorschauen. Einige Arten mit frappierendem Farbwechselvermögen in Anpassung an den Untergrund. Eier und Larven im Plankton.

Nahrung. Fische, Weichtiere, Krebstiere, Borstenwürmer, Stachelhäuter.

7 - 11 Familien mit etwa 540 Arten. Hier werden nur die aquaristisch und fischereiwirtschaftlich bedeutenden Familien behandelt. Die deutschen Namen „Flunder", „Butt" oder „Zunge" werden sehr willkürlich verwendet und sind nicht immer mit der tatsächlichen Familienzugehörigkeit identisch.

Familie Steinbuttverwandte (Scophthalmidae)

Augen auf der linken Körperseite. Großes, leicht oberständiges Maul. Rückenflosse beginnt vor den Augen. Eier mit Öltröpfchen. Im Nordatlantik, Mittelmeer und Schwarzem Meer.

5 Gattungen mit etwa 18 Arten.

Gattung *Scophthalmus*: 4 Arten. Dazu **Sandbutt** (*S. aquosus*): 45 cm, atlantische Küsten Nordamerikas (vom St.-Lorenz-Strom bis South Carolina), im Flachwasser. – **Steinbutt** (*S. maximus* = *Psetta maxima*): 40 cm (selten bis 1 m), europäische und nordafrikanische Küsten (einschließlich Mittel- und Schwarzes Meer), bis in 70 m Tiefe, in der westlichen Ostsee auch im Brackwasser. Keine Schuppen, aber

Abb. 53.1 *Scophthalmus rhombus* (Oceanarium Lissabon)

isoliert stehende, kegelförmige Knochenhöcker vor allem auf der Augenseite. Fischfresser. – **Glattbutt** (*S. rhombus*): 40 cm (selten bis 70 cm), europäische Küsten (einschließlich Mittel- und Schwarzes Meer), in der Ostsee nur bis Rügen. Kleine, glatte Rundschuppen.

Gattung *Zeugopterus*: 1 Art. **Müllers Zwergbutt** (*Z. punctatus*): bis 25 cm, europäische Küsten von Nordnorwegen bis Portugal, westliche Ostsee, auf Steingrund. Saugt sich an festem Untergrund an, indem der Flossensaum unter Anheben des Körpers an die Unterlage gepresst wird.

Abb. 53.2 *Zeugopterus punctatus* (Aquarium Kopenhagen)

Abb. 53.3 *Bothus mancus* (Tiergarten Wien-Schönbrunn, Aquarium)

Familie Linksaugenflundern, Buttverwandte (Bothidae)

Augen auf der linken Körperseite. Ungleiche Bauchflossen, deren Basis ist auf der Augenseite länger als auf der Blindseite. Eier mit Öltröpfchen. Weltweit im Atlantik und im Indopazifik verbreitet.

26 Gattungen mit etwa 200 Arten. (Wenn die Unterfamilie Scheinbutte, Paralichthyinae, als eigene Familie abgetrennt wird, nur 20 Gattungen mit 115 Arten.) Nur wenige Arten werden häufiger in Aquarien gehalten.

Gattung *Bothus*: 16 Arten. Dazu **Blauring-Flunder** (*B. lunatus*): bis 45 cm, tropischer Westatlantik, Karibik. Auffallende schmale, blaue Ringe auf der Augenseite. – **Pfauenaugen-Butt** (*B. mancus*): etwa 40 cm, Indopazifik, Rotes Meer,

Abb. 53.4 *Bothus podas*, Männchen, beachte die weit auseinanderstehenden Augen (Zoo Leipzig, Aquarium)

Abb. 53.5 *Microstomus kitt* (Aquarium Kophenhagen)

Hawaii, auf Riffdächern und in Lagunen. Zahlreiche blaue Ocellen auf der Augenseite. – **Augenfleck-Flunder** (*B. ocellatus*): 15 cm, Westatlantik (Bermudas, New York bis Rio de Janeiro), Karibik, im Flachwasser bis in 20 m Tiefe. – **Panther-Butt** (*B. pantherinus*): 30 cm, Indopazifik, Rotes Meer, Hawaii. Sand- und Schlickböden bis in 110 m Tiefe. – **Weitäugiger Butt** (*B. podas*): bis 20 cm, Mittelmeer und Ostatlantik (von Portugal bis Angola). Besonders bei den Männchen extrem weit auseinander stehende Augen.

Gattung *Citharichthys*: 19 Arten (Vertreter der Scheinbutte, Unterfamilie Paralichthyinae). Dazu **Pazifischer Scheinbutt** (*C. sordidus*): 40 cm, Nordostpazifik (Beringmeer bis Nordmexiko). – **Gefleckter Sandbutt** (*C. stigmaeus*): 17 cm, Nordostpazifik (Golf von Alaska bis Mexiko), von der Gezeitenzone bis in 90 m Tiefe auf Sandgrund.

Familie Schollenverwandte, Rechtsaugenflundern (Pleuronectidae)

Augen zumeist auf der rechten Körperseite. Endständiges Maul. Rückenflosse beginnt über den Augen. Kleine Eier ohne Öltröpfchen. Weit verbreitet in arktischen Gewässern, im Atlantik und Indopazifik, einige Arten auch im Brackwasser und selten im Süßwasser. Hierzu auch die größte Plattfischart, der fischereiwirtschaftlich bedeutende Atlantische Heilbutt (*Hippoglossus hippoglossus*) mit einer Maximallänge von 3,65 m bei einem Gewicht von 266 kg.

39 Gattungen mit über 90 Arten.

Gattung *Limanda*: 6 Arten. Dazu **Kliesche, Scharbe** (*L. limanda*): 30 cm (selten bis 60 cm), nordeuropäische Küsten bis zur Biskaya, Island, Nordsee, westliche Ostsee, auf weichem, sandigem Boden. Keine Laichwanderungen. Körper fühlt sich rau an (Kammschuppen).

Gattung *Microstomus*: 5 Arten. Dazu **Rotzunge** (*M. kitt*): bis 40 cm, europäische Atlantikküste (südlich bis zur Biskaya), Island, Nordsee, meist in tieferem Wasser (20 - 150 m) auf steinigem, felsigem Grund.

Gattung *Platichthys*: 3 Arten. Dazu **Flunder, Raubutt** (*P. flesus*): 30 - 50 cm, europäisch-nordafrikanische Küsten, Schwarzes Meer, Ostsee, oft weit in Flüsse einwandernd. Oberseite mit dornigen Hautwarzen aus umgebildeten Schuppen. 20 - 40 % sind linksäugig. Schwarm-

Abb. 53.6 *Pleuronectes platessa* (Aquarium des Instituts für Meereswissenschaften, Kiel)

fisch des küstennahen Flachwassers. Laichwanderungen, mit Schollen z. T. gemeinsame Laichplätze (dort auch Bastarde, die so genannten Blendlinge). – **Sternflunder** (*P. stellatus*): 60 cm (selten bis 90 cm), nördlicher Ost- und Westpazifik, in Flussmündungen aufsteigend. Mehrzahl ist linksäugig.

Gattung *Pleuronectes*: 3 Arten. Dazu **Scholle, Glattbutt** (*P. platessa*): 40 cm (selten bis 60 cm), nordostatlantische Küstengebiete, westliche Ostsee. Glatte, mit Rundschuppen bedeckte Haut. Lebt in Schwärmen, z. T. ausgedehnte Laichwanderungen. Nahrung vor allem Weichtiere, Würmer, Krebstiere, Stachelhäuter.

Gattung *Pleuronichthys*: 7 Arten. Dazu **C-O-Flunder** (*P. coenosus*): 36 cm, Nordostpazifik (südliches Alaska bis nördliches Niederkalifornien), bis in 15 m Tiefe.

Gattung *Pseudopleuronectes*: 5 Arten. Dazu **Winterflunder** (*P. americanus*): 45 cm, atlantische Küsten Nordamerikas. Laich treibt nicht im Plankton, sondern haftet am Boden.

Abb. 53.7 *Pleuronectes platessa* (Aquarium des Instituts für Meereswissenschaften, Kiel)

Abb. 53.8 *Pleuronichthys coenosus* (Birch Aquarium, La Jolla, Kalifornien, USA)

Familie Echte Zungen (Soleidae)

Augen auf der rechten Körperseite. Unterständiges Maul. Rückenflosse setzt vor den Augen an der Kopfspitze an. Verbreitet in tropisch-subtropischen bis gemäßigt-temperierten Meeren, z.T. in Flüsse eindringend.

Etwa 22 Gattungen mit rund 90 Arten.

Gattung *Brachirus*: 15 Arten. Dazu **Harmands Zunge** (*B. harmandi*): 10 cm, Malaiische Halbinsel, Mekong-Becken, auch im Brackwasser. Brustflossen rudimentär. – **Orientalische Zunge** (*B. orientalis*): 30 cm, weit verbreitet vom Roten Meer und dem östlichen Indischen Ozean bis nach Südchina und Nordaustralien, in Küstennähe, dringt in Brackwasser und teilweise auch Süßgewässer ein. – **Süßwasser-Zunge** (*B. panoides*): 20 cm, Thailand und Indonesein, im Süß- und Brackwasser.

Abb. 53.9 *Solea solea* (Zoo Leipzig, Aquarium)

Gattung *Solea*: 13 Arten. Dazu **Seezunge** (*S. solea*): 30 - 40 cm, europäische (nördlich bis Südnorwegen) und nordamerikanische Küsten, auf Sand- und Schlammböden. Fühlt sich rauschuppig an.

Gattung *Zebrias*: 15 Arten. Dazu **Zebra-Seezunge** (*Z. zebra*): 15 cm, Indowestpazifik. Auffallende Querbänderung über Körper und Flossensäume.

Familie Hundszungen (Cynoglossidae)

Augen sehr klein und eng zusammenstehend auf der linken Körperseite. After- und Rückenflosse mit der Schwanzflosse zu einem einheitlichen Flossensaum verschmolzen, keine Brustflossen. Eier mit Öltröpfchen. Verbreitung in tropischen und subtropischen Meeren, einige auch im Süßwasser.

3 Gattungen mit etwa 110 Arten. Werden bislang kaum in Aquarien gehalten.

Gattung *Cynoglossus*: 60 Arten, davon nur 5 im Süßwasser. Dazu **Fluss-Hundszunge** (*C. feldmanni*): 25 cm, Kambodscha, Borneo und Sumatra, im Süßwasser. Oberseits braun marmoriert, Unterseite weiß. – **Süßwasser-Hundszunge** (*C. heterolepis*): 23 cm, Neuguinea und Nordaustralien.

Gattung *Symphurus*: 62 Arten. Dazu **Karibische Hundszunge** (*S. arawak*): 50 cm, Karibik, in 3 - 20 m Tiefe.

Familie Zwergzungen, Amerikanische Zungen (Achiridae)

Augen auf der rechten Körperseite. Rechte Bauchflosse mit dem Ansatz der Afterflosse verbunden. Meeresküsten und im Süßwasser Nord- und Südamerikas.

9 Gattungen mit etwa 28 Arten.

Gattung *Achirus*: 8 Arten. Dazu **Amazonas-Zwergzunge** (*A. achirus*): 18 cm, verbreitet von Venezuela bis Nordostbrasilien, an der Küste (bis in 20 m Tiefe) und in Ästuaren, soll im Amazonas bis 1000 km stromaufwärts vorkommen. – **Gestreifte Zwergzunge**, **Süßwasserflunder** (*A. lineatus*): bis 23 cm, Florida, Mexiko bis Nordargentinien, an der Meeresküste und im Brackwasser.

Haltung von Plattfischartigen

Einmal eingewöhnte Plattfische sind in der Regel gut haltbar. Zu beachten sind allerdings die entsprechend ihrer Heimatgebiete unterschiedlichen Temperaturansprüche. Für Arten aus den nördlichen Meeren wie Steinbutt und Scholle sind gekühlte Aquarien (8 - 18 °C) unumgänglich, für den Heilbutt sogar nur Maximaltemperaturen von 10 °C, Flundern vertragen auch etwas höhere Temperaturen (bis 22 °C). Tropische Plattfische werden bei 24 - 26 °C gehalten, die Mittelmeerarten bei 18 - 22 °C.

Für eine artgemäße Pflege benötigen die meisten Plattfische (außer den wenigen, auf Fels lebenden Arten, z.B. *Zeugopterus punctatus*) große, freie Flächen feinen Sandes, auf denen sie liegen oder in die sie sich einwühlen können, dann oft nur mit den Augen herausschauend. Andererseits ist auch ein genügend großer Schwimmraum erforderlich, denn hin und wieder nutzen sie diesen sogar bis in das freie Wasser hinein.

Plattfische fressen alles tierische Futter geeigneter Größe. Bei guter Fütterung wachsen sie recht schnell heran. Lediglich in der Eingewöhnungsphase können Probleme auftreten, weil oft zunächst nur Lebendfutter akzeptiert wird. Hier helfen lebende Mysis, Garnelen, auch Guppys. Im Allgemeinen wird die Nahrung vom Boden aufgenommen. Bei Vergesellschaftungen, z.B. mit Dorschartigen, ist auf Futterkonkurrenz zu achten, eventuell können die Nahrungsbrocken mit dem Futterrohr platziert werden. Besser ist es, in Gemeinschaftsgroßbecken die Plattfische so zu trainieren, dass sie an die Wasseroberfläche kommen, um ihr Futter von der Zange zu nehmen. Auch nachtaktive Arten lassen sich leicht an Tagesfütterungszeiten gewöhnen.

Vergesellschaftungen sind gut möglich, sofern die beigesetzten Fische und Wirbellose nicht als Beute in Betracht kommen. Untereinander kann es bei einzelgängerisch lebenden Arten zu Unverträglichkeiten kommen. So haben sich im Aquarium des Zoo Leipzig 2 Männchen von *Bothus podas* selbst in einem 4,5 m^3 großen Becken nicht vertragen. Das schwächere Tier wurde nicht auf der Sandfläche geduldet und musste sich permanent aus dem Blickfeld des Kontrahenten auf die Steinaufbauten zurückziehen.

Verschiedene kleine Plattfisch-Arten aus dem Süß- und Brackwasser, insbesondere Südamerikas und Südasiens, werden sporadisch immer wieder importiert. Von der einzigen, bisher häufiger gepflegten Süßwasserart, *Achirus lineatus*,

Abb. 53.10 *Achirus achirus* (Aquarium Glaser, Rodgau)

gibt es langjährige, gute Haltungserfolge. Obwohl ein Seesalzzusatz (1 Esslöffel auf 10 l Wasser) empfohlen wird, bereitet die dauerhafte Pflege auch in reinem Süßwasser keine Schwierigkeiten. Als Futter eignen sich besonders Tubifex und Rote Mückenlarven. Über das Ablaichen, wie auch über eine geglückte Nachzucht sind keine Berichte bekannt.

Vermehrung. Verschiedene Plattfisch-Arten werden heute in der Aquakultur nachgezüchtet, dazu zählen natürlich die kommerziell interessanten Arten wie Steinbutt, Atlantischer Heilbutt sowie neuerdings auch die Japanische Flunder (*Paralichthys olivaceus*) wegen ihres hohen Marktwerts und zügigen Wachstums. Ablaichvorgänge von Steinbutt, Scholle, Flunder und Seezunge können bei entsprechender Induktion durch ein jahreszeitliches Temperatur- und Lichtregime häufig im Aquarium beobachtet werden. Eine erfolgreiche Larvenaufzucht scheitert aber meist an den spezifischen Nahrungsansprüchen der Jungfische. Ein nicht selten zu beobachtendes Problem bei weiblichen Plattfischen mit Erreichen der Laichreife ist die so genannte Laichverhärtung. Weibliche Tiere entwickeln oft enorme Eimengen, ohne diese ablegen zu können, mit der Folge, dass der Leibesumfang der Tiere stark zunimmt. Ein vorsichtiges manuelles Abstreifen kann bei Erreichen der Eireife manchmal helfen. Bei einem Eileiterverschluss kann auch eine Punktion des betäubten Tieres erforderlich werden. Die Ursachen für dieses häufig zu beobachtende Phänomen können zum einen in den letztlich doch nicht passenden Haltungsparametern liegen, manchmal kann auch einfach das Fehlen von männlichen Tieren die hormonelle Steuerung der Eireifung beeinflussen. Aber auch eine erfolgreiche Ei- bzw. Spermienabgabe kann insofern zu kurzfristigen Problemen führen, als dass die Geschlechtsprodukte schlagartig in derart großer Menge in das Wasser abgegeben werden, dass Filteranlagen, die für den „Normalbetrieb“ ausreichend groß dimensioniert erscheinen, leicht an ihre Leistungsgrenze geraten und die Folge eine Wasserverschlechterung ist.

Höchstalter. Lebenserwartung des Atlantischen Heilbutts 40 - 50, des Steinbutts 22 Jahre. 2 Steinbutts erreichten ein Alter von 10 Jahren, 1 Monat (Artis Aquarium Amsterdam), *Zeugopterus punctatus* 5 Jahre, 5 Monate (Aquarium Charlottenlund, Dänemark).

54
Ordnung Kugelfischartige (Tetraodontiformes)

W. E. Engelmann

Äußerlich recht unterschiedliche, überwiegend tropisch-subtropische Meeresfische (wenige auch im Brack- und Süßwasser), deren Verwandtschaft sich hauptsächlich aus anatomischen Gemeinsamkeiten ergibt (vor allem dem Bau des Schädels). Körperform überwiegend gedrungen. Haut beschuppt (Drückerfische), mit aufrichtbaren Stacheln (Igelfische, Kugelfische), mit einem festen Panzer aus Knochenplatten (Kofferfische) oder nackt (manche Kugelfische, Krugfische). Charakteristisch sind kleine, lochartige Kiemenöffnungen vor den Brustflossen, sowie ein auffallend kleines, meist nicht vorstreckbares Maul. Nur wenige, oft vergrößerte Zähne, häufig zu Zahnplatten verschmolzen (Tetraodontidae = Vierzähner, Diodontidae = Zweizähner). Kugelfische sind damit besonders auf hartschalige Nahrung eingestellt (Mollusken, Krebse, Röhrenwürmer, sogar Seeigel). Schwimmblase vorhanden (außer bei Mondfischen). Langsames Schwimmen häufig allein mit den wellenförmig beweglichen Rücken- und Afterflossen, Bauchflossen fehlen meist. Verbreitet ist die Fähigkeit zur Erzeugung von Geräuschen (Knirschen mit den Zähnen, Vibrationen der Schwimmblase).

8 - 10 Familien mit etwa 340 Arten. Viele für die Aquaristik hochinteressante Fische.

Familie Dreistachler (Triacanthidae)

Körper etwas gestreckt, seitlich zusammengedrückt, mit kleinen, rauen, rundlichen Schuppen. Kleine Mundöffnung. Rückenflosse zweigeteilt, der vordere stachelstrahlige Teil besteht aus 5 Hartstrahlen, wovon der 1. Strahl besonders lang und stark ist. Bauchflossen bestehen nur aus je 1 kräftig entwickelten Stachel, gefolgt von kleinem Weichstrahl. Schwanzflosse tief gegabelt, bildet das Hauptantriebsorgan (Ausnahme unter den Kugelfischartigen). Färbung silbrig mit dunkleren Zeichnungen. Größe zwischen 15 und 30 cm.

Verbreitung. Indowestpazifik.

Lebensweise. In Küstennähe über Sand- und Schlammböden, einige salztolerante Arten dringen auch in Ästuare ein. Alle sind wendige Schwimmer des freien Wassers. Einzelheiten der Fortpflanzung sind nicht bekannt.

Nahrung. Verschiedenste, vor allem bodenorientierte Wirbellose.

4 Gattungen mit 7 Arten.

Gattung *Pseudotriacanthus*: 1 Art. **Langnasen-Dreistachler** (*P. strigilifer*): 25 cm, Golf von Oman bis zu den Philippinen, bis in eine Tiefe von 110 m. Silbrig mit unregelmäßigen gelblichen Linien und Flecken.

Gattung *Triacanthus*: 2 Arten. Dazu **Kurzschnauzen-Dreistachler** (*T. biaculeatus*): 30 cm, Persischer Golf bis Südjapan und Ostaustralien, bis in eine Tiefe von 60 m. Silbrig, 1. Rückenflosse weitgehend schwarz.

Gattung *Tripodichthys*: 3 Arten. Dazu **Langschwanz-Dreistachler** (*T. blochii*): 15 cm, Westpazifik, bis in eine Tiefe von 50 m.

Haltung von Dreistachlern

Obwohl die Eingewöhnung mit dem verschiedensten tierischen Futter (Garnelen, Muschel- und Tintenfischfleisch) meist kein Problem darstellt, sind viele Dreistachler als schnell schwimmende Fische des freien Wassers in normal dimensionierten Aquarien auf Dauer nicht zu halten. Durch den eingeschränkten Schwimmraum – die Fische stoßen immer wieder an den Scheiben an – stehen sie offenbar unter einem Dauerstress, der schließlich zum Tod führt. Ihre Haltung in Großaquarien mit weichem Bodengrund und ohne störende Einbauten kann erfolgreich sein. Dies trifft nach Erfahrungen des Aquariums im Zoo Amsterdam besonders auf den relativ klein bleibenden Langschwanz-Dreistachler zu, der gegenüber Artgenossen und anderen Fischen friedlich ist, allerdings bei schnellen Fressern unter Futterkonkurrenz leidet. Haltungstemperaturen zwischen 25 und 28 °C.

Höchstalter. *Tripodichthys blochii* lebte über 10 Jahre im Artis Aquarium Amsterdam.

Familie Drückerfische (Balistidae)

W. E. Engelmann & F. Velte

Körper relativ hochrückig, seitlich mehr oder weniger zusammengedrückt, mit auffallend großem Kopf und hochstehenden Augen. Mundöffnung klein und endständig oder leicht oberständig, Kiefer mit einzeln stehenden, meißelähnlichen Zähnen. Haut dick, mit kleinen, sich nicht überlappenden Knochenplättchen bedeckt. Färbung häufig plakativ bunt bzw. körperauflösend. Charakteristisch ist die nur aus 3 Stacheln bestehende 1. Rückenflosse, die beim normalen Schwimmen in eine Hautfalte auf dem Rücken eingeklappt wird. Der 1. Stachel ist am größten und kann beim Aufrichten durch den 2. in seiner Lage festgestellt werden. Der 3. Stachel ist oft sehr klein. Die Bauchflossen sind zu einem einzigen, dicken Stachelstrahl reduziert, der mit der dehnbaren Bauchhaut verwachsen ist und über einen beweglichen Beckenknochen ebenfalls aufgerichtet werden kann. Durch Abspreizen des oberen und unteren Stachels können sich die Drückerfische bei Gefahr in Spalten und Höhlungen verkeilen. Größe zwischen 10 cm und 1 m.

Verbreitung. Alle tropischen und subtropischen Meere.

Lebensweise. Tagaktiv, meist Einzelgänger, paarweise oder in Haremsverbänden, wenige Arten auch in lockeren Gruppen lebend. Besonders häufig in den Korallenriffen, nur wenige Arten in der Hochsee bzw. in subtropischen Meeresteilen. Beobachtet wurde die Abgabe der zusammenklebenden Eier in selbst gegrabenen Gruben, der Laichballen wird anfangs vom Weibchen oder Männchen gepflegt und verteidigt. Manche Arten laichen auch im freien Wasser. Larven und Jungfische treiben zunächst im Plankton.

Nahrung. Gewöhnlich hartschalige Beutetiere wie Mollusken, Stachelhäuter (auch Seeigel) und Krebse, einige Drückerfische sind aber auch Aufwuchs- und Korallen- oder Planktonfresser

11 Gattungen mit etwa 40 Arten. Einige Drückerfische gehören zum Standardbesatz von Korallenfisch-Aquarien.

Gattung *Balistapus*: 1 Art. **Orangestreifen-Drückerfisch** (*B. undulatus*): 30 cm, Indowestpazifik, Rotes Meer. Charakteristische gelborangefarbene, geschwungene Längsstreifung.

Gattung *Balistes*: 4 Arten. Dazu **Mittelmeer-Drückerfisch** (*B. carolinensis* = *B. capriscus*): 50 cm, Ost- und Westatlantik, auch in der Karibik, Mittel- und Schwarzes Meer. Weitgehend einfarbig grau. – **Ostpazifischer Drückerfisch** (*B. polylepis*): 75 cm, amerikanische Pazifikküste (von Südkalifornien bis Chile). – **Königin-Drückerfisch** (*B. vetula*): 60 cm, Ost- und

Abb. 54.1 *Balistapus undulatus* (Opelzoo Kronberg)

Westatlantik, auch in der Karibik. Durch 2 leuchtend blaue Streifen am Kopf charakterisiert.

Gattung *Balistoides*: 2 Arten. **Leoparden-Drückerfisch** (*B. conspicillium*): 50 cm, Indowestpazifik, an Korallenriffen. Besonders prächtig gefärbte Art. – **Grüner Drückerfisch** (*B. viridescens*): 75 cm, auch im Roten Meer.

Gattung *Canthidermis*: 3 Arten. Dazu **Ozean-Drückerfisch** (*C. sufflamen*): 70 cm, Westatlantik, Bermudas, Karibik, Sargasso-Meer, im freien Wasser, einzeln oder in kleinen Gruppen. Körperfarbe einheitlich graubraun, ohne Zeichnungsmuster, Bauch weißlich.

Gattung *Melichthys*: 3 Arten. Dazu **Schwarzer Weißbinden-Drückerfisch** (*M. niger*): 35 cm, Indopazifik, Atlantik, in tropischen Korallenriffen weit verbreitet. Auffallend sind 2 schmale, weiße Streifen an der Basis von Rücken- und Afterflosse. – **Rotschwanz-Drü-**

Abb. 54.2 *Balistoides conspicillium* (Zoo-Aquarium Berlin)

Abb. 54.3 *Odonus niger* (Zoo Moskau, Aquarium)

ckerfisch, **Witwen-Drückerfisch** (*M. vidua*): 40 cm, Indopazifik, Hawaii.

Gattung *Odonus*: 1 Art. **Rotzahn-Drückerfisch** (*O. niger*): 50 cm, Indowestpazifik, Rotes Meer. Einfarbig blauviolett, rote Zähne, oberständiges Maul. Nur wenig aggressiv.

Gattung *Pseudobalistes*: 3 Arten. Dazu **Blaustreifen-Drückerfisch** (*P. fuscus*): 55 cm, Indowestpazifk, Rotes Meer. Jungfische mit leuchtend blauen Streifen und Punkten, während des Wachstums werden die Blauanteile der Körperfärbung größer.

Abb. 54.4 *Rhinecanthus assasi* (Aquarium des Instituts für Meereswissenschaften, Kiel)

Gattung *Rhinecanthus*: 7, z.T. sehr bekannte, Arten. Bis 30 cm (im Aquarium wesentlich kleiner bleibend), im Indopazifik und Roten Meer verbreitet, fehlen im Atlantik. Dazu **Picassofisch** (*R. aculeatus*): in Korallenriffen und Lagunen des Indopazifiks. – **Rotmeer-Picassofisch** (*R. assasi*): im Roten Meer bis zum Golf von Oman (einzige *Rhinecanthus*-Art des Roten Meeres). – **Keilfleck-Picassofisch** (*R. rectangulus*): breites, schwarzes Band vom Auge zur Afterflosse und keilförmiger, schwarzer Fleck vor der Schwanzflosse. – **Bauchfleck-Picassofisch** (*R. verrucosus*): Bauchregion schwärzlich.

Gattung *Sufflamen*: 5 Arten (auch im Ostatlantik verbreitet). Dazu **Blaukehl-Drückerfisch** (*S. albicaudatus*): 30 cm, im Roten Meer bis zum Golf von Oman. – **Weißbauch-Drückerfisch** (*S. bursa*): 25 cm, Indowestpazifik, vor allem am Außenriff. – **Weißrand-Drückerfisch** (*S. chrysopterus*): bis 30 cm.

Gattung *Xanthichthys*: 5 Arten. Dazu **Blaukehl-Drückerfisch** (*X. auromarginatus*): 20 cm, Indowestpazifik, Hawaii. Männchen mit gelb gesäumten unpaaren Flossen. – **Atlantischer Wangenlinien-Drückerfisch** (*X. ringens*): 25 cm, Karibik, Bermudas. Jungfische leben in treibenden Sargassum-Algenbeständen.

Haltung von Drückerfischen

Aufgrund ihrer beachtlichen Größe empfiehlt sich für Drückerfische eine Haltung nur in großen Aquarien mit viel Schwimmraum. Diese können als Riffbecken mit Aufbauten, Versteckmöglichkeiten und einer groben Bodenschicht eingerichtet werden.

Sämtliche technischen Gerätschaften (Heizer, Schläuche, Kabel usw.) sollten so angebracht werden, dass sie für Drückerfische unzugänglich sind. Sonst besteht die Gefahr, dass die Tiere diese zerbeißen. Auch die Dekoration muss entsprechend stabil befestigt sein und darf nicht lose geschichtet werden. Auf Einrichtungsgegenstände, die aus Schaumstoff oder Kunstharz bestehen, muss man verzichten, da Drückerfische auch an diesen knabbern und das zum Tod der Tiere führen kann. Eine starke Filterung ist notwendig. Die Wassertemperatur für die tropischen Arten sollte 24 - 26 °C betragen. Der Mittelmeer-Drückerfisch braucht auf Dauer kühleres Wasser, wenngleich kurzzeitig Temperaturen um 24 °C vertragen werden. Gleiches gilt für den Ostpazifischen Drückerfisch.

Die Eingewöhnung ist meist unproblematisch und gelingt bei jüngeren Tieren besser als bei älteren. Arten der Gattungen *Balistapus*, *Balistes*, *Balistoides*, *Canthidermis*, *Pseudobalistes*, *Rhinecanthus* und *Sufflamen* kann man mit Mysis-Garnelen, Artemien, Muscheln, Seeigeln, Krabben, Schnecken und Fischfleisch leicht ernähren. Zusätzlich sollten als Beigabe Algen, Spinat oder Salat gegeben werden. Wichtig ist, dass immer wieder hartschalige Nahrung (Muscheln, Schnecken usw.) zur Abnutzung der Zähne gefüttert wird. Vertreter der planktivoren Gattungen *Melichthys*, *Xanthichthys* und *Odonus* akzeptieren Ersatzfutter wie Artemien, Mysis-Garnelen und Algen.

Aufgrund ihrer Nahrungsansprüche sollten Drückerfische nicht mit Wirbellosen vergesellschaftet werden. Selbst Steinkorallen werden von den meisten Arten nicht verschont. Lediglich bei den Gattungen *Melichthys*, *Xanthichthys* und *Odonus* kann eine Gemeinschaftshaltung mit robusten Wirbellosen funktionieren. Drückerfische sollten daher am besten in reinen Fischaquarien gehalten werden.

Die Aggressivität der Drückerfische gegenüber anderen Fischen wird meist übertrieben. Dennoch gibt es einige Arten, die sich aggressiv gegen andere Beckeninsassen verhalten. Dazu zählen insbesondere der Orangestreifen-Drückerfisch, der Leoparden-Drückerfisch sowie die Arten der Gattung *Rhinecanthus*. In kleineren Gruppen von 8 - 10 Tieren können dagegen sehr gut sowohl Rotzahn- als auch Mittelmeer-Drückerfische gehalten werden.

Höchstalter. *Balistes vetula* und *Pseudobalistes fuscus* über 10 Jahre in der Wilhelma, Stuttgart.

Familie Feilenfische (Monacanthidae)

E. Thaler

Bis auf wenige Ausnahmen morphologisch einheitliche Gruppe mit hochrückigem Körper, seitlich stärker zusammengedrückt als bei den mit ihnen verwandten Drückerfischen. Kopf groß, mit vorgezogener Schnauzenpartie und kleinem, endständigem und gut bezahntem Maul. Der tiefe Bauchkiel gibt ihnen ein charakteristisches trapezförmiges Erscheinungsbild. Haut mit kleinen Schuppen, die haar-, dorn- oder borstenartige Fortsätze tragen, dadurch fühlen sich Feilenfische rau an (Name!). 1. Rückenflosse meist als langer, oft dünner und umlegbarer Hartstrahl. Ein 2., kurzer Hartstrahl rastet in eine Vertiefung des 1. ein und arretiert ihn. Damit können sich Feilenfische, so wie Drückerfische, fest in Gesteins- und Korallenspalten verankern. Die Bauchflossen sind zu einem oft großen, abspreizbaren Bauchlappen umgewandelt. Nur die Gattung *Tripodichtys*, die von manchen Autoren als Urform der Feilenfische angesehen wird, trägt noch 2 Bauchstacheln. Größe meist zwischen 30 und 60 cm, wenige Gattungen nur 10 - 25 cm, mit über 140 cm

Abb. 54.5 *Aluterus monoceros* (Tokyo Sea Life Park)

ist der Schrift-Feilenfisch (*Aluterus scriptus*) die größte Art.

Verbreitung. In küstennahen Bereichen tropischer und subtropischer Meere.

Lebensweise. Tag- und dämmerungsaktiv, besiedeln alle gut strukturierten, deckungsreichen Fels-, Korallen-, Tang- und Seegrashabitate, weitgehend freie Flächen werden gemieden. Bewegungsweise vorsichtig, langsam von einem zum nächsten Unterstand. Sehr manövrierfähig, können aber ungemein rasch flüchten! Die Gattung *Tripodichthys* lebt pelagisch. Fortpflanzung weitgehend unbekannt, demerse Eier scheinen die Regel zu sein, die bei *Oxymonacanthus*, *Pervagor* und einigen anderen Arten in dicht stehende Algen oder Hornkorallenbüsche abgelegt werden, dort haften sie mittels Klebesekret. Anders als bei Drückerfischen kommt zumindest bei tropischen Arten darüber hinaus keine Brutpflege vor. Alle Feilenfische können ihre Färbung und auch die Beschaffenheit ihrer Körperoberfläche in Sekundenschnelle völlig verändern, entweder als Tarnung oder als Ausdruck bestimmter Stimmungen.

Nahrung. Kleine Wirbellose, besonders Krebstiere und Mollusken, Tange und Seegräser. Einige Arten sind Nahrungsspezialisten (Korallenpolypen, kleine Anemonen).

31 Gattungen mit über 100 Arten. Die Feilenfische werden auch als Unterfamilie zu den Drückerfischen gestellt.

Gattung *Acreichthys*: 3 Arten. Tangfeilenfische, die z. T. Nahrungsspezialisten sind. Dazu **Gefleckter Bürstenschwanz-Feilenfisch** (*A. tomentosus*): 10 cm, tropischer Indowestpazifik. Frisst verschiedenste Anemonen und großpolypige Korallen.

Gattung *Aluterus*: 6 Arten. Dazu **Einhorn-Feilenfisch** (*A. monoceros*): 75 cm, Ost- und Westatlantik, Ostpazifik und westlicher Indischer Ozean (an der südlichen afrikanischen Küste). Sandfarben bis grau mit zahlreichen kleinen braunen Flecken. – **Schrift-Feilenfisch** (*A. scriptus*): über 1,4 m, in allen tropischen und z. T. auch subtropischen Meeren. Ein auffallend blaugrünlich gemusterter, eher schlanker Feilenfisch.

Gattung *Amanses*: 1 Art. **Besen-Feilenfisch** (*A. scopas*): etwa 25 cm, gesamter Indik, bewohnt Lagunen- und Korallenriffe. Dunkelbraun gemustert mit extrem auffallendem Geschlechtsdimorphismus: Männchen tragen an der Schwanzwurzel 2 lange schwarze Borstenbüschel, Weibchen weiche, puderquastenähnliche Haarbüschel.

Abb. 54.6 *Aluterus scriptus* (Naturaufnahme, Rotes Meer)

Gattung *Cantherines*: 12 Arten. Dazu der häufige und oft eingeführte, mittelgroße **Netzfeilenfisch** (*C. pardalis*): 25 cm. Gehört zu den Arten mit besonders verblüffender Farbwechsel-Akrobatik!

Gattung *Oxymonacanthus*: 2 Arten, beide klein bleibend und wunderschön bunt gefärbt, auf türkisfarbenem Grund orangerote Punkte. Extreme Nahrungsspezialisten. **Harlekin-Feilenfisch**, **Orangefleck-Feilenfisch** (*O. longirostris*): 12 cm, Indowestpazifik. Frisst nur Polypen von Acroporen. – **Rotmeer-Langnasenfeilenfisch** (*O. halli*): 7 cm, ein Rotmeer-Endemit. Frisst auch Feuerkorallen. Beide Arten leben streng monogam.

Gattung *Paraluteres*: 2 Arten, die ausgeprägte Mimik betreiben. Dazu **Schwarzsattel-Feilenfisch** (*P. prionurus*): 11 cm, Indowest- und Zentralpazifik. Ahmt den giftigen Sattelfleck-Krugfisch (*Canthigaster valentini*) nach.

Gattung *Pervagor*: 8 klein bleibende, oft sehr ansprechend gefärbte Arten. Dazu **Schwarzkopf-Feilenfisch** (*P. melanocephalus*): 16 cm, tropischer Indowestpazifik, in 40 m Tiefe. Leuchtend orangefarbene Schwanzflosse. – **Weißlinien-Feilenfisch** (*P. nigrolineatus*): 9 cm, östlicher Indischer Ozean, Westpazifik. Charakteristischer weißer Längsstrich von der Schnauze zur Kopfoberseite.

Gattung *Stephanolepis*: 5 Arten. Dazu **Japanischer Feilenfisch** (*S. cirrhifer*): 20 cm, Ostchinesiches Meer. In Japan in Aquakultur. – **Filament-Feilenfisch** (*S. setifer*): bis 19 cm, Westatlantik (Bermudas bis Brasilien, Karibik, Sargasso-Meer), in Seegraswiesen. Männchen mit langem Faden am Beginn der 2. Rückenflosse.

Gattung *Thamnaconus*: 13 Arten. Dazu **Lederjacke** (*Th. modestus*): 25 cm, Indowestpazifik (von Ostafrika bis Südjapan). Planktonfresser.

Weitere Gattungen: *Monacanthus*, *Chaetoderma* u.a. Dazu **Chinesischer Fächerbauch** (*M. chinensis*): erreicht 60 cm, schachbrettartig gemustert, besitzt einen auffallend großen

Abb. 54.7 *Oxymonacanthus longirostris* (Vivarium Karlsruhe)

Abb. 54.8 *Thamnaconus modestus* (Tierpark Berlin)

Bauchlappen. – Etwas kleiner bleibt der attraktive **Schmuck-** oder **Fetzenfeilenfisch** (*Ch. penicilligera*) mit büschelig verzweigten Hautanhängseln, die über den ganzen Körper verteilt sind und in hohem Maß gestaltsauflösend wirken. Diese Fische sind in Tang- oder Algenbeständen hervorragend getarnt und „unsichtbar“.

Haltung von Feilenfischen

Feilenfische sind zwar farblich eher unscheinbare, aber durch Gestalt und Verhalten sehr attraktive Pfleglinge. Obwohl sehr transportempfindlich, auch stressanfällig und sensibel, sind aber einmal eingewöhnte und futterfeste Tiere vorzüglich und über viele Jahre haltbar. Wichtig sind vor allem Verstecke, Höhlen, Spalten und ganz besonders Überhänge, unter denen sie gern stehen und einen guten Überblick haben können. Sie sind dann auch weniger scheu.

Feilenfische sind sehr gefräßig, sie benötigen eine reichhaltige, ausgewogene Diät verschiedener Frostfuttersorten, die sowohl Kleinpartikel (Cyclops, Bosmiden) als auch größere, hartschalige Krebschen enthalten sollten. Einige Arten nehmen niemals Flockenfutter an. Allgemein empfiehlt es sich, reichlich Grünfutter anzubieten, boschierter Löwenzahn wird von fast allen Feilenfischen sehr gern genommen. Ebenso sollte klein geschnittener Tintenfisch nie fehlen, er kann Übergriffe auf Wirbellose (besonders Riesenmuscheln) verhindern! Manche Arten, z.B. *Cantherines pardalis* entstacheln mit Vorliebe Diademseeigel, gut gefütterte Feilenfische (Ausnahme: *Oxymonacanthus spp.*) gehen jedoch nicht an Wirbellose.

Besonders bei Jungfischen lassen sich die Geschlechter kaum oder nicht unterscheiden, sie können extrem aggressiv gegen artgleiche und auch nahe verwandte Feilenfische sein (*Pervagor*!). Adulte lassen sich an verschieden geformten und gefärbten Bauchlappen oder an der Schwanzwurzelbedornung manchmal recht gut unterscheiden. Männchen haben längere und dickere Schwanzwurzeldornen. Sie sind meist – jedoch nicht immer! – aggressiver als Weibchen. In großen, gut strukturierten Schauaquarien wäre es möglich, Harems zusammenzusetzen: 1 Männchen und 4 - 6 Weibchen. Dies sollte z.B. beim Netzfeilenfisch gelingen, vermutlich auch bei Schmuckfeilenfischen, deren Geschlechter an der Form des Bauchlappens

Abb. 54.9 *Chaetoderma penicilligera* (Aquarium Paris)

(größer und deutlich gezipfelt beim Männchen) unterscheidbar sind.

Die beiden *Oxymonacanthus*-Arten sollten generell nicht gehalten werden. Abgesehen von ihrer Nahrungsspezialisierung, die man vielleicht mit Unmengen von gut wachsenden Acroporen abdecken könnte, sind sie äußerst transportempfindlich, so dass die Ausfallquote ihre Haltung schon aus Tier- und Naturschutzgründen nicht rechtfertigt. Sie auf Ersatzkost umzustellen, ist sehr zeitaufwendig und oft gar nicht möglich.

Acreichthys tomentosus, der Tangfeilenfisch, wird gern als Glasrosen- und Feueranemonenfresser gepflegt, benötigt jedoch daneben genügend gutes Frostfutter. Bei Mangelernährung geht er oft gar nicht an die Aquarien schädigenden „Plagegeister". Allerdings nehmen Tangfeilenfische recht gern verschiedene großpolypige Korallen (Trachyphyllia) und gehen an alle Arten von Röhrenwürmern. Männchen und Weibchen lassen sich an der Schwanzwurzelbedornung unterscheiden, auch ist beim Männchen der Bauchlappen größer und der 1. Rückenflossen-Hartstrahl stärker gezähnt.

Höchstalter. *Pervagor nigrolineatus* über 9 Jahre im Aquarium (E. Thaler).

Familie Kofferfische (Ostraciontidae, Ostraciidae)

Körper mit Hautknochenplatten bedeckt, die zu einem festen Panzer verschmolzen sind. Kleine Öffnungen für Mund, Augen, Kiemen und Brustflossen, After- und Rückenflosse sowie Schwanzstiel und After aber stets vorhanden. Kiemendeckel mit dem Panzer verwachsen, das Atemwasser wird deshalb durch Mundbodenbewegungen zu den Kiemen geleitet. Keine Bauchflossen und auch kein Beckengürtelskelett. In der dünnen Haut befinden sich Giftdrüsen, die zur Abwehr bei Stress und Verletzungen oder im Tod hochwirksame Gifte (Ostracitoxin und Pahutoxin) in das Wasser abgeben. Größe 11 - 60 cm.

Verbreitung. In allen flachen tropischen Meeren.

Lebensweise. Tagaktiv als Einzelgänger, paarweise oder in Haremsverbänden, besonders in Korallenriffen bis in etwa 50 m Tiefe, auch in Algenbeständen und Seegraswiesen, Lagunen und Fluttümpeln. Lediglich die Schmuck-Kofferfische leben meist in tieferem Wasser des Indowestpazifiks (unter 200 m).

Kofferfische bewegen sich vor allem durch undulierende Bewegungen von Rücken- und Afterflosse fort. Die Schwanzflosse dient als Steuer. Damit sind sie zwar langsam, dafür aber sehr wendig, selbst ein Rückwärtsschwimmen ist möglich. Über die Fortpflanzung ist wenig bekannt. Eier und Larven treiben im Plankton.

Nahrung. Verschiedenste Wirbellose (Schwämme, Polypen, Manteltiere, Moostierchen, Kleinkrebse, Würmer), aber auch Algen und Seegras.

14 Gattungen mit 37 Arten. Nur von den 20 Arten der Unterfamilie Ostracioninae werden verschiedene Kofferfische regelmäßig in Aquarien gepflegt, aus der Unterfamilie Aracaninae sind dagegen nur selten Vertreter zu sehen.

Unterfamilie Schmuck-Kofferfische (Aracaninae)

Hautpanzer hinter der Rücken- und Afterflosse bis zum Schwanzstiel nicht geschlossen. Werden auch als eigene Familie Aracanidae angesehen.

Gattung *Anoplocapros*: 4 Arten. Dazu **Weißgestreifter Kofferfisch** (*A. lenticularis*): bis 33 cm, östlicher Indischer Ozean (um Westaustralien), bis in über 200 m Tiefe. Sehr unterschiedlich grünlich oder rötlich mit weißen Streifen.

Gattung *Aracana*: 2 Arten. Dazu **Schmuck-Kofferfisch** (*A. ornata*): 15 cm, um Südaustralien, Tasmanien, meist unter 20 m Wassertiefe.

Unterfamilie Eigentliche Kofferfische (Ostraciinae)

Gattung *Lactophrys*: 4 Arten. Dazu **Gehörnter Kofferfisch** (*L. quadricornis* = *Acanthostracion quadricornis*): bis 45 cm, tropischer Westatlantik. – **Perlen-Kofferfisch** (*L. triqueter*): 30 cm,

Abb. 54.10 *Anoplocapros lenticularis* (Tokyo Sea Life Park)

Abb. 54.11 *Lactoria cornuta* (Aquarium La Rochelle)

tropischer Westatlantik, Karibik, in Korallenriffen.

Gattung *Lactoria*: 4 Arten. Dazu **Langhorn-Kofferfisch**, **Kuhfisch** (*L. cornuta*): 40 - 45 cm, Indowestpazifik, Rotes Meer. Vor den Augen je 1 langer, hornartiger Fortsatz, am Bauch 2 nach hinten gerichtete Stacheln. – **Rundbauch-Kofferfisch** (*L. diaphana*): 34 cm, weit verbreitet im Südostatlantik, Indopazifik und Ostpazifik.

Gattung *Ostracion*: 9 Arten, deutliche alters- und geschlechtsbedingte Färbungsunterschiede. Dazu **Gelber Kofferfisch** (*O. cubicus*): 45 cm, Indopazifik, Rotes Meer, Hawaii, in Korallenriffen und Lagunen. Körper im Querschnitt viereckig. Jungtiere gelb mit schwarzen Punkten, Erwachsene mehr grau bis blaugrau mit schwarzen Pünktchen oder Ringen. – **Weißpunkt-Kofferfisch** (*O. meleagris*): 25 cm, Indopazifik (im Osten bis Mexiko). Weibchen schwarz mit weißen Punkten, Männchen blau mit gelben Punkten. – **Netz-Kofferfisch** (*O. solorensis*): bis 11 cm, tropischer Westpazifik (einschließlich des Großen Barriereriffs), in 1 - 20 m Tiefe.

Gattung *Tetrosomus*: 3 Arten. Dazu **Pyramiden-Kofferfisch**, **Buckelkofferfisch** (*T. gibbosus*): 30 cm, Indowestpazifik, Rotes Meer, über Algen- und Seegrasbeständen. Dreieckiger Körperquerschnitt.

Haltung von Kofferfischen

Kofferfische sind im Aquarium nicht unproblematisch, insbesondere die Eingewöhnung bereitet oft Schwierigkeiten. Sie gelingt leichter bei

Abb. 54.12 *Tetrosomus gibbosus* (Zoo-Aquarium Berlin)

jüngeren Tieren, die in ihren Fressgewohnheiten und der Nahrungswahl noch anpassungsfähiger sind als ältere Fische.

Allgemein benötigen Kofferfische ruhige, strukturierte, weniger strömungsintensive Aquarien mit freiem Schwimmraum und größeren, mit feinkörnigem Sand bedeckten Bodenflächen. Eine ausgezeichnete Wasserqualität und relativ hohe Temperaturen (25 - 28 °C) sind wichtige Voraussetzungen für eine dauerhafte Haltung der empfindlichen Tiere (trifft jedoch nicht auf die aus größeren Tiefen bzw. subtropischen Gebieten stammenden Arten zu. Sind keine optimalen Bedingungen vorhanden, klemmen Kofferfische die Schwanzflosse und liegen viel am Boden. Die dann in ihrer Vitalität geschwächten Tiere sind anfällig für Hautparasiten und Pilzerkrankungen. Auch Verletzungen der dünnen Haut, z.B. beim Umsetzen, sind unbedingt zu vermeiden.

Kofferfische sind keine schnellen Fresser. Sie leiden daher leicht unter Futterkonkurrenz, was bei der Vergesellschaftung mit anderen Arten zu berücksichtigen ist. Mit ihrem kleinen Mund sind sie nicht in der Lage, größere Brocken aufzunehmen. Das möglichst abwechslungsreiche Futter muss deshalb in mundgerechter Größe gegeben werden. Geeignet ist z.B. zerkleinertes Muschel- und Krebsfleisch, Mysis, auch Flockenfutter sowie pflanzliche Zukost (Algen und Salat). Gern pusten die Kofferfische kleine Nahrungsstücke aus dem Sandboden heraus, um diese dann zu fressen. Sie lernen es aber auch, das Futter direkt von der Hand des Pflegers anzunehmen. Da der Nahrungsbedarf groß ist, muss mehrmals täglich gefüttert werden. Kofferfische sind sehr friedlich, für ein Korallenriff-Aquarium aber aufgrund ihrer natürlichen Fressgewohnheiten nur bedingt geeignet. Es besteht die Gefahr, dass sie verschiedene Wirbellose anfressen.

In Stresssituationen, bei Verletzungen oder Tod können Kofferfische aus besonderen Hautdrüsen ein starkes Gift, das Ostracitoxin, an das Wasser abgeben. In kleineren Aquarien sind dadurch Beckenmitinsassen gefährdet. Auf jeden Fall müssen sie aber in Transportbehältern und -beuteln einzeln verpackt werden.

Als Vertreter der Unterfamilie Aracaninae werden gelegentlich *Anoplocapros lenticularis* und *Aracania ornata* besonders in japanischen Aquarien gezeigt. Entsprechend ihrer Herkunft benötigen sie kühleres Wasser (18 - 22 °C).

Höchstalter. Lebensdauer im Aquarium für *Lactoria diaphana* 8 Jahre.

Familie Kugelfische (Tetraodontidae)

W. E. Engelmann, F. Velte & H. Lücker

Körper mehr oder weniger eiförmig, Haut nackt, häufig mit kurzen Stacheln. Bauchflossen fehlen. In Ober- und Unterkiefer je 2 Zahnleisten, die einen kräftigen „Schnabel“ bilden. Kugelfische können sich bei Gefahr zu einem Ball aufblasen, indem sie Wasser schlucken und damit eine Darmaussackung am Magen füllen. Haut und Organe, besonders die Gonaden, enthalten ein starkes Gift, das Tetrodotoxin. Größe etwa 20 - 120 cm.

Verbreitung. Tropische bis gemäßigt-warme Meere, manche dringen zeitweise in Brack- und Süßwasser ein, auch reine Süßwasserarten in Afrika, Südasien, Australien und im tropischen Südamerika.

Lebensweise. Im Flachwasser. Langsames Schwimmen durch synchrones seitliches Schlagen von Rücken- und Afterflosse sowie paddelartige Bewegungen der Brustflossen, Schwanzflosse dient als Steuer. Fortpflanzung paarweise durch Ablage von Eiern in Bodengruben oder auf Steinen, auch mit Brutpflege. Einige Meeresarten wandern zum Laichen in Brack- und Süßwasser oder bilden riesige Laichschwärme an den Meeresstränden.

Nahrung. Vor allem hartschalige Beutetiere wie Schnecken und Muscheln, Seeigel, Seepo-

Abb. 54.13 *Arothron hispidus* (Aquarium des Instituts für Meereswissenschaften, Kiel)

cken und andere Krebstiere, Korallen, aber auch Algen und Seegras.

18 Gattungen mit etwa 140 Arten.

Meereskugelfische

Gattung *Arothron*: 15, im Indopazifik verbreitete Arten. Dazu **Maskenkugelfisch** (*A. diadematus*): 30 cm, endemisch im Roten Meer, im Korallenriff. Charakteristische schwarze Augenbinde (einschließlich der Brustflossen-Umgebung) und schwarzes Mundfeld. – **Weißflecken-Kugelfisch** (*A. hispidus*): 50 cm, auch im Roten Meer, um Hawaii, auf Sandböden in Riffnähe. – **Manila-Kugelfisch**, **Streifen-Kugelfisch** (*A. manilensis*): 48 cm, tropischer Westpazifik. Dünne, bräunliche Längsstreifen um den Körper. – **Sternen-Kugelfisch** (*A. meleagris*): 45 - 50 cm, Indopazifik (im Osten bis zur Osterinsel und Panama). Bräunlich schwarz mit zahlreichen weißen Flecken. Bekannt ist auch eine zitronengelbe Farbphase (*A. „citrinellum“*). – **Schwarzpunkt-Kugelfisch** (*A. nigropunctatus*): bis 33 cm, Indowestpazifik. Sehr unterschiedliche Färbungen (von verschiedenen Grautönen

Abb. 54.14 *Arothron meleagris* (Zoo Leipzig, Aquarium)

Abb. 54.15 *Arothron meleagris*, Farbvariante (Zoo Basel, Vivarium)

Abb. 54.16 *Arothron meleagris*, Farbvariante „*citrinellum*" (Zoo-Aquarium Berlin)

bis zu Gelb und Blau, aber stets mit einigen schwärzlichen Punkten). Nahe verwandt mit *A. diadematus*. – **Riesenkugelfisch** (*A. stellatus*): 1,2 m (größte Art), Indowestpazifik. Jungtiere in Seegraswiesen und auf Sandboden im Flachwasser, Erwachsene am Außenriff (bis in 60 m Tiefe).

Gattung *Lagocephalus*: 11 Arten. Dazu **Ozean-Kugelfisch** (*L. lagocephalus*): 60 cm, Atlantischer und Indischer Ozean, mehr oder weniger im offenen Meer. – **Atlantischer Kugelfisch** (*L. laevigatus*): bis 1 m, Ostatlantik (Portugal bis Angola) und Westatlantik (östliche USA bis Argentinien). – Eine ähnliche Art (*L. inermis*) ist im Pazifik verbreitet.

Gattung *Sphoeroides*: 20 Arten, Verbreitungsschwerpunkt im Atlantik. Dazu **Schwarzstreifen-Kugelfisch** (*S. spengleri*): bis 30 cm, tropischer und subtropischer Westatlantik, Karibik, Ostatlantik (Senegal bis Elfenbeinküste). – **Marmorierter Kugelfisch** (*S. marmoratus*): 30 cm, Ostatlantik (Portugal bis Angola, Kanarische Inseln, Madeira).

Gattung *Takifugu*: 21 Arten, deren Hauptverbreitung sich im Westpazifik um Japan und Südchina befindet. Dazu **Gras-Kugelfisch** (*T. niphobles*): 20 cm, Nordwestpazifik (Korea, Japan, Taiwan). Laicht in riesigen Schwärmen mondphasenabhängig an Kiesstränden. – **Gitter-Kugelfisch**, **Sattelbinden-Kugelfisch** (*T. oblongus*): 40 cm, Indowestpazifik (bis Südafrika und Australien), auch im Brackwasser. – **Pantherkugelfisch** (*T. pardalis*): 35 cm, Westpazifik.

Haltung von Meereskugelfischen

Meereskugelfische benötigen, bedingt durch ihre Größe, geräumige Aquarien, die einerseits Schwimmraum und andererseits Versteckmöglichkeiten in Form von Felsaufbauten und Höhlen bieten. Für die *Sphoeroides*- und *Takifugu*-Arten sollte der Bodengrund aus feinem Sand bestehen, da sich diese Fische immer wieder in den Boden eingraben. Generell lieben aber alle Kugelfische Stellen mit feinem Sand, den sie hochblasen können, um Nahrungsbrocken herauszuwühlen. Sämtliche technischen Einrich-

Abb. 54.17 *Sphoeroides marmoratus* (Oceanarium Lissabon)

tungsgegenstände wie Schläuche, Heizungsstäbe usw. müssen so angebracht werden, dass die Kugelfische nicht an sie herankommen. Mit ihrem kräftigen Gebiss könnten sie diese zerbeißen und zerstören. Die Haltungstemperaturen sollten zwischen 23 und 27 °C liegen, für den Marmorierten Kugelfisch genügen 18 - 23 °C.

Als Futter sollte unbedingt hartschalige Nahrung wie Muscheln, Garnelen oder Krabben gereicht werden. Bei zu wenig hartschaligem Futter nutzen sich die Zahnplatten nicht genügend ab, so dass diese weiterwachsen, bis das Maul nicht mehr zu schließen ist. Das Futter wird am besten in kleinen Portionen, mehrmals über den Tag verteilt, gegeben.

Aufgrund ihrer natürlichen Nahrung kann man Meereskugelfische nicht mit Wirbellosen gemeinsam halten. Auch mit kleineren Fischen sollte man sie nicht vergesellschaften, da sie gegenüber diesen aggressiv werden oder sie sogar töten. Auch von einer Vergesellschaftung mit Artgenossen oder anderen Kugelfischen sollte abgesehen werden, wenngleich *Arothron nigropunctatus* als relativ friedlich und verträglich gilt. In sehr großen Aquarien können jedoch durchaus verschiedene Kugelfisch-Arten zusammen gehalten werden. So lebten im 120-m^3-Ringbecken des Leipziger Zoo-Aquariums über Jahre je 1 Exemplar von *Arothron hispidus*, *A. nigropunctatus*, *A. meleagris*, *A. „citrinellum“*, und *A. malinensis* friedlich zusammen. Die meisten der genannten Meereskugelfische können auch mit annähernd gleich großen Fischen gemeinsam gepflegt werden, ohne dass es zu Beißereien kommt. *Sphoeroides spengleri* sollte allerdings im Artaquarium gehalten werden, da diese Art sehr aggressiv gegenüber anderen Fischen wird. Problematisch kann mitunter das Zusammenhalten von gepunkteten Kugelfischen mit Putzer-Lippfischen (*Labroides dimidiatus*) sein, die Erstere immer wieder putzen wollen und dadurch letztlich deren Haut schädigen.

Höchstalter. *Arothron diadematus* im Tierpark Berlin 9 Jahre, *A. hispidus* in der Wilhelma Stuttgart über 10 Jahre.

Abb. 54.18 *Carinotetraodon travancoricus* (Privataquarium)

Brack- und Süßwasserkugelfische

Gattung *Carinotetraodon*: 6 Arten. Dazu **Kammkugelfisch** (*C. lorteti* = *C. somphongsi*): 6 cm, Südostasien, Indomalaiischer Archipel, im Süßwasser. Ausgeprägtes Farbwechselvermögen sowie geschlechtsspezifische Färbungsunterschiede. – **Zwergkugelfisch**, **Malabar-Kugelfisch** (*C. travancoricus*): meist unter 2,5 cm, Südwestindien. Kleinste Kugelfisch-Art.

Gattung *Chelonodon*: 3 Arten. Dazu **Milchflecken-Kugelfisch** (*Ch. patoca*): bis 33 cm, Madagaskar, Vorder- und Hinterindien bis Australien, typische Brackwasserart.

Gattung *Chonerhinus* (= *Auriglobus*): 5 Arten. Dazu **Goldkugelfisch** (*Ch. modestus*): bis 12 cm, Thailand, Malaysia, Sumatra, Borneo.

Gattung *Colomesus*: 2 Arten. **Assel-Kugelfisch** (*C. asellus*): 15 cm, meist kleiner bleibend, im tropischen Südamerika, in großen Flüssen und Seen, nur gelegentlich auch im Brackwasser. – Der **Papagei-Kugelfisch** (*C. psittacus*) wird mit 30 cm wesentlich größer und ist an der südamerikanischen Atlantikküste verbreitet, von wo er nur gelegentlich in Süßwasserbereiche vordringt.

Gattung *Tetraodon*: 22 Arten.

Asiatische Arten: Dazu **Augenfleck-Kugelfisch** (*T. biocellatus* = *T. steindachneri*): 8 cm,

Abb. 54.19 *Tetraodon biocellatus* (Zoo Leipzig, Aquarium)

Südostasien, nur im Süßwasser. – **Malaiischer Kugelfisch, Glühaugen-Kugelfisch** (*T. cutcutia*): 13 cm, Vorder- und Hinterindien, Malaiischer Archipel, im Süß- und Brackwasser. – **Rotstreifen-Kugelfisch** (*T. erythrotaenia*): 8 cm, Indonesien und Neuguinea, besonders in der Mangrove, vorwiegend Brackwasser. Dünner, roter Längsstreifen trennt die dunkle Oberseite von der hellen Unterseite. – **Grüner Kugelfisch** (*T. fluviatilis*): 17 cm, Indien, Südostasien, Borneo, auch im Brackwasser. – **Fangs Kugelfisch** (*T. leiurus*): 16 cm, Südostasien, vor allem im Süßwasser, aber auch im Brackwasser. Aquaristisch nur die Unterart *T. l. brevirostris* bislang bekannt.

Afrikanische Arten: Dazu **Nilkugelfisch, Fahak** (*T. lineatus = T. fahaka*): bis 40 cm, Nil, Niger, Senegal, Gambia, in Küstennähe. – **Teppichkugelfisch, Goldringel-Kugelfisch** (*T. mbu*): bis 67 cm, meist kleiner, Westafrika (u. a. Kongo-Flusssystem), Tanganjikasee, im Süßwasser, auch in Ästuaren. – **Brauner Kugelfisch** (*T. miurus*): 15 cm, im mittleren und unteren Kongo. Stark ausgeprägtes Farbwechselvermögen von schwärzlich bis rotbraun. Abgeflachter Körper, Augen nach oben gerichtet, gräbt sich gern im Sand ein. – **Kongokugelfisch, Leopardkugelfisch** (*T. schoutedeni*): 9 cm, im unteren Kongo, nur im Süßwasser. Sehr friedliche Art.

Abb. 54.20 *Tetraodon lineatus* (Zoo Leipzig, Aquarium)

Haltung von Brack- und Süßwasserkugelfischen

Das Kugelfisch-Aquarium sollte einen feinsandigen Bodengrund besitzen, was für die sich einwühlenden Arten wie *Tetraodon miurus* besonders wichtig ist, sowie auch mit Wuzeln und Steinen strukturiert sein, um den Fischen Versteckplätze zu bieten bzw. die Besetzung von Revieren zu ermöglichen. Die auch oder ausschließlich im Brackwasser lebenden Formen müssen für die Dauerhaltung einen Seesalzzusatz bekommen. Ansonsten werden aber bei guter Filterung und regelmäßigem Wasserwechsel keine besonderen Ansprüche an die Wasserqualität gestellt.

Für große Gesellschaftsaquarien sind kleinere Arten geeignet. Große Arten können dagegen nur in Großaquarien vergesellschaftet werden, ansonsten ist die Einzelhaltung zu empfehlen. Während die Jungfische der größeren Arten mitunter noch friedlich sind, werden sie als Adulte äußerst territorial und müssen dann einzeln gehalten werden. Ausnahmen könnten nur in Großaquarien mit etlichen Kubikmetern Inhalt möglich sein. Allerdings kommt es auch bei friedlicheren Exemplaren in der Gemeinschaftshaltung mit anderen Arten durchaus zu Bissverletzungen bei anderen Fischen. *Carinotetraodon* kann paarweise gehalten werden.

Kugelfische sind Nahrungsspezialisten, die mit ihren harten Schnäbeln Schneckengehäuse knacken. Als Nahrung müssen deshalb Schnecken in ausreichendem Maße angeboten werden. Auch große Apfelschnecken werden von kleineren Kugelfischen angeknabbert. Weitere geeignete Futtertiere sind Rote Mückenlarven, Bachflohkrebse, Köcher- und Steinfliegenlarven, Wasserwanzen und Libellenlarven, Regenwürmer. Auch Muschelfleisch und tote Futterfische werden gefressen.

Vermehrung. Die Zucht ist bei mehreren kleineren Arten aus Afrika und Asien schon gelungen, darunter Kammkugelfisch und Grüner Kugelfisch. Eiablage an Substrat, Die Eier haben eine stark adhäsive Oberfläche und kleben fest. Bei Kammkugelfischen verteidigt das Männchen das Gelege. Junge schlüpfen nach etwa 48 Stunden. Nach 2 Tagen schwimmen die Jungfische bereits frei. Als Erstfutter können kleine Cyclops-Nauplien und Rädertierchen (*Brachionus*) eingesetzt werden.

Familie Krugfische, Spitzkopfkugelfische (Canthigasteridae)

Ähnlich den Kugelfischen, denen sie auch als Unterfamilie angegliedert werden, aber wesentlich kleiner bleibend (unter 15 cm). Körper seitlich leicht zusammengedrückt, Bauch leicht gekielt, Schnauze deutlich länger und schmaler. Bauchflossen rückgebildet. Oft auffallend bunt gefärbt.

Verbreitung. Tropischer Indopazifik und Rotes Meer, nur einige wenige Arten im Atlantik.

Lebensweise. In Korallenriffen und an Felsen, tagaktiv. Leben territorial, paarweise oder zeitweise in kleinen Gruppen. Männchen bilden z. T. Haremsgruppen, die gegenüber Artgenossen verteidigt werden. Beim Imponieren wird der Bauchkamm aufgerichtet. Ein Männchen laicht nacheinander mit verschiedenen Weibchen.

Nahrung. Kleintierfresser (auch Korallenpolypen), Algen und Seegräser.

Abb. 54.21 *Canthigaster solandri* (Tierpark Berlin)

1 Gattung mit 28 Arten.

Gattung *Canthigaster*: Dazu **Hawaii-Krugfisch** (*C. jactator*): 9 cm, nur Hawaii-Inseln. Weiß gepunktet. – **Augenfleck-Krugfisch** (*C. margaritatus*): bis 15 cm, Rotes Meer. Schwarzer, blau umrandeter Augenfleck unter der Rückenflosse, ähnliche Arten im Indowestpazifik. – **Atlantik-Krugfisch** (*C. rostrata*): 11 cm, tropischer Westatlantik, Karibik, im Osten bis Madeira und den Kapverdischen Inseln. – **Gefleckter Krugfisch** (*C. solandri*): 11,5 cm, Indowest- und Zentralpazifik. – **Sattel-Krugfisch** (*C. va-*

Abb. 54.22 *Canthigaster valentini* (Zoo Leipzig, Aquarium)

lentini): 10 cm, Indowestpazifik, Rotes Meer. 4 breite, schwarze Bänder über dem Rücken.

Haltung von Krugfischen

Die bei optimalen Wasserverhältnissen gut haltbaren Fische pflegt man in höhlenreichen Felsaquarien, die mit sauerstoffreichem Wasser gut durchströmt werden. Aber auch Bodenflächen mit feinem Sand werden von den Fischen aufgesucht, um Nahrungsteile auszupusten. Sie verhalten sich gegenüber anderen Fischen friedlich. Untereinander und auch gegenüber anderen Krugfischen sind sie aber oft sehr unverträglich, eine Einzelhaltung ist daher meist unumgänglich. Die Pflege im Riffaquarium ist wegen der natürlichen Nahrungsgewohnheiten nicht möglich. Haltungstemperaturen zwischen 24 und 28 °C.

Die Ernährung soll abwechslungsreich sein. Neben Mysis, Artemien, Fischrogen kann auch Fisch-, Krebs- und Muschelfleisch, in mundgerechter Größe zerkleinert, gefüttert werden. Die Verfütterung junger Süßwasserschnecken sorgt für das regelmäßige Abnutzen der Zähne. Viele Arten fressen auch die im Aquarium wachsenden Kalkrotalgen.

Höchstalter. Lebensdauer im Aquarium für *Canthigaster margaritatus* 6 Jahre, 11 Monate (Londoner Zoo-Aquarium).

Familie Igelfische (Diodontidae)

Plumper, dorsoventral leicht zusammengedrückter Körper, zum Schwanz hin spindelförmig. Kopf verhältnismäßig klein, mit kleinem Mund und sehr großen, vorn stehenden Augen. Je 1 Zahnleiste in Ober- und Unterkiefer („Zweizähner"). Haut mit kurzen, feststehenden oder langen, aufrichtbaren Stacheln. Keine Bauchflossen. Igelfische können sich zur Feindabwehr wie die Kugel- und Krugfische durch Verschlucken von Wasser kugelförmig aufblasen. Giftigkeit bei einigen Arten nachgewiesen. Größe 25 - 100 cm.

Verbreitung. Zirkumtropisch, bis in gemäßigtwarme Meere.

Lebensweise. Meist dämmerungs- und nachtaktiv, im Flachwasser an Korallen- und Felsenriffen, in Lagunen und Seegraswiesen. Fortpflanzung, soweit bekannt, im freien Wasser. Eier, Larven und Jungfische pelagisch.

Nahrung. Vor allem hartschalige Wirbellose wie Krebstiere und Mollusken, Stachelhäuter, auch Korallen.

6 - 7 Gattungen mit 20 Arten.

Gattung *Chilomycterus*: 5 Arten. Dazu **Pazifischer Igelfisch** (*Ch. affinis*): 55 cm, gemäßigter bis tropischer Nordpazifik (Japan, Kalifornien bis Peru, Galapagos-Archipel). – **Zügel-Igelfisch** (*Ch. antennatus*): 30 cm, Karibik.

Gattung *Cyclichthys*: 6 Arten. Dazu **Kurzstachel-Igelfisch** (*C. orbicularis*): 25 cm, Indowestpazifik, Rotes Meer, Großes Barriereriff. – **Gestreifter Igelfisch** (*C. schoepfi*): 23 cm, Westatlantik (östliche USA bis Brasilien, Bahamas).

Gattung *Diodon*: 5 Arten. Aufrichtbare Stacheln. Dazu **Braunflecken-Igelfisch** (*D. holacanthus*): 25 - 50 cm, in allen tropischen Meeren, bis in 15 m Tiefe. – **Gepunkteter Igelfisch** (*D. hystrix*): bis 1 m (größte Art), in allen tropischen Meeren, bis in 50 m Tiefe. Lange Stacheln. – **Masken-Igelfisch** (*D. liturosus*): 65 cm, Indowestpazifik. Stacheln relativ kurz. – **Wenigbestachelter Igelfisch** (*D. nicthemerus*): 40 cm, Gewässer um Südaustralien, Tasmanien.

Haltung von Igelfischen

Ein Aquarium für Igelfische sollte neben freiem Schwimmraum auch einige geschützte Stellen aufweisen, die z.B. mit großen Korallenblöcken geschaffen werden können. Als Bodengrund empfiehlt sich feiner Korallensand. Die Haltungstemperaturen liegen bei 24 - 26 °C, für *Diodon nicthemerus*, der aus den kühleren südaustralischen Meeresgebieten stammt, bei 18 - 22 °C.

Abb. 54.23 *Diodon holacanthus* (Zoo Leipzig, Aquarium)

Obwohl Igelfische recht krankheitsresistent sind, führt eine schlechte Wasserqualität (hoher Nitratwert, niedriger pH-Wert) zu Augeninfektionen, in deren Folge sie erblinden können. Beim Herausfangen dürfen sie nicht vollständig aus dem Wasser genommen werden, da dann die Gefahr besteht, dass sie sich mit Luft aufblasen. Diese können sie nur schwer wieder abgeben, was unter Umständen zum Tod führt. Zu beachten ist ferner, dass Igelfische in Stresssituationen Giftstoffe freisetzen, die andere Fische im Becken schädigen können.

Die Ernährung sollte abwechslungsreich mit Garnelen, Krabben- oder Hummerfleisch, Schnecken und Muschelfleisch, Kalmar oder kleinen, toten Futterfischen erfolgen. Igelfische lernen, ihr Futter von der Hand des Pflegers zu nehmen. Aufgrund ihrer natürlichen Ernährungsgewohnheiten verbietet sich eine Gemeinschaftshaltung mit Wirbellosen. Bei der Vergesellschaftung mit anderen Fischen muss auf die langsame Fressweise der Igelfische Rücksicht genommen werden.

Die Geschlechter lassen sich äußerlich nicht unterscheiden. Daher ist eine gezielte Paarzusammenstellung unmöglich. Es wurden bisher auch nur selten Ablaichvorgänge im Aquarium beobachtet.

Höchstalter. *Diodon hystrix* lebte 7 Jahre, 4 Monate im Aquarium (Fairmount Park Aquarium Philadelphia).

Familie Mondfische, Klumpfische (Molidae)

Meeresfische von sehr eigenartiger Gestalt: Körper rundlich, scheibenförmig, ohne Schwanz („schwimmender Kopf"). Brustflossen klein, Bauchflossen fehlen. Rücken- und Afterflosse senkrecht vom Körper abstehend, nicht umlegbar. Schwanzflosse nicht vorhanden oder als Pseudoschwanzflossensaum mit wenigen Strahlen ausgebildet, die von der Rücken- und Afterflosse an das Körperende gewandert sind. Haut lederartig, mit sehr kleinen, sich nicht überlappenden Schuppen. Keine Schwimmblase, auch das Seitenlinienorgan fehlt. Das knöcherne Skelett ist vielfach nur verknorpelt (Gewichtsreduktion). Mundöffnung ebenso wie die vor den Brustflossen liegenden Kiemenöffnungen sehr klein. Wie bei den Igelfischen nur je 1 Zahnleiste auf Ober- und Unterkiefer.

Verbreitung. In allen tropischen und gemäßigt-warmen Meeren.

Lebensweise. Pelagisch im offenen Ozean, manche häufig an der Wasseroberfläche treibend. Fortbewegung durch seitliche Schläge von Rücken- und Afterflosse. Laichvorgang nicht bekannt. Die Weibchen können gewaltige Eimengen produzieren, das Weibchen des Mondfisches (*Mola mola*) bis zu 300 Millionen. Eier sehr klein, treiben pelagisch im Plankton. Verschiedene Jugendstadien, z.T. mit langen, die Schwimmfähigkeit verbessernden Strahlen bestückt.

Nahrung. Hauptsächlich Quallen und Rippenquallen, Salpen, auch Garnelen und Jungfische.

3 Gattungen mit 5 Arten.

Gattung *Masturus*: 2 Arten. Dazu **Spitzschwanz-Mondfisch** (*M. lanceolatus*): bis 3 m und über 2000 kg schwer, warm-temperierte Teile aller Ozeane. Zipfelförmige „Schwanzflosse".

Gattung *Mola*: 2 Arten. **Mondfisch** (*M. mola*): 3 m und über 2000 kg schwer, Atlantik, auch im Mittelmeer. – Nahe verwandt ist der **Südliche Mondfisch** (*M. ramsayi*) von Neuseeland, Australien und Südafrika, dessen Artstatus allerdings umstritten ist.

Gattung *Ranzania*: 1 Art. **Stutzmondfisch** (*R. laevis*): 80 cm, in allen warmen und gemäßigten Meeren, auch im Mittelmeer. Körper gestreckter als bei den anderen Arten.

Haltung von Mondfischen

Mondfische der Art *Mola mola* sind in verschiedenen großen Schauaquarien, auch in Europa, zu sehen. Die langsamen, in ihrer Schwimmweise

Abb. 54.24 *Mola mola* (Ozeanarium Barcelona)

etwas unbeholfen wirkenden Fische können auf Dauer nur in Großtanks ohne störende Einbauten, an denen sie sich stoßen würden, erfolgreich gehalten werden. Um eine Verletzungsgefahr durch Anstoßen an den Außenscheiben, zunächst während der Eingewöhnung, zu vermeiden, hat es sich bewährt, diese von innen mit durchsichtiger Kunststofffolie locker abzuhängen.

Mondfische sind verträglich und können auch zu mehreren in entsprechend großen Tanks bei Wassertemperaturen zwischen 20 und 26 °C gehalten werden. Als Futter eignen sich gefrostete Garnelen oder Krill, beides kann man gezielt anbieten. Ein kurzzeitig im Aquarium des Zoo Leipzig lebender, etwa 35 cm großer Mondfisch wurde zum Füttern zunächst an der Wasseroberfläche mit der Hand vorsichtig festgehalten. Die ihm danach vor das Maul gegebenen, toten Garnelen wurden sofort eingesaugt und abgeschluckt. Die aufgenommenen Futtermengen sind enorm, entsprechend leistungsfähig muss die Filteranlage sein, denn Mondfische sind empfindlich gegenüber einer Verschlechterung der Wasserqualität.

Problematisch ist der längere Transport von Mondfischen. Auch hier gilt, dass kleinere Tiere leichter zu transportieren sind als größere. Einen schonenden Fang vorausgesetzt, sind dafür große Behälter erforderlich, in denen die Fische schwimmen können, ohne sich ständig Augen und Haut abzuscheuern. Außerdem ist eine optimale Sauerstoffversorgung notwendig. In der Quarantäne sind die frisch gefangenen Fische gegen Wurmbefall zu behandeln.

Anhang

Giftige Fische

H. Lücker & W. E. Engelmann

Jeder Aquarienpfleger sollte sowohl grundlegende als auch spezielle Kenntnisse über giftige Fische besitzen. Dies versteht sich schon aus Gründen der Arbeitssicherheit und damit des persönlichen Schutzes, aber auch aus Gründen des Schutzes anderer Arten.

Es gibt im Prinzip 3 Möglichkeiten, mit giftigen Fischen in Kontakt zu treten und Gifte appliziert zu bekommen:

- Der Fisch fügt der Person direkt mittels Stacheln oder Knochen Verletzungen zu
- die Applizierung erfolgt beim Handling der Fische über Schleim
- man isst den Fisch oder Teile davon (wohl eher die Ausnahme, aber Fische werden ja auch gelegentlich an andere Tiere verfüttert).

Die 1. Gruppe bezeichnet man auch als „aktiv giftige Fische", weil sie das Gift über geeignete Mittel direkt applizieren kann. Die beiden anderen Gruppen nennt man „passiv giftige Fische". Zu beiden Gruppen gehören Fische, die in Großaquarien, aber auch bei Privatpersonen gern gehalten werden, weil sie teils durch ihre wunderschönen Farben auffallen (Warntrachten!), teils zusätzlich durch entsprechendes Verhalten auf sich aufmerksam machen. Ein Paradebeispiel dafür sind jagende Rotfeuerfische. Aber auch kryptische Arten können Gifte besitzen: Zu den bekanntesten gehören Rochen und Steinfische.

Was sind Fischgifte?

Fischgifte gehören mit zu den stärksten Giften, die wir kennen. Darunter fallen solche, die die Fische selbst produzieren (primäre Fischgifte) als auch diejenigen, die von anderen Organismen in und außerhalb des Fisches produziert und im Fisch, in bestimmten Teilen, Organen oder der Haut gespeichert werden (sekundäre Fischgifte).

Proteingifte oder Peptidgifte

Sie werden von Fischen selbst produziert. Diese Gifte führen sehr oft zu teils sehr starken lokalen Schmerzen. Einige beeinflussen das Wahrnehmungsvermögen, führen zu Kreislaufproblemen bis zum Herzstillstand oder zu unangenehmen lokalen Reaktionen. Eines der bekannteren Gifte ist das Pahutoxin, welches die Kofferfische produzieren. Es wirkt auf Nervenendigungen. Die Kofferfische setzen es in ihrem Hautschleim ein. Bei Menschen führt es zu Beeinträchtigung der Muskelaktivität. Serotonin ist eine Substanz, die bei der Übertragung von Nervensignalen auf Muskelzellen eine große Rolle spielt. Als „Nebengift" kommt es in hohen Konzentrationen im Schleim giftiger Fische vor. Beim Menschen sind Schwindel und Kopfschmerz die Folge. Histamin ist wie Serotonin eines der wichtigsten „Nebengifte". Es erzeugt sehr starke Schmerzen und in Verbindung mit Serotonin kann es äußerst unangenehm werden. Das Petermännchen (*Trachinus draco*) hat sehr hohe Konzentrationen von Serotonin im Hautschleim.

Enzymatische Gifte sind solche, die Gewebe auflösen. Dies ist mit teils großen Schmerzen verbunden. Für sich alleine wirken sie in der Regel nur lokal schmerzhaft.

Die meisten Fische verwenden Toxingemische, die z.B. aus proteolytischen Giften, Neurotoxinen und Serotonin sowie Histamin bestehen. Die Nebensubstanzen in diesen Giftcocktails, die teils von eigenen Drüsen oder Drüsengewebe hergestellt werden, dienen bei Applikation auch der Wegbereitung für das eigentliche Gift, können es unterstützen und in seiner Wirkung verstärken. So lösen die proteolytischen Gifte Zellwände auf, öffnen direkte Verbindungen ins Gewebe und ermöglichen dadurch ein sehr viel schnelleres Eindringen des eigentlichen Gifts. Wir kennen dies von Giftschlangen, wo hämolysierende und proteolytische Gifte die Wirkung der Neurotoxine, z.B. der Elapidae, verstärken. Dort spielen aber gerade die proteolytischen Gifte auch eine wichtige Rolle beim „Vorverdauen" der Beutetiere, was bei Fischen keinerlei Bedeutung hat.

Indirekte Wirkungen ergeben sich daraus, dass bei etlichen Arten (z.B. Rochen) die injizierenden Stacheln abbrechen. Diese sind mit Drüsengewebe umgeben, das den Giftcocktail enthält, der beim Eindringen in den Körper freigesetzt wird. Gleichzeitig beginnen am Fischgewebe des Stachels und des Gewebes sehr rasch Zersetzungserscheinungen, die sekundär die Einstichstelle vergiften und zu Problemen bis zum Tod des Verletzten führen können. Einige Arten verfügen über sehr große, brüchige, lange Stacheln. Schlägt ein Rochen zu, so kann ein solcher Stachel im Körper des Getroffenen abbrechen und stecken bleiben. Neben der Giftwirkung der Epidermis sind Sekundärinfektionen in der Folge möglich. Vereinzelt sind Fälle bekannt geworden, in denen durch den Schlag eines großen Rochens mit dem Stachel bei Kindern eine Herztamponade verursacht und so deren Tod herbeigeführt wurde.

Protein- und enzymatische Gifte sind primäre Gifte, die vom Fisch selbst produziert werden. Alle diese primären Gifte sind hitzelabil und zerfallen rasch.

Gifte einzelliger Organismen

Sekundäre Fischgifte werden hauptsächlich durch Bakterien oder Einzeller produziert und im Fischkörper akkumuliert. Dies erfolgt entweder in bestimmten Organen oder Strukturen, oder aber gleichmäßig im ganzen Tier verteilt. Ciguatoxin und Maitotoxin sind sehr starke Gifte, die von Diatomeen und Blaualgen gebildet und im Fisch über die Nahrungskette inkorporiert werden, ohne dass es ihm zunächst schadet. Diese Gifte sind Neurotoxine und extrem gefährlich. Da die Gift produzierenden Organismen teilweise in Massen auftreten (die so genannten Roten Tiden im Meer), kommt es mitunter sehr schnell zur Giftakkumulierung über die Nahrungskette in Fischen, die auch kommerziell nutzbar sind. Cigua- und Maitotoxin wirken jedoch nahezu ausschließlich beim Verzehr, spielen daher als Verursacher von Vergiftungen in Aquarien kaum eine Rolle. Übrigens: Die LD_{50} für Maitotoxin liegt bei nur 5 ng/kg Maus!

Eines der stärksten Gifte dieser Gruppe ist das Saxotoxin. Allein der Verzehr einer einzigen mit Saxotoxin beladenen Riesenkrabbe hatte in Japan binnen weniger Stunden den Tod von 2 Menschen, einem Schwein und 6 Hühnern sowie schwerste, lebensgefährliche Erkrankungen von 3 weiteren Menschen zur Folge! Das Gift lähmt die Atemmuskulatur sehr rasch. Der Tod kann bereits Minuten nach dem Verzehr eintreten. Erstaunlicherweise können Krabben, Muscheln und Fische sehr hohe Konzentrationen akkumulieren, ohne dass sie erkennbar Schäden davontragen. Das macht die Gifte so tückisch für höhere Organismen.

Das wohl bekannteste sekundäre Fischgift ist das Tetrodotoxin, welches bei der in Japan immer wieder auftretenden Fischvergiftung nach Fugu-Essen das tödliche Agens ist. Es ist ein Nervengift, welches in reiner Form in winzigsten Dosen ausreicht, um einen Menschen durch Lähmung der Atemmuskulatur binnen kürzester Frist zu töten. Seit kurzem ist bekannt, dass das Tetrodotoxin von Bakterien (*Pseudoalteromonas haloplanktis*) gebildet wird. Die Bakterien leben im Eingeweidegewebe der Fische. Auch das Palytoxin (von den Krustenanemonen der Gattung *Palythoa*) ist extrem gefährlich.

Bakterien- und Einzellergifte hoher Potenz finden sich immer wieder in Fischen, werden über die Nahrungskette angereichert und sind möglicherweise auch für das Sterben von Fischen in Quarantänehaltungen im Ursprungsland mit verantwortlich. Für Aquarien spielen sie eine untergeordnete Rolle, kommen also wie Cigua- und Maitotoxin eher für Quarantänestationen in Betracht.

Die sekundären Fischgifte, produziert von Bakterien und Diatomeen, sind z.T. sogar hitzestabil, zerfallen langsam und sind daher in ihrer Wirkung lang anhaltend, was ihre Gefährlichkeit erhöht.

Applizieren von Giften durch aktiv giftige Fische

Aktiv giftige Fische verfügen über ein Arsenal von Stacheln, Dornen oder Knochen am Körper, die direkt oder über Giftkanäle mit Drüsengewebe verbunden sind. Zur Applikation ist es wichtig, dass Knochen, Dornen oder Stacheln zunächst die Haut des Kontrahenten verletzen und in diese eindringen. Dann wird entweder das giftige Gewebe beim Einstich deponiert oder die Giftdrüse bringt das Gift über den Giftkanal aus den Zisternen unter Druck in die Wunde. Im Gegensatz zu den Giftschlangen haben Giftfische keine Muskeln, die die entsprechenden Drüsen kontrahieren lassen und so dem Opfer das in den Zisternen vorhandene Gift injizieren. In der Regel macht dies das Opfer selbst: Wenn der Stachel eindringt, zappelt es sich los und erzeugt dabei den notwendigen Druck, um die Zisternen, so vorhanden, zu entleeren. Im Fall, dass die Stacheln etc. mit giftigem Gewebe überzogen sind, brechen diese auch leicht ab und zerreißen dabei das Giftepithel – die Giftstoffe werden frei und treten ins Gewebe ein. Einige wenige Arten verfügen über hohle Stacheln, analog der Giftzähne der Schlangen. Doch auch hier ist der Druck des Opfers auf das Gewebe notwendig, um das Gift zu applizieren. Bei Stacheln finden wir im Querschnitt oft Rinnen oder Strukturen, die an T-Träger erinnern. Die Rinnen werden von Giftepithel ausgefüllt, das beim Eindringen zerreißt, das Gift wird freigesetzt. Die so applizierten Gifte sind allesamt Toxingemische.

Aktiv giftige Fische

Bis heute sind ca. 250 aktiv giftige Fischarten bekannt, die eine potentielle Gefährdung für den Menschen beim Umgang mit diesen Fischen darstellen. Diese Arten werden häufig, gelegentlich oder auch nur selten in Aquarien betreut. In den folgenden systematischen Gruppen finden sich derartige Fische:

- Ordnung Squaliformes (Stachelhaiartige)
  Familie Squalidae (Dornhaie): 11 Arten. Bekannteste Art ist der Dornhai (*Squalus acanthias*). Die Arten besitzen je 1 Dorn vor den Rückenflossen, der mit einer Giftdrüse verbunden ist. Verletzungen sind sehr schmerzhaft. Effekte klingen aber rasch ab. Schwere Vergiftungen oder Todesfälle sind nicht bekannt.
- Ordnung Heterodontiformes (Stierkopfhaiartige)
  Familie Heterotondiae (Stierkopfhaie): 8 Arten. Am Vorderteil jeder der beiden Rückenflossen befindet sich 1 kräftiger Dorn, an dessen Basis Drüsen liegen, die ein giftiges Sekret abgeben. Nach Verletzungen treten lokale Vergiftungserscheinungen auf.
- Ordnung Chimaeriformes (Chimären, Seeratten)
  Alle ca. 33 Arten tragen in der Rückenflosse 1 langen, an beiden Seiten gesägten, umlegbaren Stachel, der mit giftigem Drüsengewebe verbunden ist. Durch die Sägeblattstruktur des Stachels wird das Giftgewebe tief und gründlich in die Einstichstelle gebracht. Der Stich ist schmerzhaft. Todesfälle oder schwere Vergiftungen sind nicht bekannt.
- Ordnung Myliobatiformes (Stechrochenartige)
  Bei allen Vertretern sind schwere Vergiftungen und auch Todesfälle bekannt. Unter den Todesfällen gibt es solche, bei denen sekundär ein sehr langer Stachel eine Herzbeuteltamponade herbeiführte. Alle Arten besitzen auf dem Schwanz 1 bis mehrere Giftstacheln, die abgeflacht, seitlich gesägt und von Gewebe umhüllt sind. An der Unterseite der Stacheln liegen in 2 Längsfurchen die Giftdrüsen. Bei großen Arten können die Stacheln bis 30 cm lang sein!
  Familie Dasyatidae (Stechrochen): etwa 70 teils recht große Arten

Familie Potamotrygonidae (Süßwasser-Stechrochen): mindestens 22 Arten aus Südamerika. Bis 80 cm groß, von den Indianern am Amazonas mehr gefürchtet als Piranhas!
Familie Urolophidae (Rundrochen): mindestens 35 Arten. Das Gift aus dem Giftepithel der Stacheln ist sehr stark und kann zum Herzstillstand führen.
Familie Gymnuridae (Schmetterlingsrochen): etwa 14 sehr große Arten mit sehr großen Giftstacheln.
Familie Myliobatidae (Adlerrochen): ca. 26 Arten, teils sehr groß. 1 - 3 teils sehr große Giftstacheln am Schwanz, einige Arten aber auch ohne Giftstacheln
Familie Rhinopteridae (Kuhnasenrochen): 9 Arten

- Ordnung Siluriformes (Welsartige)
  Etwa 2500 Arten. Fast alle besitzen einen verstärkten 1. Brustflossen- und häufig auch mindestens 1 verstärkten 1. Rückenflossenstrahl. Die Brustflossenstrahlen sind oft gesägt und über Drüsengewebe mit Giftdrüsen verbunden. Hauptbestandteil sind hämolysierende Proteine. Das Welsgift Plototoxin der Streifenkorallenwelse (*Plotosus lineatus*) führt im Tierversuch bereits in kleinsten Mengen zum Tod.
- Ordnung Scorpaeniformes (Drachenkopfartige)
  Von den ca. 1200 Arten sind etliche stark bis sehr stark aktiv giftig.
  Familie Scorpaenidae (Drachenköpfe) und verwandte Familien: Alle 375 Arten haben Giftstacheln am Kopf, vor und in Rücken-, After- und Bauchflossen sowie auf den Kiemendeckeln. Letztere sind mit 2 Rinnen verbunden, in denen sich Giftepithel befindet. 80 Arten werden mit Vergiftungen beim Menschen in Verbindung gebracht. In diese Gruppe gehören wichtige Speisefische, wie der Rotbarsch (*Sebastes marinus*). Die Giftwirkung äußert sich in starken Schmerzen, Anschwellen der gestochenen Stellen, starkem Blutdruckabfall, Ödemen.
  Unterfamilie Pteroinae (Feuerfische): 17 Arten. Auffällig gefärbte große Riffbewohner (Warnfarben!). Die sehr langen und dünnen (13) Rücken-, (2) Bauch- und (3) Afterflossenstacheln sind mit Giftdrüsengewebe verbunden. Das Gift ist äußerst stark und hat neurotoxische Anteile, Stiche sind sehr schmerzhaft. Ödembildung und lokale Nekrosen sind bekannt, Todesfälle nicht. Die extrem starken Schmerzen rufen allerdings Sekundäreffekte hervor, die zentralnervöse Folgen haben könnten.
  Familie Synanceidae (Steinfische): 34 Arten. Die Steinfische besitzen eines der stärksten primären Fischgifte. Die Strahlen der Rückenflosse sind mit Giftdrüsen verbunden. Nach dem Stich setzen extrem starke Schmerzen ein. Das Gift hat Anteile, die auf den Kreislauf einwirken, neurotoxisch sind und enzymatisch arbeiten. Todesfälle sind bekannt. Besonders die beiden Arten *Synanceia verrucosa* und *S. horrida* gelten als die gefährlichsten aktiv giftigen Fische überhaupt.
- Ordnung Perciformes (Barschartige)
  In einigen der Familien gibt es aktive Giftfische, die mit Stacheln oder Zähnen Gift in Gegner applizieren können. Daneben können aber auch bei zahlreichen weiteren Barschartigen Stiche von Flossenstrahlen, bei denen stets Fischhautschleim, der schwach toxische Stoffe enthält und mit in die Wunde gerät, entzündliche Reaktionen hervorrufen. Dies trifft z.B. für die Echten Barsche und Zackenbarsche zu. Betroffene Personen können allerdings individuell sehr unterschiedlich auf solche Verletzungen reagieren.
  Familie Trachinidae (Petermännchen): 8 Arten. Die Fische besitzen Giftstacheln im vorderen Teil der Rückenflosse sowie je 1 Dorn auf dem Kiemendeckel. Dieser wird in Ruhe abgeklappt und bei Gefahr aufgerichtet. Der Dorn und die Giftstacheln besitzen 2 Rinnen, die mit giftigem Drüsengewebe in Verbindung stehen. Der Stich zeigt meist nur lokale Effekte. Das Gift hat neurotoxische und Enzymanteile und führt zu starken Schmerzen und lokalen Gewebsreaktionen. Todesfälle durch direkte Gifteinwirkung sind nicht bekannt, wohl aber durch Komplikationen oder Sekundärinfektionen.

Familie Uranoscopidae (Himmelsgucker): etwa 25 Arten. Himmelsgucker tragen vor der Rückenflosse 2 scharfe, kurze Stacheln und 1 auf dem Kiemendeckel. Es ist umstritten, ob diese Stacheln tatsächlich mit giftigem Epithel in Verbindung stehen. Beobachtete Verletzungen sind nicht eindeutig mit Giftwirkungen in Zusammenhang zu bringen. Allerdings ist dies auch nicht letztendlich ausgeschlossen, deshalb sind die Himmelsgucker als potentiell mögliche Giftfische zu betrachten.
Familie Blenniidae (Schleimfische): Die Säbelzahnschleimfische (Nemophidini) haben lange, gekrümmte Eckzähne, die mit giftiger Epidermis verbunden sind. Eventuell ist auch die Schleimhaut mit Giftzellen durchsetzt. Der Biss der Säbelzahnschleimfische löst starke Schmerzen aus und führt zur Bildung von Ödemen. Raubfische spucken die Nemophidi sofort wieder aus, eventuell als Reaktion auf Giftzellen in der Haut.
Familie Scatophagidae (Argusfische): 4 Arten. 11 - 12 Stacheln der Rückenflosse und je 1 der Bauchflossen sind mit Giftdrüsengewebe ausgestattet. Bei Jungfischen wohlausgebildet, wird es während des Wachstums reduziert und kann sogar vollständig verschwinden. Der Stich löst einen starken, ausstrahlenden Schmerz aus.
Familie Siganidae (Kaninchenfische): 27 Arten. Die sehr spitzen, harten Flossenstrahlen von Rücken-, After- und Bauchflossen besitzen seitliche Rillen und Giftdrüsengewebe. Stiche verursachen starke, ausstrahlende Schmerzen und Schwellungen.
Familie Carangidae (Stachelmakrelen): über 140 Arten. Bei einigen wurden Giftdrüsen nachgewiesen, die mit den vorderen Stachelstrahlen der 1. Rückenflosse und 2 frei stehenden Stacheln vor der Afterflosse in Verbindung stehen. Als Folge eines Stichs treten stundenlange Schmerzen auf.

- Ordnung Batrachoidiformes (Froschfischartige) Familie Batrachoididae (Froschfische): Etwa 70 Arten. Giftige Arten wahrscheinlich nur in den Gattungen *Thalassophryne* und *Deactor*. Die Strahlen der 1. Rückenflosse sowie 1 Stachel auf jedem Kiemendeckel sind hohl und mit Drüsengewebe umgeben.

Der Umgang mit aktiv giftigen Fischen erfordert von jedem Aquarienpfleger ganz besondere Aufmerksamkeit und Vorsicht beim Hantieren im Becken, beim Fang und bei Umsetzaktionen. Selbstverständlich dürfen aktiv giftige Fische nicht mit der bloßen Hand angefasst werden. Körperkontakt ist zu vermeiden. Verletzungen müssen ärztlich versorgt werden, sofern es sich nicht um ganz leichte Fälle handelt: Nur der Arzt kann eine wirksame Schmerztherapie durchführen, die Wunde säubern und desinfizieren sowie gegebenenfalls eine Tetanusprophylaxe vornehmen. Selbst für die stark giftigen Fische gibt es kein spezifisches Antiserum. Die Produktion des Stone Fish Antivenoms in Australien wurde vor einigen Jahren eingestellt.

Als Erste-Hilfe-Maßnahme wird oft das Eintauchen der betroffenen Gliedmaßen in heißes Wasser (ca. 45 °C, unter Umständen länger als 30 Minuten) empfohlen. Diese Methode ist nicht unumstritten, da die Gefahr zusätzlicher Gewebsschädigungen besteht und die Wirksamkeit in kontrollierten Studien nicht nachgewiesen wurde. Denkbar ist, dass die hitzelabilen aktiven Fischgifte bei Erwärmung inaktiviert werden. Es gibt von diversen Stein-, Rotfeuer- und Skorpionsfischvergiftungen Berichte über ein Nachlassen des Schmerzes bis zur Schmerzfreiheit nach Wärmebehandlung. Auf jeden Fall sollte bei Verletzungen durch stark giftige Fische (z.B. Rotfeuer-, Steinfisch und Stechrochen) ein Arzt konsultiert werden!

Passiv giftige Fische

Hierunter fallen Fische, die keine Stacheln, Dornen oder Zähne besitzen, mit dem Gift direkt appliziert werden kann. Man unterscheidet 2 Gruppen:

- crinotoxische Fische, die ihre Gifte, als Ichthyocrinotoxine bezeichnet, in der Haut haben (primär passiv giftige Fische)
- Fische, die Giftstoffe anderer Organismen aufnehmen (sekundär passiv giftige Fische).

Fische haben offensichtlich gegenüber solchen Giften eine sehr hohe Toleranzschwelle.

Für den Aquarienpfleger spielt die letzte Gruppe kaum eine Rolle, da das Gift dieser Arten erst beim Verzehr richtig zur Wirkung kommt.

Eines der bekanntesten sekundär passiv giftigen Fischgifte ist das Tetrodotoxin der Kugelfische. Das Gift ist auch bei den Krugfischen (Canthigasteridae) und Igelfischen (Diodontidae) zu finden. Andere Familien der Kugelfischartigen stehen zumindest im Verdacht, ebenfalls giftig zu sein. Inzwischen ist es auch bei Tintenfischen (Blauring-Krake), Krebsen, Meeresschnecken, Seesternen und sogar bei einem Salamander (*Taricha torosa*) und Stummelfußfröschen (*Atelopus spec.*) nachgewiesen worden.

In den Tropen sind Unfälle mit passiv giftigen Fischen nicht selten, da z.B. das Akkumulieren von Diatomeengiften durch plötzlich auftretende „Rote Tiden" möglich ist und Riff-Fische zur täglichen Nahrung gehören. Auch die Aufnahme von Anemonen durch den Menschen und damit die Akkumulierung des berüchtigten Palytoxins kann zu Vergiftungen bis zum Tod führen. Des Weiteren ist zu beachten, dass die passiven Gifte in ihrer toxischen Wirkung nicht oder nur unwesentlich durch Kochen, Braten oder Trocknen beeinflusst werden!

Aus der Aquarienpraxis wird verschiedentlich über Vergiftungen durch Kugelfische berichtet, die in extremen Stresssituationen, bei Verletzungen oder Tod Giftstoffe ins Wasser abgeben und dadurch andere Fische schädigen oder sogar töten. Eine Erklärung dafür ist, dass Tetrodotoxin auch in der Haut gespeichert wird. Hierzu passt die Beobachtung, dass Kugelfische von Riffhaien nicht gefressen, sondern bei Zubiss sofort wieder ausgespuckt werden.

Die ichthyocrinotoxischen Fische produzieren in ihren Hautdrüsen Gifte, die in Schrecksituationen zur Feindabwehr bzw. zur Verteidigung ins Wasser abgegeben werden. Zu den bekanntesten Giftfischen dieser Gruppe gehören die Grammistidae (Seifenbarsche) und Ostraciontidae (Kofferfische). Beide werden häufig in Meeresaquarien gehalten. Die abgegebenen Wehrsekrete führen rasch zu Schädigungen und zum Tod, wenn z.B. bei Umsetzungen oder in Kleinaquarien die Wassermenge zur Verdünnung nicht ausreicht. So starb im Aquarium des Leipziger Zoos ein etwa 90 cm langer Schiffshalter (*Echeneis naucrates*), kurz nachdem er zusammen mit 2 ca. 25 cm großen Sechsstreifen-Seifenbarschen (*Grammistes sexlineatus*) in eine als Transportgefäß dienende Wanne umgesetzt wurde. Auch von Kofferfischen, besonders dem Zweihorn-Kofferfisch (*Lactoria cornuta*), sind ähnliche Unglücksfälle bekannt. Verantwortlich ist das Pahutoxin, ein Neurotoxin, das die Muskelaktivität blockiert.

Fische, von denen bekannt ist, dass sie giftige Hautsekrete besitzen, müssen sicherheitshalber stets auch dann, wenn es nur kurzfristig ist, separat transportiert werden. Auch die Vergesellschaftung mit anderen Fischen in kleinen Aquarien birgt ein Risiko, welches vermieden werden sollte.

Elektrische Fische

H. Lücker

So genannte elektrische Fische gliedern sich in 2 große Gruppen: Die **elektrosensitiven** und die **elektrogenen** Fische. Bei Ersteren handelt es sich um Fische, die elektrische Felder wahrnehmen können. Elektrogene Fische können Elektrizität mithilfe spezieller Organe erzeugen. Während man noch vor einigen Jahrzehnten annahm, dass das Wahrnehmen von elektrischen Strömen und das Erzeugen von elektrischen Feldern durch Fische etwas Exotisches sei, muss man heute davon ausgehen, dass das Wahrnehmen von elektrischen Feldern weiter verbreitet ist, als man glaubte. Inzwischen ist sogar bekannt, dass Urodelen (Salamander) und Gymnophionen (Blindwühlen) elektrische Felder im Wasser wahrnehmen können. Jüngere Untersuchungen zeigen diese Fähigkeit auch beim Schnabeltier, wo die Elektrorezeptoren am Schnabel lokalisiert sind.

Der Komplex der Wahrnehmung und Erzeugung von elektrischem Strom und den zugehörigen Feldern durch Fische (aber nicht nur durch sie!) war vor ca. 40 Jahren noch vollständig unbekannt, selbstverständlich bis auf die Effekte der stark-elektrischen Fische. Seit ca. 20 Jahren ist der Wissenszuwachs auf diesem Gebiet enorm und die Biologen haben festgestellt, dass der elektrische Sinn erheblich weiter verbreitet ist, als man allgemein annahm.

Elektrische Sinnesorgane – elektrosensitive Fische

Jeder lebende tierische Organismus erzeugt bei Muskelaktivität automatisch winzige elektrische Ströme, die von den Nerven- und Muskelzellen genutzt werden, genauer gesagt, die überhaupt die Grundlage für Nerven- und Muskelaktivität sind. Wir finden also im Tierreich überall Elektrizität vor, die damit auch perzipiert werden kann, sofern die entsprechenden elektrosensitiven Sinnesorgane (= Rezeptoren) und eine wässrige Umwelt existieren. Alle Sinnesorgane sind Bestandteile des Nervensystems, sie arbeiten, egal wie der Rezeptor aussieht, mittels winziger elektrischer Entladungen zur Weitergabe von Informationen – eine evolutive Voraussetzung zur Schaffung von hochspezialisierten Sinnesorganen, die direkt elektrische Ströme wahrnehmen können. Wasser leitet, Salzwasser besser als Süßwasser. Wasserlebende Organismen haben daher leicht die Möglichkeit, elektrische Sinnesorgane zu entwickeln, mit deren Hilfe sie „bioelektrischen Strom“ wahrnehmen können, ihre Umgebung also nach dem Vorhandensein elektrischer Felder absuchen können.

Elektrische Sinnesorgane findet man in den folgenden Gruppen (nicht unbedingt alle Vertreter einer genannten systematischen Gruppe sind elektrosensitiv!):

- Petromyzontiformes (Neunaugenartige, nachgewiesen bei etlichen Neunaugen)
- Chondrichthyes (Knorpelfische, nachgewiesen bei Haien, Rochen, Geigenrochen, Zitterrochen)
- Coelacanthiformes (nachgewiesen beim Quastenflosser)
- Lepidosireniformes (Lungenfischartige, nachgewiesen bei 5 Arten)
- Polypteriformes (Flösselhechtartige, nachgewiesen bei 11 Arten)
- Osteoglossiformes (Knochenzünglerartige)
- Siluriformes (Welsartige)
- Perciformes (Barschartige).

Neben den nachgewiesenen Sinnesorganen in den genannten Gruppen wird vermutet, dass weitere Arten elektrosensitiv sein könnten, insbesondere diejenigen, die lange Wanderungen unternehmen. Dazu zählen Aale und Lachse. Alternativ wird bei Letzteren diskutiert, dass sie über winzige magnetische Dipole im Körper das Erdmagnetfeld direkt wahrnehmen können.

Man unterscheidet 3 generelle Formen von Sinnesorganen, die elektrischen Strom bzw. elektrische Felder wahrnehmen können: Lorenzini'sche Ampullen, die ampullären und die Knollenorgane. Die 3 Organtypen haben unterschiedliche Aufgaben. Prinzipiell ist festzuhalten, dass Lorenzini'sche Ampullen und Ampulläre Organe für die passive Elektroortung eingesetzt werden und Knollenorgane für die aktive, d.h. in den Fällen, in denen Fische selbst mittels elektrischer Organe ihren eigenen Strom erzeugen, also ihre eigene Stromquelle besitzen.

Lorenzini'sche Ampullen sind große Sinnesorgane, die als scheinbar offene Punkte auf der Körperoberfläche, z.B. der Haie und Rochen, mit bloßem Auge zu sehen sind. Es handelt sich um blind geschlossene, mit einer Gallerte gefüllte Kanäle. Die Sinnesorgane bestehen aus den Kanalwänden, deren Zellen so gebaut sind, dass sie wie Isolatoren wirken. Darauf sitzen die Sinneszellen. Zwischen Sinneszellen und den isolierenden Kanalwänden besteht ein hoher elektrischer Widerstand, zwischen der elektrisch hervorragend leitenden Gallerte und den Sinneszellen ein niedriger. Alle Sinneszellen sind parallel geschaltet. Damit ist eine ideale anatomische Struktur vorhanden, die selbst winzigste elektrische Ströme noch wahrnehmen kann. Die Ansprechschwellen für

Lorenzini'sche Ampullen liegen bei 0,1 μV/cm. Dies bedeutet, dass z.B. Rochen und Haie selbst geringe Schwankungen im Erdmagnetfeld mithilfe der Lorenzini'schen Ampullen wahrnehmen können, sich also auch in der Hochsee im Pelagial mithilfe des Erdmagnetfelds orientieren könnten. Plattfische geben durch die Aktivität ihrer Kiemen- und Herzmuskulatur zwischen 0,3 - 1 μV/cm ab. Dies reicht aus, um selbst vergrabene Schollen für Haie und Rochen „elektrisch sichtbar" zu machen. Sie schwimmen ihre Beute gezielt an und packen sie durch den Sand, obwohl an der Oberfläche nichts auf den vergrabenen Fisch hindeutet. Lorenzini'sche Ampullen sind im Kopf- und Maulbereich besonders dicht angeordnet und werden im Gehirn zentral verschaltet, so dass ein elektrisches Bild der Umwelt entsteht – und Beutetiere eindeutig erkannt werden.

Lorenzini'sche Ampullen sind aber nicht nur für elektrische Ströme empfindlich. Sie reagieren auch auf Temperatur-, mechanische und chemische Reize, aber mit deutlich höheren Auslöseschwellen, als bei der elektrischen Perzeption.

Die beiden anderen Typen der elektrischen Rezeptoren leiten sich vom Seitenlinienorgan der Fische ab. Anatomisch betrachtet arbeiten sie wie die Lorenzini'schen Ampullen: Es gibt isolierende und elektrisch leitende Zellen im Organ. Ampulläre und Knollenorgane unterscheiden sich jedoch prinzipiell in der Reaktion auf elektrische Reize. Ampulläre Organe reagieren tonisch und sind extrem empfindlich. Ihre Antwortschwelle liegt noch unter der der Lorenzini'schen Ampullen: 0,005 μV/cm! Knollenorgane reagieren phasisch. Sie haben auch keine Gallerte wie Lorenzini'sche Ampullen und Ampulläre Organe, ihr Kanal ist mit Epithelzellen ausgekleidet. Ihre Reaktionsschwelle liegt etwa um 0,5 mV/cm.

Ampulläre Organe sind bei allen elektrosensitiven Fischen anzutreffen. Diejenigen, die Lorenzini'sche Ampullen besitzen (z.B. Chondrichthyes), haben zusätzlich auch Ampulläre Organe. Letztere treten in der Regel in Gruppen auf, verteilt im Kopf- und Maulbereich, aber auch bei Süßwasserfischen in der gesamten Hautoberfläche, selbst auf Flossen. Mitunter sind sie (z.B. bei Nilhechten) in Gruppen angeordnet, die dann mit dem bloßen Auge sichtbar sein können. Mithilfe dieser extrem empfindlichen Sinneszellen nehmen Süß- und Seewasserfische Beutetiere und Feinde selbst über größere Distanzen wahr und können auch das ruhende Erdmagnetfeld dauernd registrieren. Ampulläre Organe sind also die perfekten Sinnesorgane für die Perzeption jedweder Form elektrischer Felder im Wasser, und seien sie noch so schwach.

Knollenorgane finden wir nur bei den Mormyridae und Gymnotiformes. Sie haben sich in beiden Gruppen unabhängig voneinander entwickelt und sind auch anatomisch leicht unterschiedlich. Ihre Funktion ist in beiden Gruppen gleich. Im Gegensatz zu den Ampullären Organen besitzen sie relativ hohe Auslöseschwellen um 0,2 - 0,5 mV/cm. Sie reagieren auf artspezifische Bestfrequenzen der elektrogenen Fische und sind daher natürlicherweise die Sinnesorgane, mit denen die Umwelt bei aktiver Elektroortung nach Gegenständen abgetastet wird. Knollenorgane messen die Feldstärke. Durch die nahezu komplette Verteilung über die gesamte Körperoberfläche entsteht ein sehr dichtes Netz von Knollenorganen. Die Haut dieser Fische arbeitet letztendlich wie eine elektrische Retina. Derart hohe Zahlen von Knollenorganen (zuzüglich der Ampullären Organe) erfordern im Gehirn entsprechende Anpassungen. Genau dies findet man bei Gymnotiformes und Mormyridae. Ihr Gehirn zeigt in einem Bereich, dem Lobus linarea lateralis posterior, eine solch große Massenzunahme, dass man auch vom „Mormyrocerebellum" – also dem „Mormyriden-Großhirn" spricht. Im Unterschied zum echten Großhirn der höheren Wirbeltiere dient das Mormyrocerebellum ausschließlich der Verarbeitung der von den elektrischen Sinnesorganen, besonders von den Knollenorganen, kommenden Signale. Bei den in der Elektrokommunikation besonders aktiven und interessanten Mormyridae geht die Spezialisierung noch weiter: Anatomen bezeichnen das Großhirn dieser Arten als „Gigantocerebellum". Die Relation Gehirngewicht/Körpergewicht ist bei dieser Gruppe mit 1/50 in etwa vergleichbar mit der beim Menschen. Allerdings wird das Cerebellum nicht für kognitive Prozesse eingesetzt, sondern für die Verarbeitung der eingehenden Signale und die Steuerung der elektrischen Organe bei dieser Fischgruppe.

Passive Elektroortung

Alle elektrosensitiven Fische können Lorenzini'sche Ampullen und/oder Ampulläre Organe zur passiven Elektroortung einsetzen. Diese Sinnesorgane nehmen selbst winzigste elektrische Felder im Wasser wahr. Durch die Verteilung der Rezeptoren auf der Körperoberfläche (elektrische Retina) ist auch eine Ortung der Quelle der elektrischen Felder möglich. So können die elektrosensitiven Fische Beutetiere gezielt anschwimmen, auch dann, wenn diese durch entsprechende Methoden (Eingraben, Verstecken in Algen oder Wasserpflanzen) für die anderen Sinne (Auge, Geruch, Gehör) nicht oder nur sehr schwer wahrnehmbar sind.

Gleichzeitig verfügen die Lorenzini'schen Ampullen im Ansatz, aber besonders die Ampullären Organe durch ihre extrem niedrige Auslöseschwelle, über die Möglichkeit der direkten Wahrnehmung des Erdmagnetfelds und erkennen auch magnetische Stürme selbst unter Wasser. Dies eröffnet ihnen erhebliche Möglichkeiten in der Orientierung, sogar im Pelagial oder im Süßwasser mit Sichttiefe 0. Gerade mithilfe der Ampullären Organe können auch lokale Veränderungen im Erdmagnetfeld gemessen und zur Orientierung verwendet werden.

Im Wasser werden geoelektrische Felder wie folgt aufgebaut: Wasser fließt senkrecht zur Richtung des Erdmagnetfelds und erzeugen damit winzige elektrische Felder, die zwischen 0,005 und 0,1 µV liegen. Diese Felder sind in der Regel gerichtet, so dass eine exakte Orientierung zum magnetischen Nord- bzw. Südpol möglich ist. Solche Feldstärken geoelektrischer Felder liegen im Bereich der Wahrnehmungsschwelle von Ampullären Organen, können also von elektrosensitiven Fischen zur Orientierung genutzt werden.

Neben den geoelektrischen Feldern kommen chemisch induzierte elektrische Felder im Wasser ins Spiel, die teils stärker sind als die geoelektrischen. Auch sie können von den Ampullären Organen wahrgenommen werden. In Verhaltensversuchen konnten elektrosensitive Fische diverser Arten auf die Orientierung anhand von künstlichen, chemisch induzierten elektrischen Feldern trainiert werden, ein klarer Hinweis auf die potentielle Möglichkeit zur Orientierung mittels solcher Felder. Allgemein finden sich geomagnetische Felder im Seewasser (z.B. um den Golfstrom im Atlantik) und chemisch induzierte Felder im Süßwasser (u.a. Zusammenfluss von Weiß- und Schwarzwasser).

Eine weitere Wahrnehmungs- und Orientierungsmethode liegt in der Fortbewegung der Fische im Wasser selbst. Beim Durchschwimmen eines magnetischen Feldes (also auch des Erdmagnetfelds) relativ zu dessen horizontaler Komponente wird eine elektromotorische Kraft induziert, die senkrecht zur Schwimmrichtung und zum Erdmagnetfeld steht (Faraday-Effekt). Dieses Feld kann von den Lorenzini'schen Ampullen der Elasmobranchii entdeckt und verwendet werden und könnte durchaus ein elektromagnetischer Kompass für die Hochseeformen darstellen. In Versuchen mit Stechrochen (*Urobatis halleri*) konnte die Verwendung dieser Form der Orientierung anhand eines selbst induzierten elektrischen Felds durch Schwimmen nachgewiesen werden.

Neueste Untersuchungen zeigen, dass die Organentladungen der Mormyridae von räuberisch lebenden Siluriformes (*Clarias spec.*) genutzt werden, um Beutetiere mithilfe der Ampullären Organe, die *Clarias* besitzt, gezielt auch in trübem Wasser zu orten und zu fangen.

Elektrogene Fische

Etliche Fische erzeugen mit speziellen Organen ihr eigenes elektrisches Feld. Die Organentladungen haben 2 Funktionen: Aktive Elektroortung und Elektrokommunikation. Elektrogene

Fische lassen sich nach der Stärke der Entladungen ihrer elektrischen Organe in 2 Gruppen unterteilen: stark-elektrische Fische mit Einzelentladungen, die bis zu 800 V bzw. 50 A aufweisen können, und schwach-elektrische Fische mit Entladungen im Bereich weniger Volt bis einiger Millivolt und im Nanoampere-Bereich.

Elektrische Organe finden sich bei

- Rajiformes (Nagelrochen, alle Arten)
- Torpediniformes (Zitterrochen, alle Arten)
- Siluriformes (Welsartige, nachgewiesen bei *Synodontis obesus* sowie *Malapterurus electricus*, Elektrischer Wels)
- Perciformes (Barschartige, nur 1 Art: *Astroscopus australis* (Himmelsgucker), 2 weitere Arten „in Verdacht")
- Osteoglossiformes (Knochenzüngler, Mormyridae alle Arten, Gymnarchidae, monospezifische Gattung)
- Gymnotiformes (Messeraale, alle Arten).

Elektrische Organe sind bei den Gruppen mehrfach unabhängig voneinander entstanden. Bei der Mehrzahl der elektrogenen Fische entwickelten sie sich aus umgewandelten Muskelzellen der Schwanz- und Körperseitenmuskulatur. Bei den Apteronotidae entstanden sie aus umgewandelten Nervenzellen. Bei dieser Gruppe ist interessanterweise das larvale elektrische Organ myogen, also aus Muskeln gebildet, während das adulte Organ aus Nervenzellen besteht. Bei *Astroscopus* besteht das elektrische Organ aus umgewandelter Augenmuskulatur, es ist paarig angelegt (1 hinter jedem Auge) und wohl das „exotischste". Es wird vom Augennerv innerviert und von diesem zum Feuern gebracht. Dies alles belegt, dass die Evolution verschiedene Wege eingeschlagen hat, um effektive und der jeweiligen Art angemessene elektrische Organe zu entwickeln.

Alle Organe sind ähnlich aufgebaut: Muskelzellen (bei den Apteronotidae Nervenzellen) sind auf die Erzeugung einer maximalen Spannung und Stromstärke ausgelegt. Durch Parallel- und Serienschaltung werden Strom- bzw. Spannungsstöße erzeugt. Wichtig ist, dass die Zellen in jedem Organ synchron feuern. Dies erfordert einen erheblichen Aufwand an neuronaler Steuerung und erklärt, zusammen mit den Sinnesorganen, das Vorhandensein der teilweise riesigen Gehirne. Jede einzelne Zelle eines Organs hat eine eigene Nervenversorgung. Ein großes elektrisches Organ wie das Sachs'sche Organ des Elektrischen Aals (*Electrophorus electricus*) oder dessen Hauptorgan hat Zehntausende solcher Zellen. Das Organ eines *Pollimyrus* hat nur wenige Hundert Zellen. Um die extrem hohe Synchronisierung zu erreichen, besitzen elektrogene Fische im Gehirn und teils auch im Rückenmark so genannte Schrittmacherkerne, die diese wichtige Aufgabe übernehmen. Die Schrittmacherkerne erhalten das Kommando zum Feuern aus dem Gehirn und leiten es dann synchron an die Zellen des elektrischen Organs weiter, so dass alle Zellen exakt im gleichen Bruchteil einer Sekunde feuern. Die unterschiedlichen Weglängen vom Schrittmacherkern zu den Zellen (einige liegen z. B. beim Hauptorgan von *Electrophorus* bis zu 140 cm weiter vom Kern entfernt als die, die dem Schrittmacherkern am nächsten liegen) werden kompensiert durch eine unterschiedliche Dicke und Isolierung der Nervenzellen, weshalb auch ein so lang gezogenes Organ synchron entlädt.

Eine Einzelentladung wird im Fachterminus als EOD (**E**lectric **O**rgan **D**ischarge) bezeichnet. Der zeitliche Verlauf eines EODs ist artspezifisch. In der Regel dauert eine Entladung zwischen 0,1 ms und 0,2 s.

Starke EODs mit bis zu 800 V (*Electrophorus electricus*) oder bis zu 50 A (*Torpedo spec.*) dienen dem Lähmen und Töten von Beutetieren: Der Fisch entlädt mehrere Male rasch hintereinander. Die gelähmte oder sogar durch den elektrischen Schlag getötete Beute wird dann aufgenommen und gefressen. Stark-elektrische Fische verfügen über entsprechende Mechanismen, die verhindern, dass sie sich bei der Jagd selber mit dem eigenen elektrischen Schlag exekutieren. *Electrophorus* verfügt neben dem stark-elektrischen Organ auch über schwach-elektrische Organe, die nicht dem Beutefang, sondern der aktiven Elektroortung dienen. Die Torpediniformes besitzen nur stark-elektrische Organe, haben aber auch eine dichte Ansammlung von Ampullären Organen, die zur passiven Elektroortung eingesetzt werden können.

Arten der Rajidae und *Astroscopus australis* haben mittelstarke EODs im Bereich um 50 V. Deren Funktion ist unklar, da sie nicht permanent zur Elektroortung eingesetzt werden und für das Betäuben oder Töten von Beutetieren zu schwach sind. Die Organe werden jedoch genau unmittelbar vor und während des Beutefangs entladen, so dass eine Korrelation der Entladung zu diesem Verhalten besteht. Eventuell werden die EODs bei diesen Arten für die Feinkoordinierung beim Greifen der Beutetiere benötigt.

Interessant ist in diesem Zusammenhang *Synodontis obesus*. Dieser Wels erzeugt gelegentlich EODs mit einer Amplitude um 0,5 V. Allerdings ist ein echtes elektrisches Organ noch nicht nachgewiesen. Eventuell liegt hier ein Fall vor, wo sich ein elektrisches Organ gerade aus normalen Muskelzellen heraus entwickelt.

Schwache EODs haben Mormyridae, Gymnarchidae und Gymnotiformes. Diese benutzen sie sowohl zur Elektroortung als auch zur Elektrokommunikation.

Aktive Elektroortung

Alle Vertreter der Mormyridae, Gymnarchidae und Gymnotiformes nutzen EODs zur aktiven Elektroortung. Die Entladung des Organs erzeugt ein elektrisches Feld um den Fisch herum. Im ungestörtem Zustand verlaufen die Feldlinien in einem ganz bestimmten Muster und treffen auf der Körperoberfläche auf. Befinden sich elektrisch leitende oder isolierende Gegenstände (z. B. andere Fische in der unmittelbaren Nähe, Wasserpflanzen, Sand, Stein, Wurzeln, usw.) innerhalb des Feldes, wird dieses dadurch verzerrt, die Feldlinien treffen unter ganz anderen Winkeln und an anderen Orten auf der Haut auf. Alle biologischen und anorganische Substanzen haben andere Leitfähigkeitswerte als Wasser bzw. sind nicht leitfähig (Steine). In ihrer Umgebung wird daher das vom Fisch erzeugte Feld verzerrt, die Feldlinien abgelenkt. Diese Abweichung von der „Normalsituation" wird aufgrund der dichten Verteilung der Knollenorgane und Ampullären Organe erkannt und an das Gehirn gemeldet. Dort entsteht aus den Tausenden von Einzelmeldungen ein elektrisches Bild der Umgebung, welches mit dem des ungestörten Felds verglichen wird. Die Abweichungen ermöglichen dem Fisch eine Reaktion, wo erforderlich (Angriff auf Beute, Flucht vor Feinden, indifferentes Verhalten usw.). Die Haut dieser Fische mit ihrer dichten Verteilung von elektrischen Sinnesorganen stellt also eine Analogie zur Retina des Auges dar, sie wird daher auch gelegentlich als „elektrische Retina" bezeichnet.

Vereinfacht ausgedrückt verwenden die elektrogenen Fische ihre schwach-elektrischen Entladungen wie eine Taschenlampe, um die Umgebung abzusuchen. Material, dessen Leitfähigkeit sich von der des umgebenden Wassers unterscheidet, „wirft Schatten" auf die elektrische Retina, wird daher einwandfrei erkannt und löst eine Verhaltensreaktion aus. Allerdings sind räuberische *Clarias* (und wohl noch weitere Arten) in der Lage, eine solche „Taschenlampe" zu erkennen. Sie benutzen sie, um den Sender zu lokalisieren und zu fressen.

Elektrokommunikation

Die Hauptaufgabe der schwach-elektrischen EODs liegt zweifelsfrei in der elektrischen Kommunikation. Diese erfolgt über verschiedene Ebenen. Macht man die schwachen EODs mittels Verstärker und Lautsprecher hörbar, so stellt man fest, dass 2 Typen existieren: „Knatterer" und „Singer". Bei den Knatterern werden Einzel-EODs gefeuert, es folgt eine kurze Pause, dann kommt das nächste EOD. Die Entladungen sind also singulär und zeitlich klar getrennt: Man hört ein regel- oder unregelmäßiges „Knattern" im Lautsprecher. Bei den Singern hört man einen Summton bestimmter Frequenz, z. B. 400 Hz, der auch einmal schwanken kann. Hier erfolgt nach einem EOD ohne zeitlichen Abstand das nächste, so dass im Prinzip eine sinuskurvenartige Darstellung möglich ist, die den Dauerton, das „Singen" ergibt. Einige Arten entladen mit bis zu 1 000 Hz!

Betrachtet man die EODs einzelner Arten, egal ob Knatterer oder Singer, stellt man fest, dass deren Form für jede Art unverwechselbar ist. Genauere Untersuchungen (u. a. des Autors) zeigten, dass auch geschlechtsspezifische Unterschiede im EOD existieren. Junge Mormyridae und Gymnotiformes besitzen ein larvales elektrisches Organ, welches Jungtier-EODs abgibt, die sich von denen adulter Fische z. T. drastisch unterscheiden. Damit existiert eine erste Möglichkeit der Arterkennung auf elektrischem Wege. Wahlversuche zeigten, dass diese Möglichkeit genutzt wird.

Knollenorgane sind in ihrer maximalen Empfindlichkeit genau auf den arteigenen Frequenzbereich abgestimmt, filtern also Signale weg, die von Arten mit deutlich unterschiedlichen EODs stammen.

Manche der EODs unterschiedlicher Arten sind sich aber so ähnlich, dass sie auf einem Oszillographen kaum zu unterscheiden sind. Trotzdem funktioniert der Arterkennungstest. Wie Verhaltensversuche beweisen, können Gymnotiformes und Mormyridae in ihrem Gehirn eine Art Frequenzanalyse eines einzelnen Signals vornehmen. Diese so genannten Fourier-Transformationen erfordern einen erheblichen Computeraufwand und sind mathematisch höchst kompliziert. Die Fische lösen dieses Problem im Gigantocerebellum.

Weiterhin ist bei den Mormyriden (alles Knatterer) beim längeren Zuhören ein gewisser Rhythmus erkennbar. Genaue Analysen ergaben, dass sich die zeitliche Abfolge der EODs mit der Aktivität des Fisches ändert. Er knattert ganz unterschiedlich, abhängig davon, ob er ruht, schwimmt, balzt, frisst, angreift usw. Auch hier haben Verhaltensversuche gezeigt, dass diese Information von den Mormyriden und Gymnotiformes genutzt wird. Selbst relativ gleichmäßig klingende Entladungsmuster, z. B. beim Schwimmen kleinerer Mormyriden-Arten (alle um 40-60 Hz) zeigen bei tieferer Analyse durch ein Computerprogramm Mikromuster. Spielt man den Fischen über einen „künstlichen elektrischen Fisch" gleichförmige Entladungsmuster vor, denen man per Computer ein arteigenes oder ein artfremdes „Mikromuster" aufmoduliert, so erkennen sie einwandfrei das arteigene und bevorzugen es eindeutig vor dem artfremden Muster. Wiederum eine erstaunliche Leistung des Gigantocerebellums, dessen Größe den Umfang der zu bewältigenden Analysearbeit widerspiegelt.

Das verblüffende Ergebnis der Forschung der letzten 20 Jahre: Alles das, was andere Fische mit optischen, akustischen oder chemischen Reizen an Verhalten bis hin zur Balz produzieren bzw. beeinflussen, machen Mormyridae, Gymnarchidae und Gymnotiformes elektrisch. Sie haben ein komplettes elektrisches Verhaltensinventar. Dieses ermöglicht ihnen auch das soziale Miteinander in trüben Gewässern (Weißwasserflüsse), nachts und sogar die Partnerfindung und Balz.

Mit einer geeigneten Beschilderung, einem kleinen Oszillographen und einem Lautsprecher lässt sich dieses hochinteressante Verhalten problemlos in jedem Aquarium demonstrieren.

Umgang mit stark-elektrischen Fischen in Aquarien

Für den Umgang mit Zitteraal, Zitterrochen und Zitterwels benötigt man besondere Sicherheitsvorkehrungen. Seewasser (Torpediniformes) ist ein besonders guter Leiter und der Schlag eines großen Narcine oder Torpedo mit bis zu 50 A (!) ist mit Sicherheit die letzte Erfahrung, die ein Aquarienpfleger machen möchte. Dies gilt auch für *Electrophorus*, der im Süßwasser lebt und bis zu 800 V produziert, und *Malapterurus*, gleichfalls eine Süßwasserform mit Schlägen bis zu 500 V. Gerät man mit einem solchen Fisch direkt in Kontakt, sind schwere Stromschläge zu seiner Verteidigung normal.

Die Becken der stark-elektrischen Fische sollten grundsätzlich sehr gut geerdet sein. Gibt es Laufgänge hinter großen Becken, sollten auch diese gründlich geerdet sein. Alle Handlungen im Becken sollten ausschließlich mit isolierten Gerätschaften stattfinden, z. B. auch das Scheibenreinigen mit Bürste o. Ä. Niemals sollte man mit den bloßen Fingern ins Wasser fassen. Besondere Vorsicht ist bei der Fütterung geboten, da die Fische dann ihre Beutetiere mit elektrischen Schlägen lähmen. Schon mancher Aquarienpfleger fand sich auf dem Boden liegend wieder, weil er in einer solchen Situation das nasse Becken anfasste. Futterfische sollten nur mit isolierenden Handschuhen ins Becken gelassen werden. Nie darf vergessen werden, dass auch die Filter in direktem Schluss zum Becken stehen und man sich durch unachtsames Hantieren am Filter einen elektrischen Schlag holen kann. Beim Herausfangen der stark-elektrischen Fische und eventuell überzähliger Futterfische dürfen nur isolierte Kescher verwendet werden. Hälterungswannen sind zu erden und so aufzustellen, dass sie von niemandem aus Versehen berührt werden. Ist das nicht möglich, sollten solche Behälter deutlich sichtbar abgesperrt und Gefahrenhinweise gegeben werden: Beim Herausfangen verteidigen sich *Malapterurus*, *Torpedo*, *Narcine* und *Electrophorus* teils mit Serien sehr starker Schläge und reagieren gern auch unmittelbar danach auf die geringste Beunruhigung mit erneuten kurzen Serien solcher Schläge.

Auch Schaubecken der stark-elektrischen Fische sollten mit entsprechenden Warnhinweisen hinter den Kulissen gekennzeichnet sein.

Domestikation von Fischen

J. Lange

Der Fisch ist ein seltenes Haustier. Denn Fische, die im Aquarium gepflegt, oder Nutzfische, die in künstlichen Teichen gehalten werden, sind nicht automatisch als Haustiere zu bezeichnen, auch dann nicht, wenn sie über mehrere Generationen gezüchtet werden. Sie sind und bleiben Wildtiere in Menschenobhut.

Von Haustieren kann man erst sprechen, wenn weitere Voraussetzungen erfüllt sind. Haustiere sind kleine Individuengruppen von Wildtierarten, bei denen durch sexuelle Isolation und unter den veränderten Umweltbedingungen eines Hausstandes über viele Generationen ein unerwarteter Reichtum an erblich gesteuerten Entwicklungsmöglichkeiten zur Entfaltung kommt, den der Mensch in Bahnen lenkt, die ihm vielseitigen Nutzen bringen oder Freude bereiten. Es dauert deshalb einige Zeit, bis aus einem Wildtier ein echtes Haustier wird.

Durch die sexuelle Isolation einer kleinen Individuengruppe der Wildtierart wird die natürliche Genvielfalt begrenzt. Außerdem sind durch die starke Vermehrung dieser kleinen Ausgangspopulation andere Mischungsverhältnisse der Erbanlagen die Folge. Andererseits sind die veränderten Lebensbedingungen des Hausstands für manche Individuen limitierende Faktoren, so dass nur die an die neuen Umweltverhältnisse besser angepassten Vertreter überleben. Dadurch werden Erscheinungsformen häufiger, die im Wildbestand ungewöhnlich oder nicht überlebensfähig wären. Aber gerade solche neuen, „besonderen" Formen finden häufig Beachtung und Förderung durch den Menschen. Menschliche Zuchtlenkung vermag solche Merkmale zu verstärken und durch Gestaltung der Umwelt Tiere zu erhalten, die in freier Wildbahn kaum eine Überlebenschance hätten. Dadurch entstehen neue Rassen, die im Laufe der Zuchtentwicklung ihrer ursprünglichen Art immer unähnlicher werden. Die Domestikation ist deshalb von naturwissenschaftlichem Interesse. Sie ist aber auch eine der bedeutendsten und folgenreichsten Vorgänge in der Geschichte der Menschheit, denn die Domestikation von Haustieren ist für den Menschen der Übergang von der Jagdwirtschaft zur Produktionswirtschaft. Erst dann war auch an die Zucht von „Luxushaustieren" zu denken, also Haustieren, die für den Menschen keinen Nutzen bringen, sondern ihm Freude bereiten.

Obgleich Fische seit altersher einen wichtigen Anteil an der menschlichen Ernährung haben, wurden sie aufgrund ihrer verhältnismäßig schwierigen Haltungsweise erst recht spät zu Haustieren domestiziert. Die Zahl der Fischarten, aus denen Nutzhaustiere hervorgingen, blieb bis in die Neuzeit relativ klein und trotz aller Faszination der Formen- und Farbenvielfalt der Fische auf den Menschen hat auch die Zahl der Fischarten, aus denen Hobbyhaustiere gestaltet wurden, erst in den letzten 100 Jahren zugenommen und steigt weiter. Manchmal ist es geradezu schwer zu entscheiden, ob es sich noch um eine Vermehrung der Wildart oder bereits um Haustierpopulationen handelt.

Es ist nicht überraschend, dass gerade aus der Familie der Karpfenfische, die relativ geringe Ansprüche an Wasserqualität, Futter und andere Umweltbedingungen stellen, die ältesten Haustiere unter den Fischen stammen, und zwar sowohl als Nutz- als auch als Hobbyhaustiere. Es sind der Karpfen (*Cyprinus carpio*) und die Silberkarausche (*Carassius gibelio*), die hier die Ausgangsarten waren.

Als beliebte und anspruchslose Speisefische wurden Wildkarpfen schon vor 4000 Jahren bei den Chinesen und später bei den Römern gehalten. Der Übergang zum Haustier durch erste Zuchterfolge hat in China vor 3000 Jahren begonnen und sich über einen längeren Zeitraum erstreckt. In Japan züchteten bereits vor 2500 Jahren Adelsfamilien Farbvarianten des Karpfens als Zierkarpfen (Kois) in Teichen. Hier ist der Beginn der Hobbyhaustierzucht anzunehmen. Alle heute bekannten, über 25 verschiedenen Rassen des Koi gehen auf diese ersten Farbvariationen zurück.

In Europa gelang Mönchen erst zwischen dem 7. und dem 13. Jahrhundert die regelmäßige Zucht von Karpfen. Schnelleres Wachstum und frühere Reife, vor allem aber eine hochrückige Körperform (höherer Fleischanteil) und eine geringe Beschuppung waren die Zuchtziele in den folgenden Jahrhunderten. Spiegel- und Lederkarpfen sind hier die Endprodukte.

Unter wild lebenden Silberkarauschen treten gelegentlich rot getönte Tiere auf, die das Interesse des Menschen erweckten. Vor mehr als 3000 Jahren bemühten sich chinesische Adelige um die Haltung und Vermehrung dieser Farbvariante der Silberkarausche. Das war der Beginn der Haustierentwicklung des Goldfisches. Aber erst um 1150 n. Chr. war diese Entwicklung abgeschlossen. Goldfische wurden in China in Tonschalen gehalten, also nur von oben betrachtet. Alle Zuchtziele und damit die Rassebildung orientierten sich deshalb an der Betrachtung von oben. So sind beim Schleierschwanz die Schwanzflossen quer gestellt, der Himmelsgucker schaut nach oben, beim Perlschupper sind die Schuppen auf dem eiförmigen Körper gedreht und dadurch von oben besonders gut zu erkennen usw.

In Japan begann man um 1500 mit einer eigenständigen Goldfischzucht. Nach Europa kamen Goldfische erst im 18. Jahrhundert, und zwar 1730 nach England und 1780 über Paris nach Deutschland, sie wurden hier bis in das 20. Jahrhundert zu beliebten Modefischen bürgerlicher Haushalte. Über 150 verschiedene Rassen werden heute unterschieden.

Mehrere Jahrhunderte blieben Karpfen und Goldfische die einzigen Haustiere aus der artenreichen Fischgruppe. Erst in neuerer Zeit hat sich die Zahl der Haustierformen vergrößert, nachdem wichtige Fortschritte bei Haltung und Zucht erzielt wurden. Außerdem minderten Überfischung und Gewässerverschmutzung viele wichtige Fischbestände, während gleichzeitig insbesondere in den Entwicklungsländern der Eiweißbedarf stieg. Daher begannen auch dort Versuche, Fischarten zu Haustieren zu entwickeln, um dadurch mehr Fisch und damit das für den Menschen erforderliche Eiweiß zu produzieren. So wurden in den letzten Jahrzehnten afrikanische Buntbarsche der Gattung *Tilapia*, insbesondere *T. mossambica*, den schon die alten Ägypter vor 4000 Jahren gehältert haben, erfolgreich zu Farmtieren entwickelt. Heute ist die *Tilapia*-Zucht nicht nur in Afrika, sondern auch in Mittel- und Südamerika und selbst in Europa ein wichtiger Industriezweig und das *Tilapia*-Fleisch hat den Weltmarkt erobert.

Durch die modernen Domestikationsversuche mit Fischen hat neben *Tilapia* vor allem die Regenbogenforelle (*Oncorhynchus mykiss = Salmo gairdneri*) an Bedeutung gewonnen. Bei ihr kann man bereits von Domestikation sprechen. Weitere Arten der Salmoniden wurden zur Farmhaltung, dem ersten Schritt zur Domesti-

Tab. 20 Stammarten der Fische als:

Farmtiere	Nutzhaustiere	Heimtiere
	Familie Lachsfische	
Salmo salar, Oncorhynchus kisutch	*Oncorhynchus mikuss* (= *Salmo gairdneri*)	
	Familie Karpfenfische	
Aristichthys nobilis, Ctenopharyngodon idella, Hypophthalmichthys molitrix	*Cyprinus carpio*	*Barbus tetrazona, B. conchonius, Brachydanio rerio, Cyprinus carpio, Carassius gibelio*
	Familie Buntbarsche	
Oreochromis aureus, O. galilaeus, O. mossambicus, O. niloticus		*Astronotus ocellatus, Cichlasoma nigrofasciatum, Pterophyllum scalare, Symphysodon aequifasciata, S. discus*
	Familie Milchfische	
Chanos chanos		
	Familie Katzenwelse	
Ictalurus furcatus, I. punctatus		
	Familie Echte Welse	
Silurus glanis		
	Familie Schlankwelse	
Pangasius sutchi		
	Familie Raubwelse	
Clarias batrachus		
	Familie Reiskärpflinge	
		Oryzias latipes
	Familie Lebendgebärende Zahnkarpfen	
		Poecilia reticulata, P. velifera, P. sphenops, Xiphophorus helleri, X. maculatus, X. variatus
	Familie Prachtkärpflinge	
		Aphyosemion australe, A. filamentosa, A. liberiensis
	Familie Fächerfische	
		verschiedene *Cynolebias*-Arten, *Teranotus dolichopterus*
	Familie Kampffische	
		Betta splendens, Macropus operculatus, Trichogaster trichopterus
	Familie Buckelmäuler	
		Helostoma temmincki

kation, herangezogen. Hier sind insbesondere der Atlantische Lachs (*Salmo salar*) und der Pazifische Lachs (*Oncorhynchus kisutsch*) zu nennen.

Der Wunsch nach bunten Heimtieren mit bizarren Formen führte zur steigenden Nachfrage bei Aquarienfischen. Das bildete einen Anreiz zur Zucht der oft kostbaren tropischen Tiere,

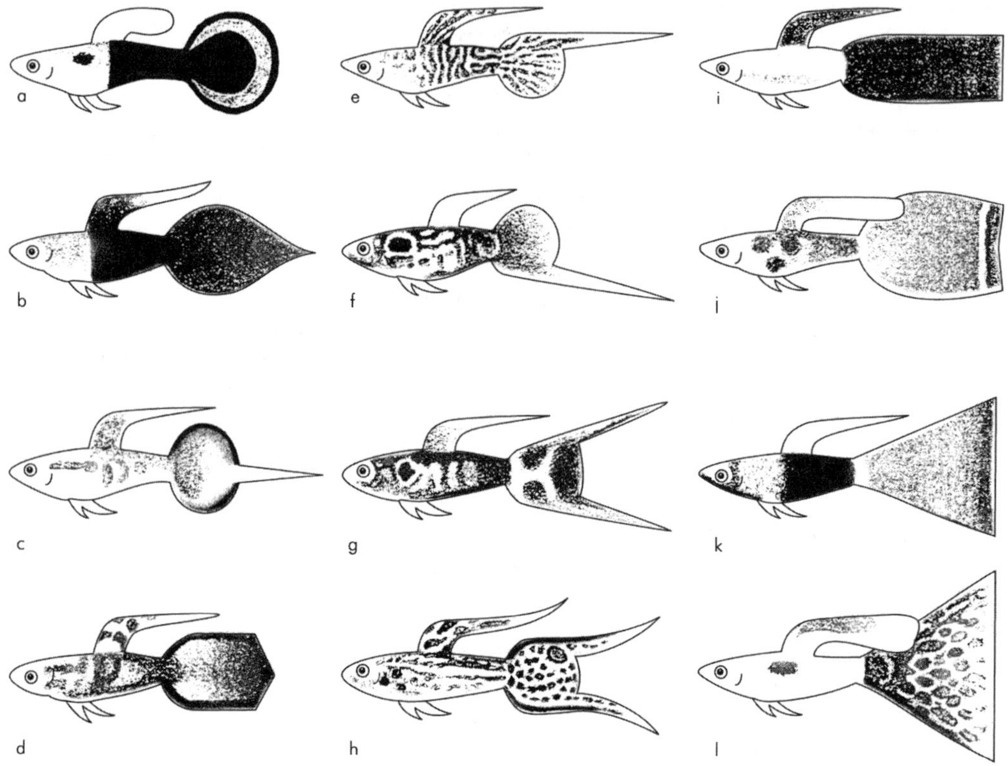

Abb. 87 Zuchtstandards von Guppy-Männchen. Vom Rundschwanz abgeleitet: **a:** Rundschwanz, **b:** Speerschwanz, **c:** Nadelschwanz, **d:** Spatenschwanz. Schwertschwanzformen: **e:** Oberschwert, **f:** Unterschwert, **g:** Doppelschwert, **h:** Leierschwanz. Großflossenformen: **i:** Fahnenschwanz, **j:** Schleierschwanz, **k:** Fächerschwanz, **l:** Triangel

aber auch zur Domestikation von Populationen aus wenigen Arten verschiedener Fischfamilien. Heute sind viele der im Handel angebotenen Fische bereits so verschieden von der Norm ihrer wilden Stammform, dass sie als domestiziert gelten können. Haustierformen kennen wir aus den Familien der Barben (Cyprinidae), Lebendgebärenden Zahnkarpfen (Poeciliidae), Buntbarsche (Cichlidae) und der Labyrinthfische (Belontiidae, Helostomatidae), siehe Tabelle 20.

Beim Vergleich der bei den einzelnen Arten auftretenden Besonderheiten kommt man zu einem bemerkenswerten Ergebnis. Es zeigt sich nämlich, dass bei Haustieren von ganz verschiedenen Zuchtarten, trotz deren recht unterschiedlichen systematischen Stellung, weitgehend übereinstimmende Veränderungen auftreten. Gleiche Abwandlungen fallen in der Körperpigmentierung (rot, weiß, schwarz) auf. Ebenso kommt es bei vielen Hausfischformen durch Umgestaltung der Flossen-Weichstrahlen zu Schleierformen und -schwänzen (Goldfisch, Guppy, Zebrabärbling, Kumparikarpfen). Diese Beispiele lassen sich mehren.

Besondere Beachtung finden wegen ihrer relativ schwierigen Haltung und Zucht immer wieder die Farbzuchten der Diskusfische (*Symphysodon aequifasciata*).

Geradezu zu einem Paradebeispiel der Rassezucht von Haustierfischen hat sich neben dem Goldfisch der Guppy (*Poecilia reticulata*) entwickelt, dessen Männchen von Natur aus eine hohe Variabilität in der Färbung zeigen. Außerdem ist der Guppy unter Aquariumsbedingungen leicht zu züchten und garantiert durch seine schnelle Generationsfolge schon in relativ kurzer Zeit erste Züchtungserfolge. Aufgrund der zahlreichen verschiedenen, in der Domestikation aufgetretenen Form- und Farbspielarten sahen sich die Züchter veranlasst, bestimmte erstrebenswerte Idealvorstellungen von diesem Fisch zu entwickeln und hierfür gewisse Standards aufzustellen. Nach diesen Standards werden Guppy-Hochzuchten heute genauso bewertet, wie man das sonst von Tauben, Hühnern, Kaninchen, Katzen und Hunden kennt. Unabhängig von der Färbung, sondern allein nach der Schwanzbeflossung des Guppy-Männchens wurden bis heute 12 internationale Hochzucht-Standards aufgestellt, die vom Triangelschwanz bis zum Doppelschwert oder Nadelschwanz reichen. Inzwischen können selbst die einst grauen Weibchen mit entsprechenden Farben aufwarten, so dass ein Aquarium mit Hochzucht-Guppys nicht nur ein interessantes Themenbecken zur Domestikation bei Fischen ist, sondern auch farblich und ästhetisch ansprechend sein kann.

Die Domestikation ist ein Teil unserer menschlichen Kultur. Jeder Versuch, Haustiere zu züchten, kann auch als Experiment gelten, das zur Lösung von Grundfragen stammesgeschichtlicher Entwicklungen beiträgt. Darüber hinaus lässt die Entwicklung von Haustieren auch bei Fischen Einblicke in die Entfaltungsmöglichkeiten zu, die Tierarten innewohnen. Deshalb können Haustierformen manchmal mehr über die biologische Plastizität einer Fischart aussagen, als dies die wild lebende Fischpopulation vermag.

Autorinnen und Autoren

Klaus Breitfeld
Geograph. 1960 - 1964 Studium der Geographie und Kartographie an der Technischen Universität Dresden. Bis zur Pensionierung Anfang 2004 bei der Sächsischen Akademie der Wissenschaften zu Leipzig Leiter der Arbeitsstelle „Historischer Atlas von Sachsen". Besondere Interessensgebiete nord-, mittel- und südamerikanische Killifische sowie Regenbogenfische und Reiskärpflinge. Zahlreiche Publikationen über Eierlegende Zahnkarpfen, Mitarbeit an Sterbas Standardwerk „Süßwasserfische der Welt". 1994 Veröffentlichung der populärwissenschaftlichen Monographie „Die Welt der Killifische. Haltung und Zucht Eierlegender Zahnkarpfen" im Tetra-Verlag. Mitglied und zweitweise 1. Geschäftsführer der Deutschen Killifisch Gemeinschaft (DKG).

Lothar Dudek
Zootierpfleger. 1970 - 1972 Facharbeiter-Ausbildung im Zoo Leipzig. Seit 1974 im Aquarium/Terrarium tätig, 1982 Zootierpflegermeister und ab 1983 Bereichsleiter für Aquarium und Terrarium des Leipziger Zoos. Seit 1980 Mitglied des Aquarienvereins „Nymphaea" Leipzig, e.V. und von 1988 an Mitglied der Internationalen Regenbogenfisch-Gesellschaft (IRG).

Dr. Wolf-Eberhard Engelmann
Biologe. Von 1963 - 1968 Studium an der Karl-Marx-Universität Leipzig, Diplom-Abschluss in Tierphysiologie bei Prof. Dr. Günther Sterba. Bis 1973 als Wissenschaftlicher Assistent im Bereich Taxonomie und Ökologie an der Sektion Biowissenschaften dieser Universität. 1974 Promotion mit einem taxonomischen Thema über die verwandtschaftlichen Beziehungen der europäischen Grünfrösche. Seit 1974 im Zoo Leipzig Kurator für Aquarium und Terrarium. Mitverfasser mehrerer populärwissenschaftlicher Bücher herpetologischen Inhalts. Mitglied in der Europäischen Union von Aquarienkuratoren (E.U.A.C.).

Prof. Dr. Alfred Goldschmid
Biologe. Studium an der Wiener Universität in den Fächern Botanik, Anthropologie und Paläontologie. Promotion in Zoologie. 1970 Assistent am neu geschaffenen Institut für Zoologie an der Universität Salzburg. 1982 Habilitation für Zoologie und Meeresbiologie mit Arbeiten zur Ökomorphologie mediterraner Blenniiden (Schleimfische), 1991 Professur an der Universität Salzburg. Zahlreiche Arbeiten über Fische und Echinodermen, seit der Wiener Zeit Abhalten von meeresbiologischen Kursen, gegenwärtig Arbeit an Lehrbüchern und Betreuung mehrerer Diplomarbeiten und Dissertationen im Rahmen von Forschungsprojekten.

Dr. Inge Illich
Biologin. 1985 Promotion in Zoologie und Botanik an der Universität Salzburg. Parallel dazu Arbeit im Museum für Naturkunde „Haus der Natur" in Salzburg, dort seit 1990 Leitung des Aquariums. Zahlreiche Studienreisen zu den Korallenriffen des Roten Meeres, der Malediven, Mikronesiens und der Karibik. Hauptinteresse gilt dem Mittelmeer, wo in Zusammenarbeit mit anderen Instituten Studien speziell über Blenniiden (Schleimfische) durchgeführt wurden. Die Ergebnisse dieser Forschungstätigkeiten und die unmittelbare Erfahrung aus dem Freiland kommen der erfolgreichen Haltung von Meeresbewohnern im Aquarium des Hauses der Natur zugute. Mitglied in der Europäischen Union von Aquarienkuratoren (E.U.A.C.)

Stephan Inselmann
Fischereibiologe. 1986 - 1996 Studium der Zoologie und Botanik an der Christian-Albrechts-Universität Kiel und Fischereibiologie, Meereszoologie, Biologische Meereskunde und Ozeanographie am Institut für Meereskunde Kiel sowie Limnologie am Max-Planck-Institut Plön. Diplom am Institut für Meereskunde Kiel. Von 1996 - 1999 Aquariumsleiter am Sea Life Centre Timmendor-

fer Strand, von 1999 - 2003 Kurator der deutschen Sea Life Centres, seit 2003 Aquariumsplanungs-Kurator der Sea-Life-Centres-Gruppe. Mitglied der Europäischen Union von Aquarienkuratoren (E.U.A.C.).

Dr. Thomas Jermann
Biologe. 1980 - 1987 Biologie-Studium mit Hauptfach Wirbeltier/Meeresbiologie, 1992 Promotion an der Universität Basel. Seit 1994 Kurator im Zoo Basel. Vorlesungsvikariate sowie meeresbiologische Kurse und Exkursionen am Zoologischen Institut der Universität Basel. Mitglied in der Europäischen Union von Aquarienkuratoren (E.U.A.C.).

Rainer Kaiser
Kurator. 1976 - 1978 Ausbildung zum Gärtner – Zierpflanzenbau – im Zoologisch-Botanischen Garten Wilhelma, Stuttgart. Seit 1978 im Zoo-Aquarium Berlin, zunächst als Gärtner für die Gewächshäuser und Landschaftsaquarien. 1982 - 1984 Staatl. Fachschule für Gartenbau Berlin mit Abschluss als „Staatl. geprüfter Techniker – Schwerpunkt Produktionsgartenbau". 1984 - 1990 Assistent Kurator für die Seewasserabteilung des Zoo-Aquariums Berlin, danach bis 1994 Technischer und Biologischer Inspektor, anschließend bis 2002 Kurator am Zoo-Aquarium und seit 2002 Kurator des Zoo-Aquariums Berlin. 1990 Berater und Ausbilder für die technischen Anlagen der neuen Fischfarm des indonesischen Zierfisch-Exporteus GLORIA CV. in Jakarta. Seit 1992 zusammen mit Dr. Jürgen Lange Beratertätigkeit für verschiedene Architekten- und Investorengruppen bei der Planung und dem Bau von Aquarienhäusern und Zoobauten. Veröffentlichung eines Buches über die Haltung mariner wirbelloser Tiere sowie verschiedener Artikel über die Zucht von Korallenfischen und die Haltung und Zucht von Quallen und anderen Wirbellosen. Mitglied in der Europäischen Union von Aquarienkuratoren (E.U.A.C.).

Johann Kirchhauser
Biologe. 1979 - 1987 Studium mit Diplomabschluss an der Universität Ulm. 1988 wissenschaftlicher Volontär am Staatlichen Museum für Naturkunde Karlsruhe. Seit 1989 Leiter des Vivariums im Staatlichen Museum für Naturkunde Karlsruhe. Seit 1967 Hobby-Aquarianer, Mittelmeer-Aquaristik seit 1976. 1985 - 1987 Assistenz auf Mittelmeer-Exkursionen der Universität Ulm, seit 1999 Lektor des Fachmagazins „Der Meerwasser-Aquarianer".

Dr. Joachim Knaack
Biologe. Studium an der Karl-Marx-Universität Leipzig von 1952 - 1957 mit Diplom-Abschluss im Spezialfach Trink-, Brauch- und Abwasserbiologie. 1961 Promotion zum Dr. rer. nat. mit einer ichthyologischen Dissertation über europäische Cobitiden. Besonderes Interesse galt und gilt den Welsen und Schmerlen. Feldbeobachtungen und Laboruntersuchungen ermöglichten die Reproduktion seltener und in der Vermehrung schwieriger Arten. Publikationen über das Fortpflanzungsverhalten, tropische aquatische Lebensräume und Neubeschreibungen von Panzerwelsen und Harnischwelsen. In Bearbeitung seit 1996 die Familie Callichthyidae.

Isabel Koch
Biologin. 1981 - 1988 Studium mit Diplom-Abschluss an der Universität Stuttgart. 1989 - 1991 Volontariat in der Abteilung Ichthyologie am Staatlichen Museum für Naturkunde Stuttgart. 1992 - 1995 Mitarbeit in den Abteilungen Ichthyologie, Herpetologie und Pädagogik am Staatlichen Museum für Naturkunde Stuttgart. Seit 1996 Kuratorin für Aquarium, Terrarium und Insektarium im Zoologisch-Botanischen Garten Wilhelma in Stuttgart. Mitglied in der Europäischen Union von Aquarienkuratoren (E.U.A.C.).

Dr. Joachim Kormann
Biologe. 1960 - 1965 Studium mit Diplomabschluss an der Karl-Marx-Universität Leipzig. 1965 - 1970 Wissenschaftlicher Assistent am Zoologischen Institut der Leipziger Universität. 1970 - 1976 Verlagslektor. Seit 1976 wissenschaftlicher Mitarbeiter und Kurator für Fische und Wirbellose am Tierpark Berlin-Friedrichsfelde. Promotion 1979. Autor des Buches „Meerestiere im Aquarium", Urania-Verlag Leipzig, Jena, Berlin 1970

und Mitautor des von Günther Sterba herausgegebenen Lexikons der Aquaristik und Ichthyologie bei Edition Leipzig. Mitglied in der Europäischen Union von Aquarienkuratoren (E.U.A.C.).

Dr. Jürgen Lange
Biologe. Studium der Biologie und Humanphysiologie an den Universitäten in Münster und Kiel. Promotion über die Evolution und Systematik von Antilopen der Gattungen *Gazella* und *Antidorcas*. Nach dem Studium wissenschaftlicher Assistent am Institut für Haustierkunde der Universität Kiel. 1970 - 1977 Aquariumkurator und Wissenschaftlicher Assistent am Zoologisch-botanischen Garten Wilhelma in Stuttgart. 1977 für die Sanierung, Modernisierung und Vergrößerung des Zoo-Aquariums nach Berlin berufen und seit 1978 dessen wissenschaftlicher Leiter. 1988 - 2002 Stellvertretender Direktor am Zoo Berlin. Seit Juni 2002 Direktor des Zoos und des Zoo-Aquariums Berlin. 1990 zusammen mit Rainer Kaiser Gründung einer Beratergruppe für den Bau von Aquarienhäusern und Zoobauten. Mitglied der IHK-Prüfungskommission für die Tierpflegerausbildung. Gründungsmitglied der E.U.A.C. (European Union of Aquarium Curators). Mitglied des Aquarium-Kommitees der EAZA (European Association of Zoos and Aquaria). Zahlreiche Veröffentlichungen in deutsch, dänisch, englisch, holländisch, russisch und tschechisch über die Haltung tropischer Meeresfische, mariner wirbelloser Tiere, die Pathologie von Reptilien und Managementfragen im Schauaquarium. Zahlreiche Studienreisen nach Ostafrika, Israel, China, Indonesien, Japan, Malaysia, Singapore, Taiwan, Thailand, die USA und Kanada. Wissenschaftlicher Berater verschiedener Architektengruppen für die Planung und den Bau neuer Aquarienhäuser und anderer Zoobauten in Deutschland, Großbritannien, Italien, Neukaledonien, Portugal, Saudi-Arabien, Spanien, Taiwan, Ungarn und den USA.

Prof. Dr. Hubert Lücker
Biologe. 1972 - 1978 Studium an der Universität Konstanz. 1978 - 1982 Promotion und DFG-Forschungsassistent an den Universitäten Konstanz und Regensburg, Dissertation in Konstanz. 1982 - 1986 wissenschaftlicher Assistent am Tierpark Dortmund. 1986 - 1991 stellvertretender Direktor des Tierparks Dortmund. 1992 - 2002 Direktor des Zoo Dresden, ab 1997 zoologischer Geschäftsführer der Zoo Dresden gGmbH. Ab 2003 kommissarischer Geschäftsführer des Verbands deutscher Zoodirektoren (VDZ) und ZooConsultant. Entwicklung des EvoCenters.

Dr. Michael Martys
Biologe. 1970 - 1975 Studium und 1982 Promotion an der Universität Salzburg. 1975 - 1982 wissenschaftlicher Mitarbeiter, 1982 - 1990 Leiter der Konrad-Lorenz-Forschungsstelle in Grünau/Almtal. 1990 - 1991 wissenschaftlicher Mitarbeiter und stellvertretender Direktor am Salzburger Tiergarten. Seit Januar 1992 Direktor des Alpenzoo Innsbruck.

Rolf Meyer
Diplom-Landwirt. 1956 - 1962 Studium an der Landwirtschaftlichen Fakultät der Friedrich-Schiller-Universität Jena. 1965 - 1968 1. wissenschaftlicher Assistent im Thüringer Zoopark Erfurt. 1969 - 1978 Direktor des Heimattierparks Limbach-Oberfrohna (Sachsen). 1979 - 1984 Persönlicher Referent des Zoodirektors im Thüringer Zoopark Erfurt und ab Mai 1984 bis zur Pensionierung im März 2003 Direktor des Aquariums Erfurt. Verfasser verschiedener Bücher verhaltensbiologisch-kulturellen bzw. aquaristischen Inhalts, darunter das „BI-Lexikon Aquarienfische“ 1988, das „Lexikon der Aquarienfische des Süßwassers“ 1993 und im Jahr 2003 zusammen mit Faltermeyer das Buch „Faszination Hai – Haie im Meer und hinter Glas“.

Prof. Dr. Wilfried W. Naumann
Biologe. 1960 - 1965 Studium der Biologie an der Universität Leipzig, danach bis 1992 wissenschaftlicher Assistent und Oberassistent am Zoologischen Institut dieser Universität. 1968 Promotion, ab 1993 Professor. Seit 1991 Leiter der Arbeitsgruppe Entwicklungsneurobiologie

am Zoologischen Institut der Universität Leipzig, Arbeitsgebiet Ontogenese und Phylogenese nichtneuronaler Zellen des Zentralnervensystems. Jahrelange Beschäftigung mit der Aquaristik, speziell mit Fischkrankheiten. Mitautor des von Günther Sterba herausgegebenen Lexikons der Aquaristik und Ichthyologie bei Edition Leipzig.

Gernot Pechlaner
Kurator. Ausbildung als Fotolaborant. Seit 1986 im Alpenzoo Innsbruck Leiter der Aquarien- und Terrarienabteilung. Weitere Aufgabenbereiche: Leiter der Fischzucht Thaur, Konzept und Gestaltung einer themenbezogenen Bepflanzung im Alpenzoo, Planung und Bau von Tiergehegen, Gestaltung von Artbeschreibungen/Gehegebeschilderung, Fotodokumentation.

Martin Sander
Diplom-Ingenieur. 1976 Abschluss des Studiums an der Gesamthochschule Siegen in der Studienrichtung „Wasserbau", danach Eintritt in die Fa. Erwin Sander Elektroapparatebau GmbH. Seit 1982 Geschäftsführer, verantwortlich für die konzeptionelle und konstruktive Planung von Wasseraufbereitungssystemen im industriellen Bereich sowie von kompletten Aquariensystemen für diverse Schauaquarien und Aquakultursysteme. Vorsitzender des Arbeitskreises „Ozon" der FIGAWA. 1998 Veröffentlichung des Buches „Aquarientechnik im Süß- und Seewasser" beim Ulmer Verlag, Stuttgart.

Thomas Seitz
Diplom-Ingenieur (FH). 1981 - 1984 Ausbildung zum Zootierpfleger im Zoologisch-Botanischen Garten Wilhelma, Stuttgart. 1984 - 1988 Zootierpfleger im Aquarium/Terrarium der Wilhelma. 1989 - 1993 Studium der Forstwirtschaft an der Fachhochschule Weihenstephan. 1993 Diplomarbeit am Fachbereich Fischereibiologie der TU München. 1993 - 1995 Bayerische Staatsforstverwaltung, Staatsprüfung für den gehobenen Forstdienst. 1995 - 1998 Zootierpfleger/Spezialist für tropische Meeresfische im Wilhelma-Aquarium. Von 1998 - 2002 Obertierpfleger der Abteilung Aquarium/Terrarium/Insektarium. Seit 2003 Zooinspektor am Zoologisch-Botanischen Garten Wilhelma, Stuttgart.

Prof. Dr. Ellen Thaler
Biologin. Studium der Zoologie und Psychologie an der Universität Innsbruck. 1978 - 1994 stellvertretender Direktor und Kurator der Vogelabteilung am Alpenzoo Innsbruck, Tirol. Danach Universitätsdozent, Lektor für Ethologie und Tiergartenbiologie an der Universität Innsbruck, zunächst mit ornithologischen Arbeitsschwerpunkten wie Grundlagenforschung für verschiedene Ausbürgerungsprojekte. Ab 1989 auch Verhaltensstudien an Korallenfischen im Riff (Rotes Meer, Malaysia, Seychellen) und im Aquarium. Erarbeitung artgerechter Haltungskriterien in Riffaquarien. Forschungsschwerpunkte Labridae, Monacanthidae, im Zusammenhang mit Geschlechtsumwandlung bzw. Partnerkonstanz, Symbiose- und Mimikry-Zusammenhänge usw., Naturbeobachtungen und der Umsetzung im Aquarium. Neben zahlreichen Beiträgen in aquaristischen Fachzeitschriften Veröffentlichung des Buches „Fische beobachten – Verhaltensstudien an Meeresfischen und Wirbellosen im Aquarium und im Freiwasser" 1995 beim Ulmer-Verlag, Stuttgart.

Frank Velte
Biologe. 1984 - 1991 Studium der Biologie und Paläontologie in Frankfurt/M. und daneben zwischen 1988 und 1991 Honorarführer in der Pädagogischen Abteilung des Frankfurter Zoologischen Gartens. Im dortigen Exotarium entstand auch die Diplomarbeit über das Verhalten von Anemonenfischen. 1992 - 1999 Arbeit im Opel-Zoo Kronberg, ab 1995 als Zoologischer Leiter. Seit 1990 zahlreiche Reisen zu meeresbiologischen Studien in das östliche Mittelmeergebiet. Gegenwärtig Promotion an der Universität Frankfurt/M über das Verhalten, die Ontogenese und die Chronobiologie von Bambushaien. Ab 2004 als Zoopädagoge am Vivarium Darmstadt tätig.

Die Autorinnen und Autoren bearbeiteten folgende Abschnitte:

Breitfeld, K.: anteilig Ordnungen Ährenfischartige, Hornhechtartige, Zahnkärpflingsartige

Dudek, L.: Aquarienbepflanzung, Aquarienpflege, Fang und Transport

Engelmann, Dr. W. E.: Klasse Knochenfische, Ordnungen Flösselhechtartige, Schlammfischartige, Tarpunartige, Sandfischartige, Barschlachsartige, Bartmännchenartige, Petersfischartige, Flughahnartige; anteilig Unterstamm Schädellose, Überklasse Rundmäuler, Klasse Knorpelfische, Ordnungen Hohlstachlerartige, Australische Lungenfischartige, Molchfischartige, Störartige, Knochenhechtartige, Knochenzünglerartige, Aalartige, Heringsartige, Salmlerartige, Welsartige, Lachsfischartige, Flaggenflosserartige, Froschfischartige, Dorschartige, Ährenfischartige, Hornhechtartige, Zahnkärpflingsartige, Schleimkopfartige, Schlangenkopfartige, Drachenkopfartige, Barschfischartige, Plattfischartige, Kugelfischartige, Giftige Fische

Illich, I. und Goldschmid, Prof. Dr. H.: Familien Lippfische, Spitzkopf-Schleimfische, Röhrenschleimfische, Unbeschuppte Schleimfische, Butterfische, Seewölfe

Inselmann, S.: anteilig Ordnungen Dorschfischartige, Schlangenkopfartige, Plattfischartige, Unterordnung Drachenfischverwandte

Jermann, Dr. Th.: Ordnung Stichlingsartige

Kaiser, R.: Aquarienbau und -gestaltung

Kirchhauser, J.: Ordnung Anglerfischartige, Ordnung Pegasusfischartige, Unterordnung Leierfischverwandte, Unterordnung Grundelverwandte; anteilig Familie Grundeln

Knaack, Dr. J.: Ordnung Kiemenschlitzaalartige, Familien Saugschmerlen, Schmerlen, Flussschmerlen, Schwielenwelse, Harnischwelse; anteilig Ordnung Welsartige

Koch, Dr. I.: anteilig Ordnung Skorpionsfischartige, Unterordnung Meeräschenverwandte

Kormann, J.: Familie Buntbarsche; anteilig Unterstamm Schädellose, Überklasse Rundmäuler, Klasse Knorpelfische, Ordnungen Hohlstachlerartige, Australische Lungenfischartige, Molchfischartige, Störartige, Knochenhechtartige, Knochenzünglerartige, Aalartige, Heringsartige, Lachsfischartige, Flaggenflosserartige, Froschfischartige

Lange, Dr. J.: Geschichte der Schauaquaristik, Aquarienthemen, Domestikation von Fischen, Familie Sauger, Unterordnung Fadenflosserverwandte; anteilig Klasse Knorpelfische, Ordnung Schleimkopfartige

Lücker, Prof. Dr. H.: Elektrische Fische, Ordnung Nacktaalartige, Unterordnung Nilhechtverwandte; anteilig Familie Kugelfische, Giftfische

Martys, Dr. M. und Pechlaner, G.: anteilig Unterordnung Lachsfischverwandte, Familie Echte Barsche

Meyer, R.: anteilig Ordnungen Karpfenfischartige, Salmlerartige, Unterordnung Kletterfischverwandte

Naumann, Prof. Dr. W.: Krankheiten und Quarantäne

Sander, M.: Aquarientechnik

Seitz, Th.: Fütterkungskunde; anteilig Familie Zackenbarsche

Thaler, Prof. Dr. E.: Familien Fahnenbarsche, Rundköpfe, Falter- und Kaiserfische, Zwergbarsche, Kardinalbarsche, Büschelbarsche, Feilenfische

Velte, F.: Ordnung Schildfischartige, Unterordnung Doktorfischverwandte, Familie Riffbarsche; anteilig Ordnungen Karpfenfischartige, Salmlerartige, Familien Bambushaie, Drückerfische, Kugelfische

Bildnachweis

Alpenzoo Innsbruck, Archiv: Abb. 3.3, 20.1, 29.18, 29.19, 29.20, 29.21, 29.22, 29.26, 33.8, 39.3, 49.16, 52.26, 52.28

Aqualog-Verlag, Rodgau: Abb. 10.4, 28.1, 36.1, 41.5, 52.19, 52.20, 52.186, 52.188, 53.10

Aquarium des Instituts für Meereswissenschaften Kiel, Archiv: Abb. 7.5, 27.1, 39.1, 46.4, 52.5, 52.40, 52.151, 52.169, 53.6, 53.7, 54.4, 54.13

Aquazoo Düsseldorf, (Archiv, Dr. Hubert Bosch): Abb. 16, 10.3, 15.2, 15.6, 15.7, 52.68, 52.72

Barz, Michael (Berlin): Abb. 52.142

Becker, Dieter (Lindow): Abb. 10.2, 26.1, 31.8, 31.15, 52.27, 52.57, 52.70, 52.93, 52.158, 52.163

Breitfeld, Klaus, Archiv (Markkleeberg): Abb. 42.2, 43.1, 43.10, 43.11, 43.12, 43.13, 43.14, 43.15, 43.16, 43.17, 43.20, 43.21, 43.22, 43.23, 43.24, 43.25, 43.26, 43.27, 43.28, 43.29, 43.30

Engelmann, Dr. Wolf-Eberhard (Leipzig): Abb. 20, 26, 7.4, 8.2, 10.1, 15.3, 46.3, 49.9, 49.12, 53.8

Gabler, Lothar (Leipzig): Abb. 24.9, 29.3, 29.6, 29.7, 29.11, 29.12, 31.10, 52.50, 52.131, 52.143

Grambow, Axel (ehemals Berlin): Abb. 3.1, 3.2

Franz, Andreas (Leipzig): Abb. 22, 23, 24, 25, 27, 28, 29, 30, 31, 32, 33, 34, 35, 36, 38, 43.6, 44.3, 52.7, 52.14, 52.18, 52.30, 52.35, 52.65, 52.66, 52.67, 52.69, 52.74, 52.137, 52.159

Illich, Dr. Inge (Salzburg): Abb. 52.153, 52.160, 52.161

Jermann, Dr. Thomas (Zoo Basel): Abb. 53, 10.6, 46.5, 46.8, 46.9, 46.10, 46.13, 46.14

Kern, Christian (Leipzig): Abb. 37, 39, 7.3, 9.1, 12.1, 13.2, 13.3, 13.4, 13.5, 15.1, 18.2, 19.1, 21.1, 21.2, 21.3, 22.1, 24.4, 24.5, 26.2, 29.9, 29.14, 29.15, 29.24, 29.28, 30.1, 30.2, 30.3, 30.4, 30.5, 30.7, 30.13, 30.16, 30.21, 30.22, 30.25, 30.28, 30.30, 30.33, 30.36, 30.37, 30.40, 31.7, 31.18, 31.23, 31.28, 31.31, 41.1, 41.3, 41.4, 42.1, 42.3, 42.5, 43.7, 43.8, 43.18, 43.19, 46.1, 48.1, 48.2, 49.3, 49.5, 49.8, 49.11, 49.14, 52.4, 52.6, 52.8, 52.10, 52.12, 52.15, 52.22, 52.23, 52.32, 52.33, 52.37, 52.38, 52.39, 52.41, 52.46, 52.48, 52.51, 52.52, 52.55, 52.59, 52.63, 52.76, 52.78, 52.83, 52.89, 52.90, 52.91, 52.94, 52.98, 52.109, 52.115, 52.116, 52.118, 52.124, 52.125, 52.127, 52.128, 52.130, 52.132, 52.135, 52.136, 52.138, 52.140, 52.141, 52.146, 52.148, 52.149, 52.150, 52.152, 52.162, 52.170, 52.171, 52.172, 52.173, 52.176, 52.180, 52.181, 52.185, 52.187, 53.4, 53.9, 54.3, 54.12, 54.14, 54.19, 54.20, 54.23

Kirchhauser, Johannes (Karlsruhe): Abb. 9.2, 26.5, 38.1, 38.2, 38.3, 49.10, 49.21, 49.22, 50.1, 51.1, 52.16, 52.44, 52.58, 52.75, 52.95, 52.102, 52.103, 52.105, 54.7

Knaack, Dr. Joachim (Neuglobsow): Abb. 19.2, 24.2, 24.6, 24.7, 24.8, 29.5, 29.8, 29.10, 29.25, 29.29, 29.30, 29.31, 29.32, 29.33, 29.34, 29.35, 30.8, 30.9, 30.10, 30.11, 30.12, 30.14, 30.15, 30.17, 30.23, 30.26, 30.27, 30.29, 30.32, 30.34, 30.35, 31.1, 31.2, 31.3, 31.4, 31.5, 31.6, 31.9, 31.11, 31.12, 31.16, 31.17, 31.19, 31.20, 31.21, 31.22, 31.25, 31.27, 31.29, 31.30, 31.32, 31.33, 31.34, 31.35, 31.36, 31.37, 31.38, 31.39, 31.40, 31.41, 31.42, 31.43, 31.44, 31.45, 31.46, 31.47, 31.48, 31.49, 31.50, 32.1, 32.2, 32.4, 33.2, 41.2, 41.6, 42.4, 43.2, 43.3, 43.4, 43.5, 47.1, 47.2, 47.3, 47.4, 47.5, 49.17, 52.1, 52.2, 52.25, 52.36, 52.73, 52.80, 52.178, 52.182, 54.6, 54.18

Kormann, Dr. Joachim (Berlin): Abb. 21, 41, 44, 52, 1.1, 7.1, 7.2, 7.6, 13.7, 15.8, 16.1, 20.2, 20.3, 26.4, 26.6, 26.8, 27.2, 29.2, 29.4, 29.13, 30.6, 30.19, 30.20, 31.13, 31.24, 32.3, 32.5, 33.3, 33.4, 33.5, 33.6, 37.1, 39.2, 39.4, 46.6, 46.11, 46.16, 49.1, 49.4, 49.6, 49.7, 49.13, 49.15, 49.18, 49.20, 52.3, 52.9, 52.11, 52.13, 52.43, 52.49, 52.60, 52.61, 52.62, 52.64, 52.79, 52.81, 52.92, 52.96, 52.99, 52.100, 52.101, 52.104, 52.106, 52.107, 52.108, 52.110, 52.114, 52.117, 52.120, 52.123, 52.133, 52.134, 52.139, 52.144, 52.145, 52.147, 52.154, 52.156, 52.157, 52.164, 52.165, 52.166, 52.168, 52.174, 52.179, 52.183,

52.184, 53.2, 53.5, 54.5, 54.8, 54.10, 54.11, 54.15, 54.17, 54.24
Kotschetow, Alexander (Moskau): Abb. 29.1, 29.17, 29.23, 33.7, 52.24, 52.112, 52.113
Meeresbiologische Station Laboe: Abb. 46.2
Meeresmuseum Stralsund: Abb. 15
Regös, Janos (Felsötarkany): Abb. 52.97
Rudloff, Klaus (Berlin): Abb. 10.5, 10.9, 14.1, 17.1, 19.3, 24.1, 29.16, 30.18, 31.26, 33.1, 36.2, 52.21, 52.34, 52.45, 52.82, 52.87, 52.88, 52.119, 52.129, 53.1, 53.3, 54.9, 54.21
Tiergarten Wien-Schönbrunn (Gerhard Kasbauer): Abb. 45
Tierpark Bochum: Abb. 42
Velte, Frank (Oberursel): Abb. 30.38, 30.39, 54.1
Visser, Gerard (Zoo Rotterdam): Abb. 10.8, 24.10, 25.1, 25.2, 52.29, 52.175
Ziegler, Dr. Thomas (Zoo Köln): Abb. 40, 30.24, 30.31, 46.12, 52.126
Zoo Amsterdam, Archiv: Abb. 3, 12.2
Zoo-Aquarium Berlin, Archiv: Abb. 2, 4, 6, 7, 10, 13, 14, 18, 19, 43, 46, 8.1, 10.7, 13.1, 15.4, 15.5, 18.1, 20.4, 23.1, 24.3, 26.3, 26.7, 29.27, 43.9, 44.1, 44.2, 45.1, 45.2, 46.7, 46.15, 46.17, 46.18, 49.2, 49.19, 52.17, 52.42, 52.47, 52.53, 52.54, 52.56, 52.71, 52.77, 52.85, 52.86, 52.111, 52.121, 52.167, 52.177, 54.2, 54.16
Zoo Frankfurt/M.: Abb. 11
Zoo Leipzig, Archiv: Abb. 5, 9, 17, 13.6, 31.14, 52.31, 52.84, 52.122, 52.155, 54.22
Zoologische Station Neapel (Flegra Bentivegna): Abb. 1, 8, 5.1, 5.2
Zoo Stuttgart: Abb. 12

Literaturverzeichnis

Benutzte und weiterführende deutsch- und englischsprachige Literatur (Auswahl)

Aquaristische und ichthyologische Zeitschriften, Zoo-Periodika

Aquaculture. Elsevier Science B. V., Amsterdam. Ab 1973

Aquaria. Schweizerische Zeitschrift für Vivaristik. Verlag Jos. Zehnder, St. Gallen. Ab 1954

Aquaria. Österreichische Zeitschrift für Vivaristik. Verlag Jos. Zehnder, St. Gallen. Ab 1966/67

Aquarien-Magazin. Kosmos-Verlag, Franck'sche Verlagshandlung, Stuttgart. 1967 - 1988

Aquarien Terrarien. Monatsschrift für Vivarienkunde und Zierfischzucht. Urania-Verlag, Leipzig, Jena, Berlin. 1953 - 1990

Aquaristik aktuell. Das Magazin für Aquarianer. Dähne Verlag, Ettlingen. Ab 1993

Aquarium heute. Aufgegangen in: Aquaristik-Fachmagazin & Aquarium heute. Aquadokumenta Verlag, Bielefeld, dann Tetra-Verlag, Bissendorf. Ab 1983

Aquaterra. Monatsschrift für Aquaristik und Terraristik sowie für Pflanzen- und Tierpflege im Heim. Hemmer Verlag, Bern. 1964 - 1973

Blätter für Aquarien- und Terrarienkunde. Creutzsche Verlagsbuchhandlung, Magdeburg, dann Wenzel Verlag, Magdeburg, dann Winnenden Verlag, Stuttgart. 1890 - 1943 (ab 1939 mit der Wochenschrift für Aquarien- und Terrarienkunde vereinigt)

Das Aquarium. Die Fachzeitschrift des Naturfreundes. Verlag Hermann Schütz, Berlin. 1927 - 1944

Das Aquarium. Zeitschrift für Aquarien- und Terrarienfreunde. Dann Monatsmagazin für Vivaristik. Engelbert Pfriem Verlag, Wuppertal-Elberfeld, dann Philler Verlag, Minden, dann Birgit Schmettkamp Verlag, Bornheim. Ab 1967

Der Meerwasser-Aquarianer. Fachmagazin für Meeresaquaristik. Rüdiger Latka Verlag, Marxzell-Burbach. Ab 1997

Der Zoolgische Garten (NF). Gustav Fischer Verlag, Jena, dann Elsevier GmbH, Jena. Ab 1927

Die Aquarien- und Terrarienzeitschrift (DATZ), Alfred-Kernen-Verlag, später Eugen Ulmer Verlag, Stuttgart. Ab 1948

Freshwater And Marine Aquarium. The Magazine Dedicated To The Tropical Fish Enthusiast. R/C Modeler Corporation, Sierra Madre, Ca. (USA). Ab 1978

International Zoo News. Publ. by North of England Zoological Society, Chester. Ab 1974

International Zoo Yearbook. Publ. by The Zoological Society of London, London. Ab 1960

Journal of Fish Biology. Blackwell Publ., Oxford. Ab 1969

Koralle. Meerwasseraquaristik-Fachmagazin. Natur und Tier – Verlag, Münster. Ab 2000

Tropical fish hobbyist. T. F. H. Publications, Inc., Neptune City, N. Y. (USA). Ab 1952/53

Wochenschrift für Aquarien- und Terrarienkunde. Wenzel Verlag, Braunschweig, 1904 - 1950

Aquaristische Sachbücher und Beiträge

ADEY, W. H. & K. LOVELAND (1998): Dynamic Aquaria. Building Living Ecosystems. 2. ed. Academic Press, London, New York, Toronto, Sydney, San Francisco

ARNOLD, A. (1991): Kaltwasserfische. Fische des Nordens für Aquarium und Gartenteich. Urania-Verlag, Leipzig, Jena, Berlin

Autorenkollektiv (1978): Kosmos-Handbuch Aquarienkunde – Das Süßwasseraquarium. Franck'sche Verlagshandlung, Stuttgart

AXELROD, H. R. & W. E. BURGESS (1986): Dr. Axelrod's Atlas of Freshwater Aquarium Fishes, 2. ed. T. F. H. Publications, Inc., Neptune City (USA)

BAENSCH, H. A. & H. DEBELIUS (1992): Meerwasseratlas. Mergus-Verlag, Melle

BAENSCH, H. A. & R. A. PATZNER (1998): Meerwasseratlas. Bd. 7: Perciformes (Barschartige) ausgenommen Falter- und Kaiserfische. Mergus-Verlag, Melle

BAENSCH, H. A. & R. RIEHL (1985, 1995, 1997): Aquarienatlas. Bd. 2, 4, 5. Mergus-Verlag, Melle

BECH, R. (1984): Eierlegende Zahnkarpfen. Neumann-Verlag, Leipzig, Radebeul

BERNHARDT, K. H. (2001): Alle Goldfische und Schleierschwänze. Verlag A. C. S., Mörfelden-Walldorf

BREITFELD, K. (1994): Die Welt der Killifische. Tetra-Verlag, Melle

BROCKMANN, D. (2000): Fische und Korallen im Meer und im Aquarium. Birgit Schmettkamp Verlag, Bornheim

BRÜHLMEYER, A. (1987): Buntbarsche aus dem Tanganjika-See. Haltung – Pflege – Zucht. Urania-Verlag, Leipzig, Jena, Berlin

BURGESS, W. E. (1989): An Atlas of Freshwater and Marine Catfishes. T. F. H. Publications, Inc., Neptune City (USA)

BURGESS, W. E., H. R. AXELROD & R. E. HUNZIKER III (1988): Dr. Burgess's Atlas of Marine Aquarium Fishes. T. F. H. Publications, Inc., Neptune City (USA)

CHLUPATY, P. (1980): Meine Erfahrungen mit Korallenfischen. Landbuch-Verlag, Hannover

DEBELIUS, H. (1987): Fischpartner Niederer Tiere. 2. Aufl. Edition Kernen, Essen

EVERS, H.-G. (1994): Panzerwelse. Aspidoras, Brochis, Corydoras. Eugen Ulmer Verlag, Stuttgart

FOSSÅ, S. A. & A. J. NILSON (1992, 1993, 1995, 1996, 1998): Korallenriff-Aquarium. Bd. 1 - 6. Birgit Schmettkamp Verlag, Bornheim

FRANKE, H. J. (1985): Handbuch der Welskunde. Urania-Verlag, Leipzig, Jena, Berlin

FREY, H: (1955): Bunte Welt im Glase, 2. Aufl. Neumann-Verlag, Radebeul, Berlin

FREY, H. (1956): Das Süßwasseraquarium, 7. Aufl. Neumann-Verlag, Radebeul, Berlin

FREY, H. (1957): Das Aquarium von A bis Z. Neumann-Verlag, Radebeul, Berlin

FREY, H. (1971 - 1978): Zierfisch-Monographien, Bd. 1 - 4. Neumann-Verlag, Radebeul

FREY, H. (1976): Das große Lexikon der Aquaristik. Neumann-Verlag, Radebeul

FRISCHE, J. (1999): Erfolgreiche Nachzuchten im Meerwasseraquarium. bede-Verlag, Ruhmannsfelden

FRISCHE, J. (2001): Handbuch der Meerwasseraquaristik. bede-Verlag, Ruhmannsfelden

GÄRTNER, G. (1981): Zahnkarpfen – Die Lebendgebärenden im Aquarium. Eugen Ulmer Verlag, Stuttgart

GÈRY, J. (1977): Characoids of the World. T. F. H. Publications, Inc., Neptune City (USA)

GRAAF, F. de (1970): Das tropische Meerwasseraquarium. Neumann Verlag, Radebeul

GRAAF, F. de (1977): Tropische Zierfische im Meerwasseraquarium. Neumann Verlag, Melsungen

HAWKINS, A. D. (ed.) (1981): Aquarium Systems. Academic Press, London, New York, Toronto, Sydney, San Francisco

HERRMANN, H.-J. (2002): Buntbarsche des Tanganjikasees. Cichliden-Lexikon, Teil 1. Dähne-Verlag, Ettlingen

HIERONYMUS. H. (1989): Welse. Biologie und Haltung in der aquaristischen Praxis. Eugen Ulmer Verlag, Stuttgart

HINTON, S. (1962): Longevity of Fishes in Captivity, as of September, 1956. Zoologica: New York Zoological Society **47**, 105 - 116

HOLLY, M., H. MEINKEN & A. RACHOW (ab 1932): Die Aquarienfische in Wort und Bild. Alfred-Kernen-Verlag, Stuttgart

HUNNAM, P. (1983): Lebensraum Aquarium. Eugen Ulmer Verlag, Stuttgart

JACOBS, K. (1969): Die lebendgebärenden Fische der Süßgewässer. Edition Leipzig

KLAUSEWITZ, W. (1875, 1978, 1979): Handbuch der Meeres-Aquaristik. Bd 1 - 3. Engelbert Pfriem Verlag, Wuppertal-Elberfeld

KORMANN, J. (1970): Meerestiere im Aquarium. Urania-Verlag, Leipzig, Jena, Berlin

KORTHAUS, E. (1980): Kaiser- und Falterfische. Haltung und Pflege. Franck'sche Verlagshandlung, Stuttgart

KOSLOWSKI, I. (2002): Die Buntbarsche Amerikas. Bd. 2. Apistogramma & Co. Eugen Ulmer Verlag, Stuttgart

LAMBOJ, A. (2004): Die Cichliden des westlichen Afrikas. Birgit Schmettkamp Verlag, Bornheim

LANGE, J. (1986): Korallenfische im Aquarium. Eugen Ulmer Verlag, Stuttgart

LEHMANN, J. & H. LEHMANN (1978): Das Nord- und Ostseeaquarium. Kosmos, Frank'sche Verlagshandlung, Stuttgart

LINKE, H. & W. STAECK (1992): Amerikanische Cichliden I. Kleine Buntbarsche. Tetra-Verlag, Melle

LUCKMANN, H. (1978): Guppys. Pflege und Zucht von Hochzucht-Guppys. Franck'sche Verlagshandlung, Stuttgart

LUTY, A. (1999): Doktorfische. Lebensweise – Pflege – Arten. Dähne-Verlag, Ettlingen

MATSCHKE, E. & K.-H. MATSCHKE (1991): Panzer- und Schwielenwelse. Alles über Welse – die „Putzer" im Aquarium. Urania-Verlag, Leipzig, Jena, Berlin

MAYLAND, H. J. (1978): Große Aquarienpraxis, Bd. 1 - 3. Landbuch-Verlag, Hannover

MAYLAND, H. J. und D. BORK (1997): South American Dwarf Cichlids. Verlag A. C. S., Rodgau

MEYER, R. (1988): BI-Lexikon Aquarienfische. Bibliographisches Institut, Leipzig

MEYER, R. (2000): Lexikon der Aquarienfische des Süßwassers. 3. erw. Auflage. Bechtermünz-Verlag, Augsburg

MEYER, R. & P. FALTERMEIER (2003): Faszination Hai. Haie im Meer und hinter Glas. Natur und Tier Verlag, Münster

MICHAEL, S. W. (2001): Sharks and Rays. An Essential Guide to Their Selection, Keeping, and Natural History. T. F. H. Publications, Inc. Neptune City (USA)

MILLS, D. (1987): The Interpet Encyclopedia of The Marine Aquarium. Salamander Books, Ltd., London

MOE, M. A. (1992): The Marine Aquarium Handbook. Beginner to Breeder. Green Turtle Publications, Islamorada, Florida

PATZNER, R. A. & H. MOOSLEITNER (1999): Meerwasseratlas. Bd. 6: Non-Perciformes (Nicht-Barschartige) sowie Falter- und Kaiserfische. Mergus-Verlag, Melle

PENZES, B. & I. TÖLG (1983): Goldfische und Zierkarpfen. Eugen Ulmer Verlag, Stuttgart

PINTER, H. (1966): Handbuch der Aquarienfisch-Zucht. Alfred-Kernen-Verlag, Stuttgart

PINTER, H. (1981): Cichliden – Buntbarsche im Aquarium. Eugen Ulmer Verlag, Stuttgart

PINTER, H. (1984): Labyrinthfische, Hechtköpfe, Schlangenkopffische. Eugen Ulmer Verlag, Stuttgart

PROBST, K. & J. LANGE (1975): Das große Buch der Meeresaquaristik. Eugen Ulmer Verlag, Stuttgart

RACHOW, A. (1928): Handbuch der Zierfischkunde. Wagner, Stuttgart

RICHTER, H. J. (1979): Das Buch der Labyrinthfische. Urania-Verlag, Leipzig, Jena, Berlin

RICHTER, H. J. (1980): Fische züchten ein Problem? Landbuch-Verlag, Hannover

RICHTER, H. J. (1984): Aquarienfische im Blickpunkt. Urania-Verlag, Leipzig, Jena, Berlin

RICHTER, H. J. (1987): Zwergbuntbarsche. Neumann Verlag, Leipzig, Radebeul

RIEHL, R. & H. A. BAENSCH (1992): Aquarienatlas. 9. Aufl. Mergus Verlag, Melle

RIEHL, R. & H. A. BAENSCH (1990): Aquarienatlas. Bd. 3. Mergus Verlag, Melle

SCHAEFER, C. (1998): Welse. Eugen Ulmer Verlag, Stuttgart

SCHAEFER, C. & T. SCHRÖER (Hsg.) (2004): Das große Lexikon der Aquaristik. Eugen Ulmer Verlag, Stuttgart

SCHUBERT, P. (1991): Regenbogenfische. Juwelen im Aquarium – Regenbogenfische aus Australien und Papua-Neuguinea. Urania-Verlag, Leipzig, Jena, Berlin

SCHULZE, E. (1990): Der Diskus. König der Aquarienfische. Discus Limited, Bangkok (Thailand)

STERBA. G. (1987): Süßwasserfische der Welt. Urania-Verlag, Leipzig, Jena, Berlin
SEEGERS, L. (1980): Killifische. Eugen Ulmer Verlag, Stuttgart
SMITH, M., D. WARMOLTS, D. THONEY & R. HUETER (Ed.) (2004): Elasmobranch Husbandry Manual: Captive Care of Sharks, Rays, and their Relatives. Ohio Biological Survey, Inc., Columbus (Ohio, USA)
SPOTTE, S. (1992): Captive Seawater Fishes Schience & Technology. John Wiley & Sons, Inc. New York, Chichester, Brisbane, Toronto, Singapore
SPOTTE, S. (1993): Marine Aquarium Keeping, 2. ed. John Wiley & Sons, Inc. New York, Chichester, Brisbane, Toronto, Singapore
STAECK, W. (1971, 1977): Cichliden – Verbreitung – Verhalten – Arten, Bd. 1 u. 2. Engelbert Pfriem Verlag, Wuppertal-Elberfeld
STAECK, W. (1982): Handbuch der Cichlidenkunde. Franck'sche Verlagshandlung, Stuttgart
STALLKNECHT, H. (1982): Freude am Aquarium. Urania-Verlag, Leipzig, Jena, Berlin
STALLKNECHT, H. (1989): Lebendgebärende Zahnkarpfen und ihre Zuchtformen. Neumann Verlag, Leipzig, Radebeul
STAWIKOWSKI, R. & U. WERNER (1998): Die Buntbarsche Amerikas. Bd. 1. Eugen Ulmer Verlag, Stuttgart
STERBA, G. (1987): Süßwasserfische der Welt. Urania-Verlag, Leipzig, Jena, Berlin
STERBA, G. (1988): Aquarienkunde. Urania-Verlag, Leipzig, Jena, Berlin
TEICHFISCHER, B. (1988): Farbkarpfen. Landbuch-Verlag, Hannover
TEICHFISCHER, B. (1991): Goldfische. Goldfische im Aquarium und im Gartenteich – eine uralte Tradition. Urania-Verlag, Leipzig, Jena, Berlin
THALER, E. (1995): Fische beobachten. Eugen Ulmer Verlag, Stuttgart
TÖNSMEIER, D. (1989): Einheimische Fische im Aquarium. Eugen Ulmer Verlag, Stuttgart
VIERKE, J. (1977): Zwergbuntbarsche im Aquarium. Franck'sche Verlagshandlung, Stuttgart
VIERKE, J. (1978): Labyrinthfische und verwandte Formen. Engelbert Pfriem Verlag, Wuppertal-Elberfeld
ZUKAL, R. & S. FRANK (1979): Geschlechtsunterschiede der Aquarienfische. Landbuch-Verlag, Hannover

Ichthyologisch-taxonomische Literatur, Monographien

BERG, L. S. (1958): System der rezenten und fossilen Fischartigen und Fische. Deutscher Verlag der Wissenschaften, Berlin
BOULENGER, G. (1904): Fishes. (Systematic account of Teleostei). In: HARMER, S. F. & A. E. SHIPLEY (eds.): The Cambridge natural history. **7**, 539 - 727. Macmillan and Co., Ltd., London
COMPAGNO, L. J. V. (1984): FAO species catalogue. Bd. 4. Sharks of the world. An annotated and illustrated catalogue of shark species known to date. Teil 1 u. 2. FAO Fish. Synop. **4**, 1 - 655
COMPAGNO, L. J. V. (1988): Sharks of the order Carcharhiniformes. Princeton University Press, Princeton (USA)
DEBELIUS, H. & R. H. KUITER (2001): Doktorfische und ihre Verwandten. Acanthuroidei. Eugen Ulmer Verlag, Stuttgart
EBERT, K. (2001): Die Kugelfische des Süß- und Brackwassers. Verlag A. C. S., Mörfelden-Walldorf
FIEDLER, K. (1991): Fische. In: STARK, D. (Hsg.): Lehrbuch der Speziellen Zoologie, Wirbeltiere, 2. Teil. Gustav Fischer Verlag, Jena
FROESER, R. & D. PAULY (2005): Fish Base. www electronic publication. www.fishbase.org
GARSTANG, W. (1931): The phyletic classification of Teleostei. Proc. Leeds Phil. Lit. Soc., Sci. Sect., **2**, 240 - 260
GÖBEL, M. & H. J. MAYLAND (1998): South American Cichlids IV (Discus & Scalare). Verlag A. C. S., Mörfelden-Walldorf
GREENWOOD, P. H., D. E. ROSEN, S. H. WEITZMANN & G. S. MYERS (1966): Phyletic studies of teleostean fishes, with a

provisional classification of living forms. Bull. Amer. Mus., Nat. Hist., **131**, 340 - 455

GREGORY, W. K. (1933): Fish skulls: A study of the evolution of natural mechanisms. Trans. Amer. Phil. Soc., new ser. **23**, 75 - 481

HIERONYMUS, H. (2002): Regenbogenfische und verwandte Familien. Verlag A. C. S., Mörfelden-Walldorf

KEMPKES, M. & F. SCHÄFER (1998): Lebendgebärende der Welt. Verlag A. C. S., Mörfelden-Walldorf

KUITER, R. H. (2001): Seepferdchen, Seenadeln, Festzenfische und ihre Verwandten. Syngnathiformes. Eugen Ulmer Verlag, Stuttgart

LIEM, K. F. (1963): The comparative osteology and phylogeny of the Anabantoidei (Teleostei, Pisces). Illinois Biol. Monogr., no. 30, 149 pp

LOURIE, S. A., A. C. J. VINCENT & H. J. HALL (1999): Seahorses: an identification guide to the world's species and their conservation. Project Seahorse, London

NELSON, J. S. (1994): Fishes of the World, 3rd ed. John Wiley & Sons, Inc. New York, Chichester, Brisbane, Toronto, Singapore

ROSS, R. A. & F. SCHÄFER (2000): Süßwasserrochen. Verlag A. C. S., Mörfelden-Walldorf

SCHÄFER, F. (2004): Polypterus; Flösselhechte – bichirs. Verlag A. C. S., Mörfelden-Walldorf

SCHRAML, E. (1998): African Cichlids I (Malawi, Mbuna). Verlag A. C. S., Mörfelden-Walldorf

SEEGERS, L. (2000): Killifishes of the World: New World Killis. Verlag A. C. S., Mörfelden-Walldorf

STEUBEN, K. S. & G. KREFFT (1989): Die Haie der Sieben Meere. 2. Aufl. Verlag Paul Parey, Hamburg und Berlin

Ichthyologisch-faunistische Literatur

ALLAN, G. R. & N. J. CROSS (1982): Rainbowfishes of Australia and Papua New Guinea. T. F. H. Publications, Inc., Neptune City (USA)

ALLAN, G. R. & D. R. ROBERTSON (1994): Fishes of the Tropical Eastern Pacific. University of Hawaii Press, Honolulu

AXELROD, H. R. & W. E. BURGESS (1988): African Cichlids of Lake Malawi and Tanganyika. 12. ed. T. F. H. Publications, Inc., Neptune City (USA)

BANARESCU, P. (ed.) (1999, 2002, 2003): The Freshwater Fishes of Europe. Bd. 5/I, II, III Cyprinidae, Gasterosteidae. AULA-Verlag, Wiesbaden

BRICHARD, P. (1978): Fishes of Lake Tanganyika. T. F. H. Publications, Inc., Neptune City (USA)

COLEMAN, N. (1992): Australia's Sharks and Rays. Weldon Publ., Sydney

COMPAGNO, L. J. V., D. A. EBERT & M. J. SMALE (1989): Guide to the Sharks and Rays of South Africa. New Holland Ltd., London

DEBELIUS, H. (1993): Fischführer Indischer Ozean. Tetra-Verlag, Melle

DEBELIUS, H. (1998): Rotes Meer. Riff-Führer. Jahr Verlag, Hamburg

DEBELIUS, H. (1998): Fischführer Mittelmeer und Atlantik. Jahr Verlag, Hamburg

DEBELIUS, H. (2001): Riff-Führer Südostasien. Jahr Verlag, Hamburg

EHRENBAUM, E. (1936): Naturgeschichte und wirtschaftliche Bedeutung der Seefische Nordeuropas. E. Schweizerbart'sche Verlagsbuchhandlung, Stuttgart

DeHAAS, W. & F. KNORR (1999): Was lebt im Meer an Europas Küsten? Müller Rüschlikon, Cham (Schweiz)

EICHLER, D. (1991): Tropische Meeresfische. BLV Verlagsgesellschaft, München, Wien, Zürich

EICHLER, D. & E. LIESKE (1994): Korallenfische Indischer Ozean. Jahr Verlag, Hamburg

EICHLER, D. & R. F. MYERS (1997): Korallenfische Zentraler Indopazifik. Jahr-Verlag, Hamburg

ETNIER, D. A. & W. C. STARNES (1993): The Fishes of Tennessee. The University of Tennessee Press, Knoxville

FRICKE, R. (1996): Deutsche Meeresfische. 2. Aufl. Dt. Jugendbund für Naturbeobachtung, Hamburg

GÖTHEL, H. (1997): Farbatlas Mittelmeerfauna. Niedere Tiere und Fische. Eugen Ulmer Verlag, Stuttgart

GOTSHALL, D. W. (1989): Pacific Coast Inshore Fishes. 3rd ed. Sea Challengers, Monterey, Cal. (USA)

HALSTEAD, B. (2000): Riff-Führer Korallenmeer. Jahr Verlag, Hamburg

HARBO, R. M. (2000) Whelks to Whales. Coastel Marine Life of the Pacific Northwest. 2. ed. Harbour Publishing Co. Ltd. Madeira Park (Canada)

HOESTLANDT, H. (ed.) (1991): The Freshwater Fishes of Europe. Bd. 2 Clupeidae, Anguillidae. AULA-Verlag, Wiesbaden

HOLCIK, J. (ed.) (1986, 1989): The Freshwater Fishes of Europe. Bd. 1/I Petromyzontiformes. Bd. 1/II General Introduction to Fishes. Acipenseridae. AULA-Verlag, Wiesbaden

HUMANN, P. (1997): Fischführer Karibik. Jahr Verlag, Hamburg

KONNINGS, A. (1996, 2004): Atlas der Malawisee-Cichliden. Bd. 1, 2 u. 3. bede-Verlag, Ruhmannsfelden

LACHMANN, P. & O. GREMBLEWSKI-STRATE (1995): Fische der Karibik. BLV Verlagsgesellschaft, München, Wien, Zürich

LADIGES, W. & D. VOGT (1979): Die Süßwasserfische Europas. Paul Parey Verlag, Hamburg und Berlin.

LAMB, A. & Ph. EDGELL (1986): Coastel Fishes of the Pacific Northwest. Harbour Publishing Co. Ltd. Madeira Park (Canada)

LELEK, A. (1987): The Freshwater Fishes of Europe. Bd. 9 Threatened Fishes of Europe. AULA-Verlag, Wiesbaden

LIESKE, E. & R. MYERS (2004): Korallenriff-Führer Rotes Meer. Franck-Kosmos Verlags-GmbH, Stuttgart

LUTHER, W. & K. FIEDLER (1961): Die Unterwasserfauna der Mittelmeerküsten. Verlag Paul Parey, Hamburg und Berlin

MASUDA, H. & G. R. ALLEN (1993): Meeresfische der Welt. Tetra-Verlag, Melle

MASUDA, H., K. AMAOKA, C. ARAGA, T. UYENO & T. YOSHINO (ed.) (1984): The Fishes of the Japanese Archipelago. 2 vol. Tokai University Press, Tokyo

MILLER, P. J. (ed.) (2003, 2004): The Freshwater Fishes of Europe. Bd. 8/I, II Mugilidae, Atherinidae, Atherinopsidae, Blenniidae, Odontobutidae, Gobiidae. AULA-Verlag, Wiesbaden

MÖLLER CHRISTENSEN, J. (1977): Die Fische der Nordsee. Franck'sche Verlagshandlung, Stuttgart

MOJETTA, A. & A. GHISOTTI (1998): Fische und Korallen des Roten Meeres. Naturbuch Verlag, Augsburg

MÜLLER, H. (1983): Beobachten und bestimmen: Fische Europas. Neumann Verlag, Leipzig, Radebeul

MUNRO, I. S. R. (1955): The marine and Fresh Water Fishes of Ceylon. Publ. Dep. External Affairs, Canberra

MUUS, B. J. & P. DAHLSTRÖM (1965): Meeresfische. Aus der Ostsee, der Nordsee und dem Atlantik. BLV, München, Basel, Wien

MYERS, R. F. (1991): Micronesian Reef Fishes. 2. Ed. Coral Graphics, Territory of Guam

RANDALL, J. E. (1983): Caribbean Reef Fishes. Rev. Ed. T. F. H. Publications, Inc., Neptune City (USA)

RANDALL, J. E., G. R. ALLAN & R. C. STEENE (1991): Fishes of the Great Barrier Reef and Coral Sea. Crawford House Press, Bathhurst (Australien)

REIS, R. E., C. J. FERRARIS JR. & S. O. KULLANDER (Hrsg.) (2003): CLOFFSCA – Check List of the Freshwater Fishes of South and Central America. Edipucrs, Porto Alegre

RIEDL, R. (Hsg.) (1963): Fauna und Flora der Adria. Verlag Paul Parey, Hamburg und Berlin

SMITH, M. M. & PH. C. HEEMSTRA (ed.) (1986): Smiths' Sea Fishes. Springer Verlag, Berlin, Heidelberg, New York, London, Paris, Tokyo

TEROFAL, F. (1996): Süßwasserfische in europäischen Gewässern. Mosaik Verlag, München

Allgemeinbiologische und spezielle Fischbücher

ALLEN, G. R. (1979): Falter- und Kaiserfische. Bd. 2. Mergus-Verlag, Melle

ALLEN, G. R. (1991): Riffbarsche der Welt. Mergus-Verlag, Melle

Autorenkollektiv (1988): Die Tiere unserer Welt. Bd. 9 Fische. Bertelsmann Club GmbH, Gütersloh

Autorenkollektiv (1990): Sharks. Silent hunters of the deep. Reader's Digest. Sydney, London, New York, Montrael, Cape Town

BANARESCU, P. (1990): Zoogeography of Fresh Waters. Bd. 1 - 3. Aula-Verlag, Wiesbaden

BULLOCK, T. H. & W. HEILIGENBERG (ed.) (1986): Electroreception. John Wiley and Sons, Inc., New York

CARRIER, J. C., J. A. MISSICK & M. R. HEITHAUS (ed.) (2004): Biology of Sharks and their Relatives. CRC Press, Boca Raton, London, New York, Washington, D. C.

COLEMAN, N. (1991): Encyclopedia of Marine Animals. Collins, Angus & Robertson Publ. Pymble (Australien)

FAUTIN, D. G. & G. R. ALLEN (1994): Anemonenfische und ihre Wirte. Tetra-Verlag, Melle

GRZIMEK, B. (Hsg.) (1970): Grzimeks Tierleben. Bd. IV, Fische 1 und Bd. V, Fische 2. Kindler Verlag, Zürich

HABERMEHL, G. G. (1994): Gift-Tiere und ihre Waffen. 5. Aufl. Springer Verlag, Berlin, Heidelberg, New York

HENNEMANN, R. M. (2001): Haie & Rochen weltweit. Jahr Verlag, Hamburg

HERALD, E. S. (1961): Knaurs Tierreich in Farben. Fische. Droemersche Verlagsanstalt Th. Knauer Nachf., München/Zürich

JUNGHANSS, T. & M. BODIO (1996): Notfall-Handbuch Gifttiere. Diagnose – Therapie – Biologie. Georg Thieme Verlag, Stuttgart, New York

KELLER, J. (Hsg.) (1987): Haie. Jahr-Verlag, Hamburg

KRAMER, B. (1990): Electrocommunication in Teleost Fishes: Behavior and Experiments. Springer-Verlag, Berlin

KRAMER, B. (ed.) (1996): Electroreception and Communication in Fishes. Progress in Zoology, Vol. 42. Gustav Fischer Verlag, Stuttgart, Jena, Lübeck, Ulm

MARSHALL, N. B. (1967): The Life of Fishes. 2. Ed. Weidenfeld and Nicolson, London

LADIGES, W. (1984): Der Fisch in der Landschaft. 3. Aufl. Alfred Kernen Verlag, Essen

LIESKE, E. & R. F. MYERS (1994): Korallenfische der Welt. Jahr Verlag, Hamburg

MEBS, D. (1992): Gifttiere. Ein Handbuch für Biologen, Toxikologen, Ärzte, Apotheker. Wiss. Verl.-Ges., Stuttgart

MOLLER, P. (1995): Electric Fishes: History and Behavior. Chapman & Hall, London

NORMAN, J. R. (1966): Die Fische. Eine Naturgeschichte. Verlag Paul Parey, Hamburg und Berlin

OMMANNEY, F. D. (1969): Life – Wunder der Natur. Die Fische. TIME-LIFE International (Nederland)

PAXTON, J. R. & W. E. ESCHMEYER (Hsg.) (1999): Enzyklopädie der Fische. Weltbild Verlag, Augsburg

PLOMANN, J. & A. VOGEL (1987): Lachsfische in aller Welt. Edition Leipzig

SEUSS, W. (1992): Corydoras – die beliebtesten Panzerwelse Südamerikas. Dähne Verlag, Ettlingen

STEENE, R. C. (1977): Falter- und Kaiserfische. Bd. 1. Mergus-Verlag, Melle

STERBA, G. (1978): Enzyklopädie der Aquaristik und Ichthyologie. Verlag J. Neumann-Neudamm, Melsungen, Berlin, Basel, Wien

STUDER, P. (1986): Nasse Welt. Friedrich Reinhardt Verlag, Basel

THRESHER, R. E. (1980): Reef Fish – Behaviour and Ecology on the Reef and in the Aquarium. John Bartholomew & Son Ltd., Edinburgh

UIBLEIN, F. (2000): Tiefsee und Höhlen. Leben im Dunkel. Filander Verlag, Fürth

VILCINSKAS, A. (2000): Meerestiere der Tropen. Ein Bestimmungsbuch für Taucher,

Schnorchler und Aquarianer. Franckh-Kosmos Verlags-GmbH, Stuttgart

WHEELER, A. (1977): Das große Buch der Fische. Eugen Ulmer Verlag, Stuttgart

Technik und Wasserchemie

CROMPTON, T. R. (1989): Analysis of Seawater. Butterworths & Co, London, Boston, Singapore, Sydney, Toronto, Wellington

GEISLER, R. (1983): Wasserkunde für die aquaristische Praxis. 3. Aufl. Alfred-Kernen-Verlag, Stuttgart

KLEE, O. (1998): Wasser untersuchen. Einfache Analysemethoden und Beurteilungskriterien. 3. Aufl. Quelle und Meyer Verlag, Wiesbaden

KRAUSE, H.-J. (1985): Aquarienwasser. Diagnose und Therapie. Franck'sche Verlagshandlung, Stuttgart

PARSONS, T. R., Y. MAITA & C. M. LALLI (1984): A Manual of Chemical and Biological Methods for Seawater Analysis. Pergamon Press, Oxford, New York, Toronto, Paris, Frankfurt

SANDER, M. (1998): Aquarientechnik in Süß- und Seewasser. Verlag Eugen Ulmer, Stuttgart

UHLMANN, D. (1988): Hydrobiologie. Ein Grundriß für Ingenieure und Naturwissenschaftler. 3. Aufl. Gustav Fischer Verlag, Jena

Wasserpflanzen

BAENSCH, H. A. & H. DEBELIUS (1992): Meerwasser Atlas. Bd. 1. Mergus-Verlag, Melle

BARTH, H. & H. STALLKNECHT (1990): Wasserpflanzen im Aquarium. Urania-Verlag, Leipzig, Jena, Berlin

DENNERLE, L. & H. LILGE (2002): System für prächtige Aquarien. Dennerle Handbuch, Münchweiler

DE WIT, H. C. D. (1971): Aquarienpflanzen. Eugen Ulmer Verlag, Stuttgart

ERHARDT. H. & H. A. BAENSCH (2000): Meerwasser Atlas Bd. 5. Mergus-Verlag, Melle

GERING, C.-P. (2003): Aquarienpflanzen. Franckh-Kosmos Verlags-GmbH, Stuttgart

GREGER, B. (1998): Pflanzen im Süßwasseraquarium. Birgit Schmettkamp Verlag, Bernheim

HORST, K. (1992): Pflanzen im Aquarium. 2. Aufl. Eugen Ulmer Verlag, Stuttgart

KASSELMANN, CH. (1995): Aquarienpflanzen. Eugen Ulmer Verlag, Stuttgart

LITTLER, D., S., M. M. LITTLER, K. E. BUCHER & J. N. NORRIS (1989): Marine plants of the Caribbean. Smithsonian Institution Press, Washington, D. C.

LÜNING, K. (1985): Meeresbotanik. Verbreitung, Ökophysiologie und Nutzung der marinen Makroalgen. Georg Thieme Verlag, Stuttgart, New York

McPEAK, R. H., D. A. GLANTZ & C. R. SHAW (1988): The Amber forest. Watersport Publishing, Inc.

MÜHLBERG, H. (1980): Das große Buch der Wasserpflanzen. Edition Leipzig

MÜHLBERG, H. (1986): Vermehrung der Aquarienpflanzen. Urania-Verlag, Leipzig, Jena, Berlin

RIEL, R., H. A. BAENSCH & K. PAFFRATH (1982 - 2002): Aquarienatlas. Bd. 1, 2, 3, 6. Mergus-Verlag, Melle

TEICHFISCHER, B. (1997): Aquarien dekorativ bepflanzen. Karl Heinz Dähne Verlag, Ettlingen

TITZ, T. (2002): Grundkurs Aquarienpflanzen. Eugen Ulmer Verlag, Stuttgart

WOELKERLING, W. J. (1988): The Coralline Red Algae. Oxford University Press, London

Fischkrankheiten

AMLACHER, E. (1981): Taschenbuch der Fischkrankheiten. 4. Aufl. Gustav Fischer Verlag, Jena

ANDREWS, C., A. EXELL & N. CARRINGTON (1988): The Manual of Fish Health. Salamander Books, Ltd., London

BAUER, R. (1991): Erkrankungen der Aquarienfische. Verlag Paul Parey, Berlin, Hamburg

BASSLEER, G. (1983): Bildatlas der Fischkrankheiten. Urania-Verlag, Leipzig, Jena, Berlin

BASSLEER, G. (2000): Fischkrankheiten im Meerwasseraquarium. Ursache, Diagnose, Behandlung. 2. Aufl. Dähne Verlag, Ettlingen

BULLER, N. B. (2003): Bacteria from Fish and Other Aquatic Animals. CABI Publisher, Wallingford (Australien)

REICHENBACH-KLINKE, H. H. (1957): Krankheiten der Aquarienfische. Alfred Kernen Verlag, Stuttgart

REICHENBACH-KLINKE, H. H. (1975): Bestimmungsschlüssel zur Diagnose von Fischkrankheiten. 2. Aufl. Gustav Fischer Verlag, Stuttgart, New York

REICHENBACH-KLINKE, H. H. (1980): Krankheiten und Schädigungen der Fische. 2. Aufl. Gustav Fischer Verlag, Stuttgart, New York

REICHENBACH-KLINKE, H. H. & W. AHNE (Hsg.) (1981): Beiträge zur Fischtoxikologie und -histologie. Gustav Fischer Verlag, Stuttgart, New York

REICHENBACH-KLINKE, H. H. & W. AHNE (Hsg.) (1981): Beiträge zur Fischtoxikologie und -parasitologie. Gustav Fischer Verlag, Stuttgart, New York

SCHÄPERCLAUS, W. (1990): Fischkrankheiten, 2 Bände. 5., bearbeitete Aufl. Akademie-Verlag, Berlin

Allgemeiner Index

K

L

M

N

O

Index der deutschen Fischnamen

(aus „Systematik und Haltung“)

B

C

D

E

F

G

K

L

M

N

O

P

Q

R

S

T

U

V

W

Y

Z

Index der wissenschaftlichen Fischnamen

(aus „Systematik und Haltung“)

B

F

G

H

I

J

K

L

M

N

O

Q

R

S

T

U

V

X

Y

Z

Zootierhaltung – Tiere in menschlicher Obhut

Völlig neu bearbeitete und auf sechs Bände erweiterte Auflage von *Wildtiere in Menschenhand.*

Dieses Werk ist vor allem für Tierpfleger und Mitarbeiter in Tierparks geschrieben. Erkenntnisse über Verbreitung, Lebensweise in der Natur sowie Unterkunft, Umgang, Ernährung, Zucht etc. in Zoologischen Gärten werden aufbereitet und so für den Tierpfleger zugänglich gemacht.

Grundlagen
L. Dittrich (Hrsg.)
8., überarbeitete und erweiterte Auflage 2004
480 Seiten, zahlr. Abb., kart.
ISBN: 3-8171-1723-X

Säugetiere
W. Puschmann
4., vollständig überarbeitete und erweiterte Auflage 2004
880 Seiten, zahlr. Abb., kart.
ISBN: 3-8171-1620-9

Vögel
W. Grummt & H. Strehlow (Hrsg.)
In Vorbereitung
ISBN: 3-8171-1636-5

Reptilien und Amphibien
W. E. Engelmann (Hrsg.)
In Vorbereitung
ISBN: 3-8171-1743-4

Fische
W. E. Engelmann (Hrsg.)
2005
890 Seiten, zahlr. Abb., kart.
ISBN: 3-8171-1352-8

Wirbellose
W. E. Engelmann (Hrsg.)
In Vorbereitung
ISBN: 3-8171-1684-5